F-35“闪电Ⅱ”战斗机技术验证与试验鉴定
——主要挑战和解决方案

冯晓林　主编

西北工業大學出版社

西　安

【内容简介】 本书全面回顾了F-35“闪电Ⅱ”战斗机的发展历程，重点介绍和描述了F-35“闪电Ⅱ”战斗机的信息融合技术、控制律设计思路与实施方法、武器系统的设计与集成、空气动力学性能验证、飞机结构设计与验证、任务系统的设计与验证、飞机平台技术发展与回顾、推进系统发展与验证、飞机平台构型发展与演变、子系统设计与验证、先进生产与制造技术、飞机系统发展与验证试飞、舰载适应性试验、气候试验、武器系统试验与验证、短距起飞与降落性能验证及自动防撞地系统飞行试验等。

本书可作为从事航空武器装备研制、项目管理、技术发展与创新的相关人员的参考用书，也可作为F-35战斗机工程研发全过程的专业参考资料。

图书在版编目(CIP)数据

F-35“闪电Ⅱ”战斗机技术验证与试验鉴定：主要挑战和解决方案/冯晓林主编．—西安：西北工业大学出版社，2020.8（2023.2重印）

ISBN 978-7-5612-6494-2

Ⅰ.①F Ⅱ.①冯… Ⅲ.①隐身飞机-歼击机-研究-美国 Ⅳ.①E926.31

中国版本图书馆CIP数据核字 2020 第060622号

F-35 “SHANDIAN Ⅱ” ZHANDOUJI JISHU YANZHENG YU SHIYAN JIANDING：ZHUYAO TIAOZHAN HE JIEJUE FANGAN

F-35“闪电Ⅱ”战斗机技术验证与试验鉴定——主要挑战和解决方案

责任编辑：华一瑾　　策划编辑：华一瑾
责任校对：胡莉巾　　装帧设计：李　飞
出版发行：西北工业大学出版社
通信地址：西安市友谊西路127号　　邮编：710072
电　　话：(029)88493844　88491757
网　　址：www.nwpup.com
印 刷 者：西安浩轩印务有限公司
开　　本：787 mm×1092 mm　1/16
印　　张：33.75
字　　数：886千字
版　　次：2020年8月第1版　2023年2月第2次印刷
定　　价：398.00元

《F-35“闪电Ⅱ”战斗机技术验证与试验鉴定
——主要挑战和解决方案》

编审委员会

序　　言

《F－35“闪电Ⅱ”战斗机技术验证与试验鉴定——主要挑战和解决方案》全面回顾了F－35战斗机从最初的概念生成到最终具备初始作战能力的完整时间历程，包括F－35战斗机平台构型发展与演进，子系统技术发展与试验验证，任务系统设计集成与飞行试验验证，武器系统设计集成与飞行试验验证，创新的飞行控制律设计方法与试验验证方法，大迎角飞行试验方法与结果，舰载适应性飞行试验，气候实验室试验，先进制造技术，在爱德华空军基地和帕图克森特河海军航空站两大主要飞行试验基地开展的全面飞行试验工作，最新开展的F－35战斗机自动防撞地系统飞行试验等。全书内容丰富、全面深入，对于完整了解F－35战斗机项目管理、技术发展路线、关键技术特征和整体作战能力、发现和解决的问题，以及对于我们国家航空武器装备研制与试验鉴定工作等都具有重要的启示意义。

启示之一：F－35战斗机的采办严格遵循了美国防务采办程序规定(见图1)。

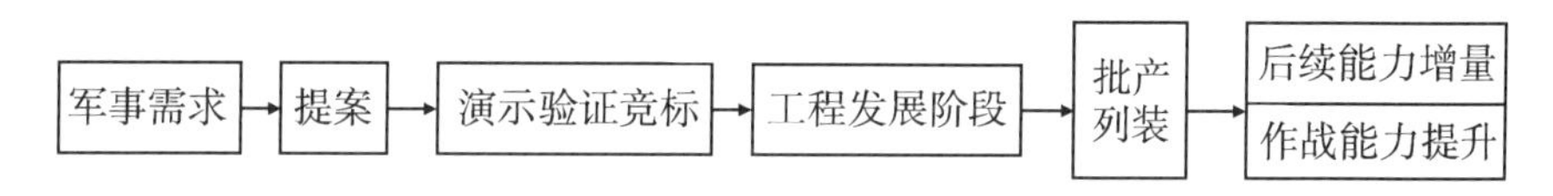

图1　美国战斗机项目基本采办流程

美国重要航空武器平台F－16、F－22和F－35等战斗机都是严格按照如图1所示的流程管理的，只是在工程发展阶段的叫法有所差异。在美国，F－16和F－22战斗机项目的相应阶段称为工程制造与发展(EMD)阶段，F－35战斗机项目则称为系统研制与验证(SDD)阶段。这一阶段工作是战斗机型号研制的一个关键阶段，也是试验鉴定工作的重点。众多工程技术问题和作战使用问题都是在这个阶段发现和解决的，必须重点关注。另外，值得关注的是，为了保证采用的技术具有一定的成熟度，在SDD阶段之前，开展概念演示验证，对于很多关键技术进行演示验证，提升技术成熟度，以降低工程发展风险。

启示之二：技术先进性与成熟度之间的平衡与折中。

美国多种战斗机型号的发展过程中，对新技术的应用与成熟性都采取了平衡和折中处理。例如，F－22战斗机项目，推进系统选用F119，而不采用技术更先进、经济承受性更好的变循环F120，主要原因是技术成熟性和可靠性的折中与平衡。F－35战斗机采用的许多新技术也进行了综合折中与平衡。例如，电作动技术，在经历了技术开发项目的广泛研究和试验验证，达到相当的成熟度，才在F－35战斗机上应用，使F－35战斗机成为第一种全电战斗机。再如，F－35战斗机的推进系统选用了F119的衍生型F135，而没有选用F120的衍生型F136，依然是从技术成熟性、可靠性和经济承受性方面的折中与平衡。折中与平衡研究贯穿了F－35战斗机子系统研制，子系统与飞机的集成，系统性能与构型的确定，飞机平台子系统与武器系统之间的设计关联等很多方面，是最终确认 F－35 飞机平台构型、子系统选择、任务系统布局、武器系统设计的一个重要方法。

启示之三：项目管理问题。

F－35 战斗机项目的管理机构是 JSF 联合项目办公室，联合项目办公室代表三军种向美国政府/国防部负责。为了更好地平衡各军种的军事需求，项目办公室高层执行官由海军和空军轮流担值，两年轮换一次。项目办公室代表军方充分发挥了对 F－35 战斗机项目的深度掌控。例如，对于 F－35 战斗机的重量控制问题，项目办公室专门成立了蓝带工作小组，对于减重方案的制定，军方作战顾问委员会要进行评估，要得到作战顾问委员会领导小组的批准。再如，对于项目的重大超概算问题，要按照“Nunn－McCurdy” 法案进行追责。所有这些都说明，对于国家的重大武器采办项目，政府要严格掌控，包括进行严格的过程控制，而且在过程控制的里程碑决策过程中，需要试验与鉴定提供最重要的支持。

启示之四：基于仿真的采办与基于模型的试验试飞。

一方面，基于仿真的采办（SBA）是美国国防部的一项举措，目的是利用信息技术（特别是建模和仿真技术）的进步，更好、更快和更便宜地获取武器系统。工作目标是验证在研武器系统的作战能力和性能是否与数字虚拟环境中的需求相一致。

另一方面，无论是在前期技术开发阶段、概念演示验证阶段，还是在工程研制与验证阶段，F－35 战斗机的试验/试飞都离不开系统模型，包括建模、验模和模型应用。例如，F－35 战斗机的性能试飞，不是通过实际试飞去验证飞行性能，而是通过数字计算和风洞试验，建立气动模型。通过试飞去验证和补充完善模型数据库，通过模型进行地面模拟试验，研究飞机的飞行品质，开展飞行员训练等工作。在爱德华空军基地空军试飞中心和帕图克森特河海军航空站试飞中心的飞行试验中，首先是通过地面模拟预测试飞结果，在实际试飞中利用模型监控飞机的响应情况，然后对试飞结果和飞行模拟进行对比分析，如果不一致，则或者修正模型，或者改进飞机设计，从而解决实际问题。

能够做到这一点，主要是 F－35 战斗机试飞团队中建立了有效的模型和数据共享机制，这一点非常值得学习和借鉴。

启示之五：基于能力的试验与鉴定。

在 F－35 战斗机 SDD 阶段，所开展的飞行试验主要分为三大类：飞行科学试飞（相当于我国的“平台性能试飞”）、任务系统试飞（相当于我国的“航电与武器系统试飞”）和任务效能试飞。任务效能试飞是研制试飞最后和最复杂的试飞，是结合作战使用要求开展的任务性能试飞，是对转入作战试飞“准备就绪度”的试飞考核。即使在飞行科学试飞考核中，也要从实际作战使用角度出发，去验证飞行性能。例如，在 F－35 战斗机的飞行品质科目试飞中，有意使飞机进入 150 次不可控状态，验证飞机恢复可控，保证飞行使用安全的可能性和具体操控技术。正是这种全功能、全包线，甚至是超越使用包线的试飞，使 F－35 战斗机 SDD 阶段的试飞架次/小时数多达 9 200 架次/17 000 小时，完成的试验点更是达到创纪录的 65 000 个，即使分解到三种型别的飞机，这种试飞量也是空前的，这种飞行试验理念值得人们深思。

启示之六：资源与技术开发成果的共享。

在F-35战斗机项目研究过程，在技术开发阶段，工业部门的各个承包商之间实现了技术成果和试验数据共享。例如，在子系统技术开发与集成阶段，要求JSF项目的各个竞标承包商全面共享所有技术开发结果和数据，以利于军方做最后的技术方案统筹。在F-35战斗机SDD阶段，工业部门承包商与军方试飞机构，以及与分包商之间也都实现了试验资源、试验数据和试验结果的共享。这种资源和技术开发成果的共享，对于加速项目进展、消除技术壁垒、节约项目总费用具有非常重要的现实意义。

启示之七：试飞员/试验机配置以及安全伴飞的意义。

历史上，无论是美国军方，还是工业部门，对于SDD阶段试飞员与试验机的配置比率都有着不同的见解。按照历史经验，这个比率一般维持在1.5～1。按照这个数值，在帕图克森特河海军航空站F-35战斗机综合试飞队长期配备了13名可以随时执行试飞任务的试飞员，其中承包商试飞员4～5名，政府试飞员8～9名，以保证驻扎在这里的9架F-35战斗机试验机的试飞任务可以顺利进行。

在美国航空武器试飞历史上，有一种文化和历史信念，认为安全伴飞是研制试飞必需的。因此，在F-35战斗机SDD阶段早期，几乎每一架次试飞都安排一架安全伴飞飞机。同时，为了充分提高试飞效率，通常配备有试飞专用加油机，尽量保证试验机的试飞滞空时间达到2 h，甚至更长。这也是值得借鉴和学习的经验。

启示之八：SDD阶段，试飞技术人员的流失和短缺问题。

在F-35战斗机SDD阶段，爱德华空军基地空军试飞中心由于飞行试验任务繁重，各种科目试验达到平均每天6架次，工作压力和工作负荷太大，而且超时工作现象很普遍，导致很多训练有素、经验丰富的试飞技术人员离职，造成飞行试验机构知识库的重大损失。空军试飞中心的解决方案是抽调部分业务骨干专门负责培训新人，而无需参加试验的规划和实施。对未来的大规模飞行试验项目提出了中肯的建议：应当根据整个项目的人员规模，考虑维持怎样的工作负荷比较合理，并且应当尽早考虑提供怎样的激励机制，例如财务方面、晋升通道等，才能保证飞行试验项目可持续发展，建立和维持一大批资深专业人员，从而保证试飞项目顺利开展。

启示之九：创新的“激增”飞行试验新概念。

在F-35战斗机系统研制与验证（SDD）阶段中飞行试验阶段的武器精准投放（WDA）和武器分离飞行试验过程中，F-35战斗机综合试飞队采取了一种新管理方法，因为这类试验需要在短的时间周期内集中大量重点试验资产/资源和试验人员，故称之为“激增（surge）”试验。

在F-35战斗机Block 3F试验期间，组织开展了两次“激增”试验，直接支持了美国空军宣布F-35A战斗机的初始作战能力和关闭SDD阶段。另外，在F-35战斗机自动防撞地系统飞行试验期间，也采取了“激增”试验方法，在2周时间内，集中重点资源，获取F-35战斗机自动防撞地系统的关键试验数据，为自动防撞地系统软件修订和后继飞行试验创造有利条件。

“激增”试验概念是一种创新方法，要求试验团队开展广泛的协调，并赋予试验团队优先使用重点试验资源的权利，才能保证这种方法的贯彻落实，最大程度地提高试验效率。

启示之十：F-35战斗机项目各阶段它机试飞平台的作用。

在F-35战斗机的整个发展历程中，它机领先试飞和专用飞行试验平台，无论是在新技术开发、系统验证，还是在鉴定试飞过程中，都发挥了重要作用。例如，在多电飞机技术开发、多种子系统技术开发与验证，任务系统设计试验与集成过程中，都充分利用了专用试飞平台提前开展试飞验证，保证了这些技术/系统的总体研制进度和实际应用。

例如，AN / APG-81雷达首先在诺格公司的BAC1-11试验机上开展功能试飞，随后进行实验室集成，然后在CATB(一架B737改装的航空电子试验机)上进行验证试飞，最后才进行F-35战斗机的机载试飞。再如，电子战系统也是首先在Sabreliner T-39试验机上进行功能试飞，随后进行实验室集成试验，然后在试验机上开展集成试飞验证，最后才进行F-35战斗机装机试飞。光电瞄准系统和光电分布式孔径系统也按照同样的技术路线发展。

本书是目前国内关于F-35“闪电Ⅱ”战斗机介绍较为全面并具有一定技术含量的出版物，对于国内开展相关研究具有重要的参考意义。

[1]

2019年10月

① 周自全(1940.11-)，男，研究员，曾任空中飞行模拟试验机总师和歼-10试飞总师，曾获航空金奖，全国五一劳动奖章和何梁何利基金科学与技术奖。

前　言

2018 年 4 月 11 日，美国 F－35“闪电Ⅱ”战斗机（以下简称“F－35 战斗机”）完成“系统研制与验证阶段（SDD）”的最后一架次试飞任务，宣布 SDD 阶段工作全面关闭。自 F－35 战斗机进入人们的视野以来，与其相关的各种出版物相继出版，它们从各种视角对 F－35 战斗机进行了介绍。广大读者对 F－35 战斗机也有了一定程度的认知，但全面深入描述和分析 F－35 战斗机技术发展和试验验证方面的深度读物并不多见。2018 年 6 月，在美国佐治亚州亚特兰大召开的 AIAA 航空技术会议上，发表了大量深度剖析 F－35 战斗机技术发展与试验验证方面的技术文献，这些技术文献均由 F－35 战斗机项目管理团队和技术团队的高层人员撰写。中国飞行试验研究院科研人员第一时间捕获了这些信息，经过筛选，确定了重点内容进行分析和加工处理，并邀请中国飞行试验研究院各专业领域的飞行试验技术专家，包括飞行试验管理、飞机性能、结构强度、动力装置、航电/武器系统、舰载机试飞、飞行试验测试和试验机设计改装等试飞技术专业领域的专家，进行了审校和讨论，随后又增加了 F－35 战斗机自动防撞地系统飞行试验内容，历经一年多时间，最终形成了这本《F－35“闪电Ⅱ”战斗机技术验证与试验鉴定——主要挑战和解决方案》。

在本书的编写、出版过程中，2019 年 5 月，洛克希德・马丁公司（以下简称“洛马公司”）的 Jeffrey W. Hamstra 也出版了 *The F－35 Light Ⅱ：From Concept to Cockpit*，其中的 18 章内容涉及的技术文献与本书选用的大部分技术文献完全一致，正所谓不谋而合。

《F－35“闪电Ⅱ”战斗机技术验证与试验鉴定——主要挑战和解决方案》一书从素材选择、翻译，到编写处理，再到技术讨论和校改的过程中，参编人员付出了大量辛勤劳动。尤其是在一些技术词汇的确定过程中，进行了广泛的讨论，才形成了书中的表述。例如，“digital thread”到底使用“数字线程”还是“数字线索”表述，在国内工程领域使用“数字线程”的多些，在学术文献中使用“数字线索”的多些，最终使用了“数字线索”，主要是为了与学术文献的表述一致。再如，“roll-post-nozzle”这个词的表述，以前使用“滚转喷管”，这次专家们认为应该更准确表达实际用途，使读者更易于理解，所以确定为“防倾斜喷管”。这个主要考虑喷管的实际作用是F－35B战斗机在垂直起飞和着陆阶段，防止飞机姿态向两侧倾斜，而最终确定为“防倾斜喷管”，读者更容易理解其作用。再如，“thrust split”这个词，开始在“推力分裂”“推力分割”“推力分配”中选择，但总觉得不能准确反映实际意义。经过头脑风暴，确认使用“推力摊分”更为准确。这样的例子还有一些，在此不一一列举。在本书正式出版之际，向参与本书编著工作的科研人员和专家们表示诚挚的感谢！

《F－35“闪电Ⅱ”战斗机技术验证与试验鉴定——主要挑战和解决方案》核心内容的英文参考资料大都来自洛马公司F－35战斗机项目团队，他们对F－35战斗机的项目管理和技术问题有着深入的洞察，他们撰写的技术文章全面完整，有相当的技术深度，保证了本书的整体技术含量，在此向他们表示衷心的感谢和崇高的敬意。

冯晓林

2019年10月

目　录

第1章　F-35"闪电Ⅱ"战斗机项目发展历史——从联合先进攻击技术到初始作战能力

本章回顾了F-35战斗机系统的研制背景和需求，总结了三个不同研制阶段的环境、目标、方法和结论，重点介绍了遇到的一些重要的具有挑战性问题和解决方法。F-35战斗机项目有着宏伟的目标，并且一直面临着众多挑战，目前项目研制已接近尾声，正在为满足客户作战需求而全力生产F-35战斗机系统。

1.1　F-35战斗机项目背景

联合攻击战斗机(JSF)项目的起源可以追溯到冷战结束时，美国海军陆战队和英国皇家空军以及皇家海军都有开发一种短距起飞/垂直着陆(STOVL)型攻击战斗机的长期需求。冷战后国防预算大幅削减，再加上美国和整个西方的战斗机机队老化，这就要求战斗机研制和生产方面要达到一个新水平。1993年美国国防部上下限审查取消了美国空军、海军和海军陆战队各自单独的战斗/攻击机研制计划。当时，这些研制计划都是为了补充美国各军种的作战机队而发起的，但后来普遍认为负担不起。然而，由于一批老式战斗机寿命到期，且生产即将结束，采办一种新飞机迫在眉睫(见图1.1)。

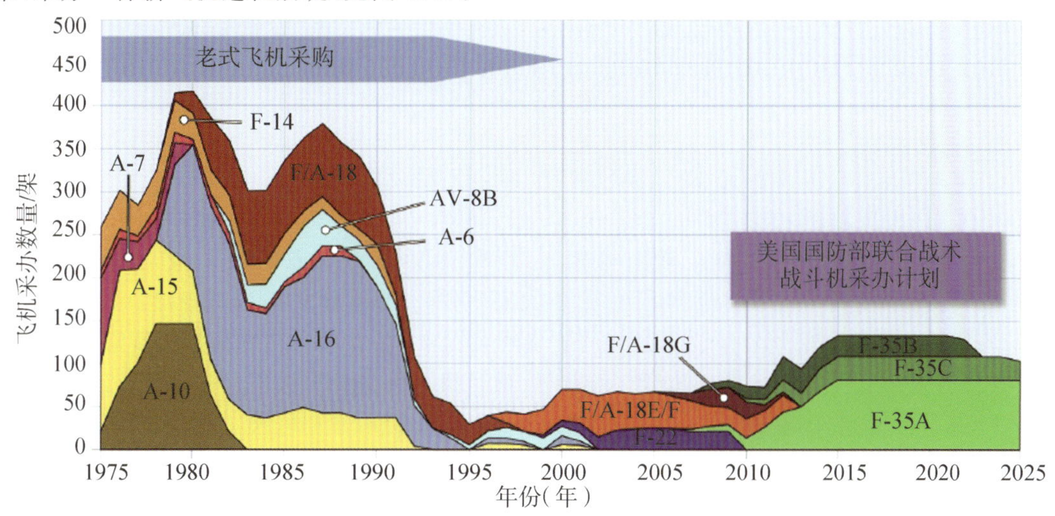

图1.1　历史的和预期的美国国防部战斗机采办计划

此外，美国及其盟国使用的大量战斗机(战斗机型号见图1.2)也都无法持续负担下去，联合作战和联盟作战的趋势也要求作战飞机在互操作性方面必须取得重大进展。在这种情况下,美国和英国各军种领导人一致同意开发一个单一项目来解决下一代战斗机平台经济可承受的问题。

当时,美国各军种对攻击战斗机的需求差异很大:美国海军陆战队/英国海军需要先进短距起飞/垂直着陆型(ASTOVL)、最大空重 24 000 lb① 的小型超声速飞机,美国海军则需要A-12隐身双发远程中型舰载轰炸机,而美国空军则需要一种低成本战斗机机队来替代现役F-16战斗机。文献[1]和文献[2]提供了美国早期研制项目及其系列发展情况,以及短距起飞/垂直着陆型的推进系统概念的早期研发情况,这些共同促成了现在的 F-35 战斗机项目。工业部门对设计一种飞机能够满足所有军种的需求非常怀疑。由于这个原因,并且缺乏通用飞机标准,美国国防部并未批准建立相应的飞机采办项目。相反,最初的项目任务是共同投资研究可以应用的技术,而不管具体的飞机构型如何,然后再进行构型研究以确定一个通用飞机系列是否能够满足各军种需求。

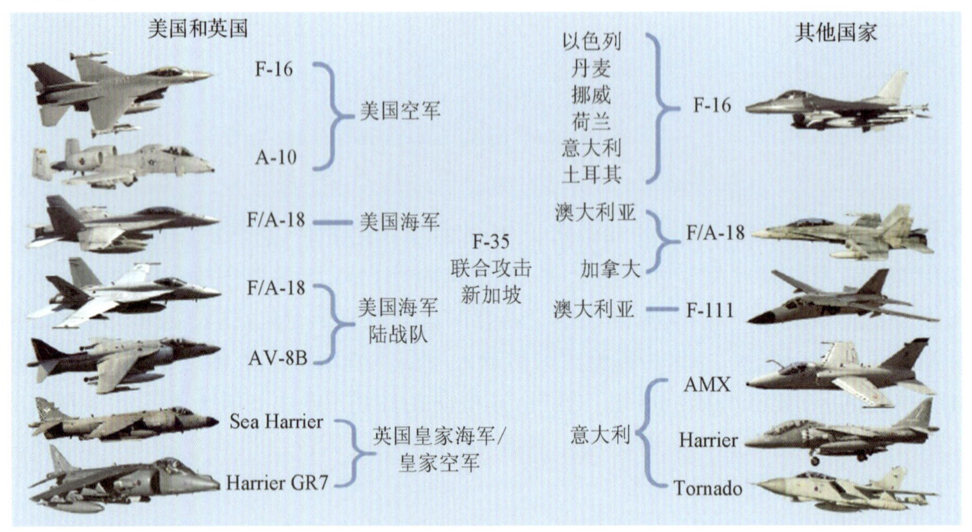

图 1.2 预计被 JSF 替代的传统战斗机型号

1.2 联合先进攻击技术

几个军种建立了隶属于海军航空系统司令部(NAVAIR)、美国空军航空系统司令部(ASC)和英国国防部(MOD)的 JSF 项目办公室,并于 1994 年创建了联合先进攻击技术(JAST)项目。JSF 项目办公室位于弗吉尼亚州阿灵顿市,每个系统的最高指挥官都在同一个地方办公。领导机构由高级采办执行官(SAE)、项目执行官(PEO)和项目副执行官组成,他们由美国海军和美国空军各部门人员轮流担任,名义上每隔两年互相轮换一次。也就是说,一名美国空军高级采办执行官将由一名海军项目执行官(美国海军和美国海军陆战队官员)和一名空军项目副执行官辅佐。然后,这种模式将在为期两年的指挥权变更后再发生轮换。

① 1 lb=0.454 kg。

1.2.1 技术演示

新项目以联合先进攻击技术名义向工业部门发布了初步合同，每个合同商独立负责一种技术的开发和成熟度提升以及演示验证。合同向所有JSF竞争者发布，但要求各个合同商协同工作，统一规划，并在整个工业部门内分享研究成果。JSF集成子系统技术(J/IST电驱动)就是这些工作中最主要的一项。其中的多电飞机作动项目是由洛马公司领导并最终应用在F-35战斗机构型上。其他专有技术由各个竞争对手分别开展工作，洛马公司负责的一项是无附面层隔道超声速进气道(DSI)技术开发。这种进气道是一种混合压缩进气道，通过使用创新成型技术和无运动部件技术，避免边界层吸入进气道，实现了良好的进气道性能，且构型轻巧流畅。J/IST电驱动概念以及DSI都在不同的F-16试验机平台上进行了演示验证试飞[3-4]。

1.2.2 概念演示验证与设计研究

并行于这些技术项目，联合先进攻击技术项目还发布了概念演示验证和设计研究(CDDR)合同，要求这些工作开始构想具体的飞机构型和具体性能要求。具体说，就是要求提供满足各军种不同基本需求的飞机构型：美国空军的常规起降型(CTOL)，美国海军陆战队和英国皇家空军和皇家海军的短距起飞/垂直着陆型，以及美国海军能够使用弹射器和拦阻装置的舰载型(CV)。航程/有效载荷和机动性要求在F-35战斗机各型别中是通用的，作战能力要基本相当于现役F-16战斗机和F/A-18战斗机。信号特征等级和任务系统/武器需要在广泛权衡范畴内进行研究，并为常规起降型确定一个经济可承受性目标，采购目标成本是相当于配备瞄准和电子战吊舱以及外部油箱的F-16 Block 50战斗机的成本，即2 800万美元/架(1994年)。各型别之间要尽可能通用，以便充分利用规模经济和互操作性优势。

按照预算限制，美国各军种认识到通用性的价值，并认为过于具体的要求可能会抵消这些利益。因此，他们重新审查了以前的技术开发项目的基本假设，并做出了一些重要变化。最值得注意的是，自A-7以来，美国海军首次接受了单座和单发要求，这对于美国海军陆战队实现短距起飞/垂直着陆型构型至关重要。

概念演示验证和设计研究阶段的结论是，构型概念和相关需求权衡研究为JSF项目办公室和参与军种提供了充分的信心，认为可以进入下一研制阶段，开发一个系列战斗机，称之为JSF，以满足联合作战需求文件(JORD)的要求，这些文件将在下一阶段(概念演示验证阶段(CDP))制定。

1.2.3 工业部门竞争者

三个工业部门竞争团队参与了该项目竞标，每个竞争者都有基于不同短距起飞/垂直着陆推进概念的飞机构型。文献[2]描述了联合先进攻击技术项目之前短距起飞/垂直着陆概念的演变。洛马公司的概念演示验证和设计研究工作均以轴驱动升力风扇(SDLF)概念为基础。

波音公司的概念是基于直接升力，它依靠类似于“海鹞”战斗机的可旋转喷管，将发动机喷气推力的大部分转移到飞机重心位置向下喷出，实现悬停。在翼载/机载过渡期间，喷气排气流从尾部转向喷管的来回切换是突然的。一系列远程喷管提供姿态控制，并在主进气道附近形成“喷射屏”，以减少热空气吸入。在这个阶段，波音的构型是一种三角翼布局，对于所有三种型别来说基本通用。

麦道公司(后来被波音公司收购)/诺斯罗普格·鲁门公司/英国航空公司(现为BAE系统公司)的概念是一种传统的机翼-尾翼布局,其传统推进器用于常规起降型和舰载型。短距起飞/垂直着陆型采用与俄罗斯雅克(YAK)-38和雅克-141飞机类似的升力加升力/巡航推进系统。它有一个单独的升力发动机安装在前面,主发动机排气喷管的旋转喷管和后部传统喷管组合类似于波音排气系统,但要短很多。

1.2.4 洛马公司的飞机平台概念

洛马公司的飞机平台概念集中在如图1.3所示的轴驱动升力风扇推进系统[1,4]上,这对于短距起飞/垂直着陆型战斗机能力和各型别之间的通用性至关重要。该系统利用一个矢量升力风扇喷管和一个连续转向三轴承旋转喷管(3BSD),解决了之前超声速短距起飞/垂直着陆型概念的主要问题和典型失效问题。

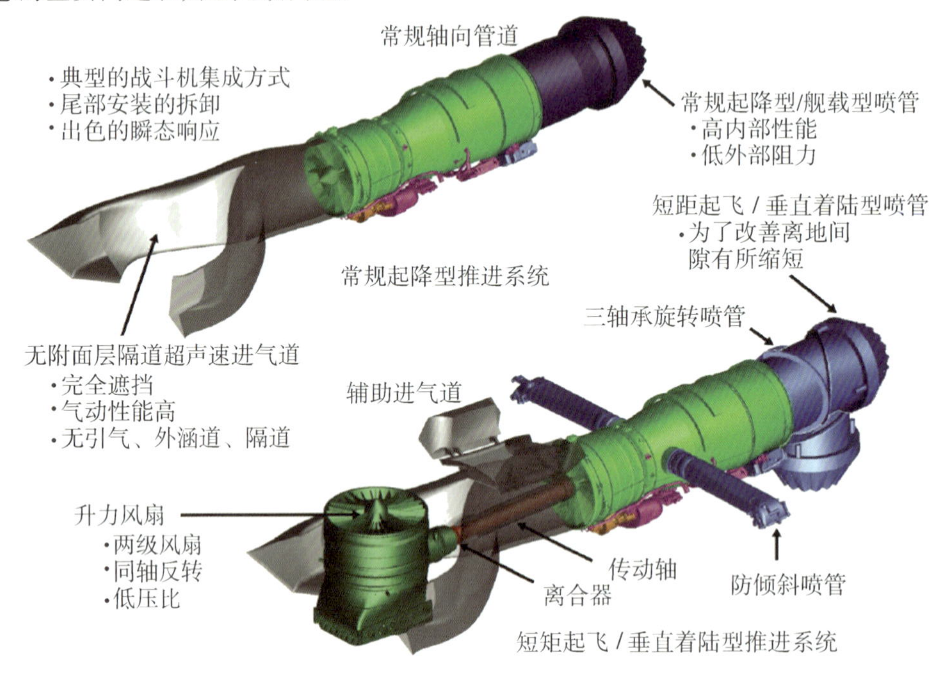

图1.3 洛马公司JSF常规起降型与短距起飞/垂直着陆型推进系统比较

(1)垂直推重比裕度。升力风扇的推力增量相对于基本型无加力发动机的推力增加约40%,以更高的质量流量和更低的排气速度获得更有效的推力。

(2)悬停平衡/配平。轴驱动升力风扇这种布局是在飞机重心周围产生一个自然的垂直推力柱,因此俯仰和滚转控制可以简单地通过改变四个固定喷管的向上垂直推力来实现。重要的是,前置升力风扇的推力很高,允许把后部喷管和发动机放置在机身后端,允许气动构型、结构和系统采用常规布局。这是有效采用常规布局的关键,非常适合所有三种型别。

(3)连续过渡。升力风扇和发动机排气喷管能够连续转向,这样保证了飞行状态之间(翼载和喷气飞行之间)的平顺过渡,而无须在过渡期改变推进系统模式。这简化了过渡过程并降低了风险。

(4)诱发的外部环境。前升力风扇喷气仅由风扇压缩空气产生。这股排气流比主发动机排气温度低,速度也慢很多。在机身尾部,由于通过低压涡轮机提取了一部分能量来驱动升力风扇,发动机的排气温度也低了一些。防倾斜喷管排气类似于升力风扇排气,由主发动机风扇产生。最终的结果是对飞机、甲板或地表,以及人员、飞机或设备周围,产生的诱导热、声和气流环境是可以接受的。此外,温度较低的升力风扇排气阻止了温度较高的发动机排气在悬停时到达飞机前部,最大限度地减少了进气道对热气的吸入。

洛马公司开发了两个系列的构型[5]。100系列来自国防高级研究计划局(DARPA)的先进短距起飞/垂直着陆型和通用低成本轻型战斗机(CALF)项目。这两种构型是带有轴驱动升力风扇的鸭式布局设计,用于短距起飞/垂直着陆,正如在美国国家航空航天局艾姆斯研究中心的全尺寸风洞[6]中,先进短距起飞/垂直着陆项目试验的一样。常规起降型和舰载型的通用性策略仅仅是取消轴驱动升力风扇系统,并用一个推力矢量喷管替换了类似于F-22战斗机使用的两维矢量喷管。200系列的构型采用传统尾翼布局,推进系统也相同。通用性方法是常规起降型和短距起飞/垂直着陆型使用相同的气动布局。舰载型的通用,主要实现方法是增加机翼面积,扩大了机翼前缘和后缘襟翼,并扩展了翼尖,所以翼型形状更薄,机翼剖面有一定程度受损,以便与其他型别的翼盒通用。

选择传统尾翼布局有两个主要原因。首先,领导了F-22战斗机设计的洛马公司进行了广泛的研究,认为传统布局的跨声速转弯机动性能最佳,并且为实现所需的纵向稳定性提供了最大升力,而且其超声速阻力特征也非常优越[7]。其次,虽然在这个阶段没有明确的要求,但是航母低动力进场速度要求表明,从升力(最大升力,并且处于进场迎角)和低速控制(控制力和反向控制耦合)的观点来看,机翼-尾翼布局与三角翼或鸭翼布局相比,风险要小得多。先进短距起飞/垂直着陆型和低成本轻型战斗机项目使用的鸭式布局是针对常规起降型和短距起飞/垂直着陆型性能而设计的,并没有考虑舰载型与航母的兼容性。

在这个阶段,各型别构型的通用性非常高,包括机身结构和飞机平台系统。预计高通用性所带来的好处将超过通过优化结构和系统以满足特殊军种要求而可能获得的性能改进成本。在项目的后期阶段,机身结构和一些飞机系统确实在细节层面上失去了通用性,本章后面有所介绍。但任务系统自始至终保持着几乎100%的通用性。

1.3　概念演示验证阶段——JSF

随着联合先进攻击技术项目的进展并在概念演示验证和设计研究的相关结论的支持下,JSF航空武器系统采办项目顺利进入概念演示验证阶段。该项目的优先事项或核心事项确定为致命性、生存性、可保障性和经济可承受性。

概念演示验证阶段项目设定了宏伟目标。首先,作为未来产品型航空武器系统的首选武器系统概念(PWSC),将得到研制发展和成熟度提升。其次,将细化和迭代改进首选武器系统概念的相关需求。第三,提升关键技术成熟度,并进行演示验证,包括全尺寸概念演示验证飞机(CDA)的飞行试验。

1.竞争

1996年,三个竞争对手(洛马公司、麦道公司/诺斯罗普·格鲁门公司/英国航空航天公司工作组和波音公司)提交了概念演示验证阶段的方案建议书。鉴于该阶段工作的风险很高,投入也很大，美国政府限制了项目的总花费，防止承包商的买标行为，以维持公平竞争。1997年初，洛马公司和波音公司被选中参与概念演示验证阶段工作。

概念演示验证阶段合同价值超过10亿美元，包括研制概念演示验证飞机和发动机。几家竞标失利的公司中，诺斯罗普·格鲁门公司和英国航空航天公司仍然表明了继续参与该项目的兴趣，并且两家公司显然都具有宝贵的技术能力和资源，因此两家公司考虑作为合作队友加入洛马公司或波音公司。最终，两家公司都选择与洛马公司合作。在概念演示验证阶段工作确定后不久，麦道公司被波音公司兼并，其JSF资源也被提供给波音公司，并参与概念演示验证阶段工作。

在洛马公司团队中，两位新队友都是成熟的飞机总承包商，每个队友都带来了各自独特的技术优势。诺斯罗普·格鲁门公司拥有丰富的隐身技术经验和历史悠久的舰载机技术专长，而对于短距起飞/垂直着陆型飞机，英国航空航天公司则具有传统和独特的技术能力以及强大的精密制造能力。随后，三家公司签订了团队合作协议，明确了各自的责任和工作任务，并明确了项目内知识产权的共享问题。在这个阶段，研制团队作为一个统一的团队运作，大部分人员集中到得克萨斯州沃斯堡工作，诺斯罗普·格鲁门公司和英国航空航天公司的人员担任了许多关键的领导职位。

2.需求制定

确定需求是概念演示验证阶段的关键工作目标，最终要形成联合作战需求文件，也就是JSF型别技术规范(JMS)，并确定关键性能参数(KPP)。在未形成联合作战需求文件之前，基本每年会发布一个JSF联合过渡需求文件(JIRD)。需求的成熟度由各军种代表密切关注并监管，由作战顾问委员会(OAG)和高级作战小组(SWG)进行频繁审查。

随着F-35战斗机三种型别构型的日渐成熟，需求权衡研究分别对竞争对手进行分析，确定哪些能力组合是可实现和可负担得起的。实际上，需求管理是这一阶段应用的经济可承受性主要杠杆。通过几次成本与作战性能权衡(COPT)迭代，确定了飞机基本尺寸，以及飞机性能(即任务、机动性和基线能力)。这些结果分别在1995年和1997年用于制定第一阶段和第二阶段联合过渡需求文件，并确定了初步空气动力学性能、隐身性要求，以及总体可保障性和航空电子设备目标。在完成成本与作战性能权衡研究之后，使用战役级作战分析衡量指标进行了正式的成本独立变量(CAIV)研究，以确定传感器、武器、信号特征和机动/飞行包线能力的最佳成本效益组合。这些研究结果于1998年应用在了第三阶段联合过渡需求文件中，并在1999年4月与更多详细的航电设备和可保障性要求一并形成了联合作战需求文件草案(见图1.4)。

JSF是第一个以量化方式应用成本独立变量(CAIV)的项目。对多种单项技术能力开展了数十项权衡研究，以量化作战使用收益和对剩余生命周期成本的影响。这些权衡研究结果划分了优先级，并绘制为成本独立变量曲线(见图1.4)。联合需求制定者理解经济可承受性会抑制技术能力方面的创新，成本独立变量曲线促进了个人偏见和作战价值之间的协调。在选择分析方面，有些能力很难量化，例如机炮。在这种情况下，需要在作战顾问委员会(OAG)、高级作战小组(SWG)和JSF项目办公室以及承包商的作战使用分析中使用共识技术予以解决。

虽然从表面上看，性能需求在整个阶段没有显著变化，但也存在微妙的基本规则变化和一些附加参数变化，推动了各型别之间的通用性，特别是机身。例如，修订了美国空军设计任务的飞行高度和马赫数，驱使改变了常规起降型的燃油体积，而且，将常规起降型垂直过载系数增加到 9g，使得大多数结构部件和作动器与短距起飞/垂直着陆型的相应部件不同。附加的动力进场速度 V_{PA} 被要求作为舰载型的关键性能参数则直接导致舰载型的机翼面积增加，并且采用了不通用翼盒，其他系统也发生了级联变化，如作动器。

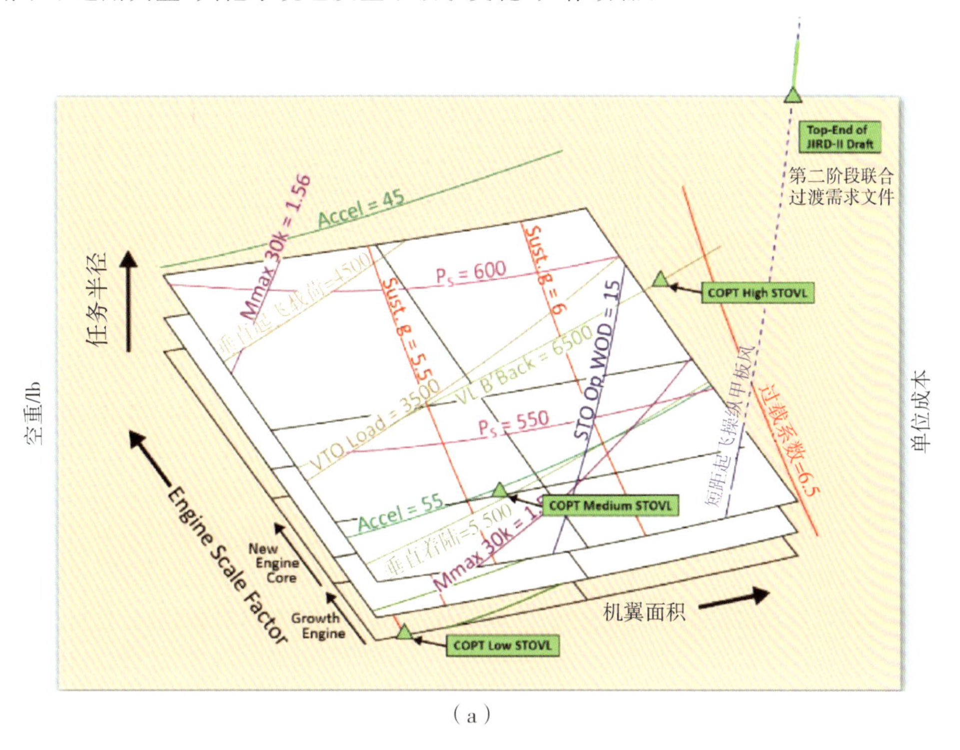

（a）

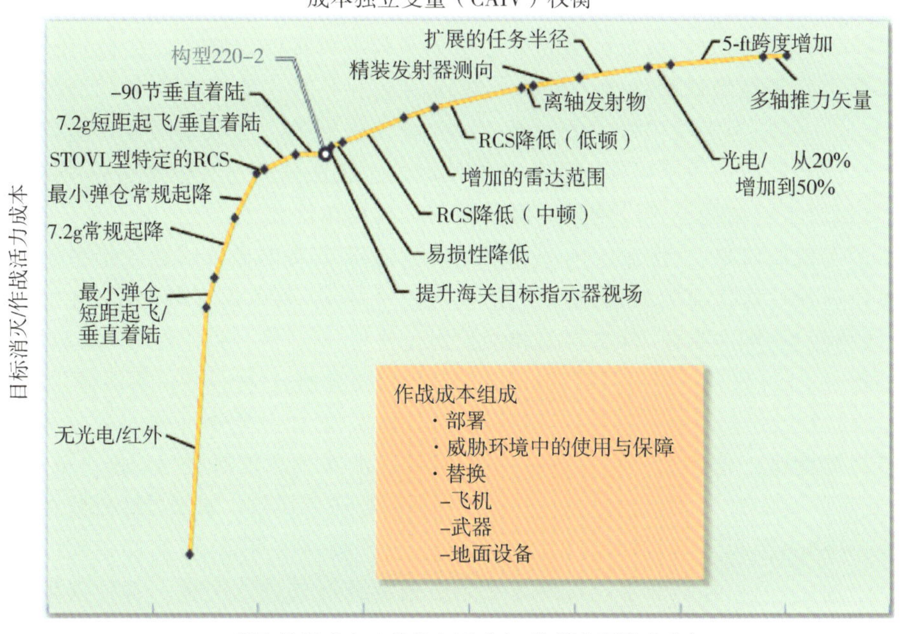

（b）

图 1.4　联合需求文件草率(典型 JSF 成本与作战性能权衡和成本独立变量研究数据)

(a)成本与作战性能权衡(COPT)；(b)成本独立变量(CAIV)权衡曲线

在工业部门团队中，维持了一个严格的系统工程流程，以便将基于顶层性能的技术规范要求分解到较低层级。分解过程被记录在需求工作包中，并通过 IBM® Rational® DOORS® 软件进行跟踪。对每个设计区域的设计生命周期成本目标都增加了经济可承受性要求。

3.首选武器系统概念

洛马公司首选武器系统概念构型被命名为 230 系列。第一个发布的构型系列 230-1，旨在满足第一阶段联合过渡需求文件的要求，并为所有三种型别保留了一个通用翼盒形状。这成为概念验证机(CDA)设计的起点，概念验证机后来命名为 X-35A、X-35B 和 X-35C，所以外形线和其他设计数据被传输给加利福尼亚州棕榈谷的全尺寸概念演示验证飞机设计团队。随后的设计迭代，推进到了构型 230-5，机翼、推进系统和内部构型发生了变化[5]。总的来说，设计团队努力使飞机构型尽可能紧凑。整体机体尺寸受到推进系统和武器舱的严格限制。虽然 CTOL 型和短距起飞/垂直着陆型的机翼区域和跨度由亚声速机动要求所驱动，但是设计团队却受到悬停重量的限制。一个重大突破是升力风扇排气采用了可变面积叶片箱喷管(VAVBN)。以前，升力风扇排气通过一个伸缩式矢量排气喷管(TVEN)实现，被英国航空航天公司人员戏称为婴儿车罩(Pram Hood)。这个喷管的尺寸在后矢量角度下提供短距起飞(STO)推力时，在垂直悬停状态下的有效作用面积太大，限制了可用悬停推力[4]。然而，可变面积叶片箱喷管的可变面积特征可以在所有矢量角度进行推力优化，提高了垂直着陆(VL)能力，这样又允许增大机翼面积，改善了战斗转弯性能。

外部构型逐步成熟，以平衡亚声速/超声速/基础性能、稳定性和控制、信号特征、传感器位置和关注的领域。除了广泛的计算流体动力学(CFD)和计算电磁学分析之外，还进行了大量风洞试验和雷达测距试验。随着构型的发展，有时细小的变化也会产生重大影响。例如，在 230-1/X-35 构型外形被冻结前，为了提高短距起飞性能，把机翼安装角略微增加，这就导致需要改变进气道上方的上部机体形状。这种变化的原因是，低速风洞试验表明升力确实增加了，但跨声速试验却表明方向稳定性出现了意想不到和不可接受的降低。这样，在X-35构型冻结之前必须进行额外的设计迭代。也许外部构型最重要的改变是增大舰载型的机翼尺寸(包括尾翼)，这主要是为满足关键性能参数 V_{PA} 的要求进行的。舰载型的设计迭代包括为了保持足够的风险裕度而扩大了机翼面积。这导致舰载型无法采用与其他型别通用的翼盒几何形状，但依然保留了子结构位置以满足通用装配工具的可达性要求。

随着内部系统的成熟，直接影响内部管线走线的内部布局也显著成熟。子系统组件的大小通常随着每次设计迭代而增加，但是最大的挑战在于集成，要考虑安装要求、连接器和联轴器、管路和线路布局、弯曲半径、分离要求和维护人员检修口盖等。主要的几何集成问题包括：多种武器的挂载和间隙问题，起落架收回和存放，可投弃抗干扰设备，电动静液作动系统(EHAS)作动器和电子装置，发动机及其附件的拆卸和安装，以及空中开舱门。热管理也是一个持续的挑战性问题。正如预期的那样，第五代战斗机的系统热负荷要尽可能内部吸收，但短距起飞/垂直着陆型的升力风扇也能抑制大量热量，这增加了挑战。此外，每种型别的重心要求也不一样，其中短距起飞/垂直着陆型的重心要求最严格。结果是，虽然许多燃油系统部件在各种型别中通用，但综合燃油系统布局却只能根据特殊要求进行调整。各种型别独特的重心要求也显著影响了武器挂架和武器投放设备的设计[8]。

悬停(起飞)推重裕度对系列型别设计的几乎所有方面提出了严格的要求，对短距起飞/垂直着陆型的要求尤为严格。整个首选武器系统概念研制的过程中，一直在对短距起飞/垂直着陆型推进系统进行细化改进，以改善推力和气动机械可操作性，以及减轻重量。早期，把升力风扇直径增加了2 in①，以增加推力。对主升力风扇和辅助进气口进行了明显更改，以改善压力恢复和抗畸变能力，最直观的就是采用了后铰链式升力风扇进气道[4]。主进气道缩短了大约40 in以减轻重量，四边主进气道孔径被三边构型取代，以改善大迎角下的气流畸变。

首选武器系统概念制造方法的经济可承受性也对构型产生直接影响。一种方法是以最少的工具进行快速装配(5个月)。主要的子组件部件被完全装入子系统组件，并在总装时使用离散的快速配合接头连接相对较少的大型紧固件，每个接头处都配有流体和线束联轴器。选择总装配合平面以最小化配合后的复杂装配任务，一个目标是避免座舱盖、进气道或武器舱门穿过装配平面，但由于进气道和座舱盖在机身站位重叠，因此可以接受机身站位270的配合接头穿过驾驶舱盖。另一个目标是保持所有型别的工具通用。即使各型别的腹板或凸缘厚度有所不同，也可以增加衬垫以保持与工具的接口相同。通过精密加工复合蒙皮的内模线和组装的子结构，可以保持接缝处非常精密的外模线公差。

随着首选武器系统概念的生产定义和产品系统要求在概念演示验证阶段得到巩固，洛马公司与诺斯罗普·格鲁门公司和BAE系统公司之间的合作协议也被修订，以确定未来详细设计、未来生产和维护阶段合作方的具体工作内容与责任。团队组织、人员分配和商务活动逐步分散。在研制过程中，合作双方都要参与众多技术领域工作。生产分工上，诺斯罗普·格鲁门公司负责中机身和飞行中要打开的舱门，特别是大型武器舱门及其驱动器、拦阻装置、防火装置、惯性导航装置和全球定位系统、辅助着陆天线和任务系统通用组件。BAE系统公司负责后机身、水平尾翼和垂直尾翼翼盒，舰载型外舷翼盒，机组逃生系统、燃油系统、生命保障系统和冰探测系统。

最终的首选武器系统概念构型230-5，成为2001年初工程制造与研制(EMD)方案的基础。

4. 概念演示验证机：X-35飞机

如前所述，全尺寸概念演示验证机，即X-35飞机，源自首选武器系统概念研究的230-1构型。验证机对于演示验证轴驱动升力风扇系统能力，并展示高度通用的各种型别能够满足各军种不同需求至关重要。为此，洛马公司生产了两架基本型验证机。各种型别的独特功能都可以安装在任何一架飞机上。波音公司X-32A和洛马公司X-35A飞机如图1.5所示。

图1.5　波音公司X-32A和洛马公司X-35A飞机

① 1 in=2.54 cm。

洛马公司概念演示验证机既没有反映首选武器系统概念的机体结构，也没有反映大多数子系统。只有通过其他一些独特的试验验证工作来降低这些元素的风险，而 X-35 验证机代表了气动构型，全尺寸推进系统和飞行控制律（不是硬件）。机体是一个一次性原型机体。它们是作为组件制造的，而不是来自装配件的子组件。系统部件尽可能使用了现有飞机部件。例如，主起落架采用了 A-6 飞机部件，前起落架则取自 F-15E 战斗机。

X-35B 验证机短距起飞/垂直着陆型与提出的首选武器系统概念之间的四个主要区别是：①X-35B 验证机保留了 TVEN“婴儿车罩式”升力风扇喷管而不是后来的 VAVBN；②X-35B 验证机上的侧铰链升降风扇进气门更换为单个后铰链进气门；③辅助进气门的中间铰链布局更换为侧铰链门；④X-35B验证机保留了三手柄短距起飞/垂直着陆型控制器，与鹞式布局一样，而不是采用首选武器系统概念提议的三柄统一控制方案。

首架常规起降型验证机（1 号飞机）于 2000 年 10 月在加利福尼亚州的棕榈谷首飞，随后立即转场到加利福尼亚州的爱德华空军基地，代表常规起降型和短距起飞/垂直着陆型飞机进行飞行试验。在五周内完成 28 次飞行后，飞机返回棕榈谷，安装了轴驱动升力风扇、三轴承旋转喷管和防倾斜喷管，改装成为短距起飞/垂直着陆型。在短暂的试飞任务中，X-35A 试验机分别由洛马公司、美国空军、美国海军陆战队和英国飞行员驾驶。试飞中达到了 5g 过载，20°迎角，进行了超声速飞行和空中加油试验。具体航程和机动性能的定量测试结果与预测结果非常吻合。所有六名飞行员均对整个试验包线内的操纵品质评价为 1 级，推进系统的无故障运行也验证了发动机/进气道的兼容性。

2 号验证机于 2000 年 12 月首飞，构型为 X-35C，机翼前缘和后缘襟翼较大，尾翼面积也较大。美国政府、洛马公司、美国海军、美国空军和英国的 8 名试飞员在爱德华空军基地驾驶这架验证机试飞了约 40 个架次，包括陆上着舰练习、空中加油和超声速飞行。随后，2001 年 2 月，验证机转场到帕图克森特河海军航空站，4 个星期内进行了 30 次粗猛（Aggressive）陆基航母着舰试验，完成了 258 次陆基着舰训练（FCLP）。这些飞行试验支持了预测模型，也证实了飞机优秀的飞行品质（见图 1.6）。

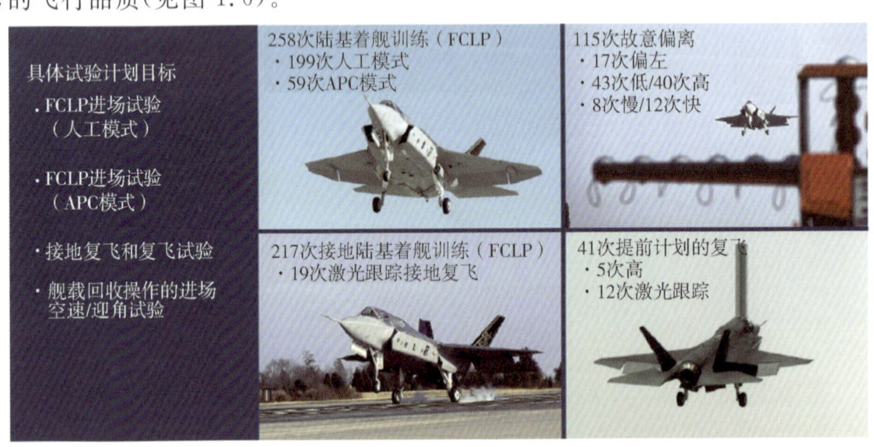

图 1.6 X-35C 舰载适应性飞行试验成功完成

1 号验证机于 2001 年 2 月完成了向 X-35B 构型改装，并在首飞前进行了一系列地面试验。与此同时，短距起飞/垂直着陆型推进系统完成了加速任务试验，飞行控制软件进行了最终的回归试验。首次地面试验包括将飞机安装在有格栅的悬停槽上方的支柱上，以便对安装的推进系统产生的净推力进行有限测量，并演示验证综合飞行和推进控制系统的功能。然后用坚固的地平面代替格栅，以确定近地对净推力的影响。此外，在飞机的下表面、地面和离飞机半径 50 ft① 的地方进行了地面环境声学、热和流量测量。

最初的短距起飞/垂直着陆模式飞行是在 2001 年 6 月底通过有格栅的悬停槽进行的，以建立悬停性能限制，澄清飞机飞行包线的底部。这为后续减速过渡的终点建立了已知条件。在空中演示了从短距起飞/垂直着陆模式转回或向短距起飞/垂直着陆模式转换后，建立了系统的悬停性能，包括半喷气式着陆，并在爱德华空军基地的着陆垫上实现首次垂直着陆。飞行试验还成功地把短距起飞(STO)速度降到很低，抬前轮速度仅 60 kn②。试飞确认飞机飞行品质达到 1 级。发动机没有吸入热燃气，红外图像证实前部升力风扇气流有效阻止了进气道和飞机前部受到发动机排气的影响。

由于预测模型过于保守，这些地面试验和飞行试验的空气动力学测量、推进系统测量和环境测量的结果均优于几乎所有情况下的预测。首次垂直起飞试验(从有格栅的悬停槽垂直起飞)时，英国航空航天试飞员西蒙·哈格里夫斯驾驶飞机垂直升空达到 20 ft 高度，当时他只期望赶快脱离与有格栅的悬停槽的接触。在短距起飞/垂直着陆型飞行试验的准备阶段，试验队原计划在帕图克森特河海军航空站，在海平面高度和较低温度的有利条件下利用 2 号试验机进行悬停试验。但实际情况是，该系统在夏季中期于海拔 2 300 ft 的沙漠地区进行了高空飞行试验，垂直性能试验结果比较理想，因此整个试验计划最终都在那里完成。

2001 年 7 月 20 日，X-35B 验证机成为历史上首架在单个架次同时实现超声速和悬停飞行的飞机(见图 1.7)。在 X-35 验证机之前的 40 多年里，美国和欧洲的航空航天工业部门一直在全力研究垂直和/或短距起飞和着陆(V/STOL)战斗机技术，但仅产生了亚声速的“鹞”式飞机系统。除了 X-35B 验证机之外，之前只有 3 架研究性飞机已经证明了同时具备悬停和超声速飞行能力：德国的 VJ-101C、法国的幻影Ⅲ-V 和苏联的雅克-141。但是，这些飞机都没有形成代表性航空武器作战平台，而且性能有限。有了这样的背景，X-35B 验证机团队开始执行 X 任务剖面，由短距起飞、超声速急冲和垂直着陆组成，最终证明了轴驱动升力风扇推进系统完全克服了超声速飞行和短距起飞/垂直着陆飞行的不兼容问题，使得通用配置成为可能。

图 1.7 X-35B 验证机的 X 任务试飞剖面：短距起飞、超声速冲刺和垂直着陆

① 1 ft=0.304 8 m。
② 1 kn=1.852 km·h^{-1}。

1.4 系统研制与验证

洛马公司于2001年2月提交了当时被称为工程制造与研制阶段的提案，当时，X-35验证机的飞行试验仍在进行中。那时，只有X-35A验证机常规起降型完成了试验，并且被改装为X-35B验证机短距起飞/垂直着陆型。X-35C验证机舰载型准备从爱德华空军基地转场到帕图克森特河海军航空站完成舰载适应性试验。4月和8月提交的提案书的补充内容包含了X-35验证机所有三种型别成功的飞行试验结论。随后进行了正式的面对面质询和答疑，最终版修订提案在9月中旬提交。

提案书的评估标准包括三个同等权重的因素：经济可承受性、工程制造与发展(EMD)以及提案公司以往的行为能力。经济可承受性因素主要说明提案产品的生产成本，包括飞机平台和自主后勤系统(维持系统)的设计试验与制造成本，以及剩余生命周期成本(包括采购、运营和保障)。EMD因素主要说明提案的项目规划与管理，包括技术方案、项目管理和EMD成本。

尽管由于竞争对手的原因，以及"9·11"恐怖袭击五角大楼事件，JSF项目的短距起飞/垂直着陆型飞行试验有所延误，但整个提案书评估过程仍按计划进行。美国国防采办委员会按期于10月24日开会确认JSF可以进入下一阶段的研制，现在称之为系统研制与验证(SDD)阶段。获胜承包商也于2001年10月26日按期发布[9]。

由以下人员宣布洛马公司赢得合同：

1)原选择管理局、空军部长詹姆斯·罗奇。

2)负责采办、技术和后勤的国防副部长爱德华·C.奥尔德里奇。

3)海军部长戈登·英格兰。

4)英国议会副部长(国防部)(采办)威廉·巴赫勋爵。

5)美国海军陆战队JSF PEO迈克尔·霍夫少将。

罗奇部长表示，两位竞争对手的提案都"非常强大"，考虑了优势、劣势和相对风险[9]，最终罗奇部长认为洛马公司团队在最佳价值的基础上"优势越来越明显"，所以洛马团队获胜。有趣的是，根据洛马公司X-35验证机的名称，F-35战斗机的名称似乎是在现场因记者提问而确定并公布的。与验证机名称保持一致，常规起降型被命名为F-35A，短距起飞/垂直着陆型被命名为F-35B，舰载型被命名为F-35C。

1. SDD阶段

SDD阶段的目标是：①开发一个经济实惠的系列战斗机系统(飞行器加自主后勤保障系统)，满足各军种要求，显著降低寿命周期成本；②制定寿命周期计划来保障生产、部署、飞行以及善后事宜；③开展演示验证并实施经济可承受性举措。为了负担得起和加快研制速度，该计划与几项采办改革举措保持一致，包括综合产品和流程开发、基于性能的技术规范(PBS)和承包商总系统性能责任(TSPR)、基于仿真的采办(SBA)、并行研制、基于性能的后勤保障(PBL)。JSF项目办公室的政策是尽可能少地使用政府资产，除了全尺寸地面试验和飞行试验设施，以及推进系统(研制与硬件)。

整体项目计划由政府制定，具体情况如图1.8所示。整个项目周期为126个月，常规起降型、短距起飞/垂直着陆型和舰载型的首飞计划分别在48个月、53个月和62个月后进行。该计划还规定了三个批次渐进式任务系统能力的认证，以执行带有特定武器挂载的小规模任务。

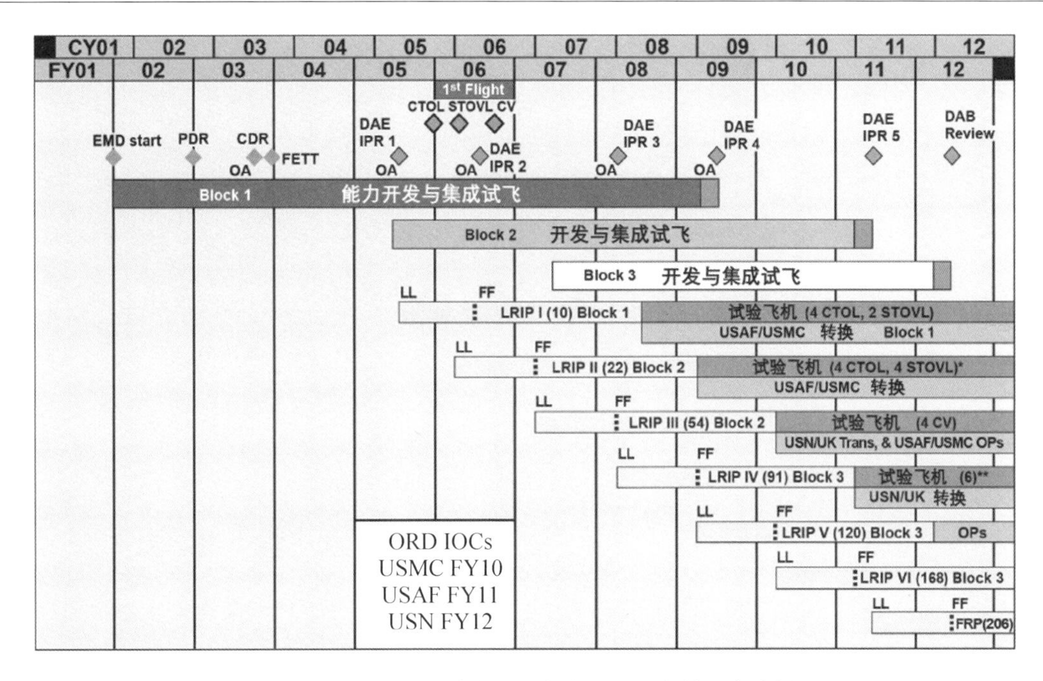

图 1.8　EMD 阶段确定的研制与小批量初始生产计划

虽然不属于 SDD 阶段项目的一部分，但小批量初始生产（LRIP）计划与研制计划高度同步。第一批小批量初始生产经费计划在常规起降型首飞前批准，而全额经费将在短距起飞/垂直着陆型首飞后批准。

洛马公司获得了价值 190 亿美元的成本加酬金合同，普惠公司获得价值 40 亿美元的合同。这两家公司制定了一份联合承包商协议来协调和集成飞机推进系统。在洛马公司的合同中，大部分可用经费与客户的评估意见相捆绑，每 6 个月对合同执行情况进行一次评估，评估内容包括经济可承受性、研制成本控制、管理和技术类别，以及整体综合评级。但是，合同费用的很大一部分，即附表 B 的奖励费，是通过对实际小批量初始生产成本与每种型别规定的经济可承受性改进曲线（AIC）的客观比较来确定的。AIC 与成本趋势相对应，当平均成本超过预计的生产项目时，根据经济增长、生产数量和生产速率、型别构型和范围变化进行调整，相当于最初的 2 800 万美元（1994 财年美元）常规起降型（含备件）的单机出厂价格。目的是为实现经济可承受性目标提供直接激励，但实施起来却非常困难。随着项目进展和所面临的问题，关于费用结构最终会重新谈判。

洛马公司 SDD 项目计划通过与 CFI 一致的所有型别飞机的首飞开始实施，如图 1.9 所示。在洛马公司的计划中，涵盖了所有三种型别的单个飞机系统的初步设计评审（PDR），获得授权（ATP）后的 17 个月，而不是政府 CFI 规定的 12 个月，压缩了初步设计评审之后用于常规起降型设计、制造和检查的时间。洛马公司的计划还为每种型别提供了更多的时间来开展详细设计，对每个型别飞机达到关键设计评审（CDR）节点分别留出了 31 个月、34 个月和 37 个月时间，而不是政府对所有型别规定的 21 个月，从而大大减少了可用于制造和/或在设计和制造之间需要更大程度的并行时间。

为了完成三种型别初步设计评审，需在 ATP 后 9 个月内完成外形冻结（Lines-Freeze），几乎没有足够的时间进行一个完整的风洞试验循环（设计、制造、试验和分析）。第二个里程碑，即外形验证,可能需要额外的试验来确定最终几何参数。然而,结构布局必须根据最初的外形冻结来完成。启动详细结构设计的另一个关键要素是气动载荷。由于没有足够的时间来完成全载荷风洞试验,因此,最初的结构尺寸是使用 X-35 验证机的数据并根据各级别计算流体动力学分析进行调整确定的。

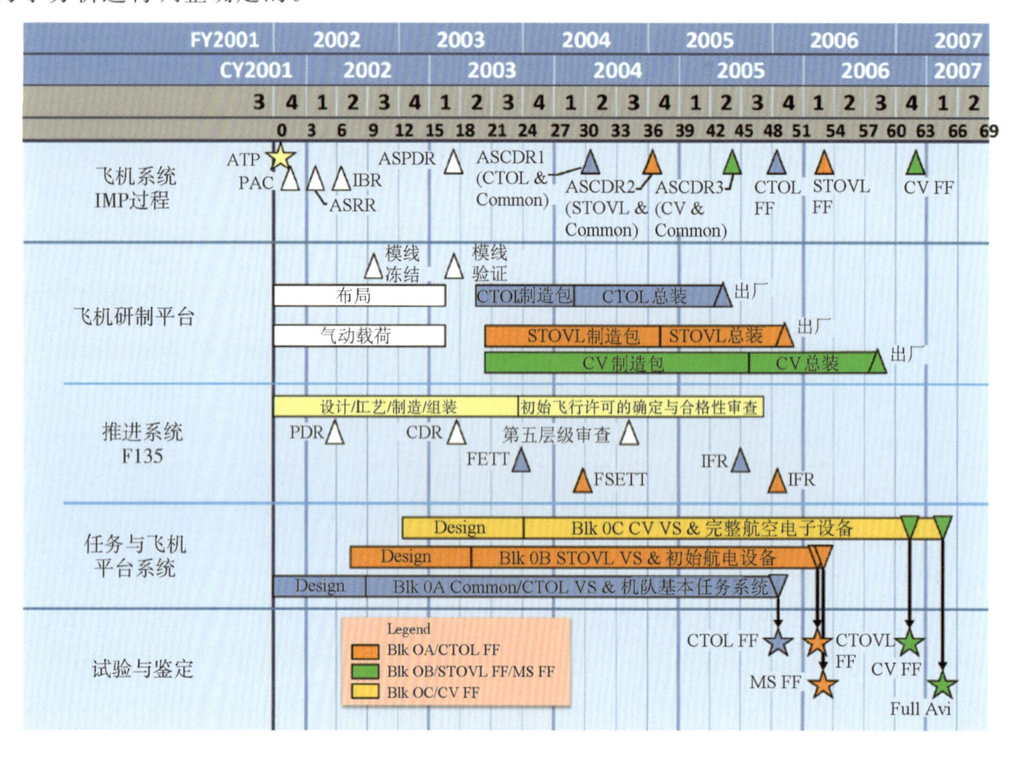

图 1.9 洛马公司的初始 SDD 阶段计划

总之,SDD 阶段早期取决于空气动力学外形和载荷、结构设计和制造之间的高度并行性。在 SDD 阶段开始时,来自概念演示验证阶段的最终首选武器系统概念构型就已经明确,但是由于需要将资源集中在 X-35 验证机的飞行试验上,在概念演示验证阶段对具体构型的风洞试验还没有完成。设计团队期望在下行选择(Down Select)和 ATP 之间的几个星期内,提前开展工作以减少一些并发风险。但正如前面提到的,这两个事件实际上发生在同一天。事实上,设计团队必须克服的第一个关键挑战是迅速聚集并增加人员,在前八个月将工作人员从 400 人增加到 4 000 人。因此,SDD 阶段早期是非常具有挑战性的。

2. 系统需求部署

SDD 阶段始于一份作战需求文件,该文件来自于 JSF 项目办公室以及美国和英国各军种在概念演示验证阶段项目结束时编写的联合作战需求文件草案。该文件为 F-35 战斗机系统建立了关键性能参数,定义了作战半径、舰载型动力进场速度(V_{PA})、短距起飞垂直着陆性能(平面甲板和滑跃短距起飞之间的距离和垂直着陆回弹)、互操作性、射频(RF)特征、任务可靠性、飞行架次生成率和后勤保障范围(Logistic Footprint)。

JSF 合同技术规范(JCS)与联合作战需求文件一致,被列入洛马公司合同。这是一个完全基于能力的性能基技术规范(PBS)。美国和英国各军种的角色和任务都是与任务用途一起定义的。针对致命性、生存性、基线、保密性、安全性、可靠性、可保障性和培训、态势感知和操纵品质，以及它们相应的定义，确定了性能、接口和环境需求。

初步任务之一是正式分配需求，以便在产品结构和组织机构的所有层面建立性能和功能需求。这是通过任务分解和需求工作打包完成的。使用适合F-35战斗机要求的商业需求管理工具，对需求分配进行记录和管理。系统供应商的性能基技术规范可直接用该工具生成。

3. 关键项目策略

研制团队非常了解SDD项目的复杂性和广泛性，再加上紧迫的时间进度要求和经济可承受性目标，需要团队的非凡表现。除了广泛的采办措施改革，从一开始就采用了一些工程和管理策略，其中一些得到广泛应用，一些只是在小范围应用。以下是所用的几项策略：

(1) JSF优先和JSF工业部门指导原则。项目领导层持续强化“JSF优先”的理念！作为项目座右铭，反映了项目成功对美国和军事盟友、主要参与伙伴国和关键分包商的业务，以及个人事业的重要意义。换句话说，一个组织在项目中可能获得的任何利己优势与高效运作的整体团队所发挥的作用相比，都会黯然失色。洛马公司项目总经理还制定了10条企业指导原则，明确共同工作的方式，支持并将其归类为5个目标：

1)激发卓越。

2)期待例外。

3)寻求连接。

4)培养信任和尊重。

5)重视个人。

(2)经济可承受性与最佳价值。经济可承受性理念渗透到F-35战斗机项目的各个方面。在SDD阶段，关注重点已经从成本与作战性能权衡和成本独立变量顶层需求权衡，转移到将设计-成本目标分配给系统、子系统和机身组件级别，并采取了经济可承受性措施以逐步实现经济可承受性目标(见图1.10)。各综合产品开发团队(IPT)负责每月报告计划进度，供应商每季度正式报告预测的经常性费用和自己的负担能力。

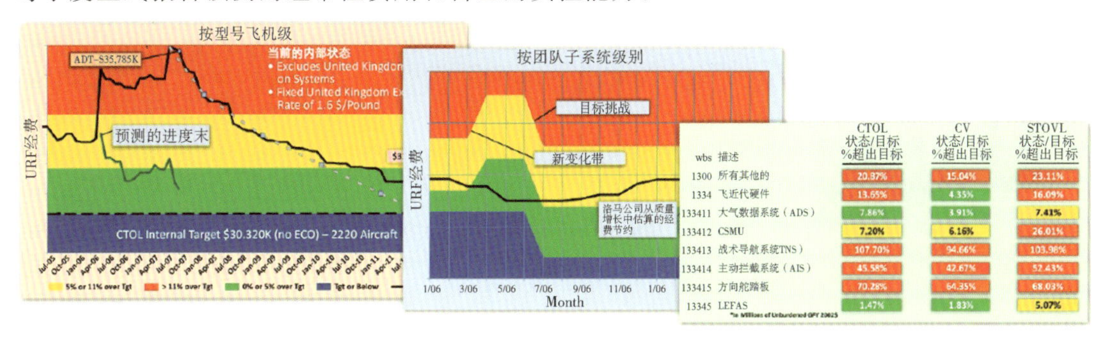

wbs	描述	CTOL 状态/目标 %超出目标	CV 状态/目标 %超出目标	STOVL 状态/目标 %超出目标
1300	所有其他的	20.87%	15.04%	23.11%
1334	飞近代硬件	13.65%	4.35%	16.09%
133411	大气数据系统(ADS)	7.86%	3.91%	7.41%
133412	CSMU	7.20%	6.16%	26.01%
133413	战术导航系统TNS)	107.70%	94.66%	103.98%
133414	主动拦截系统(AIS)	45.58%	42.67%	52.43%
133415	方向舵踏板	70.28%	64.35%	68.03%
13345	LEFAS	1.47%	1.83%	5.07%

图1.10 典型的设计-成本月度数据汇总

(3)总系统性能职责和性能基技术规范。总系统性能职责(TSPR)是美国国防部采办的一种改革理论，旨在通过消除美国政府与主承包商之间的多余或不必要的工作来节省成本。在这种方法中，洛马公司接受总系统性能职责，可以自由地使用MIL-SPEC和MIL-STD标准，但如果有能够满足总要求的工业或商业标准，则不受它们的约束。通过这种方法，政府客户可以深入了解项目情况，而不仅仅是传统的监管。JSF合同技术规范(JCS)是一个性能基技术规范，它规定了所需的系统性能能力(什么)，但没有规定开发系统以实现所需性能的方法(如何)。反之，洛马公司则在大多数主要的任务系统和飞机平台分包合同中使用性能基技术规范。

(4)基于仿真的采办。基于仿真的采办(SBA)是美国国防部的一项举措,目的是利用信息技术(特别是建模和仿真)的进步,以便更好、更快和更便宜地获取武器系统。为了最大限度地简化,这些工作的目标是验证系统的行为和性能是否与数字虚拟环境中的需求相一致。为此,洛马公司和JSF项目办公室投入了大量资金,建立了一个F-35战斗机专用的开发和验证实验室。实验室主要设施如图1.11所示。这些实验环境的高保真度仿真系统用于验证各种需求。在各个领域进行广泛的物理试验并不是为了直接验证需求,而是为了验证构成虚拟验证环境的模型。专用F-35战斗机实验室环境包括以下几方面:

1)飞机平台系统(VS)集成设施。

2)飞机平台系统处理器/飞行控制集成设施。

3)任务系统(MS)集成实验室[包括具有模拟、射频激励和户外(真实飞机型别的硬件)输入的系统集成站]。

4)飞机系统集成设施。

5)验证模拟器。

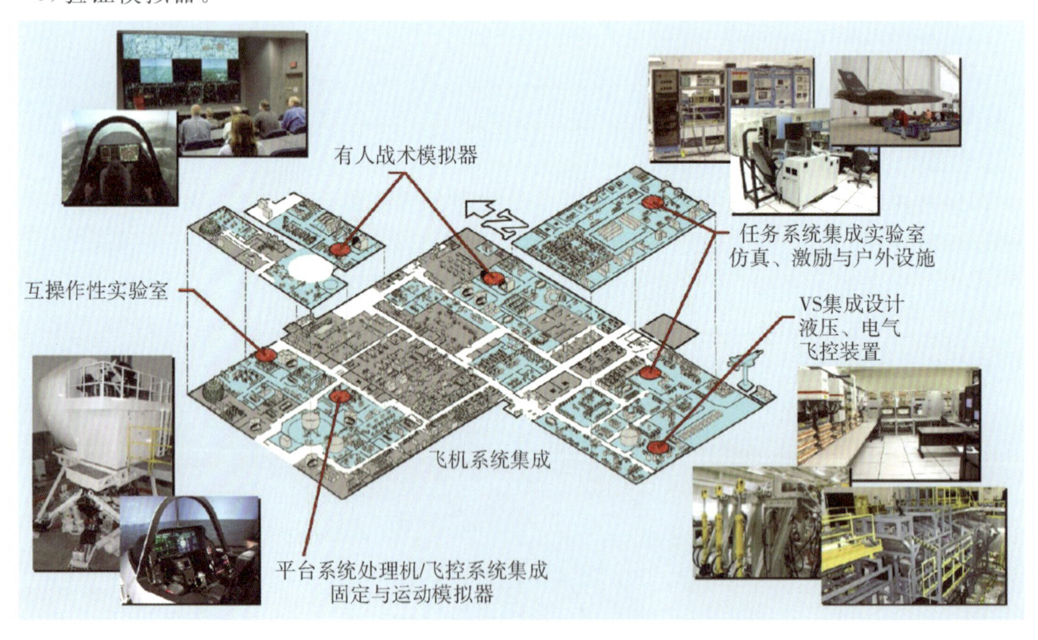

图1.11　集成的同地协作的高保真综合实验室

从先前项目中吸取的经验教训推动了该综合实验室的需求和设计。首先,把所有主要的试验和验证实验室集中在一个地理区域内至关重要,而不是像以前的F-22战斗机项目那样,各种设施分散在华盛顿州的西雅图、沃斯堡和佐治亚州玛丽埃塔等多地。开发团队每周7 d、每天24 h都可以全天候使用更加集成和协同的F-35战斗机实验环境。其次,根据美国国防部基于仿真的采办政策的规定,软件和数据的重复使用可以节省成本。重复使用是该实验室早期开发阶段开始执行的一项战略性举措。重复使用允许团队在所有实验室场所避免重复开发中间软件/执行层软件和飞机/传感器模型。无论如何,F-35战斗机实验室的能力比任何先前项目的能力高出两到三倍,具有前所未有的连通性。这些能力是SDD阶段的关键要素,形成了试飞机队的结构，并支持仅用 5 000 个飞行试验架次就完成试验任务的目标。这些飞行试验架次设计用于对集成型别开展顶层验证，而不是在较低层级验证需求。

(5)协同环境和数字线索。利用先进信息技术的另一种策略是在所有参与者之间和项目寿命周期的各个阶段共享所需数据。在项目初期对工具进行了相当大的投资，便于整个团队可以即时访问数据，同时可靠地控制访问受 ITAR 或其他原因限制的数据。JSF 数据库是作为整个项目范围内的存储库建立的，用于协作文件的交换和所有类型的项目记录文件的存储。对于详细设计，产品数据经理(后来称为产品寿命周期经理)要负责促进跨越 17 个时区的 9 个主要设计单位，和大约 50 个具有设计权限的系统供应商、全球 100 多家全生产链供应商[10-11]之间的实时协作。每个部分的设计信息都是全面的，包含在制造包(Build-Up Package)中，包括 CATIA 实体模型、图纸、分析文档、技术规范、制造计划和工具信息，所有这些信息都组织在产品数据结构中，包括更改。系统可确保在设计、计划、构建和维护配置中使用一致的数据。

(6)并行工程和综合产品开发团队。F-35 飞机、生产系统和支持系统同时开发。即使是最早的飞行试验飞机也是使用洛马公司的生产硬件工具制造的，并在不同程度上在合作伙伴和供应商的场地制造。此外，制造系统使用为外场研发或选择的相同的保障设备。从一开始，为制造而设计和可保障性就是设计团队的主要目标之一。多学科综合产品开发团队是一种常态化管理模式，代表性综合产品开发团队就是制造和可维持性学科，并且装配和维护任务的虚拟仿真是与部件/组件定义并行进行的[10]。

(7)系统工程与需求管理。系统工程与需求管理直接来自 JCS，或从任务分解获得的顶层需求被分配下来，向设计团队的所有层级进行验证，以形成系统工程 V 模型。需求管理将在本章后面讨论。

(8)风险管理与关键系统开发与集成。本项目建立并维持了一个符合传统 ISO 31000 方法的强大风险管理程序，识别和评估风险并执行中高风险缓解计划。这个程序适用于各级机构。最常见的情况是，将风险确定在较低层级，并使用针对该层级量身定制的后果阈值(即对成本、进度或性能的影响)进行评估。中度或低度风险在这一层级进行管理，但高风险在下一层级进行评估，以此类推。例如，以这种方式，可以在第四层级综合产品开发团队预算范围内管理风险，不影响关键路径计划，或者在第四层级处理只影响内部强加的需求，而高成本影响的风险，因影响关键里程碑或顶层性能要求(例如 KPP)而被提升到项目层级。风险评估每月或根据需要进行，并处理新的风险。一旦风险减轻，现有风险就会退出。在 SDD 阶段开始时，项目级的风险包括以下 12 方面。

1)风险 01：软件可执行性。

2)风险 02：升力系统硬件。

3)风险 03：训练有素的人力可用性。

4)风险 04：供应商/合作伙伴管理。

5)风险 05：任务系统融合算法。

6)风险 06：座舱飞行员环境。

7)风险 07：生产 URF。

8)风险 08：程序与工具性能。

9)风险 09：飞机重量控制。

10)风险 10：电液静压作动器开发。

11)风险11:舱盖的鸟撞兼容性。

12)风险12:基于能力(PB)的需求控制。

在大多数情况下,都是选择成熟技术融入F-35飞机系统设计中,这些技术均是先前的JAST和概念演示阶段或其他先前项目产生的。然而,一种先进飞机的成功开发在很大程度上依赖于对多种技术的复杂和交叉集成,高性能战斗机更是如此。集成方面的挑战可以是物理的、功能性的,或者两者兼而有之。在SDD阶段开始时就对集成问题进行了评估,通过将备选项的复杂性与潜在的项目影响进行映射,完成关键系统的开发与集成(KSDI)。围绕每个关键的系统开发与集成都建立了一个团队,这个团队的领导人对项目经理负责,其职责是对跨综合产品开发团队间的工作进行规划并负责执行,特别是在SDD阶段的早期,因为系统需求刚刚被确定,系统也刚刚完成定义。以下是22项关键系统研发与集成任务:

1)互操作性集成。

2)预先诊断与健康管理系统的研制与集成。

3)外模线定义。

4)精密制造。

5)隐身孔径/边缘/传感器集成。

6)虚拟武器系统/基于仿真的采办。

7)子系统-机身集成。

8)驾驶舱集成。

9)集成的核心处理器的研制及其与传感器的集成。

10)任务系统软件研制和域集成。

11)飞行器系统软件开发和域集成。

12)综合飞推控制。

13)集成子系统的开发与集成。

14)短距起飞/垂直着陆型推进系统。

15)集成的首飞检查单。

16)舰载适应性集成。

17)联合分布式信息系统开发与集成。

18)综合航电系统。

19)可靠性、维护性和保障性设计。

20)工厂与外场保障设备的通用性。

21)飞机/培训软件的通用性。

22)飞机服役寿命。

4.关键挑战:重量增长

F-35战斗机项目成功的最大挑战之一是飞机重量的增长与控制。重量控制对任何飞机平台都至关重要,但F-35B战斗机STOVL型要求特别苛刻。在SDD阶段的前两年,许多因素导致了所有三个型别实际重量增长,因为需求在不断增加,并且随着评估精度日渐成熟,重量估计也更准确。综合影响导致无法满足STOVL型的关键性能参数阈值要求,从而威胁到整个项目的成功。图1.12显示了SDD早期短距起飞/垂直着陆型飞机的空重估计值与各种目标测量值的相比情况。

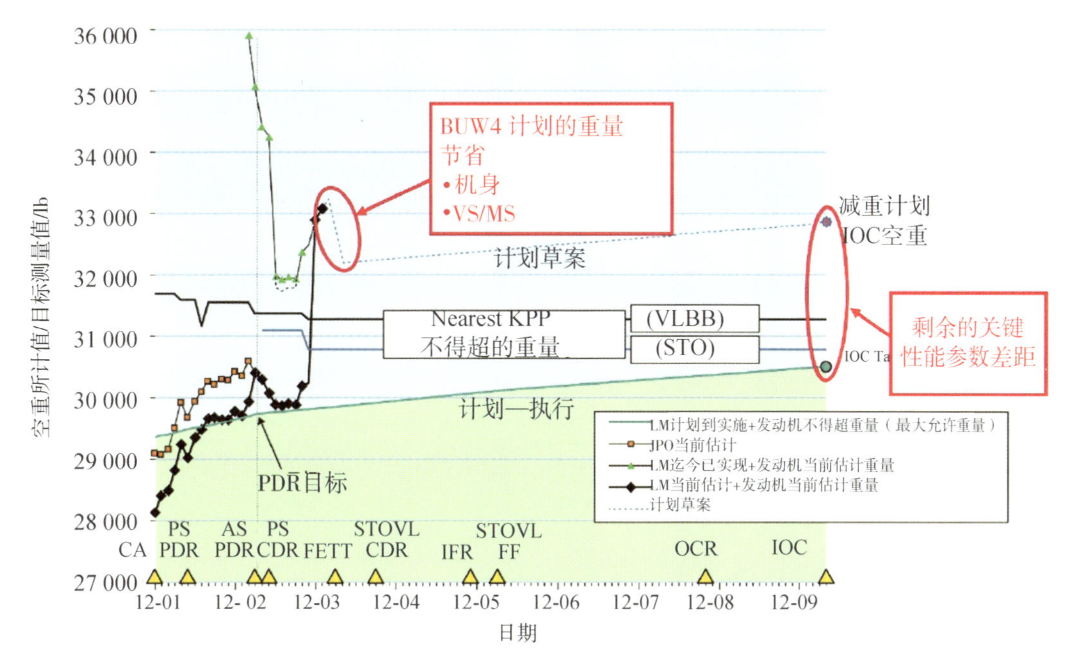

图 1.12　2003 年末的当前空重评估与计划和关键性能参数要求的比较

在进入 SDD 阶段时，这三个型别的成熟度处于初步设计阶段。在该阶段，重量估计，特别是对机身结构重量的估计，依赖于洛马公司的参数预测工具。利用这个工具，根据尺寸、形状、材料组合和结构要求（例如马赫数和载荷系数），对过去飞机的类似部件的统计数据进行归纳，估算出每个部件的重量。以前的飞机上没有出现类似于 F－35 战斗机构型的特征，如隐身性、型别通用性、集成子系统和快速装配，所以在参数预测中允许增重。除了这种估算，还根据以前的项目历史，为初始作战能力预留了增重裕度，以应对性能预测和结构调整。

在整个概念演示验证阶段和早期 SDD 阶段（初步设计评审之前），JSF 项目办公室质量特性工程师使用类似的工具进行了独立评估，随着飞机构型的发展，两个机构进行了多次重量调整。这两个机构的重量估算在初步设计评审之前一直是分别进行的，美国政府的估算值总是比较高，但二者的相互讨论促进了对估算结果的相互理解。初步设计评审的准入标准是 JSF 项目办公室和洛马公司的空重状态必须达到一致。

进入 SDD 阶段 17 个月后，2003 年 3 月下旬完成了初步设计评审，从而拉开了常规起降型详细设计的序幕，第一架飞机编号为 2AA：0001（缩写为 AA－1）。那时，调整过的参数重量估计（包括对 IOC 的增重估计）值，以及空气动力学和推进系统估算均达到了所有关键性能参数阈值的要求，所以使用这些估算值为进行机身组件和子系统的详细设计分配重量预算。

随着详细设计和分析过程的成熟，AA－1 的结构从初步设计逐步扩展到确定大小布局，并最终发布了制造包（BTP），随后开始对零件重量进行周期性详细核算，称为上下限重量（BUW）。不出所料，最早的 BUW 总值明显高于洛马公司和 JSF 项目办公室的参数估算值（因为零件细节尚未优化）。然而，在初步设计评审时，人们认识到，大约 4 800 lb 的重量差距太大，不能指望仅靠部件优化就能实现减重。需要做更多的工作来提高总体结构布局的效率，必须重新考虑在通用性和快速装配方面做出一些让步，因为重量影响明显超出实际情况许可。此外，初步设计评审还确定了一些未解决的设计集成问题，主要涉及内部武器舱的武器间隙和装载、常规起降型的内置机炮集成，以及短距起飞/垂直着陆型推进系统部件的间隙问题。

(1)蓝带行动小组。显然，需要迅速解决这些问题，必须积极推进详细设计，才能赶上紧迫的型别发布时间进度要求。AA-1 常规起降型的首飞确定在初步设计评审后的 31 个月内，其他型别也密切跟随。为了解决这些问题，由承包商团队领导层、JSF 项目办公室，以及海军航空系统司令部和空军航空系统司令部(ASC)的专家组成了一个蓝带行动小组(BRAT)，目标是解决开放性初步设计评审重量问题和集成问题，同时尽可能保持 SDD 计划的基线。蓝带行动小组建立了一个分时间段的减重曲线，分别确定了 2003 年 6 月和 9 月的重量目标，以及 2003 年 12 月 30 日之前达到关键设计评审的目标重量。他们对每一个主要机身部件、每一个重量 5 lb 以上的部件都进行了详细的审查，并对较小的部件，如管子、吊带、紧固件、托架和密封件都进行了上下限估算。

蓝带行动小组审查的初始结论良好。设计决策解决了关键的集成问题，2003 年 6 月进行的重量估算，改进了 6 月份蓝带行动小组对所有型别的目标。最重要的构型变化包括增加横截面积，以改善结构载荷路径和内部设备体积(这对超声速性能不利)和取消主要组件之间的快速匹配连接(这几乎使计划的总装时间增长一倍)。在 AA-1 制造包上恢复了工作，但由于制造包启动的延迟和总装时间的增加，预计 AA-1 首飞将延迟大约 7 个月，直到 2006 年第二季度才能进行。

然而，到 2003 年 9 月，虽然持续进行的大型零件优化工作略有改进，但较完整的小型机身零件和其他部件的核算显示，与 2003 年 6 月份的 BUW 相比有了大幅度的增加。从 2003 年 6 月份起，重量发生变化的其他零部件类别主要是管道和安装设备(夹子、支架)、系统安装、垫片和垫圈以及紧固件。2003 年 6—9 月，常规起降型的机身总重估计增加了大约 800 lb。在 2003 年秋季，已发布的 AA-1 BTP 的计算重量也继续缓慢但稳定地增加，美国政府提供的推进系统重量也是如此。当时，BUW 估算值将参数估算值替换为当前记录的估算值。

(2)短距起飞/垂直着陆型重量攻关团队。蓝带行动小组采取的行动节省了大量重量，并形成了一种常规起降构型，虽然不是最佳的，但已经能够满足其作战任务半径的关键性能参数要求。但是，当把这个重量运用到对重量更加敏感的短距起飞/垂直着陆型上时，未能满足所有关键性能参数阈值要求，并且很显然，基本上不具备垂直着陆能力。2003 年秋季，随着这一现实的量化，承包商和客户双方的项目领导层决定，有必要对构型和项目计划进行更根本的修改。首要任务是确定可行的短距起飞/垂直着陆构型，这种构型既要满足关键性能参数要求，还要符合致命性、可生存性、可保障性和经济可承受性四大支柱项目要求。所以决定暂停该项目，直到恢复对短距起飞/垂直着陆型的信心。构型一旦完成，可能需要对所有三种型别进行重大重新设计，并重新确定 SDD 阶段项目基线。另外还确定 AA-1 的详细设计和生产程序，能提供非常有价值的数据和经验，因此它将继续并行进展建造一架原型机飞机。

2003 年 12 月，项目负责人指示组建一个专门的团队，称为短距起飞/垂直着陆型重量攻关团队(SWAT)，以重新建立系列构型。2004 年第一季度，确定了团队的领导、成员、资金和工作原则，并在 2004 年 3 月初得到项目领导层和美国国防部高级采办执行官的批准。2004 年 3 月中旬，专业重量攻关团队入驻洛马公司沃斯堡总部、合作伙伴加利福尼亚州埃尔塞贡多诺斯罗普·格鲁门公司，以及英国兰开夏州萨姆斯伯里的 BAE 系统公司的办公区。该团队由大约 550 名人员组成。2004 年 3 月中旬，团队的启动会议全面列出了问题、风险和利害关系，以及整个团队的工作方法。除了专业重量攻关团队，还邀请整个 F-35 战斗机项目团队参与减重工作，对于任何减重方案和方法创意均给予相应的奖金激励，收效显著。

重量攻关团队的工作原则旨在加速制定决策，同时保持系统工程的严谨性和构型控制，因此这些学科在团队工作中得到了很好的体现。经济可承受性和可保障性仍然是主要目标，美元/磅重量阈值被强制执行，必须报告每个更改提议对经济可承受性、可靠性和可维护性的影响。设定了一个简单双层决策周例会临时程序。重量攻关董事会在一定的限制范围内下放了权力和资金资源来实施改革，随后，由一个更高级别的多人员董事会开会讨论这些限制之外的决定。多董事会由整个行政领导小组组成，包括工程、制造、维持、业务管理和合同等，每周都需要他们在场。

鉴于减重行动可能会损害其他各种目标，因此采取措施，防止在重量攻关董事会或多董事会公开决定之前，受到变化影响的学科的倡导者们绑架减重变化。客户委员会的所有输入只能通过两位 JSF 项目办公室高级领导人进行过滤。

重量攻关团队的活动分为以下几个重点。

1)优化零燃油重量。折中的最大体积涉及对现有机身、任务系统和飞机组件进行详尽的优化，检查每个部件、组件或零件是否存在超标裕度、不必要的冗余或者能力增长，是否存在效率低下问题，是否存在嵌入低风险技术的机会，或是否存在由于追求通用性而带来增重。

2)不留死角。根据目前对重量情况的良好理解，审查过去对重量有影响的设计或折中研究决策。对以前多个不连贯的减重方案进行审查、更新和合并。成立了一个团队审查来自员工减重激励计划的减重新方法。对潜在的增重与减重一样严格对待。如果可能的话，要进行设计研究以避免或降低重量增加，如果没有开展这些工作，则重量增加与重量减少完全相同。

3)减少燃油重量。在重量攻关团队工作开始时，短距起飞性能是驱动性关键性能参数的要求，当然，任务燃油是影响起飞总重的最主要因素。开展了最广泛的基于计算流体动力学的气动阻力优化和风洞试验，以优化任务性能并减少执行关键性能参数任务所需要的燃油。

4)改善短距起飞/垂直着陆型性能。对短距起飞机动轨迹和控制效应器的使用进行了优化，以最大限度地提高起飞总重量，并对垂直着陆控制余量进行优化，以最大限度地利用垂直推力。改进了进气道和喷管的性能，以增加短距起飞/垂直着陆模式下的可用装机推力，但没有考虑提高核心发动机温度和非装机推力。

5)质询需求。对过于具体的领域检查了所有级别的要求。主要关注的是承包商团队自己增加的需求，其次是对 JSF 合同技术规范需求的保守解释。根据作战使用分析，优先考虑 JSF 合同技术规范需求对于战斗机的价值。虽然关键性能参数阈值神圣不可侵犯，但是可以对定义的解释、基本规则和支撑它们的假设提出质询。虽然需求研究在整个重量攻关阶段进行，但在实施所有其他更改之前，一直保持对需求是放宽的。

6)对增重说“不”。制定了批准详细设计发布的新程序，以确保每个部件的设计重量最小。

重量攻关阶段的密集活动持续了大约 7 个月。期间批准了 600 多项设计更改，其中的重点在文献[5]中有介绍。各学科团队对机身、飞机平台、任务系统或推进系统，总计减重大约 2 600 lb，600 lb 装机推力得到改进。然而，许多关键的权衡研究需要集成整体飞机构型才能开展，特别是需求研究。这些研究利用成本独立变量方法来识别那些能够减小飞机重量，但却对作战效益影响相对较小的能力。在广泛的武器能力、战斗飞行性能、信号特征控制，以及任务系统功能和性能范围进行了构型设计探索。对这些构型的分析量化了作为任务能力函数的重量影响。

同时,与作战顾问委员会(OAG)一起完成了贯穿整个设计空间的任务效能评估。2004 年 7 月,英国国防部在阿贝伍德站的 Cutlass 模拟设施中,由美国空军、美国海军陆战队、美国海军、英国海军和英国空军飞行员,对最有希望的能力组合进行了演练评估。结论认为,选定的能力组合可以有效地执行压力很大的联合作战需求文件(JORD)确定的任务。这些作战需求权衡的结果是:①将短距起飞/垂直着陆型的武器舱容量减少到所需的 1 000 lb(加导弹),之前采用的是一个与常规起降/舰载型通用的武器舱;②将机翼外挂减少到 1 000 lb 级别;③将空对地的双外部载荷和外部油箱作战构型限制为亚声速使用;④拆除空-空挂点未使用的导线;⑤将结构限制速度降低到实际可实现的空速;⑥略微减少信号特征处理。这些变化加在一起大约减重 500 lb。由于其中一些变化影响了作战需求文件中的需求,因此必须得到高级作战小组(SWG)和联合需求监管委员会的批准。

为最终关闭推力-重量间的差距,降低需求的另外方面的工作是与美国海军陆战队一起对短距起飞(STO)型和垂直着陆(VL)型的需求进行明确定义。通过优化进气口/排气口(Ingress/Egress)高度,降低了短距起飞任务的燃油需求。同样,通过修改复飞/接地复飞模式,控制许可和甲板燃油储存,减少了垂直着陆所需的燃油储存,以更好地匹配传统鹞式机队的操作需求。这些修改增加了短距起飞/垂直着陆型的容许总重约 700 lb,因此,因需求修订而产生的净差距收缩总计为 1 200 lb。

图 1.13 描述了重量攻关阶段的空重状态,每周对其进行监视,并向团队和所有级别的外部利益相关者报告。绿色曲线显示了重量攻关团队的进度计划,源自计划的设计权衡的概率加权列表、增重概率表、潜在重量节省,以及预期的完成日期。这就是衡量重量攻关团队工作进展的计划。黑色菱形显示目前的估计数,包括迄今为止所有已批准的变更。在几周内,增重比减重多。此外,提升 AA-1 飞机和发动机设计成熟度使重量继续增加,如红色菱形所示。这些增长也包括在当前的估计中,正如在短距起飞/垂直着陆型上预测的一样。每周会根据工作量和剩余工作的权衡研究(In-work and Remaining Trade Studies)报告一次空重预测。

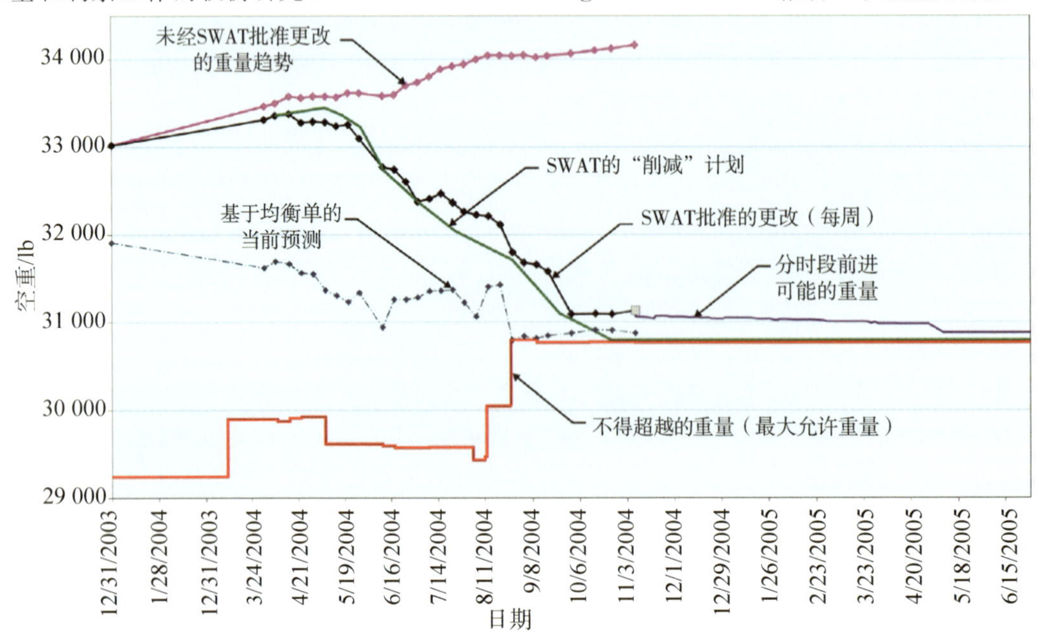

图 1.13 重量攻关团队工作中实现和要求的空重的进展与预测

图1.13中的红色实线表示为满足短距起飞和垂直着陆的关键性能参数阈值，不得超越(NTE)的目标空重。线上的阶梯反映了推进系统、空气动力学或控制特性的变化，或需求基本规则的变化。例如，2004年8月初的上升阶梯反映的是安装了推力的改进[5]。预测与不得超越目标之间的差异表示的是完成权衡研究后的预期差距。在2004年8月底，预测线和不得超越目标线相交，表示消除了差距，因为已经在项目层级做出了决定，接受拟议的短距起飞/垂直着陆型构型作为基线，并且接受对需求的修订。权衡研究持续到2004年10月，构型、需求调整和对详细设计的建议均得到美国国防部各级机构的批复，以及高级作战小组、构型指导委员会的批准，最终获得美国国防采办委员会的批准，这个时间也是2004年10月。

(3)重量攻关之后。重量攻关工作结束时，短距起飞/垂直着陆型构型取得了重大成功，克服了项目最重大的挑战，但这也对项目原计划产生了重大影响。事实上，需要对SDD阶段工作进行全面的重新规划，本章后面有介绍。其中一个最重要的变化是各型别详细设计工作的顺序。AA-1飞机的制造和装配工作已经在进行中，但在初步设计评审中确定的问题以及蓝带行动小组指出的问题，加上资源增长速度慢于计划，意味着最初计划于2005年第四季度进行的首飞，不得不更改为2006年第三季度进行，实际最后延后到了2006年12月15日。在重量攻关之后，人们认识到需要根据新的短距起飞/垂直着陆型构型进行常规起降型的详细设计。然而，以前的“爬—走—跑”方法被这个原则所取代，先做最难的一个，其他的就会受益。因此，短距起飞/垂直着陆型构型的详细设计成为主要工作内容，新的常规起降型设计工作计划仅略微错开，并与短距起飞/垂直着陆型并行开展。在新计划中，短距起飞/垂直着陆型的第一次飞行被推迟了18个月，从2006年第一季度推迟到2007年第三季度。

随着项目退出重量攻关阶段，根据预期的重量增长和当时剩余时间的不确定性，开发了一种新的目标方法来保护初始作战能力的关键性能参数阈值性能。图1.14显示了与JSF项目办公室和普惠公司共同建立的短距起飞/垂直着陆型不得超越(NTE)线，其中包括洛马公司负责的飞机与发动机的3%重量增长限量。此外，人们还认识到重量估算、推进性能和气动效应的不确定性和可变性结合在一起，造成了短距起飞/垂直着陆型性能能力的重大不确定性。因此，进行了蒙特卡罗(Monte Carlo)不确定性分析，以确定空重需求的额外余量。随着该项目在详细设计、制造和飞行试验阶段的不断成熟，这些不确定因素预计会减少。因此，不确定性裕度是作为时间函数计算的(见图1.14)。增长和不确定裕度的组合在图中建立了重量变化曲线(Weight Trip)。随着项目的进展，超过安全边界线(Tripwire)的重量状态迫使采取额外的减重措施来抵消超限。

可以预见的是，重量问题及其全程解决方案就是要在整个项目范围内，在组织层面和个人层面强调重量管理。在总工程师办公室设置了一名重量管理全权责任人，大幅增加了重量特性工程人员，并在制造包发布和变更管理流程中实施了更严格的重量审查。此外，整个设计团队对重量更为敏感。作为制造包发布评审的一部分，设计师必须证明所有部件均处于或接近最小可接受重量范围。同样，变更委员会的所有审查都是从当前确认的空重与安全边界线相比(考虑到增长加上不确定性)开始的，并审查可能实施的减重措施，必要时可以抵消当天正在考虑的变化所预测的任何重量增长。这些措施在实施零重量增长政策方面非常成功；关键设计评审时的短距起飞/垂直着陆型的空重仅比重量攻关团队最终确定的构型增长90 lb(增长0.4%)。然而，这种谨慎确实增加了发布制造包(BTP)的时间进度压力，影响了SDD的总体进度。

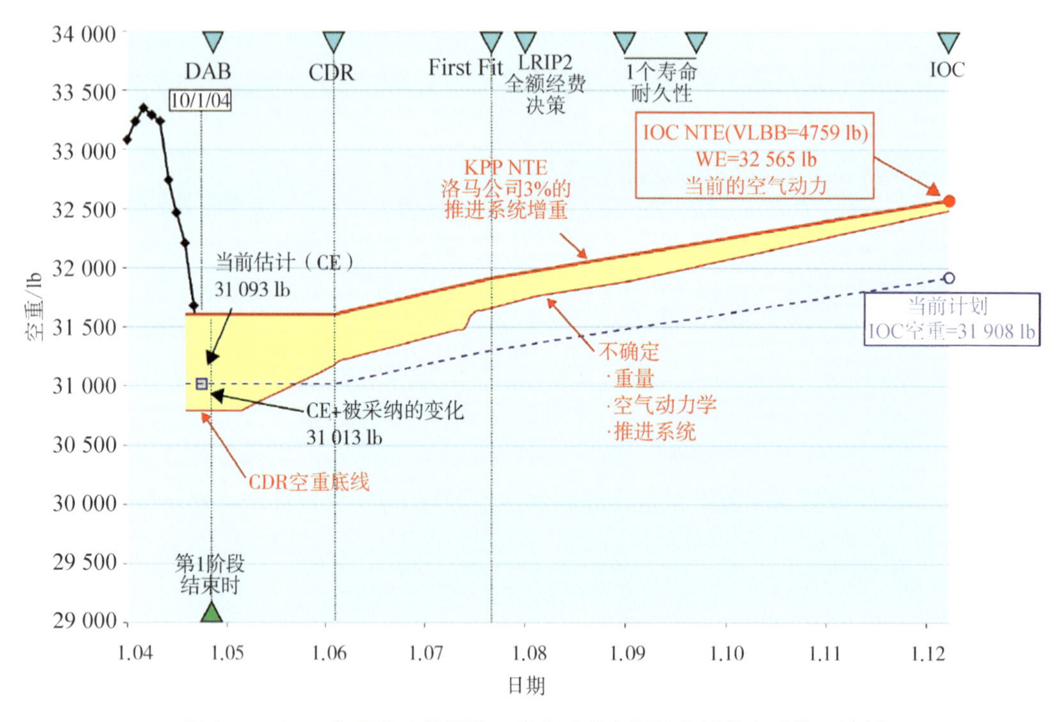

图 1.14 2004 年重量攻关团队工作之后带有设计余量的空重管理计划

重量攻关工作预计会降低单架出厂成本(URF),与重量攻关开始时相比,由于简化和取消了一些飞机系统部件,每架将减少约 70 万美元成本,另外,由于重量减轻也节省了燃油,飞行和保障费用将大幅度减少。可保障性关键性能参数几乎没有受到影响。短距起飞/垂直着陆型重量减少了超过 3 000 lb(常规起降型和舰载型分别减少了约 2 400 lb 和 1 900 lb),但是目前估计仍然比 SDD 开始时的目标重量重了大约 2 000 lb。重量攻关后的构型显然比合同开始时确认的重且复杂得多。此外,经过重量攻关,型别之间的总体通用性减少了大约 7%。这些对经济可承受性的影响又为 F-35 战斗机项目带来了其他方面的挑战。

5. 关键挑战:重新规划 SDD 阶段主要工作——超越目标基线

显然,为解决重量增长问题和重新建立符合关键性能参数标准的构型而进行的广泛的重新设计工作对整个项目的成本和进度产生了重大影响。新的 240-4 系列构型的审查和批准等同于进行一次新的初步设计评审,是在首次初步设计评审后的第 18 个月进行的。在重量攻关工作之后立即对整个项目进行了完整的重新规划,包括发布新型别的启动命令,建立新系统工程、设计工程和项目管理政策,以及新的项目领导和新的组织结构。为了区分重量攻关前后的设计,建立了一种新的型别命名系统:常规起降型为 2AF,短距起飞/垂直着陆型为 2BF,舰载型为 2CF。因此,第一架短距起飞/垂直着陆型飞机将是 2BF:0001(缩写为 BF-1)。如前所述,AA-1 飞机继续按计划进展,其关键设计评审(现称为设计集成成熟度审查)于 2004 年 4 月举行,当时重量攻关刚开始,第一次飞行在 2006 年 12 月进行。AA-1 飞机作为事实上的原型,其工作为设计团队提供了宝贵的数据和经验。此外,大多数任务系统和飞机平台系统供应商已经完成或开始了基于重量分配的关键设计评审,而从飞机系统初步设计评审来看,这种分配太"慷慨"了。这些都受到常规起降型需求的严重影响,因为这个要求最紧迫。其中许多系统类似地回到了初步设计评审时的成熟度。所有这些因素结合在一起,需要最终成为三个重新计划项目中的第一个(见图1.15)。这将被称为超过目标基线-1(OTB-1)。在得到美国政府的同意和批准后,SDD阶段合同进行了重新谈判,时间进度增加了18个月,并增加了50多亿美元的成本。

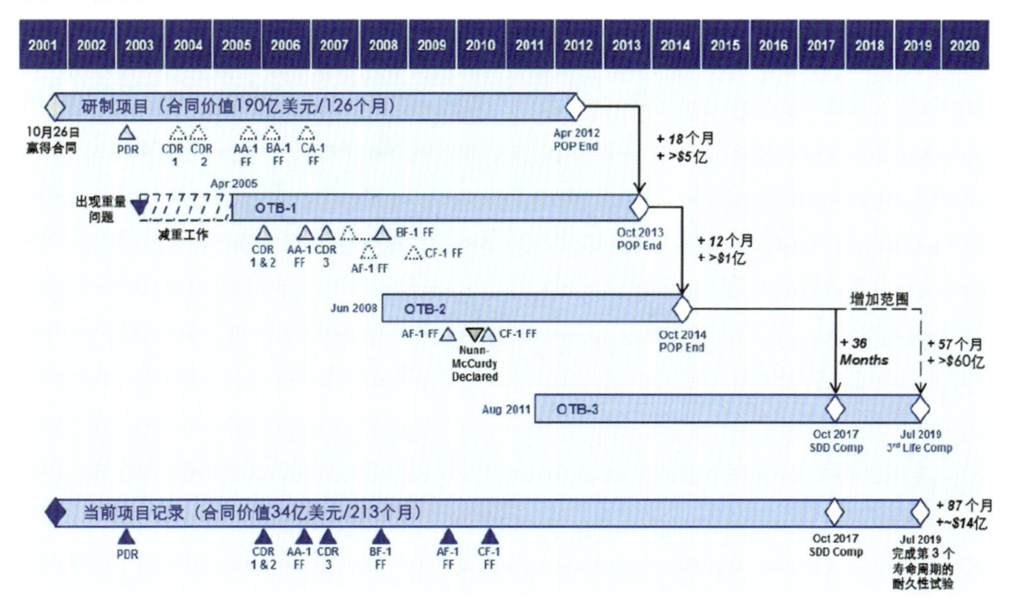

图1.15　重新规划的SDD计划与里程碑进度

(1)重量攻关后的项目再规划。重量攻关后的新计划仍然要求生产14架试验飞机和7架新设计的全尺寸地面试验机,除了AA-1飞机——因为这是根据重量攻关前的设计构型制造的。飞行试验项目需要5架短距起飞/垂直着陆型、5架常规起降型和4架舰载型飞机。其中3架常规起降型和1架短距起飞/垂直着陆型与1架舰载型飞机将配备完整的航空电子系统,并进行隐身处理,用于任务系统和信号特征飞行试验。其余的试飞用试验机被称为飞行科学试验机,进行了测试改装,用于性能、飞行品质和结构试验。每个型别都专门制造了静力和疲劳试验机体,以及用于舰载型落震和拦阻试验的专用试验机体。原SDD生产计划还包括生产一架用于试验雷达反射截面(RCS)的支撑型常规起降型机体。然而,这种想法是不切实际的,因为可旋转支撑架的集成会破坏工厂制造的机体的保真度。最终决定使用一个简化的模型结构进行支架试验,试验模型包括具有关键特征的实际生产部件,例如座舱、可飞行操作的舱门和飞行控制面。

(2)中期更新。到2006年秋季,SDD阶段工作取得了很大进展,关键性能参数未受任何影响,但成本和时间进度却向着不利方向发展,不得不对项目进行第二次重新规划。随着未来两年成本和进度压力的增加,项目领导开始了一系列深入细致的努力,以控制成本,并实现关键里程碑,以支持SDD阶段工作按时完成并开始批生产。

在此期间,技术进步一直比较稳定。所有三种型别的关键设计评审均已完成。从2006年12月的首飞开始,AA-1飞机飞行试验验证了建模、仿真和分析工具。实验室和飞行试验台正在验证系统组件的性能,并对它们进行集成。许多地面试验和试飞用飞机正在装配,装配符合质量要求,这证实了从设计到制造这一数字化流程的有效性。软件的飞行试验和实验室试验都显示了比传统更好的稳定性。在跨学科集成方面,关键系统研制与集成(KSDI)成功地实现了里程碑目标。除了两个项目层风险之外,所有最初的项目风险都已消除,而那些被提升到项目层的风险则更多地与成本/时间进度联系相关,而与技术性能无关。

然而,事实证明,这些技术进步所付出的努力和时间比SDD阶段原来计划的更多。项目中的许多要素都遭受了成本和进度方面的威胁和压力。

在机体的设计发布过程中,重量优化需要更多的设计分析迭代,导致各型别之间的通用性有所降低。在三种优化的型别中,结构布局和外形仍然具有非常高的通用性,但它们最终能共享的具体机体部件却很少。为了获得足够的资源来开发和发布机体制造包,除了分包商资源外,还跨项目团队雇用了一批工程人员。机体设计地点跨越17个时区,从澳大利亚到欧洲,再到加利福尼亚。这项工作之所以成功,是因为采用了共同的数字化流程设计环境和工具集,但数字流程的严格性和全球业务监管方面的复杂性造成了成本和时间进度方面的压力。结果就是需要比原计划更多的制造包,并且每个制造包需要比原计划更多的设计和分析工作。

此期间,SDD阶段试验飞机的生产,包括制造和装配,成为对成本和时间进度影响最大的因素。对AA-1飞机使用的初始工装系统进行了重大的更改,随着重量优化飞机的装配进展,它们仍在进行中。在重量优化过程中,取消了许多为便于生产而采纳的设计和工具特性。延长制造包发布时间表,加上制造供应商的周转过程比原计划长,导致产生了无序工作包和站外工作包,致使装配效率低下,有时不得不停工等待零件。由于重量优化部件相关的复杂性,供应商的初始制造在机器编程和实际制造时间方面都受到了非常大的影响。外包零件主要是航空工业部门从未生产过的最具挑战性的零件。例如,常规起降型和舰载型上的机翼贯通起落架附件隔板是由最大的钛锻件加工而成。

项目计划中很好地预测了每个制造包的工程变更流量,但增加了制造包的数量,而处理和实施更改的成本影响到了工程设计和制造。

系统供应商也是造成威胁和压力的重要因素。大量系统供应商需要管理储备资金来弥补其开发合同的超支费用,从而成为影响成本的第二大因素。例如,电动静液作动器,最初是高度通用的,但现在每种型别之间都非常不同。电动静液作动系统之前在J/IST项目中使用F-16试验机进行了技术开发和演示验证,但F-35战斗机的需求大不相同,必须克服与电机设计/再生电源、热管理、密封件、泵、重量和高压分离有关的主要技术问题。同样,通信、导航和识别(CNI)系统的集成工作最初被严重低估,最终需要开发22个硬件项目和编写大约140万行软件代码。一些通信、导航和识别功能需要新技术支持,例如,多功能高级数据链路(MADL)。

在这个时间框架内,各层级管理人员和经济可承受性团队在自己的控制范围内努力地识别、量化和减轻这些压力,但项目层面的趋势表明,目前的项目计划方案无法在OTB-1预算或计划进度内完成。然而,JSF项目办公室明确表示,不会为该项目提供额外的资金。

洛马公司和JSF项目办公室项目经理参照重量攻关团队的工作方法,联合组建了一个特别团队,根据迄今为止项目取得的进展和遗留风险,重新审查SDD阶段项目计划的最初要求。目标是调整剩余资金使其符合基本任务需求,使SDD阶段项目能够在OTB-1项目预算和时间进度要求内成功完成。采取行动的时机紧迫,因为预算费用正在以很高的支出率消耗着,但预算状况却在急剧恶化。因此,必须迅速做出决定,以保护剩余的预算。

这项工作最初被称为"中期风险降低",后来简称为"SDD完成计划"。该小组由洛马公司和JSF项目办公室的主要综合产品开发团队负责人或其高级成员组成。该小组的工作目标旨在确保实现项目整体目标，同时仍能实现经济可承受性和重量目标，建立培训中心、国际生产线和试验场。要点包括以下几点。

1)完成设计定义(绘图和软件)。

2)构建所需的地面试验和飞行试验试验机。

3)验证和确认设计(研制/作战使用试验和系统资质认证)。

4)验证JSF合同技术规范要求。

和重量攻关团队一样，这个团队也采取了多管齐下的方式。

首先，确定范围，并对所有已知的成本威胁做出切合实际的费用和时间进度估算。联合领导小组对这些任务以及所有剩余的基线任务进行了全面审查，以确定哪些任务至关重要，哪些任务在多大程度上是必要的。为了保持平衡，这个综合产品团队提出了增加、减少或消除任务的建议。虽然这项持续的工作确定了约10亿美元的任务削减额，但费用威胁带来的累计增加最终抵消了节省的这些费用。

其次，团队开发了一系列备选跨领域举措，挑战了SDD阶段最初计划中所包含的基本前提、基本规则和假设。备选举措范围广泛，从管理组织结构到认证做法，到制造数量。由于当时剩余的大部分资源用于生产和试验最后一架试飞飞机和结构试验机机体，因此对那些工作的前提和作用进行了仔细审查。这一努力最终导致取消了两架试飞飞机：AF-5和CF-4。

最后，涉及返回成本独立变量程序，这次重点关注剩余的研制经费。在此期间，飞机系统设计已经基本完成或者说基本确定，设计更改只会增加成本。因此，成本独立变量权衡主要涉及验证在SDD阶段项目中已经设计的能力。也就是说，把具体能力的军事效用(武器装载、使用飞行包线和相应的MS软件功能)按成本、时间周期和验证能力所需的试飞架次进行排序。尽管在该频谱范围内定义的某些选项确实节省了大量成本并改善了时间进度，但对“SDD完成计划”的建议中期更新中没有接受重大的能力延迟。

尽管这些工作力度很大且优先级很高，但他们没有能够节约足够的成本来完全抵消实际估算的成本压力。此外，由于SDD阶段试验飞机是在与小批量初始生产飞机相同的装配线上制造的，试验飞机的时间进度延误将导致生产延误。这反过来又会推迟作战使用试验，因此需要扩展SDD阶段时间进度。最后，2008年新的项目基线OTB-2项目获得批准，确认SDD阶段计划延长12个月，额外增加超过10亿美元费用(见图1.15)。

(3)Nunn-McCurdy法案的违反与技术基线审查。由于第二次为SDD阶段项目重新设定基线，并且增加了大量资金，再加上开始生产所需的资金，因此美国政府越过JSF项目办公室进行了审查。在OTB-2项目之后，制造和飞行试验的进度问题，以及美国政府内部不断变化的政策和优先事项，最终导致项目严重违反了Nunn-McCurdy法案成本增长阈值相关规定，形成第三个主要OTB项目。

2009年，F-35战斗机项目执行官(PEO)启动了一个独立制造审查小组(IMRT)，由F-35战斗机前项目执行官RADM(Ret.)克雷格·斯泰尔领导。该小组由美国政府和工业部门专家组成，负责评估当前的项目计划、资金、人员配置和设施，并评估它们是否足以实现计划的生产增长和维持预期的最高生产率。独立制造审查小组的审查包括项目管理、产品定义，以及零件制造、装配、试验、供应链管理和全球维持。独立制造审查小组在2009年和2010年进行了审查，审查组建议，应当制定一个更正式的生产综合总计划，强化对经济可承受性的关注，资金拨付要更及时，并进一步改进管理矩阵。总体上，独立制造审查小组肯定了生产系统和生产计划，结论是生产数量应限制在每年增长不超过50％。

随着OTB－2项目计划作为新的基准得到正式批准和实施，美国国防部几个机构制定了独立的成本和进度估算。为了提高结果的清晰度，并尽量减少使用JSF项目办公室和工业部门小组的资源，F－35战斗机项目执行官坚持要求这些机构联合起来，组成一个独立审查小组，并发布了一份采办决策备忘录，指定美国国防部长办公室（OSD）成本分析改进小组（CAIG）领导一个联合小组，成员包括国防部长办公室的其他办事处、海军航空系统司令部、空军成本审计局和航空系统司令部（ACS）。该联合小组后来被称为联合评估小组（JET），获得特别许可评估“未来几年国防计划”和总统2010财年预算中2010—2015财年的项目成本和需求，但后来评估范围扩大到整个项目的费用，该小组最终在2010年Nunn-McCurdy再认证中发挥了重要作用。该小组由大约25名成本估算、进度协调和各专业学科的专家人员组成。2009年，另成立了一个类似的联合评估小组，负责审查普惠公司和罗罗公司的F135发动机项目。

在2008—2009年期间，联合评估小组访问了一系列承包商，以收集其独立费用和时间进度估计的数据。对洛马公司（团队伙伴出席）的详细审查通常每次持续2～3天，间隔3～6个月进行一次，审查期间要进行广泛的数据交换和召集多方面会议。联合评估小组还实地访问了价值最高系统的七家供应商，包括发动机制造商和爱德华空军基地试验场。随着联合评估小组的工作进展，向洛马公司进行反馈，目的是确认联合评估小组对所提供事实的理解。数据审查的重点是当前的发展状态数据，必须全面，包括技术风险、工程人员配置、绘图生产率和变化量、软件生产率和增长、实验室能力、供应商人员配置、飞行试验生产率、时间进度风险、试飞飞机制造生产率和时间周期、劳动力比率以及材料和系统采购成本。

虽然联合评估小组对SDD项目阶段的评估并不公开，但由于估算基线不同，它们比洛马公司/JSF项目办公室OTB－2联合项目的估算值要大得多，也就不足为奇了。JSF项目采取了许多采办改革措施，目的是将其与历史项目区分开来，这对于西方国家战斗机机队进行快速、经济可承受的资本重组是必要的。相比之下，联合评估小组的估算则是基于同样的历史项目。

截至2009年10月，针对OTB－2项目基线的成本和进度压力再次出现，很显然项目需要更多的软件和飞行试验资源，不得不再次进行详细的联合审查，但这次授权的任务不同。在OTB－2项目之前的工作中，授权是不提供更多的资金，但新项目优先事项是低风险完成剩余项目。联合评估小组工作了整个2010年夏天，提出一个新基线建议，包括增加一条软件试验线，增加一架试飞专用飞机，以及临时使用几架生产型飞机开展飞行试验。

虽然联合评估小组审查和数据收集的重点是SDD项目阶段，但成本分析改进小组（CAIG）还使用自己的方法，在例行的基础上保持对产品单架出厂成本（URF）的独立估算。这些估计数仅在美国国防部长办公室内部使用，与年度F－35战斗机选择采办报告（SAR）中估计数相比，通常比较保守（即比较高）。然而，当国会颁布2009年“武器系统采办改革法”时，建立了成本分析和项目评估（CAPE）机构。该机构吸收了之前的成本分析改进小组，并承担了重大国防采办项目，如F－35战斗机的成本报告职责。因此，根据联合评估小组对SDD阶段项目的估算和成本分析改进小组对生产情况的估算，2009年选择采办报告的成本估算较上一年度大幅增加，尽管F－35型飞机构型实际上自2005年以来一直保持稳定。

图1.16描述了到目前为止SDD阶段项目期间，与原始的采办项目基线相比，报告的F－35战斗机项目采办单架成本（PAUC）趋势。项目采办单架成本包括按单架计算的研制、生产

（单架出厂成本）和单位保障系统成本。成本上升的趋势包括三个不同的时期。在早期项目阶段，飞机重量和复杂性一直在增加，直到重量攻关团队抑制并部分扭转了这一趋势，导致单架出厂成本净增加，并引起项目采办单架成本急剧增长。在中期，SDD 阶段项目成本显著上升（OTB－1 和OTB－2项目），导致项目采办单架成本小幅稳步增长。最终，成本分析和项目评估小组采用保守方法对 SDD 阶段工作和生产量进行估算，导致 2009 年的选择采办报告中项目采办单架成本出现了一个离散的急剧上升，这主要是由单架出厂成本估计数而不是 SDD 阶段项目引起的。2010 年 4 月，项目被正式宣布违反了 Nunn-McCurdy 法案所规定的严重违反成本增长限制条款，并导致第三次确定项目基线。

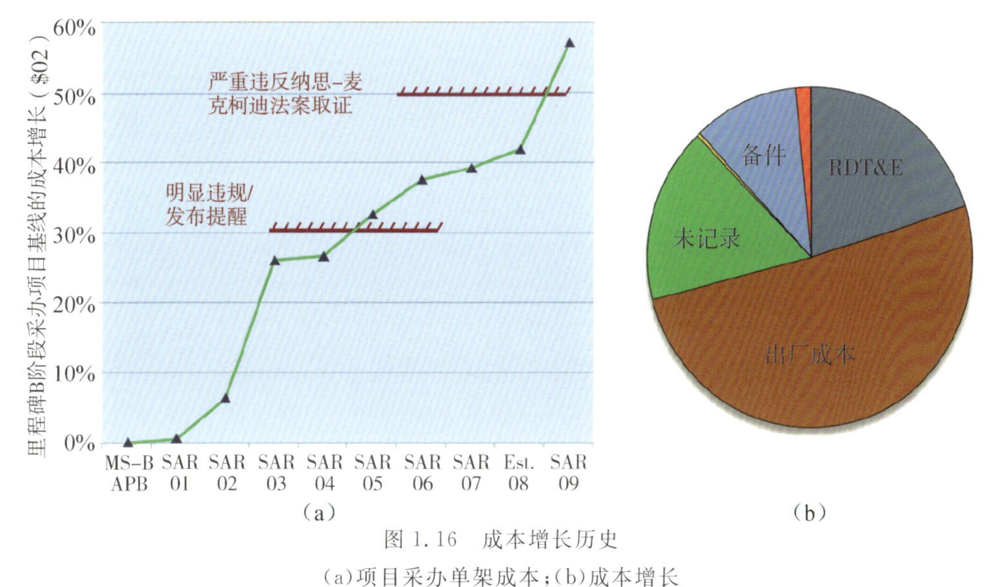

（a）　　　　　　　　　　　　　　　（b）

图 1.16　成本增长历史

（a）项目采办单架成本；（b）成本增长

严重违反 Nunn-McCurdy 法案对 F－35 战斗机项目有重大影响[12]，必须对其进行详细审查，以确定是否终止。如果不终止，美国国防部必须向国会证明：①该项目对国家安全至关重要；②没有成本较低的替代方案；③成本分析和项目评估小组必须确定新的成本估算是合理的；④该项目具有比其他项目优先获得资金的优先级；⑤管理层能够控制额外的成本增长。除了其他需求之外，当前状况还要求对该项目进行结构调整，以解决成本增长的根本原因。

在宣布严重违规之后，美国国防部立即建立了综合产品开发团队，来解决五项重新认证要求，组建了第六小组进行全面的技术基线审查（TBR），并开始进行根本原因分析。最终，重新认证要求得到了满足，2010 年 6 月 2 日，美国国防部发布了一项采办决定备忘录，确认了 F－35 战斗机项目。之后，技术基线审查小组立即开始介入工作，超过了 100 名美国政府人员分成 5 个小组：空中平台、任务系统、试验与鉴定、军种集成和系统验收。

技术基线审查小组的既定目标如下：

1）评估计划的基准，以确保成本和进度计划能够全面反映 SDD 阶段工作的技术范围并且足以保证项目实施。

2）评估技术计划的差距，即风险、问题或其他关注领域，以确保在技术基础上解决或缓解问题。

3）在 2010 年 11 月召开国防采办委员会会议之前的三至四周提供最终评估（DAB）报告。

评估小组评估了 SDD 阶段洛马公司的飞机系统、普惠公司的推进系统以及美国政府其他方面的成本。每个小组所负责领域的技术基线审查报告包括对三种成本情况的报告(最好的情况、最有可能的情况和最坏的情况),一份建议的进度表和风险评估报告,以及有关差距和风险的技术发现报告。尽管技术基线审查的目标与正在进行的项目重新规划工作总体上一致,但综合结果构成了该项目的最大(也是最后)一次重新计划(OTB-3 项目)。将 SDD 合同范围内的任务延长了 36 个月。技术基线审查还确定了 SDD 范围内的差距并增加了任务,最值得注意的是增加了结构耐久性试验的第三个生命周期试验。这导致 SDD 阶段工作又增加了 21 个月。洛马公司合同成本的总增长超过 60 亿美元(见图 1.15)。继 2011 年实施第三次重新计划之后,项目计划运行良好。

6.其他关键挑战

像 F-35 战斗机 SDD 阶段这种规模和复杂的研制项目,必须克服的问题比本章介绍的要多得多,以下只是所遇到的问题的简要总结,代表了所克服的问题类型,并对 SDD 阶段进程产生了重大影响或对其他项目要素产生显著影响。

(1)短距起飞/垂直着陆型试用期。随着项目人员在 2011 年初开始实施 OTB-3 项目基线计划,常规起降型和舰载型试验机的飞行试验进展超过了该计划。然而,由于与短距起飞/垂直着陆型独特的推进系统不相关的研制方面的各种问题,导致短距起飞/垂直着陆型试验机队出动率较低。同时,短距起飞/垂直着陆型结构耐久性试验机体在试验的第一个使用寿命内,主机翼进气道舱壁上出现了裂缝。图 1.17 定位了飞机受这些问题影响的组件。对这些问题本身的担忧,以及在重量/性能和维护时间/成本方面潜在不可接受的后果,促使美国政府对短距起飞/垂直着陆型实行两年试用期。2011 年 1 月,当时的美国国防部长罗伯特·盖茨宣布了试用期,即"加强审查期",并指出,如果当时无法解决问题,应取消短距起飞/垂直着陆型[13]。因此,常规起降型和舰载型的试验不再将短距起飞/垂直着陆型作为研制中的领先型别。此外,目前第 5 批小批生产合同中短距起飞/垂直着陆型的产量从 13 架飞机减少到 3 架,比以前的合同减少了 16 架。

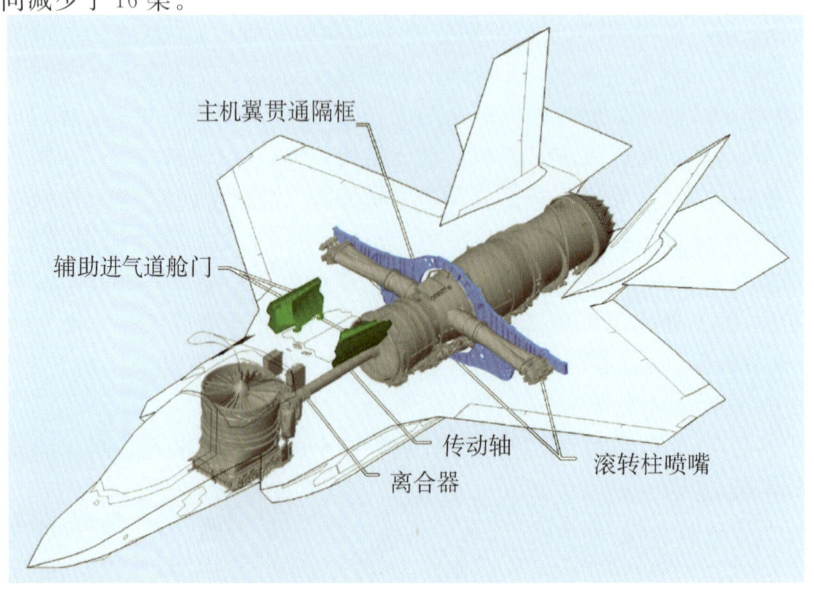

图 1.17 F-35B 战斗机部件的问题促使了短距起飞/垂直着陆型的延缓

解决已查明的问题和提高短距起飞/垂直着陆型飞行试验出动率方面取得了迅速进展，同时在一艘L级舰船上首次成功地部署了两架短距起飞/垂直着陆型，结果在一年之后就取消了短距起飞/垂直着陆型试用期。2011年1月20日，盖茨的继任者莱昂·帕内塔(Leon Panetta)在帕图特森河海军航空站试验场表示：“短距起飞/垂直着陆型正在展示与F-35战斗机其他两种型别高度一致的性能和成熟度。”帕内塔说：“短距起飞/垂直着陆型已经取得了足够的进展，因此，从今天起，我将取消短距起飞/垂直着陆型的试用期。”[14] 以下为试用期的主要研制问题及解决方法。

在短距起飞/垂直着陆型耐久性试验机的第一个寿命周期试验早期，主机翼贯穿隔板就出现了明显的裂缝。在耐久性试验开始之前，洛马公司根据各种型别老式飞机，预测了在试验过程中预期出现的裂缝数量。美国政府的试用期信函中提到的行动已经成为耐久性试验计划的一部分。对试验发现的所有问题进行评估和关联，以对照设计要求确定部件的寿命。按照标准构型和重量管理程序，对有寿命缺陷的零件进行了重新设计，使其得以充分使用，并将设计更改纳入第一生产批次中。在达到外场有效飞行小时限制之前，对已经部署的所有飞机进行了改装设计，并制定了外场改装计划。在这种情况下，把发现的问题与试验谱关联起来，以计算部件更新后的服役寿命。设计更改涉及对裂缝区域的精细加工，以减少应力集中，并将其纳入第4批小批生产中。这种变化对飞机重量的影响可以忽略不计。对于已经制造的13架生产飞机进行了改装。具体措施包括在应力集中点进行材料混合，以及在外部增加加强带以减少总应力。这样增加了大约70 lb重量。在达到577个飞行小时之前，计划对每架受影响的飞机进行改装。对SDD阶段试飞飞机的改装只需要对局部材料进行混合，以延长寿命，完成飞行试验。

2010年，试验团队在高速半喷气试验中发现了辅助进气门(AAI)的振动问题。很快重新设计了辅助进气门。在2011年重新设计辅助进气门期间，帕图克森特河海军航空站的试飞团队继续在未受进气门振动问题影响的区域扩展短距起飞/垂直着陆型的飞行包线。事实上，该团队在当年就扩展了足够的半喷气式和喷气式飞行包线，保证了2011年10月用两架试验飞机在美国“黄蜂号”两栖攻击舰上进行初始研制海试[15]。在成功完成海试之后，同年晚些时候在BF-1飞机上安装了一个重新设计的辅助进气门系统。通过回归试飞成功地验证了重新设计的正确性。

同样也是在2010年飞行试验期间，对试飞热数据的分析表明，当飞机经受高温(120 ℉)天气时，防倾斜喷管作动器处于超过最大温度承受能力状态，尽管这种天气条件在实际使用中只有1%的可能性。额外的热量归因于防倾斜喷管周围的泄漏比预期高。在飞行试验期间采取了一系列平行行动来保护飞机并降低了操作使用限制：

1)在试飞监控飞机上设置较低的温度阈值。

2)对不受监控的试验机和部队机队飞机的飞行时间和环境温度设置限制。

3)在作动器壳体上增加绝缘层。

4)重新设计防倾斜喷管作动器以提高温度承受能力。

绝缘材料在2011年开始应用于生产型飞机，之后在2015年，罗罗公司把能力增强型作动器引入生产后才取消。尽管后来又在美国最热的地区之一(亚利桑那州的尤马)进行了大量的飞行试验，但是再未出现与防倾斜喷管作动器相关的温度方面的故障。

在轴驱动升力风扇概念的发展过程中，传动轴的线性和角度偏转是设计中必须考虑的一个问题。传动轴两端的挠性联轴器设计成在飞行期间随着飞机机动、热膨胀和收缩而弯曲。高于预期的热增长和制造变化共同导致传动轴弯曲，联轴器预计拉伸或压缩可能超过设计的轴向偏转极限。对于SDD阶段试飞飞机，在设计安装到位之前，对发动机法兰和传动轴法兰之间的间隙进行了测量，以建立轴向偏转的制造方面的变量数据。利用各种模型、预测工具、实时飞机和发动机飞行试验测试仪器，对轴向张力和压缩裕度进行了估计，以便在飞行试验控制间进行实时监控。当飞机处于高温(高燃油温度)和发动机处于低功率状态时，这种监控通常会限制飞行。2011年推出了一项临时设计改进，在发动机和传动轴法兰之间放置了一个分类垫片来优化间隙。虽然这一解决方案相对简单且能够快速实施，但增加了维护复杂性，不受后勤保障人员欢迎。2016年，引入了一种新方案，增加轴向性能的挠性联轴器，它能在整个F-35B战斗机飞行范围内包容偏差，并减轻使用分类垫片所需的额外维护工作负担。

早在2008年，在F-35B战斗机的传统模式飞行试验中就发现离合器壳体温度的升高与升力风扇的非指令旋转有关。洛马公司、普惠公司和罗罗公司团队针对此情况查找了根本原因/提出了纠正措施，并得出结论，非指令升力风扇转动是由于新制造的离合器片之间的公差太紧造成的。由此导致离合器片之间发生摩擦，从而使离合器壳体温度在整个飞行过程中上升，并且可能超过设计极限。由于没有快速的解决方案来保持离合器片分离，洛马公司对现有主动冷却系统进行了被动冷却改造。2011年，还增加了一个离合器热监控系统，以便在非指令升力风扇旋转和飞行员指令的短距起飞/垂直着陆型转换过程中为飞行员提供对离合器热状态的感知。在冷却改造的同时，罗罗公司开始努力减薄离合器片以减少离合器阻力。从2014年开始，这一更改已纳入生产型离合器生产中并交付。2016年罗罗公司推出了一种更耐用的离合器片材料，使离合器的接合次数恢复到超过规定水平的最大值。自从这些设计更改实施以来，再未发生过关于离合器热问题的报告。

(2)重新设计舰载型拦阻钩。舰载型的基本特征之一是完成舰上拦阻着陆的拦阻钩系统(AHS)。F-35C战斗机的拦阻钩系统是设计中最具挑战性的系统之一，也是成熟度满足关键设计评审要求的最后一个系统。由于要求在系统收回时完全关闭，加上发动机喷管的位置相对比较靠前，导致钩点纵向位置的配置比任何传统飞机都更接近主起落架。2011年，在新泽西州的美国海军莱克赫斯特试验基地开始对该系统进行滑行钩住(Roll-In)试验，以及随后的飞行钩住(Fly-In)试验，结果显示，上钩率非常低，令人无法接受。上钩率低是由于系统独特的物理动力学引起拦阻钩点在拦阻索上弹跳造成的。前起落架和主起落架轮胎激发了拦阻索的波浪运动，导致拦阻钩挂点通过拦阻索中心时正好在甲板上或靠近甲板。再加上系统相对较低的压紧力使拦阻钩钩子向上弹起，拦阻钩又比较钝，经常无法抓住拦阻索。

发现这一问题后，对拦阻钩系统[16]进行了重大重新设计，但幸运的是没有对周围的机体、系统安装或门的布置产生重大影响。主要变化是使钩尖的前缘变平和锐化，以改善拦阻索的拾取性能，并显著增加钩上的压紧力，以减少反弹。对该系统进行了关键设计评审，并于2014年初恢复了试验，虽然当年的舰载适应性试验延迟，但是却获得了出色的挂索结果。到2014年底，已有16架舰载型飞机交付使用。这些飞机和另外两架飞机最终将在生产线实施改造前交付，总共需要对18架飞机进行更改。

(3)燃油箱惰化重新设计。与机载惰性气体生成系统(OBIGGS)有关的问题也在2012年开始出现，这些问题最终影响了SDD阶段的飞行试验、小批量初始生产，以及为美国海军陆战队和美国空军的初始作战能力进行的改装。

F－35 战斗机依靠机载惰性气体生成系统进行防雷电保护，以避免采用被动防护系统导致飞机增重。铝蒙皮飞机能产生法拉第效应，使雷击所产生的电流始终保持在飞机外部，与之不同的是，F－35 战斗机是复合材料飞机，飞机的外部表面和结构内部都会经历这些电流。这主要是因为闪电级电流会附着在最近的金属紧固件上并穿透外壳。这在飞机设计早期就得到很好的理解，在设计时已经考虑了防雷击直接影响的功能。设计中也对雷击的间接影响进行了处理，以确保飞机部件能够承受飞机布线系统中产生的电流。

剩下的雷击风险是由于雷击而发生电弧放电对燃油系统空隙的点燃问题。现有的防止电弧放电的被动防护措施会造成无法接受的重量，因此要求使用机载惰性气体生成系统保持油箱空隙中的氧气浓度足够低，防止被闪电/雷击诱导电弧点燃。这些要求比其他脆弱性要求更苛刻，因此对燃油流量进行了调整，以确保空隙率保持在氧气浓度要求以下。然而，在 2012 年该系统的特殊关键设计评审上，确定系统在某些位置不满足短时瞬变的要求。因此，为了满足项目的安全性，需要对已经投入生产的设计进行一些修改，以满足所有型别的风险指数要求。

所需的改变包括重新设计阀门和孔口，并在燃油箱的某些位置增加氮气净化管路。虽然系统结构的变化不大，但一些新部件安装在飞机组装后难以接近的位置。一些组件是全新的，除了采办和制造周期因素外，还需要一个完整的设计认证周期才能获得新的硬件。此外，还需要对燃油系统软件进行修改。因此，变更分两个阶段实施。第一阶段涵盖了最难以接近的组件，并尽可能在第 6 批小批量初始生产中纳入，而其余的则从第 7 批小批量初始生产产品开始实施，且为所有已生产飞机制定了改造计划。

然而，2014 年出现了一个与机载惰性气体生成系统有关的新问题，即在某些燃油状态和高过载机动中，机载惰性气体生成系统和燃油虹吸管的布置可能导致油箱压力超过设计极限。这一发现的直接影响是对机队施加机动飞行和天气条件限制。可以通过修改燃油系统软件来降低油箱压力，但却要牺牲惰化性能。对于 F－35B 战斗机来说，软件改变导致了氧气浓度超标。然而，在俄亥俄州的莱特帕特森空军基地进行了实验室点火试验，得出的压力数据证实该型结构能够承受这种点火事件。该解决方案通过燃油系统模拟器和飞行试验得到验证，但生产实施被延迟到第 8 批小批量初始生产型。解决方案的验证、部件的采办和对 10 架 F－35B 战斗机的改造正好赶上了 2015 年 7 月美国海军陆战队发布 F－35B 战斗机的初始作战能力。

对于 F－35A 战斗机常规起降型，由于型别之间在燃油系统布置和机动要求上的差异，油箱超压状况实际上比短距起飞/垂直着陆型更严重，而且它的时间进度只是稍微不那么紧迫。常规起降型得益于在短距起飞/垂直着陆型上所做的工作，但常规起降型的解决方案需要采用全新的软件控制压力安全阀，并从外舷机翼油箱一直到机身中心附近铺设一条新的清洗管路。直到第 9 批小批量初始生产型生产中期，这一变化才纳入生产。与短距起飞/垂直着陆型一样，对 F－35A 战斗机的修正直到 2016 年 8 月美国空军宣布初始作战能力之前才完成。

F－35C 战斗机燃油系统的配置类似于 F－35B 战斗机，但最终的机载惰性气体生成系统的改造与短距起飞/垂直着陆型或常规起降型略有不同。对生产型的更改是从第 10 批小批量初始生产型开始的。与其他型别一样，改造前对先前交付的 F－35C 战斗机施加了飞行限制。现在部署的 F－35 战斗机没有与闪电/雷击有关的飞行限制。

(4)头盔与座椅重新设计。F－35 战斗机头盔显示器(HMD)系统[17]和 US16E 弹射座椅[18](见图 1.18)的性能都非常好，研制过程中解决了很多重大技术难题。

图 1.18 头盔显示器和 US16E 弹射座椅

头盔显示器是飞行员的主要显示器,提供综合飞行参考信息,战术和导航显示集成信息,以及包括夜间视景在内的数字图像。SDD 阶段期间,系统开发进行了多次迭代。早期版本出现了很多功能性问题,包括夜视锐度,跟踪/视轴对准和延迟,显示抖动,绿色发光以及驾驶舱盖弓形框遮挡等。另外,在弹射座椅的试验中,出现了遮阳板附件的安全性以及由于氧气软管施加在飞行员头部上的偏航力矩问题。最后,合格性试验确定需要修改头盔发射器单元和头盔/飞机接口电缆。第二代系统(Gen Ⅱ Version)被认为不符合要求,2010 年的技术基线审查(TBR)发现该系统不适合完成 SDD 阶段工作,也不适合作战机队飞行使用。后来研制了第三代(Gen Ⅲ Version)来解决这些问题,但作为缓解风险的后备方案,洛马公司还使用独立的夜视镜系统。

第三代设计中采纳的许多变化成功地解决了大多数问题。第三代头盔显示器采用了新摄像头,修改了软件,改进了头盔显示器硬件,增加了固定摄像头组件,改善了夜视能力。跟踪品质改进是由于增加了一个视轴标线单元,使飞行员能够看到对准状态,为头盔显示器和固定摄像机增加了光学跟踪器,并为头盔增加了惯性测量单元。

此外,还进行了其他一些硬件和软件改进。加强了遮阳板附件,并添加了氧气软管附件以尽量减少头部转动。最后,对头盔发射器单元和头盔/飞机接口电缆进行了加固。虽然这些变化共同解决了第二代设计的功能性缺陷,但同时也增加了头盔的头部重量,并使重心前移。

US16E 弹射座椅满足设计要求。该系统设计用于在各种飞行条件下安全使用,从非常接近地面的静态悬停,到高海拔和非常高的等效空速条件,甚至几乎任何飞行姿态。此外,该系统设计适用于各种各样的飞行员体型和体重,从 103 lb 重的女性到 245 lb 重的男性。简单地说,弹射座椅的关键设计问题是在极端条件下需要很大的力才能使大体重飞行员弹射然后减速,但是这些力会对轻体重飞行员颈部造成伤害。这些风险随着飞行员头盔质量的增加以及质心与座椅力没有对齐而增加。在弹射和降落伞打开阶段飞行员颈部可能会产生高负荷。

在 2015 年中期之前,弹射座椅已经与第二代头盔结合通过了合格性认证,但是为了支持重新设计的座椅弹射顺序,进行了轻体重飞行员低速重复试验,结果表明,与早期的试验相比颈部损伤超出了标准。对早期试验数据的回顾显示，试验人体模型的头部在临界载荷条件下由降落伞提升器支撑，从而产生误导性颈部测量载荷数据。2015 年 8 月下旬，美国各军种对 F－35 战斗机飞行员施加了 136 lb 的最低体重限制。针对这一问题，对弹射座椅进行了两项改进。首先，在座椅上增加了一个轻体重飞行员选择开关。选择轻体重飞行员位置，可调节降落伞开伞的时间顺序，降低主降落伞的出伞速度。其次，在降落伞支架之间增加了一个织物类头部支撑板，以防止颈部过度伸长（形成摔鞭状态）。

这两种变化都能减轻座椅操作中降落伞开启阶段的颈部负荷，但不影响弹射阶段。为了解决弹射阶段问题，对头盔显示器建立了一个重量限制，将满足轻体重飞行员的颈部伤害标准。2015 年 5 月，JSF 项目办公室指示研制第三代轻型头盔显示器/头盔。减轻重量主要是通过引入任务遮阳板来实现的。这将拆除外部着色遮阳面罩，引入一个带有清晰显示遮阳面罩和一个彩色显示遮阳面罩的双遮阳面罩系统。飞行员在飞行中可以更换头盔上的面罩，以适应不断变化的环境。

修订后的弹射座椅从第 10 批次小批量初始生产型开始装备，该批次飞机于 2018 年 1 月开始交付，第三代轻型头盔显示器也开始生产交付。

7. 主要结论：显著的全尺寸试验成就

尽管目标宏伟的 SDD 阶段项目经受了许多重大的技术、进度和成本挑战，但基于广泛的全尺寸试验结果，F－35 战斗机同样目标宏伟的第五代战斗机系统能力业已实现。

（1）飞行试验。文献[15]对 F－35 战斗机飞行试验进行了完整总结。飞行试验由 F－35 综合试飞队（ITF）实施，该试飞队由洛马公司、普惠公司、美国空军、美国海军/美国海军陆战队、国际合作伙伴和供应商的工程人员、飞行操作人员、维护和管理人员组成，这些人员根据需要被安排在一个单独的综合产品开发团队中。两个主要飞行试验场提供了广泛的基础设施和试验场设施：爱德华空军基地和帕图克森特河海军航空站。许多其他试验地点也提供了专业试验能力，包括 L 级两栖攻击舰和 CVN 级航空母舰。图 1.19 重点示意了一些重要的飞行试验里程碑事件。

图 1.19 重要飞行试验里程碑：AA－1 飞机首次起飞，BF－1 飞机首次垂直着陆，X－35B 验证机炸弹投放，以及 F－35C 战斗机的成功拦阻

2018年4月，SDD阶段最后一架次试飞完成。从2006年AA-1飞机首飞开始，总计完成17 000多小时、9 000多试飞架次试飞任务，累计完成6.5万多个试验点。洛马公司的项目经理表示，F-35战斗机飞行试验项目是航空史上最全面、最严格和最安全的研制试飞项目。SDD阶段飞行试验重点包括全飞行包线性能和飞行品质、大迎角、短距起飞/垂直着陆型研制试验、舰载适应性试验、183次武器分离试验、42次武器精准投放试验和33次任务效能试验，任务效能试验包括多达8架F-35战斗机的多机对抗先进威胁任务。

(2)全尺寸地面试验。除了飞行试验之外，使用全尺寸硬件进行的大量地面试验对于验证模型和验证需求发挥了重要作用。进行地面试验的部分试验样件如图1.20所示。

图1.20　主要的全尺寸地面试验：F-35A战斗机机炮射击试验、天线模型试验、F-35C战斗机落震试验、F-35A战斗机实弹射击易损性试验、F-35B战斗机气候试验和RCS模型试验

对于每种型别，在生产试飞飞机和生产型飞机的同一装配线上制造了两架全尺寸机体，用于结构试验。其中的一架机体进行静力试验以确定结构强度和稳定性。另一架则用于耐久性试验(疲劳试验)，按照OTB-3项目增加的试验内容，耐久性试验将其扩展到三个寿命周期。常规起降型和舰载型的耐久性试验在英国BAE系统公司位于Bough的工厂进行。短距起飞/垂直着陆型的同类试验则在洛马公司位于沃斯堡的工厂进行，舰载型的静力试验也在这里进行。舰载型静力试验件还用于落震试验，落震试验在得克萨斯州大草原的瓦特飞机工业(Vought Aircraft Industries)公司进行，以验证极端下沉率条件下在航母着舰时的结构完整性[11]。

在加利福尼亚州海军航空站的中国湖海军空战中心武器部，使用装备齐全的AA-1常规起降型飞机、安装了发动机的舰载型结构静力试验机机体和短距起飞/垂直着陆型结构静力试验机机体，进行了全尺寸实弹射击易损性试验。还对短距起飞/垂直着陆型推进系统进行了“弹着”试验。

2014年和2015年，在位于佛罗里达州艾格林空军基地的麦金利气候实验室对一架装备齐全的短距起飞/垂直着陆型飞机进行了全面的气候试验[19]。这些试验涵盖了广泛的气候条件，也包括各种各样的F-35战斗机飞行条件，包括短距起飞/垂直着陆型的模拟悬停状态。

在其他全尺寸试验中，没有使用代表性机体结构。信号特征和天线孔径试验使用了一个支架模型。全尺寸信号特征模型包括了飞行代表型机体结构的所有主要特征，在洛马公司的加州 Helendale 工厂进行试验。全尺寸综合天线试验在纽约的美国空军研究实验室罗马试验场进行。

8. 备选发动机项目

除了普惠公司的 F135 发动机，在 SDD 阶段，JSF 项目办公室还与洛马公司签订合同，要求将 F－35 飞机系统与通用电气/罗罗公司的 F136 发动机进行集成。理由是保持发动机产品竞争性有助于促进发动机技术持续发展并降低采办价格，因为两家发动机制造商还在竞争工作份额，正如 F－16 战斗机发动机竞标所展现的情况一样。为此，F－35 飞机不仅与 F136 发动机兼容，而且还允许 F135 和 F136 发动机在现场进行物理互换，不论发动机型号如何，推进系统的操作对飞行员而言是透明的。

因此，F－35 战斗机进气道的尺寸设计可以支持这两种发动机，并具有增长余量。对发动机接口进行了严格管理，以确保飞机与这两种发动机兼容。升力系统硬件（升降风扇、驱动轴和防倾斜喷管）甚至常规起降型和短距起飞/垂直着陆型的发动机排气管和喷管，都有意设计为通用硬件，由普惠公司/罗罗公司为 F135 和 F136 发动机提供。具体而言，F135 和 F136 发动机享有许多相同的接口，例如发动机前安装架，液压安装架和发动机起动机/发电机（ES/G）泵。发动机与 F－35 战斗机的接口设计具有相应的灵活性，以便适应发动机后侧安装位置和供电装置到发动机起动机/发电机的安装位置的微小位置差异。部分传统的机体敷设主燃油管线和电气面板的一部分被提供给推进系统承包商，以便发动机安装，从而保证这些线路的终端布线自由。

为了提供一级飞行品质，两个推进系统承包商必须负责满足非传统控制要求，特别是对于短距起飞/垂直着陆型的操作。例如，当在短距起飞/垂直着陆模式下工作时，飞行员通过操纵杆和油门输入命令前进和垂直加速。F－35B 战斗机控制律指挥发动机系统提供所需的推力级别，主发动机喷管和升力风扇之间的推力分配和倾斜命令。在许多方面，推进系统与任何其他空气动力学效应器一样。准确性、带宽、速率能力和系统对故障的响应由推进系统管理。例如，在一个相同的控制点，不同的发动机可以以不同的转速工作，但效应器输出是由 F－35 战斗机推进系统管理的闭环，以便为飞行员提供可预测的性能。

这些努力的成功是在 JSF 项目 2004 年 8 月的备选发动机准备状态评估中确定的。

根据 JSF 项目办公室合同要求，通用电气/罗罗公司战斗机发动机团队于 2004 年 7 月在 SDD 阶段前将 F136 发动机引入常规试验，随后于 2005 年进行了首次短距起飞/垂直着陆型发动机试验。在过渡到 SDD 阶段之后，F136 发动机在 2006 年完成了初步设计评审，在 2008 年 2 月完成了关键设计评审。SDD 阶段，首台 F136 发动机于 2009 年 2 月开始地面试验，随后于 2010 年 11 月开始短距起飞/垂直着陆型地面试验。截至 2010 年底，F136 阶段已累计完成超过 1 000 小时试验，计划在 2011 年交付试飞发动机，此后不久三个型别都将使用 F136 发动机首飞。

美国政府经过长期的、高度公开的资金问题讨论之后，于 2011 年取消了 F136 发动机项目，但项目的技术和经验教训仍然值得政府/工业部门的经济可承受的通用先进涡轮发动机项目学习和借鉴。

1.5 国际合作

F-35战斗机项目的国际参与范围和复杂性既是一项资产,也是一项挑战。从20世纪80年代美国/英国先进短距起飞/垂直着陆联合项目的最早合作开始,并且在Nunn-Quayle研究与发展计划的支持下,该项目有了国际合作伙伴的参与。虽然美国国防部要求采办经理为大多数项目寻求国际合作,但F-35战斗机SDD阶段项目成为一项合作的研制项目,可以说是与众不同。

几十年来,长期作战和"维和"行动的作战模式一直是三个军种共同关注的,主要涉及联合参与作战和财政负担分担问题。然而,实现这一作战概念的困难主要受到技术、传统平台的互操作性,以及各军种之间和各军种与盟军空军之间的政治信仰差异的限制。20世纪90年代初,美国各军种面临严重的预算压力,有一种新的观点认为,拥有一个共同的平台可能会带来重大的潜在收益。消除互操作性障碍、减少重复的培训和维护基础设施,将减少采办和业务预算需求。

1.背景

20世纪90年代初,美国各军种都提出了各自更换前线战术战斗机的发展计划。美国海军陆战队准备为替代老旧的AV-8B鹞式攻击机开发一种先进短距起飞/垂直着陆型原型机。鹞式战斗机最初由英国设计,AV-8B鹞式攻击机是美国为美国海军陆战队改进和制造的一种机型。英国和美国当时在共同开发一种先进短距起飞/垂直着陆概念,双方联合签署了正式作战需求文件,该文件确定了下一代需求。意大利海军是美国在联军行动中的强大盟友,也是鹞式战斗机的使用者,预计会加入这个换代项目。

那个时期,美国空军也在确定其多用途战斗机的作战需求,以替换其列装的F-16战斗机、A-10战斗机,甚至F-117战斗机等机型。F-16战斗机是21世纪美国的主要外销主力战斗机机型,多数盟国空军都有列装。盟国空军也迫切需要更先进的战斗机平台来替换老旧的F-16战斗机等主力机型,是JSF项目的潜在参与者。

美国海军已多次尝试更换F-14/A-6/A-7战斗机等机型,选择方案包括美国空军先进战术战斗机(后来成为F-22战斗机)项目、A-12和AX/AFX项目竞争的衍生品。所有这些方案都被中止了,转而采用了风险较小的方法来升级F/A-18战斗机。国际上,有六国空军在使用F/A-18战斗机,包括主要盟国加拿大和澳大利亚。预计这些盟国也有兴趣加入JSF项目。

2.国际合作

英国于1995年作为创始成员加入了联合先进攻击技术项目,前提是英国工业部门将适当分享早期参与研制项目带来的工业效益,这将产生大量工业生产和维护工作机会。在概念演示验证阶段,意大利、荷兰、丹麦、挪威、加拿大和土耳其作为观察员也逐步加入了该项目。

在获得SDD阶段合同时,美国和英国都是承诺的参与者,而联合作战需求文件(JORD)是由美国和英国的高级政府官员共同签署的。英国成为唯一一个在SDD阶段投资约20亿美元的一级合作伙伴。在接下来的一年里,又有7个盟国加入了这个项目(见图1.21)。意大利和荷兰作为二级合作伙伴加入了SDD阶段工作,各自的投资超过10亿美元,挪威、丹麦、加拿大、澳大利亚和土耳其作为三级伙伴以约1.5亿美元的投资加入。根据其参与的财务水平,这些盟国获准派代表担任JSF项目办公室的相应领导职务。一级和二级合作伙伴有机会参与

F-35作战使用试验与鉴定(OT&E)。这些政府与政府间双边协议中的每一项都具有独特的要素,称为边界协议,确定了参与国家的独特要求。所有盟国都将无缝纳入基线生产项目,并从规模更大的采办数量中获得经济收益。

图1.21 国际合作伙伴加入F-35战斗机项目的时间线

所有参与国都被允许参与该项目SDD阶段的工业方面的工作,在后期阶段以最具价值和竞争力的方式参与。这与传统项目有很大不同,在该项目中,采办国将获得经济利益以抵消其采办成本。洛马公司和其团队成员对合作伙伴国家的工业部门进行了全面调查,以了解其具体工业能力,从而加强已选定供应商在概念演示验证阶段工作的基础。

2006年初,美国政府与9个参与国签署了谅解备忘录(MOU),这9个国家将参与JSF项目SDD阶段的生产、维护和后续研制(PSFD)工作。所有9个参与国都具有同等地位。由所有参与国代表的JSF执行指导委员会(JESB)负责整个项目的整体管理。该项目管理结构的复杂性与美国国防部历史上任何项目都不同。

从JSF项目办公室的角度来看,所面临的问题是让参与国相信管理过程是公平的,并且他们的独特要求将在资助项目的范围内得到满足。对于独特的要求(例如,挪威要求的在结冰跑道上的阻力伞)需要单独的资金,参与国将根据其投资情况在JSF项目办公室有自己的代表。参与国家的采办领导者将成为指导项目决策的管理机构的全面参与者。

从洛马公司项目管理团队的角度来看,重点问题是确定能够为F-35战斗机供应链提供最大价值的国际工业伙伴关系,同时满足各国经济和政治上对继续进行该项目在财政方面的要求。所有采办国的经济利益都必须从F-35战斗机的直接工作中获取,而不是允许使用间接方式或非关联的抵消方式。所有参与者都希望在一个相对较小的平台上进行高价值的工作。为了应对这一挑战,洛马公司向所有参与伙伴和主要供应商提供了合作需求。图1.22显示了美国团队和国际工业参与(IIP)供应商的机体部件联合生产详细分解情况。

从参与国的角度来看,国际工业参与供应商的要求纳入了谅解备忘录,作为F-35战斗机项目的基本原则,将参与国的目标与采办数量挂钩。该协议涉及使用最佳价值原则,并要求承包商为合作伙伴国家提供工业部门工作机会。所有合作伙伴国都坚持要求洛马公司在签署政府间协议之前,与各国国防部和经济事务部签署工业参与意向书(LOI)。

意向书在生产项目中为国际工业参与供应商确定了四类机会:

(1)由于在SDD阶段被选中而继续存在。

(2)所有参与国家之间竞争。

(3)针对一个国家工业的具有竞争力的战略性资源导向采办,但受到最佳价值和竞争性定价的限制。

(4)只有一个国家需要的国家特有能力。

意向书还要求洛马公司每半年报告一次团队中国际工业参与伙伴的工作情况,其中包括作为主要承包商的洛马公司、主要的队友(诺思罗普·格鲁门公司和BAE系统公司)以及主要的系统和子系统制造商。图1.23给出了F-35战斗机项目创建的国际供应链。这些供应商中的大多数已经大大提高了他们的能力、设施和设备,因为F-35战斗机不仅对伙伴国的战斗机机队进行了资产重组,同时也对参与国家的国防工业进行了资产重组。

3. 构建F-35国际供应链:几个例子

一级合作伙伴(英国)和二级合作伙伴(意大利和荷兰)有机会购买试飞飞机并参与作战使用试验与鉴定。英国采购了3架短距起飞/垂直着陆型飞机,荷兰采购了两架常规起降型飞机。意大利决定放弃采购作战使用试验与鉴定飞机,转而投资意大利卡梅里的总装和检验(FACO)工厂,生产意大利和荷兰购买的F-35战斗机。该工厂最后将转型成为欧洲的F-35战斗机维护、修理和大修工厂(见图1.24)。

(1)跟随太阳工程。英国、意大利、荷兰和澳大利亚是F-35战斗机数字化设计工具集的重要参与者,而其他伙伴国家的参与则受到很大限制。这个虚拟设计工具集的建立是一个复杂和高度受控的基础设施,但它能保证跨多个时区的连续设计,充分利用全球参与者的时间维度。值得注意的是GKN,这是澳大利亚应力工程专家的飞地,他们是该项目设计活动的重要贡献者。

(2)世界级复合材料制造厂。F-35战斗机制造公差的控制和大规模使用先进复合材料结构需要先进的下一代制造能力。在几个参与国建立了新的复合材料生产工厂。土耳其、荷兰、丹麦、挪威、加拿大和澳大利亚都投资建造了新的世界级复合材料生产工厂。

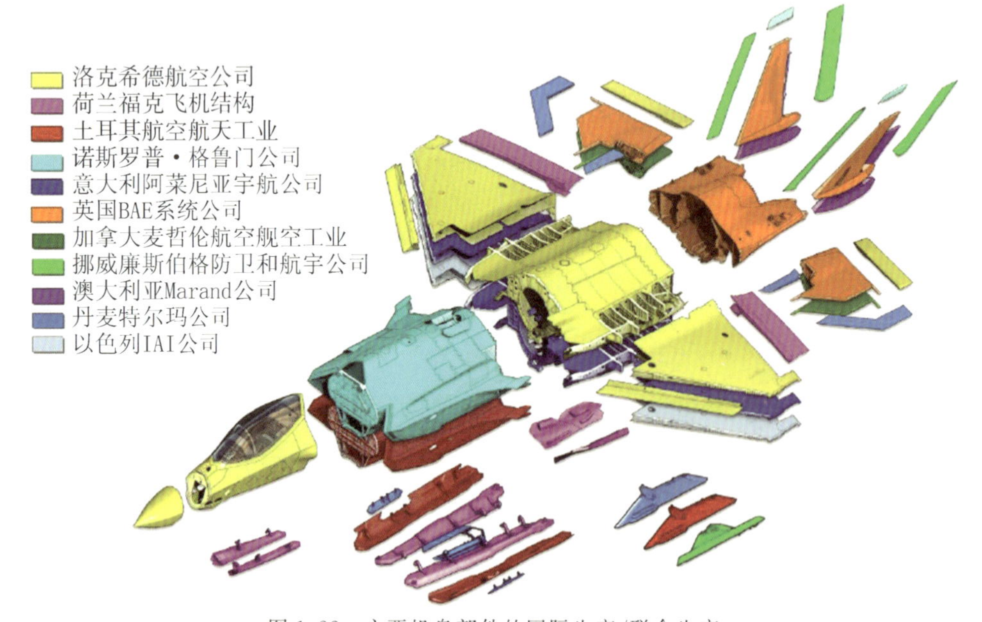

图1.22 主要机身部件的国际生产/联合生产

图1.23 国际供应商

图1.24 意大利总装和检验(左)厂和机翼组装厂(右)

4.外国军事销售

虽然不是合作研制伙伴,也不是JSF执行指导委员(JESB)的成员,但几个其他国家已经根据外国军事销售(FMS)项目的规定订购了F-35战斗机。这些订单为以色列、日本和韩国能够进行F-35战斗机的授权生产发挥了重要作用。以色列和日本的工业部门已经参与了F-35战斗机项目。目前,以色列正在提供翼板和电子元件。日本已经从自己的总装和检验厂推出了第一架飞机。将来,也可能允许其他国家通过传统的外国军事销售流程参与其中。

1.6 向生产过渡

1.背景

JSF生产系统对于实现经济可承受性和高生产率的项目目标是绝对至关重要的。就像F-35战斗机飞机系统正在重新调整和改造西方的大部分空军的作战能力一样,F-35战斗机生产系统正在对航空工业进行资本重组和改变。从概念演示验证阶段项目的早期开始,随着诺斯罗普·格鲁门公司和BAE系统加入洛马公司的团队,除了美国和英国之外,许多国家都参与了该项目。很明显,生产系统将会全球化。在F-35战斗机项目中,全球生产系统是制造组织的名称。设想的每日生产速率将需要对工厂和设备进行大量投资,精益制造、自动化和数字化被认为是生产系统的一项核心战略。尽管飞行器和生产系统的细节在概念演示验证阶段和SDD阶段中发生了显著变化,但可生产性一直是飞行器设计关注的重点。

在项目的早期概念阶段,F-35战斗机的设计非常强调快速装配,尽量减少零件数量和工具,提高通用性,并使用精密制造能力来实现第5代战斗机能力所需的几何控制。如前所述,许多飞行器设计变化对生产系统产生了重大影响,但总体目标保持不变,随着飞机构型趋于稳定,促使生产系统不断发展和完善。

在概念演示验证阶段,生产系统的初步开发和风险降低工作与飞行器设计并行进展。在SDD阶段,生产系统实际上已经建成,因为该项目的目标之一就是在生产硬件工具上建造第一架试验机。文献[10]描述了F-35战斗机生产系统和进行的改进。

2. 生产数量

正如EMD呼吁改进书(CFI)中所规定的那样,从SDD阶段一开始就要求研制工作与生产工作高度并行进展,并建立了一个陡峭的高速率生产进展曲线(见图1.25)。在最后一个型别(舰载型)首飞的两年内,最初的生产速度是每年54架(包括所有三种型别),计划在小批量初始生产阶段的第六年和最后一年每年生产168架。基于这些陡峭的生产斜率,主要伙伴和供应商在工厂能力方面进行了大量的投资,而且JSF办公室也为大量特殊工具和试验设备提供了充足的资金。

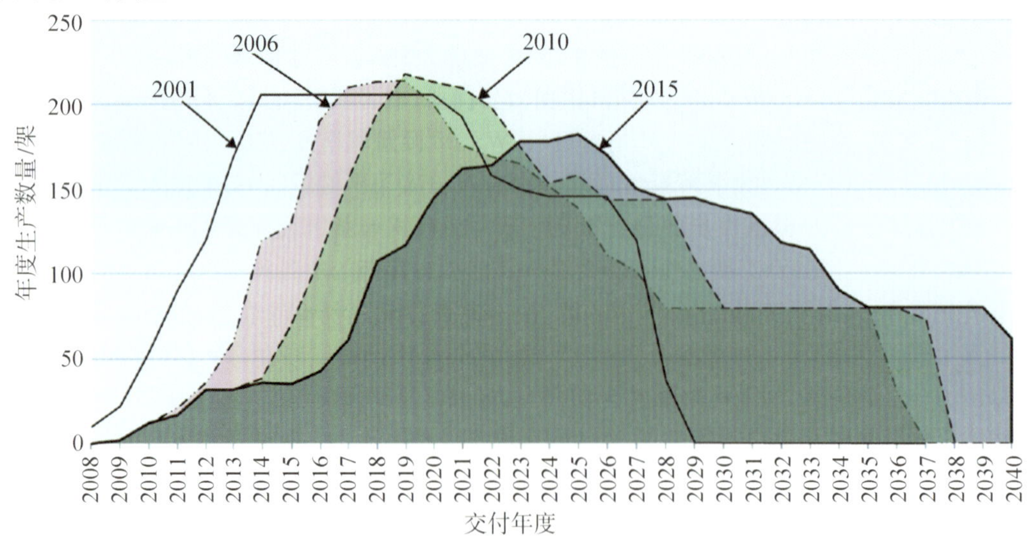

图1.25 生产数量变化概况

如前所述,早期试验机的工程设计、生产和试验出现的一些问题大大延长了SDD阶段的时间,对项目的每次重新规划都会招致额外的严格审查。有几个因素可以逐步推迟和延长每个计划年度的计划生产率。首先,在完成严格的试验之前,美国政府对于大量采购飞机非常谨慎,因为担心试验发现问题后需要进行工程更改,反过来又要对已部署外场的飞机进行改装,成本太高。美国政府问责办公室在向国会提交的年度报告中强烈批评了这些潜在的并行成本[20],美国国防部也对此进行了批评。其次,在采办预算中没有为重新规划SDD阶段准备经费。进一步限制采办率与全球金融危机有关，这也使许多参与国政府的预算紧张。

3.生产设施

F-35战斗机项目要求在全球范围内对新设施、设备和工具进行大规模的投资。在澳大利亚、日本、加拿大、美国和欧洲国家建造了一批新生产设施。

洛马公司的生产集中在位于沃斯堡的洛马航空公司总部（见图1.26）。在整个SDD阶段和前10个低速率初始生产批次中，F-35战斗机的机翼和前机身组装、配合及总装和检验工作逐渐取代了持续进行的F-16战斗机生产。2017年，洛马公司沃斯堡工厂生产了最后一架F-16战斗机，并宣布未来的F-16战斗机生产将在其位于南卡罗来纳州格林维尔的工厂完成，实质上是将整个沃斯堡的生产设施能力投入F-35战斗机的生产，并彻底改造了这座近1 mile[①]长的总装车间的布置和内部设备。主要新建筑包括飞机部件和飞机总装需要的设施、验收试验设施和悬停槽，以及对飞行航线工作站的全面翻新。主要的机翼组件由洛马公司玛丽埃塔工厂生产（该工厂以前生产F-22战斗机）。在棕榈滩工厂生产经过特殊处理和嵌入传感器的机翼和尾部边缘，以及天线罩。部件组装工作在宾夕法尼亚州的Johnstown和佛罗里达州的Pinellas地区完成。

图1.26　洛马公司位于得克萨斯州沃斯堡的F-35战斗机生产工厂

诺斯罗普·格鲁门公司在其棕榈滩工厂组装中央机身和武器舱门（该工厂以前生产B-2轰炸机）。组装采用集成装配线（见图1.27），使用自动导引车通过流水线进行装配。复杂主进气道管道的生产在El Segundo先进纤维敷设设施上进行。

图1.27　诺斯罗普·格鲁门公司位于加利福尼亚州帕姆代尔的集成装配线

① 1 mile=1.61 km。

BAE 系统公司建造了萨姆斯伯里工厂，为 F-35 战斗机项目提供许多全新的设施（见图 1.28）。该工厂为 F-35 战斗机所有型别生产后机身和水平尾翼与垂直尾翼翼盒组件（翼盒由一家加拿大供应商为 BAE 系统公司生产）。在萨姆斯伯里工厂，分三个阶段建造了一个全新的组装大厅，包含三条用于后机身、水平尾翼和垂直尾翼的架空钢轨流水线，以及一种共享的复杂精密铣床。每条流水线都适用于所有型别。专门的短距起飞/垂直着陆后喷管舱门的总装在与热成型设施相邻的新设施中完成，采用超塑性成形/扩散黏合工艺程序生产各种舱门。复合材料是在一个已有的大楼中生产的，这座建筑进行了重新装修；此外，还建造了一个全新的、高度自动化的硬金属加工厂，一个新的办公楼用于厂房管理、工程和商业运作。

图 1.28　BAE 系统公司位于英国萨姆斯伯里的 F-35 战斗机生产工厂

4. 经济可承受性：单架出厂成本(URF)的改善

SDD 阶段飞机系统设计冻结后，生产即宣告开始。经济可承受性问题再次显现。与飞机系统概念设计的需求权衡或详细设计的设计成本目标不同，经济可承受性的驱动因素是制造行为、商务行为、持续改进和商务情况变化。这些因素一般在主要参与方的场所发挥作用，但重要的是在供应商群体内发挥作用。大约 70% 的 F-35 战斗机单架出厂成本是由伙伴和供应商共同承担的。随着小批量初始生产批次的连续进展，以价格为中心的合同谈判和固定价格激励费用合同类型形成了强有力的成本-效益激励机制，无论是在主承包合同还是分包合同层面。事实上，第 4 批次小批量初始生产主合同就是一个固定价格激励费用类型合同，从第 32 架生产型飞机开始执行。这批飞机在交付任何一架生产型飞机之前都要进行谈判。

图 1.29 示意了 F-35 战斗机单架出厂成本的稳步降低情况，并叠加在生产数量剖面上。

通过可生产性改进和传统生产指标（例如缺陷率、单位工时、材料可用性、返工和人工工作）主动管理，制造工作持续得到改进。

经济可承受性策略的另一个要素是投资节省成本的设计改进。这些被称为投资，因为研制和实施工程更改的前期成本很大，但长期循环生产会逐渐节省成本，最终达到收支平衡点，从而开始产生回报。F-35 战斗机的大型计划采办数量常常使这种更改的商业案例具有说服力，计算出的总收益乘数比计划生产项目的长度从 20∶1 到 50∶1 不等。在 SDD 阶段项目期间，这种经济可承受性举措作为合同范围的一个明确部分得到实施。然而，一旦该范围完成，就不太确定这种投资的成本和收益将如何在政府和工业部门之间得到平衡，以及投资资金的来源是什么。由于假定变化的节省可能会延长很长一段时间并与其他变化的影响相结合，验证因假定变化而实际节省的成本是不切实际的。对于年度采办批次，通常单个生产合同中的时间跨度和数量不足以实现变更并达到收支平衡点。这削弱了政府和工业部门继续投资于经济可承受性举措的兴趣，尽管存在明显的长期利益。

然而，2014 年 7 月，美国国防部、洛马公司、BAE 系统公司和诺斯罗普·格鲁门公司宣布了一项名为“负担能力蓝图”(BFA)的协议，旨在降低 F－35 战斗机的生产成本。该协议规定了工业部门的投资，并将收回这些投资作为政府储蓄的途径。该项目的既定目标是，到 2020 年将第五代 F－35 战斗机的购买价格降低到相当于第四代战斗机的价格，F－35A 战斗机的单价成本具体目标在 8 000 万～8 500 万美元之间(当年美元)。洛马公司、BAE 系统公司和诺斯罗普·格鲁门公司在 2014 年至 2017 年共同出资 1.7 亿美元，预计该项目在整个项目周期内将节省 40 亿美元。该项目于 2017 年更新 BFA 至 BFA－Ⅱ，最初的政府投资资金增加到工业部门。

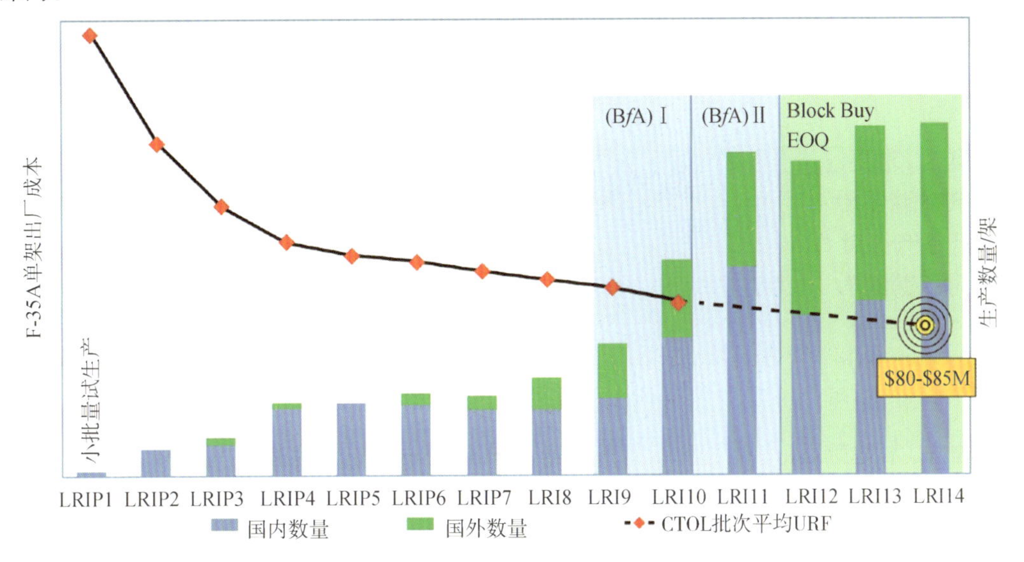

图 1.29　F－35A 战斗机 URF 趋势和负担能力蓝图(BFA)预测总生产量概况

5. 不断增长的机队

第一架生产型 F－35A 飞机于 2011 年 5 月被美国空军接收。同年 7 月，第一架飞机交付给艾格林空军基地开始用于飞行员和维护人员培训。一年后，第一架 F－35B 战斗机短距起飞/垂直着陆型生产型飞机于 2012 年 7 月交付给美国海军陆战队和英国，11 月首架 F－35B 战斗机交付给海军陆战队空军基地(MCAS)尤马的第一个作战基地。

截至 2018 年 1 月，近 300 架 F－35 战斗机已经交付或在沃斯堡处于飞行就绪状态准备交付部队。飞机在美国的 8 个作战或训练基地和 5 个国际基地飞行。最大的一支队伍是在亚利桑那州的卢克空军基地，在第一架 F－35A 战斗机到达基地的近四年后，那里有 118 架飞机用于各国飞行员和维护人员训练。

图 1.30 显示，到 2020 年，美国的 F－35 战斗机飞行基地增加到 10 个，国际 F－35 战斗机飞行基地增加到 6 个，飞机总数超过 500 架飞机。

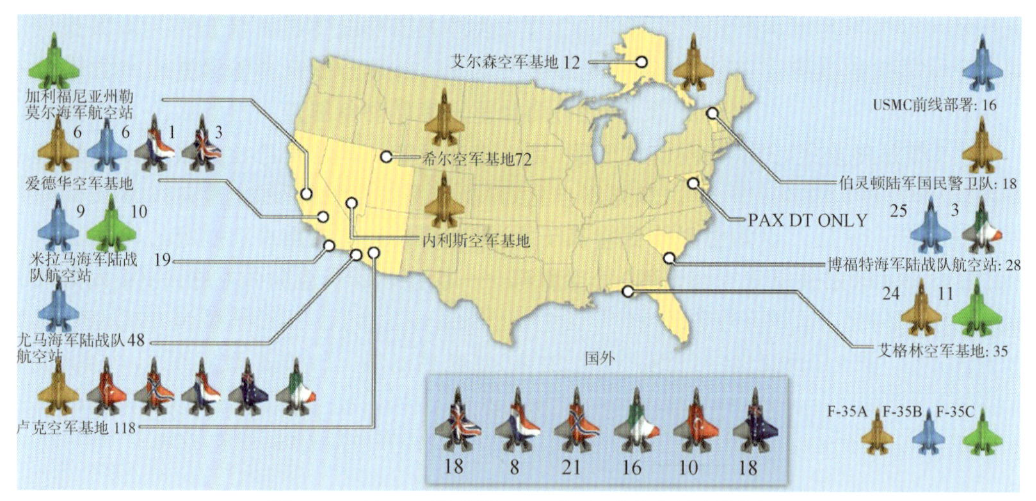

图 1.30 F-35 战斗机 2020 年全球驻扎情况预测

1.7 作战使用:初始作战能力之路

在国防采办中,初始作战使用能力是武器系统生产和部署阶段的一个时间节点,当武器系统被确定为满足各军种最低作战(阈值和目标)能力需求时,即达到该节点。作战使用能力包括在美国国防部作战使用环境中的保障、培训、后勤和系统互操作性。初始作战使用能力是一个很好的衡量点,可以确定在实现全面作战使用能力之前是否需要进行改进。F-35 战斗机是独一无二的,美国国防部各军种和国际合作伙伴以及外国军售国家都需要宣布初始作战使用能力。一组标准无法满足每个军种的需求,因此每个军种都为自己的初始作战使用能力定义了其独特的要求[21]。

1. 美国海军陆战队 F-35B 的初始作战使用能力

美国海军陆战队于 2012 年 1 月在艾格林空军基地将第一架机队飞机交付给了海军战斗机攻击训练第 501 中队(VMFAT-501)。美国海军陆战队的飞行员在当年年末开始执行飞行任务。海军第 501 中队于 2010 年被指定为 F-35 战斗机舰队战备中队(FRS)。2014 年 7 月,被重新部署到博福特海军陆战队航空站(MCAS)。

2012 年 11 月,海军陆战队第 121 战斗机攻击中队(绿骑士中队)在尤马重新被指定为 F-35B战斗机中队,成为第一个 F-35 战斗机作战中队。绿骑士接受了他们的前 3 架 F-35B 战斗机,并开始致力于满足初始作战使用能力的要求。

海军陆战队总部在 2013 年发布了一封公开信,列出了宣布 F-35B 战斗机实现初始作战使用能力的标准。该要求规定,美国海军陆战队需要 10～16 架飞机,并要求美国海军陆战队与海军陆空特遣部队的资源和能力配合,对近距离空中支援(CAS)、进攻性和防御性防空、空中拦截、攻击支援护送和武装侦察进行训练、人员配备和装备。这些要求使美国海军陆战队能够使用 F-35B 战斗机的 Block 2B 临时过渡能力来宣布达到初始作战使用能力。

同样,还规定临时过渡能力必须部署自主后勤信息系统(ALIS)。为初始作战使用能力中队选择的初始飞机是第 4 批次小批量初始生产型,由于在第 4 批次小批量初始生产型之前实施了工程更改,包括前文介绍的机载惰性气体生成系统(OBIGGS)的修改,因此需要进行一些改装。改装计划于 2016 年完成，比海军陆战队所需的时间晚了一年。因此，2014 年 4 月对飞机进行了一系列重新分配，以便使用后来的第 4 批次和第 5 批次小批量初始生产型飞机，从而减少飞机的改装工作量。

为了完成大量的飞机改装，在北卡罗来纳州 Cherry Point 东部的机队准备中心扩建了改装区，从 2 个扩展到 6 个，并为海军陆战队尤马航空站的三架飞机增加了仓库，满足承包商外场团队的需求。在 Block 2B 机队发布之前，增加了两个中间适航版本，并在没有武器的情况下扩展了飞行包线，以便能够对飞机进行改装和保障培训。2015 年 5 月，该中队在 L 级两栖攻击舰“美国黄蜂 1 号”(LHD 1)完成了作战使用试验(见图 1.31)。此外，他们还完成了一次作战准备状态检查，以确保他们有能力执行 5 个初始作战能力场景下的作战任务。美国海军陆战队于 2015 年 7 月 31 日宣布具有初始作战使用能力。美国海军约瑟夫邓福德将军从美国海军陆战队的角度对初始作战能力进行了说明。

图 1.31　F-35B 首次在两栖攻击舰“美国黄蜂号”开展作战使用试验与鉴定

他认为，VMFA-121 中队已经达到了 F-35B 战斗机的初始作战能力，如 2014 年 6 月提交给国会防务委员会的联合报告所述，VMFA-121 拥有 10 架 Block 2B 配置飞机，具备所需的性能包线和武器许可，包括训练、维护能力和基础设施，能够随时部署到相应机场或舰船。作为海军陆空特遣部队的一部分，它已经能够遂行近距空中支援、进攻性和防御性防空、空中拦截、突击支援护送和武装侦察等作战任务，并为联合部队提供作战支援。在宣布 F-35B 战斗机的初始作战能力之前，在 L 级航空母舰上进行了 7 周的海上飞行，参加了多次大型演习，并进行了相应的作战能力评估，其中包括多次实弹射击演习。F-35B 战斗机从远征简易机场或海上航母上进行作战的能力已经得到了充分的验证，它将改变战斗和获胜方式。[22]

自宣布初始作战能力以来，美国海军陆战队 F-35B 战斗机机队的部署速度越来越快，并参加了多次大型军事演习(比如：红旗(Red Flag)和克普雷霆(Cope Thunder))。他们进行了舰载和远征作战使用，并于 2018 年在太平洋上的美国黄蜂和美国埃塞克斯号上执行了他们的第一次舰上部署。VMFA-121 于 2017 年 1 月转场到日本岩国基地，目前在那里永久驻扎了 16 架F-35战斗机。美国海军陆战队目前有三个作战中队 VMFA-121、VMFA-122 和 VMFA-211，以及训练中队 VMFAT-501。正式的 F-35B 战斗机作战使用试验与鉴定由

VMX-1中队使用驻扎在爱德华空军基地的6架F-35B战斗机执行。

2. 美国空军F-35A战斗机初始作战能力

空战司令部(ACC)于2013年6月制定了美国空军初始作战使用能力标准，并于2015年1月进行了更新。美国空军于2016年8月1日(目标日期)和不迟于2016年12月31日(临界日期)确定了初始作战能力所需的时间表。美国空军的要求定义了一组任务能力，需要一个临时需求标准，即Block 3i，比美国海军陆战队的初始作战能力标准要晚。具体任务包括：在冲突环境中进行基本的近距空中支援，拦截和有限的对敌防空体系压制/对敌防空摧毁(SEAD/DEAD)。这些要求需要在SDD阶段开展武器试验，确定武器使用程序。在这些任务定义中，基本能力要求是，在Block 2B全飞行包线内，在白天和黑夜、恶劣天气条件下携带和使用AIM-120导弹、2 000 lb重的联合直接攻击弹药和500 lb重的激光制导炸弹。共计需要12～24架可部署的飞机以及相关保障设备、备件和经过验证的技术手册和培训大纲，以及训练有素的飞行员和维护人员。

2015年第3季度，犹他州空军基地的第34战斗机中队开始接收F-35战斗机。该中队的飞机在2015年第3季度至2016年第2季度之间交付，最低数量为12架。其中7架为第7批次小批量初始生产型F-35，其余为第8批次小批量初始生产型。在宣布初始作战使用能力之前的几个月里，F-35战斗机工业部门团队还解决了很多技术问题，主要包括：按时完成飞机改装，支持Block 3i配置，试验Block 3i软件并发布软件稳定性特征，同时发布2.0.2版ALIS。

实现初始作战使用能力的一个关键问题是克服Block 3i任务系统软件的不稳定性问题。任务系统软件团队全力解决Block 3i问题，并最终发布了11个软件版本，以完成Block 3i的集成，解决稳定性问题。初始作战使用能力软件版本的稳定性很出色。

具备初始作战使用能力的12架飞机需要进行一系列更新，以使配置与初始作战使用能力声明的配置保持一致。工程设计的发布、改装包的采办，以及对飞机进行的架内改装，在18个月内全部完成，包括OBIGGS的升级。2016年6月底，第12架飞机的最后改装工作在犹他州奥格登航空后勤中心完成[23](见图1.32)，并返回希尔空军基地第34战斗机中队。该团队出色的技艺和专注使得所有12架F-35飞机在美国空军初始作战能力的目标日期之前还拥有4周的飞行训练时间。

图1.32 在犹他州奥格登航空后勤中心为IOC机队交付最后一架F-35A战斗机

在宣布初始作战能力之前，美国空军进行了几次作战使用演练。希尔空军基地第34战斗机中队部署到爱达荷州芒廷霍姆空军基地，拥有最新的硬件和软件，并按计划飞行88架次，充分展示了F-35A战斗机的初始作战能力。第422试验与鉴定中队也进行了作战试验的初始作战能力准备就绪状态评估。评估了执行近距离空中支援、拦截和SEAD/DEAD任务的能力。第422试验与鉴定中队向ACC指挥官提交了一份报告，为宣布初始作战能力提供依据。

在通知国会后，空战司令部于2016年8月2日发布了F-35A战斗机的初始作战使用能力。空军少将卡莱尔说，F-35A战斗机将是美国空军列装的最主要飞机，因为它可以到达老式作战飞机无法到达的地方，并为指挥官提供现代战场上所需的能力[24]。空军参谋长戴维·戈德芬将军认为，F-35A战斗机为联合作战带来了前所未有的致命性、生存能力和适应性，并随时准备在地球上的任何地方部署和打击具有良好防御能力的敌对目标。[24]

3.美国海军F-35C战斗机初始作战能力

美国海军于2013年夏天在艾格林空军基地接收了其第一架列装F-35C战斗机。CF-6飞机被交付给第101战斗中队（VFA-101），该中队以前是一个F-14战斗机中队，2012年，在解散7年后，重新建立成为第一支F-35C战斗机飞行中队。新的VFA-101中队培训了海军和美国海军陆战队的第一批F-35C教员战斗机飞行员和作战使用试飞员。2017年1月，美国海军重新建立了“莽骑兵”(Rough Raiders)中队VFA-125，该中队以前是驻扎在加利福尼亚州勒莫尔海军航空站的一个F/A-18战斗机飞行中队，成为美国海军的西海岸飞行中队后，扩大了其培训能力以支持机型改装工作。第一个可部署的美国海军F-35C战斗机中队是VFA-147。VFA-147在2018年早期改装为F-35C战斗机。

美国海军的初始作战能力最初计划在2015年实现，但由于一系列问题而推迟，最明显的问题是软件开发进度延迟，而且重新设计拦阻钩系统也推迟了舰载适应性试验。修订后的美国海军初始作战能力窗口定义了2018年8月的目标和2019年2月的阈值。2011年海军空军指挥官信函中对F-35C战斗机初始作战能力的要求做出了规定，在满足下列条件时宣布实现初始作战能力：

1)形成第一个具备Block 3F全任务能力，作战飞行人员得到全面培训，飞机得到完整装备的F-35C战斗机作战飞行中队。Block 3F是SDD阶段研制的最终能力标准，所有型别都将升级到该标准。

2)所需的舰船基础设施，包括舰船改装已经到位，以支持F-35C战斗机的舰基工作。

3)所需的岸上基础设施，包括工具、备件、技术维修和飞行系列数据，以及保障设备，可用于支持持续的培训工作。

4)初始作战使用试验与鉴定完成，并宣布具备作战有效性和适应性。

虽然美国海军最初要求将作战使用试验与鉴定的完成作为2018年初宣布初始作战能力的关键条件之一，但由于在正式的作战使用试验与鉴定完成之前，已经证明了F-35C战斗机具备充分的作战能力，所以将其确定为可接受的替代标准。该标准的目标是确保飞机首次部署在航母打击群之前能提供预期的作战能力。

在要求苛刻的夜间航母着舰环境中对第三代头盔显示器和相关绿色发光问题进行了评估，导致美国海军将初始作战能力与绿色发光分辨率联系起来，以使相对缺乏经验的飞行员能够在海上遇到的所有情况下安全地进行夜间航母着舰。如前所述，绿色发光的解决方案已在地面试验中得到验证，飞行试验计划于2018年末进行。

1.8 即将进行的计划:未来发展

F-35战斗机后续现代化项目提供的能力能够确保F-35战斗机在未来几年持续保持作战优势,遵守未来的民用航空条例,并不断改善维护和保障能力。F-35战斗机项目实施了一个需求管控程序,确定了保证整个F-35战斗机飞机系统相关性所需的升级。这种方法为所有F-35战斗机使用者提供了参与F-35战斗机路线图的机会,并支持维护所有F-35战斗机用户的通用性和互操作性。持续的能力开发和交付框架能够保证提供及时、可负担的增量作战能力,以及维持美国及其盟国应对不断变化的威胁必须拥有的联合空战优势。

1.9 总　　结

JSF项目开始于JAST,20世纪90年代早期的独特政治环境与广泛的需求相结合,致使西方政府必须在严格预算限制下更新换代自己的战斗机/攻击机队。这为研制一种通用平台,来满足众多需求创造了一个机会。项目发展早期阶段的试验验证证明,基于轴驱动升力风扇推进系统,可以用一个通用系列构型提供满足美国海军陆战队和英国空海军需求的STOVL能力,而且不会影响CTOL型和CV型的构型和能力。洛马公司的F-35战斗机家族系列型别战斗机建立在独特的推进系统基础上,采用第五代隐身能力和任务系统能力,是一种具有高度杀伤力和生存力的航空武器系统。这些F-35战斗机型别之间的通用性(包括保障系统在内)在美国和盟国各军种之间提供了前所未有的互操作性,并实现了良好的经济可承受性。

除了令人望而生畏和不同的技术要求外,F-35战斗机项目还一直面临着目标宏伟的研制与生产进度要求。事实证明,对SDD阶段工作的时间进度和成本估算不足,迫使SDD阶段项目进行三次重新规划,每次重新计划都要求增加成本、延长时间,并延迟了生产。在整个研制阶段,对系统能力的保证和对这种武器系统的需求仍然很强烈。尽管在研制过程中改变了许多特殊设计、制造和管理特征、实践和方法,但推进系统概念和飞机构型的基本原理一直保持不变,任务和需求也几乎未受影响,只对作战影响很小的领域进行了微小调整。

对全球最先进的生产设施进行了大规模投资,计划到2018年初,为美国三军和8个国际客户生产近300架F-35战斗机飞机。预计到21世纪20年代中期每年将生产170多架F-35战斗机飞机。美国海军陆战队和美国空军分别在2015年和2016年宣布F-35战斗机具有初始作战能力,并分别在美国和海外驻扎了F-35战斗机作战中队。据称,这种飞机在实战训练中非常成功。

虽然这是一个漫长的过程,遇到并解决了许多问题,但F-35战斗机系列型别仍有望实现致命性、可生存、可保障和可负担得起这些第五代武器系统的最核心愿景。

参考文献

[1] BEVILAQUA P. Genesis of the F-35 Joint Strike Fighter[J]. Journal of Aircraft, 2009,46(6):1825-1836.

[2] MADDOCK I A, HIRSCHBERG M J. The Quest for Stable Jet Borne Vertical Lift: ASTOVL to F-35 STOVL[R]. AIAA-2011-6999, 2011.

[3] WIEGAND C, BULLICK B A, CATT J A, et al. F-35 Air Vehicle Technology Overview[R]. AIAA-2018-3368, 2018.

[4] WURTH S P, SMITH M S, CELIBERTI L A. F-35 Propulsion System Integration, Development & Verification[R]. AIAA-2018-3679, 2018.

[5] COUNTS M A, KIGER B A, HOFFSCHWELLE J E, et al. F-35 Air Vehicle Configuration Development[R]. AIAA-2018-3367, 2018.

[6] ESHLEMAN J. Large Scale Testing of the Lockheed Martin JSF Configuration[C]// Proceedings of the International Powered Lift Conference, SAE P-306, Warrendale, PA, 1996:319-340.

[7] NICHOLAS W U, NAVILLE G L, HOFFSCHWELLE J E, et al. An Evaluation of the Relative Merits of Wing-Canard, Wing-Tail, and Tailless Arrangements for Advanced Fighter Applications[C]// 14th Congress of the International Council of the Aeronautical Sciences. Toulouse, France: ICAS-84-2.7.13, 1984:771A-771L.

[8] HAYWARD D, DUFF A, WAGNER C. F-35 Weapons Design Integration[R]. AIAA-2018-3370, 2018.

[9] ALDRIDGE E C. Transcript of Briefing on the Joint Strike Fighter Contract Announcement[EB/OL]. [2001-10-26]. http://archive.defense.gov/Transcripts/Transcript.aspx? TranscriptID=2186 [retrieved 4 March 2018].

[10] KINARD D A. F-35 Digital Thread and Advanced Manufacturing[R]. AIAA-2018-3369, 2018.

[11] ELLIS R, GROSS P, YATES J, et al. F-35 Structural Design, Development, and Verification[R]. AIAA-2018-3515, 2018.

[12] SCHWARTZ M, O'CONNER C V. The Nunn-McCurdy Act: Background, Analysis, and Issues for Congress[C]. //Congressional Research Service, CRS 7-5700, 2016.

[13] GATES R M. Transcript of DOD News Briefing with Secretary Gates and Adm. Mullen from the Pentagon-January 06, 2011. [EB/OL]. [2018-04-25]. http://archive.defense.gov/transcripts/transcript.aspx? transcriptid=4747.

[14] MARSHALL T C. Panetta Lifts F-35 Fighter Variant Probation, [EB/OL]. [2018-04-25]. http://archive.defense.gov/news/newsarticle.aspx? id=66879.

[15] HUDSON M, GLASS M, HAMILTON T, et al. F-35 SDD Flight Testing at Edwards Air Force Base and Naval Air Station Patuxent River[R]. AIAA-2018-3371, 2018.

[16] WILSON T. F-35 Carrier Suitability Testing[R]. AIAA-2018-3678, 2018.

[17] LEMONS G, CARRINGTON K, FREY T, et al. F-35 Mission Systems Design, Development, & Verification[R]. AIAA-2018-3519, 2018.

[18] ROBBINS D, BOBALIK J, DE STENA D, et al. F-35 Subsystems Design, Development, and Verification[R]. AIAA-2018-3518, 2018.

[19] RODRIGUEZ V J, FLYNN B, THOMPSON M G, et al. F－35 Climatic Chamber Testing[R]. AIAA－2018－3682,2018.

[20] Joint Strike Fighter: Additional Costs and Delays Risk Not Meeting Warfighter Requirements on Time[R]. U. S. Government Accountability Office, GAO－10－382, 2010.

[21] F－35 Initial Operational Capability, Congressional Defense Committees[R]. U. S. Navy, U. S. Marine Corps, U. S. Air Force, 2013.

[22] STORY C. U. S. Marines Corps declares the F－35B operational [EB/OL]. [2018－05－15]. http://www. marines. mil/News/News-Display/Article/611657/us-marines%20－corps-declares-the-F－35b－operational.

[23] LLOYD A R. Ogden Complex Delivers F－35s for Units to Reach Combat Readiness [EB/OL]. [2018－05－05]. http:// www. af. mil/News/Article-Display/Article/837054/ogden-compleX-deliversF－35s－for-units-to-reach-combat-readiness.

[24] Air Force declares the F－35A ‘combat ready’ [EB/OL]. [2018－05－15]. http://www. hill. af. mil/News/Article－Display/Article/883234/air-force-declares-the-F－35a-combat-ready.

第2章　F－35“闪电Ⅱ”战斗机平台子系统技术的发展之路——F－35“闪电Ⅱ”战斗机平台技术回顾

洛马公司的F－35“闪电Ⅱ”战斗机采用了许多来自先期研究/研制项目的重要技术改进。X－35概念验证机项目阶段演示验证了多种关键技术，先期开展的这些技术发展项目对于JSF项目顺利进入系统研制与验证阶段，在建立技术信心和做好技术准备方面发挥了至关重要的作用。F－35B战斗机的短距起飞/垂直着陆型推进系统采用的创新型轴驱动升力风扇就是其中的一项关键技术。本章对最终被F－35飞机平台与推进系统采用的几种关键技术进行深入剖析，说明这些技术是如何从一个高度成功的技术发展项目向产品阶段转移和过渡的。

2.1　F－35战斗机平台子系统技术简介

F－35“闪电Ⅱ”战斗机是真正的多军种一机三型第五代航空武器系统。该机具备卓越的战斗机空气动力学性能、超声速能力、携带武器条件下的全向隐身特性，以及高度集成和网络化的航电系统。在飞机平台和推进系统方面，F－35战斗机继承了很多先期开展的技术发展项目的技术进步，这些项目主要包括：①子系统集成技术(SUIT)研究项目[1-7]，②联合先进攻击机技术项目(JAST)，③空军研究实验室的先进紧凑型进气道系统研究项目(ACIS)，④飞机平台集成技术计划研究(VITPS)[8-9]，⑤多电飞机(MEA)研究[10]，以及⑥联合攻击机(JSF)/集成子系统技术(J/IST)演示验证项目[11-20]，等。另外，一些自主研发项目(IRAD)和合同研发项目(CRAD)的成果也成为F－35战斗机的一部分设计依据[21-36]。由于演示验证计划进度方面的限制，这些技术发展项目的很多技术进步并未被X－35验证机所采用。但是，在F－35战斗机的工程与制造发展(后改为系统研制与验证)阶段，对这些技术进行了全面发展与集成应用，最终形成了F－35战斗机终极设计构型。

这些鲜为人知的前期技术发展项目取得的很多重要技术成就对于提升F－35战斗机的技术成熟度、降低技术风险发挥了至关重要的作用。正是这些技术成就保证了洛马公司能够在JSF项目的竞争道路上继续前进，满怀信心地提交EMD技术方案。F－35战斗机采用高度集成的飞行器子系统架构，大幅度减小了飞机总尺寸和起飞总重量。F－35战斗机完全摒弃了老式飞机平台采用的联邦式(federated)单独子系统。发动机进气道和喷管采用先进的隐身技术，以及F－35B STOVL型战斗机推进系统采用的创新集成飞-推控制技术，为F－35系列战斗机提供了前所未有的能力。与老式飞机相比，F－35B战斗机的推进系统代表了垂直升力的革命性进步。这套系统的容错控制无缝地集成到飞机的控制律中，使飞行员在从悬停到超声速飞行的全包线范围内的工作负荷最小化[36]。

选用的飞机平台和推进系统关键技术如图2.1所示。本章重点介绍开发这些技术所遵循的技术路径。最终的产品型F-35飞机的子系统[35]、推进系统[36]和任务系统[37],以及SDD阶段工作,均有专门出版物详细介绍。如图2.1所示的每个项目均代表对F-35飞机能力的显著增强,这些增强对F-35构型的整体成功发挥了重要作用。相关技术发展项目的成功经验也都整合到了SDD阶段的F-35设计基线中。

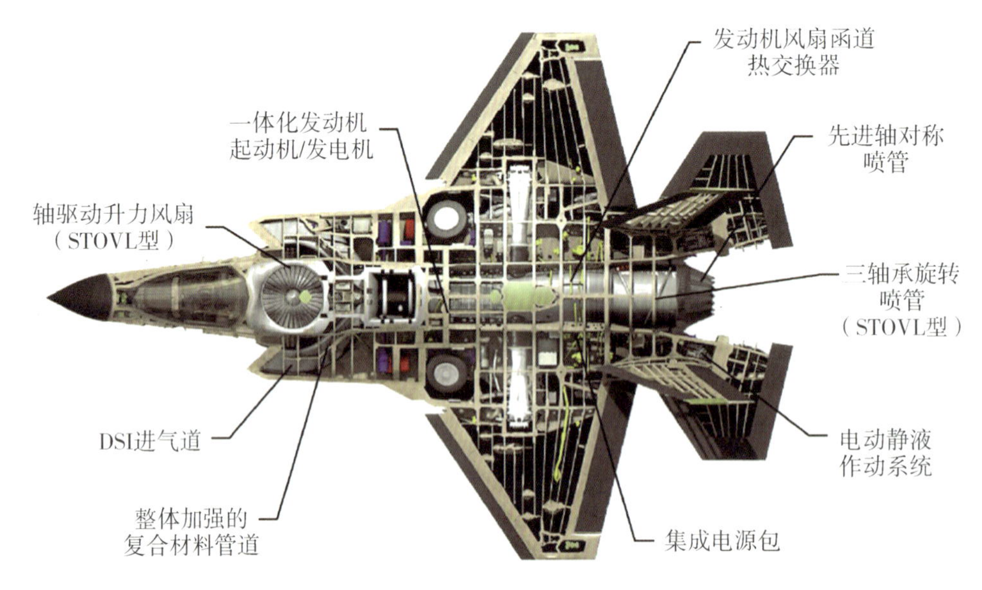

图2.1 F-35飞机平台和推进系统选用的先进技术

演变为F-35战斗机系统构型的各种技术发展项目,主要在20世纪90年代,在确定JSF竞标获胜者之前这一时期完成。图2.2示意了把所选用技术整合到F-35战斗机项目的关键里程碑节点和路线图。

联合攻击机(JSF)/集成子系统技术(J/IST)演示验证项目开展的集成子系统研究是与概念研发项目(CDP)平行开展的。有趣的是,在这个过程中,JSF的各个竞争者在协作环境中进行合作,共享所有结果和数据。这样就可以在不妨碍概念验证机(CDA)研制进度的情况下开展与F-35飞机系统集成相关的风险降低工作,并使最终的技术成果和经验教训可以在开始SDD阶段工作之前应用于F-35战斗机。

同期,还持续开展了多项自主研发项目和合同研发项目的研究工作。在授予SDD阶段合同之后,联合攻击机/集成子系统技术演示验证项目的很多技术成果被应用到了F-35战斗机上。DSI进气道和隐身轴对称喷管,以及STOVL型推进系统构型的重大技术风险随着概念验证机的平行验证也完全消除。概念验证机的飞行试验,全面证实了这些技术的成熟性和有效性。其中的一个例子是,STOVL型排气喷管的双余度特性就是与概念验证机项目平行开发的,并最终整合应用到了F-35战斗机SDD阶段工作中。

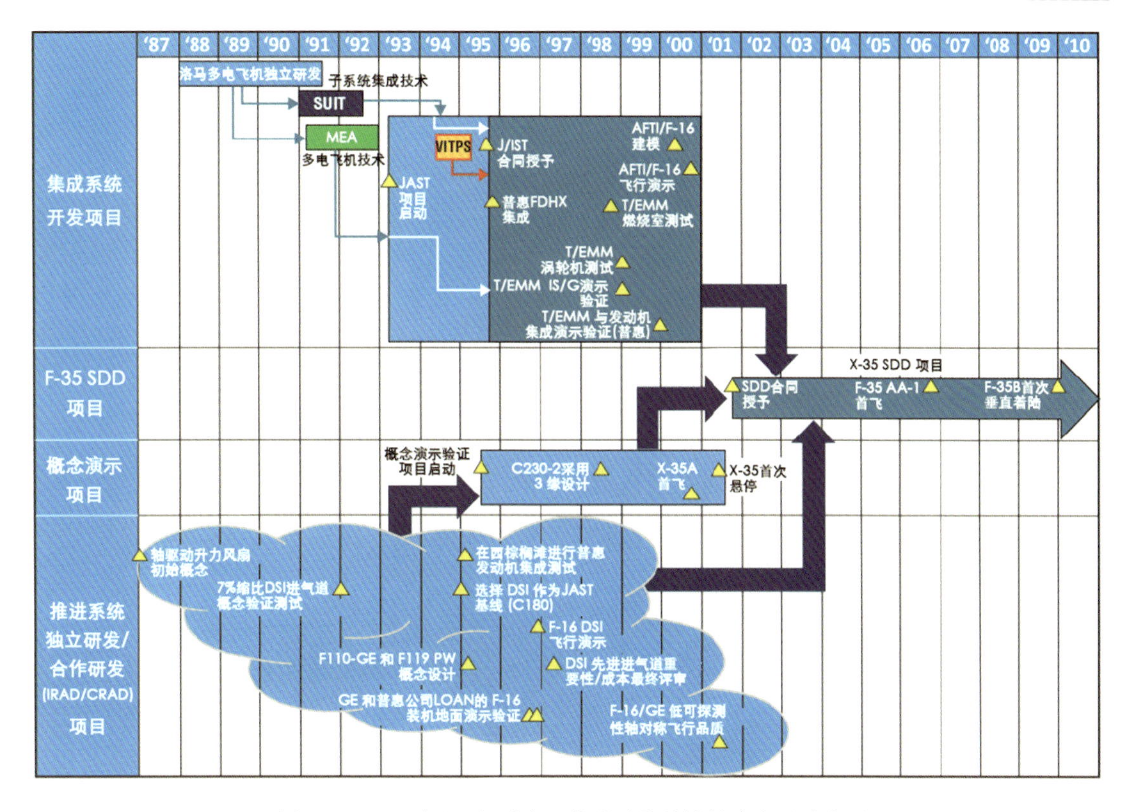

图 2.2　JSF 项目飞机平台和推进系统关键技术发展路线图

2.2　F-35 战斗机平台子系统集成

2.2.1　早期设计研究

传统的飞机子系统设计都采用联邦式方法，各个子系统是独立设计的。JSF 项目资助的研究表明，把一些子系统的功能进行集成可以获得潜在效益。在 F-35 战斗机上，对三个子系统进行了集成：飞行控制与作动系统，电气与辅助动力系统，以及环控系统。研究结果表明，对这三个关键子系统进行有效集成能够显著改善 F-35 战斗机的性能，并显著减少所需设备的数量。这种集成改善了 F-35 战斗机的经济可承受性以及作战的成本效益。

传统飞机的电气系统、液压系统、气动系统和机械动力均来源于发动机和辅助动力装置。政府资助的子系统集成技术研究[1-7]，多电飞机技术和飞机平台集成技术计划研究[8-9]表明，取消或者缩小传统的集中液压系统有很多潜在的益处。这些研究还表明，减少发动机引气抽气[1-7]同样有很多收益。20 世纪 80 年代和 20 世纪 90 年代早期，空军研究实验室资助开展的子系统集成技术项目研究了对选定的飞机子系统进行有效集成可能产生的收益[39]。最初，子系统集成技术概念是用多功能硬件替换单一功能的子系统设备，在减小体积和重量的同时提高总效率。随着发展，又增加了利用发动机风扇气流吹除子系统废热这类功能。当时，空军研究实验室的推进系统实验室正在探索多电飞机技术，包括电动飞控作动和健壮发电与配电系统概念。而且，多电飞机系统和部件技术正在几个分离和单独的技术开发项目中进行研究和试验。

1994—1995 年，JAST 项目确定了几个关键技术构建模块以支持先进攻击能力的发展。其主要理念是针对 JSF 项目的四大核心要求，即，经济可承受性、杀伤力、生存能力和可保障性，根据其投入与回报情况筛选适用的技术。当时，有三大武器系统承包商在积极竞标 JSF 合同，他们是洛克希德·马丁公司、波音公司和麦道公司（后被波音合并）/格鲁门/BAE 系统公司团队。候选 JSF 飞机构型是一种单座单发攻击机，很大程度上是从经济可承受性的角度考虑的。最初，JSF 飞机平台的重点用户是空军和海军。但是，在 JAST 项目进展期间政府得出结论认为，先进的 STOVL（ASTOVL）概念应该合并到 JAST/JSF 项目中。这样，STOVL 型战斗机平台也增加到了 JSF 设计中[39]。JAST 项目是从飞机平台集成技术计划研究（VITPS）[8-9]开始的。三大承包商/团队认为，应当把子系统集成技术和多电飞机技术组合应用到攻击飞机上。因此，他们建议 JAST 项目采用子系统集成技术/多电飞机技术。三大承包商（团队）都主张整合子系统技术，并构思了 J/IST 演示验证项目。

2.2.2 JSF 集成系统技术（J/IST）演示验证项目

J/IST 演示验证项目的目标是为 JSF SDD 阶段工作奠定基础，并重点确认 JSF 飞机平台的目标构型。最终，获胜的提案将形成生产飞机构型，这将成为美国国防部历史上最大的航空武器采办项目。J/IST 项目由竞标 JSF 的所有三个武器系统承包商团队执行。每个武器系统承包商团队都对自己的 JSF 提案团队提供保障支持，并同时对 JSF 其他承包商团队的 J/IST 工作的技术成果负责。

J/IST 政府团队确保每个承包商团队对合同负责。政府作为用户对待每个参与者，评估其展示的技术。这种安排提供了一个公平的竞争环境，可以使用承包商的输入在项目范围和资源内做出关键决策。这样做，充分保证了信任和公平性，以及政府在 JSF 激烈竞争环境中的响应能力。反过来，这种协作环境也使每个竞争承包商能够将每项研究的成果放大应用。三家承包商的直接参与是一种偶然，因为这样做迫使扩大了参与和协作范围，超出了预想情况[39]。每个承包商都将从 J/IST 演示验证结果中受益，因为每家承包商都可以在自己的飞机构型提案中使用这些结果。

J/IST 演示验证项目的重点是减小子系统集成技术的相关技术风险。这也特别适用于多电飞机技术，包括开关磁阻（SR）起动机/发电机（S/G），电动静液作动系统（EHAS）集成，以及热/能量管理模块（T/EMM）集成。具体工作包括研制开关磁阻起动机/发电机和电动静液飞控作动器的原型，并进行飞行试验，以降低 SDD 阶段的技术风险。这些工作分为三个重点领域：其一是电源和飞控作动系统，由洛马公司牵头；其二是热/能量管理模块，由波音公司牵头；其三是进行独立的收益评估，由波音牵头。

图 2.3 是传统联邦式子系统架构与 F－35 战斗机集成子系统架构的比较。集成构架减少了系统部件数量，从而保证了产品飞机的尺寸更小，重量更轻，且成本也更低。基于相关研究和试验结果，这些系统最终都被整合应用到了 F－35 战斗机的基线设计中。

J/IST 项目有助于在 2001 年 JSF 项目进入 SDD 阶段前降低集成这些技术的风险。J/IST 项目的结论表明，与同类传统构型飞机相比较，生命周期成本（LCC）整体降低预计为 2%～3%[19]。这些集成技术的优势总结在图 2.4 中。

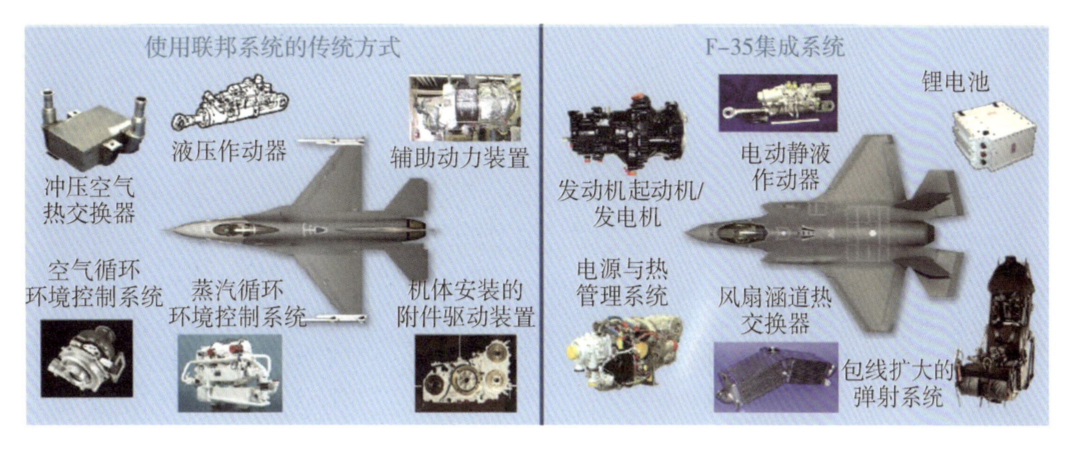

图 2.3　F－35 飞机平台集成系统与老式飞机系统比较

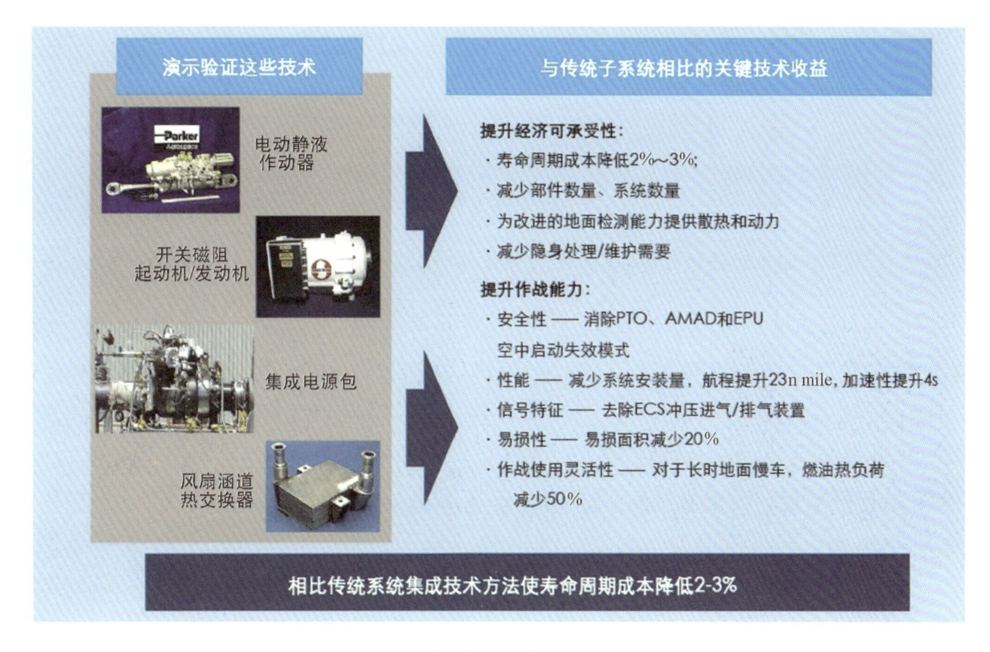

图 2.4　集成子系统的技术优势

1. J/IST 电源系统和电动静液作动系统

洛马公司牵头的团队在 J/IST 项目中取得了以下重要技术成就。

1)研制了双通道开关磁阻(SR)起动机/发电机(S/G)系统并进行了飞行试验，能够为单发战斗机提供容错、冗余的 270 V 直流电源。

2)研制了一种满足飞行资质要求的双余度电作动系统。

3)研制了一种满足飞行资质要求的 270V 直流电池系统，可为飞行关键的 270 V 直流电源系统(EPS)提供不间断电力。

4)研制了一种满足飞行资质要求的应急电源系统，可提供第二电源。

5)完成了起动机/发电机的专业技术验证试验，验证了其在某些故障条件下的工作情况。

6)在单发先进飞行技术集成 AFTI/F－16 验证机上(见图 2.5)对上述技术进行了改装、集成和飞行试验。

7)利用AFTI/F-16试验机对F-35战斗机子系统组件采用的多电飞机技术进行了飞行试验演示验证。

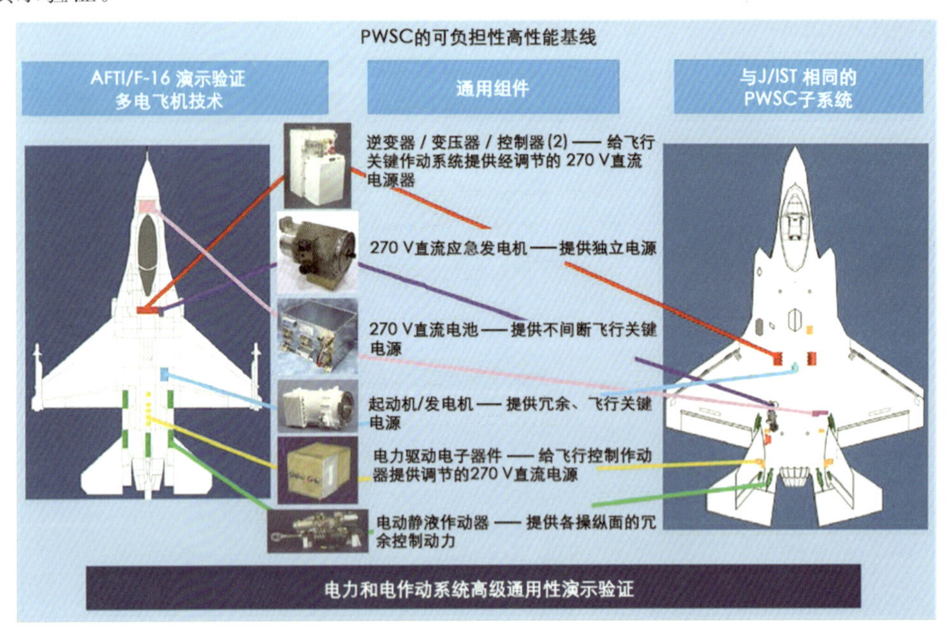

图2.5　AFTI/F-16试验机在J/IST项目中验证的多电飞机技术以及向F-35战斗机的过渡

(1)J/IST电源系统。J/IST项目中,选择了汉密尔顿标准公司(现在的UTC航空航天公司,简称UTAS公司)来研制开关磁阻发电机系统,并进行合格取证。UTAS公司曾参与了美国空军开关磁阻技术发展的初期工作,他们提议使用相同的250 kW/270 V直流发电机设计。但是,UTAS公司把系统的功率降低到80 kW,并打包在F-16上进行应用,主要关注的是使用开关磁阻发电机系统,但也强调了270 V直流电源的容错和冗余。这套系统还包括一个应急发电机和一个270 V直流电池。对AFTI/F-16试验机的电力系统进行了大幅改装,以支持J/IST项目的多电飞机技术。改装主要包括一套负责五个主要飞行控制面的270 V直流的电动静液作动系统,两个270 V直流燃油泵,一个270 V/28 V直流变压器,一个270 V直流-115 V交流逆变器。

在进入J/IST项目之前,AFTI/F-16试验机的电气系统采用的是一个F-16试验机Block 15产品型电源系统和一个F-16试验机Block 40数字飞控电源系统的组合系统,只能接受115 V交流电和28 V直流电。为了支持老式F-16试验机的设备和多电飞机技术的需求,对电气系统进行了改装,以保证能提供270 V直流、115 V交流和28 V直流电源。在项目的初始设计阶段,确定多电飞机系统使用主电源电力。这样,主电源就必须是270 V直流电源。同样,由于电动静液作动系统是一个飞行关键系统,270 V直流电系统必须容错,并能提供有限的不间断电源。电源系统集成的主要问题集中在以下几方面。

1)开关磁阻起动机/发电机的飞行认证。

2)容错发电和配电。

3)270 V直流电源系统在多变用电负荷条件下的稳定性。

4)270 V直流电池充电。

5)电磁干扰(EMI)和电磁兼容性(EMC)。

下列部件组合为J/IST项目的发动机起动机/发电机系统提供了一个设计基线。发动机起动机/发电机系统的逆变器/变压器/控制器(ICC)采用了UTAS公司的LV100磁阻开关起动机/发电机系统。电源电子变压器和开关电磁发电机系统则采用UTAS公司/通用电气公司联合开展的集成高性能涡轮发动机技术(IHPTET)研究项目的成果。发动机起动机/发电机系统必须开展两项试验:在AFTI/F-16试验机上的飞行试验和地面试验。飞行试验主要验证在多电飞机应用中的发电能力。地面试验主要验证电机、启动和发电能力。地面应用试验包括验证启动普惠F119发动机,以及向发电模式过渡的能力。发动机起动机/发电机系统的设计旨在适用于所有应用。但是,逆变器/变压器/控制器包的设计则是由AFTI/F-16试验机的设备驱动的。飞行试验和地面试验使用了几乎完全一样的硬件,只是为了适应工作环境进行了微小调整。J/IST项目最终形成的多电飞机架构如图2.6所示。

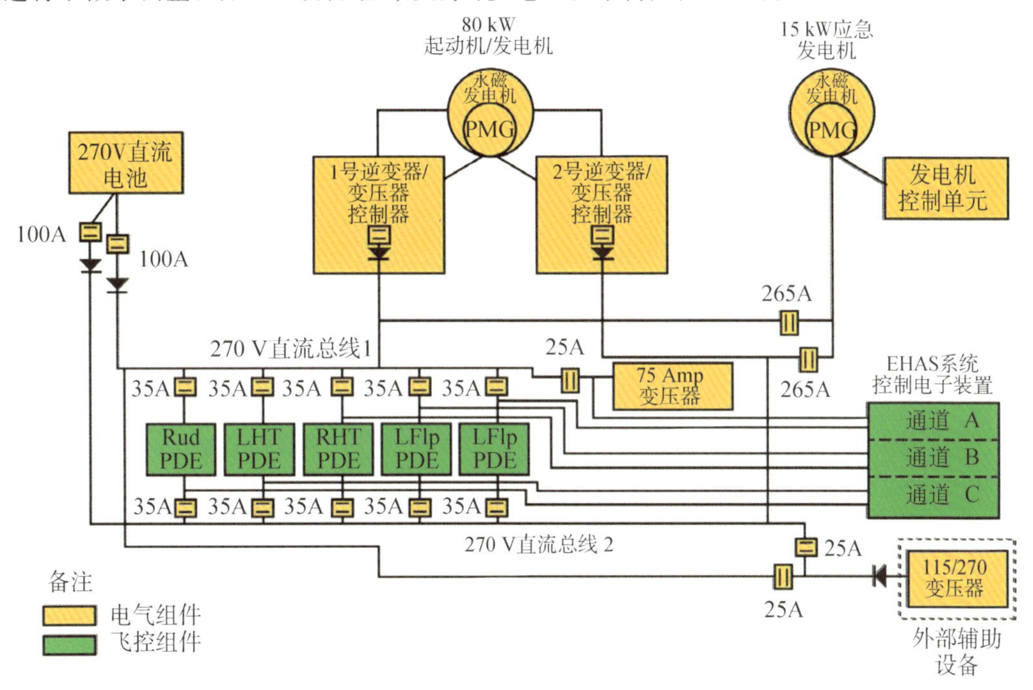

图2.6 AFTI/F-16试验机J/IST电源和作动系统飞行试验验证架构

地面试验演示时执行了发动机起动机/发电机系统的所有功能,尤其是其发动机驱动、启动、发电和容错功能。热/能量管理电机/发电机系统能为发动机电机驱动和启动提供270 V直流电源。发动机起动机/发电机系统能正常从启动状态过渡到发电状态,并向两个主电机总线提供270 V直流电源。后继对源自AFTI/F-16构型的发动机起动机/发电机和逆变器/变压器/控制器(ICC)进行了必要改进,以实现双向电流并提升工作速度范围。

(2)J/IST电动飞行控制系统。AFTI/F-16试验机的电动静液作动系统的供应商最终选定为派克(Paker)航空航天公司。派克公司以前曾为多个地面试验项目和飞行试验项目研制过电动静液作动器。其中包括为洛马公司的C-130运输机高技术试验平台研制的飞行试验用副翼作动器。以前的电作动集成项目重点集中于一个单一控制面的操作,或者非飞行关键控制面的操作。有两个例子,F/A-18战斗攻击机电作动技术发展(EPAD)项目和F-15

试验机光传先进系统硬件(FLASH)项目。而 J/IST 项目专注于集成所有主要飞行控制面,没有液压备份系统。这种大胆的方法对于令人信服地证明多电飞机概念,支持向 JSF 的技术转化至关重要。

洛马公司与派克公司密切合作,共同确定了电动静液作动系统的系统级需求、集成试验需求,以及软件配置管理。电动静液作动系统的研制和试验是 J/IST 合同任务中最具挑战的部分。选用 F-16 试验机作为飞行试验平台保证了对飞机本身和飞机系统与需求是充分了解的,这就使研发任务变得容易。然而,在实际工作过程中还是遇到了多个硬件和软件方面的问题,这些问题的解决为 F-35 战斗机 SDD 阶段工作提供了非常好的经验。

洛马公司牵头的团队完成了两套电动静液作动系统的详细设计:一套用于替换 F-16 试验机襟副翼和平尾集成伺服作动器(ISA);一套用于替换 F-16 试验机方向舵集成伺服作动器(见图 2.7)。这些设计均为所有五个作动系统提供通用电力电子组件包。洛马团队还提供了一个与当前F-16试验机数字飞控计算机(DFLCC)的模拟接口。这样做的过程中,研制并集成了一个分离的接口盒,无须再更改数字飞控计算机的主要飞控软件和硬件。这种方法最终形成了四个主要部件设计:一个 F-16 试验机襟副翼/平尾串联电动静液作动器,一个F-16试验机方向舵双串联电动静液作动器,一个通用动力驱动电子设备包和一个电动静液作动器接口控制器电子设备单元。

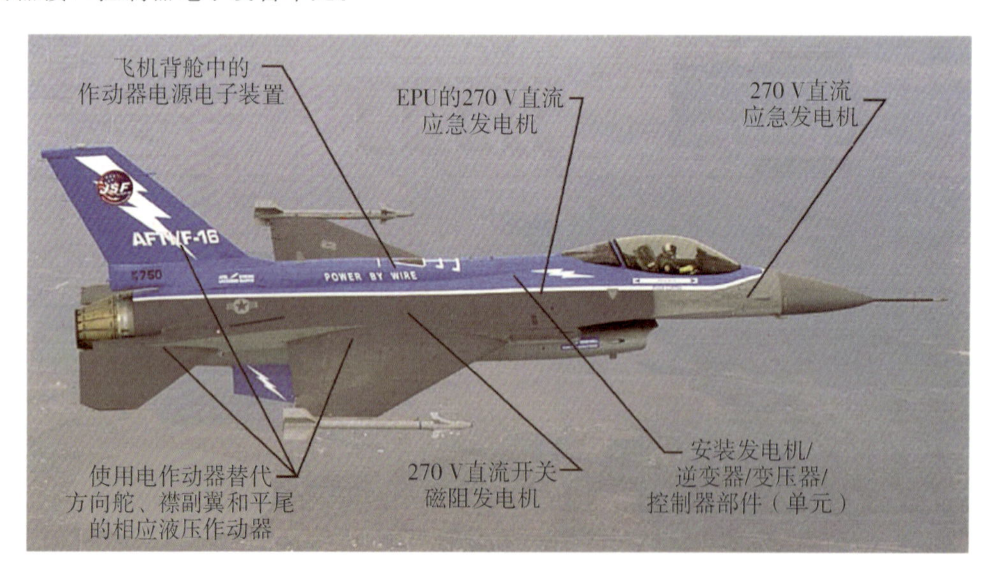

图 2.7 AFTI/F-16 试验机关键改装

所有五个作动器与电子设备的电动静液作动器集成试验在派克公司的试验设施上成功完成。试验证实硬件和软件满足全部设计要求。此外,通过试验对系统工作情况了解得更详细,并增加了对电动静液作动器系统软件的信心。试验同样降低了把这些系统集成到 AFTI/F-16试验机上的风险。在实验室环境发现的几个技术问题也得到顺利解决,避免了装上试验机后才发现问题的风险。在试验机上进行集成和试验时,基本没有再对电动静液作动系统进行改动。

电力供应和作动飞行试验验证为成熟的多电飞机技术应用于 JSF SDD 阶段提供了关键技术证据。飞行试验在现实飞行环境下测试了外部起动机/发电机,270 V 直流电力配电系统，以及电动静液作动器的性能。这些试验为在热环境中的技术应用，以及 EMI/EMC 和可保障性等技术领域提供了宝贵的集成和安装数据。对 AFTI/F-16 试验机的技术改装通过飞行试验得到成功验证，其主要亮点包括以下几个。

1)九架次试飞总计完成 13 飞行小时，试飞中执行了类似于 JSF 任务的任务剖面。

2)试飞包线范围：*Ma* 1.3(600 节发动机限制速度)，高度达 30 000 ft(转场)。

3)试飞员评价：操纵品质与基本型 F-16 试验机相比未出现变化。

基于取得的这些试飞成就，AFTI/F-16 试验机飞行试验验证项目赢得了《飞行国际》杂志 2000 年度航空航天工业工程、维修和改装类大奖，并在 2001 年的巴黎航展上展出[40]。

2. J/IST 热/能量管理模块

波音公司圣路易斯工厂(以前的麦道公司)领导的一个工业部门团队负责电源和冷却系统集成、电动作动和电源系统集成的子系统架构和地面演示[11]。团队的主要参与者包括霍尼韦尔公司(以前的联合信号航空航天有限公司)，BAE 系统公司(以前的 Astronics)，月亮有限公司，诺斯罗普·格鲁门公司和普惠公司。这个团队在 J/IST 项目取得的重要技术成就主要包括以下几个。

1)研制了集成的热/能量管理模块系统。

a. 热/能量管理模块的涡轮机。

b. 高温空气/燃油热交换器。

c. 空气/液体热交换器。

d. 发动机风扇涵道空气-空气热交换器。

e. 双模式换热热交换器。

f. 热/能量管理模块整体起动机/发电机。

g. 热/能量管理模块控制器和飞机管理计算机接口。

2)确定了热/能量管理模块系统的控制和操作模式。

3)演示了把电源和冷却子系统集成到一个单独集成环境的能力。

4)演示了热/能量管理模块集成子系统与发动机的集成。

这个工业团队选用一架与 JSF 有些类似的 generic 飞机进行评估，并确定 J/IST 的需求。具体需求包括对飞机进行地面、飞行试验和应急操作条件下的电源、冷却、飞机作动系统的需求。开发的热/能量管理模块子系统架构最终形成了如图 2.8 所示的架构构型。这种架构使用发动机风扇涵道进行热吹除，并把一些由环控系统(ECS)、辅助动力装置(APU)和应急电源(EPU)执行的传统功能进行集成。该系统旨在支持电动飞行控制要求和主发动机使用热/能量管理模块电力驱动发动机起动机/发电机的电子启动要求。

(1)热/能量管理模块要求。热/能量管理模块系统架构旨在执行传统飞机通常由环控系统、辅助动力系统和应急电源子系统完成的所有功能。除了提供 F-35 战斗机要求的能力，热/能量管理模块还必须提供额外的能力，包括冷却大功率电子设备的能力。这一要求推动了 J/IST 项目对备用冷却能力的要求，以适应飞行中的故障需要，并为海军机库甲板维护提供主动冷却。操作要求产生了开发多种操作模式的需要，并要求能够根据需要在这些模式之间重新配置系统以执行不同的功能。因此，在 J/IST 项目工作中开发并演示了以下操作模式。

1)模式 1.0：机库甲板电动冷却。

2)模式 2.0：独立的热/能量管理模块启动。

3)模式 3.0:用于地面维护的冷却和电力。

4)模式 5.0:主发动机启动电源。

5)模式 6.0:发动机引气驱动冷却和三重电源(用于正常飞行)。

6)模式 7.0:发动机引气驱动冷却和应急电源(用于发动机起动机/发电机故障)。

7)模式 8.0:应急电源(用于发动机起动机/发电机故障)。

8)模式 9.0:独立应急电源——储存空气(用于高空发动机故障)。

9)模式 10.0:独立的应急冷却和电力——环境空气(用于低空发动机故障)。

10)模式 11.0:关车。

11)模式 12.0:应急冷却——燃油散热器(未在 J/IST 项目中验证)。

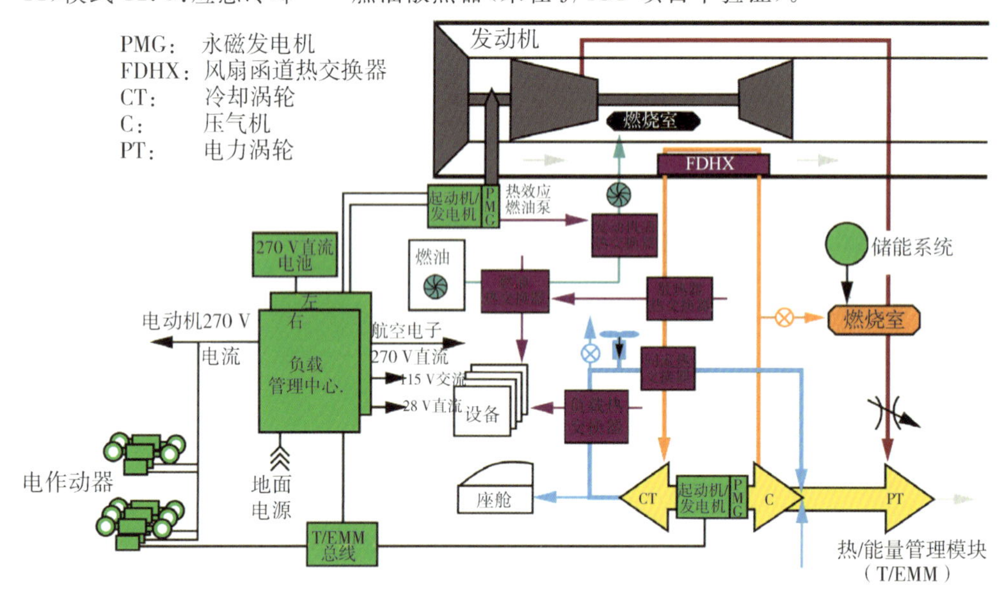

图 2.8 J/IST 热/能量管理模块架构

(2)热/能量管理模块的涡轮机和部件的研制。全尺寸热/能量管理模块的涡轮机由霍尼韦尔公司设计和研制。涡轮机的构造包括电力涡轮、压气机、开关磁阻整体式起动机/发电机(IS/G)转子,和转速高达 60 950 $r \cdot min^{-1}$的单轴冷却涡轮,如图 2.9 所示。压气机和电力涡轮安装在一个单轴上,整体式起动机/发电机和冷却涡轮安装在另外一个单独的轴上。这两个轴通过一个浮动轴实现连接,为高速轴弯曲模式提供了充分的裕度。这种分离也使每一部分能够单独研制和试验。电力涡轮使用了具有可动叶片的可变几何定子,以便优化各种操作条件下的性能。涡轮机包括一个专门为热/能量管理模块开发的罐式燃烧室,具有三种不同的模式(三模式燃烧室),这项技术随后由霍尼韦尔公司申请了专利。

热/能量管理模块中的其他部件需要开展大量研发工作,包括开关磁阻整体式起动机/发电机(IS/G),热/能量管理模块控制器,各种其他热交换器、阀门,以及相关部件。

与霍尼韦尔热/能量管理模块开发项目并行开展的工作,是普惠公司把霍尼韦尔设计的风扇涵道换热器集成到了改进的 F119 发动机上。这是支持热/能量管理模块概念可行性的又一个关键成果,也是支持 JSF 技术过渡准则的有力保证。

(3)热/能量管理模块的演示验证。为了支持 J/IST 团队的工作,开展了几项重要的演示验证。图2.10总结了主要的演示验证工作,从部件级开始直至最高级别集成。有三项最重要的演示验证:其一是把电源和冷却子系统集成到一个单独的集成环境中;其二是热/能量管理模块与发动机起动机/发电机的电气集成,大功率电动静液作动器集成试验和电磁干扰试验;其三是热/能量管理模块集成子系统与发动机的集成演示验证。

独立的集成演示验证于1999年夏天在霍尼韦尔公司开始。这次演示验证模拟了一个任务剖面,即,使用25 kW电源和12 kW冷却源开展地面维护操作;模拟了起飞加速、爬升、巡航、盘旋、下降和着陆时的正常发动机引气驱动操作;还模拟了失去发动机动力和发动机起动机/发电机故障状态的应急操作。试验结果证明,系统能够执行所有所需模式,并能根据需要在模式之间成功重新配置。试验后对试验数据与动力学模型的比较确认了模型预测结果,也进一步表明了在开始着手硬件工作之前虚拟建模工作的价值。

热/能量管理模块和发动机起动机/发电机的电力管理集成试验是在诺斯罗普·格鲁门的试验设施上进行的。试验证明,集成了整体式起动机/发电机的电力系统能够为驱动发动机起动机/发电机来启动F119发动机提供所需电力,也能提供必需的应急电力,并且其发电机可以处理高功率电动静液作动器所施加的动态负载。

发动机的最后验证试验于2000年在普惠公司的试验设施上进行。试验中,把霍尼韦尔公司的热/能量管理模块系统、诺斯罗普·格鲁门公司的电源系统、汉密尔顿标准公司的发动机起动机/发电机,与一台改装的普惠F-119发动机进行了集成,并以这种组合,验证了集成子系统概念。汉密尔顿公司的发动机起动机/发电机通过一个增速变速箱连接到发动机上。霍尼韦尔公司的热/能量管理模块系统通过一个低压下降垂管连接到发动机上。演示验证中使用模拟任务剖面进行了试验,包括所有地面工作模式、飞行模式和应急模式。任务阶段包括滑行、爬升、巡航、战斗巡逻、加速冲刺进入战区和空战。试验证明:集成子系统概念在所有条件下均能保证系统正常运行;热/能量管理模块系统可以由发动机引气成功驱动;而且发动机与飞机机体系统的集成是成功的。演示验证还试验了发动机的电启动和监控能力,结果表明可以在50 ms内提供所需的应急电源而无须使用电池。此外,试验还具体证明了使用热/能量管理模块提供的电力产生的最大起动扭矩达到131 lb·ft。

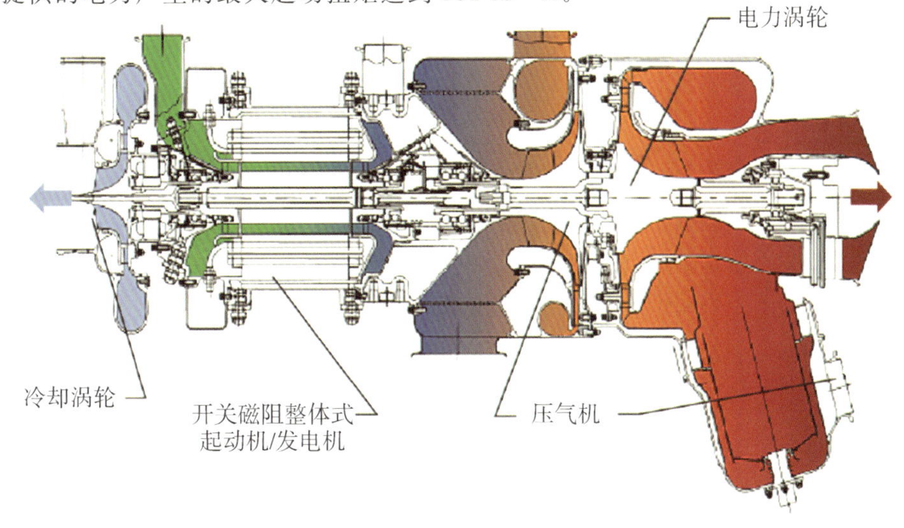

图2.9　热/能量管理模块的涡轮机截面图

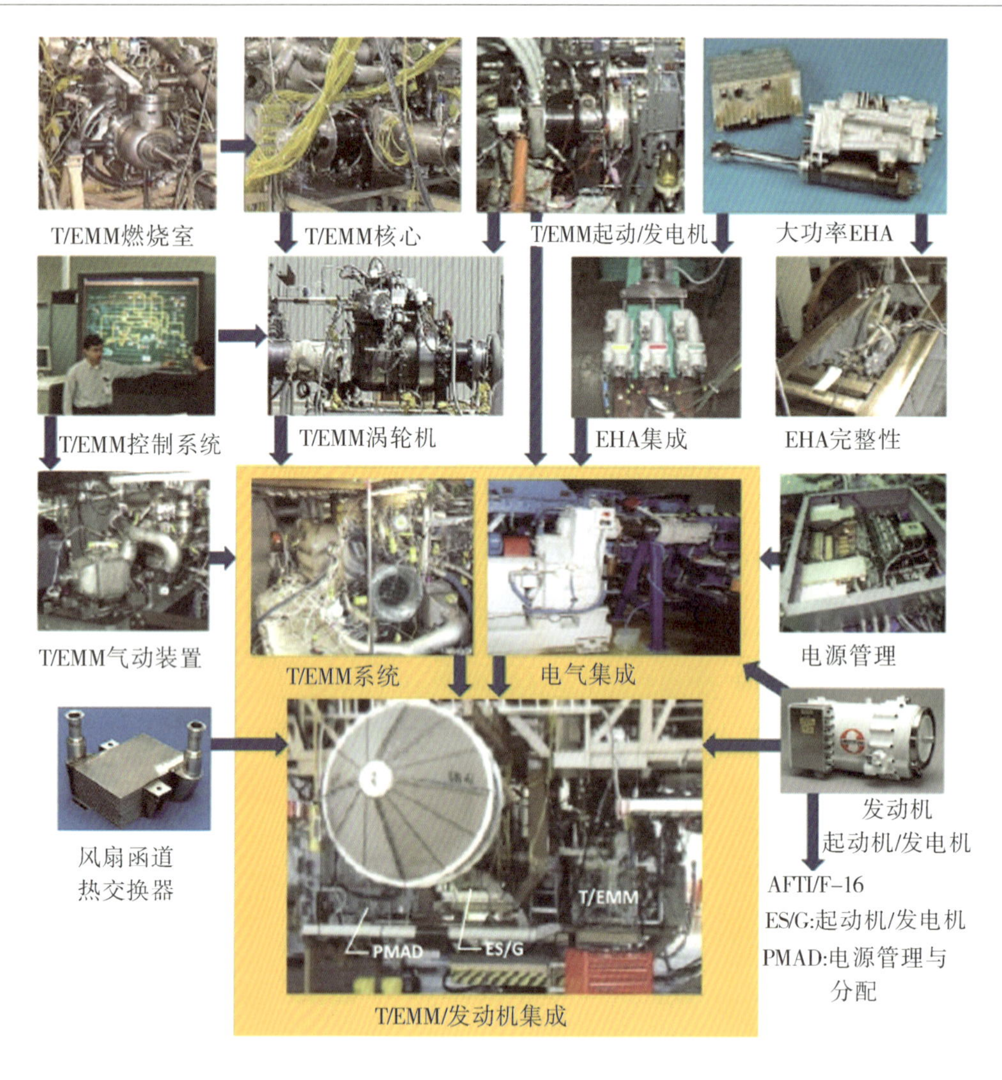

图 2.10　与热/能量管理模块相关的关键 J/IST 演示验证

2.2.3　向 F-35 战斗机项目的过渡

J/IST 是迄今为止成功完成的规模最大且最成功的子系统技术演示验证项目。J/IST 构架的每个重要组成单元都过渡应用在了 F-35 战斗机的设计中[39]。这个项目包含一系列复杂的级联研制和验证计划。每个演示验证都建立在先前的演示验证之上,以逐步减少组件、子系统和飞行器整机级别的风险。为了降低风险,充分利用可用资源,并进一步发掘潜能,这些工作在最合适的环境中展示了各种技术要素。最后进行的两项 J/IST 演示验证是最为重要的:一项是发动机与相关子系统的广泛地面试验验证;另一项是 F-16 战斗机的飞行试验,所有主要飞行控制面都是电动的。

F-35 战斗机采用了源自 J/IST 项目的关键技术,包括电动静液作动系统和电力系统架构,还采纳了源自热/能量管理模块架构和设备的多种技术。普惠 F135 发动机使用了整体风扇涵道热交换器和附加的引气管路来支持电源和热管理系统(PTMS)的构造。F-35 战斗机的电源系统采用了汉密尔顿标准公司的发动机起动机/发电机和通用电气公司的270V直流和28V直流锂离子电池。飞控系统则采用了月亮公司/派克公司的电动静液作动系统硬件。

最终的F-35战斗机电源和热管理系统使用了J/IST项目开发的许多控制模式和要求。系统中使用的部件则直接衍生自J/IST项目中的构型。J/IST项目的许多经验在涡轮机及其相关子部件系统的设计、研制和试验中,以及热交换器的排列布置、阀门设计和其他系统研制中发挥了重要作用。

重新设计了F-35战斗机涡轮机以取消可变面积喷管,并用永磁发电机替换了开关磁阻发电机。F-35战斗机的电源和热管理系统是一个健壮、高可靠性的电源和冷却系统,能够为驱动发动机起动机系统提供充足电力,并保证飞行中的应急电力需求。F-35飞机的子系统可以使用独立的地面维护电源和冷却源完成所有系统维护和检查操作。单级电力涡轮由一个两级离心/轴流涡轮取代,可变面积涡轮喷管也取消了。开关磁阻发电机也被永磁发电机取代。润滑系统、油箱尺寸、转子元件设计和间隙、系统控制和操作中融入了大量的设计经验。为了F-35战斗机SDD阶段工作的应用,霍尼韦尔公司对J/IST项目的建模与仿真技术进行了重要改进。F-35战斗机电源和热管理系统热交换器构型使用了类似于J/IST项目使用的构型。这样最终形成了一个高度集成的紧凑型热交换器构型,在一个组件中具有多个核心单元,这对于满足安装设计要求是必不可少的。F-35战斗机设计要求还消除了储能系统,并避免将热/能量管理模块的涡轮机的尾气混入到主发动机排气中,这些要求也降低了J/IST演示验证期间发现的其他复杂性。

1.F-35战斗机飞控作动系统

F-35战斗机飞控系统使用电动静液作动系统驱动主要的和次级飞行控制面。这与传统作战飞机由液压装置驱动控制面完全不同。传统的作动系统设计是可靠的,并且具有成熟的设计理念,但它增加了相当大的重量和体积,并加大了液压系统的尺寸且有冗余要求。子系统集成技术和多电飞机技术研究表明,多电构架是一项非常重大的进步[4]。F-35战斗机飞行控制作动系统为主要和次级飞行控制面提供控制和定位。所有三型F-35战斗机的平尾、襟副翼、方向舵和前缘襟翼的主要控制的飞控系统架构是大范围通用的。F-35A和F-35C战斗机增加了平尾中央作动器,F-35C战斗机还采用了常规的液压驱动副翼。F-35战斗机飞控作动系统架构衍生自多电飞机技术研究和J/IST演示验证项目。F-35战斗机飞控系统研制成功的关键是飞控作动系统与电源和冷却系统的集成,有关详细讨论见参考文献[35]。

2.F-35战斗机电源系统

F-35战斗机电源系统为各种设备提供发电、配电、控制和保护功能。该系统的主要电源管理功能包括:主飞控电源、飞机各子系统电源、主发动机启动、应急电源控制和分配,以及地面维护电源。关键系统单元包括:一个发动机起动机/发电机,两个逆变器/变压器/控制器(ICC),28V直流和270V直流电池,以及为飞行安全提供不间断电源所需的附加元件。F-35战斗机电源系统架构源自多电飞机技术研究和J/IST演示验证项目。在F-35战斗机研制期间,将主发动机启动功能和飞行控制电源集成在一起,可以减少风险。SDD阶段所做的一个重大更改是用同步发电机取代了原来的开关磁阻机械式发动机起动机/发电机,以适应更广泛的发电能力要求。F-35战斗机电源系统的设计和研制在参考文献[35]中有详细讨论。

3. F－35战斗机电源和热管理系统(PTMS)

F－35战斗机的电源和热管理系统，也称为集成电源包(IPP)，把环控系统、应急电源系统、发动机启动系统和辅助动力系统的常规功能高度集成在一个单一系统中。该系统有两个主要工作模式：单一燃烧模式和F－35战斗机发动机运行状态下的引气驱动模式。主电源和冷却功能可实现独立的地面维护，无须外部电源和冷却车。电源和热管理系统也为地面启动发动机提供主电源，随后无缝地转移过渡到引气驱动模式，支持飞行操作。电源和热管理系统同样也支持飞行中的应急情况，并可自动重新配置为燃烧室模式操作，以支持飞行控制、应急电源和飞行中的发动机重新启动。

电源和热管理系统提供27 V直流和270 V直流电源，并为飞行关键系统提供强制空气冷却。该系统还为飞机航电系统提供液冷能力，并为座舱、燃油系统和飞机其他系统进行增压。飞行期间，机载系统产生的废热通过嵌入在风扇涵道上的发动机热交换器排出机外。这样就减少了与常规冲压空气散热系统相关的重量和体积。

该系统采用了J/IST演示验证项目和多电飞机技术研究项目研制的体系架构的很多技术。然而，在F－35战斗机开发期间进行了大量额外的系统设计和成熟化工作。也有一些J/IST演示验证项目研究的技术概念并未在F－35战斗机上采用，因为F－35战斗机并不需要。这其中就包括储能备份系统和与主发动机排气系统集成的集成热/能量管理模块排气系统[35]。最终的集成构型由于减少了引气消耗量，提高了热管理效率，因此改善了飞机的航程。集成电力和热管理系统无需使用传统飞机上安装的分散的附件驱动齿轮箱、空气涡轮启动器、应急电源、辅助动力装置和环控系统。风扇涵道热交换器构型既避免了增加重量和阻力，也避免了相关冲压空气管线对隐身性能的影响。

2.3 F－35战斗机推进技术

2.3.1 概述

传统的F－35战斗机推进系统采用关键推进/机体集成技术，这是从技术开发项目开始的。这些技术在X－35验证机上进行了大规模试验验证，并最终过渡应用到F－35战斗机生产中。关键的推进系统特性是三种型号均采用了DSI进气道和隐身轴对称喷管构型(LO Axi)。F－35B战斗机STOVL型推进系统则采用了把隐身轴对称喷管与推力矢量进行集成的三轴承旋转模块(3BSM)。升力通过轴驱动升力风扇系统进行增强，以提供额外垂直升力。DSI的设计特点是精细成型的压缩面和前掠形唇口，通过两侧进气道分别向分叉的蛇形进气管供气。这种设计就不再需要边界层分流器或引气系统的进气道子系统，降低了成本和重量。隐身轴对称喷管构型通过使用锯齿状后缘，与机身的锯齿状接口，以及紧密的间隙和接缝控制，使雷达反射最小。另外还在内外表面涂覆了专用高温隐身涂层，实现了信号特征、重量和性能之间的卓越平衡。

F－35B战斗机STOVL型推进系统的主发动机涡轮与F－35A战斗机和F－35C战斗机完全一样，只是增加了一套升力风扇、一个滚转控制系统和一个辅助进气道，如图2.11所示。三轴承旋转模块是对隐身轴对称喷管增添了推力转向能力，这使得发动机既可以在正常前飞时直接向后排气，又可以向下偏转喷气来提供垂直升力。三轴承旋转模块可以从0°～95°实现连续无缝偏转，并且不影响发动机的正常工作特性。在悬停状态和向悬停过渡期间，喷管还能提供偏航控制。另外，F-35 战斗机 STOVL 型还采用了罗罗公司的轴驱动升力风扇系统。在升力模式，通过一根驱动轴、离合器和变速箱从发动机的低压涡轮引出相应功率，用于驱动升力风扇。气体则通过飞机下侧的推力矢量喷管排出，从而用三轴承旋转喷管来提供平衡升力。通过管道排向外侧机翼的防倾斜喷管的发动机风扇空气，则提供防倾斜控制力。

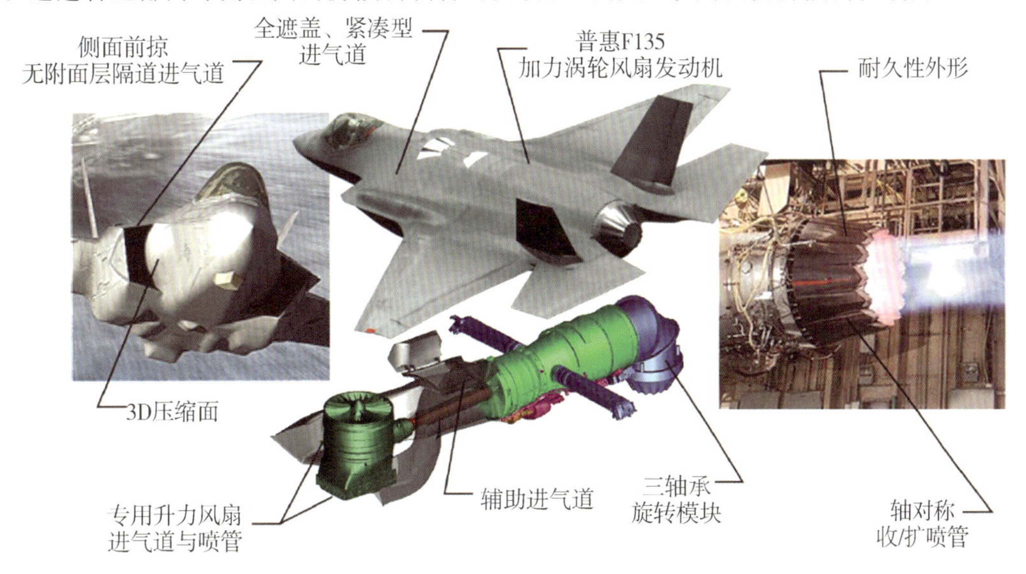

图 2.11　F-35 战斗机先进推进系统技术

2.3.2　F-35 战斗机无附面层隔道超声速进气道

F-35 战斗机主发动机进气系统采用 DSI 进气道设计，经过了多个技术开发项目的构思逐步成熟，并最终应用到 F-35 战斗机上。DSI 的重要特征是 3 维压缩表面和前掠唇口（见图 2.12）。这些特征可实现高空气动力性能、边界层分流和进气道稳定性，而无须使用边界层分流器或引气系统。这项先进的进气道技术消除了相关进气道子系统，从而与早先最先进的设计相比较，降低了成本，减小了重量。在技术开发期间试验了很多构型，最终形成的 F-35 战斗机 DSI 采用双侧进气口，后接一个紧凑的分叉管道供气方式。DSI 进气道概念的详细发展历史参见参考文献[21]和参考文献[22]。

1. 背景

一直以来，战术飞机的发动机进气道设计都是非常困难的，并且在引入了现代的经济可承受性和生存能力要求后，这项任务更为艰巨[23-24]。进气道必须在非常宽广的速度、高度和机动条件下为发动机提供高品质（高压低畸变）空气流。同时，它必须满足从慢车到最大加力的全范围发动机气流需求。进气道设计者还必须考虑飞机构型的影响，如前起落架、武器舱、设备舱和检修口盖，以及前机身形状等。

除了这些一般性考虑因素之外，在任何超音速进气系统的设计中，两个关键的空气动力学要求必须优先考虑。第一个就是流体的压缩性。进气道系统必须在降低空气流的速度同时增加其进入发动机时的静压。对于战斗机而言，这一般通过一系列外部激波和内部流面积扩张来实现。当自由流的速度接近 $Ma2$ 时，一般采用相应的压缩机理，包括可移动压缩坡道，来减少损失,并保持较高的进气道效率。第二个关键问题是边界层控制(BLC),这是进气道系统解决机身表面和压缩表面上形成的低能量空气层的技术手段。需要在亚声速和超声速进行边界层控制管理。当受到流动压缩期间产生的激波干扰时,边界层可能产生混乱。激波/边界层相互作用可导致发动机进口截面处的气流严重畸变,这可能随后导致发动机失速。有几种方法可用于边界层控制:可以通过边界层分流器把进气道与机身物理隔离,这是当今大多数战斗机采用的方法;另外一种技术是边界层引气,引气系统可以是完全固定,也可以是机械可变的(如可移动出口百叶)。当前的很多战斗机采用的都是引气系统、分流器和压缩坡道组合系统。

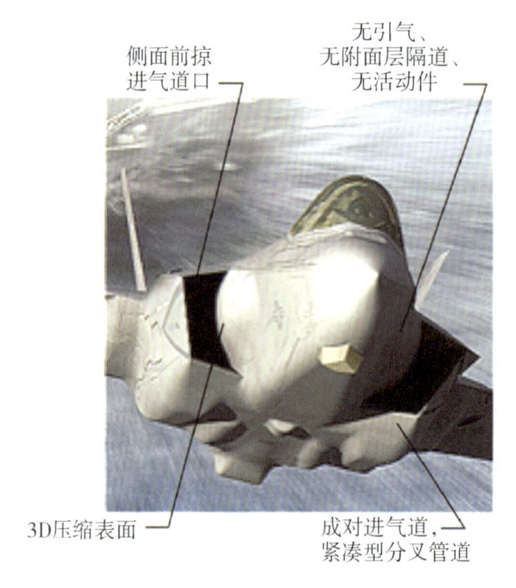

图 2.12 F-35 战斗机发动机进气系统重要特征

可变压缩和引气系统可为高性能进气道提供空气动力学功能。但是,同时也增加了系统的机械和结构复杂性,以及重量和成本[24]。

2. 无附面层隔道超声速进气道概念的发展

早在 20 世纪 90 年代,洛马公司就开始了一项独立研究和发展(IRAD)计划,研究一种 *Ma*2 级别的作战飞机进气道概念。这种概念将体现传统的航空技术能力水平和先进的生存能力。进一步讲,它将改善经济可承受性(降低成本和重量)。为了满足这些目标,这种概念必须满足流体压缩和边界层控制功能、先进外形、高结构效率,以及可移动部件最少或没有可移动部件等要求。这些研究主要通过计算流体力学(CFD)工具和小比例风洞试验进行。

在 IRAD 计划早期,DSI 作为首选概念。DSI 进气道的两个明显物理特征是:一个固定的三维压缩表面(凸包)和一个边缘对齐的前掠唇口。凸起的压缩面是根据超声速流中参考轴对称体的流场推算出来的。参考体(虚拟锥体)可以是一个简单的锥体,也可以是双锥体或等熵锥体,或者是与来流成入射角的任何这类形态的物体。在最后一种情况下,流场是三维的,不是轴对称的。沿着表示激波场和飞机表面交叉点的位置点释放一组计算流体力学粒子,然后追踪其轨迹。当粒子进入激波场,内部流场压力梯度使粒子偏离虚拟锥体,然后通过粒子轨迹的流线型表面就可以确定一个三维轮廓。当引入相同的超音速流场时,该轮廓产生与虚拟锥体相同的激波结构。凸起表面不仅实现了流动压缩,而且还产生了沿展向的静压梯度,有助于边界层导流如图 2.13(a)所示。

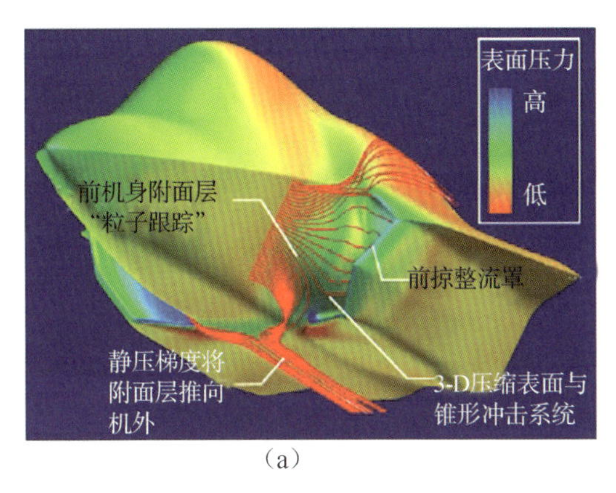

(a)

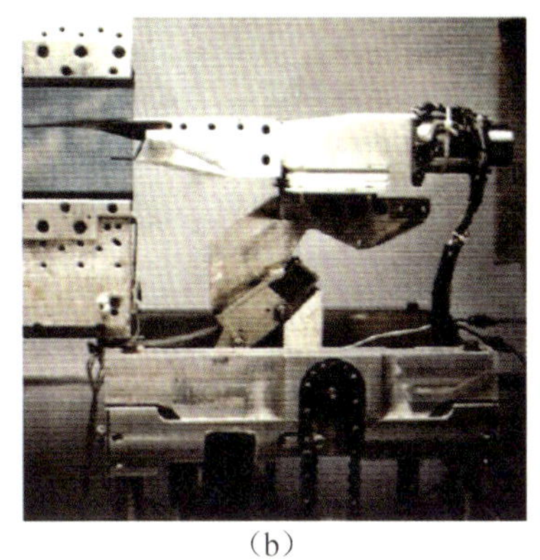
(b)

图2.13　DSI进气道概率研究
(a)超声速边界层导流的计算流体力学仿真实验；(b)缩比进气道模型试验

DSI进气道的第二个显著物理特征是前掠唇口。前掠是指唇口结构从飞机悬臂向前伸出，并在其最后点处紧贴前机身。当质量流量比减小时，这种几何形状使得低压边界层空气能够从入口侧溢出。许多计算流体力学研究均表明了凸起压缩面和前掠唇口组合的作用。研究证明这种组合能提供传统的进气道空气动力学功能，而无须边界层导流器或引气系统。

在概念研究期间，对一个独立的缩比进气道模型进行了试验如图2.13(b)所示，以强化计算流体力学研究结果。而计算流体力学最擅长提供具体工作条件下详细的流体物理学特性，在广泛的条件下测试产生的关键工作特性数据。这些测试用于评估进气道压力恢复、畸变和激波不稳定性(嗡鸣)边界，以获取凸起面的关键设计参数。

3.集成飞机设计和验证

在验证了DSI进气道基本概念后，工作重点就是如何把这种进气道集成到现实飞机构型中，并评估对飞机的系统级影响。这些工作是由JAST研究计划和空军实验室的先进紧凑型进气道系统研究(ACIS)项目完成的。JAST研究计划研究了集成这种独特DSI特性的最佳途径。与最终的F-35战斗机构型一样，JAST飞机也采用单发两侧进气，分叉进气管道。在先进紧凑型进气道系统研究项目中，洛马公司开展了三项工作，以帮助建立完整的知识库：分析了DSI与参考系统相比的优势、成本、重量和可维护性；评估了不同亚音速扩散器概念与DSI集成的性能；另外，还对一个大比例前机身/进气道/进气管道模型进行了风洞试验(见图2.14)。

开展了系统级折中研究，以量化DSI与多数常规进气道(例如F-22战斗机和F/A-18E/F战斗攻击机的进气道系统)相比较的重量、成本和收益。这些研究中，估计DSI进气道能减少30%的重量。其中最大的影响因素是消除了引气和旁路系统。先进紧凑型进气道系统(ACIS)研究项目的其他合同商的研究表明，无隔道/无引气系统能获得同样的重量减少效果。

先进紧凑型进气道系统亚声速扩散器研究使用直线形和蛇形扩散器以及不同的流动面积曲线评估了DSI。这项研究的结果为如何确定扩散器最佳形状提供了指导准则，并确定了来自DSI的相当独特的来流流场。

在两家试验单位的试验设施上对一个0.125比例的进气道/前机身模型进行了亚声速、跨声速和超声速试验，分别是在NASA公司兰利研究中心的16 ft跨声速风洞中和在洛马公司4 ft×4 ft三声速高速风洞中进行，获取了各种迎角和侧滑角条件下，高达$Ma2$速度时的试验数据。试验结果表明，集成的进气道构型完全满足典型的高压恢复、可控畸变和良好超声速稳定性目标要求。试验表明，带蛇形进气管道的DSI的压力恢复能力与F－16验证机模块化通用进气道压力恢复能力基本相当。这是在静态条件下，0.6～1.2马赫[①]速度范围的试验结果。在超声速条件下，DSI的压力恢复能力超过F－16验证机。

DSI进气道的研制是基于计算流体学结果进行的。所以，必须检验计算流体力学的准确度，以预测与集成的前机身、口径大小和进气管道几何结构相关的复杂进气道流场。总之，计算流体力学和试验数据之间的匹配非常完美(见图2.14).

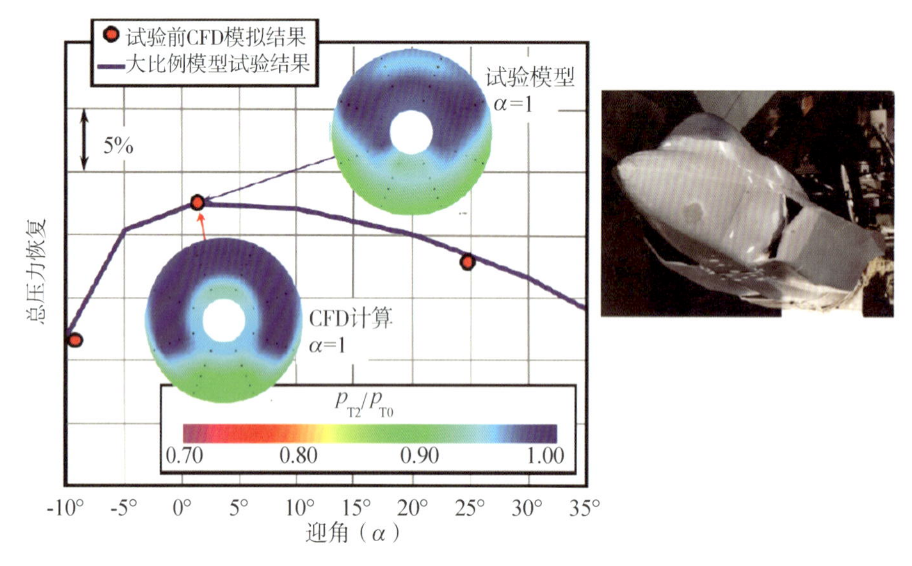

图2.14　CFD设计方法和CFD试验模型的大比例风洞试验验证

4. DSI进气道飞行试验验证项目

DSI进气道研制的下一步是利用相应的战斗机平台开展飞行试验验证。选择了一架配装F110－GE－129发动机的Block 30批次F－16验证机作为飞行试验验证机，主要考虑这种飞机的模块化进气道的改装成本相对较低。飞行试验的一个目的是在作战飞机飞行包线上验证发动机/进气道的相容性。另一个目的是验证这种进气道能否稳定工作达到*Ma*1.8。虽然DSI在F－16验证机的安装位置在飞机"下巴"位置，其设计与ACIS/JAST项目的双侧进气道设计有所不同，但空气动力学设计原则是相同的。

开展飞行试验之前，制造了一个风洞模型，并于1995年在阿诺德工程发展中心复杂推进系统风洞中进行了试验。风洞试验结果证实了计算流体力学方法预测的进气道性能，并证明发动机/进气道是相容的。仅根据CFD计算结果就冻结了进气道管路设计，并且在对基于CFD的设计进行任何风洞试验验证之前，就已开始制造飞行试验硬件。飞行试验验证工作于1996年2月进行，在9天的时间内试飞了12个架次。飞行试验覆盖了F－16验证机的完整飞行包线，最大速度达到*Ma*2。通过试飞验证，切实证明了这种*Ma*2级别的无扩散器、无引气系统高生存性进气道概念的可行性(见图2.15)。

5. 向JSF项目的过渡

通过IRAD工作、正在开展的工作、试飞验证以及广泛的折中平衡工作，极大降低了DSI

① 1马赫＝1 225 km·h^{-1}。

进气道技术的应用风险。最终，DSI 系统被选为洛克希德·马丁公司的 JAST 项目的基线进气道，取代了之前类似于 F-22 战斗机的进气道。随后，在 X-35 概念验证机上持续开展了这种进气道构型的设计细化直至设计冻结。由于 DSI 设计精巧而简单，只需再进行一次额外的放飞前风洞试验即可支持这一里程碑。

图 2.15　F-16 验证机飞行试验验证

2.3.3　隐身轴对称喷管

在研制 F-35 战斗机隐身轴对称喷管之前，普遍的意见是采用固定喷管，与飞机结构进行集成，也就是采用 F-117 隐身战斗机的构型。这样就必须有非常高的纵横比（与 F-117 隐身战斗机的类似），或者采用效率高但重量大的二维矢量喷管（类似于 F-22 战斗机），如图 2.16 所示。工业部门和合同研制项目（CRAD）合同商不得不抛开了当时这几种最先进的喷管技术，研制了多种喷管构型，最终形成 F-35 战斗机的隐身轴对称喷管。带有隐身轴对称喷管的 F135 发动机平衡了隐身要求和高效机械性能要求，最终形成了一种既减小了雷达反射面积，重量又轻的喷管构型。

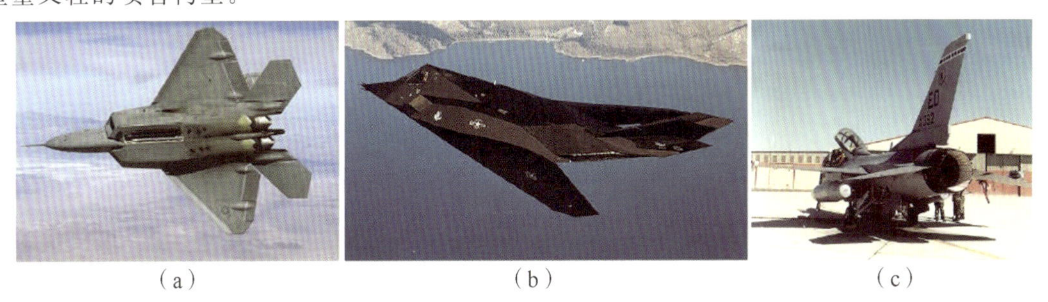

（a）　　（b）　　（c）

图 2.16　几种先进的战斗机喷管

（a）F-22 战斗机；（b）F-117 隐身战斗机；（c）F-16 验证机

1. 背景

F-16 验证机和 F-15 战斗机的排气系统是第四代超声速战术战斗机的典型代表。这类系统为了减轻重量和保证结构效率，都采用轴对称构型，可变几何结构，以维持发动机稳定和有效工作。尤其是由于有加力要求,所以增大了最小喷管流面积(喉道面积),以维持发动机稳定。尤其是在燃油被泵入燃气导致气流密度降低时,这一点更为必要。这类收扩型喷管的构成主要是叠置的鳞片和密封件。出口面积和喉道面积机械连接,根据推力设置进行作动规划,以保证气流有效膨胀。叠置的喷管鳞片在飞机后机身和喷管出口之间发挥整流作用,减少飞行阻力。但是,这种喷管不满足隐身要求。

亚声速F-117隐身战斗机和B-2隐身轰炸机的排气系统是隐身排气系统设计的典型范例。这类非传统排气系统主要是根据飞机外形进行设计的。F-117隐身战斗机采取的是机身安装集成结构固定喷管系统,与飞机平台的边缘是对齐的。排气系统也从轴对称过渡为大高宽比两维喷管,放弃了加力燃烧要求的可变几何结构。尽管这种高度综合集成的喷管能够减小阻力,但空气动力学效率和结构效率比轴对称喷管低。

IRAD(独立研究与开发项目)和CRAD(合同研究与开发项目)的投入,对于确定工业部门在F-35战斗机这个重大创新项目中研究开发世界级解决方案的定位非常关键。在签署JSF X飞机合同之前,开发了多种垂直升力和排气系统,并且都趋于成熟。这些方案都被拿来满足新设计飞机和已有飞机更高的要求。喷管技术包括共形全固定口径喷管(Conformal Fully Fixed Aperture Nozzles)、固定口径喷管和隐身轴对称喷管。

复杂形状固定几何结构喷管在减小阻力和信号特征方面已经很成熟。这些喷管能够灵活实现视线完全遮挡。它们的运动部件很少,隐身多样化,可以采用耐热材料制造。

另外,为了减少链接和重量,提高结构完整性,并使喷管出口保持不运动,研究探索了收敛段机械操纵和成型的创新方法;为了推力矢量应用,评估了扩散段的喉道倾斜和诱导激波;为了降低大范围控制喷管喉道面积的要求(尤其是加力期间),还评估了变循环发动机技术。

在这一时期,对轴对称喷管无法实现低可探测性(甚至是推力矢量)这种观念提出了挑战和质疑。新一代隐身喷管逐渐现身,这种喷管利用特殊形状使雷达反射最小。也就是,使用锯齿形尾缘,与机身的连接也采用锯齿形连接,插入外部密封,补充外部襟翼。这种喷管严格控制间隙和密封,并在内外表面采用了专用耐高温涂层。进入X-35验证机设计阶段,设计开发了各种隐身喷管构型,开展了地面试验,并在F-16验证机上开展了飞行试验,试验配装了PW F100和GE F110发动机。这几种构型都有节头联到引射器,引导发动机舱气流到接近喷管喉道附近,来冷却扩散段鳞片。这种方法改善了扩散段密封的耐久性,并减小了红外信号特征。

2.隐身轴对称喷管原型的快速鉴定

20世纪90年代初,洛马公司的工程师使用CFD方法和一个静态推力测量设备对这种喷管进行了快速原型评估(见图2.17),并进行了3D打印制造。这样就可以对这种喷管的空气动力学性能进行快速评定。使用的试验设施是安装在高空舱(减压)的一个六分力天平。不同的环境背压保证了可以在喷管压比非常高、质量流量变化最小、模型载荷最小的条件下开展连续的低负荷测试。这也使得天平能够在其校准质量流量和力测量范围的最佳区段内工作。这套试验设施具有非常高的整体精度,可重复性也非常优越,而且雷诺数的变化也减小了。可以通过一组临界流量文丘里管独立控制和计量多种气流。

3.飞机空气动力集成

后机身与喷管的集成对于平衡阻力和重量至关重要,这种集成主要取决于后机身和喷管的角度。确定最佳长度和外部形状对于净推进性能非常重要。另外,后机身一般都不是轴对称的(疑原文有误),集成轴对称排气可能导致后机身尾角和底区过大。这样就会增加阻力,减小推进系统的净推力。这种情况在大多数双发动机配置中很明显，其中通常在两个紧密间隔的喷管之间存在底区或死区。在某些情况下，这些底区特有的低局部压力区域可以作为二次流系统的出口。例如，F-16 验证机平尾和垂尾控制面根部的底部区域就被用于发动机舱通风。

图 2.17　洛马公司的喷管原型快速试验评估设施

4. 地面试验和飞行试验

普惠公司按照 JSF 合同研制了隐身轴对称喷管（LOAN），以评估这种先进技术对于 F-35战斗机的经济可承受性和适用性。地面试验于 1996 年完成，如图 2.18 所示。洛马/普惠团队改装了一架空军的 F-16 验证机和 F100-PW-200 发动机，配装了 JSF 项目办公室的隐身轴对称喷管。随后进行了两天地面原型试验。试验期间，试验条件从慢车到最大加力，开展了红外成像、喷管温度和发动机舱压力和气流速度测量。普惠公司的隐身轴对称喷管显著减小了发动机的雷达反射截面积和红外辐射信号，并且维护成本也有所降低。最终形成了一个减少了雷达和红外探测机会的低成本喷管系统，并应用于改造和新生产的飞机。

图 2.18　通用电气公司的隐身轴对称喷管和普惠公司的隐身轴对称喷管在 F-16 验证机上进行地面试验和飞行试验

(a)通用电气公司的喷管；(b)普惠公司的喷管

通用电气公司开发的解决方案被命名为隐身轴对称喷管，由洛马公司在空军国民警卫队的F-16C验证机发动机上进行了试飞验证(见图2.18)。隐身轴对称喷管显著降低了温度，预计将大大提高F-16验证机发动机排气系统的耐用性。这套系统于2001年夏天在爱德华空军基地进行了F-16验证机发动机的飞行取证，最终确定为F-16验证机发动机的一个升级选项，以增强F-16验证机发动机平台的活力。

这两种F-16验证机发动机隐身喷管构型还包括引射器功能，以解决喷管扩散段的密封件和襟翼的散热问题。这一点也是现代战斗机维护工作的主要要求。引射器使用发动机短舱的外涵道空气对密封薄膜提供有效的冷却，以降低喷管温度并改善部件寿命。预计这些技术会使喷管扩散段鳞片的寿命增加一倍至四倍，从而显著节约维护成本。

5.射频试验

对于F-35战斗机而言，先敌发现能力要求是平衡传感器/雷达能力和隐身技术的支点，一个领域的优势为另一领域提供了应用灵活性。雷达和传感器套件中新兴技术的优势为使用隐身喷管提供了可行的选择余地。这与高性能离轴瞄准导弹的发展减少了对推力矢量技术和机头指向的依赖异曲同工。

JSF项目采用雷达测试来评估普惠公司隐身轴对称喷管的独特形状和特殊涂层。这种构型通过多种技术组合实现隐身，包括几何成形、先进冷却技术，以及内外表面的特殊涂层。独立研究和发展项目开发的一种射频模型(见图2.19)被用于集成进气道、喷管、孔径、边缘和其他子系统。它被安装在得克萨斯州子午线(Meridian)天线试验场的30 000 lb旋转支架上进行试验。

图2.19 位于西棕榈滩的普惠公司试验设施上的F-35战斗机隐身喷管射频测试固定设备

6.向JSF项目的过渡

对于F-35战斗机而言，普惠F135发动机和隐身轴对称喷管平衡了隐身和高效气动机械性能要求。F-35A和F-35C战斗机使用相同的喷管构型。F-35B战斗机STOVL型3BSM则采用了稍短一些的喷管构型，以满足垂直着陆时的地面间隙要求。由于发动机排气系统是后机身段红外信号的主要来源，发动机和喷管设计必须采取有效方法，以减少红外辐射。这一点是通过减少雷达横截面的各种兼容技术实现的，包括隐藏技术、成形技术和温度控制技术。F-35战斗机排气系统采用冷却涡轮表面阻滞器，有效地消除了采用类似于蛇形排气管的更多技术诱惑。F135发动机排气系统采用冷却喷管的方式来显著减少机身后段的红外信号特征。利用这些技术，相比于非冷却排气系统，冷却的阻滞器和喷管尾部的红外信号特征明显减少。

2.3.4 F-35B 战斗机 STOVL 升力系统

1. 背景

50 多年来，战斗机设计者一直在大力追求传统的速度和航程的同时，希望实现灵活的垂直起降(VTOL)能力。虽然已经开发了许多 STOVL 概念，但所有这些概念都对飞机的有效性产生了限制。F-35B 战斗机 STOVL 升力系统成功实现了突破，重新定义了传统推力和垂直推进升力之间的关系。此外，它还实现了性能、效率和安全性的大幅提升。这种完美的集成最终形成了一个相对简单的发动机驱动升力风扇概念。它有一个强大的发动机，足以达到大约 1.5∶1 的升力-推力比 —— 比直接升力设计显著增加。轴驱动升力风扇使用低压凉空气，充分的控制力和与机身的有效结合，实现了高效的推力增强效果。由于主发动机主要针对传统飞行进行了优化，因此推进系统的性能不会因其垂直升力能力而受到影响。升力风扇增强了垂直飞行能力，类似于加力燃烧室增强高速性能一样[31]。升力风扇还有额外的巧妙优势：温度相对较低的喷气排气保护了主发动机进气道和飞机前部，使其免受再次摄入的热气体的损伤或损坏。垂直升力技术的革命性进步历程如图 2.20 所示。

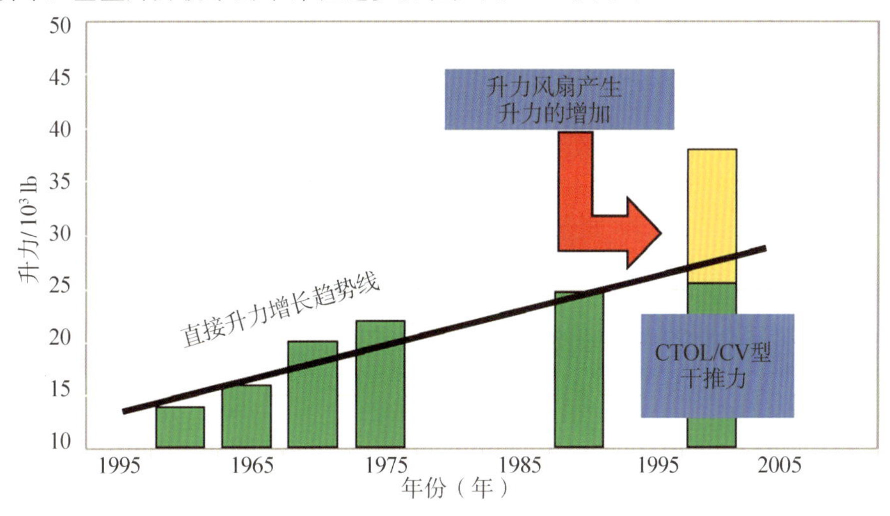

图 2.20 垂直升力技术的革命性进步历程

除了获得强劲的升力，STOVL 型飞机还必须在每个轴上实现有效的控制力，以便成功地在悬停、半喷气飞行和完全喷气飞行阶段之间实现平稳过渡。F-35B 战斗机 STOVL 型升力风扇系统是通过以下关键部件实现这一目标的。

1)升力风扇离合器和驱动轴：可以选择性地从主发动机向升力风扇传输动力。

2)可变面积叶片箱喷管(VAVBN)：控制升力风扇排气面积和前后推力转向。

3)防倾斜喷管：通过机翼下的喷管重新调整主发动机风扇气流方向，实现防倾斜控制。

4)三轴承旋转喷管模块：调节主发动机喷管方向进行上下控制，横向进行偏航控制。

2. 升力风扇的研制发展

升力风扇系统是 F-35B 战斗机 STOVL 型的首要技术特征(见图 2.21)。这项技术经过洛马公司、普惠公司和罗罗公司多年的研发逐步成熟。最初的工作始于 20 世纪 80 年代后期由国防高级研究计划局(DARPA)赞助的STOVL JSF研究。洛马公司、通用电气公司和波音公司均开发了采用不同技术的垂直升力概念[34]。这些研究导致了ASTOVL竞标,最终洛马公司的轴驱动升力风扇推进系统概念获胜。这项技术随后在JSF概念演示验证阶段,通过X-35B验证机进行了试飞验证。

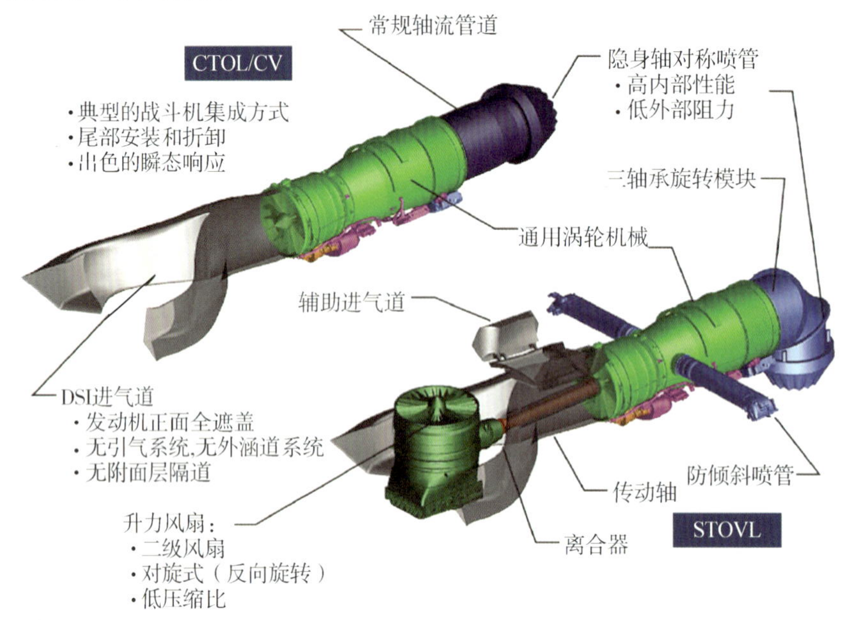

图 2.21 F-35战斗机常规推进系统与F-35B战斗机STOVL型升力风扇系统对比

罗罗公司的升力风扇是一种新颖的反向旋转概念,有一个叶片盘(叶盘)、两组固定叶片和一组可变进气导向叶片(VIGV)。可变进气导向叶片提供垂直起飞与着陆(VTOL)所需的最大推力到慢车推力的变化。变速箱为升力风扇转子级分配29 000 hp① 功率。这套系统在工业界首次实现了30∶1的功率与重量比。之前(老式飞机)的这个数据一直没有超过15∶1,这次得到了翻倍增长。

变速箱是升力风扇装置的组成部分,采用反向旋转输出轴,简化了几何形状,减少了齿轮和轴承的负荷。第一级风扇上的可变进气导向叶片(VIGV)负责调节推力。升力风扇轴承和变速箱的润滑由升力风扇润滑系统提供,这套润滑系统独立于主发动机润滑系统。罗罗公司的升力风扇设计用于在主发动机的整个速度范围内运行。

将概念过渡到产品的一个关键问题是升力风扇的气动机械转子模式。这导致了在X-35B验证机上使用时的操作限制(在某些升力风扇速度下的工作时间受限),进气道流场中的压力畸变激发了升力风扇涡轮机的共振模式,成为一个高周期疲劳或空气动力学问题。在F-35B战斗机上,通过重新设计上部升力风扇舱门构型,减小气流流动角度和畸变,一定程度上解决了这个问题。通过重新设计减轻模态响应的升力风扇转子(采用空心叶片、整体叶盘)也对解决这个问题有所帮助。

3. 升力风扇离合器的研制发展

轴的离合功能是通过硬件和软件实现的。轴、离合器和变速箱的开创性设计允许开发轻

① 1 hp=0.735 kW。

型、高速（8 000 r・min^{-1}）传动系统。一个独特的闭环离合系统可以提供精确控制，从而为升力风扇提供平稳可靠的动力传输。这种创新的离合器设计，利用了飞机制动技术，产生了一种干式离合器片布置。这种离合器技术达到了所需的快速接合性能时间要求，同时提供超出设计要求的耐用性。离合器安装在升力风扇上，输入通过主驱动轴和联轴器直接连接到主发动机低压转子轴。离合器由一组干盘片组成。当通过液压作动系统一起驱动时，该组件通过驱动轴将主发动机低压转子连接到升力风扇。离合器轴承的润滑由升力风扇润滑系统提供。传动轴联轴器可以弯曲，以消除主发动机和离合器之间的不对中。

升力风扇离合器允许升力风扇与主发动机接合和脱离。它通过两个装置实现这一点，每个装置提供一个从输入到输出的扭矩路径。在接合期间，风扇转子的速度同步和加速，是通过向一个五片碳/碳离合器片组成的离合器包施加压力（干操作）来实现的。后续高功率传输则需要锁定花键的后续接合来实现。接合花键锁需要在几圈转速内就将离合器输入和输出轴速度同步。一个分度机构用于确保故障时，配合花键接触端对端的接合。在脱离期间，离合器片组件使花键卸载，以使它们能够收回。X－35 验证机研制期间遇到的主要挑战之一是如何保证离合器平稳接合，并且转换时间最短。早期离合器控制设计时，曾遇到过离合器片接触时颤动的现象。通过创新的闭环控制模式，结合离合器夹紧力和纵向位置反馈解决了这种颤动问题，实现了平稳和精确的接合。F－35 战斗机研制期间，对这种离合器进行了持续的成熟化，逐步实现转换时间最短（操作灵活性），并获得离合器全寿命（维护时间间隔最小）工作能力。F－35 战斗机离合器可以在接到接合命令的 9 s 内完成一个接合循环。通过改进离合器片材料，目前该离合器系统可完成超过 1 500 次接合。

4. 可变面积叶片箱喷管的研制发展

在进入 F－35 战斗机研制阶段之前，X－35 验证机的升力风扇喷管转向是通过一个三头罩连接伸缩式喷管完成的。尽管这种方法能够实现升力风扇推力的准确指向，但这种机构太笨重，且体积很大，很难集成到飞机结构中。最终使用一系列平行叶片实现更紧凑的设计，这些叶片可以隐藏在下机身舱盖之后。F－35 战斗机可变面积叶片箱喷管的研制利用了罗罗公司在叶片箱喷管上五年工作的成果。这些概念是早期 JAST 项目考虑过的升力发动机概念[35]。这种设计在一个 27%比例的模型上进行了试验（见图 2.22）

图 2.22　27%比例 F－35B 战斗机 STOVL 型可变面积叶片箱喷管试验特写

针对管道几何结构、叶片数量、间距，以及可动叶片的剖面形状开展了大量研究。影响喷管与升力风扇集成的其他设计参数包括变速箱轮廓、六个支撑支柱的位置，以及叶片作动器机构的尺寸和位置。还对性能、叶片作动,以及与飞机机身的集成进行了平衡折中评估。通过这些研究,明确了叶片箱的构型:六片大弧度小厚弦比叶片。喷管箱除了承受流路压力、叶片的空气动力学力和作动负载之外,还被设计用于加强飞机结构刚度。喷管叶片箱安装在机身上,叶片箱侧壁用作飞机结构龙骨构件。

可变面积叶片箱喷管(VAVBN,见图2.23)为升力风扇推力矢量提供方向控制,它也是可变进气导向叶片(VIGV)向下偏转(turndown)的一个额外控制器,向下偏转是指升力风扇进气道导向叶片的一个指令位置,用于控制升力风扇推力。三个VAVBN叶片由双串联线性液压作动器驱动。驱动力再通过连杆传递到另外三个叶片。利用该系统,喷管推力方向可以在41.75°～104°的范围内(飞机前/后坐标系)变化,变化速度为$40°\cdot s^{-1}$。三个VAVBN作动器都是独立控制的,这样保证了能够独立改变喷管喉部面积,不受矢量角度的影响。VIGV和VAVBN面积的变化均用于控制升力风扇的性能,管理升力风扇的失速裕度,并使推力-推力摊分耦合效应最小化。推力摊分是指主发动机推力与升力风扇推力之比,主要用于表示推进系统对飞机施加的俯仰力矩。

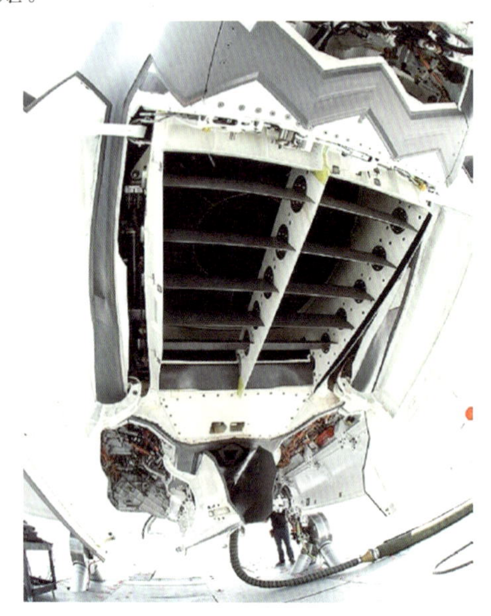

图2.23　F-35B战斗机的可变面积叶片箱喷管(VAVBN)仰视图

5.防倾斜喷管的研制与发展

F-35B战斗机STOVL型升力系统还有两个防倾斜控制喷管,安装在每个机翼上,用于在升力系统工作时提供防倾斜控制。防倾斜喷管通过使用两个铰接翼片改变喷管面积来控制推力。与老式垂直和/或短距起飞和着陆(V/STOL)飞机的反作应控制系统不同,F-35战斗机防倾斜喷管通过重新改变发动机风扇空气流的方向,产生大约10%的垂直推力。左右两侧防倾斜系统的部件和部件数量完全一样,而且是可互换的,极大改善了可维护性。喷管翼片的作动由双电机、液压、旋转作动器执行。机翼下侧的外部液压驱动飞机舱门在风扇工作时打开,为防倾斜推力提供一个出口。

这项技术在向F-35B战斗机产品过渡中的关键问题是如何提供足够的防倾斜控制权限,如何应对外挂不对称和燃料不平衡。防倾斜喷管定位在离内侧机翼结构尽可能远的外侧机翼上，以获取最大力臂。发动机主风扇空气流流往防倾斜喷管的流量要增加到足以满足喷气排气衬管冷却所需要的量。对全权限数字发动机控制架构进行了更改，以使从滚转力矩命令至防倾斜喷管作动器响应之间的时间延迟最小。

6. 三轴承旋转喷管模块的研制发展

先进短距起飞与垂直着陆项目的主喷管初始设计是一个两维单膨胀斜面喷管。这种设计中，喷管的一个翼片比另一个长。喷管通过偏转上部翼片至少90°来实现主推力的转向。为了控制悬停时的喷管出口面积，下部翼片设计为一个滑动板，可根据需要缩回以调节发动机的背压。这是保证轴驱动升力风扇涡轮工作的关键控制。

洛马公司制造并试验这种喷管后，发现这种设计有非常明显的缺陷。在高负荷条件下将喷气偏转90°，而且还要能够控制喷管出口面积，这些要求导致喷管非常重。为了减轻重量，对20世纪70年代Convair Model 200 V/STOL战斗机的喷管概念进行了重新研究。当时，普惠公司设计了一种三轴承旋转喷管，但并没有进行持续发展。普惠公司和洛马公司把这种三轴承旋转喷管集成到了X-35B验证机上，重量明显减轻。这种喷管还提供了一种非常有效的方法，能以最小的损失偏转主推力的方向[36]。

F-35B战斗机三轴承旋转喷管由一个短距起飞与垂直着陆隐身轴对称喷管和一个三轴承旋转机构组成。旋转机构能够在俯仰轴上使推力偏转95°，在偏航轴上偏转±12.25°。三轴承旋转喷管可以在最大向后推力分流时传递高达23 900 lb的推力。三轴承旋转喷管的前向轴承(1号轴承)由双油压作动器电机通过变速箱和传动链提供动力。中间轴承(2号轴承)同样由一个双油压作动器电机和齿轮箱/传动链提供动力。传动齿轮箱通过高效、紧凑的本轮齿轮链将中间轴承和后部(3号)轴承连接。1号、2号和3号轴承上的相应双作动器电机分别设计有故障降级能力(全扭矩，半速率)。这是F-35战斗机与X-35验证机的一个关键区别。在X-35B验证机上，2号和3号轴承在首次失效后即被停止工作，不能再继续偏转主推力方向。这不能满足在首次故障后需要能够继续执行飞机垂直着陆操作的要求。燃油液压电机的双重冗余使F-35B战斗机具备了容错能力。

7. 技术验证项目及其技术成果向JSF项目的转化和过渡

X-35B验证机STOVL型升力系统完成了1 200多小时地面试验，2001年8月成功进行了飞行试验演示验证。演示试飞期间，X-35B验证机在预期炎热和高沙尘环境条件下的表现非常亮眼，充分展示了轴驱动升力风扇概念的健壮性和能力。特别令人印象深刻的是，通过对STOVL升力系统的准确控制实现了精确的飞机动力学响应。X-35B验证机共进行了39架次试飞，包括22次悬停、17次垂直起飞、18次短距起飞、57次STOVL模式过渡、27次垂直着陆、116次转换(95次地面转换，21次飞行中转换)、63次离合器啮合，总计21.5试飞小时。这种表现远远超出了设计目标，表现出的足够成熟度可以完全保证在F-35战斗机生产飞机上的应用。

向生产型F-35B战斗机的过渡主要集中在评估STOVL升降系统设计变更上，并验证这种推进系统的全寿命工作能力。有关这种系统向F-35战斗机生产构型的过渡和完整系统研制情况参见文献[38]。

2.4 总　　结

F-35战斗机采用了许多新技术，这些技术显著提升了F-35战斗机的整体技术水平和能力。这一点在集成飞机平台子系统和推进系统技术领域尤其明显。最终形成的F-35战斗机具有卓越的性能和无与伦比的能力，这都与飞机平台和推进系统的技术进步是分不开的。

选择使用的集成飞机平台子系统架构是以一个连续的、逐步完善的技术开发项目最终搭建的。其中的每一项技术进步都是逐步完善初始概念并进一步验证技术方法而最终成形和成熟的。20世纪90年代早期开展的子系统集成技术和多电飞机研究从概念上为JSF合同商团队建立了信心。而J/IST项目研究则最终为这些技术的设计可行性提供了最终的证明。这一系列技术开发项目还验证了整个飞行器起飞总重量和成本可降低2%～3%。J/IST研究项目中的热/能量管理模块(T/EMM)系统技术开发计划，对于当前F-35战斗机电源和热管理系统中使用的涡轮机、风扇管道换热器以及其他关键元件的开发，发挥了至关重要的作用。如果没有这些元素，所选择的构型可能被认为在SDD阶段技术风险太大。同样，如果没有这些技术开发项目的巨大成功，F-35战斗机的集成系统、电动静液作动系统和电源系统的许多单元也许还是只能采用更传统的联邦式架构。那样的话，就无法获得集成子系统开发项目所带来的技术收益。而当前，最终被F-35战斗机采用的各种先进系统已被证明可提供出色的技术性能和可靠性。这些技术在未来还将继续为F-35战斗机系统能力的持续增长提供支柱性技术保障。

取得革命性技术进步的F-35战斗机推进系统所带来的性能收益是前所未有的。推进系统的这些技术进步使F-35战斗机具备了独特的能力，特别是F-35B战斗机STOVL型号。最终的F-35战斗机构型采用了DSI进气道、隐身轴对称喷管，以及集成了升力风扇和三轴承旋转喷管的独特STOVL型推进系统。这些系统为F-35战斗机各种型号提供了卓越的性能，并成为未来长期性能增长和能力改进的基础。

参考文献

[1] BARHYDT J, CARTER H, WEBER D. Subsystem Integration Technology (SUIT) Phase I[R]. U.S. Air Force Research Lab, Rept, WL-TR-93-3031, 1993.

[2] BLANDING D, SCHLUNDT D, ALDANA J. Subsystem Integration Technology (SUIT)[R]. U.S. Air Force Research Lab, Rept, WL-TR-92-3105, 1992.

[3] HILL B, STEM P, HO Y, et al. Subsystem Integration Technology (SUIT), Executive Summary[R]. Vol. 1. U.S. Air Force Research Lab, Rept, WL-TR-92-3115, 1992.

[4] HILL B, STEM P, HO Y, et al. Subsystem Integration Technology (SUIT), Phase I Report[R]. Vol1. 2. U.S. Air Force Research Lab, Rept, Vol. 2 WL-TR-92-3116, 1992.

[5] HILL B, STEM P, HO Y, et al. Subsystem Integration Technology (SUIT), Phase II

Report [R]. Vol. 3. U. S. Air Force Research Lab, Rept, WL-TR-92-3117, 1992.
[6] HILL B, STEM P, HO Y, et al. Subsystem Integration Technology (SUIT), Phase III Report[R]. Vol. 4. U. S. Air Force Research Lab, Rept, WL-TR-92-3118, 1992.
[7] CARTER H, RUPE K, MATTES R, et al. Subsystem Integration Technology (SUIT), Phase II Report [R]. U. S. Air Force Research Lab, Rept, WL-TR-96-3065, 1997.
[8] TERRIER D, HODGE E, EICKE D, et al. Vehicle Integration Technology Planning Study (VTIPS) [R]. U. S. Air Force Research Lab, Rept, WL-TR-96-2077, 1996.
[9] WEBER D, HILL B, VAN HOM S. Vehicle Integration Technology Planning Study (VTIPS)[R]. U. S. Air Force Research Lab, Rept, WL-TR-97-3036, 1997.
[10] EICKE D. Joint Strike Fighter Integrated Subsystems Technology (J/IST) Power and Actuation Flight Demonstration Program [R]. AFRL-PR-WP-2001-2036, 2001.
[11] CARTER H. Joint Strike Fighter (JSF)/Integrated Subsystems Technology (J/IST) Demonstration Program, Vol. 1: Executive Summary [R]. AFRL-VA-WP-TR-2001-3028, 2001.
[12] RUPE K, CARTER H. Joint Strike Fighter (JSF)/Integrated Subsystems Technology (J/IST) Demonstration Program, Vol. 2: Program Integration[R]. AFRL-VA-WP-TR-2001-3029, 2001.
[13] HEYDRICH H, RODDIGER H. Joint Strike Fighter (JSF)/Integrated Subsystems Technology (J/IST) Demonstration Program, Vol. 3: Thermal/Energy Management Module (T/EMM) Turbomachine[R]. AFRL-VAWP-TR-2001-3030, 2001.
[14] DASTUR N, RODDIGER H. Joint Strike Fighter (JSF)/Integrated Subsystems Technology (J/IST) Demonstration Program, Vol. 4: Thermal/Energy Management Module (T/EMM) System Integration[R]. AFRL-VA-WP-TR-2001-3031, 2001.
[15] ANDERSON G, WAFFNER W. Joint Strike Fighter (JSF)/Integrated Subsystems Technology (J/IST) Demonstration Program, Vol. 5: High Power Electric Actuation [R]. AFRL-VA-WPTR-2001-3032, 2001.
[16] TORCHIA D, RUPE K. Joint Strike Fighter (JSF)/Integrated Subsystems Technology (J/IST) Demonstration Program, Vol. 6: Power Management Integration[R]. AFRL-VA-WP-TR-2001-3033, 2001.
[17] ANDERSON J, RODDIGER H. Joint Strike Fighter (JSF)/Integrated Subsystems Technology (J/IST) Demonstration Program, Vol. 7: Engine Integration[R]. AFRL-VAWP-TR-2001-3034, 2001.
[18] EICKE D. Joint Strike Fighter Integrated Subsystems Technology (J/IST) Power and Actuation Flight Demonstration Program: Executive Summary[R]. AFRL-PR-WP-2001-2077, 2001.
[19] IYA S, HARLAN R, HAWKINS L. LCC and War Fighting Assessment of J/IST Suite [R]. AFRL-VA-WP-TR-2000-3016, 1999.
[20] HAMSTRA J W, MCCALLUM B N, MCFARLAN J D, et al. Development, Verification and Transition of an Advanced Engine Inlet Concept for Combat Aircraft Applica-

tion, NATO RTO Paper[R]. MP-121-P-43, 2003.

[21] HEHS E. Diverterless Supersonic Inlet[J]. Code One, 2000.

[22] SCHARNHORST R S. An Overview of Military Aircraft Supersonic Inlet Aerodynamics[R]. AIAA-2012-0013,2012.

[23] SOBESTER A. Tradeoffs in Jet Inlet Design: A Historical Perspective[J]. Journal of Aircraft, 2007,44(3):705-717.

[24] GRIDLEY M C, WALKER S H. Inlet and Nozzle Technology for 21st Century Aircraft[R]. ASME-96-GT-244, 1996.

[25] GRIDLEY M C, CAHIL M J. ACIS Air Induction System Trade Study[R]. AIAA-1996-2646, 1996.

[26] CATT J A, WELTERLEN T, Reno J. Decreasing F-16 Nozzle Drag Using Computational fluid dynamics[R]. 29th Joint Propulsion Conference and Exhibit, 1993.

[27] CATT J A, WELTERLEN T, RENO J. Evaluating F-16 Nozzle Drag Using Computational fluid dynamics[R]. 32nd Aerospace Sciences Meeting and Exhibit, 1994.

[28] MCWATERS M. F-35 Conventional Mode Jet-Effects Testing Methodology [R]. 31st AIAA Aerodynamic Measurement Technology and Ground Testing Conference, AIAA-2015-2404, 2015.

[29] MILLER D, CATT J A. Conceptual Development of Fixed-Geometry Nozzles Using Fluidic Injection for Throat Area Control[R]. 31st Joint Propulsion Conference and Exhibit, 1995.

[30] MCFARLAN J D, MCMURRY C B, SCAGGS W. Computational Investigation of Two-Dimensional Ejector nozzle Flow Fields [R]. 26th Joint Propulsion Conference, 1990.

[31] BEVILAQUA P M. Inventing the F-35 Joint Strike Fighter[R]. AIAA-2009-1650, 2009.

[32] MADDOCK I, HIRSCHBERG M. From ASTOVL to JSF: Development of the STOVL Propulsion Systems[R]. 11th AIAA ATIO Conference, AIAA Centennial of Naval Aviation Forum, August, 2011.

[33] SIMONS T, SOKHEY J. Performance Optimization of VAVBN the Variable Area Vane-Box Nozzle for JSF F-35B LiftFan Propulsion System[C]// International Powered Lift Conference, Philadelphia, Pennsylvania, 2010(10):337-345

[34] RENSHAW K. F-35B Lightning II Three-Bearing Swivel Nozzle[J]. Code One, 2014(8).

[35] ROBBINS A, BOBALIK J, DE STENA D, et al. F-35 Subsystems Design, Development, and Verification[R]. AIAA-2018-3518,2018.

[36] WURTH S, SMITH M, CELBERTI L. F-35 Propulsion System Integration, Development & Verification[R]. AIAA-2018-3517,2018.

[37] LEMONS G, CARRINGTON K, FREY T, et al. F-35 Mission Systems Design, Development & Verification[R]. AIAA-2018-3519,2018.

[38] COUNTS M, KIGER B, HOFFSCHWELLE J, et al. F-35 Air Vehicle Configuration Development[R]. AIAA-2018-3367,2018.

[39] DIETRICH R. Brief History and Perspective on J/IST[R]. JSF Joint Program Office (Ref: DM #444383), JSF14-304.

[40] Lockheed Martin Receives Prestigious Aviation Award for Joint Strike Fighter Technology. Lockheed Martin Aeronautics Company [EB/OL]. (2018-05-11). URL: https://news.lockheedmartin.com/2001-06-20-Lockheed-Martin-Receives-Prestigious-Aviation-Award-for-Joint-Strike-Fighter-Technology.

第 3 章　F－35“闪电Ⅱ”战斗机子系统的设计、发展与验证

F－35 战斗机子系统是作为完整集成的航空武器系统架构的一部分进行研制、合格性认证和部署的。由于三种型号 F－35 战斗机的独特要求都是从三型通用集成系统架构衍生而来，因而开发了几项关键技术，这些技术开发工作是整个子系统发展的一部分，其中包括电主/副飞控作动、电动起动机/发电机系统、锂电池、集成电源和热管理系统，以及扩展性能包线的弹射系统。在这些新技术的研发和合格性认证过程中，解决了发现的诸多新问题。由于成功实现了一个完全集成的子系统体系结构，F－35 战斗机子系统获得了全面的合格性认证，且具备可操作性，是一种高性能集成架构。

3.1　F－35 战斗机子系统简介

F－35 战斗机子系统的发展、合格性认证和部署是 F－35 战斗机系统研制与验证阶段工作的一部分。在延续前期的构型评估和技术发展工作的基础上[1]，把这些子系统作为一个完整集成的飞行器的一部分继续进行开发[2]。本章讨论了 5 个系统：电动静液作动系统（EHAS）、电源和热管理系统（PTMS）、电源系统（(EPS）、液压和应用作动（HUA）系统，以及弹射系统。作为这些系统研制的一部分，讨论的关键技术包括电主/副飞控作动、电动起动机/发电机（S/G）系统、锂电池、集成电源和热管理系统，以及扩展性能包线的弹射系统（见图 2.3）。随着这些子系统的发展，出现了集成问题。本章讨论的集成问题包括：提高建模和仿真的优先级，因在 AA－1 飞机早期飞行中出现的一些突发情况而实施的多项改进、锂电池研制问题，再生电源对电动静液作动系统和电源系统的影响，发动机起动功能问题，应急电源转换和合格性认证问题，以及液压系统集成等。由于多家公司设计工程师们的共同努力，F－35 的各种飞行控制器和各种公用程序以及子系统硬件已全面部署并投入使用，为不断增长的 F－35 机队提供保障支持。

正如参考文献[2]中所讨论的，F－35 战斗机子系统采用的是集成架构，而不是传统的联邦式或分布式系统。联邦式系统依赖于几个独立的子系统，而集成架构则通过较少硬件实现了同等或更强大的功能。因此，这种架构需要开展更多的集成开发和试验。由于硬件数量大幅度减少，集成架构可以提升性能，提高经济可承受性，并减轻重量。通过多个技术开发项目形成了最终构型[3]。图 3.1 将联邦式系统与 F－35 战斗机的集成系统进行了比较。值得注意的是，集成系统架构促进了新硬件研制，而且对整个系统的管理（包括软件）、合格性认证和飞行试验方法产生了影响。集成架构很大程度上依赖于一个健壮的系统工程方法，而不依赖于为各个单独系统定义的一组标准开展工作，与之不同的是，这种方法贯穿于从需求确定和分配，到集成合格性认证和飞行试验的全过程。

本节简单介绍F-35战斗机的五个子系统，并介绍将各系统进行有效集成、全面提升系统能力的发展历程，给出了将联邦式功能组合成集成系统的基本思路。这对于理解飞机级的各种要求是什么，以及为什么驱动下游的需求是非常重要的，关键技术以及集成和研制问题在后面段落讨论。

1.电动静液作动系统

F-35战斗机是第一种使用电主/副飞控作动器的有人驾驶飞机，也是第一种采用这种技术的战斗机。作为主要作动系统，电动静液作动系统(见图3.1)包含了一种新型自备作动器(见图3.2)，它带有一个仅由电力驱动的整体电机和泵，这些组件和一个液压油箱，直接置于作动器的歧管上，并取代了传统作动器使用的控制阀。泵直接将液体推入作动器，而作动器的运动方向跟随泵的旋转方向。每一台电动静液作动器(EHA)电机由一个电子单元(EU)通道控制，每个通道都包含一个低功率(28 V直流电)端和一个高功率(270 V直流电)端。低功率端负责数字环路的关闭和故障监测，高功率端负责三相电源的开关。

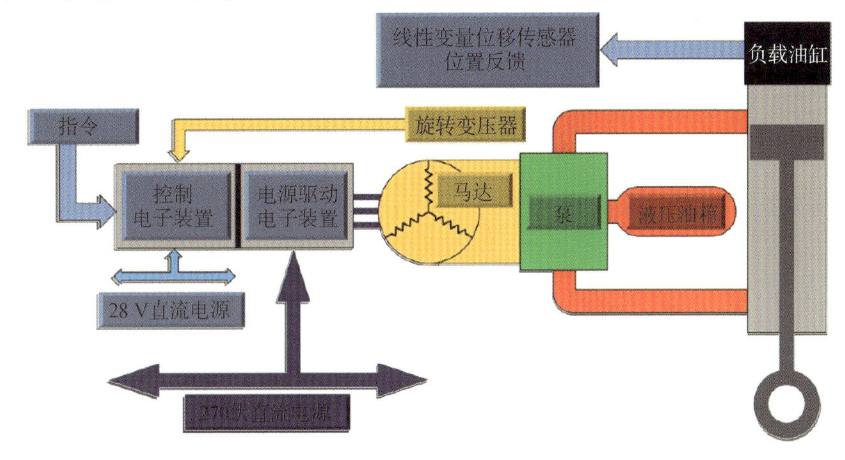

图3.1　F-35战斗机电动静液作动系统的基本原理

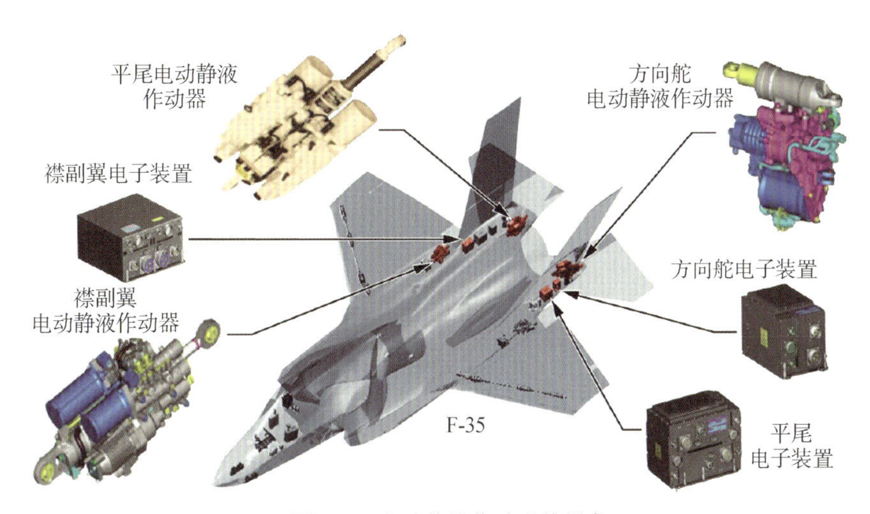

图3.2　电动静液作动系统设备

电动静液作动系统是一项新技术，研制工作需要解决设计成熟度提升，以及根据三种型别的特殊要求缩放此设计等方面的问题。由于F-35战斗机的尺寸、性能和安全要求，其电动作动系统比以前无人机或概念演示验证机使用的电动作动器更大,集成度更高。这里所说的电动作动器概念验证机指的是联合攻击战斗机(JSF)集成子系统技术(J/IST)项目[2]。电动静液作动系统以及电源和热管理系统之间的接口必须超过基本的连接和性能的指标。它们必须包括操作模式,并考虑在任何系统出现故障时如何在模式之间进行集体转换。所有这些问题都涉及反复改进,就像电动静液作动系统要通过设计、集成和飞行试验才能达到成熟一样。

2. 电源和热管理系统

电源和热管理系统是霍尼韦尔国际公司设计的一个多功能系统,它是将传统的独立环境控制和辅助电源功能整合为一个集成系统,为驾驶舱和设备冷却提供调节空气,为设备冷却提供冷冻液,为地面维护、主发动机启动和飞行中的紧急情况提供电力。图 3.3 给出了系统的简单原理图。

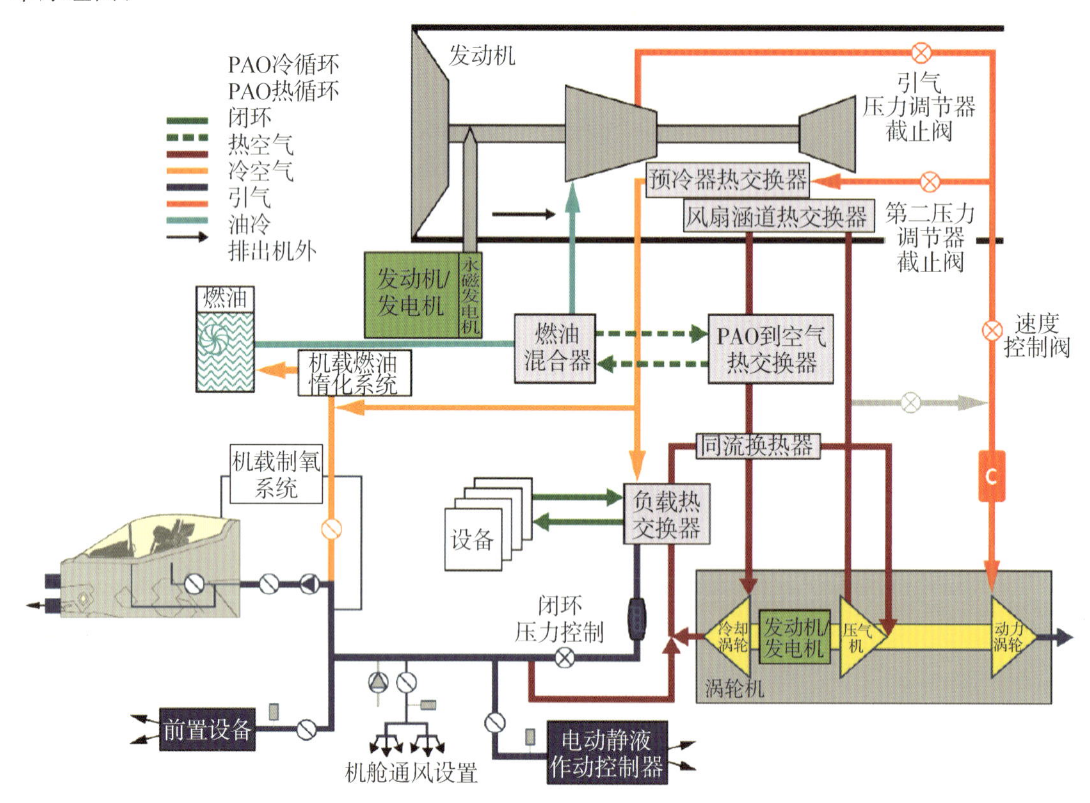

图 3.3 简单的电源和热管理系统原理图

冷却功能由一个闭环空气循环执行,而该循环则由引气流过动力涡轮(PT)时的膨胀来驱动。这个循环包括一个压气机、冷却涡轮(CT)和安装在一根单轴上的起动机/发电机。流出压气机的高温高压空气把压缩机释放的热量排放到安装在发动机风扇涵道上的风扇涵道热交换器(FDHX)中。发动机风扇涵道热交换器的独特之处在于将热交换器的废热输出在推进系统循环内而不是机外。然后,空气通过一个聚 α-烯烃(PAO)进入空气热交换器(HX),以便当风扇涵道温度太高,不能用作一个有效的冷却介质时,来增加空气循环中废热的排出。在通过冷却涡轮膨胀之前,空气在同流换热热交换器中进一步冷却。低温、低压空气通过负载热交换器流经冷却涡轮。

负载热交换器包括一个空气-空气核心，用于冷却预先处理的引气，以便冷却驾驶舱、设备和机载制氧系统(OBOGS)。它也有一个液体-空气的核心，为大多数任务系统设备提供液体冷却。流出负载热交换器的空气经过同流换热热交换器，再返回到压缩机进气口。除了为负载热交换器提供预调节空气外，发动机预冷器为机载燃油惰化系统(OBIGGS)提供冷却。机载燃油堕化系统从空气中去除氧气，为油箱提供富氮气体，以对抗易损性，并防雷电。

除了冷却和空调模式外，电源和热管理系统还有四种其他模式：地面维护、主发动机起动、自供电和引气驱动应急电源。图3.4总结了电源和热管理系统的各种工作模式，并对涡轮机进行了描述。这种集成冷却方法高度依赖于对推进系统、电源和环境控制系统循环之间前所未有的集成。

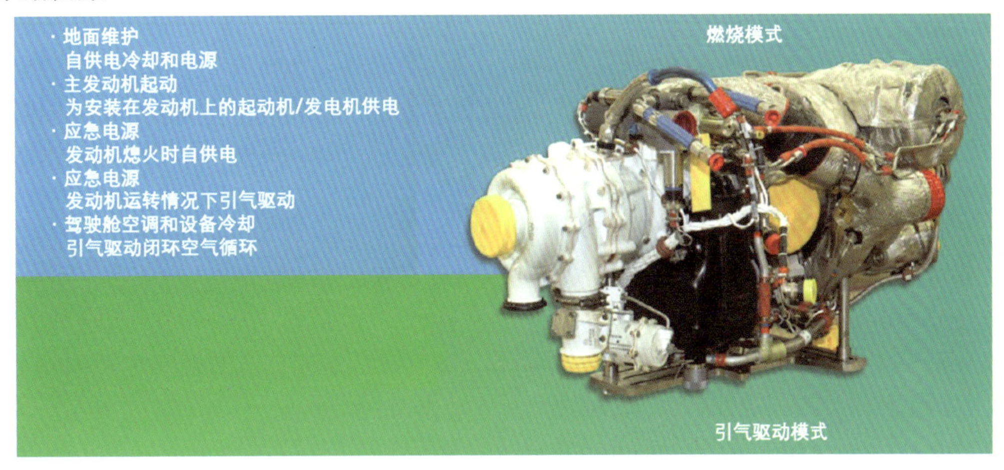

图3.4　电源和热管理系统的工作模式

电源和热管理系统的工作方式类似于引气驱动冷却模式，飞行中，通过减少冷却并将轴功率转向起动机/发电机，使其能作为应急发电机工作。电源和热管理系统能在这种模式下提供座舱空气调节、飞行关键设备的空气冷却和电源。

电源和热管理系统可以通过阀门进行重新配置，像传统辅助动力装置(APU)一样工作，用于自起动、地面维护、主发动机启动和空中应急电源。电源和热管理系统涡轮机的压气机-燃烧室-涡轮段是一个有效辅助动力装置，它可以产生轴功率来驱动集成起动机/发电机和/或一个开环空气循环。起动机/发电机安装在与涡轮机相同的轴系上，为飞机电气设备、航空电子设备和飞行控制系统的校验提供电源，并可在飞行中作为应急电源。当提供270 V直流电(VDC)飞机电源时，起动机/发电机还可以作为启动电机，为涡轮机提供初始转动和扭矩，使之进入燃烧模式工作。

电源和热管理系统被重新配置为燃烧模式后，就可以向安装在发动机变速箱上的起动机/发电机提供电源和热管理系统产生的270 V直流电源，电力启动推进发动机。电源和热管理系统还能以这种同样的配置，为地面维护提供空气冷却、液体冷却和电源，而不需要使用地面保障电源或冷却。由于在这种模式下风扇涵道热交换器不可用，冷却循环废热从聚α-烯烃/大气热交换器传递到燃油中，使用一个机载风扇加强被加热燃油向外界大气的传热。

电源和热管理系统也可以在飞行中重新配置为燃烧模式。在一台发动机熄火的情况下，在整个飞行包线内，电源和热管理系统都可以从正常的冷却模式转换到燃烧模式。飞机的

270 V直流电电池在高空提供飞行关键电源，直到飞机下降，电源和热管理系统能够为飞行控制作动系统提供足够的电力为止。在模式转换完成后，电源和热管理系统在高空提供非关键的电源，而在低空则提供飞行关键性电源，包括为安全着陆提供足够的功率。在提供飞行控制电源的同时，电源和热管理系统还能提供电源，在发动机的起动机辅助起动飞行包线内协助推进发动机的空中起动。

3.电源系统

电源系统由两个子系统组成：发电系统(EPGS)和电源管理系统(EPMS)。系统的全部控制和监控由运行在飞行器管理计算机(VMC)中的冗余软件提供。

发电系统只有一台发动机起动机/发电机(ES/G)，正常工作时，能提供两路功率均为80 kW输出的电源。当主发动机启动时，发动机起动机/发电机使用来自电源和热管理系统的电源，通过一对逆变器/变流器/控制器(ICC)产生的机械轴动力来驱动发动机。发动机启动后，发动机起动机/发电机自动切换到发电模式，在这种模式下，换流器/变流器/控制器将发动机起动机/发电机的非调制电源转换为270 V直流校准电源。两个额定功率160A的变压器为低功率、关键载荷提供28 V直流电。将270 V直流电变为115 V交流电的变流器，为F-35飞机武器挂点和F-35C战斗机机翼折叠提供5.4 kV·A的115 V交流电源。这三个变流器/调节器(C/R)为飞行关键负载提供冗余28 V直流电源。这些变流器/调节器接受的电源来自28 V配电系统、28 V直流电源系统和两组永磁发电机：其中一台位于发动机起动机/发电机内，另一台位于电源和热管理系统涡轮机内。这些输入提供了高度可靠的不间断电源。每个变流器/调节器为三重冗余飞行控制系统的一个分支提供电源。

电源管理系统由配电设备组成，为电路负载和短路保护提供开/关控制。该设备采用传统的机械断路器和继电器、智能接触器和固态开关的组合控制，将不同来源的电力分配给使用负载(智能接触器将电流过载监测和切换结合成一个单一单元)。28 V直流电电池系统由8芯锂电池和一个充电器/控制器组成。270 V直流电电池系统由84芯锂电池和一个充电器/控制器组成。该系统为飞行关键负载提供270 V备用电源，并为电源和热管理系统自启动提供电源。

与F-22战斗机相比，F-35战斗机电源系统的集成水平进一步提高。所有负载的切换都由电源系统通过软件命令执行。当电源和热管理系统涡轮机充当电源时，为电源和热管理系统与电源系统之间的越区切换提供了一个可用的功率信号。这取决于涡轮机的瞬时容量，但允许电源系统主动进行载荷管理，以在可用容量内满足关键需求。电源系统和外挂武器载荷管理系统之间也存在类似的关系。在这一过程中，提供瞬时电源容量，这样它们就可以根据可用的功率和任务需求来决定为哪些武器加电。

电源系统架构如图3.5所示，部件位置如图3.6所示。F-35战斗机三种型别的电源几乎都是通用的。唯一不同的是变频器的额定输出功率大小不同，由于F-35C飞机的机翼需要折叠，其变频器的额定输出功率值略大一些。

4.液压和应用作动系统

液压系统设计为F-35战斗机的应用作动系统和F-35B战斗机的升力系统功能提供最大动力。它使用了大约1/4的液压动力，可以满足常规子系统的需要。由于液压系统的容量相对较小，而应用系统的动力需求又比较大，这就要求对作动技术、电源和系统架构进行特殊平衡。尽管液压动力系统架构在三型别F-35战斗机中是通用的，但各型F-35战斗机的作动系统却是特有的，这导致作动系统功能三倍于传统飞机。F－35 战斗机液压和应用作动系统框图如图 3.7 所示。

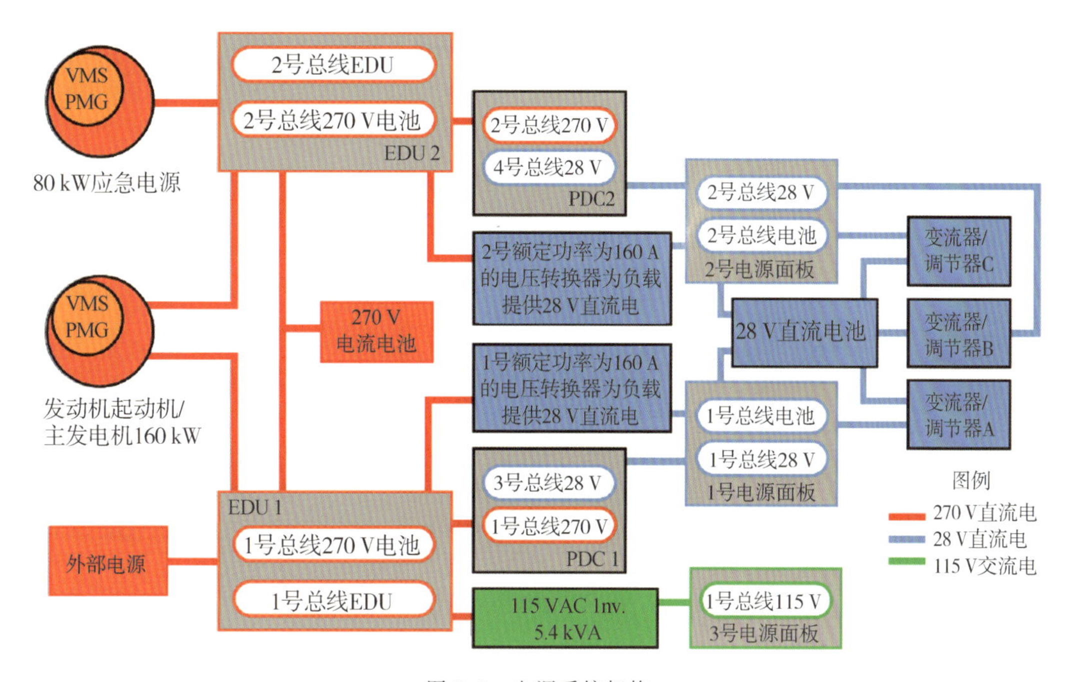

图 3.5　电源系统架构

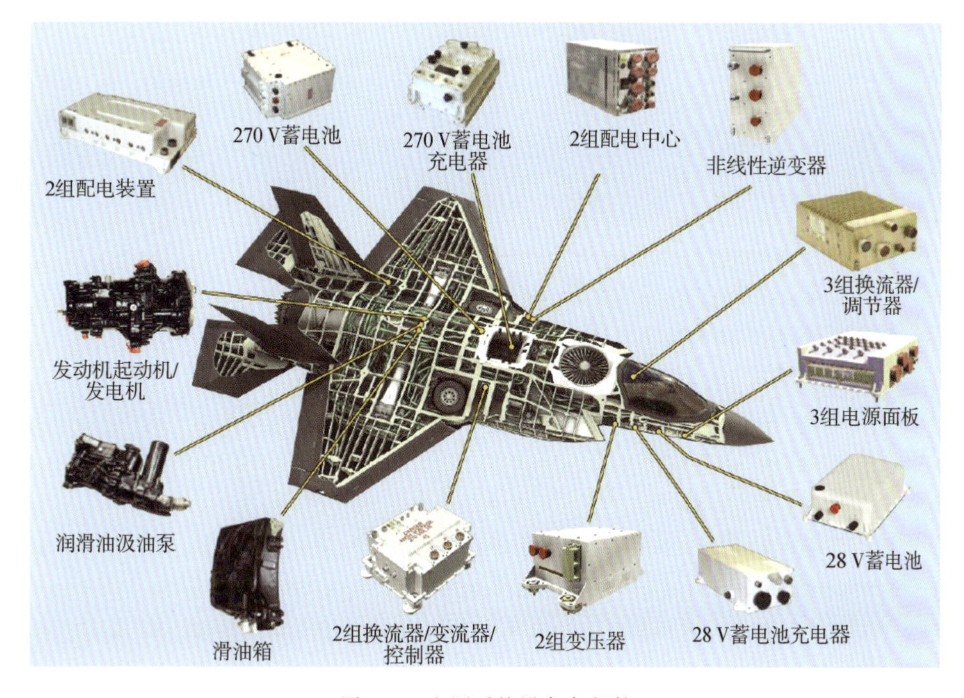

图 3.6　电源系统设备各部件

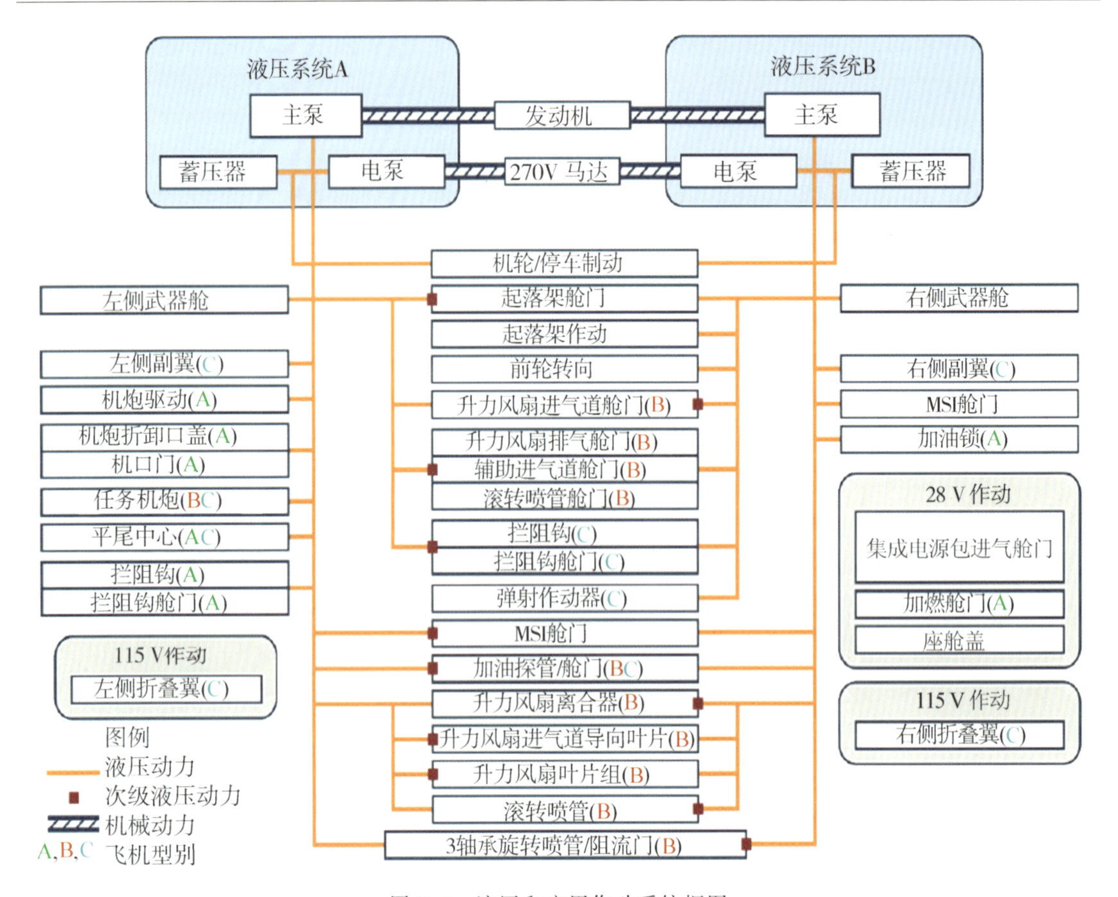

图 3.7 液压和应用作动系统框图

液压系统的重要特点是有两个独立的 4 000 psi① 液压动力系统，在三种型别中通用。每个液压系统由以下几部分组成。

(1)每分钟 29.8 gal② 发动机驱动的可变排量泵。

(2)一个自举升压储液罐(F-35 A/C 战斗机是 640 $in^3$③，F-35B 战斗机是 945 in^3)。

(3)为储液罐增压和停车制动用的免维护蓄压器。

(4)地面维护和飞行中应急使用的电动泵。

(5)5 μm 液压油滤。

冗余被纳入安全关键的作动器应用中，包括连接到应用作动器的冗余管路和作动器上的截止阀，其他特点还包括以下几个。

(1)飞行中装载和锁闭功能，支持飞机的隐身要求。

(2)快速断开选定的部件，以加快飞机快速转弯的时间。

(3) 在不使用时，隔离起落架和 F-35B 战斗机短距起飞/垂直着陆舱门系统。

(4)高/低端电气控制切换，以防意外作动。

① 1 psi=6.895 kPa。

② 1 gal=3.785 L(美制)或 4.546 L(英制)。

③ 1 in^3=16.39 cm^3。

(5)电脑控制液压油箱液面感知。

(6)液压油滤更换的电子指示。

5. 弹射系统

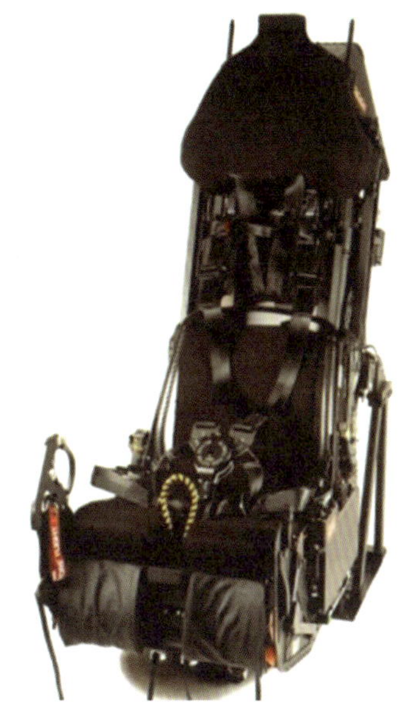

图 3.8　弹射座椅

F－35 战斗机弹射座椅(见图 3.8)提供了一种在紧急情况下快速逃离驾驶舱的手段。启动弹射时,飞行员拉动弹射手柄,舱盖玻璃去除系统切割座舱盖,点燃火箭发动机,并激活腿部/手臂约束装置。座椅脱离飞机后,减速伞展开,使座椅/乘员稳定并减速。随后开伞箱点火,启动座椅/乘员分离,并按定序器计算的延迟展开主降落伞,以确保减速,达到无伤害开伞载荷。降落伞背带有头部支撑护板,可以防止头部过度向后伸展。

F－35B 战斗机还配备了自动逃生系统,仅在升力风扇发生灾难性故障的情况下发挥作用。这种故障会导致一个快速的前倾加速度,可能超出飞行员反应和手动弹射的能力。这个系统旨在以规定容差检测飞机机头下俯时的惯性姿态和速率,并滤波得到正常的飞行控制输入和响应。在自动逃生系统处于保险打开状态时,在每个飞行器管理计算机的控制律软件开始进行这种检测。

3.2　需求的产生

本节讨论由合同技术规范和机体设计决策所驱动的需求下行流动。几项重大设计决策推动的几项关键技术要求将在下一节讨论。这些技术对整个飞机平台的成功至关重要。此外,由于参考文献[1]中讨论的重量和体积增长障碍,使得在某些情况下,不得不在研制过程中插入了附加的设计周期。

1. 电动静液作动系统

这种电动静液作动系统比传统液压作动系统复杂得多,与独立系统相比,它并不遵循传统的增长折中。特别是把电动静液作动系统放大到 F－35C 战斗机所需的尺寸时,更是如此。由于 F－35C 战斗机要求的能力增加,所以,F－35C 战斗机电动静液作动系统的尺寸是根据在海军航空母舰上安全着陆的特有和严格性能要求所决定的。F－35 战斗机之所以选择电动静液作动系统作为飞行控制作动器,不仅因为这种系统的技术优势,还在于对整个飞机构型有益处[2]。一般布置在飞机机身附件齿轮箱中的像液压泵这样的大型部件,可以拆除并分别装配到飞机机翼和尾部。这样就增加了可用燃料携带体积,并改善了飞机的横截面,有利于提升飞机的性能。因此,电动静液作动系统成为 F－35 战斗机的首选系统。

电动静液作动系统和飞行器系统架构总体上是根据飞行器管理计算机指令的某些低级别功能的分布式处理确定的。这种架构设计,以及电动静液作动系统、电源系统、电源和热管理系统之间的交互作用比较强烈,维持系统之间的协调和系统安全控制所要求的时统,导致增加了接口要求的复杂性。还有一些其他要求都是从子系统技术规范和飞机系统网络接口控制文件中派生的,并在这些文件中管理。

2.电源和热管理系统

F-35战斗机电源和热管理系统要求都是从老式联邦式子系统架构的辅助电源和环境控制要求衍生的。电源和热管理系统涡轮机执行老式空气循环机的功能，提供设备冷却功能和驾驶舱环境调节功能。它还执行老式辅助动力装置功能，启动推进发动机，提供地面维护电源和冷却，并提供飞行应急电源。这些功能的集成要求涡轮机具有广泛的工作范围：在开环条件下，能从海平面到50 000 ft高度作为辅助动力装置工作；在闭环条件下，能在整个飞行包线内以制冷模式工作。由于要推进发动机起动的要求决定了涡轮机动力涡轮的尺寸和为其供气的压气机的尺寸，为发动机起动调整压缩机尺寸最终形成的压气机与F-35战斗机的环境控制功能能很好地匹配，尽管并没有针对这些功能进行过优化。起动推进发动机的要求也决定了集成到涡轮机上的发电机的尺寸。发动机起动发电机选定的尺寸可以为飞行中应急模式和地面维护提供更充沛的电源电力。

3.电源系统

F-35战斗机电源系统延续了早前的设计，是一个270 V直流电电源系统，这种电源系统重量显著减小，而且能够在许多条件下根本性地提供不间断电源转换。不间断电源转换确保了向另一个电源切换时，为飞机电负载的供电不会中断。在非常高的负载级别下提供不间断电源的能力，能使飞行控制系统更好地运行电动静液作动系统，这对整个飞机构型大有益处。

大功率飞行控制要求有冗余电源，这个冗余电源由一对80 kW发电机提供，它们安装在一个单独底盘上，并同轴驱动。这就提供了足够的电隔离和冗余，可以满足“飞行-关键”的电力需求，同时也使重量最小。这些发电机的原始构型是一种开关磁阻拓扑结构，其想法是在发动机内深部实施。这就形成了一个能够在那种高温环境下工作的发电装置。但一些其他方面的问题却阻碍了把发电机安置于发动机内，所以这种专门拓扑结构的需求从未实现过。作为对该系统继续评估的一个组成部分，确定了将开关磁阻系统转换为更传统的同步系统，可以节省超过100 lb的重量。这个系统在飞行试验进展中途开始实施。

下一步是瞄准多电飞机技术，推进联合先进攻击机技术开发项目和联合/集成子系统技术项目的进一步开发[4-5]，将其发展成为更加集成的系统。由于取消了传统的发动机起动系统，使用发电系统作为发动机电起动系统，大大减轻了整个飞机重量并减小了复杂性。此外，对于飞机整体构型而言，更重要的是取消了附件驱动齿轮箱。这样就可以减少机身的横截面。通过创建换流器/变流器/控制器，发电机在启动模式下可以作为马达运行，为发动机提供扭矩。

为了在发电机或发动机故障时及时恢复电力，为电动静液作动系统提供近乎瞬时的补充电源，在270 V直流电发电机总线上捆绑了一块锂电池。这块电池的实际工作电压虽然超过300 V，但由于总线电压的关系，一般还是称之为270 V直流电池。

4.液压和应用作动

从传统的液压飞行控制作动系统转换到电动静液飞行控制作动系统，对多个应用作动器功能带来了独特挑战。由于应用功能的数量很多，功率要求的范围很宽，采用了一种液压和电力结合的方式提供各种作动力。与液压作动、气动作动和电作动供应商开展了大量广泛的研究，重点关注了重量和成本效率，最终确定了液压和应用作动系统架构，如图3.7所示。尽管三种型别F-35战斗机有非常广泛的通用性功能，但是多型别飞机的特殊要求也使一些专用的应用作动系统得到广泛使用，见表3.1。

表3.1 液压和应用作动系统的通用性

通 用	部分通用	F-35A战斗机特有	F-35B战斗机特有	F-35C战斗机特有
液压动力生成 起落架构 电源和热管理系统 应用功能舱门	武器舱门驱动 加油管 (F-35B/C战斗机) 任务机炮 (F-35B/C战斗机)	受油口 拦阻装置 内置机炮和舱门	升力风扇进气导向 叶片箱喷管 升力系统舱门 升力风扇离合器	机翼折叠装置 CV拦阻钩 副翼 弹射器发射杆 起落架回收作动器

F-35战斗机飞行控制作动系统的电气架构,以及大量的应用系统功能和飞机隐身要求,导致F-35战斗机应用作动系统架构与传统的应用作动系统有诸多差异之处。这些差异主要包括:把液压泵直接安装到了主发动机齿轮箱上,取消了机身安装的附件驱动齿轮箱;采用了一种双液压系统架构,为F-35B战斗机升力系统的作动和基本着陆备份、尾钩和空中加油功能备份作动提供了容错。为"安全-关键"应用采用冗余液压系统,消除了传统的气瓶和相关伺服设备。此外,根据功率效率和重量优化,在武器舱门驱动(WBDD)系统运用了先进液压电机。为了保障在恶劣环境下的维护、飞机牵引制动,以及迫降着陆,使用了电动泵。F-35B战斗机STOVL型舱门、武器舱门和起落架舱门的作动也广泛使用了舱门顺序作动器。升力风扇进气舱门作动的中间作动位置被整合,以适应升力风扇进气道的压力恢复。武器舱门被驱动到中间行程位置并保持,以支持F-35B战斗机垂直着陆功能的升力改善装置的作动。最后,为了优化重量和减小体积,在F-35C战斗机上应用了一种先进的机翼折叠系统。

5.弹射系统

F-35战斗机的马丁-贝克US16E弹射座椅是在老式弹射座椅基础上设计改进的。这种座椅主要改进了性能,更符合人体测量学和飞行员安全要求。这种弹射座椅满足多种飞行员体格,一共设计有八种情况,人体裸重从103～245 lb。同时,它还必须与F-35战斗机的飞行包线和严格的离地高度要求保持平衡。US16E弹射座椅还集成了F-35战斗机生命保障系统部件,如呼吸调节器和备用氧气供应。此外,它还集成到了独特的头盔显示系统中。

3.3 关键技术发展

有几项关键技术对于集成系统满足重量、体积和性能要求至关重要。这些技术包括:电动静液作动系统,风扇涵道热交换器和永磁起动机/发电机在涡轮机同一高速轴上的集成、270 V电池,发动机起动机/发电机、武器舱门驱动系统,专用舱门顺序作动,先进机翼折叠系统,弹射座椅一些方面的集成,环境感知和降落伞开伞管理。

1.电动静液作动系统

研制电动静液作动系统过程中涉及数项关键技术。对系统与飞机集成影响最大的一个领域是对电源控制和再生能量(再生电力)的处理。为了安全管理电动静液作动系统的功耗,并消除电机减速过程中产生的再生电力,使其对电源系统没有影响,研制了新硬件和软件。影响系统发展的另一个领域是低温性能的管理。

电动静液作动系统是飞机的用电大户。如何管理这种电源对于电动静液作动系统,以及共享电源总线的其他部件的成功运行至关重要。随着飞机和电动静液作动系统的成熟,精准度的各种损失和操作要求有所增加,所需的功耗也增加了。这种功耗增加是为满足在寒冷温度下的性能要求所引起的。除了增加功率外,在设计上增加了一些特殊处理,以减轻温度影响。

发现低温问题被确认后,为了保证在低温环境下的工作,在歧管上增加了加热器为系统升温,这样,电动静液作动系统的重量、成本和复杂性不可避免地增加。随着问题的日趋成熟,决定使用软件帮助作动器升温,方法是让电动静液作动系统将电机中的损耗作为加热源。随即修改了软件,以便改善换流效率,增加损耗,从而增加电机产生的热量,这些热量会耗散在泵和歧管中,有助于液压油的升温,使其性质保持在期望的范围内。

F-35 战斗机本质上是一种动力学不稳定(静不安定)飞机,它的控制需要能够快速停止和逆转方向的高带宽作动器。为了实现这一目标,电子设备使用再生能量来降低电机速度。这些再生能量必须使用掉或耗散掉,以防止电压瞬变损坏电气部件。在项目的早期,决定将再生能量保留在电子设备中,不让它回流到电源总线。这是为了避免总线的电压出现瞬变,但需要在每个电子设备通道内采取额外措施来耗散再生能量。

随着项目进展,发现这种再生能量的规模超过了电子设备的耗散能力。陶瓷电阻会在热应力下破裂,连接它们的焊料出现软融,导致电路断开。随后进行了多次设计迭代,增加了电阻容量,并改善了电阻器与电子设备盖子之间的热耦合,以便更好地向环境散热。这包括使用钢板电阻和高温焊料来增大工作温度范围。

2.电源和热管理系统

开发了两项关键技术,使飞机级电源和热管理系统集成收益最大。风扇涵道热交换器将燃油排量与典型冲压空气回路与冲压空气/引气热交换器的冲压阻力降至最低。永磁起动机/发电机集成在涡轮机的高速轴上,取消了电源和热管理系统涡轮机上的齿轮箱,这样减少了传统低速发电机的重量代价。

风扇涵道热交换器由三个钛芯和一个镉镍铁合金(INCONEL)芯组成,它们平行布置在F135 发动机风扇涵道中。风扇涵道热交换器对于将飞机电子设备产生的热量驱散到推进系统中至关重要。三个闭环热交换器的热端流也是并联提供的。钛芯将热量从闭环空气制冷循环传递给风扇空气。镉镍铁合金芯在受到闭环空气制冷循环的调节前将热量从引出气传输到风扇空气,并提供给驾驶舱和强制风冷设备。

一个典型的风机管道热交换器芯如图 3.9 所示。每个热交换器包括两个以一定角度焊接在一起的独立芯,以便安装在 F135 发动机环形风扇涵道区域,同时使前方热交换器风扇空气捕获面积最大。闭环热空气进入中心集管并在左右芯之间分开。内部散热片几何形状使热流按图示转向,实现逆流,从而使散热性能最好,散热器的重量和体积最小。冷却后的引气或闭环空气通过左右出口集管流出这些核芯,并被收集在 F135 发动机外部安装的一个歧管中。

电源和热管理系统涡轮发动机包括压气机、冷却涡轮、动力涡轮和一个安装在单轴上的起动机/发电机。涡轮机如图 3.10 所示,图中标注了主要部件的位置。为了减少重量和体积,涡轮机的运行速度设计得很高,轴转速最高可达 59 000 $r \cdot min^{-1}$,这决定了发动机设计为采用一台永磁转子发电机。当起动机/发电机作为电机用于起动涡轮机时,可产生大约 5 hp 功率。这个电机由 270 V 直流电电池供电,电池还在飞行中为飞行控制系统提供应急电源。在发电机模式下,发电系统可产生 80 kW 的连续功率和 120 kW 的 270 V 直流峰值功率。发电机为主发动机起动和飞行应急电源提供电力。由于 F-35 战斗机的飞行控制系统是电作动的,所以涡轮机上不需要应急液压泵。此外,采用电力驱动涡轮机燃油泵和润滑系统,以及单轴的设计，也导致取消了老式飞机辅助动力装置使用的变速箱。

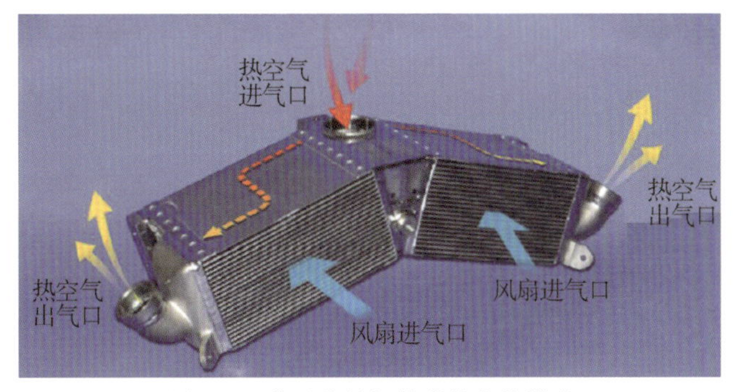

图 3.9　典型的风机管道热交换器芯

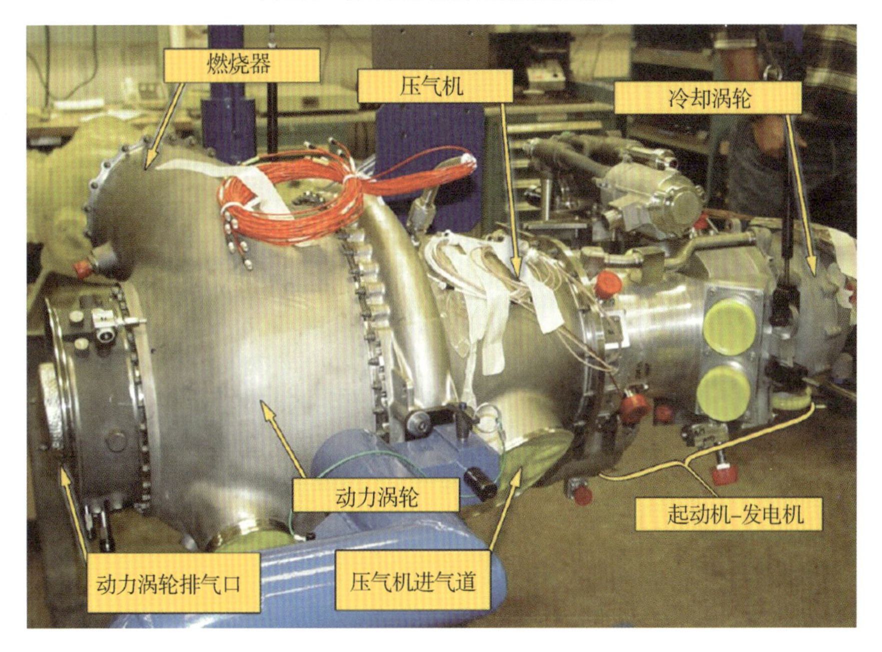

图 3.10　安装在单轴上的电源和热管理系统涡轮机

3. 电源系统

F-35 战斗机电源系统使用的很多技术都是在 F-22 战斗机研制过程中发展出来的，这大大降低了研制阶段中的风险。整体总线架构非常类似，固态电源控制器几乎完全一样。以前的项目已经证明，使用中央处理系统来管理系统的整体控制有许多好处。除了提高各子系统之间的集成水平外，还开发出两项新的关键技术：270 V 直流电电池和发动机起动机/发电机。这些都满足早在折中研究阶段就已经拟定的要求。

为了支持电动静液作动系统近乎瞬时的补电需求，需要增加一块电池。这块电池在执行负载和电源管理任务时，为 270 V 直流电主总线提供补充电源。对这块电池的驱动要求是在 40 ℉[①]的条件下为起动电源和热管理系统的涡轮机提供 6.5 kW 功率。然后，随着起动负荷的增大，它会提供 8.6 kW 功率（峰值 40 kW）来保障电动静液作动系统负载在飞行中获得应

① 1 ℉=32 ℃+1 ℃×1.8。

急电力补充。最大充电电压限制为 350 V 直流电。在整个过程中,终端电压必须保持在 207 V(疑原文错误,应为 270 V)直流电以上。由于重量和体积一直是航空工业的驱动因素,因此确定了一个 84 芯锂离子电池系统。帅福得(Saft)电池公司被通用电气公司选为供应商,最有可能满足这一要求,经过大量广泛研制工作之后,其电池被证明具有良好的性能。

发电系统由汉密尔顿标准公司(现在称为 UTC 航宇系统公司)开发,发电系统包括发动机起动机/发电机、逆变器/变换器/控制器和一个冷却发动机起动机/发电机的专用润滑系统。发电系统除了提供主发电机电源,还取代了传统的发动机起动系统(即向发动机变速箱提供起动发动机的扭矩)。如前所述,一共研制了两套完整系统:一套是用于早期飞行试验的开关磁阻系统,及其替代品;另一套是用于后期实际 F-35 战斗机的传统同步系统。电启动系统是逆变器/变换器/控制器的驱动要求,而连续和瞬态负载决定了发电机的规格尺寸。

对多电飞机项目而言,大部分的技术研发工作都是在电源管理和配电系统开发期间完成的。然而,通过这些技术开发工作,发现并解决了许多问题。初期,多电飞机的一个特点并不明显,就是瞬态负载在总负载中所占的比例非常大。在 F-35C 战斗机上,发电系统瞬态能力的 65%都分配给了电动静液作动系统。这就要求,除了传统发电系统对稳态、两分钟和五秒时间周期发电能力的要求外,还必须规定发电系统的 50 μs 的发电能力。另外还需要具备特殊控制功能,以区分正常瞬变载荷与短路状态。

4.液压和应用作动

为满足大功率液压要求,武器舱门驱动系统采取了一些先进技术。为了与液压系统的功率容量匹配,F-35 战斗机武器舱门驱动系统采用了一种先进的过中心电机(可逆转电机)优化驱动系统性能。老式压力补偿液压电机在其上游的控制阀会产生液压功率损失。采用先进的过中心电机,最大限度地提高了电机的可用液压压力,从而使驱动系统的功率效率达到最佳。采用这种电机还促进了与 F-35 战斗机液压动力系统的集成。在供应商的场所建立武器舱门驱动系统集成设施对于研制驱动系统、控制器和软件也非常重要,这样做促进了系统成功,并保证了能够及时地集成到飞机上。

这种应用作动系统也广泛地使用了舱门顺序控制作动器来满足飞机的要求。叠置舱门设计导致广泛采用从左到右的门作动排序。为了实现叠置舱门的顺序作动,采用了各种方法,所有作动器都是针对具体应用量身定制的,而且由软件控制,以确保可靠性。F-35 战斗机的大部分舱门都配有门锁,以满足隐身要求,所有这些都要求采取适当方法集成门锁与舱门系统,并规划好门锁与舱门系统的作动顺序。

F-35C 战斗机使用了一种先进机翼折叠系统,以满足飞机重量和体积效率要求。机翼折叠系统采用了美国穆格飞机集团研制并获得专利的新技术,将机翼厚度要求降低了大约 1.5 in。与传统的机翼折叠系统相比,此举大大地减轻了飞机重量。经过广泛的研发、逐渐积累的试验和系统合格性认证,最终使这种先进技术成功地应用在了 F-35C 战斗机上。图 3.11 提供了一个未安装的机翼折叠作动系统的视图。

5.弹射系统

US16E 弹射座椅系统采用了几项关键技术,以保障一个安全的适用于各种飞行员体型(体重和身高)的弹射环境。这种座椅有几个特点,如头部位置控制以及手臂和腿部的限制,此外,还有对环境的感知和降落伞开伞管理。这些技术组合,使这种弹射座椅在 F-35 战斗机整个飞行包线内的性能满足了设计要求,并最大限度地降低了飞行员受伤害的风险。

US16E 弹射座椅可在 550 KEAS(节当量空速)下安全弹射,离地高度性能优于其他战斗机。使这种性能得以实现的一些设计特点包括一个五模式电子定序器,手臂和腿部主动约束系统,以及颈部保护装置。五模式电子定序器激发弹射座椅并感知环境数据,如压力和加速度。定序器根据这些信息,确定减速伞开伞、主降落伞开伞以及座椅/飞行员的分离时间顺序。定序器的一个独特之处在于能够根据飞行员体重范围,手动选择主降落伞的开伞时机。为了使主降落伞开伞过程中的加速度最小,体重小于 135 lb 的飞行员会选择一个较长的延迟,最大限度地减小加速度,并使 US16E 弹射座椅将头部和颈部的负载降到最低。选择切换开关布置在座椅左侧,很容易操作,并且已经进行了试验验证。与传统系统相比,采用这种设计的 US16E 弹射系统获得了更大的离地高度性能,并使逃生伤害保护包线也得到改善,弹射包线比较图如图 3.12 所示。

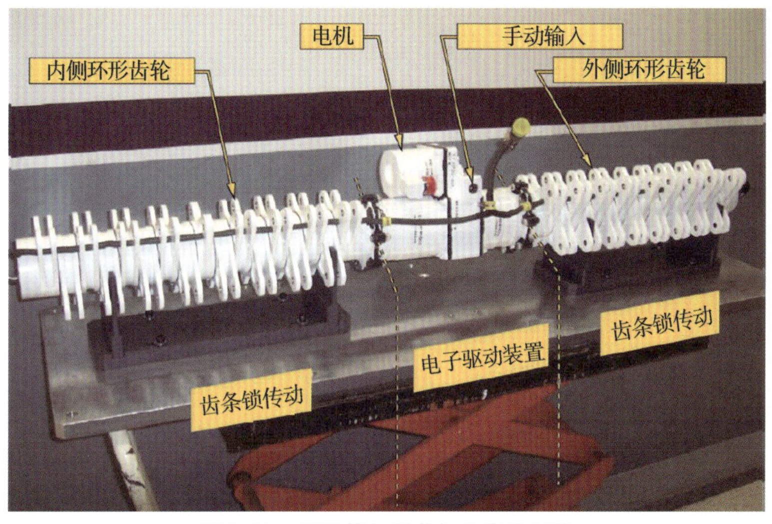

图 3.11　未安装的机翼折叠作动系统

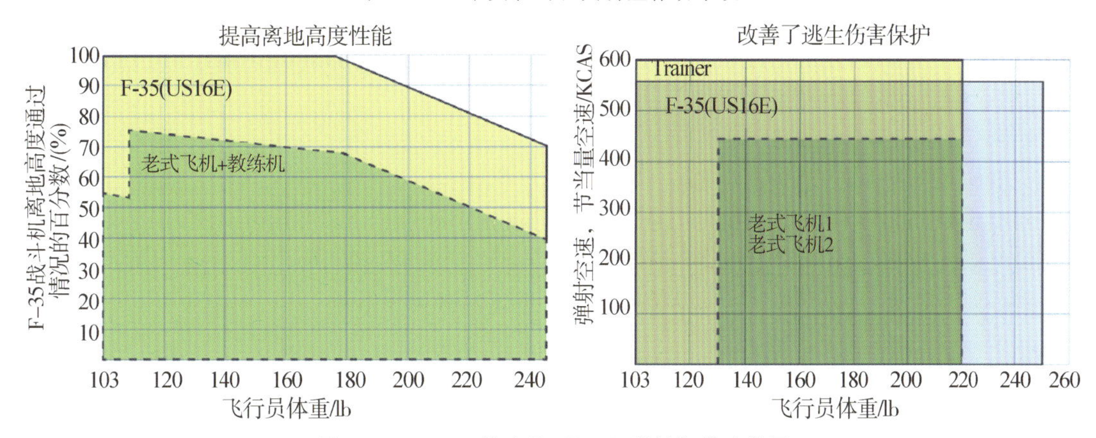

图 3.12　F－35 战斗机 US16E 弹射包线比较图

US16E 弹射座椅的第二个特点是主动约束手臂和腿部。为了尽量减少在弹射过程中由于手臂和腿部摆动而造成的伤害,US16E 弹射座椅在弹射过程中对飞行员的手臂和腿部进行了主动约束。在飞行员的飞行服上加装了纤维绳。在弹射过程中,腿被拉回,手臂被拉回到大腿位置并保持,直到绳子断开。图 3.13 示意了 US16E 弹射座椅的手臂和腿部约束系统装置。

US16E弹射座椅的第三个特点是颈部保护装置。这是一种可充气护板，在弹射过程中展开，以稳定飞行员的头部，减少头部和颈部的负荷。

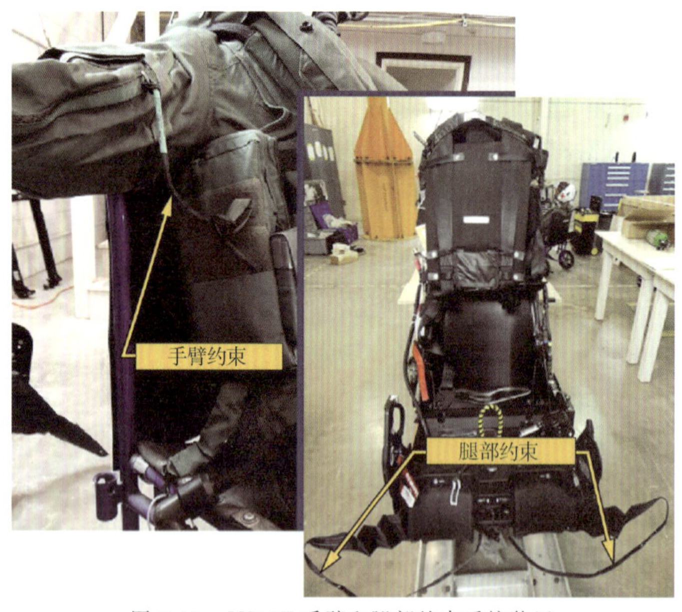

图3.13 US16E手臂和腿部约束系统装置

3.4 系统集成合格性认证工作与挑战

所有系统都需要进行集成，其中的几项关键技术需要开发并进行合格性认证。在研制阶段，集成试验和合格性认证过程中遇到了一些挑战，包括以下几个。

1)集成建模和试验的开发。

2)早期飞行试验中电气系统出现了故障。

3)锂离子电池的研制。

4)发动机启动和应急电源的集成。

5)液压系统集成。

6)全包线弹射座椅的合格性认证。

各个系统均由供应商负责研制，此外还需要一个完整的集成试验设施。这个集成试验设施必须能对集成系统架构进行试验，不仅能在正常工作条件下开展试验，更重要的是能开展故障条件下的试验。

飞机系统集成设施(VSIF)具有F-35战斗机所有三种型别的硬件在环和飞行员在环试验能力。这套设施包括以下几部分。

1)电动静液作动系统。

2)电源系统。

3)液压和应用作动系统。

4)电源和热管理系统和主发动机驱动试车台。

5)座舱和视觉显示。

6)总线架构(包括飞机硬件)。

7)飞行器管理计算机。

根据试验需要,这些系统中的每个系统都可以被集成到实验室中,或者使用软件模型进行仿真。一个六自由度模拟器提供了模拟飞机环境的飞机模型。如图3.14所示是飞机系统集成设施的布局。

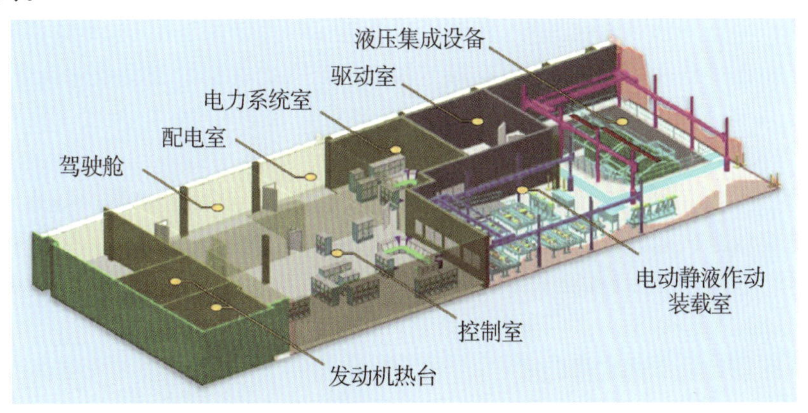

图3.14 飞行器系统集成试验设施的布局

1.电动静液作动系统

飞机级集成在电动静液作动系统的研制中扮演着重要角色。由于电动静液系统非常复杂,而且电动静液作动系统、飞行器管理计算机、电源系统以及电源和热管理系统之间的交互作用对时间要求又很严格,所以必须进行集成。集成试验需要验证的是,无论是在正常条件下还是在嵌入了一个故障的条件下,各系统都能相互协调,作为一个整体开展工作。在飞机系统集成设施里,研制了一个电动静液作动器固定加载装置(见图3.15),以容纳电动静液作动系统。试验需要一个负载单元正确模拟电动静液作动系统的环境,尤其是与热特性和电再生性能相关的环境。负载单元的受力用飞机仿真气动模型来计算。这就使铰链力矩作为飞机包线、速度和加速度的函数,随着控制面位置的变化而变化。

图3.15 电动静液作动器加载装置

电源和热管理系统为电动静液作动系统的电子设备提供冷却空气。冷却空气主要冷却驱动电动静液作动器马达的大功率开关，但它也对盒子中的所有组件产生间接冷却作用。3.3节提到的冷温问题通过软件解决。由此发现，虽然增加电机损耗可以提高电动静液作动器的性能，但这种方法也增加了开关的温度。为了解决这个问题，创建了一个新的接口，请求增加来自电源和热管理系统的冷却流。另外，在所有条件下电源和热管理系统提供的流量都不会增加，这样，设计中就增加了联锁装置，在电机热量可以利用时施加限制，并防止开关过热。

使冷却界面变得更加复杂的是，将冷却空气输送到飞机右侧电子设备的管道，是绕着发动机周围走向的，并形成了热冲击。与左侧相比，这也提高了冷却空气的温度。在正常工作过程中，较温暖的气流不会影响电子设备的工作能力。然而，当电子设备负荷吃紧时，内部温度就会上升并达到组件的极限。这就需要根据实际和预测的组件温度来增加冷却流的级别。

飞行器管理计算机通过通信总线与电源系统、电源和热管理系统、电动静液作动系统相连。相应地，指令和状态信息都必须通过飞行器管理计算机来回传递。这使飞机的集成度更高，随之出现了时统问题，要求必须加强系统之间的协调。

电子设备控制电机在非常高的频率下进行变流，有可能在毫秒之间发生故障并烧毁。因此，它们必须以明显高于总线的内部帧速率运行。这意味着，发生故障时，电子设备必须能够在处理故障的同时，在一定程度上自主管理自身的状态。然而，它必须是可预测的，并且在飞行器管理计算机运行飞机控制律并提供控制面位置指令的预期范围内。飞行器管理计算机的指令必须精心设计，以维持极限的控制，但又不限制飞机在发生故障时的自我保护能力，还必须对复位处理和自检测试功能进行恰当排序，以适应延迟和系统依赖性。这一点在F-35B战斗机上表现得最为明显，因为STOVL型操作需要额外的部件。

在飞机系统集成设施中，对所有这些接口都进行了硬件在环试验。硬件在环试验设施包括一个完整的三重冗余飞行器管理计算机和远程输入/输出设置，以及一整套连接到负载系统的电动静液作动器和电子设备。电动静液作动系统与电源系统的连接方式与飞机上的实际连接方式一样。这样就能够测试互连故障模式，确保电动静液作动系统和电源系统都足够健壮，能够对大功率系统发生的故障做出响应。

在早期的飞行试验中，系统曾经历了一次这种事件。双通道电子设备的一个通道发生大功率短路，波及相对通道，导致两个电源总线短路，瞬时失去了电源。尽管如此，这架试验飞机仍然能够恢复电源，重新配置并安全着陆。能够克服这个问题说明，设计和集成试验已经为解决这类问题做好了充分的系统准备。然而，还是有一些其他问题场景需要考虑解决。在某种程度上，电子设备需要让电源系统有机会完全恢复，并解决这种恢复的时统变化问题。因此，建立了新的标准来限制功耗，并改善掉电过程中故障等待的时统问题。这个标准还要求在失去总电源后，关键控制面能自动复位。这种方法必须在电源系统响应时间和作动器失去刚度并引起表面颤振之前的时间之间取得平衡。重新开展的集成试验表明，对短路和掉电的处理能力得到进一步改善，系统的鲁棒性得到显著提高。

2.电源和热管理系统

正常条件下，电源和热管理系统以闭环制冷模式运行，在飞行过程中为座舱提供空调，为设备提供冷却。发动机熄火时，电源和热管理系统转换为开环燃烧动力循环，产生电能驱动飞行控制作动器，并辅助重新起动发动机。从冷却模式过渡到应急电源模式，需要给压气机配置一个冲压进气口。在此过程中，将操纵几个阀门，将闭环制冷循环转换为开环动力循环，同时点燃燃烧室。

这种转换的成熟过程中，首先对运行流程进行了高保真瞬态仿真。利用MATLAB/Simulink建立了电源和热管理系统的详细瞬态模型，并利用这个模型确定了成功完成模式转换的阀门开闭顺序和燃烧室点火顺序。软件根据瞬态建模结果开发，并在地面试验台和高空舱中对软件和硬件进行了静态试验。通过严格的建模和实验室试验，以及一系列成功的飞行试验，证明了它在从引气冷却，到应急自供电、飞行中推进发动机辅助启动，以及飞行中电源和热管理系统自起动等一系列转换过渡中的价值。

传统战斗机项目在早期飞行中都是通过运行辅助动力装置来降低失去推进系统的风险。直到通过成功的飞行包线扩展，对推进系统建立了充分的信心为止。F-35战斗机的电源系统包含一个270 V直流电池，能够提供应急飞行控制电源。然而，在实际着陆过程中，仅使用电池是有风险的，因为电池的电量状态不明确，而着陆时的预期耗电量又非常大。此外，电源和热管理系统的发电能力取决于系统涡轮机进口的压力恢复情况，而飞行之前只对进气口压力恢复进行了计算流体动力学分析评估。对于从闭环制冷模式到开环动力模式的转换能力也只进行了分析建模，仅在高空舱中进行了静态试验。统计学故障分析表明，发动机故障概率，特别是在良好的飞行条件下，是非常低的，因此有足够的信心开始飞行试验。

在涡轮机进气道喉道处安装了一个总压和静压测量耙，对电源和热管理系统涡轮机进口压力恢复能力进行了额外的飞行试验评估。还在推进系统运行条件下，对电源和热管理系统的开环、应急电源模式进行了运行试验。从闭环制冷模式到开环应急电源模式的转换过程也进行了验证试验。这个验证试验是在飞行中推进系统工作条件下模拟发动机故障进行的。

成功验证了电源和热管理系统在飞行中的运行后，进行了空中发动机风车启动试验。这项试验中，电源和热管理系统预置为开环应急电源模式，然后在电源和热管理系统预置开环应急电源模式下进行了发动机辅助起动试验。最后，切断发动机的燃油供应，模拟发动机熄火条件，使用电源和热管理系统进行了发动机辅助起动试验。这项试验模拟了发动机熄火，使电源和热管理系统从闭环制冷模式转换为开环应急电源模式，然后成功辅助起动了发动机。

由于飞机的工作环境对电源和热管理系统和主发动机非常关键，所以飞机系统集成设施实验室没有将电源和热管理系统或主发动机系统纳入其中。取而代之的，是使用一个驱动台来模拟必要的输入，以支持完整的飞机试验。驱动台如图3.16所示。

3.电源系统

任何研制项目都会根据计划的试验和计划外事件发现的问题进行必要设计更改。在早期设计阶段，诺斯罗普·格鲁门公司组建了一个专业团队来构建和运行基于计算机的模型。利用这些模型，专业团队分析了各种系统的交互作用，并指导确定需求加以实施。这些模型还被用于预测主发动机起动和大功率运行时的电源品质，以及在正常运行和故障模式下电动静液作动器电流突增的影响。这些模型非常有用，在整个合格性认证工作过程中一直在维持使用。诺斯罗普·格鲁门公司还在其公司自有设施中开展了广泛的研制试验(见图3.17)，尤其是对发电系统和电池。

每个部件都单独进行了大量的环境、寿命和性能试验。在某些情况下，部件是作为一个子系统(比如电池系统)进行试验的，以确保最终产品在具体工作环境中是健壮的。其中，典型的电磁环境和振动环境是最困难的。

图 3.16 主发动机以及电源和热管理系统发电机驱动台

图 3.17 诺斯洛普·格鲁门公司发动机起动机/发电机在进行试验

电源系统作为独立系统进行了广泛试验，其他几个关键系统也都进行了大量试验，以确保高级别系统级集成获得成功。在美国汉密尔顿公司的工厂里建造了一个系统集成实验室(SIL)，电源系统的所有部件都在那里进行组装。控制软件也是在那里组装，以确保电源系统部件之间的集成良好。洛马公司的飞机系统集成设施(见图 3.18)被广泛用于扩展系统集成实验室的工作，包括与电动静液作动系统和关键任务系统组件的集成试验，最终还包括飞行员在环的集成试验。飞行员在环集成试验是利用一个飞行模拟器完成的，在这个模拟器中进行了端对端集成，并对故障模式清单中的故障进行了全面彻底的试验评估。

图3.18　洛马公司飞机系统集成设施的电源系统试验台

在实验室对整体电源系统进行试验时，对270 V直流电池的输出端施加了意外短路。正如预期的一样，由于电池阻抗极低，产生了极高的电流，造成了故障。配电系统本身是可以承受这个电流的，但是这个事件暴露了电池设计问题：内部连接不充分，无法承受这个极高电流，从而导致电池损坏。因此，在电池盒中加入了一个保险丝，以防止外部短路对电池造成级联损坏。

类似地，飞行试验早期发生的一起故障表明，配电装置负载短路保护和隔离逻辑不充分。虽然有适当的保护措施，能确保两个发电机不会受到短路的影响，但没有充分考虑电池系统。根据电池的短路性能，决定应当尽可能延迟与电池的连接。在将剩余电源接入线路用于飞行控制作动之前的稍许等待中，将允许清除故障。

尽管进行了建模和集成工作，但有些问题即使在被发现之后，仍然超出了复现分析能力。一个例子就是在发动机起动过程中，发电（起动）系统是如何与电源（电源和热管理系统涡轮机）发生作用的。在早期生产中，发现了负载（逆变器/变换器/控制器和发动机起动机/发电机）、电源（涡轮机）和相互连线之间存在相互作用。这种情况下，在起动剖面特定频率的相关部分，涡轮机偶尔会在瞬时过流情况下跳闸。但在研制试验过程中并没有发现这种异常，尽管多次尝试通过仿真来复现这种现象，但还是无法实现。最终，在涡轮机与逆变器/变换器/控制器之间增加电感解决了这个问题。

由于各子系统也是高度集成的，所以其他系统的故障也会对电源系统产生影响。电动静液作动系统固有的再生能量必须被消耗。电动静液作动系统控制器中消耗这种能量的早期电路试验表明，电路产生的能量远远超过电路能够消耗的能量。这就导致早期出现了电路故障。

由于电动静液作动器控制器的体积有限，增加其耗散能力是困难的，因此研究了一种消耗这种再生能量的替代方法。早期的一种替代方法是使能量流回电气总线，在那里（理论上）能量要么被其他负载消耗，要么通过发电系统返回去驱动发动机。

在发动机起动机/发电机的逆变器/变换器/控制器内利用一个电路管理再生能量并不是特别困难。然而,要在整个系统里实施这种方法却并不是那么容易,尤其是出现了一次故障模式之后。最终认为没有什么可行的方法,能够在总线上的所有其他设备不承受损坏风险的情况下处理再生电路(开放电路)的故障模式。这是由于当再生电流脉冲不能被再生电路消耗时产生了较高电压。测试的第一个解决方案是在逆变器/变换器/控制器中增加负载电阻,以确保总有一个消耗再生能量的元件。这样就形成了电动静液作动系统内消耗局部再生能量的最终解决方案。

尽管团队的工作是与各个利益相关方相互全面协调的,但在飞行试验开始之前还是发现了一个问题,就是电动静液作动系统在某个时间对电力的需求急剧上升,尤其是在F-35C战斗机航母着陆,需要快速大幅度偏转水平尾翼时。受影响的电力需求引起了人们对传动系统如何通过发电系统、变速箱和发动机来处理电瞬变的关注,尤其令人关注的是从机械能转换成电能的过程。在飞机系统集成设施中进行了大量的飞行员在环试验,在多个飞行剖面中建立了更精确的使用剖面,特别是F-35C战斗机的着陆剖面。对这个新数据的分析和建模很有益,无需对任何单元进行更改。然而,由于在剪切截面上存在动力应力,发动机起动机/发电机短轴的寿命成为限制寿命的部件。

最后一个教训(来自飞行试验早期发生的一次事故)是,必须要求供应商确保全面考虑高压电源的复杂性。在设计电子装置时,尤其是那些包含高电压和低电压输入的电子装置,必须恰当地隔离270 V直流电电源。在发生其他灾难性故障模式时,这种隔离能确保高压不会与低压输入端短路,隔离的高压输入端之间也不会短路。

通过这些开发工作,已经证明电源系统是一个非常良好和可靠的系统。研发团队花费了大量的精力将电源系统、电源和热管理系统以及发动机集成在一起,并使这些系统之间的问题最少。在增强集成系统试验期间进行的大量试验也是很有价值的[6]。在整个研制和飞行试验阶段,这些系统之间没有发现重大问题。

展望未来,电源系统处于良好的增长期,270 V直流电系统还有一定增长裕度。相比之下,按当前执行的情况看,28 V直流电系统目前几乎没有可增长性。实现主动、实时的负载管理(计划在未来的软件版本中实施)将使当前系统能够满足未来可预测的所有计划需求。预计未来在开关和转换技术方面的改进,将可以在不增加重量或体积的情况下扩展目前28 V直流电系统的容量。

4.液压和应用驱动

液压系统的要求和相关设计很复杂,为了支持研究,开发了一套集成设施。液压集成设施(HIF),也称为铁鸟台设施,最初计划在供应商的一个工厂建设。早期计划是将这个试验设施转移到得克萨斯州的沃斯堡,将其作为整体F-35飞机系统集成设施的一部分。将液压集成设施(见图3.19)转移到沃斯堡的飞机系统集成设施提高了成本效率,并支持更高级别的系统集成。液压集成设施在液压和应用作动的硬件和软件研制中发挥了重要作用,并在F-35战斗机项目研制阶段为快速解决系统异常问题提供了支持。

对F-35战斗机应用作动系统成功研制发挥了重要作用的另一个试验设施是武器舱门驱动系统试验台(见图3.20)。它是由位于英国伍尔弗汉普顿的UTC航空航天系统公司研制的。武器舱门的设计是为了在飞机的完整飞行包线内工作。武器舱门驱动系统包括各种操作模式,用于武器使用、垂直着陆和地面操作。此外,该系统还设计了多种安全功能,以保护维修人员。武器舱门驱动试验台包括完整的作动系统、武器舱门、门锁和飞机舱门框(aircraft door lands)。在整个操作负载和极端温度条件下,对整个系统的操作和性能进行了彻底的试验。这套试验设施在系统软件的研制方面发挥了重要作用。此外,还利用这套设施开发了飞机的装配程序,成功支持了飞机的集成和初始作战使用。

图 3.19　液压集成设施

图 3.20　F－35 战斗机武器舱门驱动系统试验台

5. 弹射系统

通过严格的合格性认证试验项目,全面验证了 US16E 弹射座椅的良好性能。这个试验项目包括:传统的组件试验、一系列弹射试验、滑轨弹射试验和空中弹射试验。最后一项试验使用了马丁-贝克飞机有限公司的格罗斯特流星弹射试验机,弹射试验条件是 US16E 弹射座椅的各种设计工作高度。弹射试验在英国 Chalgrove 的马丁-贝克工厂进行。弹射试验通过主次弹射火箭的点火和颈部保护装置的伸展试验验证了座椅的性能。弹射试验是一种高效、经济的方法,可以确保主弹射火箭提供的脉冲满足头部和颈部损伤标准的要求,而不像完整的滑轨试验那么复杂。弹射试验如图 3.21 所示。

图 3.21　在马丁-贝克的 Chalgrove 工厂进行的弹射试验

US16E 弹射座椅还进行了广泛的高速滑轨试验，以确保整个逃生系统能在设计的速度范围内正常工作。在合格性认证项目中使用了两个地面试验轨道：位于爱尔兰朗福德洛奇的马丁-贝克工厂试验滑轨，以及位于新墨西哥州霍洛曼空军基地的试验设施。大部分滑轨试验都在朗福德洛奇工厂进行，而 550～600 kn 试验是在霍洛曼的试验设施上进行的。图 3.22 显示了马丁-贝克工厂的滑轨试验。马丁-贝克还改装了一架格罗斯特流星战斗机作为弹射试验机，确保弹射座椅能够完成空中弹射试验。高空弹射试验（见图 3.23）在法国的卡佐空军基地进行。

图 3.22　在朗福德洛奇的马丁-贝克工厂进行滑轨试验

图 3.23　US16E 弹射座椅高空弹射试验

3.5 总　　结

F-35战斗机子系统团队成功地将以前的联邦式系统集成为一个更有凝聚力的系统架构,能够可靠、安全地满足非常严格的飞机需求。研发团队严格的系统工程的结构化流程包括广泛的建模、仿真、集成和试验。通过这些努力,最终形成的系统在重量、体积,以及在大范围工作条件下的复杂性都有显著的降低。F-35战斗机系统是第一种采用集成子系统架构的生产型战斗机。这种系统及其设计者解决了多项研制难题,使其在满足未来需求方面处于有利地位。研制团队在各项工作中汲取的经验教训,对于提高系统集成级别,牢固掌握满足未来需求所需的程序和技术具有重要意义。

参考文献

[1] SHERIDAN A,RAPP D. F-35 Program History-From JAST to IOC[R]. AIAA-2018-3366, 2018.

[2] COUNTS M,KIGER B,HOFFSCHWELLE J, et al . F-35 Air Vehicle Configuration Development[R]. AIAA-2018-3367,2018.

[3] WIEGAND C,BULLICK B A, CATT J A,et al. F-35 Air Vehicle Technology Overview[R]. AIAA-2018-3368, 2018.

[4] BURKHARD A, DEITRICH R. Joint Strike Fighter Integrated Subsystems Technology, A Demonstration for Industry, by Industry [J]. Journal of Aircraft, 2003, 40 (5):906-913.

[5] WEIMER J. Past, Present & Future of Aircraft Electrical Power Systems[R]. AIAA-2001-1147, 2001.

[6] WURTH S,SMITH M, CELIBERTI L,et al. F-35 Propulsion System Design,Development,and Verification[R]. AIAA-2018-3517 ,2018.

第4章　F－35"闪电Ⅱ"战斗机平台构型发展与重量管理

F－35"闪电Ⅱ"战斗机项目是一个多国家合作的三型别战斗机研制项目，其构型发展最早可追溯到经济可承受的通用轻型战斗机（CALF）项目相关工作，后来一路发展至F－35战斗机系统研制与验证阶段。本章讨论了在联合先进攻击技术项目期间所确定并得以成熟的技术，以及同时期X－35验证机和首选武器系统概念机的平行发展情况。描述了实现生产型构型过程中开展的研制和提升成熟度工作，包括设计团队所面临的许多设计和集成方面的主要挑战，介绍了短距起飞/垂直着陆型重量攻关团队所做的重量管理工作。

4.1　F－35战斗机平台构型简介

美国F－35多军种攻击战斗机研制项目最终发展成为多个国家合作的F－35战斗机项目，它给F－35攻击战斗机构型设计团队带来了许多独特的挑战。这个项目是围绕4个核心要求开展的：经济可承受性、杀伤力、生存性和可保障性。事实证明，既要有效平衡各军种和作战人员的独特需求，又要满足每一核心要求所必须满足的性能，在现代战斗机发展历史上是一个前所未有的挑战。回顾F－35战斗机构型的发展历程，有助于理解研制这种高度复杂的多军种航空武器系统平台所面临的综合挑战。

为了更好地理解F－35战斗机的研制发展过程，围绕F－35飞机构型发展的时间历程基线对重大事件展开讨论。重点讨论F－35战斗机武器系统的初期研制阶段、概念演示验证阶段以及系统研制与验证阶段的相关工作。通过SDD阶段的最后努力，最终产生了F－35战斗机三种型别的生产构型：常规起降型F－35A战斗机、短距起飞/垂直着陆型F－35B战斗机，以及舰载型F－35C战斗机。F－35战斗机的这三种型别如图4.1所示。

4.2　初期发展——战术飞机技术

联合先进攻击技术（JAST）项目开始于1993年，这个项目是美国国防部采取上下限评审方法形成的。当时针对重要航空战术平台的评审达成了一致意见，即，继续开展F－22战斗机和F/A－18E/F战斗机项目，取消多功能战斗机（MRF）和A/F－X项目，减少F－16战斗机和F/A－18C/D战斗机的采购，启动联合先进攻击技术项目。联合先进攻击技术项目的目的是定义并研制未来战术飞机、武器和传感器技术；终极目标是研制一种通用族系战斗机，代替美国和英国老式库存作战飞机。

联合先进攻击技术项目计划研制一种共享发动机、航电设备、军械武器，并适用于各军种特殊作战功能需求的隐身机型。目标是不论三军种各型别战斗机(见图 4.1)的结构构型差异如何，这种武器系统都能在这三种型别战斗机之间实现高度通用性，以极大地降低项目的整体成本。

图 4.1　F－35 战斗机的三种型别：F－35C(左)、F－35B(中)和 F－35A(右)

当国防高级研究计划局(DARPA)的短距起飞和垂直着陆项目并入联合先进攻击技术项目时，也带来了独特的短距起飞和垂直着陆技术，这项技术最终为世界首架五代超声速短距起飞/垂直着陆型(STOVL 型)F－35B 战斗机(见图 4.2)的诞生发挥了至关重要的作用。

图 4.2　全球首架五代超声速 STOVL 型 F－35B 战斗机

1994 年 12 月，波音公司、洛马公司、麦道公司和诺斯罗普·格鲁门公司均获得了为期 15 个月的概念定义和设计研究(CDDR)合同。概念定义和设计研究合同签订不久，诺斯罗普·格鲁门公司就与麦道公司/英国 BAE 系统公司联手合作。每一个缔约公司都对其设计进行了改进，并开展了许多降低风险的有效工作，如风洞试验、动力模型短距起飞和垂直着陆试验，以及工程分析。

联合先进攻击技术可由武器系统承包商(WSC)利用。这些技术主要包括美国空军研究实验室的先进紧凑进气道系统(ACIS)技术、子系统集成技术(SUIT)、联合攻击战斗机/集成子系统技术(J/IST)(通过集成飞机子系统降低重量和成本)、先进轻型机身结构(ALAFS)(着眼于降低结构重量和成本的概念)技术，以及按合同开展的技术研究与发展(CRAD)项目研究的相关技术。

飞机族系(见图4.3)方法是洛马公司在通用性发展方面很重要的一种历史惯例。如果能有效利用,那么通用性就会成为经济可承受性的关键促成因素。由于设计效率以及减重方面的缺陷,多军种飞机早前的研制工作成效有限。关键问题是在不额外增加每种型别复杂性和重量的情况下,研制一种降低关键领域成本的通用性方法。这种通用性方法将飞机的部件分为三类:通用部件、相似部件和专用部件。

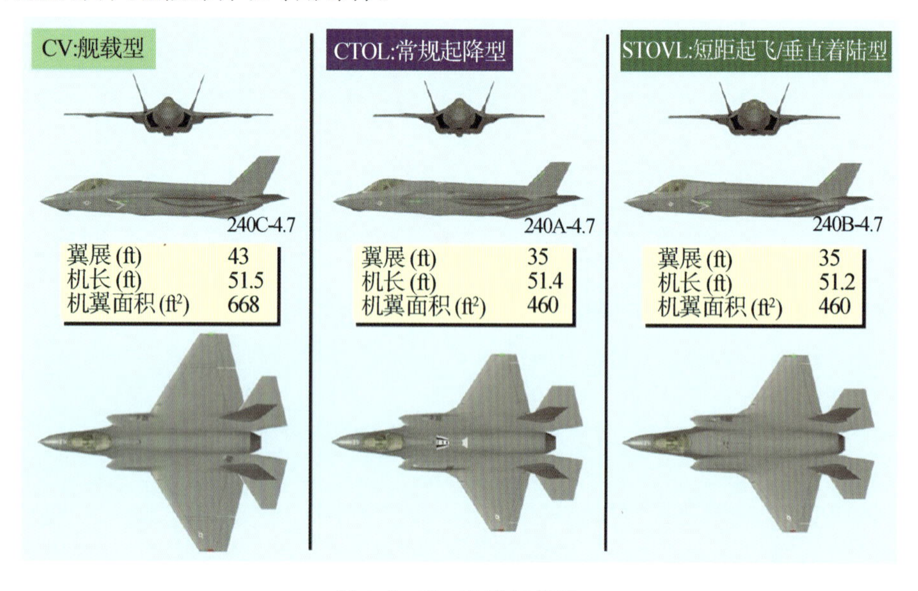

图4.3 F-35飞机族系

通用部件是三种型别间完全通用的部件;专用部件是某一型别所特有的部件;相似部件是不完全相同,但却可以利用其相似之处,最大程度地节约设计和制造成本的部件。相似部件这一概念可以用一个简单的例子进行说明。具有通用外形模线(OML)的不同型别可承受不同的载荷,如果对这些载荷进行优化,那么将会产生独特的复合材料层合板和独特的蒙皮。如果这些蒙皮是通用的,那么低载荷型别就要承受不必要的冗余重量。在相似方法中,外形模线工具可以是通用的,但复合蒙皮的层合板则是每一个相似部件所特有的。这样就能极大地节约工装成本,而不会使任何型别承受冗余重量。内隔板和结构采用了这种相似的方法。三种型别的部件通用性降低了对独特备件及后勤规模的需求。相似方法还降低了生产和装配线的占地面积以及工装种类和数量。

飞机子系统以往都是采用联邦方法进行设计,各子系统都是独立设计的。有效集成关键子系统,能够极大地改善飞机的经济可承受性,并通过提高性能和减少专用独立部件的数量来获得作战效益。J/IST演示验证项目使飞机子系统集成技术成熟,并顺利过渡到工程制造与发展(EMD,现在称为SDD)阶段[1]。JSF项目赞助的飞机集成技术研究工作预测,相对于1995年最先进的联邦式子系统相关集成技术,如,热能/能量管理模块及其与发动机(集成电源包(IPP)和风扇涵道热交换器)的集成、270 V直流电源管理和分配、电动静液飞行作动器,以及相关控制集成等,可以节约生命周期成本。洛马公司、波音公司和麦道/诺斯罗普·格鲁门公司/英国BAE系统公司确认这些技术能节约大量成本,并为JSF武器系统概念提供相当大的作战效益。J/IST项目验证的相关技术最终使13个重要子系统集成减少为5个子系统。在1997—2000年这个时间段内,硬件和软件组件集成到重要子系统中,开展了地面和飞行演示验证。

先进轻型机身结构技术开发项目的目标是使飞机制造成本降低 30%，重量减轻 20%。预计这些目标将为 JSF 项目节省 6%～8%的生命周期成本。这个项目的重点技术领域包括材料、结构设计概念，以及改进制造和装配工艺。这个项目确定了相关概念和方法，并开展了大量研究工作，以便更多地集成先进复合材料结构。项目探索了一体化复合设计概念，同时采用低成本生产概念并创建体积效率方法，从而提高减重后的结构完整性，制造了全尺寸试验件，直接与传统结构设计进行了比较。

推进系统使用了许多独特的设计元素，这些元素可以组合成两类：一类与短距起飞/垂直着陆型升力系统相关，一类与常规推进系统相关。对于常规推进系统，洛马公司研制了 DSI 进气道来维持较低信号特征，并降低重量和成本。由于没有活动部件和隔道，进气道系统更简单，也能更好地进行结构集成。洛马公司还采用了隐身轴对称喷管(LOAN)，减轻了发动机隐身喷管的重量[1]。

对于短距起飞/垂直着陆型升力系统，洛马公司开发了利用垂直定向轴驱动升力风扇(SDLF)概念。发动机的两级低压涡轮为驱动罗罗公司设计的升力风扇提供必需的轴功率。罗罗公司的升力风扇利用可变进气导向片调节气流，产生一柱冷空气流，提供约 20 000 lb 的升力，和升力风扇一起，向下引导后排气管的等量推力为飞机提供平衡升力。升力风扇利用与轴驱动系统啮合的离合器进行短距起飞和垂直着陆操作。因为罗罗公司的升力风扇从发动机提取动力，所以排气温度比传统的直接升力短距起飞/垂直着陆系统低。普惠公司 F135 发动机利用现有的 F119 发动机核心机技术，配备更大的风扇和集成的风扇管道热交换器，以减少二级进气口、排气管和热交换器的数量和尺寸。利用大比例动力模型(LSPM)对这种升力系统的设计进行试验，并开展了支持分析[2]，如图 4.4 所示。

图 4.4 大比例动力模型试验确认了短距起飞/垂直着陆型推进系统的性能

F-35 战斗机的传感器套件采用了尖端技术，为飞行员提供前所未有的感知能力。分布式孔径系统(DAS)为飞行员提供飞机周围独特的球形视图，以增强态势感知、导弹预警和飞行员昼/夜视场的能力。多功能高级数据链(MADL)提供低拦截概率的飞机间通讯(包括声音和数据共享)。内部安装的光电瞄准系统(EOTS)能对地面目标进行远程探测和准确定位，并能对空空威胁实现远程探测。其他信息通过一个集成的通信、导航和识别(CNI)套件、一个有源电子扫描阵列天线雷达(AESA)和一个集成电子战套件提供给飞行员[3]。传感器数据由核心处理器融合在一起,为飞行员提供无与伦比的态势感知、目标正确识别和全天候条件下的准确打击能力[4]。武器系统也使用了能将信息直接传送到飞行员头盔的头盔显示系统(HMDS),而不是传统的屏显(HUD)。

通过联合先进攻击技术项目的演示验证,进一步提高了这些技术的成熟度,把风险降低到了能够被JSF设计整合应用的级别[5]。这些新技术和出色的气动性能相结合,使F-35具备了独特的能力,成为战场上独领风骚的角色。

4.3 概念演示验证阶段

1996年3月,"JSF项目概念演示验证阶段意见征询书(RFP)"发布。洛马公司、波音公司和麦道公司(与诺斯罗普·格鲁门公司和英国BAE系统公司联合)的设计团队提交了各自独特的、不同的设计方案建议书。

洛马公司提出的常规四尾翼设计方案——X-35概念演示验证机(见图4.5)很像是单发版F-22"猛禽"战斗机。短距起飞/垂直着陆型以驾驶舱后面的罗罗公司的轴驱动升力风扇为特征。除此以外,后面还有一个三轴承矢量发动机尾喷管,发动机两侧还各有两根防倾斜喷管。防倾斜喷管的喷口位于机翼下方。

图4.5 洛马公司的X-35概念演示验证机

洛马公司的F-35构型演变如图4.6所示,最早可以追溯至构型100。构型100是在1990年早期,为了响应政府的经济可承受的通用轻型战斗机计划而研制的。经济可承受的通用轻型战斗机计划的目的是研制一型具有高通用性的飞机,来替代美国海军陆战队的AV-8B和F/A-18飞机,并为美国空军提供一个新的战斗机平台。构型100为单发构型,具有三角翼、鸭式布局、双垂尾,是大比例动力模型验证机的构思原型。虽然基本外形大体上保持不变,但经过一系列研究发展,设计日臻成熟,并得到很大改进。

这些努力最终导致构型140的诞生,构型140成为大比例动力模型的基线构型。创建构型150系列,作为支持风洞试验的基线构型。构型150系列最终发展为构型160,构型160重新调整了垂直尾翼位置,并改变了操纵面,但保留基本的三角翼/鸭式布局。

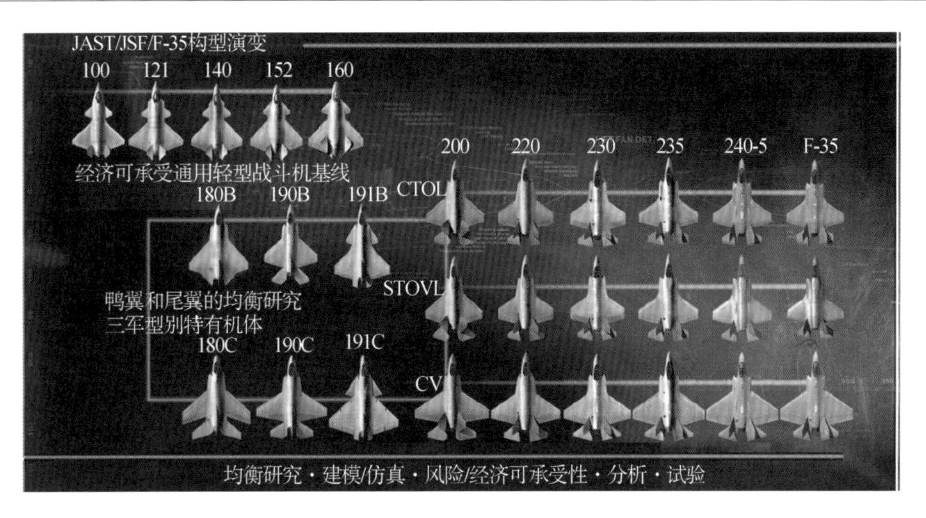

图4.6 F-35构型演变

当经济可承受的通用轻型战斗机项目与联合先进攻击技术项目合并时，构型方面就多了一项要求，即为美国海军提供一个舰基平台。这两种项目的合并实际上是构型设计演变的一个转折点。经济可承受的通用轻型战斗机构型要保持在低于24 000 lb重量限制之内，为此，对构型180进行了几次重大更改，旨在减轻重量和改进性能。用DSI进气道取代了CARET进气道，并且在短距起飞/垂直着陆型别中，用三轴承旋转喷管取代了二维喷管。为了减轻重量，放弃了鸭式布局，用单尾翼取代双垂尾，三角翼外形也进行了修改。这些更改是针对常规起降型(A型)和短距起飞/垂直着陆型(B型)进行的。对于美国海军C型，很快就发现三角翼布局不能提供舰载机所需要的低速操纵品质。因此，决定构型180C采用常规机翼/尾翼布局。

鉴于A型和B型重量方面的问题，加之又增加了C型，并且还要实现很高的通用性，对于继续发展哪个布局才能获得最佳布局，决策层也很犹豫。为解决这个问题，研制了构型190系列。构型190系列为常规机翼/尾翼布局，三种型别都采用单垂尾。后来，构型191采用三变量三角翼/鸭式布局，也是单垂尾。这些构型的大小依据相同的要求确定，并进行了分析，以比较关键设计特性，包括质量特性、气动性能、系统集成、驻扎和舰载适应性。常规机翼/尾翼布局在此轮论证中胜出，并继续发展成构型200系列。构型200系列保留了传统的悬臂安装平尾，垂尾采用了构型160及其以前构型所特有的双梯形垂尾。基本布局确定后，重点转移到折中研究上，以使子系统与武器的集成进一步成熟。构型210系列研制了内部武器布局，并把梯形垂尾更改为后掠尾翼。

构型220系列改进了通用性，包括采用了通用机翼结构，如图4.7所示。机翼和机身作为单一结构实体(就常规起降型/短距起飞/垂直着陆型而言，是翼尖到翼尖的单一结构实体；就舰载型而言，是翼折到翼折的单一结构实体)连接在一起。设计团队继续更新系统集成细节来改进构型，构型220-2成为洛马公司概念演示验证阶段建议书的基线方案。如图4.8所示，构型220-2三种型别的内部布局剖视图明显注重通用性。

麦道公司团队在概念演示阶段提供了一种比较常规的飞机设计方案(见图4.9)，只是传统的水平尾翼和垂直尾翼被替换成了与YF-23(参加过美国空军的先进战术战斗机(ATF)竞标)相似的外倾斜控制面。短距起飞/垂直着陆型则使用了独立升力发动机，升力发动机安装在驾驶舱后部。

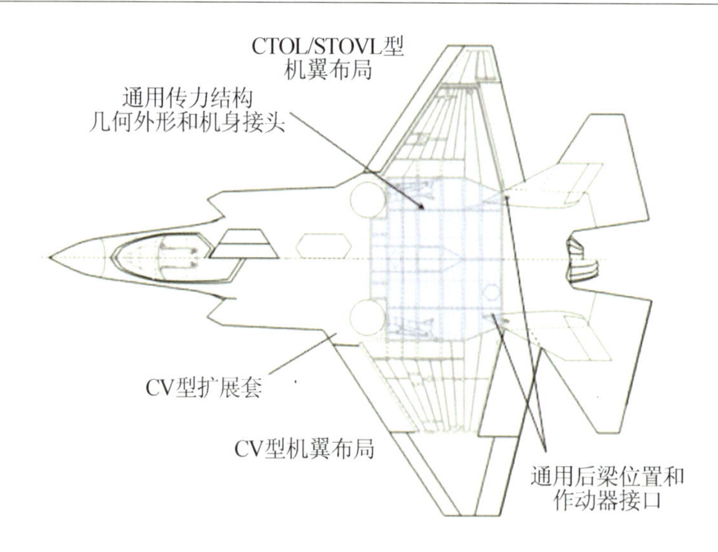

图 4.7　通用机翼结构

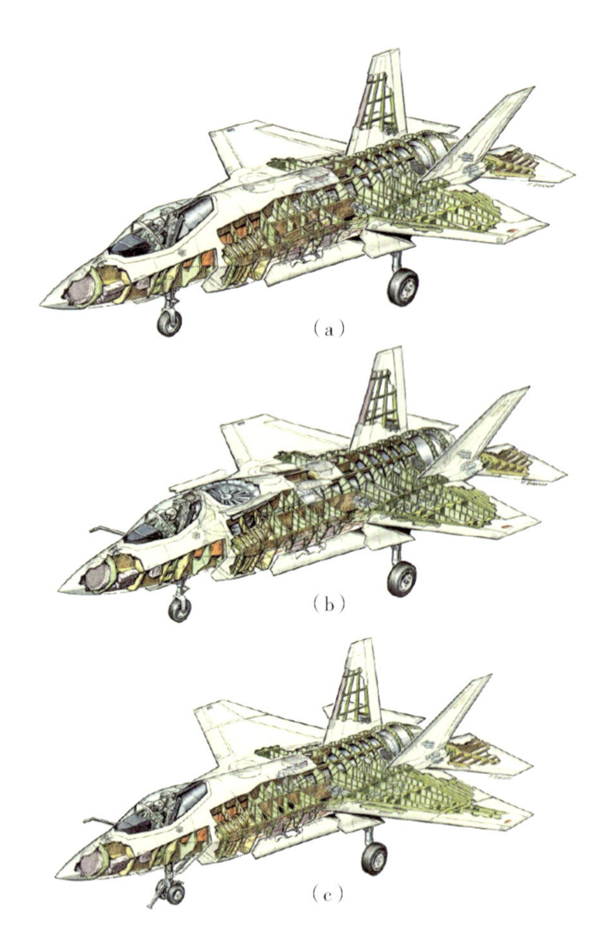

图 4.8　构型 220-2 内部布局

(a)CTOL 型;(b)STOVL 型;(c)CV 型

图 4.9　麦道团队设计的概念演示验证阶段模型

波音公司的设计方案——X-32概念验证机(见图4.10)是三角翼、双垂尾,机头下方有一个戽斗形进气道。短距起飞/垂直着陆型将推力输送至飞机下表面的矢量升力喷管,机头的戽斗形进气口向前铰接,以增加气流流量。

图4.10　波音公司的X-32概念验证机

政府概念演示验证阶段的采办政策主要有三方面要求:①在进入工程与制造开发前保持竞争环境,要求提供两种不同的短距起飞和垂直着陆方法以及两种不同的气动构型;②必须验证在多军种型别系列常规起降型、短距起飞/垂直着陆型和舰载型之间实现高度通用的可行性;③在2001财年,为JSF工程制造与发展提供经济可承受且风险低的技术过渡[6]。

1996年秋,洛马公司和波音公司均获得概念演示验证阶段的合同,而麦道公司则在此轮竞争中败北,被淘汰出局。

4.4　概念验证机

概念演示验证阶段的每一个合同都要求建造两架概念验证机,来验证JSF三种不同的构型:常规起降型、短距起飞/垂直着陆型和舰载型。除此之外,每个承包商还要同时制定首选武器系统方案(PWSC),这个方案将是承包商提出的系统研制与验证建议的基础。

承包商负责定义自认为对其概念验证机至关重要的地面和飞行演示验证内容。每个承包商将被要求展示短距起飞/垂直着陆型悬停、短距起飞/垂直着陆型过渡和舰载型低速操纵品质。演示验证结果以及提供的首选武器系统方案将成为筛选系统研制与验证阶段工作承包商的基础。

与洛马公司和波音公司一起,普惠公司也签订了一项合同,为两家公司的武器系统概念演示验证工作提供硬件和工程支持。JSF项目的主推进系统是F-22战斗机猛禽动力装置F119-PW-100发动机的衍生型。洛马公司和波音公司的推进系统概念使用的是普惠F119发动机的核心机(压气机、燃烧室和高压涡轮)。两个推进系统概念均使用了以F119发动机设计、材料和工艺为基础的新风扇和低压涡轮设计。普惠公司为洛马公司的概念验证机研制了JSF119-PW-611发动机,为波音公司的概念验证机研制了JSF119-PW-614发动机。普惠公司设计的发动机于1997年3月开始生产,并于1998年6月开始试验。

洛马公司决定设计概念验证机,并在加利福尼亚州帕姆代尔的臭鼬工厂进行生产。臭鼬工厂从洛马公司当前的首选武器系统方案设计(内部称为构型230-1)开始,专注于证明概念所需要的主要演示验证内容。利用通用性方法，臭鼬团队开发出一种方法，仅利用两架验证机就能验证所有三种型别。两架验证机中，短距起飞/垂直着陆型的机身安装了升力系统，短距起飞/垂直着陆型和舰载型的机身则在短距起飞/垂直着陆型安装升力风扇的位置安装了一个大型燃油箱。这种方法使任一架验证机都可以灵活转换，来验证短距起飞和垂直着陆能力。主要的演示验证包括短距起飞/垂直着陆型的短距起飞、垂直降落，舰载型的舰船着舰以及常规起降型的垂直飞行性能。确定了基本的设计方法后，洛马公司开始着手研制验证机（见图4.11）。

图4.11　洛马公司装配期间的X-35验证机

X-35仅是一架验证机，因此与F-35生产构型战斗机之间存在许多差异[7]。这些差异主要有三方面：①短距起飞/垂直着陆型的升力系统有所更改；②F-35生产构型战斗机的作战使用需求无须演示验证；③验证机在设计并试飞后进行了很多改进。其中最显著的差异在于短距起飞/垂直着陆型（见图4.12和图4.13），随着验证机的建造和试飞，洛马公司团队还将继续促进其成熟并进一步改进[7]。罗罗公司为X-35验证机设计的升力风扇进气道舱门为侧铰接双折门，主要目的是减轻重量和剖面阻力。这种设计比预期的改变更大，由此而带来的更改被生产设计采用。罗罗公司的F-35生产构型战斗机升力风扇使用一个后铰接进气门。虽然这种设计比X-35验证机的设计要重，但是却减少了变形，改进了性能，从而使整体设计得到改善。在低速操作期间，辅助进气道能够向发动机提供60%的气流。X-35验证机的辅助进气道采用小型双门设计，铰接在飞机的中心线上。这种概念虽然在设计上比较简单，但却限制了低速条件的气流流量。生产型设计将铰线移到了进气道的外侧，从而改善了低速条件下的气流特性。罗罗公司的X-35验证机升力风扇喷管使用分段延伸罩构型来引导升力风扇的排气流。但在F-35生产构型战斗机首选武器系统方案的设计上，这种喷管被改成了可变面积叶片箱喷管。可变面积叶片箱喷管能更加有效地集成到机体上，从而减少了重量，同时，因为采用独立控制叶片调节并引导气流，可变面积叶片箱喷管还改善了推力特性。短距起飞/垂直着陆型飞机在每一机翼下方的主起落架的外侧安装有一个防倾斜喷管，在短距起飞/垂直着陆飞行模式期间提供滚转控制。X-35验证机的防倾斜喷管在发动机附件处使用蝶阀来控制防倾斜喷管流量，防倾斜喷管自身也完全打开以降低在验证机上的重量和复杂度。F-35生产构型战斗机设计取消了蝶阀，使用防倾斜喷管来控制流量。在机翼下表面安装了口盖将防倾斜喷管盖上，从而改善了离场时的空气动力学性能。

图4.12 X-35验证机STOVL型(左)和首选武器系统方案STOVL型(右)的俯视图

图4.13 X-35验证机STOVL型(左)和首选武器系统方案STOVL型(右)的仰视图

F-35战斗机的许多作战能力并不要求在概念验证机上演示验证。X-35验证机没有安装雷达，而是在此部位安装了试飞测试空速管。验证机未包含的其他主要任务系统组件有光电瞄准系统和分布式孔径系统。光电瞄准系统是一个瞄准系统，可以在F-35战斗机前机身下方的“下巴”区域看到。分布式孔径系统包括一组传感器，当与飞行员的头盔显示系统结合使用时，会为飞行员提供前所未有的全方位昼/夜视觉。因为不要求对武器挂架进行演示验证，所以洛马公司在武器舱安装了相关系统，并改装存放的A-6入侵者或攻击机的主起落架。X-35验证机具备空中加油能力。设计团队本可以安装一个非功能性加油系统，演示验证空中加油时的飞行特性，但他们却最终决定安装一个功能性空中加油系统，以便加快试飞节奏。事实证明这个决策非常正确，因为空中加油能力在很多情况下被用来延长试飞时间。

为了满足严格的时间进度要求并降低成本，X-35验证机尽可能使用货架组件和常规系统。X-35验证机的驾驶舱利用飞机现成的显示部件，以及一个常规的屏显。还使用了传统液压飞行作动器、传统环控系统(ECS)和传统辅助动力装置(APU)。而F－35战斗机则充分利用了联合先进攻击技术项目开发的多种技术，采用了多种多电飞机技术，即，使用发动机起动机/发电机(ESG)提供起动功能，利用电动静液作动器来极大降低液压系统要求[8-9]。独特的集成电源包在一个包中就能提供ECS、APU和应急电源功能。短距起飞/垂直着陆型验证机在机身中下部安装了一个外部热交换器，以保证夏季在爱德华空军基地进行试飞时有足够的散热能力。X－35验证机的主起落架是改装后的A－6入侵者式攻击机的主起落架，前起落架是改装后的F－15鹰式战斗机的前起落架；F－35战斗机则研制了独特的起落架以节省重量，并满足组件包要求。X－35验证机使用的是改装后的F119战斗机发动机，配备了新的低压风扇和涡轮机，以及一个传统的喷管。F－35战斗机的发动机(F135)具备与F119相同的核心机，但涵道比更高，并使用了在联合先进攻击技术期间开发的隐身轴对称喷管。风扇管道热交换器安装在发动机外涵道上，为集成电源包提供散热路径[8]。X－35验证机的“四面”DSI进气道被修改为“三面”设计，以减轻重量和阻力，并提高F－35生产型构型战斗机的大迎角性能。X－35验证机常规起降型和短距起飞/垂直着陆型的机翼面积为450 ft^2，翼展为33 ft①；F－35生产构型战斗机常规起降型和短距起飞/垂直着陆型的机翼面积则增加到460 ft^2，翼展增加到35 ft。X－35C验证机的机翼面积为540 ft^2，翼展为40 ft；F－35C生产构型战斗机的机翼面积为668 ft^2，翼展为43 ft，以改进舰载机的进近速度特性。

解决了概念验证机独特的设计和建造方面的问题后，洛马公司已经为试飞做好了准备(见图4.14)。X－35A验证机于2000年10月24日首次进行飞行，紧接着就成功地进行了飞行包线扩展试飞，并于2000年11月结束试飞，成功完成或超越既定的所有目标。根据洛马公司的计划，常规起降型飞机(编号301#)随后被改装为短距起飞/垂直着陆型构型。2000年12月，X－35C飞机(编号300#)完成首次飞行。在舰载型试飞的同时，洛马公司团队持续进行将301#飞机改装为短距起飞/垂直着陆型飞机的工作。

图4.14　两架X－35验证机正在等待进行快节奏的试飞工作

洛马公司JSF团队于2001年5月完成X－35B推进系统的安装工作，包括轴驱动升力风扇(见图4.15)和发动机的安装。之后，X－35B验证机被牵引至悬停槽，英国BAE系统公司试飞员西蒙·哈格里夫斯开始进行短距起飞/垂直着陆型试飞。X－35B验证机于2001年6月首次进行原地垂直起飞和降落，标志着轴驱动升力风扇推进系统首次将飞机推向天空。X－35B验证机试飞工作中最令人激动的事件之一是成功完成了被称为“X任务”的试飞。这次特殊的飞行由美国海军陆战队阿特·托马塞蒂少校驾驶，包括一个短距起飞、超声速冲刺和一个垂直降落。这是航空史上首次由单架飞机在一个飞行架次中演示验证上述所有三种能力。

① 1 ft＝0.304 8 m。

“X 任务”展示了 X-35 飞机的革命性能力，以及轴驱动升力风扇设计概念所带来的极大益处。2001 年 8 月 6 日，#301 飞机完成第 66 次，也是最后一次试飞任务。它从爱德华空军基地的跑道起飞，然后飞行了 3.7 h，包括 6 次空中加油以及在帕姆代尔的 6 次复飞。X-35B 验证机共计飞行了 48.9 h。完成试飞任务后，这架 X-35B 验证机（见图 4.16）就永久性地陈列在了美国国家航空航天博物馆。X-35 概念验证机试飞项目成功演示验证了洛马公司设计的所有三种型别，是迄今为止最成功、最有效的试飞项目之一。

图 4.15　X-35B 验证机轴驱动升力风扇的安装

图 4.16　美国国家航空航天博物馆陈列的 X-35B 验证机

4.5　首选武器系统方案

构型开发工作产生了概念演示验证阶段提案，并最终形成一个固定构型，可以进行下一步概念演示验证阶段的工作。基本构型按照传统战斗机设计，具有常规机翼/尾翼布局，4 个尾翼用于实现高机动性；发动机安装在后方，具有长进气道和短排气装置；为了降低阻力并改善信号特征，还具有一个大容量内部武器舱。除了这些主要特征外，五代战机设计的另一个主要特征是隐身性。一架飞机一旦被设计好，就很难增加隐身能力，因此所具备的优势就不很明显，这也是四代战机不能改为五代战机的一个主要原因。为了使战机的效能最大化，必须在最开始的概念设计阶段就将隐身性考虑进去，洛马公司设计团队就是这样做的。另外，经济可承受性、可保障性、生存能力和杀伤力是影响项目在首选武器系统方案和SDD阶段设计开发工作的四大因素。每项设计决策都要经过仔细评估，确保在采用该设计前了解其对上述四大主要因素的影响，无论该影响是有利的还是不利的。这四大主要因素成为一种思维模式，在整个设计过程中引导设计团队的工作方向。

构型220-2战斗机方案是概念演示验证阶段提案的基础，利用风洞试验数据进行了更新并对系统集成进行细化后日渐成熟，从而产生了构型230-1战斗机。这种新构型代表着概念验证机的开发从首选武器系统方案的开发中分离出来。臭鼬工厂团队将构型230-1战斗机作为基线，开发了X-35构型的两型飞机，沃斯堡工厂的团队则将重点放在提升作战设计概念的成熟度上。同时，继麦道公司被淘汰出局后，首选武器系统方案团队因英国BAE系统公司和诺斯罗普·格鲁门公司人员的加入而得到加强。

政府的计划是发布一份临时需求文件，连续三次迭代，然后是最终需求草案，最后是最终需求文件，承包商的SDD提议设计要以最终需求文件为依据。政府在实现最终需求上任务艰巨，因为这些需求不仅要处理美国三个军种的需求，还必须包括参加此项目的国际合作伙伴的需求。使美国政府这项艰巨任务更加复杂化的是，为了保持竞争性，政府不得不谨慎发布需求参数，尤其是一方承包商不能满足的关键性能参数。政府力求将所有客户的需求都融合进一组需求。为此，执行了几个系列的成本与作战效能权衡(COPT)分析。COPT是一个迭代循环过程，包括作战人员、基于模拟的采办，以及武器系统级别的权衡研究，从而产生一个成本随重量、性能和效能的变化而变化的地毯式图表。相应的结果数据又被一组新的权衡及相关结果数据迭代回之前的过程。迭代继续进行，直至需求参数被确定。COPT导致需求更新，每次发布的需求在航程、有效载荷、气动/机动性能、飞行包线和其他关键参数方面都有变化。

洛马团队继续完善设计，同时，不断改进使之与每一项需求更新保持一致。其中机翼面积的不断变化就是根据不断变化的需求所做的最直观调整。发布第一份联合过渡需求文件(JIRD Ⅰ)时，构型220-2战斗机是基线，机翼面积是450/540 ft^2。其中，450 ft^2 是常规起降型和短距起飞/垂直着陆型的，540 ft^2 是舰载型的。大约一年后，美国政府发布了第二份联合过渡需求文件(JIRD Ⅱ)，因此构型230-2战斗机产生。为了改进机动性能以及短距起飞和舰载型动力进场速度(V_{pa})(两者均为关键性能参数)，机翼面积增大至500/600 ft^2。几个月后，美国政府发布第三份联合过渡需求文件(JIRD Ⅲ)，产生了构型230-4。构型230-4战斗机的常规起降型和短距起飞/垂直着陆型的机翼面积减至412 ft^2，舰载型则为了保持 V_{pa} 性能，机翼面积保持600 ft^2 不变。机翼面积小，表明关注点在于飞机重量(包含小型内部武器)轻。而最终需求文件草案(Draft JMS)的发布则又把关注点重新转移到飞机的能力上，构型230-5战斗机就是为了响应机翼面积为460/620 ft^2 的最终需求文件(JMS)草案而开发的。几个月后发布了JMS，它是SDD提案的基础。构型235战斗机作为SDD提案构型，机翼面积保持不变，为460/620 ft^2。

在整个首选武器系统方案设计期间，开展了风洞试验，并结合计算流体动力学(CFD)计算结果来优化外形模线(OML)，同时确定为短距起飞/垂直着陆型推进系统提供额外推力和控制性能需要改进的地方。除了细化外表面，这一次也对飞机内部结构进行了优化设计，确定了主要载荷路径，并制造了结构部件，包括隔框、承剪腹板和大梁的模型。随后对这些模型进行了分析，对部件模型进行了优化，以便在需要时更改载荷路径和支持材料选择。构型 230－2 战斗机的结构布局如图 4.17 所示。

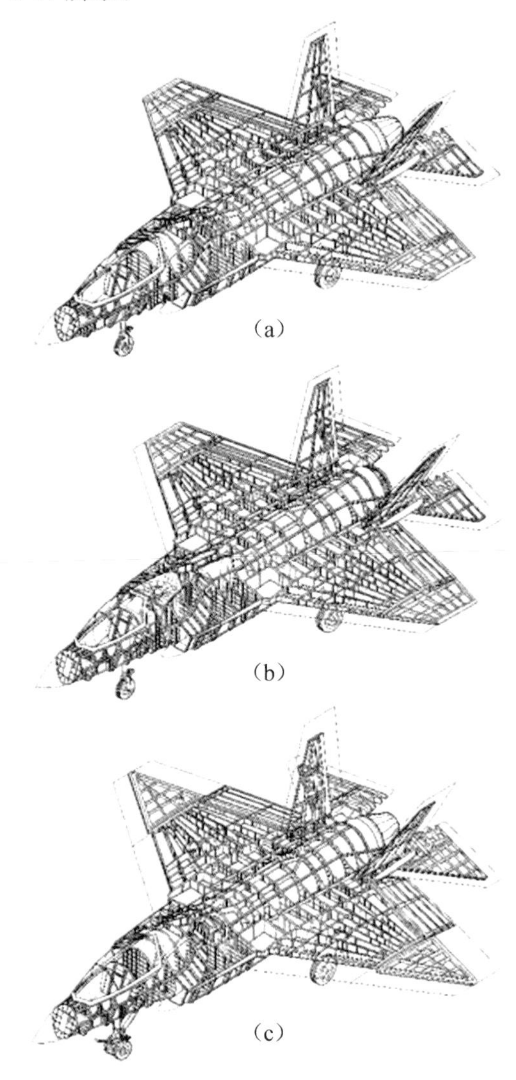

图 4.17　构型 230－2 战斗机的结构布局
(a)CTOL 型；(b)STOVL；(c)CV 型

构型 230－2 战斗机主要系统的布置安装与风洞试验计划相协调，确保构型尺寸大小合适，能够容纳所有必需的系统、有效载荷和燃油箱容积，同时又足够灵活，满足所有的机动和任务半径要求。这期间，内部武器布局是一个关键挑战。从机身站位的观点看，最大横截面受内部武器、发动机和主起落架的影响。减小横截面通常会带来更好的气动特性，包括阻力更低、航程更长、机动性能更好和加速性更好。事实证明，既要集成大型内部武器[10]，又要使横截面积最小，这是相当具有挑战性的。这些武器以交错方式排列，以避免相邻武器上的最大翼展或尾翼展处于平齐位置，相互干涉。在交错排列的同时，使武器头部向机内上抬，最终实现武器安装。这样的布局使武器包络线和武器舱舱门满足了投放轨迹要求，为舱门驱动机构留出了运动空间,并使横截面积最小。

常规起降型内置机炮影响了首选武器系统方案的几次设计迭代。最初的内置机炮是一个先进的转管炮。经过一系列的权衡研究,决定取消这种内置机炮以节省重量和成本。然而,根据作战人员的反馈,最终还是留用了这种内置机炮,作为部分基线构型;于是又开始了权衡研究,在单一转管机炮和加特林机炮之间进行选择。最终,因成本较低,还是选择了 GAU-12 25 mm 五管加特林炮[10]。这种选择对飞行器有很显著的影响。因为横截面积比单一转管炮大,所以需要更大的整流罩。由于这是一款空对地的机炮,所以在安装时首选负偏转,使后膛向上拉得更高,导致整流罩更大,倾斜更大。研究团队最后达成一致,采取零偏转安装角作为大型整流罩和射击弹道之间的平衡。随后在 SDD 期间又进行了权衡研究,这也是短距起飞/垂直着陆型重量攻关团队(SWAT)的部分工作。需要指出的是,此次研究将 GAU-12 25 mm五管加特林炮改为四管加特林炮,并指定型号为 GAU-22,目的是减少重量。

集成联合先进攻击技术中演示验证的主要技术,以及新的、独特的任务系统,增加了首选武器系统方案设计难度。多电 270 V 直流电飞机概念方案具有许多优势。但是,每一个直流电机都需要安装一个控制器,且位置要非常靠近,以避免电线过重;如果许多电机散布在整个飞机上,就会带来布置安装方面的问题。电动静液作动器具备许多优点,包括使整体液压系统重量降低,以及减小易损区,但是通常它们比相同负载的液压作动器的尺寸大,因此需要的安装空间更大,而这又往往导致需要更大的整流罩,并产生相关的阻力。采用的另一项新技术是非烟火型武器弹射架[10]。这些弹射架是专门为挂载内部和外部武器研制的,可保障性得到很大改进,并增加了战斗周转时间。

在 X-35 验证机试验数据的支持下,以构型 235-1 飞机系列为基础编写并提交了 SDD 提案。2001 年 10 月洛马公司的 SDD 提案获胜,洛马公司随后签订了 F-35 飞机研制合同。

4.6 系统研制与验证

飞机设计在首选武器系统方案工作期间逐步趋于成熟,它保留了典型战机的特征,并被证明是一款杰出的构型,可以进入 SDD 阶段。如图 4.18 所示,飞机设计具有常规的机翼/尾翼布局、分叉的长进气道、具备战机优化循环的后置发动机布局、内置武器舱,和利用传统衍生外形的中翼布局。

SDD 合约签订后,就迅速确立以构型 240-1 作为基线构型。这个构型主要利用了在 SDD 提案提交至合约签订这一期间所进行的提升成熟度工作。主要更改为:为了改善信号特征将垂尾竖立 4°,更改了液压系统尺寸,对发动机齿轮箱进行了必要修改。

冻结外形模线表面(外形冻结)是飞机研制项目的关键点。对于 F-35 战斗机,这个里程碑节点发生在构型 240-1.1。外形冻结构型是制造风洞模型的基线,也是载荷设计的基础。构型 240-1.1 在构型方面还有两个主要更改。第一个更改是短距起飞/垂直着陆型采用了通用武器舱,短距起飞/垂直着陆型在首选武器系统方案期间经过优化产生了一个能容纳 1 000 lb(1K)级武器的独特武器舱,而常规起降/舰载型的武器舱能容纳 2 000 lb(2K)级武器。因此,构型 240-1.1 短距起飞/垂直着陆型采用 2K 级武器舱后,增强了作战能力,改进了跨型别间的通用性,但是短距起飞/垂直着陆型的成本却因增加了约 240 lb 的重量而增加了。第二个更改是所有型别的机身长度都增加了 7 in:前机身增加 5 in,尾撑增加了 2 in。增加的这

7 in 长度是前机身包装武器以及尾撑安装作动器所需要的。

F－35 战斗机设计进展的下一阶段形成了构型 240－2,这也是初步设计评审(PDR)构型。构型 240－2 后来又进行了几次主要更改,包括取消了下机身发动机下面的专用减速板。在一个地点集中开展了为期 3 个月的广泛的飞机集成工作,以取消专用减速板,并在武器舱内侧壁面增加了检修口盖,这两项措施便利了发动机的维护。这些修改降低了与专用减速板相关的重量和复杂性,减速板功能则通过控制面提供。这阶段飞机设计的一个关键特征是在机身中部右上方安装了油/气热交换器,使飞机具有更好的散热能力。设计团队还全身心致力于寻找有关液压、燃油、空气和电线的合适铺设路径;就短距起飞/垂直着陆型来说,在临近升力风扇处寻找合适的铺设路径格外具有挑战性。构型 240－2 最后一个主要更改是采用了单一的升力风扇进气门;而更改前采用的是双折门。单一升力风扇进气门改进了升力风扇的气流特性,并且采用两组开闭设置,从而保证了在需要时能提供最大气流,在不需要最大气流时降低阻力。继初步设计评审之后,基线构型更新至构型 240－2.1,被定义为支持开始进行常规起降型制造包;随后更新至构型 240－2.2,被定义为支持开始短距起飞/垂直着陆型的制造包。

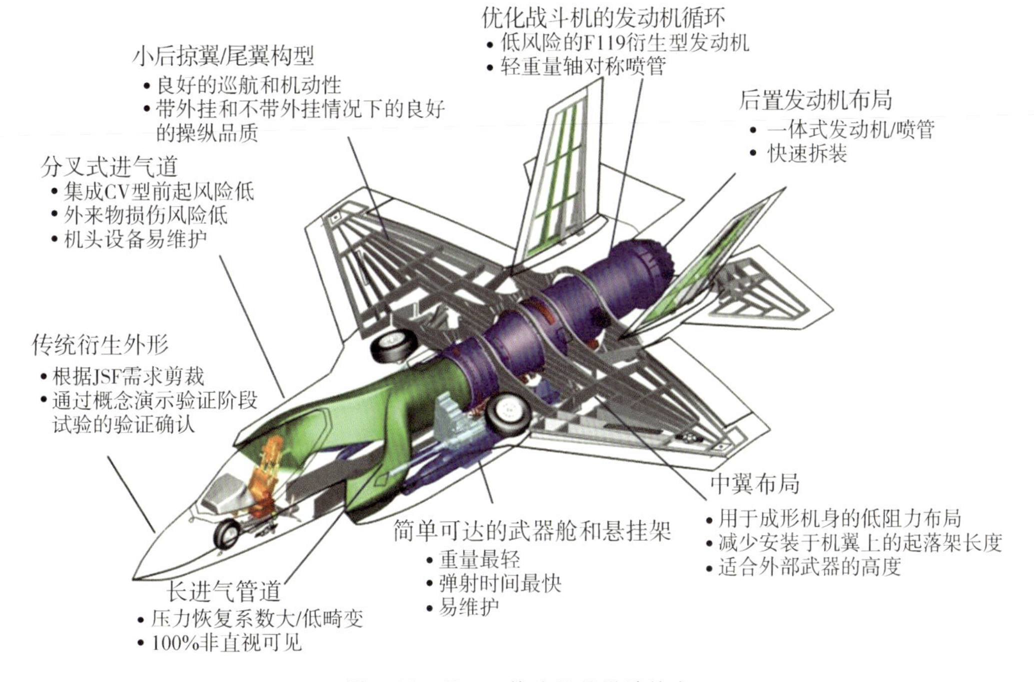

图 4.18　F－35 战斗机的设计特点

2003 年后期,由于根据参数估算的重量和上下限估算的重量之间存在差异,于是启动了短距起飞/垂直着陆型重量攻关团队的工作(这一点将在下一部分论述)。在筹建重量攻关团队时又确定了构型 240－3,并于 2004 年早期举办了一个重大项目评审。这次评审中的一个重要决策是继续进行首架常规起降型飞机(命名 AA－1)的设计和建造工作,但不会进行短距起飞/垂直着陆型或舰载型的详细设计工作,除非确定了更加有效的重量构型。虽然 AA－1 试验样机的重量不像建立重量攻关团队之后的构型一样被优化,但仍确定 AA－1 试验样机可以用于开展飞行试验;同时,建立重量攻关团队之后的构型被设计并进行制造。但是项目的整体命运,尤其是短距起飞/垂直着陆型,掌握在重量攻关团队的手中。构型 240－4 在重量攻关团队工作结束时得以确定，它采用了重量攻关团队确定的所有设计更改、改进和改善之处。重量攻关团队不断地将项目向关键设计评审(CDR)推进。

重量攻关团队的工作重点关注了影响很多SDD设计决策的一些驱动性需求。其中的重要需求是任务半径、信号特征、带载荷返航垂直着陆(VLBB)、STO、V_{pa}、内挂物和外挂物、任务系统功能(包括传感器集成)、跨音速加速、1%可能的热天气条件、无限制迎角、常规起降型内置机炮、常规起降型的9g过载，和舰载型的动力进场操纵品质。另外两个关键需求领域也对许多设计决策起着驱动作用:其中之一是为地面维护人员维护飞机提供最佳的方式。设计团队尽可能利用了能在飞行中打开的舱门，以节约拆卸固定面板上的锁扣的时间。这方面的例子有武器舱、前起落架舱，以及两个主起落架舱。前机身一个独特之处是光电瞄准系统的铰链，它可以使系统向下旋转，便于维护人员检修光电瞄准系统和前机身其他部件。另一个独特之处是向前铰接的座舱盖，它可以在不卸下座舱盖的情况下卸掉座椅。第二个驱动设计决策的方面是驻扎和舰载适应性。每一个型别都有独特的驻扎要求。所有三种型别都可以陆基驻扎，其中常规起降型具备独特的遮蔽要求。短距起飞/垂直着陆型需满足在几种甲板较小的舰船上驻扎的要求，舰载型需满足在“尼米兹”级航母大型甲板上驻扎的要求。另外，舰载机还有许多影响设计的独特要求，包括与每种舰船的机库甲板和升降机之间的兼容性，为飞行员提供足够的视野来进行着舰进场，同时又能够在飞行甲板上看到人员和舰船特征，独立的通道梯，与弹射和拦阻装置系统之间的兼容性，以及许多其他要求。

短距起飞/垂直着陆型的制造包工作根据构型240-4.1确定，并于2004年秋天在重量攻关团队工作结束后立即开始。几个月后，常规起降型的制造包工作开始，根据构型240-4.2确定。短距起飞/垂直着陆型和常规起降型的关键设计评审于2006年初期同时进行。构型240-4.3是短距起飞/垂直着陆型所特有的构型，被定义为支持短距起飞/垂直着陆型关键设计评审。同样，构型240-4.4是常规起降型所特有的构型，被定义为支持常规起降型关键设计评审。构型240-4.3的内部布局如图4.19所示。两个关键设计评审事件都很成功，决定继续完成重量攻关团队优化构型的详细设计和制造。紧随短距起飞/垂直着陆型和常规起降型关键设计评审构型之后的是构型240-4.5，它定义了舰载型的制造包工作。

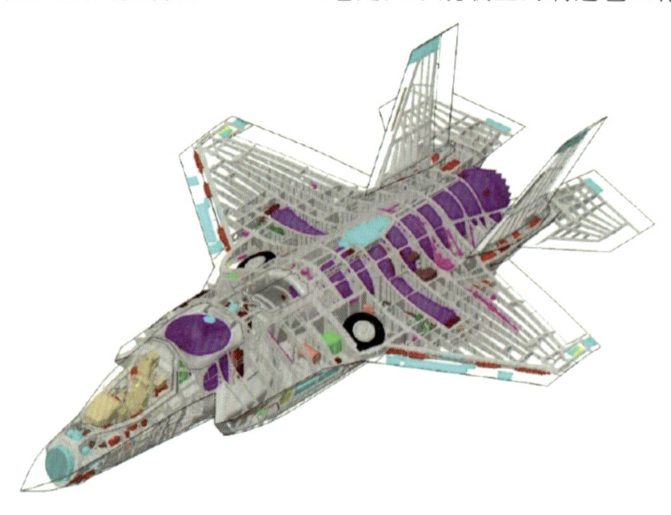

图4.19　F-35B战斗机内部布局(构型240-4.3)

重量攻关团队优化构型的制造包设计工作在全力进行的时候，AA-1 试验机的制造、装配和检查也在进行，最终，AA-1 试验样机于 2006 年 12 月由洛马公司首席试飞员乔恩・比斯利进行了首飞。AA-1 试验样机的试飞持续在沃斯堡工厂进行，从而对众多系统和特性，如操纵品质、应急放油、电气系统和飞行控制，有了更为全面和直观的了解。

构型 240-4.7 被确定用于支持舰载型的关键设计评审。虽然构型 240-4.7 主要作为舰载型构型，但是它含有对其他两型基线的升级。构型 240-4.7 三种型别的内部布局见图 4.20。舰载型关键设计评审于 2007 年 6 月成功举行，随后继续进行 SWAT 优化的舰载型的详细设计和制造。

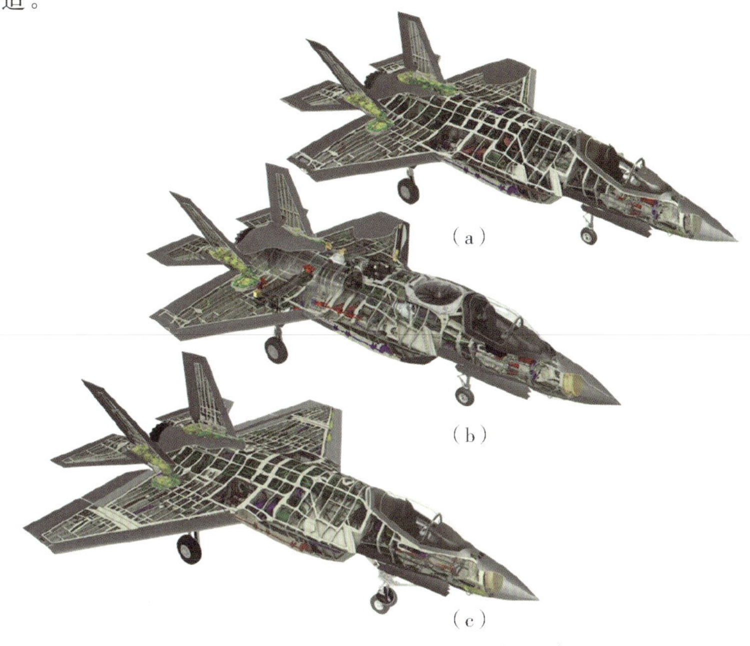

(a)

(b)

(c)

图 4.20　构型 240-4.7 的三个型别

(a)CTOL 型；(b)STOVL 型；(c)CV 型

和任何飞机研制项目一样，整个 SDD 阶段都遇到了设计和集成方面的各种问题，小至相对简单、能够很快处理的问题，大至高度复杂，需要在一个比较长的时期内在众多团队、机构、地点和客户间不断工作和协调的问题。F-35 战斗机燃油系统高度复杂，每种型别都有许多独特之处，包括独特的供油油箱。事实证明，三种型别战斗机在全系列武器装载情况下，利用燃油消耗顺序来管理飞机重心相当具有挑战性，尤其对短距起飞/垂直着陆型而言，因为它在空中喷气飞行时对重心位置高度敏感。试飞数据发现飞行中打开辅助进气门存在刚度问题，因此需要重新设计以改进短距起飞/垂直着陆型推进系统这个主要部件的刚度。舰载型尾钩的早期试验确定在所有要求条件下捕获拦阻索的能力方面的问题。于是对尾钩重新设计，海上试验结果表明，重新设计的尾钩非常高效[11]。F-35 战斗机从 SDD 阶段开始至构型 240-4，随着多次风洞试验和分析，以及飞机周围区域技术的成熟，发动机短舱通风经历了多次的迭代，功能逐渐正常。为处理低速和地面慢车情况，安装了发动机短舱通气扇，同时，改善的气流条件又驱使把短舱通风口从上机身重新安装到机身下方靠近机翼/机身连接处。基于传统飞机的经验，在 SDD 阶段早期就确定机翼突然失速(AWS)是一个必须解决的问题。试验团队进行了多次高速和低速风洞试验，以描绘飞行包线关键区域的特征，对控制设置开展试验飞行,并对潜在的构型更改开展试验。经过大量的工作后确定,可以通过更改控制律来彻底解决 AWS 问题[9]。受传统经验影响的另外一个挑战是集成电源包排气对地面环境的影响。很多次试验和分析的结果表明,依据规定程序运行集成电源包所导致的地面温度,与跑道、滑行道、跑道线外等待区、机库和维护区所使用的地面材料兼容。其中最具挑战性的一个问题是应急放油。具有应急放油能力的隐身飞机只有在紧急情况下才会放油,常规情况下并不放油。但是,短距起飞/垂直着陆型和舰载型飞机在舰船上使用时,飞行员会为控制着陆重量经常进行应急放油(每次飞行都会进行),但并不要求每次飞行后对应急放油系统进行维护。为了满足日复一日的常规使用要求和隐身飞机的特殊要求,必须设计功能完备的应急放油系统。试验团队进行了多次风洞试验,对三个型别在宽广飞行包线内进行了大量的飞行试验,以确定一种能有效平衡所有需求的设计,从而满足作战人员的需要。

4.7 短距起飞/垂直着陆型重量攻关团队

大多数飞机项目在早期设计和开发阶段都会经历重量增长,F-35 战斗机项目也不例外。预期到这种情况后,在签订合同后就制定了一份重量管理计划,定期进行上下限重量评估。这个时期是任何一个项目生命周期中都具有挑战性的一段时间,因为随着机身布局数据越来越详细,重量预测方法从参数化重量估算基础向以初步设计图为基础的计算重量估算过渡。

随着设计数据库的成熟,参数化估算通常会对重量变化(增加和减轻)做出某些假设,因此,每一个上下限重量估算都与参数化估算比较,以对每个型别的预估重量有一个比较清晰的了解。经过三次上下限估算后,人们开始逐渐意识到一些预测的改进并没有完全实现,尤其是紧固件、垫片、背带、管路和系统安装方面。

在 F-35 战斗机的最初设计阶段,很多因素都能导致重量方面的问题。事实证明,与上下限估算相比,参数化重量预测分析工具过于乐观。参数化重量预测分析工具在预测重量时以具有常规设计、制造和装配技巧的,高度优化的构型为假设前提。但实际上,这个时间点上的构型并没有优化到参数化数据假设的那个水平。这就导致估算值和实际值之间存在不可消除的差距。主要载荷路径就是这种差距的极好例子。预测方法假设载荷路径是相对简单和直接优化的,而事实上,早前确定的制造和装配工艺,以及尽可能在三种型别之间保持通用性的宏观要求,导致载荷路径非常复杂和低效。例如,从载荷/重量角度看,机翼传载并没有高度优化,因为一些隔框缺少足够的深度,不能有效工作。翼盒有些部件效率也不高,尤其是后缘翼梁和机身的连接处。

主要对接接头使重量和结构方面更加低效。在项目早期过于关注制造效率和时间进度要求,致使重量和载荷路径过于简单。前后对接接头在初始装配概念里被称为"快速对接"接头。这些接合点被少量的大直径紧固件固定在一起。这些对接接头能快速装配,但是在这个概念的影响下,周围的腹板和法兰则增加了额外的重量,这一点是参数化重量分析工具不能充分预测的。连接到机身对接接头的机翼位于水平轴线上,结合了 pi 预成型技术,这种技术本质上是将一个薄片对准一个狭槽,用最少量的紧固件进行固定。事实证明机翼对接接头不仅在装配上复杂且耗时,而且比最初预测的还要重。最初的上机翼蒙皮设计是一体式翼尖至翼尖概念,事实证明,这个设计厚度厚且制造复杂,并且要达到下方安装的系统很困难(可达性差)。

重量在这段时期内也受到构型特征以及促使系统成熟的相关细节的不利影响。为了在三种型别间保持通用武器舱而进行的相关工作，迫使在设计中考虑重量因素，尤其对于短距起飞/垂直着陆型。在推进系统承包商普惠公司改进推进系统设计的同时，洛马公司也在努力改进大气系统设计，这样的平行研制工作是高度合作和迭代的工作。还有一些未曾预料的、与推进系统相关的工作需要考虑。这一时期产生的影响重量的其他集成问题包括热管理、短舱通风、电池技术、飞行控制作动器、座舱盖和电子设备架组件，以及其他一些各种各样的问题。

最后，参数化方法没有充分考虑敷设区的重量。实际敷设情况(管路、线路和捆带系统)是分散添加的，而不是参数化预测；但是，某些敷设情况和设施是包括在参数化数据里面的，假设敷设路径相对简单并被优化。事实上，由于非常复杂的构型特征，尤其是短距起飞/垂直着陆型高度集成的升力风扇舱周围以及三种型别紧凑包裹的发动机短舱周围的构型特征，实际的敷设相当具有挑战性。为了在短舱周围敷设，采用了跨机间的敷设通道，但这增加了重量，并占用了燃油箱空间。

设计团队意识到参数化工具采用了优化设计，因此试图将 F-35 战斗机独特之处与传统设计技术不同的因素考虑在内。但是，经过第四次上下限评估后决定执行完全不同的重量管理方法。

重量攻关团队成立于 2004 年初，旨在解决上下限评估中确定的飞机重量问题。重量对三种型别来说都是一个关键问题，对短距起飞/垂直着陆型来说，尤为关键。有关 STOVL 型飞机设计的一个简单而又非常重要的事实是，推力必须大于重量，否则飞机无法飞行。重量攻关团队的主要工作集中在 STOVL 构型上，但是常规起降型和舰载型也因系统和结构上的通用性，能从中受益。重量攻关团队的工作为期 6 个月，目的是降低重量，改进性能，完成优化的符合关键性能参数标准的 STOVL 设计。同时确定了同地协作的专门团队，并给这个团队留出有效规划和开展工作所需的时间。最初的焦点是短距起飞/垂直着陆型和通用设计，探索了宽泛的权衡范围，包括机体和系统重量优化、飞机性能、安装的推进系统的性能，以及能力平衡。权衡研究结果在适当时会应用于其他型别，并尽可能保持通用性。重量攻关团队的一个基本职责是，建立对短距起飞/垂直着陆型设计方案的信心，同时制定可靠的计划，实现三种型别的性能。

重量攻关团队的重量解决计划有 6 大方面：

(1)降低零燃油重量。基于最新安装的推进系统的性能，上下限重量评估建议在飞机平台级别减重和/或改进性能约 2 800 lb，以实现带载荷返航垂直着陆性能。机体部件(如隔框、承剪腹板、大梁、支架、蒙皮和舱盖)、飞机系统部件(如起落架、飞行控制、热管理系统和燃油)以及任务系统部件(如航空电子设备架、卡片和火控及外挂)需要优化重量。

(2)竭尽全力减重。整合减重/威胁数据库，更新并加强重量激励计划(WIP)，审查以前所有的权衡决策，不放过任何减重可能。

(3)降低需要的燃油重量。改进阻力和气动性能，使执行任务所需要的燃油重量降低。开始执行任务时需要携带的燃油少，飞机起飞时重量就轻，因此在平坦甲板上的短距起飞距离和在斜板上的短距起飞距离就短，而在平坦甲板上的短距起飞距离和在斜板上的短距起飞距离均为关键性能参数。

(4)增加性能。优化短距起飞技巧，优化垂直着陆控制容差，改进安装推力。

(5)质疑需求。仔细推敲内部需求、基本规则和各种假设。优先考虑并量化联合合同技术规范(JCS)影响。保持关键性能参数，量化与基本规则和假设有关的影响。

(6)解决增重问题。降低重量威胁,处理增重问题使增重为零。不允许重量增加。

客户的支持、参与和肯定对重量攻关团队工作的成功至关重要。客户方明白重量攻关团队工作的重要性,在整个过程中他们都是重量攻关团队的好伙伴。他们就空中系统能力的相对重要性给出了重要见解,提供了指导权衡研究过程所使用的作战属性优先级清单。成本作为独立变量(CAIV)是一种常用的设计工具,帮助确定单个项与其成本的相对值。绘制 CAIV 数据图通常会表明哪些项影响最小,但却获益最大。重量攻关团队在重量上采用 CAIV 概念,绘制重量作为独立变量(WAIV)的曲线,从而清楚地确定哪些权衡研究项影响最小,但却提供最大的减重可能。如图 4.21 所示是有关重量作为独立变量的曲线(WAIV 曲线)的一个概念示例。确定最佳 WAIV 项后,指定相关团队快速进行这些高回报的权衡研究。

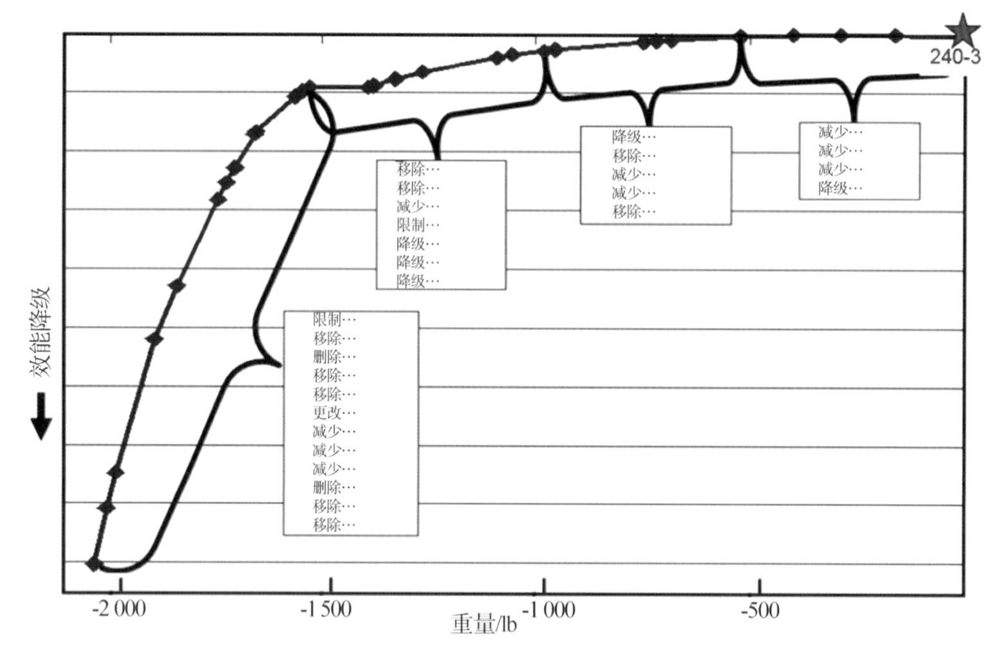

图 4.21　WAIV 曲线

重量攻关团队必须快速行动,以便建立自信,在满足四大主要要求(经济可承受性、可保障性、生存力和杀伤力)的同时保证满足紧迫的时间进度要求,并确保遵循严格的更改管理程序。通过跨团队全面协调对潜在权衡研究进行了分类,确定了优先级,并且每周都协调综合跟踪研究。对于重量攻关团队的成功至关重要的另一个方面是简化决策流程。成立了由重量攻关团队技术协调会议(TCM)和多委员会组成的两极决策委员会,其中,TCM 用于协调权衡研究的技术细节,多委员会则将几个决策委员会整合为一个单一的委员会,履行有关工程更改、合同事项和商业事项的整体决策职责。与现有的既定计划决策委员会体系相比,多委员会概念可以使重量攻关团队更快地实施更改。

1. 机体

与机体有关的权衡是所有 SWAT 权衡研究中最多的,完成了 500 多项研究,降低了约 1 900 lb的重量。这些研究的范围从紧固件的更改到重大载荷路径的更改,重量值也从100 lb 多到几分之一磅。前机身改进包括蒙皮、紧固件、起落架附件和 STOVL F-1 燃油箱。中部机身更改包括优化上蒙皮和燃油箱盖、燃油箱底板、升力风扇舱门驱动机构、龙骨梁,以及武器舱门铰链装置。对机翼的改进包括更改了机翼上部蒙皮、内部结构、隔框、发动机短舱材料、紧固件和发动机安装导轨。后机身改进包括桁梁、垂尾附件和 F－5 燃油箱。尾翼更改优化了垂尾和平尾，消除了垂尾的燃料通气空间。

2. 飞机平台系统

与飞机平台系统有关的权衡研究超过 80 次，降低重量约 490 lb。这些研究包括技术更新、材料修订、设计优化，以及裕度分析。飞行控制作动器的改进包括更改前缘襟翼传动装置、作动器储液器和阀门，以及电磁干扰(EMI)滤波器。电源系统的优化包括更改起动/发电机、28V 电池、电源板、变换器和配电单元。电源和热管理系统(PTMS)更改主要是优化闭环系统架构和组件。起落架减重措施包括优化 STOVL 前起落架和 STOVL 主起落架，以及更改材料。液压和通用作动装置改进包括更改升力风扇进气门作动装置、地面维护泵、液压蓄压器、武器舱门传动装置和材料。飞机系统的其他更改包括更改燃油系统油管、传感器、阀门和泵，以及优化布线。

3. 任务系统

进行了 40 多次与任务系统有关的权衡研究，减重约 100 lb。这些研究包括架构更改、安装更改、技术更新、材料更改和设计改进。传感器、处理器和通用部件的改进包括更改挂架，重新包装天线和干扰装置。飞行员系统的更改包括优化座舱盖、座舱盖作动器和弹射座椅。火控和外挂改进包括更改弹射式挂弹架，短距起飞/垂直着陆型还安装了弹射式挂弹架过渡梁。

4. 飞机平台

飞机平台级别的改进通常涉及多个团队和利益相关方，许多改进对重量攻关团队所有的重量更改都是最有益的。对接接头也许是讨论最多的重量攻关方面的更改，并且也是飞机组装的基础。正如前面论述的，重量攻关之前的设计在前接头和后接头处使用的是快速对接接头，这些接头被更改为更常规的集成设计，如图 4.22 所示。集成设计改进了越过接头的负载路径，减轻了临近腹板、法兰和加强肋的重量。

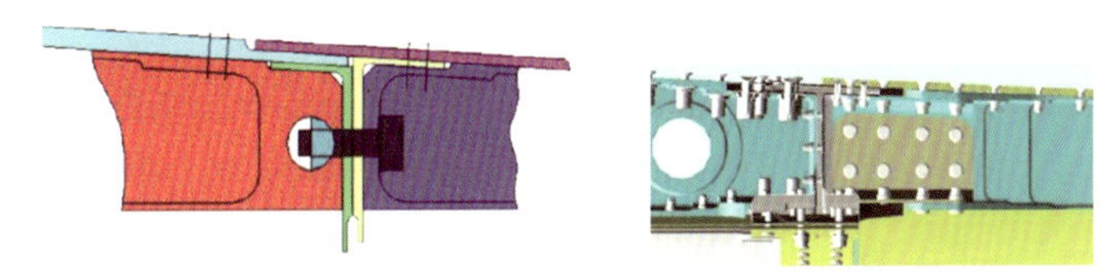

图 4.22　快速对接(左)和集成对接(右)

重量攻关之前有关中段机身和机翼的水平轴线对接如图 4.23 所示。事实证明，完成这个对接接头比最初想象的要难，也更费时。最终，中段机身被分开，发动机与进气道对接面后方的部分和机翼结合。新对接接头(见图 4.24)采用了类似于前后接头的常规集成接头理念，由此产生了重量攻关后的飞机对接概念。

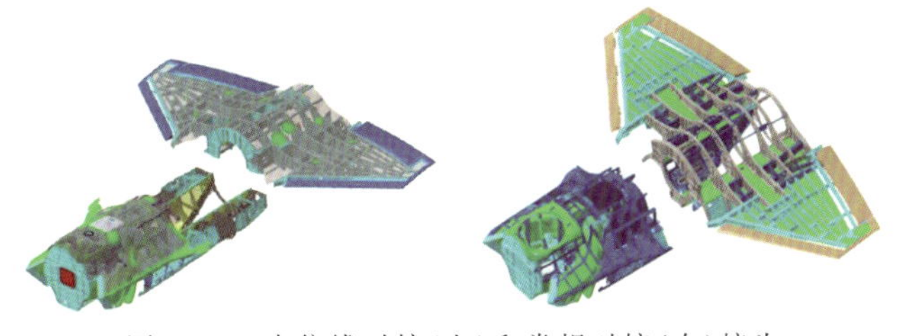

图 4.23　水位线对接(左)和常规对接(右)接头

短距起飞/垂直着陆型控制面尺寸是另一个发生重大变化的领域。改变了水平尾翼布局，但面积维持不变。襟副翼面积稍作减小，垂尾面积减小，方向舵面积稍微增大。这些改变降低了约 200 lb 的重量，这 200 lb 的重量基本上被机体和飞机平台系统飞行控制作动器均分。

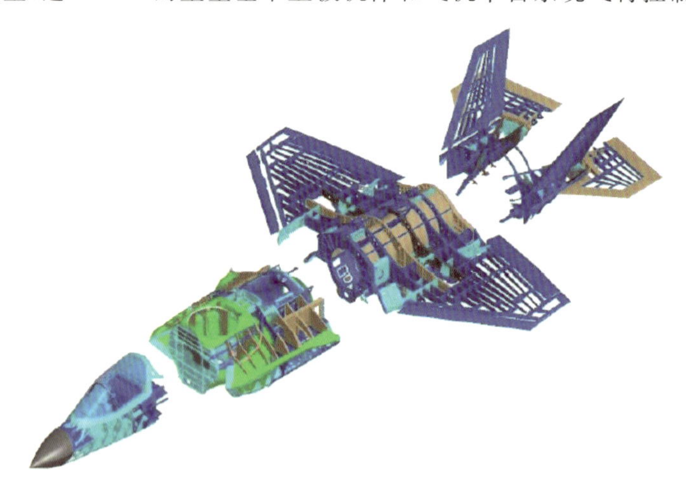

图 4.24　更改后的新对接接头

对构型进行了无数次的改变，以降低阻力，增加内部燃油容积，减少敷设，并改进设备安装。这些改变的例子包括短舱通风进口的重新定位、机身以及机翼至机身整流罩 OML 的更改、能够减小垂尾尺寸的前起落架舱门更改、集成电源包排气管的重新定向、对抗措施的重新定位及集成，发动机供油箱、上机翼口盖，以及其他一些比较小的变化，这些小变化太多，此处不赘述。

5. 推进装置

增加推力就和降低重量一样有效，它改善了全喷气式和半喷气式飞行的性能。对推进装置的几个地方进行了改进，包括更改了 STOVL 型的排气装置，从而降低了重量，同时又减小了后机身阻力。辅助进气门作动系统重新进行了布置，进气通道也略有改动，以使气流顺畅，改善压力恢复。主发动机进气口喉部面积增加了 5%，使气流顺畅，同时增加了质量流量，改进了进气道/发动机的兼容性。推进装置最后一个重大改进是采用了防倾斜喷管调制。重量攻关前的短距起飞设计是在整个起飞滑跑过程中保持防倾斜喷管打开。采用防倾斜喷管调制后，在起飞滑跑的早期阶段防倾斜喷管是关闭的，因此通过主喷管增加轴推力，从而使飞机在滑跑早期阶段就建立起飞速度；在起飞滑跑后期阶段，防倾斜喷管打开，为飞机在离开甲板前提供滚转推力。推进装置的这些改进使悬停推力增加了约 700 lb，使在平坦甲板上的短距起飞距离减小了约 100 ft，并且因为减小阻力和巡航油耗，任务半径扩大了约 26 mile。

6. 基本规则和能力

为了改进带载荷返航垂直着陆的关键性能参数能力，修订了三项基本规则。起落航线中复飞点的悬停重量比(HWR)从保守基线值增加了 1%，以更好地与传统经验和 NASA 的研究保持一致。垂直降落回收航线距离稍微缩短，同时，甲板燃油储备减少。这些基本规则的改变有效减重 745 lb。另一项基本规则也进行了修订，以改进短距起飞的关键性能参数能力。这项基本规则的修订改变了部分进出剖面，可以更好地利用最优马赫数和高度，从而减少执行任务所需要的燃油，因此，开始执行任务时，飞机短距起飞的重量就轻。

在重量攻关团队攻关之前，武器舱的尺寸在三个型别间是通用的。常规起降型和舰载型要求2 000 lb级武器挂载，短距起飞/垂直着陆型要求1 000 lb级武器挂载。如果短距起飞/垂直着陆型保持可行，那么显然短距起飞/垂直着陆型飞机不能再维持超过2 000 lb级的挂载。因此，采用了小一点的武器舱，保留携带带两枚导弹的两个1 000 lb级挂载能力。调整尺寸后的STOVL型武器舱仍然满足武器挂载要求，但允许使用重量更加有效的负载路径和更有效的子系统。站位2和站位10的外部挂载能力减至1 500 lb，改进了颤振特性，平尾尺寸也得以重新调整。另外，外部燃油箱和外部挂载空对地双负载仅限于亚音速飞行，这能够减少飞行控制作动器。卸掉了空-空站位未使用的MIL-STD-1760布线，更改了某些外涂层特征。最终的能力更改是降低短距起飞/垂直着陆型的限制速度。这些能力权衡研究共降低了540 lb重量，其中部分重量包括在之前论述的机体和飞机平台系统降低的总重内。

7.重量攻关团队的成果

重量攻关团队在为期6个月的工作中更改了600多项设计，大约降低了2 600 lb重量，增加了700 lb推力，基本规则方面的更改降低了745 lb重量。通过这些记录结果可以明显看出，重量攻关团队使技术设计恢复了坚实的基础，并且非常成功地重塑了短距起飞/垂直着陆型的可行性信心，还对常规起降型和舰载型进行了重大改进。另外，要认识到的重要一点是各型间的相关性和通用性。授予项目时，常规起降型是主导型别，其次是短距起飞/垂直着陆型，最后是舰载型。重量攻关团队解散时，主导型别转变为短距起飞/垂直着陆型，其次是常规起降型，最后是舰载型。这个决策对整个项目的成功至关重要。将短距起飞/垂直着陆型置于首位，就不得不立即处理一些最困难的项目挑战，在某些情况下，能发现一些有待发现的问题。这种优先顺序的改变，导致更好的短距起飞/垂直着陆型飞机设计比先前计划的要早些实现，同时，因通用性和相似性的缘故，产生了更好的常规起降型和舰载型飞机设计。

4.8　重量管理

F-35战斗机项目采用了卓有成效的重量管理计划，重量管理计划结果在现代战机设计史上也是空前的。政府和工业部门专家根据以往经验预测了一条特定的重量增长曲线。继重量攻关团队之后，洛马团队采用了一条远低于政府和工业部门专家所推荐的增长曲线。洛马团队始终采用这条增长曲线或低于这条增长曲线的曲线，直到最终的重量得以确认，这一时期持续了约12年。

重量攻关团队在攻关期间及之后，洛马公司与美国国防部协商后执行了许多更改，以降低F-35战斗机的重量。如图4.25所示为F-35战斗机短距起飞/垂直着陆型从重量攻关团队攻关之前到发布初始作战能力这一时间段重量执行计划的空重状态。在早期执行了上下限重量评估，以获得飞机最可能的空重预估；但最终确定重量过重，超重约2 800 lb，不能满足垂直降落要求。独立评审团队预测，通过重新设计最多只能减掉三分之二的超重。但最终这个重量控制目标却由重量攻关团队攻关实现。这些数据中有一项成就经常被忽视：因改进设计而增加的重量经重量攻关团队工作后得以降低，因此，因重量攻关团队工作而降低的总重实际上远大于2 800 lb——满足垂直降落所需要降低的重量。

随着项目进展，保持重量也许比降低重量更具有挑战性。一些专家认为，减掉这么多重量的同时还要防止未来经常会发生的增重是不可能的。历史证明，所有的飞机项目在布局和细节设计阶段都会增加重量，并且重量增长曲线通常会增加约8%或者更多；另外，在整个设计生命周期中，重量通常也会增加。鉴于F-35战斗机项目的短距起飞/垂直着陆型采用了垂直升力设计，因此空重增长曲线必须更加激进。洛马公司决定采用3%的重量增长曲线，这在军用航空历史上对于一个像F-35战斗机一样的重大研制项目来说是前所未有的。美国海军质量特性部门根据大量的军机历史数据，坚定地认为小于6%的重量增长曲线是不可能实现的。从来没有其他战斗机设计(飞机模型除外)曾如此接近6%这个挑战。但事实证明，F-35战斗机项目不仅实现了3%的重量增长曲线，而且是在系统研制与验证阶段后期把任务系统重量重新归类为空重后增加了200 lb重量的情况下实现的。

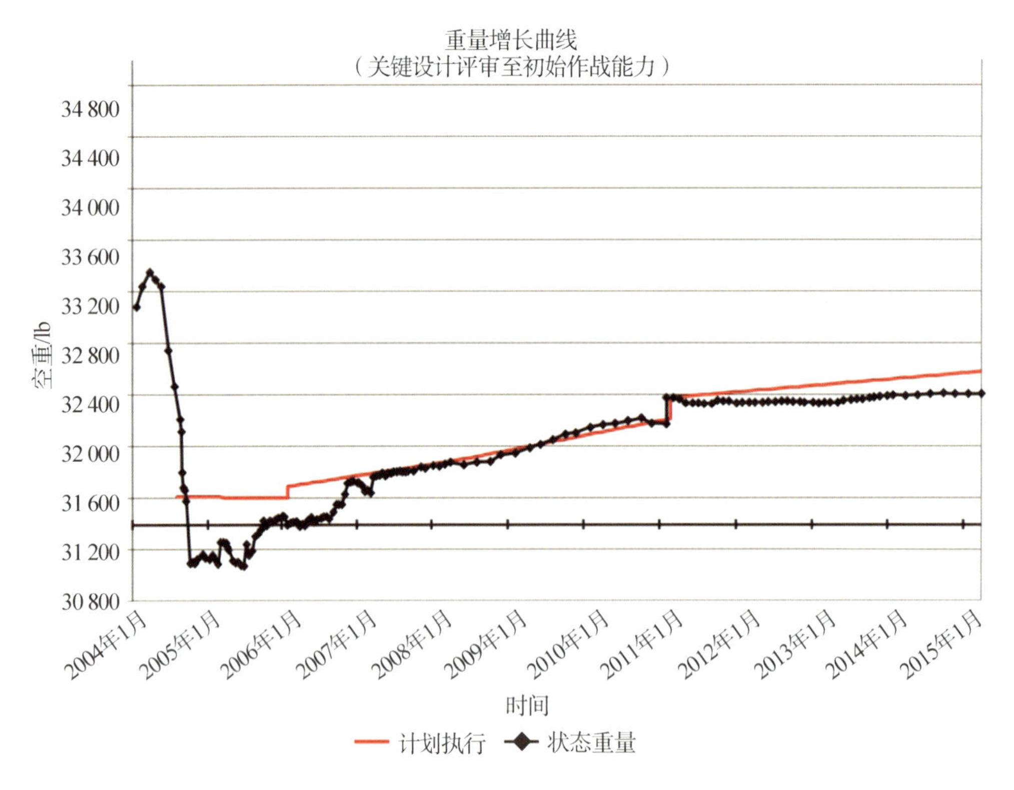

图4.25　短距起飞/垂直着陆型的重量执行计划

图4.26叠加了图4.25的短距起飞/垂直着陆型重量管理结果，以显示几种型别的军用喷气战斗机的对比结果。另外，常规起降型已经有70多个月保持空重曲线不增长。舰载型也表明了相似的结果。

许多项目共同关注的另一个领域是质量特性数据库的可信性。在项目早期曾怀疑过数据库的准确性。使情况更加复杂化的是，大型项目的重量数据库定制软件通常在市场上买不到，必须要内部开发。高品质数据是有效重量管理的基础，因此，洛马公司在开发F-35战斗机项目的数据库方面付出了巨大努力。质量特性数据库的强健性使F-35战斗机项目能够利用数据库作为权衡研究结果的智慧库。有了这些数据，就可以按部就班并高效地制定有关设计权衡的管理决策。在空运供应品和设备的单位成本、执行时间和其他因素之间进行平衡的重量分析又进一步强化了这一点。

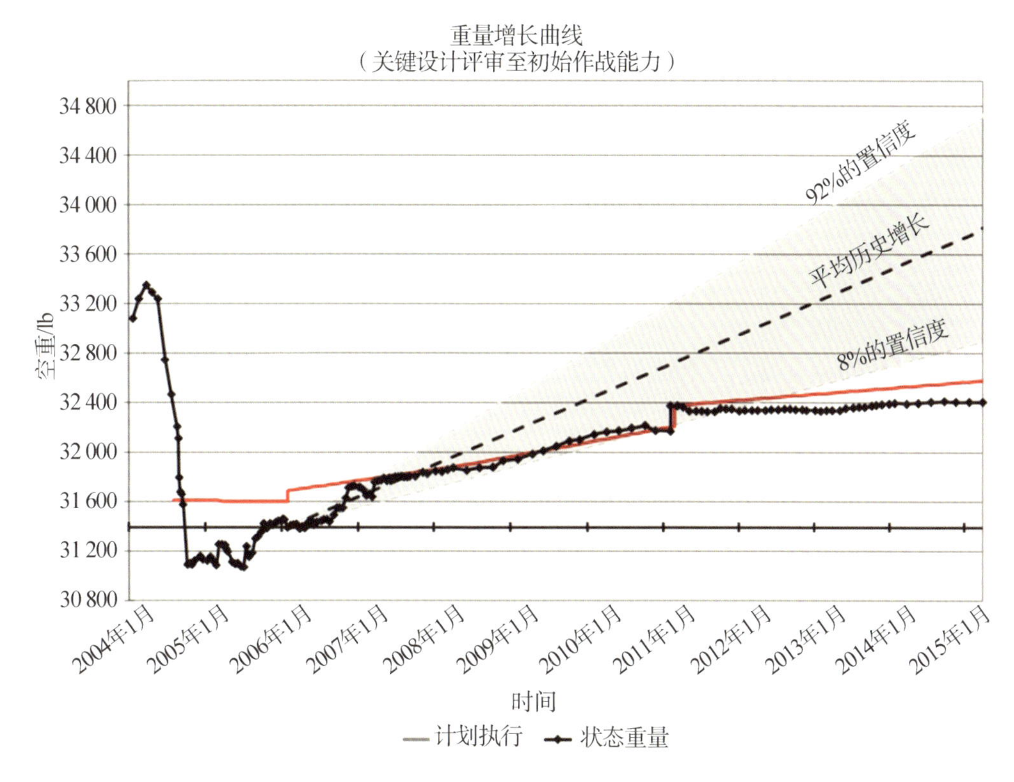

图 4.26　短距起飞/垂直着陆型的重量执行计划和历史均值对比

单个部件的重量预估分析方法最初通过实际称量部件进行验证。在称量了约 35 000 lb 的部件之后，这种验证方法被终止。后来使用高逼真度的数字实体模型重量预估方法，结果显示，这种方法非常精确，因此，没必要进一步对部件称重，因为进一步的称重连费用都不能保证。再者，随着第一批生产型飞机的完成，在每架机约 40 000 次的记录中，飞机实际重量和根据数据库得到的预估值之间的差异仅为 0.16%。洛马公司的数据库目前被认为是现有最好、最强健的质量特性数据库之一。

接下来描述实现这些结果所使用的一些方法。SWAT 之后的第一批方法之一是为了管理和控制重量而定义的整体系统方法。这个方法要求有高级管理的积极参与，并且为了强调这种参与，公司总裁启动了对重量管理和控制策略的评审，概述降低重量对项目的重要性。高级管理参与一直持续到今天。

降低重量的一个关键措施是重量激励计划。自重量激励计划实施四年来，来自洛马公司、诺斯罗普·格鲁门公司、英国 BAE 系统公司和合同下的其他公司的员工共提交了 12 140 个建议。对其中 1 148 个建议进行了评审，并批准了 855 个。个人建议的减重从几盎司到超过 70 lb 不等。个人建议被采用的员工获得金钱上的奖励。同样，通过合同行为对供应商进行激励。

与客户合作至关重要。对设计更改进行联合评估往往涉及其他领域的妥协。在政府和承包商的联席周会议上对设计更改影响进行评估，然后做出批准或否决。NAVAIR 质量特性工程部主任保罗·卡丘拉克随后这样评价联合评估，对重量增长问题的应对措施很迅速、果断——政府和工业部门团队几乎都将重点放在减重上。因此，在约 10 个月的时间内，空重净减10%以上,项目也重新向着成功进展。政府和工业领导层对修复问题的重视使团队走上了正确的道路。虽然对项目仍有不利影响,但团队人员重建信心,集中精力,力求成功。

在斟酌上述减重方法时,重要的是要认识到每项活动的相互依赖性。洛马公司航空部质量特性室高级经理维尔·杜灵顿指出,正是这种超强的执行意愿,以及前所未有的可用数据,才使项目在重量管理方面成绩卓越。

4.9 试验与鉴定

向国内外客户成功交付5代战斗机能力的一个基本要素是使飞机平台设计成熟,并通过风洞试验、地面试验和飞行试验验证相关能力。图4.27给出了三种型别验证机自2001年10月签订合同及获得授权(AIP)至2007年6月进行最终的关键设计评审(CDR)期间所进行的构型设计成熟过程以及所进行的相关风洞试验。

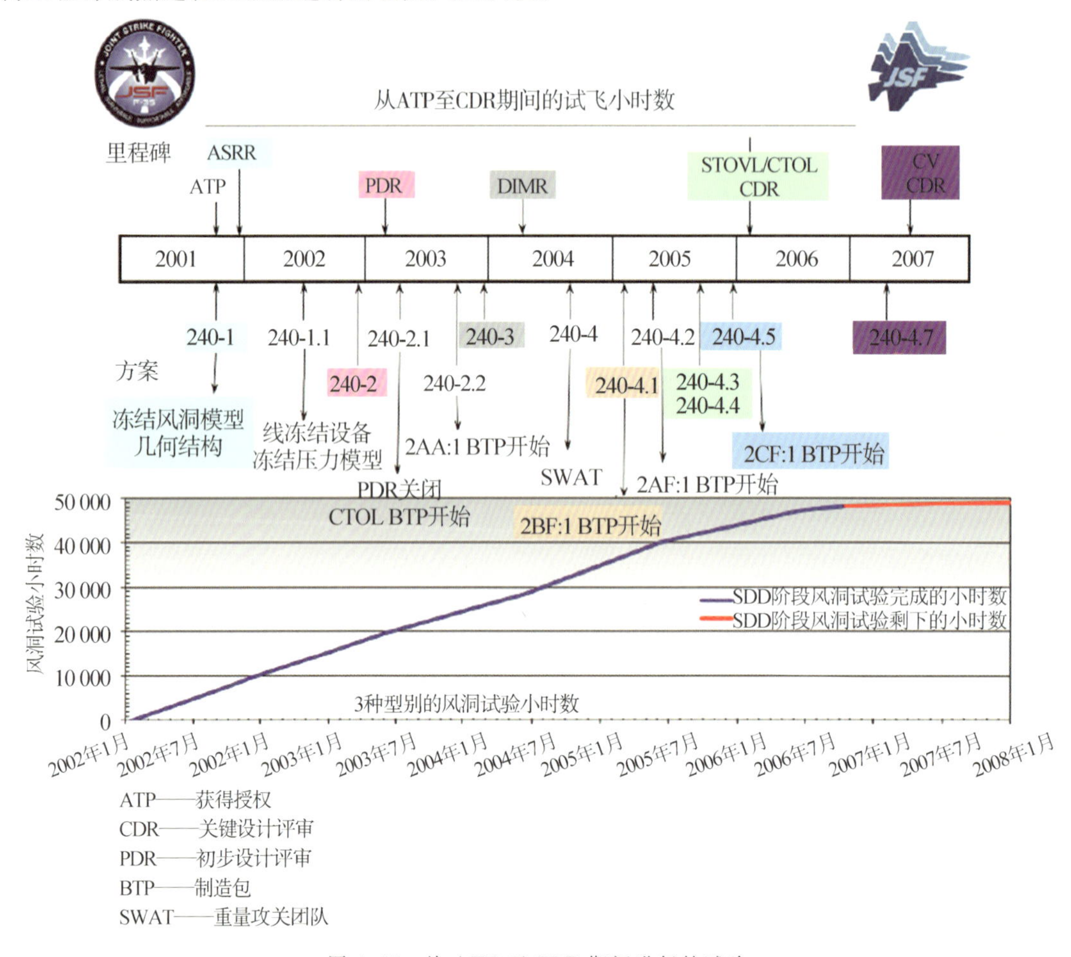

图4.27 从ATP至CDR期间进行的试验

洛马团队成功地执行了概念演示验证阶段和系统研制与验证阶段的重大风洞试验项目。概念演示验证阶段的风洞试验用于开发三种型别的验证机构型,也用于支持X-35验证机的试飞。概念演示验证阶段累计进行了19 472小时的风洞试验。系统研制与验证阶段要使三种型别验证机成熟需要额外进行 49 984 小时的风洞试验(见图 4.28)，所用风洞为美国、意大利、德国、荷兰和英国的 17 个风洞。系统研制与验证(SDD)阶段风洞试验的用户占用时数(UOH)详情见表 4.1[12]。团队还利用水洞试验(见图 4.29)，对概念演示验证阶段和系统研制与验证阶段的风洞试验进行补充。概念演示验证阶段和系统研制与验证阶段共计 69 456 小时的风洞试验，结合大量使用的 CFD 和试飞数据，一起生成了一个高度精确和关联的、迄今为止未被任何其他战机项目超越的气动数据库。

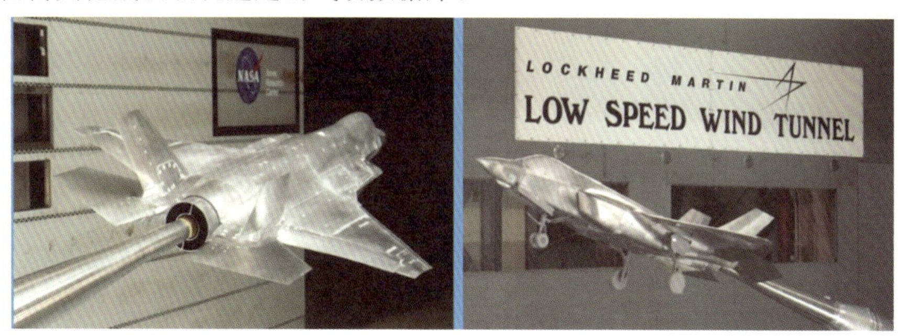

图 4.28　F－35 战斗机风洞试验

表 4.1　SDD 阶段的风洞试验汇总

试验科目	用户占用时数汇总(截至 2010 年 3 月 30 日的实际情况)												
	每年的实际情况									截至 2010 年 3 月 30 日的实际情况	未完成情况	计 划	完成情况
	2002 年	2003 年	2004 年	2005 年	2006 年	2007 年	2008 年	2009 年	2010 年				
气动分析	3 975	3 464	1 991	4 054	2 677	780	0	0	0	16 941	0	16 941	100.0%
稳定性和控制	1 435	3 168	2 582	3 319	2 315	0	0	0	0	12 819	0	12 819	100.0%
外部环境	868	677	810	556	468	308	0	0	777	4 464	0	4 646	100.0%
武器分离	1 175	578	373	732	342	445	264	0	0	3 909	0	3 909	100.0%
飞行科学	1 453	7 887	5 756	8 661	5 802	1 533	264	0	777	38 133	0	38 133	100.0%
航空推进系统	2 269	2 060	2 892	2 935	1 253	250	0	0	0	11 659	0	11 659	100.0%
颤振	192	0	0	0	0	0	0	0	0	192	0	192	100.0%
SDD 阶段的风洞试验计划	9 914	9 947	8 648	11 596	7 055	1 783	264	0	777	49 984	0	49 984	100.0%

通过风洞试验使构型得以改进的例子包括机身边条、后铰接升力风扇进气门、升力风扇钟形进气口几何外形、改进的舰载型机翼曲度和扭转，以及为了增加三种型别的燃油容积并优化阻力而进行的机身轮廓的更改。风洞试验确定的其他更改包括为改进舰载型进场速度而进行的机翼面积更改、为改善阻力而进行的轮廓改进、平尾和垂尾布局的更改，以及折叠式前起落架舱门，其中，折叠式前起落架舱门在重量攻关团队攻关期间被三种型别所采用，能够减小垂尾尺寸。

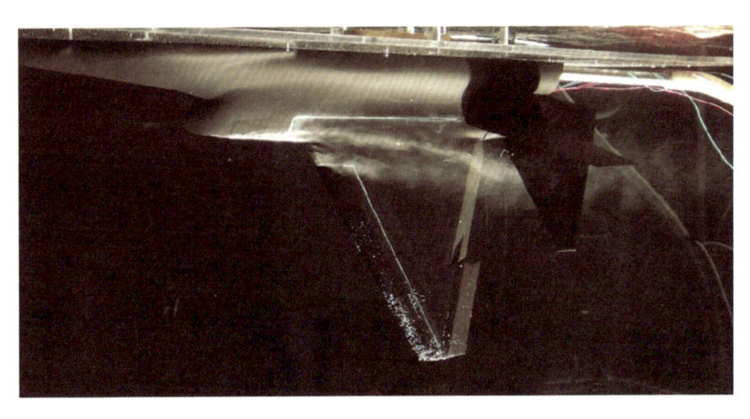

图 4.29　F-35 战斗机水洞试验

X-35 验证机在飞行前共进行了 12 次概念演示验证阶段全尺寸结构试验，达到了 100% 的设计极限载荷(DLL)。为支持系统研制与验证阶段工作需求，三种型别战斗机共进行了 547 次强度试验，包括 115% DLL 试验、150% DLL 试验，以及大于 150%DLL 的外挂负载试验[13]。常规起降型和短距起飞/垂直着陆型的耐久性试验已经完成，舰载型的耐久性试验于 2018 年完成。SDD 阶段结构试验汇总见表 4.2。

表 4.2　SDD 阶段结构试验汇总

全尺寸静力试验件的强度飞行试验架次
F-35A,AG-1:174 F-35B,BG-1:214 F-35C,CG-1:159 共计试验架次:547
全尺寸耐久性试验件的模拟飞行小时
F-35A,AJ-1:24 000 F-35B,BH-1:16 000 F-35C,CJ-1:18 761(截止到 2018 年 3 月 2 日)

2000 年 10 月 X-35A 验证机开始试飞，标志着开始进行概念演示验证阶段的试飞工作。随后于 2000 年 12 月 X-35C 验证机进行试飞。2001 年 6 月至 8 月，X-35B 验证机进行试飞，标志着概念演示验证阶段试飞工作结束。验证机试飞项目共进行了 139 架次试飞，各型的具体试飞项目情况见表 4.3。系统研制与验证阶段的试飞范围非常宽泛，以提供验证项目性能需求所需要的数据，并支持美国三个军种、国际合作伙伴和对外军品销售(FMS)客户进行飞行认证。截至 2018 年 2 月 9 日，系统研制与验证阶段的试飞项目利用 18 架飞行科学和任务系统试验机共计飞行 9 213 架次，系统研制与验证阶段的试飞项目情况见表 4.3。试验主要在加利福尼亚州爱德华空军基地以及马里兰州帕图克森特河海军航空站试飞中心进行，也包括短距起飞/垂直着陆型和舰载型的舰载适应性试飞[14]。

表4.3 概念演示验证阶段和系统研制与验证阶段的试飞项目汇总

概念演示验证阶段的试飞情况汇总		SDD阶段的试飞情况汇总(截止2018年2月9日)	
型别	飞行架次	型别	飞行架次
X-35A	27	F-35A	3 538
X-35C	73	F-35B	3 579
X-35B	39	F-35C	2 096
共计	139	共计	9 213

4.10 总 结

洛马公司F-35战斗机设计团队成功地迎接挑战,研制了一款性能卓越、跨国的、有三种型别的构型,这种构型由高度集成的复杂系统组成,并受到经济可承受性、杀伤力、生存性和可保障性四大支柱要求的强烈支撑。设计团队有效地平衡了每个军种和每个客户的独特需求,同时又优化性能,产生了一个尽可能利用通用性,同时又根据需要保留独特性以满足个别客户需求的平衡设计,以交付一个五代战机平台。这款构型有条不紊地从联合先进攻击技术发展到概念演示验证阶段,然后再到系统研制与验证阶段,同时利用一系列功能强大的试验活动,以及一个前所未有的重量控制项目,来交付杰出的、有着三款型别的F-35飞机系列,包括首架五代超声速短距起飞/垂直着陆型飞机和首架五代舰载机。

参考文献

[1] WIEGAND C,BULLICK B, CATT J,et al. F-35 Air Vehicle Technology Overview[R]. AIAA-2018-3368,2018.

[2] WURTH S,SMITH M. F-35 Propulsion System Integration, Development & Verification[R]. AIAA-2018-3517,2018.

[3] LEMONS G,CARRINGTON K,FREY T,et al. F-35 Mission Systems Design, Development, & Verification[R]. AIAA-2018-3519,2018.

[4] FREY T,AGUILAR J,ENGEBRETSON K,et al. F-35 Information Fusion [R]. AIAA-2018-3520,2018.

[5] SHERIDAN A,BURNES R. F-35 Program History-From JAST to IOC [R]. AIAA-2018-3366,2018.

[6] STEIDLE C E. The Joint Strike Fighter Program[J]. Johns Hopkins APL Technical Digest,1997,18(1):6-20.

[7] HEHS E. X to F: F-35 Lightning II And Its Predecessors[EB/OL]. (2008-05-15)[2018-06-04]. https://www.codeonemagazine.com/article.html? item_id=28.

[8] ROBBINS D,BOBALIK J,STENA D,et al. F-35 Subsystems Design, Development, and Verification[R]. AIAA-2018-3518,2018.

[9] HARRIS J，STANFORD J. F－35 Flight Control Law Design，Development and Verification[R]. AIAA－2018－3516，2018.

[10] HAYWARD D M，DUFF A，WAGNER C. F－35 Weapons Design Integration[R]. AIAA－2018－3370，2018.

[11] WILSON T. F－35 Carrier Suitability Testing[R]. AIAA－2018－3678，2018.

[12] PARSONS D G，ECKSTEIN A G，AZEVEDO J J. F－35 Aerodynamic Performance Verification[R]. AIAA－2018－3679，2018.

[13] ELLIS R M，GROSS P C，YATES J B，et al. F－35 Structural Design，Development，and Verification[R]. AIAA－2018－3515，2018.

[14] HUDSON M，GLASS M，HAMILTON T，et al. F－35 SDD Flight Testing at Edwards Air Force Base and Naval Air Station Patuxent River[R]. AIAA－2018－3368，2018.

第 5 章　F－35“闪电Ⅱ”战斗机结构设计、研制与验证

本章以 F－35 联合攻击战斗机的结构设计、研制与验证为内容，讨论 F－35 战斗机是如何以 MIL－STD－1530《军用飞机结构完整性大纲》(ASIP)标准为指导，成功制造出一种满足全球客户各种飞机性能要求和适航要求的多用途飞机平台。依据该大纲，F－35 战斗机三种型别的机体研制工作同时进行，这三种型别的机体都具有非常好的鲁棒性，能够满足世界范围 F－35战斗机用户的苛刻要求。该大纲中所定义的“飞机结构完整性大纲五大支柱”任务，确定了飞机平台从设计到分析、试验和部队管理的研制框架。飞机结构完整性大纲适用于整个飞机寿命周期内从需求定义直至退役的各个阶段。本章将介绍 F－35 战斗机研制中每一项任务的进展情况。

5.1　F－35 战斗机结构简介

F－35“闪电 II”联合攻击战斗机项目是为研制下一代攻击战斗机系列而开展的一个重大航空武器平台项目。图 5.1 展示了 F－35 战斗机结构每一种型别各自的独特要求。F－35 战斗机结构研制过程中飞机结构完整性大纲五大支柱任务的每一项任务的进展情况见表 5.1。

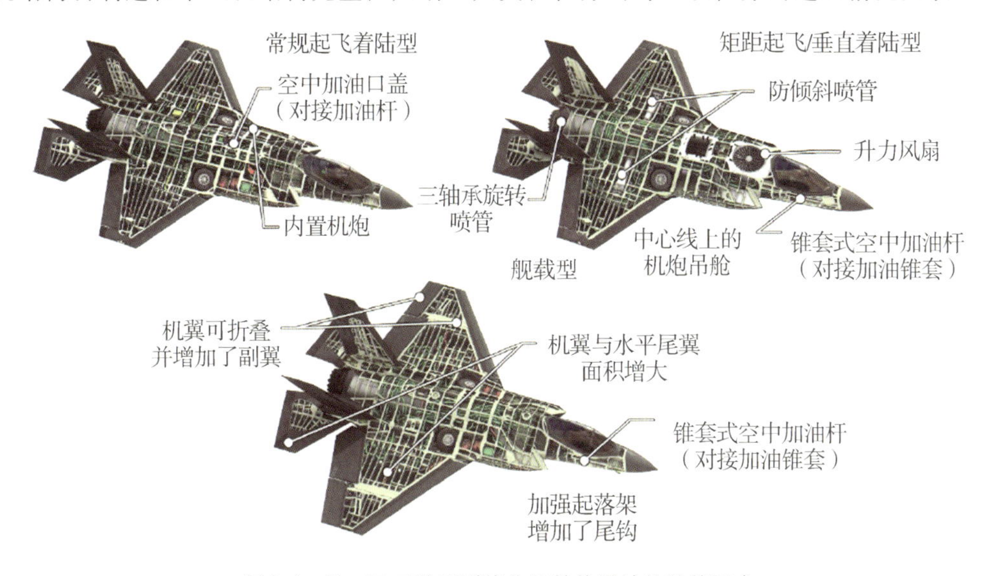

图 5.1　F－35 三种型别战斗机结构设计的独特要求

表 5.1 飞机结构完整性大纲五大支柱任务

任务Ⅰ 设计信息	任务Ⅱ 设计分析 与研制试验	任务Ⅲ 全尺寸试验	任务Ⅳ 合格审定与部队 管理的发展	任务Ⅴ 部队管理
飞机结构完整性大纲总方案	材料及接头许用值	静力试验	认证分析	单机跟踪(IAT)大纲
设计使用寿命和设计使用方法	载荷分析	首飞地面验证试验	强度概要和使用限制(SSOR)	载荷/环境谱测量(L/E SS)
结构设计准则	设计使用载荷谱	飞行试验	部队结构维护计划(FSMP)	飞机结构完整性大纲手册
耐久性与损伤容限控制计划	设计化学/热气候环境谱	耐久性试验 损伤容限试验	载荷/环境谱测量系统研制	飞机结构记录
腐蚀防护和控制大纲(CPCP)	应力分析 损伤容限分析 耐久性试验	气候试验 试验结果的解释与评估	单机跟踪 大纲制定	部队管理更新
无损检测(NDI)计划	腐蚀评估 声疲劳分析			重新认证
材料、工艺、连接方法和结构概念的选择	振动分析 气动弹性和气动伺服弹性分析			
	质量特性分析 生存性分析 设计研制试验 产品无损检验 能力评估 初始风险分析			

F－35战斗机项目是美国政府历史上最大的单项国防采办项目。该项目是在采办改革新时代进行的。这项改革的主要内容是使用基于性能的技术规范(PBS),尝试不再采用传统的分层级军用技术规范,而是对系统的最终能力状态进行规定,在武器系统的研制方面给予承包商前所未有的自由,这样就对研制和验证这种能力的过程提出了详细的要求。这种做法使政府联合项目办公室(JPO)只是洞察(insight)F－35战斗机承包商洛马公司的工作,而不是对它实施监管(oversight)。

虽然该方法已成功应用于飞机子系统的开发及其他较小采办项目,但使用基于性能的技术规范来开发一种飞机结构还是前所未有的。这种方法已经是并将仍然是飞机结构合格审定的基石。为了遵循基于性能的技术规范方法,政府联合项目办公室和洛马公司共同制定了联合攻击战斗机合同技术规范(JCS),以确定预期的结构性能参数,同时也明确确定了设计准则，以及传统上用来实现这些性能的验证分析和试验。

在政府与承包商的共同努力下，制定一个完全综合并可实施的飞机结构完整性大纲成为实现具有挑战性的机体安全和使用寿命性能要求的基础。飞机结构完整性大纲提供了一个总框架，以确保关键的工程和管理过程、技术规范和计划之间的协调，如影响飞机合格审定的质量保证、制造工程、腐蚀控制、裂纹控制、材料与工艺及结构构件开发试验计划等。JSF 项目面临的挑战是就飞机结构完整性大纲达成协议，充分解决多军种与伙伴国适航机构所关心的问题。虽然每个伙伴国在结构合格审定方面都有自己独特的传统方法，但大家一致认为，解决这一问题的最全面的根本办法是调整 MIL－STD－1530《军用飞机结构完整性大纲》(ASIP)，根据飞机结构完整性大纲的 5 项支柱任务，确定 F－35 的合格审定途径。

飞机结构完整性大纲的 5 项支柱任务是规划好的一系列任务，用于确保飞机安全和结构完整性的要求在整个机队的使用寿命周期内得到满足和保持。飞机结构完整性大纲的经济可承受性方面多是通过遵循规定的严格方法来实现的，这种方法要求尽量避免设计缺陷，同时构建足够健壮的结构，以避免昂贵的结构返工。飞机结构完整性大纲力求在维持飞机安全的同时优化成本和飞机的可用性。飞机结构完整性大纲的基础是一组为了满足项目需求而定义的试验与分析计划。这些项目需求得到满足的证据支持本章讨论的结构完整性与合格审定。

5.2　任务Ⅰ——设计信息

设计信息任务是运用现有的理论、实验、应用研究和使用经验，确定材料选择和结构设计的具体标准。任务Ⅰ的要素包括：制定飞机结构完整性大纲总方案、结构设计准则，及耐久性与损伤容限(DADT)控制计划；设计载荷，选择材料、工艺和连接方法；并定义设计使用载荷。

任务Ⅰ的主要目标是确保在 F－35 战斗机的设计中采用的准则和计划的用途是恰当的，以满足具体的作战要求。

在项目的系统研制与验证阶段，F－35 战斗机机体结构设计所需要的信息和数据已经完成。F－35 联合攻击战斗机合同技术规范规定了飞机平台的系统级设计要求。联合攻击战斗机合同技术规范是一种基于性能的技术规范，这个技术规范以具体作战参数(如速度、航程或有效载荷)定义飞机的性能。承包商和政府联合项目办公室编写的较低层次需求文件，定义了为达到要求的性能应如何具体开展工作，而对于飞机结构方面的要求，则遵循飞机结构完整性大纲框架规定。大多数结构方面的要求来自于合同，合同要求飞机安全、耐用并具有相应损伤容限，可持续使用 30 年或 8 000 飞行小时。还有一些附加的要求，是要满足基于性能的技术规范，包括作战半径、有效载荷需求、简易基地、飞行性能特性等。

F－35 战斗机结构设计准则是任务Ⅰ生成的第一个也是最基本的结构要求文件之一。联合项目办公室-洛马团队采用联合军种技术规范指南(JSSG—2006)作为结构设计准则(SDC)的基本框架，剪裁了其中的飞机平台级性能要求(速度、武器等)指南，并调整了 JSF 联合攻击战斗机合同技术规范定义的和平时期日常训练方法。完整的 F－35 战斗机结构设计准则文件包含确定结构设计载荷所需的所有飞机设计参数，包括重量、武器挂载和使用、速度、载荷系数、气动弹性稳定性要求、下沉速度、舰载适配性参数等，确定的设计载荷在经过应用和验证后，要能确保每个 F－35 型战斗机别都符合性能要求。值得注意的是，在项目早期就决定，在结构设计重量中，将空重增长预测一直延伸至具备初始作战能力时的相应值，从而降低“载荷蠕变”风险以及相关的使用寿命和性能限制问题,因为这些问题过去一直困扰着其他飞机项目。

F-35战斗机结构设计准则文件还将JSSG—2006附录A-3(预期任务剖面、任务组合、舰载 *vs.* 陆基等)中规定的8 000飞行小时使用寿命和设计任务用途,分解为用于确定每一型别基线载荷谱所需的完整作战参数定义。针对每一种型别的参数定义包括以下几个。

(1)每一个寿命周期内的每种任务的数量与类型。

(2)每1 000飞行小时中平均和第90百分位机动载荷系数超越数,这个值是通过对老式飞机实测使用数据进行分析确定的。

(3)着陆的次数和类型(垂直着陆、舰载拦阻等)以及着陆下沉速度的分布情况。

(4)起飞次数和类型,包括弹射起飞、滑跃起飞、短距起飞。

(5)与滑行、转弯、刹车有关的滑行和地面操作谱,以及跑道粗糙度。

基准使用方法以及由此产生的载荷谱的重要性,再怎么强调也不为过,从详细设计到全尺寸试验,再到部队的寿命周期管理,每个飞机结构完整性大纲任务都依赖于这些信息或受到这些信息的影响。

最后,结构设计准则还定义了对每个需求的验证要求,包括检查、分析、演示试验,或是这些方法的组合。这些验证要求与对应的联合攻击战斗机合同技术规范需求相关联。

为了支持系统研制与验证合同关闭,还建立了一个交叉验证参考矩阵(VCRM),详细说明了验证目标,并共同制定了验证每个联合攻击战斗机合同技术规范需求的成功标准(SC)。成功标准的关闭可以在验证试验与评估(VT&E)数据库中跟踪,成功标准的关闭支持联合攻击战斗机合同技术规范的关闭,而联合攻击战斗机合同技术规范关闭反过来又会支持系统研制与验证合同的关闭,F-35战斗机结构合格审订程序如图5.2所示。

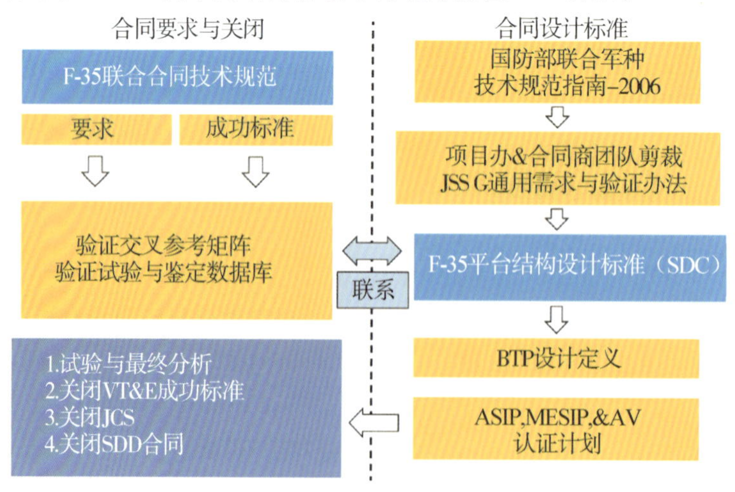

图5.2 F-35战斗机结构合格审定程序

在结构设计和分析中,确定使用环境至关重要。图5.3重点介绍了如何利用风洞数据和建立的气动数据库来确定静力载荷和外部载荷。F-35战斗机基于性能的技术规范要求交付飞机的90%都要满足8 000飞行小时和30年使用寿命的全使用寿命周期要求。这是通过老式飞机的强度系数(例如,设计和试验时的第90百分位数的使用谱)所得出的强度谱来实现的。而对确定服役寿命的分析标准并没有进行规定。在F-35战斗机项目开始时,就已经对这三种型别提出了通用的使用寿命分析标准。然而，经过政府联合项目办公室、美国空军和美国海军的讨论，无法就所有军种共同的标准达成一致，于是决定采用可以反映美国各主要用户传统经验的寿命分析标准。因此，采用基于裂纹扩展的准则，并结合耐久性分析的第 90 百分位任务谱，以及损伤容限分析的第 50 百分位任务谱的平均值(类似于以前的空军飞机)，对 F-35A 战斗机进行了使用寿命分析。而 F-35B 战斗机和 F-35C 战斗机的设计采用了裂纹萌生准则结合基于空中临界点(CPITS)的强度使用谱进行耐久性分析，而损伤容限分析则利用裂纹扩展分析方法结合同样的强度空中临界点谱进行。

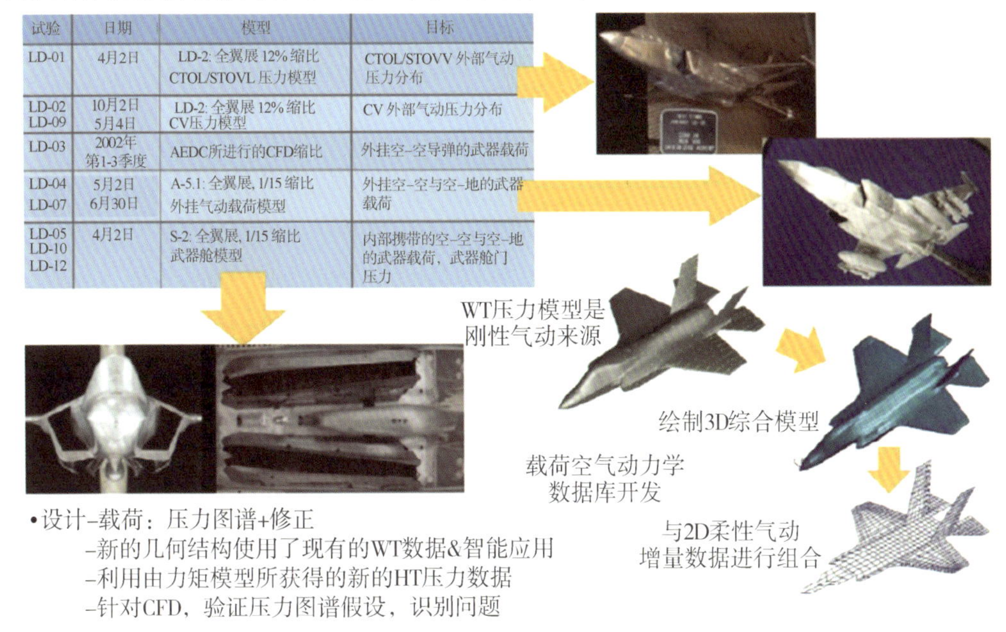

试验	日期	模型	目标
LD-01	4月2日	LD-2: 全翼展 12% 缩比 CTOL/STOVL 压力模型	CTOL/STOVV 外部气动压力分布
LD-02 LD-09	10月2日 5月4日	LD-2: 全翼展 12% 缩比 CV压力模型	CV 外部气动压力分布
LD-03	2002年 第1-3季度	AEDC所进行的CFD缩比	外挂空-空导弹的武器载荷
LD-04 LD-07	5月2日 6月30日	A-5.1: 全翼展, 1/15 缩比 外挂气动载荷模型	外挂空-空与空-地的武器载荷
LD-05 LD-10 LD-12	4月2日	S-2: 全翼展, 1/15 缩比 武器舱模型	内部携带的空-空与空-地的武器载荷，武器舱门压力

图 5.3 载荷风洞试验数据与气动数据库的开发

空中临界点方法以机体每个主要部件的一个空中临界点(CPITS)为基础，空中每一个临界点都是一个特有的马赫-高度组合。如图 5.4 所示，有多种构型和重心的每一个参考飞机重量都被用于空中这样的控制点上。为主机体每一个部件建立基于空中单个临界点的损伤参考等级。然后建立空中多个临界点的单一谱，其目标是使单个部件的损伤不小于参考等级的 80%。增加了补缺周期(Catch-up Cycles)，使每个关键部件的损伤水平尽可能接近 80%的目标。

对于 F-35B 战斗机和 F-35C 战斗机来说，空中临界点方法导致飞行任务中的超声速飞行超过 50%，这比实际情况要多得多。因此，对后机身和尾翼结构的要求特别严格。另外，还有 30%的使用时间在海平面上，这对于机翼结构来说至关重要。与空中临界点不同的是，F-35A型别战斗机所使用的基于任务的载荷谱直接以联合攻击战斗机合同技术规范中提供的任务剖面对应的马赫数、速度、高度和质量特性为基础。

为了使 F-35 战斗机项目在新的采办模式下获得成功，必须制定一个强有力的飞机结构完整性大纲总方案。这个总方案概述了材料选择、结构设计与分析以及合格审定试验要求方面的准则，并制定了一个路线图，以确保所有合格审定和验证证据都可以被识别、规划和控制。F-35 战斗机项目被授予以洛马公司为首的三家公司。诺斯罗谱·格鲁门公司和 BAE 系统公司加入洛马公司，成为其 F-35 战斗机项目的合作伙伴。洛马公司作为牵头公司，负责整个项目的整合。得克萨斯州沃斯堡团队负责前机身和机翼结构设计。加州帕姆代尔工厂负责所有操纵面和边缘的设计，帕姆代尔团队与BAE系统公司团队合作比较密切，因为BAE系统公司团队负责平尾、垂尾和后机身设计，诺斯罗谱·格鲁门公司负责中机身结构设计。

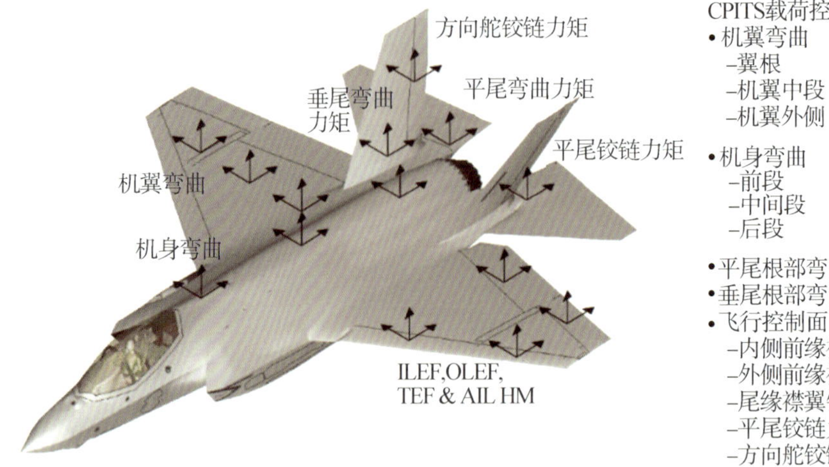

图5.4 CPITS载荷控制点

三家公司组成的团队高度重视F－35战斗机项目的规划和协调，以确保建立一致的设计和分析标准。利用三家公司的最佳经验做法，汇总编制了F－35战斗机具体的设计和分析手册和通用工具集，并通过更详细的附属文件对结构学科提供指导。例如，出版了结构分析方法和设计标准（SAMDC）、耐久性和损伤容限指南和控制计划以及绘图需求手册，作为F－35战斗机专门的指南。SAMDC定义了研制团队进行结构分析的方法、策略和标准。另外，还要经常举行协调会议，以确保三家公司的所有结构分析策略都得到满足，并讨论如何借鉴经验去解决问题。在布局和设计阶段，对每个合作伙伴工作站点以及主要分包商站点进行了频繁的审查，审查了F－35战斗机结构的设计与分析，以确保策略和标准得到适当应用，所设计形成的结构是能够满足要求并且重量最轻的。另外，选择通用的设计工具套件并通过精心控制接口来控制绘图，实现了多站点间的协作。还建立了一个中央数据库，即产品数据管理（PDM），使所有合作伙伴都能参与最新的设计。这种“数字线索”可以使三个合作伙伴在团队内开发和共享数字模型，并在模型发布后将它们发送给供应商进行制造。

在环境描述文件（EDD）中，对前面所讨论过的结构设计准则的设计使用要求做了进一步的细分，其中包含了详细的用途和环境数据，以便向任何需要它的工程小组，特别是那些负责飞机机械和电气系统的采办和合格审定人员提供这些信息。在环境描述文件中定义了寿命周期和极端使用情况，例如高空大马赫数总飞行时间、高温环境总使用时间，大迎角飞行时间等。这些数据反过来成为使用情况和环境数据的基础，如：子系统设计使用情况，振动与声学环境、温度环境，以及湿度、水分和降水环境。

F－35战斗机耐久性和损伤容限控制大纲确定并分配了所有必要的裂纹控制任务，以确保符合耐久性和损伤容限设计要求，并持续保持结构完整性。裂纹控制委员会确保所有F－35战斗机团队一致执行耐久性和损伤容限控制大纲的要求，并按照耐久性和损伤容限要求向产品团队提供指导。委员会成员包括压力、耐久性和损伤容限、材料和工艺（M&P）、设计、制造、质量保证等学科，以及与下属综合产品组直接联系的机身综合产品组（IPT）。同样，

F-35 战斗机防腐蚀控制大纲确定并分配了腐蚀控制任务的责任。防腐咨询委员会监督所有 F-35 战斗机团队防腐蚀与控制腐蚀所需设计要求的一致执行情况。无损检测需求审查委员会(NDIRRB)指导 F-35 战斗机小组和所有分包商开发无损检测能力,以确保飞机结构的质量满足要求。它们还确保支持服役飞机所需的无损检测能力能够得到明确界定,并能及时获得。

确定并审查了材料、工艺和连接方法,并批准了在机身结构上的应用。如图 5.5 所示,开展了更复杂的积木式组件试验,以便提供用于证明符合结构设计要求的工程数据。在授予合同后确定了结构积木式组件开发计划,并将其记录为 F-35 战斗机系统试验计划的一部分。作为 F-35 战斗机积木式组件试验项目的一部分,开展了样件与元部件级(Coupon and Element Level)试验,以形成可用的材料性能,确定材料和工艺的合格性,确定连接方法,并为 F-35 飞机的具体设计确定强度、耐久性和损伤容限。

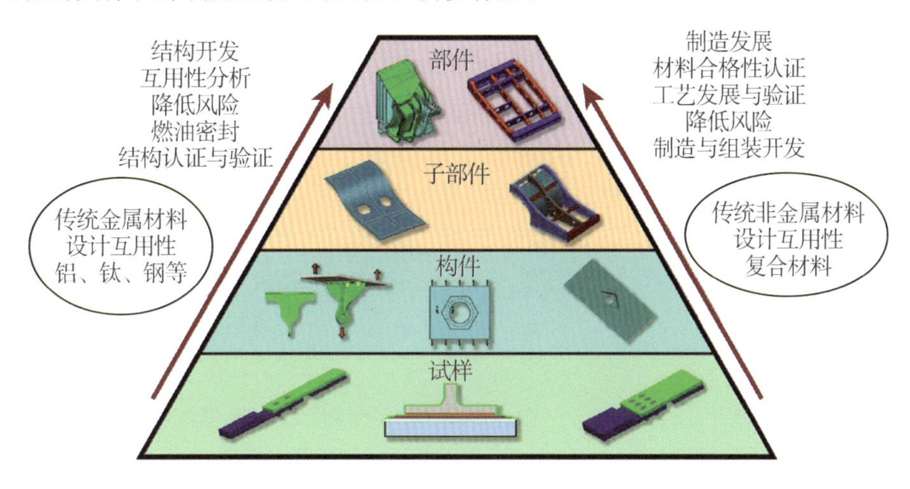

图 5.5 积木式组件试验

在材料技术规范中对物理、机械和化学特性及其属性进行记录和控制,并通过要求的来料接收和质量保证程序加以验证。设计应用中使用的所有材料都包含在发布的技术规范中。机身制造过程中使用的工艺,从零件的详细制造到最终装配,都按照图纸上的规格参考和制造操作说明或工艺公告进行控制。

5.3 任务Ⅱ——设计分析和研制试验

一旦建立了设计和分析程序的框架,团队就准备进入结构布局阶段,使结构构型进一步成熟。

由于最初非常关注经济可承受性和结构通用性,迫使 F-35 战斗机采用了一种结构比较重且缺乏有效的机翼、挂载结构传力路径的构型。因此,项目开展了减重工作(如 Counts 1 所描述的那样[1]),最终大大改进了飞机结构平台。然而,这一重大设计变化对时间进度产生了极大压力,因为当时战斗机三个型别都已进展到了相应设计阶段,如图 5.6 所示。这样一来,这三家公司设计团队如何安排进度,就成为三个型别如何按进度完成设计的重要杠杆。

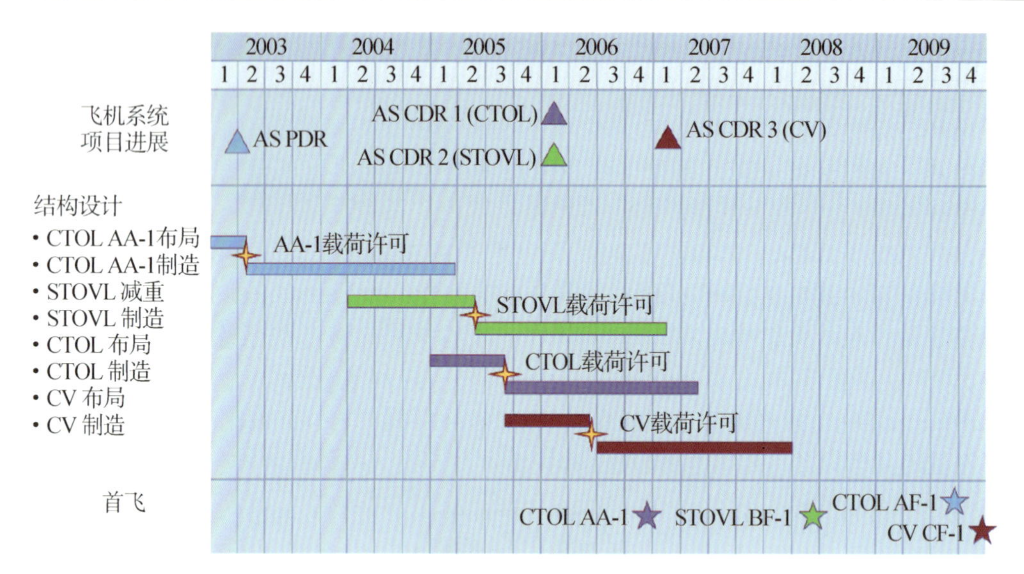

图 5.6　F-35 战斗机结构设计时间进度表

为了完成这项艰巨的任务，结构工程团队需要寻求一种方法，从全世界范围内吸引工程人才。洛马公司和合作伙伴聘请了来自世界各地多家工程公司的工程师，进行全球工程协作，如图 5.7 所示。对于 F-35 战斗机项目，一种通俗的说法是：“对于 F-35 战斗机项目，太阳永远不落。”这是通过之前提到的数字线索技术实现的。所有数据都在持续更新并可用，完全实现了 24/7(每周 7 天每天 24 小时)工作效率。任务 I 所建立的飞机结构完整性大纲框架可以适应来自多家不同公司的工程师，每个公司都有他们自己的设计和分析方法，以符合 F-35 战斗机项目所使用的标准程序。项目执行已确定的标准和计划，确保所有参与设计的工程师采用的设计和分析程序是一致的。

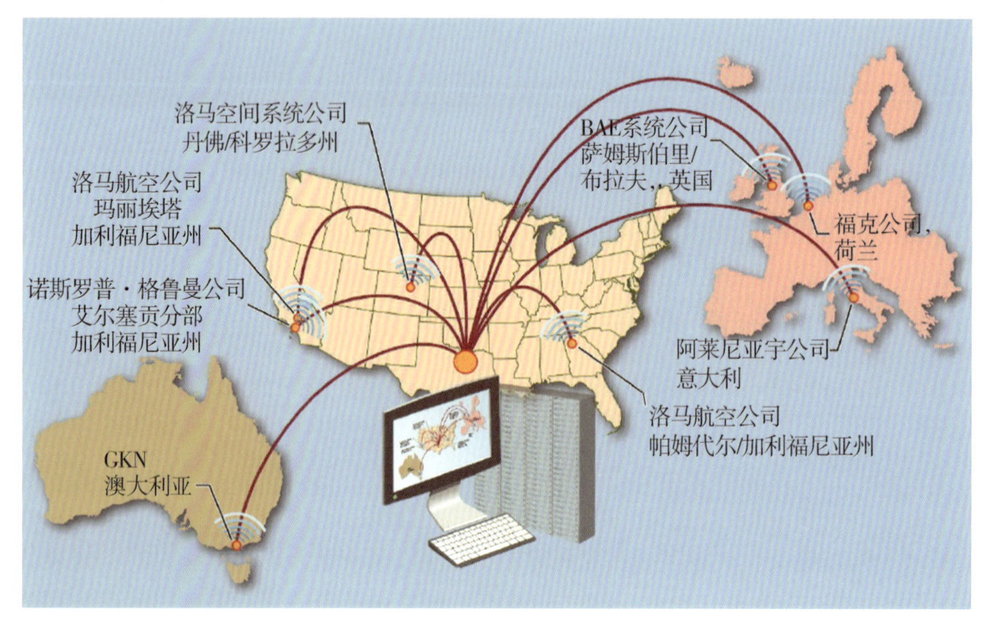

图 5.7　全球工程协作

机体结构成熟过程是一个严格有序的设计过程，如图5.8所示。这些阶段的要素将在下文讨论。

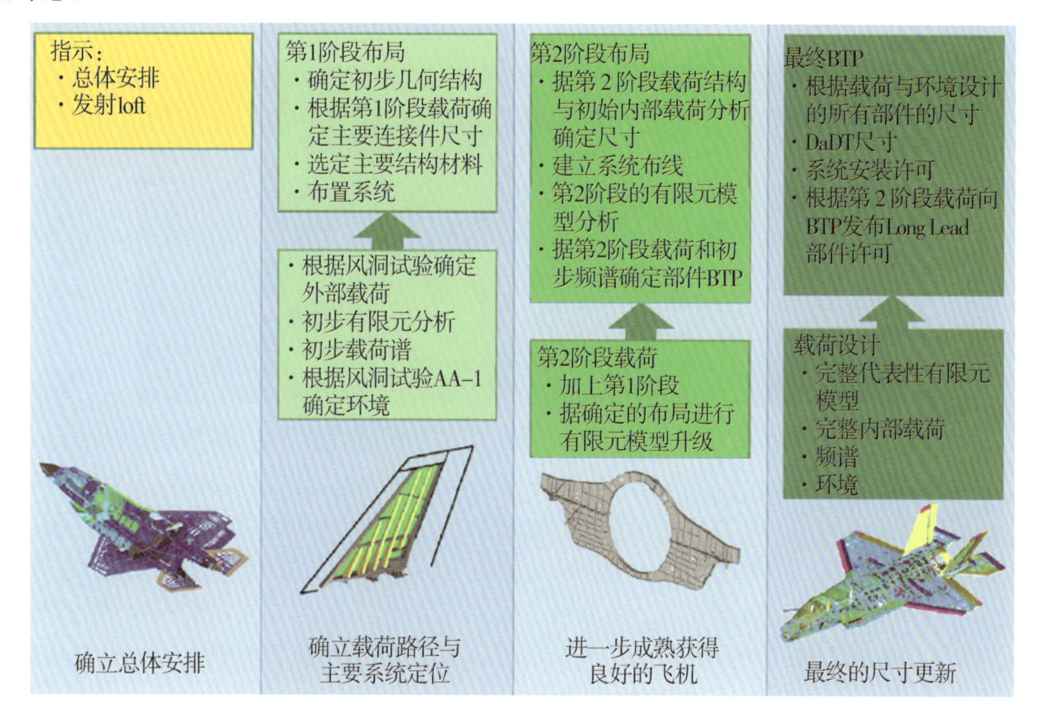

图5.8　机体结构成熟过程

由于F-35战斗机项目的范围非常广泛，复杂性非常高，其结构技术小组面临一系列组织机构方面的问题。结构技术小组负责外部载荷、结构动力学和颤振，以及飞机整机级有限元分析(FEA)和内部载荷。结构技术小组的第一项任务是确定如何高效和有效地将三种型别的外部和内部载荷数据传送给世界各地多个团队的工程师。不同型别的设计载荷数据库的形式和内容必须保持一致，以避免发生误解，并确保得以正确使用。所有类型的设计载荷，无论它们是通过何种方法生成，都必须以准静态的方式表示(这就使得差异对设计团队来说是透明的)，并能够简单地转换成地面试验载荷。另外还确定了在载荷数据库中组合加载的有效方法，例如燃油压力与气动载荷的组合加载。

在构型发展初期，着重强调了颤振的预防和气动弹性稳定性。在颤振与发散分析的基础上，综合采用商用货架产品(COTS)软件和洛马公司的专有方法，对操纵面和尾翼平面形状、铰链轴线、蒙皮厚度、承力点位置和武器挂架几何结构进行了优化。采用了一种专用风洞颤振模型(见图5.9)，在NASA兰利的跨声速动力学风洞对F-35C战斗机后机身、垂尾、平尾和方向舵进行了试验，收集了颤振分析模型相关性的经验数据。获得的数据有助于确定垂尾和平尾转动刚度要求，描述垂尾、平尾和方向舵之间的非定常气动相互作用特点，开发用于颤振分析的跨声速凹坑(dip)修正，并确定了保证平尾和方向舵自由作动的间隙值。确定了所需的控制面转动刚度后，颤振团队成员就与设计、应力和飞行控制硬件工程师一起工作，以最有效的方式将所需的刚度分配给每个单独的部件。这一过程还对包括未来维修储备重量在内的可用重量进行了分配。在整个项目过程中，每一型别都使用了专用有限元模型(FEM)，这些专用有限元模型均得到了优化以进行动态分析,并且都是由飞机有限元总模型派生出来的。F-35战斗机每个型别的专用有限元模型都对动力学分析进行了优化,这些专用模型都是从F-35战斗机有限元总模型推导而来的,并且在整个项目过程中使用。通过对每个型别的概念开发评审(CDR),表明所有设计都完全符合结构设计标准的气动弹性稳定性要求。

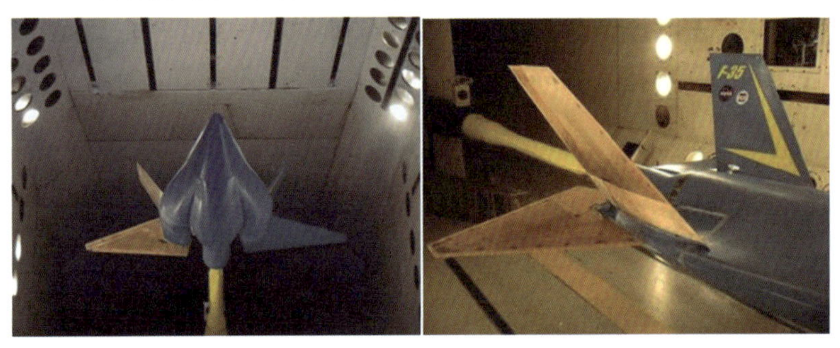

图 5.9 NASA 兰利跨声速动力学风洞中的 F-35C 战斗机后机身与尾翼颤振模型

在项目的早期,确保了在初步强度和寿命设计中充分考虑尾翼、机翼和控制面的抖振载荷。前机身涡流与尾翼的相互作用引起的抖振,以及非定常跨声速流产生的机翼抖振,在老式战斗机的设计过程中一直都是一个难题。在过去,这些问题通常直到飞行试验才会被发现,从而导致后期修正缺陷费用昂贵且具有颠覆性。最先开展水洞试验,确定机尾抖振的气动力作用,并为进一步的风洞试验指明方向。然后进行风洞试验,测量机尾与机翼表面的非定常压力。图 5.10 为水洞试验和风洞试验的结果,这是确定抖振载荷的基础。在动力学瞬态响应分析中,采用适当缩比(scaling)后的非定常压力作为强制函数,计算产生的抖振载荷。然后,将这些结果与适当的稳定机动载荷相结合,形成内部载荷数据,用于飞机结构设计。随着分析逐渐成熟,AA-1 试验飞机被用来进行高载力(High Force-Level)的尾翼地面振动试验(GVT),以测量垂尾和平尾抖振响应在整个结构中的传播程度。这种试验的结果被用来确定高载条件下更有代表性的结构阻尼,从而确定设计载荷。

水洞试验显示涡流相互作用

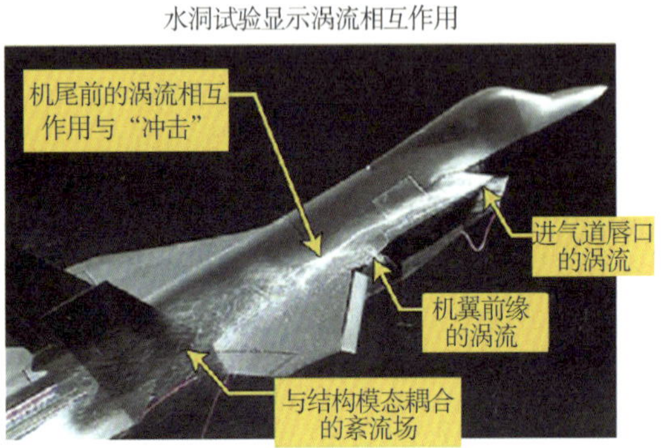

数据产品:
SWAT支持垂尾与方向舵(10月4日)
STOVL设计载荷(12月4日)
CTOL设计载荷(3月5日)
认证规划中的应力研究(10月5日)
CTOL飞行试验计划(12月5日)
STOVL/CTOL抖振报告(2月6日)

风洞试验
1/40比例的水洞试验(3月2日)
LD-01/02早期平尾试验(5月/10月2日)
LF-02首次垂尾试验
LF-03抖振翼刀(1月3日)
HF-06首次机翼抖振试验(4月3日)
LD-11 STOVL/CTOL数据库(4月4日)

由计算的抖振响应产生的部件载荷

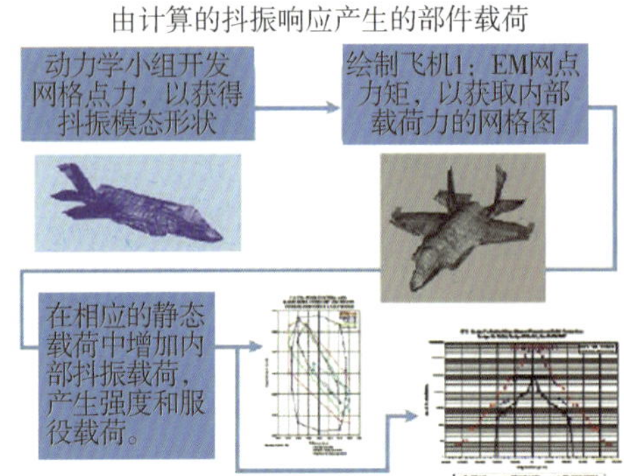

图 5.10 水洞试验的风洞试验

初步开发了全机身有限元模型(FEM),为结构分析小组提供内部载荷集,以进一步完善主要结构的载荷路径。在这一阶段,重点是确定一个稳定的适航平台,然而,正如飞机结构完整性大纲五项支柱任务中所述,飞机的使用寿命也是一个考虑因素。在这一阶段,初步编制了使用载荷谱,以确保结构布局符合使用寿命全部要求。

设计团队在第一阶段布局期间进一步完善了结构构型,尽可能考虑零部件的通用性,减少特殊零部件的数量,为所有三个型别节省设计时间。结构材料的选择也得到进一步确定。在这一阶段,系统设计小组从飞机和任务系统小组接收了系统组件定义,并确定了主要系统的位置,为各种路径预留了空间。

第一阶段的退出标准是在确定并理解主要载荷路径的基础上确定了机身构架,确定了所有主要子系统的位置,并确定了附件连接构型。

第 2 阶段的一部分工作,是继续确定外部静力载荷和使用负荷。使用第 1 阶段确定的构型和更新的外部载荷数据形成了全机身初步有限元模型,为结构分析小组提供内部载荷数据,以进一步确定结构部件的尺寸。在这一阶段,所有子系统接口控制包(ICP)都已最后确定,以确保有足够的空间,并且确定了连接特性。这些接口控制包还进一步确定了电气系统、液压系统、燃油系统和冷却系统的需求。建立了这些系统的路径,确保结构构型中留有足够的间隙。其中包括导线线束、燃油输送管、液压管路和液体冷却管。通过第二阶段的工作,飞行器架构趋于更加成熟与明确。

在最后阶段,所有的载荷信息都得以确定,可以纳入各种环境条件,如温度和振动。随着零部件更加明确,最终形成了一个具有完整代表性的有限元模型(见图 5.11),其中的结构部件尺寸都是在第 2 阶段工作中确定的。

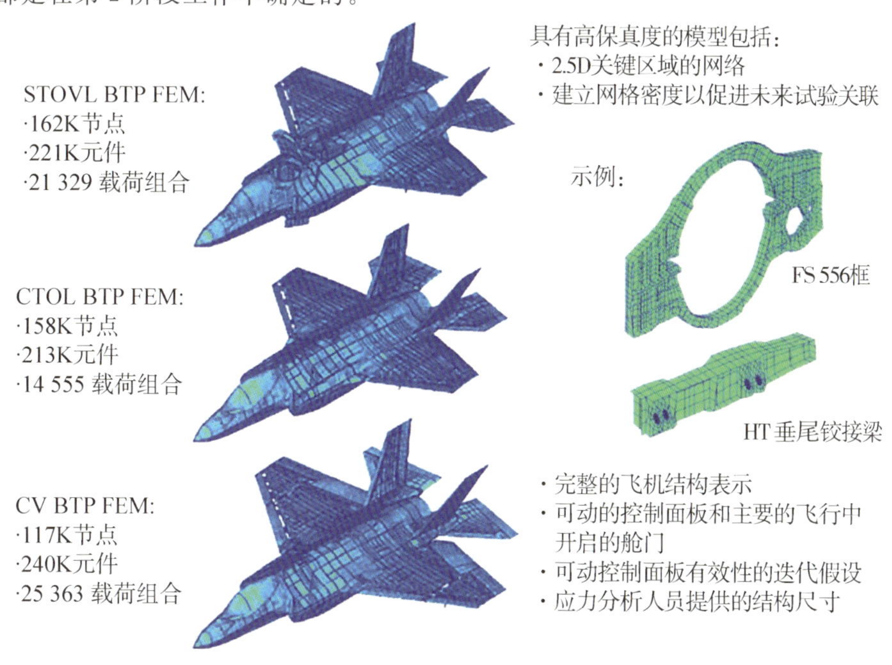

图 5.11　飞机内部载荷的有限元模型

结合更新的外部载荷数据,发布了一整套内部载荷数据,对机身结构所有部件和组件的最终尺寸进行了调整，最终发布了制造包，即图纸。所有系统的安装图纸也已成熟并发布。三种型别的总出图数量超过55 000张。图5.12中所示为所有原始图纸的发布情况，代表了结构完善过程结束，并确定了用于飞行试验的系统研制与验证基线构型。

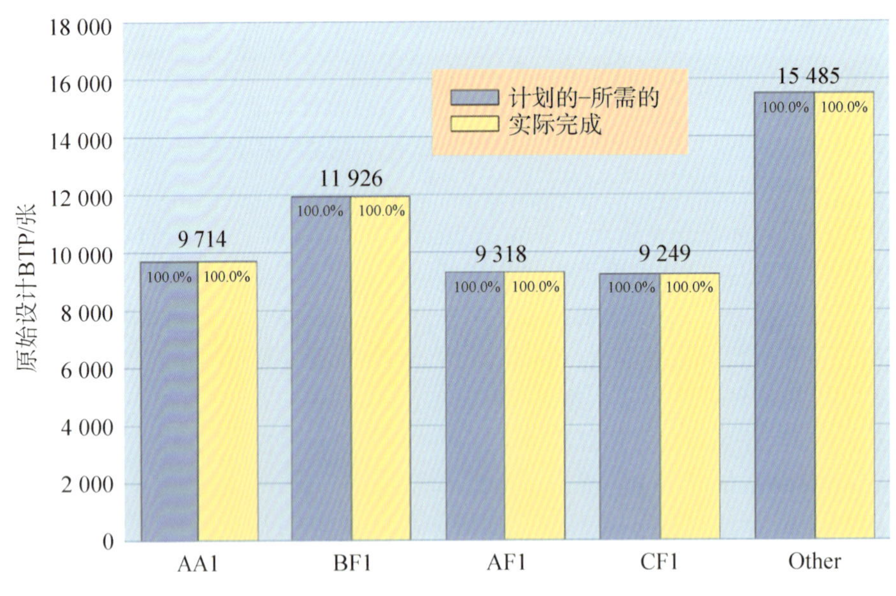

图5.12　原始图纸(发布的BTP)总数(55 692张)

5.4　任务Ⅲ——全尺寸试验

任务Ⅲ的全尺寸机体地面和飞行试验的目的是验证设计强度、耐久性、振动、颤振、气动伺服弹性，以及为其他结构分析提供必要的数据，使战斗机具有一个安全的飞行包线，并为作战机队提供管理使用寿命所需的数据。

制定了一个严格的结构试验计划，以验证合同要求，并为每一种型别的机体强度和耐久性提供合格审定证据。前面提到的积木式试件试验方法为全机身地面和飞行试验方案奠定了基础。这个试验计划包括以下内容。

(1)部件级合格审定试验。

(2)每一种型别都分别有一架全尺寸静力试验与耐久性试验机。

1)三个全尺寸静力试验件(机身、机翼和垂尾)。

2)三个平尾静力试验件。

3)三个全尺寸耐久性试验件(机身和机翼)。

4)三个平尾耐久性试验件。

5)三个垂尾耐久性试验件。

6)全尺寸前主起落架静力试验件。

7)全尺寸前主起落架疲劳试验件。

(3)一架组合"落震"试验/拦阻(barricade)/实弹试验机。

(4)试飞飞机任务分工。

1)载荷测试仪器的验证试验和标定:AF-2,BF-3 和 CF-2。

2)颤振,包括 GVT:AF-1,BF-2 和 CF-1。

3)飞行载荷,抖振,挂载武器发射响应:AF-2,BF-3 和 CF-2。

4)STOVL 舱门和升力系统,着陆和滑跃载荷:BF-1。

5)舰载弹射和回收载荷:CF-3。

(5)单项地面试验,用于协助设计开发。

这些试验的目的,是为确定材料特性并降低材料风险、降低制造风险、开展结构相关性分析和标定、选择可用材料、开展合格性验证与合格审定提供必要的信息。

F-35 战斗机项目的三种型别,分别由三家公司组织设计,且计划进度紧迫。因此,全尺寸静力试验与耐久性试验面临前所未有的挑战和机遇。最初为系统研制与验证阶段规划了七架专用试验机体。随着项目逐步成熟,舰载型“落震”试验(在得克萨斯州沃特飞机工厂进行)与静力试验(见图 5.31)合并使用同一架试验机,使地面试验机的数目减少到 6 架。这也首次实现了同一飞机研制项目中的三种不同型别同时进行试验的先例。全尺寸地面试验任务在洛马公司和 BAE 系统公司两个地点进行。使用相同的试验台架进行静力与耐久性试验,可以进一步降低成本。因此,所有静力和耐久性试验都采用通用的试验台架设计,并根据特殊的试验需求进行必要的改装。

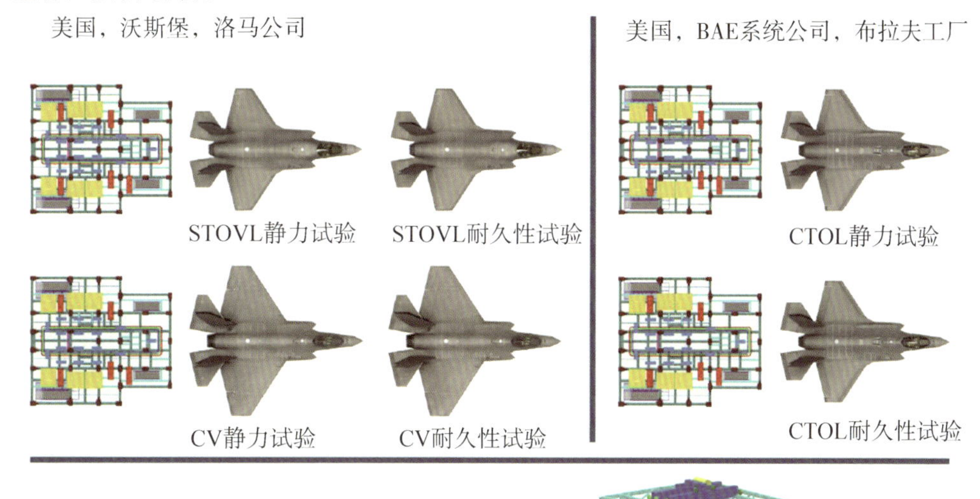

图 5.13　“落震”试验、静力试验和耐久性试验

5.4.1　静力试验

F-35 战斗机静力试验使用了 3 架全尺寸试验机和 3 个独立的平尾试验件。每个试验件都要经受一组临界试验条件试验,以评估限制载荷和破坏载荷下的结构强度。在某些情况下,还要在试验中测量结构挠度。每个试验件都在制造过程中加装了测试仪器,包括应变仪和载荷电桥,用于采集与有限元模型相关的数据,并对试验进行实时监测以确保试验机的安全性。

还对试验条件的次序进行了优化以支持飞行试验需求，并在可能的情况下降低更改试验设置的成本。

F-35 战斗机飞行试验的飞行许可要求也是独特的。对于很多老式战斗机平台，首飞许可必须证实结构能满足 80%以上包线的要求。而在 F-35 战斗机项目中，在验证或静力试验确认分析之前，只允许飞行试验使用 40%的飞行包线。这是基于先前的地面试验结果对飞行失败的安全风险进行统计分析所得的结果。为了把飞行风险控制在项目执行权威机构确定的限制范围内，在通过试验对分析进行确认之前，飞行包线被限制在 40%以内。为了支持飞行试验进度要求，在加装了测试仪器的试验飞机上进行了验证试验，以提供扩展飞行试验包线所需的证据，并为飞行试验仪器提供标定数据。还在载荷和颤振飞行试验飞机上进行了地面振动和自由间隙试验，以评估飞机的动力学性能。

为了扩展飞行试验包线并为按期发布飞行许可提供支持，所有三种型别的静力试验都需要尽快完成。在试验早期，就确定了通用试验框架，并在合作伙伴的试验地点对试验进行实时监测，尽可能加快试验进展。所以决定在试验框架中设置足够多的加载作动筒，以便从一个试验工况转移到下一个试验工况，对试验机的重新配置工作最少。对试验设备的这种投资与在每种条件下试验时间的缩短相互抵消，能够更有效地进行试验。在不改变试验框架载荷导入硬件的物理构型的情况下，可以在许多条件下应用。如果可能的话，可以将多个临界条件合并成“混合”条件并同时进行试验。例如，对进气道来说，最大锤击试验工况是至关重要的，它可以与全机最大试验工况结合在一起进行。在通用试验框架中进行的试验，与同时进行的其他试验，为在飞行许可发布之前完成静力试验里程碑节点提供了所需的效率。F-35B 战斗机的静力试验率先在沃斯堡完成，这些试验的经验加快了 F-35A 战斗机和 F-35C 战斗机的试验进展。

F-35A 战斗机静力试验机的早期部分试验是在沃斯斯堡完成的，然后船运到英国 BAE 系统公司继续进行静力和耐久性试验，以支持初步飞行许可的发布。向英国运送试验机是一种独特的经历。在从沃斯堡到休斯敦港的运输过程中，有许多 UFO 目击报告称，试验机在运输过程中被包裹起来。此外，用驳船将 CTOL 静力试验件运载到目的地英国布拉夫工厂后(见图 5.14)，将试验件从驳船上卸下的支持保障工作需要掌握享伯河的潮汐时间。

图 5.15 展示了 F-35A 战斗机 AG-1 试验的进展速度，试验速度加快，甚至超过了支持飞行试验要求的进度。这主要是由于机体结构设计完善，而且试验计划几乎没有缺陷，再加上在沃斯堡完成的 F-35B 战斗机试验提供了大量经验。

虽然在试验机上发现了一些问题，但所有三型机体的全尺寸静力试验都提前完成，没有重大问题，也没有可能危及飞行安全的问题。在 F-35B 战斗机的静力试验中，发现武器舱门之间在受载条件下存在干扰，这个发现导致对生产型飞机的武器舱门进行了重新设计，并对系统研制与验证飞行试验机进行了微小调整。另一个值得注意的发现是辅助进气门下位锁装置故障，故障前载荷小于 150%设计最大使用载荷(DLL)。随后对生产型飞机和系统研制与验证试飞飞机的这个装置进行了重新设计，并进行了独立试验。F-35C 战斗机静力试验还有一个值得注意的发现：机身的 FS 503 框段在略小于 150% 最大使用载荷时出现裂纹。随后对静力试验机进行了修复，并重新设计了生产型飞机和系统研制与验证试验机的该部位部件。

基线静力试验成功提前完成，使 F-35 战斗机项目能够对挂载武器承力点进行额外的扩展试验，从而在未来扩展 F-35 战斗机的武器挂载能力。图 5.16 是 F-35 战斗机三种型别静力试验相对于几种老式战斗机静力试验的进展速度比较情况。如果没有一个坚固的、设计良好的机体,这样的试验进展速度是不可能达到的。

图5.14　CTOL静力试验件装运至英国布拉夫工厂

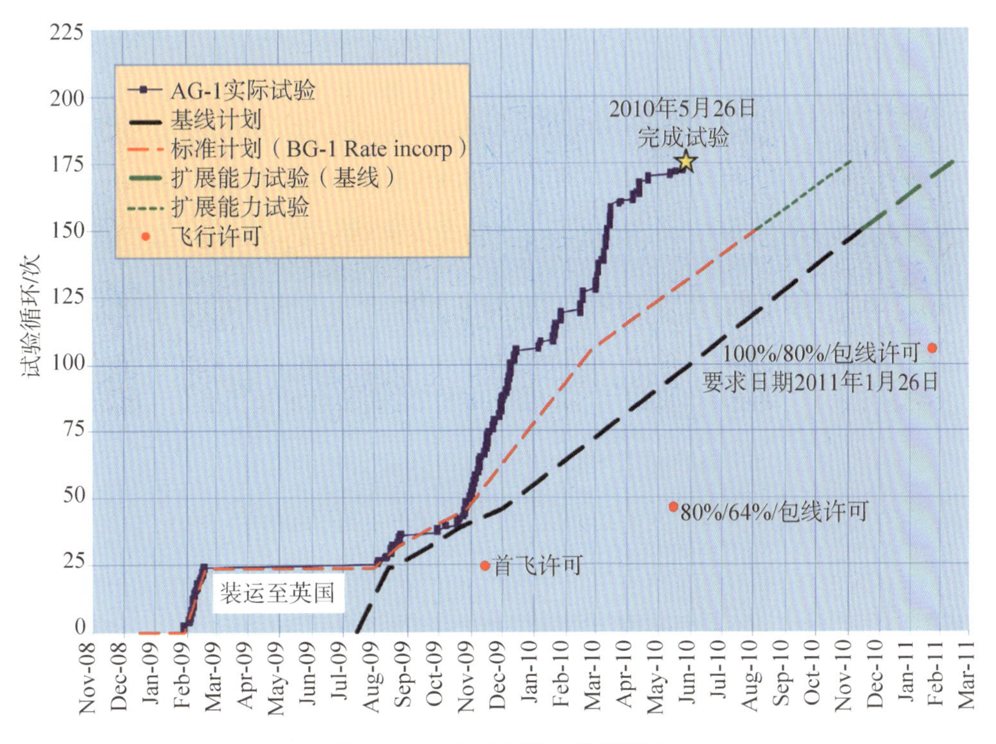

图5.15　AG-1试验的进展情况

三个平尾的静力试验是在两个独立的试验台上进行的。这使得这些试验能够在飞行试验之前就完成。平尾结构在试验过程中成功经受住了限制载荷和破坏载荷,证明了该结构的鲁棒性，并使该项目能够扩展试验计划，施加远超过限制载荷的载荷，以支持未来可能的飞行试验载荷包线扩展。

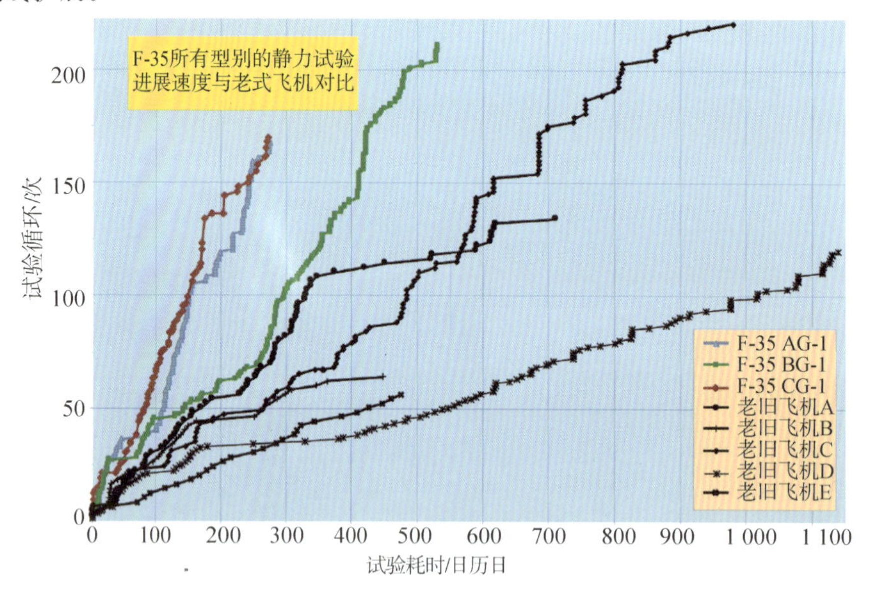

图 5.16　F－35 战斗机三种型别与几种老式飞机的静力试验进展情况比较

在多种试验工况下，F－35A 战斗机和 F－35C 战斗机尾部的载荷均超过 150% 最大使用载荷，破坏载荷达到 200% 最大使用载荷。图 5.17 显示了 F－35C 战斗机平尾被加载到其设计最大限制使用载荷的 200%状态下的向下弯曲。F－35B 战斗机的平尾载荷也成功地达到了 200%最大使用载荷，然后在超过 200%最大使用载荷的情况下出现故障，大大超过了结构的强度要求。事实证明，这项试验是 F－35 战斗机项目非常明智的投资，因为以后在飞行试验中要求尾翼具有更多能力的时候，数据可以被用来扩大飞行许可包线。

图 5.17　F－35C 战斗机平尾最大限制载荷的 200%状态下的向下弯曲试验

5.4.2　耐久性试验

F－35 战斗机耐久性结构试验使用了三个全尺寸机体试验件、三个全尺寸平尾试验件和三个全尺寸垂尾试验件。在试验计划早期，人们就已经意识到试验项目需要解决由于机动载荷和抖振载荷引起的载荷循环问题，因为这两种载荷都是造成损伤的重要因素。如积木式组件试验过程中描述的那样，试件级试验(Coupon Level Testing)表明，这两种载荷可以以单独方式施加，也可以以顺序方式施加，而不会对结果产生显著影响。试验团队决定交替使用机动载荷和抖振载荷组对全尺寸试件进行试验，每种载荷代表 1 000 个飞行小时，因此当两组载荷试验完成后，所产生的损伤代表了在两种载荷来源条件下飞行 1 000 个小时后所产生的损伤。对于 F-35C 战斗机舰载型来说，采用了第三组载荷循环块(Load Cycling Block)，它代表三个寿命周期的弹射载荷和两个寿命周期的拦阻载荷，每组载荷代表 1 000 小时拦阻和 1 500 小时弹射。这样做是为了加速试验。以载荷组的形式施加抖振循环载荷，要比在整个机动载荷谱中分散使用快得多。另一种提高效率的试验方法是用一个刚性"假垂尾"代替全尺寸机体上的垂尾，在施加载荷时不会偏移太多。这样，载荷，特别是抖振载荷，就能够更有效地施加于垂尾辅助结构。为了进一步节约成本，在全尺寸试验件上开展了一些局部试验，对一些特定的特性进行了试验。

由于耐久性试验与 F-35 战斗机三种型别的交付进度在时间安排上紧密相关，而且必须并行，因此 F-35 战斗机项目必须对试验中所发现的缺陷制定重新设计和改善解决的方案。这种并行性是由 F-35 战斗机进度相关的项目决策决定的，而这些决策是为了支持 F-35 战斗机的经济可承受性。为了应对此并行性，项目使用了近期的耐久性试验结果数据，以预测试验所发现问题的数量和类型。然后，根据预测，对需要合并的设计更改的数量和大小进行预测。该计划使项目能够准确估计这些更改所需的预算，并制定可支持重新设计的计划，规划对交付飞机进行必要更改的改装周期。之后，将这些预测作为与 F-35 战斗机耐久性试验计划进行比较的基础。同时，还有一个解决并行问题的机制是借助严格的检查程序与试验仪表的严密监测，从而确保尽早发现问题并采取行动。

在英国布拉夫工厂的 BAE 系统试验实验室成功完成水平尾翼静力强度试验(见图 5.18)之后，在两个静力试验设施上进行了 F-35 战斗机平尾耐久性试验。这些试验还使用了试验谱，这种谱曾应用于单独的、重复进行的 1 000 小时抖振和机动载荷块。这些试验最初计划只进行两个寿命周期(16 000 小时)的试验。然而，F-35 战斗机项目办公室发布了一项对合同技术规范的修订，增加了试验循环，因此总试验超过两个寿命周期。所有三个平尾试验件都成功地完成了 3 个寿命周期的机动和抖振载荷组合试验，然后被运回美国进行拆卸检查。

图 5.18　英国布拉夫工厂水平尾翼静力强度试验设施

在BAE系统公司实验室的多种设施上进行了F-35战斗机垂尾的耐久性试验，如图5.19所示。有一个机动载荷试验台和两个抖振/振动载荷试验台。机动载荷在准静态条件下用液压作动器施加，而抖振载荷则在声阻尼实验室中施加，用电磁激振器来激励所需的振动模态。这些试验也是通过交替施加抖振和机动载荷进行的，但由于从一种模式切换到另一种模式需要做好多工作，因此F-35战斗机项目选择使用长达2 000小时的载荷块。三次垂尾试验成功地完成了三个寿命周期的机动载荷和抖振载荷组合试验，然后被运回美国进行拆卸检查。

图5.19　英国布拉夫工厂的垂尾耐久性试验设施

如图5.20所示，F-35A的AJ-1试验机的耐久性试验所发现的问题仅为近期其他耐久性试验项目发现的一半。在两个寿命周期试验结束时，F-35A战斗机耐久性试验所发现的问题仅为老式飞机耐久性试验所发现问题的三分之一多一点。在成功地完成了第3个寿命周期的试验之后，这个数据已经上升到了老式飞机耐久性试验所发现问题的一半以下。试验发现的问题如此之少，再次证明了结构设计团队的工作是卓有成效的，也证明了机体结构分析工具的先进性，以及在CTOL研制中使用的基于裂纹扩展的寿命分析标准的鲁棒性。在拆卸检查之前发现这些问题，能够使F-35战斗机早期型生产飞机的设计尽早实现更改，避免了以后的高成本改造。此外，每种型别试验中所发现的问题，都被用于检查以及其他型别的设计审查，以确定是否存在影响到类似结构细节的问题。这使得其他型别的飞机的设计更改也得以提前实现突破。

F-35B BH-1试验机和F-35C CJ-1试验机的耐久性试验所发现的问题与老式飞机项目所显示的数量和速率基本一致，如图5.20所示。在全尺寸耐久性试验中，最重要的发现就是，F-35B战斗机的主舱壁使用的是铝合金，而不像其他两种型别一样使用的是钛合金，尽管这种材料差异导致相当一部分舱壁出现裂纹，但由于机翼结构具有较强的载荷重分布能力，机翼在裂纹发生后仍然多次成功地承受了限制载荷。在第二个试验寿命周期中，通过对该部件的另一个裂纹出现的根本原因进行分析，发现生产过程中准备检验的零件所采用的蚀刻工艺，以及用于保护铝的阳极化工艺，造成了非常小的表面凹坑，这些凹坑在使用寿命分析时对材料性能的分析中未能分析发现。因此，不得不开展另外一项试验，确定这些表面小坑对F-35战斗机设计中采用铝合金的影响。这项试验的结果还被用于审查三种型别上的所有铝合金零部件，以确定是否影响使用寿命，并尽可能早地对生产做出设计更改。

在试验期间，根据发现的问题，采取相应的处理方法，并对最早的生产构型进行了重新设计，从而减少对外场列装飞机的改装。飞机结构的改进设计也将在已交付飞机实施。之后，将这些改装组合在一起，提高安装效率，最大限度地发挥飞机的作战效能。

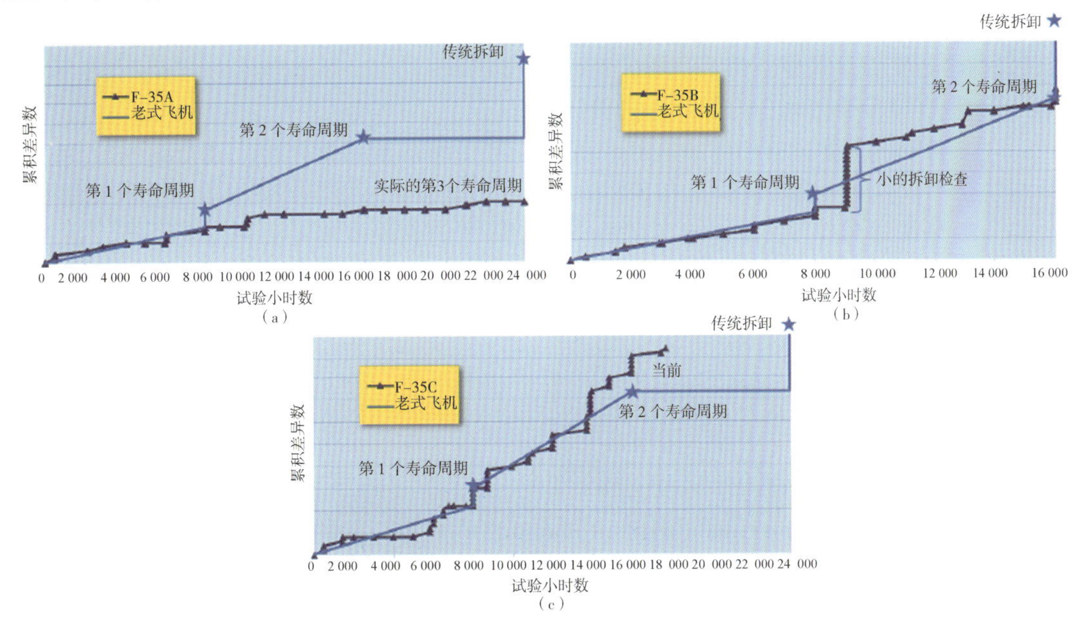

图 5.20　F-35 战斗机耐久性试验发现的问题与老式飞机预测的对比
(a)F-35A 战斗机；(b)F-35B 战斗机；(c)F-35C 战斗机

试验完成后，对试验件进行仔细检查，然后完全拆卸开来，以检查所有部件，并识别可能需要处理的问题。在拆卸前，通过试验检查尽早发现问题，以便尽早提出所需的设计更改，减少飞机交付后的更改。

堪萨斯威奇托国家航空研究所(NIAR)负责对 F-35B 战斗机耐久性试验件进行拆卸和详细检查。F-35A 战斗机试验件从英国的试验设施上拆除，于 2018 年 4 月运往 NIAR。F-35C战斗机耐久试验机仍在进行第 3 个使用寿命周期的试验。

5.4.3　F-35C 战斗机落震试验

F-35C 战斗机全尺寸落震试验使用的是静力试验机 CG-1，试验包括一系列模拟舰载着舰，如图 5.21 所示。落震试验用于模拟飞机的着舰条件，包括下沉速度、飞机姿态(俯仰/滚转)、机翼升力和机轮起转速度，都是与超高能量(Extreme High Energy)舰载着舰有关的各种飞机着舰条件。美国海军通常要求进行全尺寸落震试验，澄清飞行试验中飞机以大沉降速度着舰的能力。该试验于 2010 年第一季度和第二季度进行，共进行了 40 多次落震试验，用于测量起落架载荷和动能吸收特性，以及机体、挂载武器和其他关键设备位置的动力响应。

全尺寸落震试验的高层次目标是：①验证是否满足 F-35 结构设计准则所规定的舰载着舰的结构完整性和功能设计要求；②收集载荷和动力响应数据，以支持分析预测。具体试验目标包括以下几个。

(1)测量在模拟舰载着舰条件下达到最大设计下沉速度时的起落架载荷和能量吸收特性，包括机身挠性(柔性)的影响。

(2)测量飞机机体、起落架、外挂和其他大质量物件在模拟舰载着舰过程中的动力响应。

(3)确定起落架收回/放出、起落架舱门开启/关闭、武器舱门开启/关闭机构在着舰临界载荷条件下的功能。

(4)确定着舰临界载荷条件下油箱的密封情况。

(5)测量模拟着舰过程中内部武器的偏转情况。

CG－1试验机落震试验的结果极好。试验证实了起落架和机体静力载荷的有效性。试验前起落架载荷预测与实测试验值有很好的相关性。试验结果表明不需要更改起落架调节油针(Metering Pin)的设计，试验还验证了设计阶段构建的高保真度动力模型的价值。参考文献[2]详细说明了试验及试验结果。

图5.21　F－35C战斗机落震试验

5.4.4　飞行试验

如前一节所述，F－35战斗机飞行试验的放飞许可要求也是独有的。为了使飞行风险保持在F－35战斗机项目执行权威机构的要求内，在通过试验进行验证分析之前，飞行包线被限制在40%。为了支持飞行试验进度，在载荷测量试验飞机上进行了所需的静力试验和验证试验，为扩展飞行试验包线提供所需的证据，并为飞行试验测试仪器提供标定数据。

在系统研制与验证阶段，对F－35所有三种型别进行了结构飞行试验，以收集与最终认证相关的分析模型所需的数据，并证明所制定的技术规范符合某些无法通过分析进行验证的要求，如控制面自由间隙。参考文献[3]完整描述了飞行试验项目的实施过程。结构飞行试验的全部试验包括以下几部分。

(1)颤振飞行试验，验证结构设计准则需求(包括阻尼)，并收集与动力学模型相关的数据。

(2)进行与认证模型相关的外场飞行和地面载荷测量。

(3)收集气动抖振与其他动力载荷与响应数据，也用于模型相关性。

(4)测量振动声学环境，验证用于结构设计和飞机及任务系统部件合格性评定的声压级。

通过地面振动试验对飞机振动特性进行试验之后，使用AF－1，BF－2和CF－1试验机进行颤振飞行试验，并提供动力学模型相关的数据。通过在逐步减小的高度上依次建立马赫数，在越来越临界的空速下对专门的颤振试验点进行了试验。并且在每个试验点，都使用了颤振激励系统（该系统通过在特定频率或随机频率下进行强制振荡控制面来干扰机身）对临界结构模态进行激励。还对结构响应的衰减进行了测量，以确定这个飞行条件下的阻尼。初始净机翼构型试验，与飞行品质和推进系统飞行试验平行进行，这些试验是综合飞行包线扩展的一部分。还进行了各种外挂物的颤振试验。颤振飞行试验的结果以及基于相关动力学模型的最终颤振分析表明，F-35战斗机所有三个型别在整个设计包线内不仅不会发生颤振，而且还有裕度，并且满足结构设计准则的所有阻尼要求。在所有外挂构型飞行中都没有观察到极限环振荡(LCO)。在试验即将结束时，进行了颤振飞行试验，以显著扩展平尾的自由作动限度，增加维护时间间隔。

所有机动载荷飞行试验均使用AF-2，BF-3和CF-2构型的三架加装了专用测试仪器并进行了载荷标定的试验机进行。主要测试仪器是一组应变电桥，改装在结构部件上，和对应于产生设计载荷位置的机身段。首先在一个试验设施上对应变电桥进行标定，具体方法是施加已知量级的分布载荷，测量应变电桥的输出，建立与所施加载荷相关输出的回归方程。这些试验飞机还用于颤振和其他飞行动力响应试验，尤其是武器发射和武器舱的气动声学试验。飞行载荷试验是在整个飞行包线内的各种马赫数和高度下，执行一系列规定的机动动作（拉起，推杆，侧滑，急蹬方向舵，1 g 滚转和更高过载的滚转等）。然后提取每个结构部件和机身段的气动载荷，用于与风洞导出的载荷数据库相关联。随着飞行包线的扩大，对结果进行持续监测，与允许强度包线进行比较，并在出现不利趋势时采取行动。例如，早期的垂尾载荷测量表明，当试验进入跨音速区域时，将超过限制载荷。为了解决这个问题，对飞行控制律进行了修改，在临界马赫数范围内引入一个方向舵偏度基数，减轻垂尾的气动载荷力矩，使得试验继续进行而无须修改结构。在三型飞机的整个载荷飞行试验过程中，成功使用了裁剪飞行控制律策略来减轻载荷。使用试验相关的气动载荷数据库进行的最终载荷分析以及最终优化的飞行控制律表明，几乎所有结构部件的载荷都在限制范围内，下面介绍几个明显的例外情况。

在BF-1试验机上进行了F-35B战斗机的载荷试验，BF-1试验机是专用于短距起飞垂直着陆(STOVL)模式推进系统和飞行控制试验机。这些试验用于测量飞行中工作的各种舱门的载荷和环境，这些舱门是STOVL模式推进系统的组成部分，它们包括上部升力风扇舱门(ULF)、下部升力风扇舱门(LLFD)、辅助进气门(AAID)、防倾斜控制喷管(RCN)舱门和三轴承旋转模块舱门。由于高噪声和高振动环境与稳定的气动载荷并存，因此载荷和动响应试验通常同时进行。

在系统研制与验证阶段进行的一些最具挑战性的飞行试验是测量抖振载荷。在存在抖振的各种飞行条件下测量了尾翼、控制面和机翼抖振的动力响应。要求的许多试验飞行条件都是大迎角条件，但实际上很难达到大迎角条件并维持足够长的时间以获得高频且随机响应的统计置信度。实际试验过程中，在载荷试验飞机的机翼、尾翼和控制面的关键位置加装了带有加速度计的载荷测试仪器。抖振数据通常是在机动载荷试验期间采集的，但也进行了许多专门的绕紧转弯和在恒定大迎角条件下的下降试验，以在恒定的飞行条件下收集数据。将实测响应与动力模型和结果相关联，并结合相应的稳态载荷，最终得出验证结果。所得结果与实测频率和模态响应预测值吻合较好；然而，也出现了一些比预期更高的抖振载荷，需要开展相应工作进行显著缓解。对于所有战斗机三种型别，都低估了在大约20°大迎角和某些空速条件下方向舵的铰链力矩，因此，需要开展广泛的结构分析，并对飞行控制律进行若干修改，使结构载荷维持在现有的结构载荷限制范围内。F-35B战斗机辅助进气道门上测得的抖振载荷明显高于最初预测，需要重新设计结构以减轻影响。重新设计提高了铰链线旋转刚度，以使旋转模态频率远高于激发频率，同时增强了进气舱门和连接结构的强度。最后，在跨音速绕紧转弯期间，测得F-35C战斗机翼尖AIM-9X导弹承力点的抖振载荷明显高于预测。由于其他缓解措施效果有限，最终修改了翼尖承力点设计，提高了这个承力点的强度，该设计后来被确定为最终产品设计。正如所预期的那样，武器舱声学测量与载荷、抖振和其他结构飞行试验同时进行，这减轻了人们早期对于可能需要在武器舱前部设置一个扰流板以控制舱内噪声的担忧。

5.5 任务Ⅳ——合格审定与部队管理发展

F-35战斗机系统研制与验证最后一阶段是开展一系列工作来验证合同要求：对最终产品进行合格审定分析；研制服役机队载荷测量(L/ESS)和单机跟踪工具；为部队制定结构维护计划，这个计划需要按照任务Ⅴ中的定义使用更新的分析进行准备。

F-35战斗机的每一项合同要求都具有预先定义的相关成功标准，这些标准都是在任务Ⅰ开始时建立的。一旦承包商和F-35战斗机联合项目办公室签署了所有支持报告，则每个成功标准都将关闭。在多数情况下，这些报告是对任务Ⅱ设计分析的更新，而任务Ⅱ设计分析已根据任务Ⅲ试验结果进行了验证。

F-35战斗机项目结构合格审定的基础是与试验结果相关的分析。在全尺寸的地面试验中，模拟对整个结构的多方面影响是不切实际的，如系统接口载荷，分布的内部压力载荷(包括燃油热压力)，以及热诱导内部载荷等。分布的飞机惯性载荷必须通过在部件表面施加离散载荷进行模拟，这也会造成飞行试验和地面试验载荷数据之间的局部差异。

在任务Ⅳ期间，通过与任务Ⅲ的全尺寸试验结果相关联，任务Ⅱ的设计分析得以更新。首先，通过与飞行试验测量数据的关联，对初始设计外部载荷进行更新。通过有限元模型预测与应变计在全尺寸静力试验中的测量结果之间的关联，验证了内部载荷的正确性。其次，对强度分析进行了更新，以反映与飞行试验相关的外部载荷和全尺寸静力试验的结果。之后，使用飞行试验相关的载荷和更新的强度分析，来更新每个型别的强度概要和使用限制(SSOR)报告。

同样，任务Ⅱ的耐久性分析也将被更新，以反映与飞行试验相关的外部载荷，以及全尺寸耐久性试验期间所发现的问题。对每一个全尺寸耐久性试验所发现的问题进行根本原因分析(RCA)，以了解必须对哪些分析进行更新。最新的耐久性分析将在系统研制与验证阶段工作结束时，在最终的耐久性和损伤容限报告中进行总结。

如果更新的任务Ⅳ分析表明结构设计要求没有得到满足，就必须进行产品设计更改和改装，以修复飞机的结构能力。这些设计变更通常只对基线设计产生微小扰动，可使用最新的试验方法进行分析。因此，无需对改装后的构型再次进行试验即可完成合格审定。

作为这项工作的一部分内容，采用最新材料特性对STOVL型别和CV型别中铝合金结构的裂纹萌生寿命进行了重新评估，这些材料特性考虑了之前提过的腐蚀和阳极化影响。这种方法将成为最终耐久性和损伤容限报告中所认证的使用寿命分析以及部队结构维修计划的基础。目前，正在按照要求，通过生产设计变更和结构改造，解决由于这一分析更新而产生的使用寿命缺陷问题。

完成最终的强度概要和使用限制(SSOR)与耐久性和损伤容限(DADT)分析报告，是支持结构需求成功标准关闭的关键里程碑节点。所有成功标准的关闭支持相关联合攻击战斗机合同技术规范的关闭，而联合攻击战斗机合同技术规范的关闭又反过来导致系统研制与验证合同关闭。

研制服役机队载荷测量和单机跟踪系统被作为任务Ⅳ的一部分进行开发和验证。单机跟踪方程是为关键控制点制定的，这些控制点是在全尺寸耐久性试验中验证或发现的。在任务Ⅴ期间，故障预测与健康管理(PHM)系统将使用这些方程来支持根据每架飞机的实际使用严重程度来调整维护时间间隔。

每个 F-35 型战斗机别的初始部队结构维护计划都已制定并已就位，为部队使用提供了基础保障，可以有效管理服役机队。部队结构维修计划定义了何时需要维护，在哪里进行维护，需要进行哪种类型的维护，并给出了这些工作的估算成本。该报告描述了所有耐久性和损伤容限关键位置，并概述了它们的分析输入。

这些研制服役机队载荷测量，单机跟踪和部队结构维修计划报告将作为合同飞机结构完整性大纲程序的一部分定期更新。

5.6　任务Ⅴ——部队管理

飞机结构完整性大纲的最后一项任务是部队寿命周期管理计划，如图 5.22 所示。这是之前所有努力的最终结果。在这项任务中，收集并分析实际的机队使用数据，以便为服役使用提供更真实的寿命估计。随着飞行员越来越熟悉飞机性能，他们会找到飞行包线中的最佳状态，知晓如何最好地执行任务。另外，由于采用了新的战略和战术，飞机还可能承担某些会对使用造成影响的新任务。这些变化可能会导致飞机的使用情况与用于预测飞机寿命的原始谱不同。而当获得足够的数据时，就可以更新基准使用谱，以预测使用寿命、检查间隔和维护时间。部队结构维修计划，单机跟踪和研制服役机队载荷测量报告是通过分析所获得的使用数据和飞机使用经验来进行更新的。然后，部队将利用这些信息有效管理其 F-35 战斗机服役机队，从而确保飞机以最短停飞期处于准备就绪状态，并降低了预防性维护和维修的成本。

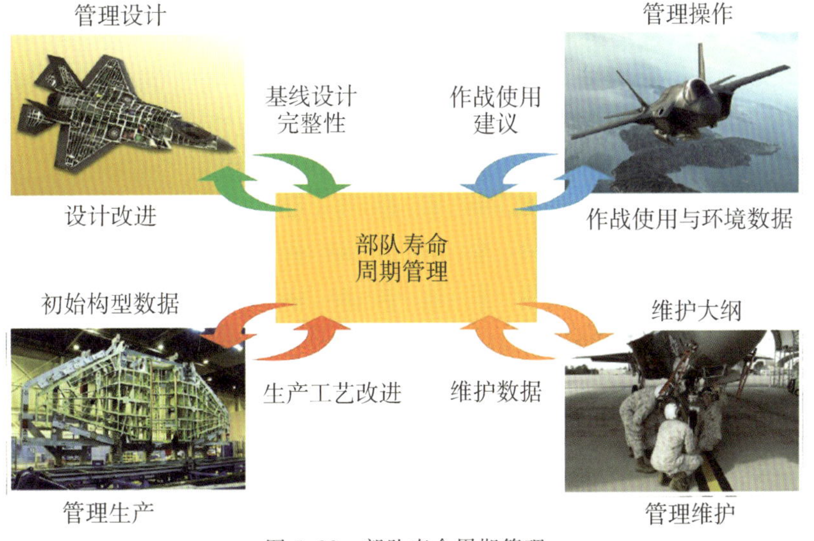

图 5.22　部队寿命周期管理

F－35战斗机项目遵循严格、严谨的结构完整性方法，使洛马公司领导的三公司团队能够有效地开发并提供F－35战斗机三种型别的合格审定证据。继续采用飞机结构完整性大纲方法将使各军种部队能够使用和维护这些飞机结构，以确保它们在F－35战斗机的30年/8 000小时使用寿命中始终有效、始终安全。

5.7 总　　结

F－35战斗机机体结构的开发及其寿命周期管理计划，在战斗机机体发展史上是独一无二的。同时开发了三种型别以满足不同需求，供历史和验证理念迥异的各军种部队使用，为承包商与政府工程组织之间以及世界范围内的工业工程组织之间的合作提供了前所未有的机会。在需求如此复杂且全球一体化的环境下，MIL－STD－1530《军用飞机结构完整性大纲》中的机体结构完整性规定为世界第五代多功能战斗机武器系统的设计、验证和部队管理提供了必要的框架。

此外，由于其多国、多军种的需求驱动了对不同结构完整性理念的独特思考，F－35战斗机项目获得了独特的视角。对该项目验证阶段的各种不同方法的比较，使人们对结构性能有了空前的了解，这不仅是为了其设定的服役用途，更是为了飞机可能遭遇的任何情况。

凭借其广泛的地面和飞行试验，以及最新的数据收集和使用分析技术的发展，F－35战斗机项目将为其遍及世界各地的客户在未来几十年安全和有效地使用这种高性能战斗机提供保障。

参考文献

[1] COUNTS M，KIGER B，HOFFSCHWELLE J，et al. F－35 Air Vehicle Configuration Development[R]. AIAA 2018－3367，2018.

[2] CHICHESTER R. H. L，Norwood D. Full Scale Drop Test Program for the F－35C Carrier Variant[R]. AIAA 2015－0459，2015.

[3] HUDSON M，GLASS M，HAMILTON Lt Col T. F－35 SDD Flight Testing at Edwards Air Force Base and Naval Air Station Patuxent River[R]. AIAA－2018－3515，2018.

[4] Department of Defense Standard Practice. Aircraft Structural Integrity Program (ASIP)：MIL－STD－1530C[S]. Wright-Patterson AFB OH 45433－7017. 2005：11

第6章　F-35“闪电Ⅱ”战斗机飞行控制律的设计、开发与验证

F-35战斗机将替换美国空军、美国海军陆战队和美国海军大量老旧战斗机，并将列装美国伙伴国/同盟国部队。虽然F-35A、F-35B和F-35C战斗机具有相似的外形和任务系统，还共享许多通用部件，但是从飞行控制系统开发的角度看，这三种型别却各具特色。为了有效地为三种型别开发控制律，并确保满足F-35战斗机的相关苛刻作战使用要求，无论是控制律设计，还是软件开发都要求采用新方法。在不同的飞行控制研究平台上证明非线性动态逆(NDI)是控制律设计的一种可行性方法。F-35战斗机是采用动态逆进行控制律设计的第一种生产型战斗机：操纵速度为零空速至超声速；在远超失速迎角的大迎角状态下控制飞机；为各种作战任务提供超群的飞行品质。以自动生成代码开发F-35战斗机控制律软件成为支持F-35战斗机三种型别软件开发的重要利器。本章深入探究了利用动态逆执行以模型为基础的控制律方法，概述了F-35战斗机飞行控制律的软件开发过程。

6.1　F-35战斗机飞行控制律简介

F-35“闪电Ⅱ”联合攻击战斗机(JSF)项目是为研制下一代攻击战斗机系列而开展的一个重大航空武器平台项目。F-35战斗机具有优秀的隐身性能，采用了先进的航电设备，通过内置武器增加了航程，并配备了最先进的故障诊断和健康管理系统，从而成为具备致命杀伤力，且可生存性、可连接性(通过数据链与其他飞机实现数据连接)、可保障性和经济可承受性均达到较高水准的战斗机平台。虽然F-35战斗机的三个型别采用了相同的结构布局、核心发动机、航电设备和武器配置，但是从飞行控制律开发的角度来说，它们之间存在本质的差别。如图6.1所示，F-35三种型别战斗机的总体特殊，如机翼面积、平尾表面面积和构型存在明显差别，导致空气动力学性能、基本稳定性和操纵性明显不同。再者，F-35B战斗机需要执行短距起飞和垂直着陆(STOVL)操作，这种独特要求，为控制律设计工程师在空气动力学和推进系统控制器之间实现最佳匹配带来了巨大挑战。F-35战斗机三种型别在上述这些方面的差异对建立一个优选控制律结构造成了影响。

为一款新型飞机设计控制律本来就是一项重大任务，由同一个团队同时为一款新型飞机的三种型别设计控制律则更是一项艰巨的任务，这就需要采取创新的方法，才能满足项目进度要求。F-35战斗机控制律设计中采用了以模型为基础的自动生成代码动态逆方法。动态逆方法的一个优点是控制律设计人员不必在设定飞行条件下对系统进行线性化处理，并制定增益表来提供预期的闭环响应，因为那样做是非常耗时的。另外，依靠自动生成码，而不是依赖独立的软件开发团队，会极大地缩短软件开发/发布周期。但是，和任何一种新方法一样，必须

充分证明动态逆方法的优势大于风险，并且这种方法能够直接映射和运用到后继延续的飞行许可/适航产品上。X-35 概念验证机竞标项目为深入研究这种飞行控制律软件开发方法提供了一个绝佳的尝试机会。X-35 概念验证机项目要求开展有效的控制律设计工作，并具有一个快速途径来发布适航软件。项目管理人员很愿意尝试接受这种方法，因为这种方法不必组织三倍规模的软件开发人员，就可满足紧张的开发进度要求。再者，客户对于开发一种能够使所有三种型别战斗机都具有相似飞行特性的新控制策略持非常开放的态度。

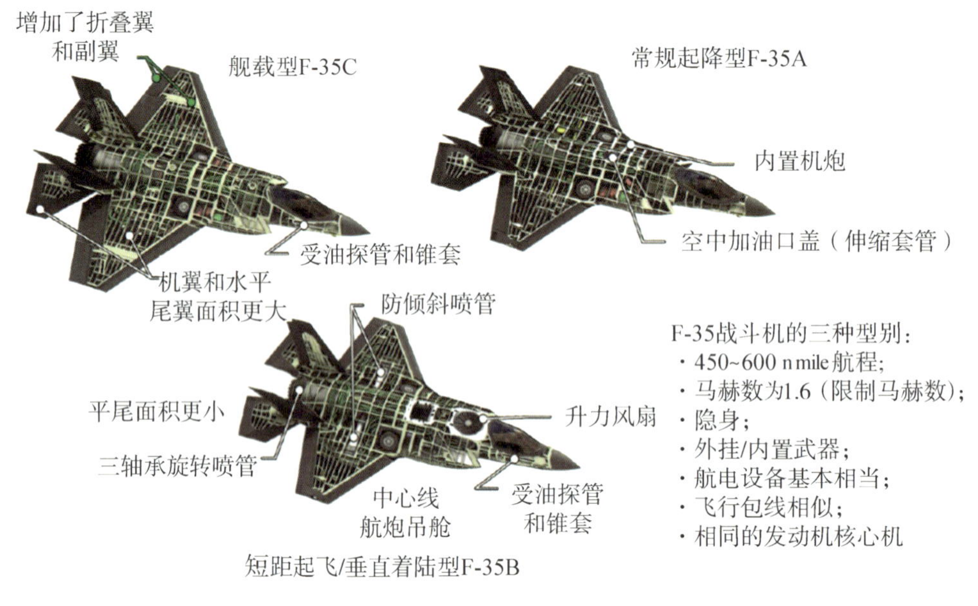

图 6.1　F-35A/B/C 战斗机的总体特征

虽然在 20 世纪 80 年代早期就有研究文献探讨了动态逆方法在飞行控制中的应用[1]，但是将这种方法应用于实际飞行软件，尤其是对于高度非线性系统来说，却存在现实的限制因素。假如这很容易的话，就不会出现反馈控制依然主导着现代战机控制律这样的局面了。最显著的挑战就是执行相关算法所需要的计算能力问题。再者，与系统可逆性、数值稳定性以及对未进行建模的动力学的敏感性等相关的其他问题也同样需要解决。洛马公司控制律设计团队已经克服了这些困难，交付了一个控制系统，可为所有三种生产型飞机提供飞行包线内卓越的飞行品质。本章讨论 F-35 战斗机飞行控制系统软件的开发过程。

6.2　控制律设计方法

飞行控制系统设计在过去几十年间发生了巨大变化，从稳定飞行平台上有限权限扩充的模拟系统发展到了能完全满足极不稳定喷气飞机安全飞行的全权限数字飞行控制系统。随着功能更强大的飞行控制计算机的出现，越来越多的先进飞行控制方法被开发出来并投入飞行应用，尽管这些方法对计算机内存和运算能力有很高要求。

传统上，飞行控制律是作为线性控制器开发的，其增益是按照在整个飞行包线内提供期望的闭环动力学响应进行规划安排的。增益的确定以飞机预期飞行的各种飞行条件下飞机和系统（气动、制动装置、传感器、发动机和其他子系统）的线性近似为基础。这个过程非常复杂，因为常规战机已经扩展到高度非线性飞行状态，例如大迎角飞行状态。对于F-35战斗机而言，F-35B战斗机的短距起飞和垂直着陆能力涉及低至零空速的操作，包括从气动控制至推进系统控制的过渡，以及从气动大气数据传感器到惯性传感器的过渡，其复杂程度更高。

控制律设计中，既要保证具有三种不同型别的F-35飞机能够进行常规操作，又要同时保证一种型别具备短距起飞和垂直着陆能力，设计团队面临巨大的挑战。为此，F-35战斗机控制律设计团队探索了更加直接的控制律设计方法，即，用一个控制律构架支持所有型别，直接容纳系统非线性特性，避免进行复杂增益调度。这样，非线性动态逆（NDI）就成为一个非常具有吸引力的选项。

1．非线性动态逆

非线性动态逆，也叫作反馈线性化，在理论上非常简单，它以对飞机运动方程的理解为基础。如果能预测飞机对控制面输入的响应（例如：飞机对水平尾翼偏转的俯仰加速度响应），那么就能推导出为获得预期飞机响应而要求的控制面输入。这可以通过取消（逆向推导）飞机最初的动力学响应，并定义飞机预期响应来实现。动力学运动方程可以以线性、状态空间的形式表示为

$$\dot{\boldsymbol{x}}=\boldsymbol{A}\boldsymbol{x}+\boldsymbol{B}\boldsymbol{u} \tag{6.1}$$

式（6.1）中，$\boldsymbol{x}$ 为系统的状态矢量（如俯仰角速度、滚转角速度等），$\boldsymbol{A}$ 为飞机动力学矩阵（稳定性导数），$\boldsymbol{B}$ 为操纵效能矩阵，$\boldsymbol{u}$ 为控制矢量（如水平尾翼、方向舵、发动机喷管等）。控制矢量 $\boldsymbol{u}$ 可通过方程式（6.2）得出：

$$\boldsymbol{u}=\boldsymbol{B}^{-1}[\dot{\boldsymbol{x}}-\boldsymbol{A}\boldsymbol{x}] \tag{6.2}$$

就导出所需的控制矢量而言，为了获得期望的状态速率，上述方程变为方程式（6.3）：

$$\boldsymbol{u}=\boldsymbol{B}^{-1}[\dot{\boldsymbol{x}}_{\mathrm{des}}-\boldsymbol{A}\boldsymbol{x}] \tag{6.3}$$

式（6.3）中，$\dot{\boldsymbol{x}}_{\mathrm{des}}$ 为期望的状态率矢量。

同样，以这种简单理论定义控制矢量，将系统动力学简化为简单的积分器（见图6.2），则不需要增益调度。

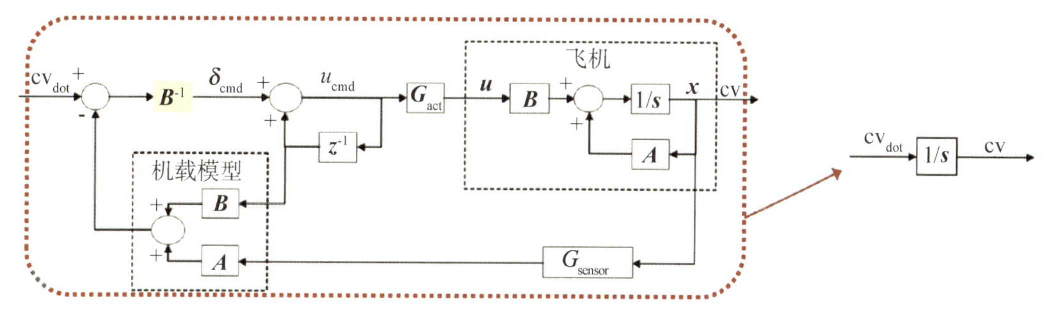

图6.2　积分器——增量非线性动态逆分解

图6.2中控制律和飞机模型的非线性动态逆表明了飞机是如何执行操作动作的，其中包括了全部非线性特征。期望的状态速率反映控制律设计者如何希望飞机响应飞行员的输入进行飞行。指令模块将飞行员驾驶杆、油门和脚蹬输入转换为期望的飞机运动。调节器直接设置良好的低阶等效系统参数，确保在实现这个动作的同时飞行员能保持典型的操纵品质。这一般用传统的飞行品质参数进行定义，如短周期频率和阻尼，或者Ⅱ级飞行品质指标，俯仰姿态带宽、Neal-Smith准则等。这些飞行品质目标直接嵌入F-35战斗机调节器中，因为剩余

的控制架构会产生非线性动态逆，控制律结构如图6.3所示。

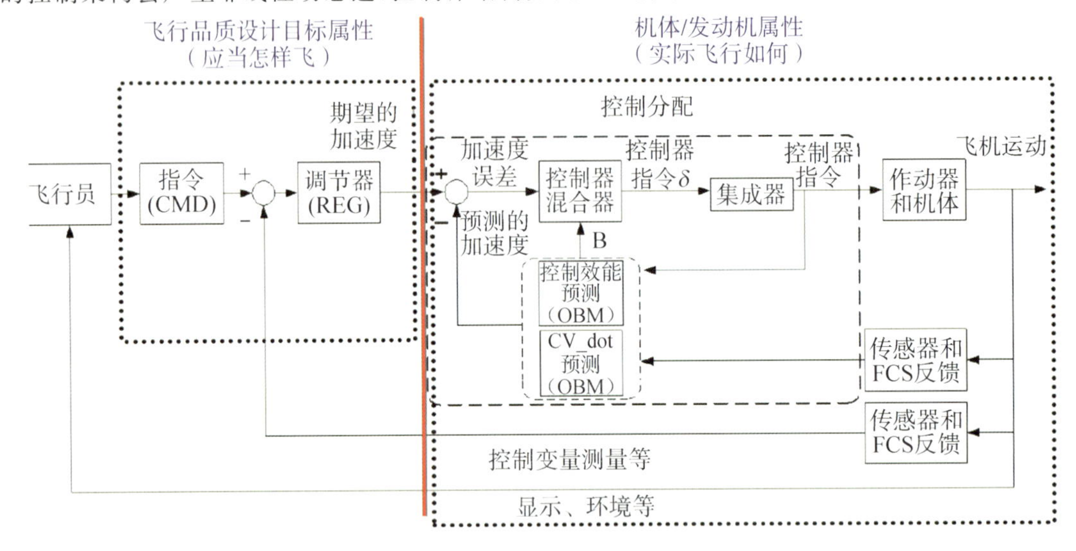

图6.3　F－35战斗机控制律结构

如图6.4所示，控制器混合器（EB）是非线性动态逆构架的一个组成部分，执行操纵效能矩阵求逆，替代控制律中的传统控制面混合器[2]。传统混合器使用一组增益表向控制面分配轴指令，而矩阵求逆则是利用实时的伪逆迭代计算和逻辑，来计算控制面速率和位置限制，以及其他性能限制（见图6.4）。

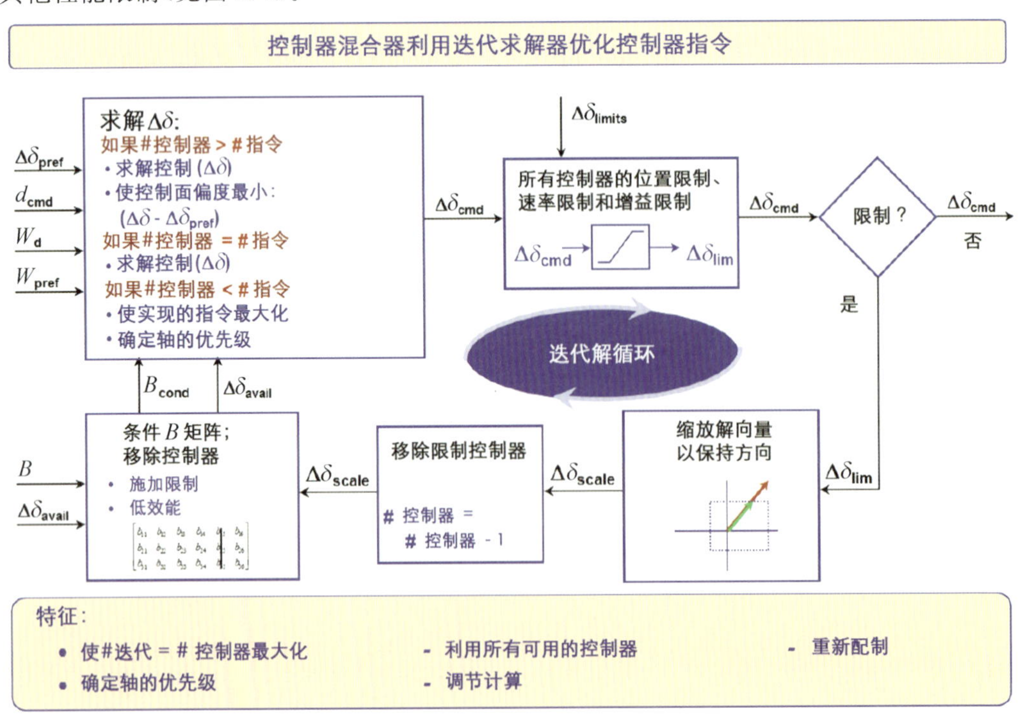

图6.4　控制器混合器求解算法

2. 实施方面的问题

非线性动态逆并不是一个新概念。这个概念已经成功地在很多试验研究飞机（包括F/A－18大黄蜂战斗机以及几种直升机）上进行了试飞验证[3-4]。但是，这些飞行试验研究工作的关注重点一般只是在非常有限的飞行包线内，验证这种概念的工作情况。F－35 战斗机项目则在作战使用全包线内（包括大迎角和短距起飞/垂直着陆操作、着舰、加油和类似操作）采用了非线性动态逆方法。这种设计对于外部武器挂架的空气动力效应以及设计挂载情况下的纵向和横向重心范围必须具备鲁棒性。另外，控制律架构中还需要包含地面模式、系统故障的重构以及失控改出模式，同时还要解决计算密集型算法实时计算机应用方面的实际问题。

将围绕机体（飞机）模型的非线性动态逆控制器分解成一个简单的积分器，依赖于飞机的空气动力学精确建模情况、传感器的完善性以及逆向推导操纵效能矩阵 $\boldsymbol{B}$ 的能力。现实情况是，空气动力学和推进系统的机载模型永远都不完美，而高阶效应又很难精确建模。这些影响因素导致无法完全消除机体的动力学影响，这种不匹配对闭环动力学有非常显著的影响，关于这一点会在后面讨论。另外，还有一些与控制分布矩阵反向推导算法相关的数值方面的问题。只有解决这些问题，才能成功地在生产型飞机上应用基于非线性动态逆的控制律构架。再者，将这种设计方法从研究环境应用到生产环境也对系统试验（地面试验和飞行试验）有潜在要求，对适航性评估也有影响。

3. 数值方面的问题

在 F－35 战斗机控制系统研制早期（飞行试验前）曾观察到，在解决方案之间转换时作动器指令出现了不稳定。通常这是由不良条件下的操纵效能数据（操纵效能发生较大变化，操纵效能非单调变化导致局部出现极大值/极小值，奇异性等）造成的。非单调操纵效能数据会导致机载模型生成零操纵效能导数，其结果是控制器不从当地极大值或极小值位置开始移动，这会极大地影响飞行品质。图 6.5 示意了模拟器上的一种情况——操作效能单调性变化，其中，平尾操纵效能的局部极大值导致了俯仰偏离。

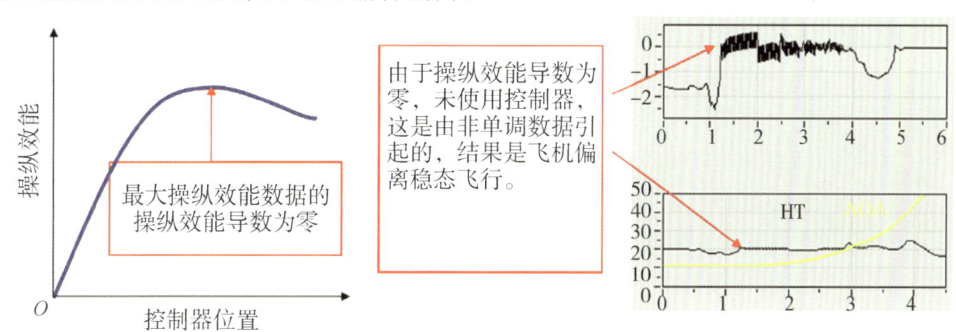

图 6.5　操纵效能单调性变化

有同样操纵效能的不同的控制器可能会出现奇异性，从而导致不期望的控制面动作。例如，两个控制面的反方向运动这种不良操作，最终会影响飞机的机动能力，如图 6.6 所示的仿真数据。

所有这些挑战都要求具有相应的保护措施来保持算法的稳定性，并在开始 F－35 战斗机飞行试验之前实现预期的飞行品质。

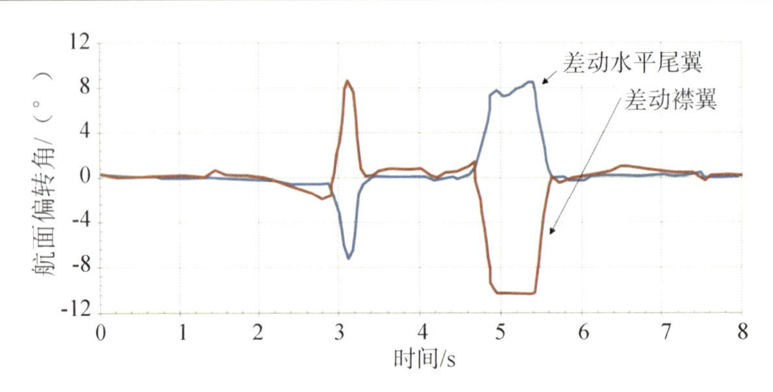

图 6.6　不良操纵效能曲线图

4.飞机载荷和电动静液作动系统

控制器混合器构架使控制律设计人员能够利用飞机的所有可用操纵效能。设计者无须定义每种飞行条件下移动控制面的最佳方式,但仍然可以根据其他限制因素(如飞机机动载荷或飞机性能)自由定义偏好使用的控制面。将控制器的使用偏好集成到控制器混合器中,就为控制律设计人员提供了一种简便工具,能够在系统出现会导致控制面损失的故障时,通过简单地去掉失效控制面,对系统进行重新配置。但是,这种自由度也带来潜在问题。例如,战斗机通常按照固定比率来使用机翼和尾翼控制面,以保持机身结构载荷处于限制范围内。而控制器混合器本身并不遵守这一规则,因此,为了保持机体载荷不超出结构载荷包线限制,必须把控制器混合器限制在一个固定比率,尤其是在高动压条件下,在最大机动能力和保持在结构载荷包线限制之间通常存在微妙的平衡。这种限制是通过简单地形成一个虚拟控制器来实现的,例如将所有的滚转控制面(不对称襟副翼、不对称副翼、不对称水平尾翼)组合成一个单一的虚拟滚转控制面。这样做降低了解决方案中的自由度,使不对称尾翼、襟翼和副翼的使用保持一个固定比率。随着结构载荷包线各部分不同控制面载荷的增加,这种使用比率会发生简单的变化,以便在维持相应滚转能力的同时,使飞机的结构载荷保持在限制范围内。

F-35战斗机是第一种采用电动静液作动系统来替换传统液压驱动作动器的生产型飞机,如图6.7所示为F-35A型的电动静液作动系统。这种作动系统采取电驱动,每个作动器的液压动力作为该作动器的一个组成部分单独打包,不再需要大型中央液压系统。这种技术是实现F-35飞机当前构型的一个重要促进因素,极大改善了飞机的可靠性和易损性,还减轻了重量,减小了横截面。但是,从控制律的角度看,作动器的负载能力与常规作动器相比极大地降低了。在前几代飞机上,作动器的尺寸大小首先要满足刚度要求,一般具备不超过常规机动总失速能力50%的超负载能力。这对作动器失速提供了非常大的裕度。F-35战斗机电动静液作动系统的设计中平衡了刚度和负载能力,结果就是在相同负载下(与老式飞机比较),作动器的工作能力接近90%,当负载大于95%时,就会快速失去作动速率方面的能力(见图6.8)。为了适应作动器的这些特性,F-35战斗机控制律被调整为使用不超过95%的失速能力来实现预期的机动性能。这是一个额外的限制因素,要求对控制器混合器进行优化,以保持在作动器负载限制范围内。

飞行试验期间监测了铰链力矩载荷,并根据飞行试验结果,对预测的铰链力矩进行了更新。唯一可做的是调整响应,仅使用高达95%的失速能力,因为与传统作动器相比,电动静液作动系统在95%失速时仍保持了很高的作动速率能力(见图6.9)。在某些情况下,必须调整控制面指令限制，以保持在铰链力矩限制范围内，因为飞行试验包线在飞行试验期间被扩大了。

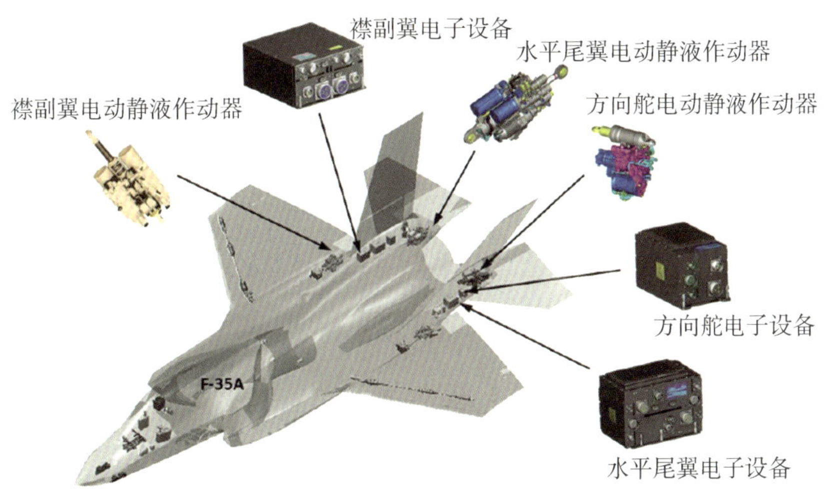

图 6.7 电动静液作动系统（F－35A 战斗机）

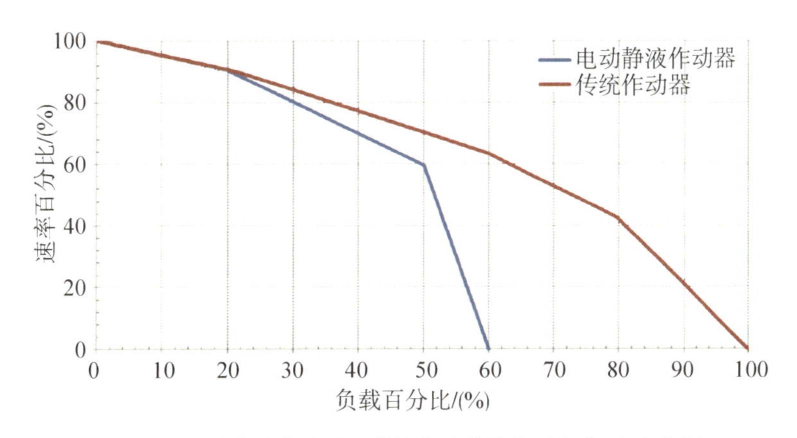

图 6.8 电动静液作动器和传统作动器的典型负载-速率特征

与传统作动器相比，电动静液作动器在失效时也有显著不同的特性。对于双余度作动器，活塞区域因故障失衡时通常会使控制面向上偏转，直至重新与外部铰链力矩载荷达到平衡。对于后缘襟翼，总的上偏量是可控的，水平尾翼则不可控。对于 F－35A 战斗机和 F－35C 型战斗机，失效尾翼的上偏量比正常尾翼能克服的要大，这将导致分离。这种情况的解决方案是增加一个小型定心作动器，通过控制律控制其介入，在低速时将失效尾翼向下推压到一个最佳位置并固定。F－35B 型战斗机则不需要这个作动器，因为 F－35B 型战斗机能够转换到 STOVL 模式，并利用发动机/升力风扇推力摊分来补偿失效控制面的俯仰力矩，从而消除了必须在飞机上携带额外作动器而产生的增重。

5. 结构耦合方面的问题

控制器混合器和机载模型架构最大的挑战之一，是要阻止控制系统对结构耦合产生的反馈传感器输出做出不利响应。这在过去曾经进行过试验，即：将飞机设置在最高增益飞行条件，扰动控制面/推进控制器以激励结构模态，然后测量通过结构、传感器和控制系统的路径的闭环特征。在如图6.10所示的结构耦合试验中,随机噪声被注入作动器,测量了对飞机传感器的影响以及控制律输出。这些测量结果用于评估回路闭合时的稳定性,并验证MIL-STD-9490中的结构模态裕度要求。

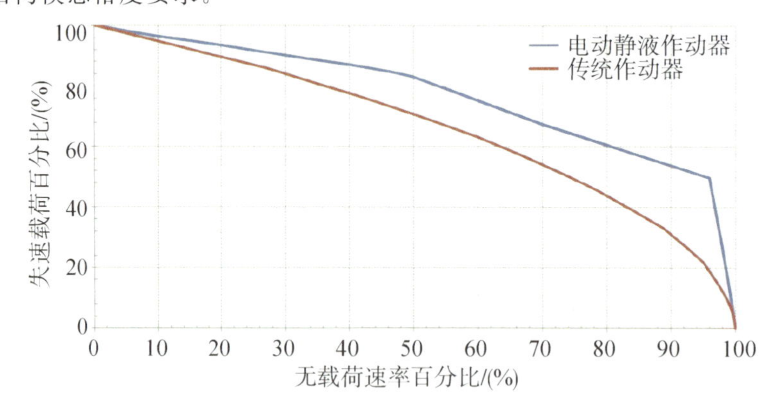

图6.9 电动静液作动器和传统作动器的失速载荷与无载荷速率百分比的关系

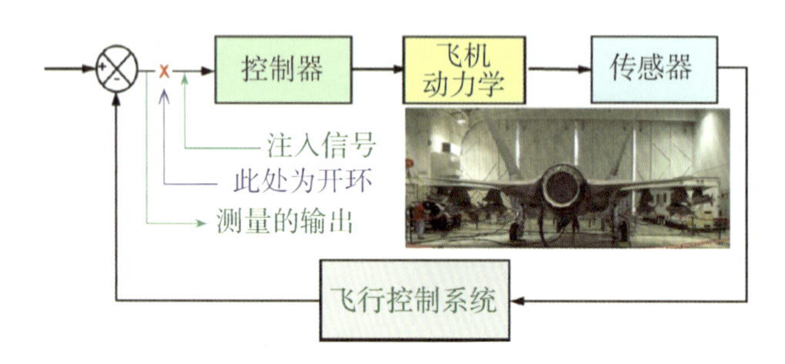

图6.10 结构耦合试验

对于传统控制系统,来自传感器的路径增益很容易通过控制律进行计算。对于任何一组给定的飞行条件,控制系统的增益通常是固定的,确定最大增益的飞行条件很简单,只要查一下控制律增益表就行。对于F-35战斗机控制律,控制器混合器根据控制面效能以及其他限制因素(例如控制器的速率/位置限制和系统故障),迭代每一帧,以确定最优解决方案(见图6.4)。在低空速时,控制增益通常最大,此时控制器混合器可以自由地改变用来控制飞机的控制面,并在一些控制面达到速率/位置限制时,增加对其他控制面上的指令。因此,在结构耦合试验期间,挑选单一的飞行条件进行评估几乎是不可能的。为了确保飞机不发生结构耦合,试验期间在飞机上测量了作动器—传感器的传递功能(就像图6.11中俯仰速率—平尾的传递一样);试验后,在整个飞行包线内线性地把它们与可能的控制系统增益进行组合,以验证结构裕度。生成了非常详尽的线性模型,并与机上试验结果进行比较,以确保机体模型的精确度。图6.11包括了结构耦合试验期间测得的开环响应,与通过结合导出的机体响应和试验飞行条件下的控制系统线性模型进行的分析结果的比较。由于分析响应和试验期间测得的响应之间具有极好的相关性,因此控制律团队成功地获得了所需的结构滤波器,以实现足够的稳定性裕度。在F-35战斗机大量的飞行试验期间,没有观察到气动伺服弹性不稳定性的情况。

6. 驾驶杆和油门主动控制

F-35战斗机三种型别都有独特的任务需求。从系统架构视角看,利用通用硬件实现这三种型别的任务显然是有益的,同时还降低了维护和供应链的需求。在驾驶舱内,实现这种通用性的一个关键因素是对驾驶杆和油门采用主动控制器。这种主动控制器系统(AIS)(见图6.12)允许控制律设计人员将驾驶杆和油门的各种特征(例如:根据偏转、阻尼、软停、门限,甚至梯度来设定驾驶杆力)作为飞行阶段的函数进行编程,以便满足F-35战斗机各型别的独特任务要求。当接通自动命令模式时,油门电机还能够将油门反向驱动至指令位置。

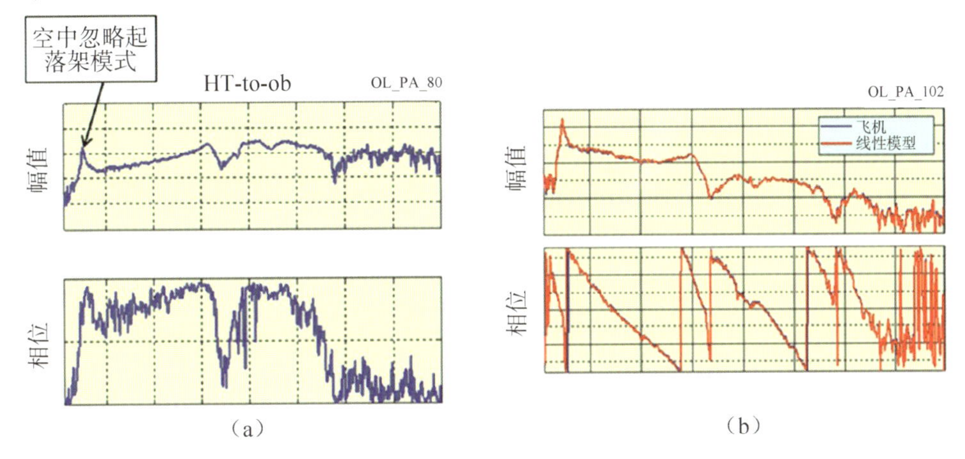

图6.11 开环响应

(a)飞机俯仰结构模态PA系统HT指令至俯仰速率;(b)全控制律+飞机系统纵向系统HT至系统HT

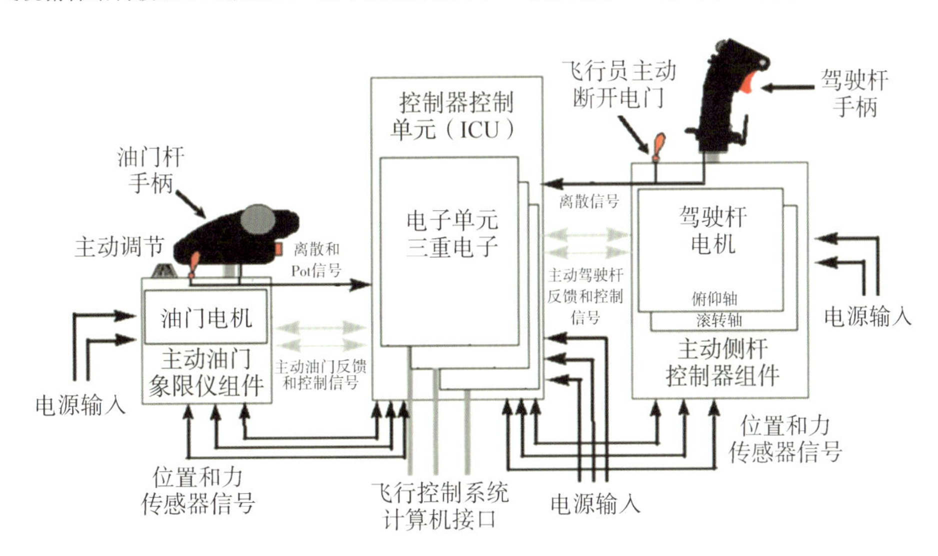

图6.12 主动控制器系统

这些特性在F-35B战斗机进行短距起飞和垂直着陆时被广泛使用。平移速率指令(TRC)是一种增强了的STOVL指令模式,它利用脱离中央卡位(Center Detent)的油门输入来命令改变前飞速度。当油门处于卡位时,控制系统保持一个标准速度。这种模式和驾驶杆垂直/横向TRC模式一起,允许飞行员容易地向舰基或岸基着陆平台进行STOVL进近飞行。当启用轴向TRC模式时,油门被编程,反向驱动至中央位置;通过编程,在两侧设置坡度。在向舰船进近期间,飞行员输入舰船速度作为中央卡位处的标准速度。如果飞行员将油门推出卡位,并推到前方的斜板,则命令前飞速度逐渐增加。向后拉油门则减小速度。当飞行员到达舰船侧方的理想位置时,只需松开油门,就能保持该位置与舰船同速。同样地,若松开滚转杆时，则保持横向位置不变；若偏转滚转杆时，则命令改变横向速度。前后偏转俯仰杆时，是命令改变垂直速度；松开俯仰杆时，则控制律保持当前高度。接地时，油门自动反向驱动至慢车位置，此时控制律命令发动机为地面慢车推力状态。短距起飞和垂直着陆操作的可编程油门特性如图 6.13 所示。

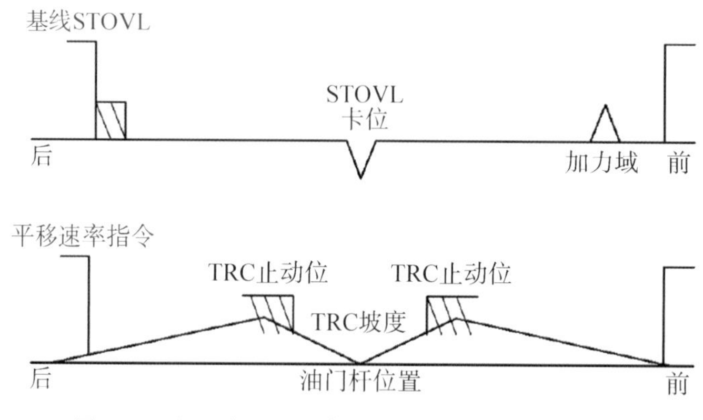

图 6.13 短距起飞和垂直着陆操作的可编程油门特性

虽然驾驶杆和油门的可编程特征允许控制律设计人员以很高的灵活性来定制各种飞行阶段和模式的特性，但它也增加了控制律中为了适应系统故障而制定的重新配置逻辑的复杂性。F－35 战斗机控制律设计考虑到驾驶杆或油门进入被动模式的情况，此时所有可编程特征都失去作用，接收器以默认的基本弹簧速率工作。控制律还必须考虑到因驾驶杆或油门的可能卡阻，因此必须使飞行员只要单纯施加力就能控制飞机的情况。

7. 空气动力学建模

正如前文所提到的，动态逆很大程度上依赖于消除飞机的动力学特征，包括系统非线性特征。在其核心，非线性动态逆控制器包含一个飞机空气动力学模型（包括来自推进系统的衍生空气动力学）和一个空气动力学与推进系统控制器模型。为了使因不良建模直接导致的性能误差最小，重要的是在全工作包线范围内要有一个非常详尽的 F－35 战斗机机载模型，并要考虑与起落架舱门、STOVL 舱门和武器舱舱门相关的离散的构型改变，以及控制面之间的相互作用。飞行包线中空气动力学特性快速变化的那部分（例如，跨声速飞行状态）需要更高保真度的建模，具有更密集的马赫数和迎角断点。当然，即使当前飞行控制计算机的内存和运算能力已经非常强大，可嵌入软件中的模型的规模依然受到实际限制。当前，F－35 战斗机机载模型包括约三百万个数据点。其原始模型是根据风洞试验结果推算出的。

虽然 F－35 战斗机的风洞试验可能是战斗机项目中最广泛的试验，但是，风洞试验结果得出的气动模型和实际飞机气动模型之间仍然存在差异。在跨声速飞行条件下进行早期包线扩展试飞时就发现了这样的问题。进行大过载滚转时，产生了很大的侧滑偏移，形成反滚（见图 6.14），这种机动响应并没有通过仿真预测到。

发生这种偏移的主要原因在于这部分飞行包线中滚转阻尼和控制面效能的气动建模出现了错误，为了纠正这种错误，需要对模拟中使用的真实气动模型和控制律中的机载模型进行更新。如图 6.15 所示是气动模型参数进行的主要更改和控制律更新前后飞行试验响应的对比。由图 6.15 可知，反滚趋势被消除了；软件更新后，侧滑响应也表现良好。

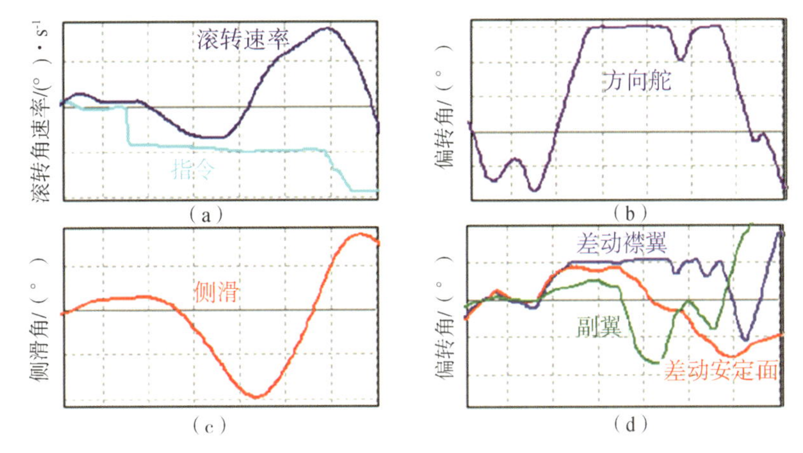

图 6.14　大过载滚转机动期间的侧滑/滚转偏移

(a)滚转偏移;(b)方向舱偏转;(c)侧滑偏移;(d)控制面偏转

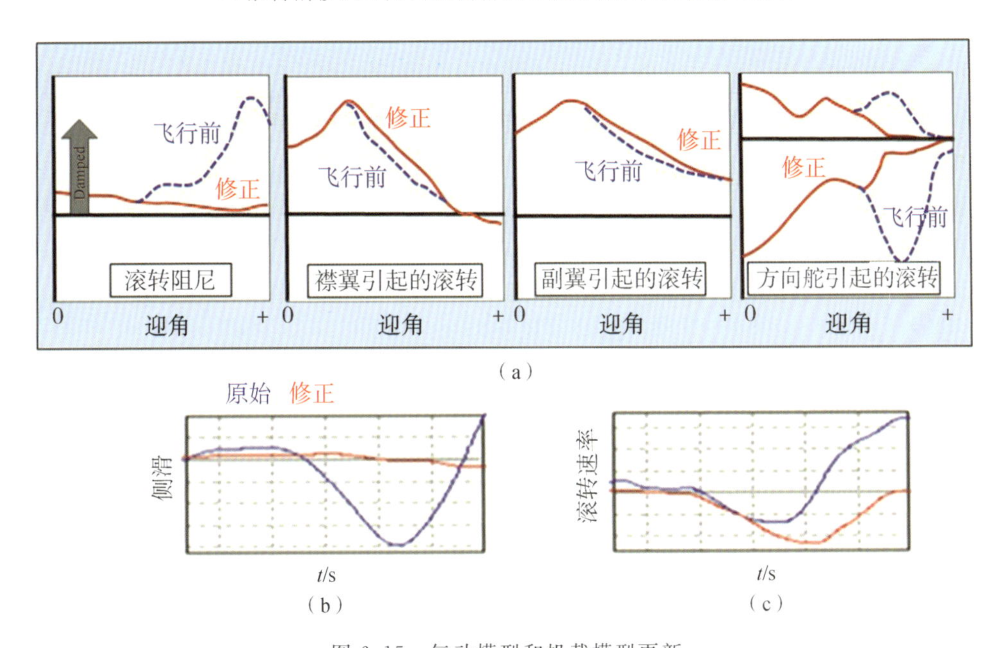

图 6.15　气动模型和机载模型更新

(a)主要气动模型更新;(b)更改前后的侧滑角对比;(c)更改前后的滚转角速率对比

实施非线性动态逆的另一个潜在挑战与复杂空气动力学建模的实际限制因素有关,这些限制因素是战斗机在跨声速、高过载/大迎角飞行条件下通常会碰到的。这部分包线与非常复杂的流场相关,此流场能够导致不稳定的空气动力学,进而导致能够引起非指令偏航和滚转运动的不对称气流分离。从 20 世纪 50 年代 F－84“雷电”喷气系列战斗机到当代战斗机的记录实例来看,数十年来,机翼突然失速(AWS)一直是战斗机所面临的一个重要问题[5]。这种不对称气流分离的典型特征是在离散的迎角和/或侧滑角处出现不连续的滚转/偏航力矩系数,并且在扫掠这些不连续迎角和/或侧滑角时存在滞后。在空中气动模型中捕获这些类型的非线性系数和离散跳点系数是不可能的。但是,如果不进行纠正,由此而产生的瞬变——不稳定空气动力学因素引起的非指令滚转/偏航对飞行员的影响就会非常显著,如图 6.16 所示。

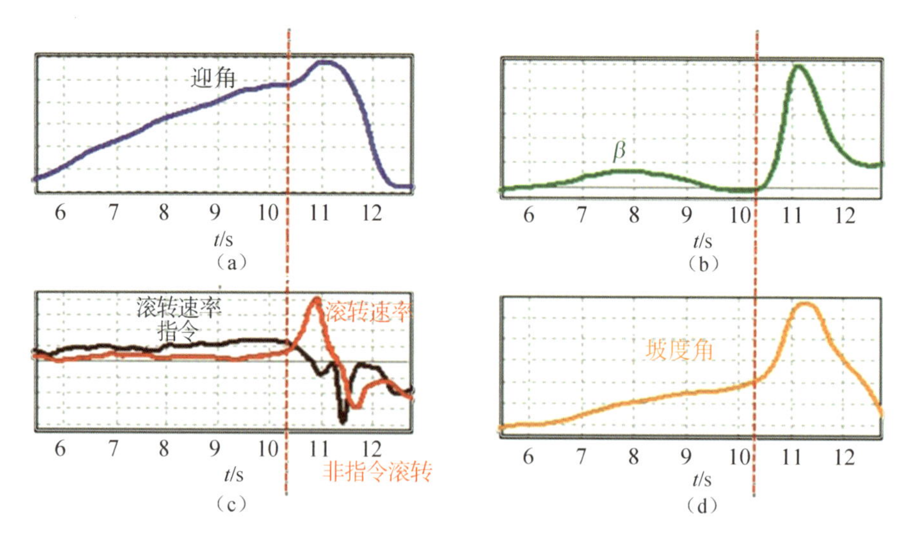

图 6.16 不稳定空气动力学因素引起的非指令滚转/偏航

(a)迎角变化情况;(b)侧滑角变化情况;(c)滚转角速率变化情况;(d)坡角度变化情况

因为不可能直接对这些非线性特征进行建模,所以 F-35 战斗机控制律采用了另一种方法来增强算法的鲁棒性(见图 6.17)。利用基于测量参数的模型误差的近似值,导出额外的加速误差信号,作为控制器混合器的输入。这种方法最初是用来适应早期包线扩展飞行试验期间在跨声速飞行条件下观察到的建模误差,但事实表明,它对补偿飞行包线中预期会出现建模误差的其他区域也同样有效,例如,大迎角,此时气流分离会对非线性动态逆控制律的有效性构成挑战。

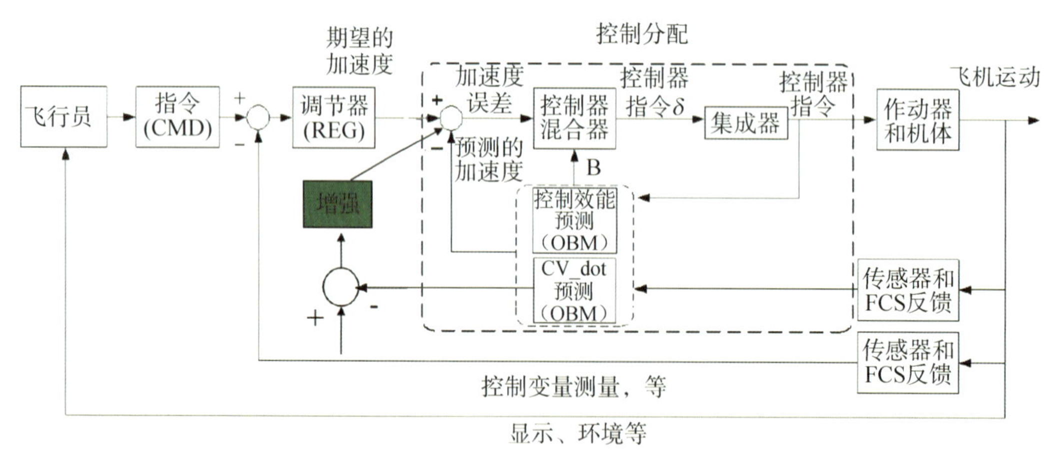

图 6.17 增强的非线性动态逆控制律结构

虽然在激波通过飞机时,空气动力学特性的快速变化,使跨声速飞行条件下的控制律设计极具挑战性,但 F-35 战斗机控制律设计团队还必须考虑和解决使 F-35B 战斗机能够进行短距起飞和垂直着陆操作的更加复杂的问题。F-35 战斗机常规模式和短距起飞/垂直着陆模式之间的转换涉及打开/关闭 11 个不同的舱门/口盖,其中一些舱门/口盖的开闭对飞机空气动力学特性有显著影响,如图 6.18 所示。

图 6.18 F-35B 战斗机短距起飞/垂直着陆型各舱门/口盖

首次启用升力风扇系统前，重要的是要演示验证飞机在无法打开升力风扇舱门的情况下能够以常规模式安全着陆。在短距起飞/垂直着陆模式下且舱门/口盖打开时所进行的初始试飞暴露了一些建模方面的问题，包括飞机基本的航向稳定性问题，如图 6.19 所示。

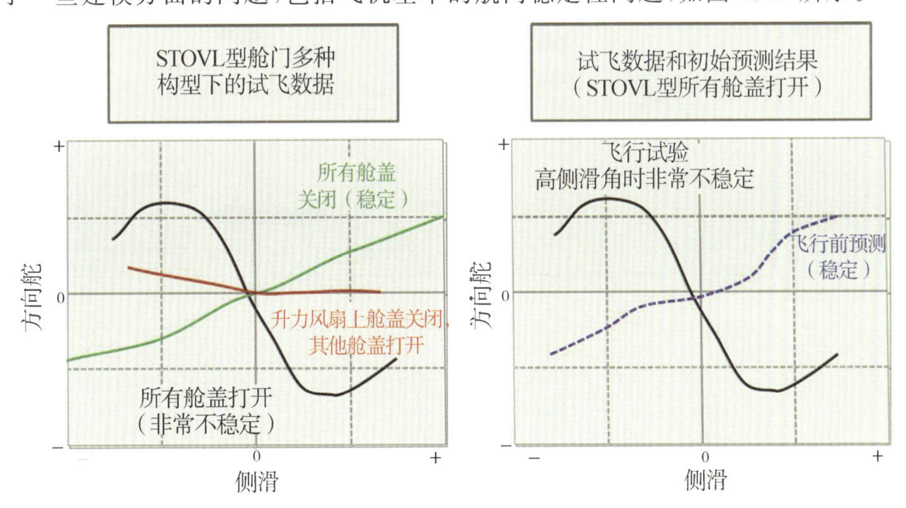

图 6.19 短距起飞/垂直着陆型舱门/口盖相关的建模问题

初始试飞阶段确定的模型差异的水平极大地影响了计划的试飞项目，还影响了试飞团队下一步启用短距起飞/垂直着陆型推进系统的能力。但是，它也因此重点突出了在这种模式下飞机周围的流场有多么复杂，以及建模任务多么具有挑战性。需要进行大量的工作，才能开展首次飞行试验，获取用于更新空气动力学模型和解决相关问题的数据。这就需要多个飞行—修复—飞行循环，才能最终澄清所需要的全部短距起飞/垂直着陆型舱盖构型的完整操作包线，并继续进行增量式包线扩展。

8. 软件开发

F-35 战斗机控制律采用非线性动态逆控制器构架后，控制律工程师的任务从根本上发生了改变，他们不再将重点放在开发基于线性模型的增益调度上，而传统的控制律工程师一般会这样做，现在他们更多的是将精力放在理解飞机的空气动力学上，与操稳工程师密切合作以开发机载模型——这是控制律的一个组成部分。为了简化控制律软件开发流程，F-35 战斗机控制律工程师团队还选择采用以模型为基础的图形化控制律开发方法，并利用 MATLAB® 自动编码程序来自动生成代码。控制律工程师的传统做法是，绘制一个 S 计划框图，然后转交给一个独立的机械化团队，把它们重新编码到作战飞行程序(OFP)代码中，并加载到飞行控制计算机(见图 6.20)；如今这一系列的做法都由 F-35 战斗机控制律工程师团队进行，他们还发挥嵌入式软件工程师的作用，根据已建立的安全关键系统工业标准，进行软件开发(见图 6.21)。

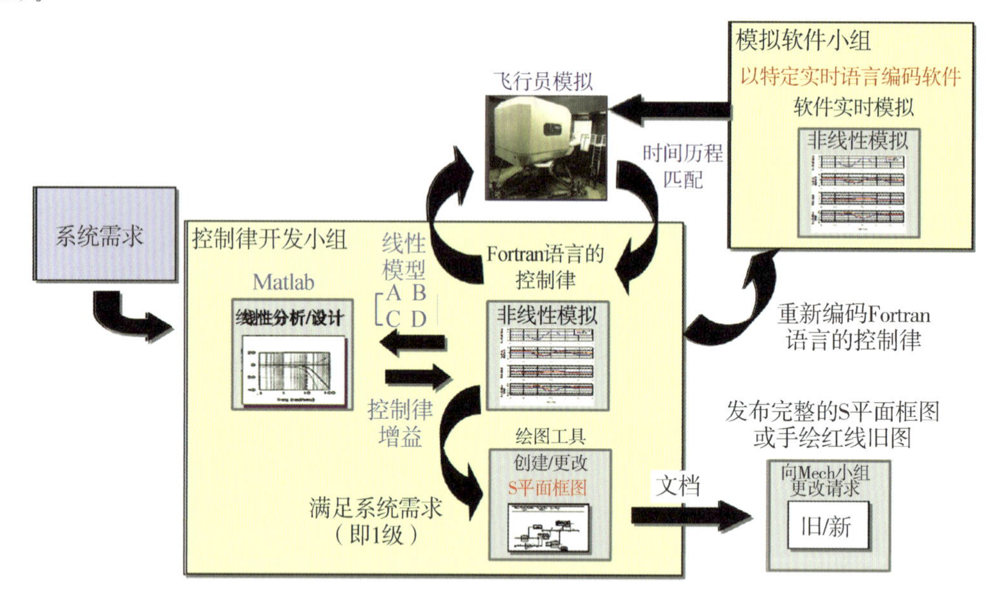

图 6.20　传统软件开发流程

为了使这种方法成功奏效，要求在控制律团队、操稳团队，以及软件开发/试验团队之间建立前所未有的高水平协调，并具备前所未有的承担精神。于是，采用了一种强健的方法进行大规模的模型开发和构型管理，包括制定建模标准，使自动生成的代码符合传统的软件开发准则(例如：MISRA-C)，达到已有的机载软件安全标准(例如：MIL-STD-882，国防标准 00-56，DO-178B)[6]。整体目标是开发可靠的、安全的和可维护的软件。

利用以模型为基础的软件开发流程的优势不仅仅是因减小独立软件编码团队的规模而降低了成本，自动代码生成还极大地降低了传统软件开发流程中将需求人为地转化为设计和代码时常常会发生的编码出错的频率。另外，还降低了开发代码的时间周期。由于为 OFP 生成的同一代码被集成到脱机和有飞行员参加的飞行模拟中，因此，能够在早期开发阶段和在多模拟环境下验证控制律。

上述这些优势在 JSF 概念演示验证阶段尤为重要：在这个阶段，洛马团队利用 X-35 验证机成功地进行了飞行试验演示验证；其中，X-35 验证机使用了三种型别通用的、采用单一

OFP 的控制律构架。但是,正如这个开发方法对于满足 X 系列飞机项目紧迫的时间进度要求至关重要一样,它还是满足三种型别生产研制试飞进度苛刻要求的重要利器。

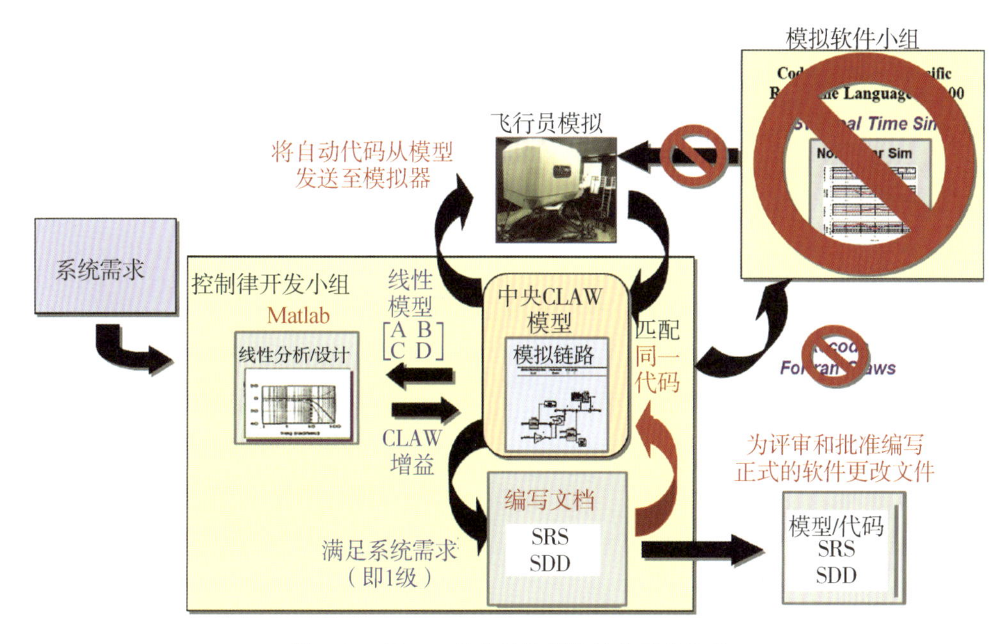

图 6.21　F-35 战斗机控制律软件开发流程

6.3　验　　证

利用大量的方法完成了对 F-35 战斗机控制律开发方法的验证。虽然 F-35 战斗机飞行试验是控制律开发方法验证结果最为可见的形式,但最初的验证结果却是计算机图形化模型。如图 6.22 所示,电脑层面的设计和试验验证形成了作战飞行程序产品的基础,然后作战飞行程序产品在模拟器和“热台”(Hot Bench)(硬件在回路的仿真验证平台)试验设施内进行试验,最后被加载到试验机上,并进行试飞。所有这些场所在验证 F-35 战斗机控制律非线性动态逆结构和软件开发方法上都发挥了重要作用,其中,软件开发方法包括将控制律图形化模型自动生成飞行控制作战飞行程序代码。

图 6.22 中的各个要素横跨二十多年的开发,要么直接支持 X-35/F-35 战斗机项目,要么支持各种技术演示验证项目和公司研究工作。最终产生了一款满足美国各军种、美国伙伴国和参与盟国要求的战斗机。

6.4　总　　结

F-35 战斗机项目包括三种型别,每一种型别都具有独特的任务要求和空气动力学特征,尤其是短距起飞/垂直着陆型,它还具有特有的推进系统特征。洛马公司控制律设计团队采用了一种创新的、成本有效可控的方法来满足 F-35 战斗机项目的苛刻要求。这个团队能够克服早期设计阶段的诸多困难,实施一种强健的、以模型为基础的动态逆控制律设计;这个动态逆控制律提供了整个飞行包线内的卓越的飞行品质，包括大迎角操作、超声速飞行、舰基操作和与短距起飞/垂直着陆操作相关的苛刻的低速包线范围内的操作。

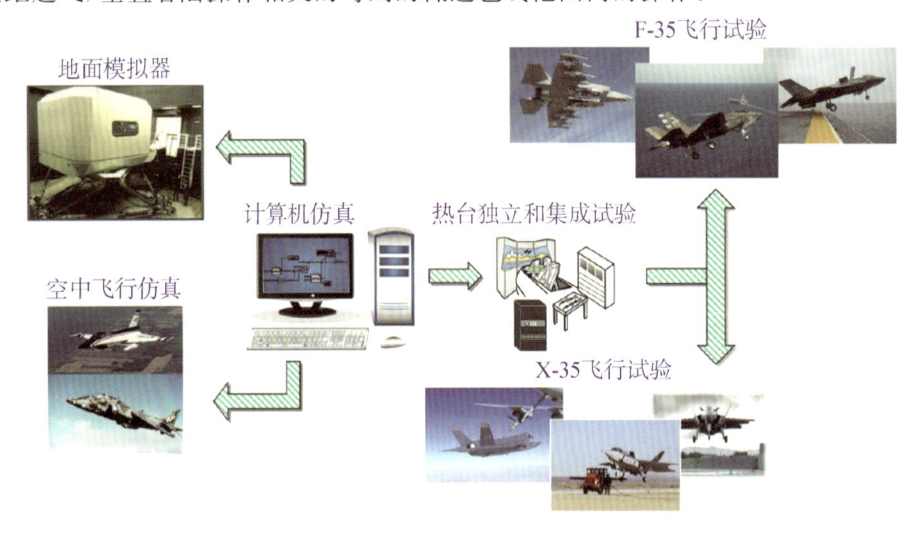

图 6.22　F－35 战斗机软件试验

参考文献

[1] ENNS D F. Control Design and Flight Hardware Implementation Experience with Nonlinear, Dynamic Inversion Control (NASA－2) for the F/A－18 HARV[R]. NASA/CP－1998－207676/PT1，1998.

[2] BORDIGNON K，BESSOLO J. Control Allocation for the X－35B[R]. AIAA－2002－6020，2002.

[3] MILLER C J. Nonlinear Dynamic Inversion Baseline Control Law：Flight Test Results [R]. AIAA－2011－6467，2011.

[4] BOSWORTH J，WILLIAMS H. Flight Test Results from the NF－15B Intelligent Flight Control System (IFCS) Project with Adaptation to a Simulated Stabilator Failure[R]. NASA/TM－2007－214629，2007.

[5] CHAMBERS J，HALL R. Historical Review of Uncommanded Lateral－Directional Motions at Transonic Conditions[J]. Journal of Aircraft，2004，41(3)：436－447.

[6] BRIDGES M. JSF Software Safety Process：Providing Developmental Assurance[EB/OL]. [2018－06－24]. https：//docplayer. net/18943663－JsF－software-safety-process-providing-developmental-assurance. html.

第7章　F-35“闪电Ⅱ”战斗机推进系统集成、研发与验证

每一种成功的飞机都有一个成功的推进系统。X-35验证机和F-35战斗机是航空历史的巅峰之作。用一种飞机设计满足空军、海军陆战队和海军三军要求并不是什么新概念，X-35验证机和F-35战斗机的成功之处在于研制了一种满足性能、可靠性和经济可承受性要求的推进系统。F-35战斗机推进系统的成功归结为确定了可验证的要求，实施了浑然一体的系统工程，并快速攻克了各种研制难题。这种独特推进系统成功的地面试验和飞行试验最终促成了一个革命性的推进系统。本章从寿命周期的三个阶段介绍F-35战斗机推进系统的研制过程。F-35战斗机推进系统的研制与任何重要工程设计一样，主要包括三个阶段：概念设计、初步设计以及详细设计。推进系统概念设计阶段的重点是试验和验证这种推进系统概念的可行性，包括先进短距起飞/垂直着陆(ASTOVL)和大比例动力模型(LSPM)。初步设计阶段也涉及试验和验证，但是重点在于评估功能可行性。对于X-35验证机，这一阶段还包括一个概念验证机阶段(CDP)。而在详细设计阶段，试验和验证则要反映使用的可行性，包括F-35战斗机系统研制与验证阶段。

7.1　F-35战斗机推进系统概述

研制一个能支持F-35战斗机所有三种型别的推进系统是一项艰巨的任务。F-35A战斗机要求常规起降(CTOL)能力，F-35B战斗机要求短距起飞/垂直着陆(STOVL)能力，F-35C战斗机舰载型(CV)则必须满足海上舰载操作使用的严酷要求。每种型别支持一个军种：F-35A战斗机供空军使用，F-35B战斗机供海军陆战队使用，F-35C战斗机供海军使用。在对这种满足三个军种所有要求的推进系统概念进行试验时，需要特别关注STOVL型推进系统。F-35战斗机推进系统解决方案满足三种型别要求，且通用性最高，亦可满足经济可承受性目标要求。

常规起降型和舰载型推进系统是相同的，STOVL型推进系统的涡轮部分与常规起降/舰载型(CTOL/CV)一样，但采用了一些STOVL型特有的部件，包括升力风扇、离合器、传动轴、防倾斜控制系统、三轴承旋转喷管(3BSD)以及STOVL排气喷管。前期，在国防高级研究计划研究局(DARPA)领导下，洛马公司、普惠公司以及艾利逊先进发展公司(现在的Liberty Works公司，罗罗公司的一个部门)联合开展工作，取得了一些成果。这个团队研制了一种STOVL推进系统，通过连接到核心发动机低压转子的轴，驱动两级升力风扇。如图7.1所示示意了F-35战斗机推进系统的布局。

如图7.1所示说明了常规起降/舰载型推进系统和STOVL型推进系统的基本区别。其

主要差别是一套在 STOVL 操作模式下增强推力的轴驱动升力风扇，通过核心发动机的离合器/传动轴驱动。STOVL 型推进系统有一个独特的升力风扇排气喷管：可调面积导向叶片箱喷管（VAVBN）。另外，它还有一个辅助进气道（用于改善 STOVL 型操作），以及一个俯仰和偏航推力转向三轴承旋转喷管。STOVL 型推进系统核心发动机的喷管比常规起降/舰载型的稍微短一些。两种推进系统的相同之处是核心发动机都使用 DSI。其中，STOVL 型推进系统的扩压段进行了改进，因为增加了辅助进气道。

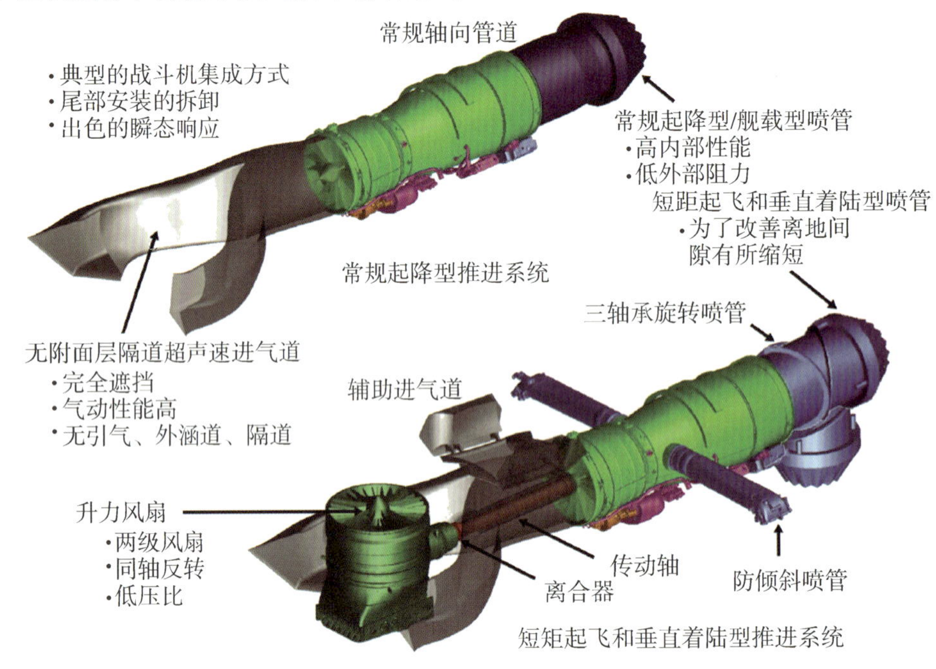

图 7.1 F-35 战斗机常规起降/舰载型和 STOVL 型推进系统特征

STOVL 型推进系统的一个关键特征是在飞行模式过渡和推进构型转换、低速操作以及悬停期间对飞机的控制。在飞行模式过渡过程中，飞机从常规飞行模式过渡到 STOVL 模式，包括下降飞行直至固定悬停。推进构型转换过程中，推进系统从传统的常规起降/舰载型推进系统重新配置为升力风扇工作的 STOVL 型推进系统。如图 7.2 所示为 STOVL 模式控制器以及它们的物理工作范围。采用控制律确定了推进构型转变、飞行模式过渡和悬停，以及垂直着陆期间飞机的 STOVL 型控制。控制律规控着发动机的全权限数字式控制（FADEC）系统以及飞机平台管理计算机[1]。

图 7.2 还介绍了 STOVL 型推进系统的其他特征，包括使气流进入 STOVL 型推进系统的独特舱门和进气道。STOVL 型推进系统有一套升力风扇进气舱门，这套舱门有三个工作位置，可以根据飞机的速度改变：一个可调面积导向叶片箱喷管的升力风扇排气舱门、两个防倾斜喷气舱门，以及两个三轴承旋转喷管排气舱门。这些舱门是 STOVL 型推进系统的综合组成部分。

下面详细介绍 F-35 战斗机推进系统的基本设计进展，说明推进系统的研制难题，讨论其成功之处，并介绍 F-35 战斗机推进系统的设计、研制以及验证历程。

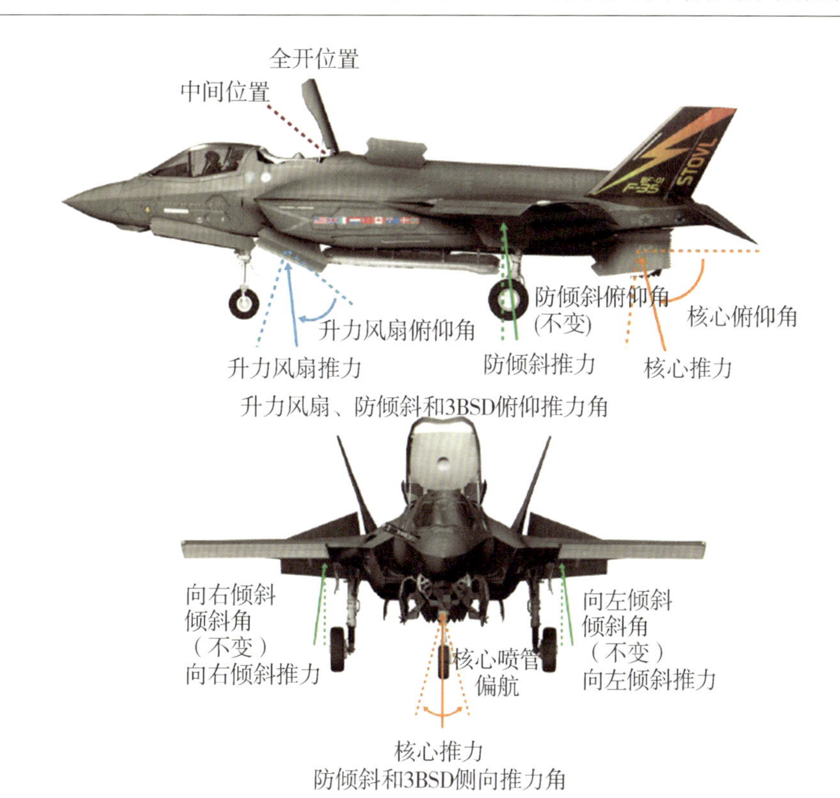

图7.2 F-35B战斗机STOVL模式控制器

7.2 概念可行性的概念设计、试验与验证：先进短距起飞/垂直着陆大比例动力模型

文献[2]详细描述了先进短距起飞/垂直着陆项目，包括构建91%比例的大比例动力模型（见图7.3）。这个模型确认了这种推进系统概念的可行性，可行性评估只需包括以下因素：

1)低速和动力增升气动力。

2)悬停和低速操纵效能。

3)热燃气吸入(HGI)特性。

4)推进系统布局和总体集成。

概念可行性评估结果是在NASA艾姆斯研究中心成功完成了160小时地面试验。大比例动力模型具有一套代表性推进系统，并在静态和低速条件下进行了评估[3]。

1. 关键能力和设计特征

大比例动力模型的一个目标是表明利用主发动机低压转子（通过一根轴）套接到倾斜的变速箱来驱动风扇的可行性；另一个目标是研究飞机的STOVL气动性能。为了使成本最少，在研制这种独特推进系统时，使用了F100发动机和其他老式发动机的多个部件。大比例动力模型没有离合器或者朝前作动的喷管，但是有一个朝后作动的喷管。

大比例动力模型升力风扇使用了一种老式发动机的第一级风扇和进气道导流叶片(IGV)。大比例动力模型升力风扇只有一级，而X-35验证机和F-35B战斗机则采用了两级升力风扇。组装在一起的升力风扇、变速箱和传动轴的性能达到了两级风扇的动力级别。主发动机组合了F100-PW-220发动机的风扇和高压核心机以及F100-PW-229发动机的低压涡轮段。改装了发动机主风扇转子,以便能连接到升力风扇的驱动轴。对发动机机匣也进行了改进,这样外涵道空气可以流向为防倾斜提供喷气的涵道中[4]。

大比例动力模型采用了类似于F-22战斗机的叉式进气道,以及专门研制的升力风扇进气道和辅助舱门进气道。后部主喷管是一个二维可变面积推力转向喷管。改进了全权限数字式发动机控制软件,把燃油流量和喷管面积作为涡轮特性图上的STOVL工作线的函数进行控制,参见参考文献[4]。

图7.3 洛马公司的先进短距起飞/垂直着陆大比例动力模型地面验证机

在佛罗里达州西棕榈滩的普惠公司试验设施上对这套推进系统进行了验证。在NASA艾姆斯研究中心验证了悬停和低速条件下核心发动机进气系统的性能。这些试验也验证了悬停和低速条件下升力风扇进气系统的性能。另外,试验人员还研究了推进系统对外部气动性能、悬停和低速气动性能以及热燃气吸入特性的影响。

2.验证试验

轴驱动升力风扇和核心发动机的首次运转试验验证在西棕榈滩的普惠公司室外发动机试验设施上进行。静力试验超过40小时,问题很少。该项试验验证了改变巡航状态发动机循环为升力风扇提供轴功率的可行性[4]。试验还验证了推力摊分控制的能力。推力摊分指的是主发动机推力与升力风扇推力之比,是通过调整老式第一级风扇并把进气道导流叶片作为升力风扇实现的。

下一阶段试验是在NASA艾姆斯研究中心的室外气动性能研究设施(OARF)上进行大比例动力模型吊挂试验。这项试验研究了悬停条件下的外部气动性能,如图7.4所示。

大比例动力模型吊挂在室外气动性能研究设施上,完成了STOVL型推进系统工作状态下的自由流(Free-Air)悬停外部测量。试验结果表明,喷气吸附效应(即STOVL喷气效应降低静压使飞机脱离地面效应的趋势)小于总升力的3%。另外,还在有地面效应情况下对大比例动力模型进行了试验,如图7.5所示。这项试验证明,喷气柱以及升力改善装置限制了吸附效应,使其小于总升力的7%[4]。

作为地面效应试验的一部分,还研究和验证了热燃气吸入(HGI)问题。因为对以前的缩比模型热燃气吸入试验存在质疑,而大比例动力模型是一个理想的试验平台,能够观察轴驱动升力风扇构型是如何工作的。飞机周围喷气流场的压力和温度表明,升力风扇系统的喷气流更温和一些。这与 AV-8B“海鹞Ⅱ”攻击机在相同推力级别的表现基本一样，参见参考文献[4]。来自升力风扇的冷喷气流阻挡了发动机热排气流朝前移动进入到主发动机进气道。这防止了有害的热燃气吸入，因为吸入热燃气会导致主发动机进气温度升高，降低总推力。如图 7.6 所示为使用地面气流可视化涂料来显示气流流场。

图 7.4　大比例动力模型安装在室外气动性能研究设施上

图 7.5　大比例动力模型地面效应试验

试验的另一个阶段是将大比例动力模型应用转移到 NASA 艾姆斯研究中心的国家全尺寸空气动力综合试验设施(NFAC)中，在这里，试验人员利用低速风洞实验研究推进控制对外部空气动力的影响，如图 7.7 所示，并采集了有关短距起飞性能、模式转换[从全喷气(jet-borne)到翼载(wingborne)模式速度]气动性能以及控制力(包括侧风条件下的偏航控制力)等方面的性能数据，详见参考文献[4]。试验数据表明性能特性很好，并证明了轴驱动升力风扇的可行性，以及把升力风扇集成到先进短距起飞和垂直着陆机身构型的可行性。

先进短距起飞/垂直着陆项目评估了多种因素，确认这种概念是可行的。评估的内容包括：低速和动力增升气动力，悬停和低速控制力，以及连接到传统推进系统核心发动机的轴驱动升力风扇的热燃气吸入影响。随着这个项目的成功，洛马公司为进入概念验证机阶段做好了准备。后面将介绍 X-35 验证机推进系统的设计、研制以及试验的进展。

图 7.6　大比例动力模型气流流场研究

图 7.7　国家全尺寸空气动力综合试验设施风洞中的大比例动力模型

7.3　X-35 概念验证机阶段:初步设计、试验与验证

1996 年 12 月,JSF 项目办公室与洛马公司和波音公司签署了概念验证机阶段合同。合同目标是研制一种作战飞机,完成初步设计研究,并制造一架概念验证机。这架概念验证机要能够证明,设计和制造一种飞机平台和推进系统,能同时满足空军常规起降、海军舰载以及海军陆战队短距起飞/垂直着陆要求。关键要求是,既要验证飞机的新特征(如 STOVL 模式操作),还要验证那些不适合建模或者缩比验证的特征(如航母进场操纵品质)。不需要验证一些老式飞机已有的能力,例如隐身性、航电系统,以及武器挂载等。但是,要求在设计中必须包含隐身、航电以及武器挂载等能力,因为这是一种作战飞机。

洛马团队由洛马公司、诺斯罗普·格鲁门公司、英国航空航天公司(目前的 BAE 系统公司)、普惠公司、罗罗公司以及艾里逊先进研发公司组成。洛马团队的任务是研制一种概念验证机,并把先进推进系统集成到这种概念验证机上,最终这种概念机命名为 X-35。X-35 验证机的推进系统有两种:常规起降型和舰载型使用传统加力燃气涡轮;STOVL 型的推进系统增加了增强垂直升力推力的升力风扇,基础燃气涡轮与常规起降和舰载型的相同。STOVL 型推进系统还增加了一些其他部件,例如防倾斜喷管以及一个三轴承旋转喷管,通过推进系统来控制姿态,不再使用引气反作用控制系统(即:鹞式飞机使用的控制方法)。这种方法保证了使用同一个燃气发生器,同时减轻了 STOVL 模式操作对常规起降/舰载型推进系统的影响。如图 7.8 所示为 X-35 验证机常规起降/舰载型和 STOVL 型推进系统示意图。

洛马公司研制两架机身,都能够配置为海军陆战队短距起飞/垂直着陆构型。301# 飞机构型最初配置为空军常规起降构型,执行常规起降试飞。然后重新配置为海军陆战队的 STOVL 构型用于进一步飞行试验。300# 飞机构型配置为海军舰载型,机翼和控制面面积更大。这架验证机将验证舰载操作要求的低速操纵品质。

普惠公司的设计方案基于老式发动机,命名为 JSF SE611,其风扇更大,涡轮是重新设计的，适用于三种型别。STOVL 型发动机采用了 JSF SE611 发动机独特的涡轮设计，通过一根来自发动机低压转子的轴驱动升力风扇，获得部分垂直升力。艾里逊公司负责研制升力风扇、俯仰矢量升力风扇喷管、离合器和驱动轴。普惠公司和罗罗公司负责研制防倾斜系统以及三轴承旋转喷管。

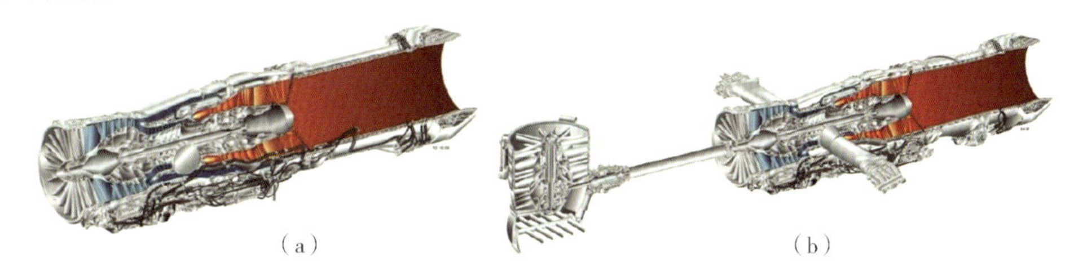

图 7.8 X-35 验证机常规起降/舰载型和 STOVL 型推进系统示意图
(a)X-35 验证机 CTOL/CV 推进系统；(b)X-35 验证机 STOVL 型推进系统

STOVL 型推进系统处于全喷气或者半喷气(semi-jetborne)模式时能够进行姿态控制。防倾斜喷管通过把发动机外涵道部分气流引导到机翼下的喷管，实现防倾斜控制。三轴承旋转喷管提供偏航和俯仰控制，并由升力风扇的俯仰矢量喷管进行补充。飞机的前/后平衡以及俯仰控制，通过改变推力摊分(三轴承旋转喷管推力与升力风扇推力之比)来实现。

常规起降型和舰载型飞机常规推进系统的研制和集成本身就不是简单的任务。再加上 STOVL 型，以及三种型别最大通用的要求，更增加了研制任务工作量。X-35 验证机推进系统的重点是验证一种适用于三种型别的推进系统，支持概念验证机工作阶段的两个关键目标：STOVL 模式操作和舰载机进场操纵品质。推进系统可以从老式舰载机发动机操作要求中了解到在航母进场阶段对推进系统的要求，概念验证机阶段推进系统的主要挑战是对 STOVL 模式操作的验证。

1993—1995 年国防高级研究计划局的先进短距起飞/垂直着陆项目中，洛马公司已经用大比例动力模型验证了升力风扇 STOVL 型推进系统构型。然而，这不是一个作战使用的代表性推进系统。尽管大比例动力模型采集了推进系统诱导空气动力学方面的有价值数据，但是当时试验的 STOVL 型推进系统只有一级升力风扇，而且没有离合器。这妨碍了向常规起降构型推进系统的过渡，而且缺少实现过渡的必要控制系统。试验模型的发动机排气系统是一种沉重的二维喷管，也不是为 X-35 验证机设计的三轴承旋转喷管。因此，设计工作只能从已得到验证的核心机开始，STOVL 型推进系统所有剩余单元都必须在概念验证机阶段进行研制，并在 X-35 验证机上进行试飞。

研制 STOVL 型推进系统关键单元是概念验证机阶段的重要技术难题。需要一架 STOVL 型验证机，证明作战飞机设计方案的可行性。为了使成本最少并降低进度风险，这架飞机只需包括必要的部件。作为作战飞机一部分的先进集成系统无须满足合同要求。在可能的情况下要尽可能使用常规子系统。然而，对于 STOVL 型推进系统，一架成功的验证机，还必须具备作战飞机的全部部件。

其他要求如下。

1)常规起降以及 STOVL 模式的性能。

2)全喷气和半喷气模式的可控制性。

3)能够在常规起降以及 STOVL 模式间转换。

其他特性,例如系统寿命、重量以及全包线能力都不是关键。这是由于计划开展的飞行试验项目和内容有限,而且缺少完整的航电系统和武器挂载要求。

作为设计团队的目标,洛马公司确定了试飞任务,即X任务,在一次飞行任务中完成所有合同要求。飞行试验对于X-35验证机至关重要,是其最终发展成为能列装的作战飞机的基石。X任务所要完成的是以前STOVL模式飞机在单次飞行中从未完成的任务:

1)STOVL模式短距起飞。

2)转换到常规起降模式。

3)平飞加速到超声速速度。

4)返回到STOVL模式,之后垂直着陆。

X任务真正表现了一架作战飞机应完成的任务。为了完成这项任务,要求X-35验证机具有多项能力。其推力和燃油燃烧特性必须满足作战飞机的离场要求。其性能必须达到作战使用飞机的STOVL模式要求。X-35验证机需要具备一套具有容错功能的综合飞行/推进控制(IFPC)系统,无缝对接于飞机控制律,使飞行员的负荷最小。同时,该飞机需要能够在STOVL模式和常规起降模式之间转换。

在规定的时限内开发X-35验证机的这些能力,并提升成熟度,是概念验证机项目的关键挑战。风险缓解不可或缺,并且要求识别出有应急计划需求的领域,快速响应各种研制问题。准备了详细进度时间表,表明了各个研制里程碑节点,为通向飞行试验建立了有条不紊的途径。

1.推进系统要求

(1)性能。X-35验证机推进系统的性能必须满足常规起降/舰载和STOVL型要求,三种型别采用相同的核心燃气发生器。概念验证机合同的所有参研方开展了广泛的建模工作。项目人员确定了满足作战飞机要求的推进系统工作循环。普惠公司开发了发动机模型,艾里逊先进研发公司开发了升力风扇性能模型。洛马公司把这些模型与飞机进行安装组合,以预测对飞机性能的影响,主要包括航程、作战性能和有效载荷。预测结果表明,JSF SE611发动机工作循环与升力风扇匹配。这种构型满足常规起降/舰载型要求和STOVL型要求,可以形成一种真正的适用于三种型别飞机的推进系统。

对于常规起降和舰载型,发动机的响应必须充分,以确保飞机的操纵品质可以接受。而对于STOVL型,发动机具有足够的动力仅仅是完成任务的开始。以全喷气模式控制飞机升空,要求的不仅仅是总推力,还有推力在各个推进控制器的分配。推力摊分还必须与控制系统耦合,确保飞机平衡,并且能执行飞行员的指令。这就要求推进系统与飞机飞行控制系统的集成达到一个更高的水平,最终形成一个综合飞行/推进控制系统。

常规起降/舰载型发动机的性能要求着重于任务半径、干推力(军用功率)和加力推力(最大功率)。STOVL型发动机的要求更广泛,包括所有常规起降/舰载型要求,还需要提供短距起飞推力以及垂直着陆推进升力。在喷气模式飞行和机翼模式飞行之间转换时能够保持和控制推力,也是一项关键要求。

研制过程中,STOVL型推进系统最令人关注的工作条件是在甲板最前端短距起飞抬前轮时的推力,和作战任务结束后返航着舰时的垂直推力。这两种条件是STOVL型总任务要求的一部分。短距起飞推力受飞机到达甲板前缘时所携带的有效任务载荷和燃油的影响。而垂直推力则由任务结束后飞机返航携带的剩余任务载荷和燃油在内的最小飞机总重决定。垂直着陆升力要求包括规定的武器载荷和最小燃油量，其中的最小燃油量包括能充分满足复飞的燃油量。这些竞争性的要求证实了必须选择正确的发动机工作循环来平衡性能要求。最终的结果是形成了一个40 000 lb级别的推进系统。STOVL型推力分布于四个升力点：升力风扇、两个防倾斜喷管和发动机主喷管。

（2）进气系统（AIS）和热燃气吸入问题。进气系统的设计是达到性能要求的一个关键要素。洛马公司提出了无隔道（Diverter-Less Bump Inlet）进气道，这种进气道重量轻，生存能力强，没有任何移动部件，并且无须进行边界层吹除），进气道的重量最小，能实现很好的超声速性能。然而，与所有超声速进气道一样，在低速进行STOVL模式操作时性能不足，需要一个辅助进气道来改善进气道总压恢复才能达到性能目标。

升力风扇进气道要求的性能目标一样。进气道尽可能像钟口，受限于集成限制条件。进行了多种风洞试验、CFD建模和静态试验，使进气系统的性能最佳，包括多个进气舱门的建模。辅助进气道和升力风扇都有舱门/口盖，要求这些舱门不影响进气道的压力恢复能力，并且在关闭状态下起飞和飞行时不影响飞机的整体隐身性能。

影响所有STOVL模式飞机性能的一个关键潜在因素是热燃气吸入问题。当STOVL模式飞机垂直着陆时，飞机自身喷出的热排气撞击地面，然后向上反射。这些热气流可能会进入发动机进气道，导致发动机性能明显下降。X-35验证机STOVL模式推进系统的布局依靠升力风扇相对冷的排气流。升力风扇提供了一个气动屏障，可以阻止发动机燃气排气流进入进气道。定量确定风扇如何有效防止热燃气吸入是确定垂直着陆安全包线的关键步骤。

（3）STOVL型综合飞行/推进控制和模式转换开发。研制综合飞行/推进控制系统要求严格和彻底地应用已经建立的电传（FBW）飞行控制标准。研制团队对这个标准进行了改进，将原来的双发推进系统改进为单发推进系统，而且是飞行关键应用。JSF SE611发动机的控制系统和冗余架构也从双发应用改造成单发应用。如果简单地把双发控制系统的冗余架构移植到单发控制系统，那是存在明显缺陷的。综合飞行/推进控制系统研制的重点工作是重新设计了硬件和软件，从而解决了这个问题。

老式发动机使用主动/备份液压构型，但是作动器控制使用的是一套主动/备份电子构型。液压主动/备份系统的主要问题是，当系统发生故障后，从主动转换到备份系统，存在一个固有的瞬变问题。开展了大量的工作，使这些瞬变影响最小，减少对飞机级的影响。二次故障后，老式发动机缺乏故障-安全定位。针对这种缺陷，开展了相应工作，增加了一些特性，能够将作动系统驱动到使飞机安全的位置。这些问题推动建立了JSF X-35B验证机升力系统容错要求，参见文献[5]。

X-35B验证机飞行试验的成功对于赢得F-35战斗机合同至关重要。正因为如此，从飞行控制综合产品开发团队和推进系统综合产品开发团队选拔了一些人员组成了综合飞行/推进控制综合产品开发团队（IFPC IPT），以便将飞行控制标准应用到原有推进系统中。综合飞行/推进控制综合产品开发团队承担着研制综合控制律的任务，要把飞机、发动机，以及STOVL模式飞行需要的硬件和软件进行综合集成。另外，综合飞行推进控制综合产品开发团队还必须在STOVL控制器新硬件的研制中，应用处理容错和故障模式的飞行控制标准和要求。综合产品开发团队的目标[5]如下。

1）严格和彻底应用已建立的电传飞行控制标准。

2）将这些标准运用到X-35B验证机研制的可实现程序中。

3)要确保预想故障的影响得到了很好地理解、模拟和文件记载。

4)设计 X-35B 验证机推进系统，在这些预想故障影响下，能保证 X-35B 验证机成功和安全完成飞行试验任务。

飞机从常规起降模式转换到 STOVL 模式需要研制一套离合器系统，这对于概念验证机而言是全新的。研制离合器需要把离合器控制律与发动机和飞机控制律进行集成，这样才能保证飞行员无缝地进行模式之间的转换。人机界面设计也是这种新型 STOVL 型 X-35 飞机综合飞行/推进控制系统研制的一部分工作，良好的人机界面能保证推进系统控制成为简单容易的任务。协同开发飞机与发动机控制律并与 STOVL 型控制器进行集成，成为综合飞行/推进控制综合产品开发团队工作的开端。

基于洛马公司以前的电传飞行控制系统研制经验，确定了硬件要求，并应用到新的 STOVL 型控制器。推进系统的冗余度和控制特性方面的要求由普惠公司负责制定，主发动机、升力风扇和离合器系统的要求由艾利逊先进研发公司/罗罗公司负责制定。确定的这些要求与作动要求类似，但是增加了复杂性：作动要求必须与推力、俯仰控制、防倾斜以及偏航控制相关联。

普惠公司提供了作动器总模型(GAM)，帮助洛马公司建立控制器要求，提供必要的飞机预期动力学特性。然后分解操纵品质要求，确定哪些控制器要求是满足这些要求所必需的。采用了概念验证机阶段研发的容错程序建立了裕度要求，参见参考文献[5]。这个过程包括评审了原有的推进系统，为了管理 X-35B 验证机 STOVL 型飞行试验风险增加了裕度。评估结果揭示了需要增加裕度的区域，对于不能增加裕度的区域，通过飞行程序使进入这些风险领域的可能性最小。

转换要求决定着接通和断开升力风扇时的裕度和接通特性。这保证了飞机控制律能够在两个方向的转换过程(归航转换和离港转换)中分别接入升力风扇和断开升力风扇。如图 7.9 所示为 X-35 验证机转换模式以及完成转换的照片。

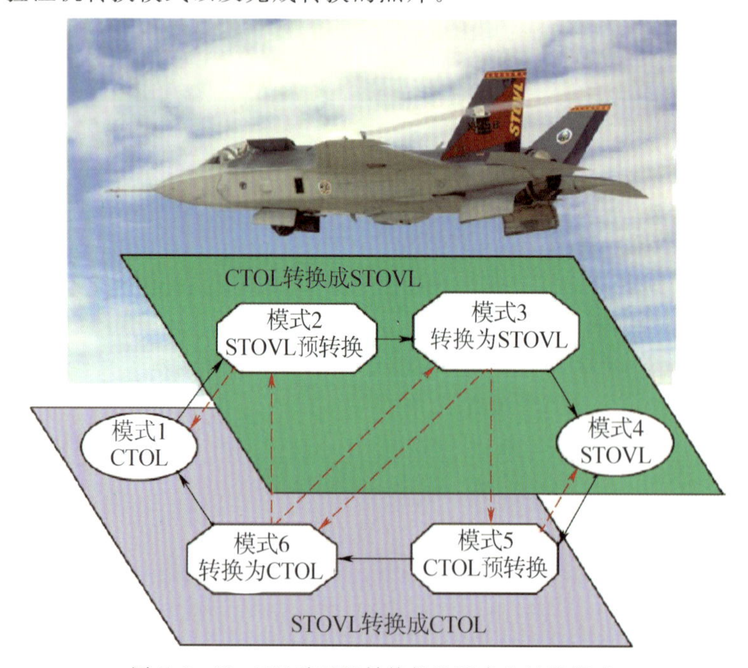

图 7.9 X-35B 验证机转换推进要求和转换模式

因为接通和断开离合器对于X-35B验证机项目的成功至关重要,所以确定了离合器和润滑系统的特殊要求。如果未获得接通升力风扇的指令,离合器系统即使发生一个或两个故障也不会接入升力风扇。同样,如果未获得断开升力风扇的指令,离合器系统即使发生一个或两个故障也不会断开升力风扇。模式转换期间一直监测离合器系统的故障,并进行安全处置。

这些要求确保了在离合器控制系统的设计过程中,消除无意接通或断开升力风扇的所有故障。这些要求的最终结果是建立了专门的自检。自检是在接通或断开离合器之前迅速检查与模式转换相关的所有作动系统和软件系统。如果自检失败,则飞行员可以以常规起降或者短距起飞/垂直着陆模式着陆,防止出现飞机处于两种模式之间的危险状态。

综合飞行/推进控制综合产品开发团队建立了推进系统、升力风扇、离合器和主发动机作动系统等各种系统的全部转换程序和转换技术,这其中所涉及的系统集成,不仅仅是推进系统和飞行控制系统的集成,也包括电源系统和液压系统的集成。这种综合集成保证了全部系统协调运作,实现X-35B验证机从常规飞行状态到全喷气飞行状态之间的双向转换。

这种超声速STOVL型飞机的综合飞行/推进控制要求需要开展专项工作。项目人员首先确定了满足飞机STOVL模式飞行控制操纵品质的飞行控制和故障容错要求,以及安全要求,以确保X-35B验证机飞行试验取得成功。调整原来的主发动机并研制了新的升力风扇和离合器硬件来满足这些要求,以保证试飞项目成功。综合飞行/推进控制综合产品开发团队建立了这些推进系统STOVL型控制器的要求,并对系统进行了更改。这样就使飞机处于故障-安全构型,即使推进系统出现灾难性的故障也能保障安全。由于明确了硬件和软件要求,所以能够开展广泛的飞行试验建模和规划工作,从而保证了飞行员在STOVL型控制系统出现意外故障时能够安全恢复飞机。

(4)与飞机集成。推进系统与X-35飞机的集成采取了常规方法,以使技术、成本以及进度风险最小。使用常规子系统意味着尽可能使用货架产品部件。安装在机身的一套附件驱动装置(AMAD)通过一根动力输出轴连接到发动机齿轮箱,用于驱动飞机子系统。辅助动力装置来自F-22战斗机,液压泵来自YF-23战斗机。空气涡轮起动机、发电机、环控系统也都来自老型别飞机。采用这种方法,很容易获取子系统部件,有充分的备件供研制和飞行试验使用。这样也使成本降至最低,并避免了飞行安全(SoF)要求的部件合格性认证试验。在X-35飞机的设计过程中,自始至终贯彻了这种理念,使项目团队可以更多地关注独特能力方面的需求。

因为X-35飞机是一架验证机而不是一架作战使用原型机,可以忽略作战使用飞机要求的一些能力,这样就简化了设计任务。例如,并不要求X-35飞机具备在晴朗或者恶劣天气的夜间飞行能力,以及全包线飞行能力。由于限制了最大飞行高度,也就放宽了对应急动力的要求,以及耐久性要求,并且简化了生命保障系统的设计。同样,尽管舰载机航母进场操纵品质是一个合同要求,但拦阻着陆却不是合同要求,这样就取消了拦阻钩。

2.研制、地面试验和飞行试验

X-35飞机推进系统研制工作遵循了一套有条不紊的方法。首先开展部件级试验,然后进行系统级地面试验,最后是推进系统的装机地面试验。X-35A验证机的地面试验汲取了过去的经验,但是X-35B验证机却要进行广泛的STOVL型地面试验。本节概要介绍地面试验。

(1)推进系统研制试验。推进系统的研制遵循一种多部件级途径,最终在西棕榈滩普惠公司的试验设施上进行了STOVL型推进系统的集成试验。普惠公司最初开始试验常规起降/舰载推进系统，证明JSF SE611发动机在常规环境中的工作状况。研制STOVL型部件和构建试验设施的工作同时进行。发动机在送往阿诺德工程研发中心(AEDC)进行高空舱模拟试验之前，首先在地面试车台完成了常规模式试验。因为JSF SE611发动机在常规起降/舰载型和STOVL型系统之间是通用的，高空模拟试验适用于所有型别，试验内容包括性能、油门瞬变、空中起动和进气道稳定性。普惠公司生产了数台发动机用于发动机系统的验证和确认试验。艾里逊先进研发公司研制了几种升力风扇、离合器和驱动轴并开展了类似试验。罗罗公司研制了防倾斜系统(喷管、作动器以及涵道)，以及三轴承旋转喷管模块，用于开展研制试验。艾里逊公司使用多种试验台对齿轮箱和离合器进行了试验。升力风扇的满负荷试验是在与JSF SE611发动机配装后，在西棕榈滩开展系统级试验期间进行的。驱动轴试验单独在供应商的试验设施台架进行。除了扭矩和速度要求外，驱动轴的关键特性还包括对发动机和升力风扇未对准情况的容差能力，对飞机偏移的容差能力，以及由于发热导致的热发动机轴向膨胀的容差能力。由于驱动轴的旋转速度非常高，载荷循环的积累也非常快，所以也要求驱动轴设计为有限寿命。

三轴承旋转喷管和防倾斜系统由罗罗公司设计，并在位于英国布里斯托尔北部的菲尔顿的罗罗公司试验设施上进行了部件试验。三轴承旋转喷管是一项特殊的挑战，采用了大直径柔性轴承，实现了尾喷管段的整体旋转，提供理想的推力矢量能力。安装在尾喷管上的作动器可以啮合轴承外侧的齿轮，为推力转向提供推动力。如图7.10所示为三轴承旋转喷管的未转向和推力转向位置。

图7.10 三轴承旋转喷管处于未转向和推力转向位置

关键试验目标是采集发动机常规起降模式和STOVL模式工作期间，发动机低压涡轮(LPT)的工作数据。由于JSF SE611发动机低压涡轮的工作范围很宽，其设计是JSF SE611发动机设计中最具有挑战性的部分。低压涡轮必须满足全部飞行要求，同时还要能够提供驱动升力风扇的马力。普惠公司改装了西棕榈滩的两个试验舱，用于完成试验目标并验证STOVL型系统的工作状况。重新配置了一个试验台，用于安装STOVL型推进系统。这个试验设施的外部有一个排放升力风扇和防倾斜喷管排气流的管道。改造了发动机排气流收集装置，可以进行三轴承旋转喷管推力转向。在这个试验舱对发动机和升力风扇进行了初步试验，被试发动机和升力风扇加装了大量测试仪器。普惠公司还重新改造了第二个试车台，用于STOVL模式试验(见图7.11)，这是一个室外商用发动机试车台。利用这个试车台可以把

STOVL 型推进系统提升到空中，开展 STOVL 模式操作试验，而无须使用排气管道或者排气流收集装置。这个推力试验台可以测量推进系统性能，对集成系统的建模进行确认。这个试车台也能够验证推进系统是否达到了飞行试验的要求。其他的试验设施改造还包括在试车台下加装了高温混凝土基础，保证开展 STOVL 模式长时间试验运转，并使排气流偏转，使热燃气吸入最小。

图 7.11　STOVL 型推进系统在试车台上进行试验

STOVL 型系统所有部件组装为一个系统后，开始了首次整机初步试验。这也是升力风扇第一次大功率工作。为了降低风险，保证系统研制进展受控，系统整机初步试验过程中没有接通或者断开离合器。根据试验计划，把离合器预置于期望的构型状态，进行了发动机起动试验。试验初期，发动机以低功率运转，逐步增长系统可靠性和控制系统的成熟度。随后完成了升力风扇断开条件下的首次大功率试车，然后进行了接通升力风扇试车。大功率试车完成后，试验继续推进，开展推进系统各种控制器的单独作动试验，最后进行系统集成试验。试验的最后步骤是接入离合器，证明系统在常规起降和 STOVL 模式之间的转换能力。

室外 STOVL 模式试车台试验确认系统性能达到了飞行试验要求。试验也验证了推进系统控制器能产生要求的控制权限，且操纵品质可接受。推力测量系统实现了稳态测量。这样，使用试验台的试验数据对系统模型进行了标定，以预测控制系统如何在动态条件下工作。控制控制器之间的快速推力调整对试验台的结构是有影响的。为此，在系统研制与演示验证阶段，通过改造加强了试验台的总刚度。

STOVL 型推进系统充分成熟后，在试验台上开展了模拟飞行任务，即耐久性试验，也称作加速任务试验（AMT）。加速任务试验是为了验证系统寿命和耐久性足以满足飞行试验要求。这项试验将在 STOVL 模式和常规起降两种模式下进行，需要完成飞行试验两倍的要求。这项试验将表明，推进系统是安全的、可以飞行的。开展加速任务试验就必须压缩计划的飞行试验项目，并去掉其他一些试验（例如地面慢车）。这项试验还要通过一系列模拟飞行试验中的高应力部分试验，对推进系统进行任务演练。可以实施一个加速任务试验，满足三型飞机的飞行试验需要。

概念验证机项目的加速任务试验（CDP AMT）与型号战斗机的加速任务试验，在要求上有所不同。一架作战使用飞机的使用寿命大部分集中在巡航状态。相比之下，X－35 验证机的试验在完成试验点时重点考核推进系统。尤其对于升力系统，因为验证机飞行试验期间，STOVL 型系统的升力系统工作时间预期接近型号飞机升力系统的总设计寿命。所以，试验只会验证发动机全寿命运行系统的一部分，而升力系统却要验证几乎全设计寿命能力。

加速任务试验的目标是验证飞行准备情况,和需要特殊监控的区域或者飞行试验中可能需要更换的部件。X-35 验证机推进系统的加速任务试验进展顺利,发现的问题(例如燃油泵出现了部分泄漏)很少。推进系统整体没有发现重大的问题,为开展飞行试验铺平了道路。

(2)综合飞行/推进控制系统研制试验。综合飞行/推进控制系统的研制中,对 STOVL 型和常规起降型各个系统进行了广泛的试验和仿真,以确保 X-35 验证机综合飞行/推进控制系统的"鲁棒性"。对每个作动系统的部件都进行了试验,包括以下几个。

1)功能和环境试验。

2)集成推进试验。

3)最终的飞机集成试验。

集成推进试验包括故障探测和调节试验,以及在飞机综合实验室使用代表性软件和硬件对飞机和综合飞行/推进控制系统进行的集成验证试验。这种先开展部件试验,然后进行系统集成,再把综合飞行/推进控制系统与飞机进行集成建模的方法,非常成功地降低了 X-35 验证机飞行试验的风险。通过综合飞行/推进控制系统故障模拟,建立了飞行试验程序,飞行员可以先期演练处理这些故障的应急程序。洛马公司/普惠公司/BAE 系统公司/罗罗公司/艾里逊先进研发公司的团队全面了解所有故障和飞行特性。这一套完整工作程序获得的最终成果,就是获得了常规起降型和 STOVL 型的飞行许可,并为最终所有三种型别的首飞做好了技术准备。

(3)进气系统研制试验。发动机和升力风扇进气系统的研制与推进系统的研制同时进行。这从建模和缩比试验(静态试验和风洞试验)开始,一直持续到验证机的制造阶段。X-35 验证机采用了洛马公司的专利产品——无附面层隔道超声速进气道,参见参考文献[6]。如图 7.12 所示,X-35 验证机的无附面层隔道超声速进气道研制工作始于 1995 年。无附面层隔道超声速进气道是一种固定几何结构进气道,没有附面层隔道、引气系统和旁路系统,能在整个飞行包线内提供高气动性能。在机身每一侧集成安装一个几何尺寸固定、无隔道进气道。进气道靠机身一侧的隆起部分和前掠进气唇口集成组合,迫使附面层气流沿机身侧壁从进气口后的闭合(close-off)点离开。

一直没有进行安装了代表性进气道系统的推进系统集成试验,完整推进系统的集成试验是在 X-35 验证机上进行的。推进系统的所有地面和空中试验都是采用理想进气道(即钟形进气口形状)进行的。相反,根据进气道建模,确定使用进气畸变模拟网来验证推进系统的工作能力。发动机和升力风扇进气系统的设计首先从计算流体动力学建模开始,之后进行了风洞模型试验。

两架 X-35 验证机必须都能够进行 STOVL 模式操作,需要一种 STOVL 型进气系统。与常规飞机只需要一套进气系统不同,该验证机需要研制三种进气道。这三种进气道分别是常规起降模式的主进气道、带有辅助进气道且进口口盖打开的主进气道,以及升力风扇进气道。这些进气道的工作范围从静态条件到超声速速度,并且要能在常规起降和 STOVL 型进气道构型之间进行转换。常规起降和 STOVL 型进气道中进行了多种速度范围的风洞试验,如图 7.13 所示。另外,还进行了确定垂直着陆过程中热燃气吸入影响的风洞试验。

在研制升力风扇过程中,取得了一些经验,根据这些经验最终形成了对 X-35 验证机飞行试验中 STOVL 型操作的瞬变限制,并导致了系统研制与演示验证阶段的相应设计更改。在某些空速/升力风扇转速组合条件下,升力风扇进气流的畸变高于可接受水平。由于这些畸变，升力风扇叶片承受的应力比较高而且不可接受，图 7.14 中显示了这些畸变的形状。由于这种程度的畸变，试验团队限制了在哪些条件下的工作时间，而且需要进行连续和实时的指挥间监控。尽管飞行试验中能够控制这些问题，但是对于部队作战机队，必须制定相应的解决方案。

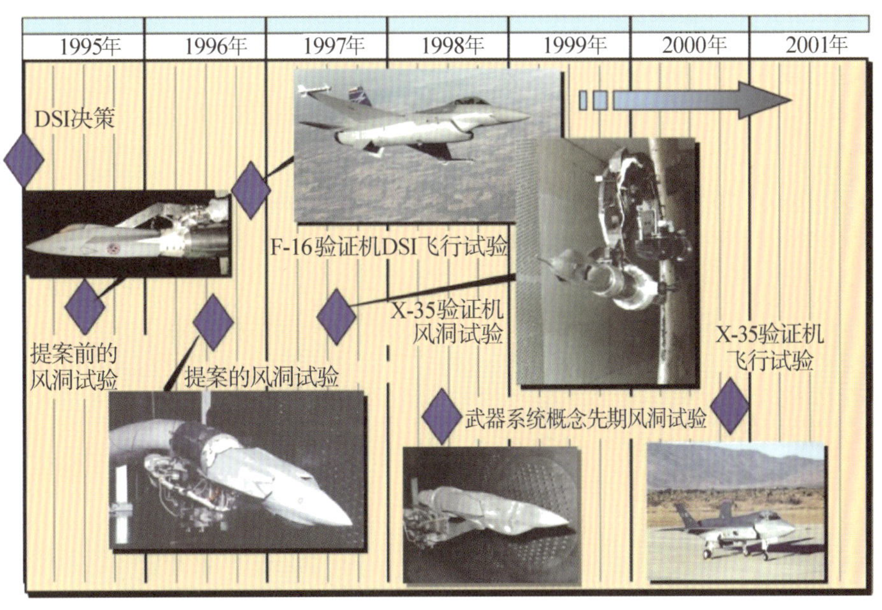

图 7.12　X－35 验证机无附面层隔道超声速进气道研制时间历程

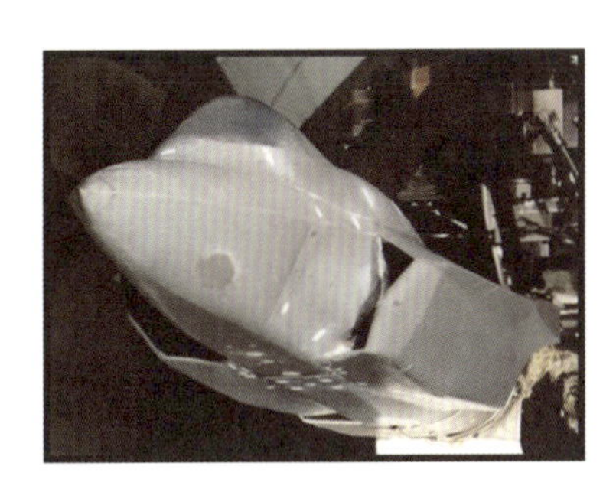
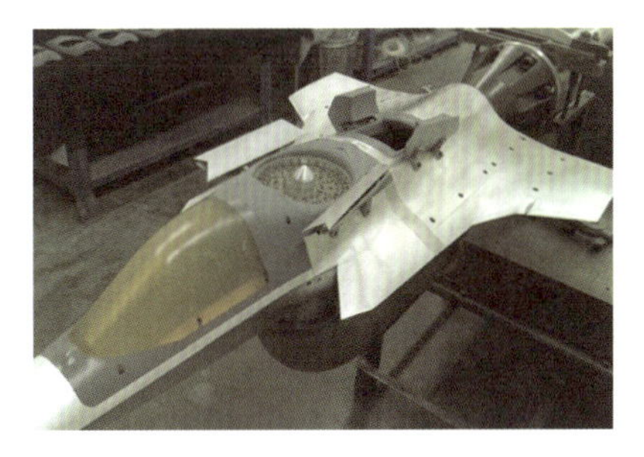

图 7.13　常规起降和 STOVL 型进气系统风洞试验

图 7.14　侧铰接升力风扇进气道舱门导致的 X－35 验证机升力风扇进气道畸变的形状

BAE系统公司在英国沃顿一个专用试验设施上研究了垂直着陆试验期间热燃气吸入的影响。公司采用X-35验证机缩比模型进行了动力学试验，对进气道气流和温度进行了测量。试验过程中总计完成了1 000多次模拟垂直着陆，研究了下降速度、飞机姿态、地面坡度、喷管转向角，以及地速/逆风等。对试验结果进行分析，确定了X-35验证机能够以无热燃气吸入风险着陆的一组条件。悬停流场地面效应(IGE)风洞试验采用了油流场显示技术，试验表明：有地面效应悬停时，升力风扇的喷气流产生了一面"气墙"，这面墙阻止了主发动机排气流向前移动。X-35B验证机垂直着陆试验期间使用夜视镜，对有地效油流场风洞试验与飞行试验结果进行了比较(见图7.15)，结果表明，垂直着陆期间，当X-35B验证机接近地面时，升力风扇阻止了主发动机热喷气流向前移动，参见文献[7]。

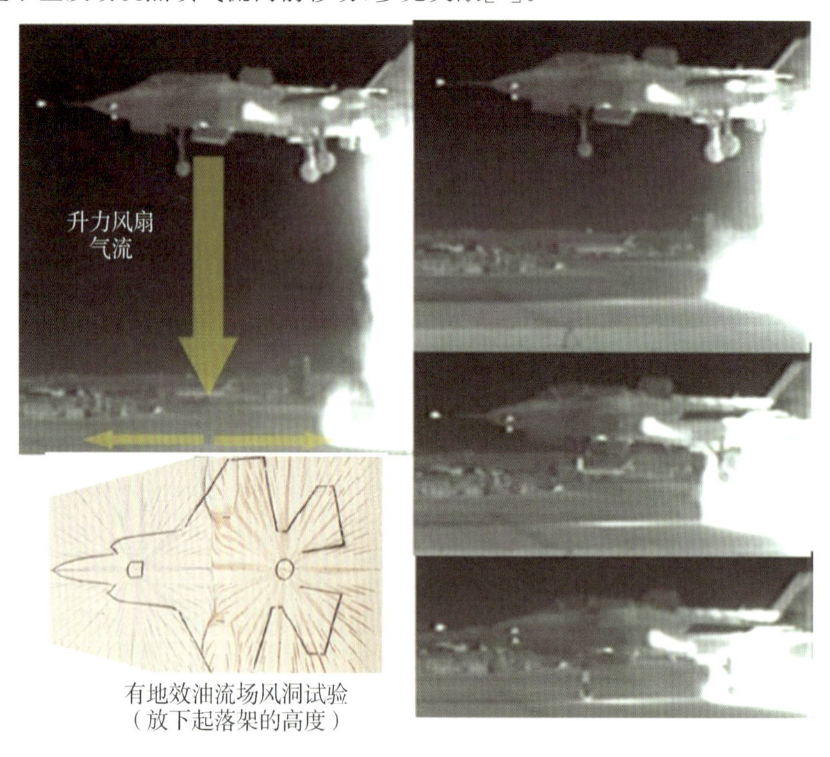

图7.15 X-35B验证有地效油流场风洞试验和飞行试验的比较

(4)飞机推进系统的地面和飞行试验。通过在X-35A、X-35B和X-35C验证机上对推进系统进行装机地面试验，完成了X-35验证机推进系统的最终验证。与老式推进系统不同的是，X-35A验证机和X-35C验证机推进系统试验还进行了有约束(restrained)全功率发动机试车。这些试验保证了飞机和子系统已经为飞行做好了准备。随后，这些飞机非常成功地完成了飞行试验，证明推进系统满足空军和海军的要求。X-35B验证机STOVL型推进系统地面试验涉及的内容非常广泛，重点集中在为X-35B验证机飞行试验作准备。完成地面试验之后，X-35B验证机继续在悬停槽进行原地反复垂直起飞和降落试验，验证垂直能力和控制。然后X-35B验证机转场到爱德华空军基地，在该基地演练了STOVL型推进系统的飞行能力，然后从翼载(以机翼为升力面)飞行状态逐步进展到半喷气飞行状态(机翼提供部分升力，推进系统提供部分升力)，全喷气飞行状态(完全以发动机喷气提供升力)，最后实现垂直着陆。

1)X-35A 机型。作为首先进入试飞的 X-35 机型,X-35A 机型担负着完成飞机全部新构型所有基本飞行安全试验的任务。试验包括以下几个。

a. 飞机操纵品质检查。

b. 子系统工作检查。

c. 起飞和着陆特性。

d. 发动机油门瞬变。

e. 高过载转弯。

X-35A 验证机的飞行试验非常成功,达到甚至超过了飞行试验目标,为 X-35B 验证机和 X-35C 验证机的首飞铺平了道路。2000 年 10 月 24 日,X-35A 验证机首飞。在飞行试验结束前完成的一个关键里程碑节点,即 2000 年 11 月 20 日进行了首次超声速飞行,这也是在首飞后的不到一个月内实现的。为了增加冗余,X-35 验证机设计为飞行中可持续使用辅助动力装置,除了飞行包线的超声速部分。这就要求在开展超声速飞行之前,验证关闭和重启辅助动力装置的能力。为此,规划了相关飞行试验任务,并在飞行中进行了辅助动力装置起动演练。这些试验最终确定了支持辅助动力装置重新起动的最佳飞行条件。

X-35A 验证机飞行试验总计完成 27 个试飞架次,27.4 试飞小时,6 名飞行员以前所未有的每周 7 个架次飞行率完成了试飞。

2)X-35B 机型。301# 机成功完成 X-35A 验证机试飞任务之后,改装成 X-35B 验证机。拆掉了前部油箱,安装了升力风扇(见图 7.16)和防倾斜系统。三轴承旋转喷管本身就是基础发动机的组件部分,不需要特殊安装。将 301# 机从 X-35A 验证机常规起降构型转变为 X-35B 验证机 STOVL 构型的改装工作持续了大约 4 个月。

图 7.16　在 X-35B 验证机上首次安装升力风扇

X-35B 验证机地面试验从子系统检查开始,检验 STOVL 型推进系统的装机情况。发动机上安装的所有 STOVL 型部件,例如三轴承旋转喷管,都由发动机的液压系统驱动,可以在发动机地面试车时进行测试。然而,其余的 STOVL 型推进系统控制器都由飞机液压系统提供动力。升力风扇的可变几何形状部件,包括可变面积叶片箱喷管、离合器以及防倾斜系统都是由飞机液压系统驱动。

完成 X-35B 验证机所有必需的检查，必须建立专用试验设施。为此，洛马公司在加利福尼亚州的帕姆代尔建造了一个悬停槽，专门用于 X-35 验证机试验。在福特堡建造了另外一个悬停槽，用于 F-35B 战斗机的 STOVL 检查。这个悬停槽的目的是实现 X-35B 验证机在 STOVL 模式的有约束(restrained)试验。试验期间，STOVL 型系统的排气流直接被导流远离飞机，实现自由流悬停模拟，同时避免热燃气吸入和排气流对飞机的影响。这样可以进行不代表作战使用环境的扩展性试验试车。

两套系统用于约束悬停槽上的 X-35B 型验证机，以支持不同的试验目标。第一套是力和力矩的硬支撑系统，用于测量 STOVL 模式下飞机的各种力，确认性能预测和操纵效能。这是 STOVL 型推进系统首次在典型进气道和其他装置影响下所进行的操作，如图 7.17 所示。

图 7.17 利用硬支撑进行 X-35B 型试验机的力和力矩地面试验

把前期所有性能预测结合 STOVL 型推进系统的试验结果，与来自计算流体动力学和缩比试验的进气道性能预测进行了分析。试验结果一方面意义是证实了预测，推进系统性能和预测一致或者比预测的要好，试验的另一方面意义是首次验证了完整的推力摊分范围。由于以前的系统试验使用的是理想进气道，而 X-35 验证机的试验则验证了使用典型进气道可实现的完整推力摊分范围。推进系统试验的重点要求是，改进测试设备、控制传感器位移，并做好 STOVL 舱门铰接装置周围的密封，这些要求在飞行前得到了贯彻。在地面试验期间，使用了完全的指挥间，为飞行试验积累了指挥间经验，并降低了试验风险，同时训练了人员。

在悬停槽上使用的第二套约束系统是软安装支持装置，用于完成 STOVL 模式结构耦合试验。结构耦合试验使用的都是电传飞行控制系统，通过这些试验对控制律进行了调整，避免了飞行控制系统驱动的结构模态。前起落架的软支撑系统如图 7.18 所示，由空气弹簧组成。这些空气弹簧使飞机脱离坚硬的地面，同时采用控制律环路闭合演练 STOVL 型推进系统，用加速度计监控飞机结构。试验结果用于调整 STOVL 型控制律，避免飞行控制系统和飞机结构之间的相互作用。图 7.19 示意了 X-35B 验证机在悬停槽上准备进行发动机开车状态下的 STOVL 型推进系统结构耦合试验。

完成 X-35B 验证机 STOVL 型推进系统地面试验为飞行试验铺平了道路。洛马公司计划明确 X-35B 验证机的 STOVL 模式操作，采取分步方法，逐步从常规飞行进展到半喷气飞行状态，再进展到全喷气飞行状态。在开展这项工作之前，首先需要验证 STOVL 型推进系统能够以充分的控制动力支持飞机在全喷气状态飞行。这项验证工作是在悬停槽进行一系列"短跳"(原地反复垂直起飞和降落)完成的。首次跳跃试验验证支撑飞机必要的性能，以后的原地反复垂直起飞和降落则用于试验悬停控制权限。

图 7.18　X-35B 验证机前起落架软支撑系统

图 7.19　X-35B 验证机结构耦合试验软支撑系统

2000 年 6 月 24 日，试飞员西蒙·哈格里夫斯驾驶 X-35B 验证机完成首次“短跳”试验(见图 7.20)，试验非常成功。飞行员发现由于推进系统推力增加，飞机在悬停状态下垂直爬升的高度比预期的要高。然而，他不想在首飞中剧烈移动油门，因此，当飞机爬升时他慢慢地收油门，直到阻止飞机上升，随后飞机下降返回到悬停槽上。试验验证系统满足性能要求，而且综合飞行/推进控制系统提供了一个稳定的和可控的平台。试验后的分析表明，当发动机热稳定后，推力增加，要求采取比预测更多的油门控制，并控制爬升。

第 2 天 X-35B 试验机继续在悬停槽上进行原地反复垂直起飞和降落试验，完成了两次短的跳跃试验，第 3 天的原地反复垂直起飞和降落试验中稳定的悬停超过 2 min。试验持续了一周，3 名飞行员完成了总计 14 次原地反复垂直起飞和降落试验。最终的原地反复垂直起飞和降落试验对控制系统进行了检查，是最长的一次悬停试验，悬停持续超过 3.5 min。

原地反复垂直起飞和降落试验完成后，X-35B 验证机获得许可，转场到爱德华空军基地，继续飞行试验。超过两周后，X-35B 验证机在飞行中演练了 STOVL 型系统，随后平稳推进垂直起降飞行试验到更低的空速，最终在爱德华空军基地悬停垫上完成了垂直着陆。

X-35B 验证机飞行试验非常成功，4 名飞行员在 6 周试验中完成了 39 个架次飞行，总计飞行 21.5 个飞行小时。装备了独特推进系统的 X-35B 验证机完成了以下任务：

图 7.20　X－35B 验证机在悬停槽进行首次“短跳”试验

a. 22 次悬停。

b. 18 次短距起飞。

c. 27 次垂直着陆。

d. 21 次空中模式转换。

e. 6 次超声速巡航飞行。

飞机还执行了两次 X 任务，首次在单次飞行中完成短距起飞、超音速冲刺（dash）以及垂直着陆，达到了里程碑要求。

3）X－35C 机型。2000 年末，编号 300 的飞机开始了配置为海军型的飞行试验工作，而此时，X－35A 验证机已经完成了它的飞行试验任务。8 名试飞员总计完成 X－35C 验证机的 73 个飞行架次，58 个飞行小时。其中包括由 X 飞机的首次洲际运送飞行。X－35C 验证机在爱德华空军基地完成初步飞行之后，在帕图克森特河海军航空站试验基地继续其飞行试验任务。X－35C 验证机在海军航空站完成了 250 次陆基着舰练习，验证舰载机航母进场着舰操纵品质。X－35C 验证机推进系统提供了满足飞行控制律标准要求的必要油门响应和性能。X－35C验证机试飞表现不错，一名飞行员说：“我们准备用这架飞机上舰。”

采用了两种机身和两套推进系统（常规起降/舰载和 STOVL 型）的 3 种型别验证机成功达到了所有试验目标。无须更改飞行控制或者发动机控制软件，在非常严格的飞行进度下，推进系统的工作完美无瑕。2001 年 7 月 31 日，飞行试验结束。X－35 验证机飞行试验的成功对于 2001 年 10 月 26 日洛马公司获得 JSF F－35 战斗机系统研制与验证阶段工作合同至关重要。概念验证机飞行试验的成功特别是推进系统的成功对于 F－35 战斗机飞行试验发挥了重要的作用。

7.4 为作战部署开展的详细设计、试验与验证：SDD/F－35

X－35 验证机飞行试验项目是个成功的项目，证明了推进系统的功能性，满足了 STOVL 模式操作和航母进场着舰的验证要求。其后，洛马公司 JSF 团队接受任务，将 X－35 验证机的经验与作战使用型别飞机的初步设计结合，研制一种作战使用战斗机型别。

该战斗机型别取名为 F－35，F－35 飞机将一种非常成功的推进系统设计集成到一种机身设计中，这种飞机具有非常好的杀伤性、隐身性以及生存性。对于洛马公司/BAE 系统公司/

诺斯罗普·格鲁门公司/普惠公司/罗罗公司组成的F-35战斗机项目团队而言，杀伤性、隐身性以及生存性这些要求的每一项都是非常困难的工程挑战。而且，设计团队在推进系统的设计工作中，要保证每一项设计必须满足空军、海军陆战队和海军三军种关于性能、可靠性、维护性以及可保障性、杀伤性和生存性的各项要求。生产型推进系统命名为F135，区别于JSF SE611发动机验证机。

从X-35验证机的推进系统开始，需要根据概念验证机阶段取得的经验进行重大更改，生产一种适合作战使用的全寿命推进系统。最重要的更改是升力风扇，以及将升力风扇与飞机平台的集成。进气道需要重新设计，以解决飞行试验中遇到的空气动力学问题。对升力风扇喷管进行了全面重新设计，使喷管系统成为机体结构的一部分，这减少了重量，可以提高飞机的操控控制面积，增强操控能力。以下讨论对推进系统进行的其他更改以及集成情况。

1.推进系统设计要求

(1)性能。由于进气系统以及推进系统本身的性能，X-35验证机飞行试验项目验证的STOVL型性能比预期稍好一点。这一点增强了飞机起飞升空的能力，同时也使STOVL型飞机的垂直着陆能力得到提升。基于可生产性，重新设计了发动机风扇，稍微增加了主进气道尺寸。这实现了更大的进气流量，降低了进气畸变，使X-35B验证机的进气恢复系数好于已使用的X-35验证机。

到目前为止，对于一种将要列装的作战使用推进系统而言，最大的挑战是全寿命要求。STOVL型推进系统热部件的寿命要求也是一个挑战，因为STOVL型飞机的工作循环更频繁。这种推进系统的目标是在所有型别中尽量采用通用部件，减少由于STOVL型要求进行的任何重新设计。实现全寿命要求的一个关键要素是采用专门研制的全权限数字式发动机控制系统。常规的发动机控制系统是按时序控制发动机运行的，例如风扇速度。因此，当一台发动机性能变差，由于涡轮温度提高，推力实际是增加的。采用新型F135发动机控制后，发动机性能在全寿命周期中保持不变。控制涡轮温度来满足推力目标，而不是按照发动机的控制时序进度，在发动机性能恶化时来控制发动机。

如所预见的，发动机的重要难题在于涡轮段，为此加强了高压涡轮，以便更好地使用冷却空气，相比于JSF SE611发动机提高了寿命和效率。低压涡轮也是一个重要难题，JSF SE611发动机不能满足全寿命要求。需要新的叶片阻尼技术来满足作战使用寿命要求。

推进系统的一些更改是根据概念验证机阶段得到的经验进行的。试验发现，为STOVL模式操作设计的涡轮排气机匣的变几何形状装置并不需要，所以从所有的型别中取消；还发现三轴承旋转喷管的总转向角超过要求，最后减小轴承偏角，从而减小了尾喷管总长度和重量，增加了离地间隙。另外，还去掉了防倾斜系统的排放阀，因为不能增加裕度，而且由于刚性要求，这个部件很重。这些型别设计更改对于保持性能目标很重要，同时减少了重量和经费。

飞机平台系统的作战使用设计更改也导致了推进系统的一些更改。F-35战斗机没有安装在机身上的附件驱动装置，这就需要把飞机发电机、液压泵和润滑泵直接安装到发动机齿轮箱上。散热是第5代战斗机的主要问题，要求在发动机上增加热效燃油泵送系统，并能够尽可能提高燃油温度。在发动机燃气路径上安装了热交换器，冷却来自发动机的引气，并对飞机电源和热管理系统进行散热。同时，为了改善可维护性，调整了发动机外部结构，尽可能对准机体检修口盖。对于X-35验证机，推进系统的检修可达性非常有限，因为有武器舱，要求飞机外表面的检修口盖(检修板)最少。

(2)进气系统。重新设计的主进气道进气流量更大,这只是进气道重新设计的一部分成效。另外还缩短了进气道,实现了部分减重。进气道重新设计,还把进气面后移,将 X-35 验证机的发动机整流罩从四边设计更改为 F-35 战斗机的更简单的三边设计。重新设计的进气道口面还改进了大迎角进气性能。进气道扩压器的后部根据型别各不相同,常规起降型和舰载型共享一种设计,STOVL 型的辅助进气道则采用自己的特有构型。STOVL 型进气道的特点是为升力风扇驱动轴设计了一个通道,从发动机面前伸到进气道分叉部位。

所有型别之间的通用性要求包括发动机舱通风气流气源,增加了结冰探测器,引入了进气道碎片监测系统。如果可能的话,结冰探测器的位置在所有型别也是一样的,但是要根据积冰试验的结果最终确定。进气道碎片监测系统是研制的一种预测和健康监测系统,这个系统可以减少或者取消飞行架次之间对进气道和发动机面进行检查的要求。

辅助进气道的设计完善是系统设计的创新性步骤,这在 X-35B 验证机上很好地得到实现,如图 7.21 所示。进气道恢复能力大大改善,舱门比原来 X-35B 验证机的舱门轻。由于进气恢复能力的改善和重量减轻,STOVL 型的组合推力比 X-35B 构型增加了 500 lb。F-35B战斗机的其他更改,着重于吸取 X-35 验证机的经验教训,主要改进包括以下几条。

1)舱门铰链密封。

2)升力风扇进气道传感器的位置。

3)任何飞机外形模线更改时的平滑等值线。

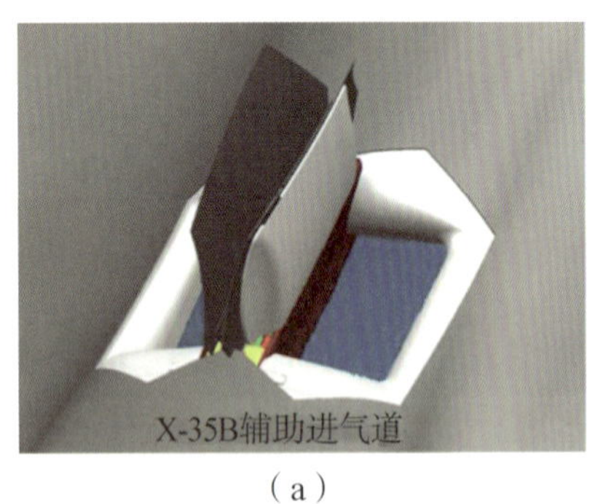

(a)

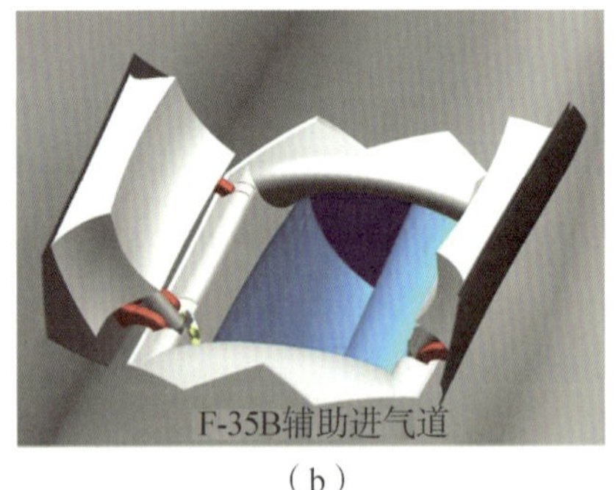

(b)

图 7.21　X-35B 和 F-35B 辅助进气道对比
(a)X-35B 辅助进气道;(b)F-35B 辅助进气道

升力风扇进气道是洛马公司内部空气动力团队面临的最大挑战。X-35B 验证机进气道的工作很充分,但是不稳定气流流场对升力风扇气动力有意想不到的影响。图 7.22 示意了 X-35B验证机升力风扇进气道构型,计算流体动力学流线进入进气道,随之而来的负压流场产生了气动问题。瞬变(Transient-Only)区域的存在对于作战飞机是不能接受的。

流管(Stream Tube)是一种根据计算流体动力学流线设计的特殊进气道试验装置,能够在静态试验条件下,复现给定前飞速度下的升力风扇流场。这种流管试验技术是在系统研制与验证阶段开发的,并通过与 X-35 验证机飞行试验数据和计算流体动力学结果进行比较得到了确认。这种试验技术非常有价值,在罗罗公司的升力风扇的缩比试验和全尺寸试验,以及普惠公司的西棕榈滩试验台试验中得到了运用。图 7.23 中示意了飞行试验总压(恢复),以及计算流体动力学结果与升力风扇流管再现负压流场试验的一个比较,参见文献[8]。流管试验技术支持了升力风扇进气道的研制，这种进气道的畸变程度是可接受的，进一步证明了流管试验技术的价值，参见文献[8]。采用这项技术，进气道消除了X-35验证机飞行试验中出现的瞬变区，参见文献[8]。

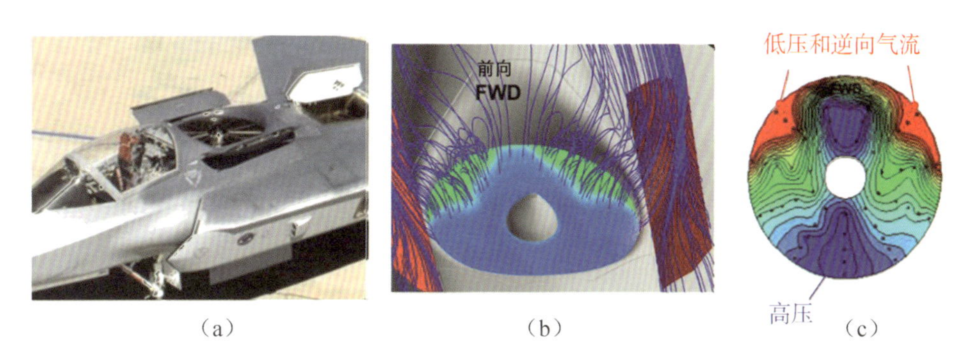

图7.22　前飞时X-35B验证机升力风扇流场引起升力风扇气动问题
(a)升力风扇与前飞侧部折叠门垂直与非常短的进气道涵道耦合；
(b)前飞时，进气道气流在进气道唇口前侧分离和折叠门前分离；
(c)导致进入升力风扇两种集中的反压压力损失

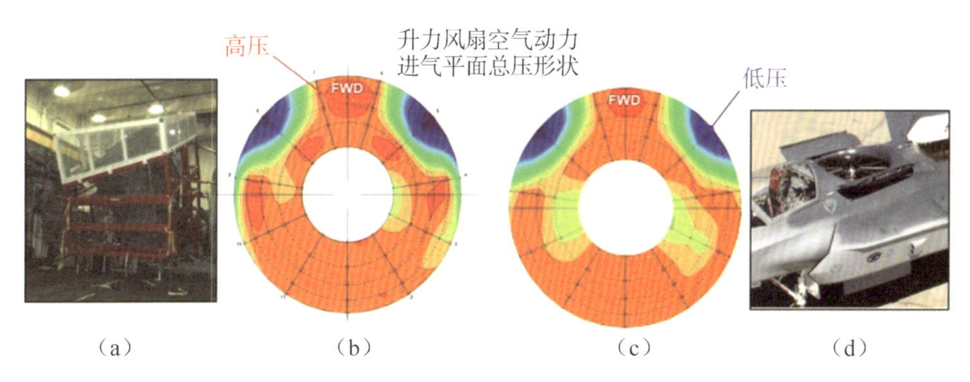

图7.23　X-35B验证机升力风扇气动流管试验台试验结果
(a)流管形状；(b)流管试验结果；(c)X-35验证机试飞数据；(d)X-35B验证机升力风扇进气道

进气道畸变的程度是已知的，而且很容易理解。难题是如何改进进气道，使升力风扇能够承受进气道产生的流场，同时还具有可接受的性能。后来选择了后铰接构型进一步发展，开始确定所形成流场的特征。估算了畸变，并提供给罗罗公司用于评定气动影响。同时需要重新确定升力风扇和进气道气流的接口，以便获得更准确的系统性能模型。构型确定之后，规划了相关试验，以验证发动机系统是否能按照预期工作，参见文献[8]。采用后铰链舱门，对进气道钟形唇口和升力风扇整流罩进行了改进。这是唯一一种既能满足畸变和高周疲劳目标，同时又能维持可接受飞行包线的概念方案。F-35战斗机推进系统项目团队采用计算流体动力学、缩比进气道试验和流管试验解决了X-35B验证机升力风扇的气动问题，参见文献[8]。

(3)F-35战斗机综合飞行/推进控制系统的开发和故障抗扰度(Failure Immunity)。由于很多子系统之间的密切交互作用，因此F-35战斗机推进系统的综合控制是目前为止最复杂的，如图7.24所示。这些交互作用贯穿于明显的飞行控制系统和推进系统，延伸到应用和子系统、电源和热管理以及燃油系统。应用和子系统包括STOVL型舱门控制、液压系统、燃油系统、电源系统、起落架以及武器舱门系统以及飞行员弹射系统，电源和热管理采取了集成电源包和热冷却。

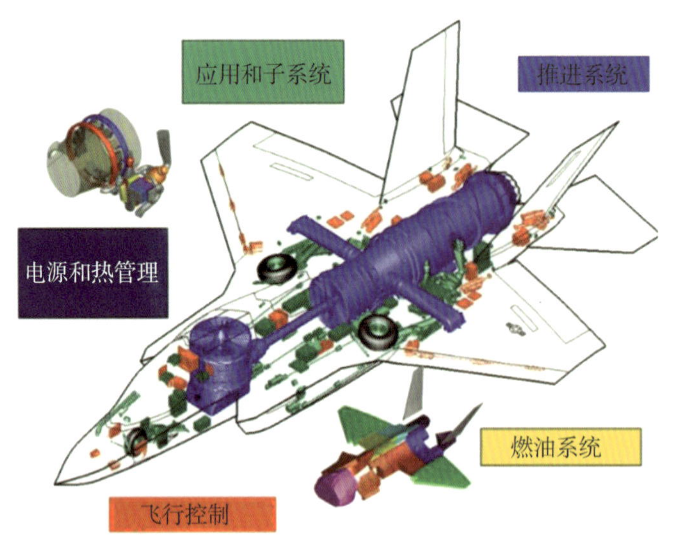

图7.24　F－35战斗机综合系统布局

与X－35验证机相比，F－35战斗机大大改进了飞机控制律和发动机软件的协同。对于X－35验证机，综合飞行/推进控制要求是根据已有的推进系统控制设计进行调整的一个过程，而对于F－35战斗机，综合飞行/推进控制要求则是从项目开始的第一天就存在。综合飞行/推进控制系统控制律架构是复杂的多变量闭环回路，其中包括以下几个[1]。

1)六自由度飞行控制。

2)五自由度推进系统控制。

3)燃油系统控制。

4)升力系统舱门控制。

洛马公司的非线性动态逆飞行控制方法已经从早期X－35验证机贯彻实施到了目前的F－35战斗机系统。这种架构保证了一种飞行控制律结构就能支持所有三种型别F－35战斗机的需求。STOVL飞行控制设计是最复杂的，需要直接控制六个自由度。采取了更高程度的增益，以减少飞行员工作负荷并提高安全性。控制律设计的主要目标是使STOVL模式起飞和着陆如同常规飞机一样。这样，也可以减少STOVL模式特殊教学部分的训练负担，使作战使用机队受益[1]。

F－35战斗机控制律源自对X－35验证机控制律的改进，对很多模式进行了增强，以减轻飞行员工作载荷。这种增益要求彻底改善F135发动机控制能力，使发动机的控制精准度更高，动态响应更快。对于满足F－35战斗机STOVL型和海军要求而言，这些改进是必需的。从JSF项目一开始，就设定了建立基于性能的技术规范，只把飞机性能能力和预期作战任务要求写入合同。该技术规范向飞机承包商要求所有三种型别战斗机必须达到1级飞行品质。这个要求，反过来导致降低了推进系统动态性能要求，而这却是整个项目最有挑战性的要求。要求STOVL型推进系统提供指令的总推力(所有推力之和)，误差控制在0.5%以内，带宽要求比老式发动机要快几倍。

所有要求中最具有技术挑战性的是推力-俯仰和俯仰-推力解耦，也就是当飞机在垂直轴重载时维持机翼水平的能力。另外，当飞机进行滚转机动时，不能在俯仰轴出现非指令运动。为了达到这些要求，必须在综合飞行推进控制技术领域取得巨大技术突破。X-35B概念验证机阶段中，验证了从悬停到超声速飞行的综合 STOVL 型推进系统工作能力和各型别的飞行品质。研究了一些先进的飞行和发动机控制概念。其中之一是政府赞助的研究项目，即在英国开展的海鹞"先进推力矢量控制"(VAAC)研究飞机项目。这个研究项目探索了 STOVL 型先进控制的许多创新技术领域，从飞行员操纵接口类型到映射这些操纵接口的飞机响应。这些研究都是通过基于运动的大振幅模拟器和飞行试验完成验证的，而且都进行了岸基和海上试验。VAAC 研究改变了在 X-35 验证机中使用的飞行员控制概念，形成了 F-35 战斗机的标准飞行控制策略，这些将在本章后面段落介绍。这种控制策略得以实施，在某种程度上得益于普惠公司成功研发和部署的 F135 发动机先进多变量控制系统(AMVC)，参见文献[9]。

先进多变量控制系统是一种多变量发动机控制装置，采用了独特的控制技术，使发动机软件从高度耦合的发动机系统(主发动机和通过驱动轴连接的升力风扇组成)解耦。试验得到的飞机性能是机翼水平悬停和垂直着陆 1 级飞行品质。先进多变量控制系统团队满足了在研制 JSF F135 发动机的同时，并行开发发动机控制架构并进行验证这样巨大的挑战。这些工作并未开展专门的技术开发项目。尽管如此，先进多变量控制系统团队还是成功地使这种先进的控制系统作为 F-35 战斗机项目的一部分日渐趋于成熟，并最终以动力增升模式成功地在 F-35B战斗机上实现了正常运行。

普惠公司的先进多变量控制系统解耦了复杂的、交叉耦合的非线性推进系统动态特性，并使它们看起来类似于一套解耦的虚拟飞行控制器。与常规推进系统控制比较，这种装置用 4 个喷管控制五个自由度推力。这些响应必须是线性的，与相对高的带宽相一致，并使各自由度之间的交叉耦合相对较少。要求虚拟控制器指令响应带宽大于推进系统反馈回路带宽，并接近推进系统作动器的带宽。同时，与大多数发动机控制系统类似，控制律必须使发动机接近和达到各种极限时，不会与虚拟控制器的响应出现耦合。

第 5 代单发电传 STOVL 型飞机的故障管理策略大量源自 X-35B 验证机早期实施的管理策略，到目前发展成为 F-35B 战斗机系统实施的管理策略，参见文献[5]。根据现代三余度、四余度电传飞行控制系统，F-35 战斗机项目要求推进系统控制器采取余度通道控制和反馈。以这种方式，如果 STOVL 模式飞行中出现关键飞行控制系统故障，可以保证具有故障-运行/故障-降级操作能力。在 STOVL 模式下，推进系统成为主飞行控制系统，因此，驱使把这种余度纳入设计中。

对于重量敏感的 STOVL 型飞机，要求所有推进系统控制器在双重机械故障下实现故障-工作/故障-安全注定是不切实际的。由于 F-35B 战斗机综合飞行/推进控制故障管理是基于性能要求，所以促使故障管理设计采用与 X-35B 验证机不同的方法。然而，这并不是说，飞机在大范围故障情况下，不能实现故障后保持工作/故障后安全。而是，在所有情况下，对于双重电气故障，飞机能够实现故障后保持工作。故障管理方法的根本区别在于重点关注故障如何影响飞行品质，以及故障出现的概率。设计成功的基本原则是，在大范围故障条件以及气象条件下给予舰载机飞行员回收飞机的最大信心。这种原则被称之为"在蓝色海面操作的故障抗扰度"。因此，F-35B 战斗机的综合飞行/推进控制系统和其故障探测和调节策略大大超过了 X-35B 验证机，而且这种解决方案形成的系统的重量更轻。综合飞行/推进控制余度已经设计到了推进系统控制器中，达到了故障抗扰度要求。全权限数字式发动机控制和飞机控制律的故障调节能力使飞行员在蓝水作战使用中能够安全把飞机飞回到舰船上。这个过程中，飞行员在任何单个或者两个组合故障情况下，至少能达到 2 级飞行品质，故障发生概率大于 10^{-7}。

作为抗故障新要求的结果，对发动机和升力风扇的所有系统硬件的余度进行了改进。尤其是，拆掉了 X－35B 验证机升力风扇罩喷管，更换为可调面积导向叶片箱喷管。这大大改进了出现故障时的推力转向能力。可调面积导向叶片箱喷管的出口面积能够变化 40%，如果出现故障，增加了升力风扇推力转向和推力控制能力。可调面积导向叶片箱喷管系统也比 X－35验证机升力风扇罩系统重量减少 35%，参见文献[10]，两种系统的比较图如图 7.25 所示。

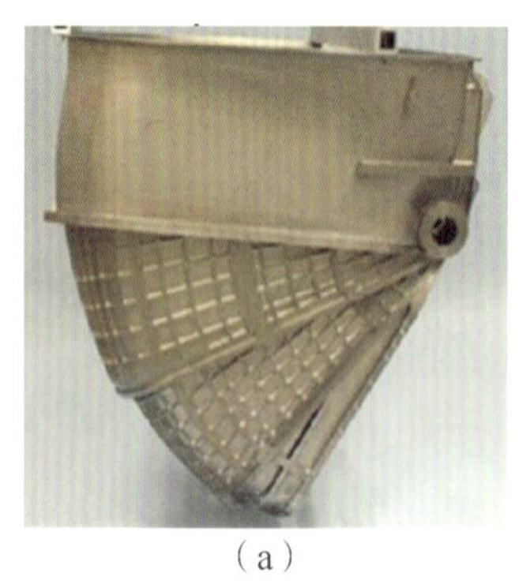
(a)

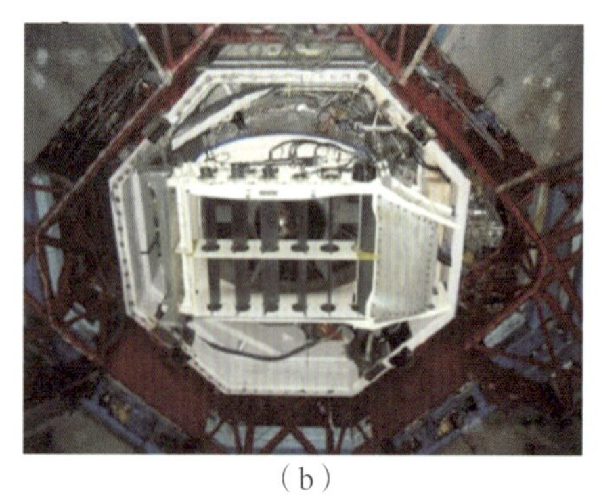
(b)

图 7.25　两种系统比较图

(a)X－35B 升力风扇罩喷管；(b)F－35B 可调面积导向叶片盒喷管

升力风扇离合器、齿轮箱、驱动轴以及润滑油系统也比 X－35 验证机有了极大改进。F－35战斗机离合器系统使用飞机双液压系统作动，并使用改进的控制和反馈系统锁定离合器。新的润滑泵不再由驱动轴驱动，而是通过齿轮驱动，并且只为齿轮箱和离合器轴承供应润滑油。不再像 X－35B 验证机润滑系统有接入离合器的任务。驱动轴是全新设计，在保持了角度容差能力的同时改进了可生产性。同时还解决了列装 F－35 战斗机系统的发动机和升力风扇之间的压缩/伸长容差问题。离合器片数也减少了，这样就使用了更厚的离合器片，延长了使用寿命，减少了更换频率。

为了避免很多作动装置使用两次，支持双重液压夹紧装置和锁定系统，采用了新型系统来探测离合器系统的泄漏。如果系统探测到泄漏，会警告飞行员，使飞行员保护剩余的液压系统，确保在需要的时候以 STOVL 模式成功着陆。2015 年，F－35B 战斗机离合器系统出现了大量故障，主要原因是一些麻烦的问题和非鲁棒性设计。洛马公司/普惠公司/罗罗公司综合飞行/推进控制团队重新设计了离合器、发动机和液压冗余算法。团队的改进工作最终导致取消了一些离合器部件，同时还具备满足故障抗扰度要求的冗余度。

F－35B 战斗机模式转换和转换期间的飞机飞行控制也得到极大改进。在 X－35 验证机上，当飞行员移动推力转向杆(TVL)离开制动装置，就启动了转换模式，从而进入转换过程。推力转向杆源是 AV－8B 飞机使用的老式设备，用于控制发动机喷管的转向角度，同时飞行员使用油门控制高度。F－35B 战斗机采用的是一套改进的飞行员操纵接口设计方案，取名为统一控制策略(见图7.26)。飞行员操纵接口使用传统的驾驶杆(称为右手操纵接口(RHI))、偏航脚踏板、油门控制装置(称为左手操纵接口(LHI)),大大降低了飞行员工作负荷。这种控制策略是为了飞机控制轴解耦,为飞行员提供对其控制输入的最理想响应。同时通过拆掉了第3个推力转向杆操纵接口,简化了座舱设计,不管飞机是静止的或者以500 kn速度飞行,都实现了同样的操纵接口功能。

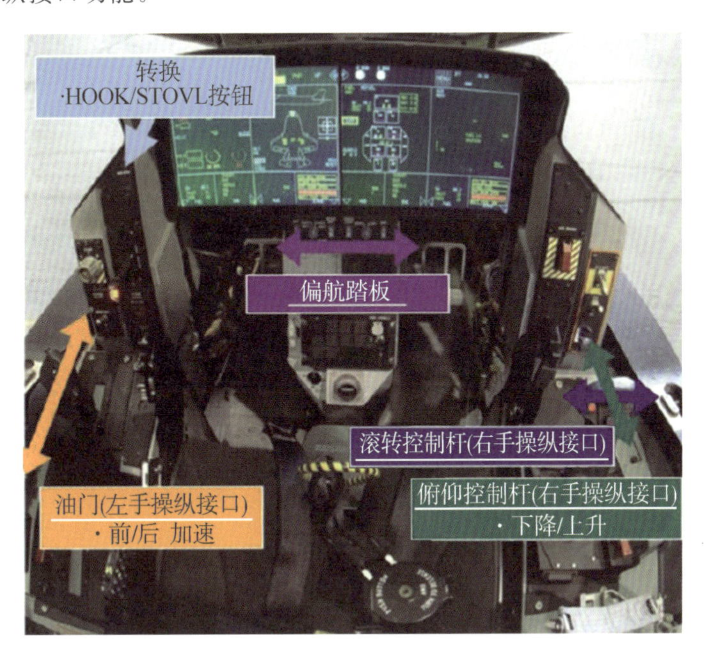

图7.26　F-35B战斗机统一控制策略的操纵接口构型

F-35C战斗机模式转换采用与F-35B战斗机相同的方法,F-35C战斗机伸出着舰拦阻钩的控制开关是座舱左上方区域的一个简单控制按钮。与F-35B战斗机的不同之处是,F-35C战斗机按钮标注着HOOK/STOVL。F-35B战斗机模式转换也一样简单,如同放下起落架或者着舰拦阻钩一样简单,飞行员只需把飞机速度降低到低于250 kn,按压HOOK/STOVL型转换按钮,就启动了飞机硬件和软件的复杂转换程序。转换是自动完成的,飞机控制律指令使飞机可以打开多个升力系统舱门,如图7.27所示。指令也发送到全权限数字式发动机控制系统,接通升力风扇,并准备由发动机驱动升力系统。然后给出指令,移动三轴承旋转喷管和可调面积导向叶片箱喷管推力转向进入STOVL模式飞行位置,与此同时保持飞行员预期的飞行航迹和速度。

改进的裕度架构和洛马公司/罗罗公司/普惠公司的相关故障探测逻辑,为满足所有故障抗扰度要求提供了可接受的故障容差。故障探测逻辑是由新的故障抗扰度要求驱动的,以满足可负担能力要求。所有STOVL型控制器的改进,改善了裕度和能力,使STOVL模式飞行和常规起降飞行一样简单。

这种方法非常成功,在试飞员和作战机队飞行员的自信心方面得到全面体现。当飞行员进入缓慢STOVL模式飞行时,如果出现了故障,飞机能够进行调节,飞机的响应会保持一个瞬时状态,迫使飞行员做出决策,通过弹射逃离飞机。

图 7.27　F-35B 战斗机升力系统舱门

(4)飞机集成。与 X-35 验证机相比,F135 发动机与 F-35 战斗机的集成是一项完全新的工作,如图 7.28 所示,参见文献[11]。更换了子系统全部组件,将老式飞机平台的现成系统全部更换为创新的、高度集成的子系统。一个最明显的改变是取消了安装在机身的附件驱动装置。去掉附件驱动装置,减少了飞机的总长度,为布置武器舱实现了更多的灵活性。对于 F-35战斗机 STOVL 型,为升力风扇喷管提供了更多空间。没有附件驱动装置后,就要求把所有机械驱动的飞机系统都安装到发动机齿轮箱上。实现这种目标的可行性,在于使用电源系统进行飞行控制,而不是使用液压系统进行飞行控制。

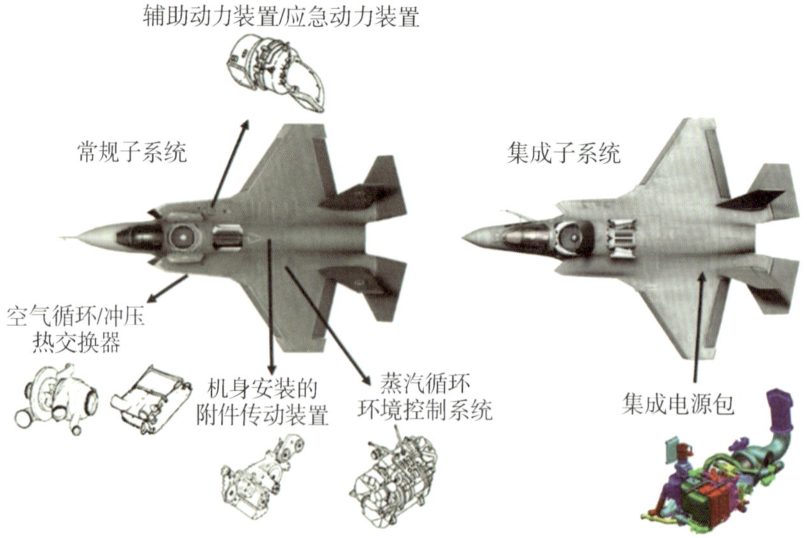

图 7.28　X-35 验证机联邦式部件与 F-35 战斗机集成飞机电源和热管理系统的比较

用电源进行飞行控制,就将液压系统的要求降低到通用系统级。在齿轮箱上安装了一台发动机起动机/发电机(ESG),作为发动机的起动机和整个飞机的主发电机。发动机起动机/发电机的内部结构非常健壮,其功能相当于三台发电机,在一个单齿轮箱触板上实现了相应裕度。电气系统架构配置如果出现故障,就去掉一个负荷,根据需求的紧迫性优先供电。如果整个发动机起动机/发电机发生故障,备用电源由电瓶和集成电源包(IPP)提供,集成电源包是另一个高度集成的子系统,能实现多种功能。这种系统集成的折中是,必须在发动机安装后把多个电源馈线连接到发电机上，发动机安装之前，必须把发电机安装到发动机上。另外，润滑系统也有一部分是安装到齿轮箱(泵)上的，润滑系统其他部分安装到飞机上(热交换器和油槽)。

使用电驱动飞行控制作动器避免了常规液压系统产生的大量的热。液压系统持续工作在全压力状态下，而电动作动器是以需求为基础工作的。这种热量的减少是达到热管理要求的关键促成因素，将在本章后面段落介绍。

电源和热管理系统组合了辅助动力装置和环控系统的功能。电源和热管理系统为座舱和设备冷却提供空调，为设备冷却提供冷却液，为地面维护、主发动机起动和空中应急情况提供电源。冷却功能由一个闭环空气制冷环路执行，而这个空气制冷环路则由通过动力涡轮的扩展发动机引气驱动。制冷循环产生的废热传输到燃油和发动机风扇涵道空气。空气制冷环路和燃油之间热量交换，使用了一个聚α-烯烃液体循环和两个热交换器。在发动机风扇涵道热交换器(FDHX)上安装了一个空气-空气热交换器(HX)，热量通过这个热交换器传输到发动机风扇气流中。

重新配置了阀门，利于实现辅助动力装置功能，这样飞机电源和热管理系统涡轮机可以像传统的辅助动力装置一样工作。以这种方式，辅助动力装置为自起动、地面维护、主发动机起动、空中应急动力提供电源。飞机电源和热管理系统有效地将两种功能集成到一个系统中，在一个很小的设备包中提供所必需的功能。使用风扇涵道热交换器需要把更多管道连接到发动机上，但是这样做，也就不再需要冲压空气进气道和热交换器。

如前文所述，使用电动飞行控制作动器，大大减少了F-35战斗机液压系统的热负荷。然而，液压系统的废热只是传输到燃油的几种热源之一。飞机电源和热管理系统、发电机、发动机润滑系统和发动机燃油系统也把废热传递给燃油。机械驱动连续运转的发动机燃油泵是发动机废热的主要来源。发动机燃油泵除了升高进入燃烧室的燃油压力，也为发动机喷管和其他作动装置提供动力。使发动机燃油泵系统产生的热减至最少，降低了飞机的总冷却负荷。这一点是通过使用热效率更高的主发动机燃油泵实现的，并在不需要时优化燃油泵配置。当与电动飞行控制作动装置结合使用时，这些改变使得总热载荷发生很大变化，从而使飞机能够满足任务热需求。

一个不能完全缓解的重要热源是STOVL模式操作期间升力风扇产生的热。接入升力风扇后，齿轮箱产生的大量热由润滑系统消除。最具挑战性的状态是在任务结束后，此时，燃油散热能力最低(任务中燃油变热)，产生的热不能完全散除。因此，在任务结束时实施垂直着陆，飞机会在这种缺陷条件下工作，STOVL模式操作期间热量上升。由于垂直着陆持续时间很短，再加上其他系统的热容量，这种不足是可控的，这已在飞行试验中得到了证明。

2.研制进气道试验和推进系统集成地面试验

F-35战斗机推进系统研制试验比X-35概念验证机阶段的试验内容更广泛。在X-35概念验证机阶段，所有试验都是使用已有的试验设施，进行了最少的改装，加上少量专门建造的专用试验设施(例如，在布里斯托尔建造的三轴承旋转喷管试验台)开展的。系统研制与验证阶段，构建了专门的试验设施，并对已有试验设施进行了改造，为试验项目提供寿命周期保障。因为原有的试验设施主要用于常规起降/舰载型推进系统试验，大多数新试验设施都是为STOVL型试验建造的。其中第一个是罗罗公司在印第安纳波利斯建设的升力风扇专用试验设施；第二个就是普惠公司在西棕榈滩改进的C-12试车台(见图7.29)，它能够进行STOVL

型推进系统试验；第三个是洛马公司在得克萨斯州福特堡建造的悬停槽，用于生产 STOVL 型飞机的力和力矩试验以及验收试验。

图 7.29 C-12 试车台

推进系统地面试验从 2004 年开始，完成了超过 10 000 小时发动机试验。推进系统建模对于 F-35 战斗机项目的成功非常关键。F-35 战斗机项目建立了详细的推进系统模型，并与飞机模型进行了集成，以开发飞机和推进系统控制律。对发动机和升力风扇硬件和软件部件进行了大量地面试验，参见文献[1]。地面试验包括以下几个。

1)控制台和试验台试验。

2)升力风扇试验。

3)发动机试验。

4)集成推进系统试验。

5)加速任务试验(AMT)。

6)飞机综合设施试验。

7)飞机系统综合设施试验。

8)在 F-35 战斗机悬停试验设施进行的飞机试验。

(1)研制进气道试验。2001 年，启动了一个费用高昂的 F-35 战斗机进气道试验计划。这个试验计划采用缩比风洞模型改进 X-35 验证机进气道，使之用于作战用的 F-35 战斗机。随着系统研制与验证阶段推进系统试验继续进行，这个试验项目中又增加了计算流体动力学和缩比以及全尺寸进气道试验，参见文献[11]。这个试验计划支持了 F-35 战斗机项目的所有里程碑节点，以及外形冻结和验证工作的所有里程碑节点。

从主进气道开始，首先采用 CFD 和模型试验确定了主进气道的性能。进气口位置、边数、扩压器形状都发生了改变，最终形成的进气道相对于 X-35 验证机进气道基本是一个全新构型。另外，项目接受了 X-35 概念验证机阶段的相关经验。在多个风洞中进行了从亚音速到超声速的缩比试验，其中包括阿诺德工程中心和 NASA 格林研究中心的风洞试验设施，如图 7.30 所示。试验结果用于校准和修正 CFD 模型，形成了一个迭代过程，可以持续修正总构型，同时对集成问题做出响应。

在系统研制与验证阶段，还开展了结冰试验，研究冰的形成并确定结冰探测器在进气道的合适安装位置。这项试验是在意大利北部那不勒斯的卡普亚航空航天研究中心(CIRA)的试验设施上进行的。结冰试验使用的是主进气道的1/2比例模型，试验条件是各种冻结水分条件组合，以确定冰会在哪个位置快速形成。试验数据也被用于设计发动机前部防冰系统。

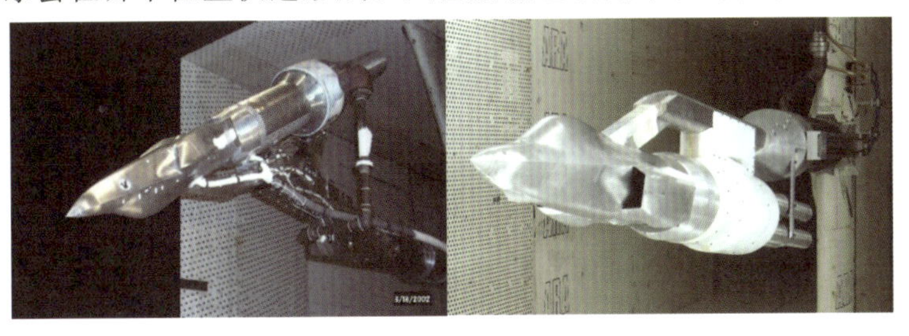

图7.30 阿诺德工程中心16T风洞(左)和NASA格林研究中心风洞(右)进行的主进气道缩比试验

结冰试验结果用于校准进气道结冰预测分析模型，这套模型以后用于模拟进气道结冰探测器的位置定位。尽管试验确定了结冰探测器的最佳位置，但在实际布置这个传感器的时候还是要综合考虑各种因素，包括STOVL型的备用结构以及辅助进气道。后期，因为结构原因，对辅助进气道舱门结构进行了修改(这在本章后面段落介绍)，促使重新布置了STOVL型结冰探测器的位置，需要进行附加分析。

主进气道研制试验采取的是近期开展的老式进气道系统基本试验方法。根据CFD和模型试验，确定最终构型。相对于老式系统，STOVL型的附加要求需要开展附加试验。这就要求在罗罗公司和普惠公司的试验设施进行全尺寸试验。相比之下，STOVL型则要求在罗罗公司试验设施开展升力风扇流管试验。图7.31和图7.32示意了普惠公司的西棕榈滩试验设施的全尺寸进气道试验，参见文献[8]。

图7.31 主进气道全尺寸研制试验

开展的这些广泛的进气道专项试验，解决了概念验证机阶段遇到的升力风扇进气道和气动问题。研制试验包括低速风洞试验和采用流管的静态试验。图7.33示意了在荷兰马克内瑟的德国-荷兰风洞(DNW)进行的低速风洞试验，使用的是配备了完备测试仪器的20%缩比模型。试验模型安装了配备测试仪器的升力风扇，包括可变进气道导流叶片，可调节舱门的辅助进气道。模拟的进气道面包括一个标准的进气道测量耙，用于绘制辅助进气道打开时的进气道畸变图谱。对升力风扇排气流实施了吸流措施，模拟发动机生成通过进气系统的代表性气流，参见文献[8]。

升力风扇进气道的进一步试验是在静态条件下完成的，使用缩比和全尺寸模型进行了流管试验。流管方法的缺点是，对于给定的升力风扇气流/空速组合，流管形状是独特的。建立多种缩比流管是可行的，但是构造全尺寸流管则比较困难，而且费用很高，这是由于流管本身的弧线形状比较复杂，而且升力风扇工作时还施加了载荷。最终采用了多种缩比流管的折中方法。首先，确定最关键的条件，然后构造反映这些条件的全尺寸流管。

图 7.32 STOVL 型推进系统进气道全尺寸研制试验

图 7.33 STOVL 型进气道 20%缩比模型在德国-荷兰风洞设施中进行低速风洞试验

图 7.34 示意了 CFD 仿真的流线，据此确定了流管形状。与飞机上表面模型进行组合，构建了一个蓝色面，以生成给定飞行条件的代表性气流流场，参见文献[8]。

图 7.34 给定进气道气流/空速条件下的代表性流管线

由于缩比静力试验形成的载荷比较低，可以采用立体光刻技术制造流管，降低了费用并减少了周转时间。制造流管时需要用 CFD 形成解决方案。因此，也可以直接把 CFD 解决方案与缩比试验结果进行比较，确认生成的流场是否是需要的。图7.35示意了试验使用的一组20%缩比流管，参见文献[8]。

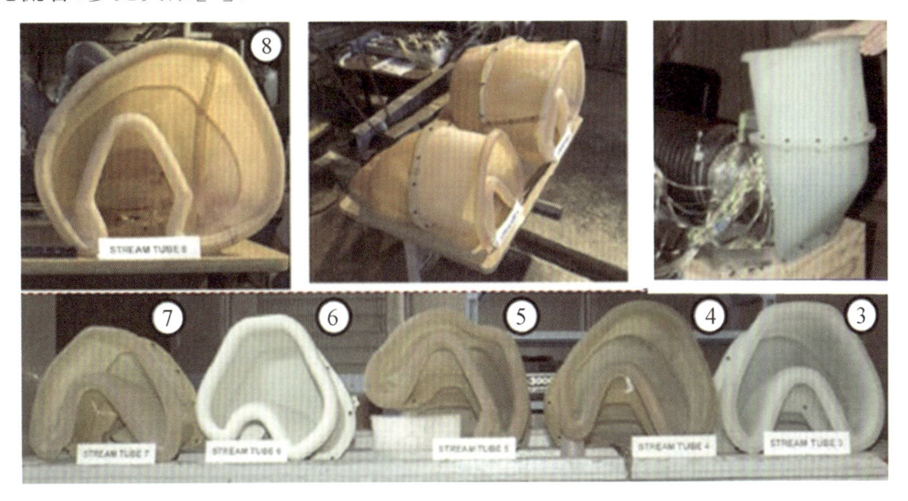

图7.35　缩比升力风扇流管模型(20%比例)

研制了一个全尺寸流管，在印第安纳州印第安纳波利斯的罗罗公司升力风扇试验设施上使用。这是升力风扇进气道的最后阶段试验。由于流场代表了最关键条件，对安装应变测量仪的升力风扇进行了试验，试验中流管安装到位。这次试验采集的数据证明，概念验证机阶段中遇到的气动问题已经得到成功缓解。图7.36是位于罗罗公司试验设施上使用的全尺寸流管，参见文献[8]。

图7.36　全尺寸升力风扇流管在安装上试验台之前

开展了多个STOVL型喷气效应空气动力风洞试验项目，以全面掌握完成STOVL型飞机在全喷气和半喷气飞行模式的特性。这些试验都与STOVL型推进系统的特性紧密相关。以STOVL模式工作期间，作用在飞机上的多种力取决于推进系统推力和推力转向角。需要确定如何在飞机分析模型中考虑这些力的作用，还需要确定这些力在飞机的总飞行控制系统中是如何反映的。

准确的STOVL型喷气效应数据是实现STOVL模式飞行仿真高逼真度的重要部分。在全喷气飞行模式，STOVL型喷气效应可以减小8%的无地效(OGE)推力。这个无地效推力值取决于多种变量，包括风速和方向。当F-35战斗机处于有地面效应(IGE)条件时，推力值可以放大很多倍，取决于多个变量，例如相对喷气角、推力值，以及离地高度等。对于关键的短距起飞条件，STOVL型喷气效应可以降低垂直推力大约20%，轴向推力大约2%。必须考虑的、影响飞机俯仰力矩的一个力，是STOVL型推进系统多个进气道的进口吸力(suction)。另一个力则是多个喷管的下吸力。图7.37示意了在德国-荷兰大型低速风洞设施试验的12%缩比F-35战斗机STOVL型喷气效应模型。一共进行了10次单独进入试验，覆盖了STOVL型所有飞行区域，从纯悬停、有地效，到转换到机翼升力飞行状态，参见文献[12]。

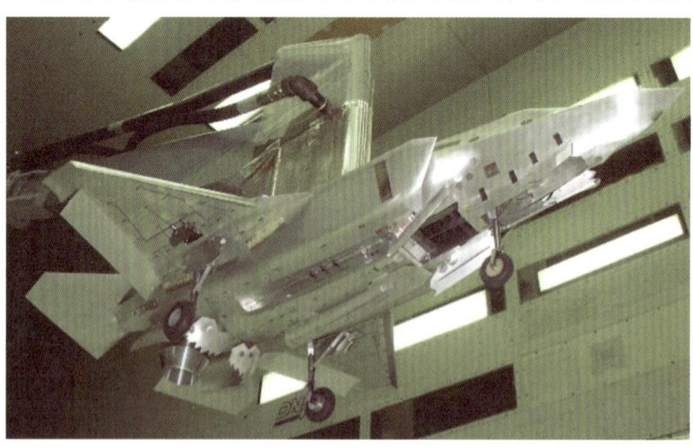

图7.37　F-35B战斗机STOVL型喷气效应缩比模型试验

使用了粒子图像测速技术检测安装在飞机上的排气系统生成的流场。这项技术需要在气流流场洒上植物油。模型后部安装了一套激光器，用于照明，并以一定的频率(大约3 Hz)在给定时刻及时捕获粒子。在风洞侧壁的可移动台架上安装了两台照相机，用于捕获激光器产生的图像。这些图像组合后，生成一个完整的气流流场图片。在存在STOVL型喷气效应的情况下，升力风扇和主喷管羽状喷气流(plumes)均分布有粒子。

图7.38示意了向前空速条件下的气流流场中心线切面实例——粒子图像测速(有地效悬停)。当喷气墙朝前扩展，就形成了一个马蹄状涡流，并重新进入升力风扇羽状喷气流中。马蹄形涡流的位置很大程度上依赖于向前的喷气墙的强度以及飞机的前移速度。前移速度更高时，则喷流向后倾斜，重新进入主喷管羽状喷气流，参见文献[12]。

图7.38　粒子图像测速示例(有地效悬停)

与概念验证机阶段完成的试验类似，在英国沃顿的BAE系统公司试验设施上进行了热燃气吸入试验。更新了试验设置来体现F-35战斗机构型特点，开展了类似于概念验证机的试验，但试验内容更深入和广泛，以建立作战使用包线。

(2)推进系统集成和综合飞行/推进控制系统地面试验。飞机和推进系统之间的集成度导致与老式系统的试验完全不同。有两个关键技术领域是在普惠公司西棕榈滩的试验设施上试验的：集成子系统架构和STOVL模式操作中的综合飞行/推进控制。

由于飞机和推进系统的系统集成程度非常高，要求所有系统与飞机进行集成之前必须开展风险降低试验。进行了增强的集成系统试验，包括在西棕榈滩的试验台上进行的重要飞机子系统试验，包括集成电源包、发动机起动机/发电机、液压泵以及发动机起动机/发电机润滑系统和所有相关控制硬件。集成电源包试验按照步骤逐渐推进，首先作为辅助动力装置工作，然后为启动发动机提供电源，之后转换到冷却模式，关闭发动机引气，并使用风扇涵道热交换器作为散热设备。

试验中还模拟了各种故障场景，例如发动机熄火时，集成电源包从环控系统(ECS)模式转换到应急功率燃烧室模式。发动机起动机/发电机用于起动发动机并提供电源，如同在飞机上工作一样。液压泵也像装在飞机上一样工作，在起动时产生的负荷最小，之后当发动机达到稳定慢车状态时开始加压。在试验台上模拟的飞机系统负载，代表了实际飞机上的工况。试验台试验验证了推进系统的设计架构，同时获得了连接所有系统的经验，并且在系统实际安装上飞机之前，了解了系统之间的相互作用。

为了保障在2003年开始F135发动机地面试验，对早期设计的先进多变量控制系统进行了初步试验。这个初期先进多变量控制系统结构趋于成熟并取得了支持常规起降型AA-1飞机的飞行合格资质。2006年12月，F-35 AA-1战斗机首飞，之后飞机无缺陷地飞行，赢得了飞行员们的赞许。F-35首席试飞员乔恩·比斯利曾说："F-35 AA-1战斗机的发动机工作很完美，F-35 AA-1战斗机的性能比预计好，这很有意义。"[8]

2007年，在初期先进多变量控制系统结构的基础上实施了必要的结构改进，以满足STOVL模式操作时严格的俯仰控制和有限控制要求。先进多变量控制系统控制架构完成STOVL模式地面试验之后，2009年1月，获得了动力升力飞行许可。这是普惠公司和F135发动机项目的重要里程碑节点。使用这个软件满足俯仰耦合和有限控制要求，代表着F135发动机项目迈向动力升力操作的关键里程碑节点。STOVL型推进系统操作的关键技术是达到转子物理速度的红线限制。这种情况下，传统的控制系统自动收油门，流向发动机燃油流量减少，降低推力。这将是STOVL型飞机在垂直模式中不可接受的和不理想的结果。如上所述，先进多变量控制系统自动采取适当行动，不仅调整燃油流量，而且调整喷管面积和升力风扇作动器，来保持推力和俯仰控制[8]。

3.飞机推进系统地面试验和飞行试验

从2008年开始，18架试飞飞机完成超过16 000个飞行小时和64 000个试验点。F-35战斗机推进系统试飞必须验证和确认，推进系统能够在所有飞行机动、气候条件和战场条件下，满足非常严格的作战使用要求。2006年12月15日，试飞员乔恩·比斯利驾驶常规起降型(F-35A)完成首飞，开启了航空历史上规模最大的试飞项目。2008年6月11日，首架F-35B(BF-1)战斗机由格雷厄姆·汤姆林森驾驶，CTOL模式升空，完成了其首飞里程碑。首飞之后，F-35B(BF-1)战斗机转场到悬停试验设施，以STOVL模式试验推进系统。最初并未进行大功率试车，但是成功的试验操作澄清了STOVL模式的操作使用能力，如果需要的话可以以这种模式回收飞机。在悬停槽上完成全功率操作试验后，随即获得了STOVL模式飞行许可。2009年4月，F-35战斗机已经完全做好了准备，随时可以在悬停槽上开展全功率STOVL模式试验。

与X-35验证机项目类似，F-35B(BF-1)战斗机试验飞机悬停试车设施上也安装了力和力矩系统，以测量性能和控制功率，如图7.39所示。与X-35验证机不同的是，没有进行悬停槽上的原地反复垂直起飞和降落试验，选择了飞行中逐步降低高度的方法来降低风险，而不是X-35验证机项目采用的反复垂直起飞和降落降低风险方法。STOVL模式性能得到验证，各种控制器的控制权限也得到确认。随后试验飞机完成了一系列全功率升力发动机试车，演练并评估F135发动机控制系统的强壮性和AMVC的性能。悬停槽地面试验证实了F-35B战斗机推进系统和飞机的响应，首架F-35B战斗机做好了首次STOVL模式飞行的准备。

图7.39　悬停试车设施上安装的力和力矩系统

成功完成悬停槽试验之后，F-35战斗机获得了开始动力升力操作的许可。2009年10月17日，F-35B(BF-1)战斗机滑行试验中完成了首次STOVL型系统的未系留试验。2009年11月15日，F-35(BF-1)战斗机到达马里兰州帕图克森特河的海军航空站，准备悬停和首次垂直着陆试验。最终，2010年1月7日，F-35(BF-1)战斗机首次在飞行中使用STOVL型推进系统。

2010年3月18日，格雷厄姆·汤姆林森再次驾驶F-35(BF-1)战斗机，缓慢转换到悬停，并完成了F-35B战斗机的首次垂直着陆。之后继续STOVL模式试飞，发现了一些问题。其中一个问题是辅助进气道舱门(AAID)的刚度不足，无法应对在某些速度下由上部升力风扇舱门(ULFD)产生的湍流。在F-35B战斗机包线扩展试飞中，发现在半喷气飞行模式的某些飞行条件下，飞行中上部升力风扇舱门打开到中间位置，作用于辅助进气道舱门的振荡载荷有所增大。这些载荷增加的主要原因是上部升力风扇舱门产生的抖振，然而，产生抖振的物理机理尚不明确。利用计算流体动力学(CFD)了解了这些载荷产生的物理机理，图7.40示意了上部升力风扇舱门中间位置构型的稳态结果。高马赫数时，流线倾向于绕着辅助进气道舱门流动，但是较低马赫数时，黄色流线更低，并冲击辅助进气道舱门。在后面的一系列图片中可以看出发动机功率设置的影响。随着发动机功率增加，流线推进到辅助进气道舱门开口中，参见文献[13]。

对辅助进气舱门和它的作动系统刚度进行了大量的计算流体动力学和分析之后,2011 年对作动系统和舱门刚度进行了重新设计。这使辅助进气门获得了全寿命能力,参见文献[13]。F135 推进系统在整个飞行试验过程中的表现令人满意,保证了 F-35A、F-35B 和 F-35C 战斗机飞行试验持续到 SDD 阶段成功结束。

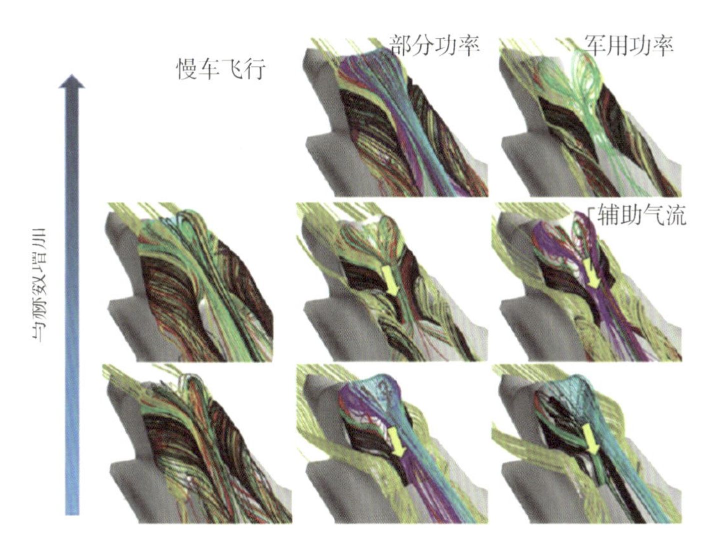

图 7.40　稳态的辅助进气道舱门计算流体动力学解算方案

7.5　总　　结

F135 发动机推进系统与 F-35 战斗机的集成历经了 20 多年,经历了推进系统设计、研制和试验三个重要阶段。STOVL 型和常规起降/舰载型推进系统满足所有要求。推进系统中风险最高的技术之一——基于升力风扇的推进系统,其工作及其与 F-35 战斗机的集成都非常好,在其发展过程中克服了很多技术难题。

先进短距起飞/垂直着陆项目建立了基于升力风扇的 STOVL 型系统的概念可行性。利用大比例动力模型以及 NASA 艾姆斯研究中心的试验设施验证了升力系统结构。这些试验成功表明,轴驱动升力风扇的低速动力升力气动性能、悬停控制功率以及热燃气吸入都是可接受的,并且对原有的一种 STOVL 型系统进行改进也是可行的。

在 X-35 验证机上进行的可飞行推进系统验证试验证明,迈向成功需要一个良好的综合工作团队。高度综合的综合飞行/推进控制综合产品开发团队的形成,快速解决了试验团队面临的艰难的控制难题。对原有的,带有非常规升力风扇的常规主发动机的调整改进是成功的。综合飞行/推进控制综合产品开发团队集成了 X-35B 验证机和发动机软件以及相关的硬件,并最终促成了一个成功的飞行试验项目。创新的无附面层隔道超声速进气道设计,形成了一个更短、重量更轻的进气道系统,而且性能非常卓越。过去几十年,老式 STOVL 型飞机一直关注的热燃气吸入问题,也证明是可控的,对于目前的升力风扇布局,本质上不存在问题。

F-35 战斗机推进系统的成功研制吸取了 X-35 验证机的大量经验。由洛马公司、诺斯罗普·格鲁门、BAE系统公司、普惠公司、罗罗公司以及F－35战斗机联合项目办公室组成的高度综合的跨公司团队协作得非常好。通过计算流体动力学、缩比风洞试验、全尺寸试验、流管以及发动机和升力风扇的大规模联合试验，试验团队采用了使各个团队受益最大的设计技术。改进了升力风扇进气道，采用了新的舱门设计，解决了在X－35B验证机上观察到的严重的升力风扇空气动力问题。辅助进气门得益于计算流体动力学分析，解决了未曾预见的舱门振动问题。全尺寸试验、流管、大量的缩比进气道试验赋予了单发第五代战斗机推进系统前所未有的性能。X－35B验证机升力风扇可调面积导向叶片箱喷管的改进为升力风扇操作提供了更多的灵活性。所有这些实践均表明试验团队如何将这些设计从概念转化为使用现实。综合飞行/推进控制的集成度前所未有，保证了从常规模式转换到STOVL模式，从缓慢飞行到悬停，以及进行垂直着陆，推进系统和飞行控制系统都能完全控制。F－35战斗机推进系统的集成，也证明了综合解决方案中电源和热管理的重要性。

从2018年1月26日采访英国皇家空军F－35B战斗机试飞员的一段话中可以印证F－35战斗机推进系统的成功。英国皇家空军中队长安迪·埃德格尔说：“我不会忘记我的第一次‘海鹞’悬停，我不会忘记我的第一次F－35B战斗机悬停。我首次‘海鹞’悬停，类似于停留在独轮车上，我认为悬停当时未做过多思考。仅有一次机会，我努力使其在甲板上安全着陆，然后回想‘我究竟是如何控制飞机的?’但是我的首次F－35B战斗机悬停，当时我坐在驾驶舱，环顾四周，我认识到在每个轴都是稳定的，想到‘上帝保佑，F－35战斗机的设计者们绝对是天才’。”参见参考文献[14]。

F－35战斗机机队持续壮大，目前F－35A、F－35B和F－35C战斗机的列装数量已经超过了290架，总飞行实践超过135 000小时。F－35战斗机与它独特和成功的推进系统将继续迎接各种作战使用挑战，如图7.41所示。试飞最终的分析结果表明F－35战斗机推进系统的集成、设计和发展是成功的。

图7.41　F－35A、F－35B(常规起降和STOVL模式)和F－35C战斗机推进系统工作中

参考文献

[1] WURTH S, WALKER G, FULLER J. F-35B IFPC Development[R]. AIAA-2013-4243, 2013.

[2] MADDOCK I A, HIRSCHBERG M J. The Quest for Stable Jet Borne Vertical Lift: ASTOVL to F-35 STOVL[EB/OL]. (2011-09-22)[2018-06-25]. https://doi.org/10.2514/6.2011-6999.

[3] BEVILAQUA P M. Joint Strike Fighter Dual-Cycle Propulsion System[J]. Journal of Propulsion and Power, 2005, 21(5):778-783.

[4] BEVILAQUA P M. Future Applications of the JSF Variable Propulsion Cycle[R]. AIAA-2003-2614, 2003.

[5] WURTH S, MAHONE T, HART J, et al. X-35B Integrated Flight Propulsion Control Fault Tolerance Development[R]. AIAA-2002-6019, 2002.

[6] WEIGAND C, BULLICK B A, CATT J A, et al. F-35 Air Vehicle Technology Overview[R]. AIAA-2018-3368, 2018.

[7] BUCHHOLZ M D. Highlights of the X-35 STOVL Jet Effects Test Effort[R]. AIAA-2002-5962, 2002.

[8] SYLVESTER T G, BROWN R J, OCONNER C F. F-35B Liftfan inlet Development [R]. AIAA-2011-6940, 2011.

[9] FULLER DR J. Advanced Multi Variable Control (AMVC) and Its Application in Turbomachinery[R]. AIAA-2010-01-1737, 2010.

[10] LO GATTO E. Overview of the JSF LiftSystem™[C]. // International Powered Lift Conference, Hartford, CT.

[11] SMITH M S. Joint Strike Fighter: X-35 and F-35 Propulsion System Integration [C]. // 39th AIAA/ASME/SAE/ASEE Joint Propulsion Conference, Huntsville, AL.

[12] MANGE DR R, HOGGARTH R. Highlights of the Lockheed Martin F-35 STOVL Jet Effects Program[J]. The Aeronautical Journal, 2009, 113:119-127.

[13] COX DR C F. F-35B Auxiliary Air Inlet Analysis and Design[R]. AIAA-2013-218, 2013.

[14] ROBINSON T. Inside F-35B Flight Test[EB/OL]. (2018-01-26)[2018-06-29]. https://www.aerosociety.com/news/inside-F-35b-flight-test.

第8章　F-35“闪电Ⅱ”战斗机的信息融合

信息融合是一组算法,这组算法把所有来源的数据进行组合分析,形成对环境的综合感知,从而提供态势感知能力。信息融合是F-35战斗机的重要技术特征,从最初开始就被设计到任务系统中。虽然F-35战斗机信息融合技术开发借鉴了洛马公司和行业内过去的信息融合项目的经验。但是,F-35战斗机信息融合的一些基础构架决策和算法方案还具有其独特之处。本章讨论F-35战斗机信息融合最终解决方案的某些关键设计和技术特征。

8.1　F-35战斗机的信息融合简介

在1982年出版的《大趋势》(*Megatrends*)一书中,作者约翰·内斯比特(John Naisbitt)曾预测:在信息时代,人们会发现被“……淹没在信息中,但却无法获得我们需要的知识”[1]。对于许多航空和军事应用,随着信息量的增加,海量数据成了负担,导致丧失了对态势的感知[2]。随着数据量和控制选择的成倍增加,飞行员工作负荷成倍增加,甚至达到了即使最有能力的飞行员也会丧失重要决策信息或无法识别临界状态的程度[3]。对态势感知的丧失必然降低反应时间[4-5]。申克(Shenk)创造了“数据烟雾”这个词来描述由于信息急剧增加、却没有一个工具来容易地融合这些数据及其重要特征从而导致的数据超载[6]。E. O. Wilson在其著作《一致性:知识的统一》(*Consilience: The Unity of Knowledge*)中曾预测,需要一个合成器,在正确的时间把相关信息进行组合,来支持关键决策[7]。而克莱恩(Kline)则认为融合算法就是这个合成器,可以减少信息超载,改善态势感知能力并减少反应时间[8]。

第五代战斗机拥有多种传感器组件和多功能任务系统,需要某种形式的信息融合来保障飞行员对态势的感知(见图8.1)。F-35战斗机的航电系统组件包括多个互补传感器和机外(off-board)数据链,但它却是一型没有专职武器系统操作员的单座战斗机。如果不进行一定形式的数据融合,则飞行员只能手动地把传感器和数据链跟踪进行关联,在驾驶飞机的同时,还要执行对空、对地和对海战术任务。这必然增大飞行员的工作负荷,并迅速导致显示的信息量太多,使飞行员陷于混乱。信息融合算法则将融合机载(Onboard)和机外传感器信息,向飞行员提供一个对环境的完整和准确表示,增强态势感知能力,这也是信息融合的最终目的[9-10]。

数据融合、传感器融合和信息融合这些术语经常互用,但它们的内涵在业内有微妙差异。美国国防部实验室联合理事会(JDL)的数据融合模型对多种一般融合问题解决方案所使用的融合算法和技术进行了定义分类[11]。按照定义:数据融合就是把信息进行关联和组合,对当前和未来的环境状态进行估计和预测。一级融合的重点是目标评估。一级融合算法包括:①数据关联算法:确定多个来源的信息是否描述的是同一目标;②状态估计算法:估计环境中物理目标的当前状态(某些情况下也包括未来状态),这种估计包括目标的运动状态(如位置、速度)估计和身份识别。二级融合则是汇集一级融合目标,推断出目标之间以及目标与相关事件之间的关系,并评估态势发展。三级融合则是评估感知、预期或计划的行动在态势发展情况下可能产生的影响,例如,在杀伤力或生存力方面。四级融合的重点是过程优化,包括传感器资源管理或传感器反馈,以调整传感器动作,并优化整体态势图像。

图 8.1　信息融合态势感知图像

有很多算法能够实现上述功能。然而,当处于现实作战环境中时,数据的不完善性以及不同数据源的不同保真度等,使信息融合面临很大挑战。美国哲学家约吉·贝拉(Yogi Berra)曾说过“理论上讲,理论与实际不存在差别,但实际上却是有差别的”[12]。例如,当只有少数明显的目标时,目标优化相对容易,但是,随着目标数量增加,目标间距缩小,数据关联问题会变得更加困难,甚至无法解决。目标实施机动的潜力与高度动态的环境(涉及多路径、干扰、信号阻塞和弱信号)相耦合,使感知环境的融合能力更加复杂。因此,信息融合必须具有鲁棒性(robust),以在这种充满挑战的环境中提供可靠的态势感知能力。

融合技术的发展历程如下。

第一代雷达在 20 世纪 40 年代中期引入战斗机。随着对雷达技术信心的增长,飞行员开始依靠雷达提供在环境中的态势感知。随后又增加了雷达告警接收机,对敌方发射机的大致方向给出粗略的指示。在 20 世纪 70 年代和 80 年代,新型传感器和数据链成为远程跟踪的第二个信息来源。这迎来了第一代融合技术的初期阶段,其使用数据关联或相关算法来识别最有可能描述空间中同一目标的所有航迹,然后屏幕上只保留其最准确的航迹图样,如图 8.2 所示为融合技术的发展历程。这一过程有时称为关联或显示融合。这种技术的精度等于最佳跟踪轨迹的精度。

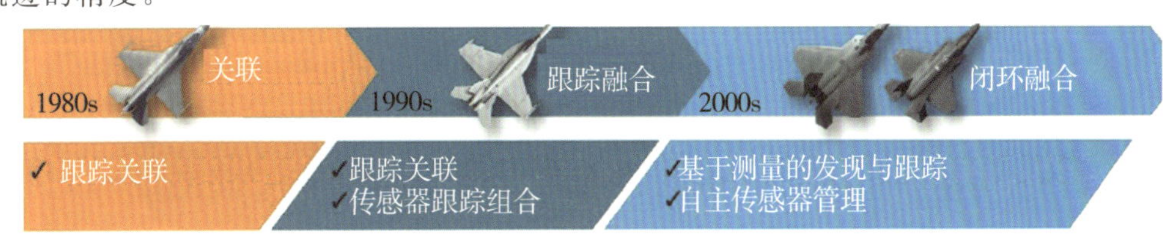

图 8.2　融合技术的发展历程

第二代融合技术结合多种传感器的跟踪形成一个混合系统解决方案。通过把来自两个或多个传感器的目标信息进行混合，这种情况下，系统的跟踪准确性接近于所有提供信息的传感器所提供最佳参数的准确性。例如，来自雷达和红外搜索与跟踪(IRTS)传感器的混合跟踪可具有雷达的距离和线速度(临近速度)准确度，以及 IRST 传感器的方位角和角速度准确度，最终的跟踪准确度受跟踪的更新速率限制。如果跟踪的更新速率(即融合速率)大于测量速率，那么即使使用最佳的算法，也会失去准确性[13]。

第五代战斗机在设计上是处理传感器的测量，而不是处理传感器的跟踪，这就形成了一个包含最精确跟踪精度的综合系统跟踪，并实现跨飞机间的协同感知。测量级处理可以较早发现环境中难以探测的目标。通过处理测量级数据，系统能够使用来自任何传感器(或飞机)的探测结果，在任何一个传感器发布结果之前来确认跟踪。关注测量数据而不是跟踪数据还意味着，即使跟踪并不处于传感器的视野中，来自传感器的作战身份信息也保留在系统跟踪中，因为该系统跟踪可以由其他传感器或飞机保持。

除了提高精度和探测性能外，自主传感器管理能力的引入还提供了比人反应更快的对作战环境中目标进行反应和细化的能力[14]。自主传感器管理器也称为闭环融合。这种能力为融合过程提供了一个反馈环路，以互补方式来协调传感器的动作，并基于系统优先级来探测、细化并维持跟踪[15]。传感器管理能力能够评估每个系统跟踪，确定所有运动估计或身份识别需求，根据系统跟踪优先级评价这些需求，并指示传感器采集所需信息。闭环融合提高了飞行员更快地了解和响应空间目标的能力，而且比起老式系统作用距离更远[16]。

8.2 融合架构

F-35 战斗机不是一种单一型号飞机，而是美国空军、美国海军陆战队和美国海军的三种高度通用机型。三种型号的任务系统和传感器也是高度通用的。F-35 战斗机的传感器组件(见图 8.3)包括 APG-81 有源电子扫描阵列(AESA)雷达， ASQ-239 电子战 (EW)/对抗(CM) 套件， AAQ-40 光电目标搜索系统(EOTS)， AAQ-37 光电分布式孔径系统(DAS) 和 ASQ-242 通信、导航与识别(CNI) 系统。这五组传感器以无线电和光电/红外频谱方式向 F-35 战斗机信息融合系统提供目标的探测和测量信息，最终获得的飞机周围环境中的目标信息比以前的战斗机多得多。

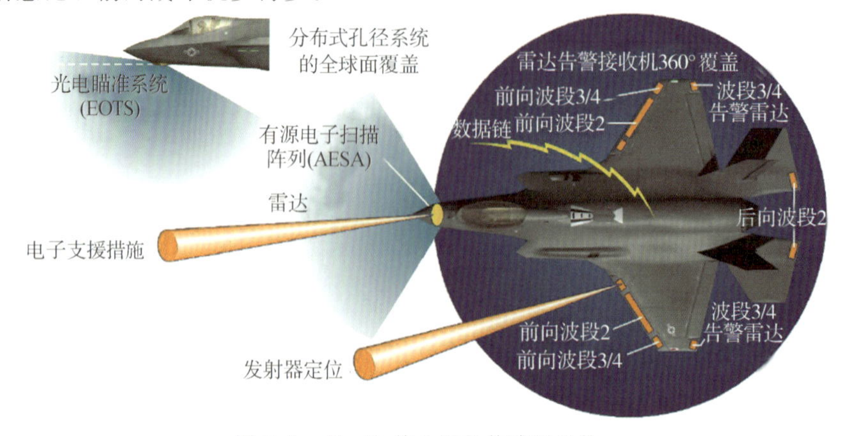

图 8.3　F-35 战斗机的传感器组件

除了这些机载传感器，F-35战斗机还通过link16数据链和多功能先进数据链（MADL）进行发射和接收跟踪。Link16数据链提供与老式飞机（例如F-22战斗机）和指挥与控制系统的链接，这使F-35战斗机能发射所选择跟踪轨迹的信息并接收来自指控中心的情报信息。其设计主要用于提示限定的跟踪轨迹的高品质适时信息。

F-35战斗机的MADL通信数据链则明确地设计用于保障F-35战斗机共享飞行机队之间的信息。与老式数据链不同，MADL的带宽支持把经过融合的关于所有空中和地面跟踪轨迹的高品质信息传送给飞行机队的每架飞机。这个数据包括本地衍生跟踪状态、跟踪协方差、ID测量历史和无线电射频历史，以及与每个跟踪相关的元数据。MADL提供的机外信息的潜在数量非常巨大，这也是对融合设计的最大挑战。现在可能同时会有很多来自机载和机外来源的相同跟踪的副本（某些情况下超过10个），这会造成很大的混乱。对这些空间多样化数据的融合会明显改善态势感知能力，并提供协同感知能力。

8.3　F-35战斗机信息融合方法

在引入第五代战斗机融合系统之前，融合仅仅指数据关联和估算过程。对F-35战斗机融合能力的最早划分曾设想传感器管理能力独立于融合过程。然而，强力证据表明，自主传感器管理器是融合性能有效和传感器优化的基础。在设计的早期阶段，传感器管理器重新划分到F-35战斗机的融合设计中。图8.4示意了F-35战斗机融合设计的顶层功能架构，重点突出了数据关联、估算（运动和识别），以及传感器管理功能。

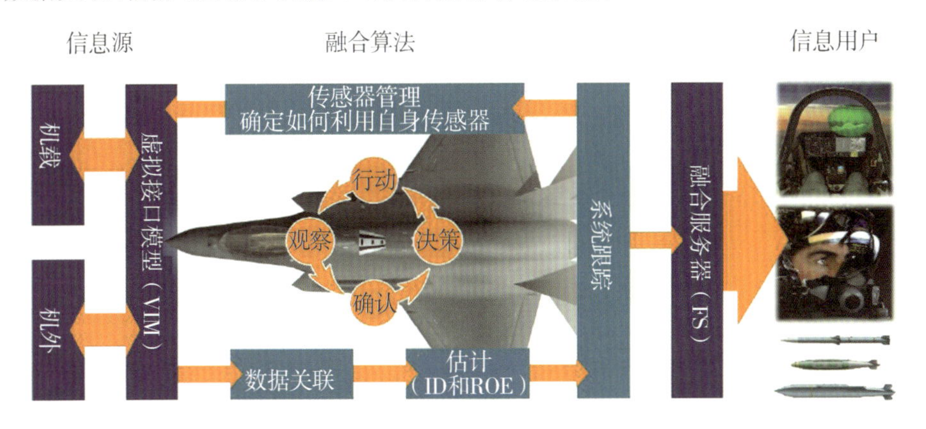

图8.4　F-35战斗机信息融合顶层功能架构

F-35战斗机信息融合设计中，把融合算法与传感器和数据链的输入，以及已融合数据的全部用户相隔离。本质上，融合算法包含一个黑匣子（内部称之为融合引擎），传感器输入和数据用户被封装在外部软件目标中（称之为虚拟接口模型，即VIM）。对于传入的数据，传感器专用或数据链专用VIM填写缺失的数据（即，导航状态、传感器偏差值），处理信息，并把它们转换成符合融合处理要求的标准格式。对于离开融合处理的数据，传出VIM（称为内部融合伺服器）把数据提供给需要已融合信息的各种用户，包括机载或机外的。融合伺服器把已融合数据的用户与融合过程和数据源相隔离。老式融合是把跟踪轨迹作为一个整体块（一种尺寸适合全部）来报告，在此，所有数据用户接收的信息是一样的。任何数据传播或转换都是接收者的责任。这就在融合与数据用户之间产生了一个耦合接口。当一个新数据源被引入融合，则接口改变，使这些数据能够影响该信息的所有用户，不论这些数据是有用的，还是无用的，这种改变使融合的成本非常高。融合伺服器向每一个信息用户发送一个剪裁的信息，这些信息只包含该用户需要的信息。这就把用户与数据源的改变或融合算法隔离开来。利用 VIM 使融合架构可以在其寿命期内扩展成新传感器和数据源，以及新数据用户。

8.4 信息层

设计中，如果使用的传感器性能信息不正确，则传感器融合会导致不良性能：数据融合中的一个常见失败就是以一种特别设定或方便的方式来表征传感器性能。如果对传感器性能建模不准确，将导致融合结果不正确[17]。

F-35 战斗机信息融合构架的一个关键决策是飞机之间如何共享信息，相互独立的数据可以优化整合到滤波器中，以获取最高准确度。然而，相互依赖的数据则是假设为相互独立的数据进行整合的，其结果是跟踪不稳定，甚至会丢失[18]。F-35 战斗机的数据用户(包括飞行员)依靠可用数据源(包括机载和机外)，接收每个跟踪的运动和 ID 估算值，这称为第三层解算。但是当与其他飞机共享信息时，每架 F-35 战斗机仅能根据机载传感器的测量来享有描述跟踪的信息，这称为第一层解算。为了确保从 MADL 接收的信息是独立的，跟踪信息可以由接收者转换成等效测量[19]，以支持信息的跟踪-跟踪和跟踪-测量。信息层的第一层信息的共享确保了信息没有与任何具体融合算法耦合，并为不同融合平台提供了一种未来共享最佳融合数据的方法，如图 8.5 所示。在 2016 年后期，洛马公司和美国政府使用这种技术，通过 MADL 数据链把 F-35 战斗机融合的目标靶机跟踪信息共享给了视线内看不见靶机的面基武器系统。这个面基武器系统把 F-35 战斗机 MADL 的第一层信息转换成了可以由本地迎敌交战跟踪者使用的等效测量。同时，网络系统使用面对空导弹成功实现了对跟踪目标的捕获、引导和运动拦截。

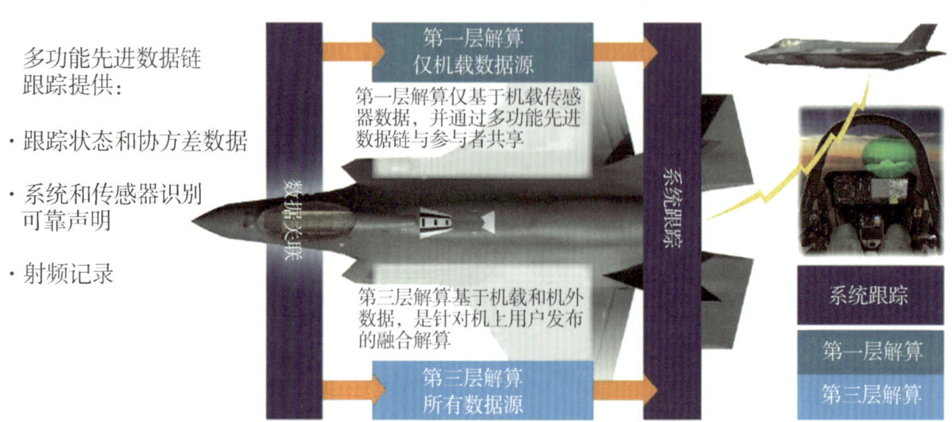

图 8.5 信息层

要把相互依赖的信息或未知谱系的信息整合到 F-35 战斗机的估算中，则融合包括一个对重新播放的数据冗余度更高的协方差交集更新[20]。当新颖信息引入，却未用冗余数据改善误差时，协方差交叉算法减少了估算的误差。这种技术为未来整合来自多个不同数据链的数据(数据的谱系是未知的)提供了灵活性。

对老式数据链的集成整合也暴露了最佳融合的其他方面的挑战。当系统跟踪通过数据链机外发送时，发送系统跟踪的最精准误差特征尤为重要。协方差矩阵为数据的其他用户提供这种传感器特性。然而，在很多老式数据链中，使用品质因数来描述跟踪误差，而不是用多维协方差矩阵。这些品质因数表示数据的最大区域或体量不确定值。这种具体维度准确性的缺乏要求接收器接收所有维度的准确度最差的数据，以确保在所有条件下的稳定跟踪。从算法的观点看，悲观的误差表征导致虚假关联多发，和机外数据的权重降低[21]。

如果给定的机外数据已经成功与正确的系统跟踪相关联，则使用报告的远程跟踪误差来衡量数据的影响。回想一下卡尔曼滤波器，用最佳增益($\boldsymbol{K}_k$)来确定新测量的混合[22-23]。方程(8.1)是卡尔曼滤波器的一种替代形式，表示优化的滤波器增益是如何对传播的系统估算和观察数据进行混合的。随着增益增加，观察数据($\boldsymbol{Z}_k$)对新估算的影响增大。

$$\hat{\boldsymbol{X}}_{k|k}=\boldsymbol{K}_k\boldsymbol{Z}_k+(1-\boldsymbol{K}_k)\hat{\boldsymbol{X}}_{k|k-1} \tag{8.1}$$

卡尔曼滤波器的增益是由估算的系统跟踪误差和测量误差确定的，即：

$$\boldsymbol{K}_k=\boldsymbol{P}_{k|k-1}[\boldsymbol{P}_{k|k-1}+\boldsymbol{R}_k]^{-1} \tag{8.2}$$

如果测量误差不理想，则滤波器增益降级，导致测量对新估算的影响权重自然降低。相反，如果测量误差比较理想，则滤波器增益增加，测量对跟踪的影响更大。老式数据链使用的品质因数导致增益值比较小，并降低了组合跟踪的潜在准确性。F-35 战斗机的 MADL 数据链报告每个跟踪的跟踪协方差，可以准确权衡机外数据的贡献。

8.5　基于证据的战斗识别

战斗识别是对在联合作战空间中探测到的目标进行准确表征的过程[24]。这种表征包括联系、类别、型号、国别和任务构型。F-35 战斗机使用概率证据推理方法进行识别，本质上不同于其他战术平台使用的启发式算法。改换成这种概率公式是根据以往的老式战斗机平台的经验所做的决策，以消除由于强制声明导致的误判，和对模糊信息源处理的无能力。向概率框架的转换，迫使在剩余的信息融合设计中进行一些更改，更改包括传感器、飞行员显示器和传感器任务分配。在早期 F-35 战斗机设计中，在贝斯叶(Bayesian)和 Dempster-Shafer 影响算法之间进行了平衡。最终，选择了 Dempster-Shafer，因为这种算法对相互矛盾的数据处理更为强大，对先验目标贡献的依赖更少，并且对传感器贡献与对应平台组之间的关系的形成更为自然。贝斯叶算法提供的概率置信度更直观，然而贝斯叶推断更多地取决于先验概率，即方程(8.3)中的 $P(A)$ 项，来确认给定目标识别声明中的概率。

$$P(A|B)=\frac{P(B|A)P(A)}{P(B)} \tag{8.3}$$

相反，Dempster-Shafer 信念理论则不需要明确的先验信息。进一步，Fixsen 和 Mahler 指出，如果能选择恰当的概率群，Dempster-Shafer 概率群接近贝叶斯概率[25]。在 Dempster-Shafer 公式中，每个传感器声明都映射一组平台脱节，或者在歧义的情况下，映射一组脱节目录。这些传感器脱节使用 Dempster 的组合规则进行组合，见方程式(8.4)。不一致主张——方程式(8.5)中的 k 来代表，被取消，它们的置信度分布在公式中的一致性条款中。

$$m(A)=\frac{1}{1-k}\sum_{B\cap C\neq\varnothing}m(B)m(C) \tag{8.4}$$

$$k=\sum_{B\cap C\neq\varnothing}m(B)m(C) \tag{8.5}$$

执行 Dempster-Shafer 算法需要首先定义辨识力框架:即算法推断的目标组。因为处理和存储的限制,以前的战斗识别被迫限制平台组。相反,F-35 战斗机的设计中采用整体分析方法,处理作战环境中的所有相关战斗平台,使误判最小。战斗平台按照标识有子型号、型号、类别和隶属关系的严格等级分类进行关联,如图 8.6 所示。算法对每个级别的分类生成一个歧义列表和相关证据。

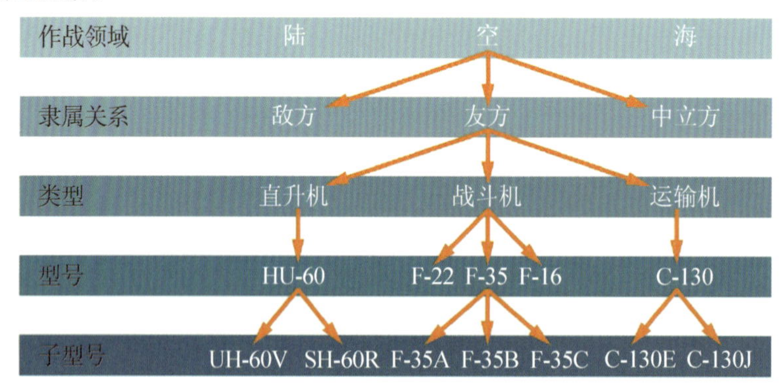

图 8.6　战斗机平台分类等级

型号歧义列表从子型号歧义列表得出;类别歧义列表从型号歧义列表得出;隶属歧义列表则从类别歧义列表得出。严格执行的层次结构使处理更简化,并保证更高等级的分类的置信度等于或大于较低级别的置信度[26]。

战斗机平台分类也为绘制传感器对于一个战斗机平台组的属性图谱提供了一个框架。这个图谱包含在机载关系威胁数据库中,能够对观察到的特征的过渡概率进行编码,确定出战斗机平台的具体子型号。每个传感器声明必须有一个相关概率或置信度,以保证信息融合的输入是根据关系矩阵进行过权衡的,权衡的方式与运动报告依据协方差矩阵进行权衡是一样的。在 F-35 战斗机项目开始的时候,没有哪种传感器能产生令人满意的置信度值,所以就需要生成这些值。称之为基本概率分配(BPA),生成置信度值对设计提出了更大的挑战。不言而喻,生成的误差也必须正确地绑定真实误差分布。下面继续讨论运动跟踪类比,当实际统计误差是 100 m 时,报告跟踪距离误差的标准偏差 1 m,这将毫无意义。同样,识别概率必须准确反映不确定的真实目标。

尽管信息融合确定的软决策对于给定目标的识别状态的已知和未知情况提供了更为准确的表示,但飞行员需要的是可指导行动的信息,这就要求软决策转换成硬声明。Dempster-Shafer 算法提供合理的支持间隔,这个间隔界定概率估算,但不直接提供平台声明。F-35 战斗机的融合设计把概率质量转换成 Pignistic 概率,Pignistic 概率针对所有分离元素有效发布平台分离置信度[27]。当转换的置信度超过了用户自己定义的门限值时,系统做出硬识别声明。分类从较低的节点向较高节点穿越,直至超过置信度门限值。F-35 战斗机的战斗识别输出足够灵活,如图 8.7 所示数据窗的第 2 行,能够显示任何一级的分类信息。这些输出还包括来自其他传感器和机外数据源的识别声明,这些信息有助于提升对融合输出以及从老式平台过渡的信任。在本例子中，一个 link 16 关于战斗机的声明被组合到了 F－35 战斗机的 MADL 声明中，以产生一个F－35战斗机和置信度为 1 的更高置信度的型号声明。

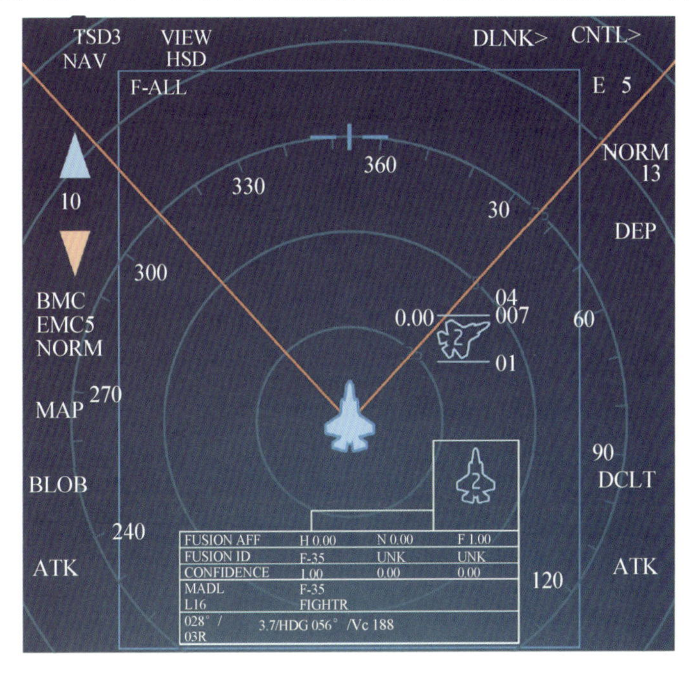

图 8.7　F－35 战斗机扩展的数据窗

8.6　自主传感器管理

现代传感器技术的进步，多传感器系统数量的增加，以及向增加的链接的迁移，已经导致形成了传感器网络，这个网络已经超出了人类有效控制的能力范围[28]。这种能力缺口导致发展了闭环融合模式中的自动反馈机制，就是自主完善传感器组件的动作，实现任务级目的或行为。利用一种算法来规划或改善信息源的特征称之为过程细化，并且归类为 4 级 JDL 融合[29]。传感器管理器的目的是：①通过自主传感器动作和选择来减小飞行员工作负荷；②优先信息请求（包括飞行员请求、背景三维立体式搜索和融合信息需求）；③重新配置传感器资产，补偿单个传感器的损失和不可用[30]。

传感器管理策略的重点在于控制异构并置或空间多样化传感器来实现既定目标（即准确跟踪）。自主传感器管理系统需要一个目标函数来优化传感器利用率，在多种可选方案中选择一个首选操作。很多早期管理策略是临时的或基于规则的[31-33]，对传感器有一个很强的耦合要求。其他策略则探索使用了信息理论方法[34-38]，力求使跟踪协方差的不确定性最小，将目标函数与具体传感器组件解耦。信息理论解决方案的优点在于其广泛的适应性[39]。然而，这种方法的重点在于优化具体给定跟踪的信息，同时忽视这些信息对于任务目标的价值。对于一架战斗机，主要目的是在复杂和变化的环境中为飞行员提供态势感知，支持他们的关键任务决策[40]。

信息融合专家 Endsley[41] 从信息融合用户（飞行员）的角度定义了态势感知，这种态势感知随后可以进一步分解为必须做出关键决策的时间或距离。支持这些决策的必要信息与传感器满足这些需求的能力无关。信息边界和相关信息需要定义一个维度空间,可用于推导全局目标函数以支持自主传感器管理[42],并可用于定义支持这些决策所必需的传感器和融合功能。此映射的一个好处是,任务目标可以在距离、准确性和延迟等方面直接与传感器功能相关。这使设计人员能够根据各个传感器的性能需求来跟踪系统级融合态势感知的需求。

对于F-35战斗机,自主传感器管理功能负责有效管理传感器组件,以便向飞行员提供有关环境中目标的关键信息,从而支持关键决策和行动。它通过优先考虑系统跟踪,自动引导系统资源来维持当前跟踪,收集任务ID和交战规则(ROE)信息,以及通过搜索平衡跟踪维持与新发现跟踪来实现这一点。系统优先级、跟踪信息需求和跟踪精度都以跟踪类型、飞行员的重点任务(如果有)以及飞机周围的信息边界为依据。自主传感器管理器还为飞行员提供与信息融合系统协作的方法,既用于现有跟踪的细化或重新确定优先级,也用于提示系统搜索环境中的新目标。如果飞行员选择当前跟踪,则传感器管理将提高当前跟踪的优先级,并提示传感器来满足与战术区域相关的信息需求(全状态)。

自主传感器管理算法侧重于基于优先级为每个跟踪提供信息需求。目标不是驱动每个跟踪达到最佳精度,而是驱动其达到足够的准确度和需要的信息内容。在实践中,对于态势感知而言,存在一定级别的内容准确度(例如,距离、角度),其中的信息足以支持飞行员对环境的理解以进行决策。超出这些需求的额外准确性不会显著提高飞行员的态势感知或决策能力。因此,高于充分性水平的信息增益并不支持任务目标,而应该针对环境中的其他目标,例如搜索新对象。这种充分性概念可用于定义新的约束目标函数,该函数包含充分性信息原理并针对具体信息需求。只要传感器能够提供所需的精度,添加充分性约束就消除了目标函数对传感器更新精度的依赖。这个目标函数将态势感知包含在任务目标中,同时结合了充分性约束。充分性定义是根据飞行员做出关键决策的需求,在每个边界变化的。自主传感器管理器的闭环特性使系统能够更快地响应环境变化并优化传感器行为,使飞行员从传感器管理器中解放出来并使他/她回到战术家的角色。

8.7 协同感知

F-35战斗机的MADL旨在支持飞机之间的完全信息共享。MADL的带宽支持飞行机队内参与者之间的所有空中和表面(地面和海面)跟踪的交换。鉴于每架F-35战斗机都有多个传感器探测多个目标——有时还有杂散信号——这可能导致在MADL上交换大量可能的重复跟踪。因此,F-35战斗机对通过链路传输的跟踪类型和相关信息施加了限制。

对于MADL分发,单个F-35战斗机系统跟踪分为三个信息:基本的MADL侦查跟踪,扩展的战斗ID(XID)和RF参数扩展。基本侦查跟踪在最后一次测量更新时提供独立的运动状态估算和跟踪协方差。需要重点注意的是,发送跟踪的运动学估算可以仅仅是距离或角度(没有观察到的距离)。这种区别对于先进的多机追踪技术变得尤为重要,例如,角度/角度测距或到达的时间差(TDOA),这将在稍后描述。MADL侦查跟踪还包括一个对该跟踪有贡献的传感器的列表,以及ID摘要数据。除了ID测量(例如IFF)之外,XID信息还包含更高保真度的ID模糊列表。RF参数消息包含与该跟踪相关的电子信号测量(ESM)数据。共享这些详细信息使每架飞机能够利用飞行机队的空间多样性。

F－35 战斗机最初的多机能力之一就是能够通过找到两架或多架不同飞机上的角度跟踪轨迹的交叉点(或最接近点的交点)测量协同空中发射机的距离(见图 8.8)。

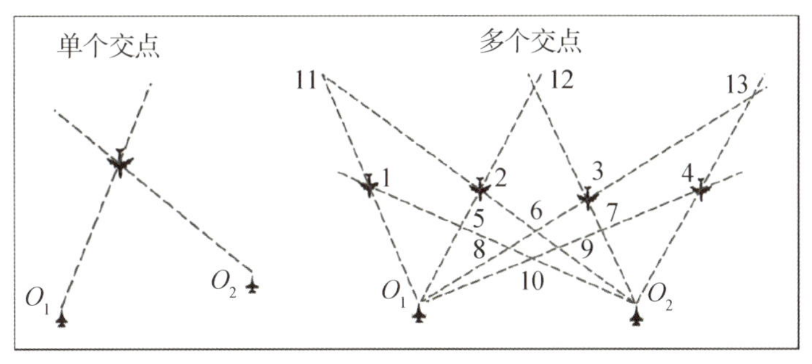

图 8.8 机载发射器的被动角/角测量距离

在接收到 MADL 角度跟踪轨迹时,融合信息接收系统利用其自己的跟踪轨迹角度确定可能的交叉点。对于给定的 MADL 角度跟踪轨迹可能与多个本机跟踪轨迹相交。事实上,只有一个交叉点是正确的。这些备选的角度/角度候选者通俗地称为重影。一旦消除了所有重影,每个参与者跟踪的距离可以用式(8.6)和式(8.7)计算[43]:

$$\hat{R}_1 = \|\hat{\boldsymbol{R}}_1\| = \frac{|\boldsymbol{D}\times\boldsymbol{u}_2|}{|\boldsymbol{u}_1\times\boldsymbol{u}_2|} \tag{8.6}$$

$$\hat{R}_2 = \|\hat{\boldsymbol{R}}_2\| = \frac{|\boldsymbol{D}\times\boldsymbol{u}_1|}{|\boldsymbol{u}_1\times\boldsymbol{u}_2|} \tag{8.7}$$

将每个观察者的协方差旋转到通用参考坐标系中,通用参考坐标系中的距离误差大约是两个误差协方差矩阵的交点,其可以用式(8.8)表示为

$$\sum\nolimits_{\text{int}} = \left(\sum\nolimits_1^{-1} + \sum\nolimits_2^{-1}\right)^{-1} \tag{8.8}$$

对于海面或地面发射器,信息融合具有 TDOA 功能,可实现精确定位。TDOA 功能使多架飞机能够在时间和频率上同步 ESM 驻留。在初始启动时,自主传感器管理器配置网络上的驻留,随后,所有飞机将任何接收脉冲的到达时间发送到启动飞机。信息融合则处理来自协作参与者的这些脉冲流以探测公共脉冲对。常见的脉冲对形成恒定时间差的表面,当与地球相交时,产生称为等时线的恒定时间差的双曲线。多个脉冲对表示一个或多个等时线的交点并形成距离估算(见图 8.9)。

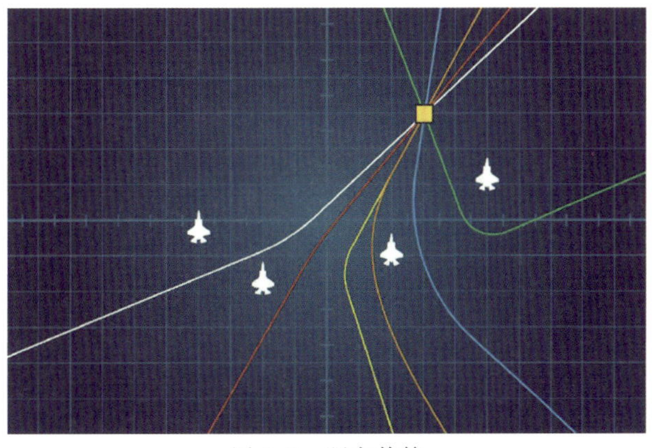

图 8.9 距离估算

8.8 总　　结

F－35战斗机信息融合软件整合了机载和机外数据源的信息，为飞行员提供传统飞机所不具备的先进功能。此外，这种可扩展的信息融合方法利用了多个F－35战斗机僚机之间的空间和频谱多样性，创建了一个创新的战术网络，可以与其他F－35战斗机和传统飞机即时共享数据。F－35战斗机信息融合实施了数据关联、状态估计和战斗识别(ID)，可确保飞行员具有准确的态势感知能力，从而实现先进的目标探测、跟踪和战术动作。自主传感器管理器对不断变化的环境提供及时的反应，并确保所有跟踪都根据优先级细化到预定的质量，保证了飞行员返回到战术家角色。F－35战斗机MADL提供足够的带宽，可以完全共享所有空中和地面目标的详细融合解决方案和精度，从而提高MADL网络中所有飞行员的态势感知能力。使用数据共享方法确保维持数据谱系，可以像处理远程传感器一样处理MADL信息，从而提高精度和实现新功能。

参考文献

[1] NAISBITT J. Megatrends：Ten New Directions Transforming Our Lives[M]. New York：Warner Books，1982.

[2] CHALMERS B A. On the Design of a Decision Support System for Data Fusion and Resource Management in a Modern Frigate[C]// NATO System Concepts and Integration Panel Symposium. Ottawa：NATO，Sep 14－17，1998：1－13.

[3] MUSICK S，HORTA R. Chasing the Elusive Sensor Manager[C]// Proceedings of the IEEE 1994 National Aerospace and Electronics Conference，May 23－27，1994，Dayton OH. New York：IEEE，1994：606－613.

[4] ENDSLEY M R. Situation Awareness in an Advanced Strategic Mission：NOR DOC 89－32 [R]. Hawthorne，CA：Northrop Corporation，1989.

[5] ENDSLEY M R，FARLEY T C，JONES W M，et al. Situation Awareness Information Requirements for Commercial Airline Pilots：ICAT－98－1[R]. Cambridge，MA：MIT International Center for Air Transportation，1998.

[6] SHENK D. Data Smog：Surviving the Information Glut[M]. San Francisco：Harper One，1997.

[7] WILSON E O. Consilience：The Unity of Knowledge[M]. New York：Vantage Books，1998.

[8] KLINE G，MOON B，HOFFMAN R R. Making Sense of Sensemaking 1：Alternative Perspectives[J]. Intelligent Systems，IEEE，2006，21(4)：70－73.

[9] CANAVAN R，GANESH C，MATUSZAK B. Evolution of Fusion In Navy Tactical Systems[C]// 17th International Conference on Information Fusion. Salamanca：IEEE，July 7－10，2014:1－7.

[10] ENDSLEY M R, GARLAND D J. Situation Awareness Analysis and Measurement [M]. New Jersey: Lawrence Erlbaum Associates, 2000.
[11] STEINBERG A, BOWMAN C, WHITE F. Revisions to the JDF Data Fusion Model [C]// Sensor Fusion: Architectures, Algorithms, and Applications III. Orlando: SPIE, 1999: 430-441.
[12] YOGI BERRA QUOTES. BrainyQuote. com, Xplore Inc[EB/OL]. [2018-01-22]. https://www. brainyquote. com/quotes/yogi_berra_141506.
[13] ChONG C, MORI S, GOVAERS F, et al. Comparison of Tracklet Fusion and Distributed Kalman Filter for Track Fusion[C]// Proceedings of 17th International Conference on Information Fusion. Salamanca, Spain: IEEE, 2014:1-8.
[14] STEINBERG A, SNIDARO L. Levels[C]// Proceedings of the 18th International Conference on Information Fusion, Washington, DC. IEEE, 2015: 1985-1992.
[15] SCHECHTMAN G M. Manipulating the OODA Loop: The Overlooked role of Information Resource Management in Information Warfare[M]. Ohio: Air Force Institute of Technology, Wright-Patterson Air Force Base, 1996: 28.
[16] HALL D L, STEINBERG A N. Dirty secrets in multisensor data fusion[M]. // Hall D L, Llinas J. Handbook of Multisensor Data Fusion. London: CRC Press, 2001.
[17] BLASCH E, ISRAEL S. Situation/Threat Context Assessment[C]// Proceedings of 18th International Conference on Information Fusion, Washington, DC. IEEE, 2015: 1168-1175.
[18] CHONG C, MORI S, BARKER W H, et al. Architectures and Algorithms for Track Association and Fusion[J]. IEEE Aerospace and Electronic Systems Magazine, 2000, 15(1): 5-13.
[19] JULIER S J, UHLMANN J K. A Non-divergent Estimation Algorithm in the Presence of Unknown Correlations[C]// Proceeding of the American Control Conference, June 4-6, 1997, Albuquerque, NM. IEEE, 1997: 2369-2373.
[20] FREY T, RASMUSSEN N, ENGEBRETSON K. Information Exchange Considerations for Effective Fusion among Heterogeneous Network Participants[C]// Proceedings of the AIAA Infotech @ Aerospace Conference, January 2018. AIAA, 2018.
[21] KALMAN R E. A New Approach to Linear Filtering and Prediction Problems[J]. Journal of Basic Engineering, 1960, 82(1): 35.
[22] KALMAN R E, BUCY R S. New Results in Linear Filtering and Prediction Theory [J]. Journal of Basic Engineering, March 1961, 83(1): 95-108.
[23] U. S. Joint Forces Command. Combat Identification Capstone Requirements Document [R]. JROCM 134-01, 2001.
[24] FIXSEN D, MAHLER R P S, The Modified Dempster-Shafer Approach to Classification[J]. IEEE Transactions on Systems, Man, and Cybernetics-Part A: Systems and Humans, January 1997, 27(1): 96-104.
[25] SHAFER G, LOGAN R. Implementing Dempster's Rule for Hierarchical Evidence

[J]. Artificial Intelligence, 1987, 33(3): 271-298.

[26] SMETS P. Data Fusion in the Transferable Belief Model[C]// Proceedings of the Third International Conference on Information Fusion, July 10-13, 2000, Paris, France. IEEE, 2000: 21-33.

[27] FREEDBERG S. F-22, F-35 Outsmart Test Ranges, AWACS, Breaking Defense [EB/OL]. (2016-11-07)[2018-01-23]. https://breakingdefense.com/2016/11/F-22-F-35-outsmart-test-ranges-awacs/.

[28] MCLNTYRE G. A Comprehensive Approach to Sensor Management and Scheduling [D]. Fairfax County, Virginia: George Mason University, 1998.

[29] ADRIAN R. Sensor Management[C]// Proceedings of the 1993 AIAA/IEEE Digital Avionics System Conference, October 25-28, 1993, Fort Worth, Texas. IEEE, 1993: 32-37.

[30] BIER P, ROTHMAN P, MANSKE R. Intelligent Sensor Management for Beyond Visual Range Air-to-Air Combat[C]// Proceedings of the IEEE 1988 National Aerospace and Electronics Conference, 1988. NAECON 1988. IEEE, 1988:264-269.

[31] ROTHMAN P , BIER S. Intelligent Sensor Management Systems for Tactical Aircraft [C]. // Second National Symposium on Sensors and Sensor Fusion. Chicago, Illinois: IEEE, 1989:321-327.

[32] BUEDE D, MARTIN J, SIPOS J. AIFSARA: A Test Bed for Fusion, Situation Assessment and Response[C]// Proceedings of the 4th AAAIC 1988 Conference. Dayton, Ohio, October, 1988.

[33] GREENWAY P, DEAVES R. Sensor Management Using the Decentralized Kalman Filter[C]// Proceedings of the SPIE - The International Society for Optical Engineering, Sensor Fusion VII, Boston, Massachusetts. SPIE, 1994, 2355: 216-225.

[34] GREENWAY P, DAVES R. An Information Filter for Decentralized Sensor Management[C]// Signal Processing, Sensor Fusion, and Target Recognition III, Proceedings of the SPIE-The International Society for Optical Engineering, April 4-6, 1994, Orlando, Florida. SPIE, 1994, 2232: 70-78.

[35] JENISON T. Improved Data Structures, Multiple Targets/Target Types and Multiple Sensors in Discrimination Based Sensor Management [D]. University of Minnesota, 1996.

[36] HINTZ K. A Measure of the Information Gain Attributable to Cueing[J]. IEEE Transactions on Systems, Man, and Cybernetics, 1991, 21(2): 237-244.

[37] MCLNTYRE, HINTZ K. Sensor Management Simulation and Comparative Study [C]// Signal Processing, Sensor Fusion, and Target Recognition VI, Proceedings of the SPIE-The International Society for Optical Engineering, April 20-25, 1997, Orlando, Florida. SPIE, 1997, 3068.

[38] AVASARALA V, MULLEN T, HALL D. A Market-based Approach to Sensor Management[J]. Journal of Advances in Information Fusion, 2009, 4(1): 52-53.

[39] ENDSLEY M R. Designing for Situation Awareness in Complex Systems[C]// Proceeding of the Second International Workshop on Symbiosis of Humans[J]. Artifacts and Environment，Kyoto，Japan. 2001：176－190.
[40] FREY T. A Constrained，Information Needs Based Sensor Fusion Resource Management Design Methodology[C]// Proceedings of AIAA Infotech@Aerospace Conference，March 29－31，2011，St. Louis，Missouri. AIAA，2013：216－225.
[41] WADLEY J. Important Considerations for Cooperative Passive Ranging of Aircraft [C]// Proceedings of the AIAA Infotech@Aerospace Conference，January 2018.

第9章　F-35“闪电Ⅱ”战斗机任务系统设计、研制与验证

F-35战斗机任务系统保证飞行员能够执行对于盟国和伙伴国至关重要的传统先进战术任务。该系统拥有当前所有战斗机最先进的传感器管理能力和数据融合能力。这些能力为飞行员提供了卓越的态势感知，是飞行员及时做出关键决策的辅助工具。这些能力是根据相应任务要求推演的任务想定场景，并基于模型开发研制的。这种方法延伸到试验与鉴定阶段，就是用于开发验证模型和能力的任务级方案。

9.1　F-35战斗机任务系统简介

F-35战斗机包括美国空军、海军陆战队、海军以及12个伙伴国共同使用的三种高度通用战斗机。虽然每种机型的作战使用环境要求不同，机身稍有差别，但是任务系统的硬件和软件是完全通用的。此外，生产线的工程标记也已经集成到了任务系统的软件需求基线中。这样，其他国家就不必按照美国的基线，可以根据各自特殊需求开展可重复且费用可负担的任务系统生产。

F-35战斗机传感器套件包括以下几个。

(1)AN/APG-81有源电子扫描阵(AESA)雷达。

(2)AN/ASQ-239电子战(EW)/对抗(CM)系统。

(3)AN/AAQ-40光电瞄准系统(EOTS)。

(4)AN/AAQ-37光电(EO)分布式孔径系统(DAS)。

(5)AN/ASQ-242通信、导航和识别(CNI)航电套件。

这5种传感器为F-35战斗机信息融合提供射频(RF)和红外(IR)频谱探测和测量目标数据。这种数据所包含的环境信息量之大是以前战斗机根本无法比拟的。

除了从机载传感器接收信息外，F-35战斗机还可以从Link 16数据链和多功能先进数据链接收本机以外的跟踪和测量结果。多功能高级数据链专为F-35战斗机这种5代机设计，能够向作战机队其他飞机提供有关空中和地面/海面所有目标的高品质融合数据。这些数据包括跟踪状态、跟踪协方差、识别特征和无源射频数据。

多功能先进数据链提供的机外信息的数量和准确度是融合设计最大的挑战之一。传感器能力和在整个多功能先进数据链共享信息对传感器融合提出了挑战。主要问题在于必须确保显示的跟踪是真实且不重复的，因为重复显示会导致显示混淆。在F-35战斗机的系统研制与验证阶段开发的最后几个软件就是为了解决显示混淆问题。目标是确保飞行员及时收到准确的信息，在驾驶舱内做出实时战术决策。

本章讨论任务系统的设计、研制和验证，以及如何将系统集成到 F－35 战斗机上。

9.2　愿　　景

9.2.1　飞机概念

F－35 战斗机是为了满足多个军种和多国家（美国空军、海军陆战队，和海军及国际用户）希望使用一种经济可承受性多任务战斗机取代老式战斗机和攻击机机队的需求而产生的。预期被取代的各种战斗机都经过了实战锤炼，而且，这些老式作战飞机平台曾经在各种多变的任务和作战环境中的表现是令人满意的。要想用一个战斗机平台取代多种作战飞机平台，必须对这些平台的各种作战能力进行集成综合，在这种新式单座战斗机的航电系统设计中，必须有新的思想和方法。

洛马公司提出的 F－35 战斗机概念的核心是让飞行员回归战术家角色（见图 9.1），这个原则是航电系统研制的推动力。洛马任务系统团队的设计目标之一是开发一组传感器，可以跨多个频谱采集信息。另一个目标是确定一个传感器控制架构，实现传感器自主管理。这种能力与下一代驾驶舱将共同为飞行员提供空前数量的信息，并且这些信息被提炼成一种易于使用的格式。在此之前，老式战斗机飞行员要花费很多宝贵的时间来设置雷达扫描方式，并调整俯仰、增益和更新速率，同时还要监控多个显示器来进行作战拦截。然而，F－35 战斗机的飞行员则可以通过这些新传感器套件，查看统一格式的多光谱战场空间图像。

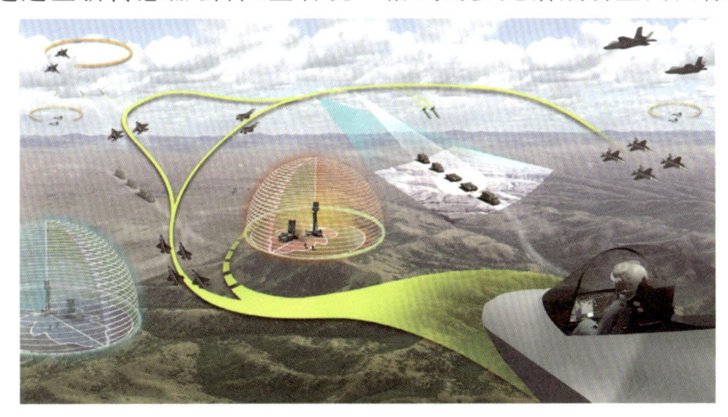

图 9.1　让飞行员回归战术家角色

航电系统开发策略是一种批次渐进增量策略（Block Buildup Strategy）。其基础是首先具备基本战斗能力，然后与目前在役的最先进的战斗机武器系统进行集成。首先开发最基本的元件，然后设计更高级别的能力。这样，航电系统团队只需发布一个大型软件，就可以降低软件开发风险。这种策略是根据以前的战术战斗机项目经验而来的，如 F－16 战斗机，以及最近的 F－22 战斗机。以往的项目经验表明，必须将软件开发分解为可管理的批次，以降低试验的复杂性和成本。增量发布还为管理需求变化，并把对作战能力有直接影响的技术变化纳入系统提供了更多机会。这一点在为 F－35 战斗机增加武器（例如 GBU－39 炸弹）能力和支持新需求（例如，作战使用试验保障的变化）方面很明显。按照这种方法，在形成任务能力之前，通过 3 个研制批次，建立基本飞行控制系统和基本任务系统能力（见图 9.2）。

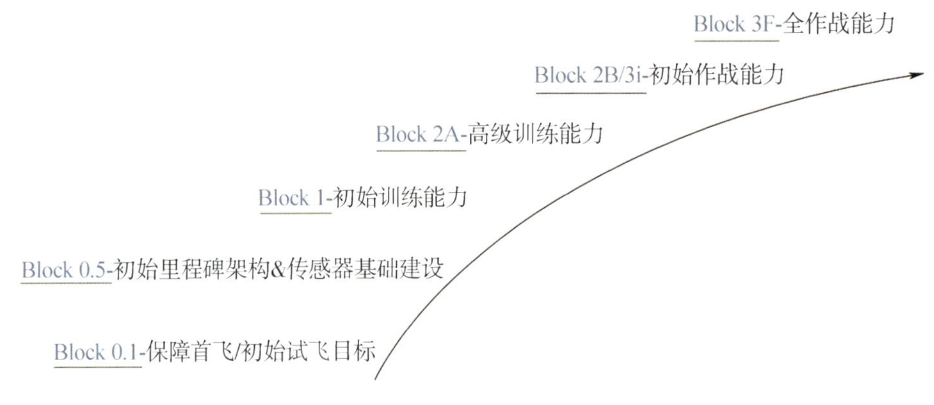

图 9.2　任务系统批次研制过程

9.2.2　系统架构

在概念研制阶段早期就认识到任务系统的架构将是项目成功的关键。要取得成功，确定正确的架构必须面对许多挑战。一个问题就是计算资源问题，如何使用现有技术，在飞机的功率、重量、体积和热限制范围内满足全套能力的计算需求。另一个问题是预计研制周期漫长，初始生产率比较低，将导致制造来源减少（DMS）。另外，飞机还必须易于改装以保障多个国家的特殊需求。此外，还要求在生产线和停机坪上没有保密方面的问题，以避免增加生产和维护成本。除此之外，还需要保证在未来战场中的使用，而在战场上，多级数据传输是互操作性的关键。

克服计算资源和制造源减少方面的问题是在研制期间进行了多项计算机技术更新。处理更新就是让“摩尔定律”生效，随着时间推移提供更大的处理能力，以适应飞行器的限制。更新还可以缓解制造源减少，并确认应用软件独立于底层处理器。

为了使应用软件不受处理器变化的影响，使用了 3 种设计方法。第 1 种方法是假设虚拟平台不会改变，将软件分层叠放到商用货架产品（COTS）操作系统之上（见图 9.3）。

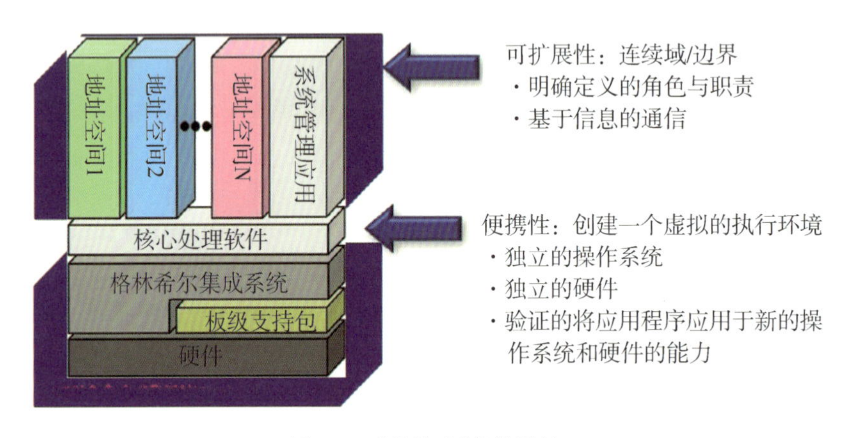

图 9.3　“叠放式”软件设计

第二种方法是对所有线程使用基于速率的处理，当考虑这种情况时，时统和延迟是关键。这个方法也可以实现恒定的系统级时统，甚至处理速度更快。此外，它还能对系统进行分析，并证明它能使用单调速率理论调度。这两个优点使集成更加容易，减少了回归试验，并支持适航性和安全性认证。

第三种方法是在所有应用软件组件，以及组件和子系统[1]之间，使用信息进行通信。这就创建了组件之间的受控接口，可以在不影响软件的情况下，把应用移动到不同处理器。这种方法有助于解决互操作性问题，可以调整软件使其适用于多个国家。由于系统中有明确定义的接口和通信路径，这样就能使用可信的计算基础控制数据路径，隔离对特定地址空间的数据访问，并确保应用维持在为特定数据链设计的安全级别。此外，将信息传递和访问控制在高保证级别与货架操作系统组合，就能够为每个数据链设计描述（Write-Down）应用。

然后，继续提升能力，实现在战场空间以不同作战使用级别和数据格式与多个参与者的互操作能力。由此，信息传递和访问控制被分区到外部通信域。这为飞机的机上和机外数据提供了一个代理，确保了保密级别正确，并将外部数据转换为与内部数据一致的格式。它还将内部数据转换为消息格式和外部链接需要的格式。

9.3　F－35 战斗机传感器套件

F－35 战斗机传感器套件包括 AN/APG－81 AESA 雷达，AN/ASQ－239 EW/CM 系统，AN/AAQ－40 EOTS，AN/AAQ－37 EO DAS 和 AN/ASQ－242 CNI 系统。如图 9.4 所示，这些先进的多光谱传感器为 F－35 战斗机提供了下一代战场观察能力。

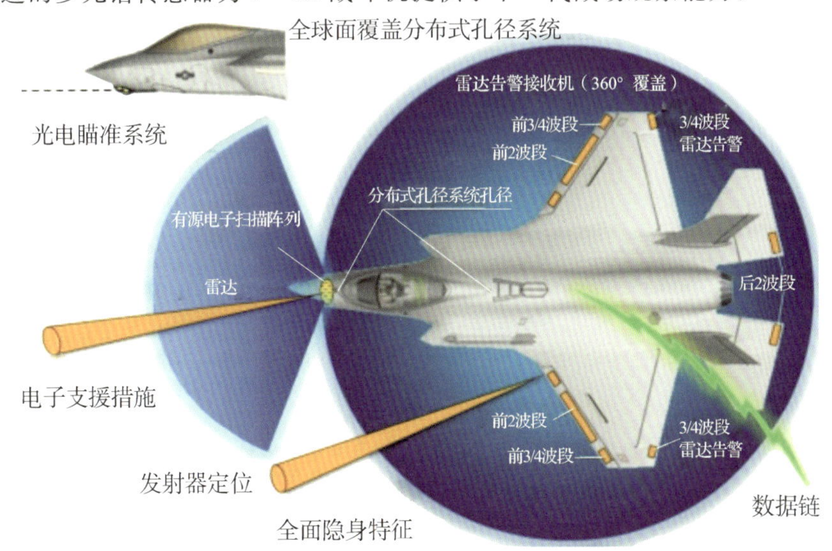

图 9.4　F－35 战斗机多光谱传感器布局

1. AN/APG－81 雷达

诺斯罗普·格鲁门公司电子系统分部的 AN/APG－81 雷达是它的 AN/APG－77 AESA 雷达的新一代版本，AN/APG－77 雷达首先部署在 F－22A“猛禽”战斗机上。新设计进一步完善了部署在 Block 60 批次 F－16 战斗机上的 AN/APG－80 雷达。这个系列的 AESA 雷达设计可实现在早期批次软件中快速开发和插入以前部署的通用波形。这也为以后交付时增加更复杂的功能铺平了道路。

AN/APG-81雷达的试验采取渐进融合方式与航电系统其他部分进行集成。集成开始时最先进行的是单机实验室试验，这时是与其他航电系统分开的。然后在诺斯罗普·格鲁门公司的飞行试验台上进行室外动态单机试验。随后，AN/APG-81雷达集成到F-35战斗机航电套件中继续进行实验室试验，并在洛马公司协同航电试验台(CATB)上进行室外飞行试验。AN/APG-81雷达系统在CATB平台上得到验证之后，还需在F-35战斗机上进行全面的机载试验。如图9.5所示为AN/APG-81雷达的试验集成过程。

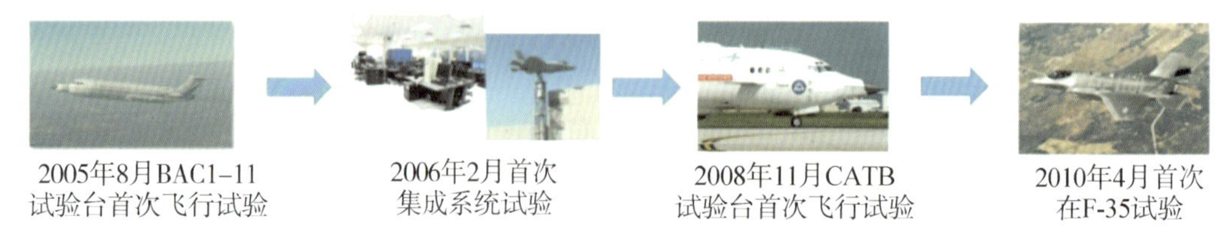

图9.5 AN/APG-81雷达的试验集成过程

F-35战斗机的雷达系统具有支持雷达全部功能的有源电子扫描多功能阵列(MFA)和射频支援电子设备，还有托管在集成核心处理器的集成雷达软件模式。雷达在机头天线罩内，这个雷达罩的带宽很宽，能够在很大频率范围内进行高功率传输(见图9.6)。

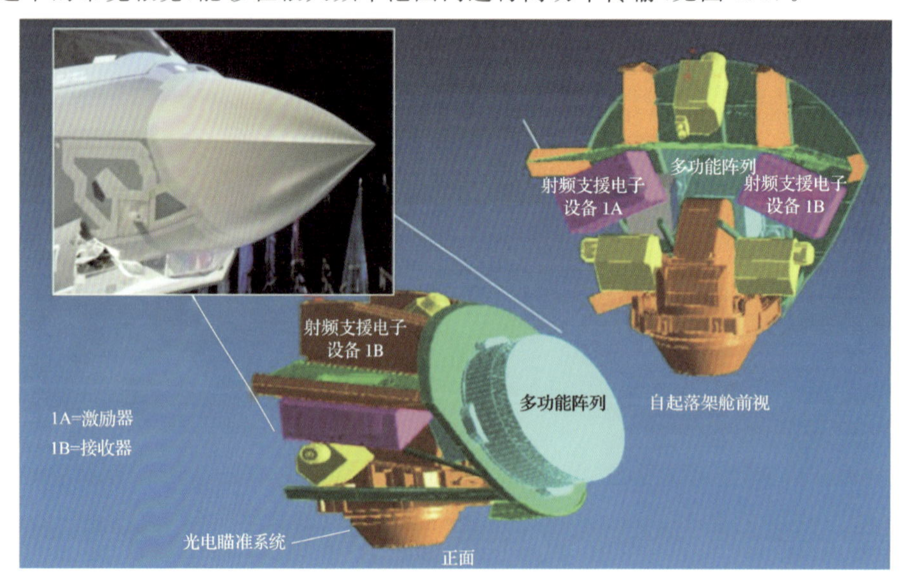

图9.6 天线罩和雷达安装位置虚拟视图

AN/APG-81既是雷达，也作为电子支援措施(ESM)的接收器和干扰器使用。具备有源和无源空空和空面目标探测、跟踪和识别能力。此外，它允许多项交错，具有空空和空面功能。该雷达同样支持先进中程空空导弹和合成孔径雷达地图测绘，地面和海上移动目标探测与跟踪，以及空面测距。雷达还具备在干扰环境中工作时的电子防护功能，而且具备低截获特性，使机载或地面接收器有效探测到本机辐射物的可能性最小。雷达还支持系统健康状态测定和校准。图9.7描绘了空对空和空对面作战想定情况下各种雷达系统功能。

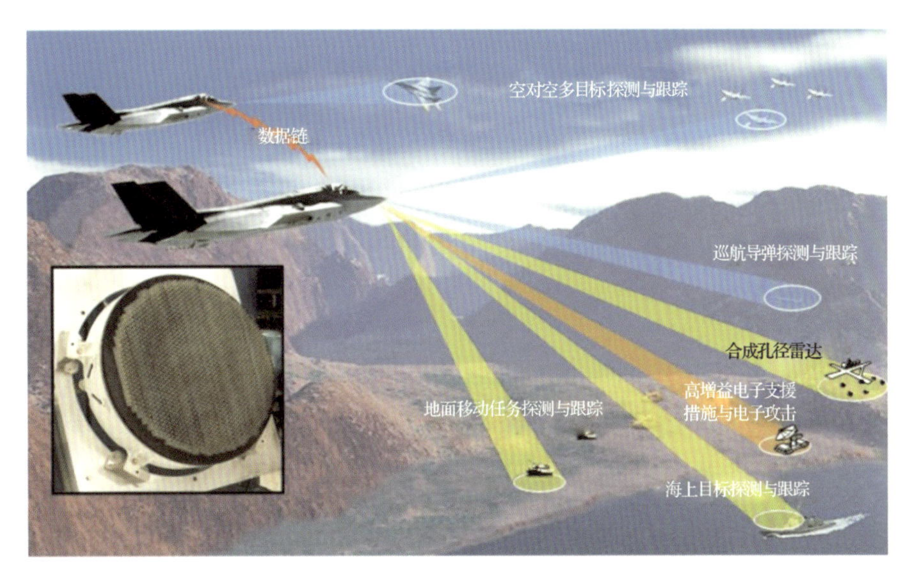

图 9.7 雷达系统功能

2. AN/ASQ-239 电子战/对抗系统

AN/ASQ-239 电子战/对抗系统是一套硬件和软件集成套件。AN/ASQ-239 电子战/对抗系统进行了优化，可以为 F-35 战斗机提供高水平的空空和空面威胁探测和自我保护，可以搜索、检测、识别、定位并对抗射频和红外威胁。

(1)电子战系统功能。电子战系统通过以下功能支持电子支援措施的应用：

1)雷达告警。

2)发射器地理定位。

3)多机协同定位(包括高灵敏度状态)。

4)高增益(HG)电子支援措施。

5)高增益电子对抗。

6)利用雷达多功能阵列进行的高增益电子攻击(EA)。

(2)电子战功能。电子战功能包括以下几个。

1)宽频覆盖。

2)快速反应。

3)高灵敏度和高拦截概率。

4)准确定向和发射器地理定位。

5)多机地理定位。

6)自我保护对策和干扰。

(3)电子战/对抗系统主要单元。对抗子系统能提供多种自卫响应，包括先发制人和被动反应技术，主要根据可用的消耗性载荷和/或针对特定威胁的自我保护预案。电子战/对抗系统为传感器融合提供发射器跟踪功能，它把电子战跟踪报告和其他传感器(例如雷达和分布式孔径系统、机外传感器)融合，并向飞行员显示信息。电子战/对抗系统包括以下主要单元：

1)3/4 波段孔径。

2)3/4 波段孔径电子设备。

3)集中式电子战电子设备(机架 2A 和 2B)。

4)对抗控制器单元。

5)对抗分配器。

6)与多功能阵列的射频以及数字接口。

7)与通信、导航和识别系统的数字钟参考接口。

与电子战/对抗系统相关的设备安装位置有专门文献介绍。三种型号 F-35 战斗机的电子战系统基本通用,只有前向 3/4 波段孔径例外,F-35C 舰载型(CV)战斗机的元件更长一些。另外,由于机翼折叠的影响,舰载型 F-35C 战斗机机翼上的内外阵列之间的距离更小一些。除了电子战 3/4 孔径外,还有雷达多功能阵列也用于支持电子战功能。对 5 波段雷达告警系统增加了很多要求,以便于 5 波段孔径,孔径电子设备和 5 波段开关可以合并到电子战设备子系统架构中(见图 9.8)。

图 9.8 电子战设备布局

电子战孔径包括 6 个多元件天线阵列组,能覆盖 3 波段和 4 波段的部分频谱,并实现垂直和水平极化。所有阵列都只设计有方位角(AZ),这种设计不依赖于高程(EL)阵列的使用。无源阵列组件使用移动的陷波元件方法,旨在平衡增益、极化、视场(FOV)和雷达截面特性。每个 3/4 波段孔径向一个孔径电子模块馈送(Feed),这个模块放大并传送孔径探测到的射频信号。它通过一个开关矩阵和调谐器实现这一点,将射频分配给一组宽带电子战接收器(EWR)。当设置为高增益支援模式时,这个开关矩阵还接收雷达多功能阵列射频信号。

电子战接收器套件包括 12 个宽带接收器,这 12 个接收器集成为 3 组 4 通道接收器。这些宽带接收器接收射频能量,并通过一组高速模拟-数字转换器将数据转换为数字信息进行处理。每个电子战接收器执行初始数据处理并生成发送到电子战控制器/预处理器的脉冲参数报告。然后,处理器提供进一步的信号处理和算法以支持所有电子战活动。各种情报产品组合起来,以预先计划的任务数据文件方式,产生一个电子情报(ELINT)数据库。这个数据文件对关注的发射器,向系统提供必要的参数描述,以便对发射器进行识别和扫描。

电子战系统试验也采取渐进融合方式与航电系统其他部分进行集成。集成最开始进行单机实验室试验,与其他航电系统是分开的。然后在 Sabreliner T-39 飞行试验台上进行室外飞行试验,随后电子战系统集成到 F-35 战斗机航电套件,继续进行实验室试验,并在洛马公司协同航电试验台(CATB)上进行动态室外飞行试验。电子战系统在 CATB 上得到验证之后,在 F-35 上装机进行全面机载试验。如图 9.9 所示为电子战系统的研制和试验过程。

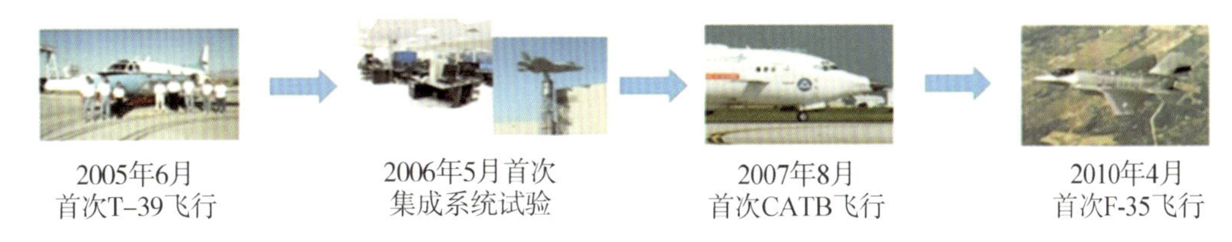

图 9.9 电子战系统研制和试验过程

3. AN/AAQ-40 光电瞄准系统

F-35 战斗机要求的隐身战斗构型,不支持传统的前视红外(TFLIR)目标搜索方案。老式吊舱系统不满足隐身要求。洛马导弹和火控部设计的光电瞄准系统是为 F-35 战斗机量身配置的。如图 9.10 所示,光电瞄准系统(EOTS)集成试验也是以渐进融合方式进行的。首先使用改装的 Sabreliner T-39 喷气机进行初始户外飞行试验,以试验光电瞄准系统作为单独传感器的表现。然后将光电瞄准系统集成到洛马公司 CATB 飞行试验台,与航电系统的其他部分融合,来试验飞行员在环情况下,传感器和整个航电系统之间的协同能力。最后将光电瞄准系统完全集成到 F-35 战斗机上进行最终的飞行试验和验证。

图 9.10 EOTS 的渐进集成试验过程

光电瞄准系统是一个先进中波红外(MWIR)瞄准系统,该系统安装在飞机内部,在机头下方有一个具备隐身特性的多平面观测窗,这套系统专为支援空对空和空对面目标瞄准而设计。通过使用红外光谱的中波部分,光电瞄准系统提供的图像更清晰,并且对遮挡目标的烟雾和雾霾更不敏感。光电瞄准系统在空对空和空对面中使用成像模式,或在空对空中使用红外搜索和跟踪(IRST)模式。光电瞄准系统设计考虑了多种因素,以实现下列目标:

(1)良好的接收器信噪比。

(2)空对空和空对面行动的有效视场。

(3)广泛的关注领域。

(4)自动搜索模式。

(5)低虚警率。

光电瞄准系统的功能包括传统的前视红外图像,激光测距仪/指示器,激光光斑跟踪器和红外搜索和跟踪，如图 9.11 所示。光电瞄准系统采用有光学系统的低剖面万向架，保持前视红外(FLIR)和激光功能之间的视轴精度。光电瞄准系统视线的精确稳定性是通过陀螺控制的方位角和仰角万向架实现的，通过一个快速转向镜达到良好的稳定性。光电瞄准系统配备了一个 1 024×1 024 元件的中波红外聚焦平面阵列，是一个双视场(FOV)系统。为瞄准功能对狭窄的视场进行了优化，采取了更开阔的视场，以使搜索性能最优。

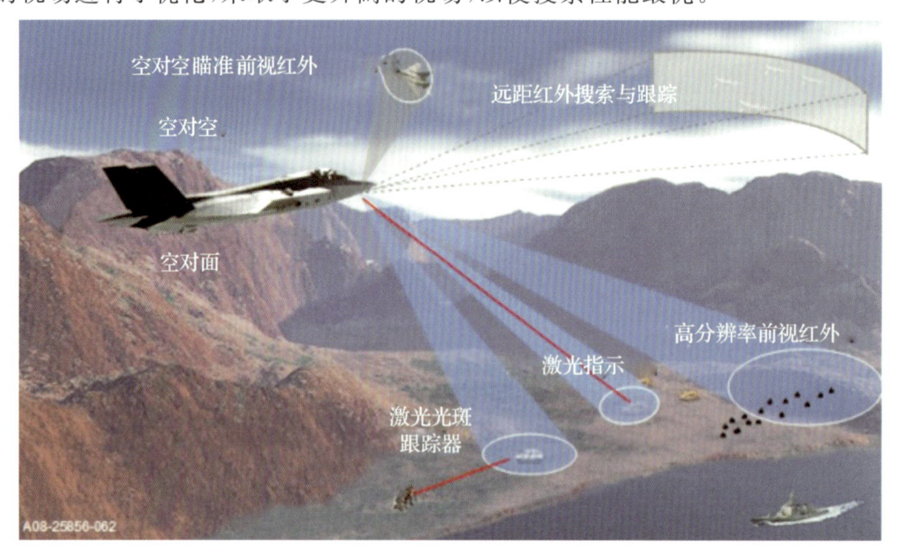

图 9.11 光电瞄准系统的功能

4. AN/AAQ-37 光电分布式孔径系统

F-35 战斗机需要一个 360°球面覆盖的导弹预警系统。光电分布式孔径系统由分布在飞机上的 6 个相同的中波红外传感器组成，每个传感器在机身上都有相应窗板。传感器的安装要使它们各自的视场(95°方位角和俯仰角)重叠以提供完全的球形覆盖。这个光电分布式孔径系统子系统为飞行员提供了中波红外跟踪能力和前视红外视觉场景，但前视红外更全面。在传统的前视红外系统中，飞行员的视场仅限于前方扇区。F-35 战斗机的光电分布式孔径系统使飞行员对环境拥有了 360°球形视野。这是真正的合成视觉系统，所有图像全部显示在飞行员的头盔显示器(HMD)上。

光电分布式孔径系统的集成试验从置于吊舱中的单个传感器开始，吊舱安装在一架 F-16 战斗机上，进行了初始试验和数据搜集，以验证图像处理算法，然后安装在 QF-4 无人机上进行了导弹预警功能试验。随后，在诺斯罗普·格鲁门公司的 BAC 1-11 飞行试验台上以集成代表性的方式安装传感器，并进行试验。2010 年 11 月，在 CATB 平台上将多个光电分布式孔径系统摄像机融合到综合航电系统中，这标志着开始把光电分布式孔径系统传感器集成到洛马公司开发的融合算法中。2011 年 3 月，将光电分布式孔径系统完全集成到 F-35 战斗机综合航电系统并装机首飞。光电分布式孔径系统集成试验过程如图 9.12 所示。

飞行试验版本 Block 1B 光电分布式孔径系统的关键作战功能是 NAVFLIR(导航前视红外)和导弹告警。Block 2B 飞行试验版本增加了面空导弹(SAM)发射点报告和态势感知红外搜索和跟踪。这些光电分布式孔径系统(DAS)功能可同时使用，而且有助于增强态势感知和防御响应能力。图 9.13 是这些功能的想定图。

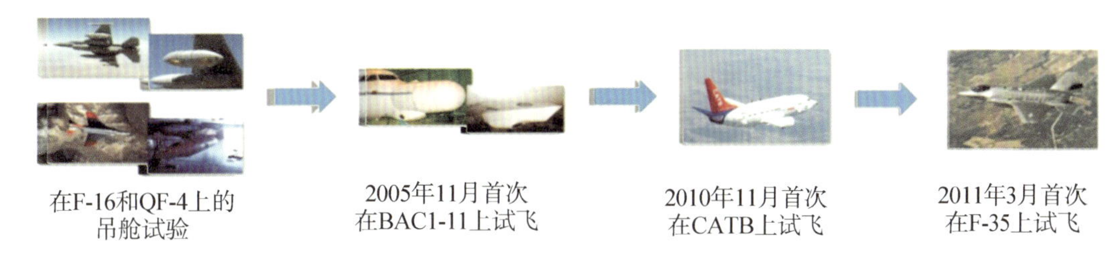

图9.12 分布式孔径系统渐进集成试验过程

图9.13 DAS功能

5. AN/ASQ-242通信、导航和识别系统

通信、导航和识别系统(见图9.14)是一个集成的子系统,目的在于提供大范围的:

(1)安全的/抗干扰/隐蔽的语音和数据通信。

(2)精确的无线电导航和着陆能力。

(3)自我识别,超视距目标识别。

(4)与脱机信息源的连接。

为保证F-35战斗机的隐身作战能力和设计目标,通信、导航和识别系统子系统采取了一些技术,减小被探测、被截获和被利用(exploitation)的可能性,而且可以实施电子对抗措施(CM)。这些技术包括频率捷变、扩频、发射控制、天线方向变化和低截获概率设计。通信、导航和识别系统与现有(老式)军用和民用通信、射频导航和IFF(敌我识别系统)/监视系统具有互操作能力。它还可与美国和欧洲空域使用的相应的民用系统互通互用。通信、导航和识别系统还可以通过软件升级灵活增加其他功能。

通信、导航和识别系统的专用数据、信号和加密处理都是根据需要,在专用的通信、导航和识别处理器和综合核心处理器中进行的。通信、导航和识别系统包括与飞机的音频生成及分配有关的所有功能,其中包括飞行员内部通话;综合警示、建议和告警信息;飞行员音频警报;并支持语音识别功能。

通信、导航和识别系统采用全姿态惯性导航系统(INS)和抗干扰全球定位系统。这些系统提供的输出包括线性加速度和角加速度、速度、物体角速度、位置、姿态(滚转,俯仰和平台方位角)、磁航向和真航向、高度、时间标签和时间。惯性导航系统和全球定位系统向本机运动模型提供导航数据,生成飞机导航方案。基线系统向雷达和光电瞄准系统提供高速率运动补偿数据。

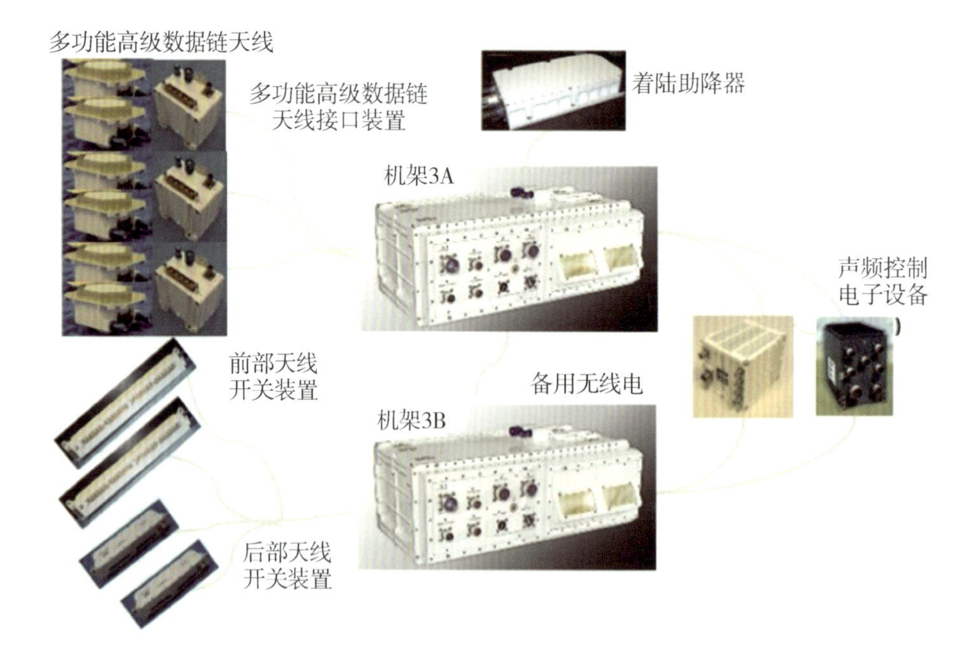

图 9.14 通信、导航和识别系统组件

9.4 融合数据形成信息

F-35 战斗机信息融合引擎是飞机综合任务系统的能力核心软件模块。融合是对本机周围战术态势的综合描述和说明[2]。信息融合使用了机载的、协同的和机外数据源,以增强态势感知能力,提高杀伤力和生存能力[2]。融合功能分为两个主要子功能:空中目标管理(ATM)和地面目标管理(STM)。这些功能的目的是分别优化空中和地面目标信息的质量,其功能在三个主要的软件模块中实现:空-空战术态势模型(AATSM),空-面战术态势模型(ASTSM)和传感器时间表(SS)。

空-空战术态势模型(软件模块从机载和机外信息源接收有关环境中空中目标)的数据,然后将这些信息集成到每个空中目标的运动状态分析和身份识别估计结果中。同样,空-面战术态势模型软件模块从机载和机外源接收有关环境中地面目标的数据,然后将这些信息集成到每个地面目标的运动学分析和识别估算结果中。

不明确是空中目标还是地面/海面目标的数据同时被发送给两种战术态势模型(TSM)。每种战术态势模型评估其跟踪的质量,以确定所有信息需求。将系统跟踪信息需求(STIN)从战术态势模型发送到传感器时间表软件模块。传感器时间表通过跟踪确定优先信息需求,并选择发出适当的传感器模式命令以满足信息需求。传感器时间表能自主控制战术传感器,以平衡跟踪信息需求和背景量搜索需求。

测量和跟踪数据从机载传感器(例如,雷达,电子战,通信、导航和识别,光电瞄准系统,分布式孔径系统)和机外信息源(例如,多功能高级数据链,Link 16数据链)被送去融合。当战术态势模型接收到这些信息时,数据进入数据关联过程。这个过程决定新数据是对现有系统跟踪的更新,还是一个潜在的新跟踪。在与新的或现有的跟踪相关联之后,将数据发送去进行状态评估,以更新目标的运动分析、身份识别、目标的交战规则(ROE)状态。

运动状态估计是指估算物体的位置和速度。它还可以包括估算空中机动的跟踪目标的加速度。运动状态估计还包括跟踪目标的协方差、跟踪准确性估算。识别估算则是对目标的从属关系、类别和型号(平台)进行的估算和确认。识别过程还评估可编程的飞行员交战辅助规则,以确定何时已经达到要求的感知状态和置信度。估算把更新的跟踪状态(如运动状态、身份识别和交战规则状态)发布到系统跟踪文件。每个跟踪都以周期性频率(约1次/1秒)进行优先级排序,然后进行评估,以确定运动学和识别内容是否达到要求的准确性和完整性。对于一个给定跟踪,任何缺陷都会成为系统跟踪信息需求。空中和地面跟踪的系统跟踪信息需求消息被发送到传感器时间表,以便对机载传感器资源的未来分配做出决策。这个过程以闭环方式持续与传感器或数据链提供的新数据进行融合,图9.15示意了这个流程。

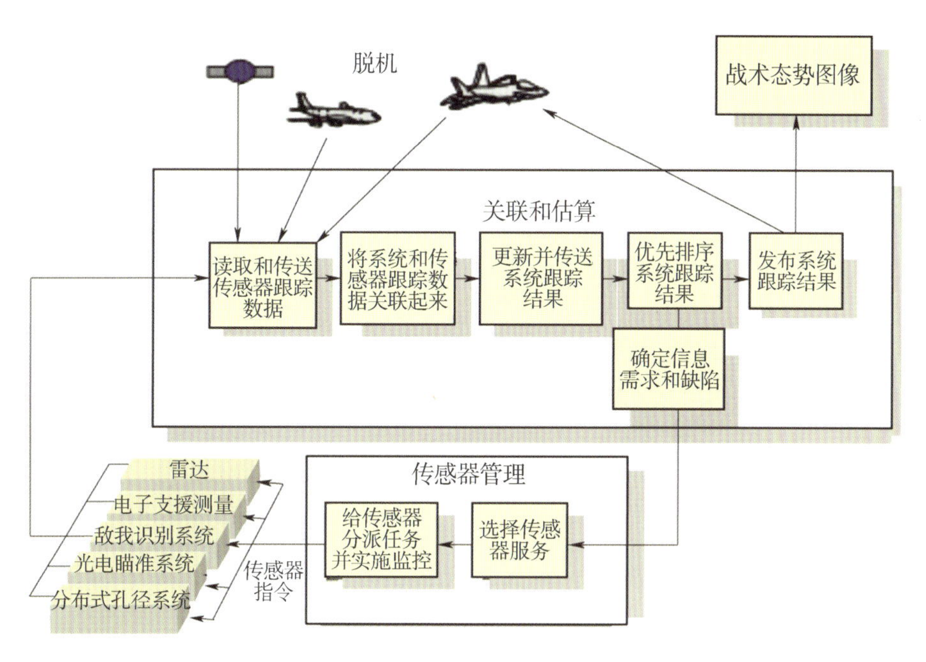

图9.15 闭环传感器数据融合

这种信息融合的结果被提供给任务系统中的其他单元。它们被提供给人机界面用于显示、火力控制和外挂武器投放,以及电子战和电子对抗支援。信息融合使这些单元能够执行相关任务功能,提供以下能力。

(1)一个清晰的战术画面。

(2)提高空间和时间覆盖范围。

(3)提高运动精度和识别置信度。

(4)增强作战的鲁棒性。

为了获得更清晰的战术画面,对一个实体的多次探测结果被组合成一个单独跟踪,而不是多个跟踪。为了改善空间和时间覆盖范围，可以对一个目标进行多传感器和多视场连续跟踪。这可以通过扩展机载传感器和机外传感器的空间和时间覆盖范围来实现。提高运动学精度和识别置信度需要有效整合多个传感器或飞机的独立跟踪测量结果。这种整合提高了探测、跟踪、定位精度和识别置信度。增强作战鲁棒性需要能够融合来自不同传感器的观察结果并在传感器之间切换目标。这增强了跟踪过程中对传感器中断或干扰的适应能力。增加空间测量维数（即，不同的传感器测量电磁频谱的各个部分），从而降低未能测量空间某个单独部分造成的缺失。

9.5 下一代驾驶舱

传感器采集的全部信息最终都要汇总显示在战斗机飞行员的“办公室”，即驾驶舱中。F-35战斗机驾驶舱（见图9.16）为飞行员提供的数据对于一种单座战斗机而言，是前所未有的。F-35战斗机显示套件和相关的人机界面是经过多年仿真和评估，以及它机领先试飞验证形成的。

图9.16 F-35战斗机驾驶舱

1. 头盔显示器

如图9.17所示的F-35战斗机头盔显示器（HMD）是为了保证飞行员维持现有的和保证未来的战术优势研制的。其中，传统的系统，如联合头盔瞄准显示系统（JHMCS），通过综合数字夜视相机（NVC）进行了补充完善。头盔显示器还能提供综合飞行参考信息，这样就取消了传统的平视显示器（HUD）。头盔显示器对传统的战术和导航显示进行了改进，集成度超过平视显示器/联合头盔瞄准显示系统组合。HMD设计源自Viper-Ⅱ头盔显示器概念，Viper-Ⅱ头盔显示器曾在变稳飞行模拟器试验机（VISTA）F-16上进行了广泛的飞行试验演示验证。这些试飞验证工作是证明无平显驾驶舱概念的基础。HMD设计和集成在SDD阶段通过多次迭代逐渐趋于成熟。最终，达到了弹射安全限制（第一代至第二代），以及F-35战斗机项目要求的视线精度（第二代至第三代）和（后来）全弹射包线（第三代至第三代精简版）要求。

头盔显示器是单色 1 280×1 024 分辨率的双目显示器，具有 30×40°的前向视场（FOV）。头盔位置由混合（磁、惯性和光学）跟踪器系统确定，这种跟踪器系统可以进行低时延显示符定位。头盔显示器可以显示由分布式孔径系统提供的中波红外图像或由嵌入式夜视相机提供的近红外图像。当飞行员向前看时，夜视相机图像与安装在防眩光罩上的固定相机提供的图像混合。这样就消除了由座舱盖弓架引起的干扰。

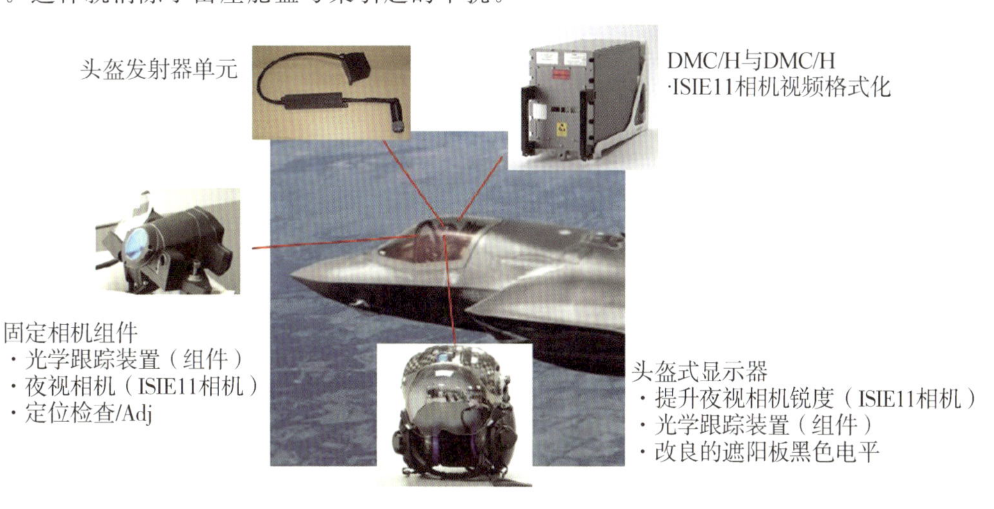

图 9.17 第三代头盔显示系统

2. 全景驾驶舱显示

F－35 战斗机与其他老式战斗机之间的显著差异在于采用了大幅面触摸显示屏。全景驾驶舱显示器（PCD）为飞行员提供可编程和可重新配置的显示器，该显示器可以定制视图以满足任务需求。全景驾驶舱显示器最初是背面投影多功能显示器套件（MFDS）[3] 的备选方案。由于几个因素，最终放弃了 MFDS 背面投影（Rear-Projection）显示技术。F－35 战斗机驾驶舱内的战术显示器对比度和分辨率不足导致符号难以阅读。飞行员要求在全亮度状态下进行所有昼间飞行，这缩短了投影灯的使用寿命，导致研制试验机需要经常维护。由于这些因素和其他因素，F－35 战斗机最终在 SDD 阶段早期重新组合显示器和相关的处理元件。

PCD 由 8×20 有源矩阵液晶显示器和电子单元（EU）组成，如图 9.18 所示。显示器分辨率为 2 560×1 024 彩色像素。全景驾驶舱显示器使用门户窗口概念来支持单显示面上的多种格式。触摸屏界面和/或手动油门和操纵杆为全景驾驶舱显示器提供飞行员输入。电子单元有 2 个独立的电源，每个显示器（左边和右边）拥有独立的显示管理计算机。这一点，加上能在任何一个显示器上显示任何格式的能力，为支持任务操作和适航性提供安全冗余。电子单元接受多个视频输入并在全景驾驶舱显示器上显示，还负责将 MPEG－2 标准压缩视频流输出进行记录，以方便飞行员汇报。全景驾驶舱显示器单元与夜视图像系统兼容。

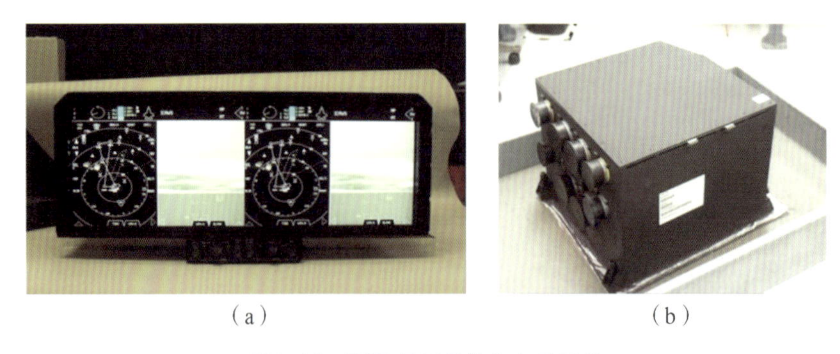

(a)　　　　(b)

图 9.18　PCD 显示元件和电子元件

(a)显示元件；(b)电子元件

9.6　验　　证

F-35 战斗机项目面临的一个挑战就是要降低集成和验证成本。最终确定针对如图 9.19 所示的具体任务类型开展性能验证。验证工作的重点是将任务分解为可验证的部分，然后对这些部分开展渐进试验和验证。这支持了不以任何一个具体作战想定为中心的观点。相反，这种验证方式更广泛地研究了飞机如何在代表性作战场景中的表现。

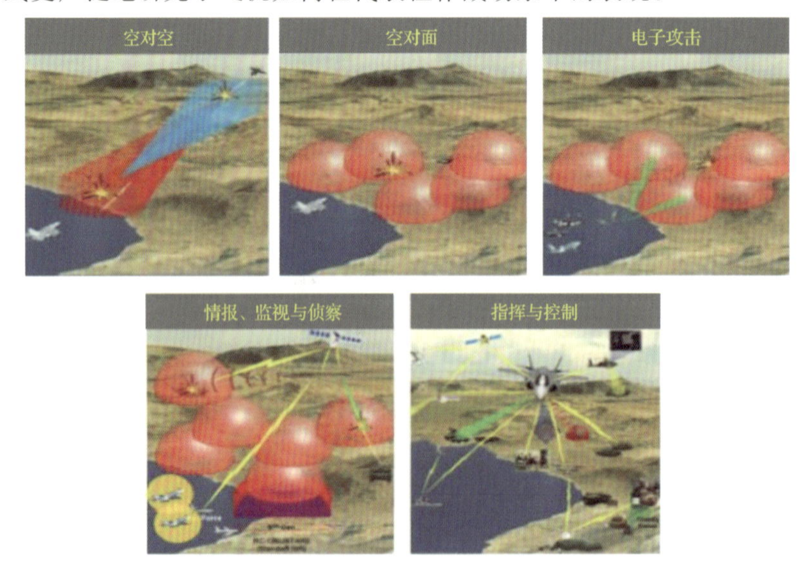

图 9.19　F-35 战斗机任务类型

为了使渐进研制进程对飞行试验的依赖更少，F-35 战斗机任务系统团队为验证制定了代表性任务想定图。试验团队在较低级别的试验中使用了同样的场景和准则。一旦获得可测试产品，就可在子系统和实验室试验场所进行快速测试。建造的实验室及其相关能力列于表 9.1。这些实验室为增加或减少试验复杂程度，帮助系统成长并解决缺陷提供了特殊的场所。

表9.1 验证实验室

实验室	能 力
模拟系统集成站	(1)核心航电硬件和人机界面 (2)供应商提供的传感器和武器模型 (3)能连接到飞机系统和其他综合航电实验室
户外系统集成站	(1)具有代表性的孔径和相关硬件的户外环境 (2)完整的航电设备硬件 (3)能够在CATB试验台进行协同试验
基于模拟器的系统集成站	(1)射频和红外线模拟能力 (2)去除孔径的代表性传感器硬件 (3)连接多个实验室联合的多机协同仿真

F-35战斗机任务系统团队使用基于任务的方案和金字塔型试验方法(见图9.20),逐步增加集成系统的复杂性,并快速比较系统性能,尽可能在集成早期发现问题。允许发布可能在一方面有限制,但在另一方面能够验证性能的飞行试验许可。让研制试验试飞员参加最终的实验室试验会议,使飞行员能够了解系统性能并了解他们可能遇到的缺陷。这使飞行员能更有效地进行飞行试验,收集所需的数据。实践证明,研制试飞员和研制团队之间的伙伴关系和良好沟通,对于保持快节奏试验进程,实现全面的系统验证非常必要。

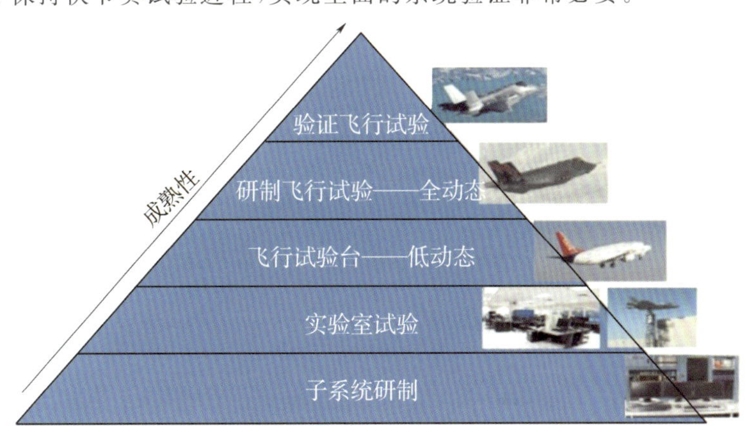

图9.20 金字塔型试验梯次进展方法

9.7 总　　结

开发F-35战斗机任务系统传感器、显示器和高级融合算法套件是为了满足为未来的战斗机飞行员提供前所未有的信息的需求。同时,这些套件保证了飞行员仍然能够执行任务规定的战术。在涵盖研制试验、作战试验过程和培训飞行共100 000多飞行小时里,F-35战斗机的性能已经得到了充分验证。F-35战斗机还在红旗军演17-1期间展示了其优势能力,在模拟作战演习中实现了20∶1的杀伤率[4]。

F－35战斗机任务系统的设计、研制和验证是通过一套面向目标的多层级COTS架构和一套功能强大的多光谱传感器实现的。作为F－35战斗机任务系统团队工作的成功的产品，先进的融合算法和下一代驾驶舱使飞行员能够重新回归战术家角色。

参考文献

[1] LEVIS J, SUTTERFIELD B, STEVENS R. Fiber Optic Communication Within the F－35 Mission Systems[C]//IEEE Conference Avionics Fiber-Optics and Photonics, 2006, Annapolis, MD. 2006:12－13.

[2] FRAY T. F－35 Information Fusion[R]. AIAA Paper－2018－3520, 2018.

[3]KALMANASH M H. Status of Development of LCOS Projection Displays for F－22A, F/A－18E/F, and JSF Cockpits[C]// Cockpit Displays VIII: Displays for Defense Applications, September 7, 2001. SPIE－2001－4362. doi: 10. 1117/12. 439116; https://doi. org/10. 1117/12. 439116.

[4] DEMERLY T. Red Flag Confirmed F－35 Dominance with a 20:1 Kill Ratio[J/OL]. The Aviationist2017. [2018－5－3]. URL:https://theaviationist. com/2017/02/28/red-flag-confirmed-F－35-dominance-with-a-201-kill-ratio-u-s-air-force-says/.

第10章　F-35“闪电Ⅱ”战斗机武器系统设计集成

在高威胁、敌对环境下，为了确保飞行人员的生存能力和任务成功，参与作战的战术飞机需要具备隐身作战能力，必须采用内部武器挂载方式。而当敌对威胁减少后，就需要具备多功能打击能力，所以还必须增加各种武器外挂来执行更广泛的作战任务。F-35战斗机具备双重任务角色，可以同时利用内部武器舱和外部挂架携带空-空和空-地武器作战。F-35战斗机的多任务外部武器挂架具有强大的挂载能力，F-35A战斗机还配备了一挺内置25 mm加特林机炮，F-35B战斗机和F-35C战斗机则配备了25 mm机炮吊舱。F-35战斗机拥有一个外挂物管理系统(SMS)，用于控制当前和未来的挂接接口。F-35战斗机武器挂载系统的设计是基于成功的第四代F-16战斗机和第五代F-22战斗机所获得的经验。这种设计在三种F-35战斗机型号中高度通用，为战区指挥官在实际作战中实现各种任务目标提供了互操作性和操作灵活性。本章介绍F-35战斗机的武器需求、设计发展、演变，以及为确定并提高武器挂载布局的成熟度而开展的工作。详细介绍了F-35战斗机武器的装载、携带、投放所需的相关系统，以及这些系统与F-35战斗机武器的接口。

10.1　F-35战斗机武器设计简介

F-35战斗机这类隐身飞机武器系统的设计与集成，是整个飞机设计的基本组成部分，必须在飞机构型和布局的早期阶段予以考虑。武器配套和挂载需求是机身和机翼设计的关键驱动因素。内部挂架影响机身尺寸和结构布置，外部挂架影响机翼载荷和颤振要求。选择的各种武器还决定了使用这些武器的各类接口，这些接口又从目标瞄准、布线、电源和计算的角度影响着系统功能。质量特性和合成武器惯性又决定着整个飞行控制系统和冲击控制面的确定。甚至起落架的设计和布置也受到地面间隙和重心的影响。尽管存在这些设计限制，但武器系统并不与F-35战斗机项目的经济可承受性、杀伤力、生存性和可保障性四项核心要求相矛盾。

10.2　F-35战斗机武器设备和通用布局

F-35战斗机武器需求由F-35战斗机联合项目办公室(JPO)在联合合同技术规范(JCS)中确定。在系统研制与验证生产型飞机选择之前，在概念定义和设计研究(CDDR)和概念开发计划(CDP)阶段对武器需求进行了细化。SDD阶段合同中确定的初始武器配套实际上包含了美国和英国列装的全部库存武器，以及灵巧和老式非制导武器。在SDD项目早期，细化了F-35战斗机的武器配套，淘汰了一些过时的旧武器，例如：AIM-120/B先进中程空对空导弹(AMRAAMR)、海军水雷、当前几代 AGM-84 鱼叉反舰导弹和 AGM-88 高速反辐射导弹(HARMR)。

武器需求清单中增加了一些新式武器，如小直径炸弹和 GBU-49 增强型“宝石路”II 炸弹。这使 F-35 战斗机武器配套尽可能现代化，并具有相关性和灵活性。这些武器配备使 F-35战斗机能够执行多种任务，为作战指挥官应对各种敌对目标提供了灵活性。图 10.1 显示了 F-35 战斗机的内置和外挂武器挂载要求。

图 10.1 F-35 战斗机内置武器与外挂武器挂载要求

除了规定 F-35 战斗机所需携带的武器外，联合合同技术规范还明确了武器挂载布局和武器挂点能力等其他具体要求，例如要能够携带外部油箱。另外还为每个军种发布了混挂和多级挂载要求。其他影响因素则取决于各型号各自不同的任务需求，如 F-35A 战斗机需要内置机炮(满足隐身和气动性能要求)，而 F-35B/C 战斗机则需要任务机炮(更侧重于满足任务要求)。其他要求则集中在安全性和灵活性方面，如，所有挂点必须满足 MIL-STD-1760 军用标准接口要求，能从驾驶舱外部安全操作武器系统等。综合这些设计要求，最终产生了 4 个内部武器挂点和 7 个外部武器挂点。图 10.2 显示了武器挂载的总体布局，图 10.3 显示了挂点类型和挂载能力。

三种型别 F-35 飞机的武器挂载设计要求尽可能具有通用性，以减少认证程序的差异并最大限度地降低成本。F-35A 和 F-35C 型号战斗机的内部武器舱是通用的，每个内部武器舱能够携带一个 2 000 lb 级的内部武器和一枚 AIM-120C 先进中距空空导弹。F-35B 战斗机的武器舱不同于 F-35A 和 F-35C 战斗机，每个内部武器舱能够携带一个 1 000 lb 级的内部武器，和一枚 AIM－120C 导弹。空地或空空武器挂载在武器舱顶部的适配器上。每个弹舱的舱门上都有一个 AIM－120C 导弹挂点，可与舱门一起旋转，以提高分离间隙和装卸的便捷性。所有 F－35 三种型号战斗机的外部机翼挂点均位于通用机身纵剖线站位上。所有三种型号的挂载和投放设备都是通用的，只有 F－35B 战斗机的内部武器舱增加了一个独特的 14 in炸弹架，用于挂载 1 000 lb 级内部武器。武器外挂物管理系统、接口、安全功能和系统操作都是通用的。

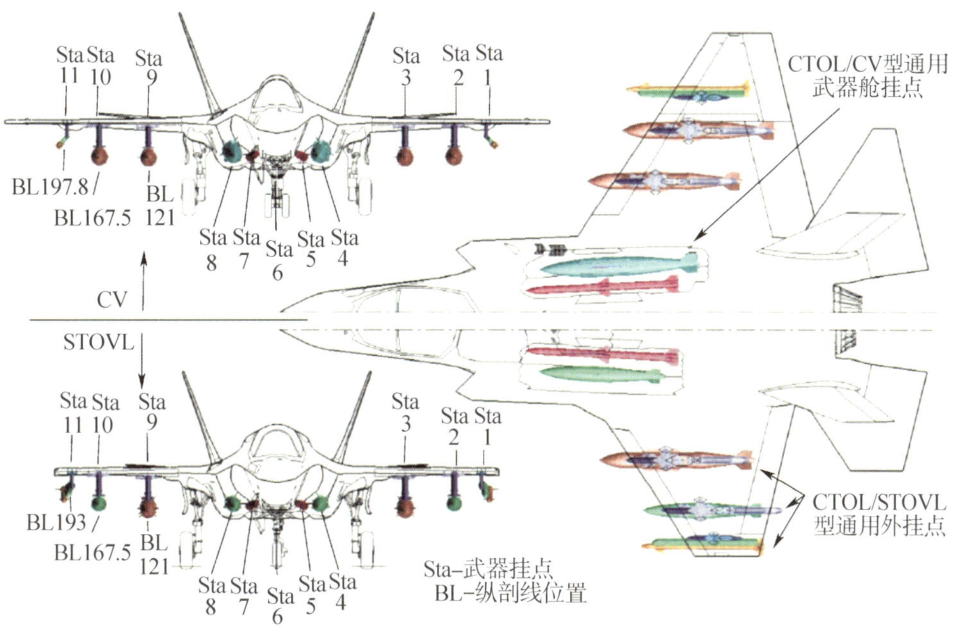

图 10.2　F－35 武器挂载总体布局

挂点	11	10	9	8	7	6	5	4	3	2	1
类型	空-空	空-空 空-地	空-空 空-地	空-空 空-地	空-空	航炮	空-空	空-空 空-地	空-空 空-地	空-空 空-地	空-空
挂载能力 CTOL/CV/lbf①	300	2 500	5 000	2 500	350	1 000	350	2 500	5 000	2 500	300
挂载能力 STOVL/lbf	300	1 500	5 000	1 500	350	1 000	350	1 500	5 000	1 500	300

注：① bf=0.102 kgf。

图 10.3　F－35 战斗机武器挂点类型和挂载能力(挂载能力超过 22 000 lbf)

作为SDD阶段工作的一部分，必须对这些武器集合和需求进行全面验证。武器集合中的各种武器需要及时为每个军种发布初始作战能力声明提供作战能力支持。在SDD阶段，验证的武器及其具体装载位置如图10.4所示。对这些能力和具体挂载布置进行全面验证的工作建立在广泛的分析和试验基础上。

武器系统设计使用三维(3D)设计工具、风洞试验和计算流体动力学分析相结合方式进行开发和验证。F-35战斗机的初步布局和详细设计使用3D数字线索开发，以确保所有系统都得到有效集成。风洞试验是验证试验的主要部分，共包括11个试验项目，用户参与的试验时间超过3 900 h，空中试验超过1 700 h。在这些试验中，从武器分离和声学特性角度评估了武器舱的设计。另外，还定义了挂载与投放设备(S&RE)的性能要求，并验证了分离模型以支持飞行试验。武器认证工作最终成功完成了110个空-地武器和73个空-空武器的分离试飞试验。这项工作还促成了46项武器投放评估(WDA)项目，在这些任务中，使用了全部的端到端系统，来验证整个空中平台系统使用武器的准确性。武器分离和认证工作详见文献[1]。

	SDD 阶段取证装载				内部武器舱			内部武器舱					有效性		
		11	10	9	8	7	6	5	4	3	2	1	CTOL	STOVL	CV
Block 2B	Int: (2) GBU-31 BLU-109 + (2) AIM-120 – Ext: none				◘	✖		✖	◘				✓		✓
	Int: (2) GBU-32 + (2) AIM-120 – Ext: none				◘	✖		✖	◘					✓	
	Int: (2) GBU-12 + (2) AIM-120 – Ext: none				◘	✖		✖	◘				✓	✓	✓
Block 3F	Int: (4) AIM-120 – Ext: none				✖	✖		✖	✖				✓	✓	✓
	Int: (2) GBU-32 + (2) AIM-120 – Ext: none				◘	✖		✖	◘						✓
	Int: (4) AIM-120 – Ext: (2) AIM-9X				✖	✖		✖	✖				✓	✓	✓
	Int: (2) GBU-12 + (2) AIM-120 – Ext: (4) GBU-12 + (2) AIM-9X		◘	◘	◘	✖		✖	◘	◘	◘		✓	✓	✓
	Int: (2) GBU-31 Mk-84 + (2) AIM-120 – Ext: none				◘	✖		✖	◘				✓		✓
	Int: GBU-39 + (2) AIM-120 – Ext: none	¤			⊞	✖		✖	⊞			¤	✓		
	Int: (2) AGM-154 + (2) AIM-120 – Ext: none	¤			◘	✖		✖	◘			¤			✓
	Int/Ext: Block 2B/3F CTOL loadouts + Internal Gun		◘	◘	◘	✖	▽ INT	✖	◘	◘	◘		✓		
	Int/Ext: Block 2B/3F STOVL/CV loadouts + Missionized Gun Pod (Excludes UK Stores.)		◘	◘	◘	✖	▽ POD	✖	◘	◘	◘			✓	✓
	Int: (2) Pvwy IV + (2) AIM-120 – Ext: none				◘	✖		✖	◘					✓	
	Int: (2) Pvwy IV + (2) AIM-120 – Ext: (2) AIM-132	¤			◘	✖		✖	◘			¤		✓	
	Int: (4) AIM-120 – Ext: (2) AIM-132	¤			✖	✖		✖	✖			¤		✓	
	Int: (2) Pvwy IV + (2) AIM-120 – Ext: (4) Pvwy IV	E	◘	◘	◘	✖		✖	◘	◘	◘	E		✓	
	Int: (2) Pvwy IV + (2) AIM-120 – Ext: (2) AIM-132 + (4) Pvwy IV	¤	◘	◘	◘	✖		✖	◘	◘	◘	¤		✓	

◘空对地武器　¤ AIM-9X/AIM-132导弹　✖AIM-132导弹　⊞小直径炸弹　▽机炮

图10.4　SDD阶段验证武器及其具体装置位置

10.3　内置武器舱设计

F-35战斗机的最终构型受到武器舱设计选择的严重影响。从武器配置的角度来看，设计师经常讨论与旋转、堆叠、并联和串联武器舱有关的封装效率问题。然而，直到这些配置被集成到飞机概念中才能对由此产生的系统进行评估。与所有其他设计一样，必须在相互有影响的需求之间取得平衡。从武器的角度来看，最后的构型必须满足以下条件。

(1)在优化武器挂载的同时,采用紧凑的封装方案。

(2)开放的武器舱声学环境。

(3)武器使用时间线。

(4)挂点失效免受影响。

(5)分离风险。

(6)装载灵活性。

在布局决策中嵌入的是较低层次的影响,可能会显著影响飞机的重量、操纵品质和性能。这些影响因素包括武器舱门构型、对声学抑制装置的需要、可维护性条款,以及任务重构能力。最后,F-35战斗机必须具备第五代战斗机的隐身特性,同时解决方案还要满足三种型号和不同用户的需要。这意味着又对挂载方案提出了额外限制,并且结构载荷也需要考虑。

F-35战斗机武器配置决策的关键是需要明确内部挂载的武器清单。武器供应商和先进设计倡导者经常宣传的许多紧凑布局所能配置的武器数量有限。采用旋转或堆叠式武器舱,将会是更有效的选择。但是,当完整的武器清单确定之后,其中的许多选项就会自行消除。此外,旋转和堆叠式构型往往意味着武器舱比较深。从历史上看,深武器舱意味着声学等级比较高。这就需要一个符合武器资格等级的声学抑制装置,而这会对战斗机的结构完整性产生不利影响[2]。F-35战斗机的早期风洞试验评估了与相对较浅的武器舱和预期飞行包线相关的声学环境。试验表明,这种环境可以在不需要声学抑制装置的情况下装载和使用所有必需的武器。由于使用斜板和扰流板增加了重量、复杂性和武器舱的长度,因此决定在没有专用声学抑制装置的情况下向前推进工作。如果证明实际环境与武器资格等级不相容,则这种选择可能会带来一些风险。然而,对飞机平台本身而言,其好处是非常显著和持久的,足以证明承担风险的合理性。此外,大多数武器的资格等级都是基于现有飞机的环境。因此,提高武器资格等级(如果需要)通常只是重新开展更高级别试验的问题,并不一定表明是对武器的固有限制。

除了旋转和堆叠式武器舱构型外,串联式武器舱也是一种选择。然而,从武器使用和装载的角度看,这种武器舱还是不太理想,因为它对武器装载和使用有非常大的影响。尤其是当海军舰载型F-35C战斗机尾部朝着海水方向停放时,为其挂载武器更成问题。此外,考虑到要携带的武器重量,串联式武器舱会使飞机重心发生不利偏移。最终确定的F-35战斗机武器配置构型是在内部武器舱顶部安装空地武器,在舱门上安装空空导弹,使每种武器舱类型实现很好的混挂。这种布置具有堆叠式武器舱的效率,而没有其声学和装载问题,同时又具备纯平面武器舱的灵活性。在确定了总体配置构型之后,需要针对设计约束做出详细决策以确定飞机的最终尺寸。F-35战斗机武器舱的一个独特之处是空地武器的头部是向机内方向倾斜的。这是为了改善武器舱与机身的集成,并且通过风洞试验进行了验证。

最重要和最具有争议的决策之一是武器的包络尺寸问题。这是指为了对武器进行适当的安装、挂载和分离,而对武器周围分配和防护的体积。同样,F-35战斗机混合携带的大量武器在这些决策中发挥了重要作用。从历史上看,飞机武器舱就是一种箱体,里面有固定的挂载与投放设备位置。武器舱不受液压、气动和电气布线或大量飞机系统组件的限制。但是,战斗机的总体积增大会产生额外费用。因此,把所有线路和系统都设在武器舱外面会大大增加飞机尺寸。最终决定,系统和武器在武器舱中共存。这就要求所有系统都具备武器舱环境等级的合格资质。最终设计的武器舱与系统、线路和武器是高度集成的,确保了武器包络线最小、飞机性能最佳,如图10.5所示。

图 10.5　武器舱仰视图

共享武器舱体积需要严格控制，以确保不断变化的系统和线路不会侵入武器所需的空间。为了最大限度地减少武器包的体积，在位置通用性和武器舱长度之间进行了折中。如果在武器舱中分配了一个单一位置，从结构的角度来看，安装将会简单有效。这是因为无论安装了哪种武器，所有载荷都将以相同的方式由相同的结构承载。然而，武器有各种形状和大小，而且挂钩位置也并不总是位于武器的中间。因此，具有共同挂钩位置又将导致武器体积增大。

相比之下，可以将所有武器定位在所需的最小体积内，这样就可以确定挂钩和炸弹架位置，炸弹舱体积和飞机总体尺寸就可以最小化。不幸的是，这需要在武器舱内配置各种备用任务设备(AME)适配器和挂钩位置。然而，尽管这种布局会带来重量和后勤保障方面的问题，但对飞机整体性能还是有着不可否认的好处。因此，最终的武器构型还是选择了多个炸弹架位置。为了适应这个解决方案，确定了几种适配器，并开发了一个系统来快速地将它们锁入炸弹舱。设计了武器快速锁扣系统(OQLS)，可以通过锁定和缓冲适配器快速对炸弹舱进行重新配置，其方式类似于炸弹架锁定和缓冲挂载物所使用的方式。图 10.6 显示了武器快速锁扣系统布局和武器快速锁扣系统中的典型炸弹架适配器的安装。

随着武器位置的确定，武器挂载和使用所需的最终体积也可以确定。然而，首先需要确定每个武器周围需要留出多大体积空间。要考虑的关键因素是武器维护所需的空间、运载过程中武器的运动(偏转)，以及武器分离时的不确定性。历史上，都是按照军用规范，如军用标准 MIL-STD-1289 和 MIL-I-8671 的规定来确定许可要求。但是，这些规范在某些领域往往比较保守，而在其他领域又含糊不清，导致炸弹舱的体积很大。一般而言，严格遵守军标所导致的飞机性能下降被认为是不可接受的。F-35 战斗机联合合同技术规范(JCS)没有要求使用历史技术规范来确定武器间距。然而，早期版本的联合合同技术规范确实要求在所有武器周围保持两英寸的停留区空间。在相对运动最小的挂钩点之间允许有一些例外。随着项目的进展，各种实际情况证实，如果严格遵守这种要求将对飞机产生严重不利影响。因此，最终改变了技术规范，以排除武器与武器或武器与飞机之间的碰触，但并没有确定具体的间隙要求。这种方法需要制定一个完整的、具体的设计指南，以建立和保护武器的停留区。

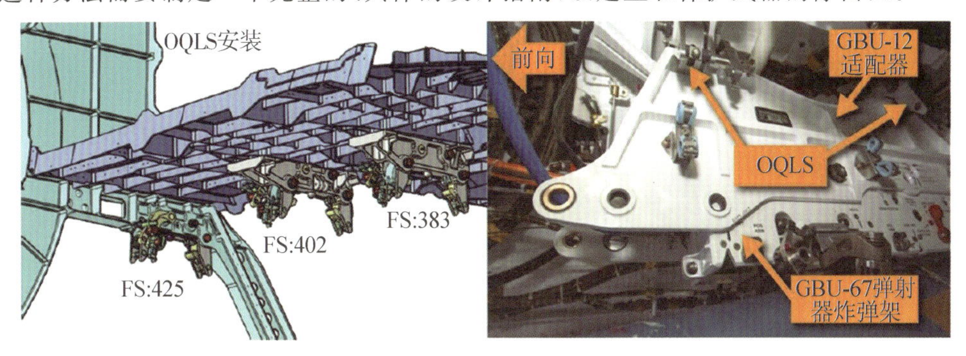

图 10.6　武器快速锁扣系统布局和典型炸弹架适配器的安装

在建立武器停留区时，需要在风险和利益之间再次取得平衡。分配给这些武器的空间太大会导致飞机过大和过重，从而导致飞行性能下降。体积太小会导致武器携带和使用风险高，并可能对飞机飞行包线产生限制或对构型形成限制。为 F-35 战斗机选择的通用方法是确定一个空间体积，能够充分反映武器在整个操作包线内的间隙、自由操作(freeplay)和偏转需求。此外，考虑到分析的准确性，增加一个小余量。这个余量是根据分析精度和飞行试验验证之间发现的差异确定的，正如 F-22 战斗机项目所证实的那样。

最后，为优化飞机整体平台而做出的决定使武器空间分配更加困难。这是因为武器附件涉及多个可灵活自由操作的接口(挂载与投放设备、适配器、武器快速锁扣系统)。几分之一英寸对武器整体集成很重要，与这些接口相关的偏转也很重要。

最终，武器舱的体积一次又一次地受到挑战，直到它被缩小到最低限度。因此，通过对每种武器进行了详细的建模，以确定与具体携带和使用包络相关的载荷。武器偏转取决于它的连接位置和连接方式，因此，当离连接点越远时，由偏转分析产生的包络线就会更大。从上面看，最后的武器包络在中间看起来很窄，在炸弹架附近，武器头部和尾部会更大。因此，这些武器包络被称为“领结”(Bow Ties)。通过整理并整合每件武器的“领结”，以获得武器的整个体积。这种间隙确定方法，如图 10.7 所示，是 F-35 战斗机的独特设计方法——武器停留区“领结”布局。

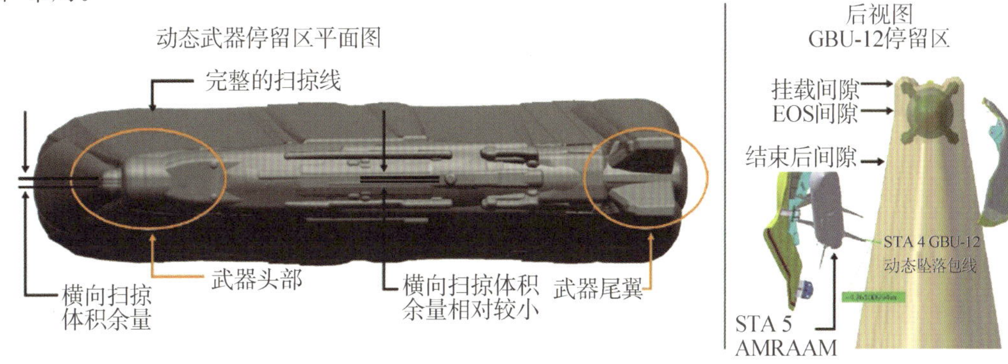

图 10.7　武器停留区“领结”布局

当向后观察武器体积时，弹射范围(Ejection Sweep)在很大程度上受到挂载与投放设备设计的影响，挂载与投放设备在弹射行程中对武器形成了限制。武器停留体积是一个从顶部向底部扫掠10°的一个狭窄的偏转带。但是，需要对武器舱的宽度进行假设，因为在发射行程末端(EOS)，武器的横向运动总计不得超过0.75 in。这在悬挂钩之间尤为关键，以适应间隙、自由操作和偏转需要。这又对挂载与投放设备的刚度设计提出了要求。

在确定了体积之后，需要解决其他问题，因为所需的武器停留区空间体积与系统和结构所使用的空间体积之间存在高度集成的关系。也就是说，需要确定如何在设计、制造和外场部署使用阶段确保遵守体积规定。体积寿命周期的每个阶段都需要单独处理。设计阶段需要建立构型控制程序，其中应包括设计发布要求和体积冲突争端解决委员会。对于制造阶段，核心问题是标准制造工具和流程是否可以确保遵守体积规定。这在线束布线等可以变化的领域尤为重要。在服役使用过程中，停留区空间维护还需要防止由于正常的飞机操作、改装和维护而导致的间隙冲突。为了确保足够的间隙，创建了一个物理工具，适用于所有武器、备选任务设备(AME)、偏转和跌落间隙。

为外场服役阶段创建的工具目前正在出厂的每架F-35战斗机上使用，以确保没有体积冲突。图10.8显示了一个用于检查武器舱并验证武器舱体积的装配检查工具。该工具的一个关键特性是有一个可拆卸部件，这使得检修能够可视化，并能够测量具体接口。目前正在研究使用激光作为替代物理工具，提升测绘每个武器舱的效率。

另一个问题是外场的维护活动可能会对靠近停留区的系统的最终构型产生影响。这对于外场的维护人员来说尤其困难，因为并非所有武器都是在维护期间安装的，这就很难理解潜在的影响。为了解决这个问题，已经建立了一个航空航天设备说明，以便在维护飞机时识别关键的检查区域。

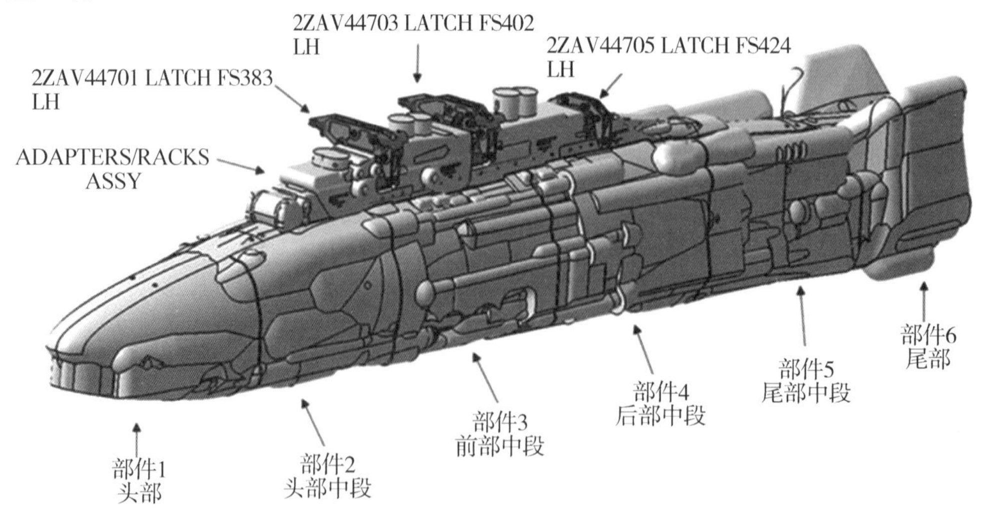

图10.8　武器舱间隙装配检查工具

在确立采用内置武器舱的第五代飞机的构型时，挂载武器的能力是一个关键考虑因素，因为内部武器舱的体积一般都非常有限。F-35战斗机的武器装载要考虑很多复杂因素，因为多个军种和不同国家在使用飞机的时候可能使用各种不同的保障设备。最严格的装载要求之一是舰上操作。在这种情况下，由于空间要求，上推式装载设备(即空军的老式MJ-1挂弹器)是不合适的。而且,在恶劣天气条件下挂载武器需要更好地控制,因此这种挂弹器也不适合。过去,舰上为飞机挂载武器的解决方案是采用单个升降装载系统(SHOLS)。但是,由于体积和可达性问题,在F-35战斗机武器舱的有限范围内使用这种系统很困难。需要达到武器的两端才能安装和断开缆绳系统。最初是通过主轮舱上的检修板把武器安装到F-35战斗机上。然而,随着设计的进展,要确定更多武器位置,这种安排就不再可行了。

因此,研制了武器吊装系统(OHS),最初设想把这种吊装系统永久安装在飞机上。武器吊装系统使用适配器前端和后端的皮带将适配器、炸弹架和武器提升到武器舱。提升机线轴由两名维护人员操纵小型手持电池供电电机驱动。在与适配器的炸弹架接合后,武器吊装系统可以将武器完全安装在炸弹架上,随后挂链移出武器舱外。完成后,整个组件将升入武器舱并快速锁定到武器快速锁扣系统中。这套系统在F-35C和F-35B战斗机的演示验证中运行良好,武器吊装系统随后也被集成到F-35A战斗机上,这是因为老式MJ-1挂弹器的操纵剩余空间很小,难度要求很高。在探索各种备选任务设备(AME),挂载与投放设备和武器装载设备时,F-35战斗机团队广泛使用了计算机仿真和样机模型以及虚拟现实技术。图10.9描述了一项早期研究——可达性研究,显示维护人员使用机载吊装系统进行所需的操作时具备相应的空间。

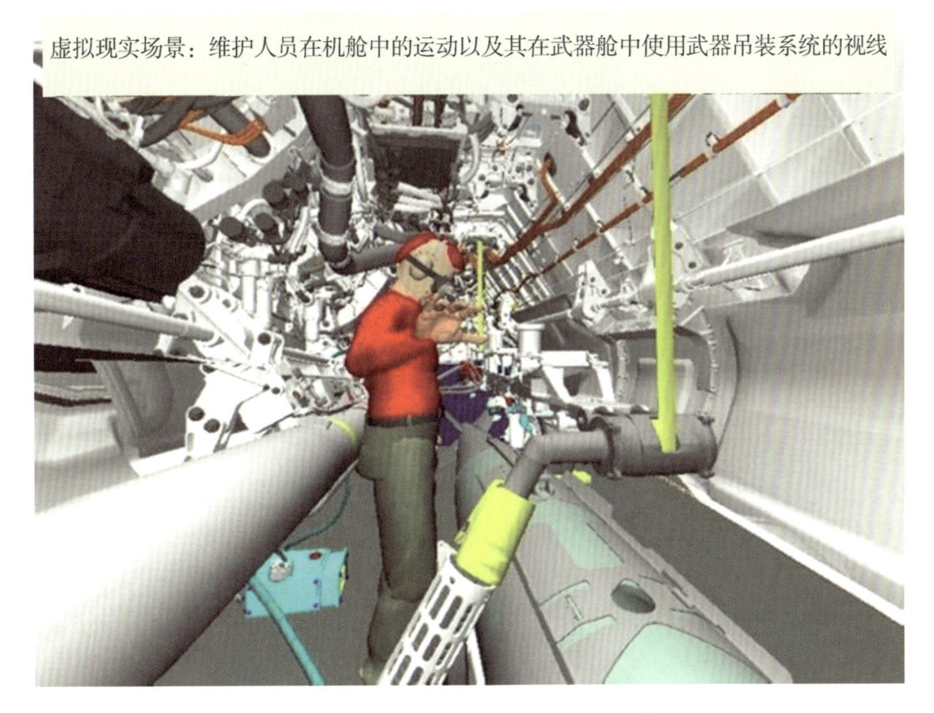

图10.9　武器舱维护人员可达性研究

随着这套系统的设计进展,又提出了在舰上作业的相关要求。不再使用手持电机提供电源,要求单独提供270 V电池电源。电池的尺寸要适合装载在多种飞机上,而且还包括一个复杂控制器,使装载过程的自动化程度更高。由于复杂性增加,而且还要获得欧洲标准局(CE)的许可,还必须进行更改,最终从F-35A战斗机上取消了武器吊装系统。在此之后,为武器吊装系统的动力部件研制了一种手动更换装置。武器吊装系统已经得到进一步发展,它是唯一获准在舰上挂载武器的方法。由于 F-35A 战斗机不再使用这种武器吊装系统，又专门研制了一种新的加长型台式适配器(LETA)，安装在 MJ-1 装载台上，并改善了间隙。

10.4 外部武器挂载设计

F-35 设计过程中重点关注了内部武器的挂载问题，但是，在执行转场任务和敌对威胁较低的作战任务时，挂载外部武器更有益。因此，所有型号 F-35 战斗机都设计有 7 个外部挂点：每侧机翼上有 3 个，机身中心线上有 1 个。如前所述，外部挂载的武器包括各种重量等级和类型。挂点类型和承重能力(见图 10.3)反映了 F-35B 战斗机在考虑结构重量时的站位能力差异。油箱挂架位于内侧挂点，4 个内侧挂点的每一个都可以挂载 2 个或多个武器挂架。外挂点用于挂载空空武器，旨在提供比传统外部挂架和发射器更好的隐身性能，同时仍然平衡传统 AME 的成本和可维护性。图 10.10 给出了 F-35A 战斗机外部满载任务布局，外侧专用导弹架上挂载的是外部空空导弹。它还显示了在多任务空地或空空挂点处挂载的 2 000 lb 成对的空地武器。

图 10.10 重型武器任务挂载布局

从构型的角度来看，挂架的位置与传统战斗机很相似。然而，设计中需要兼顾三种型号，这意味着需要考虑的因素更多。例如，所有外部挂架的位置设计都需要考虑机翼襟翼、起落架舱门，以及起落架和飞机俯仰角发生变化时与地面的碰触问题。因此，对 F-35B/C 战斗机来说又增加了一些挑战。特别是对于 F-35C 战斗机，航母甲板上的多个障碍可能会成为问题。必须考虑飞机大倾斜角和挂载大型武器时，这些障碍物的影响。此外，某些方面的设计还要考虑甲板障碍物、拦阻钢索和弹射器的间隙要求。例如机身中心线挂点的炮舱和外挂架，就必须考虑各种间隙。此外，来自 F-35B 战斗机防倾斜喷管的喷气流冲击也是另一个必须考虑的设计因素。这些柱状热气流从机翼与机身交叉处喷出，用于控制垂直飞行时的滚转姿态。在确定武器基本位置和挂架设计时，尽量降低武器承受的温度尤为重要。此外，在确定挂载武器的俯仰角时通常是为了消除在巡航飞行条件下的阻力。因此，武器头部向下以适应迎角，头部向内以适应机翼的洗流。飞机型号、所执行的任务和所需的武器这些因素相混合，使设计更为复杂。

从人素工程的角度来看，F-35 战斗机研制中经常使用的工具之一是虚拟现实技术。使用传统模型解决了许多有关维护人员实施操作时的可达性、视觉和安全问题。对于剩余的问题，使用虚拟评估进行补充完善。图 10.11 描述了维护人员在复杂环境中(即一些武器和与虚拟硬件相关联的物理限制)的虚拟场景。F-35 战斗机武器小组在概念评估阶段早期广泛使用了这种工具，以验证初步设计的可接受性。

外部AME具有高度的通用性。然而，由于F-35C战斗机的机翼和颤振要求在很大程度上不同于F-35A/B战斗机的机翼，因此要求也存在着不同。这意味着在F-35C战斗机的挂架比F-35A/B战斗机的挂架相对于机翼挂点更靠前一些。然而，尽管存在这种差异，但武器挂架仍然是高度通用的。例如，内侧和外侧挂点使用的挂架完全相同。为了适应机翼扭曲方面的显著差异，提供了一个适配器，而不是改变挂架核心结构。解决通用性的其他方面还包括，摇摆支架可以颠倒使用，武器挂架可以在左翼或右翼上任意安装。此外，诸如枢轴配件、整流罩和整套气动动力源（PPS）之类的部件也是通用的。通用性在供应和备件方面具有显著优势，并且由于规模化制造也带来了成本降低。经济可承受性一直是F-35战斗机项目的基础之一。

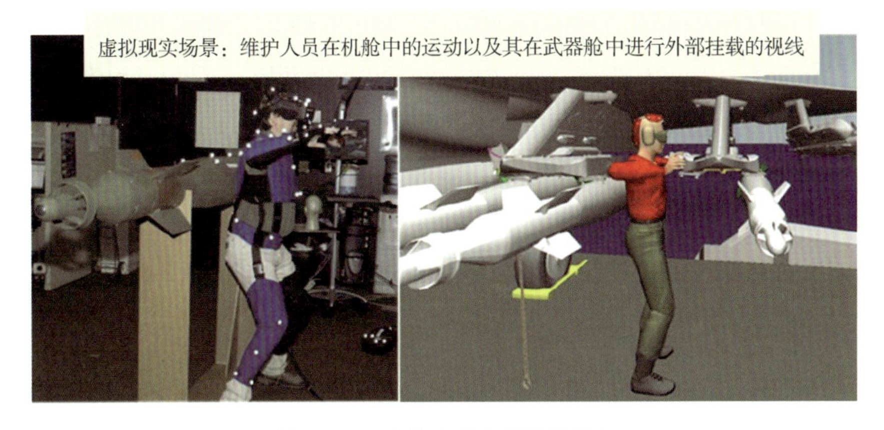

图10.11　维护人员在虚拟环境中

第1挂点和第11挂点的空空武器挂架还有一些特殊问题，而通用性再次成为关键考虑因素。理想情况下，从结构的角度来看，挂架将在硬挂点下方直接连接一个发射器。然而，相邻武器挂点的间隙和三个型号机翼的结构却意味着导弹不能直接位于硬点之下，需要偏移。所以在挂架底座上设计有两个发射器连接点，而没有再设计一个专用倾斜挂架。这样就保证了发射器能够偏移，同时可以在左机翼或右机翼上使用相同的挂架，只需简单切换发射器的位置即可。此外，尽管存在显著的角度差异，仍可以简单地通过更换连接附件中的一组衬套，在所有三个型号的机翼上使用相同的挂架。

挂架底部使用的轨道发射器最初是非隐身的LAU-148和LAU-149轨道发射器。两者之间的唯一区别是LAU-149轨道发射器包含一个燃气发生系统。这是为AIM-132先进短程空空导弹（ASRAAM）寻的头提供连续低温冷却所必需的。相比之下，LAU-148则包含一个压载（ballast）。任何一个发射器都可以与AIM-9XR一起使用。事实上，LAU-148轨道发射器使用压载是为了在两个发射器之间建立相似性，这样大量的颤振和载荷试验就不需要重复进行。随着F-35战斗机项目的日趋成熟，改进空空任务的隐身性（LO）愿望也随之不断提升。这项新要求最终导致设计了LAU-151和LAU-152轨道发射器，并对空空武器挂架（现称为SUU-96）进行了相关升级，图10.12示意的就是SUU-96挂架和发射器这些设计。为了减少回归飞行试验对经费造成的影响，花费了大量精力设计新备选任务设备，使其在结构上与初始设计非常相似。与开展全新的资格认证项目相比，这种方法可以节省大量费用。

图 10.12　SUU-96 挂架和发射器

10.5　挂载与投放设备设计

F-35 战斗机挂载与投放设备(S&RE)是携带和使用空地和空空武器的一个家族系列组件。武器的安全释放和分离通过两个由 5 000 psi 非烟火气动装置提供动力的弹射式活塞来实现。空地主炸弹架是 BRU-68/A,可以使用 14 in 或 30 in 传统挂钩携带 500～2 000 lb 重的武器。F-35A/C 型战斗机的内部武器舱和所有三种型号的空地武器挂架使用这种炸弹架。BRU-67/A类似于 BRU-68/A,但仅供 F-35B 战斗机的内部武器舱使用,它可以使用传统的 14 in 挂钩携带 500～1 000 lb 武器。BRU-67/A 炸弹架是短距起飞和垂直着陆(STOVL)重量攻关小组(SWAT)工作的产物,它使飞机重量减轻了 20 lb。LAU-147/A 轨道发射器专门设计用于从 F-35 战斗机的所有三种型号的任何内部武器挂点发射 AIM-120 导弹。由于 LAU-147/A 轨道发射器的独特设计,只能发射 AIM-120 导弹,因此摇摆支架可根据导弹的直径定制。在摇摆支架中增加了防导弹旋转功能,以减少在早期风洞试验中发现的导弹滚动倾向。

挂载与投放设备还要满足独特的武器控制要求,以适应紧凑的内部挂载体积分配。历史上,挂载与投放设备采用两种方法来确保武器在发射时保持适当间隙。第一种是向外硬推武器,使之达到较高的行程末端(EOS)速度,第二种是抑制武器在发射时的横向运动。第一个概念受到传递给飞机和武器的结构载荷的限制,以及挂载武器能量包的物理限制。第二个概念依赖于挂载与投放设备的刚度和提供横向约束的备份结构的刚度。通过增加系统刚度来减少偏转会增加重量。

由于以下原因,为 F-35 战斗机选择了约束和速度概念相结合的混合方法。内部武器舱中的武器处于各种不同位置,需要移动挂载与投放设备才能完成武器释放。这种转换挂载与投放设备的要求需要将气动力储存瓶置于挂载与投放设备壳体中。这就限制了喷射的最大可用气体体积和可用合成能量。实际的行程末端性能是许多变量的函数,而主要的两个驱动因素是发射行程的长度和储存能量的容量。武器打包问题往往会延长行程长度。因此,原始版本的炸弹架包含多级活塞,保证安装在炸弹架壳体中并实现所需的行程长度。为了约束武器,摇杆被设计成与武器一起移动，并且仅通过惯性就能提供横向约束。另一种方法是在整个行程中约束武器，并在行程末端释放挂钩。从历史上看，具有真正横向约束的炸弹架很复杂，有非常重的连杆，能在行程末端打开武器连接挂钩。F－35 战斗机的混合方法通过使用带有摇杆的简单活塞消除了这些连杆的重量。但是，仍然需要对设计进行大量调整以达到所需的刚度。建立武器舱结构和挂载与投放设备分析模型，并进行了复杂的动态仿真。通过这些仿真，计算出了在整个操作包线内武器发射时的横向偏转。遗憾的是，计算表明，BRU－67/68 炸弹架使用多级活塞时无法获得所需的间隙。这就是为什么 BRU－67 和 BRU－68 炸弹架的弹射塔伸出炸弹架壳体外而取消多级活塞的原因。LAU－147 保留了原来的两级活塞，因为这个发射架安装在舱门上，发射器高度要最小。此外，可用体积可以容纳先进中距空空导弹发射路径。这种混合设计为在具有严格限制横向的 F－35 战斗机武器舱内发射武器提供了所需的混合性能和约束。

挂载与投放设备设计用于非烟火发射，同时还必须满足传统的炸弹架载荷和 MIL－A－8591 与 MIL－STD－2088 的要求。由于空一地炸弹的直径从 8～23 in 不等，所以炸弹架包含一个半自动旋转摇臂。这个摇臂使维护人员可以快速调整炸弹架，以适应 F－35 战斗机的多种武器。此功能简化了在紧凑的武器舱有限空间内安装和拆卸武器的程序。所有三个挂载与投放设备都采用相同的可逆式飞行锁，可提供机械阻挡和电气中断，以防止炸弹意外弹出。当维护人员在炸弹架周围工作时，这些增强的安全功能至少可提供两级保护。

挂载与投放设备的故障预测与健康管理级别与 F－35 的战斗机可维护性目标一致。发射器技术不断发展，解决第五代战斗机集成问题的其他选择可能会在未来几年内出现。然而，F－35战斗机挂载与投放设备（见表 10.1）代表了从第四代烟火发射系统取得的重大突破和进步。

表 10.1　F－35 挂载与投放设备参数

设备型号	BRU－68	BRU－67	LAU－147
外形			
包络线（$L\times H\times W$）/in[③]	36.0×10.9×4.0	32.0×10.9×4.0	36.9×6.9×4.0
重量/lb	87.5(85.25)	67.5(63.91)	63.9(63.32)
武器级别/lb	500，1 000，2 000	500，1 000	350
行程末端速度/fps	20，15，11	20，15	25
活塞型号，长度/in	单活塞，6.9	单活塞，6.9	双活塞，7.5

无烟火发射是 F－35 战斗挂载与投放设备的关键要求。第四代（及早期）飞机所采用的传统发射系统依靠烟火弹药筒来提供发射动力。通过改用无烟火动力源，可以消除许多成本和维护问题。例如，烟火筒需要经常拆卸炸弹架以清除碎屑并从燃烧的可燃物中替换损坏的部件。此外，使用储存气体的系统，可以消除由于弹药筒燃烧过慢或过快引起的燃烧剖面不一致而导致的性能异常。此外，烟火设备的运输和储存带来了安全问题，而且后勤保障费用昂贵。在 20 世纪 90 年代早期进行的各种可行性研究对这些问题进行了评估。F－35 战斗机的气动

炸弹架的寿命周期成本(LCC)优势估计为内部武器挂载节省了23亿~26亿美元[3]。如果再考虑外部挂架因素,估计还多节省16.7亿美元。因此,F-35战斗机确实需要在挂载与投放设备中使用无烟火动力源。

有许多方法可以产生和维持武器发射所需的高气压。解决方案通常包括3种类型的系统。

1)必须在地面充气的储气系统。

2)提供机载泵压输送的高压气体发生系统。

3)使用液压强化气体系统的混合系统,包括闭环和开环。

除了提供要求的高压气体体积之外,高性能飞机中存在的热变化也需要适应压力变化。考虑到海平面与40 000 ft高度之间的温差,飞机系统在飞行时会损失多达三分之一的压力高度。因此,必须对系统进行调节或补充以适应压力的降低。

武器系统在任务之间充气或维修所需的时间也是设计驱动因素之一。对于F-35战斗机,为每次综合作战返场分配的维护时间不足以对每个武器挂点的气动力模块进行维护。因此,决定不对所有的炸弹架和发射器进行地面充气,无论是内部挂点还是机翼挂点。最终,为F-35战斗机设计了一个机载气动动力源(PPS),可为炸弹架和发射器产生所需的5 000 psi气源压力,该系统的组件见表10.2。

表10.2 气动动力源设备

设 备	电动压缩机	过滤器/歧管	过滤器	电子控制设备
外形				
包络线($L\times H\times W$)/in³	12.4×4.3×4.4	13.1×4.1×5.3	5.6×3.1×4.7	8.5×3.9×4.4
重量/lb	11.0	7.0	3.0	2.7

为了满足这一需求,需要增加泵和控制器,虽然增加的这些设备增加了整个系统的重量和复杂性,但维护人员从任务能力和支持设备方面的获益远远超过了所付出的成本。为了使系统尺寸最小,气动动力源被设计为维护系统。其中,在确定泵的尺寸和功率要求时,假设挂载与投放设备的可靠性只需要气动动力源在飞机的使用寿命中使用4次,每次为4个空炸弹架泵送压力。多数加压操作的目的在于补充由于低温造成的压力降低,或者在武器释放后对部分泄压的挂载与投放设备再次加压。气动动力源的操作概念是在飞机返航时,对释放武器后的所有炸弹架充气,使之恢复到全压力操作状态。这必须在飞机止动再次返回投入综合战斗之前完成。这种操作概念要求炸弹架即使挂载有武器也能正常充气。这个概念是挂载与投放设备要求的主要驱动因素,因为要求炸弹架必须能在完全充气到5 000 psi的条件下具备操作、挂载和载运武器的合格资质。

机载气动动力源的大小主要取决于内部武器舱的需求。每个机载气动动力源由电机/泵组件、电子控制单元和过滤器/歧管组件组成,为所有4个内部武器挂点提供高压纯净空气。为了在任何高度保持性能,机载气动动力源从飞机电源和热管理系统接收进气道空气。无论环境空气压力如何,热管理系统通常提供的空气压力为18 psi左右。泵为过滤器/歧管组件充气，然后过滤器/歧管组件按照飞机指令，通过一系列阀门将空气分配给每个武器挂点。每个武器挂点通过专用阀门隔离，并按顺序分配，而不是通过管道连接到一个共用压力瓶上。这种隔离消除了由于一个故障（泄漏）而使所有武器挂点失去充气能力的可能性。为了增加可靠性，每个炸弹架都有一个止回阀，以确保一旦启动就不可能回流到机载气动动力源。

压缩环境空气会排出大量水，因为在高压下相对湿度将超过100%。因此，该系统包含一个装置，能对压缩空气进行清洁、干燥，并排出多余水分。排出这些水分可以防止由于结冰而影响炸弹架的操作。在通用性方面，武器舱使用的电机/泵组件和电子控制装置与空-地武器挂架使用的电机/泵和电子控制装置完全相同。由于机载气动动力源只支持空-地武器挂架中的单个炸弹架，因此过滤组件不包含允许空气直接流入炸弹架储存器的歧管或隔离阀。不像武器舱的气动动力源进气来自热管理系统，武器挂架的气动动力源进气是来自周围环境。因此，压力随海拔高度的变化而变化。虽然由于高度影响导致挂架气动动力源性能降低，但充气时间相当于所有主弹仓炸弹架的充气时间，因为它仅为一个炸弹架充气。因此，当飞机返回到止动再开始准备返回综合作战场时，挂架和所有内部炸弹架都完全充满气。

任务重新配置是武器舱内武器的关键要求，武器舱内的挂载与投放设备位置有很多个。为了适应这些需求，在装入适配器和炸弹架后，需要多个柔性软管将挂载与投放设备连接到气动动力源。软管配有快速断开（QD）接头，并配有一个安全装置，可防止快速断开装置脱离，直到软管泄压为止。随着F-35试验的进展，发现即使是最小的漏气也会对整体系统性能产生重大影响，随后，对系统设计进行了大量改进。改进范围从软管快速断开装置配件的设计更改到气动动力源制造工艺方法的变化。为了改善维护人员的体验，设计了增强的课件来解释系统操作、故障排除和正常的操作程序。

10.6　机炮系统设计

机炮系统根据F-35各型别战斗机的具体要求确定。F-35A战斗机需要内置机炮系统。F-35B和F-35C战斗机则需要一个在必要时才安装的任务机炮系统，以满足特定的任务要求。机炮系统的主要任务是近距离空中支援（CAS），但也必须能够进行空空作战。F-35战斗机项目的技术规范对机炮要求是9 000 ft的射程，指定的扫射角和速度，还有一个要求是每次装弹要能完成3轮次有效扫射。由于俯冲角和速度要求，完成每次有效扫射的时间非常有限。

在F-35战斗机项目的竞争阶段，完成了一项折中研究，以确定符合技术规范要求的最佳机炮系统。折中研究审查了五种机炮解决方案，其中包括三种加特林机炮：20 mm口径M61A2、25 mm口径GAU-12和25 mm口径先进套管式伸缩CT-525。可能的解决方案还包括两种单管机炮：27 mm口径BK-27和25 mm口径Aden 25。对每种机炮系统及其集成到飞机上的能力进行了比较，主要包括重量、体积、接口载荷、炮弹容量和电源要求。另外还考虑了集成到空军F-35A战斗机内部和集成到海军陆战队F-35B战斗机和海军F-35C战斗机任务吊舱的能力。

对机炮系统进行了性能评估，评估内容包括机炮系统射速、射击精度和炮弹针对技术规范中规定的目标集的有效性。还比较了每种系统的开发和含备件的单位出厂价格（URF）成本。通过对数据的分析，确定了27 mm口径BK-27机炮系统是集成内部机炮系统和任务机炮系统的最佳系统。该决定基于以下因素：

(1)重量最轻。

(2)不需要来自飞机的液压动力。

(3)研制和单位成本最低。

(4)只需要 152 发炮弹(round)。

(5)炮弹的准确性和有效性最高。

套管伸缩式 CT-525 机炮具有杀伤力优势,而且存在减轻重量的可能。然而,对于 F-35 战斗机来说,这种设计还不够成熟,如果选择这种机炮,在研制进度和成本方面会带来无法接受的风险。

在 F-35 战斗机生产型飞机详细设计的早期阶段,关于 BK-27 机炮及其弹药的寿命周期成本和致命性等问题浮出水面。为此,进行了另一项折中研究,以确保选择的机炮系统解决方案最佳。新的折中研究包括 BK-27、GAU-12 和 GD-425(GAU-12 的 4 管型)三种机炮。这项研究基于初期研究使用的相同标准对这三种机炮系统进行了评估,初始研究标准选择的是 BK-27 机炮。但是,这次的研究重点关注致命率和寿命周期成本,以及 25 mm 和 27 mm口径炮弹的可用性。

研究结果表明,如图 10.13 所示的 GAU-12 机炮是机炮系统最好的解决方案。其开发成本较低,单位出厂成本较低,寿命周期明显降低,杀伤力提高。此外,25 mm 炮弹适用于各军种。GAU-12 机炮的选择是液压驱动,每分钟发射 4 000 发炮弹,并且使用的是美国已经列装的 25 mm 炮弹。GAU-12 机炮是一种反向清除(Reverse-Clearing)机炮系统。它在每次发射后会反转方向,并将最后一次发射未射出的炮弹通过机炮将其带回到下一次发射的位置。这一反向清除程序保证了正常射击时,弹药处理系统中始终维持最高数量的炮弹。

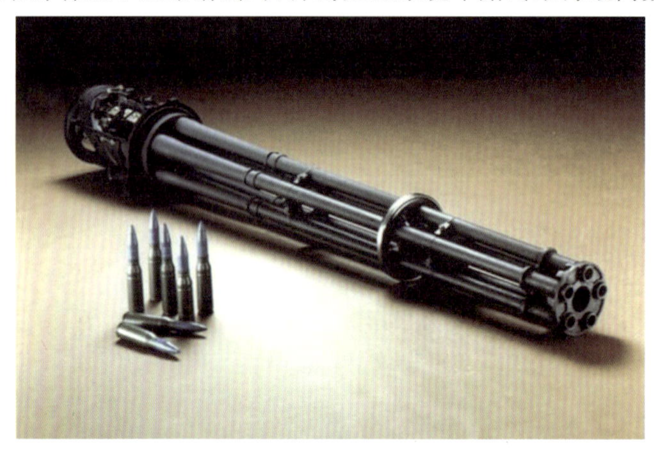

图 10.13 GAU-12 机炮

当 F-35 战斗机项目进入减重攻关时,GAU-12 机炮正在研制设计与试验中。为了支持减重攻关目标,对 GD-425 四管加特林机炮进行了审查,以确定可以比五管 GAU-12 机炮系统实现减重。F-35A 战斗机通过使用 GD-425 机炮系统,确定可以减重 35 磅。虽然这种变化并没有影响 F-35B 战斗机的空重,但它对 F-35A 战斗机的整体构型而言是一种非常好的平衡方案。通过拆除一个炮管和一个螺栓组件及其支撑导向器实现了一定的减重。另外还减小了新机炮外壳和转子的直径。GD-425 机炮(官方称为 GAU-22/A)是一种液压驱动的机炮,射击速度为每分钟 3 000 发。供弹系统是一种液压驱动单舱线性无链系统,总容量为 181

发炮弹。它能够实现三轮每次 60 发炮弹射击。

图 10.14 显示了 F－35A 战斗机内置 GAU－22/A 机炮及其线性无链弹药处理系统(AHS)的安装情况。弹药处理系统最初设计可使用三种类型炮弹：PGU－20/U 穿甲燃烧弹，PGU－23/U 目标训练弹，或 PGU－25/U 高爆燃烧弹。后来，更多炮弹得到使用许可，包括 PGU－32 半穿甲弹、高爆燃烧弹、PGU－47 穿甲弹和 PGU－48 碎裂穿甲弹。该机炮具有旋转作动机构，其中撞击式 25 mm 弹药由无链载体从弹药处理系统输送到后膛螺栓组件中。炮弹是在机炮膛内发射的，用过的炮弹在机炮旋转时被取出并弹射回弹药处理系统。射击后，机炮反向旋转以清除未使用的炮弹。每次射击时，对机炮有自动预位和安全保护。

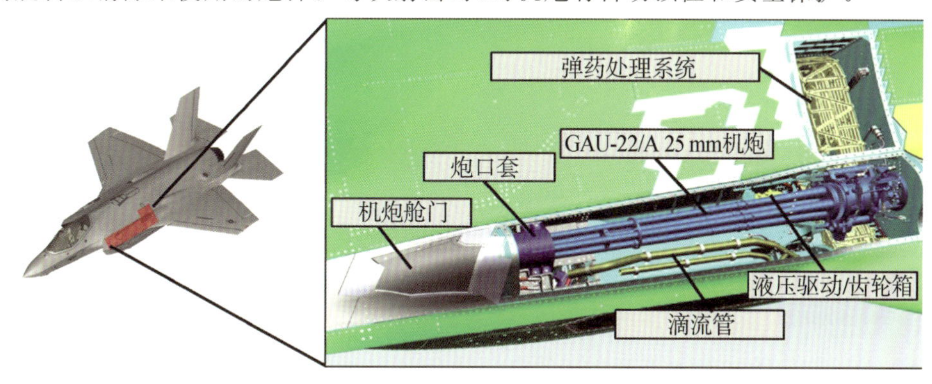

图 10.14　F－35A 战斗机内置 GAU－22/A 机炮和弹药处理系统的安装

机炮系统膛线校准是通过软件而不是硬件调整来完成的。在飞机制造过程中，使用工具进行膛线校准，以检查和记录瞄准精确度以及与机身安装接口点的对正情况。机身瞄准点的任何修正都被记录并存储在飞机软件中。机炮系统制造商在验收试验过程中测量和记录机炮组件瞄准点和炮弹的动态落点。每个机炮都提供了瞄准点和动态落点以便安装到飞机软件中。然后，通过一种算法将机炮和附加点校正因素与驾驶舱盖和其他校正图耦合起来，为飞行员建立正确的瞄准序列。

海军陆战队和海军要求机炮系统作为 AME 使用。根据这个要求，机炮系统是仅在任务需要时才会安装携带。在 F－35B/C 战斗机上，机炮系统设计成一个任务机炮系统(MGS)吊舱。如图 10.15 所示，机炮吊舱安装在飞机中心线上，介于武器舱门之间。这个位置的空间有限，因为当任务机炮系统安装在飞机上时必须允许内侧武器舱门完全打开。海军的任务机炮系统的下表面也由于需要与航母上飞机弹射起飞时使用的弹射器保持适当间距而受到限制。由于吊舱体积有限，供应商必须开发螺旋进料系统来储存弹药。螺旋系统是双螺旋形，环绕着机炮组件管，可携带 220 发炮弹。任务机炮系统安装在飞机底部中心线的武器挂点上，有两个导销和一个四螺栓接口。

在项目的早期阶段，要求内置机炮系统和任务机炮系统之间有尽可能多的通用部件。根据这个要求，最终形成了通用机炮组件和机炮系统控制装置，以及通用液压驱动马达。任务机炮系统与内置机炮系统具有相同的反向清除操作，并使用相同的技术进行膛线校准。它使用制造商提供的机炮组件瞄准编号和基于任务机炮系统安装硬点对准的校正编号。然而，飞机表面、门轮廓和机身结构仍然存在差异。因此，F－35B 和 F－35C 战斗机的任务机炮系统需要对机尾整流罩、舱门保险杠和检修面板进行微小改动。

图 10.15 任务机炮系统的安装情况

10.7 武器管理系统设计

F-35 战斗机任务机炮系统受益于 MIL-STD-1760 军用标准定义的标准化武器电气接口。该标准将武器电气接口的操作前提从能量控制机构转移到数据传送控制机构。虽然许多武器的详细功能仍然是能量驱动机构，但实际的控制电路已经变得很小而且价格低廉，足以在武器内部实现。这使得武器和飞机之间的电气接口在功能上变得通用而灵活。

在 MIL-STD-1760 军用标准内通过专用功能电路保护安全联锁功能，使危险概率保持在可接受的水平。由于飞机/武器接口主要是数据传送机构，大多数武器投放功能由飞机和武器中的软件程序控制。这为进一步标准化该数据传送接口奠定了基础，从而可以确定武器的即插即用机构。现在称为通用武器接口（UAI）。随着研制项目的结束和随后的批次升级，F-35战斗机将在增量飞机软件版本中托管 UAI。

在结构上，F-35 战斗机武器管理系统（SMS）由安装在武器使用点附近的接口装置组成，设计为附属设备。这些物品与飞机火控软件的串行数据接口位于航空电子计算机中，后者构成集成核心处理器（ICP）。集成核心处理器提供所有武器管理系统处理资源以及与其他任务系统和飞机管理系统功能的连接，并为这些功能提供适当的冗余。图 10.16 显示了武器管理系统组件的架构布局。

武器管理系统机身远程接口装置（FRIU）和导弹远程接口装置（MRIU）是形成输入/输出结构的硬件组件。通过这种结构，火控和武器（FC&S）软件控制武器的补充。机身远程接口装置提供硬件接口来控制挂载与投放设备的弹射炸弹架和气动设备，以及 MIL-STD-1760 电路（电源电路除外）。机身远程接口装置位于主起落架机轮舱，是相对于武器挂点的中心位置，最大限度地减少了导线长度。导弹远程接口装置为特有的空空导弹信号提供硬件接口，安装在 LAU-151/A 轨道发射器上。

武器的 MIL-STD-1553 军用标准数据信息接口硬件位于集成核心处理器的通用输入/输出模块上。这个位置保证了火控核武器（FC&S）软件线程和灵巧武器之间的通信延迟最小。传统方法是为整个飞机武器装备使用一个 MIL-STD-1553 军用标准总线控制器，但 F-35 战斗机的武器管理系统使用了 8 个控制器。它使得每个空面武器挂点（6 个通道）使用一个单独的控制器，内部和外部专用空空武器挂点使用另外一个控制器（4 个挂点使用 1 个控制器）。除此之外，内置机炮和中心线挂点使用了最后一个控制器，共有 8 个控制器。这明显快速增加了 MIL－STD－1760 的武器带宽。

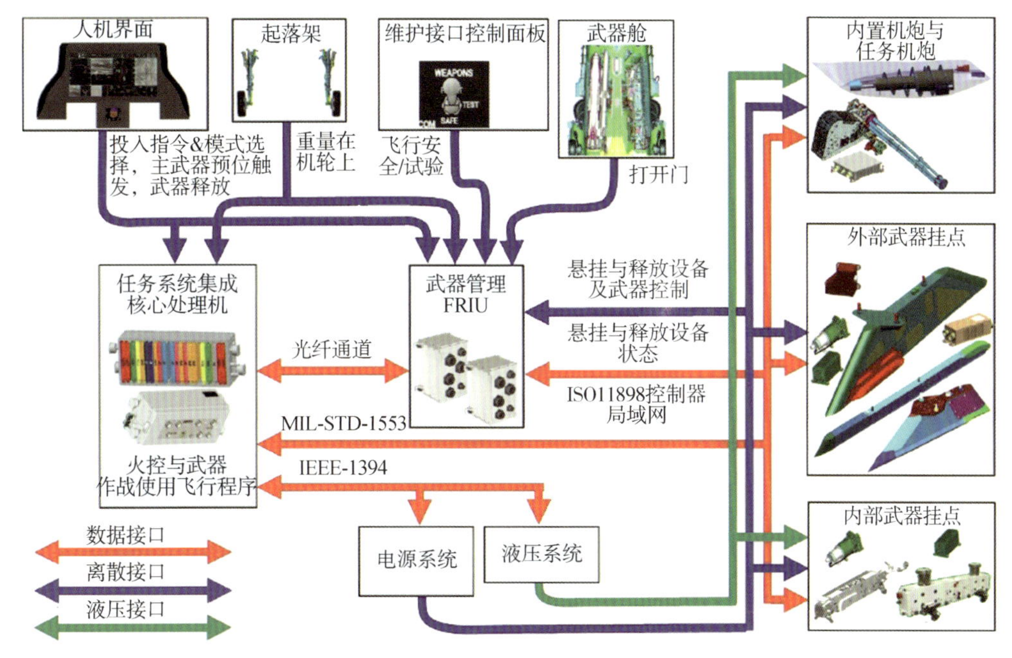

图 10.16　武器管理系统组件的架构布局

多控制器的优势是可以快速启动武器并瞄准，而且支持挂载多个子炸弹架（例如 BRU－57 炸弹架），并可以同时使用多种武器，明显增强了能力。该方法还有一个好处是提供功能隔离。通过它，管理任何挂点武器的火控与武器域软件与管理飞机其他武器挂点的武器火控与武器 FC&S 域软件独立工作。此功能可实现武器使用时间线的高度一致，并易于集成。

对于电路，F－35A/C 战斗机在所有武器挂点都使用了 MIL－STD－1760 中定义的完整的一级接口。在项目开发早期实施的重量攻关取消了 F－35B 战斗机空-空导弹武器挂点的高带宽信号 HB1、HB2、HB3 和 HB4 布线。它还导致从中心线武器挂点取消了 115 交流电源和低带宽布线。这使飞机重量减轻了 10 lb。所有相应的电子设备都保存了下来，飞机设计中也为恢复取消的线路提供了条件。在这些挂点保留的符合 MIL－STD－1760 军用标准的 F－35B战斗机一级电路可以保证所有武器的使用，以及通用武器接口能力。

单点安全，无烟火挂载与投放设备，以及取消地面保障设备是 F－35 战斗机的其他要求，这对武器管理系统架构产生了重大影响。单点安全要求整个武器系统在飞机的单个位置得到安全保护。这推动了武器管理系统的设计进步，使得没有电能的情况下也可以保护武器设备件（炸弹架、导弹发射器和机炮）。与传统设备相比，这种设计也影响了设备件的设计。具体而言，新设计禁止在武器挂点使用飞行前移除（REMOVE BEFORE FLIGHT）销、杆或机械机构。因此，F－35 战斗机设备在设计上要求来自武器管理系统的专用激活能量来激活炸弹架、导弹发射器和机炮的电磁阀机构。这是从安全状态进入使用状态所必需的。

为了满足挂载与投放设备的无烟火要求，F－35 战斗机的炸弹架通过气动电磁阀机构操作。这些电磁阀的武器管理系统电气接口专为电磁阀操作而定制。它们整合了扰动试验功能，可以对端到端电路的连接情况进行定期确认。

F－35 战斗机系统的另一个主要要求是取消大多数地面保障设备。这对武器管理系统的设计提出了挑战,因为大多数武器接口电路在武器挂点都是开放式电线,飞机电子设备连接到内部端。此外,还有一个配套的F-35战斗机武器管理系统要求,即在没有保障设备的情况下飞机具有验证武器系统完整性的能力。在与F-35战斗机联合项目办公室的讨论中,没有某种形式的飞机保障设备,验证MIL-STD-1760军用标准要求的开放式飞机电线是不可能的。针对F-35战斗机的解决方案是将电压表功能纳入MIL-STD-1760军用标准信号装置和包装适配器保障设备的选定电路中。这些包装的适配器是小型、低复杂度的产品,带有内部无源元件,可将电压从MIL-STD-1760军用标准信号中回放到具有电压表功能的电路中。这种设计方法确认了飞机布线的完整性,并在一定程度上确认了MIL-STD-1760军用标准信号电子设备的功能。在飞机的整个寿命期间,停飞的主要根源是布线问题,例如开放电路和结构短路。F-35武器打包试验旨在检测和隔离这些问题。

10.8 未来武器能力增长

F-35战斗机武器系统将使用多年,其设计目的是为了应对不断变化的威胁。内部武器舱的设计维持了未来武器增长所需的最大体积,并能集成新武器。武器舱体积最大很重要,因为F-35战斗机在任何冲突中将主要挂载内部武器进行作战。因此,未来的武器在很大程度上都会被设计成与F-35战斗机武器舱兼容。SDD期间只有500 lb级空地外部武器获得试验认证。然而,F-35战斗机及其所需的AME结构设计可容纳多达2 000 lb级弹药和外部油箱。这包括挂载1 000 lb双弹药和单弹药,以及挂载外部空空双武器,以增加这种灵活性。图10.17展示了潜在的最大空空武器装载能力。

图10.17 潜在的最大空空武器装载能力

MIL-STD-1760军用标准规定的所有挂点的兼容性为当前和未来的武器提供了电气和逻辑接口。对于传统重力武器及其挂载系统,该设计可容纳挂架远程接口设备,可将适用的MIL-STD-1760军用标准信号转换为传统挂载系统识别的分散模拟信号。通过将外部导弹适配器集成到现有的F-35战斗机独特的空地挂架和轨道发射器上,可以实现外部空-空武器挂载。外部导弹适配器可以对现有或未来导弹进行单导弹或双导弹挂载。

为了进一步简化未来的武器集成,F-35战斗机采用了通用武器接口(UAI):平台和武器之间的功能和逻辑接口定义。其目的是将平台(飞机、舰船、地面车辆)的新武器(武器系统、挂载系统和传感器系统)与平台的作战飞行程序(OFP)更新周期分离开来。通过实验室与通用武器接口 UAI 认证工具的集成，通用武器接口（UAI）标准正在 SDD 阶段得到认证。SDB II™将是在 SDD 阶段之后的后续现代化（FOM）项目中使用通用武器接口（UAI）集成的第一个武器。图 10.18 显示了正在考虑用于未来整合的其他后继现代化武器。

通用武器接口（UAI）与平台无关，独立于项目的细节。然而，F－35 战斗机人员在几个通用武器接口（UAI）团队中担任重要职位：系统工程、平台挂载、任务规划和发射可接受区域。随着新武器进入该计划，团队对 F－35 战斗机开发接口和流程的经验将有助于实现高效和有效集成。为了进一步提高未来的能力增长，评估了目前和未来将要发展的可提高武器系统效能的武器。确定了更多的武器储备，正在改进武器舱，以便在需要时集成更多新武器。

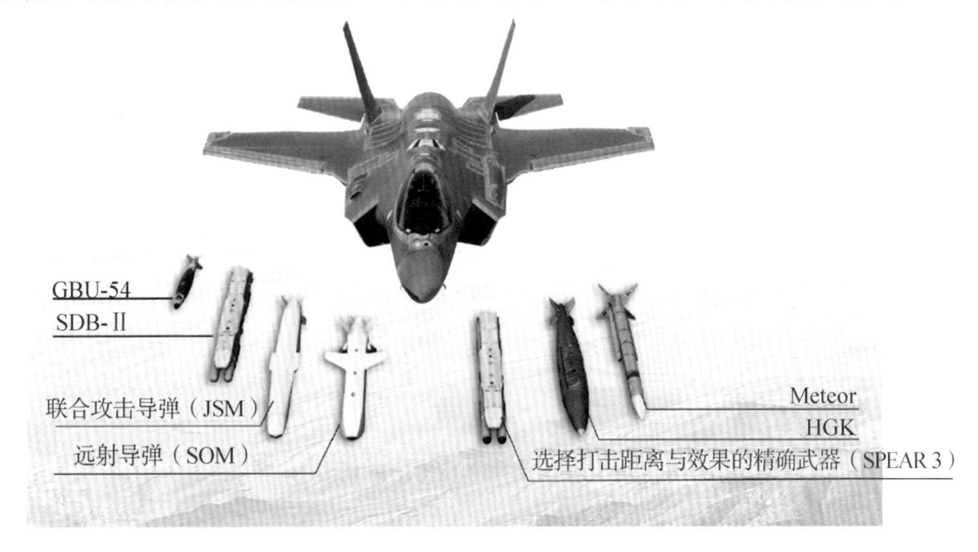

图 10.18　后继现代化武器备选方案

10.9　总　　结

F－35 战斗机武器挂载系统已完成设计并成功通过 SDD 阶段项目的验证。它们为战术指挥官提供了灵活性，可以根据威胁级别，以隐身方式使用内部武器，或者以普通方式使用外部武器，实现对多种目标的有效打击。设计的内部武器舱，最大限度地实现了武器系统和飞机系统的灵活集成，并尽可能降低了对飞机性能的影响。此外，为了提高挂载武器的可达性，设计了机载武器吊装系统。为了提供支持，在武器舱门的机构上安装了空-空导弹，从而开放了维护人员挂载武器的通道。制定了严格的外部武器使用规定，以便能够在七个硬点上挂载各种各样的武器。根据各军种需要设计装备了内置机炮和任务机炮系统，为空空近战提供了致命的目标杀伤能力。无烟火炸弹架和导弹发射器能在非常大的温度范围内提供稳定的分离性能，比传统烟火系统节省了大量的寿命周期成本费用。设计的武器管理系统适应性非常强健，可对所有所需武器进行调节和控制使用。此外，它的灵活性也适应通用武器接口的发展，可以很容易地集成未来的武器。随着 F－35 战斗机武器的不断发展和集成，武器能力增长必将能使未来的智能武器应对不断升级的威胁，实现必要的武器/目标配对。

参考文献

[1] HETREED C，CARROLL M，COLLARD J，et al. F－35 Weapons Separation Test and Verification[R]. AIAA－2018－3680，2018.

[2] DIX R E，BAUER R C，Theoretical Study of Cavity Acoustics[R]. Arnold Engineering Development Complex，AEDCTR－99－4，2000.

[3] SITE L L C，Weapon Carriage Technology (WCT)，Life Cycle Cost Study Phase II for Wright Laboratory/MNAV[Z]. F－35 Joint Program Office，1996.

第11章　F－35“闪电Ⅱ”战斗机气动性能验证

机体承包商、推进系统承包商、政府项目办公室联合开展工作，验证了F－35飞机的主要常规性能要求。联合工作团队通力协作，建立了成本有效且可靠的基于建模和仿真的验证方法，验证了飞机性能计算工程数据库。严格的重量管理程序对于这些团队的成功发挥了重要作用，并通过逐步消除影响飞行试验前性能预测的传统因素予以团队极大支持。这些方法确保了F－35战斗机满足关键合同性能要求。在项目团队的工作过程中，对来自各种传感器的试验数据进行重点分析，计算性能参数时，保持了对细节的关注。通过这些工作，使飞行试验矩阵最小，并且足以在飞行试验前，解决气动性能方面的问题，即使是很小的调整。最终，飞行试验结果证明F－35飞机设计超出要求。而且，试验结果形成了为作战人员提供全飞行包线作战性能能力的基础。

本章对F－35战斗机性能验证中采用的方法和分析技术进行了顶层分析。项目团队运用这些方法和技术验证了F－35战斗机的常规性能要求，重点验证了联合合同技术规范中的关键性能参数(KPP)。基于建模和仿真的验证程序成功验证了空气动力学数据库和性能数据库，保证了利用最小飞行试验矩阵准确计算飞机性能。最终，试验验证过程表明，所有3型F－35战斗机的任务性能均超过要求。本章描述常规的飞机性能管理方法，强调了验证程序中涉及的一些挑战、问题以及成功之处。

11.1　背　　景

F－35战斗机是为美国空军、海军陆战队和美国海军以及12个伙伴国设计的一种先进战斗机。F－35战斗机包括3种高度通用的构型/型别：F－35A常规起降型(CTOL型)、F－35B短距起飞/垂直着陆型(STOVL型)以及F－35C舰载型(CV型)。图11.1是F－35战斗机三种型别平台和基本构型的示意图。

联合合同技术规范确定了F－35战斗机的性能要求。每种型别的主要常规飞机性能要求是关键性能参数设计任务半径。F－35B(STOVL型)战斗机有另外的关键性能参数要求，即短距起飞距离和带载荷返航垂直着陆能力要求，特别是在海军LH级两栖攻击舰的舰上操作使用。验证这些要求的方法遵循文献[1]中描述的，类似于常规性能要求验证所采用的程序。带载荷返航垂直着陆能力是测试飞机携带未消耗的武器和燃油返回航母的能力。F－35C(舰载型)战斗机单独还有进场速度关键性能参数要求，强调在海军航母上的操作使用，参见文献[2]。

F－35战斗机项目采用了基于建模与仿真的方法，确定和验证飞机的气动特性和性能。项目的风洞试验部分包括大约5 000小时的试验，用15个模型在4个国家、7个州的23个风洞设施进行了试验。

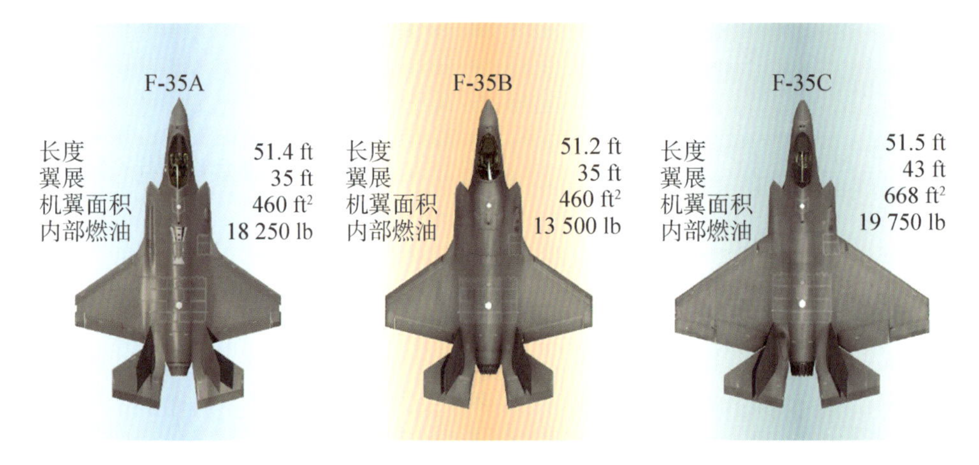

图 11.1 F-35 战斗机三种型别平台和基本构型

风洞试验使用了两种力和力矩模型：一个 1/12 缩比模型作为所有气动特性数据库的基线，一个 1/15 缩比模型作为气动外挂增量和大多数稳定性和控制特性数据库。项目团队对这两种模型进行了模型确认（验模），确保能准确代表飞机的外形模线。图 11.2 示意了这两种风洞模型。

图 11.2 F-35 战斗机两种风洞模型

对稍大一点的 1/12 缩比模型采取了一些创新技术，以改进试验数据的质量。这种模型有两个后端，可用于不同的天平/尾支臂（sting）安装。较小的后端可配置一个 2 in 天平和尾支臂，使它完全准确接合到机体/喷管接口。2 in 天平也进行了标定，测量能力稍低一些，以保证试验数据更准确更灵敏。小后端安装装置用于采集 15°迎角内的各种马赫数下的数据。大后端有一个 2.5 in 天平/尾支臂，测量能力更高，灵敏度却低一些，用于采集 15°～40°迎角范围的数据。

1/12 模型的平尾可以遥控作动，实现了无须打开风洞就可修改构型。这样，也使试验人员在所有风洞试验项目的预算内和时间限制内获取更多数据。增加的后缘襟翼/平尾交互数据，极大改善了最终气动性能数据库的准确性。

项目团队开展了广泛的 CFD 计算，更大程度地补充风洞试验。使用 CFD 技术对数十种研究选项进行了折中评估，以确定最有效的风洞试验方案，参见文献[3]。项目团队还利用 CFD 技术处理不能在风洞中试验的项目，例如发动机舱通风能力和推进系统热交换器进气口。另外，还运用 CFD 技术处理风洞试验结束后，试验构型发生任何小改变所带来的影响，这保证了气动性能数据库能够准确代表进入试飞阶段前的试验机。

为 F－35 战斗机风洞试验还设计了一个保密网络，用于在风洞试验设施基地和得克萨斯州沃斯堡工厂之间，以及各个风洞试验基地之间进行通讯和交换数据。核心风洞试验设施、其他专用风洞设施、沃斯堡的洛马公司的风洞数据实现了自动同步。这样就实现了有限数量工程师对世界范围内的多项风洞试验进行运行和监控。在风洞试验的某一个时间点，一度曾有 11 项试验同时进行。

表 11.1 列出了 F－35 战斗机系统研制与验证阶段所有科目的风洞试验总时数。

表 11.1　F－35 战斗机项目系统研制与验证阶段风洞试验小时数

试验科目	每年实际小时数/h									总计小时数/h
	2002	2003	2004	2005	2006	2007	2008	2009	2010	
气动分析	3 975	3 464	1 991	4 054	2 677	780	0	0	0	16 941
稳定性和控制	1 435	3 168	2 582	3 319	2 315	0	0	0	0	12 819
外部环境	868	677	810	556	468	308	0	0	777	4 464
外挂物分离	1 175	578	373	732	342	445	264	0	0	3 909
推进气动力	2 269	2 060	2 892	2 935	1 253	250	0	0	0	11 659
颤振	192	0	0	0	0	0	0	0	0	192
SDD 风洞总计划	9 914	9 947	8 648	11 596	7 055	1 783	264	0	777	49 984

图 11.3 示意了 F－35 战斗机三自由度(3DOF)力和力矩计算系统。风洞试验获得的数据由 CFD 分析进行补充[3-5]。这种方法的基本思想是在项目早期对飞机构型准确建模进行大量资本投入。这样做，最大可能地把用于验证数据库的相对昂贵的飞行试验减至最少。

11.2　性 能 管 理

签署项目合同的时候，F－35 战斗机项目授权使用一个保守系数来计算飞机性能，以涵盖新飞机设计各方面风险。采用这个保守系数，预测的燃油流量增加 5％，以涵盖设计的不成熟性，以及其他方面问题。这个保守系数同时还涵盖了预测的气动性能和推进系统数据库的不确定性，以及设计方案成熟过程中可能的重量增长。而且，这个保守系数涵盖了根据试飞发现的问题，对构型的可能修改，这种修改可能对性能产生不利影响。随着飞机设计趋于成熟，并完成了试飞，这些方面的不确定性就不存在了。同时，这个保守系数也逐步减小，直到技术规范性能的最终计算不再应用这个保守系数。签署合同时，两个最大的不确定性是气动性能预测数据库的准确性，以及将缩比试验结果调整应用于全尺寸飞机的程序。

简单地说，飞机性能计算系统涉及组合输入来自气动性能、推进系统和质量属性数据库中的数据，如图 11.4 所示。这些数据用于计算飞机的任务能力和机动能力，数据库的任何变化都可能提高或者降低计算的飞机性能。F－35 战斗机项目早期实施了飞机性能管理程序，确保最终的飞机设计满足关键性能参数要求。项目团队对照联合合同技术规范的性能要求计算了F-35战斗机的能力，并且随着数据库成熟，通过风洞试验和分析跟踪了性能等级。

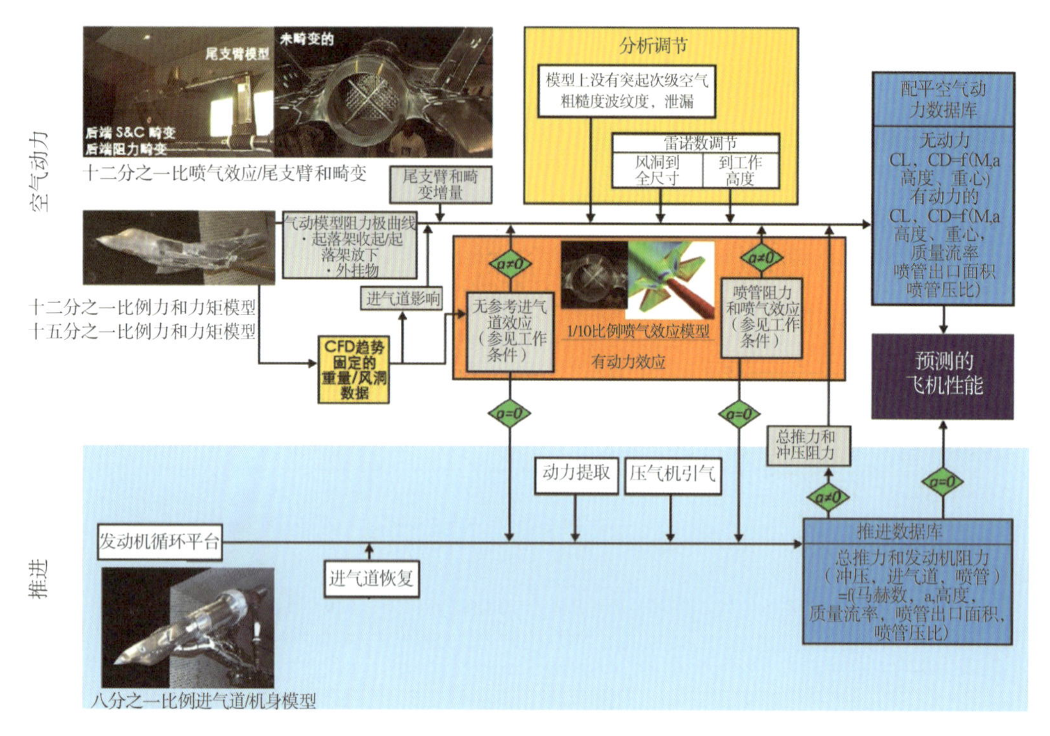

图 11.3　F-35战斗机三自由度力和力矩计算系统

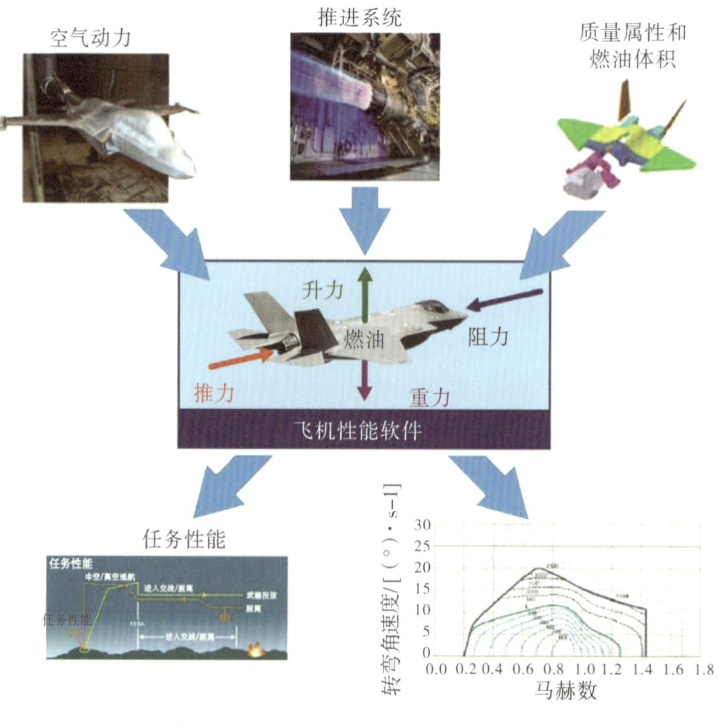

图 11.4　F-35战斗机性能计算程序

对于每项要求，项目团队制定了安全边界线，表示何时与要求之间的裕度已经足够小，如果妥协，要求就得到了满足。如果预测性能低于安全边界线，就启动一个恢复计划，恢复裕度并改善性能。图 11.5 示意了一个具体性能能力要求随时间的变化。图 11.5 中每个符号表示对一个要求的正式计算。在项目早期阶段，气动性能、推进系统和质量属性数据库更新频繁。这期间，根据技术规范要求进行的性能计算基本每月一次。随着设计成熟和稳定，影响性能计算的各种更改越来越少。相应地，技术规范性能的计算频率也减少。

对于图 11.5 中的性能要求，计算性能低于设定的安全边界线级别。执行了专项性能飞行试验矩阵的一组机动子集，以在飞行试验前评估气动性能数据库的相对准确性。这个数据集分析结果表明，预试验数据库与测量的性能匹配很好，最终的气动性能不会出现很大不确定性。根据这项分析，以及与 F－35 战斗机联合项目办公室达成的一致，项目团队把计算技术规范性能的燃油流量保守系数从 5%降到 4%。燃油流量保守系数的变化是足够的，使计算的性能超过了安全边界线水平。随后，由于执行了剩余的专项飞行试验矩阵并进行了分析，继续逐渐降低燃油流量保守系数。燃油流量保守系数逐渐降低也是飞行试验项目成熟的产品，不表示会对性能产生不利影响的构型改变要求。

图 11.5 中，曲线的终点表示官方的联合合同技术规范性能确认计算，已经完全去掉了燃油流量保守系数。这代表了最终确认的飞行试验级别的气动性能数据库、确认的推进系统安装影响以及实际测量的生产型飞机的重量和燃油量。

图 11.5　相对于安全边界线和要求对 F－35 战斗机性能能力的跟踪

飞机性能管理的一个关键部分是在项目设计和发展阶段控制重量增长。随着飞机设计逐步成熟，飞机总重量普遍增长，所以 F－35 战斗机重量是主动管理的，重量增长限制为随着时间的预计增加量，参见文献[6]。根据项目要求计算飞机性能，使用的是预计的系统研制与验证阶段结束时的飞机重量。这与具体时间点的状态重量截然不同。图 11.6 为 F－35 战斗机重量随着时间变化而变化的情况的示意图，表明项目使用的计划-执行线是重量随着时间变化而变化的封顶线。项目团队等待实施设计变更,设计变更可能导致实际重量穿过计划-执行线。只有实施重量补偿更改,减少重量,保持状态重量低于目标,才能持续设计更改。

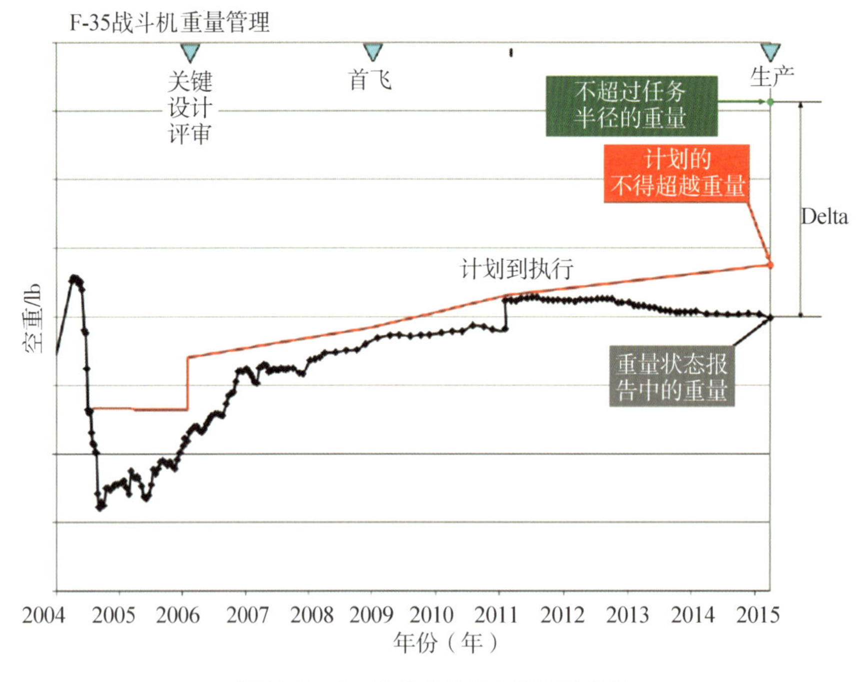

图 11.6 F-35 战斗机重量管理示意图

11.3 飞行试验方法

F-35 战斗机空气动力和性能验证团队选择的首要策略是验证其中一个数据库,而不是验证性能。组合使用空气动力、推进系统、质量属性和起落架(用于基础性能)数据库,根据物理定律计算预测了飞机性能。飞机性能预测计算采用运动方程定义问题中的任务或者机动。尽管每种型别都有各自独特的设计任务剖面,但是验证那些任务能力的方法在这些型别中是通用的。性能验证团队的策略是获取数据,完成必要的分析,验证那些计算使用的数据库。然后使用确认的数据库计算验证性能。

性能验证团队的方法切合实际,而且在成本方面也很有效。这些方法中,验证数据库所必需的专项飞行试验工作量,相对于在所有环境工作条件下验证飞机所有构型的性能的试飞工作量要少很多。飞行试验的减少大大节约了经费。其他方面的益处还有能够准确分配和验证空气动力和推进系统对飞机总体性能的作用。这样,由于试验从建立的很好的基线启动,可以减少以后飞机试验或推进系统改装试验工作量。尽管在项目的这个阶段,这种影响不会产生即刻的经济效益,但是可以明显避免为以后的 F-35 战斗机现代化/能力增强合同提供巨额的经费。

1. 飞行中推力和性能工作小组

空气动力和性能验证团队的方法之所以成功,关键因素是很早就建立了飞行中推力和性能工作小组(IFTPWG)。F-35 战斗机合同签署之后不久,很快就建立了由洛马公司、BAE

系统公司、普惠公司以及 F-35 战斗机联合项目办公室所属空军和海军代表组成的飞行中推力和性能工作小组。这个工作小组的目标是在试验和分析工作中开展必要合作，可靠地确认数据库，并成功验证飞机性能技术规范要求。

飞行中推力和性能工作小组充分利用其有关空气动力、性能、推进系统试验方面的综合专业技能，确定必需的分析和试验工作，并达成一致，最终实现对数据库的验证。在试验开始之前，就试验方法取得一致意见，可以减少或者防止扩大昂贵的飞行试验的范围。飞行中推力和性能工作小组是审查和讨论所有问题和结果的一个场所/组织，是促进所有团队协作关系的关键。

飞行中推力和性能工作小组工作的关键部分是飞行中推力计算平台(IFTCD)。飞行中推力计算平台是普惠公司提供的一种工具，根据测量的发动机和飞机参数，计算飞行中或者地面试验中任何离散点的推力。飞行中推力计算平台有两种计算推力的独立方法可供选择：气流的温度平方根以及气流单位面积压力[7]。每种方法依靠不同参数确定各种飞行中的推进系统推力。具有两种独立方法的益处之一是，能够识别一种方法的系统偏差。

推力和空气动力不能在飞行中单独测量。因此，飞行中推力计算平台对于根据飞行试验机动确定飞机空气动力至关重要。如图 11.7 为飞机平飞中，其他作用力中 W，a_x 和 a_z，V 以及 α 可以直接测量。然而，空气动力值 L 和 D 以及推进系统专业参数 F_G 和 D_E 不能直接测量。为了确定空气动力参数，需要了解推进系统专业参数。

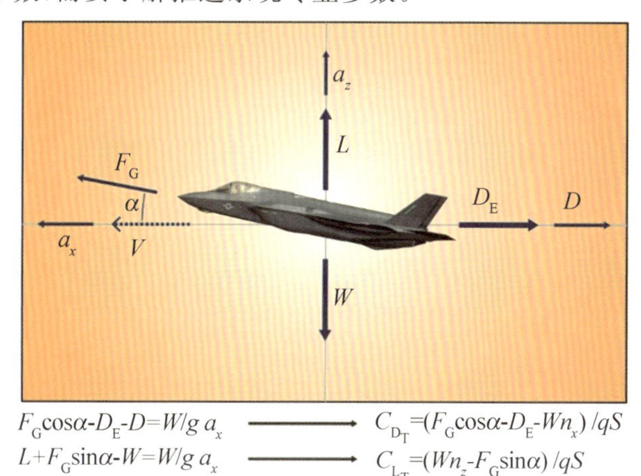

图 11.7　飞机平飞中的作用力

利用发动机研制试验中高空台试验的结果，对飞行中推力计算平台进行了标定，以改进两种计算方法的准确度。飞行中推力和性能工作小组继续评估增加飞行试验结果准确度的备选方案。该小组改进了各个参数测量的方法，改进了专门的地面和飞行试验技术，以减少最终产品的不确定性。评估了每种备选方案的技术可行性，并对成本/效益进行了平衡折中。项目增加任何经费都必须实现实际的、可获得的显著效益。

2. 试验矩阵

F-35 战斗机空气动力和推进团队带着高逼真度的风洞和分析数据库进入系统研制与验证阶段飞行试验。针对风洞试验和计算流体动力学计算分析开展了广泛的工作，确保力和力矩记录系统识别的所有力和力矩都得到很好的定义。当工作目标很难从试验中实现时，这一点尤其重要。飞行前数据库的综合特征对于利用一个最小的飞行试验机动矩阵成功验证飞机性能要求至关重要。

专项飞机性能飞行试验机动矩阵设计用于使要求的试飞最少。同时，这个试飞矩阵继续提供必要的数据，验证关键性能参数性能要求并为所有阶段飞行确认性能数据库。目标是验证可靠采集的数据库，是提供给作战人员的性能产品的基础(例如飞行手册、飞行员检查单、驾驶舱性能)。飞行中推力和性能工作小组权衡了最终的数据库逼真度与试验和分析经费。由于F-35战斗机项目持续存在降低试飞经费和缩短时间进度的压力，工作小组成员一直在持续评估和细化试验矩阵。最终，任何一个F-35各型别战斗机所飞行的专项试验点的数量只是以前战斗机的一半。表11.2总结了飞机净构型试验次数。

表11.2 飞机净构型专项性能试验次数

机动类型	F-35A	F-35B	F-35C
巡航	51	56	54
动力进场着陆(放下起落架)	7	12	28
过山车机动(Roller Coaster Maneuver)	8	9	9
加速	9	9	9
减速	6	6	6
稳定盘旋	14	14	14
爬升	8	8	8
下降	4	4	4
着陆	8	8	8
起飞	0*	0*	0*

*其他科目分析的机动数据。

验证关键性能参数想定任务的专项飞行试验矩阵的一个内容，就是关注每项任务的关键部分。空气动力和性能验证团队分析了每项想定任务，确定哪一阶段飞行消耗的燃油最多。确定了一个或者多个专项飞行试验点深入验证数据库。针对代表想定任务燃油使用最显著部分的每种飞行条件(例如，最佳高度/最佳巡航马赫数)选择试验点。图11.8示意了专项性能飞行试验机动飞行包线范围。

空气动力和性能验证团队预测了每种试飞机动，然后将预测结果绘制到预测的阻力极曲线和升力曲线上，确保试验范围充分，并避免试验条件不必要的重复。组合使用稳态和准稳态机动，评估F-35战斗机在全迎角(α)范围的升力和阻力。这种机动的实例就是巡航状态、固定功率稳定盘旋、过山车机动和固定功率加速。为了节约经费，提高试验效率，试验团队使用飞行品质和载荷试验机动评估大迎角(α)气动特性和飞行性能，而没有实施专项机动。图11.9为多种类型机动在预测的升力曲线和阻力极曲线上的相对位置的示例图。这种情况下，可以在多种高度执行巡航机动，确定C_L的分布；在高空，由于动压低，维持平飞需要较高C_L值。

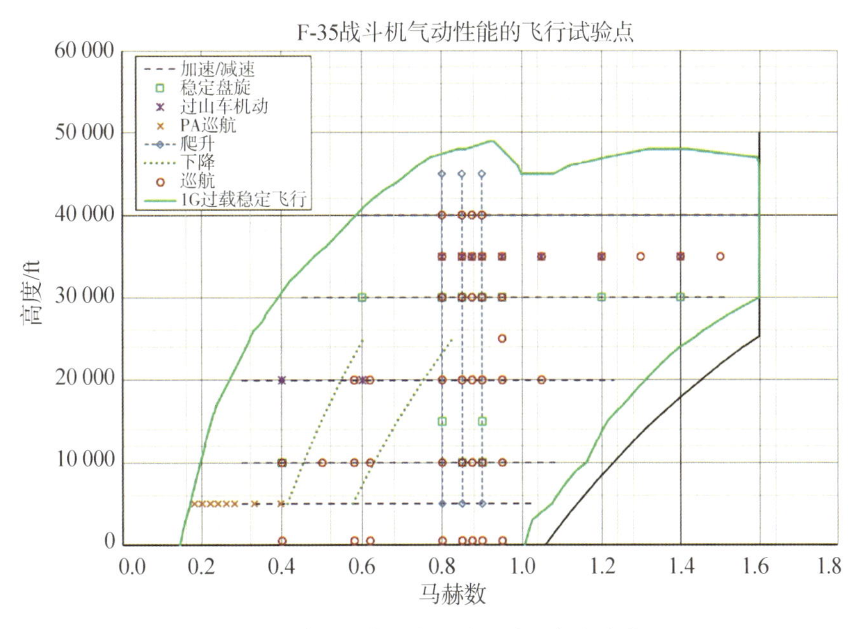

图 11.8 专项性能飞行试验机动飞行包线范围

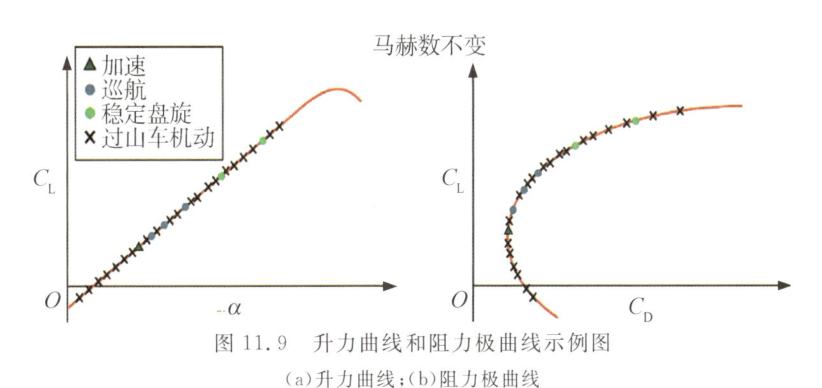

图 11.9 升力曲线和阻力极曲线示例图

(a)升力曲线;(b)阻力极曲线

空气动力和性能验证团队还在相同的 W/δ 条件下重复飞行了巡航机动,以评估飞行试验获得的空气动力结果的可重复性。以不同重量飞行了相同的马赫数条件,并根据 W/δ 方程确定试验高度,这样就使不同试验点的 C_L 相同,也就相当于阻力极曲线上的相同试验点。例如,如果原始试验点是重量 45 000 lb 和高度 35 000 ft,则 W/δ 大约为 190 500。然后,重复试验点的重量可能是 42 000 lb,则试验高度应该是大约 36 400 ft。这两次机动的阻力水平大致一样,如果高度、重心位置和发动机工作条件也标准化,则可以验证飞行试验数据的可重复性。

3. 不确定性分析

为了使试验矩阵的工作量最少,要求关键测试设备的准确性有保障,并且有富裕的测试设备资源。在项目早期,曾完成了一项不确定性分析。根据这些不确定性分析,试验团队确定了影响根据飞行试验机动计算空气动力和性能数据准确性的参数。这些分析的结果使试验团队对于如何更好地利用资源改进最终产品有了更深入全面的了解和洞察。

不确定性分析确定了每个传感器测量的影响系数,而这个影响系数是空气动力数据和性能数据压缩程序的一个输入。影响系数随着试验条件和机动类型的变化而变化,需要在预期的全部试验条件范围内进行评估。随后，把这些影响系数与传感器精确值接合，确定计算的空气动力和性能参数的不确定性。进行不确定性分析时，要求传感器测量必须准确。不确定性分析的结果使验证团队能够把工作重点集中在对结果的不确定性有重要影响的参数上。这样，验证团队就避免了把资源浪费在那些对试验结果影响很小或者没有影响的测量上。

仔细的不确定性分析还能确定一种飞行中推力计算方法是否比另一种方法的不确定性更小。正如影响系数随着条件和机动类型变化一样，两种飞行中推力计算方法的准确性也随着条件和机动类型变化。

11.4 飞行试验结果分析

飞行试验结果分析过程中验证空气动力和性能数据库的工作攻克了一些技术难题。飞机的迎角(α)是一个关键测量参数，它影响着根据试飞测试数据推导出的气动数据的准确性。空气动力和性能验证团队与大气数据团队协作，改进机头空速管试飞数据的准确性，这些数据其他科目也需要。试验团队使用F-35战斗机各型别专门性能巡航数据对迎角α进行了二级校准(标定)。试验团队分析了一级修正机头空速管迎角α和根据飞机惯性导航传感器数据确定的迎角α之间的差别。机头空速管迎角的一级修正主要是调整上洗流和俯仰速度。试验队惯性测量迎角α为：

$$\alpha_{\text{INERTIAL}}=\theta-\gamma \tag{11.1}$$

式(11.1)假设外界环境没有垂直风，这是合理的假设。然而，空气动力和性能验证团队进行的详细分析表明，某些机动条件会出现非常大的垂直风。在爱德华空军基地附近山区进行的机动就是这种情况，而在远离山区的帕图克森特河海军航空站水上进行的机动则不存在较大垂直风。这种结果与山周围的环境风围绕山体向上运动和环绕运动是一致的。可以看到，环境风还使机动中的紊流程度增加。对飞机高速飞行的加速度和α数据还进行了滤波处理，以减少信号的杂散噪音。所有这些改善都使升力和阻力数据更加准确，并且减少了数据分散度。

飞机重量W是试验团队希望减少不确定性的另外一个参数。试验队采用了一个程序增加任何时间点上飞机重量的准确度。在地面加油后和任何一次试飞前，都要使用便携天平对试验机称重。试飞后再次对试验飞机称重。试验前和试验后的重量是确定飞行中任何时间点飞机重量W的基准点(Anchor Point，锚点)。从每个基准点开始计算燃油消耗量，然后综合到整个飞行过程中，就可以确定飞行期间任何一点上，试验飞机的剩余燃油和飞机重量。这个程序减少了由于燃油晃动或者飞机姿态导致的燃油计量系统不确定性。

燃油流量是空气动力和性能计算的一个主导因素。如上所述，燃油流量被用于确定任何时间点上飞机的重量。它是飞行中推力计算的主要输入，也是飞行中推力计算准确性的主导因素。试验团队使用试验流量表测量燃气发生器和加力燃烧室的燃油流量。这增加了燃油流产生源的燃油流量测量准确性，可以实现更准确的发动机控制。试验团队准备使用燃油流产生源的测量作为试验流量传感器故障时的备份测量手段。然而，对于F-35A和F-35C战斗机试验中使用的初始服役许可(ISR)发动机而言，安装试验流量表引发了不期望的后果。

初始服役许可生产型发动机控制软件采取了几项修正措施，改进燃油流生成源测量的准确性。安装试验流量表之后，其中一项修正不再适用，导致燃油流生成源测量误差达到3%，直到对一台发动机进行试车台试车，标定试验流量表时出现了差异，试验团队才发现这个问题。修正这些误差需要对生产型发动机控制软件进行改进，由于经费和进度约束，这被认为是不可接受的。由此，对于初始服役许可发动机，燃油流生成源测量不能用作试验流量表的备份方法。F-35B 战斗机常规性能试验中使用的首飞许可发动机在试验中没有出现这个问题。

获取具体型别的所有试验数据后，通过一套数据压缩程序，处理了原始试验数据。根据这些试验数据，试验人员计算了试验当天的空气动力和性能参数，然后把这些参数进行标准化处理，形成一组参照条件，并把这些参数与试验前预测的数据库进行比较。标准化处理是对试验数据进行分析调整，通过预测增量，把试验数据从试验当天的条件调整到标准条件下。标准化处理使试验队能够对照试验前的预测，评估多个机动，而不是对照试验当天的预测评估每一个点。这种处理使项目试验人员很容易找出预测结果和飞行试验结果之间/其中的趋势。

飞机处于离场构型(即起落架收上)的空气动力数据，被标准化处理为数据库中最近的马赫数转折点、36 089 ft 压力高度、重心不变，以及一组与巡航条件一致的发动机工作参数。高度是空气动力数据库的基线条件。动力进场构型(即起落架放下)飞机的空气动力数据也按照这个标准化程序处理，但是进行了更改，因为飞离构型和动力进场构型的典型工作高度不同，动力进场构型一般出现在更接近海平面高度，因此海平面作为动力进场构型的空气动力基线条件。保持迎角不变，完成了所有空气动力的标准化处理，因为数据库是迎角 α 的函数，而不是升力系数 C_L 的函数。

性能数据的标准化对于不同机动类型略有变化。所有性能数据被标准化为设计飞行总量、重心、标准日温度条件。巡航机动被标准化为最近的 5 000 ft 压力高度和机翼水平姿态、高度不变，并维持试验马赫数不变的不加速飞行条件。加速和减速机动被标准化为选定的功率设置(慢车、军用推力或者最大加力推力)、最近的 5 000 ft 压力高度以及机翼水平姿态。试验人员对于机动中每个离散点均保持试验马赫数不变。爬升机动被标准化为选定的功率设置以及预期的爬升进度，对于机动中每个离散点保持试验高度不变。

对照预测的升力曲线、阻力极曲线，以及数据库中各个马赫数下的平尾偏转配平条件，评估了标准化的气动数据。验证团队采用这种方法，并对迎角 α 和加速度进行滤波，降低数据的离散度。验证团队的评估发现，在各种机动类型中，根据飞行推导出的气动数据随着功率设置和试验高度的变化是一致的。如预期的一样，靠近升力曲线转折点的一些机动(主要是过山车机动)，出现数据滞后。当飞机上仰和俯仰回落时，气流分离不同，会出现这种情况。当飞机上仰时，气流从附着达到分离，当飞机下俯时，气流从分离回归到附着。试验数据的质量非常好，最终使用标准的回归曲线修补技术，确定了飞行试验基线空气动力水平。

试验团队对试验数据进行了总体评估，发现了一个随高度变化的趋势，这在预测中并没有发现。出现这种差异的原因在于，把缩比风洞试验数据库调整为全尺寸试验条件时，对蒙皮摩擦粗糙度的预测不准确。图 11.10 示意了不同粗糙度级别下预测的最小阻力系数随高度的变化而变化的情况。试验前的空气动力数据库估算的粗糙度为 250 μin[①]，而飞行试验数据表明粗糙度接近 450 μin。

更新了蒙皮摩擦粗糙度，使之更能代表飞行试验结果，并重新进行了比较。进一步的空气动力研究表明，跨音速阻力的升高也与风洞预测的空气动力数据不同。这主要是由于飞行中

① 1 μin=0.025 μm。

激波的位置不同，以及近耦合机翼/尾翼的复杂交互作用，包括动力影响。F-35战斗机载荷和飞行品质团队的风洞数据和飞行试验数据都被用于这些分析。

对飞行试验数据进行了整理，以利于确定试验前数据库的未配平飞行试验增量。确定了这个增量，就最终获得了基于试飞的全飞行包线范围的空气动力数据库。

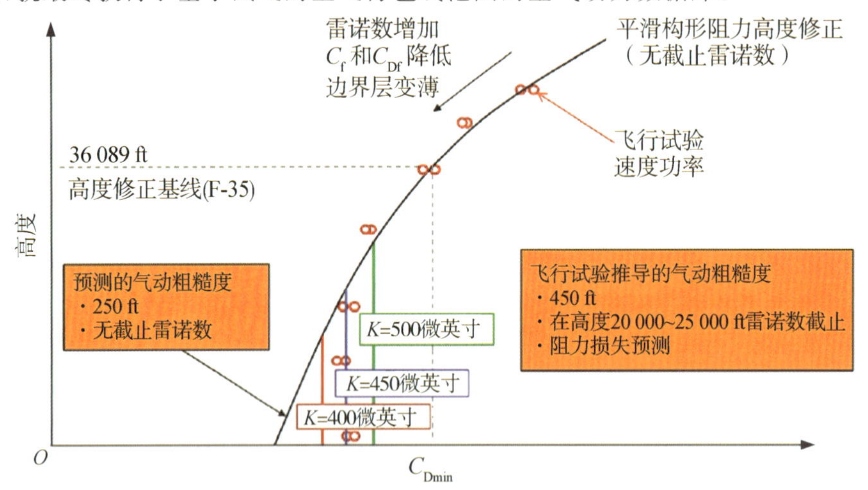

图11.10　随着高度变化粗糙度对最小阻力系数C_{Dmin}的影响情况

除了进行气动分析，试验人员还计算了每个飞行试验机动与已调整数据库的剩余差值。对这些剩余差值进行了全面评估，使验证团队能够确定对预测喷气效应的调整，进一步改进空气动力数据库的准确度。图11.11示意了剩余阻力随喷管出口面积的变化而变化的情况，出口面积以数据表示。根据试飞中观察到的喷气效应，修正了空气动力数据库，对所有飞行试验机动中巡航条件下的阻力增加5个单位（$0.0005C_D$）。图11.12和图11.13分别示意了最终飞行试验结果与原始预测和基于试飞的预测升力曲线和阻力极曲线。

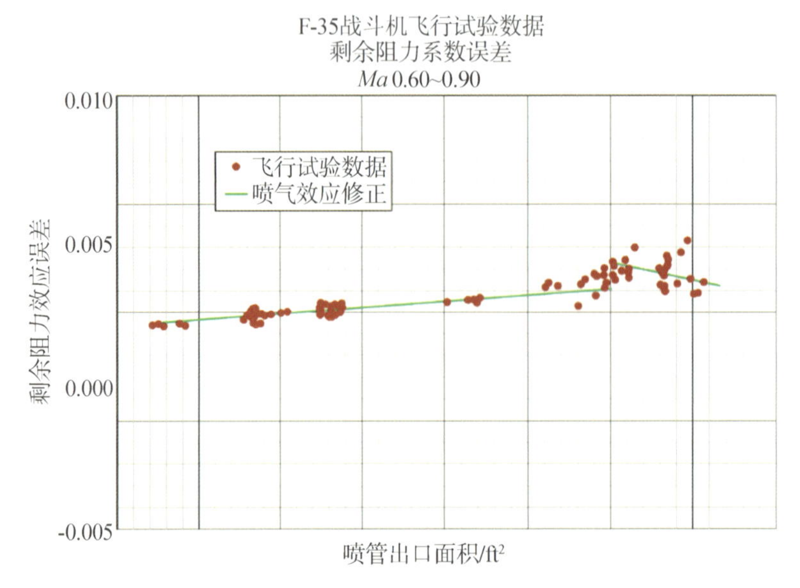

图11.11　剩余阻力随着喷管面积变化而变化的情况

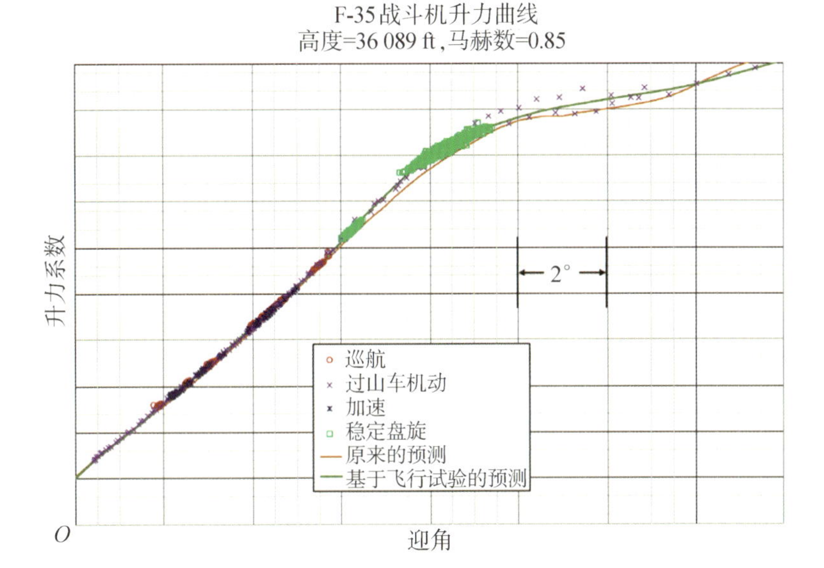

图 11.12　F－35 战斗机飞行试验升力曲线

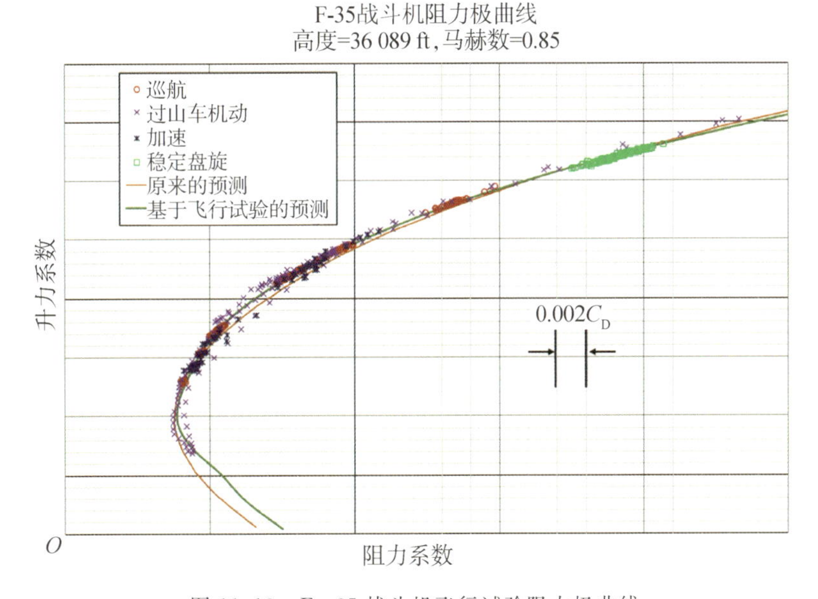

图 11.13　F－35 战斗机飞行试验阻力极曲线

完成空气动力分析之后，利用调整后的数据库生成标准化性能数据预测。和气动分析所做的一样，对性能数据进行了总体评估，而不是一个机动一个机动地逐个评估。验证团队对预测性能和标准化试验数据进行了比较。这项比较工作最终使试验人员确认了对气动数据库调整后形成的性能数据与飞行试验结果基本匹配。但是仍然存在差异，进一步检查发现，预测使用的发动机工作模式和实际试验发动机之间存在差异。其中的某些差异是由于预测使用的发动机工作模式和试验发动机之间的引气流量不同引起。其他差异可能是由于试验发动机的试验小时数和试验强度不同导致的。尽管飞行中推力计算方法通常考虑了这些差异，但是用于生成预测性能的预测稳态发动机工作模式并没有考虑这些差异。

图 11.14 和图 11.15 比较了 35 000 ft 高度巡航条件下的原始预测、基于飞行试验的预测以及标准化飞行试验数据。图 11.14 示意了燃油流量，图 11.15 示意了要求的净推力。原始的飞行前预测用蓝色实线表示，蓝色虚线表示 5% 的偏差。基于飞行试验的预测用绿色实线表示，标准化飞行试验数据由符号表示，每一个圆点代表一项飞行试验机动。这些曲线代表了所有条件下所有机动的飞行试验数据与预测数据比较。

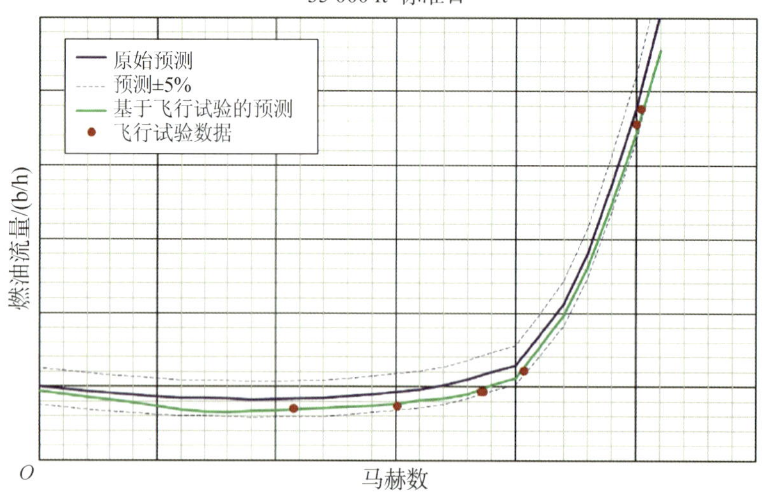

图 11.14　35 000 ft 高度飞行试验巡航条件下的燃油流量与预测燃油流量比较

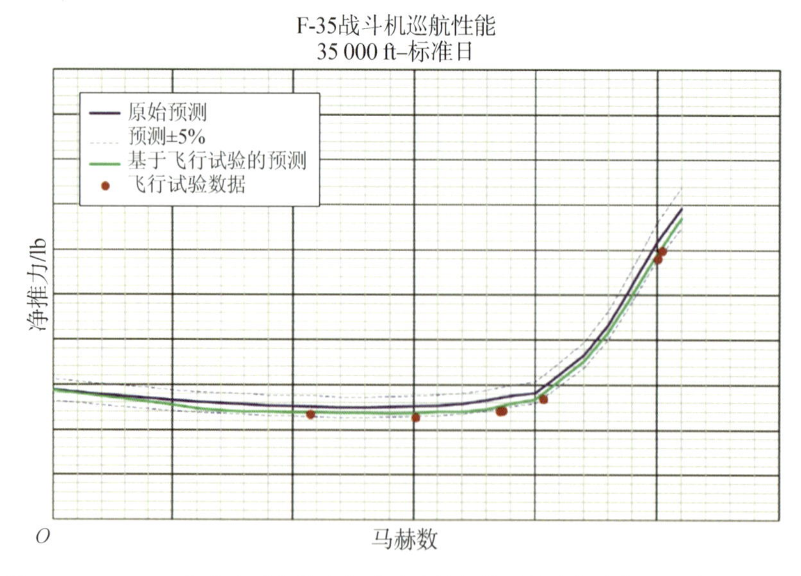

图 11.15　35 000 ft 高度要求的飞行试验巡航条件下的净推力与预测净推力比较

在完成所有飞行试验分析和获得 F-35 战斗机联合项目办公室的认同后，验证队使用了验证空气动力数据库计算每个型别战斗机的关键性能参数和任务性能。计算结果表明，每个型别 F-35 战斗机的任务半径能力超过联合合同技术规范任务范围要求的 10%，如图 11.16 所示。

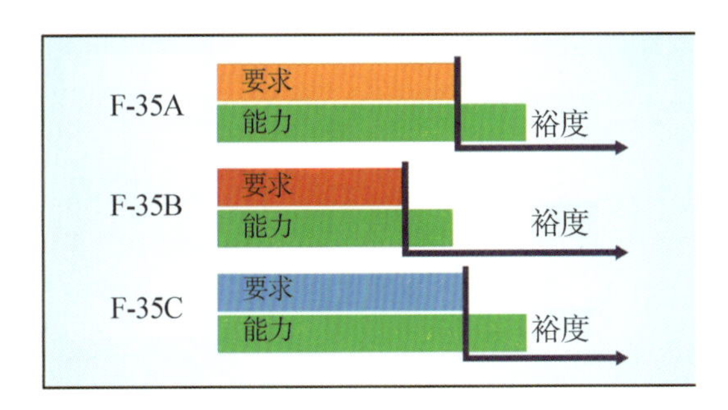

图 11.16　各型别 F-35 战斗机的任务半径能力与联合合同技术规范要求的比较

11.5　总　　结

在 F-35 战斗机的气动性能验证过程中，空气动力和性能验证团队成功实施了基于建模与仿真的方法。项目早期的性能计算中采取了保守方法(增加了保守系数)，以应对构型、重量或者空气动力水平的内在不确定性。试验人员采用严格的程序控制飞机重量增长，帮助确保最终设计的 F-35 战斗机的性能达到合同技术规范的关键性能参数要求。政府/承包商团队的努力最终交付了一个可靠的、基于飞行试验的空气动力和性能数据库，这个数据库准确描述了 F-35 战斗机的性能。这个数据库不仅适用于验证技术规范，而且可用于作战机队的各种作战使用性能产品。

参考文献

[1] LEVIN D A, PASONS D G, PANTENY D J, et al. F-35 STOVL Performance Requirements Verification[R]. AIAA-2018-3681, 2018.

[2] WILSON M A. F-35 Carrier Suitability (CVS) Testing[R]. AIAA-2018-3678, 2018.

[3] WOODEN P A, AZEVEDO J J. Use of CFD in Developing the JSF F-35 Outer Mold Lines[R]. AIAA-2006-3663, 2006.

[4] WOODEN P A, SMITH B R, AZEVEDO J J. CFD Predictions of Wing Pressure Distributions on the F-35 Atangles-of-Attack for Transonic Maneuvers[R]. AIAA-2007-4433, 2007.

[5] KARMAN JR S L, WOODEN P A. CFD Modeling of F-35 Using Hybrid Unstructured Meshes[R]. AIAA-2009-3662, 2009.

[6] COUNTS M A, KIGER B A, HOFFSCHWELLE J E, et al. F-35 Air Vehicle Configuration Development[R]. AIAA-2018-3367, 2018.

[7] VORWERK A V, CISZEK R S. Use of In-flight Thrust on JSF Program [C]. // 2010 International Powered Lift Conference. Philadelphia, Pennsylvania: VFS, 2010: 241-249.

第 12 章　F-35“闪电Ⅱ”战斗机大迎角飞行控制研发与试飞结果

定义F-35战斗机的需求,需考虑航程、性能和第五代作战能力,包括全方位隐身、传感器融合和网络使能作战。要满足这些特征和性能要求,同时还要提供强大的大迎角(AOA)机动能力,这对飞机构型和飞行控制设计带来了挑战。而选择非线性动态逆(NDI)作为大迎角飞行控制的设计方法还面临其他的挑战,因为这种方法依赖于高精度飞机状态信息和机载空气动力学模型。本章描述了F-35战斗机系统研制和验证(SDD)阶段所进行的大迎角飞行控制系统开发和试验(见图12.1),着重强调了控制律的开发,技术挑战和关键飞行试验结果。

图12.1　F-35C试验机CF-5大迎角机动飞行(2014年1月8日)

12.1　F-35战斗机大迎角飞行控制概述

F-35战斗机独特的战术能力,包括全方位隐身、先进的传感器融合和网络使能作战,强烈地支持一种观点:目视范围(WVR)内的大迎角机动(即空中缠斗)也许已经过时。确实,先进超视距空空导弹就已经能使战斗机避免近距离、低速交战。尽管如此,在某些情况下,目视交战仍然不可避免。例如:交战规则要求进行视觉识别;机载导弹已经耗尽;或飞机被要求滞留在威胁地区空中以保护地面资产等。即使在战斗中很少遇到这些情况,对这些情况的训练中通常也会使战斗机处于大迎角状态,且伴随着失控飞行(OCF)的风险。

基于这种理解,F-35战斗机必须提供与传统战斗机相当的大迎角机动能力,同时又不影响其更新为关键的第五代作战能力。具体而言,F-35战斗机必须满足下列要求。

(1)能够执行空中跟踪任务,直至失速迎角。

(2)在过失速区能够提供可靠且可预测的俯仰、偏航和滚转控制响应。

(3)是偏离阻抗的。

(4)能以最低的飞行员输入要求,运用空气动力操纵改出各种失控模态。

为了满足这些要求,F-35战斗机的失速迎角被定义为最大升力系数($C_{L\max}$)的迎角。

按照偏离阻抗,其本意是,在不限制飞机能力情况下,不必是“无忧”或“防偏离的”。期望的情况是:要综合出合适的飞控特性,使得飞机在合理预期的机动中能够防止丧失控制能力。

F-35战斗机设计团队所面临的挑战是:对于构型几乎是完全按照其他要求确定的F-35飞机,要能得到所要求的大迎角机动能力。

12.2 飞机描述

F-35战斗机是一系列单座、单发、全天候隐身战斗机,专为地面攻击和空中优势任务而设计。该系列包括如图12.2所示的三种型别:F-35A试验机常规起飞和降落型(CTOL),F-35B试验机短距起飞和垂直着陆型(STOVL)和F-35C试验机舰载型(CV)。

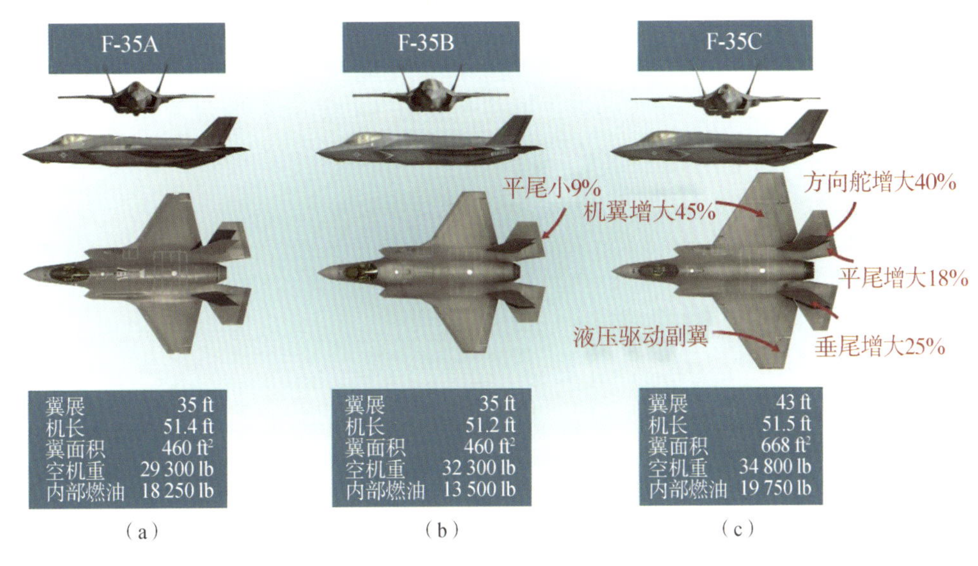

图12.2 F-35战斗机三种型别
(a)CTOL型;(b)STOVL型;(c)CV型

1.飞行控制面

F-35战斗机的飞行控制面是传统的,包括后缘襟翼(TEF)、水平尾翼(HT)、双方向舵和全翼展前缘襟翼(LEF)。仅CV型具有副翼。全翼展前缘襟翼按照马赫数和迎角对称设计,以优化性能并在增大迎角时改善横/航向稳定性;但不主动用于控制操纵。

F-35战斗机的三种型别,其各自的设计特征在影响大迎角空气动力学方面具有显著差异:

(1)STOVL型的平面形状与CTOL型类似,但其上机身轮廓(与其动力驱动的升力系统相关联),在增大迎角时对涡流表现具有重要影响。更重要的是,STOVL型的最低速度和N_z要求较低,这使得水平尾翼的面积相对于CTOL型减小了9%。并且,虽然STOVL型具有动力驱动的升力矢量喷管,但它不用于大迎角。

(2)与其他两个型别相比,CV 型的平面形状差别最为明显。由于对舰载起飞和回收的需求,其机翼比其他两种型别的机翼大 45%,并增加了副翼,以便提高低速时的滚转与飞行轨迹控制能力。此外,由于飞机的进场速度较低且惯性较大,因此 CV 型的水平尾翼和垂直尾翼要大得多。

2. 控制面监测和驱动

F－35 战斗机是第一种使用电力驱动主要飞行控制面的有人驾驶战斗机。后缘襟翼、水平尾翼和方向舵由电动静液作动器驱动,每个电静液作动器由一个完整的 270 V 电机、液压泵和储油器[1]组成。相对于传统的液压系统,电静液作动器提高了飞行控制系统的可维护性、可靠性和可生存性,但同时也面临着挑战。由于液压泵的旋转方向决定了控制面运动的方向,因此电机和液压泵必须在每个控制面反转时反转方向。在减速反逆周期中,电机的反转是通过再生制动来进行辅助的。在低空速和大迎角的情况下,控制面通常是在其速率限制下运行的,其频繁反转导致产生了大量的能量耗散,对电静液作动器和相关电源开关设备的设计和冷却提出了重大挑战。

控制面的速率和偏转(其限制见表 12.1)由飞行控制系统持续进行监测。其检测反馈结果不仅用于故障检测和处理,而且还用于改善大迎角飞行品质和抗偏离(DR)特性,如下文所述。

表 12.1　控制面偏转限制

单位:(°)

控制面	F－35A/B	F－35C
全翼展前缘襟翼	↑3 ↓40	↑3 ↓36
襟翼	↑30 ↓30	↑30 ↓30
水平尾翼	↑30 ↓25	↑24 ↓27
方向舵	±30	±30
副翼		↑30 ↓30

3. 燃油系统和挂载管理系统

F－35 战斗机使用非线性动态逆这种方法,要求飞机的质量特性具有足够的精度和余度,可用作控制律(CLAW)的主输入。这种依赖性对飞机燃油量测量和挂载管理系统的准确性、可靠性和故障检测能力提出了严格的要求。能够在各种载荷和燃油状态下实现操纵品质最优化,而无须飞行员互动。这一代价的好处在于,这种能力在飞机大迎角状态时特别有价值,在这种情况下,其机动性能和指令限制可以根据质量特性进行定制,这样就无须像以往传统战斗机那样进行过于保守(最坏的情况)限制。

4. 大气数据系统和战术导航系统

F－35 战斗机气动大气数据系统(ADS)使用的是两个"反 L"型空速管和两个齐平安装的测压孔,位于前机身边侧下紧靠天线罩的后面(见图 12.3)。这些传感器用于测量迎角、侧滑角、静压(p_s)和总压(p_{total})。在极低速度或极端迎角或侧滑角情况下,气动测量变得不可靠,该系统即转换为对惯性导出的迎角、侧滑和总压的测量。为了支撑这些惯性参数的计算,在飞机处于气动大气数据有效包线之内时，就会持续计算空气团(风)的速度。当飞机处于气动大气数据有效包线之外时，则将所存储的风场信息与飞机的惯性速度一起使用，以导出所需的大气数据参数。

战术导航系统(TNS)为F-35战斗机姿态和惯性速度提供了非常高的可靠性。该系统提供冗余的六自由度(6-DOF)惯性解决方案，要求能支持在STOVL模式下悬停，并且是F-35战斗机所有型别中飞行控制系统的组成部分。

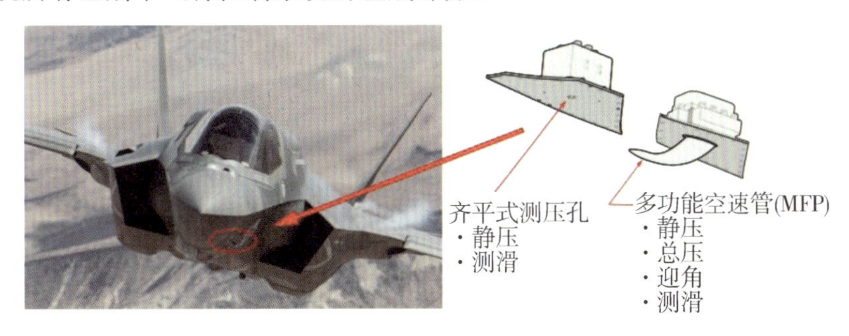

图12.3　大气数据系统的齐平式测压孔和多功能空速管

气动数据和惯性数据源之间转换的迎角阈值，在大迎角试验中是明显演变的。气动和惯性大气数据包线，如图12.4所示。尽管可以使用飞行试验机头空速管，但由于其潜在的空气动力学影响，在大迎角试验期间并未安装这种设备。因此，对于偏出气动包线的每架次飞行，开始飞行时都要预计偏出情况，要在试验高度范围内进行“风校准”爬升或下降。以这种方式收集的风数据与飞机惯性姿态和速度相结合，形成独立的速度、迎角和侧滑数据源，用于实时监测和飞行后分析。

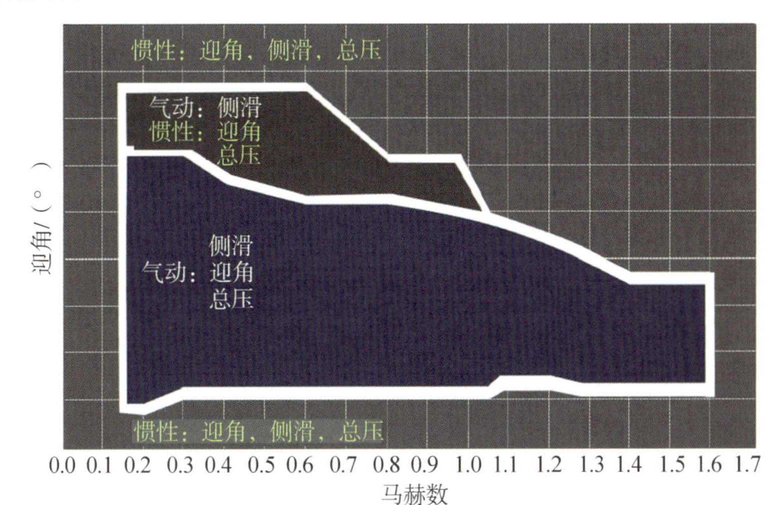

图12.4　气动和惯性大气数据包线

5.稳定性与控制

以下简要介绍F-35战斗机的空气动力学特性，因为这种特性对F-35战斗机大迎角机动能力以及从失控飞行中改出的能力的影响最大。

(1)纵向稳定性和俯仰控制能力。STOVL型飞机后重心(CG)情况下的低速俯仰力矩特性——纵向稳定性如图 12.5 所示。之所以选择 STOVL 型别作为说明，是因为它的水平尾翼较小，因此是三个型别中最具俯仰挑战性的。实线表示与最大机头向上、最大机头向下和零水平尾翼位置相关的俯仰力矩，而虚线表示武器舱门（WBD）打开时机头向下能力的下降情况。

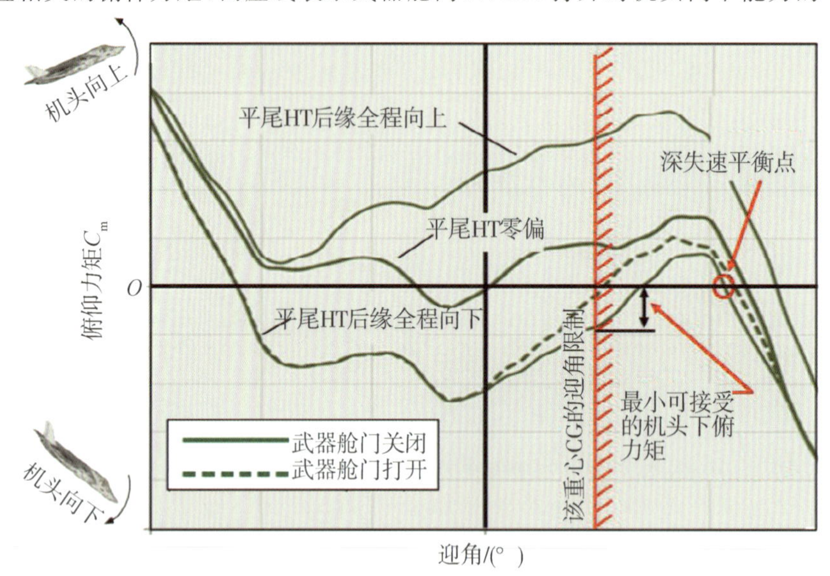

图 12.5　纵向稳定性

所有三种型别在低迎角下都是中性或负稳定的，并且在大的正、负迎角时非常稳定。STOVL 型飞机水平尾翼的尺寸减小，会使其最容易受到深度失速（也称为俯仰悬挂）的影响，这种失速是飞机超出控制律限制器迎角所导致的。CTOL 型则表现出：在极低燃油状态的极后重心条件下，才有可能存在弱变的深失速情况。而 CV 型别具有三种型别中最大的水平尾翼，即使在最坏情况下也不会出现深度失速。对于 F－35 战斗机而言，不必考虑倒飞深失速问题，因为所有型别在整个负迎角范围内，对于所有载荷情况都能产生正的俯仰力矩。

F－35 战斗机的两个武器舱各配有两扇舱门，有一个小门靠近飞机中心线处，另外还有一个较大的外门。小门（内门）的俯仰影响可以忽略不计，但外门在打开时会产生明显的机头上仰力矩，如图 12.5 中的虚线所示。通常情况下，武器舱门在内部武器使用后会自动关闭，因此只有在后重心大迎角状态下处于故障打开位置时，因其影响才会出现某种深失速问题。尽管这些情况发生的可能性很小，但为了确保从最坏情况下的偏离中改出，要在这些条件下验证改出情况。

（2）横/航向稳定性。F－35 战斗机的横/航向稳定性特征是双尾掠翼式战斗机的典型特征。图 12.6 为低速、后重心条件下，静态横/航向稳定性随迎角变化的典型图示。航向稳定性（$C_{n\beta}$）在低迎角时略微稳定，但随着垂直尾翼逐渐浸入机翼/前机身尾迹中，在较高迎角时变得不稳定。在所有迎角中，上反效应都是稳定的（负 $C_{l\beta}$），在中等迎角时最小，然后稳步增加。总体而言，飞机本体在整个正迎角范围内都能提供一定程度的偏离阻抗（正的 $C_{n\beta动}$），而在中等 α 范围内显著降低。

（3）滚转/偏航控制能力。对于任何战斗机而言，大迎角敏捷性主要取决于可用于产生滚转和偏航力矩的控制权限。迎角对 F－35 战斗机滚转/偏航操纵面效率的影响如图 12.7 和图 12.8 所示。每张图中，三个效应器的垂直标度是通用的，以显示它们的相对能力。红色、绿色和蓝色线表示操纵面偏转的增加情况。

滚转操纵曲线(见图 12.7)表明,水平尾翼和后缘襟翼在整个迎角范围内产生了相似量级的滚转力矩。随着迎角的增加,后缘襟翼和水平尾翼在接近最大后缘下偏偏转限制时,单位偏度产生的滚转力矩变化显著减小。

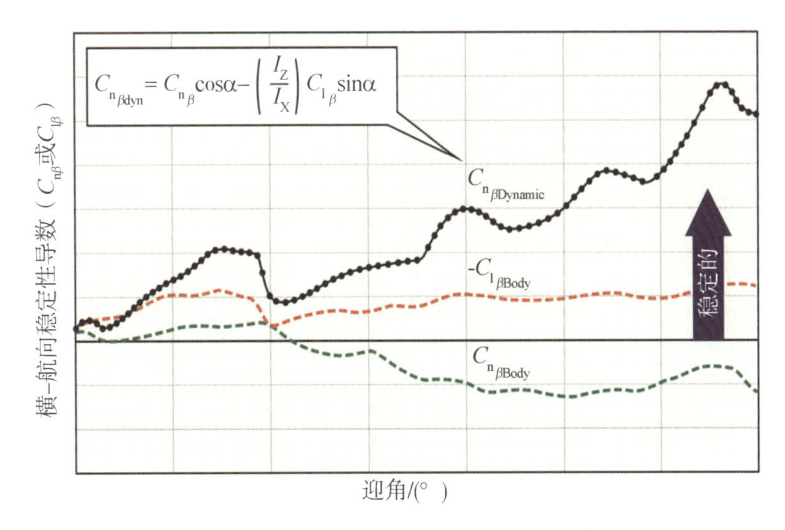

图 12.6　横/航向稳定性随迎角变化的情况

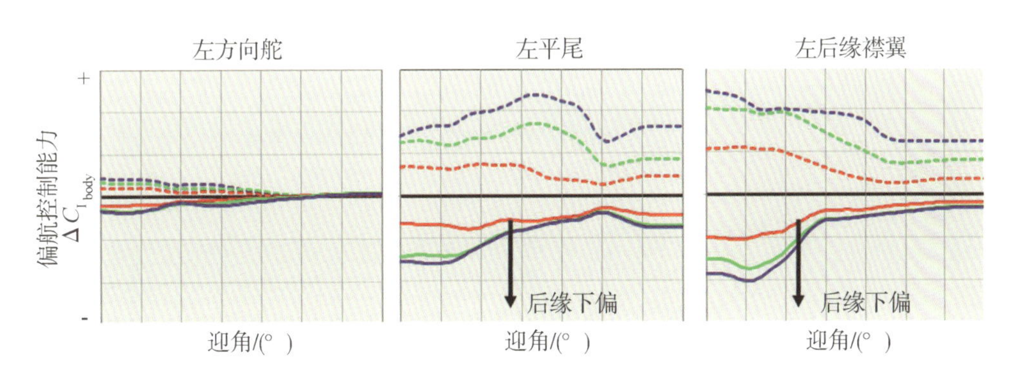

图 12.7　左方向舵、水平尾翼和襟翼的滚转操纵能力

在偏航轴向(见图 12.8),最明显的控制问题是中等迎角范围内,随着迎角增加,方向舵效率几乎完全丧失。相比之下,差动水平尾翼在低迎角时只会产生很小的偏航,但在大迎角时它会成为主要的偏航效应器。注意,大迎角时,差动水平尾翼的偏航控制能力增量的增加(即随平尾偏度的变化而变化)会在大偏转时减小。在指令平尾进行大偏转(对称)以满足俯仰轴要求时,这种情况就会产生重要后果,因为它们产生偏航的能力会大大降低。

为了说明方向舵控制能力的限制如何影响飞机在大迎角下的机动性,考虑由 15°差动襟翼产生的 1g 滚转。图 12.9 比较了方向舵与差动平尾独立使用时,为协调这种滚转所需的方向舵和差动平尾的大小。随着迎角增加,所需的偏航力矩增加,这时候,方向舵是首选的控制面,因为它能以最小的不利滚转产生相对纯粹的偏航。随着迎角的进一步增加,方向舵效率有所下降,最终导致饱和状态,需要使用差动平尾来协调滚转。然而,差动平尾会产生与襟翼作用相反的滚转力矩,因而会减小可达的滚转速率。另外,可用于偏航的平尾差动量可能会受到俯仰所需的平尾对称偏转量的限制,平尾对称偏转具有优先权。因此,在俯仰和偏航轴之间适当分配平尾权限,对于获得大迎角最大机动能力,同时避免产生偏离,至关重要。

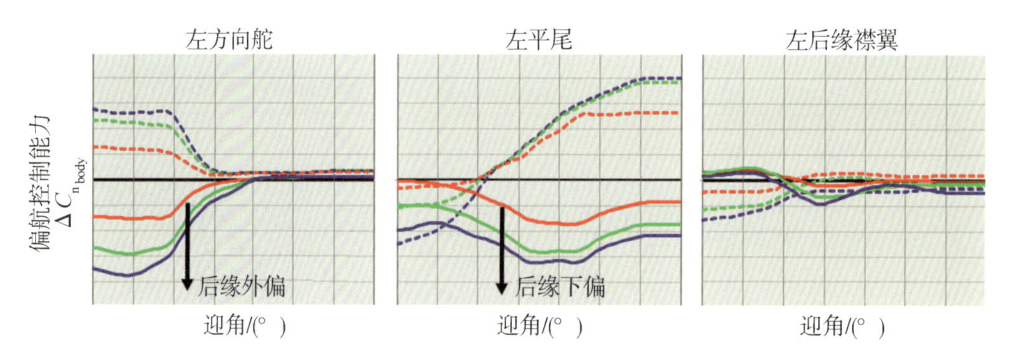

图 12.8　左方向舵、水平尾翼和襟翼的偏航控制能力

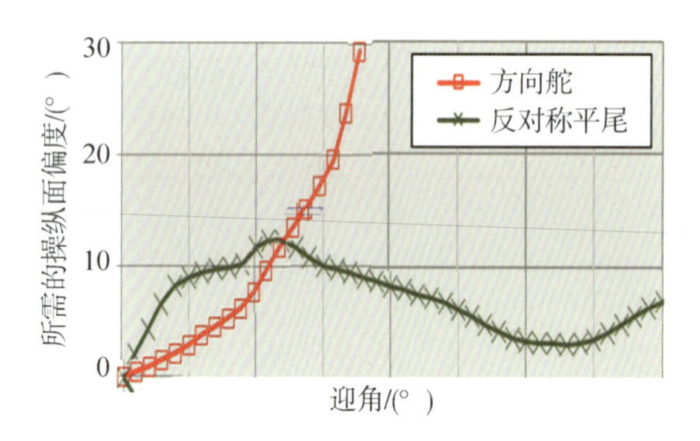

图 12.9　典型协调滚转所需的方向舵与差动平尾偏度

12.3　控制律设计

F-35 战斗机是第一型将非线性动态逆方法用作操纵分配方案的电传操纵(FBW)系统生产型战斗机[2-3]。与传统电传方案不同(传统方案采用了预编程的(预定的)增量),非线性动态逆方法基于具体的飞机质量特性和稳定性及操纵性机载模型(OBM),允许飞机按飞行情况确定操纵方案。

在控制律结构——非线性动态逆实施中(见图 12.10),所需的飞行品质(飞机对操纵杆和脚蹬输入的响应)包含在前端、指令和调节器模块中。这些模块所输出的是实现这些响应所需的俯仰、滚转和偏航加速度。基于从机载模型接收到的信息,在后端由效应器(操纵面)混合器(EB)来计算提供这些加速度所需的增量形式的效应器(操纵面)指令。

为了支持这项任务,机载模型按照操纵面位置、构型配置、质量特性和飞行状态的函数提供了两种类型的信息:飞机的线性和角加速度和每对操纵面的效率。效应器混合器使用此信息,确定产生角加速度变化所需的额外力矩,以及产生这些力矩所需的操纵面偏转变化。机载模型中估计加速度或操纵效率的误差(即空气动力学模型与实际飞行器空气动力学之间的差异)将导致控制解决方案中的持续误差。

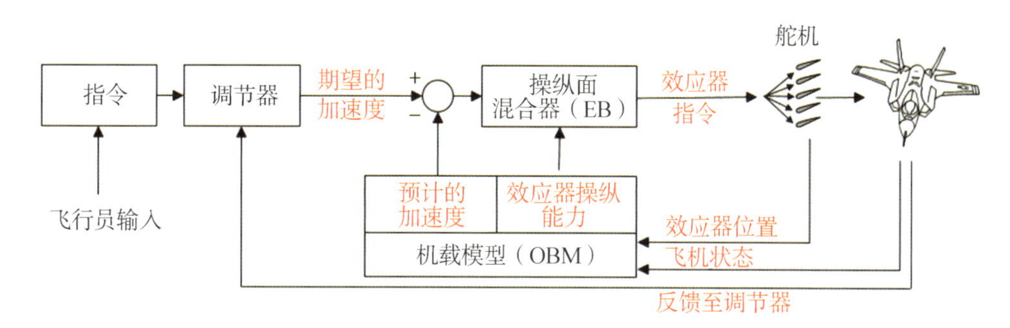

图 12.10　控制律结构

在导致 F-35 战斗机选择非线性动态逆的众多考虑因素中，一个主要因素是非线性动态逆能够按照 STOVL 型挑战方式管理复杂的推进和空气动力操纵分配。然而，非线性动态逆对大迎角飞行区域的适用性并未被视为非线性动态逆的优势。具体的要素是精确的建模能力，包括高度的非线性及不对称稳定性趋势、复杂的操纵互作用和操纵面效率的明显下降。因此，在开始详细设计之前，有必要评估在大迎角下使用非线性动态逆的潜在利弊。该评估的结论是，虽然存在令人担忧的方面，但没有任何问题会妨碍在整个大迎角范围内使用非线性动态逆，或者需要对非线性动态逆基本方法进行根本性改变。实际上，机载模型中包含的广泛信息有可能在大迎角下提供显著的控制优势。

1. 大迎角控制律模态

在低速和中等迎角下，F-35 战斗机的“飞离状态”(Up-and-Away))控制律(见图 12.11)具有大多数电传战斗机的典型特征：纵向驾驶杆指令在低速时为俯仰速率指令，高速时为 N_z 指令；横向驾驶杆指令为绕飞行路径的滚转速率指令；脚蹬指令为侧滑角指令。

然而，随着迎角增加，对于大幅值脚蹬输入，航向响应则从侧滑指令方向混合成偏航速率指令。在此模式下，飞行员无法直接控制滚转轴。控制律控制滚转速率和侧滑角，利用飞机的自然稳定性(通过 $C_{n\beta}$ 和 $C_{l\beta}$)来驱动滚转和偏航。该策略显著提高了滚转和偏航性能，超越了仅使用操纵面可实现的性能。

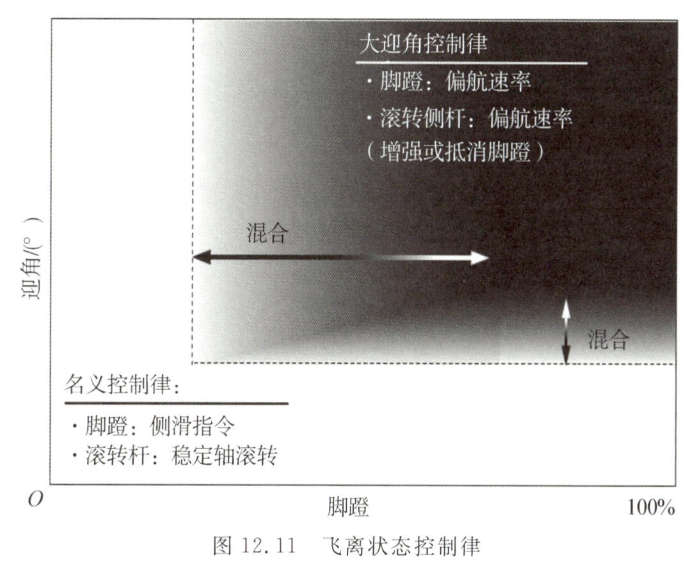

图 12.11　飞离状态控制律

在大迎角模式中，飞行员通过脚蹬主要控制偏航率，用侧杆输入增加或减少指令速率，这取决于杆是否与脚蹬作用同向或反向移动。这种方式的目的在于用脚蹬进行粗略机动，而用驾驶杆对其指令进行细调。

图 12.12 和图 12.13 比较了使用两种横/航向指令模式的一侧坡度到另一侧坡度（BTB）机动：仅使用横向杆给出滚转速率指令，以及用杆和脚蹬给出偏航速率指令。

（1）对于仅使用滚转杆时的情况（见图 12.12），指令参数是稳定轴的滚转速率，表现为一种良好的一阶响应。偏航率跟随滚转速率，造成的侧滑接近于零。

（2）当使用脚蹬和滚转杆时的情况（见图 12.13），主要指令参数是机体轴偏航率，表现为仅有微小超调的良好受控状态。控制律并非试图协调滚转，而是发出了有助于不利侧滑的指令，用飞机的自然稳定性（$C_{n\beta}$ 和 $C_{l\beta}$）来产生滚转和偏航力矩。

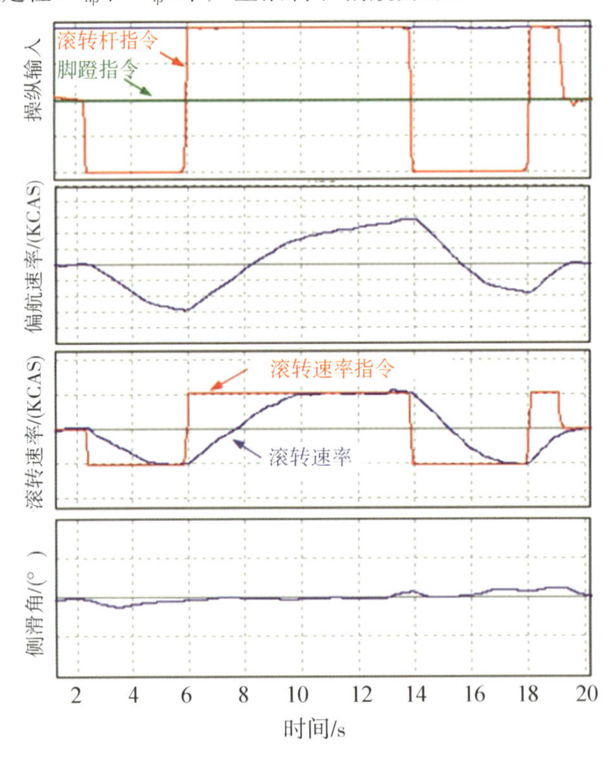

图 12.12　仅使用滚转杆指令（滚转速率命令）的 BTB 滚转机动

2. 预防偏离

高增强型战斗机飞行员最常见的感知之一就是，控制律中综合了防偏离特性（最明显的是迎角和滚转/偏航速率指令限制器功能），这是不必要的干扰，并且会阻止飞行员从飞机上获得最大的机动性。从历史上看，这种观点有一定的依据。不太复杂的设计需要更多的保守性来提供所需的偏离预防水平。例如，最初 F-16 战斗机控制律的复杂性受限于控制律的计算能力和可用的飞机状态信息，导致在其偏离阻抗设计上采用了妥协和简化的特点。例如，F-16 战斗机俯仰轴限制器是基于迎角和 g（过载）的简单调整方案。简化的结果是随着迎角的增加，可用的 g 减少（迎角仍低于绝对迎角限制），留下了一些不可用的机动能力。相比之下，F-22战斗机能够利用其更强大的计算能力和飞机状态信息来综合出更复杂且干扰程度更低的偏离阻抗特性。F－35 战斗机使用其非线性动态逆控制结构延续了这一趋势，并且用显著增加的状态信息，支撑了偏离阻抗逻辑，明显向外扩充了传统的指令限制。通过持续监测测量和预计的飞机状态（马赫数、动态压力、角速率、质量特性、效应器（操纵器）位置和机载模型预测的加速度），F－35 战斗机 控制律能以尽可能少的干扰方式对潜在的偏离状态进行预测并做出响应。

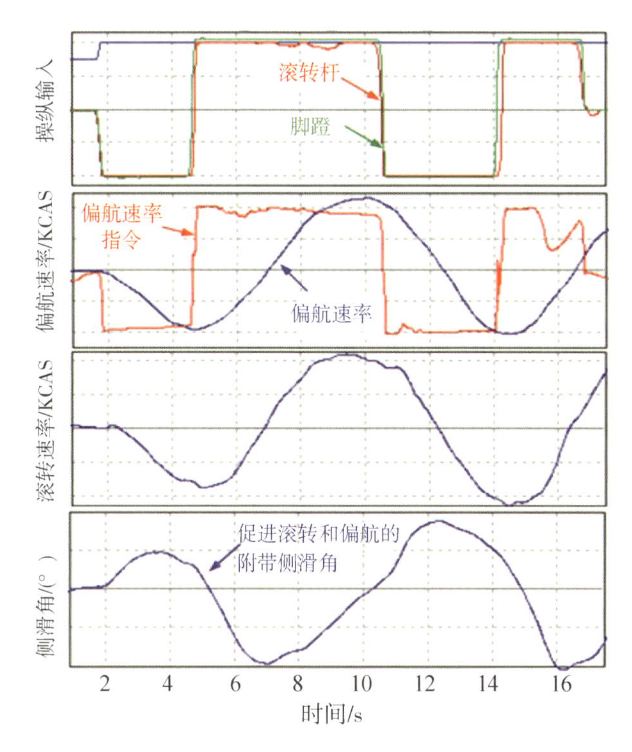

图 12.13　以满行程脚蹬和滚转杆指令（偏航速率指令）的 BTB 滚转机动

对 F－35 战斗机 迎角和命令限制器的简要说明见以下小节。尽管对限制器的描述是单独的，但要注意的是，它们不是孤立地起作用的。对于传统的系统而言，每一轴向上的限制是按其他轴的最坏输入情况设置的，而 F－35 战斗机采用了更为自适应的方法，为每个轴建立基线限制，然后根据其他轴的速率和命令实时修改它们。设计和调整这些功能是大迎角控制律开发中更具挑战性的方面之一。其结果是，使飞机对失控具有极强的抗偏离能力，同时能尽量地利用其操纵能力。

(1)迎角限制器。与传统飞机相比，F－35 战斗机的迎角限制器代表了复杂性和性能的显著飞跃。限制器计算的输入包括纵向重心，横向不对称，马赫数，外部武器构型配置，武器舱门位置，操纵面故障，以及大气数据、燃油量、电气和战术导航系统的故障。这些不同的迎角限制器调节方案并行运行，并且应用了最严格的限制。

在低速情况下，迎角限制器设计的主要重点是保持俯仰加速能力（俯仰余量）。在这一领域有着丰富的研究历史，在选择俯仰余度准则时有许多指南可以参考，这些准则适用于所有变量、载荷和燃油状态[4-6]。实际选择结果是：在飞离模式下选择 $-0.20\ \mathrm{rad\cdot s^{-2}}$ 和在动力进场(PA)模式下选择 $-0.15\ \mathrm{rad\cdot s^{-2}}$，作为低速时的判据准则。基于这些准则，迎角限制器调整方案被开发为重心、武器舱门位置和影响俯仰力矩的其他因素的函数。对俯仰力矩的次要影响，如进气道入口动量、喷流效应和非零侧滑，也被考虑在内，以确保飞机对这些变化具有鲁棒性。

F-35战斗机燃油系统通过尽可能保持重心向前，来最大限度地提高大迎角能力。对于CTOL净机翼型别战斗机，图12.14为迎角限制器随着燃油变化的示意图，并按燃油消耗和内部装载函数给出了重心的移动情况。

不论采用何种具体的迎角限制器准则，限制器作用的目标在于，能使飞行员在满行程向后拉杆之后，以可接受的超调尽快达到限制状态。在某些情况下，需要广泛的逻辑和增益调整来实现这一目标。一项特别挑战表现在高速时的最大减速转弯情况，此间，N_z 和迎角之间的关系迅速变化，会导致从高速时的 N_z 限制转向低速时的迎角限制。这要求在限制器设计结构中包含空速和空速变化率参数，以确保迎角和 N_z 限制均能达到。

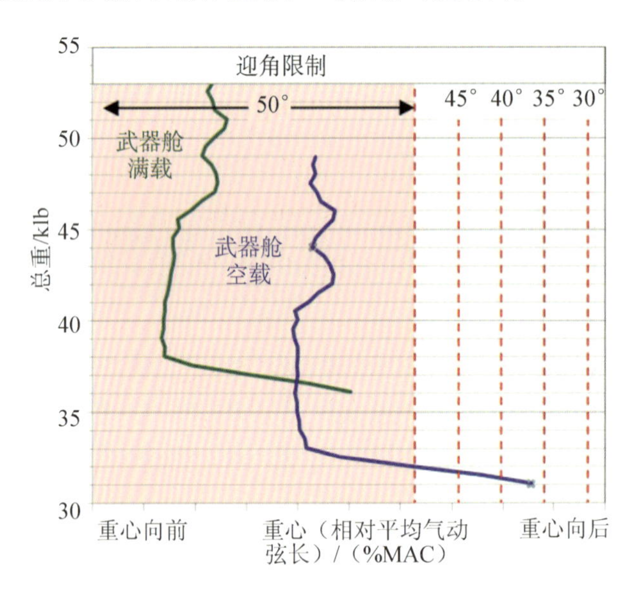

图12.14　迎角限制器随燃油变化（CTOL净机翼构型）的示意图

（2）滚转/偏航限制器。横向和航向轴的指令限制是按迎角、动压、马赫数、装载载荷和重心位置的函数调节的，然后再根据实际飞机动态反馈进行调整。基于反馈的调整是选择性的和临时性的，根据观察到的飞机速率和加速度参数（α、β、P_b等），减小了相应轴向的限制值。这些调整对于最大限度地提高机动性至关重要，因为它们排除了对过度限制、先发制人的指令限制的需要。虽然对于任何战斗机设计都很重要，但这种自适应限制器对于基于非线性动态逆的大迎角控制律尤其重要，因为它们为气动建模误差提供了鲁棒性，这里的建模误差是该范围内普遍存在的。

低速时控制能力是有限的，滚转/偏航指令限制的设计是以操纵品质因素为主导，而非以偏离阻抗因素为主导。例如，滚转速率的限制是按这样的一个过程确定的，始于一侧的滚转被制动，继而反向滚转，此间不应出现不可接受的坡度角超调（滚转惯性）。在确定可接受的惯性程度方面，是缺少指南的（MIL-STD-1797飞行品质标准没有这方面内容[7]），因此，指令限制是建立在有人驾驶模拟和飞行经验基础上的，包括从F-16战斗机和F-22战斗机获得的经验教训。

在高速时，横/航向控制极限由控制面载荷限制和与陀螺(惯性)耦合相关的偏离因素来确定，因为该范围内的滚转速率很高。例如，典型的惯性耦合偏离可以由小迎角的粗猛滚转并伴有突然的俯仰指令而触发。随着迎角增加，偏航控制可能无法平衡该机动中产生的惯性和气动力矩，从而导致侧滑增加和可能的偏离。为了防止这种滚转-俯仰耦合偏离，一种简单的方法就是按照可用的偏航控制能力和最大可达俯仰速率限制此状态的滚转速率。这一解决方案虽然有效，但对于试飞员无意同时使用滚转和俯仰输入的情况，产生了过于严格的影响。相应的情况是，F-35战斗机是根据飞行员的实际控制输入来限制滚转率的。通过准确了解可用的偏航能力，并根据质量特性和滚转率准确预测所需的偏航能力，控制律就可以仅仅按照防止偏离所需的量来减小滚转指令。如果在进行俯仰输入时飞机已经处于高速率滚转状态，控制律就会临时减小俯仰速率指令，直到滚转速率降低为止，此时俯仰速率指令将恢复到完全授权状态。指令和基于反馈的限制的组合，在大迎角下可以提高机敏性和可预测性，同时使得机动能力最大化。

3.自动改出模式

虽然F-35战斗机的控制律在防偏离正常飞行包线方面非常有效，但该飞机并非完全是“无忧无虑”的。例如，在持续地大俯仰姿态爬高中，控制律是不能防止偏离的，迎角会保持在标称范围之内，直至空速下降到低于空气动力控制所需的速度以下。这种偏离最极端的例子是进入了尾冲，飞机保持在低迎角直到其速度变为零。此时，可以纳入控制律功能，以先发制人的方式，干预并使飞机机动退出这种状态，就像欧洲战斗机台风的自动低速改出(ALSR)系统那样[8]。然而，F-35战斗机的设计理念就是要为飞行员提供最大可能的机动自由度，只要可控性断崖现象(如果有)是可识别和可避免的。这种理念的一个使能单元就是纳入了自动改出模态，能够对可控飞行的偏离状态进行识别并进行有效地快速改出。

F-35战斗机有两种自动改出模态：一个是反尾旋模态，用于应对非指令偏航速率；另一个是自动俯仰摇杆器(APR)，用于响应锁定的深度失速。鉴于这些模态的重要性，它们必须在功能上能以鲁棒且可预测的方式工作，并且对建模错误或传感器故障不敏感。

(1)自动俯仰摇杆器模式。自动俯仰摇杆器旨在使飞机能在飞行员不输入情况下识别并改出深失速。自动俯仰摇杆器采用的改出策略源自F-16战斗机项目中开发的用于改出深失速的人工俯仰超控(MPO)方法，在该方法中，飞行员使用人工俯仰超控模式直接控制机尾偏转，继而人工俯仰摇摆飞机改出深失速。F-16战斗机的深失速改出依赖于飞行员能适时地施加输入，其成功率取决于飞行员对方法的熟悉程度。从F-16战斗机项目中获得的经验，结合F-35战斗机可靠的飞机状态数据，可以开发出高效、鲁棒、自主的F-35战斗机自动俯仰摇杆器。

当迎角稳定在控制律限制值以上且俯仰速率降至阈值以下时，自动俯仰摇杆器宣布出现深失速状态，表现为机头向上处于悬挂状态。此时，自动俯仰摇杆器就采用俯仰速率反馈方式对飞机进行俯仰摇摆，直到迎角返回到基本控制律包线内。

最初的自动俯仰摇杆器设计非常有效，只是对判据进行了精炼，并对模态本身进行了优化。在飞行试验结果一节中，对其一些内容进行了讨论。本项开发内容的结果就是自动俯仰摇杆器系统，该系统能使飞机从最糟的深失速状态持续自主改出，包括最后重心位置和武器舱门处于故障打开状态的组合情况。

(2)抗尾旋模式。抗尾旋功能包括尾旋改出模式和偏航率抑制模式。从其名称就可以看出，这些模式的主要功能：①能阻止大幅值、自增加的偏航速率，这些偏航速率是与初始或完全发展尾旋相关联的；②能抑制大迎角状态期间的偏航速率，在该大迎角状态下持续尾旋是可能的。下面说明的这两个功能，与自动俯仰摇杆器结合在一起，以一种互补的方式工作，不管受载或燃油状态如何，均能自动改出各种偏离状态。

1)如果机体轴偏航率超过了一个限定的阈值，且飞机处于大迎角状态(正的或负的)，此时可能为持续的尾旋状态，则会接通尾旋改出逻辑。这里的偏航率阈值是速度的函数，在最剧烈的机动中预计可能会超出该阈值。接通尾旋改出逻辑时，平尾和偏航速率之间的关系(增益)将按照横侧重心状态进行调节，并且会采用偏航速率和偏航加速度反馈来保证快速、平稳地改出各种受载状态。

2)当正迎角限制器超过指定量时，将会请求接通偏航速率抑制逻辑，此时所设计的迎角方案，不会因响应小的迎角超调而接通迎角限制器。在负迎角状态下，当飞机没有倒飞深失速，且方向舵和垂尾处于负迎角有效情况时，则请求接通偏航速率抑制逻辑。

抗尾旋控制律的关键要素是随平尾舵面偏转优先化情况而改变的。在正常飞行期间，控制律在使用平尾舵面偏转时，优先考虑俯仰操纵(相对于偏航操纵)。该优先级确保尽可能精确地保持迎角或 N_z，即使以横/航向操纵为代价。然而，在大迎角偏离状态时，最小化偏航速率是至关重要的，因为即使是低幅值持续的偏航速率也会显著延迟(或完全阻碍)成功的改出。因此，接通尾旋模式时，平尾舵面偏转的优先级就要转移到滚转/偏航轴向，并且要牺牲俯仰操纵(如果需要)，即使处于自动俯仰摇杆器激活状态。一旦偏航速率降低到低幅值状态，保持低幅值所需的差动平尾的幅度就会相当小，就可以留下相当大比例的对称平尾偏度，用于自动俯仰摇杆器或直接低头改出。

除了轴向优先次序之外，另一个影响抗尾旋改出模态效率的关键要素就是对体轴偏航速率应用先进的自适应滤波器系统。最初的F-16战斗机设计在试图控制深度失速中偏航速率方面过于激进，导致了无效的俯仰摇摆，并且在某种情况下导致改出极度延迟。这一事件导致了滤波器的设计，它对稳态偏航速率做出反应，而且可以避免了对高频偏航速率振荡产生过度响应。F-35战斗机可变滤波器设计是这些经验教训的直接结果。

(3)自动改出开关。为了使意外接通最小化，进入自动改出模式的判据要求以高确定性判断已经出现了持续偏离状态。这种保守思路的结果是，在某些情况下，飞行员可能会先于自动系统接通而识别出偏离。自动改出开关(见图12.15)允许飞行员通过放松或消除某些进入判据(迎角、偏航速率、俯仰速率、动态压力等)来加快自动改出的接通情况。有一个蜂鸣语音向飞行员表示激活开关会接通其中一种改出模态。

(4)手动俯仰摇杆器模式。人工俯仰摇杆器(MPR)模式被综合到F-35战斗机控制律中，通过按压并保持位于油门杆上一个按钮来激活。该模式使飞行员以类似于F-16战斗机人工俯仰摇杆器模式的方式直接控制平尾舵面。飞行试验中，人工俯仰摇杆模式的主要意图是作为自动俯仰摇杆器模式的备份手段，用于深失速改出。它在初始确认期间被广泛使用，因为它允许飞行员在正常控制律迎角包线之外在不同位置手动调整平尾偏转。

4.大迎角下的非线性动态逆实现

(1)横向重心偏移。大迎角分析期间遇到的首批问题之一涉及非线性动态逆处理横向重心偏移情况的方式。

传统飞机的横向重心偏移会导致产生滚转力矩，飞行员自然会用滚转杆或配平输入来抵消这一力矩。滚转输入会产生非零侧滑，飞行员可以忽略或通过偏航配平操作来消除。

相比之下，F-35战斗机的非线性动态逆控制律可以感知质量不对称，并自动调整控制面以使侧滑和滚转速率为零。只要有足够的操纵效能，这种自动配平能力就能很好地工作。然而，在低速和大迎角情况下，操纵面效能的降低会导致很大的差动操纵偏转。虽然可以实现可接受的静态配平，但这种操纵方案会造成大的不对称滚转表现，在一个方向上可以出现大的速率，而在另一个方向上速率则很小。

图12.15 自动改出开关

习惯于后掠翼战斗机操纵的飞行员知道，应对大迎角滚转操纵问题的解决方案，就是使用脚蹬（而非横向杆）来进行飞机滚转；脚蹬输入会产生相应的侧滑和上反效应（$C_{l\beta}$）造成飞机滚转。相比之下，基线非线性动态逆设计仅使用滚转操纵面来抵消滚转偏出，同时尽力保持零侧滑，因而会造成配平操纵面偏度和滚转响应出现大的不对称现象。

在F-35战斗机中，应对不对称操纵的纠正措施涉及纳入了能发出非零侧滑的指令特性，以便在配平时能卸载滚转操纵需要。其结果是增强了经典的非线性动态逆的控制策略，在很大的横向重心偏移情况下，能在大迎角包线范围上产生对称的滚转性能表现。

(2)机载模型开发。提供准确的空气动力机载模型，是基于非线性动态逆控制律成功的基础，在大迎角情况下尤其具有挑战性。飞机在大迎角下的空气动力由复杂的涡流系统和附着气流及分离气流之间的过渡情况决定，会造成非线性的操纵效能和强烈的操纵互作用现象。在该范围内，为了开发逼真模型和机载模型，广泛收集了风洞试验数据，还使用这些数据来建立了操纵面偏转限制，并对操纵面配平位置进行了最优化处理，目的在于消除空气动力死区，从而保证能有效地使用有限的操纵效能。

一个尤其具有挑战性的建模问题涉及非对称流动分离，会引起非指令滚转。这一现象，早期可以在中等迎角和跨音速（称为跨音速滚转偏移或TRO）的飞行试验项目中观察到，在大迎角区域也可以观察到。发生滚转偏出的条件具有随着迎角增加，马赫数减小的趋势。然而，精确的触发点变化很大，是气动面位置、飞机速率、迎角、马赫数速率及其他参数的函数。由于对这些空气动力学的异常现象进行精确建模是不实际的，因此增加了逻辑以利用飞机的反馈来增强对机载模型力矩的可预测性。在文献[2]中已经对这种方法进行过讨论，该方法类似于为处理跨音速滚转偏出(TRO)而开发的方法，并且在预计会出现建模误差的其他飞行包线区域得以应用。

(3)效应器(操纵)的混合限制。非线性动态逆控制方案的核心要素是操纵混合器，使用了高逼真度的机载建模数据，按飞机状态的函数来确定最优效应器(操纵)方案。在横/航向轴上，操纵混合器执行传统操纵面混合器的功能，并且在小迎角时，能够像人工设计者那样，获得名义上相同的操纵面分配。然而，在大迎角范围，就会出现某些状况(例如，操纵效能受限时)，在这些状况下，标准的非线性动态逆方法可能就不会产生最优的效应器(操纵器)方案。这时，人工设计者(人素设计器)就会求助于可变(自适应)操纵面策略。但不幸的是，基本的非线性动态逆架构限制了设计者直接这样做的能力，因为需要修改操纵混合器结构。

举例说明这一点。在大迎角下，方向舵效应极为有限，导致方向舵在全指令滚转和滚转反逆等机动中处于饱和状态。当方向舵饱和时，操纵混合器会自动将未满足的偏航要求溢出到下一个最佳的偏航源：差动平尾。如果差动平尾不能满足偏航要求(例如，如果平尾已被对称地用于俯仰)，则操纵混合器将剩余的偏航要求溢出到下一个最佳效应器：差动襟翼。从根本上说，这个解决方案与设计师用传统混合器实现的解决方案没有什么不同。然而，设计师可以识别出这个解决方案的后果，而标称操纵混合器设计是无法识别的。例如，由于操纵混合器优先考虑了偏航操纵(相对于滚转)，这样一来，相对于需用而言就会使用太多的差动襟翼(即便是襟翼的偏航效应很弱)，从而带来不期望的影响，造成反向滚转力矩。知道了这一点，人工设计师就会做出决策，当方向舵效能不足时，最佳解决方案就是有条件地放松偏航的优先级。设计师通过设置可用平尾差动量和襟翼差动量限制来实现这一情况，允许一定量的侧滑。在传统的混合器架构中集成这种功能特性是直截了当的。然而，在机载模型 /操纵器混合结构中，设计者无法直接控制效应器解决方案，综合这样的功能是一个重大挑战。对于 F－35 战斗机，此类问题的解决方案是使用飞机反馈的组合来主动改变操纵面和轴向权重。该逻辑要评估飞机的当前状态，包括操纵面的使用情况，并确定完整的偏航轴优先级是否将导致最佳控制表面利用率或者是否优选松弛的偏航优先级。

12.4 飞行试验项目

本节内容概述了大迎角试验项目，包括范围、时间进度，并介绍了前提试验和主要的试验阶段。这些内容为下一节讨论关键试验结果提供了背景材料。

1.概述

系统研制与验证早期阶段的主要目标是确认机队的初始作战使用包线。初始能力的迎角包线(－10°到＋ 20°)被定义为对 F－35 战斗机项目的实际"小迎角"范围，超出该范围之外的试验被推迟到 SDD 阶段飞行试验开始后四年多以后才进行。F－35 战斗机 CTOL 型别的大迎角试验于 2012 年底开始，而其他两种型别的大迎角试验大约在一年后开始。

大迎角试验项目遵循分阶段的方法，这对于所有 F－35 战斗机三种型别都是类似的。图 12.16 和表 12.2 给出了每个阶段的详细描述和目标列表，以及时间进度和试验点细分。大约飞行了 320 架次和 3 500 个试验点，大部分内容是针对偏离阻抗试验的。

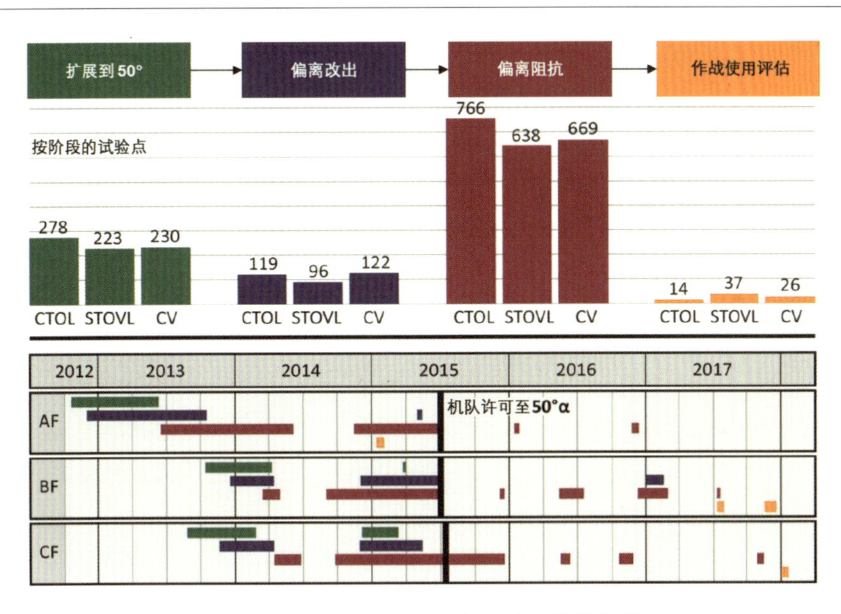

图 12.16　大迎角试验项目每个阶段的详细描述

表 12.2　大迎角试验项目目标列表

阶　段	描　述	目　标
准备	· 飞行试验改装和检查： —反尾旋伞 —延长倒飞的燃油系统改装 —补充舱室增压(仅限 CTOL 型) · 前提准备飞行，包括空启和尾旋改出伞效果	· 验证空中启动能力 · 飞行试验改装的功能检查 · 小迎角时检查尾旋改出伞装置气动效应
包线扩展	· 低速 1g 综合试验模块 · α 从 20°扩展到控制律限制 50°	· 发动机与子系统功能检查 · 在控制律限制内验证气动模型 · 验证大气数据系统准确性
偏离改出	· 增加爬升角度，直到超过迎角限制 · 用人工俯仰摇杆器，使平衡状态点超出控制律限制反尾旋验证 · 静态和动态输入的尾冲	· 验证超出控制律限制的空气动力模型 · 演示手动和自动改出能力 · 验证拆除反尾旋伞对后续试验的影响
偏离阻抗	· 各种飞行条件、载荷和重心位置情况下，飞行员输入的最坏情况组合	· 验证偏离阻抗 · 更新机载模型和控制律
作战使用评估	· 与使命有关的任务，包括大迎角飞行	· 机队建议和飞行手册指南

本节的其余部分将更详细地介绍每个阶段的范围和目标，并介绍总的大迎角放飞过程中的每一环节如何进行。关于飞行试验结果的讨论见 12.5 节。

2.准备

作为大迎角试飞的前提条件,进行了数次飞机改装和系统检查。除了与大迎角飞行直接相关的风险外,尾冲和其他高机头偏离过程中,驻留在零或负 g 的可能性还引起了对那些与发动机滑油系统、燃料系统、供电系统和电力和热管理系统(PTMS)有关的关注。

(1)为了降低大迎角时发动机熄火的风险,在开始大迎角试验之前,已在 CTOL 型和 STOVL 型别中完成了发动机空中启动试验(由于 CV 型别与 CTOL 型相似,故未在 CV 型别上进行该类试验)。

(2)有限次的超出正常负 g(低滑油压力)时间限制方面得到了来自发动机制造商的豁免。

(3)更改了 CTOL 型别和 CV 型别中的燃油系统,以便在负 g 时有更长的时间,并且在各种零 g 和负 g 使用期间都密切监控燃油增压泵压力。

(4)进行了硬件在环(实验室)试验,以验证电气系统能够经受住最坏情况偏离过程中持续的大幅值操纵面运动(持续时间要求会有所增加)。

(5)在综合电源包方面(电源和热管理系统的中央组件),为了在自保护关闭起作用之前延长可用的负 g 状态工作时间,采用了飞行试验辅助设备(FTA)。

(6)在 CTOL 型别上安装了一个用于空中启动的辅助机舱增压系统,初始大迎角试验中,为了缓解高空熄火时飞行员受到伤害的风险,保持了对该系统的使用。F-35B 试验机和 F-35C试验机型别并未使用该系统,但在这些飞机上进行了机舱泄漏检查,以确保在高空熄火时能保持足够的座舱压力。

在每一型别的一架试验机上安装了反尾旋伞(SRC)。反尾旋伞装置由一个安装在四杆支架上的反尾旋伞舱(见图 12.17 中的白色),座舱控制面板以及四个将反尾旋伞载荷传递到飞机结构中的支座(见图 12.18 中的橙色)组成。虽然这种设计允许快速拆卸/安装支架结构和伞筒,但是对承力支座来说却不是这么简单,可能需要几天的时间才能完成拆卸或安装。由于重新配置的时间太长,因此产生了强烈的动机,需要把使用反尾旋伞的试验进行分组,以便使安装/拆卸次数最少。

经过认真考虑,决定放弃对反尾旋伞进行空中检查。在 CTOL 飞机上以 65 kn 的速度滑行时,对反尾旋伞系统进行了端对端检查,即地面开伞试验(见图 12.19)。这项试验进行得很顺利,是 F-35 战斗机项目中的唯一一次开伞。进行 $20°\alpha$ 以上的试验前的最后一次检查,是研究反尾旋伞装置对低迎角飞行品质的影响。对每种型别都进行了一架次的检查飞行,内容包括标准的机动动作组(耦极子、侧滑、滚转和收敛转弯),状态范围是:飞离模式下从 0.95 马赫数减速至 $1g/20°\alpha$ 状态和覆盖整个动力进场范围。要说明的是,由于安装反尾旋伞装置对空气动力的影响是微小的,而且这些影响是与风洞预测结果相一致的,因此对飞机的操纵只有微小影响。

飞行员可选的飞行试验辅助设备(其中许多是专门为大迎角试验而开发的)得到了广泛使用,并且对试验的效率贡献极大,具体如下。

(1)修改了燃油消耗顺序(燃油配重作用),用于调节所需的纵向重心位置。

(2)设置改变 N_z 或迎角限制。

(3)启用了位于驾驶杆和油门杆上的武器舱门手动控制。

(4)弃用控制律迎角超限时的连续语音提示功能(以便于简化通信)。

(5)弃用自动俯仰摇杆器自动接通功能(以便进行人工俯仰摇杆器试验)。

(a)

(b)

图 12.17　反尾旋伞伞舱

(a)伞舱;(b)支座

图 12.18　反尾旋伞系统安装情况

图 12.19　反尾旋伞地面开伞试验

(6)弃用反尾旋逻辑功能,并允许飞行员用脚蹬输入产生给定的尾旋速率。

(7)偏置报告给控制律的重心位置,以便在更大的燃油量范围上达到最大的迎角状态。

3. 扩展到 50°迎角

此阶段的目标是,直至控制律包线限制确认气动力模型。由于尚未建立偏离改出能力,因此在此阶段中的所有试验都是在安装了反尾旋伞的最保守的重心位置状态(向前)下完成。扩展按 5°α 的步长进行,从 20°α 渐进到控制律限制迎角 50°α。图 12.20 给出了典型的包线扩展综合试验动作组的试验卡片。

13.0 <u>1g ITB at 45° AoA</u>		2CF:0005	Card 23	
ALT	AoA	CG	ETR	GEAR
35000$_{\pm 5k}$	**45$_{\pm 1.0}$**	**26$_{\pm 0.5\%}$**	**≤MIL**	**UP**

RUN #	TEST DESCRIPTION		LIMITS
13.1	FTA sw – **ON** **Set AoA** limiter to **45°** **Set Burn Curve** __	☐ SRC – ON / ARM ☐ Trim Reset	450 / 1.0M
13.2	**Climb** a. Setup: 28-30k/ 0.9M b. Pullup: MAX / 35°θ, then MIL c. As γ reduces: Full **AFT** stick		
13.3	**TRIM** / Stabilize		
13.4	**Yaw / Roll / Pitch** Doublets		
13.5	**Pushover** to **0°** AOA		
13.6	(CR) Call "**Recover**" FTA sw – **OFF**		

(a)

14.0 <u>1g ITB at 40° AoA</u>		2CF:0005	Card 24	
ALT	AoA	CG	ETR	GEAR
35000$_{\pm 5k}$	**40$_{\pm 1.0}$**	**26$_{\pm 0.5\%}$**	**≤MIL**	**UP**

RUN #	TEST DESCRIPTION		LIMITS
14.1	FTA sw – **ON** **Set AoA** limiter to **40°** **Set Burn Curve** __	☐ SRC – ON / ARM ☐ Trim Reset	450 / 1.0M
14.2	**Climb** a. Setup: 28-30k/ 0.9M b. Pullup: MAX / 35°θ, then MIL c. As γ reduces: Full **AFT** stick		
14.3	**BANK-TO-BANK** (0° to 30° to 30°) **w/Check**		
14.4	**CROSS** (Release on CR Call or 10s) a. Left stick / Right pedal b. Right stick / Left pedal		
14.5	**RUDDER STOMP** (Release on CR Call or 10s) a. Left b. Right		
14.6	**COORDINATED** (Release on 60° ΔHDG or CR Call) a. Left stick / Left pedal b. Right stick / Right pedal		
14.7	**Yaw Trim Survey**		
14.8	(CR) Call "**Recover**" FTA sw – **OFF** *Flameout landing capability required, 15kts cross wind and 10 tail wind max at designated RNY		

(b)

图 12.20　包线扩展综合试验动作组及渐进过程的试验卡片

(a)包线扩展；(b)渐进过程

正如图12.20中卡片所示，对每一个新的迎角状态，首批要进行的机动就是配平、耦极子串和推杆机动。这些试验是在超出5°的迎角状态上进行的（相对于横航向试验中所用的迎角）。在进行更具挑战性的横/航向机动之前，进行推杆试验的目的就是为了保证飞机具有足够的机头下俯加速度可用。对于每一个迎角状态，在进行到下一个增量迎角状态之前都要应用一组严格的判据，以判断试验可否继续进行。

此阶段的机动仅限于适度的倾斜角状态，并且不涉及同时使用俯仰和偏航/滚转输入的情况。为了有助于飞行员保持恒定迎角（用满程后拉杆）并使轴向耦合最小化，广泛使用了迎角限制飞行试验辅助设备。试验开始以干净飞机构型进行，接着以各种空-空外挂和武器舱门构型配置进行。

4.偏离改出

该阶段的目的是证明F-35战斗机在所有空-空构型中均无须飞行员输入即可从失控飞行状态中改出。偏离改出阶段包括两个截然不同的子阶段：①以可控的机翼水平方式逐渐使迎角超过控制律限制迎角50°α，在此过程中仅在俯仰轴向进行偏离试验；②使用多轴输入进行动态偏离，以便全面检查飞机的自动改出能力。进行这些验证试验的主要目的在于获得信心，以便在下一阶段的偏离阻抗试验中能够拆除反尾旋伞，使偏离阻抗试验以典型的生产型构型配置进行。

偏离改出验证试验开始以一系列的爬升方式进行，逐渐使用更大的俯仰姿态，以便产生低速状态，弹道式的改出过程会产生瞬间（短暂的）超过控制律迎角限制的情况。这些试验初始以前重心状态进行，这样能保证改出过程，其目的在于在极端迎角状态下评估各种偏航或滚转趋势，并且对大气数据系统和发动机表现进行检查。接下来，就是使用人工俯仰摇杆功能，以便给出各种对称的平尾位置指令，在控制律限制之外（迎角限制之外）建立稳定的平衡状态点。这些平衡状态被用来验证俯仰力矩的预测情况，研究深失速敏感性，和验证低头下俯操纵效能（改出时）。初始超过控制律限制的拉偏试验是按干净构型在标称重心位置上进行的，后续试验则要进行到更后的重心位置和更临界的构型状态，包括武器舱门打开状态。通常情况下，载荷投放后武器舱门就会自动关闭，而且外舱门会产生很大的机头上仰力矩，因此试验舱门外开故障模式很重要。

一旦对俯仰力矩预测进行了验证，便开始对自动俯仰摇杆器改出逻辑进行综合评价，用人工俯仰摇杆模式建立了充分的改出操纵效能，因此，自动俯仰摇杆器模式的试验几乎都是专门在最后重心状态进行。最初的自动俯仰摇杆器接通试验是按一种可控的方式进行的，用人工俯仰摇杆建立超过控制律限制迎角的一个稳定平衡状态，然后释放它以便能使自动俯仰摇杆器模式接通。由于F-35战斗机不存在负迎角深失速，因此，大部分从人工俯仰摇杆模式诱发状态进入的自动俯仰摇杆器模式检查试验是在正飞状态下进行，少量的试验是从倒飞状态开始的，用以确认负迎角逻辑。

飞行前分析表明，F-35战斗机的所有型别都具有极高的抗尾旋特性，因此有信心相信控制律中的空气动力模型和反尾旋逻辑。因此，最初的理念就是仅使用仿真来确认尾旋改出逻辑。然而，基于以往经验，海军坚持在进行更剧烈的偏离之前必须在飞行中验证尾旋改出情况。由于无法用正常控制律产生尾旋状态，因此该项验证需要研发专门的助尾旋（pro-spin）飞行试验辅助设备。该飞行试验辅助设备弃用了标称的反尾旋逻辑，允许用脚蹬指令产生大速率，类似于尾旋的状态，之后就可以关闭飞行试验辅助设备，从而使尾旋改出模式接通。

偏离改出阶段的最终机动在于检查动态偏离表现情况。由于从上述更为受控的试验中获得了信心，并且已经成功把这些试验结果与分析模型相关联，因此该项试验不需要按构型和重心进行渐进。这样一来，动态偏离试验几乎专门都是在最后重心和最坏情况的气动力构型条件下进行的，包括武器舱门打开状态。过程中，通过高俯仰姿态爬升，包括尾冲来产生各种偏离，偏离时要使用驾驶杆和脚蹬输入以便在各轴上产生尽可能大的角速率。第一轮机动的结果被用于设计俯仰姿态和控制输入的更为恶性的组合，以试图产生持续的偏离。

这种不受限制的方法是为了证明能从各种可能的状态下改出，是有意设计的，是为了建立可信数量的证据，以便于支撑在拆除反尾旋伞条件下进行偏离阻抗试验。

作为改出能力的最终验证试验，要在拆除反尾旋伞条件下，按一组最临界的构型和机动动作重复进行试验，以便保证反尾旋伞对改出情况没有明显影响。

5. 偏离阻抗

大部分大迎角试验项目致力于偏离阻抗试验，即验证飞机在全范围构型和飞行员操纵下是高度阻抗偏离的。前一阶段已经全面验证了飞机的改出能力，因此，几乎所有的偏离阻抗试验都是在拆除反尾旋伞的具有生产代表性的构型下完成的。

拆除反尾旋伞对于该阶段大部分试验而言，从安全角度似乎是有些矛盾之处，但其对于F-35战斗机大迎角计划的效率至关重要，因为偏离阻抗试验代表着大约2/3的大迎角项目内容。在具有生产代表性的构型中进行这些试验，消除了反尾旋伞对试验结果造成的可能影响，因而也不需要在拆除反尾旋伞情况下耗费回归试验。同样重要的是，还能使此阶段收集的数据用于完善空气动力机载模型并精炼相关的真实模型，而无须担心数据的有效性。如果将生产代表型构型的试验推迟到项目结束时进行，则数据将受到严重限制，并且由于获取时间太晚而难以在系统研制与验证中进行集成。

偏离阻抗试验涉及采用粗猛、最大、单轴及多轴指令进行反逆机动，以及按正向和负向来冲击迎角限制器。为了说明机动类型，图12.21中示例了试验卡片。由于某些操纵输入和时序比较复杂，因此，以示图方式说明了驾驶杆和脚蹬的输入情况，这样就能降低飞行员错误并明显提高试验效率。

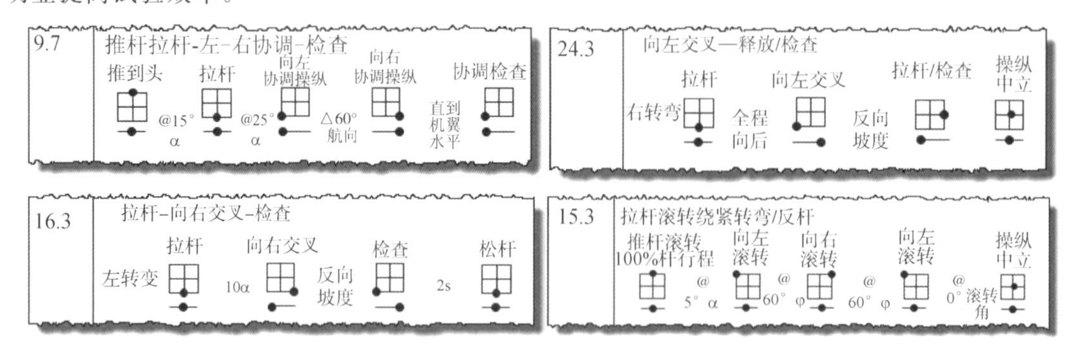

图12.21 偏离阻抗试验卡样例

标准渐进过程是按照高度(从高到低)、速度(从低到高)和构型净型，然后是空-空载荷，再是空-地的方式进行的。对于起落架收起状态的试验，主要的试验高度为35 000 ft和20 000 ft，但是，正如"飞行试验结果"部分所述讨论的，当模拟或飞行试验结果表明有必要时，会在较低的高度上进行一些试验。

纵向重心通过飞行试验辅助设备保持在目标状态，而横向重心则是用内部和外部装载来变化。大部分偏离阻抗试验是按空-空装载状态进行的，这是因为，对于这些构型配置而言，控制律限制更接近其可控性边界。对于关键的空-地外部装载情况，试验还进行至其限制状态（更严苛）。对于空-地装载状态，由于没有验证过（或要求验证）偏离改出情况，因此，这些构型配置的初始偏离阻抗试验是在加装反尾旋伞情况下进行的。对于关键的空-空和空-地装载情况，还在起落架放下状态进行了偏离阻抗试验。

使用离线模拟作为主要手段确认了每一次控制律升级都符合目的，并且在试验计划的整个状态范围的飞行是安全的。

对于发布的每个软件版本，大约进行了30 000次模拟运行，其中包括一个常规分析集，称为致命矩阵。自动化工具用于扫描结果，以识别出由于飞行品质和/或载重因素而需要进一步检查的情况。仿真结果还用于识别需要在飞行中进行研究的潜在问题状态点，并设计关键的重要机动动作。

(1)低速偏离阻抗试验。偏离阻抗试验的首要目标是确定低速包线。虽然该项试验覆盖了相同的飞行状态（已经在50°α的扩展试验中探索过），然而偏离阻抗试验要在重心和迎角组合条件范围内以恶劣的、多轴操纵输入进行。在飞行过程中使用飞行试验辅助设备快速更改重心状态，大大提高了试验效率。

(2)高速偏离阻抗试验。高速偏离阻抗试验的方法与低速所用的方法相似（粗猛的操纵输入，最坏的载荷等），但要考虑一些独特的因素。首先，由于重心对迎角和侧滑命令限制的影响在高马赫数时融合消失，因此该范围的试验几乎专门在单一、最后重心的状态进行。其次，由于这些试验点许多都是在高动态压力下进行，因此有可能超过机身载荷限制。因此，尽管在35 000 ft（和较低的动态压力）下使用无载荷测试设备的喷气状态飞机进行了初始试验，但20 000 ft及以下的试验需要用带有测试设备的飞机进行，要与载荷工程师紧密协调并进行实时监控。

在试验之前，仅根据进气道兼容性确定了高速迎角限制，然而也知道还有一些潜在问题，需要给出更严苛的限制，具体如下。

(1)与低速不同，高速偏离阻抗会触及马赫数和迎角的组合，会落到能获得风洞数据的包线之外。这意味着所依赖的机载模型数据是建立在外插趋势基础上的。

(2)20°α以下的试验已经证实了预测情况，F-35战斗机在跨声速和增加迎角情况下会经受突然的流场变化，在飞机上会出非定常滚转力矩。期望这些影响会在更大的迎角时减弱，但只有试验才能证明。

试验进程开始时，所用的迎角限制器是按进气道兼容性要求设置的，并且只有在需要时才对其进行调整。完全明白的是，该试验进程中可能甚至很可能发生偏离。但是，基于对改出能力的信心，认为这一风险是完全可控的。

6.作战使用评估

每个型别的大迎角试验的最后阶段都是在对飞机的性能和操纵品质进行有限程度的评价，同时进行了20°α以上的作战使用任务。不同于之前阶段（由照本宣科的开环机动构成），本阶段试验允许飞行员驾驶飞机实现作战使用任务。试验要评价的内容包括：大迎角任务动作单元（跟踪并反逆，紧急脱离，最小速度过顶机动、高机头姿态改出，等），以及从进攻、防御和对等态势开始的与敌手飞机的交战。从该试验中收集的数据本质上是定性的，主要用于验证与技术规范的符合性,并支撑在飞行手册中描述大迎角特性。

12.5 飞行试验结果

本节概述了系统研制与验证阶段大迎角试验项目的主要发现。总的来说,飞机表现符合预期和设计情况。然而,肯定的方面不如异常方面更有价值,因此本节主要关注后者。对这些异常的纠正包括大气数据优化、控制律逻辑更新和机载模型修正。

1.大气数据系统

在到 50°α 的初始扩展试验以及偏离改出试验期间,发现了几个关于大气数据系统(ADS)的问题。这些发现导致了对气动测量校准和气动及惯性源之间转换逻辑的改善。

(1)风场变化中的惯性侧滑角。在迎角超出大气数据系统气动包线时,要使用估计的风场和惯性速度来推导出迎角和侧滑角,称之为惯性迎角和侧滑角。只要飞机保持在相对均匀速度的气流介质中,这种方案就能很好地工作。

图 12.22 中的示例显示了飞机以下降状态达到向大迎角的减速过程。在此机动过程中,飞机下降通过梯度风场,导致报告给控制律的侧滑角以放大 2 倍的速率增长(相对于实际变化率)。

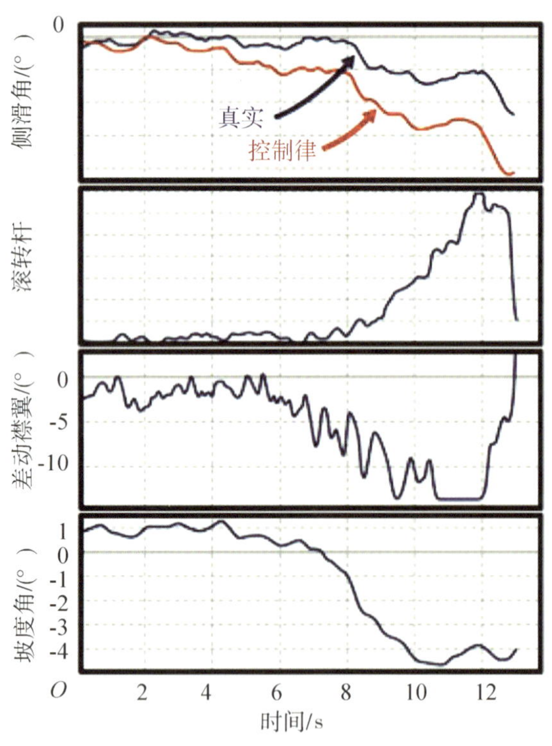

图 12.22 飞机以下降状态达到大迎角的减速过程

从大约 6 s 开始,开始出现左向轻微无指令滚转。控制律用差动襟翼做出响应,以产生右滚转力矩,该力矩将制止滚转并驱动侧滑回零。然而,由于把过估计的侧滑角报告给了机载模型,因此引起了机载模型对滚转力矩大小的过预计。该滚转力矩来自上反效应($C_{l\beta}$)。于是控制律给出了比所需小的滚转输入,飞行员要人工向右压杆进行修正。飞机最终稳定在一个左坡度状态，差动襟翼达到了其极限偏度位置。此时，仅为了保持当前坡度就全部使用了襟翼的可用滚转控制能力，使得飞机无法向右滚转。

该问题的解决方案包括提高大气数据的准确性，并使控制律对大气数据和空气动力建模误差更具鲁棒性。更新包括以下几个。

1)增大过渡到惯性侧滑的迎角值，因为气动侧滑角比预测侧滑角更准确(迎角更大时)。

2)在不改变迎角过渡点的情况下，通过改善气动迎角的标准情况，并使用气动迎角计算风场(即使控制律迎角已经过渡到惯性状态)，这样也能改进鲁棒性。

(2)大负迎角时的气动迎角误差。偏离改出试验确认了需要对大气数据算法进行进一步的改进。在 CTOL 型别上进行的倒飞状态的人工俯仰摇杆模式试验期间出现了此阶段最重要的问题。在较大的负迎角时，前机身边条上脱出的分离流会产生低静压状态，从而影响所有主要大气数据的输出。该静压误差导致迎角读数为正值，由于还处于气动包线之内，导致系统接收了错误的气动大气数据，而飞机仍然处于倒飞偏离状态。使用人工俯仰摇杆模式可以很容易地改出飞机，但是飞行后分析表明，该迎角符号是错的，会对尾旋改出产生不利影响。暂停了偏离改出试验，直到添加逻辑以确保飞机的法向过载系数(N_z)为正，以便能使大气数据系统接收到正的气动迎角。

2. 发动机和子系统

包线扩展阶段的关键目标是确保发动机和相关的紧急备用系统在迎角增加和低速下功能正常。在整个大迎角试验项目中，所有关键子系统(如推进、燃油、电气、环境控制等系统)在所有迎角状态、低速和长时间的低 g 条件下均能正常运行。

3. 空气动力学模型确认

在包线扩展阶段获得了用于大迎角空气动力学模型验证的最有价值的飞行数据。总体而言，对于飞过的各种机动和构型配置，飞机的响应比预计结果好，包括非对称空-空装载、安装机炮舱和武器舱门打开状态。最重要的是，对于纵向稳定性和平尾操纵效能而言，飞行试验结果和预测结果之间的一致性很好。图 12.23 以示例形式给出了从大迎角平衡状态满推杆的情况。尽管按照在该阶段收集的数据对机载模型进行了较小的调整，但在进行偏离阻抗试验之前，无须更新任何结果。这一结果形成了支点，能够使大迎角试验项目按照时间计划进行，它使在收集低速风洞数据和组装高保真空气动力模型方面所付出的大量前期投资的得以回报。

图 12.24 给出了示例，表明俯仰阻尼低于预期的人工俯仰摇杆模式平衡状态点在超过控制律迎角限制的稳定平衡状态下，如何用人工俯仰摇杆模式来收集数据。飞行员开始使飞机 α 稳定在 60°附近，此间平尾偏转中立(没有杆输入)，然后缓慢向后拉杆，使平尾达到全程后缘向上状态。拉杆过后，飞机迎角增加到大约 72°且表现为持续振荡形式。在此情况中，对于两种平尾位置，建模情况都能很好地预测其平衡状态。然而仿真所预测的动态响应比飞行中所看到的要大得多。在所有三个型别中，对于大多数正飞平衡状态，都观察到这种阻尼失配情况。根据这些数据，对模型进行了更新，以包括大幅度增加俯仰阻尼，以便匹配飞机所表现出的更为安定的特性。

对于不同的构型范围，在正飞和倒飞情况下进行了类似的试验。必要情况下，针对基本的俯仰稳定性，对称平尾操纵效能和俯仰极限，对模型进行了调整。对于一个小子集的人工俯仰摇杆模式试验状态点，在拆除反尾旋伞条件下进行了重复试验。正如基于风洞试验所预期的那样，反尾旋伞对配平迎角的影响可以忽略不计。

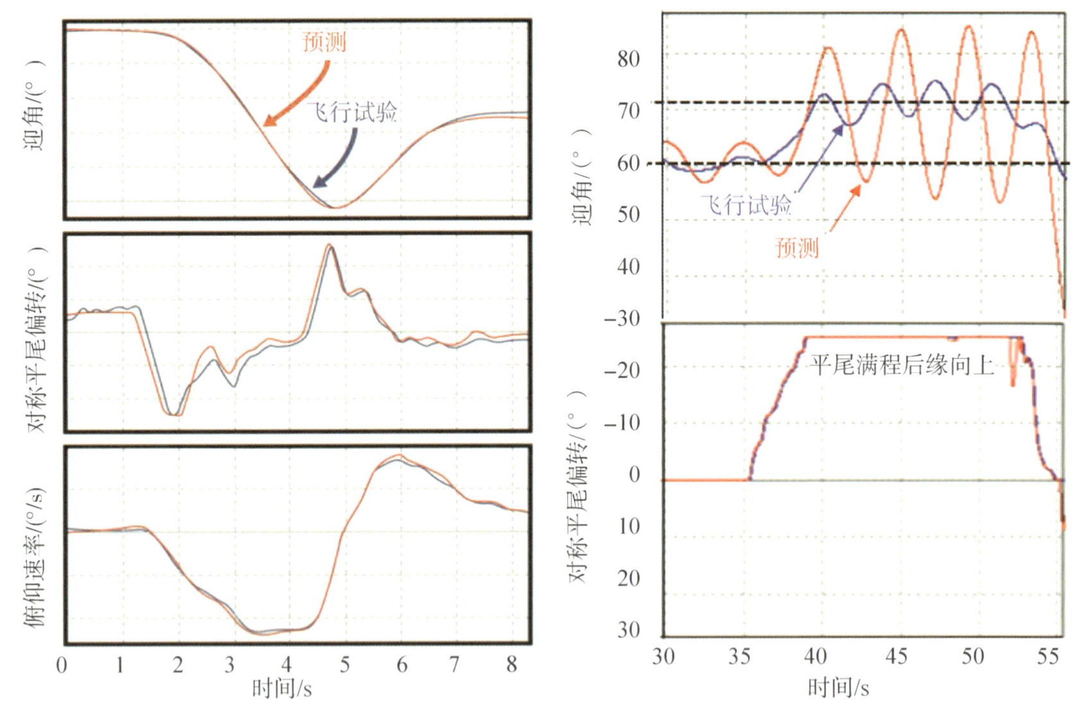

图 12.23　大迎角平衡状态满推杆情况示例

图 12.24　表明俯仰阻尼低于预期的人工俯仰摇杆模式平衡状态点

最初的计划中没有包括专门的参数识别试验，但是准备条件(飞行试验辅助设备、分析工具等)已经到位，因此可以根据需要使用此功能。在该计划的后期，用 STOVL 型和 CV 型飞机进行了 3 次专门的大迎角参数识别飞行，用以验证在局部马赫和迎角范围内的操纵效能。这些数据被用来调整用于离线分析的空气动力真值模型，但这些变化不足以保证对机载模型进行更新，这可能需要进行飞行试验回归。

4. 偏离改出

在执行的 220 多个动态偏离中，绝大多数可以自我改出，而未接通任何自动改出模式。虽然在此阶段没有遇到控制律的重大问题，如下所述，但试验结果被用来对改出逻辑进行了微调。最终的结果是建立了一个系统，在所有验证和模拟的情况下，无须任何飞行员介入即可改出，这显然满足“最少飞行员输入”即可改出的要求。该结果对偏离改出提供了高置信度，并且对于允许在没有安装反尾旋伞的情况下进行偏离阻抗试验很关键。

(1)俯仰摇杆器。起初的自动俯仰摇杆器接通试验是以一种受控方式进行的，用人工俯仰摇杆模式使飞机稳定在超过控制律限制的迎角状态，然后释放人工俯仰摇杆开关以便使自动俯仰摇杆器逻辑接通。总共，以这种方式完成了 78 次自动俯仰摇杆器接通，所有情况下，都能在 1 或 2 个俯仰摇摆周期内且高度损失小于 4 000 ft 的情况下使飞机改出。在那些需要 2 周进行改出的情况中，大都发生在武器舱门打开状态(一种舱门故障模式)。

在动态偏离(陡爬升和尾冲)的改出过程中，自动俯仰摇杆器接通了 45 次，除过其中一次外，其余全部只需一到两个俯仰摇杆周期就能改出。上述单一情况需要三个周期，虽然因武器舱门处于打开状态而不能算作作战使用相关状态，然而却突出了可以进一步改进的方面。

图 12.25 给出了需要三个周期进行改出的自动俯仰摇杆器模式接通事件，事件发生在 CV 型别试验机上，是在极后重心状态武器舱门全打开情况下紧接着一个尾冲机动产生的。机动始于飞机垂直爬升，并以 120 kn 的速度施加全程右滚转输入。当速度下降到接近于零时，迎角峰值达到了 90°，平尾几乎接近全程后缘下偏位置，为了抑制偏航速率收回了操纵。在五秒钟的低俯仰速度后，自动俯仰摇杆器自动接通，但由于速度极低（小于 40 KCAS），因此对最初的仰头趋势只有微薄作用。

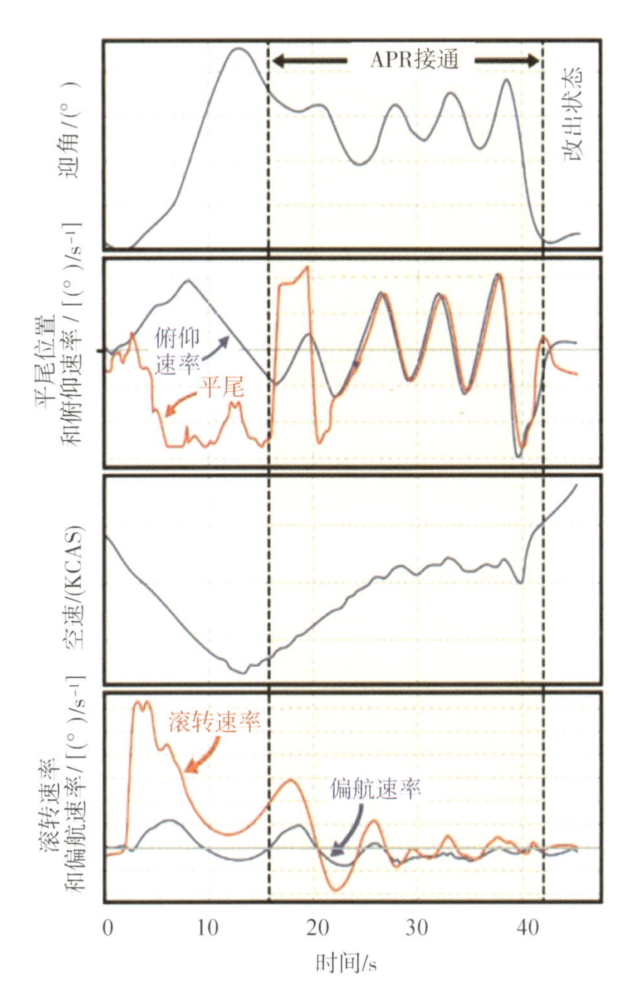

图 12.25　需要三个周期进行改出的自动俯仰摇杆器模式接通事件

从 22 s 直到改出，俯仰摇摆的幅度逐渐增加，直到深度失速被打破为止。请注意，在启用自动俯仰摇杆器接通期间，由于尾旋抑制逻辑和空速增加的作用，滚转和偏航率降低到接近零。

在这一事件中，控制律功能符合设计情况，并能在飞行员不干预的情况下使飞机改出。然而，延迟改出导致对自动俯仰摇杆器的进入判据和功能需要改进。但由于改进很小，因此不必以飞行回归来担保。离线分析表明，在关闭武器舱门的情况下，所有深度失速将在一个俯仰摇杆周期内改出，而在武器舱门打开时，不超过两个周期。

（2）尾旋改出。在动态偏离试验期间，有 25 次尾旋改出逻辑接通情况，所有这些都发生在低动压下的过偏旋转中。偏航速率抑制逻辑是有效的，且飞机没有尾旋倾向，不管偏离进入时的动态状态如何。

所遇到的唯一一种持续尾旋是那些用飞行试验辅助设备进入的尾旋，该飞行试验辅助设备早前已经介绍过。图12.26给出了尾旋改出典型示例。开始机动时先接通人工俯仰摇杆器模式，使飞行员能够在控制律迎角限制范围之外建立飞机状态。在接通尾旋飞行试验辅助设备情况下，飞行员施加满程右脚蹬，继而偏航速率会逐渐达到高的目标值(在图12.26中注意，迎角开始于55°，但随着偏航速率的增长和尾旋变平而增加)。然后，飞行员同时断开手动俯仰摇杆器和飞行试验辅助设备，以便能够立即接通控制律尾旋改出逻辑，从而驱动差动平尾来制止尾旋运动。随着偏航速率的减弱，收回差动平尾到其初始值的一半左右，从而释放对称平尾偏度以便用于俯仰控制。随着偏航速率的进一步降低，关联降低了机头抬起耦合作用，造成了稳定的迎角下降，在尾旋改出模式起作用后大约4 s时就实现了改出。

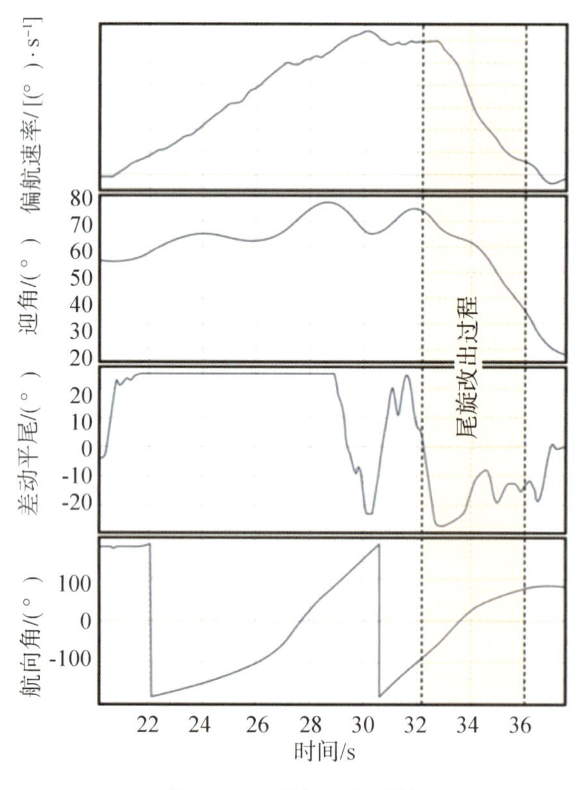

图12.26 尾旋改出示例

(3)尾冲事件。在偏离改出试验期间的有趣事件是发现了完美的尾冲。前71次尾冲的改出相对温和，而第72次尾冲的装载和进入条件与之前的尾冲没有明显不同，却在统计为对偏离改出试验特征方面提供了宝贵的经验教训。图12.27给出了飞过的所有尾冲的俯仰和偏航速率超限情况，第72次的事件用红色突出显示。与之前的事件不同，在这里飞机在达到明显的速度状态之前就开始机头下俯，在此案例中，机头开始向下之前空速达到了约60 KCAS。这一较高的速度造成了较大的气动力矩，驱动着初始下俯角速率达到85°·s^{-1}。比之前事件中看到的要高得多，致使飞机摆过机头向下姿态，回到接近90°的高机头状态。这时，飞机以超过110 KCAS的速度反向飞行，出现了极为动态的改出，驱使俯仰和偏航速率均超过了发动机设计限制。

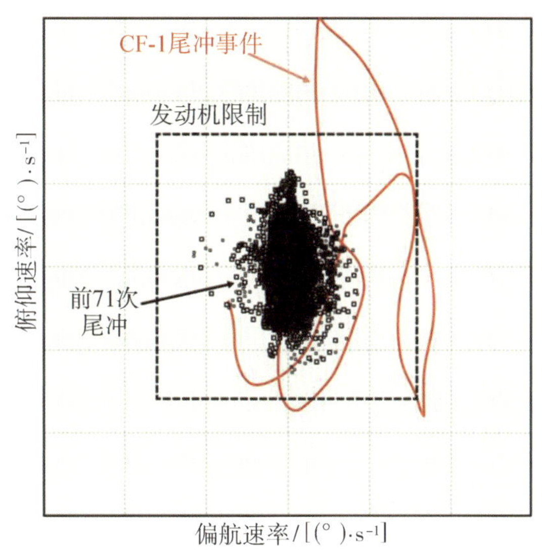

图12.27 尾冲中发动机偏航速率和俯仰速率超限情况

此时已收集了足够的尾冲数据以确认改出，因此由于存在发动机损坏的风险，停止了尾冲进入试验。对此事件没有做出任何控制律更改，只是增加了一个专门的语音提示，以便向飞行员发出警报"即将发生空速足够高的尾冲"，使其能采取预防行动。

5. 偏离阻抗

本节提供了偏离阻抗试验中一些更有趣的发现，并描述了解决这些问题的措施。根据在此阶段获取的数据对控制律逻辑和气动模型进行了改进，使得飞机明显满足了偏离阻抗的要求，并且根据MIL-F-83691B军用标准，可以将其更准确地归类为"极度抗偏离"[9]。

(1)CTOL型别偏离阻抗。由于CTOL型别是第一个开始进行偏离阻抗试验的F-35型别，因此许多早期发现是在这些试验期间发生的，继而使造成的几次控制律更新能被抢先应用于其他两个型别。

1)低速。图12.28给出了一个案例证明，在这里俯仰轴和偏航轴对有限平尾操纵效能要求的矛盾争夺导致了一次尾旋改出逻辑的接通。该案例发生在一次BTB机动中，是首批在50°迎角限制器条件下进行的BTB机动之一，机动时使用了最大偏航速率输入(最大后杆和蹬舵)。机动中，偏航速率很好地跟踪了指令，开始向右产生坡度，继而反逆向左后有一个小而可控的超调。

再次反逆向右返回时，响应中出现了一次类似的超调，但是此时飞行员释放了俯仰杆位，导致了附加的平尾指令，造成了迎角减小。为此，控制律优先考虑机头下俯，因此就没有给偏航操纵留下可用的差动平尾。由于方向舵在此迎角上无效，并且平尾全程致力于俯仰，因此不受抑制的偏航速率足以超过尾旋改出模式的阈值。如前文所述，反尾旋接通会导致优先级切换至偏航，直到偏航速率被抑制。尽管控制律能成功地防止持续偏离，但从全俯仰优先级转换到全偏航优先级导致飞行员的控制权暂时丧失，而偏航速率却被制止。在后来发布的控制律版本中，进行了修改，在大迎角时能更好地平衡俯仰和偏航需求，在此迎角范围这两者对于飞机的控制都很重要。

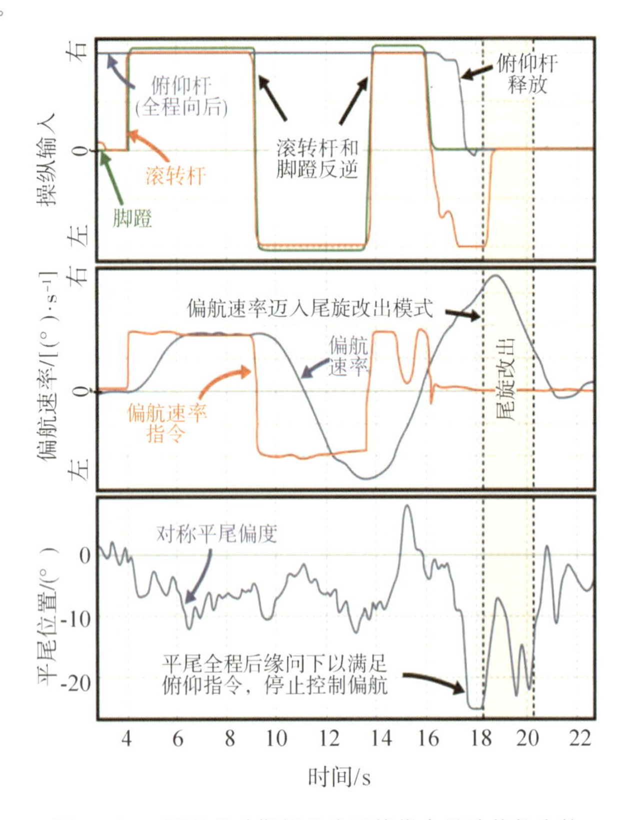

图 12.28　BTB 机动期间机头下俯指令导致偏航失控

表 12.2 中给出了已发现并解决的其他低速偏离问题和解决方案的示例。

表 12.2　CTOL 型别的低速偏离问题和解决方案

问题	在对负迎角限制器进行冲击试验时平尾响动。滚转驾驶杆并反蹬舵之后，接着进行全推杆。大幅度、高速率的平尾运动阻尼很小，并引起持续的俯仰轴振荡	最大偏航率机动稳定后，最大推杆造成一个长达 7 秒的平尾对称偏转饱和并瞬态偏出了迎角限制。该问题通过模拟进行了预测，并在飞行中得到确认	高偏航率的机动中，过度的偏航速率触发了尾旋改出。偏航率稳定增长远超指令值引起尾旋改出逻辑介入，并在操纵权返回给飞行员前，驱使偏航速率返回至可控范围
解决方案	迎角限制器增益：对负迎角限制器进行柔和处理，使其能以更小的增益更快地介入。该解决办法已经成功地进行了回归试验[见图 12.29(a)]	控制律和机载模型：接近限制器迎角机动时，当请求的和实际的俯仰力矩之间出现大偏差时调整了期望的动态指令模型[见图 12.29(b)]	控制律和机载气动模型：控制律逻辑和气动模型在多个软件版本上得到了逐步改进，以解决此类问题。解决方案是按型别定制的，并采用了"飞行-确认-飞行"的方法，以确保在不超出操纵效能约束的情况下最大限度地提高机动限制[见图 12.29(c)]

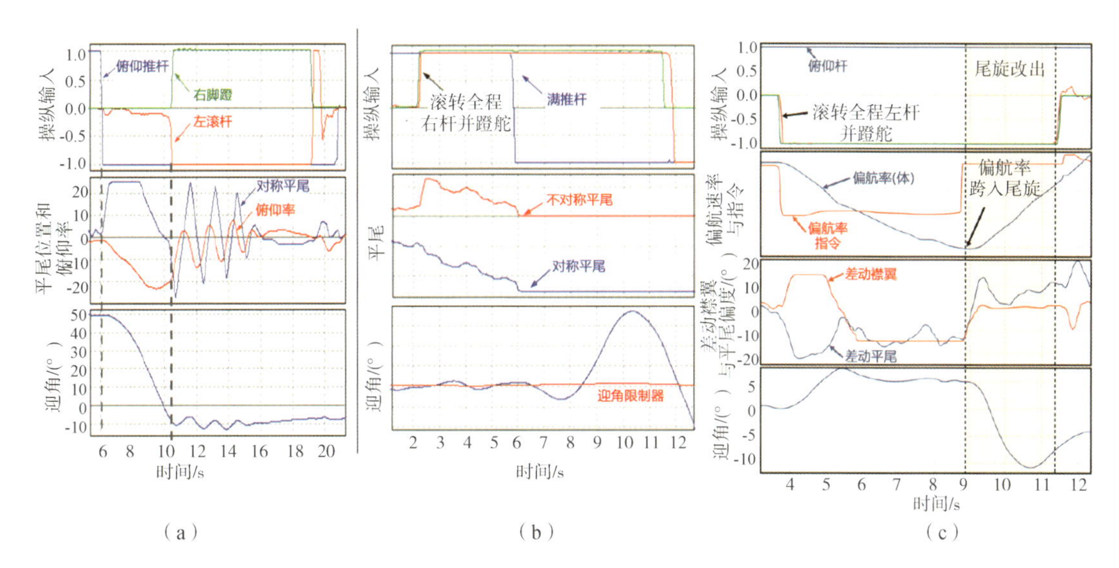

图 12.29　低速偏离问题示例

(a)示例(一);(b)示例(二);(c)示例(三)

2)高速。在 CTOL 型别高速偏离阻抗试验的早期,在一次滚转并拉起机动中观察到了侧滑偏出现象,它是在高跨音速马赫数和高高度条件下触发的。尽管基本控制不容置疑,但这种侧滑偏出是令人担心的,因为如果发生在低空,就可能超过机体载荷限制。因此,在该区域还另外进行了一系列试验,重点在于检查滚转并拉起复合机动。

使用各种拉起并滚转输入,在狭窄的马赫数-迎角区域完成了 20 多次机动。尽管观察到了偏航操纵面饱和松散侧滑现象,但在完成了所有计划的试验后,没有发现大的操纵问题或偏离。在燃油剩余的情况下,试验团队选择对几次最坏的情况进行了重复,试验的进入条件和滚转输入时刻稍有变化。在进行这些额外试验的最后一次试验时,出现了如图 12.30 中所示的全面爆发性质的高速偏离。这是一次满拉杆减速转弯机动,并在 15°α 处开始最大滚转翻转。最初的滚转响应方向正确,但是偏航控制不足以进行协调滚转,造成了不利侧滑增加了 5°。当迎角增加 19°时,由于不利侧滑和机翼上不对称激波移动的组合,发生了大幅度的非指令左滚。这种不协调的左滚,再加上仍然不受控制的正偏航速率,导致侧滑达到−24°。由于侧滑而产生的大滚转力矩导致了返回向右的急滚,其耦合作用使迎角发生了偏出现象,在飞机自动改出之前,使迎角偏离达到了 60°α。

该事件导致对控制律进行了几项重大更改:

a. 在跨音速增加迎角工作状态,对空气动力学模型(真实和机载模型)进行了广泛的更改。这些更改包括更新滚转和偏航稳定性,阻尼和操纵效能。

b. 通过使用飞机状态、操纵面位置和飞行员输入来增强偏离阻抗逻辑,以便在粗猛机动时抢先降低指令限制。

c. 在高跨声速和超声速马赫数下降低迎角限制,这些迎角限制器以前只考虑到了进气道的兼容性。

更新版软件生效后,对更改情况成功地进行了回归处理,并且完成了 CTOL 型别高速偏离阻抗的剩余试验,没有发生任何事件。

(2)STOVL 型别偏离阻抗。借助在 CTOL 型别上获得的经验,STOVL 型别的偏离阻抗试验进行得十分顺利。实际上,两种平台的相似性使得STOVL型别偏离阻抗试验的整个范围得以缩减。基于通用性假设和CTOL型别试验的成功,最大的节省在于,对于"飞离"和"动力进场"模式,在进行空-地状态的偏离阻抗试验时,省去了装载渐进过程。尽管起步较晚,STOVL型别已被允许与CTOL型别同时使用完全的迎角功能。

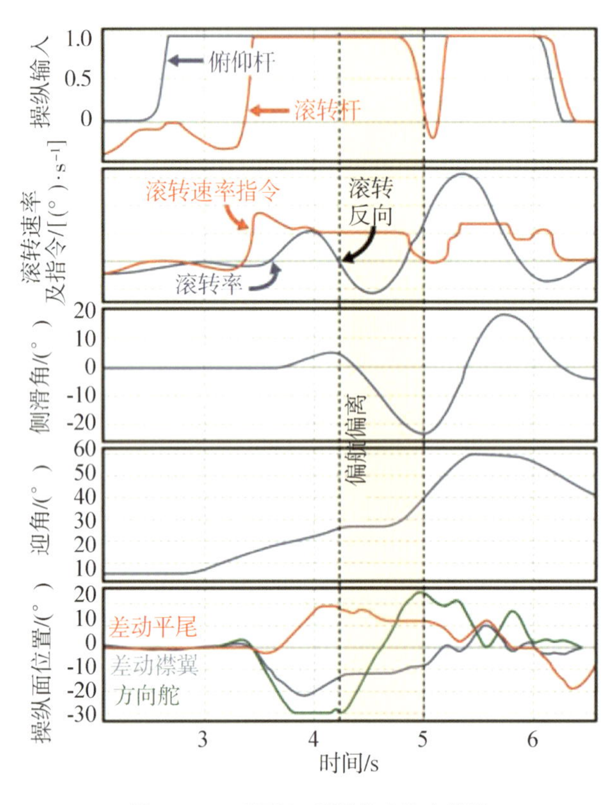

图12.30 CTOL型别高速偏离情况

(3)CV型别偏离阻抗。从偏离阻抗的角度来看,CV型别是最具挑战性的。由于其不同的外形,在其他型别的偏离阻抗试验期间获得的经验教训一般不适用,并且确定了一些CV型别的独特问题,需要定制解决方案。

1)滚转反逆。CV型的独特之处在于,它是唯一在正式大迎角试验之前要经历偏离的型别。如图12.31所示的CV型别滚转反逆情况是在试验项目中相对较早时期为进行载荷评估而进行的。该机动是一次向右恒定20°α的减速转弯,通过自动机动飞行试验辅助设备在0.93马赫时给出了一个左滚转指令。在滚转开始时,随着不利侧滑增长到20°,方向舵和差动襟翼饱和将近两秒钟,促使了一个快速、无指令的反向滚转。

如前所述,这种马赫/迎角飞行状态要经受非指令的滚转和俯仰运动,是由于机翼上快速、常常是不对称的激波移动造成的。对于CV型别,几种独特的因素会使所形成的这种气流分离进一步恶化,这些独特因素包括副翼偏转作用,翼展增加以及机翼和平尾的紧密接近度。解决此问题所需的控制律更改,与先前所述的CTOL型别跨声速偏离之后所进行的更改类似,但范围更广。也需要对空气动力机载模型进行广泛的重新修订,包括更新滚转阻尼和所有横/航向操纵面效率。

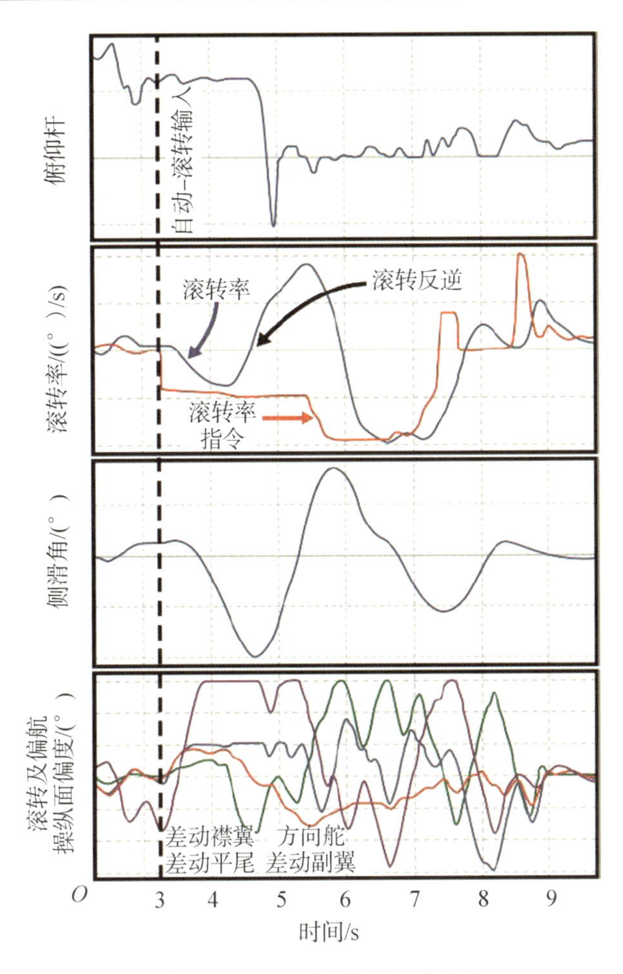

图12.31　CV型别滚转反逆情况

2)侧滑控制。CV型别以0.75左右的马赫在失速迎角附近进行机动时，表现出差的侧滑控制能力。图12.32给出了一个更为极端的示例——CV型别操纵反逆期间的过量测滑情况，高空条件下在进行最大偏航速率指令反逆时发生了示例情况。低迎角时施加了初始输入，并产生了预期的响应。仅低于限制迎角时输入反向，偏航率立即响应，但是滚转速率继续增加，导致了大于期望的侧滑值。

尽管滚转响应和侧滑控制不理想，但仍保持着基本控制。但是，必须解决较大的侧滑问题，因为如果不进行纠正，预计它们会在较低的高度上产生过量的载荷。为纠正这一问题，已经开发了几个控制律更新版本，包括对预期动态的改进以及增加逻辑以改善侧滑控制。为了确保完全缓解潜在的结构问题，对试验计划进行了修改，包括逐渐降低高度到低于最初计划中的高度，使用加装了测载设备的飞机。

3)反尾旋模式接通。CV型别的另一个独特的问题就是：在仅使用驾驶杆的滚转过程中进入了尾旋改出逻辑。图12.33给出了一种情况——CV型别机动中反尾旋逻辑接通情况，在15 000 ft和马赫数改为0.6条件下，水平拉起，迎角增加25°时进行满后杆滚转操作(脚蹬松浮)，此时发生了这一情况。在此过程中，开始时滚转和偏航速率跟踪了指令，之后偏航速率持续增加并最终超过了尾旋改出逻辑接通阈值。反尾旋逻辑接通时，控制律就接过了飞机控制并减小偏航速率，从而导致了非指令的滚转速率增加和一些迎角波动。这个问题被确定是由取决于 *Ma* 数的机载气动力模型系数小误差所造成，这里的小量误差只有在低高度上才能被观测到，正如下文所述。

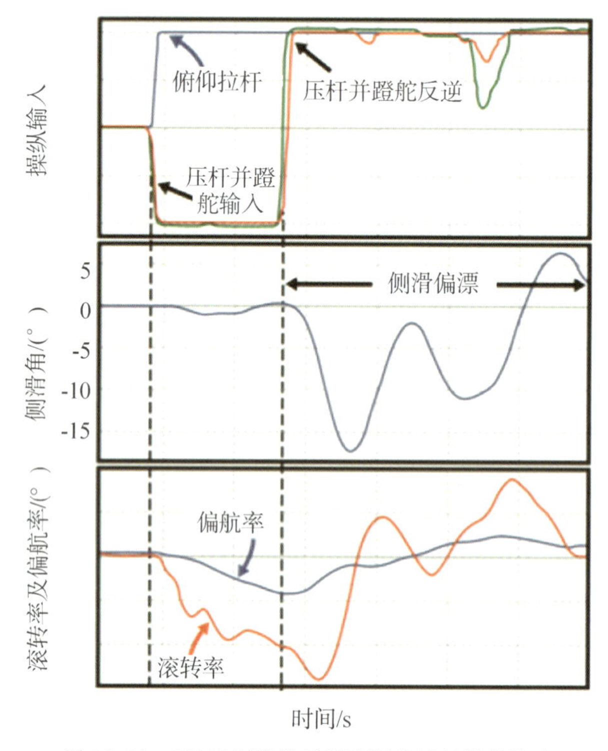

图 12.32　CV 型别操纵反逆期间的过量侧滑情况

(4)高度影响。最初的偏航阻抗试验计划要求只在 35 000 ft 和 20 000 ft 进行飞行试验，依靠模拟来确定低高度情况。这种过程方法在以往的大迎角项目中使用过。其理由在于：主要的空气动力决定因素是 *Ma* 数和迎角，而不是高度或动压。然而，在 CV 型别的低空试验中发现了许多异常情况使该策略受到质疑。

最初在 35 000 ft 发现了侧滑控制不良问题，只是该问题并没有对飞机的控制造成威胁，并且在低高度上不认为具有作战重要性。然而，如前所述，在 *Ma* 数为 0.6 左右，迎角在20°～30°时，仅仅使用驾驶杆进行滚转却造成了明显幅值的偏航偏漂，并且有时会导致接通尾旋改出逻辑。

分析表明，这种高度效应并不是气动导致随高度变化的结果，而在于低高度上的 *Ma* 数效应系数误差影响增加了。这种增加作用归因于：①较高的动压(对于给定的 *Ma* 数)产生更大的物理力矩，使得这种误差的影响更明显；②飞机在低高度时性能更高，导致其减速更慢，继而驻留在马赤数-迎角问题区域的时间更长。

理解了这些误差的影响之后，便在更低高度上[低至 7 000 ft(标准海平面高度)MSL]在 CV 型别上进行了额外的试验，这为进行必要的校正提供了数据。尽管没有发现类似的异常现象，但随后就在 CV 型别试验的基础上，对 CTOL 型别和 STOVL 型别进行了更低高度的偏离阻抗试验。由于这一额外的工作，所有三个型别最终被允许在各种高度上进行无限制的大迎角机动。

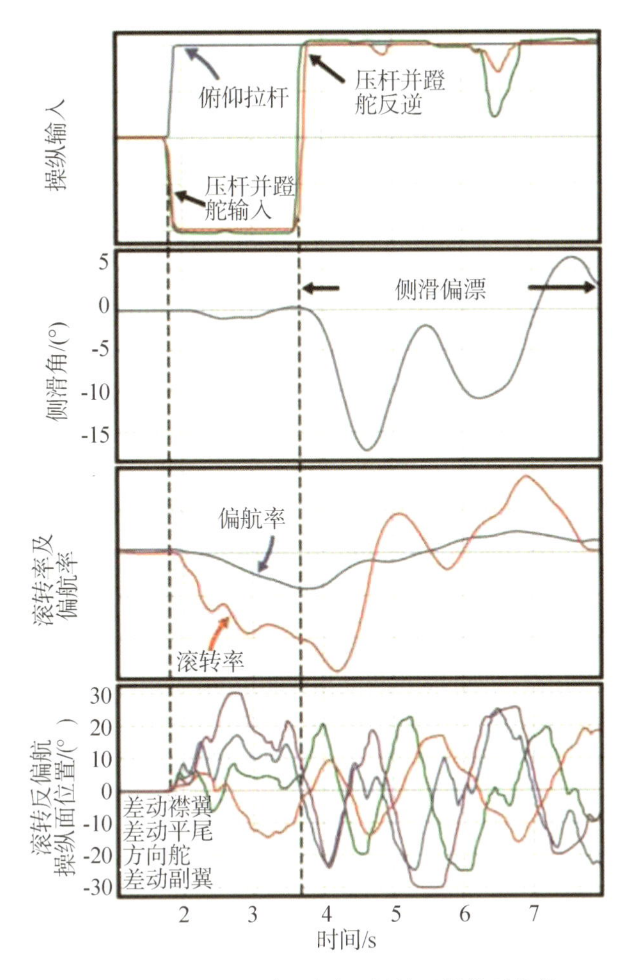

图 12.33　CV 型别机动中反尾旋逻辑接通情况

12.6　总　　结

F－35 战斗机大迎角的发展和飞行试验项目以非凡的效率进行，其机动能力达到或超过了所有大迎角要求。成功的原因有很多，其中包括以下几个。

(1)高度精确的建模和仿真。非线性动态逆的基础是高度精确的空气动力学模型，这在大迎角范围内难以实现。由于飞行试验中的发现，对真实模型和机载模型进行了许多改进，本文对其中的几个方面进行了描述。通常，这些模型的准确性可在飞行前提供非常精确的预测，从而使大迎角试验能以最少的分析时间快速进行。

(2)控制律设计。除了精确的模型外，非线性动态逆方法还需要向控制律提供有关飞机的空气动力状态和质量特性的大量实时信息。在大迎角下利用此状态信息，可以使限制器精确地适应飞机状态，其结果使设计具有很高的抗偏离性，同时从飞机中提取了最大的能力。

(3)鲁棒的失控飞行改出能力。对自动改出模式实施了一种经得起验证(增益可调)的方法，利用了以往项目的经验教训，并消除这些关键模式对非线性动态逆的依赖。这一设计决策，以及从最坏情况下能一致改出的演示，给团队和领导层提供信心，对偏离阻抗试验阶段的绝大部分试验拆除了反尾旋伞。这样一来，就能够按典型生产构型进行偏离阻抗阶段的试验（约占大迎角飞行试验项目的 2/3），而无须进行昂贵的回归试验。

（4）飞行试验辅助设备。在整个大迎角试验项目中，飞行试验辅助设备（尤其是其设置迎角限制器和修改燃油消耗以控制重心的能力）对于高效、准确地收集数据至关重要。专业化的飞行试验辅助设备，诸如那些用来保证尾旋改出演示的飞行试验辅助设备，能使试验得以顺利进行，否则将是不可能的。

（5）飞行试验的准备和训练。尽管没有在本文中进行讨论，但是在每次试验之前都要进行大量的计划和演练，从而使得试验点重飞率极低（少于 2%）。

可以预料，对于这种范围和复杂性的任何试验项目，即使在 F-35 战斗机项目上实施不切实际，都会获得很多经验教训，可能会用于未来项目。这些经验教训包括以下几个。

（1）尽早开始大迎角试验。提供初始机队作战能力（低于 20°迎角）的这一按部就班的需求拖延了大迎角试飞，使其直到系统研制与验证飞行试验计划开始 4 年之后才启动。项目启动延迟，和直到 2015 年年中才明确了所有型别到 50°迎角的要求，压缩了解决大迎角问题的日历时间，并减少了作战飞行程序（OFP）发布的有效次数。此外，时间表压缩迫使同时对所有三个型别进行试验，从而限制了其他飞机可以利用在领先飞机（CTOL）上获得的经验教训的程度。尽早研究可以为精炼机载模型和控制律提供更高的效率和更多的"飞行-确定-飞行"机会（作战飞行程序发布次数）。

（2）流水线式的作战飞行程序发布循环过程。系统研制与验证项目期间，限制作战飞行计划发布次数的其他因素是开发、试验和验证每一软件更新所需的人员和实验室时间。每个版本作战飞行程序就是一次全面的飞行器情况发布，结合了各学科的更新。这种既定的软件发布过程，适用于更具确定性的学科和系统，是使产品进入大迎角控制律开发的重要步骤，而该开发过程本质上是一个"飞行-确认-飞行"的过程。由于控制律（特别是机载模型）的功能独立于所有其他功能，因此在大迎角试验期间值得考虑采用一种"敏捷开发流程（Agile Process）"来流转独特的控制律软件版本更新，以便最大限度地增加有效迭代次数，从而实现最佳化。

（3）如果要在大迎角下实施非线性动态逆方法，则需要创新的解决方案。大迎角下空气动力的非定常、非线性特性使得精确建模（非线性动态逆方法的本质）成为一个挑战。在这种情况下，机载模型中的错误是不可避免的，并且不能总是仅通过模型更新来解决。可能需要超出正常非线性动态逆结构的自适应，定制解决方案。

（4）允许在确认包线内进行自由方式试验。这一点也许比任何其他飞行试验领域在程度上更大，因为大迎角状态本身所表现出的问题，是设计人员没有想到的或仿真中没有出现的。因此，一旦确认了基本包线并建立了确实的改出能力，则应留出一些时间进行无格式探索指令，从而使试飞员能探索飞机操纵特性，并按典型作战使用方式进行，以发现那些在结构化试验点试验期间尚未出现的潜在问题。

尽管大迎角并不是飞机设计中的主要考虑因素，但 F-35 战斗机的先进飞行控制系统所提供的大迎角机动能力能够满足或超过了所有的项目要求，包括过失速机动、极度偏离阻抗和自动改出失控飞行状态的能力。通过提供这种能力，F-35 战斗机不仅率先在生产型战斗机上使用非线性动态逆，而且还演示了其在大迎角固有的挑战性环境中的应用。

参考文献

[1] ROBBINS A,BOBALIK J,DE STENA D,et al. F - 35 Subsystems Design, Development, and Verification:AIAA 2018 - 3518[R/OL]. (2018 - 06 - 25) [2018 - 06 - 24]. https://doi.org/10.2514/6.2018-3518.

[2] HARRIS J,STANFORD J. F-35 Flight Control Law Design, Development and Verification:AIAA 2018-3516[R/OL]. (2018-06-25) [2018-06-24]. https://doi.org/10.2514/6.2018-3516.

[3] BORDIGNON K,BESSOLO J. 2002 Biennial International Powered Lift Conference and Exhibit:Control Allocation for the X-35B[R]. AIAA 2002-6020,2002.

[4] OGBURN ME,et al. High Angle of Attack Nose Down Pitch Control Requirements for Relaxed Static Stability Combat Aircraft[R]. NASA CP-3149,1992.

[5] MCNAMARA W G,et al. Navy High Angle of Attack Pitch Control Margin Requirements for Class IV Aircraft[R]. NAVAIRWARCENACDIV Technical Memorandum 91-167 SA,1992.

[6] NGUYEN L T,FOSTER J V. Development of a Preliminary High Angle of Attack Nose Down Pitch Control Requirement for High Performance Aircraft[R]. NASA Technical Memorandum 101684,1990.

[7] Flying Qualities of Piloted Aircraft: MIL-STD-1797B[S]. Military and Government Specs & Standards (Naval Publications and Form Center) (NPFC),2006:2.

[8] BOWMAN M,BEMRIDGE A. The Automatic Low Speed Recovery Function of the Eurofighter Typhoon Aircraft and How It was Flight Tested[C]. //Society of Experimental Test Pilots(SFTE): 2004.

[9] Military Specification: Flight Test Demonstration Requirements for Departure Resistance and Post-Departure Characteristics of Piloted Airplanes :MIL - F - 83691B[S]. Military and Government Specs & Standards (Naval Publications and Form Center) (NPFC),1991:3.

第13章 F-35“闪电Ⅱ”战斗机STOVL型性能要求验证

F-35B战斗机是F-35战斗机的短距起飞/垂直着陆型，这种机型有两个挑战性特殊要求。首先，飞机必须在携带合同技术规范规定的燃油和有效任务载荷条件下，能够从常规两栖攻击舰/多用途两栖攻击舰(LHA/LHD)级平甲板航母和配置起飞斜板的伊丽莎白级航母起飞。第二个要求是携带未使用的军械，返回同一航母或在简陋着陆场地垂直着陆。平甲板短距起飞能力和携带未使用载荷返航并垂直着陆的能力，这两个能力要求是STOVL型飞机必须满足的2个关键性能参数。这些关键性能参数的验证跨越了十多年。开展了缩比和全尺寸地面试验，并研制了模型，在F-35战斗机系统研制与验证阶段的飞行试验中达到顶峰。本章重点介绍F-35战斗机项目中STOVL型性能要求验证工作的飞行试验部分，介绍岸基试验和舰载试验的飞行试验验证方法和结果，以及作战使用方面的一些观察结果。

13.1 F-35战斗机性能要求简介

F-35战斗机联合项目办公室要求短距起飞/垂直着陆型F-35战斗机，相比传统“鹞”式战斗机的航程、有效载荷携带能力和携带载荷返航的能力要有大幅提高。短距起飞/垂直着陆型F-35战斗机还必须具备第5代战斗机的隐身能力和超声速能力，为作战人员提供增强的杀伤力、生存能力、可维护性和经济可承受性。

联合合同技术规范(JCS)确定了短距起飞/垂直着陆型的2个挑战性关键性能参数。第1个关键性能参数要求，飞机必须能够在满载满足设计作战半径所需的内部武器和燃油情况下，从平甲板多用途两栖攻击舰/常规两栖攻击舰级航母上起飞。第2个关键性能参数(技术规范)要求飞机必须具备带载荷返航垂直着陆能力，要求飞机能够携带未消耗的内部武器返航并垂直着陆。带载荷返航垂直着陆能力还需要保持适量机载燃油以便进行模式转换操作。图13.1显示了垂直着陆之前F-35B战斗机悬停在多用途两栖攻击舰的上方。

这些要求为竞标方案设计和设计变更的比较提供了具体指标。虽然这些要求一般代表着飞机的预期能力，但是只是针对理想使用条件下的要求，不一定与现实使用情况一致。必须在预期的使用条件和构型范围，对飞机的实际能力进行验证。

本章介绍了实现这2个关键性能参数的验证过程，详细说明了如何进行额外试验和分析来形成F-35B战斗机的作战能力。本章讨论的内容仅限于平甲板短距起飞/垂直着陆，不讨论这种飞机的其他起飞和返航能力，例如斜板滑跃起飞、垂直起飞和缓慢着陆。另外，还讨论了飞行试验中发现的几个作战使用方面的重大问题和经验教训。

F-35战斗机的短距起飞/垂直着陆型是美国海军陆战队以及英国和意大利国防部用以

代替 AV-8B“鹞”式攻击机的。F-35B 战斗机飞行状态分为常规模式和短距起飞/垂直着陆模式。常规模式用于日常类似于固定翼飞机的飞行使用。短距起飞/垂直着陆模式为作战人员提供了遂行 F-35B 战斗机想定作战任务必不可少的能力。这些能力包括不使用弹射器从海军舰船起飞或从简陋跑道起飞,并返航在起飞地着陆。

图 13.1 F-35B 战斗机悬停在多用途两栖攻击舰上方

在短距起飞/垂直着陆模式中,推进系统通过 4 个喷管产生推力:主喷管(即核心喷管)、升力风扇喷管和左右防倾斜喷管[1]。主喷管通过三轴承旋转模块上下俯仰和左右偏航。升力风扇通过一根连接到主发动机低压涡轮的轴驱动,驱动轴与低压涡轮之间有离合器和变速箱。升力风扇的排气通过可变面积导向叶片箱喷管前后引导。防倾斜喷管位于主起落架的舷外机翼下方。短距起飞/垂直着陆构型如图 13.2 所示。

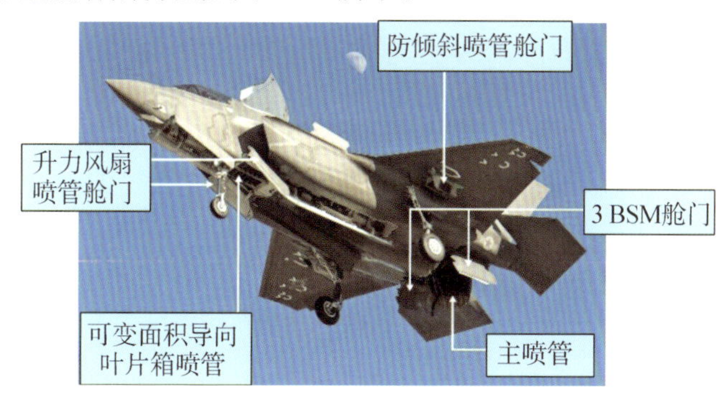

图 13.2 短距起飞和垂直着陆构型

为了达到联合合同技术规范的其他要求,包括超声速和隐身能力,短距起飞/垂直着陆模式的高阻力、非隐身组件都要隐藏在舱门后。短距起飞/垂直着陆模式是一种独特的工作模式,只在很少一部分任务中使用,必须通过一个“转换”程序才能进入这种工作模式。短距起飞和垂直着陆是短距起飞/垂直着陆的一种子模式,这种模式下,控制律自动管理推力、推力摊分,及控制器定位,以获得最佳短距起飞性能。推力摊分是核心喷管推力与升力风扇喷管推力之比。对于短距起飞(见图 13.3),飞行员在起飞前选择短距起飞/垂直着陆模式,飞机升空后迅速转换回常规起降模式。在常规起降模式下，飞机能够发挥其超声速、隐身，以及5代机的作战能力。在任务结束时，飞行员转换回短距起飞/垂直着陆模式准备缓慢着陆或垂直着陆。

图13.3　F-35B战斗机从常规两栖攻击舰上短距起飞

13.2　F-35战斗机STOVL型性能验证

F-35战斗机STOVL型两个关键性能参数的验证历程是多年研究工作的结果，如图13.4所示。F-35战斗机项目的所有性能验证工作采用了同样的方法。空气动力学模型是根据缩比风洞试验和全尺寸力与力矩的试验评估结果发展而来，未装机推进系统性能则是在室内和户外试验设施上测量的。飞行试验对用于计算性能的模型进行验模。模型得到验证后用于计算性能，并与技术规范的要求进行对比。本章讨论的验证联合技术规范要求的飞行试验工作只是大规模性能试验矩阵中的一部分试验工作。这些试验旨在证实飞机在整个飞行包线内的性能，以验证其执行想定作战任务的能力。

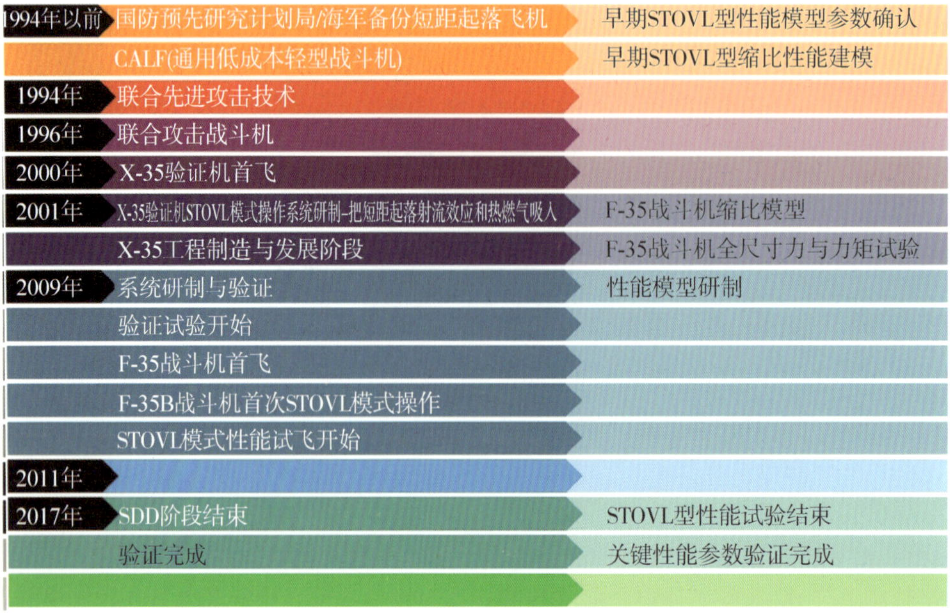

1994年以前	国防预先研究计划局/海军备份短距起落飞机	早期STOVL型性能模型参数确认
	CALF(通用低成本轻型战斗机)	早期STOVL型缩比性能建模
1994年	联合先进攻击技术	
1996年	联合攻击战斗机	
2000年	X-35验证机首飞	
2001年	X-35验证机STOVL模式操作系统研制-把短距起落射流效应和热燃气吸入	F-35战斗机缩比模型
	X-35工程制造与发展阶段	F-35战斗机全尺寸力与力矩试验
2009年	系统研制与验证	性能模型研制
	验证试验开始	
	F-35战斗机首飞	
	F-35B战斗机首次STOVL模式操作	
	STOVL模式性能试飞开始	
2011年		
2017年	SDD阶段结束	STOVL型性能试验结束
	验证完成	关键性能参数验证完成

图13.4　F-35战斗机STOVL型两个关键性能参数的验证历程

F-35 战斗机项目经过多年的研制试验，试验团队完成了多次短距起飞与垂直着陆机动飞行。表 13.1 是试验团队执行 STOVL 型相关任务的总结，其中“特殊试验”这一列数据表示的是为满足具体试验数点要求而开展的试验架次数。

表 13.1　截至 2018 年 2 月 14 日，垂直着陆和短距起飞试验总架次数

垂直着陆			短距起飞		
试验飞机	特殊试验	总数	飞机	特殊试验	总数
BF-1	360	782	BF-1	271	1407
BF-2	187	286	BF-2	92	358
BF-3	18	25	BF-3	20	29
BF-4	89	181	BF-4	158	458
BF-5	104	228	BF-5	105	470
总计	758	1 502	总计	646	2722

13.3　短距起飞性能验证

联合合同技术规范对平甲板短距起飞的要求是，在规定距离内，从多用途两栖攻击舰/常规两栖攻击舰级航母起飞。飞机起飞时必须携带内部武器，以及完成规定任务剖面所需的燃油。飞机总重(包括完成任务所需的燃料和武器)会影响飞机的起飞距离。验证这一要求需要确认常规性能数据库(完成任务所需的燃油)和 STOVL 模式数据库(飞机起飞需要的距离)。验证完成规定任务所需的燃油是常规性能要求验证过程[2]的一部分。而验证用于计算短距起飞的 STOVL 模式性能数据库，需要进行岸基试验和舰载试验。

1. 岸基短距起飞试验

岸基和舰载短距起飞性能验证以互补的方式完成。岸基试验是舰载试验的先决条件，但岸基试验提供的数据可用于验证岸基试验和舰载试验数据库的共同部分。根据试验结果对数据库进行更新和确认，经过验证的数据库为舰载短距起飞性能预测和试验奠定了基础。

试验前分析和建模提出了建议的抬前轮速度，这个速度是开始短岸基距起飞试验的关键要素。STOVL 型推进系统控制器(核心喷管和升力风扇喷管推力矢量角度和推力摊分)能提供足够的抬前轮动力。因此，仅这些动力就能够使飞机在低于升空速度的速度下抬起前轮。建议的抬前轮速度需要满足以下几个指标：

(1)在控制系统允许抬前轮之前，飞机必须达到 45 KEAS(节当量空速)。

(2)抬前轮和升空必须保持足够的离地间隙，以避免喷管或 STOVL 型舱门碰撞地面或甲板。

(3)在整个爬升过程中，飞机的爬升率和加速度必须是正的。

短距起飞预测分析了各种飞机质量/推力设置/环境大气条件下的抬前轮速度。这些分析最终确定了在最短的地面滑跑距离内，达到地面以上 50 ft 高度，同时满足上述 3 个标准的最佳速度。

从性能分析的角度来看，短距起飞机动可以分为三个主要阶段[3]，分别是地面加速至抬前轮速度，抬前轮到升空飞离姿态，和爬升到一个无地面效应(OGE)的高度。

地面加速非常直观，主要受推进系统推力主导。在整个加速过程中，飞机的控制面位置保持不变。由于抬前轮速度慢(低动压产生低阻力)，非动力空气动力学的作用(主要是阻力)被最小化。试验数据证实了地面加速性能预测结果，而且确认模型不需要调整就可用于飞行试验。这个模型验证工作也是要求在舰载短距起飞试验之前必须完成的。

如图 13.5 所示，短距起飞抬前轮是一个动态过程。多个控制器(常规控制面位置和 STOVL 型推进系统控制器)一起移动以增加飞机的俯仰姿态。在垂向和纵向轴同时提供推力反而增加了常规空气动力学升力。控制器的使用由飞行控制系统管理，是一个多变量函数[4]。

图 13.5　短距起飞抬前轮

由于抬前轮过程的动态特性，模型与飞行试验数据的比较是将实际飞行试验控制器的应用情况反馈到模型中产生的。这一比较是作为地速的函数完成的，而且对模型地面轨迹、俯仰航迹和飞行航迹进行了综合。理想情况下，将使用真空速而非地速以确保与动压相匹配。然而，真空速信号偶尔会产生噪音并受到阵风的影响，这使得真空速轨迹在时间或距离上都是非单调的。由于地速在时间和距离上是单值的，所以使用它根据飞行试验数据确定控制器的正确位置。没有用时间确定试验中的控制器用途，因为要对整个试验机动进行实时分析。如果在抬前轮时，试验空速出现偏离模型空速的任何情况，则很难确定试验和模型飞行特性之间差异的原因。(这种偏离可能是由于地面加速度的差异造成的。)这种方法迫使在与飞行试验一致的空速下进行抬前轮建模，以达到代表性常规升力和阻力。

抬前轮控制器的建模以开环方式进行，以性能分析为目的，直到模型的前起落架升空。在模型的前起落架升空之后，剩余的抬前轮以闭环方式进行，使用水平尾翼偏转至飞行试验俯仰姿态下的闭环。这部分预测，模型的尾翼偏转预测是为了匹配飞行试验俯仰与地速特性。以这种方式建模有效地使用了水平尾翼来考虑预测数据库中的俯仰力矩误差。

对一系列飞机质量和环境条件下的多次短距起飞的抬前轮分析表明，模型与试验机匹配良好。只对模型的俯仰力矩和收起落架高度的地面效应升力系数进行了轻微调整。这些调整能够更好地匹配试验机的抬前轮特性，无须进行其他调整。

出于性能考虑，飞行试验中，短距起飞爬升至 50 ft 高度是在飞行员离开环路的情况下进行的。这样，飞机控制面几乎保持恒定位置，直至达到升空姿态。F-35 战斗机飞行控制系统将飞机短距起飞升空的俯仰姿态规划为校准空速的函数，随着空速增加，俯仰姿态逐渐减小。升空的建模方式与抬前轮的最后部分一样。使用模型水平尾翼的位置作为地速的函数，对飞机俯仰姿态进行闭环控制。短距起飞爬升的初步比较结果表明,预测的模型爬升速度比较保守。然而,常规动力进场构型性能试飞数据表明,试验机的升力比预测的更好。如果在短距起飞建模中包含这个常规升力增量,则爬升到 50 ft 高度的预测与试验数据的匹配处于可接受的容差内。在爬升期间,俯仰力矩仍然存在一些差异,模型和试验中的平尾偏转差异就证明了这一点。但是,尾翼偏转的差异对爬升特性的影响很小,对于性能建模而言是可接受的。

如图 13.6 所示是预测模型与岸基短距起飞试验结果的比较,爬升和地面加速性与试验数据匹配良好。图 13.6(c)(d)两幅图说明了是如何进行比较的。在升空之前,以开环方式进行了计算预测,模型中的控制器作为地速的函数被强制偏转到飞行试验的位置。这一点在图 13.6(c)中的“尾翼特性”曲线的尾翼位置得到证实,而且在将预测数据和试验数据分开之前完成。前轮升空后,强制使作为地速函数的模型中的俯仰姿态与飞行试验中的俯仰姿态匹配。在图 13.6(d)中,这一点是在“俯仰姿态”曲线中速度大约 83 kn 时。模型中剩余的俯仰力矩差异作为飞行试验尾翼位置和模型预测尾翼位置之间的差异,在“尾翼特性”曲线中得到证明。

图 13.7 总结了岸基短距起飞试验分析的结果,这个结果是在模型中包含了上面提到的所有调整之后获得的。数据显示的是达到 50 ft 高度时飞行试验测得的滑跑距离和预测的滑跑距离。在所有试验条件、构型和推力设置下,预测数据与试验值的差别都在 5%以内。

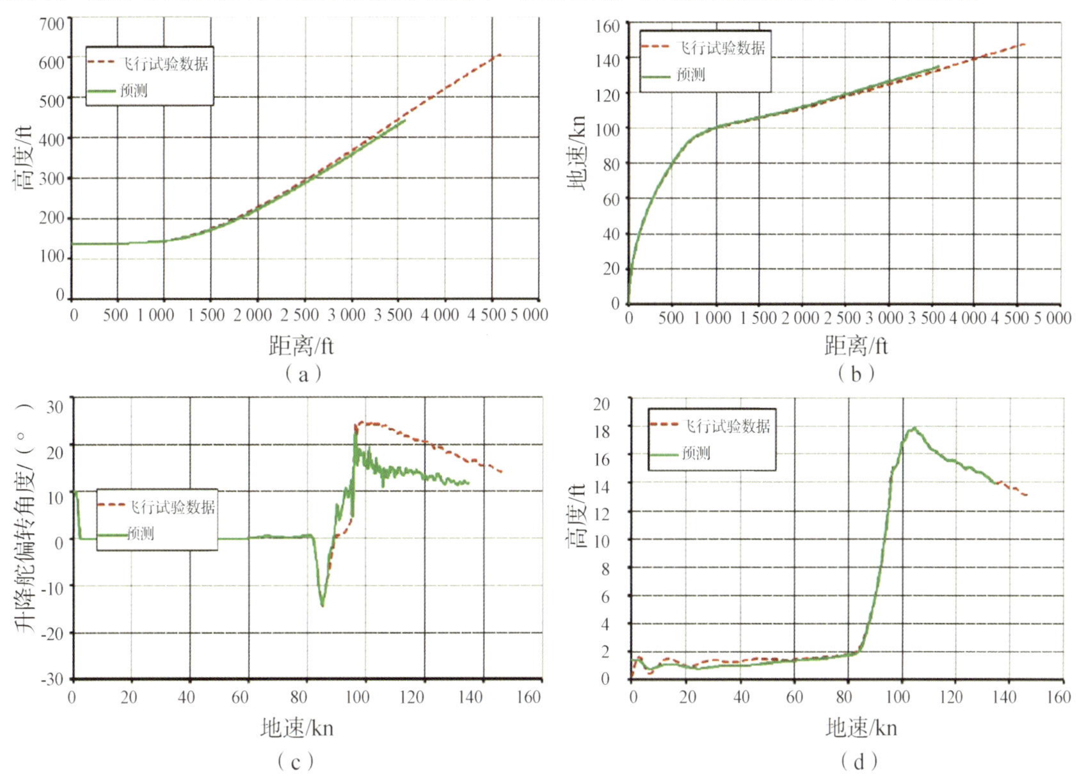

图 13.6 短距起飞性能特性

(a)爬升;(b)地面加速性;(c)尾翼特性;(d)俯仰姿态

2. 舰载短距起飞试验

成功的岸基试验最终形成了一个高质量 STO/STOVL 模型,保证了试验团队充满信心地进入舰载试验阶段。它还让试验团队更着重关注舰载操作的独特性。对于舰上短距起飞,飞行员不能像岸基短距起飞一样在目标空速开始抬前轮。在舰上，抬前轮参考线在距离舰艏225 ft处，所有抬前轮都从甲板的这个位置开始。首先进行预测，以确定开始短距起飞试验的起点(定点，到舰艏适当距离的起始点)。短距起飞试验中，测试试验机到达抬前轮标线时达到正确的抬前轮速度的滑跑距离。在航母甲板上做了定点标记，从舰艏开始，每 50 ft 做一个标记，甲板最大可用起飞距离为 750 ft。由于岸基地面加速试验数据与预测数据关联非常好，为舰载短距起飞预测提供了坚实的基础。

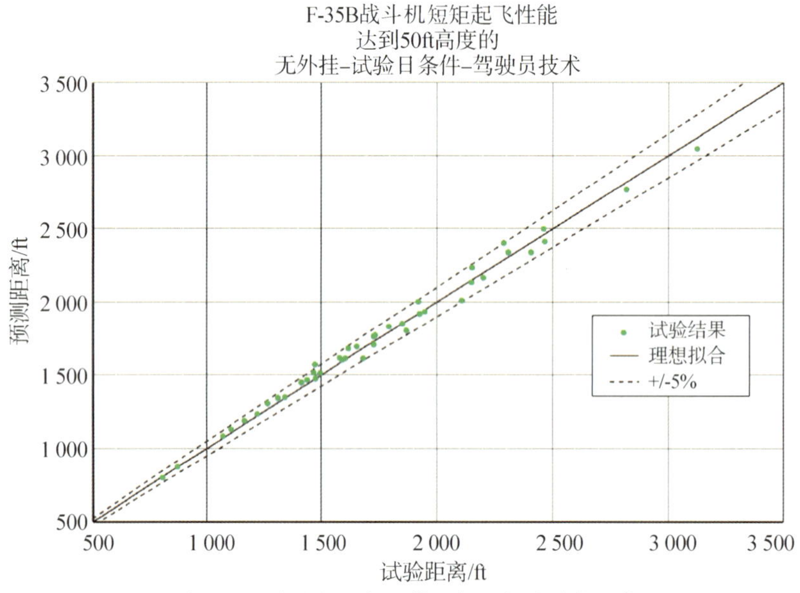

图 13.7　岸基短距起飞模型与飞行试验的比较

在岸基试验期间无法评估的一个舰上操作要素，是舰上甲板环境风场的变化。在短距起飞期间，飞机遇到的逆风量和侧风量是环境风场的大小和方向，以及航母的速度、俯仰和滚转运动的函数。它还受到沿短距起飞滑跑线停放的飞机的位置，及其相对于航母上层建筑的位置的影响。起飞环境可能非常不稳定和不可预测。

飞机成功从舰上短距起飞升空的能力，是飞机在舰船甲板前缘的空速和姿态的函数，图13.8中显示了飞机接近甲板前缘时已经建立了升空飞行姿态。甲板上的每一个定点线用于确定各种给定飞机重量和环境条件下的空速和姿态。空速通过组合环境风、船速和飞机在甲板上的纵向加速度获得。

图 13.8　从“黄蜂”号两栖攻击舰上短距起飞

与岸基短距起飞类似，舰载短距起飞的首选起飞点是以下多个标准的平衡结果。

(1)飞机必须在抬前轮标线之前达到 45 KCAS，以使控制律进入短距起飞模式。如果没有使用短距起飞模式，则飞机无法抬前轮达到成功起飞所需的姿态。

(2)飞机必须有足够的离地(甲板)间隙，以防止在离开甲板之前抬前轮期间，喷管或 STOVL 型舱门碰击甲板。

(3)飞机的起飞条件必须留有裕度，保证飞机离开甲板后，其重心最多下沉 10 ft。

10 ft 下沉标准是合同技术规范授权管理的三个标准中唯一的一个。另一个标准已制定，仅用于 F－35B 战斗机。

基于联合合同技术规范的下沉标准是舰上短距起飞性能专项试验的重点。为了确保飞机在离开船头下沉 10 ft 的时候仍有 15 kn 速度裕度，必须验证 10 ft 下沉条件。很明显，岸基试验期间是无法评估这些标准的。在舰上操作期间，飞机经历的复杂环境难以预测。所以要重点在这个领域进行试验，并且主要对操作要求负责，要求这一标准有 15 kn 的速度裕度。

在上舰试验之前进行了预测，以了解甲板上飞机随甲板风下沉的变化。在舰上，以一种受控的方式逐步减少甲板风风量进行试验。通过这种方式，量化了甲板风风速与飞机下沉之间的关联特性。对于 F－35B 战斗机在平甲板上的短距起飞，在飞机重心相对于舰船甲板有任何明显的下沉(小于 2 ft)之前，甲板风速必须从原计划的使用值减小 8～10 kn。随着甲板上风速的减小超过 8～10 kn，飞机离开船头下沉的英尺数快速增加。在 10 ft 的下沉点，空速斜率 V_s 下沉曲线急剧变化，这使得最小空速试验非常具有挑战性。

由于飞机下沉对机动技术非常敏感，所有舰载短距起飞性能试验都使用自动短距起飞技术。使用自动短距起飞技术起飞时，飞行员通过驾驶舱显示器，把飞机驶入甲板上的定点位置(起飞点)。飞行控制系统确定从推油门加速和松开刹车到抬前轮标线间的距离。然后启动滑跑并抬前轮，自动捕获升空飞行姿态。这种短距起飞技术主要是为了消除飞行员抬前轮失误，以及其他变化，这是舰上使用的首要短距起飞技术。

舰载试验方法中还包括一个应急程序，如果预计实际下沉过度，可实施该程序。性能试飞工程师在控制室中对飞机状况进行实时监控，决定是否实施应急程序。上舰试验前进行了岸基培训，帮助控制室的试飞工程师识别不良起飞特性。试飞工程师监测飞机的高度速度轨迹，以及飞机下沉到甲板以下的绝对飞行高度，来识别飞机的起飞状态。对于不良起飞，缓解程序是推油门杆至最大推力、增加俯仰姿态，从而降低下沉速度。由于 F－35B 战斗机的飞行特性提供了足够的时间来识别和响应过度下沉，所以证明该程序是有效的。

舰载短距起飞性能试验中建立了两组 10 ft 下沉试验条件。第 1 组是在第 2 阶段研制试验上舰试验期间(DT－2)，飞机上没有外挂物的情况下进行的。飞行试验团队建立了一种方法，逐步减小甲板风风速的上限，来逐渐增加下沉至 10 ft。DT－2 试验期间，建立下沉条件的步骤是逐步减小定点(起飞点)距离和/或甲板风风速以发生下沉。STOVL 型推进系统性能强劲，因此团队规定了在顺风条件下，没有携带外挂物，在可能的最大总重下，发生下沉的所有英尺数。其他起飞标准，如抬前轮标线处的空速和喷管离地间隙，在此过程中仍然必须考虑。这样，试验时就不能简单地把飞机起飞点(定点)尽可能向前移来形成下沉试验条件。

事实证明，顺风要求对于试验成功来说是个问题。当存在从舰船后面的环境来风时，飞机离开甲板并下沉到甲板平面以下，就会进入一种未知风条件。这个区域的环境风不像在甲板上那样稳定，主要是舰船前面的风打旋形成了湍流。在 DT－2 试验期间进行的最后性能试验点显示，实际下沉比预期多，实施了缓解程序。正如预期的那样，飞行员增加俯仰姿态，下沉速度迅速得到缓解，飞机安全升空飞离。

图 13.9 显示了在下沉量较大试验中，飞机对飞行员改出动作的高度速度响应。蓝色线表示原始惯性导航系统(INS)的垂直速度。橙色线表示飞机重心的垂直速度，这是飞机从船头开始下沉时的参考参数。飞行员增加飞机的俯仰姿态后，惯性速度立即表现出正增长，因为其位置在飞机前面。飞行员输入大约 1 s 的时候，重心的垂直速度也变为正的。这表明下沉速度也已经被阻止，飞机开始爬升。

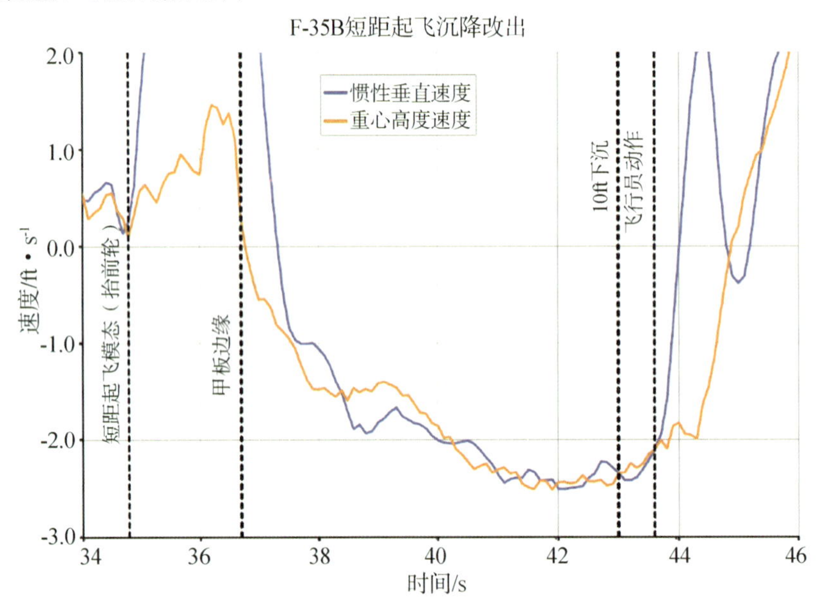

图 13.9　高度、速度随飞行员响应改出动作的变化

图 13.10 示意的是 DT-2 试验期间，飞机离开船头开始下沉的特性和在抬前轮标线处的飞机速度。实线表示预测的飞机重心最小高度。这是目标试验重量和标称甲板风条件下，相对于甲板前缘，抬前轮标线处的速度。符号代表飞行试验中离开船头的下沉情况，试验数据根据参考条件进行了调整，如重量、重心、压力高度、环境温度和甲板风速。实际下沉与预测一致。最后的试验点被圈起来，表明了飞行员采取行动后达到的最大下沉。

在 DT-2 期间的试验表明预测模型相对保守。然而，测量舰船前面的顺风的大小和方向具有不确定性。验证团队对于是否调整模型来反映结果犹豫不决。事实证明，试验的另一个要素对于理解结果是有问题的，那就是，每个试验点的起飞位置和甲板风都是变化的。通过一次更改多个变量，团队艰难地尝试理解那些决定着飞机离开舰艏下沉的变量的复杂组合。每次短距起飞性能试验后的详细分析都证明，相对于飞行试验结果，预测模型是保守的(即，实际下沉小于预测)。此外，还验证了试验的顺风条件在作战使用中并不是特别具有代表性。因此，试验团队决定在进行第 3 阶段研制试验的上舰试验(DT-3)之前保持模型不变。

在 DT-3 试验期间，利用外挂物来增加飞机重量，以便在正逆风条件下完成最小空速试验。这一系列试验，飞机重量和起飞点位置都保持不变，将甲板风作为影响甲板风速裕度变化的唯一方式。由于保持飞机重量和起飞点位置不变，对每个试验点，飞机在甲板前缘的地速(相对于甲板)和姿态基本是一致的。试验团队采取了一种可靠的方法，逐渐增加飞机从船头开始下沉的英尺数直至达到 10 ft。由于试验中增加了飞机重量，选择了正逆风条件，而且起飞点也得到控制，这阶段试验获得的数据比 DT－2 试验期间获得的数据质量更高。DT－3 阶段的试验数据证实，在给定的甲板风速下，预测的下沉特性是保守的（即，实际下沉比预测少）。试验数据还表明，下沉与甲板上风速的关系曲线比预测的更陡峭。图 13.11 给出了 DT－3 阶段试验结果。与 DT－2 阶段试验数据一样，飞行试验数据根据相同的参考条件进行了调整，即重量、重心、海拔高度和环境温度。然而，这些数据都固定在一个不变的甲板起飞点（定点）位置，而不是甲板风条件，对照一条预测线来说明试验结果。图 13.11 中的最终试验点显示预测的甲板风特性，在 10 ft 下沉条件下，保守了大约 2 kn。

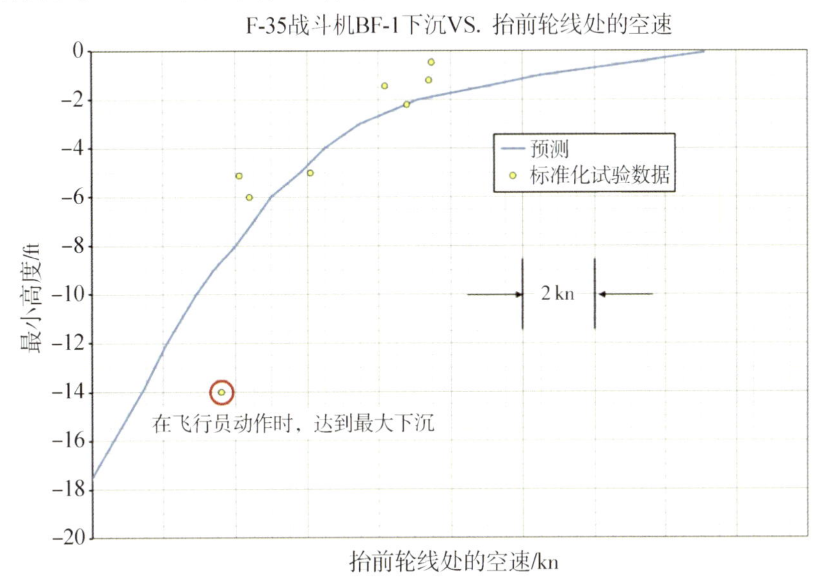

图 13.10　DT－2 试验期间飞机下沉和飞机在甲板前缘的速度

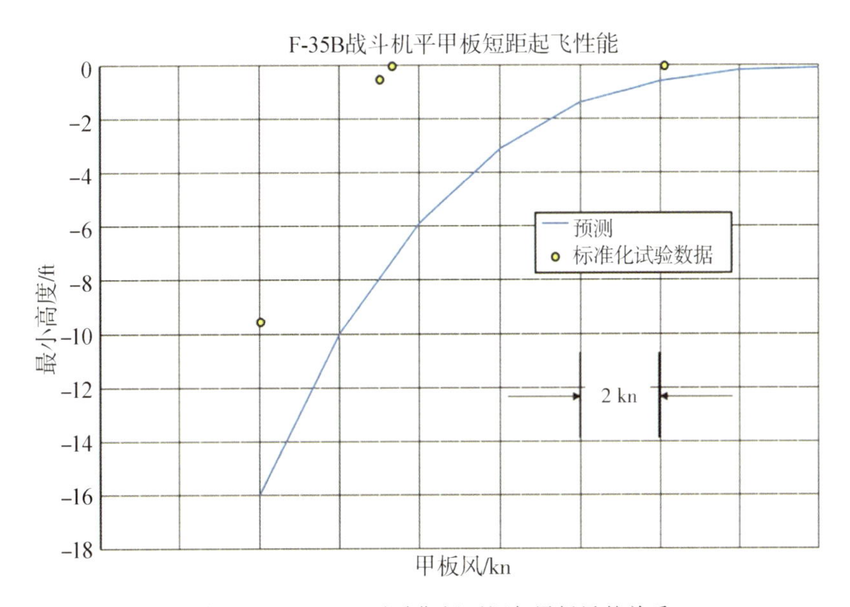

图 13.11　DT－3 试验期间下沉与甲板风的关系

飞机离开甲板时,舰船俯仰姿态的变化和舰船起伏对飞机施加了一个初始垂直速度。这个速度很难准确计算,而且初始垂直速度的微小变化在这些最小性能条件下进行下沉时会产生明显的差异。试验团队尽一切努力在尽可能平静的海况下,收集性能最小试验数据。但总是会存在一些偏差,必须在评估结果时加以考虑。

在 DT-3 阶段试验之前,试验团队并没有更新飞机的常规动力进场或起落架放下构型试验结果模型。他们也没有对 DT-2 期间顺风条件下观察到的保守性做出任何调整。常规动力进场试验表明,相对于试验前预测,飞行试验测得的升力有所增加。在根据试验结果调整模型后,将每个最小空速性能试验点与修订的模型预测进行了比较。在飞行条件下对模型进行详细的比较,预测的飞行航迹与飞行试验结果匹配,处于可接受的容限范围内。图 13.12 是 DT-3 阶段试验期间,飞行试验测得的最大下沉与详细模型预测的结果比较。这个模型很好地表达了动态机动飞行试验结果。

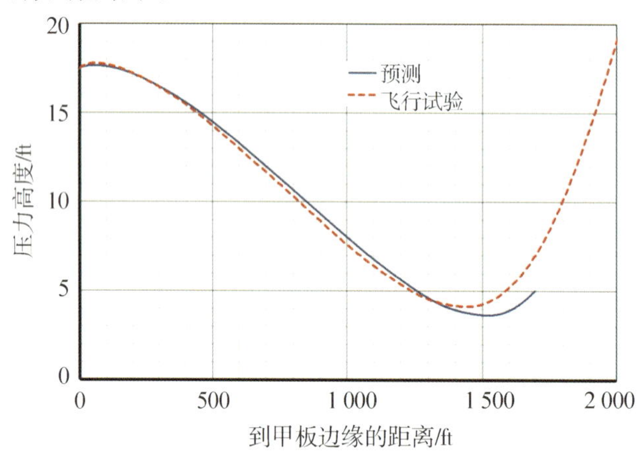

图 13.12 飞行试验与详细建模预测结果的最大下沉比较

3. 短距起飞性能验证结果

岸基和舰载短距起飞试验为性能验证团队提供了必要数据,用于更新和验证预测短距起飞性能的模型。只需进行很小的更改就可以让试验前预测的模型与飞行试验结果相匹配。这些更改包括对地面效应俯仰力矩和升力进行了微小调整,并更新了常规动力进场飞行试验结果。

短距起飞飞行试验显示 F-35B 战斗机的性能优于最初预测。F-35B 战斗机常规性能验证试验的结果还减少了完成平甲板短距起飞相关任务[2]所需的燃油量。常规任务性能和短距起飞性能共同提升,使 F-35B 战斗机能够满足联合合同技术规范中对平甲板短距起飞能力的要求。而且,这种能力提升超过了 20%,对 F-35 战斗机武器系统平台未来的能力增长极为有利。图 13.13 说明了这一成就。

图 13.13 平甲板短距起飞验证结果

(a)风量与时间关系;(b)风向与时间关系

4. 作战使用问题

性能试验侧重于飞机在可控和可重复条件下的能力。然而飞机必须在更广泛的作战条件和技术范围内稳定运行。下沉的问题和飞行员应对下沉的反应在前一小节已经讨论过。鲁棒性试验也突出了最终会影响飞机作战能力的潜在问题。

在短距起飞甲板滑跑期间，飞机遇到的风不是恒定的。整个短距起飞期间，风的大小和方向都在变化。在上舰短距起飞试验期间，由于右舷环境风场强大，飞机一般在舰岛的背风处完成大部分舰面滑跑。然而，当飞机滑跑出舰岛的遮挡，继续向舰艏运动时，它所经受的侧风条件发生了非常大的变化。图 13.14 显示了风的大小和方向的差异，这些数据是在船头和第 7 着陆点（起飞点）标线附近测量的。这是在 DT-2 试验期间进行的甲板风标定过程中完成的评估。

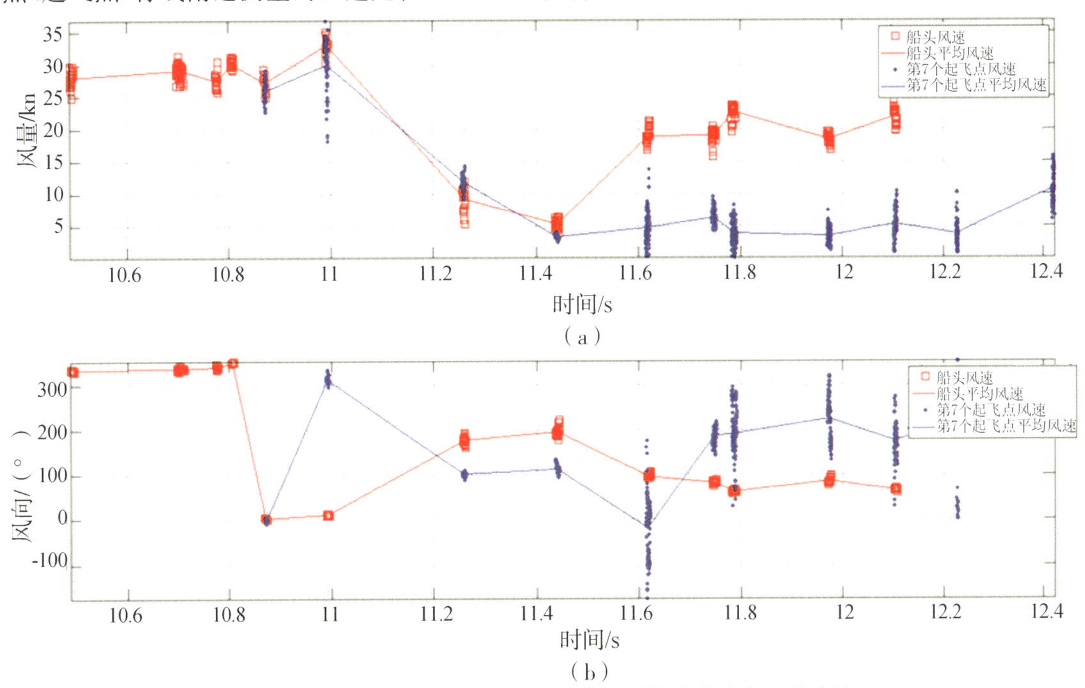

图 13.14　船头和第 7 着陆（起飞）点的风的大小和方向的比较

(a)风量与时间关系；(b)风向与时间关系

在第一次上舰试验期间，抬前轮和起飞离地期间的一股阵风曾导致了一个有趣的结果。F-35 飞机的综合飞行与推进控制是优先于侧滑控制的，并且使用差动水平尾翼进行控制。性能规划都是根据尾翼处于其最大升力位置进行的。出现偏离的原因是由于阵风中抬前轮时，预期性能和动态特性发生了变化。反过来，这种偏离导致发动机喷管离地间隙小于建立的飞行试验标准要求，这个情况在图 13.15 中进行了示意说明。其中，图 13.15(a)表示的是短距起飞离地之前的瞬间，图 13.15(b)表现的是控制律为应对右舷侧风所做的反应。右图则显示了喷管的实际离地间隙。这些情况在驾驶舱内几乎不会注意到。然而，由于离地间隙超过规定的幅度太大，强阵风侧风条件下存在喷管撞击甲板的风险，最终对飞机控制律进行了调整，修改了优先级方案。

舰上侧风试验的最终结果导致增加了短距起飞裕度，以保证能在更大侧风中起飞。这个裕度就是增加了正常甲板风条件下抬前轮标线处的飞机速度，具体实施就是在常规甲板风条件下，后移起飞点。

图 13.15　喷管离地间隙比较

13.4　带载荷返航垂直着陆性能验证

在空中,STOVL模式有两种工作方式:半喷气和全喷气。当飞行速度为45 KCAS或更高时,采用半喷气方式,所需升力由气动控制面和推进系统推力提供;飞行速度低于45 KCAS时,优化采取全喷气方式,此时的升力全部由推进系统提供。控制律自动配置推进系统和控制器以优化性能,同时确保足够的控制动力。对于垂直着陆,飞机减速进入全喷气飞行模式,然后在定点着陆。

带载荷返航垂直着陆关键性能参数要求定义了在任务结束时必须回收的储备燃油和未使用武器的组合条件。图13.16描述了带载荷返航垂直着陆任务,其分析由半喷气和喷气状态中的要素组成。必须确定飞机的最大悬停能力(JB),还必须确定技术规范规定的悬停重量。技术规范要求的悬停重量是根据飞机回收期间(半喷气)在舰船周围飞行的模式确定的。此外,还必须验证以要求的重量垂直着陆的能力(全喷气)。性能试验团队分别验证了这些方案。

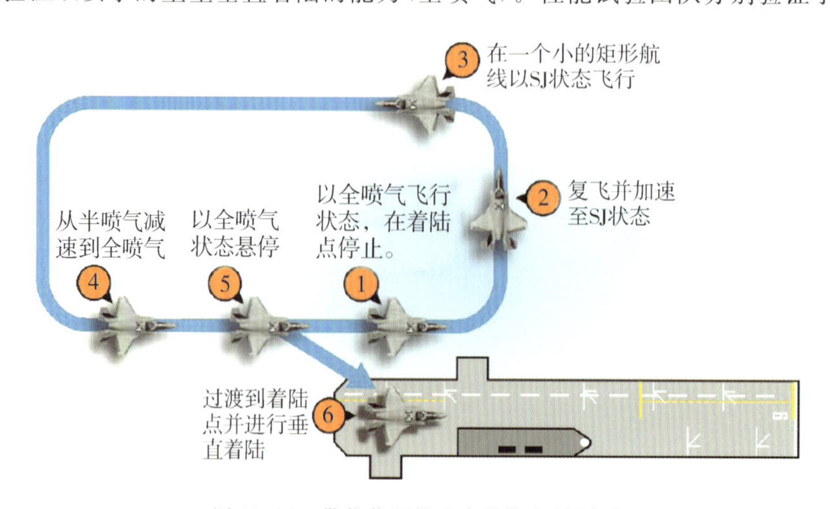

图 13.16　带载荷返航垂直着陆飞行剖面

在 STOVL 模式飞行中影响飞机性能的力包括以下几个。

(1)推进力,包括 4 个喷管的推力和进气道与喷管阻力。

(2)无动力空气动力,即传统的飞机升力和阻力。

(3)STOVL 喷气效应(SJE),即夹带流和反射流的影响,垂直轴 STOVL 喷气效应的分量一般是指由于推进系统升力减少而产生的吸附效应。

飞行试验前,根据大量风洞试验结果[5]建立了 STOVL 模式喷气效应数据库。图 13.17 显示了作为空速函数的推力、无动力气动力和有动力气动力这三种力的相对大小。在无地效(OGE)高度稳定悬停期间,喷气效应有效抵消总垂直推力约 2.5%。另外,实际可用的垂直推力是净垂直推力的 97.5%。

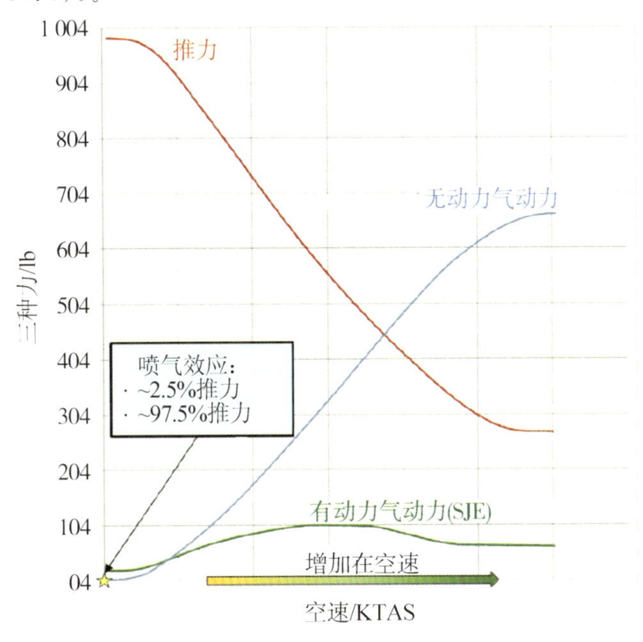

图 13.17　STOVL 模式飞机三种力的相对大小

在飞行试验之前,普惠公司和洛马公司集中了相当多的资源来验证全喷气飞行状态下的推进系统性能特性[6]。因此,在常规或 STOVL 模式整个飞行包线中,这个区域是推进系统性能特性建模最准确的区域之一。对于飞行中的推力[7],则是在推进系统中加装了测试仪器,并在这些仪器中输入了推进系统工作循环参数,准确估算了推力值。这种方法是验证在低速飞行、喷气垂直起降飞行时飞机 STOVL 模式喷气效应的关键因素。普惠公司开发了供性能试验团队使用的飞行中推力计算平台(IFTCD)。在位于佛罗里达州西棕榈滩的普惠公司的推力台架试验设施上进行了大量试验,为计算悬停条件下推进系统性能对 IFTCD 进行了标定。

使用悬停槽试验获得的力和力矩数据[8-9],改善了飞机悬停性能。在得克萨斯州沃斯堡的悬停槽上进行的力和力矩试验,为评估多方面因素提供了第一次机会。包括评估 IFTCD 计算结果、基于风洞试验的 STOVL 模式喷气效应数据库,以及为模拟无地效条件,利用安装在试验坑约束系统中的称重传感器测量的力和力矩的一致性。悬停槽试验结果证实,组合处理 IFTCD 计算的推力和飞行试验前 STOVL 喷气效应数据库的推力,结果处于预期范围内。这些结果树立了试验团队对悬停性能预测模型的信心,可以顺利进入飞行试验阶段。

在无地效条件下,飞机能够悬停的总重量,并不一定直接反映垂直着陆能力。热燃气吸入是垂直着陆期间影响性能和操作性的一个显著因素。热燃气吸入减少了推进系统总推力,还可能影响飞机的下降速度和操纵品质,并减小发动机和升力风扇的失速裕度。执行垂直着陆时,着陆期间飞机不得经历过多的非指令加速或不良操纵品质,因为喷气已经开始产生地面效应。

热燃气吸入主要有2种机理:地面气帘卷起吸入和热气柱吸入,这两种机理在图13.18中描述。

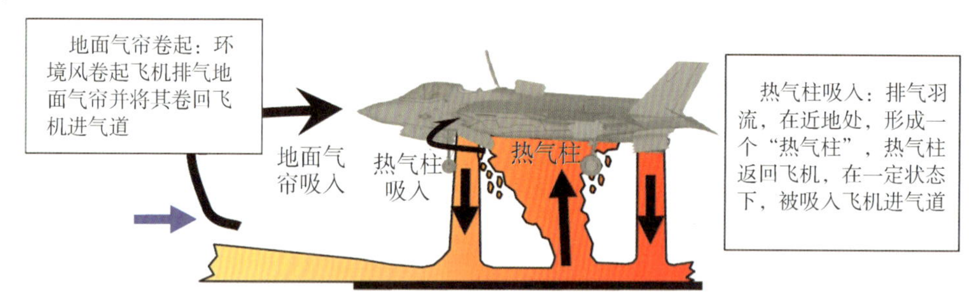

图13.18 热燃气吸入的2种机理

飞机排气羽流碰撞地面,形成了地面气帘,从飞机四周流走。当热燃气浮力层遇到强烈的环境风时,热燃气浮力层被转向朝向飞机,就形成了地面气帘卷起。由于回流到飞机的气流的混合性很好,那么就以这种方式在低空形成了热燃气吸入。通常,这种情况只能在垂直着陆的最后阶段在地面附近出现。飞行试验测量的以这种机理形成的热燃气吸入并不显著,而且不需要限制飞机性能进行缓解。

推进系统喷气在撞击地面之前,离地一定高度的地方,并没有被合并。升力风扇、核心喷管(主喷管)和防倾斜喷管的喷气流形成的地面气帘在飞机下面向内流动。它们碰撞的地方形成了向上的热气柱,然后这些热气柱冲击飞机的下表面。在某些条件下,热气柱的废气可以进入主发动机进气道和升力风扇进气道。在这种情况下,热燃气吸入会导致发动机进气流温度上升很多,出现进气道高温畸变。这就需要关注飞机性能和发动机/升力风扇工作特性,这两个问题也是之后必须解决的。

对于F-35B战斗机,热燃气的吸入量是离地高度、飞机相对风、飞机机身站位重心(FSCG)和地面坡度的函数。喷流热燃气吸入通常只能在飞机处于顺风或侧风条件下发生,飞机处于逆风条件不会出现这种情况。为了让飞机在环境风中悬停时保持静止,排气羽流必须在逆风中向后,顺风中向前。此外,排气羽流流向地面时,和从地面返回时,环境风都对其产生作用。因此,逆风使喷流形成一个离开进气道的角度,降低了热燃气吸入水平。相反,顺风往往使热喷气流形成一个朝向进气道的角度,结果会导致热燃气吸入更多。

如果飞机机身站位重心靠后,则需要增加配平推力摊分。推力摊分较大,会导致发动机喷管的排气量比升力风扇喷管排气量更大。这样,升力风扇喷气形成的地面气帘的强度,比主喷管喷气形成的地面气帘强度更弱。机身站位重心靠后,则在飞机下方热气柱形成的点进一步向前移动。因此,热气柱气流将流向进气道,在给定条件下,增加了吸入更多热燃气的可能性。随着机头离开地面,热气柱也将进一步朝进气道流去。这也增加了在给定条件下吸入更多热燃气的可能性。

使用缩比风洞试验[10]创建了一个热燃气吸入数据库，在六自由度飞行仿真工具中应用。利用这些，在有人驾驶条件下进行了敏感性分析，并制定了垂直着陆包线扩展飞行试验的热燃气吸入限制，可以开始垂直着陆飞行试验。

1.岸基试验

精确判定飞机工作的环境风条件对于比较实际飞行试验数据和预测数据至关重要。在全喷气起降状态下，确定飞机工作的风环境是有挑战性的。在全喷气飞行速度下，飞机大气数据系统不能准确确定空速。环境风的其他来源(例如，指挥塔，便携式风速计)通常距离试验位置比较远。但是，如果在飞机附近测量环境风，测量结果可能会受到飞机推进系统的影响。可能错误指示作用于飞机的风。因此，开发了一种确定风量和风向的替代方法。

对于在全喷气飞行中保持静止的飞机，在逆风条件下相对于地面，推进系统喷气必须向后，以抵御环境风。同样，飞机在侧风条件下保持静止，飞机必须斜飞入风中。这样，推进系统喷气流才能够抵抗环境风。试验前使用模型进行了预测，得出了逆风分量(相对于飞机)和排气羽流的平均纵向角度之间的相关性。还确定了侧风分量和飞机横轴加速度有类似的相关性。悬停槽试验后，随着飞行试验进展情况，对相关性进行了经验性调整。在全喷气状态飞行试验中，根据这些相关性推导的风被认为是作用于飞机的真实风。这样就可以对飞行试验数据和预测数据进行更准确的比较。

(1)悬停能力。相比于其他科目，用于验证悬停性能的飞行试验机动通常对容限要求更严格，停顿时间也更长。每次悬停都要求飞行员建立尽可能接近目标燃油状态的悬停条件，然后保持至少30 s有效松手控制。这个停顿时间为所有瞬变或者飞机或推进控制系统的反馈回路提供了缓冲时间。这让数据变得有些分散(不确定性增大)。在某些情况下，环境风足以满足目标条件；其他情况下，飞行员必须创造相对于飞机的风。飞行员驾驶飞机沿特定地面轨迹飞入或飞离环境风，以达到所需的试验条件。环境风中的任何阵风都会增加悬停性能结果的分散性，因为飞机和控制系统要对那些阵风进行响应。

飞行后要对飞机称重，以提高飞机悬停总重的准确性。悬停性能试验点完成后，要尽快关闭发动机。然后给飞机称重，并将称重数据与测量的燃油流量进行结合。这些数据确定了发动机运行时消耗的燃油量，然后再用这些数据反算试验点开始时飞机的重量。

根据一组标称参考条件，对悬停性能飞行试验数据进行标准化处理，与试验前预测进行有意义的比较。由于悬停机动是在各种飞机质量和大气条件下进行的，必须将数据调整为一组通用参考条件。只有以这种方式，才能更全面地理解结果，而不是一点一点地理解。对每个测量的试验点进行分析调整，以说明试验操作条件和要求的参考条件之间的预测差异。图13.19说明了悬停性能试验的结果，绘制了试验机质量与推进系统推力的关系，绿线表示预测的推力与质量特性。结合试验前的喷气效应数据库，准确测量的飞行中推力和严格测定的试验机质量，将飞机悬停能力容限确定在了200 lb内。这为全喷气模式喷气效应数据库的有效性提供了更好的依据。通过验证悬停性能数据库，获得了计算带载荷返航垂直着陆能力的最大悬停能力。

(2)垂直着陆。垂直着陆飞行试验最开始是在飞行包线未预测热燃气吸入因素的部分进行的。在对垂直着陆期间无热燃气吸入情况下飞机的性能有了基本了解后，就在预测有热燃气吸入的飞行包线区域进行了着陆试验。

在垂直着陆飞行试验期间，使用发动机和升力风扇进气道温度耙测量了热燃气吸入引起的温度升高和温度畸变级别。随着飞行试验的进展，根据观察到的结果，修改了性能裕度限制。垂直着陆试验的温度耙测量数据用于验证热燃气吸入数据库，这能更深入了解了飞机控制系统对热燃气吸入的响应。

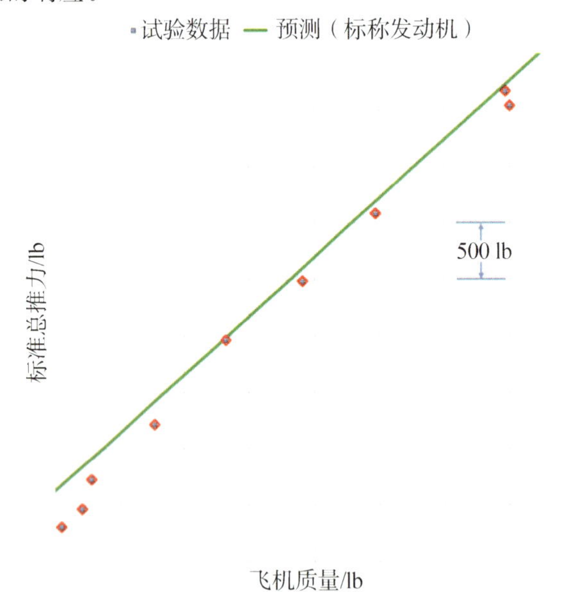

图 13.19　推力与质量预测的关系

飞行试验测量的热燃气吸入水平与缩比试验的预测很匹配。逆风（相对于飞机）条件下，测量的热燃气吸入水平比较低，这与带载荷返航垂直着陆关键性能参数标准是相关的。因此，用性能裕度来缓解热燃气吸入，与带载荷返航垂直着陆要求无关。然而，正如缩比试验预测的那样，侧风和顺风条件（相对于飞机的）下，热燃气吸入达到中等甚至更高水平，这就要求限制垂直着陆飞机的重量，以防止着陆时下降速度过高和/或操纵品质不良。这些裕度在后面操作使用问题中讨论。

垂直着陆可以经历有地效（IGE）悬停，这种悬停是在较低离地高度的稳定悬停，受近地影响。然而，岸基操作时，这种着陆并不是标准机动。岸基垂直着陆通常从显著高于有地效/无地效（IGE/OGE）边界的一个离地高度开始。垂直着陆之前进行的有地效悬停，一般是在舰上操作期间，或者是在上舰作战使用之前的岸基检查（陆基着舰训练）期间才会发生。航母甲板上的悬停高度都非常低，因此认为飞机是受地面效应作用的。因此，在上舰之前，在各种风力条件下进行了几次岸基有地效悬停试验，以确定有地效悬停时热燃气吸入的影响。这项试验的结果和标称垂直着陆试验的结果用于确定舰载试验的初始限制条件。

（3）牌号燃油（Pattern Fuel）。验证完成带载荷返航垂直着陆任务类型（并设置带载荷返航垂直着陆的悬停重量要求）所需的燃油，需要进行配平机动。这些试验是在半喷气状态下以与任务类型速度一致的速度进行的。试验团队采用与全喷气状态类似的计划来达到这一状态。试验团队执行了等高度、等速度配平机动，并运用飞行中推力测量方法来验证常规空气动力、STOVL 模式喷气效应和推进力的作用。

不幸的是，事实证明，在半喷气状态隔离各种力很困难。相对于全喷气飞行，半喷气飞行的前进速度越高，就越使推进系统的工作条件与校准的飞行中推力测量工具的工作条件差别更大。结果，试验团队无法使用半喷气飞行使用的飞行中推力方法作为主要验证方法。

尽管无法分离各种力的单独作用，但试验团队还是成功地验证了模型的末端性能。用工程判据半喷气飞行数据库的各种元素进行了调整，使模型预测与飞行试验测量的结果一致。图 13.20 显示了半喷气配平机动的燃油流量与校准空速。飞行试验数据已经调整到标称重量和热带日间条件。通过这种方式，试验团队迅速评估了多个机动，以识别偏离预测结果的潜在趋势。蓝线表示根据飞行试验调整的预测结果，橙色圆圈表示飞行试验数据。该模型在半喷气飞行速度范围内与试验数据匹配良好。按要求，在 150～180 节真空速度(KTAS)范围内进行了在大多数半喷气任务类型，这个速度范围的燃油流量是最小的。

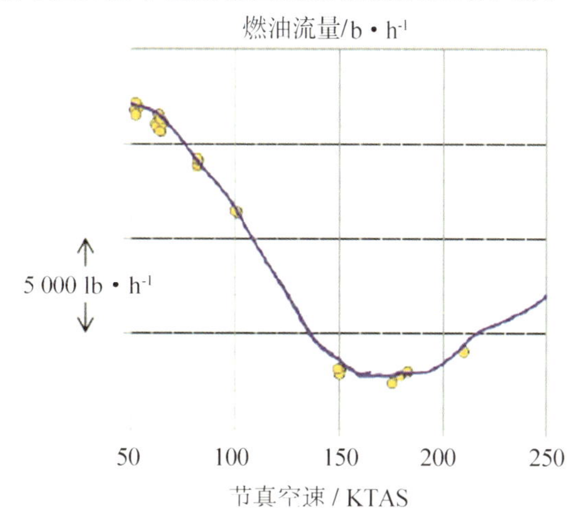

图 13.20　半喷气配平机动的燃油流量与标准空速

这种任务类型的所有燃油验证工作都是通过岸基试验完成的，不需要进一步在航母上进行验证。使用半喷气飞行试验验证的数据库计算了执行带载荷返航垂直着陆任务(这是合同技术规范要求的任务)所需的燃油量。

2. 舰载试验

与短距起飞一样，岸基试验树立的信心保证了舰上回收飞机试验的成功。图 13.21 显示 DT-1 试验期间在“黄蜂”号两栖攻击舰(LHD 1)上进行的早期垂直着舰。一共完成了 3 次舰载试验，充分确认了 F-35 战斗机在更具挑战性的舰载环境中的作战使用能力。

图 13.21　F-35B 战斗机在“黄蜂”号两栖攻击舰(LHD 1) 上垂直着舰

(1)悬停能力。如图 13.22 所示，F-35B 战斗机在甲板上垂直着陆之前，先要在舰横侧方悬停，无地效条件岸基试验的数据直接适用。然而，一旦飞行进入甲板上空，飞机立即进入近乎有地效状态。此时的悬停可能比在无地效高度的悬停更具挑战性。随着离地高度减小，STOVL模式喷气效应力(吸附效应)增大。此外，飞机在航母甲板上方遇到的风可能与悬停在航母旁边的水面上遇到的风大不相同。这是因为环境风受到航母和航母上层建筑的影响。飞机在甲板上方遇到的风偏离环境风的大小和方向，并且可能变成湍流，而且反复无常。这种现象也可能改变在岸基试验期间所见到的热燃气吸入特性。在这种情况下，它将影响启动垂直着陆的最大总重。图13.23显示的是2种CFD分析情况，对航母周围的风流场进行了可视化显示，图13.23还示意了航母周围风的湍流特性。

图13.22 在"黄蜂号"两栖攻击舰(LHD 1)无地效悬停

图13.23 航母周围风流场CFD视图

在3次F-35B战斗机舰载试验期间评估了悬停能力随风力大小、风向和甲板着陆点的变化。虽然不能直接适用于带载荷返航垂直着陆(VLBB)技术规范的计算，但通过舰载操作使用公告和任务规划产品向操作人员提供这些数据，是确定任务能力所必需的。

(2)垂直着陆。舰上垂直着陆试验从航母甲板上的标称风力条件开始，预计此处环境风的变化最小。然后从风的大小和方向两方面逐步扩展风包线。舰上垂直着陆试验包括在不同着陆点着陆。还要在着陆定点的高空悬停，伴有舰岛上层建筑方向吹来的风，评估吸入舰船排气废气(SGI)的水平。此外，还要在着陆点前方甲板上有另一架飞机同时工作的条件下，进行垂直着陆试验，以评估吸入甲板上飞机产生的热燃气的水平。补充一点，垂直着陆试验检查了飞机在甲板上以各种朝向着陆的能力，包括朝向船尾、朝向船侧和朝向船首的垂直着陆。

从舰载试验结果来看，表面上甲板风不存在明显的岛屿上层建筑效应或其他舰船效应。岸基试验的性能结果可直接应用于这个包线内的舰上操作。在包线之外，需要留有一定裕度，以减少热燃气吸入，舰船热废气吸入，以及舰载环境导致的其他效应。操作使用问题部分将更详细地讨论这些。

3.带载荷返航垂直着陆性能验证结果

用于计算带载荷返航垂直着陆性能的模型的验证已成功完成了。使用飞行中推力测量方法对于验证飞机全喷气(JB)飞行阶段的短距起飞垂直着陆喷气效应(SJE)至关重要。这项工作最终结果是把飞机的悬停能力限定在不超过规定总重 200 lb 以内。垂直着陆飞行试验证实，热燃气吸入与带载荷返航垂直着陆关键性能参数的风包线无关，通常只需考虑关键性能参数包线以外的操作限制。试验结果表明，试验前建立的悬停和垂直着陆模型是准确的，不需要调整即可进行带载荷返航垂直着陆关键性能参数的计算。另外还验证了以半喷气飞行状态执行技术规范规定的绕舰船飞行任务类型需要的燃油量。这是以一种顶层方式完成的，而不是分割各种力的单独作用。将模型调整到全喷气飞行条件，对执行这种类型任务所需的燃油量的影响非常小。最终，经验证，带载荷返航垂直着陆性能超过了要求 7%以上，如图 13.24 所示。

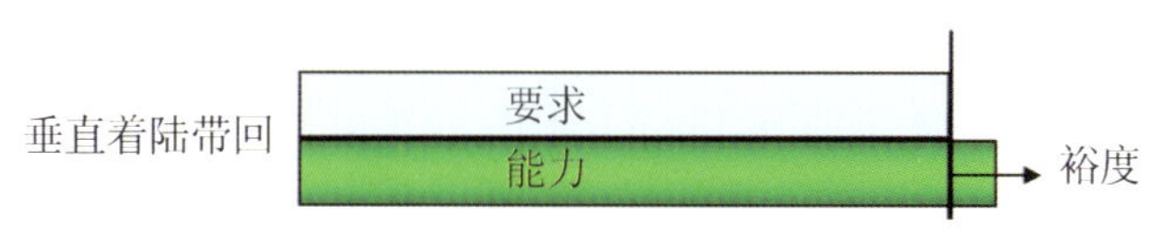

图 13.24　VLBB 验证结果

4.操作使用问题

在带载荷返航垂直着陆关键性能参数包线之外，飞行员还具备一些显著的能力，即使由于多种因素，这些能力可能小于带载荷返航垂直着陆能力。系统研制与验证阶段的试验验证了这些能力，并向飞行人员重点提出了一些可能影响性能等级的问题。

(1)悬停能力。在垂直着陆之前的悬停过程中，需要进行定位，飞行员必须能够驾驶飞机向前、向侧方或向后方飞行。向后方移动的最大地速受到控制律保护，防止在地速限制下向后加速。试验中，飞行员发现，相对于飞机的最大顺风是一个限制因素。在确定最大顺风限制的飞行品质试验期间，发动机推力要求一直随着顺风增加而增加，通常到 100%，一般伴随有非指令下沉约10～20 ft。这种情况是在向后加速过渡时推力明显向前摊分引起的。主要原因是，顺风条件下进气道动量阻力产生了机头下俯俯仰力矩。为了响应下俯力矩，飞行控制系统通过前调节推力摊分。相反，逆风条件下，进气道动量阻力产生机头上扬俯仰力矩。图 13.25 展示了顺风条件下的情：进气道动量阻力的单独进气道力(升力风扇以及辅助动力装置和主发动机)推动飞机机身重心前移，此时这些力的方向接近产生机头下俯俯仰力矩的自由流的方向。

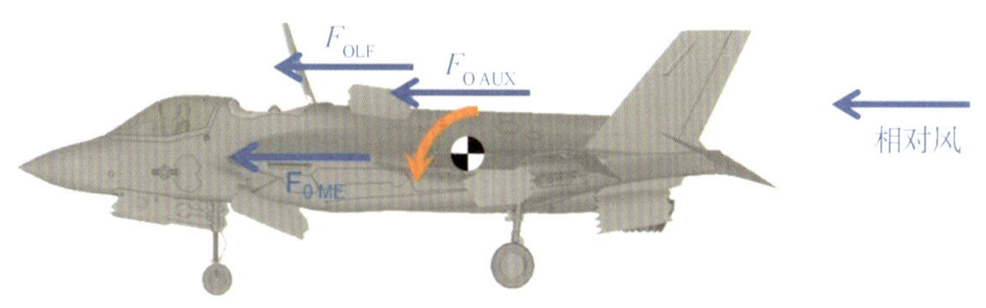

图 13.25　进气道动量阻力引起的俯仰力矩

推力向前摊分减少了系统可用总推力。如果需要实现后向加速度，升力风扇喷管角度将指向前方。这些效应结合在一起时，会减少可用的垂直推力，从而使发动机推力要求达到最大,飞机开始下沉。

如果检测到飞机发生非指令下沉,控制律会发生改变,减小升力风扇喷管向前的角度来缓解问题。这种变化降低了飞行员向后加速的速度,但不影响可达到的最大后向速度。最终结果是,在飞行包线的这个区域的操纵品质得到提高。

(2)垂直着陆下降速率。已经澄清的风包线作战使用区域会遇到较高水平热燃气吸入,主要是在侧风和顺风条件。图 13.26 显示了顺风条件下,着陆试飞的一组示例。图 13.26(a)中,在风包线(玫瑰形)用不同颜色的符号表示每次垂直着陆试飞。图 13.26(b)中使用相同的符号表示温度上升作为离地高度的函数。飞行试验平均值用黑实线表示,与缩比试验的平均值(用蓝线表示)对应良好。

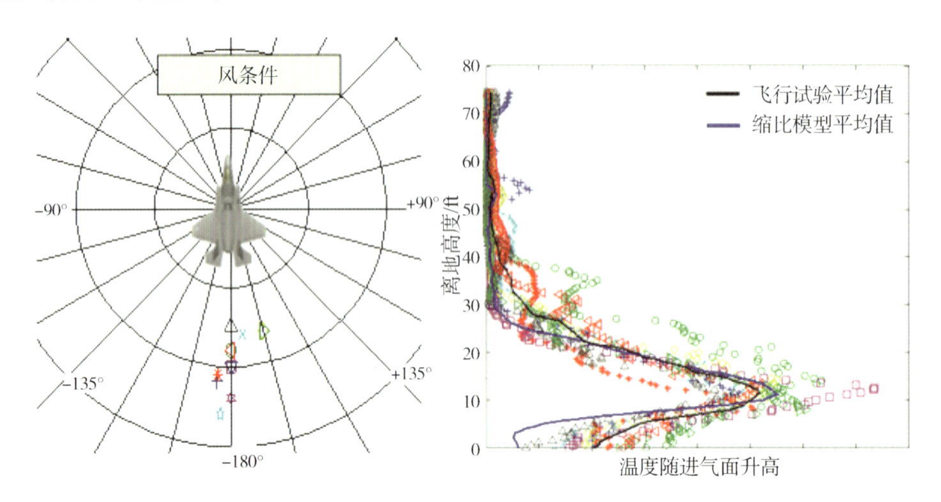

图 13.26　风和相关温度上升的飞行试验结果示例

(a)风条件下;(b)相关温度上升条件下

正如预期的那样,飞行试验确认,在温暖昼间热燃气吸入较大的情况下,飞机的实际下降速度超过了指令的下降速度。在全喷气状态,推进控制系统要产生最大推力。这个推力与环境温度无关,环境温度可高达突破拐点温度阈值。一旦检测到进气口温度超过突破拐点温度阈值,就减小最大推力。检测到进气口温度超过拐点温度,需要提高发动机推力要求以保持同一推力水平,如图 13.27(a)所示。

在热燃气吸入较大时飞机经历了机头下俯,推力摊分指令向前增加推力以抵抗机头下俯力矩。随着推力摊分向前增加,可用总推力减小。这也导致相同总推力的发动机推力要求上升,如图 13.27(b)所示。一旦发动机推力要求饱和度达到 100%,进一步升高进气口温度或降低推力摊分将导致推力减小,而且下降速度出现非指令增大。

图 13.27 是拐点温度和推力摊分与推力的规划。图 13.27 中还示意了在昼间温暖环境温度逆风条件下,垂直着陆期间,它们对整个系统推力和飞机下降速率速度的影响。

图 13.27(c)是一个垂直着陆时间历程,说明了热燃气吸入较高对拐点温度和推力摊分与推力规划的影响。图 13.27 还描绘了对飞机下降速度的最终影响。时间历程从吸入热燃气[图 13.27(c)中的 A 点]之前开始,在垂直着陆接地[图 13.27(c)中的 D 点]后结束。图 13.27(c)中的 A 点和 B 点之间,检测到的进气道温度(绿实线)低于或接近拐点温度阈值(绿虚线)。推力摊分(橙色线)相对恒定,是标称值,此时,系统总推力(黑线)和发动机推力要求(红线)保

持相对恒定。飞机下降速度(蓝实线)等于指令的下降速度(蓝虚线)。图 13.27(c)中的 B 点和 C 点之间,检测的进气道温度开始显著上升,超过拐点温度阈值以上,此时,相同总推力对应的发动机推力要求增加。在图 13.27(c)中的 C 点和 D 点之间,发动机推力要求达到 100%饱和,进气道温度继续上升。推力摊分按指令向前,结果系统总推力减小,飞机下降速度增加,超过了指令下降速度。

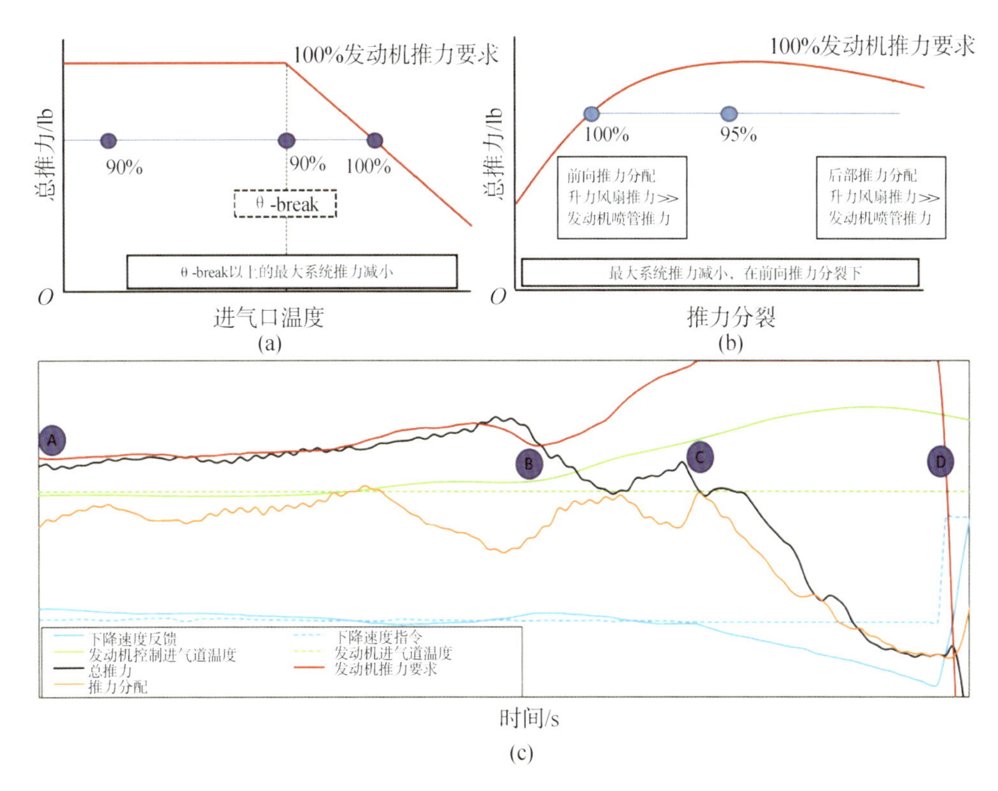

图 13.27 热燃气吸入较高情况下,拐点温度和推力曲线对飞机的影响

(a)进口温度分析;(b)推力分裂分析;(c)垂直着陆时间历程分析

在寒冷环境温度中垂直着陆期间吸入热燃气,导致下降速度出现非指令减小。虽然这是垂直着陆的一种不可预测的现象,但在飞行试验中很常见。出现这种情况的机理类似于机头下俯。在天气较冷的一天,进行了一次有热燃气吸入垂直着陆,测量的进气口温度一直低于拐点温度阈值。在这种情况下,推进系统试图补偿热燃气吸入导致的推力损失,以保持推力与热燃气吸入前一样。但是,在热燃气吸入期间,发动机控制系统通常过度读取进气口温度。因此,推进系统产生的推力暂时超过了当时条件所需的推力,导致下降速度减小。不可避免地,在热燃气吸入环境,很难完整描述所有可能的情况,因为进气道温度耙一共有 40 个传感器,任何一个传感器缺失都会产生影响。因此,采用了一些比较保守的控制方法。控制律减少指令的发动机推力要求来响应下降速度减小。然而,如果飞机在非常低的高度经历热燃气吸入,通常在下降速度上升到指令的下降速度之前就已经着陆了。

飞机的下降速度决定了在垂直着陆期间减轻热燃气吸入影响所需的操作性能裕度。如果目的是确保热燃气吸入对飞机下降速度没有明显影响,那么就不必进行严格限制。如果是为了消除热燃气吸入的影响,可以通过性能限制来控制,以确保到接地的时候,下降速度的非指令增加不会过多。非指令下降速度的阈值,通过操纵品质评估和起落架或飞机载荷限制来确定。

在预期存在热燃气吸入情况的风包线范围内,减轻热燃气吸入的性能裕度受到飞机重量和环境温度的影响。环境温度较高时,还需要额外的裕度,如图 13.28 所示。如前面所述,图 13.28 还显示了在无热燃气吸入区域,拐点温度推力规划的影响。

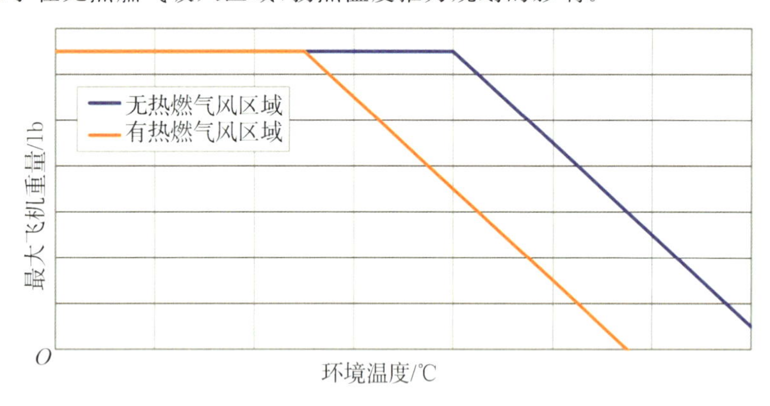

图 13.28 热燃气吸入区域限制示例

(3)垂直着陆机头下俯。热燃气吸入较高的垂直着陆在接地之前会表现出机头下俯现象。这些条件下,飞行试验中测量的热燃气吸入水平与缩比模型预测结果吻合。但是,模型没有预测到飞机俯仰反应的幅度。试验后分析表明,发动机进气口温度传感器滞后和控制系统中热燃气吸入补偿逻辑是导致此前未对这种特性建模的主要因素。在有热燃气吸入情况下进行垂直着陆,排气热气柱环绕进入主发动机进气道。这些气流主要指向发动机与进气道的对接面的下部。发动机控制器接收来自位于发动机与进气道的对接面的下部的 2 个传感器的进气口温度反馈。因此,垂直着陆期间存在热燃气吸入的情况下,这 2 个传感器测量的进气口温度比发动机进气面的平均温度高。在图 13.29 中展示了顺风条件下的垂直着陆试飞。在图 13.29 中,T2 传感器测量进气道温度。

在图 13.29 中,图 13.29(b)的曲线显示,相比于进气道温度测量耙测量的进气面平均温度(蓝色曲线),发动机进气口温度随着离地高度增大而升高。图 13.29 中还给出了进气口温度耙测量的 T2 传感器位置平均值(红线)和控制系统基于进气口温度传感器使用的温度值(绿线)。图 13.29(a)的等温线图显示,在发动机与进气道对接面温度平均峰值升高的离地高度,进气道温度耙测量的温度高于发动机进气面温度。发动机进气口温度传感器的位置,在发动机进气面下半部分用黑圈表示。控制系统的热燃气吸入补偿逻辑是为消除温度畸变引起的传感器位移误差而设计的。这个补偿逻辑也用于修正控制系统处理这一差异使用的进气口温度值。然而,进气道温度耙的飞行试验测量结果表明,修正的温度值仍然比发动机进气面平均温度高。

发动机进气面平均温度与控制系统测得的温度之间的差异,意味着核心发动机推力暂时高于控制系统计算的推力。这就导致了一个短暂的机头下俯力矩。飞机控制律的响应是命令改变推力摊分,使机头上扬来对抗这个俯仰力矩。然而,机头下俯的俯仰速度太小,以至于控制回路不能立即起作用。图 13.30 显示了在顺风条件下,垂直着陆飞行试验期间的一个机头下俯时间历程,与如图 13.29 所示的是同一次垂直着陆试飞。

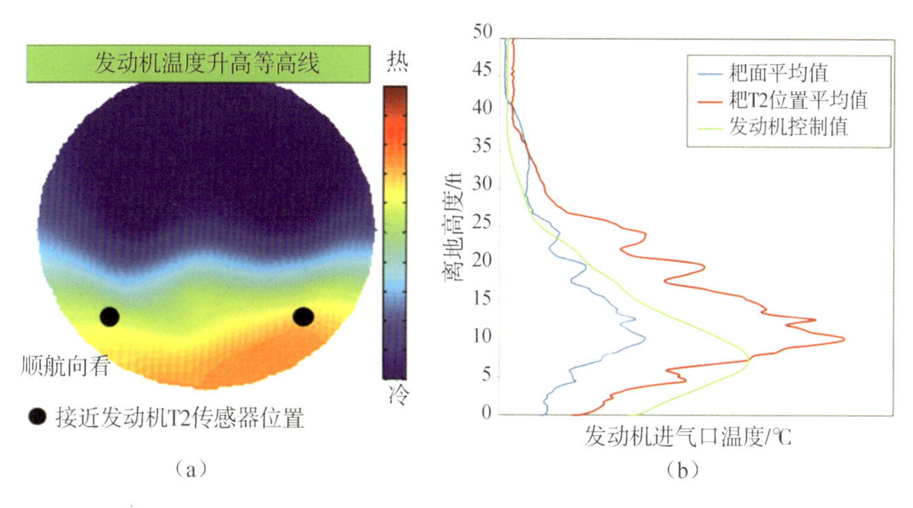

图 13.29　发动机与进气道的对接面畸变导致测量的温度升高
(a)发动机温度等高线图;(b)发动机进气口温度与离地高度关系曲线

图 13.30 中,时间历程从吸入热燃气之前开始,在着陆接地后结束。飞机俯仰姿态(紫线)一直处于正常值,直到控制系统的进气口温度(绿线)开始偏离温度耙测量的进气面平均温度(蓝线)。在这一点,飞机开始俯仰向下,推力摊分(橙线)按照指令向前增加。

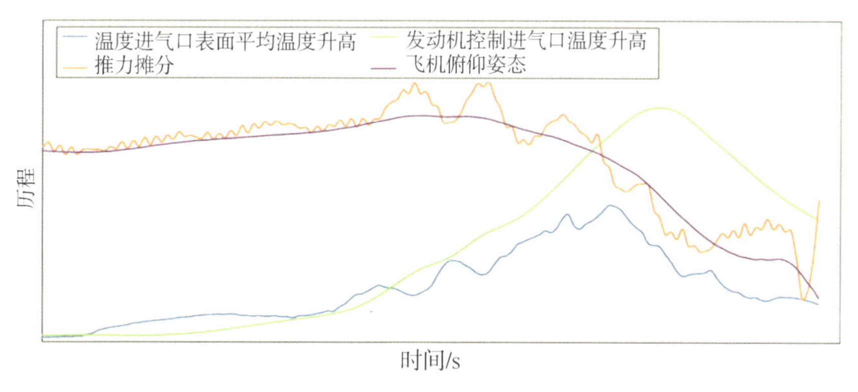

图 13.30　机头下俯图示说明

在垂直着陆试验期间始终能观察到这种机头下俯特性,而且似乎与热燃气吸入水平成正比。飞机接地前,俯仰姿态最多可减少 2°。飞行员能够感知到这些变化,但是飞行员没能响应,因为飞行员在着陆期间并不直接控制俯仰姿态。

对飞行控制律进行了更改,以在垂直着陆下降过程中,使飞机俯仰姿态增大 2°。改善垂直着陆俯仰姿态是为了防止前起落架在主起落架之前接地。还有一个目的是避免这种机动飞行中出现任何载荷问题。

(4)舰上操作。在有甲板风(类似于带载荷返航垂直着陆的相关风包线)的情况下进行舰上垂直着陆一般没什么特别的。与同样风条件下,岸基垂直着陆相比,没有额外的性能裕度要求。除了这些温和的风包线,有多种情况是需要额外的性能裕度来缓解的。

图 13.31 显示了"美利坚号"两栖攻击舰及其上层结构。由于从航母上层结构方向来的右舷大风,需要增加推力以减轻吸入舰船燃气排气(SGI)的影响。另外,还由于舰岛反射回来

的飞机排气，热燃气吸入情况也加重。此外，它还减轻了舰岛上层结构带来的相对风的下洗效应。

图 13.31 “美利坚号”两栖攻击舰(USS America LHA-6)

这艘攻击舰的发动机废气从舰岛的烟囱中排出。如果环境风将这些排气吹向预定着陆点，这些排气就可能被飞机吸入。为了量化吸入舰船热废气的最坏情况，在预定着陆点上空进行了高空悬停。利用风使飞机进入船的排气羽流内，并使用进气道温度耙测量升力风扇和发动机进气面的温升。图 13.32 显示 F-35B 战斗机垂直着陆之前，悬停在甲板上方的正常高度上，处于航母排气(红色)范围内。在舰船热废气吸入最坏情况下，在比正常高度高出约 20 ft 的地方进行了高空悬停来收集数据。

图 13.32 F-35B 战斗机在“美利坚号”两栖攻击舰(USS America LHA-6)上进行热废气吸入试验

只有在热温环境下，才需要缓解热燃气吸入和舰船热废气吸入的影响，因为这些影响会减小系统可用推力。这样，在垂直着陆期间，可能降低甲板悬停能力和/或增加下降速度。然而，下洗气流对飞机的影响导致在甲板上悬停需要更大的推力，因此，也需要额外的性能裕度。这种(下洗气流)影响与环境温度无关。如图 13.33 所示为“美利坚号”两栖攻击舰的布局俯视图，在舰岛上上层结构附近的着陆点操作时，舰岛的下洗效应清晰可见。

图片 13.34 显示了 F-35B 在靠近舰岛的着陆点处。在一次回收试验中，飞机穿过甲板后立即在这个着陆点着陆，飞机的发动机推力要求明显增加，如图 13.35 所示。发动机推力要求饱和导致了垂直着陆开始前飞机发生非指令下降。发动机推力要求的增加归结于靠近舰岛着陆所产生的空气动力效应，当时并没有明显的热燃气吸入/舰船热废气吸入。这次垂直着陆随后成功完成，没有出现问题。但此次着陆表明需要考虑下洗气流对飞机的影响。

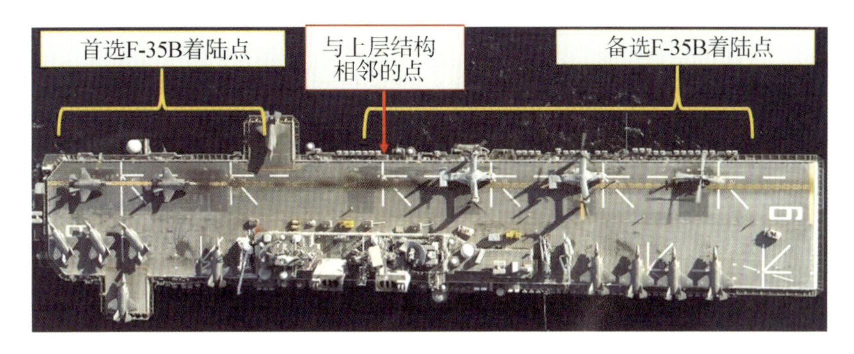

图 13.33　“美利坚号”两栖攻击舰的布局俯视图

图 13.34　F-35 战斗机在“美利坚”号两栖攻击舰(LHA 6)舰岛附近的着陆点

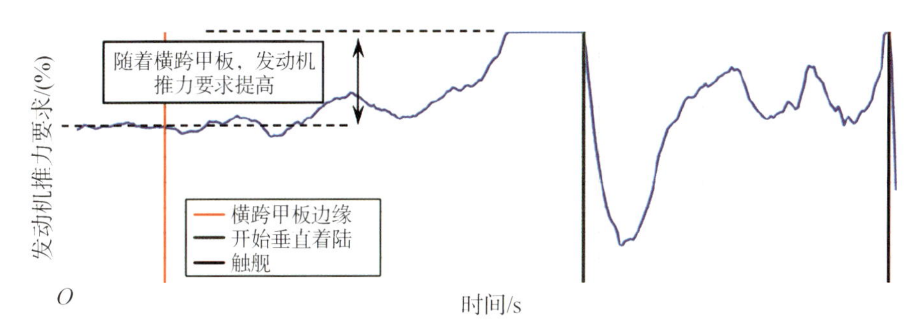

图 13.35　舰岛附近着陆点垂直着陆的发动机推力要求时间历程

在有左舷风的情况下，不存在舰船热废气吸入问题，在大多数着陆点，舰岛不会影响飞机遇到的风场。然而，舰上操作环境对热燃气吸入和飞机经受的下洗气流还是存在影响的，需要增加性能裕度予以缓解。在左舷风条件下，飞机靠近甲板边缘和接近船的垂直侧时预计会形成一个更不利的流场。这个流场对热燃气吸入和空气动力效应都有影响，对这些因素，在岸基操作期间，通过与类似风条件的比较进行了评估。

5. 飞行员观点

STOVL 模式全喷气起降和垂直着陆试验过程中，在不同飞机机身站位重心(FSCG)和悬停-重量比条件下，在各种功能高度和风条件件范围内，进行了配平和垂直着陆。(悬停-重量比用飞机总重量除以最大悬停重量能力计算。)从飞行员的角度来讲，配平和垂直着陆带来了意想不到的挑战。这种任务过程需要综合飞控系统和推进系统的各种控制，而且还要受到发动机能力降低（由于部件磨损导致的）的影响。

在第一种情况下，系统设计是以3％的推力裕度进入全喷气模式。这样，如果不能维持3％的裕度，控制律将暂停从半喷气状态向全喷气状态的减速。F－35B战斗机飞行控制律的一大特点是性能缺陷保护，这是一种受欢迎的能力，可以防止在没有足够性能的情况下进入全喷气模式。然而，控制律的这种特性也增加了以最大悬停-重量比进入全喷气模式的性能试验的挑战性。容差很小，从半喷气飞行过渡到稳定悬停大约只有1 min，几乎不能出错或发生意外。

与机场管理、空中交通管制（ATC）和塔台指挥密切合作的重要性无须赘述。全喷气性能试验经常使飞机处于非常低的燃油状态（大约2 min的飞行时间），只有一次着陆选择机会。安排飞机到达并进入帕图克森特海军航空站复杂的飞行交通环境，进行了详细的协调和沟通。面对面的讨论，与空中交通管制团队进行联合模拟器训练，以及任务前简报和任务后总结是这些任务成功的基本要素。

尽管全喷气性能试验在操作方面有明显的挑战，但垂直着陆性能试验则很平常。垂直着陆性能技术与常规垂直着陆技术没有什么不同。试验中经历了很多次热燃气吸入，热燃气吸入在驾驶舱最明显的表现是在下降的最后10～20 ft高度，下降速度突然增加。尽管如此，不需要也不希望飞行员做任何响应。

13.5 总　　结

F－35B战斗机STOVL模式飞行试验建立在飞行前建模和仿真证据的坚实基础之上，飞行前的建模和仿真对包线进行了有效扩展，并在试验后对结果进行对比验证。这些试验持续超过了7年，证明提供给飞行员的界面直观，操作性能是可重复的。设计的飞行员界面保证了试验能在最小燃油状态和最大总重能力下进行。

平甲板短距起飞和带载荷返航垂直着陆关键性能参数的验证相对简单。岸基试验和舰上试验的数据分析都证明了F－35B战斗机的能力超出了平甲板短距起飞要求。此外，它有相当大的裕度，可以满足未来武器系统能力增长的需求。用全喷气飞行机动（悬停和垂直着陆）和半喷气飞行机动验证了用于计算带载荷返航垂直着陆性能的数据库。最终，全面证实F－35B战斗机各项性能均超出了设计要求。

平甲板短距起飞和带载荷返航垂直着陆要求的验证试验非常成功。F－35B战斗机飞行试验的重点是验证在整个工作包线中提供给操作人员的短矩起飞/垂直着陆能力。试验团队克服了很多意想不到的问题，这些问题增加了飞行试验工作的价值并帮助F－35B战斗机变得更加健壮。在短距起飞试验期间，为适应非预期风条件，对飞机控制律进行了更改，以帮助服役机队避免出现喷管撞地的风险。这些试验也增强了机队对热燃气吸入对垂直着陆性能的影响的更深入理解，以应对危险的接地下降速度带来的潜在危害。

试验团队的计划非常广泛和周全，试验过程安全、高效和有效，实现了试验目标。对影响舰上短距起飞的飞机在船头的下沉问题，和影响垂直着陆性能的热燃气吸入问题等，进行了量化。然后经过详细试验分析，实施了谨慎的建设性方法，使这些问题得到有效缓解。更为重要的是，针对飞机离开船头过度下沉的情况，确定了一种回收策略并加以贯彻实施。

本章讨论的飞行试验过程的最终结果是向 F－35B 战斗机武器系统操作人员提供的能力。飞行试验和分析方法的创新保证了 STOVL 模式要求的成功验证，并提高了飞行员对飞机在这些飞行状态下的信心。性能试验结果表明，F－35B 战斗机在航程、有效任务负载和带载荷返航能力上，比传统的“鹞”式战斗机有了相当大的进步。除此之外，F－35B 战斗机还保持了超声速飞行和第 5 代战斗机的隐身特性。

参 考 文 献

[1] WURTH S P, SMITH M S, CALEBERTI L. F－35 Propulsion System Integration, Development & Verification[R]. AIAA－2018－3517, 2018.

[2] PARSONS D G, ECKSTEIN A G, AZEVEDO J J. F－35 Aerodynamic Performance Verification[R]. AIAA－2018－3679, 2018.

[3] MASON J R. F－35 STOVL Aircraft Performance Model Validation of Short Take-off Flight Test Data[R]. AIAA－2013－4245, 2013.

[4] WURTH S P, WALKER G W, FULLER J. F－35B IFPC Development[R]. AIAA－2013－4243, 2013.

[5] MANGE R L, HOGGARTH R. Highlights of the Lockheed Martin F－35 STOVL Jet Effects Program[C]//Royal Aeronautical Society, International Powered Lift Conference, 2008.

[6] HOGGARTH R, STOVALL M B. F－35 STOVL Mode Flight Test Analysis Techniques and Initial Results[C]//International Powered Lift Conference, October, 2010. 2010:c204－214

[7] VORWERK A V, CISZEK R S. Use of In-Flight Thrust on JSF Program[C]//American Helicopter Society International, International Powered Lift Conference, October, 2010.

[8] HOGGARTH R, STOVALL M B. The Lockheed Martin F－35 STOVL Force and Moment Ground Test Analysis Techniques and Results[C]//International Powered Lift Conference, October, 2010. c2010:447－468.

[9] PINERO E. Utilization of the STOVL Operations Test Facility During the F－35 Program[C]. IPLC, October, 2010. 2010(1):493－512.

[10] COOK R, CURTIS P, FENTON P. State of the Art in Sub-scale STOVL Hot Gas Ingestion Wind Tunnel Test Techniques[R]. SAE International－2005－01－3158, 2005.

第 14 章　F-35“闪电Ⅱ”战斗机航母适应性试验

航母适应性(CVS)试验是一项多学科专业化飞机试验与鉴定,这些专业学科把飞机载荷、飞行品质和飞机性能等理论结合到一个体系中,评估飞机在舰船这类严酷场所的作战使用适应性。同时,还将评估导航与制导、传感器集成、数据链互操作性、人机界面、保障性及可维修性,以确保飞机能够作为体系中的一个系统进行作战使用。本章将介绍美国海军和海军陆战队使用的 F-35C 战斗机开展的航母适应性飞行试验,内容包括对陆基试验要求和试验结果的讨论,对原始尾钩所暴露问题与重新设计尾钩所遇到的挑战,以及自动驾驶仪功能在陆基试验中应用的综述。随后,审查了在真实舰载环境下进行试验的必要性,讨论了舰上试验、舰上弹射与拦阻着陆的试验方法与结果。此外,文章还分析了如何实施舰上着陆使用的先进进场模式控制律,以及 3 次海上试验的结果,及其对未来作战使用的意义。

14.1　F-35C 战斗机航母适应性试验简介

海军航空的概念,即从海上舰船起飞和回收飞机,在莱特兄弟第 1 次飞行后不到 10 年就开始发展了。美国海军航空可以追溯到 1910 年 11 月 14 日,当天,Eugene Ely 驾驶寇蒂斯推进者(Curtiss Pusher)飞机从“伯明翰”号上架起的临时平台上顺利起飞。飞机从甲板上离开后,下降了 83 ft,直到轮子浸入水中才开始爬升。仅仅两个月之后,Ely 再次出现,这次他将飞机降落在了宾夕法尼亚号战列舰甲板上的一个 120 ft 高的平台上。系在沙袋上的一组绳索被拉直穿过着陆平台区,用于钩住飞机上的尾钩,使飞机在进入固定在船上的帆布天蓬之前停下来。通过这些历史性的事件,Eugene Ely 不仅展现了海军航空的概念,而且还开启了舰船适应性(Ship Suitability)飞行试验学科。

舰船适应性飞行试验是一种多学科的飞机试验与鉴定方法,目的是确定飞机系统在舰船系统内的集成情况或严酷条件下的作战使用情况。各个国家都会在军用和民用舰船甲板上使用不同飞机(如固定翼、旋翼和动力升力飞机)。尝试处理各种组合条件是一项艰巨的工作。本章介绍 F-35 战斗机的舰船适应性飞行试验,包括在陆基和美国核动力航母(CVN-美国海军核动力航空母舰,C 指舰船为载体,V 代表固定翼使用,N 代表船舶是核动力)上进行的试验。如图 14.1 所示,F-35C 战斗机是一种将提供给美国海军和美国海军陆战队使用的舰载型、多用途、第五代隐身战斗机。

航母适应性(CVS)是舰船适应性的子学科,由陆基试验和舰基试验组成,试验过程中,使用体系方法评估飞机在航母甲板上操作使用的适应性。这种评估首先在陆地上进行,包括甲板操纵评价、弹射器定位、蒸汽吸入、喷气偏流板(JBD)兼容性、进场速度测量、动力进场油门瞬变、逃逸复飞和复飞性能、进场飞行品质以及结构功能性或结构验证试验。结构功能性试验和结构验证试验的区别在于包线探索或扩展要求不同，结构验证试验需要更大地扩展包线，而结构功能性试验则用于验证模型和预测。对于 F－35C 战斗机，完成一系列陆基弹射器和拦阻装置的结构功能性试验，旨在测试起落架、拦阻钩、飞机结构、武器和武器悬挂装置的结构完整性。

图 14.1　F－35C 战斗机着舰瞬间

2011 年春，F－35C 战斗机陆基试验正式开始，很快就发现原始尾钩设计由于几何限制(Geometric Constraints)需要更改，重新设计尾钩过程中，试验暂停。直到 2013 年 12 月，试验机安装好新尾钩，试验才重新开始。试验的延期也成为开发新技术以提高试验效率的限制因素。在 F－35 舰载型飞机之前，结构功能性试验点试飞最多(如果不全是的话)，主要以飞行员在环方式进行，试验点的完成高度依赖于飞行员的经验和技术，往往在一个单一试验点上就要进行多次尝试。而 F－35C 战斗机采用的先进控制律，能以前所未有的方式迅速获取试验点参数，并提高试验的可重复性，这使得飞机净翼构型结构功能性试验(舰载试验的前提条件)快速完成，为 F－35C 战斗机舰上试验(ship trials)做好了准备。仔细评估先进控制律使用情况，各种进场模式的优缺点，以及 F－35C 战斗机飞行试验从当前技术突破中的受益情况，将使未来舰载航空项目获益。

陆基试验完成后，随即开始进行舰上试验。由于舰船飞行甲板高于海面约 60 ft，有了这个高度，飞机在弹射起飞离开甲板时，抬前轮抬起的是重心，而不像飞机常规起飞过程抬前轮抬起的是起落架，所以有必要进行舰上试验。另外，风与舰船上层结构的相互作用，会在舰船后方和前方产生干扰和扰动，这是在岸上无法重现或模拟的。2014 年 11 月，F－35C 战斗机在尼米兹号航母(CVN 68)上进行了初次海上研制试验(DT－Ⅰ)，开始飞机净翼构型弹射起飞和回收的初始评估。试验期间使用两架试验机在昼夜目视气象条件(VMC)下进行，共完成 124 次弹射起飞、124 次拦阻着舰及 222 次触舰复飞。2015 年 10 月，F－35C 战斗机在艾森豪威尔号航母(CVN 69)上完成了第二次海上研制试验(DT－Ⅱ)，进行了飞机增重和重心前移状态下的评估，在昼夜目视气象条件下完成了 66 次弹射起飞、66 次拦阻着舰和 40 次触舰复飞。2016 年 8 月，F－35C 在乔治华盛顿号(CVN 73)上进行了第三次海上研制试验

(DT-Ⅲ),共开展121次弹射起飞、121次拦阻着舰和67次触舰复飞,完成了内置武器舱和外挂点满载武器的舰上作战使用评估。关于弹射试验,最大技术挑战和最危险部分是最小弹射末速(MEAS)弹射评估。在这类特殊的弹射试验过程中,逐步减小飞机起飞空速,特意让飞机下沉到甲板平面以下、海平面以上的目标高度,以确定在给定的飞机总重下的最小安全起飞空速。本章将详细讨论最小弹射末速试验与其他弹射起飞理论、舰上评估结果以及三次舰上试验部署时的经验。

飞机弹射起飞后,必须通过拦阻着舰进行回收。舰上试验期间,在各种风况(从最小回收逆风到超过40节风)条件下,在多个航母上,进行了共约600次进场。进场过程中,对三种不同进场模式进行了试验。第一种是基本模式,也称手动模式,即在动力曲线反区进场飞行,飞行员利用推力控制下降速度,并用飞机姿态控制空速。第二种模式是进场动力补偿(APC),即飞行员通过纵向操纵杆输入控制飞行轨迹速度(Flight Path Rate),同时飞行器管理计算机(VMC)的控制律通过发动机推力请求和油门反向驱动维持迎角。最后一种模式是飞行轨迹增量控制(DFP),即通过进场动力补偿和综合直接升力控制(IDLC),实现飞行轨迹(γ)精确控制。这些先进进场模式都是通过非线性动态逆控制律(F-35战斗机其他型别也使用这种控制律)实现的。本章剩余部分将重点介绍这些先进控制模式的设计与实现,三种进近模式在不同风况下的进场操纵品质评估方法,以及试验结果。

除弹射装置和拦阻着舰装置外,还包括导航与制导、传感器集成、数据链互操作性、人机界面、保障性及可维护性等其他方面的评估。最后,读者将了解航母适应性飞行试验的多学科理论和应用,它们是如何应用到F-35C战斗机试验中,以及对未来作战使用和试验的意义。

14.2 背　　景

本节为读者提供了解陆基和舰基航母适应性试验的必要信息。首先重点描述了F-35C舰载型飞机控制律和拦阻钩系统(AHS)。然后介绍了助降装置、拦阻装置和弹射器。最后简要讨论了飞行员与着舰信号官(LSO)合作时飞行员的任务。如果读者已经熟悉航母适应性,则可以跳过本节内容。

1. F-35C战斗机

F-35C战斗机,是一种舰载型多用途第五代隐身战斗机,供美国海军和海军陆战队使用,用于替代老旧的第四代战斗机。F-35战斗机是单座、单发,全天候战斗机,具有隐身特性,专为地面攻击和空中优势任务设计。使用普惠公司F135发动机提供动力,这种发动机可产生40 000 lb推力。F-35C、F-35A和F-35B战斗机的基础结构和主要载荷基本相同,但F-35C战斗机还具有一些独特的设计特征和加强的内部结构,以适应弹射起飞和拦阻着舰要求,如图14.2所示。F-35C战斗机设计目标是与尼米兹级(CVN 68)航母兼容,其使用保障也是以航母为基础的。

F-35C战斗机的机翼面积增大了45%,全动水平尾翼也更大,控制面和外翼副翼尺寸也增大,以利于实现航母进场和着舰所需的精确低速操纵特性。F-35C战斗机的机翼可折叠,能减少在航母上占用的甲板空间,另外还装备有弹射杆,以及嵌入式可收回拦阻钩。F-35C战斗机有11个武器挂点——4个内部武器舱挂点和7个外挂点:内部武器舱挂点可以组合挂载先进中程空空导弹和两枚单重达2 000 lb的空面武器;每个机翼下方各有三个武器挂点,能组合挂载空空和空面武器；机身中线挂点用于挂载隐身机炮吊舱。表 14.1 描述了舰上试验的全部试验状态。

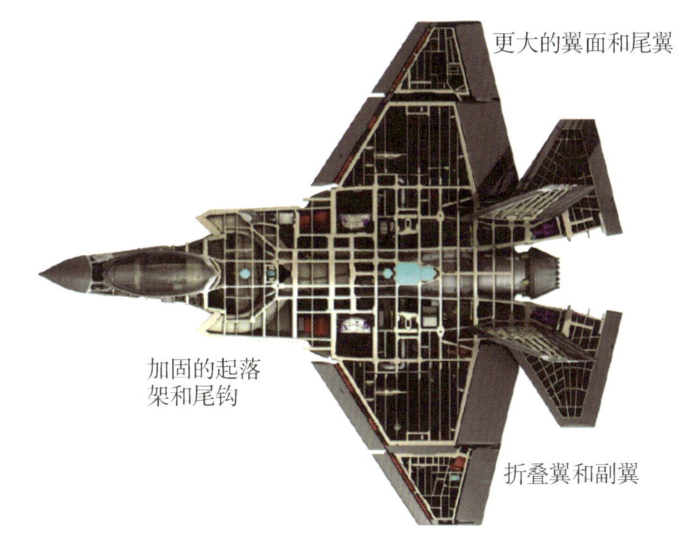

图 14.2　F－35C 战斗机的独特之处

表 14.1　舰上飞行试验武器配置

载荷	挂点										
	1	2	3	4	5	6	7	8	9	10	11
无外挂空舱				DART－1k	武器挂载设备		武器挂载设备	武器挂载设备			
无外挂（重心靠前）				DART－1k	AIM－120		AIM－120	GBU－31			
仅挂架	LAU	挂架	挂架	DART－1k	武器挂载设备		武器挂载设备	武器挂载设备	挂架	挂架	LAU
重载对称	LAU	GBU－12	GBU－12	DART－1k	AIM－120	机炮	AIM－120	GBU－31	GBU－12	GBU－12	LAU
重载对称（无机炮）	LAU	GBU－12	GBU－12	DART－1k	武器挂载设备		武器挂载设备	GBU－31	GBU－12	GBU－12	LAU
对称（重心靠后）	LAU	GBU－12	GBU－12	DART－1k	武器挂载设备		武器挂载设备	武器挂载设备	GBU－12	GBU－12	LAU
轻载对称	LAU	GBU－12	挂架	DART－1k	武器挂载设备		武器挂载设备	武器挂载设备	挂架	GBU－12	LAU
不对称载荷（10000 ft－lbs）	LAU	GBU－12	挂架	DART－1k	武器挂载设备		武器挂载设备	GBU－12	挂架	挂架	LAU

2. F－35C 战斗机控制律

F－35C 战斗机采用非线性动态逆控制架构，在三余度飞行器管理计算机中运行，能提供电传操纵控制。这种增强飞机动态特性并提供稳定性的控制律，在三种型别中是通用的，但是，每种型别的控制律都进行了相应优化，包含各种高级功能，以减少飞行员工作量，并为特定任务（如F-35B的悬停）提供流畅控制。对于F-35C战斗机，优化包括（但不限于）舰上弹射和回收控制能力。

舰上弹射起飞分为3个不同阶段：①加速阶段。抬前轮和起飞（flyaway），弹射从加速开始。飞机前起落架前支柱上的弹射杆与甲板弹射器滑块连接，弹射器滑块与甲板下的蒸汽动力活塞连接，提供将飞机加速到安全起飞速度的动力。在此阶段，控制律预先设定操纵面，以保证在滑块释放时飞机抬起前轮。水平尾翼也是预先设定的，以保证在有作战代表性飞机重量、甲板风（WOD）和弹射器给予飞机的动能条件下实现约12.5°·s^{-1}的俯仰速率。②脱离的抬头阶段。在弹射器冲程末端，弹射杆从滑块上脱离；同时前支柱储存的能量和专用抬前轮（Pro-Rotaion）操纵面[对称水平尾翼配平，对称副翼和前束（后缘内测）舵]产生的气动力矩共同使飞机平稳且迅速抬头。③起飞阶段。飞机一升空，控制律将专用抬前轮转换为向上升力（Pro-Lift），使升力最大、下沉最小。专用升力操纵面的设置为对称后缘襟翼（TEF）和对称副翼。

在甲板上，当飞机的弹射杆被放下时，触发弹射起飞控制律逻辑，控制逻辑根据起飞总重量和飞机重心将操纵面设置为专用抬前轮设置。专用抬前轮设置旨在尽可能快地在弹射后使飞机获得良好的飞行轨迹，使下沉最小。此外，弹射起飞控制逻辑在发动机推力达到100%军用推力要求门限时，还触发30磅的油门止动，前轮转向装置（NWS）分离，同时激活发动机限制（ABLIM）。AB限制特性旨在降低对尾桁、尾翼结构、和飞行甲板的热冲击。如果将弹射起飞过程中的油门设置为ETR＞122%，那么在弹射前，AB限制控制逻辑将自动把限制在122%推力。当弹射结束或纵向加速度$N_x>0.5g$时，AB限制特性将自动取消，同时在飞机沿弹射轨道加速期间，使推力增加到指定推力设置。飞行控制系统（FLCS）使用多个传感器提供反馈给控制律，以结束弹射起飞：

(1)ETR≥95%且纵向加速度$N_x>2g$或校准空速VCAS＞100 kn。

(2)ETR＜95%，轮速＞20 kn，且$N_x>2g$或校准空速VCAS＞100 kn。

当弹射杆脱离滑块时，由于迎角或俯仰速率增加，首先退出专用抬前轮操纵面设置，以防止抬头过度。控制系统最初设定迎角为20°，但当迎角超过14°后，即将设定迎角值减至15°。当航迹角（γ）达到1°，该指令就协调归零。如果飞机离开舰艏前，迎角和俯仰速率没有增加，则在检测到机轮不承重时，快速取消专用抬前轮辅助，并替换为向上升力辅助。飞机升空后，控制律立刻退出弹射起飞模式。随后重新设定操纵面，从专用抬前轮转换为向上升力设置，以便最大程度减少下沉并增强起飞能力。

在弹射过程中，控制律还能增强滚转轴的控制。飞机由于舰艏不对称和侧风产生的滚转速度和坡度角，通过弹射滚转配平模式消除，该模式可在弹射起飞时，差动控制襟翼和副翼。当校准空速超过100 kn时，弹射滚转配平启动，并在飞机离开甲板时复位。此外，还添加了在起飞时保持机翼水平的倾斜辅助系统。在起飞时，倾斜辅助系统在机轮不承重（WoffW）时开始工作，并尽力保持飞机以机翼水平姿态（0°坡度角）飞行10 s。飞行员可以随时使用横向杆输入超控倾斜辅助系统。

F-35C战斗机有3种进场模式：手动进场，动力补偿进场和飞行轨迹增量控制进场。3种模式都用于在进场过程中，保持精确的迎角，以最佳俯仰角为飞行员提供甲板着舰位置的精确控制，以便成功拦阻。手动进场是指飞行员以传统推力反区技术进场着舰，利用推力通过油门控制下沉速度，纵向杆输入控制空速。动力补偿进场是使发动机响应和迎角自动化，使飞行员利用纵向杆输入，控制飞行轨迹，从而控制下沉速度。飞行轨迹增量控制进场则是使用动力进场补偿逻辑，并通过动态捕获和保持指定飞行轨迹，实现飞行轨迹自动保持。

所有进场模式都使用综合直接升力控制，飞行员发出后缘襟翼/副翼互连指令，增强正常动力进场控制系统的飞行轨迹控制能力，提供改进的复飞、逃逸复飞和进场飞行品质。这种动态对称偏转指令被添加到正常动力进场规划中。飞行员输入经过一阶高通滤波器生成动态的综合直接升力控制指令。这个动态指令使后缘襟翼/副翼对称偏转，以获得快速的直接升力，补偿发动机响应过慢，并提供更直接的飞行轨迹控制响应。综合直接升力控制仅用于动力进场系统的迎角控制部分，因为在这个控制区域，飞机使用"反区操纵"技术(即，利用油门控制下沉速度)。在手动或APC模式下，分别通过油门或纵向杆输入来启动综合直接升力控制响应。但是，在APC模式下后缘襟翼/副翼指令增益要比手动模式下大3倍。

DFP模式利用进场动力补偿逻辑，并控制自动捕获和保持航迹角(γ)。当扰动使飞机远离预期下滑道时，飞行员输入并操纵纵向杆，改变航迹角。当飞机接近预期下滑道时，飞行员进行修正并放开操纵杆，从而使飞机重新回到预先的航迹角。

3.F-35C战斗机拦阻钩系统

拦阻钩系统由尾钩、液压作动器和阻尼器，以及考虑隐身设计将尾钩隐藏的翻盖式舱门组成。其设计目的是通过在航母甲板上安装拦阻索，在飞机着舰时或在陆基中止起飞或紧急着陆时，实现快速减速。拦阻钩是电控液压作动的，并通过俯仰枢轴销(Pitch Pivot Pin)与飞机结构固定。图14.3为新设计的F-35C战斗机拦阻钩，图14.4为F-35C战斗机拦阻钩系统部件。

图14.3 新设计的F-35C战斗机拦阻钩

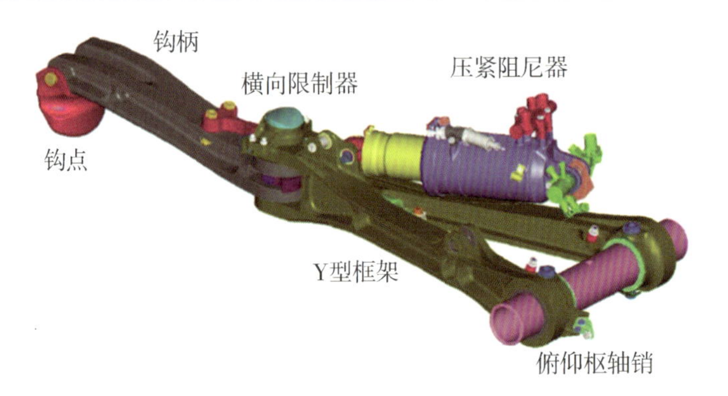

图 14.4 F-35C 战斗机拦阻钩系统部件

2011 年,开始对原始拦阻钩系统进行试验,很快就发现其各项设计都不能正常工作:尾钩啮合率(拦阻钩住拦阻索的比率)非常低,且钩柄的承载能力也不够。工程调查确认了啮合率低的 3 个根本原因。

1. 飞机几何结构

钩点(Hook Point)与主起落架的距离较短,只有 7.1 ft,如图 14.5 所示。这么短的距离是为了满足隐身要求而强加的几何约束导致的。为减小雷达散射截面(RCS),拦阻钩系统置于一个凹舱内,凹舱覆盖着与武器舱类似的舱门,舱的大小受限于飞机尺寸,从而决定了其容许的拦阻钩系统长度。

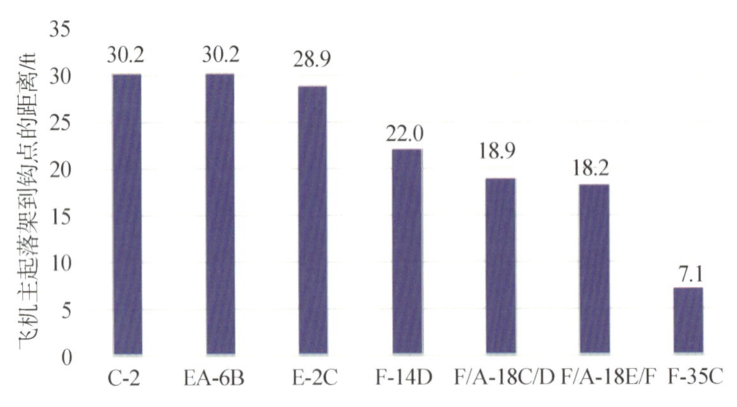

图 14.5 美国海军舰载飞机钩点距离与主起落架对比

2. 钩点设计

钩点的几何形状太钝(圆),从而使其钩索效率降低,如图 14.6 所示。

3. 尾钩压紧性能

压紧阻尼器提供的压紧力(Hold-Down Force)不足,从而引起尾钩弹跳。

这 3 种设计因素产生的不利影响在主起落架轮胎碾过拦阻索,引发拦阻索横向波动或扭结波动这一动态过程中达到最大。扭结波动会从轮胎碾压点向外和向内传播。当圆形钩点经过绳索时,波动传播速度和飞机前进速度导致尾钩“跳过”平放在地面的拦阻索。压紧力较低又使这个动态过程进一步加剧。当钩点初次接触甲板或受着陆区域缺陷扰动时,尾钩将会发生弹跳,离开地面,掠过或越拦阻索。这类动态过程如图 14.7～图 14.10 所示。

图 14.6　原始钩点形状

图 14.7　拦阻试验时，前轮引发扭结波动

图 14.8　扭结波动从激励源传播开来

图 14.9　尾钩初次接触地面

图 14.10　尾钩弹跳掠过拦阻索

2013 年，拦阻钩系统完成重新设计交付和安装，并进行了试验。新设计有几处改进。首先，钩点形状从圆形设计改成了楔形设计，如图 14.11 所示，其次要确保楔形顶部比拦阻索质心低，拦阻的圆形与楔形钩点的几何形状对比，如图 14.12 所示。

图 14.11　楔形钩点形状

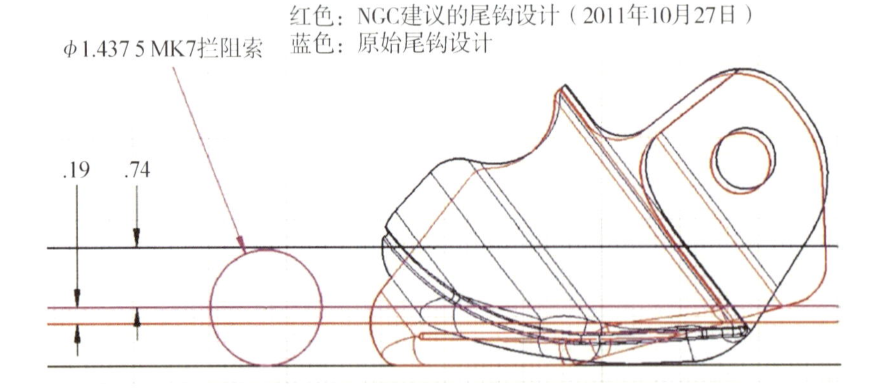

图 14.12　圆形与楔形钩点的几何形状对比

其他改进之处还包括：增强了 Y 型框架和挂柄结构，从而增加承载能力；增大了压紧阻尼器尺寸，以增强压紧力并降低尾钩弹跳。此外，还安装了行程末端阻尼器和横向限制器。加装行程末端阻尼器用于补偿压紧阻尼器增加的向下压力。当飞机在甲板上放下尾钩时，钩点将在钩柄完成全程动作之前撞击甲板，然而，当在空中时，钩柄将能行进到其容许的全程弧长，撞击行程末端阻尼器。行程末端阻尼器吸收压紧阻尼器施加在尾钩的向下冲击力，防止过载情况。横向限制器则用于防止钩柄过度位移，它固定在钩柄与 Y 型框架相交的铰链点。如果飞机以某一倾斜角横滚或着陆，会传递给钩柄一个角速度，则横向限制器就充当吸收能量的缓冲器。如果传递能量过大，就会超出材料的弹性变形范围，导致横向限制器发生塑性变形，从而向维护人员和飞行员发出指示信号，说明已经过载情况。虽然产生维护，需要更换横向限制器，但相对于损坏钩柄而言，还是明显节省的。

2013 年 12 月，对重新设计的拦阻钩系统进行了首次陆基试验，试验在第一次拦阻尝试时，就成功钩住了拦阻索，如图 14.13 所示。随后的飞行试验提供了统计上有效的样本量，证明了 F－35C 战斗机新拦阻钩系统的有效性。

图 14.13　安装新拦阻钩系统后的首次成功拦阻着陆

4. 尼米兹级航空母舰

航母适应性试验是在美国尼米兹号(CVN 68)、艾森豪威尔号(CVN 69)和乔治·华盛顿号(CVN 73)航空母舰上进行的。尼米兹级航母长 1 092 ft，水线宽度 135 ft，飞行甲板最宽处 252 ft，吃水深度 37 ft，满载排水量约 100 000 长吨[①]。每艘尼米兹级航母都有 1 个斜角飞行甲板，4 台 C－13 蒸汽弹射器，4 组 Mk－7 拦阻装置(CVN 76 航母以后只有 3 组 Mk－7 拦阻装置)，1 套改进型菲涅尔透镜光学助降系统(IFLOLS)，投光灯(Drop Lights)，激光对中系统，飞行甲板照明设备，1 个甲板下大型机库和 4 部飞机升降机。每艘航母都有一个长约 788 ft 的斜角甲板(从中心线到左舷 9°)，便于同时弹射和回收飞机。飞机通过 4 部升降机从机库甲板进行升降：3 部位于右舷侧，1 部位于舰尾附近。航母甲板简图如图 14.14 所示。

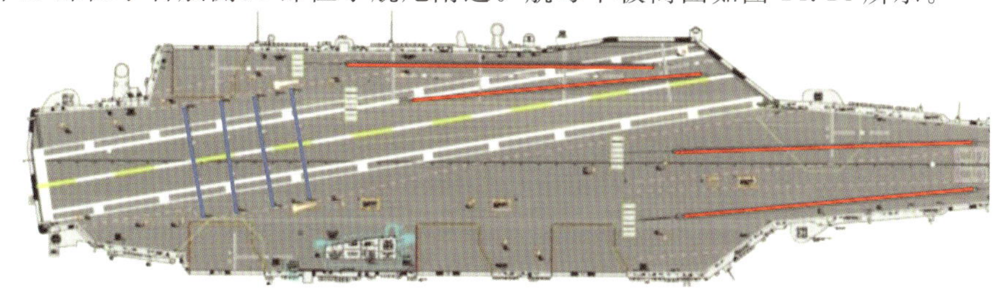

图 14.14　尼米兹级航母甲板简图(红色为弹射器，蓝色为拦阻索)

① 1 长吨＝1 016.05 kg。

5.弹射器

弹射器为飞机舰载弹射提供动力。蒸汽弹射器主要由动力缸、活塞组件、滑块装置和水力闸组成,如图14.15所示,其中蒸汽由舰上锅炉提供,通过弹射阀进入汽缸尾部。然后,蒸汽压力作用于活塞组件,并使滑块装置加速到安全的弹射速度。飞机通过前轮装置上的弹射杆与前支柱前方的滑块装置相连,如图14.16所示。在弹射行程结束时(即向前移动到舰首时),安装在每个活塞前部的锥体进入水力闸,水力闸会吸收能量,并快速使其停止。此时,飞机从滑块上释放,并以足够的速度升空。

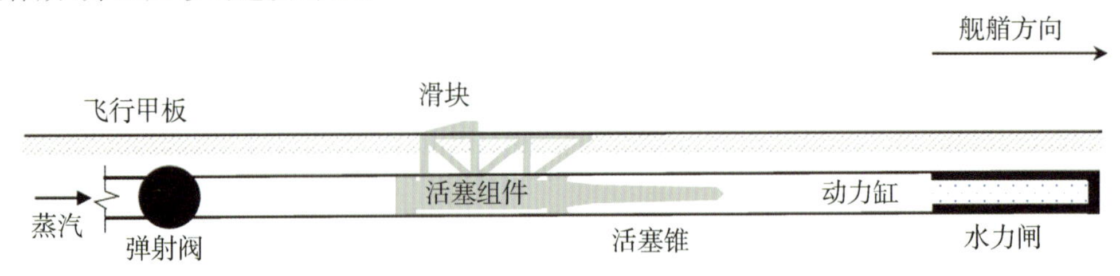

图14.15 蒸汽弹射器组成简图

图14.16 F-35C战斗机弹射杆连接到前支柱前方的滑块

适当加热和保持温度是弹射器安全运行的关键因素。翅片式缸体热交换器安装在动力缸周围,同时供给来自舰上锅炉的蒸汽,提供热量以保持汽缸接近恒温。弹射器要预先加热,以得到合适的热膨胀。当达到合适温度时,改变蒸汽流量,以保持两个动力缸恒定的延伸率。保持合适的动力缸延伸率是至关重要的,因为所有弹射指导书(Bulletins)(提供弹射器能量选择阀(CSV)设置的文档)都是基于恒定延伸率的,从而在多次弹射期间提供可靠的和可重复的弹射起飞性能。

水力闸装置通过前部9 ft的锥体提供弹射器制动能力。在弹射器行程结束时,锥体被引导进入水力制动缸,制动缸利用水流喷射产生的离心涡流保持满水状态[4]。

在试验中,使用了两种弹射器:陆基C-7弹射器和尼米兹级航母C-13弹射器。两种弹射器主要区别在于长度。C-7弹射器设计用于早期航母,因此其长度只有276 ft,行程为253 ft。而C-13弹射器长度达325 ft[5],行程为310 ft。由于这种差异,C-7弹射器的加速度变化率或震动更大。尽管存在这种不同,但C-7弹射器还是完成了有作战代表性的弹射试验,并能实现与舰上弹射相同的加速度和飞机与弹射器牵引负载。弹射起飞过程中,典型的纵向加速度和弹射杆轴向载荷随时间的变化如图14.17所示。

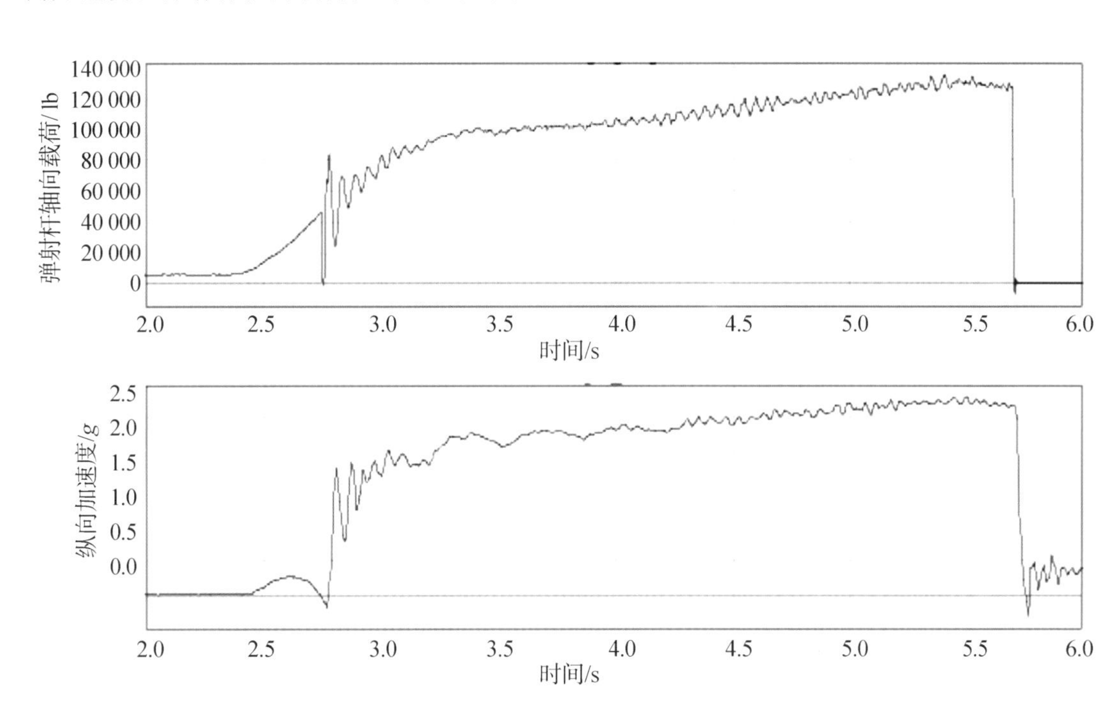

图14.17　F-35C战斗机纵向加速度和弹射杆轴向载荷随时间的变化

6.目视助降装置

美国海军拥有两种陆基目视助降装置:Mk 8菲涅尔透镜光学着陆系统(FLOLS)和Mk 14改进型菲涅尔透镜光学着陆系统(IFLOLS),用于向正在接近跑道的飞行员显示下滑道和下滑偏差信息。每个系统包括黄色光源组件、绿色基准指示灯、红色复飞指示灯和绿色“切断”指示灯。这些灯的有效使用范围为1 mile。黄色光源通过一系列线性排列的菲涅尔透镜投射,将光线聚焦成窄水平带。双凸透镜安装在菲涅尔透镜前方,以提供所需的光源颜色,将方位角可见弧度增加到±20°,并从透镜表面发出光反射。这样飞行员就会看到“肉丸”状或“球”状的光源,且当飞行员的目光经光束弧长移动时,它会在透镜表面垂直移动。光球为飞行员提供了一种目视手段,用于确定飞机相对于指定下滑道的位置。拖车底座前方的升降机和手摇曲柄用于调节系统以取得所需的下滑道。飞行员的任务是捕获并保持基准指示灯之间的光球。如果飞机在所需的下滑道上飞行,飞行员将看到光球与绿色基准指示灯齐平。如果飞机过高,飞行员将看到在基准臂上方的琥珀色光球。相反,如果飞机低于下滑道,飞行员将看到在基准指示灯下方的光球。如果飞行员继续远低于下滑道飞行,琥珀色光球将变为红色光球。当存在危险着陆情况时,将手动打开红色复飞指示灯。过去,绿色“切断”灯用于通知螺旋桨飞机飞行员何时“关闭”引擎,而如今,切断灯用于在失去通信时指示着陆许可[6]。

Mk 8装置的灯箱(见图14.18)包含的灯室比Mk 14装置(见图14.19)的更少,所以Mk 8装置的4 ft高的灯箱与Mk 14装置的6 ft高的灯箱相比显示区域更短。对比表14.2和表14.3可以看出,Mk 14装置显示的精度大约是Mk 8装置的两倍。Mk 8装置在所需下滑道的约±0.75°范围内提供光学下滑道信息。光源总成由五个灯室组成(每个灯室的照射弧度为20.45″),垂直视场总计约1.7°。与Mk 8装置的固定方向相比,尺寸更大的Mk 14装置需要横向固定在拖车上。虽然 Mk 14 装置在下滑道变化方面能提供更高的精度,但当需要改变着陆点时,它却不便于或不能快速移动。为了有效地进行航母适应性试验,需要快速移动到所需的着陆位置。Mk 8 装置在拖车上的定向提供了优于 Mk 14 装置的灵活性,因此使其成为航母适应性试验的首选透镜。

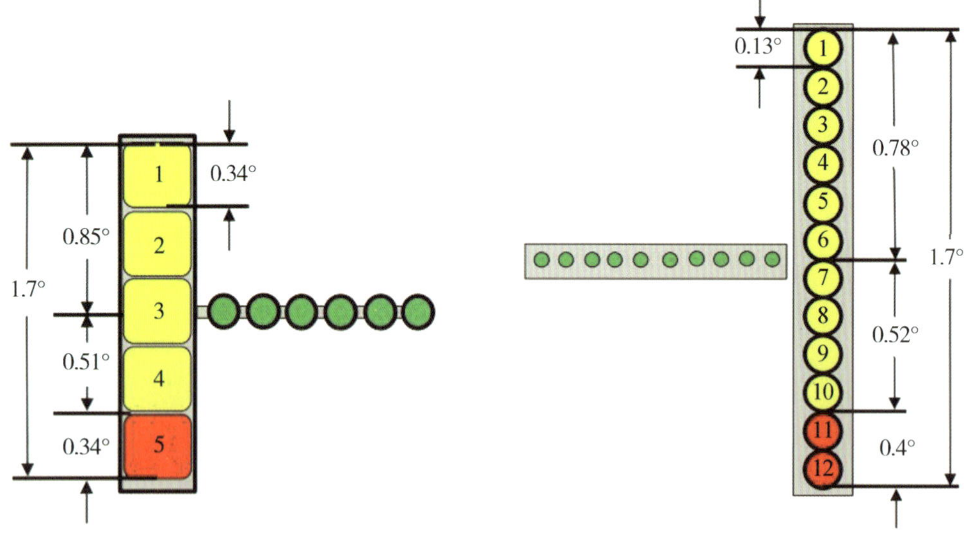

图 14.18 Mk 8 装置的灯箱结构　　图 14.19 Mk 14 装置的灯箱结构

表 14.2 Mk 8 装置的灯室

灯室	基准角/(°)	钩坡距/ft
顶部	4.4	23.3
1	4.2	20.0
2	3.8	17.7
3	3.5	14.0
4	3.2	10.3
5	2.8	6.6
底部	2.7	4.7

表 14.3 Mk 14 装置的灯室

灯室	基准角/(°)	钩坡距/ft
顶部	4.3	23.6
1	4.2	22.8
2	4.1	21.2
3	4.0	19.6
4	3.8	18.0
5	3.7	16.4
6	3.6	14.8
中部	3.5	14.0
7	3.4	13.2

续表

灯室	基准角/(°)	钩坡距/ft
8	3.3	11.6
9	3.2	10.0
10	3.0	8.4
11	2.9	7.2
12	2.7	4.7
底部	2.6	3.4

Mk 13 装置 Mod 0 改进型菲涅尔透镜光学着陆系统(LFLOLS)如图 14.20 所示，为舰基型。它能够以和陆基型 Mk 14 装置相同的方式，向飞行员提供下滑道和下滑偏差信息。基准角(Base Angle)为 3.5°，以确保钩坡(H/R)距至少 14 ft，如图 14.21 所示。两者之间的最大差异在于 Mk 13 装置是动态稳定的，以补偿舰体的纵摇、横摇和起伏运动[4]。

图 14.20　Mk 13 装置 Mod 0 改进型菲涅耳透镜光学着陆系统

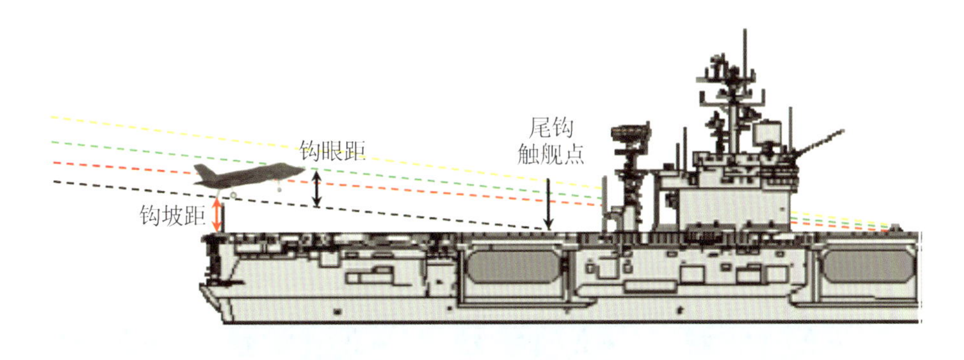

图 14.21　下滑道几何关系：钩坡距、钩眼距、尾钩触舰点和 IFLOLS 下滑道的投影

7. Mk 7 装置拦阻动力装置

Mk 7 装置定长冲跑拦阻装置，如图 14.22 所示，是一种液压气动系统动力结构，由汽缸与

冲头组件，联杆器与定滑轮组，控制阀系统，蓄能器系统，空气瓶，以及滑轮和缆索整理装置组成。Mk 7 拦阻动力装置安装在马里兰州帕图克森特河海军航空站 32 号跑道的末端。陆基 Mk 7 的安装位置和舰基拦阻装置相似，具有作战使用代表性。

在拦阻着陆过程中，Mk 7 装置使飞机平稳、受控停止的大致流程为：飞机尾钩住横跨着陆区域的甲板悬索(Cross-Deck Pendant)(也称“钢缆”或拦阻索，是直径为 1.375 ft 的聚酯芯钢索，每英尺重约 3 lb，最小静态断裂强度为 205 000 lb)[4]。飞机向前运动产生的力，通过甲板悬索传递到滑轮组索，该缆索穿过围绕(Reeved Around)动滑轮联杆器和制动引擎的定滑轮组件。当飞机将滑轮组索从制动引擎拉出时，动联杆器向定滑轮组件移动，推动冲头进入拥有密封液压液(乙二醇)的气缸。液体流动由定长冲跑控制阀控制，该控制阀还控制气缸中的压力，从而提供吸收飞机能量的抑制力。

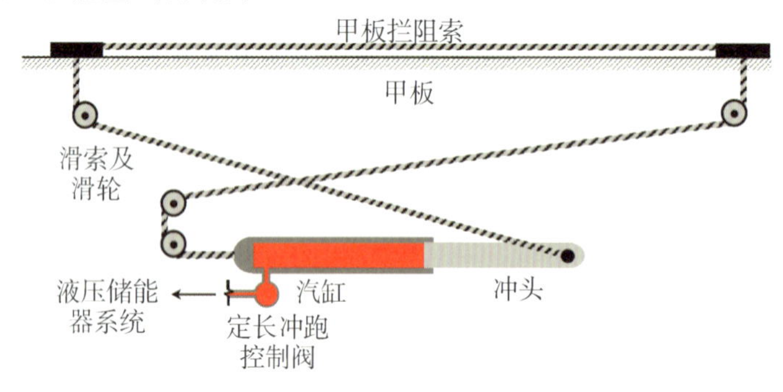

图 14.22 定比冲跑拦阻装置组件简图

8. 着舰信号官

着舰信号官，如图 14.23 所示，是试验团队的关键成员。着舰信号官通常是一名经过培训且经验丰富的飞行员，能够快速评估风况、天气、飞机性能和飞行员能力的影响，为完成试验点提供最佳控制和帮助。着舰信号官的首要责任是安全，附加职责包括协助试验指挥员指导当天的试验工作。试飞员和着舰信号官组成了一支建立在相互尊重和最高信任度基础上的专业训练有素的团队。

图 14.23 着舰信号官

陆基着舰信号官位于跑道一侧、预期着陆点附近的活动建筑中，并且能够在整个着陆航线上观察试验机。舰基着舰信号官及其团队，位于飞行甲板的左舷，距离舰艉约50 ft。从发出"光球"指令开始(即菲涅尔透镜上的光源可见)，直到完成拦阻，触舰离开或复飞，飞行员都在着舰信号官的控制之下。通过分析飞行员能力和飞机性能趋势，评估外部环境因素，并全面了解飞行员技术，着舰信号官发出告知性、警告性和指示性指令，帮助飞行员安全地完成试验点。

9.飞行员的任务

进行结构功能性拦阻着陆试验的试飞员，任务不同于海军飞行员执行的舰上着舰。海军飞行员需要从进场开始捕获并保持下滑道、中心线和迎角，直至着舰。由于会存在偏差，如果没有及时进行适当修正，那海军飞行员将被要求复飞。然而，航母适应性结构功能性试验是一种专门的载荷试验，因此，除下滑道、对中和迎角外，试飞员还有其他根据具体试验点确定的任务，如捕获和保持地面速度，设定着陆前的俯仰，滚转和/或偏航姿态，或达到目标下降速度。另一个区别是尾钩触地位置不同，海军飞行员需要保持"光球"居中，拥有120 ft的合格触地带，而试飞员的合格触地带要取决于试验点，在40 ft到不足1 ft之间变化。

基准下滑道是一个由菲涅尔透镜角确定的(地平线以上)3.25°的固定路径。飞机保持这个下滑道所需的下沉速度取决于飞机的地面速度(随风速变化而略有变化)。因此飞行员正确执行进场需要准确、快速观察飞行状态，以便能够确定偏差并在需要时立即进行修正；如果没有进行适当修正，偏差幅度将只会增加，这是由于菲涅尔透镜显示的光线具有恒定弧长。当飞行员靠近光源时，透镜精度增加，使"光球"的移动以指数速率增加。例如，如果飞行员捕捉到所需的3.25°下滑道，但下滑道高于"光球"，且没有使光源在基准面之间居中，那么飞行员将首先看到"光球"以低速率向上移动。当飞行员目光靠近光源时，"光球"的移动速率呈指数增加，致使"光球"仿佛从透镜顶部"射出"。

对中是着舰的关键环节，由于着陆区域相对较小，飞行员必须落在中心线上且没有偏移。舰上对中难度增加的原因是着陆区域与舰船中心线偏离相差9°，导致飞机在着陆区域有横向速度或偏移。相反，陆基试验是在没有偏移的跑道上完成的，可是对试飞员来说陆基对中同样重要。对于陆基试验，使用延伸的落地航线，飞行员捕获在距离着陆区域2.0～1.5 nm的跑道中心线，因此需要飞行员保持中心线长达1 min。由于依赖风速梯度和阵风大小，这项任务很有挑战性，要求飞行员尽早确定并纠正对中偏差。若未能及时进行对中修正，通常会导致试飞员的观察失败。这对于飞行员和着舰信号官来说都是很明显的，具体表现为下滑道或其他关键试验参数产生偏差。距离中心线只要有3 ft的对中偏差，就会对尾钩载荷产生极大影响。此外，后面将讨论的一个试验点，即要求试飞员在2 ft内钩住甲板悬索。试验点要求偏心钩住，至少要距离中心线18 ft。但是，如果超过20 ft，则需要立即检查拦阻动力装置，因为其可能已经发生损坏。对海军飞行员和试飞员来说，未能及时修正的对中偏差通常会导致观察失败，从而使其他参数产生偏差。在舰船中心线上，安装有一台与甲板齐平，并面向船艉的摄影机。影像由着舰信号官监控，便于其查看飞行员是否保持着陆区域中心线。遗憾的是，陆基着舰信号官没有这种能力。这使得飞行员必须在触地之前，评估偏航角并进行横向和/或定向输入，从而将钩点精确控制在试验点要求的横向允许偏差内。

过去，飞行员还需要将飞机维持在特定的迎角(α)范围内。这个范围对每架飞机来说，由两个速度和几何形状因素决定。合格迎角范围下限由拦阻装置最大啮合速度决定。如果飞机速度太高(小迎角状态)，则可能会使飞机结构断裂或者拦阻装置引擎损坏。反之，如果飞机速度太慢(大迎角状态)，则高出气动失速的空间隔达不到可接受状态，也就是说，飞机钩点太低，可能发生飞行中啮合(钩住拦阻索)的危险。现在,由于F-35战斗机飞行控制系统提供了顺畅的操纵,控制律会将迎角严格保持在合格范围内,使飞行员不用再直接控制迎角,飞行员只需注意迎角并避免大迎角瞬变,所以迎角维持成了飞行员的次要问题。

10. 下滑道几何学

无论在陆地还是在海上执行航母适应性试验任务,都需要精确地让钩点落到目标位置。为此,必须完全理解下滑道几何学,着舰动力学和环境效应(如自然风、船舶风、相对风等舰上风,见图14.24)。以下是关于下滑道几何学常用术语的定义:

(1)自然风——由移动气团产生的海面风,与舰船的运动无关。

(2)船舶风——因船速产生的风,与船速大小相等且方向相反。

(3)相对风或甲板风(WOD)——自然风和船舶风的矢量和。

(4)回收逆风(RHW)——平行于着陆区中心线的WOD分量。

(5)回收侧风——垂直于着陆区的中心线的WOD分量。

(6)迎角(α)——飞机机身参考线(FRL)与飞行轨迹的夹角。

(7)航迹角(γ)——从飞机机身参考线测量的飞机通过气团的速度矢量。

(8)下滑角(θ)——光学助降光源和地平线的夹角。

(9)飞行员视线与飞机机身参考线的夹角(Φ)——飞机机身参考线与连接飞行员眼位和钩点的直线的夹角。

(10)飞行员视点到钩点的长度(L)——飞行员眼位和钩点之间的直线距离。

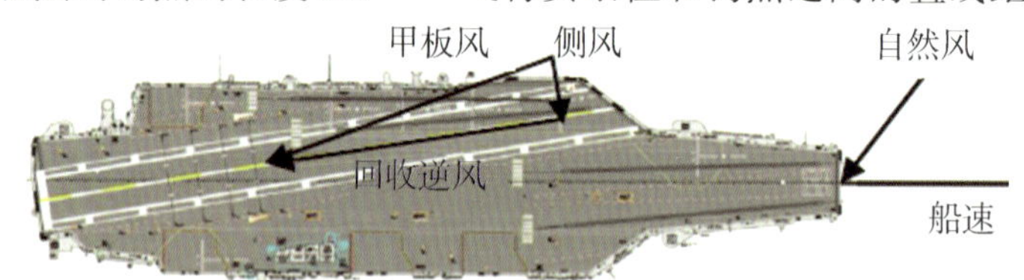

图14.24 舰上风的矢量关系

飞机的钩眼(H/E)距对于使飞机着陆在航母着陆区域的适当位置是非常重要的。需要精确确定钩眼距,任何误差都将导致提前着舰,从而减小钩坡(H/R)距;或者导致着舰推迟,从而增加逃逸概率。下滑道的立体几何视图如图14.25所示[5]。

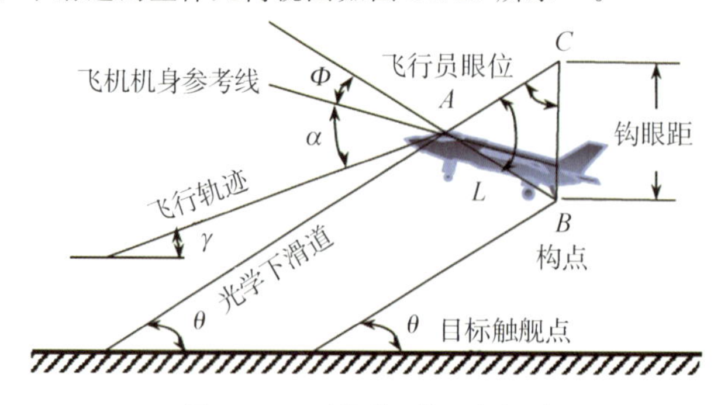

图14.25 下滑道立体几何视图

将正弦定律应用到△ABC,有

$$\angle A = (\theta - \gamma) + \alpha + \Phi \tag{14.1}$$

$$\angle C = 90° - \theta \tag{14.2}$$

$$\frac{H/E}{\sin A} = \frac{L}{\sin C} \tag{14.3}$$

$$H/E = \frac{L\sin[(\theta - \gamma) + \alpha + \Phi]}{\sin(90 - \theta)} \tag{14.4}$$

$$\sin(90° - \theta) = \cos\theta \tag{14.5}$$

$$H/E = \frac{L\sin[(\theta - \gamma) + \alpha + \Phi]}{\cos\theta} \tag{14.6}$$

根据小角定理，$\cos\theta = 1$；故有

$$H/E = L\sin[(\theta - \gamma) + \alpha + \Phi] \tag{14.7}$$

为了确定下滑角和航迹角之间的差，计算了飞机真实空速与着舰点速度关系之间的相对速度，着舰点的相对速度是船速和自然风的函数，如图 14.26 所示。

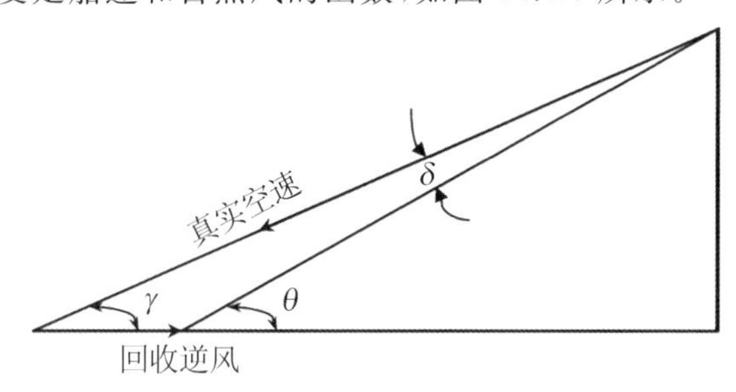

图 14.26　真实空速、回收逆风和下滑角的矢量关系

$$\delta = \theta - \gamma \tag{14.8}$$

$$H/E = L\sin[\delta + \alpha + \Phi] \tag{14.9}$$

将正弦定理应用到图 14.26，有

$$\frac{RHW}{\sin\delta} = \frac{\text{TAS}}{\sin(180 - \theta)} \tag{14.10}$$

$$\sin(180 - \theta) = \sin\theta \tag{14.11}$$

$$\sin\delta = \frac{\sin\theta RHW}{\text{TAS}} \tag{14.12}$$

根据小角定理，$\sin\theta = \theta$；故有

$$\delta = \frac{\theta RHW}{\text{TAS}} \tag{14.13}$$

可以看出，随着下滑角和回收逆风增加，以及进场空速减小，将得到相对速度角 δ 的最大值。式(14.13)的另一种理解方式是，根据回收逆风的变化控制下滑角，以保持 δ 近似不变，用于飞行员参考。为了达到这种状态，在大回收逆风条件下，舰上下滑道通常会增加。

航迹角可以通过如下等式确定：

$$\gamma = \theta - \delta = \theta - \frac{\theta RHW}{\text{TAS}} \tag{14.14}$$

$$\gamma = \theta\left(1 - \frac{RHW}{\text{TAS}}\right) \tag{14.15}$$

观测实际下滑道的另一种方法如图 14.27 所示。在起始段(t_1)，飞行员眼位在光学下滑道上。片刻后，当飞行员继续靠近舰船时，舰船位置因其对水航速而发生位移。动态过程一直

持续到着舰时(t_3)。在理想操作条件下,下滑道设置为3.5°,但飞行员保持3°的航迹角,即实际下滑道。

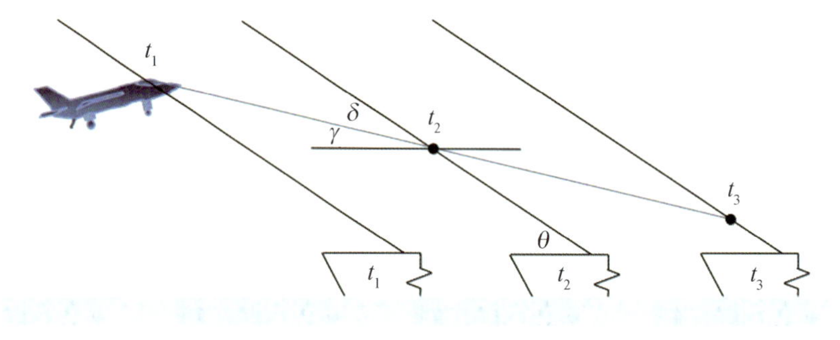

图14.27 舰船向前运动对实际下滑道的影响

14.3 陆基试验

2011年3月17日,F-35C舰载型战斗机开始陆基航母适应性试验。过去,新型舰载飞机都必须依据美军标准MIL-D-8708进行验证。然而,F-35C舰载型战斗机的陆基试验要求,来自联合合同技术规范和JSF作战使用需求文件(ORD)。具体来讲就是,结构功能性试验取代结构验证试验。功能性试验和验证试验之间的区别在于包线探索或包线扩展要求不同:验证试验要求的包线扩展程度更高,而功能性试验则用于验证模型和预测。为满足联合合同技术规范和作战使用需求文件要求,陆基试验分为3个阶段:支持航母适应性试验的必要试验(第1阶段),结构功能性试验(第2阶段)和初始海上研制试验的必要试验(第3阶段)。

在第1阶段,完成了支持航母适应性试验的必要试验,包括静载试验、地面试验机(CG-1)落震试验和动力进场飞行品质试验。第2阶段旨在支持陆基弹射起飞和拦阻着陆。为促进陆基弹射试验的顺利开展,完成了喷气偏流板(JBD)兼容性和环境试验,以评估甲板升温、JBD面板冷却和飞机及其附近的声学振动、热量与热气吸入(HGI)环境,如图14.28和图14.29所示。在新泽西州莱克赫斯特(Lakehurst)海军航空工程站(NAES),C13-2弹射器被特意弱化,代表最糟糕的蒸气泄漏情况,以评估对发动机性能的影响和蒸汽耐吸入性。此外,还进行了地面和甲板操纵试验,以确定飞机与受限空间滑行要求、弹射器定位程序及上述甲板设备[弹射杆与可重复释放止动(RRHB)杆]物理几何结构的兼容性。陆基弹射试验的最后一项任务是让飞机在马里兰州帕图克森特河(PAX)海军航空站的TC-7弹射器上进行设计极限载荷弹射。在开始陆基拦阻着陆之前,已经完成了逃逸复飞和复飞性能飞行试验点,并完成了滑行钩住(Roll-In)拦阻试验。试验在莱克赫斯特海军航空站完成,是一项地面试验,飞机位于跑道上距拦阻装置预定距离处,以便利用制动装置达到目标地速。当飞机速度在允许的地速范围内时,放下尾钩,接着F-35C舰载型战斗机"滑行"进入拦阻装置。这些试验在跑道中心线和偏离中心线(最大偏离20 ft)条件下进行,用于在执行飞行钩住(Fly-In)试验之前测量拦阻装置和尾钩的载荷。第3阶段也是最后一阶段,包括支持初始舰上试验所需的测试:可靠性和维修性(甲板固定和牵引),电磁频谱能力,导航和制导,传感器集成,数据链互操作性,人机接口,以及确保飞机能够作为系统内的系统(即海上舰船上的飞机)运行的保障性评估。

图 14.28　F-35C 战斗机进行甲板升温和 JBD 面板冷却评估

图 14.29　F-35C 战斗机在 RATS 限制的加力燃烧室工作条件下进行 JBD 面板冷却评估

1. 陆基弹射

在结构功能性试验期间进行的 F-35C 战斗机陆基弹射起飞试验，如图 14.30 所示，用于确定和/或验证结构部件的工程模块是否能承受飞机在舰上弹射时受到的力和加速度。飞机的受力程度取决于舰上最大起飞/重量和弹射器的性能特征。陆基弹射试验的另一个目的是确保在整个弹射周期(牵引连接，弹射，滑块释放和抬前轮)内，F-35C 战斗机(包括所有外挂武器)与弹射器弹射部件(如弹射滑块、可重复释放止动杆等)之间有足够的间隙。

陆基弹射试验的结果用于预估限制条件并建立舰上使用的驾驶方法。F-35C 战斗机使用开环或自动驾驶技术，因为控制律能够捕获并保持最佳飞行姿态，同时保持机翼水平。试验包括从允许重量范围内的纵向过载(N_x)逐步增加的一系列弹射。纵向过载逐渐增加，直至达到最大纵向加速度(N_{Xmax})或弹射杆水平牵引载荷极限。达到 N_{Xmax} 后，进行了一系列偏心弹射起飞，即飞机纵轴与弹射器纵轴不对齐以激发定向振荡。偏心试验在恒重范围内，以恒定纵向过载进行，同时逐渐增加偏心角，直到达到最大相对速度角(δ)[5]。

在侧风、不对称载荷或无意的横向或定向输入激励下，大多数飞机在弹射起飞时都会经历定向振荡。当定向振荡被激发时，气动力和轮胎转向力综合形成强制作用，使飞机重新对准弹射器；但是，惯性会引起超调。这种往复循环会一直持续到强制作用抑制掉振荡。偏心弹射器试验被用于激发定向振荡，有两个原因：

(1)确定在滑块释放前的动力冲程行进过程中抑制振荡的强制作用动力。

(2)测量弹射杆和前轮支柱上的横向力和弯矩载荷。

图 14.30　F－35C 战斗机首次陆基弹射起飞试验

重载弹射试验点在弹射末速小于飞行中所需空速的条件下开展。重载弹射试验在帕图克森特河海军航空站进行，C－7 弹射器的中心线与 32 号跑道夹角为 8°，与弹射器动力冲程末端相距约 1 000 ft，如图 14.31 所示。针对这些试验点，进行了重要性能计算、建模与仿真，以确保飞机在到达 32 号跑道中心线前升空。试验结果用于在模拟器中训练试飞员，模拟训练时，在弹射动力冲程行进过程中，输入飞机系统故障，以确保飞行员能识别出故障，并为继续起飞或中止起飞，采取适当措施使飞机对准跑道。如果飞行员无法安全地使飞机重新对准或被要求弹射离开，则试验点就被推迟到在莱克赫斯特海军航空兵工程站完成，因为那里的陆基弹射器与跑道是平行的。

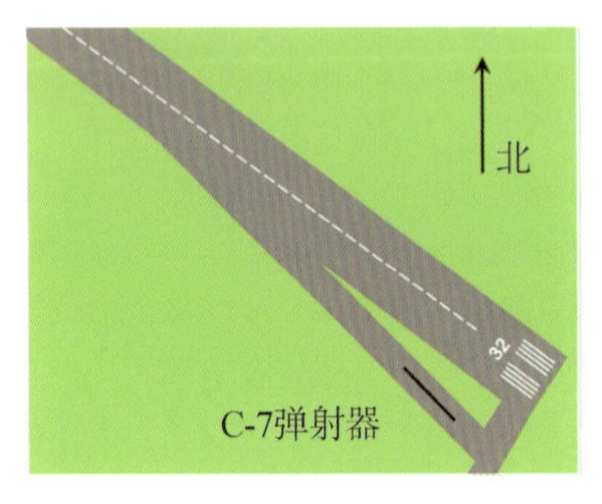

图 14.31　帕图克森特河海军航空站弹射器与 32 号跑道的相对几何图形(夹角为 8°)

陆基弹射完成了在表 14.1 中各种构型的挂载试验。陆基试验获得的数据用于构建合格的弹射包线和初始飞机弹射指导书(ALB，使用飞机载重和甲板风作为输入，确定弹射器能量选择阀设置的表格)。

2.陆基拦阻试验

在进行航母适应性试验时，大部分时间、精力和预算都花费在结构功能性试验中的陆基拦阻试验。这阶段试验被认为是专项载荷试验，试验中，飞机以不同下沉速度、姿态和空速进行多次拦阻着陆，以评估起落架、拦阻钩和其他关键承载节点的载荷。在 F－35 战斗机之前，由于计算机处理能力有限，制约了试验队发挥飞机性能来提高试验效率的能力。然而，随着计算机处理能力不断增强，飞行控制计算机和全权限数字发动机控制（FADEC）系统的发展，使得试验效率极大提高。

第 1 次 F－35C 战斗机结构功能性拦阻试验于 2014 年 2 月 4 日完成。试验发现了很多新问题和工程困难，造成了延误；但是，试验队利用“空白画布”（Blank Canvas）理念挑战传统假设和技术，开发一种新方法，顺利完成了试验并弥补了损失的时间。为实现这一目标，建立了一种系统的五步迭代过程。第 1 步是评估当前使用的测试设备，并对航母适应性试验历史进行回顾，以了解进行陆基试验的假设原因，从而深入理解传统技术。第 2 步完成进场操纵品质与着陆和拦阻特性的 F－35C 舰载型飞机几何结构、控制律和飞行品质综合试验。第 3 步，比较和对比前两个阶段的试验结果 ，确定能够被使用或利用于完成结构功能性试验点的各种飞机能力。接着，随着新技术的确定，采用了脊状发展程序（ridged developmental process），广泛使用模拟器开发机动动作、开展飞行品质评估和机动安全评估。最后，使用开发的机动动作和驾驶技术完成了空中试验点，并在试飞过程中评定了机动动作和驾驶技术的优势。采用有效的方法，并通过重复评估过程来改进无效的方法。“空白画布”理念方法包含系统的迭代方法，促进了航母适应性飞行试验领域新试验技术的发展。

结构功能性试验本质上是一个载荷包线扩展程序。进行了 10 次特定机动飞行到终点，以取得 80％～100％的部件许用载荷限制。每次机动，通过仪表监测多个部件的载荷，如主起落架压力和弯矩，前支柱压力和弯矩，尾钩侧向力，以及武器悬挂力。为复制飞机在舰上着陆过程中可能经历的着陆姿态，进行了 10 次机动飞行，以达到着陆设计包线的极限。美国海军飞机的着陆设计包线用着陆影响条件的多元分布数学概率表示为式（14.16）。所有着陆事件发生总概率用着陆过程中可预期的 8 个变量的概率表示。下沉速度由 Pearson Ⅲ型分布函数定义，而其他 7 个变量用正态分布函数或高斯分布函数表示。

$$P_T = \{V_A > < V_A i\}\{V_E > < V_E i\}\{V_V > < V_V i\}\{\theta > < \theta i\}\{\varphi > < \varphi i\}\{\dot{\varphi} > < \dot{\varphi} i\}\{\psi > < \psi i\}\{d > < d i\} \tag{14.16}$$

式中，P_T为总概率；V_A为 进场速度；V_E为啮合速度；V_V为下沉速度；θ 为俯仰姿态；φ 为滚转姿态；$\dot{\varphi}$ 为滚转率；ψ 为偏航姿态；d 为偏心距；i 为初始条件。

F－35C 舰载型飞机的结构功能性试验点采用了如前所述的 3 种进场模式完成。通过“空白画布”理念的迭代过程，发现了某些试验点和环境条件最适合的迭代过程。使用综合直接升力控制的手动进场模式作为飞行员首选模式或在飞机超出进场动力补偿（APC）或飞行轨迹增量控制（DFP）进场（即大迎角或小迎角）的控制律限制的情况下使用。“手动模式”面临的挑战是综合直接升力控制。虽然综合直接升力控制在操纵感上提供了良好的下滑道控制，但对受力输入的“起伏”响应使某些试验点下的操纵任务变得复杂；需要一个同步纵向杆输入来抵消起伏或下沉，以保持所需的下沉速度，但这反过来又会改变着陆时的俯仰姿态。正如将要讨论的，在大多数试验点上，下沉速度和俯仰姿态的容差都很小，这使得只有在处于动力进场的控制迎角范围之外时，才选择手动进场。

具有 300％综合直接升力控制的进场动力补偿进场方式也用于对试验点所需的下滑道上建立操纵，或者在环境条件允许时用于高速下沉速度试验点。进场动力补偿进场也面临着与手动进场同样的起伏问题，但由于机械化，飞行员无法通过俯仰输入来抵消下沉速度的变化。

如果飞机在动力进场的迎角范围内，飞行轨迹增量控制进场则是大多数试验点的首选方式。它提供了非常稳定的下沉速度，即使当飞行员可能会用横向杆输入进行对中修正时。DFP 的控制律保持对 γ 的严格控制，从而保持下沉速度，同时允许迎角在容差范围内变化。利用控制律保持 γ、下沉速度和迎角，为飞行员保持试验点其他参数提供了裕量。

除了飞行轨迹增量控制之外，还在显示屏上为飞行员提供飞行试验仪表帮助，飞行员可以微调迎角、下沉速度和偏航角等试验参数。通过飞行试验参数的和飞行轨迹增量控制，飞行员能够将下沉速度精确控制到 1 ft/s(fps)。飞行员捕获并保持下滑道在 1 ft/s 内的能力，使其意识到 FLOLS 不再提供真实数据。以前，飞行员没有驾驶舱内的工具来精确设置下滑道参数(下沉速度和 γ)，因此要依靠 FLOLS 来获取真实数据。在试验现场，使用 FLOLS 面临的问题是它没有在测量台上，而是位于拱形跑道(Crowned Runway)一侧的柏油路上。沥青路面和拱形斜坡的不平整导致透镜会有侧倾角，从而产生更改下滑道的变化。透镜增量设置为 0.25°；然而，利用驾驶舱内的信息，飞行员能明显发现透镜并没有设置到合适的角度。这意味着透镜提供的唯一有用的信息是着陆位置；只要飞行员利用居中光球(Centered Ball)着陆，就能使钩点正确放下，进行拦阻。此时的重点是 FLOLS 不再提供真实数据。

为了使任务复杂化，且进行有效载荷测量，飞机需要着陆在防滑层(Nonskid)(见图 14.32 中的标红部分)上，其从拦阻索沿两个方向纵向延伸 20 ft。防滑层是一种经过处理的表面层，可以增加航母甲板上的摩擦系数；在试验场的拦阻装置处有一片防滑层，用于模拟舰上着陆环境。起落架必须着陆在防滑层上，才能使轮胎正常加速转动，起落架正常回弹。至于飞机尾钩，所有拦阻钩系统在触地时都会出现弹跳。当飞机和尾钩撞击甲板时，由于主起落架开始压缩，尾钩从甲板上弹起一段有限高度。对于 F-35C，初始弹跳距离大约是 5 ft。当增加防滑层限制时，为了取得成功的试验点，这意味着飞行员必须精确地将尾钩降至拦阻索前 5～20 ft处。

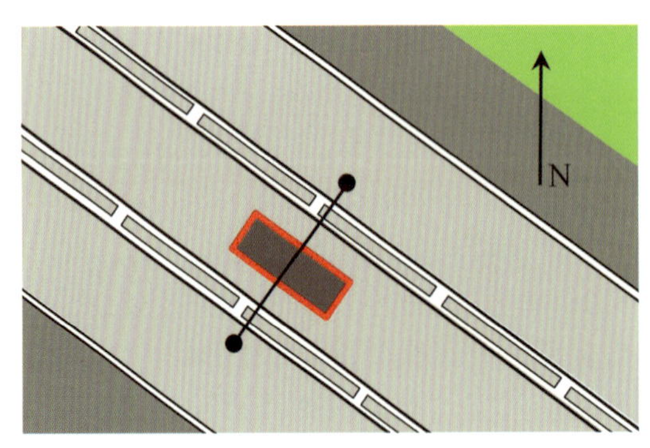

图 14.32　帕克特河 32 号跑道上的拦阻位置俯视图(标红部分为防滑层)

本节最后将讨论的飞机特性是地面效应，即当飞机距离甲板大约不到一半翼展时，升力增加、阻力减小这种空气动力学现象。这种效应会导致飞行轨迹平缓、下沉速度降低。这种效应首先提出了一个挑战，因为试验队注意到计算的下沉速度和实际的下沉速度之间存在差异，如图 14.33 所示。试验队在通过增加透镜角把高下沉速度作为试验目标方面还有些犹豫，他们担心地面效应降低，会在较高的飞行轨迹角(γ)条件下减少或失效，而导致超出目标下沉速度，从而损坏飞机。最终，试验队决定进行试验，并监测地面效应。在下滑道超过 5°的地方，观测到了地面效应降低。

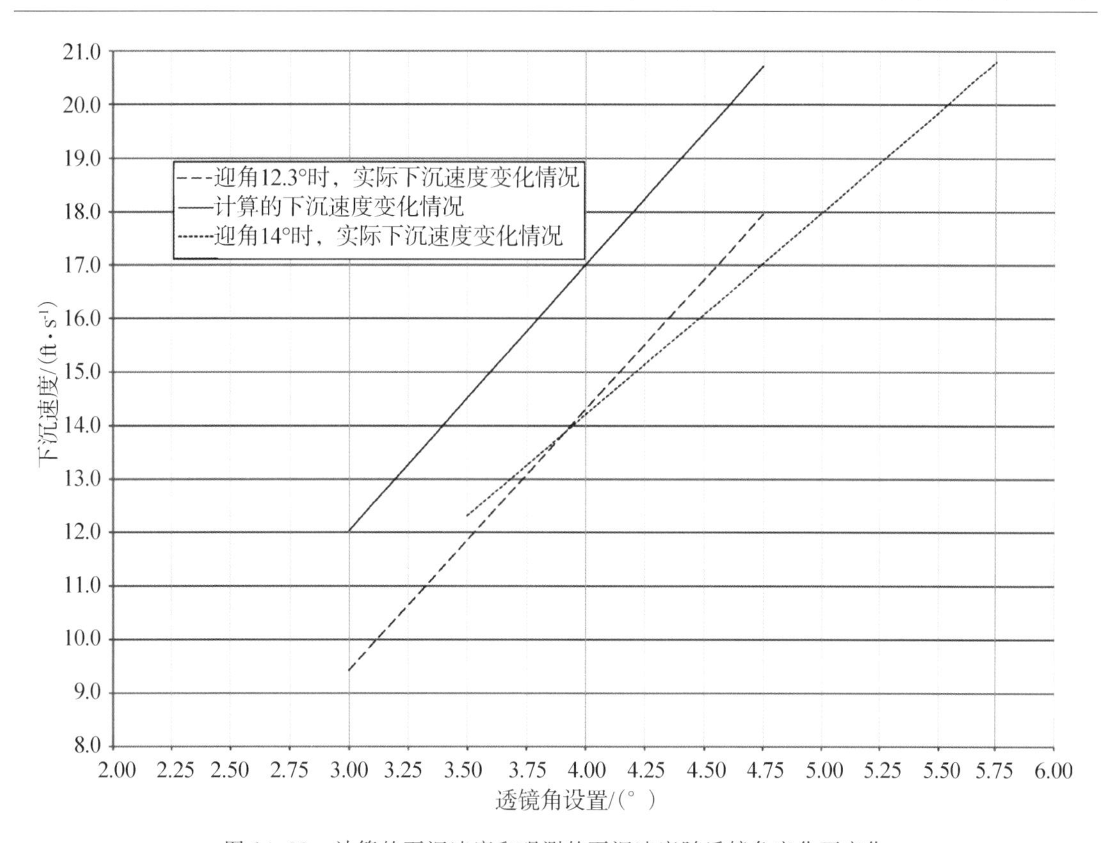

图 14.33 计算的下沉速度和观测的下沉速度随透镜角变化而变化

高速下沉试验点旨在达到起落架允许载荷极限的 80%或更多。进行这些试验是为了验证飞机的结构完整性,制定了在不同海况下,不同俯仰的航母甲板上以高下沉速度着陆的试验方案。这些试验点仿真方案是以水平甲板为平均俯仰条件,机尾向下模拟舰艏向下姿态,机头向下模拟舰艏向上姿态。

(1)平均俯仰高速下沉。这种着陆方式的名称是不言而喻的,目的是在目标俯仰角状态下,以大于等于 21.1 ft·s^{-1}速度完成着陆。在 75%或更大的主起落架最大压缩载荷条件下,该极限点(Endpoint)需要至少执行 3 次(要求的试验点至少要成功 3 次),并至少跨越 1 个甲板障碍(即甲板悬索)。陆基结构功能性试验比较耗时的原因之一是,无论前一天取得什么结果,每天都要以 3.5°下滑道的“常规”拦阻试验开始,以确保飞机、仪表和拦阻装置运行正常。然后,透镜角将以 0.5°的增量一直增加到 5°,等于 5°时,减小增量调整为 0.25°,透镜角继续增加直到到达要求的试验点。这意味着,对于高速下沉试验点(包括平均俯仰,机尾向下和机头向下),完成一个要求的试验点平均至少需要大约六次拦阻,且不包括出现任何使情况复杂化的因素,例如机场延误、测试问题、飞机维修困难或工作时间限制等。

飞行轨迹增量控制是此试验点的首选方式,无论飞行员技术或环境状况如何,均可提供高度的一致性和可重复性。首先将向飞行员简述透镜角和目标下沉速度。然后利用飞行试验仪表帮助,设定下沉速度,并启用飞行轨迹增量控制。试验队决定,飞行员不再进行地面效应补偿,以消除由于飞行员技术导致的差异性,并提高一致性和可重复性。飞行轨迹增量控制的重要性和实用性如何强调也不为过;它的使用使试验团队能够在最短的时间内完成这些试验点，从而弥补因天气、工程过程中遇到的问题或计划性问题而导致的延误。

(2)机尾向下高速下沉。这个试验点的目的是在比目标俯仰角大 2.2°时，使飞机处于“机尾向下”姿态，以大于等于 21.1 ft·s^{-1}的速度完成着陆。此试验点的形成与平均俯仰高速下降部分中讨论的相同。其与机头向下试验点的最大可变因素是风速。随着透镜角增加，如果飞机保持恒定的迎角，那飞机俯仰姿态就会减小。为了达到所需的高俯仰(机尾向下)姿态，飞机以大迎角飞行，从而减慢真实空速(TAS)。真实空速较低意味着垂直速度或下沉速度减小。这种两难局面的一个解决方案是继续增加下滑角，但这有两个不利的安全因素：

1)视场。在大迎角状态下，飞行员在机头的视场受到限制，而且看不到透镜甚至跑道。

2)失速和操纵品质边界。在大迎角状态下，飞机失速裕度减小，成为安全问题。此外，操纵品质发生变化；飞机的响应也会不对称。如果飞行员高于下滑道，则向前纵向输入会造成迎角和俯仰姿态(可能超出试验范围)快速减小，同时下沉速度急剧增加。相反，在降低 γ 并返回所需下滑道之前，如果使用机尾纵向杆输入进行低于下滑道的修正，则会首先造成只是迎角和俯仰姿态增大，飞机尾部下坠。这是一种不协调的控制方案。

因此，最佳解决方案是风向。对于机尾向下高速下沉来说，最佳环境日是没有任何风。这将使飞机能以所需的迎角飞行，以达到目标俯仰姿态，同时仍然能够达到要求的下沉速度，且不会丢失着陆区域或增加试验点风险。

同样，由于上述所有相同原因，只要迎角在控制律限制范围内，飞行轨迹增量控制就是此试验点的首选方式。而在迎角超过控制律限制时，此试验点要么使用几乎不能成功的手动方式飞行，要么试验团队以另一种着陆方式为目标。

(3)机头向下高速下沉。这个试验点的目的是在比目标俯仰角小 4.5°时，使飞机处于“机头向下(俯冲)”姿态，以不小于 21.1 ft·s^{-1}的速度完成着陆。此试验点的形成与上述高速下沉部分中讨论的相同。同样，与机头向下试验点相同，此试验点的最大可变因素也是风速。尽管俯仰姿态随下滑道升高而减小，但 θ 仍然很高，而且超出了要求的试验范围。为进一步减小 θ，通过减小迎角来增加空速。但面临的挑战是，在足够小的迎角下使 θ 处于试验范围内，会造成空速过大(超过最大啮合速度)，且逆风风速几乎为 0。而安全地完成极限点需要逆风风速超过 5～10 kn(具体取决于飞机重量)。

与其他高速下沉试验点一样，由于上述所有相同原因，只要迎角在控制律限制范围内，飞行轨迹增量控制仍是最佳选择方式。或者，手动或进场动力补偿方式也能用于这些试验点，但它们会产生由于飞行员技术引起的差异，从而降低一致性和可重复性。

(4)侧倾。仅侧倾试验点(见图 14.34)模拟飞行员引发的飞机延迟对中修正或舰船因海浪运动、轻微转向或未正确装载造成的滚转姿态。侧倾表现在两个方向，即左侧倾和右侧倾。这个试验点的目的是，在飞机滚转姿态静态设定(0 滚转率)在 6°及以上状态下，实现下沉速度超过 17 ft·s^{-1}。试验点是依据风向设置的，这要求飞机机动进入侧风分量。这样做是为了减少飞机在着陆前转弯产生的横向漂移的幅度。试验团队很幸运，因为环境条件支持所有迎风侧倾拦阻试验，故不会因为等待有利风向条件而导致试验延误。

为完成侧倾拦阻试验，根据侧风方向和大小，飞行员将从跑道中心线向与侧倾相反方向(如右侧倾向左偏移)横向偏移约 5～10 ft。在跑道上方的适当高度(恰好在着陆前)时，着舰信号官通过无线电通信发出“立刻侧倾”指令。在着舰信号官的帮助下，飞行员将捕获并保持所需的倾斜角。但安全问题是双重的。首先，如果着舰信号官或飞行员过早开始侧倾，则跑道纵轴与飞机纵轴之间的偏差将会很明显，从而产生由于飞机触地时的方向向量偏向跑道一侧，而不是与跑道对齐的危险情况。其次，尽管有足够的显示屏来设置其他飞机参数，但人机界面并未针对设置飞行试验中所需的精确滚转角进行优化。飞行员有一个在显示屏底部的小的转角指示器，包括一个倒三角形和一个以 10°为单位上升到 30°的弧形刻度。人机界面的尺寸需要飞行员把注意力从下滑道保持转移到设置任何精度的滚转角上来。此外，飞机的滚转模式时间常量在动力进近中相对较高，这使得飞行员捕获所需滚转角的任务变得复杂。为捕获滚转角，标准的飞行员控制输入会使得初始目标超调，接着减小滚转角。滚转角减小对安全是必要的，因为滚转角增大，翼尖与跑道表面的间距就会减小。再者，由于相对较高的滚转模式时间常量，当飞行员试图减小滚转角时，会发生超调，从而导致滚转角小于 6°且试验点无效。

图 14.34　F－35C 战斗机在结构功能性试验期间进行仅侧倾姿态拦阻

和前面一样，飞行轨迹增量控制(DFP)进场也是完成此试验点的首选模式，因为它具有保持恒定下沉速度的能力。DFP 的另一个优势是对横向杆输入的响应。DFP 设计用于保持恒定的航迹角(γ)，因此当飞行员通过横向杆输入发出滚转率指令时，操纵面不仅提供要求的滚转率的响应，而且提供保持命令的航迹角的响应。这使得飞行员在着陆前可以将注意力从下滑道保持，转移到几乎没有滚转率(移除横向杆输入)的滚转角精确设置上来。

(5)偏航。偏航拦阻试验点是侧倾/偏航拦阻的一种发展，且只在一个方向(即迎风方向)上进行。这个试验点的目的是，在飞机偏航姿态静态设定(0 偏航率)在 5°及以上，滚转角尽可能接近 0°的状态下，实现下沉速度超过 17 ft・s^{-1}。偏航角由飞机纵轴和速度矢量方向的差值确定。再者，拦阻着陆主要是为了安全。为完成偏航试验点，设置与侧倾拦阻相同；飞行员将从跑道中心线向与偏航输入侧相反方向横向偏移约 5 ft。基于风向来选择偏移侧，执行机动进入侧风分量，以限制由偏航引起的横向漂移。在跑道上方的适当高度(恰好在着陆前)时，着舰信号官通过无线电通信发出“立刻偏航”指令。在执行试验点之前，飞行员将启用能激活β限制器的飞行试验辅助装置(FTA)。这使得飞行员可以使用单输入或斜坡阶跃输入来完成满舵偏转，达到指令的目标 β。安全问题和那些与侧倾拦阻相关的问题相似；如果着舰信号官或飞行员过早开始偏航，则跑道纵轴与飞机纵轴之间的偏差将会很明显，从而产生由于飞机触地时方向向量偏向跑道一侧，而不是与跑道对齐的危险情况。

先进进场模式控制律和 FTA 逻辑的综合，使得这种机动具有不依赖飞行员技术且支持低飞行员工作负荷的一致性和可重复性。使用 APC 捕获下滑道，然后使用 DFP 保持所需的下沉速度。FTAβ 限制器通过消除飞行员技术的所有可变性——即满舵偏转，极大地提高了一致性和可重复性。为该试验点减少飞行员工作负荷的控制律的另一个设计重点是横向轴和方向轴的解耦。当方向舵偏转时，（由偏航）引起的滚转接近于 0，这意味着飞行员能熟练承担任何滚转，因为它会很小并且在试验点公差范围内。

（6）侧倾/偏航异侧叠加。侧倾/偏航试验点模拟侧风着陆时的晚对中修正。这个试验点的目的是，实现下沉速度超过 17 ft・s^{-1}，并且飞机建立一个航向稳定的侧滑，飞行航迹垂直于甲板悬索。如果滚转角和偏航角都大于等于 5°，则试验点有效。一般而言，当环境条件允许时，偏航进入相对侧风；这样就减少了飞行员保持中心线的工作负荷。

DFP 和 FTAβ 限制器的使用使这一系列试验在一天内完成。DFP 是此试验点的最佳进场方式。飞行员将在设置试验点时使用 β 限制器。当飞机在大约 1.5 mile 内对准跑道中心线，并捕获到下滑道时，启用 DFP，进行适当的方向舵脚蹬完全偏转，同时飞行员使用横向杆输入来设置保持地面航迹的坡度角。试飞员仔细观察下滑道（即光球）、对中线、滚转角、偏航角和下沉速度；然而，使用这种技术，飞行员的工作量很低，可重复性很高。DFP 保持所需的下沉速度，而飞行员主要使用横向杆输入来保持中心线。在触地之前，着舰信号官将发出“立刻滚转”指令，作为优先指令让飞行员检查滚转角。该指令使飞行员有足够的时间做出 1～2 次以上横向杆输入，以确保滚转角在试验容差范围内。除未对准跑道外，滚转部分讨论的所有难点和安全问题也适用于偏航/滚转异侧叠加试验点；尽管有非常规的着陆姿态，但在触地时，飞机必须对准跑道。

（7）侧倾/偏航同侧叠加。这个试验点的目标是实现下沉速度超过 17 ft・s^{-1}，并且飞机姿态静态设定为同向不小于 5°的滚转角和偏航角。执行机动进入相对侧风，以限制横向分量，同时使偏航角达到所需目标值。与只滚转和只偏航试验点一样，如果发生逃逸，飞行员需要为可能的高横移率（Drift Rates）和触地时未对准跑道做好准备。

为完成试验点，飞行员将在设置试验点时使用 β 限制器。当飞机在大约 1.5 mile 内对准跑道中心线，并捕获到所需的下滑道时，启用 DFP 来保持所需的下沉速度。当飞机接近跑道时，飞行员将创建一个与机动方向相反的距跑道中心线 5 ft 的横向偏移。在实现该试验点时采用了两种方法：稳定航向侧滑反转和动态机动。在动态方法中，当着舰信号官发出“立刻滚转”指令时，飞行员将同时使用横向杆输入设置滚转角，并输入全脚蹬偏转。飞行员依靠 β 限制器来创建大于 5°的偏航角且不超过预估的高主起落架侧向载荷的偏航角限制。而使用稳定航向侧滑反转方法，飞行员将利用滚转/偏航异侧叠加技术将飞机设置为稳定航向侧滑。在发出“立刻滚转”指令时，飞行员使用横向杆输入反转滚转角，同时依靠 DFP 来保持下沉速度及 β 限制器来保持偏航角。虽然动态机动成功完成了此试验点，但它被认为太容易受到飞行员驾驶技术影响，缺乏可重复性；因此，选择稳定航向侧滑反转方法。这两种技术都广泛使用了 DFP 和 FTA β 限制器，以减少飞行员工作量并提高可重复性，从而提高试验效率和有效性。

(8)对中最大啮合速度。最大啮合速度拦阻试验数据用于测量和验证拦阻钩轴向载荷设计极限。在莱克赫斯特海军航空兵工程站进行陆基滑行钩住试验期间,已经确定了初始最大啮合速度。为评估载荷,在标称进场迎角飞行时,以至少 17 ft・s^{-1}的下沉速度完成了拦阻着陆。这使得飞行员、控制室团队和着舰信号官能够评估进近期间从约 1 000 ft 高度下降到海平面的逆风梯度。在评估拦阻钩载荷之后,飞行员会得到针对下次拦阻的地速。

飞行员利用控制律的速度控制自动驾驶功能,捕获并保持恒定的校正空速。此模式适用于离场。研究发现,在动力进场时,这种模式很容易激发起伏振荡,及开环响应,造成所需下滑道附近的轻微纵向起伏。虽然这种起伏的幅度相对较小,但如果不加以控制,可能会导致飞机在防滑区或逃逸区之前着陆,这两种情况都会导致试验点无效。在进场过程中,只要起伏均值在所需下滑道附近,飞行员便能接受起伏;但是,从离地面约 0.5 nmile 处开始,飞行员将抑制起伏并使用纵向杆输入保持所需的下滑道。不使用 DFP 进一步增加了飞行员工作量。当进行横向修正来保持对准跑道中心线时,飞行控制系统不会自动补偿升力损失或阻力增加,发动机响应也不会与操纵面运动相关联。由于主要关注的参数是地速,如果飞机发生横向漂移,飞行员将利用滚转开始向中心线进行修正,然后使用纵向杆来瞬时增加迎角以保持所需的下滑道。一连串相似的控制输入用于重新对准跑道中心线。飞行员和着舰信号官都有能提供飞机地速的仪表。当 F－35C 战斗机接近拦阻装置时,着舰信号官会告知飞行员所需的速度变化。随着目标地速增加,由于控制律设置到标称进场迎角,纵向杆力发生了变化。飞行员将使用速度保持器(Speed Hold)达到与当天环境条件下的目标地速相等的校正空速。接着飞行员手动将纵向杆力调整为 0。然后,使用油门上的一个按钮,飞行员根据需要以 1 kn 增量调整校正空速,来保持所需的地速。飞行员和着舰信号官一起协作,确保飞机以目标地速进入拦阻装置。

飞行员使用纵向杆输入保持下滑道的这种技术,与横向杆和纵向杆输入,以及多开关动作的地速相结合,虽然使飞行员工作量更大,但是可重复性非常高,实现精确的啮合速度。这一系列试验的极限点是,当飞机在距跑道中心线 5 ft 内钩住甲板悬索,并且飞机地速在 1 kn 内时,达到允许的 100%尾钩轴向载荷极限(1 kn 过慢会使得尾钩载荷不足 100%,而 1 kn 过快会产生应力状态,需要停止试验,同时检查飞机和拦阻吸能装置是否损坏)。

(9)偏心最大啮合速度。这个系列试验旨在验证拦阻钩和拦阻装置载荷。需要在甲板悬索左右两侧执行要求的最大啮合速度试验点。这是由于拦阻装置的钢索从拦阻吸能装置到甲板悬索的路径——一侧长度比另一侧长度短,导致短的一侧载荷偏高。使用与对中最大啮合速度部分讨论的相同方法,并出于同样的安全考虑进行测试;只不过组合顺序稍有不同。以 17 ft・s^{-1}的下沉速度,在标称进场迎角状态下,实现对中啮合之后,目标偏心距为 10 ft、15 ft 和 18 ft。一旦达到最大偏心距(即 18 ft,公差－1 和＋2),逐渐增加啮合速度,直到达到拦阻钩载荷或拦阻装置极限。

与偏航和滚转/偏航系列试验一样,飞机的不对称载荷为该系列试验点增加了另一层复杂性。由于重心的横向偏移,飞机在拦阻过程中的动态特性受到严密监控,包括翼尖与跑道的间距,拦阻装置与飞机的相互作用,武器舱间隙,或惯性诱发滚转期间的不良挂载响应。

(10)飘飞或高俯仰姿态/低轨迹角。这个试验点复现了一种进场方式,即飞行员在接近甲板时开始激烈上仰机动,使拦阻钩在主起落架前,或飞机速度矢量在水平线以上时钩住甲板悬索。试验点的目的是达到至少 85%的拦阻钩极限载荷,同时产生尽可能高的前起落架极限载荷。这种着陆方式,也称为"飞行中啮合",会产生高下俯速度,从而引发前起落架最大载荷。

虽然并非不可能，F-35C战斗机的几何结构使得飘飞或飞行中啮合极不可能，因为在最佳进场迎角时，主起落架轮胎底部低于钩点。从而导致主起落架比钩点先落在甲板或跑道上。

此试验点的配置是将FLOLS设置为2.22°的最小安全下滑道。飞机以15°迎角飞行。在这种条件下，让钩点和主起落架处于同一水平面上，从而使得主起落架和钩点同时触地。虽然飞行员能使用DFP，但在更高的迎角状态，响应是不对称且不协调的。如果飞行员高于所需的下滑道，则向前的纵向输入会造成迎角和俯仰姿态快速减小，钩点上升，以及下沉速度增大。相反地，如果对低于所需的下滑道进行修正，则向后纵向杆输入在使航迹角(γ)变小并使飞机回到所需的下滑道之前，首先会造成迎角和俯仰姿态增大，钩点下降和飞机尾部下坠。此外，大迎角状态飞行限制了飞行员在飞机机头上方的。最后，由于在主起落架着陆的同时需要尾钩住甲板悬索，所以钩点触地位置要精确。这些因素结合起来使得这一系列试验成为飞行员最难实现且成功率低的试验之一。

由于飞机几何结构，以及因飞行员技术敏感性而造成的试验点可重复性不足，因此决定为后续试验重新设计试验点。新的试验，即高俯仰姿态/低轨迹角(High Pitch/Low Angle)，使用低轨迹角下滑道，飞机以加大的迎角飞行。还放宽了触地要求，以产生高于计算值，且仍然能验证模型与预测的俯仰速率和前起落架载荷。

F-35C战斗机陆基舰船适应性试验于2011年3月17日开始，并于2014年11月3日，以首次舰上拦阻试验结束。花费了大约三年半的时间才完成安全开展初始海上试验的基础性试验。在此期间，有许多新发现，面临了诸多工程挑战，主要是拦阻钩系统的重新设计，但这在研制飞行试验中是可预期的。在安装新的拦阻钩系统后，2014年2月4日，F-35C舰载型飞机开始进行结构功能性拦阻试验(见图14.35)；然而，试验中发现的问题持续使结构功能性试验复杂化。从结构功能性试验开始，至2014年8月19日，期间完成了51次拦阻着陆，其中15次是极限点拦阻。平均每天进行0.26次拦阻。2014年8月19日，取消了最后的限制(即每天不超过6次拦阻着陆)。2014年9月22日，试验队宣布完成结构功能性试验，在这34天内，又完成了102次拦阻，其中有23次是极限点拦阻。这一速度使得平均每天的日拦阻次数从0.26增加到3，增加了11倍。试验效率这种量级的提高与以下三个因素有关：

图14.35 F-35C战斗机挂载GBU-12导弹和机炮吊舱进行结构功能性拦阻试验

1)向过去的航母适应性试验假设发起挑战，在F-35C战斗机试验项目中采用了“空白画布”理念，为追求提高航母适应性试验效率，使用自动化进行试验准备。

2)这项技术,更确切地说是 DFP 技术,以及 FTA 提供的工具,可以高度、可重复性地实现有挑战性的试验点,而无须依靠试飞员完美表现飞机性能的技术(即使飞行员并不具备这样的技术)。

3)"空白画布"理念的结合,使用了以前认为是无法使用或不安全方法的先进进场模式和 FTA。

14.4　舰载试验

飞行品质和性能试验首先在岸上进行,然后在舰上进行评估。陆基试验用于确定最小可接受进场空速,并让试验人员初步了解飞机在更良好的陆基环境中的飞行品质。当结构功能性、飞行品质和性能陆基试验获得满意结果后,飞机就准备转到舰上。风险最高的舰上试验是最小弹射末速试验,这个试验可以确定弹射起飞的最低安全速度。其他舰上弹射试验还包括确立侧风极限,评估中部弹射器弹射起飞性能,评估低能量弹射(低总重,强风)对起飞的影响。回收试验包括确立侧风极限,评估逃逸复飞和复飞性能,评估各种甲板风条件下的飞行品质。补充试验包括评估飞机与舰上设施和配套设备的兼容性:恶劣天气下的飞机系留(Tie Down)(见图 14.36),在强风条件下打开座舱盖,拦阻后的动态后倾(Tip Back),以及机库机位牵引和定位。

图 14.36　飞机系留

在两年的时间里,完成了三次海上试验(Ship Trials):2014 年 11 月在 USS 尼米兹号(CVN 68)上的初始海上试验(DT-Ⅰ),2015 年 10 月在 USS 艾森豪威尔号(CVN 69)上的 DT-Ⅱ,和 2016 年 8 月在 USS 乔治·华盛顿号(CVN 73)的 DT-Ⅲ。在舰上时,F-35C 战斗机以几种不同构型进行了飞行试验,见表 14.1,增加重量,改变重心,增加不对称性。

1. 为何进行舰上试验

进行舰上试验有两个原因:①最重要的是评估飞机在舰上环境中运行的情况;②目前无法重现或模拟飞机在海上经历的环境条件。环境条件包括从海平面以上约 60 ft 的甲板上弹射,航母尾流或"涡流",以及甲板运动。

舰上起飞动力学与从跑道起飞完全不同。在飞机从跑道起飞时,飞行员施加动力,飞机沿跑道加速。当飞机速度达到抬前轮速度时，飞行员在操纵杆上施加纵向输入，使全动水平尾翼转向，从而产生气动俯仰力矩。飞机抬起主轮，增大机翼迎角，并产生升力。随着飞机继续沿跑道加速，升力增加，然后飞机飞离跑道。该过程示意图如图 14.37 所示。相反，对于舰上起飞，飞机在不到 3 s 的时间内加速到起飞速度，并预先设定全动水平尾翼以产生俯仰力矩。在滑块放开时，释放前支柱中的储能，并在气动俯仰力矩的辅助下，启动俯仰角速度；不过，一瞬间(不到 1 s)飞机就离开了甲板，飞机立刻抬起重心而不是抬起主轮，此过程示意图如图 14.38 所示。由于舰上起飞的动力学和飞行特性更容易受到侧风、航母甲板俯仰角和航母尾流紊流的影响，因此不能在陆基重现。

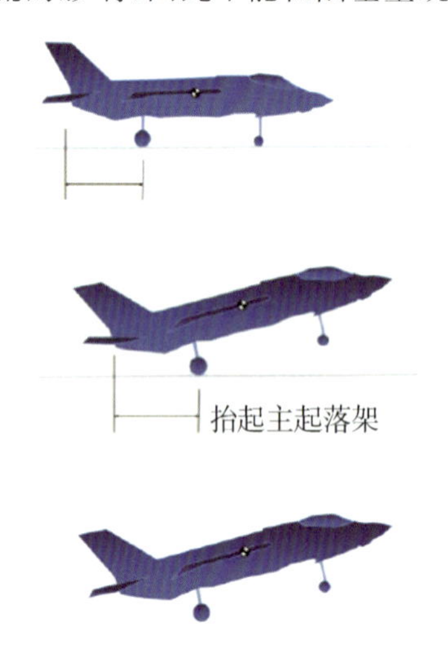

图 14.37　常规起飞过程动力学示意图

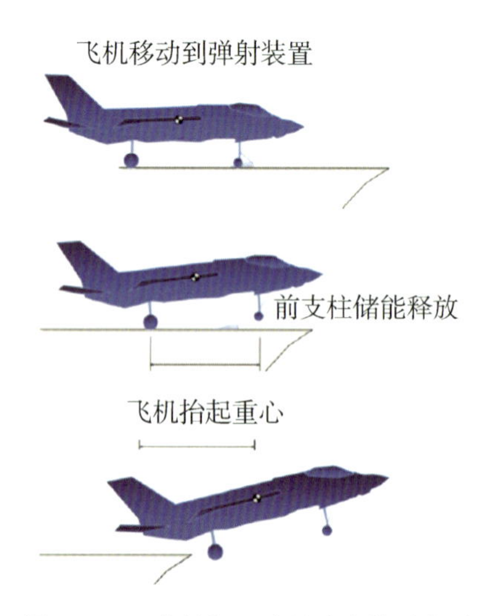

图 14.38　弹射起飞过程动力学示意图

当航母在水中航行时，对流过的气团有很大影响。从舰首开始，产生与舰船纵轴对齐的 2 个涡流，类似于翼尖涡流。从舰船甲板上向前看，右舷产生的涡流逆时针旋转，但对飞机的起飞和回收影响甚微。回收飞机关注的涡流产生于左舷舰首和着陆区域外侧前缘。两者都与舰船纵轴对齐，逆时针旋转，并流过着陆区域。其次，航母的舰岛产生了一个湍流区域。由于使着陆区域发生倾斜，因此飞机在进场过程中会穿过湍流。所有这些效应如图 14.39 中所示，其中虚线黑色箭头表示飞机的进近路径。

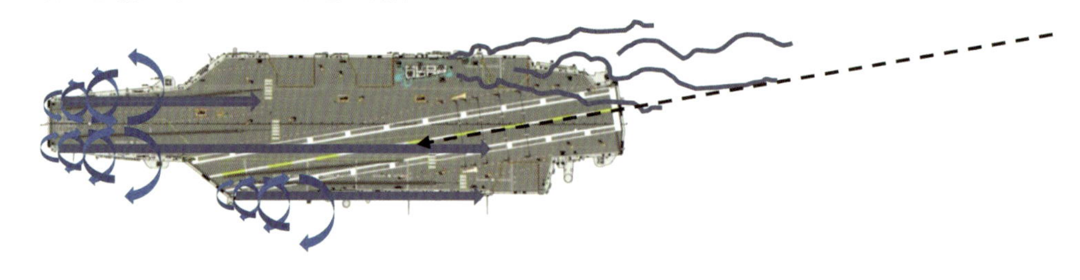

图 14.39　航母甲板上舰船尾流效应俯视图

航母尾部的空气尾流，被称为"涡流(burble)"，其特征是下降气流从甲板流出，并形成伴随下降气流尾部的上升气流区域，飞行甲板上的气流剖面和飞机进场路径如图 14.40 所示。下降气流与上升气流的强度和位置随自然风和船速变化而变化。当进场飞机与涡流相互作用时，它将首先经历上升，开环响应将使下沉速度减小，随后下沉速度比正常值大幅增加。虽然通过计算流体动力学，计算机模拟的尾流效应精度在提高；但是在模拟器之外，迄今为止，陆基重现这些条件是不可能的。

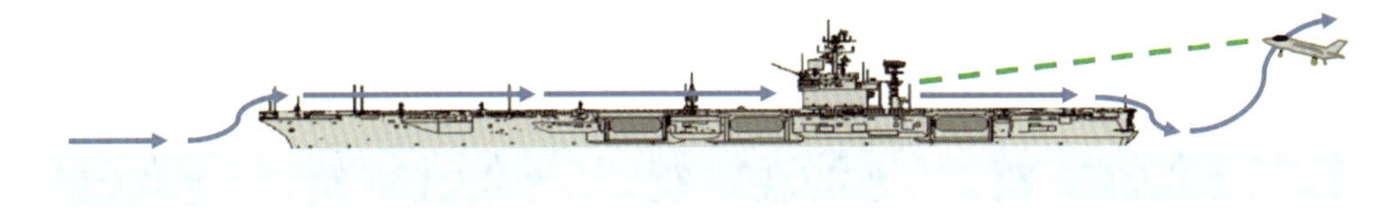

图 14.40 飞行甲板上的气流剖面和飞机进场路径

航母甲板受舰船运动的影响：俯仰、滚转、起伏、偏移和荷兰滚。这些动态使起飞和回收变得复杂。对于起飞，任何低头姿态都会导致飞机初始 γ 为负(即向下的飞行路径)。对于回收，舰船运动导致着陆区域和光学透镜运动，增加了舰上着陆(着舰)难度。除起飞和回收变得复杂外，舰船的动力学也会引起尾流效应。当舰船侧倾和上下起伏时，在舰首形成与舰船横轴对齐的涡流(vortex)。该涡流强度是俯仰速率和/或起伏速率的函数；当舰首向下侧倾或舰船起伏后下沉时强度增大。研究表明，横向涡流会影响弹射起飞。最后，舰船的动力学阻碍了确定性载荷计算；需要多元分布着舰冲击情况的随机分析。

2. 弹射起飞

舰上弹射起飞可获取验证起飞包线的数据，用来构建飞机弹身公告 ALB，并编制飞行手册各个章节。如图 14.41 所示[5]，起飞包线受限于飞机的最大允许总重量，起飞弹射杆纵向载荷极限，以及纵向加速度极限。其他包线限制因素包括弹射器限制和安全起飞所需的最小空速。弹射起飞包线和 ALB 为舰员安全弹射 F-35C 战斗机提供了限制和程序；这些文件包含风速包线和弹射器设置等信息。同时，飞行手册提供了最大总起飞重量、最大不对称载荷和最大总拦阻重量(也称“Max Trap”)等操纵限制。

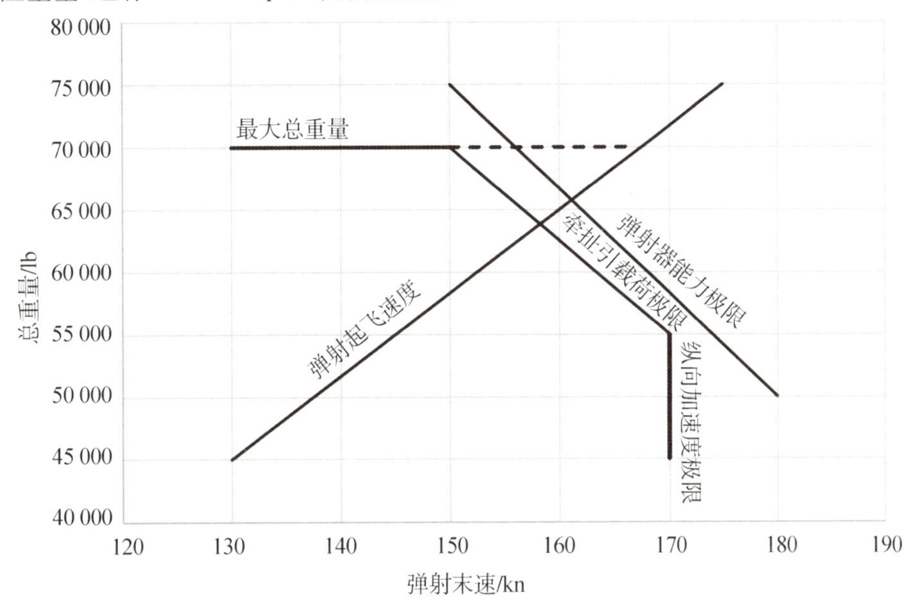

图 14.41 实例弹射包线图解说明试验期间的评估与验证因素

为收集所需数据，从舰首和中部弹射器进行了四种不同类型的弹射起飞：最小弹射末速(MEAS)，过速度，低能量和侧风。为了更好地理解舰载弹射试验，定义了以下术语和短语：

1)数字式末速指示器(DESI)。与弹射器集成并使用一系列磁传感器提供弹射器末速的测速仪。

2)弹射末速。弹射器动力冲程结束时飞机相对于甲板的速度(弹射滑块速度)，通常由DESI测量。

3)最小弹射末速。飞机在给定重量下可以安全起飞的最终空速，但不能没有飞机重心在航母甲板下方的下沉预定量。

4)推荐弹射空速。大于MEAS的发射空速，为发射参数变化提供安全裕度。它通常用超过MEAS的超出空速表示(例如，飞机以超过MEAS 20 kn的终结速度起飞，将被表示为“最小值+20”，并将写成min+20)。在正常使用条件下，飞机发射空速为min+15。

(1)最小弹射末速弹射。所有弹射器发射都基于最小弹射末速值。通过对数据列线的查阅和直觉判断，可以推断出，如果弹射器以更高的速度弹射飞机或者舰船产生更高的甲板风，裕度就会增大。然而，以最低安全空速弹射飞机具有以下优点：

1)甲板风要求较低，可以降低舰船的航行速度，从而降低了核燃料的消耗速度。

2)甲板风要求较低，降低了甲板上船员的环境压力(受持续的大风影响会导致疲劳)。

3)弹射空速越低，弹射加速度曲线越小，从而减小施加在机身上的载荷并增加疲劳寿命。

4)弹射空速较低，降低了弹射器必须传递给飞机的能量，从而节省了舰船的淡水供应(弹射器是蒸汽驱动时)和核燃料。

5)弹射空速较低，增加了舰船和飞机的操作能力。最小弹射末速试验是在不同重量，重心和推力设置下进行的[军用推力(MIL)即100%的额定推力，最大加力推力(MAX)即150%的额定推力]，如图14.42所示。MEAS是根据飞机的重心下沉到飞行甲板以下或“舰首下沉”时的起飞速度计算出来的。在确定舰首下沉起飞速度目标值时，要考虑的因素包括：所需推力、可用推力、接近时速警告、飞机飞行品质、纵向加速度除以垂直加速度(a/g)、飞行控制响应和飞行员舒适度。

图14.42 外挂重载构型下进行最小弹射末速试验

渐进试验程序使用能量选择阀(CSV)从预测的最小弹射末速加上15 kn过速度开始，然后把降低为10 kn，最后降低为6 kn，同时保持甲板风不变。然后能量选择阀保持恒定以消除弹射器的变化，并且通过降低船速将甲板风减小，在接下来的两次弹射器弹射试验时分别加上

3 kn和0 kn(即最小弹射末速)增量。每次进行最小弹射末速试验时,环境条件必须是理想的。为了保持一致性和安全性,风力必须保持稳定,几乎没有阵风。此外,风力需要足够大,以便当船速达到最低舵效速度(船舶保持舵效的最低速度)时,试验能够继续进行。MIL和MAX的重心舰首下沉目标值分别为13 ft和18ft。

(2)过速度末速弹射。过速度末速弹射是一种飞机以高达40 kn的增量进行弹射的作战能力要求。在这类弹射起飞过程中,飞机可能在弹射动力冲程结束前“飘飞”或离地[6],或在滑块释放时抬起过度。虽然还没有遇到这类不良的飞行品质,但是如果遇到这种情况,就会停止试验,同时确定最大末速极限,来约束弹射器弹射包线。过速度末速弹射利用从最小弹射末速加30～45 kn过速度的逐步建立。能量选择阀是提供过速度的主要驱动;但至少需要15 kn的甲板风。试验中,F-35C舰载型战斗机既没有出现“飘飞”也没有出现抬起过度现象,相反,过速度末速弹射使飞机以良好的平稳姿态飞离了甲板,如图14.43所示,重心典型抬起。

图14.43　F-35C舰载型飞机在末速弹射后,以平稳姿态飞离甲板

(3)低弹射能量弹射。在飞行员舰上功能性试验期间,飞机通常以较轻重量弹射,略大于最大总拦阻重量,以便于即时回收。当飞机在高甲板风条件下以较轻重量弹射时,需要调低能量选择阀设置,以减少机身的疲劳应力,从而产生较低的弹射末速和纵向加速度。历史经验表明,低弹射能量弹射降低了操纵面的惯性载荷作用,从而使操纵面在开环弹射过程中产生轻微偏转;且由于抬起特性减弱,存在意外的舰首下沉可能。但是,F-35C舰载型战斗机的设计是弹射杆自动释放(无杆弹射);控制律会根据空气数据、纵向加速度和起飞速度的变化调整操纵面。低弹射能量弹射旨在评估高甲板风条件下飞机的起飞性能和抬起特性;低弹射杆载荷会使前支柱在弹射限位杆释放时产生较低的下沉动作,并在弹射滑块释放时传递更少的储能。这一系列弹射试验以最小弹射末速加15 kn(min+15)空速开始。利用舰船速度,甲板风逐渐增大到45 kn以上,直到达到能量选择阀最低设置或小于等于弹射杆轴向牵引力的5%。轴向牵引力的安全问题是滑块能够释放弹射杆。

(4)侧风弹射。在侧风弹射起飞时,船体迎风侧形成上洗气流,有效地增加了顶风机翼的迎角,使弹射杆产生高扭矩负载。在弹射滑块释放后,飞机的开环响应是偏航进入侧风并滚转离开,同时产生与侧风同向的横向漂移。无杆响应的目的是表征飞机的稳定性,并评估使F-35C战斗机返回平稳飞行状态的飞行品质与飞控制系统。

进行侧风弹射以评估和确定飞机的操纵极限。从舰首和中部的弹射器完成了两种飞机构型的发射:即最大允许不对称挂载和作战使用可能的重心前限。过速度末速与侧风效应之间存在相关性:10 kn 以下的侧风对飞机弹射特性的影响可以忽略不计,因此,试验从 10 kn 的侧风开始,并扩展至最大 15 kn 的侧风。试验首先将侧风从 10 kn 增大至 15 kn,然后将过速度末速增量从 15 kn 减小到 10 kn 来完成。此外,还从舰船左舷和右舷对侧风进行了评估。在试验期间,弹射杆扭矩负载完全在结构容差范围内。此外,试飞员认为在弹射滑块释放时,飞机的偏航、滚转和漂移动态响应是可接受的。这两种因素都允许侧风包线在任一方向达到 15 kn,其最小末速的增量为 10 kn(4 号弹射器除外,由于此处甲板横滚比 1 号、2 号、3 号弹射器更长,因此最小末速的增量为 15 kn)。

(5)飞机弹射报告。舰载弹射试验的结果用于编制一系列飞机弹射报告,见表 14.4,其中包含在整个总重量范围内发射飞机所需的弹射器设置和甲板风速,作为飞机构型和功率设定的函数。报告还包含有关甲板风限制、大气条件校正、弹射器高温膨胀变形修正、JBD 限制和能量选择阀设置的信息。

表 14.4 为飞机弹射报告示例。为弹射起飞提供无单位的弹射器能量选择阀设置,根据飞机重量和逆风变化而变化。

表 14.4　飞机弹射报告

飞机重量/klb	逆风过速度/(15 kn)				
	20	22	24	26	28
	弹射器能量选择阀设置				
45	114	110	106	102	98
46	118	114	110	106	102
47	124	120	116	112	108
48	128	124	120	118	116

3. 拦阻着舰

在模拟作战机队飞行员预期的环境条件下,使用正常和非正常(故意错误)方法对舰载回收操纵品质进行了评估。3 次海上试验期间,进行了多种构型的评估,包括重心靠前,最大允许横向不对称和全外挂。除多种构型外,还在 4 种不同风速条件(Wind Cells)下对全部 3 种进场模式进行了评估。在舰上试验期间,虽然没有进行飞机在模拟降级状态(操纵面故障或模式)下的操纵品质评估,但在模拟器中对降级和故障状态下的舰上回收操纵品质进行了全面评估,以制定应急程序和推荐的驾驶回收技术。模拟器试验和舰载试验的结果最后用于在飞行手册中规定程序并申明驾驶要求。

向航母的最终进近是从"光球指令"开始,以拦阻、触舰复飞、逃逸复飞或复飞结束。"光球指令"是飞行员从距舰尾 3/4 nmile 处发出的无线电信号,用于告知光学着陆系统和舰船着陆区的灯光在视线范围内。该进场过程分为 5 段,按照距舰尾的海里数划分,其中 4 段如图 14.44 所示。进场过程受 IFLOLS 限制(底部红线和顶部黄线)和距舰船距离限制(从起始段 X 到中间段 IM 的进近操纵品质试验包线边界),光球指令在起始阶段。距离下方显示的时间基于战机飞行的最佳进场空速,并与触舰后以秒记的时间相关。

试飞员会有意设置下滑道、对中或空速的偏差来评估操纵品质。试验从起始段单参数偏差[如“高下滑道起始(High Start)”或左对中起始(Lined Up Left Start)]开始，也称倾斜进近，舰载进场横向偏差术语名称，如图14.45所示。然后飞行员将在到达接近位置之前，修正到给定的下滑道、中心线和空速。作为一种安全措施，如果飞行员未能在到达接近位置前进行适当的修正，他们就要进行复飞。

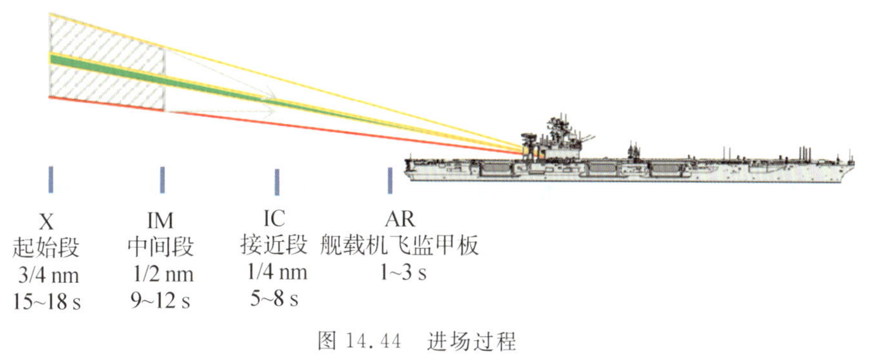

图14.44　进场过程

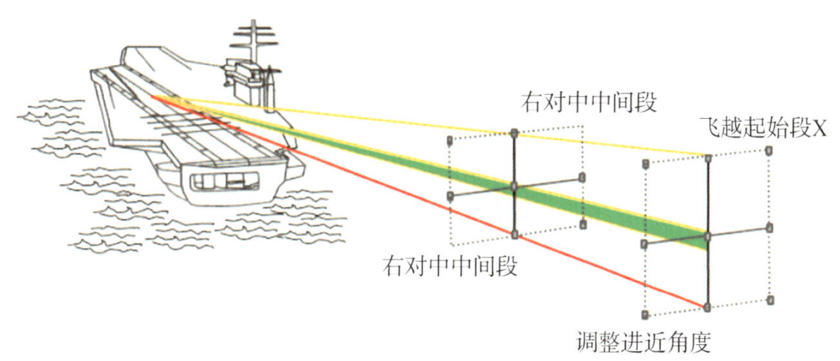

图14.45　倾斜进近

在完成单参数偏差评估后，试验进展到多参数偏差评估，最终评估多轴向和速度偏差，如在起始段的低下滑道、慢空速、高倾斜角以及着陆区域中心线右侧横移——海军飞行员称为低位慢速拦阻越过起始位置。所有这些偏差都在3种进场模式(手动、APC和DFP)中进行了评估。在起始阶段偏差评估后，试飞员要将偏差保持到中间位置，同时需要在到达接近位置前修正偏差。

首轮评估在正常风速(甲板风25±5 kn)条件下完成。舰尾涡流效应随甲板风增大而增强，并可能由于舰船气流扰动增强而需要特殊的驾驶技术。正常风速条件评估完成后，再次使用3种进场模式，在低风速(甲板风16 kn + 4/－0 kn)、中等风速(甲板风35±5 kn)和大风速(甲板风40 kn + 0/－5 kn)条件下进行评估。使用库珀-哈珀(Cooper-Harper)评定等级对操纵品质进行了评定，指定了与捕获并维持下滑道、中心线和空速相关的任务。3次舰上试验的全部结果如图14.46和图14.47所示。由于APC和DFP模式下迎角由控制律控制，而飞行员没有直接控制，因此没有对APC和DFP模式下的空速和迎角等级进行评估。

所有3种进场模式都表现出一级操纵品质，但DFP是飞行员(包括试飞员和作战飞行员)首选的进场模式。由于操纵品质，不仅与着舰相关的任务被认为在实现预期性能方面令人满意，而且DFP减少了飞行员的工作量。一般控制策略/原则是飞行员在捕获下滑道时使用

DFP。当扰动使飞机偏离所需下滑道时，飞行员通过输入并保持纵向杆位移，以使 γ 发生变化。在飞机返回所需下滑道时，飞行员引导修正并松开纵向杆，从而控制飞机重新捕获程序化的 γ 和所需下滑道。此外，由于飞行员正在进行纵向输入来捕获和维持中心线，因此 DFP 功能会尝试维持命令的 γ，以便飞行员视线回到光学着陆系统时，光球仍在基准点之间。

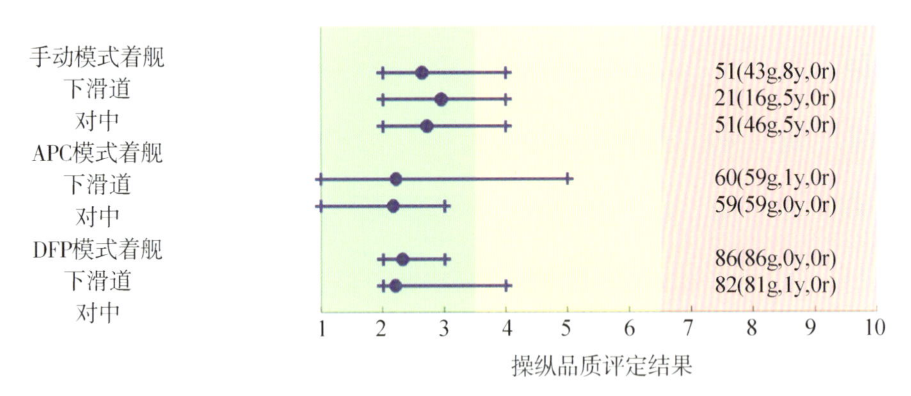

图 14.46 DT－Ⅰ和 DT－Ⅱ阶段 F－35 战斗机净翼构型的进近操纵品质评估结果
（右侧红色数字对应根据操纵品质等级对特定突破任务尝试的偏差和进近数量）

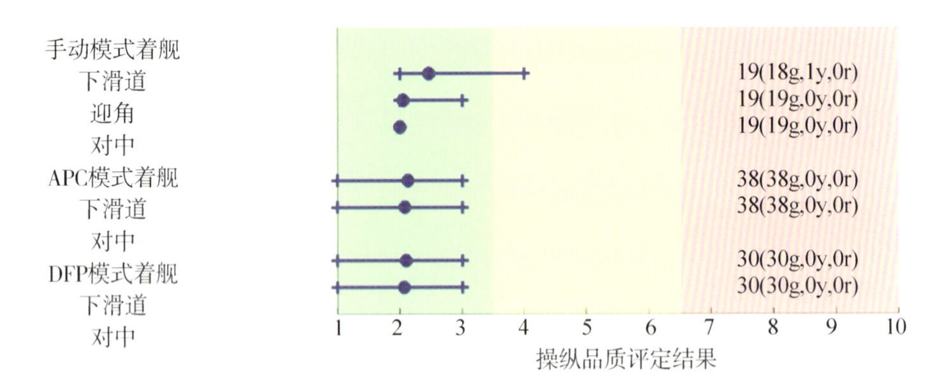

图 14.47 DT－Ⅲ阶段 F－35 战斗机外挂对称和不对称载荷构型的进场操纵品质评估结果

F－35C 战斗机进场的后缘襟翼设置为下偏 30°。这样做是为了最小化进近空速。然而，由于飞机几何形状和钩柄长度，驱动设计目标为尽量减少尾钩触地点的分散，以确保拦阻装置成功啮合。在试验期间，确定了当后缘襟翼置为 15°且综合直接升力控制增加 300%时，更容易捕获和维持下滑道，如图 14.48 所示。除进场动力补偿模式外，在控制律中添加了飞行轨迹保持功能，从而减少了飞行员工作量。改进的操纵品质和减少的飞行员工作量的综合，最终减少了尾钩触地点的分散程度，从而增加了钩-索成功啮合的可能性，各阶段钩点触舰位置如图 14.49、图 14.50 和图 14.51 所示。

DFP 模式提供的潜在优势是降低了（陆基和舰载）培训要求，提高了安全系数，并增强作战使用能力。由于操纵品质达到了一级，飞行员工作量减少，钩点触地分散范围缩小，初始作战机队飞行员队伍（所有人都拥有其他飞机的舰载经验）成功使用 DFP 模式进行了 F－35 战斗机舰载资格认证。在此过程中，飞机既没有发生逃逸（即着陆时间过长，尾钩落点偏长错过了所有甲板钢索），也没有挂在安全余量最小的那条拦阻索（一索）。飞行员能够轻松安全地着陆在甲板上的目标位置，有人就提出了降低培训要求的逻辑问题。在安全性方面，作战机队飞行员能进行甲板进场，并将钩点精确保持在目标触地点或接近目标触地点的一致性和可重复性，提高了安全系数(钩-坡距始终大于最小允许值)。飞机能够在首次尝试时可靠地在舰上着陆，而没有出现逃逸复飞或复飞，这有助于提高着舰概率。而可靠的着舰概率会影响舰船逆风行驶的时间，并为维护人员准备好飞机进行下一次弹射提供更多的时间，因此将大大提高作战能力。

图 14.48　F－35C 战斗机以 15°后缘襟翼和 300%进场

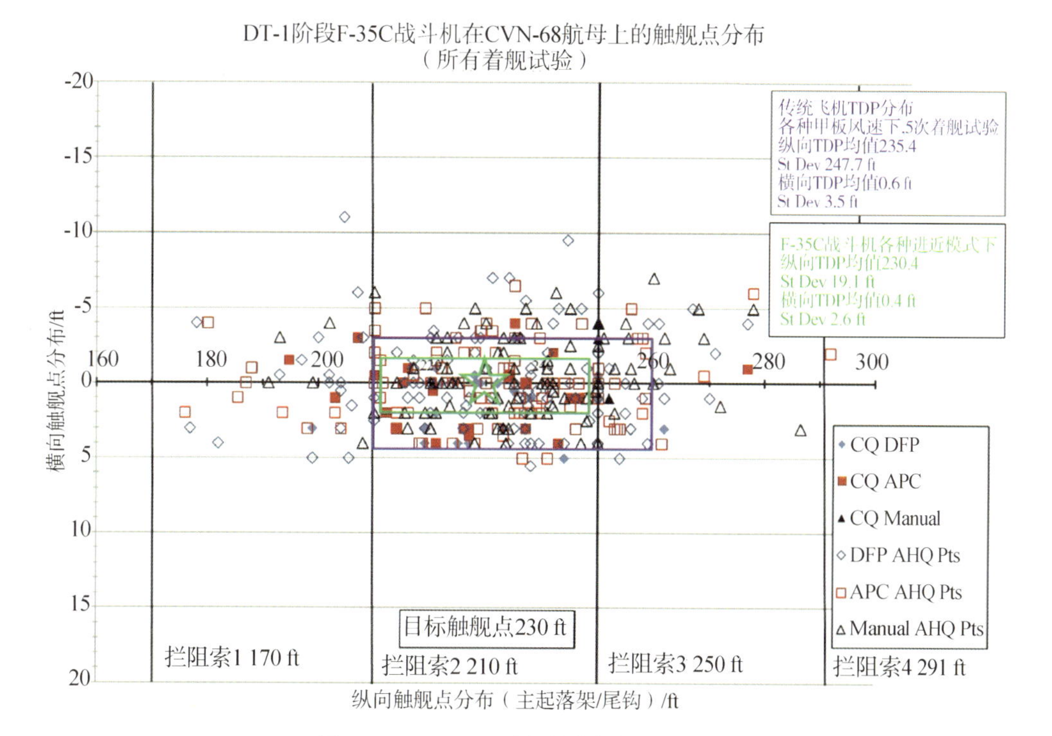

图 14.49　DT－Ⅰ阶段钩点触舰位置分布

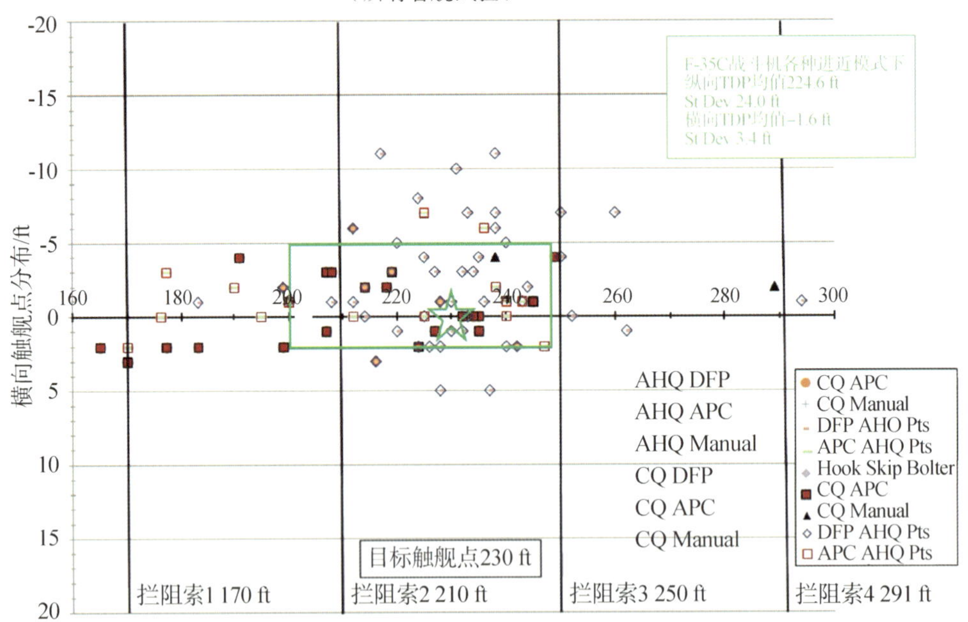

图 14.50　DT-Ⅱ阶段钩点触舰位置分布

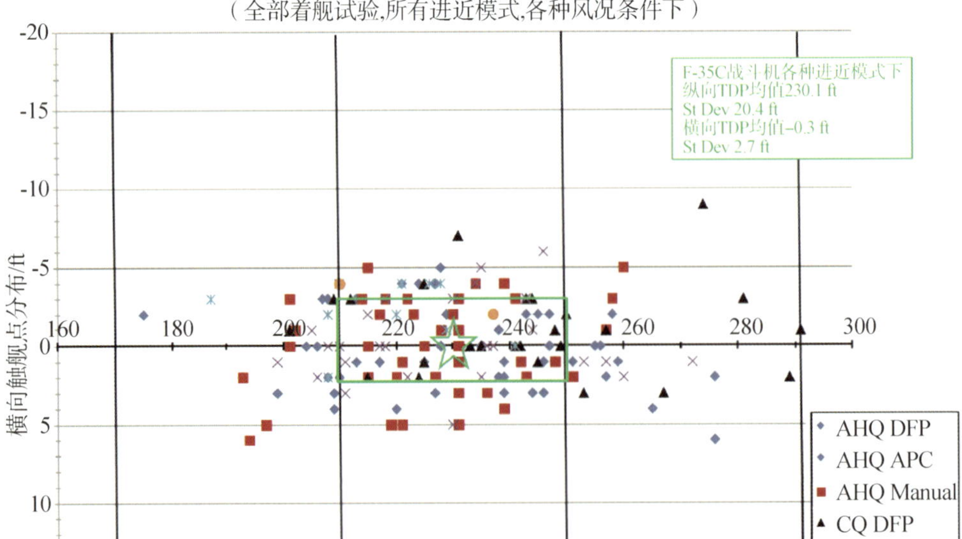

图 14.51　DT-Ⅲ阶段钩点触舰位置分布

14.5 总　　结

设计一架在海上船舶甲板上使用的飞机并不容易。设计空间充满了大量的约束和复杂性，例如考虑甲板空间大小，为减小尺寸使机翼具备折叠能力，以及适合弹射和回收任务的适当控制面尺寸。F-35C 战斗机必须将这些基线约束与隐身要求及与其他两种型号的通用性要求结合在一起，这影响了诸如拦阻钩几何形状等设计，从而对拦阻装置动力学(扭结波扰动)产生了二阶效应。航母适应性多学科专业化团队面临着这些工程挑战，该团队将飞机载荷、飞行品质和性能理论结合在系统的方法体系中，全面评估了飞机在舰船和严酷场所使用的适应性。除飞行科学之外，航母适应性还包括多方面许多其他细微差别，例如导航与制导、传感器集成、数据链互操作性、人机界面，保障性、可维修性和夜间评估(见图 14.52)。

图 14.52　首次夜间舰载评估

在舰船甲板上弹射并进行拦阻着陆的飞机需要加强飞机结构，以承受更大载荷。正因如此，大部分航母适应性试验都以陆基弹射和拦阻着陆的形式进行专门的载荷试验。在结构功能性试验期间，F-35C 战斗机面临并克服了诸如拦阻钩系统等许多挑战。例如，原始尾钩虽然设计上可行，理论上也可行，但第一次使用就出现了严重问题，导致对拦阻钩系统重新设计，并需要重新验证。

此外，通过挑战当前的假设和理念，也在完善航母适应性学科方面取得了进展。F-35C 战斗机采用的“空白画布”理念，为使用自动化技术提高航母适应性试验效率，做好了准备。先进的进场模式和为飞行员提供了前所未有的飞机控制能力。这项技术，特别是 DFP 和 FTA 提供的方法，能够以高度可重复性完成有挑战性的试验点，而无须依靠试飞员技能来精确控制飞机性能。

不可否认，控制律为先进进场模式和 FTA 奠定了基础，为 F-35C 战斗机和整个 F-35 战斗机项目带来了许多好处。DFP 是一个“游戏规则改变者”，一种仪器化工具，能让试验团队高效、有效、安全地完成结构功能性试验。DFP 模式只有在实现电传操纵控制飞机和计算能力提升情况下才能实现，将成为未来研究航母适应性飞行试验学科变革的基础。DFP 不仅有利于飞行试验，而且还能为机队飞行员提供在舰载进场过程中操控飞机的空前能力，从而提高作战能力，使海军航空更加安全。

参考文献

[1] JAKAB P. Smithsonian National Air and Space Museum. Eugene Ely and the Birth of Naval Aviation-January 18，1911[EB/OL]. (2011－1－18). https：//airandspace. si. edu/stories/editorial/eugene-ely-and-birth-naval-aviation—january－18－1911? lipi＝urn%3Ali%3Apage%3Ad_flagship3_feed%3BB3eSYDI7RcKZ3oim3aV9Kg%3D%3D.

[2] CENCIOTTI D. F－35 unable to land aboard aircraft carriers' report says. U. S. Navy and Royal Navy have something to be worried about[EB/OL]. (2012－01－09). https：//theaviationist. com/2012/01/09/F－35c-hook-problems/.

[3] THOMLINSON J. Ministry of Supply，Aeronautical Research Council Reports and Memoranda：A Study of the Aircraft Arresting－Hook Bounce Problem[R]. London：HER MAJESTY'S STATIONERY OFFICE，1957.

[4] WEDERTZ R，HESS E，TAYLOR B，et al. The Landing Signal Officer Reference Manual[M]. Virginia Beach，VA：U. S. Navy Landing Signal Officer School，2010.

[5] Anon Carrier Suitability Testing Manual SA FTM－01[M]. Patuxent River，MD：Naval Air Warfare Center Aircraft Division，1994.

[6] NATOPS Landing Signal Officer Manual NAVAIR 00－80T－104[M]. San Diego，CA：Naval Air Technical Data and Engineering Service Command，2001.

第 15 章　F－35“闪电Ⅱ”战斗机在爱德华空军基地和帕图克森特河海军航空站进行的系统研制与验证试飞

自第一批 F－35 试验飞机在 2009 年末向帕图克森特河海军航空站(PAX)交付和 2010 年中向爱德华空军基地(EDW)交付开始，F－35 战斗机项目全面进入系统研制与验证试飞。截至 2018 年 4 月，累计完成超过 9 000 试飞架次，16 000 试飞小时，完成 65 000 多个试验点。这个巨大的成就是使用 18 架试验机完成的，通过飞行试验阶段的工作，全面验证了 F－35 战斗机三种型别的飞行科学和任务系统性能。系统研制与验证飞行试验阶段，一个由政府、军方以及承包商人员组成的综合试飞队，精心设计试验和安排组织试验靶场、加油机、伴飞飞机、飞行许可、试验任务单、零部件、保障设备、控制室和试验飞机构型。使用多种飞行试验测试仪器采集了大量试飞数据，验证了建模和仿真，支持 F－35 战斗机性能认证。本章介绍在爱德华空军基地和帕图克森特河开展的飞行试验各方面工作、取得的成功、遇到的挑战，以及获取的经验教训，为未来 F－35 战斗机的后继试飞能够提高效率、取得成功指明方向。

15.1　系统研制与验证试飞项目简介

F－35 战斗机是有史以来第一种隐身双任务角色(空-空和空-地)战斗机，它执行的具体任务包括以下几方面：进攻性防空(OCA)、防御性防空(DCA)、近距空中支援(CAS)、空中拦截、海上拦截、以及对敌防空体系压制(SEAD)等。为了执行这些任务，F－35 战斗机必须在几乎不被察觉的情况下突防敌人的防空系统。F－35 战斗机实际上包括三种不同型别：F－35A 战斗机常规起降(CTOL)型；F－35B 战斗机短距起飞/垂直着陆(STOVL)型，可以降落在以前搭载 AV－8B“鹞”式飞机的航空母舰上；还有 F－35C 战斗机舰载(CV)型，适用于目前搭载 F/A－18“大黄蜂”飞机的大型航空母舰。为了使 F－35 战斗机能够执行这些任务，机身和所嵌入的任务系统都需要进行研制、集成和验证。每种型别都需要进行严格的试验，以确保各型别 F－35 战斗机能够在挂载所有类型任务武器载荷的情况下正常飞行、机动和着陆。这个范畴的飞行试验被定义为飞行科学试飞。此外，还需要验证飞机可以执行想定作战任务中迎战最先进威胁的每一项作战任务，并能与战场空间的其他盟友协同作战。这个范畴的飞行试验定义为任务系统飞行试验。图 15.1 显示了每种型别试验机的首架飞机。

为了顺利交付第 5 代战斗机作战能力，沿着美国西海岸到东海岸建立了一个飞行试验机队开展试飞工作，其部署如图 15.2 所示。以爱德华空军基地和帕图克森特河海军航空站为飞行试验主基地，F－35 战斗机综合试飞队(ITF)对 F－35 战斗机的所有 3 种型别进行了全面的飞行试验考核，终极目标只有一个：尽快向作战人员交付 F－35 无与伦比的作战能力。在爱德华空军基地和帕图克森特河海军航空站进行的飞行试验为模型的确认和验证[1-10]提供了多个学科的数据。从飞行科学到任务系统试验，F-35战斗机综合试飞队的关键工作为F-35战斗机机队日后训练和作战使用扫清了障碍。通过飞行试验，获得了验证F-35战斗机关键性能能力以及确认大量的建模和仿真工作所需的具体数据。这些支持性证据在定义和授权作战能力时将与F-35飞机一同打包交付。爱德华空军基地和帕图克森特河综合试飞队成功地进行了所要求的全部地面试验和飞行试验，在2015年向美国海军陆战队顺利交付了F-35战斗机Block 2B初始作战能力(IOC)，在2016年向美国空军交付了F-35战斗机Block 3i初始作战能力。在2018年他们还完成了支持系统研制与验证阶段结束的试验飞行，以及在2019年向美国海军交付F-35战斗机Block 3F初始作战能力的试验飞行。在这么短的时间周期内，实现三种型别战斗机的初始作战能力是任何其他武器系统所无法比拟的。

图15.1 每种型别试验机的首架飞机：AF-1、BF-1和CF-1

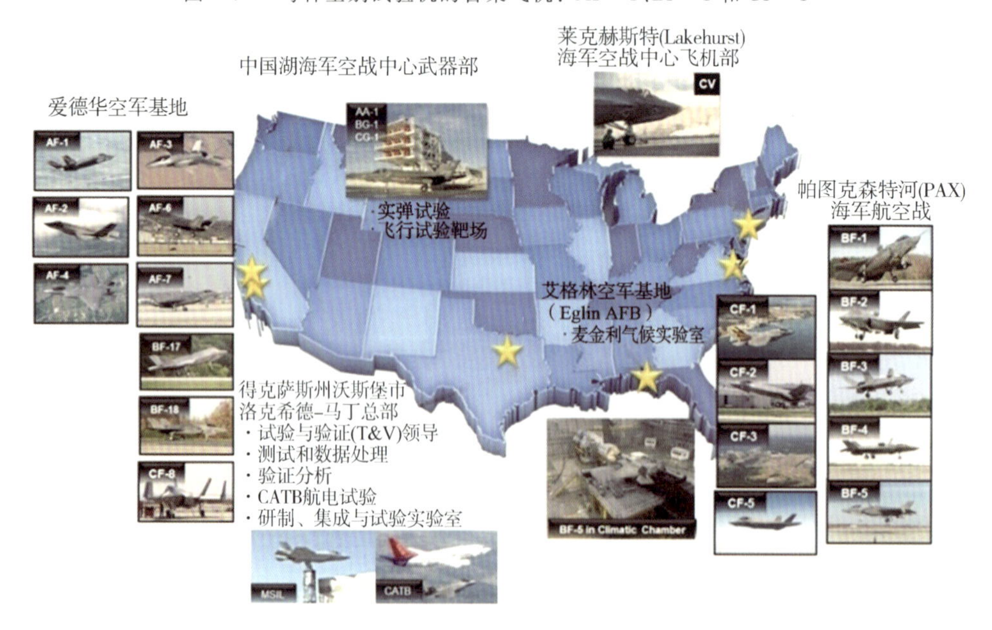

图15.2 F-35战斗机综合试飞队/试验基地/试验机沿海岸线的部署

自2009年以来，18架F-35试验机在爱德华空军基地和帕图克森特河完成了飞行科学和任务系统性能试验。经过一段时间大范围试飞任务规划，重新定义了工程要求并修订了试飞指标，最终明确，在这两个主试验场地，每个试验场安排9架试验飞机开展试飞，是完成F-35战斗机系统研制和验证阶段飞行试验的最佳规模配置。除了试验机的数量外，两个主试验场的维护人员和试飞员也必须保持适当的规模和适当的专业组成。F-35战斗机综合试飞队包括军事、政府和承包商人员，他们作为一个团队来计划和执行飞行任务。综合试飞队的每个员工的职责是充分发挥各自专业技能，处理所负责技术领域的问题。综合试飞队每天执行飞行试验任务和工作中最危险的部分，逐步推进达到飞机的使用极限，这就要求整个团队的行为能力达到最高水平。这种认识，加上看上去严格限制的各项任务，创造了一个充满活力和挑战性的工作环境。每一天，团队都必须灵活应变，适应可用试验资源的各种变化，加油机或试验资产的取消，天气变化，工程问题的发现，以及许多其他限制因素常常使任务执行看起来像一个奇迹。

F-35 战斗机联合项目办公室是交付 F-35 战斗机能力，并每天与每个试验场进行相互沟通的核心环节，对飞行试验的日常运行和整体进展有影响力。通过这种独特的试验管理结构，联合项目办公室发现了一些关键的经验教训：

1）F-35 战斗机联合项目办公室需要确定一个渠道，将各试验场的任务进行优先排序。

2）F-35 战斗机联合项目办公室需要理解和尊重试验场的自主权，尤其不要在临近执行前强行更改。

3）F-35 战斗机联合项目办公室和各试验场之间需要有明确的责任界线，并需要一个检查该平衡是否落实到位的程序。

虽然两个试验场只有 18 架试验机，每个试验场只有不到 1 000 名员工，而且还有各种飞行试验限制条件，但 F-35 战斗机试飞团队还是完成了 9 200 多架次飞行，17 000 个飞行试验小时，以及 65 000 个试验点。尽管飞行试验指标并不是最终目标，但就是在这些具体指标内，实现了作战能力的验证和交付。

在爱德华空军基地和帕图克森特河海军航空站进行的 8 年多飞行试验中，重点验证了以下关键飞行试验能力，并将其总结为向作战人员交付的能力：

1)大迎角任务能力。

2)与美国(KC-10、KC-130、KC-135、F/A-18)、英国、澳大利亚和意大利加油机的空中加油合格性认证。

3)高下沉速度和拦阻着陆能力。

4)颤振/载荷/抖振飞行能力。

5)大量的飞机系统和任务系统软件的许可回归飞行。

6)所有三种型别的航炮地面和空中射击。

7)武器环境、外挂分离和武器投放精度(WDA)。

8)岸基舰船集成开展了喷焰偏转器、弹射器、着陆拦阻装置、和滑跃起飞试验。

9)F-35B 战斗机在“黄蜂”号两栖攻击舰(LHD 1)和“美国号”两栖攻击舰 (LHA 6)上的部署试验。

10)F-35C 战斗机在“尼米兹”号航空母舰(CVN 68)、“德怀特·D·艾森豪威尔”号航空母舰(CVN 69)和“乔治·华盛顿”号航空母舰(CVN 73)上的部署试验。

11)在佛罗里达州艾格林空军基地(AFB) 的麦金利(McKinley)气候实验室进行了气候环境实验室试验。

这些和其他主要试验事件将分别在如图 15.3 和图 15.4 所示的爱德华空军基地和帕图克森特河海军航空站的大事年表中介绍。爱德华空军基地和帕图克森特河试验场各自具有独特的试验能力，可以开展独特的试验并成功完成。每个试验场获得的数据需要进行综合，以验证每种 F-35战斗机型别作战能力。实际工作中，综合试飞队不仅实现了跨团队，而且实现了跨地域(从加利福尼亚州到马里兰州,到得克萨斯州)的数据采集和分析。鉴于F-35战斗机综合试飞队以大量高度专业化的试飞人员和空前的试验机数量,完成了数千架次飞行试验,获得了海量宝贵试飞数据,为F-35战斗机全面完成系统研制与验证阶段试飞所做出的贡献,最终成就了F-35战斗机综合试飞队入围2017年科利尔奖决赛。

图15.3 爱德华空军基地进行的主要飞行试验大事年表

图15.4 帕图克森特河海军航空站进行的主要飞行试验大事年表

15.2　爱德华空军基地

爱德华空军基地拥有令人难以置信的多项试飞第一的惊人历史成就，F-35战斗机也为加入这个工程创新验证的历史而自豪(见图15.5)。爱德华空军基地是莫哈韦沙漠中一个独特的飞行试验场地，全年气候良好，干燥的湖床自然延伸了基地跑道。

图15.5　F-35战斗机AF-1飞越爱德华空军基地上空

有9架F-35试验机驻扎在爱德华空军基地，支持系统研制和验证飞行试验。三架CTOL型试验机专门用于飞行科学试验：其中AF-1试验机用于获取外挂分离数据，AF-2试验机通过扩展包线获取载荷数据，AF-4试验机用以试验复杂的燃油系统。其余六架试验飞机，包括全部三种型别，用于支持任务系统试飞的飞机型别为：AF-3、AF-6、AF-7、BF-17、BF-18和CF-8，每次试验都会成就一项试飞第一。例如：AF-1试验机是2010年5月19日第一架到达爱德华空军基地开始进行系统研制和验证飞行试验的F-35战斗机；AF-2试验机昵称"勤劳马"，保持了飞行架次和飞行小时数第一的记录，分别为689架次和1 509飞行试验小时(截至2017年12月)，完成了载荷、飞行品质、抖振、干湿跑道方向控制和防滑制动、大气数据塔飞校准(Air Data Tower Fly-bys)、推进系统、软件回归和航炮射击等试验；AF-3试验机是第一架进行对抗试验的飞机；而且，任务系统试验飞机也都是各自型别的第一架使用完整的航空电子套件投放武器的飞机。除了多项第一以外，这9架F-35战斗机总计完成了4 500多个飞行架次，10 000多个飞行试验小时，以及30 500多个飞行试验点。

综合试飞队在精心策划和执行惊人数量的试飞任务、保障9架F-35试验机，并交付第五代战斗机作战能力中发挥了关键作用。图15.6显示了位于爱德华空军基地的9架试验机和综合试飞队。在爱德华空军基地的F-35战斗机系统研制和验证飞行试验的高峰期，综合试飞队有近千名工作人员，他们分别来自政府文职人员、军事部门和承包商(洛马公司、诺斯罗普·格鲁门公司、BAE系统公司、雷声公司、波音公司和普惠公司)。F-35战斗机试飞员由美国军方试飞员、美国政府合同试飞员和洛马公司试飞员组成。综合试飞队组织随着时间的推移不断发展，目的是提高团队的沟通交流和试验效率。综合试飞队分为飞行科学工程、任务系统工程、维护、保障/后勤学、试验运行、测试/数据处理和试飞员等多个分队。以下章节总结了每个团队的成就、挑战和经验教训。

图 15.6　驻扎在爱德华空军基地的综合试飞队和他们的 9 架试验机

1. 飞行科学工程

飞行科学工程师对飞机的关键系统进行试验并分析数据，当试飞员到达包线的边缘时，他们在控制室中为试飞员提供建议或提供对系统功能的状态认知。他们与试验运行团队一起工作，制定联合试验计划(JTP)：确定试验目标、试验计划和必需的飞行试验点。试验团队拥有联合试验计划和专门从事飞机燃油系统、载荷和动力学、飞行品质、起落架、液压系统、电力系统、推进系统、质量特性、外挂分离和隐身特性的工程师们。

飞行科学包线扩展试验开始于 2010 年夏天。在这一阶段，飞机以各种构型执行机动飞行，体验气动力，试验设计包线的极限。这类试验需要考虑环境条件，如温度、压力、高度和气流。下面这架飞机正在进行高速/大过载条件和颤振以及抖振两种载荷试验，以确定结构响应特征，如图 15.7 所示。

图 15.7　不同武器配置的载荷试验

为了验证飞机的飞行控制律和操纵品质，开展了大迎角试验，如图 15.8 所示。这种试验是为了确定飞机在工作包线之外的性能特点，验证飞机从不可控飞行中改出的能力。

飞机平台子系统进行了地面和飞行试验，以验证它们的工作限制。关键试验包括空中加油(见图 15.9)、发动机空中起动、高下沉速度着陆、侧风着陆、高能量制动、湿跑道性能、拦阻钩和地面航炮射击(见图 15.10)。

图 15.8　大迎角试验：飞机在各种不可控飞行条件下飞行

图 15.9　从不同加油机进行空中加油（图片依次为：与 KC－10 加油机的夜间加油，与意大利 KC－767 加油机加油，与澳大利亚 KC－30 加油机加油）

图 15.10　F－35 战斗机地面试验（图片依次为：拦阻钩、湿跑道性能和地面航炮射击试验）

这些团队获得的一个关键的经验教训是关于试验规划的。例如,在系统研制和验证阶段结束时剩下的最难以捕获的几个试验点是飞行品质侧风试验点。由于气候条件满足试验要求的天数有限,所以这种试验尤其困难。由于天气(即风速和风向)一直不配合,有几个试验点等待了几个月时间才完成。很明显,这种困境是因为试验计划的限制过多,机场限制条件太严格导致的。这些试验任务单(Test Card)本该早就准备好,而且每个架次都携带着,以便抓住难得的机会完成这些试验。试验计划对重量和重心(CG)的要求也非常严格,容差很小,这也大大降低了飞行试验效率。在第一次尝试捕捉试验点时,重量变化很快就超出了规定,经常需要进行空中加油。而在进一步的数据审查中发现,重量和重心条件却与这个试验是无关的。变更联合试验计划是可以的,但是由于变更和批准过程很漫长,势必影响总进度。随着系统成熟度的提高和对系统的理解更加深入,更新试验计划就成了一个很普遍的现象。

试飞过程中,几乎每天都有新发现新问题:例如超限问题;硬件问题和软件问题,导致必须按新约束限制重新开展试验;根据对总进度的影响,重新调整数据分析的优先级;以及对系统运行的新理解,等等。这些都是暂停试验点和重新评估计划的试验点的原因。从中得到的一个教训是,应该审查整个试验点需求,使试验点的任务效率最高,并在项目早期编写试验计划时尽可能增加灵活性和弹性。

2.任务系统工程

任务系统学科的工程师们验证和确认了任务系统的能力,如通信、导航和信息;数据链和互操作性;显示和核心处理能力;武器集成和精确度;光电和红外;脱机任务规划;雷达;融合;电子战和电子对抗;以及信号特征和生存性。他们记录不正常问题,与软件工程师和团队一起进行根本原因分析并寻求解决方案。任务系统工程师还直接与维修和控制工程师合作排故,并解决飞机的不正常现象。以下是任务系统工程师的一些经验教训。

(1)软件发布。在验证实现F-35战斗机任务系统能力的数百万行代码的飞行试验中,发现了很多问题,导致发布了数个软件版本。为了修订软件,需要一个有弹性的、灵活的飞行许可程序,支持软件的“飞-改-飞(Fly-Fix-Fly)”概念。快速反应能力(QRC)飞行许可程序就是为了解决这个问题制定的,这个程序保证了飞行许可在几天内就获得批准,而完整修订软件的飞行许可可能需要几周。如果该软件修订没有涉及适航性软件,放飞审查委员会就会审查并批准快速反应能力飞行许可,贯彻落实“飞-改-飞”概念,在保证飞行安全的同时大大提高了飞行试验效率。

(2)武器的激增(Surge)试验方法。目前,在复杂武器试验领域,有一种新的试验概念,称为“激增”,即在短时间内聚集大量试验资产和人员开展武器试验。F-35战斗机飞行试验表明,对于复杂的武器系统试验,如武器环境、外挂分离和武器投放精度飞行试验,必须重点采用“激增”方法才能获得最高试验效率,包括专用靶场、加油机、控制室的保密通信和数据链、伴飞飞机和摄影飞机、靶标、非现场人员和一周工作七天的试验团队。在Block 3F试飞期间,有两个这样的“激增”事件,直接支持了空军宣告初始作战能力,并结束系统研制和验证阶段工作。在2016年8月的第一次“激增”事件中,在一个月的时间里,执行了25项试验任务,包括12项武器环境、外挂分离、武器投放精度和13次武器分离试验。这需要整个试验团队像激光般聚焦,以确保试验飞机每天都可用,并保持对靶场和保障资产的优先使用权。从历史上来看,此类“激增”试验事件最多每个月进行一次,因为协调工作量太大。在“激增”试验事件之前,一个月内最多完成的武器试验是3项,是在2014年11月,Block 2B软件试验期间完成的。而在

2016 年 8 月这一史无前例的“激增”试验时期，31 天内总共投掷或发射了 30 枚武器，其中包括联合直接攻击弹药(JDAM)、先进中程空空导弹、小直径炸弹(SDB)、AIM-9X 响尾蛇空空热寻的导弹和 GPS/激光制导弹药。

第二次武器“激增”试验事件发生在 2017 年 8 月。与之前 2016 年的“激增”事件不同，这次试验仅需要完成 F-35 战斗机 Block 3F 的一小部分研制试验任务。正是这次最后的试验任务验证了 F-35 战斗机先进中程空空导弹复杂的空空能力，全面展示了 F-35 战斗机的完整能力。这些试验任务中使用的先进中程空空导弹都装备实际发动机和制导系统，只是弹头更换成了遥测套件。外场试验是在加利福尼亚州文图拉县的穆古角海军水上靶场进行的。这些武器环境、外挂分离和武器投放精度试验(见图 15.11)是飞机交付给作战使用试验机构之前进行的毕业演习，以证明 F-35 战斗机已经具备战斗能力 。

图 15.11　武器精度投放试验

(3)任务效能。F-35 战斗机第 5 代作战能力的最终和最复杂的验证是如图 15.12 所示中的任务效能和多机任务。这些任务需要最大程度的协调才能成功执行。多达 15 架飞机参与了这个单项试验任务，参试飞机包括 F-35 战斗机，F-16 战斗机、F/A-18 战斗攻击机、F-15战斗机、KC-10 加油机、KC-135 加油机以及空中指挥和控制平台。在 F-35 战斗机 Block 3F 试验期间，执行的各种任务类型包括近距空中支援、对敌防空体系压制、摧毁敌方防空(DEAD)、进攻性防空和防御性防空。任务效能试验集中在 F-35 战斗机的互操作能力，以及其控制技术态势的能力。这种能力在几次大型军事演习(LFE)中得到了进一步的证明，使用各种阵列机载传感器提供对战场的指挥和控制态势感知能力。

图 15.12　四机任务效能飞行

3.飞机构型和维护

维护人员和试飞控制工程师(FTCE)修理、检查、配置和改装飞机,以确保每次飞行安全、功能正常。飞机维护贯彻的是跟踪团队"(Tail-Team)"团队概念,维护团队由飞机主管、试飞控制工程师、质量保证检验员、外场和部队机械师,以及航电技术员组成。试飞控制工程师维持工程和维护之间的联系,确保飞机执行飞行试验任务的构型是适当的。他们使用了许多工具,包括自主后勤信息系统(ALIS)和产品数据管理(PDM)库,并与维护人员一起工作,以确保飞机上更换的部件在有效期内。在日常维护计划/协调会上,维护团队审查试验飞机的状态,并确定短期维护要求。这个会议基本确定了当天的基调,并向综合试飞队领导层提供试验飞机的关键状态信息。以下是关于飞机构型、维护程序、检查以及自主后勤信息系统的一些详细经验教训。

(1)飞机构型。试飞工程师(FTE)准备的飞行任务单中确定了每次飞行的飞机构型,并指定了软件版本、武器装载布局、测试仪器配置/设置,以及定义备用任务设备质量属性的F表格。试飞控制工程师是协调所有团队的关键点,以确保飞机在放飞之前按照任务准备单的要求进行配置。

也许确保飞机构型正确,零件追踪效能(Tail Effectivity of Parts)最高的最有价值和最精确的工具是产品数据管理。例如,如果向飞机发布了一个-0007编号的零件,那么飞行试验控制工程师就必须负责确保该零件适用于飞机。在检查了产品数据管理库之后,如果没有列出-0007零件编号,那么飞行试验控制工程师就要恢复到以前的零件编号(-0006),并检查是否存在一个服务数据说明,表明-0007编号零件可以替换所有的-0006编号零件。然后-0007编号零件才可以被授权安装在这架试验飞机上。构型管理团队在每次飞行前都发布一个授权通知,以确认飞机的构型是经过授权的。

(2)维护程序和检查。从接收飞机的第一天开始就能正确维护一架新飞机的能力是很重要的,这项工作需要尽早获得正确的技术数据。联合技术数据(JTD)定义了维护程序,并且在使用前必须进行验证和确认。正常情况下,应当提供一架专用飞机用于早期验证联合技术数据,但在项目的早期,无法实现。为了及时完成飞机上的任务,就需要继续使用航空工程说明(AEI),但对联合技术数据来说这是未经验证的源数据。这样就推迟了一些联合技术数据在作战使用试验中的使用,并且外场单位要求他们以操作请求的形式使用外场服务代表的说明,其操作请求指令可能会推迟答复。

早期的另一项挑战是关于检查要求,这些检查要求需要记载并得到良好沟通。这些检查要求都是在系统研制与验证飞机工程检查要求(EIR)中和小批量初始生产型飞机的产品飞机检查要求(PAIR)中定义的。制定工程检查要求和产品飞机检查要求,是为了确定试验中或机队使用中发现的未知寿命限制因素、制造或飞行中出现故障或损伤的那些零部件的检验标准和时间线。此外,时间符合性技术指令(TCTD)规定了检查或零部件替换/变动问题。时间符合性技术指令发布在联合技术数据集中,由自主后勤信息系统管理员进行管理和安装。试飞控制工程师随后根据飞机的计划安排/可用性和时间符合性定义来执行确定的行动。至关重要的是要有一个准确可靠的工具来跟踪所有的检查要求。

(3)自主后勤信息系统。F-35战斗机是第一种为了效率和成本效益,拥有与飞机工程设计一致的维护工具的战术航空系统。与以前的飞机相比,能够在自主后勤信息系统里跟踪F-35战斗机机队的高保真度信息,可以降低运营和维护成本,提高飞机的可用性。自主后勤信息系统由系统、应用程序和为全球提供综合和自动维护的网络架构组成，如图 15.13 所示。自主后勤信息系统的能力范围非常宽泛，包括操作、维护、预先诊断、供应链、客户保障服务、培训和技术数据。它使 F-35 战斗机的工作人员能够在飞机的生命周期内提前计划，并维护和保持系统的可用性。在分布式网络上通过 Web 驱动应用程序，一个单一的、保密的信息环境就可以向用户提供相关领域的最新信息。

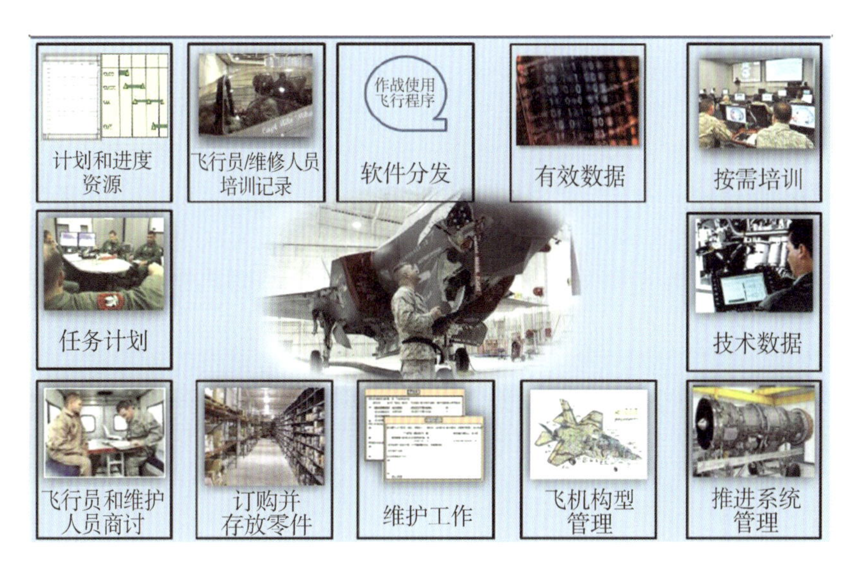

图 15.13　自主后勤信息系统：支持多种飞机系统功能的集成应用套件

例如，对于机身，自主后勤信息系统需要时间来完善对其的管理，以在系统研制与验证阶段实现全部管理功能。综合试飞队使用自主后勤信息系统作为飞机维护的管理工具，同时对这个工具进行评估，识别问题并改进。这种双重任务使采用一种在研的工具进行可靠的飞机维护充满了挑战性。试飞控制工程师或保障试飞控制工程师使用自主后勤信息系统检查是否按照产品飞机检查要求(PAIR)对一个零部件进行了更换，以及时间符合性技术指令(TCTD)是否对指定飞机有效。在自主后勤信息系统研制期间由于停工检修，还开发了一种备用技术，当自主后勤信息系统处于备用状态运行时，使用一套纸质系统把所有数据输入到自主后勤信息系统中。研制自主后勤信息系统的一个经验就是要从一开始就让用户参与开发活动。技术人员可以告诉开发人员他们有效完成工作需要什么，从初始概念阶段就开始改进。

试飞现场维护团队使用自主后勤信息系统的一个专用模块管理该地点的库存，支持飞机的保障维护。为了对飞行、在修理厂的维修和飞行线的维护保障提供直接支持，这个维护团队负责 F-35 战斗机试验资产的接收、保管、状态公告和转移。由于自主后勤信息系统需要定期进行软件升级，修复异常和增加功能，所以研制了额外的工具并制定了相关程序，保证零部件的流动和飞机飞行。为了根据需求调整备件等级，需要对爱德华空军基地综合试飞队的资产重新分配。为了管理好这些有限的资产，爱德华空军基地研制了一个跟踪工具，并制定了一系列指标，能够全面掌握以下情况：电池、机轮、弹药筒/推进剂活性装置一类的高耗品，目标库存量、库存有效性、历史使用情况对比，保障设备分析、工具室分析以及仓库有效性总结。在飞行试验环境中，自主后勤信息系统的使用和反馈对其发展至关重要，最终产生了一种更高级的外场应用产品。

4.维护/后勤

零部件和备件一直是影响系统研制和验证飞行试验进度的一个关键问题。维护/后勤团队管理物料总目录、备件/可维修零件、维护数据、运输库存、财产和保存期限。他们负责初始配置和需求预测。这个团队协助处理采购订单、发货、资产转移、存货审计和管理、设备电子日志和行动请求等相关问题;确保及时处理材料,尽量避免"停飞";使原始设备制造商/供应商的数据更清晰易懂,以清除不满足要求的货物;负责F-35战斗机维护团队和得克萨斯州沃斯堡维护改进套件管理团队之间的联络,解决相关供应问题。自主后勤信息系统还是维持供应和后勤概念的必不可少的一部分,以保障F-35战斗机以上所述的操作使用。

(1)机轮和轮胎的缓解计划。为了保证飞行试验任务的执行,对轮胎胎面有严格限制,这样,机轮和轮胎(W&T)组件的更换比标准作战中队更加频繁。F-35战斗机最初准备在供应商工厂进行这些翻新更换,这需要几周时间才能完成。为了满足要求,后勤团队制定了一项计划,培训和认证当地的轮胎商店,使其有能力翻新F-35战斗机机轮和轮胎组件。有了这个计划,翻新周期从几周减少到了3~5天。

(2)工具控制。维护/后勤团队还负责控制工具。对外物损伤(FOD)和工具控制有严格程序,但是对于来访的英国国防部(MOD)团队和供应商来说,需要制定一个程序并进行全面培训。五份文件被合并成一个全面的标准工作说明,这个说明在投入使用之前,由来访的国防部团队和供应商进行评审和确认。此外,所有工具都通过工具室处理,并经历了一个问责过程,这个问责包括在资产被发放到飞行线或机库之前对购买此资产的质量团队的问责。新的单一文件指导和全面培训有效地强调了外物损伤和工具控制的重要性,并重点关注了试验现场工作的独特性。外物损伤和工具控制对飞行试验安全起到了至关重要的作用,如果没有得到应有的重视,不仅可能会导致安全问题,还会导致试验项目延迟。

5.试验运行

试验运行由一个试飞工程师和调度员组成的团队负责,这个团队将数据需求转换为试验任务,并执行这些任务以获得所需的数据。为飞行员根据联合试验计划的要求执行试验,制定了试验程序和任务单。试飞工程师是制定联合试验计划的关键人员,他们擅长识别可能出现的问题和实际需求。他们是飞行员和工程人员之间的重要联络员,是从试验设计到试验执行的把关者,以确保安全、快速和有效地完成试验。

为了执行飞行试验任务,试飞工程师必须认识各种来源中定义的限制:试验安全包、飞行许可、系统发布备忘录和飞机操作限制等。他们必须协调物理资产,包括试验机构型、任务控制室、测试设备、遥测、无线电频率、空域、试验靶场、加油机、伴飞飞机/目标飞机、武器、地面车载目标、雷达反射器、地形类型、空气温度、风速、昼/夜以及月光等条件。为了协调这么多移动部件,保证安全、成功和有效地执行每天的F-35战斗机飞行试验,需要对一些关键因素进行鉴别。

(1)团队合作和培训。研制工作和日常飞行试验的执行是具有挑战性的和困难的,必须由能够一起工作,相互尊重,有牢固的职业道德,热爱工作和彼此关心的专业团队执行。团队工作以知识、技能和信任的形式表现。试验运行团队通过详细的培训获得知识,对于这种规模的项目,成功的培训需要一个领导层协调员来监督。驻爱德华空军基地洛马公司首席试飞员大卫"Doc"尼尔森这样说:

"培训试飞工程师的人员、试验执行者和试验指挥员应该是各自专业领域的世界级专家。

任何研究或理论都不能取代那些来自成功的,尤其是不成功的经历所获得的知识和教训。"

试飞工程师被训练成试验任务准备工作的积极领导者,试验准备工作包括编写任务单、确定机动动作、规划试飞任务并执行。培训工作不仅仅针对飞机系统,而且还包括飞行试验基础知识,以及F-35战斗机飞行试验的独特性方面。控制室培训工作进行得很顺利,建立了一个有能力的试验指挥员(TC)、试验主管(TD)和学科工程师团队。F-35战斗机飞行试验项目成功地将一些没有控制室工作经验的人员引入控制室,通过紧急程序模拟和师带徒以及教员指导,让他们能够履行控制室的工作职责(见图15.14)。他们的工作能力已经在实际试验任务中得到了证明,能够获得充分信任。所谓信任,是指无论面临怎样的挑战,团队都能无缝地合作完成那些无法单独完成的工作目标。从中学到的一些经验教训是彻底培训团队,赋予他们力量,倾听他们,并信任他们。

图15.14 爱德华空军基地控制室

尽管都想成为这个优秀团队的一员,但也经常发生人员流失的情况,主要原因是工作压力和工作负荷太大。所有类型和科目试验,每天平均6个架次。维护人员经常在周末加班,超时工作现象很普遍。训练有素的,能独立工作的人员的离开,是试验机构知识库的一种损失,这就要求经验丰富的人员集中精力培训新员工,而不是规划试验和执行试验。未来的飞行试验项目,应当根据整个项目的人员规模,考虑维持怎样的工作负荷比较合理,并且应当在项目早期就考虑提供怎样的激励(例如,财务方面、晋升通道等)才能保证可持续发展,建立和维持一大批资深专业人员保证项目顺利开展。

(2)角色和责任。由于F-35战斗机飞行试验参试人员众多,且隶属多方面(军方、政府和承包商),因此明确确定他们的任务角色和责任尤为重要。如果不明确,会导致重复工作、错失任务和团队之间的沟通不畅,从而增加工作量,并会导致人员之间的冲突。试验运行团队和学科工程团队就是由于他们不同的任务角色和职责分配而经历了一些冲突。为了取得成功(这种压力非常巨大),员工们很容易养成不惜一切代价取得成功的态度,这样就会破坏组织的领导能力和计划的稳定性。未来类似规模的联合组织性质的试飞项目,必须尽早确定和建立各个团队的任务角色和职责,以避免冲突和对试验的影响。

(3)沟通交流。无论是在综合试飞队内部,还是在外部的其他试验场地、沃斯堡、联合项目办公室、供应商和国外合作伙伴等之间,建立良好的沟通都是成功的关键。这在大型的研制试验项目中尤其重要,因为各项工作始终是动态的,任何提前制定的时间表很快就会发生变化。

从中学到的两个教训是，努力进行更多的沟通和有效的沟通。沟通的成功来自于说和听这两个核心交流要素，沟通应当使用清晰、简洁和直接的语言。实践证明这是非常宝贵的，尤其是在与靶场和试验资产提供者的交流中，以便了解他们的组织是如何工作的。在试飞工程师、相关工程团队和领导层之间必须建立沟通渠道。发现新问题时，必须对解决方案进行评估并做出决定。一个指定的掌管大局并拥有必要权限的集成者/决策者，是推动试验前进并使试验延迟少的关键。

(4)试验要求。每一种 F-35 型别战斗机都有独特的试验要求，这些特殊试验要求对于飞行试验而言都是挑战。这一点在飞行科学工程学科中最为明显，因为 CTOL 型、STOVL 型和 CV 型三种之间的翼型不同，而且 CTOL 型、CV 型和 STOVL 型之间的武器舱大小也不同。此外，每种型别的燃油系统和结构设计也各有特点。所有的 CTOL 型飞行科学试验都是在爱德华空军基地进行的，所有的 STOVL 型和 CV 型飞行科学试验都是在帕图克森特河海军航空站进行的。

大多数任务系统试验对于 F-35 战斗机各型别都是不可知的。F-35A、F-35B 和 F-35C 飞机共同参与了多机想定任务作战试验，无缝地执行了为各型飞机设计的战术。因为飞行科学试验与任务系统试验是同时进行的，而不是提前进行的，所以在系统研制和验证期间，对 CTOL 型、STOVL 型和 CV 型飞机没有进行使用限制。在爱德华空军基地和沃斯堡的模拟器上进行了大量的机动动作开发工作，这对于执行包线边界试验至关重要。即使在一个型别中，由于硬件和软件的修改，对具体某个尾翼的限制也会彼此不同。客户还可能有一些特殊要求，这些要求必须针对某个型号开展特定试验，这取决于客户购买的型号和武器组合情况。虽然 F-35 战斗机的通用性概念有利于降低制造成本，提高经济可承受性，但它同时又对工程师们提出了复杂且相互交错的试验要求。

(5)试验规划、进度安排和执行。为任务系统和飞行科学试验安排进度的最佳预测时间周期为从当前日期起开始的 4～6 周之间。这 4～6 周时间使得团队能够充分地计划主要试验任务，例如，那些需要多架试验机、靶场和其他试验资产的任务，以及后勤保障更容易的任务。这个时间段内，试验团队也能够按要求完成外部资源，包括靶场，空中、地面和海上试验资产等的协调、调度和配置。爱德华空军基地的试验联队锁定试验进度大约需要两周时间，而许多外部靶场锁定试验进度的时间各不相同。通过开展初步协调和进一步制定进度工作，可以按照项目的进展速度根据需要对进度进行更改和细化，从而形成一个时间上坚实可靠的进度安排。

为了支持快节奏的 F-35 战斗机试飞进度表，研制了新的、有创意的安排、计划和任务执行方法。单机试验的靶场一般锁定在穆古角海上靶场、白沙导弹靶场、海军航空武器站中国湖和回声(Echo)试验靶场，而随着 F-35 战斗机试飞项目的成熟，爱德华空军基地精准打击靶场区域已经演变为共享一个空域的并行使用区域。F-16 战斗机的伴飞飞机和目标飞机经常供不应求，它们被分配给不同任务，以适应不同的任务特点。热坑加油代替了油罐车加油，热坑加油可以在发动机运行时和机组人员都在飞机上的情况下进行加油。以下是对试飞进度安排和执行经验的总结：

1)下达任务和执行计划(Brief the Plan and Fly the Brief)。

2)进度安排和计划关乎成败。

3)如果事情进展顺利，准备好继续前进，如果没有的话，准备好备用计划。

4)当试验团队需要时采取战术暂停，因为飞行员的安全可能仅仅取决于多花一天时间来研究数据。

5)和工程师、飞机以及维护人员一起在模拟器上多花些时间,因为越早研究和评估,就越能更好地为未知做好准备。

6)了解被试系统的全部信息和客户的数据需求。

7)提问题,提更多问题。

8)确定进行更改的截止时间,一旦超过此时间,即使取消任务,也不允许进行其他更改。(团队需要稳定,如果他们总是在改变,安全就会受到威胁。)

6.测试仪器/数据处理

功能强大的测试仪器和及时的数据处理是飞行试验的核心。开展飞行试验的目的是获取数据,支持工程学科以便理解和验证系统设计。大量的飞行和试验点推动了大量的试验数据请求。在2016年,处理了超过41 000个试验数据请求,在系统研制和验证结束时总的试验数据请求超过了279 000个。为了评估第5代战斗机的能力,也需要新的数据分析工具,例如,融合分析工具——性能度量(FATMOPS)处理能力,这些分析工具是2016年在爱德华空军基地上线运行的。以下是测试方面的一些经验教训,并给出了一些具体例子。

(1)测试方面的挑战和经验教训。F-35战斗机的飞行试验测试对试飞团队提出了独特挑战。在评估起落架的应变和襟翼鲁棒性的模拟中,并没有发生太大的变化。模拟橙色线解决方案(Orange Wire Solution)在飞机结构数据测试中得到了广泛的应用,并取得了良好的效果。F-35战斗机拥有错综复杂的数字计算机网络。在航空史上,被试航电系统首次拥有多种类型的高速数据总线,要是还像传统的老式飞机那样,使用一套测试系统批量捕获所有飞机数据,其成本远远超出了经济可承受的能力。

F-35战斗机的数字式测试系统面临的最大挑战是如何满足飞行试验团队的数据需求,需要捕获大量基本数据来验证被测试的功能,还需要其他数据来评估出现的任何异常问题。测试系统记录的数据量是最初设计记录数据量的6倍。这在一定程度上是因为随着时间的推移,技术进步,为人们提供了更好的数据处理能力和更高的RAM和吞吐量。数据采集、记录和遥测(DART)测试吊舱位于所有任务系统试验飞机的左武器舱,如图15.15所示。有多种不同的数据采集、记录和遥测记录模式供选择,这样,飞机可以拥有多个数据地图,其中一些数据是为了某些试验记录的,而不是为了其他试验记录的,目的是提供更多的可用带宽。数据地图需要跨所有飞机学科进行密集的任务规划。事实证明,这是一个成功的解决方案,但分析人员总是需要更多的数据。

随着时间的推移,飞机系统本身也进行了改进,以便在特定情况下提供少量带宽。例如,发送给记录器的高速率诊断数据,在没有可用诊断信息的情况下,预先发布的可能全部是零。尽管是零,但这是有意义的,在设计时,因为数据请求者知道系统仍然处于活动状态,并且在根据接收到的数据开展处理。这些数据后来被修改以集成测试系统,仅仅发布所需的数据,从而为记录其他信息释放出巨大的带宽。设计师们采用了一种使测试系统更有效的机制,并将其扩展,使飞机测试网络更有效。

未来,这些经验可能会促使形成集成度更高的测试系统数字总线解决方案。缺陷目前已经了解,这些缺陷可以在未来的升级中进行处理,并在未来的航空电子平台应用。测试系统的灵活性和适应性直接促成了F-35战斗机飞行试验计划快速完成,未来任何平台都需要将可扩展性作为首要任务。

(2)多机遥测同步。虽然最初的6架任务系统试验机的遥测系统被精心构造为尾部特定(Tail-Specific)结构,但是在Block 2B试验结束后,开发了多机遥测同步(MATS)方案。所有六架试验机的测试系统都重新确定了基线,而且相互兼容。这样就能够在一个控制室里同时试验多架飞机,并且在需要时,可以将遥测数据从一架试验机交换到另一架试验机。飞行员从一个地面中止(Ground-Aborted)飞机进展到机组准备就绪的冷备磁盘状态的转换时间(Turn Time)缩短了,控制室的转换时间也缩短了,也不再需要使用冷备磁盘的独特遥测参数进行关闭和重启。通过对具有相同遥测频率的僚机进行编程,可以减少综合试飞队的遥测印迹。多机遥测同步的好处在F-35战斗机Block 3F试验中持续得到确认。资源限制,例如控制室、人员和频率,这些因素原本妨碍了18架或更多试验机试验任务的有效完成,但现在却很容易克服。

图15.15　数据采集、记录和遥测(DART)测试吊舱

7.试飞员的观点

试飞员扩展了飞行包线,并驾驶F-35战斗机经历了各种可能遭遇的情况,先期为作战机队飞行员扫清了障碍。试飞员确信,由于他们的工作,将会有更多作战机队飞行员能够在执行完作战任务后成功返航。2017年1月6日,在爱德华空军基地驾驶AF-3飞机的大卫“Doc”尼尔森成为第一个达到1 000个飞行试验小时的F-35战斗机飞行员。以下是他在爱德华空军基地对F-35战斗机试飞工作的相关评论[11]。

F-35战斗机试飞员的个人目标是与终端用户——作战飞行员保持团结。在一个受控的、可测试的飞行试验环境中,试飞员在F-35战斗机包线的每一个边界都进行了高风险试验,这样作战飞行员在战术飞行中就永远不会经历未曾被探索过的东西。纪律、飞行员和工程技能以及团队之间的信任对试验的成功至关重要。

每一位驾驶过F-35战斗机的试飞员都有相关战术飞行经验,他们能够提出改进建议,或者呼吁做出必要的改变,从而使这种隐身攻击机在战斗中取得成功,并能安全返航。试验成功得益于适当的积极的飞行试验方法,在保证安全的同时有效利用现有资源和时间。高保真度仿真和稳健的安全程序在平衡和推进这种积极方法方面发挥了重要作用。例如:

1)在大迎角试验中,只进行了四次就达到了最大的限制迎角。在以前的大迎角试飞中,达到最大迎角限制一般要数周时间。

2)故意以不同方式使飞机失去控制超过 150 次,以确认其改出,并进入可控飞行的能力。

3)关车,然后多次重启单台发动机,包括在 40 000 ft 高空,马赫数接近 1 时,以验证发动机的重启能力。(开发了一种新型的自携式潜水呼吸器(SCUBA)系统,用于空中启动飞行试验,以便在发动机停车时保持驾驶舱压力。)

4)投放/发射了数十种武器,包括导弹、炸弹和子弹,以及合作伙伴国家的武器和多个军种的武器,以验证武器投放的安全性和杀伤力。

5)反复实现最大马赫数和最大过载,使 F－35 战斗机的包线扩展达到第一次飞行包线的两倍多。

所有这些成就都使未来驾驶 F－35 战斗机的飞行员有足够的信心相信,在飞机的整个飞行包线中,他们有极大的概率获得成功并生存。试飞员强调 F－35 战斗机首次应用的一些创新性的功能,包括以下几个。

1)头盔显示器(HMD)。头盔与飞机传感器完全集成,能够使用离轴目标指示器盒进行空空指向和武器瞄准,以及对地面目标进行无缝视觉指示。它还包括一个集成的夜视摄像机。图 15.16 中显示的是第三代头盔显示器。第三代和第二代之间的主要区别在于,采用了更大孔径,改善了安装在遮光屏上的固定摄像机组件的夜视功能和传感器功能。

2)F－35 战斗机飞行控制系统使用的电动静液作动器是在量产战斗机上使用的第一种电作动器。

3)F－35 战斗机广泛使用电子飞行系列数据。

4)多功能分布式孔径系统作为导弹发射探测器,并在单独的频谱中为飞行员提供第二种夜视方式。

图 15.16　第三代头盔显示器

对于试飞员(见图 15.17)而言,F－35 战斗机的飞行试验是高节奏、积极、长期的任务。由于长时间持续工作,飞行包线得到持续扩展,传感器能力逐步提高;对机身和系统的信心也在持续增加;各军种、合作伙伴和参与国得到了鼓励;媒体变得更加友好了;飞机的单位成本继续下降。

图 15.17　爱德华空军基地的 F－35 战斗机试飞员

15.3　帕图克森特河海军航空站

帕图克森特河海军航空试验中心(NATC)创建于 1943 年。海军的 F－35C 战斗机和美国海军陆战队的第一种第 5 代战斗机(F－35B)将在这里开展系统研制与验证试飞(见图 15.18)。第一架试验机 BF－1 于 2009 年 11 月 15 日从沃斯堡飞往帕图克森特河试验场。

图 15.18　F－35 战斗机的试验机 BF－1 在帕图克森特河海军航空站上空飞行

STOVL 型包线扩展试验很快就开始了，这是一个雄心勃勃的飞行试验计划。帕图克森特河综合试飞队以类似于爱德华空军基地综合试飞队的方法，对 STOVL 型和 CV 型 F－35 战斗机进行飞行科学和武器包线扩展试验，另外还要验证在特殊基础上操作的要求和舰船适应性要求。由于帕图克森特河拥有一些独特的专用试验设施，因此它是这些试验的首选地点，专用试验设施包括：一个岸基 TC－7 弹射器，一套 Mk－7 陆基拦阻系统，以及一个垂直起降(VTOL)综合试验设施。垂直起降综合试验设施包括一个 1 900 ft 的 AM－2 远征机场，一个悬停槽，两个悬停场地(垫)，一个混凝土的两栖攻击舰轮廓场地，邻接着一个 38 ft 悬停位置指示器，以及一个岸基滑跃起飞斜板。在新泽西州莱克赫斯特附近的海军空战中心飞机部(NAWCAD)试验场，还有一些岸基弹射器和拦阻设施。在随后的 8 年里，9 架永久指派给该试验基地的试验飞机，每天将保障 6 项试验任务，以实现多个项目里程碑节点。图 15.19 显示了帕图克森特河综合试飞队 9 架试验机中的两架。

图 15.19　驻扎在帕图克森特河的综合试飞队和他们的两架试验机

首先开展了 STOVL 型和 CV 型 F-35 战斗机的基础试验，然后是岸基舰船适应性验证试验（见图 15.20），逐步推进，最后对这两种型别进行了三次复杂的海上研制试验。这需要把试验团队部署到具有专用设施的非本场开展试验。帕图克森特河综合试飞队派出了多个分遣队开展工作，支持了三架部署到 CVN 航母上的 F-35C 战斗机的试飞，三架部署到 LHA/LHD 上的F-35B战斗机的试飞，还有一些分遣队去了莱克赫斯特和爱德华空军基地开展试验。另外，帕图克森特河综合试飞队还在佛罗里达州艾格林空军基地的麦金利实验室开展了人工气候环境试验。

图 15.20　F-35B 战斗机和 F-35C 战斗机的舰载适应性验证试验

1. 飞行科学工程

帕图克森特河综合试飞队负责 F-35B 和 F-35C 型别试验机的飞行科学包线扩展试验，以及高度专业化的 STOVL 型和 CV 型适应性试验。这使得必须同时并行开展四项包线扩展试验，对于 STOVL 型来说，每个试验项目都必须考虑风的影响和温度问题。帕图克森特河综合试飞队还负责 F-35B 和 F-35C 战斗机的所有武器环境和安全分离试验，在系统研制和验证阶段结束时，总共完成的分离试验超过 50 次。必须根据试验中发现的工程问题调整试验计划，包括：暂停了各种载荷包线扩展，武器集成问题，UHF 天线的重新设计，F－35B 战斗机辅助空气入口（AAI）舱门的重新设计，以及 F－35C 战斗机尾钩和外翼的重新设计等。通过综合试验团队的共同努力，克服了所有这些技术挑战，并成功进行了试验验证。

除了常规的稳定和控制（S&C）、颤振和载荷扩展，以及操纵品质试验，在帕图克森特河的 F－35 战斗机试验还包括 STOVL 模式。STOVL 模式试验是一项主要工作，需要对推进系统、飞行品质、性能和外部环境学科进行仔细规划和集成。STOVL 模式试验包括稳定和控制以及操纵品质试验，目的是在常规飞行包线中澄清 STOVL 模式包线。采用了一种逐步降低高度（Build-Down）的方法实现第一次悬停和垂直着陆。首先，飞机实现了从常规飞行到 STOVL 模式的第一次转换，随后进行综合试验（ITB），评估飞行速度下降条件下的稳定和控制。在某一速度进行了足够的综合试验，就可以在该速度下开始慢着陆和短距起飞试验。随后，如果执行了全喷气综合试验，澄清了悬停能力，飞机就可以进行第一次垂直降落。然后，澄清附加外挂物构型的包线。接下来，岸基包线作为基础被用于扩展在 LHA/LHD 级两栖攻击舰上进行 STOVL 操作的包线。随后还开展了垂直起飞和滑跃短距起飞试验。

开舱门试验需要大量稳定和控制数据。向 STOVL 模式转换的过程中，在推进系统完全转换到 STOVL 模式之前，STOVL 型舱门打开。转换过程中，这些舱门对飞机的稳定性有很大的影响。为了准确地描述舱门打开状态下的空气动力学特性，必须仔细地收集稳定和控制数据。为了扩展这个过渡条件下的包线，需要频繁进行数据评估，提供一个有舱门效应的完整空气动力学数据库。

起飞和降落试验次数比常规项目更多。常规飞机通常以相对固定的速度起飞和降落。STOVL 型推进系统允许飞机在一个大范围的速度条件下着陆，但这将影响起飞和降落的动力学。在这些条件下，还需要进行额外的试验来验证飞行品质和飞机载荷。

2.试验运行

帕图克森特河综合试飞队需要收集数据来描述 F－35 战斗机在舰船环境下的工作和性能。这种环境包括舰船的电磁效应、舰船运动（俯仰、摇晃、偏航、波动、起伏和摇摆），再加上舰船紊流以及不同大小和方向的风的影响。由于在海上发射和回收固定翼飞机的环境因素很复杂，很难在岸上创造这些试验条件。帕图克森特河综合试飞队在海试中收集的数据，形成了作战机队发射和回收飞机公告、飞行手册信息以及舰船/飞机海军空中训练和操作程序标准（NATOPS），供部署在世界各地的美国海军舰船上的 F－35 作战中队使用。

由于数据需求、安全风险、相关的缓解措施、要求的效率以及舰船上可用时间有限，所以开展研制试验海试绝非易事。由帕图克森特河综合试飞队进行的第六次海试平均有 200 名综合试飞队人员参与，他们在舰船上进行了为期 3～5 周的海试。

由于研制试验海试的自然条件非常复杂，因此与船舶公司的合作对于确保海试安全和尽可能有效率的操作至关重要。协调工作于一年前 F－35 战斗机海试开始前的初期计划会议（IPC）开始。根据需要，后期还召集了多次协调会。船舶公司的部分人员前往帕图克森特河熟悉飞机业务，由帕图克森特河试验团队进行了培训。这次培训还包括对 F－35 战斗机实际试验过程的观察，比如 F－35B 战斗机的短距起飞和垂直降落，以及 F－35C 战斗机的弹射起飞和拦阻着舰。这些人员还上手进行了实际操作和演示，注意观察了起落架的测试情况。上舰后，帕图克森特河综合试飞队开展了甲板训练，熟悉舰船情况，熟悉舰船的日常操作/演练，以便与船舶公司人员协作。

(1)外派分队的计划与实施。由于有很多特殊试验要求,帕图克森特河试验场承担的很多试验需要频繁和大量地派遣试验人员到其他试验地点开展试验。这些试验外派分队人员需要投入大量时间进行计划和训练。通过不断地摸索,综合试飞队确定了一种有效地规划这些外派分队(见表15.1)工作的技能,试飞工程师在协调中负责牵头。上舰分队的行动速度非常快,两架飞机每天飞行两个架次,每周7天,都是在一个非常复杂和恶劣的环境中完成的。图15.21中显示的是外派分队在帕图克森特河持续开展试验任务的同时完成的外派试验任务。

表15.1　帕图克森特河外派分队

年　份	分遣队
2011	(1)新泽西州莱克赫斯特,F-35C战斗机初步弹射起飞和拦阻着舰试验 (2)STOVL型DT-Ⅰ(第一阶段研制试验)阶段海试(在东海岸的“黄蜂”号两栖攻击舰上)
2012	(1)新泽西州莱克赫斯特,F-35C战斗机拦阻着舰试验 (2)爱德华空军基地,F-35B战斗机空中启动试验
2013	STOVL型DT-Ⅱ阶段海试(在东海岸的“黄蜂”号两栖攻击舰上)
2014	(1)新泽西州莱克赫斯特,F-35C战斗机弹射起飞和拦阻着舰试验 (2)爱德华空军基地,STOVL模式湿跑道和侧风试验 (3)CV型DT-Ⅰ阶段海试(在西海岸的尼米兹号航母上)
2015	(1)爱德华空军基地,STOVL模式侧风和CV湿跑道和侧风试验 (2)艾格林空军基地,麦金利气候实验室试验 (3)CV型DT-Ⅱ阶段海试(在东海岸的德怀特·艾森豪威尔号航母上)
2016	(1)新泽西州莱克赫斯特,F-35C战斗机弹射起飞和拦阻着舰试验 (2)NASA沃勒普斯,由于帕图克森特河跑道建设,工作暂时外迁 (3)CV型DT-Ⅲ阶段海试(在东海岸的乔治·华盛顿号航母上) (4)STOVL型DT-Ⅲ阶段海试(在西海岸的美国号航母上)
2017	新泽西州莱克赫斯特,F-35C战斗机弹射和拦阻着舰
2018	北卡罗来纳州切利角海军陆战队一级航空站(MCAS)/海军陆战队博格辅助着陆场(MCALF),模式4坡道面着陆试验

图15.21　帕图克森特河外派分队在执行海试

(2)STOVL 型的舰船适应性试验。根据美国海军陆战队的要求,F-35B 战斗机在以下几方面进行了独特的岸基舰船适应性试验和兼容性试验:外部环境(振动-声学),多种武器构型短距起飞/短距着陆/垂直起飞试验,以及滑跃起飞试验。还进行了其他舰载试验,包括三次主要海试,这些试验证明了飞机的初始能力,为了向作战部队交付,随后进行了扩展风包线和武器包线试验。另外还在小型舰艇上开展了联合精确进场着陆系统(JPALS)试验和认证,以及头盔夜间兼容性试验。

2010 年 1 月,BF-1 试验机进行了第一次从全翼载飞行到半喷气飞行的空中转换。在这一里程碑节点之后,开始 STOVL 初始过渡试验,验证 STOVL 模式型飞机在整个半喷气飞行状态以逐渐变慢的速度飞行的能力。由于飞机已经能够过渡到较慢空速,也就证明了能够执行短距着陆和短距起飞。2010 年 3 月 17 日,BF-1 试验机进行了第一次悬停,紧接着在第二天进行了首次垂直降落。从那天开始,帕图克森特河的试验机共进行了 1 400 多次垂直着陆。

开展飞行试验的原因之一是尽早发现问题,以便在进入全速率生产之前能够修复问题。2010 年,帕图克森特河团队在高速半喷气飞行试验中发现了辅助空气入口舱门的振动问题。这次飞行试验的发现导致美国国防部长确定 F-35 战斗机 STOVL 型为试用期。随即决定重新设计辅助空气入口舱门。在 2011 年重新设计辅助空气入口舱门期间,帕图克森特河试验团队继续在不受舱门振动问题影响的区域扩展 STOVL 模式的飞行包线。实际上,当年,试验团队充分扩展了半喷气和全喷气飞行包线,为 2011 年 10 月在"黄蜂号"(LHD 1)上使用 BF-2 和 BF-4 试验机开始进行首次研制试验(DT-I)海试做好了充分准备。在 STOVL 模式第一阶段研制试验海试期间,试验团队验证了 STOVL 模式净构型的昼间操作能力,以及飞机定位、甲板上的操作、军用功率和最大功率短距起飞,和垂直降落回收能力。对后勤保障也进行了验证,并收集了外部环境数据,以确定 STOVL 型飞机在舰载环境中操作的特点。

在成功完成首次海试后,同年晚些时候,BF-1 试验机安装了重新设计的辅助空气入口舱门系统。通过回归试验成功验证了这种新设计,促使美国国防部长取消了 STOVL 型的试用期。整个 2012 年和 2013 年上半年,试验团队将飞行包线扩展到夜间操作,并开始携带内部任务载荷。

2013 年 8 月,试验团队重返美国"黄蜂号"(LHD 1)两栖攻击舰,使用 BF-1 和 BF-5 试验机开展第二阶段研制试验海试。这个外派试验分队的 200 多名帕图克森特河人员,以飞机携带内部任务载荷的净构型,成功地进行了 94 架次舰载昼夜飞行试验,全面验证了飞机的能力。

最后一阶段系统研制和验证 STOVL 模式海试是 2016 年秋季在美国号两栖攻击舰(LHA 6)上进行的,试验地点在太平洋,参试飞机为 BF-1 和 BF-5 试验机。美国号航母是第一艘专为 F-35 战斗机设计和建造的海军两栖攻击舰。最后一次海试验证了 F-35 战斗机在更高海况和甲板运动条件下进行昼夜操作的能力。试验团队验证了在对称和非对称的外挂配置情况下发射和回收飞机的能力。这次海试很重要,因为飞行甲板非常有限,这次试验与 VMX-1 中队合作进行,VMX-1 中队是一个具有航母使用资格的作战试验中队。

(3)CV 型 F-35 战斗机的舰载适应性试验。根据美国海军的要求,F-35C 战斗机必须开展外部环境(振动-声学)条件的独特岸基舰载适应性和兼容性试验;喷焰偏转器(JBD)和飞行甲板兼容性试验;多种武器构型条件下的进场操纵品质评定试验、滑行钩住和飞行钩住拦阻系统结构试验(与拦阻系统的各种挂接状态试验);以及多种武器构型条件下的弹射器系统试验(弹射器蒸汽摄入试验)。

与STOVL模式舰载适应性和包线扩展试验并行开展了F-35C战斗机本机试验，遇到了一些特殊问题。第一架CV型F-35战斗机(CF-1)于2010年11月抵达帕图克森特河。第二年早期，在帕图克森特河TC-7弹射试验场开展了弹射器定位评估试验，如图15.22所示。

图15.22　F-35C战斗机岸基弹射器定位评估试验

2011年6月，CF-2试验机前往NAWCAD莱克赫斯特进行喷焰偏转器(JBD)试验。这项试验是为了验证飞机被放置在喷焰偏转器(见图15.23)之前或之后，发动机功能不会因为热燃气吸入而降级。开展这项试验时，对喷焰偏转器进行了改进，对原来承受双发飞机较小型发动机排气冲击的水冷却系统进行了改造，以适应单发F-35战斗机的较大型发动机排气冲击。在莱克赫斯特进行了为期一个月的试验，使用C13-2进行了结构检验试验、蒸汽摄入试验，使用Mk-7和E-28拦阻系统进行了滑行钩住试验。

图15.23　F-35C战斗机喷焰偏转器集成试验

2012年，CF-3试验机在莱克赫斯特用Mk-7和E-28拦阻系统进行了第一次飞行钩住试验。帕图克森特河试验团队发现F-35战斗机的拦阻钩系统(AHS)和尾钩几何结构无法可靠地抓住拦阻钢索。这些试验结果促使对拦阻钩系统和尾钩进行了改进和设计更新。2014年1月，在莱克赫斯特，CF-3试验机使用重新设计的拦阻钩系统重新开始滑行钩住试验。这些试验结果足以支持试验团队进展到以携带内部任务载荷的飞机净构型开展Mk-7结构检验试验。

2014年11月，在尼米兹号(CVN 68)航母上，CF-3试验机和CF-5试验机开始CV型初次研制试验海试。这次海试在西海岸进行，这进一步增加了位于东海岸帕图克森特河主试验场的外派分队后勤保障工作的复杂性。在这次海试中，试验团队独享飞行甲板使用权，综合试飞队进行了124次弹射/拦阻着舰和222次的触舰复飞，但没有进行逃逸复飞(即，在着舰时未能抓住拦阻索)试验。这次海试，综合试飞队成功验证了：F-35战斗机的昼间操作、甲板操纵和后勤保障、弹射和回收、最小末速试验、军用功率弹射试验，以及一些基本夜间操作。试验中，试验机是由舰艏和舰中部的弹射器发射的。当飞机中部的外侧弹射器(4号弹射器)发射时，试验团队确认出现了不利的滚转趋势，这个问题有待于进一步解决。总体而言，这次海试非常成功。

试验团队于2015年10月在美国艾森豪威尔号(CVN 69)航母上重新进行了CV型的第二阶段海试(见图15.24)，但这次，试验团队不再享受独家使用飞行甲板的特权。这次海试，试验分队重点试验增加飞机重量和前重心条件的操作。在这次海试中，使用四台弹射器执行了66次弹射起飞，以及66次拦阻着舰和40次触舰复飞。这阶段试验主要验证了F－35战斗机的以下能力：昼夜条件下的工作能力、内部武器挂载、军用功率和最大功率发射、以及在机库里给飞机提供动力的操作能力。此外，试验团队还采集了外部环境数据，并对联合精确进场和着陆系统进行了降低风险的工作。

图15.24　帕图克森特河综合试飞队人员和试验机在艾森豪威尔号航母上

2016年，试验团队开始了携带外挂的岸基试验工作。2—5月，以各种外挂构型评估了Mk－7结构和拦阻装置。8月，在“华盛顿号”(CVN 73)航母上进行了第三次，也是最后一次CV研制试验海试，如图15.25所示。试验团队与VFA－101中队共享甲板，VFA－101中队是具有航母使用资格的作战试验中队。在最后阶段海试中，进行了121次弹射和拦阻着舰，以及67次触舰复飞。所有试验都是在内部弹仓和外部挂架满载条件下进行的。

这些海试的高度成功，依赖于帕图克森特河综合试飞队周密的岸基包线扩展试验计划和执行结果。在帕图克森特河持续8年的飞行试验中，岸基试验非常重要，在F－35B和F－35C战斗机飞上美国海军舰船上开展试验之前，发现了数个问题。这些问题的发现与解决，以及海上试验期间获得的经验，使F－35B和F－35C战斗机成为功能强大的作战平台。

3. 测试/数据处理

试验测试数据是飞行试验的核心。在帕图克森特河开展试飞的主要目的是为验证F－35战斗机系统能力提供最真实和最精确的数据，并验证F－35B和F－35C战斗机的高效性、有效性和安全性。保持数据系统的正常运行和数据生成具有挑战性，过去几年，试验团队克服了各种障碍。

图 15.25　CF-3 试验机从乔治·华盛顿号航母上弹射起飞

将商用货架系统与在系统研制和验证阶段成熟的独特数据总线协议进行集成，必须对多个飞行试验数据系统进行升级，提高吞吐量和记录能力。帕图克森特河综合试飞队确定了一种限制数据吞吐量的方法，要求综合产品开发团队缩小测量范围和采样率，只采集任务关键的和与飞行安全有关的数据。

帕图克森特河试验基地未加装测试仪器的可用武器数量很有限，而加装了测试仪器的武器一直在进行仿真假弹试飞。这导致发生了多起意外事故，致使应变仪、传感器和线路受损。当为了保证试验安全/飞行安全需要使用加装了测试仪器的武器进行试验时，经常导致试验任务准备工作延迟，而这往往是在武器被装载到飞机上之后才提出，这就成了问题。解决这一问题需要跨团队之间的协作，并要求制定一个书面程序，在每次飞行后检查、修理和标记加装了测试仪器的武器。

鉴于机身测试系统很特殊，而且并不是所有试验机的起落架、升力风扇和发动机都加装了测试仪器(只有少部分进行了测试改装)，这也形成了特殊约束。由于竞争需要，所需的测试构型，尤其是与航母的集成的测试构型，并不是一直可用。在系统研制和验证试飞阶段，这一问题导致了在试验飞机之间进行了多次起落架互换。同样，对于有限数量加装了测试仪器的升力风扇和发动机，也要有效控制和管理，特别是这些测试设备损坏或需要外出维修时。在系统研制和验证期间，在不同试验机机身上进行各种各样试验测试，争取使用进行了测试改装的推进系统硬件的情况并不少见，有时需要在飞机之间进行硬件交换。

在海试开始之前，需要进行一些改装，以帮助试验团队采集所需的数据。移动控制室，如移动测试和遥测系统(MITS-12)以及一个可扩展的小型会议室被安装在机库中，以便工程师们能够实时监控飞行试验活动。为了采集飞机弹射起飞数据，在航母甲板边缘安装了高速摄像机。此外，还在航母尾部安装了摄像机，以记录飞机着舰的实际位置。在航母舰艄还安装了一个 30 ft 的风速计，这些连同航母的整套运动设施共同构成了 F-35 战斗机的海上动态之“家”。

4. 试飞员的观点

帕图克森特河的 F-35 战斗机飞行试验工作还涉及另外一只核心队伍，即试飞员队伍。这些试飞员分别来自洛马公司、BAE 系统公司和美国海军、美国海军陆战队以及英国国防部

(见图15.26)。自从2009年第一架试验飞机到达这里开始,共有35名飞行员在帕图克森特河基地执行了试飞任务,完成了超过4 400架次飞行,总计6 600飞行试验小时和35 000个试验点。所有的试飞员都有资格驾驶三型F－35战斗机开展试飞,他们中的大多数都还获得了F/A－18驾驶资格。综合试飞队的所有试飞员都是在本场进行的培训,在进入综合试飞队之前都没有F－35战斗机飞行经历。所有培训工作都在本组织内进行。F－35战斗机试飞员团队的目标是每个飞行员每月飞行10飞行试验小时,但这一目标从未实现;实际上每个飞行员每月平均飞行时间接近7飞行试验小时。这个数字是可以接受的,因为试飞员的经验非常丰富,广泛使用模拟器开展试飞准备,在控制律中纳入了大量成套的自动机动动作。

图15.26　在帕图克森特河的F－35战斗机试飞员

在整个系统研制和验证期间,试飞员的配备一直是一个问题。历史上飞行员与试验机的比率是1.5～1,这个比率是确定试飞员数量的基础。帕图克森特河试验场分配了9架试验飞机,按照人员配备的标准一般需要配备13名随时可以飞行的试飞员(4～5名承包商试飞员和8～9名政府试飞员)。但是,由于某些独特的试验要求,特别是STOVL型和CV型包线扩展,多次长期外派部署,以及可用飞行时间和伴飞保障方面的要求等因素,出现一些偶然偏差也属正常。

有一种文化和历史信念认为安全伴飞是研制试飞必需的。因此,在系统研制与验证阶段早期,几乎每一次飞行都安排一架安全伴飞飞机。显然,在许多情况下,在试验空域里和靠近试验机的范围内,出现另一架飞机会增加试验风险。其中一个例子就是用F/A－18战斗攻击机伴飞速度非常低的STOVL型执行试飞任务。这些试验在繁忙的低空进行,STOVL型速度与F/A－18型战斗攻击机的速度不兼容,这常常使F/A－18战斗攻击机的飞行员处于危险处境。综合试飞队重新评估了每个试验计划的残余风险,并对每一个试验计划采取了必要的缓解措施,有条不紊地完成了各项试验,其中缓解风险的一个重要措施就是减少使用伴飞飞机。最有效的缓解风险措施包括:明确任务准备要求,机动动作标准化和在控制室监控关键参数和试验机健康状态。其结果是降低了综合试飞队试验的复杂性,降低了每个任务相关的总体风险,大大地节省了成本。

帕图克森特河综合试飞队的飞行工作非常成功,满足了所有要求,取得的主要成就包括以下几个。

1)成功地为控制律动态逆模型的首次使用提供了设计依据。

2)扩展了 STOVL 型概念,交付了 STOVL 能力,包括验证了 STOVL 型性能模型,并在正常条件下整个 STOVL 型包线内,开发了飞机的一级操纵品质。

3)及早发现了 CV 型着陆拦阻钩的设计问题和俯仰枢轴的定向问题,保证了及时解决问题,满足了系统研制和验证要求。

帕图克森特河综合试飞队在短时间内完成了大量的试飞工作,这是非同寻常的,也是史无前例的。这些试飞工作已经使海军陆战队能够在美国海军 L 级舰艇上部署 F-35 战斗机,不久美国海军也将在 CVN(核动力航母)航母上做同样的部署。这些工作为海军陆战队在 2015 年宣布 F-35B 战斗机的初始作战能力做出了重大贡献,也将为海军在 2019 年宣布 F-35C 战斗机的初始作战能力做出贡献。

15.4 总 结

F-35 战斗机项目的系统研制和验证阶段试验/试飞工作持续了 16 年。在此期间,18 架试验飞机在两个主要试验场进行了飞行科学和任务系统飞行试验,历时 8 年,交付了前所未有的提高了第 5 代战斗机作战能力,如图 15.27 所示。另外还获得了许多宝贵的经验和教训:例如,早期制定的试验计划必须具有弹性和灵活性;"激增"试验概念有助于在短时间内集中资源完成大型复杂试验;优化的飞行试验进度预测是 4~6 周;测试系统必须灵活、适应性强并且可扩展;由专家教员进行培训是试验成功的关键;有明确角色分配和责任划分的团队协作,以及沟通是必不可少的。有了这些经验教训,未来的 F-35 战斗机飞行试验可以继续扩展 F-35 战斗机在爱德华空军基地和帕图克森特河系统研制与验证阶段所取得的历史成就,继续提供无与伦比的 F-35 战斗机作战能力。

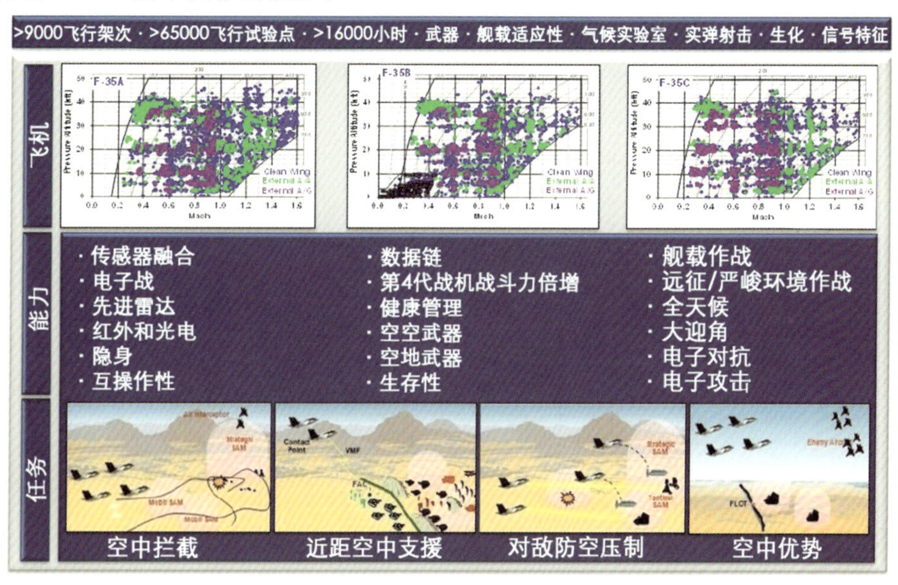

图 15.27 F-35 战斗机 Block 3F 交付了第五代战斗机作战能力

参考文献

[1] ELLIS R. M ,GROSS P , YATES J B, et al. F-35 Structural Design, Development, and Verification[R]. AIAA—2018—3515, 2018.

[2] HARRIS J,STANFORD J. F-35 Flight Control Law Design, Development, and Verification[R]. AIAA —2018—3516, 2018.

[3] WURTH S, SMITH M, CELIBERTI L. F-35 Propulsion System Integration, Development, and Verification[R]. AIAA—2018—3517 ,2018.

[4] ROBBINS D,BOBALIK J, STENA D D, et al. F-35 Subsystems Design, Development, and Verification[R]. AIAA—2018—3518, 2018 .

[5] LEMONS G T, CARRINGTON K, FREY T, et al. F-35 Mission Systems Design,Development,and Verification[R]. AIAA —2018—3519,2018.

[6] FREY T L,AGUILAR J C,ENGEBRETSON K R,et al. F-35 Information Fusion[R]. AIAA —2018—3520,2018.

[7] WILSON T. F-35 Carrier Suitability Testing[R]. AIAA—2018—3678, 2018.

[8] PARSONS D,ECKSTEIN A,AZEVEDO J. F-35 Aerodynamic Performance Verification[R]. AIAA—2018—3679,2018.

[9] HETREED C F,CARROLL M D, COLLARD J E,et al. F-35 Weapons Separation Test and Verification[R]. AIAA—2018—3680,2018.

[10] PARSONS D,LEVIN D,PANTENY D ,et al. F-35 STOVL Performance Requirements Verification[R]. AIAA—2018—3681,2018.

[11] NELSON D. Lockheed Martin Aeronautics Company, F35 SDD Lessons Learned[C]// F-35 System Development and Demonstration Presentation. Palmdale, California : Lockheed Martin Aeronautics Company ,2017.

第 16 章　F－35“闪电Ⅱ”战斗机武器分离试验与验证

武器分离飞行试验(见图 16.1)是军用飞机项目武器认证过程中最明显的一个阶段。武器分离飞行试验通常从伴飞飞机上拍摄试验过程,这个试验过程既是对武器投放是否满足要求进行的验证,也是对用户操作使用武器系统是否能完成预期任务的验证。在 F－35 战斗机的系统研制与验证阶段,洛马公司向 F－35 战斗机联合项目办公室提供了一份“认证建议书”,建议使用 F－35A,F－35B 和 F－35C 三种型别战斗机分别以 20 种不同构型对 11 种武器进行装载、携带和投放试验。洛马公司的认证建议和验证武器投放要求已得到满足的基础是通过飞行试验确认的建模与仿真(M&S)结果,随后根据武器分离飞行试验期间采集的数据对建模与仿真进行了调整,以便对以后开展的武器分离试验进行仿真复现。试验期间,飞行试验团队快速成功地执行了 183 次安全的武器分离试验,而且没有一个试验点需要重飞。

图 16.1　F－35 战斗机武器分离飞行试验

16.1　F－35 战斗机武器分离试验与验证简介

F－35 联合攻击战斗机(JSF)是一种第 5 代攻击战斗机,是根据 JSF 项目的四大核心要求——生存性,杀伤力,可保障性和经济可承受性设计的[1]。为了满足多军种和国际用户的需求,同时仍然保持经济可承受性,设计了三种独特型别[2]的 F－35 战斗机,三种型别战斗机之间有许多通用的飞机和系统组件(见图 16.2)。例如,F－35A 和 F－35C 战斗机使用相同的武器舱,能够携带比垂直着陆型 F－35B 战斗机更大型的空对地武器。不同于 F－35C 战斗机需要更大的机翼才能在海军航空母舰上实现较慢的进场,F－35A 和 F－35B 战斗机采用重量轻、外形相似的较小机翼。在 JSF 项目的系统研制与验证阶段,在这三型飞机上以 20 种不同的装载构型对 11 种武器进行了挂载和投放认证试验——这是一个非常具有挑战性的试验过程,包括跨多个工程学科的设计、建模、仿真和试验。

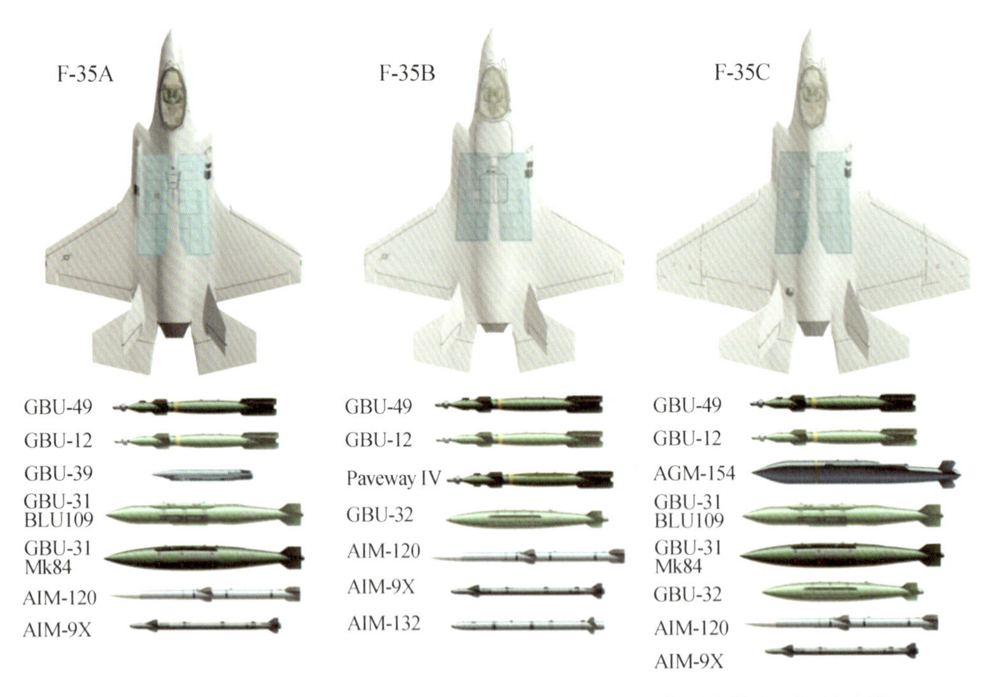

图 16.2　三种独特型别的 F-35 战斗机(SDD 阶段认证的可挂载和可投放武器)

许多工程学科遵循同样的基本路径(见图 16.3),从系统需求开始,然后进行设计,再把设计作为输入开始建模与仿真,然后开展试验,调整/确认建模与仿真结果,并验证需求是否得到满足。最后,使用试验和试验确认的建模与仿真完成需求验证。

图 16.3　基本路径

武器(挂载物)分离专业学科从左到右的过程基本类似,图 16.4 描述了武器认证过程中武器安全分离的建模、仿真和飞行试验途径更详细的细节,本章将进行总结。保持经济可承受性对于 F-35 战斗机的研制和维持至关重要,在飞行试验之前,采用了多种技术,如计算流体动力学(CFD)研究,来最大限度地减少飞行前的风洞空气动力学试验的成本并降低风险。但是,在武器认证过程中,评估安全武器分离的最重要的成本通常是飞行试验[3]。因此,在注重负担能力的情况下,F-35“闪电Ⅱ”战斗机项目的理念是在最少的武器分离飞行试验事件中提取尽可能准确的信息,这样才会更有信心对建模与仿真进行验证,以支持向联合项目办公室提出可信度更高的武器安全分离评估和认证建议。

由于需求本身就非常具有挑战性,在武器投放飞行包线上进行建模与仿真验证需要 183 个武器分离试验点。为了保证进度,必须快速推进这些试验点,不能容忍延迟——爱德华空军基地和帕图克森特河海军航空站的试飞团队需要有能力连续进行武器分离飞行试验。在收到飞行试验数据后的几个小时内，洛马公司就必须全面了解武器分离试验期间发生的问题，并开展沟通，以了解试验的开展情况，尤其是出现的意外情况。

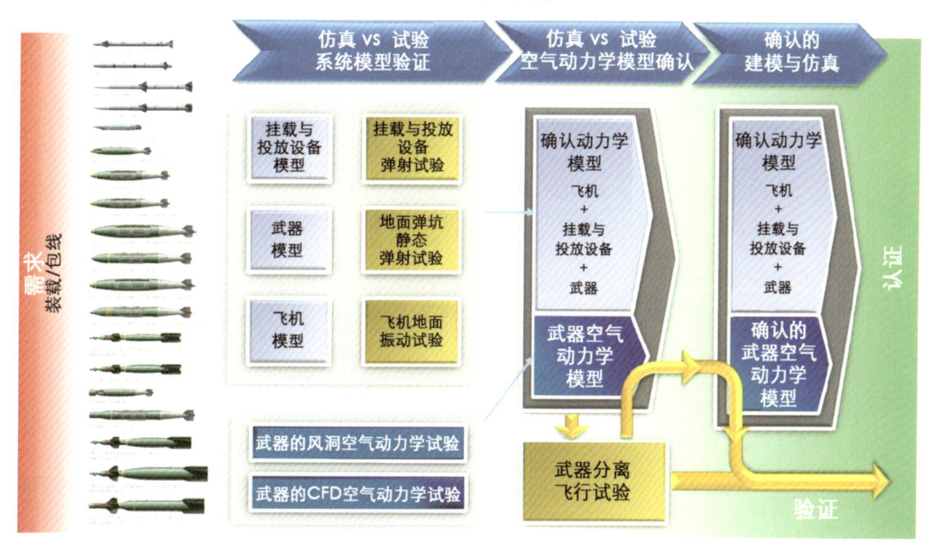

图 16.4　武器安全分离认证途径

将以往武器分离项目中获得的经验教训和建议，与来自数据处理、测试、调查/计量、质量特性、外挂分离、飞行试验，以及洛马公司、爱德华空军基地、帕图克森特河海军航空站，美国海军航空系统司令部(NAVAIR)、美国空军猎鹰办公室(Afseo)、英国国防部、阿诺德工程发展中心(AEDC)、波音公司、雷神导弹系统公司、MBDA 导弹系统公司和雷神系统有限公司的武器专家的输入和详细规划进行了结合分析，最终制定了 F－35 战斗机系统研制与验证阶段武器分离试验大纲并付诸实施，这个试验大纲内容总结如下。

(1)使用三型 F－35 战斗机，在两个试飞主基地(爱德华空军基地和帕图克森特河海军航空站)和多个靶场进行了 183 次武器安全分离飞行试验。

(2)从内部武器舱进行了 121 次投放试验：

1)投放了 58 个大型武器和/或内部武器舱专用空对地武器。

2)发射了 41 枚空对空导弹。

3)分别从 4 个弹射炸弹架投放了 22 枚空对地武器。

(3)进行了 62 次外部武器投放试验：

1)发射了 32 枚空对空导弹。

2)投放了 30 个挂架安装的空对地武器。

(4)能在 1～2 天时间内获得下一次试验活动的批准/许可：机载高速摄像机和六自由度武器遥测数据的分析，基于飞行试验的空气动力增量计算，以及对下次武器分离试验的调整预测都能在一天内完成。

(5)有 17 次试飞进行了多种(多次)武器投放。由地面“控制间”许可进入下一个试验点：其中有三次飞行试验进行了四次武器投放。

(6)对一个武器的尾翼活动拉索(Fin-activation Lanyard)进行了重新设计/重新配置。

(7)弹射炸弹架俯仰设置零更改。

(8)试验中，未出现武器不安全轨迹，未发生由于武器分离导致的F-35战斗机项目延迟/暂停。

(9)试验点重飞率为零。

16.2 F-35战斗机系统研制与验证阶段试验的各种武器

在F-35战斗机项目的系统研制与验证(SDD)阶段，需要在三种型别F-35战斗机飞机的内部武器舱和机翼下挂架装载、携带和投放11种武器(见图16.5)，有关武器装载和携带以及投放设备的设计和硬件方面的详细情况见参考文献[4]。F-35战斗机有11个武器挂点，可以从空间有限的内部武器舱可选气动弹射炸弹架或翼下挂架携带和投放250 lb、500 lb、1 000 lb和2 000 lb级的空-地炸弹。空空导弹则从内部武器舱的舱内的气动弹射炸弹架和机翼下导轨发射器携带和投放。

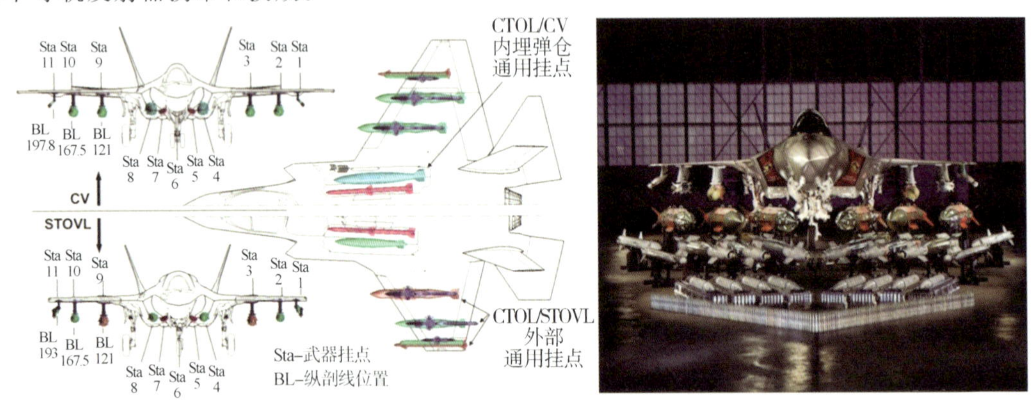

图16.5 F-35A战斗机SDD阶段装载的武器

气动两活塞BRU-68弹射炸弹架(见图16.6)能够从F-35A/C战斗机的内部武器舱或F-35A /B/C战斗机机翼下的外部武器挂点(安装在空对地挂架内)投放500 lb、1 000 lb和2 000 lb级炸弹。与BRU-68弹射炸弹架类似，较小一点的BRU-67气动弹射炸弹架能够投放500 lb和1 000 lb级炸弹，但仅设计用于F-35B战斗机内部武器舱。BRU-68弹射炸弹架和BRU-67弹射炸弹架均具有多节距阀设置，可根据安装的武器提供可选择的俯仰性能。在武器舱内，气动动力源系统(PPS)将炸弹架加压至其工作压力。每个空对地挂架都有一个单独的气动动力源系统，用于对外部/机翼武器挂点的炸弹架进行加压。

LAU-147发射器(见图16.7)是一种气动双活塞弹射发射器，可以安装在F-35A/B/C战斗机的内部武器舱任何挂点。LAU-147发射器能够发射中程空空导弹，如AIM-120先进中程空空导弹。除了对武器舱中的任何BRU-68炸弹弹射架或BRU-67炸弹弹射架加压外，舱内气动动力源系统还可对任何LAU-147发射器加压至其工作压力。

BRU-61炸弹弹射器(见图16.8)是一个四挂点气动驱动炸弹弹射架，能够投放多达4枚250 lb级炸弹，包括GBU-39(SDB)和GBU-53 (SDB-Ⅱ)小直径炸弹。BRU-61炸弹弹射架可以安装在F-35武器舱中的固定适配器上，也可以安装在机翼下与空地挂架连接的BRU-68炸弹弹射架上。BRU-61炸弹弹射架自带压缩机，独立于武器舱和空对地挂架的气动动力源系统。该炸弹弹射架的四个挂点是:内侧后部、内侧前部、外侧后部和外侧前部挂点,每个挂点都有可选择性能的螺距阀和两个活塞。BRU-61 炸弹弹射架上的投放顺序可根据用户要求定制。

在内部武器舱设计阶段,使用了计算机辅助设计(CAD)软件,以使武器在从 F-35 战斗机武器舱载运和投放时,与舱内硬件保持充分间隙。参考文献[4]详细描述了内部武器舱设计考虑因素,以及机上武器的安装硬件,例如武器快速锁扣系统(OQLS)。由于武器的尺寸、形状不同,托架凸耳位置也不一样,因此一个固定的弹射炸弹架位置不可能满足所有武器的载运和使用。例如,一些武器需要弹射炸弹架的位置相对于飞机武器快速锁扣系统更向前,而其他武器需要在武器舱内的位置更高一些。因此,要使用各种适配器(见图 16.9)以确保在武器运载和投放时,与飞机硬件具有足够分离间隙。而且,由于一些适配器连接到舱内武器快速锁扣系统的方式不同,因此,载运和弹出载荷传递到飞机结构的方式也不同。

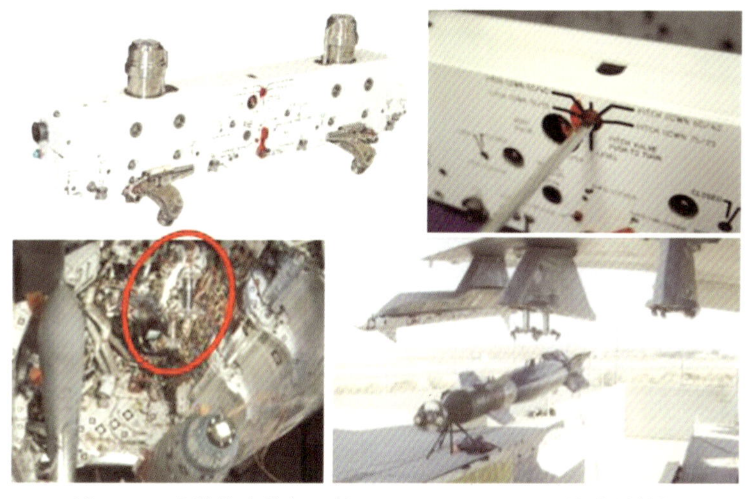

图 16.6　武器舱内挂架上的 BRU-67/BRU-68 炸弹弹射架

图 16.7　LAU-147 导弹发射器

LAU-148 和 LAU-151 发射器(见图 16.10)是轨道发射器,安装在 F-35A/B/C 战斗机最外部武器挂点的空-空挂架上,能够发射轨道发射的导弹,例如 AIM-9X 响尾蛇和 AIM-132 ASRAAM。LAU-148/151 轨道发射器限制导弹的垂直和横向运动,导弹的推力将导弹沿轨道向前推进。

图 16.8　带有 4 个 GBU-39 小直径炸弹的 BRU-61 炸弹弹射架

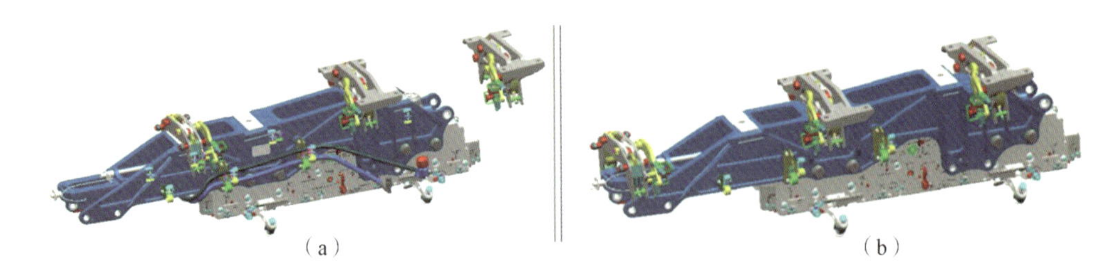

图 16.9　在两个不同的适配器(蓝色)内 的 BRU-67/68 炸弹弹射架
(每一个都与舱内军械快速锁扣系统的安装方式不同)

图 16.10　从 LAU-148/151 发射器发射 AIM-132 和 AIM-9X 空对空轨道发射导弹

除了飞机型别、武器挂点以及之前描述的F-35战斗机释放武器的挂载与投放设备(S&RE)的差异,每种武器的功能不同,投放特性也不同,这些差异主要包括与飞机硬件的间隙、空气动力、运动轨迹以及发射后在飞机附近的稳定性和控制等。例如,GBU-31 JDAM和AGM-154 JSOW武器很大,占据了内部武器舱的大部分空间,当从内部武器舱投放时,它们与飞机硬件(例如武器舱门)非常靠近(间隙小)。宝石路Ⅱ(GBU-12)和宝石路Ⅳ武器有前部鸭翼和尾部尾翼,后者使用拉索装置才能使用。GBU-39 SDB小直径炸弹是轻量级武器,在分离期间,也使用了稳定尾翼。轨道发射的AIM-9X响尾蛇导弹设计有前鸭翼,而AIM-132先进近距空空导弹则没有这种前置气动面。与质量和惯性较高的武器相比,一些武器的质量惯性力矩相对较低,它们对飞机周围流场的气动力响应比较快。还有一些挂载的武器采用主动控制飞行,使用可动尾翼控制面,当这些武器离F-35战斗机很近时,挂载的其他武器可能要求延迟这种控制,或者说延迟激活推进系统(例如,弹出的AIM-120先进中程空空导弹),其火箭发动机的点火要充分延迟,以确保武器到达飞机下方的安全距离才开始向前运动。

因此,必须针对挂载武器的这些独特功能、特性以及它们从F-35投放或分离的方式,开展建模、仿真和试验。武器分离试验是一种动力学试验,受其自身的空气动力学、推进力和惯性力以及同武器与释放设备和飞机的相互作用的影响。

16.3　建　　模

建模和仿真是武器分离认证过程中的一个重要技术环节,但在考虑飞机模型、挂载与投放设备和先前描述的武器之前,必须仔细了解典型的武器实际分离细节过程,随后还需要考虑这些细节如何以及是否可以建模和仿真。关于武器分离问题的描述,硬件需求,兼容性指南和武器飞行试验的相关信息参考文献[5-10, 23]中。虽然一些技术已被现代化设备、工具和方法所取代,但武器分离问题和总的试验技术和目标仍然适用。之所以提供这些特定的参考资料,是因为它们是理解武器分离基础知识的基础文档,有助于实施更新的建模技术,并强化充分的飞行试验测试对于恰当地验证模型和仿真的重要性。参考文献[11]的“经验教训”,为建模、试验和分析提供了重点资源方面的建议,这些建议通常在F-35战斗机武器分离飞行前、飞行试验中和飞行后的活动中得到遵守。F-35战斗机武器分离团队的草根方法:①尽量理解实际的典型过程;②考虑航空航天和汽车行业中使用的通用建模工具和技术;③尝试合理地模拟详细的机械、结构和空气动力学行为特性;④根据可用的测试仪器和典型的试验程序,考虑如何客观地判断和调整仿真模型的行为与真实硬件的行为。与其他专业学科试验一样,如载荷、动力学、颤振、航空/性能以及稳定性和控制,建模和仿真的调整是验证确认过程的一部分。在进行组件地面试验期间和之后,构建了武器分离部件模型,并进行了仿真和验证。在飞机全机地面和飞行试验期间和试验之后,进行了武器分离全机建模,并进行了仿真和验证。与其他按专业学科的试验一样,用于验证需求的武器分离基础是经过验证的模型和仿真结果。

1. 实际过程

实际过程的描述要有助于构建虚拟功能原型,即,仿真模型要表现实际系统的行为特征。在系留挂载(Captive Carriage)期间和武器分离之前,挂载的武器受到挂载与投放设备的约束或限制。武器分离开始的瞬间,挂载状态发生改变,武器被投放,只受到部分约束,并被推离挂载位置。在这个过程中,由于机械、结构、惯性、重力、空气动力学和/或推进力的影响,飞机和武器的响应是刚性且灵活的。来分析以下两个例子。

(1)投放/弹射武器过程分析。弹射挂载与投放设备系统收回其对武器的限制机构(钩子或夹子),接着武器开始自由下落。几乎在同一时刻,弹射挂载与投放设备系统立即伸展加压活塞顶住武器,并推动武器弹出(见图16.11)。飞机、挂载与投放设备机构和武器的交互响应可能很复杂。

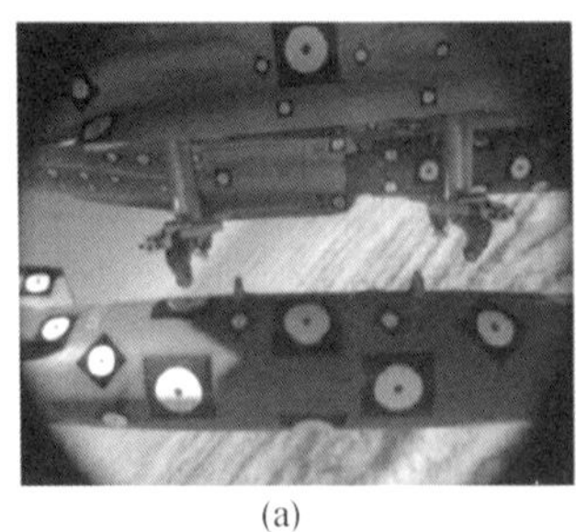
(a)

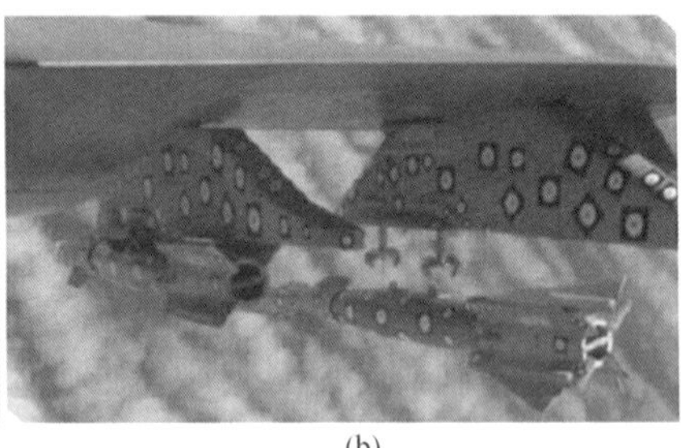
(b)

图16.11　武器弹出瞬间

(a)视角(一);(b)视角(二)

飞机的响应取决于飞机的质量和惯性,挂载与投放设备相对于飞机重心的位置,已投放武器的质量,挂载与投放设备的弹射力,挂载与投放设备位置附近的飞机结构挠性,飞行员对飞机的控制输入和飞行控制系统的响应。在武器分离过程中,飞机的响应可能很重要,也或者可以忽略不计。

挂载与投放设备的行为受到诸多因素影响,包括与飞机或机翼挂架的连接附件约束构型,飞机本地和/或多武器挂载系统的结构挠性和响应,与弹出的武器的接触约束,武器的惯性质量,武器重心,以及在弹射过程中气动或烟火型弹射活塞的行为,弹射过程中作用在武器上的气动力等。

武器的响应受其结构挠性、质量特性、接触约束和挂载与投放设备弹射系统的弹射力、武器的控制律输入,以及作用于武器的气动力的影响。

(2)轨道发射武器过程分析。在系留挂载期间,两个或多个导弹吊架支架被限制在轨道发射器挂载与投放设备系统的长的内轨道或外轨道内。当导弹的火箭发动机点火时,导弹开始向前移动,其吊架支架推动并收回发射器的前向运动约束/制动机构。然后,火箭发动机继续向前推动导弹,沿着导轨向下推进(见图16.12),而在发射过程中导弹被导轨内部的吊架支撑部分限制。在最后一个导弹吊架支架离开轨道通道的那一刻,导弹不再被飞机上的发射器所限制,并继续向前推进。与武器弹射发射过程一样,飞机、发射挂载与投放设备和导弹的响应可能很复杂。

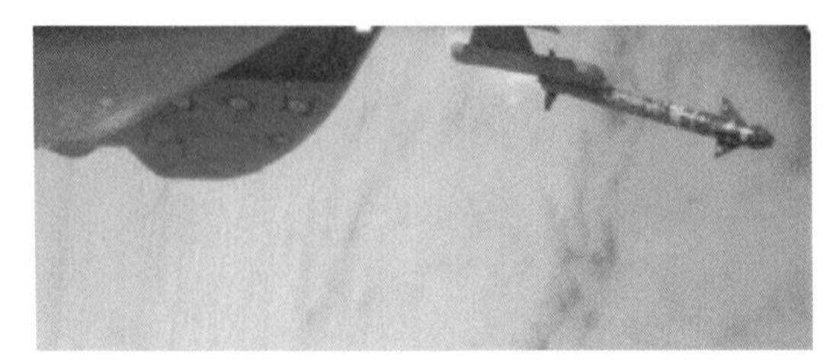

图16.12　轨道发射武器沿着导轨向下推进

正常轨道发射导弹分离过程中的飞机响应比弹射发射武器分离过程的响应更不明显,通常会在挂载与投放设备位置附近观察到局部的结构响应。

发射器的挂载与投放设备的行为受到以下因素影响：与飞机或机翼下挂架的连接附件的约束构型，发射器结构挠性和响应、导弹悬挂支架的轨道约束接触、武器的质量和惯性、导弹和发射器上的空气动力以及导弹羽流撞击力等。

武器响应可能受其自身结构挠性、质量特性、发射器挠性、轨道通道约束接触、推进力、空气动力，以及由于导弹飞行控制律系统输入引起的尾翼或鸭翼控制运动的影响。

2. 模型和模拟过程（建模与仿真过程）

前文介绍的两个武器实际分离过程以相互关联的方式，从结构、机械和空气动力学角度，说明了物理系统（飞机，悬挂与分离设备和分离的武器）的动态特性。在对这种系统的动力学行为进行建模与仿真时，仿真部分可以视为代表实际物理系统模型的一组数学动力学方程组对时间求解。这些模型可以很简单，也可以很复杂，具体取决于仿真所需的保真度和用途。例如，在一些建模与仿真实例中，从第一号武器运动开始，就必须考虑分离过程中机械挂载与投放设备的行为特征，而在其他情况下，从模型中排除这些相互作用可能是有益的，只是从行程末端（EOS）之后或在轨道末端之后（EOR），武器与悬挂与分离设备脱离接触之后，才开始仿真。

典型的武器分离软件涉及代表刚性飞机和六自由度武器系统的运动数学方程的解算，还包括武器的空气动力、推进、控制、挂载与投放设备和武器的相互作用，以及其他规定参见文献[12-13]。在这样的软件环境中，模型，也就是运动数学方程，按照用户要求，包含有具体系统的具体行为，当需要增加额外的部件、约束或其他机械效应时，需要修改运动方程或根据用户的需要定制。人工定制数学运动方程，以获取建模变化，是一项需要高超技能和经验的任务，需要从重要的分析任务中抽调宝贵的人力资源。

3. 洛马公司的系统动力学模型（见图16.13）

洛马公司的武器分离建模与仿真软件ASEP[①]是商用VI-Aircraft[②]软件和机械系统动力学自动分析软件（ADAMS）机械系统仿真软件的插件。在建模阶段，在类似CAD的环境中，对多刚体和挠性机械系统进行虚拟模型构建、组装和存档。因此，在考虑实际过程的物理细节时，例如摩擦、柔性部件、表面接触、复杂的约束机制等，这些物理效应很容易“建立”到虚拟模型中。必要时，模型可以包括详细的结构和机械行为。类似地，“插入式”武器空气动力、控制和推进力可以简单，也可以复杂，并且可以来自各种来源，例如风洞试验，计算流体动力学，或由弹射炸弹架和武器供应商提供的专有“黑匣子”模块。

在ASEP的仿真阶段，每个独特的组装系统模型的运动数学方程都是自动生成并求解的。因此，如果要增加额外的硬件组件和物理行为，只需简单地将它们添加到模型（见图16.14）中即可，而无须人工重新确定运动数学方程。

洛马公司的ASEP建模与仿真软件具有两种建模方法：一个是比较简单的系统动力模型，主要关注武器；另一个是比较复杂的系统动力学模型，包括飞机、挂载与投放设备和武器之间的复杂交互作用。建模方法总结如下：

（1）简单动力学系统——初始条件运动建模与仿真。这种系统建模方法涉及两个或三个

① ASEP是一种软件名称，来源于Automatic Dynamic Analy of Mechanical Sytems(ADAMS)Store Separation.

② VI-Aircraft是VI-Grade公司开发的专业飞行器仿真软件，用来快速建立完整的参数化的飞行器模型，而且容易实现飞行器各子系统的参数化模型管理。

六自由度物体:机动运动的飞机刚体模型、武器刚体模型和可选的六自由度/IMU TM 套件刚体。当只关注不太复杂不受限制的武器自由飞行领域时,使用这种方法,这种方法不包括武器与飞机之间的挂载与投放设备直接机械连接。重点关注的通常是武器在发射行程末端(EOS)或翼梢脱离之后的轨迹。这些刚体分析如下。

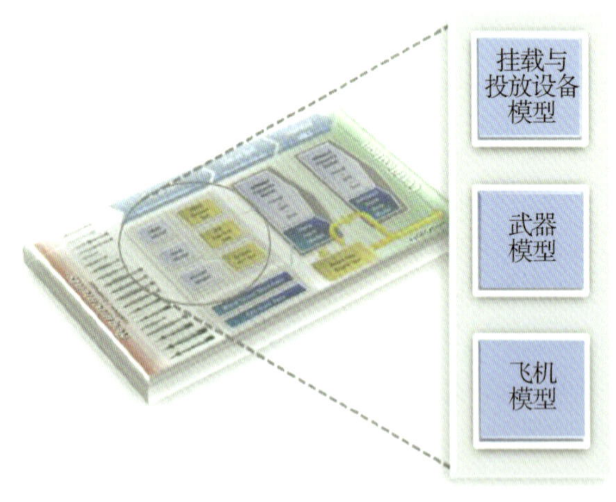

图 16.13 系统动力学模型

图 16.14 ASEP 全机完整模型

飞机刚体模型以两种响应方式在空中飞行:一种是稳态机动飞行,另一种是按照飞行试验要求进行的精确动作机动飞行。在两种类型的机动飞行过程中,目的是实现期望的平移加速度和滚转速率。

武器刚体模型的运动通过两种方式进行仿真。武器的运动轨迹从规定的初始武器位移和速度条件开始。另外,武器运动是受约束的,必须按照相对于运动着的飞机的运动轨迹时间历程运动,然后在武器轨迹时间历程的任何一点选择从飞机脱离,或者在瞬时位移和速度条件下从飞机脱离。在后面这种情况下,武器运动轨迹时间历程有三个来源:一个是武器分离风洞轨迹仿真结果,第二个是飞行试验过程中拍摄的武器飞行轨迹,第三个是根据飞行试验测量的速度和加速度推导的武器飞行轨迹。

在这两种武器运动情况下,只有在武器刚体完全脱离飞机部件的约束,成为一个独立的六自由度物体(见图16.15)之后,其动态轨迹才能受到作用于其上的力的影响,这些力包括空气动力、推进力和重力等。因此,这些力的模型也包含在系统模型中,通常通过软件链接到空气动力学数据库或"黑匣子"模块。

图 16.15 简单的动力学模型——独立的六自由度物体

与飞机刚体机身和武器刚体一样,可选的六自由度/IMU TM 套件刚体是一个运动部件,主要用于:①自动复现飞行试验中武器的实际分离运动轨迹;②自动计算影响这种武器运动轨迹的空气动力。在"试验后"仿真期间,这种六自由度/ IMU TM 套件部件最初连接到武器刚体模型上。在一个武器刚体模型轨迹(无论是处于挂载状态,还是处于根据摄影确定的相对于飞机的运动状态)的选定点,六自由度/IMU TM 套件部件完全脱离武器刚体,并按照测量的速度和加速度“飞行”。

(2)全动力学建模与仿真。这种系统建模方法包括一个正在机动的飞机柔性模型或刚体模型,一个挂载与投放设备部件模型,以及一个柔性的或刚性的武器模型(见图 16.16)。对飞机/挂载与投放设备/武器组合系统的结构、机械和空气动力学特性(试图获得物理系统的详细虚拟模型)进行仿真时,使用这种仿真方法。仿真从武器挂载开始,一直持续到释放、发射或弹出阶段,并包括分离过程中武器和挂载与投放设备连接期间的系统机械动力响应。仿真一直持续到武器和挂载与投放设备脱离连接之后,弹射器活塞行程末端之后,发射器导轨/导弹尾翼脱离之后,或挂架或油箱钩/球/插座约束机构释放之后。飞机模型可以是柔性的或刚性的(见图 16.17),可以连接到地面的起落架机械模型上,以模拟武器静态弹射凹坑试验期间的飞机动力响应。这个模型也可以按照规定的稳态机动或精确飞行试验机动响应在空中“飞行”或者移动。

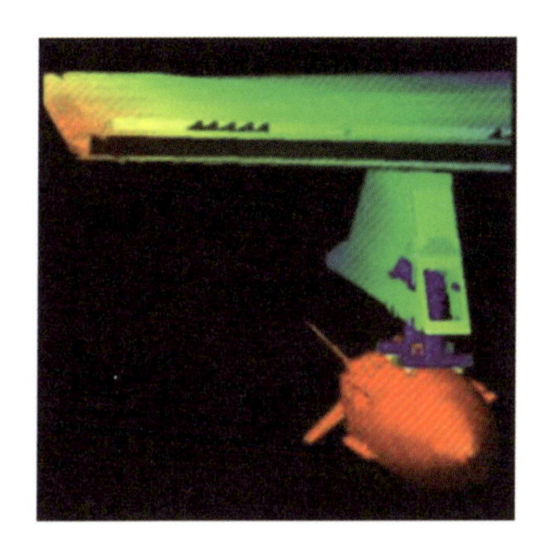

图 16.16　全动力学武器模型

图 16.17　柔性飞机模型

柔性或刚性挂载与投放设备系统模型以类似于实际系统的刚性或柔性方式连接到飞机模型上,以确保挂载与投放设备与飞机之间正确的运动和预期的结构载荷路径。挂载与投放设备模型(见图 16.18)可以是一个弹射炸弹架的机械作动模型(包括炸弹架供应商提供的气体或烟火活塞压力模块),也可以是一个根据有限元建模(FEM)软件获得的柔性轨道导弹发射器模型。这种模型还可以包括柔性或刚性适配器和挂架结构模型。而且还建造了挂载与投放设备,以模拟与武器的物理相互作用。挂载与投放设备子系统模型的逼真度和主系统一致,或者在细节上稍差一些。

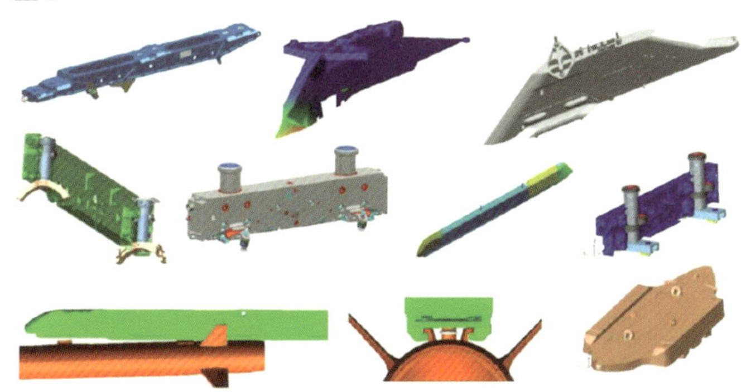

图 16.18　ASEP 中的挂载与投放设备模型

在武器分离仿真期间，武器的柔性或刚性模型受到挂载与投放设备机械模型的完全或部分限制或约束。为了模拟武器和挂载与投放设备之间的相互作用力，通常还要构建武器和挂载与投放设备之间的接触模型，这个接触模型可能包含摩擦力，也可能不包含摩擦力。这种接触可以是武器本体和挂载与投放设备弹射器活塞之间的，也可以是武器本体和活塞防摆支撑垫之间的，或者也可以是武器挂架和发射器轨道之间的。这种接触甚至可能是复杂的钩/球/插座约束，通常可以在油箱与挂架连接的，或者挂架与飞机机翼连接的后枢轴机构中看到。并且这些接触模型要根据要求，尽可能简单，或尽可能复杂，以复现武器和挂载与投放设备之间的相互物理作用。在武器分离过程仿真中，武器受到挂载与投放设备的约束和失去约束之后，还有空气动力、推进力、重力等其他力作用于武器上。因此，这些力的模型也要包括在内，通常通过软件链接到空气动力学数据库或"黑匣子"模块。

4. 空气动力学模型

武器的空气动力学模型(见图 16.19)通常根据风洞试验[14]结果推导获得，但也可以由计算流体动力学生成，或者由风洞试验结果结合计算流体力结果形成[15]。系统研制与验证阶段，为了对装载在三个型别 F-35 战斗机的内部和外部武器挂点的所有武器的投放建立武器分离空气动力学模型，共计进行了 11 次风洞试验，超过 3 900 小时用户占用时数(UOH)，和 1 700多小时吹风(Air-on)。试验采用的是 1∶15 比例的飞机和武器模型，使用了阿诺德工程发展中心的 4 ft 小型跨音速/超音速风洞，而没有使用阿诺德工程发展中心的 16 ft 跨音速/超音速风洞，以尽可能降低风洞试验成本。武器分离风洞试验的相关情况在风洞试验相关文献和试验报告中进行了详细的描述，在此仅作简要说明。试验期间，对四种试验情况，利用连接到武器的载荷测量天平测取了武器的空气动力。

图 16.19　武器的空气动力学模型

(1)试验件的连接。武器和天平直接连接在飞机模型的支柱或其他安装硬件上，通常位于武器舱内(见图 16.20)。在这种情况下，通常以"挂载"构型获得武器的空气动力学力，主要基于以下几个目的：计算武器施加在飞机上的空气载荷；获取这些区域(例如武器舱腔体内)的空气动力学力，因为在这些区域无法安装尾支臂武器模型。

图 16.20　试验件的连接

(2)仅用于武器的自由流。武器和天平连接在尾支臂上，并以相对于自由流方向的各种角度进行了试验测量(见图16.21)。与供应商提供的大比例(例如，全尺寸，1∶2比例，1∶4比例)自由流空气动力学模型进行了比较，以量化与1∶15比例模型的“小规模自由流”空气动力学模型相关的不确定性。

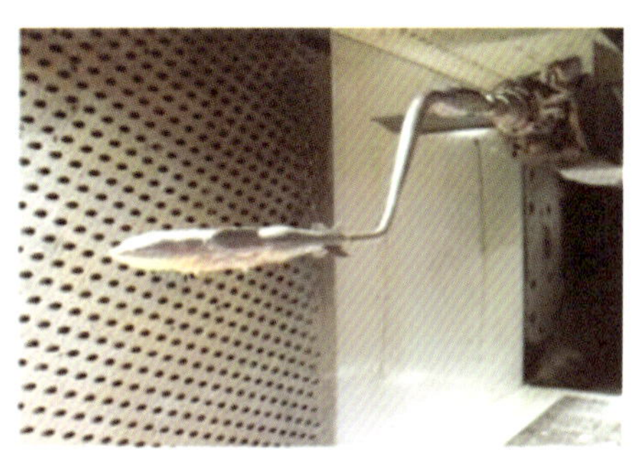

图16.21 自由流模型试验测量

(3)流场网格。武器和天平连接到尾支臂上，与自由流武器-天平-尾支臂布置是一样的，但是飞机模型在风洞试验段安装在一个独立的尾支臂上。这种布置，飞机和武器都可以独立移动，武器能够相对于飞机定位，同时飞机也可以相对于自由气流定位，能够模拟飞机的各种迎角和侧滑角。这类试验在阿诺德工程发展中心被称为系留轨迹系统(CTS)(见图16.22)，在飞机研究协会(ARA)称为双尾支柱刚体(TSR)系统。这种构型的主要目标是测量飞机附近不同位置的武器空气动力，测量结果用于补充武器流场空气动力学数据库。

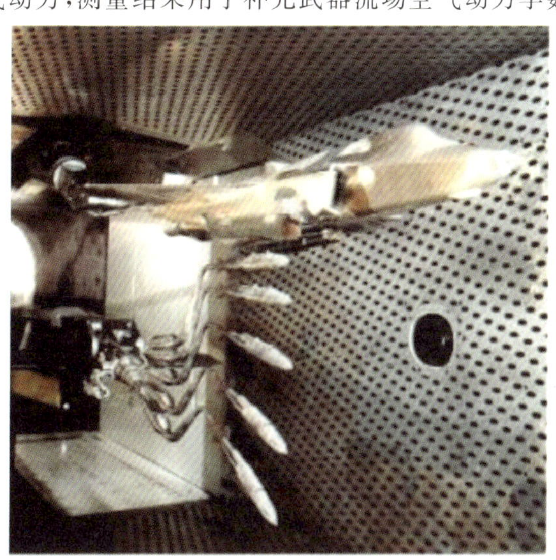

图16.22 流场CTS

(4)流场轨迹仿真。在与流场网格场景相同的构型中，飞机被定位于相对于风洞自由流气流所需的迎角和侧滑角，而武器被定位于相对于飞机尽可能靠近托架处。

测量的武器空气动力学力被输入到风洞设施的轨迹模拟软件中，针对感兴趣的飞机飞行条件，及时解算动力学刚体运动的六自由度方程，并且把得到的“下一个时间步长”的武器位置输出到武器尾支臂控制器，使武器移动到“下一个位置”。武器的弹射力和约束通常包含在线轨迹仿真模型中,以及武器供应商提供的"黑匣子"自动驾驶仪控制和推进力中。这种相互反馈的度量/模拟过程最终产生了武器的一个模拟轨迹,这个模拟轨迹有很多用途。这些轨迹的集合形成一系列武器位置和姿态组合,可以影响在风洞中试验的空气动力学流场数据库网格的密度和范围。在风洞中进行在线轨迹仿真通常是比较不同飞机武器装载布局的轨迹的快速技术手段。在风洞试验期间和之后,比较了:①涉及相同精确轨迹的空气动力学仿真;②涉及基于网格的空气动力学数据库的仿真,"风洞仿真"可以对基于网格的空气动力学模型对空气动力学力的贡献提供更深入的了解。但是,更重要的是,这些风洞仿真确保了基于网格的离线空气动力学能够充分复现风洞在线轨迹仿真。

(5)计算流体动力学。尽管武器空气动力学模型的工业标准来源是风洞试验,但计算流体动力学方法也正在逐渐被接受。在F-35战斗机系统研制与验证阶段,计算流体动力学尚未成为武器分离空气动力学数据库模型的主要来源,主要是因为尚未完成与飞行试验得出的空气动力学的严格比较。对于计算流体动力学和风洞试验,已进行了多次比较,对于机翼下位置与弹舱内位置也进行了多次比较。但最终,更重要的计算流体动力学比较应当是基于计算流体动力学的与飞行试验推导的"真实"空气动力学之间比较,而不是基于计算流体动力学的和基于风洞的空气动力之间的比较。本章的飞行试验部分介绍了根据飞行试验"实际情况"推导的空气动力学。

在F-35战斗机系统研制与验证阶段,武器分离计算流体动力学分析已被用作风洞试验的低成本替代方案[16]。例如,计算流体动力学用于识别三型别F-35战斗机之间的类似流场区域(见图16.23),以便更有效地执行风洞试验。在此类计算流体动力学研究期间,发现可以使用F-35A或F-35B战斗机有效地执行翼下武器分离试验,而风洞武器分离空气动力试验对这两种型别也都是适用的。此外,还发现F-35A或F-35C战斗机的超声速舱内武器分离风洞试验同样是适用的(见图16.24)。没有必要使用所有三种型别F-35战斗机进行重复的武器分离风洞试验。

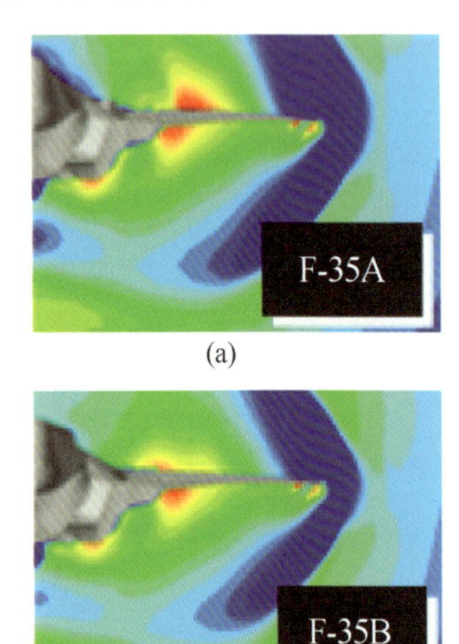

图16.23 流场比较
(a)F-35A;(b)F-35B

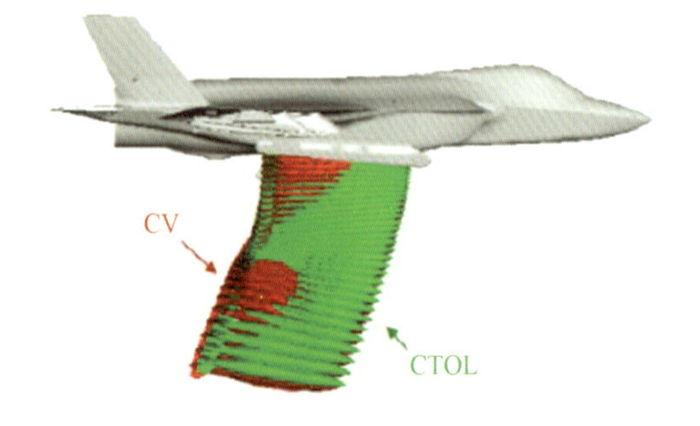

图16.24 F-35A和F-35C型号间的比较

另外还分析了武器构型对飞机流场的影响。在F-35战斗机上集成GBU-39小直径炸弹(SDB)的早期阶段,GBU-39炸弹尾翼设置在首次运动后的某个时间展开,以使该武器不受飞机流场的影响,所以,F-35战斗机/GBU-39炸弹的风洞试验和武器分离初步分析是在尾翼收回状态进行的。F-35战斗机/GBU-39炸弹的风洞试验之后,在一个不属于F-35战斗机武器分离试验项目的GBU-39炸弹开发试验中,提前了原定的展开尾翼的时间。由于这次更改,当从F-35战斗机上释放时,GBU-39炸弹的尾翼将会在仍处于F-35战斗机流场的影响范围内时展出。有人担心,对于尾翼收起的GBU-39炸弹和尾翼展开的GBU-39炸弹,武器舱下方的流场可能会不同。在F-35战斗机/GBU-39炸弹飞行试验中,选择计算流体动力学分析作为一种有效的成本节约方法,量化GBU-39炸弹尾翼展开构型下的流场差异,可能就不再需要进行额外的风洞试验。

纯尾翼收回构型的仿真轨迹[见图16.25(a)]仍然适用于GBU-39炸弹的投放情况[见图16.25(b)中青色武器]。对于尾翼展出GBU-39炸弹的早期(绿色,黄色,红色悬挂物)投放情况,使用GBU-39炸弹尾翼展开构型的计算流体动力学飞机流场系数补充计算获得的武器仿真轨迹,类似于用GBU-39炸弹尾翼收起构型的风洞飞机流场系数推导计算的仿真轨迹。由于计算流体动力学分析的可用性和上述轨迹的相似性,通过武器分离分析能够得出结论:尾翼展出对飞机流场的影响可以忽略不计。不过,空气动力学建模方案,例如组合武器自由流和流场空气动力以获得总空气动力,超出了本章讨论范围。然而,可以得出结论,对于采用尾翼展开构型的仿真,GBU-39武器的完整空气动力学与尾翼展开GBU-39炸弹自由流空气动力学加上来自GBU-39炸弹/F-35战斗机风洞试验的尾翼收回GBU-39炸弹/F-35战斗机流场空气动力学组合,是可行的,是适用的(在原来的F-35/GBU-39炸弹风洞试验基础上,结合了鳍展开GBU-39炸弹自由流动力和鳍片收起的流场空气动力);从而可以避免由于开展额外风洞试验而对预算和进度产生的不利影响。

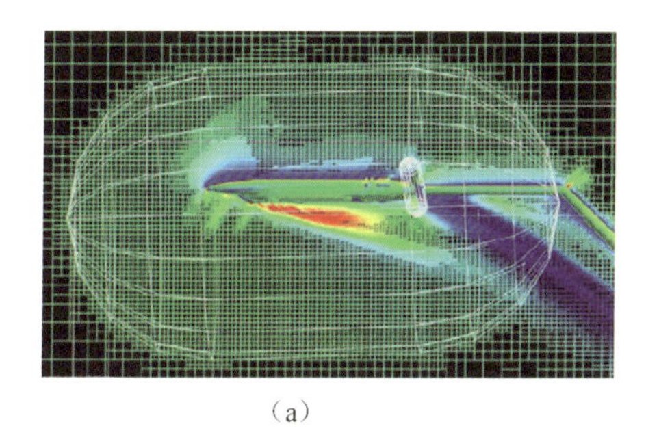
(a)

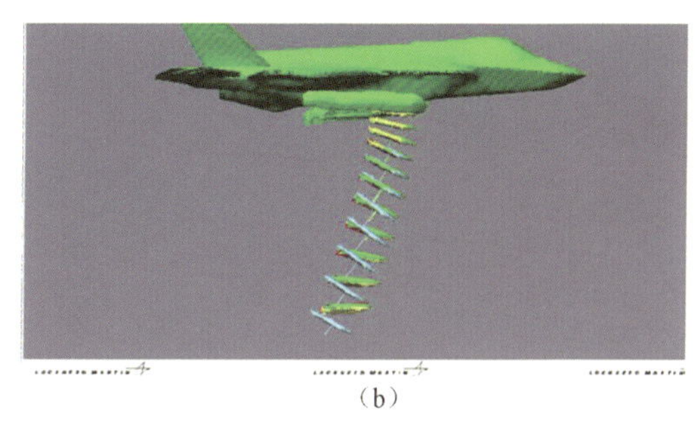
(b)

图16.25　GBU-39计算流体力学仿真和模拟轨迹
(a)尾翼展开仿真轨迹;(b)模拟轨迹

计算流体动力学还被用于快速评估空空导弹发射器表面几何形状的变化,以量化发射AIM-9X导弹的空气动力学差异(见图16.26)。进行这种比较的目的是证明,对于两种不同的发射器,同等应用AIM-9X空气动力学模型和武器分离飞行试验轨迹结果都是合理的。

另外,在飞行后开展了计算流体力学研究,以确认基于风洞试验获得的GBU-32 JDAM炸弹的空气动力学模型和由飞行试验获得的空气动力之间的差异(见图16.27)可能是由于武器向后移动进入了飞机尾端下方的高压梯度区域造成的。这项特别的研究强调了获得武器空气动力学网格数据的重要性,超出了相关风洞试验中包含的前后网格限制。

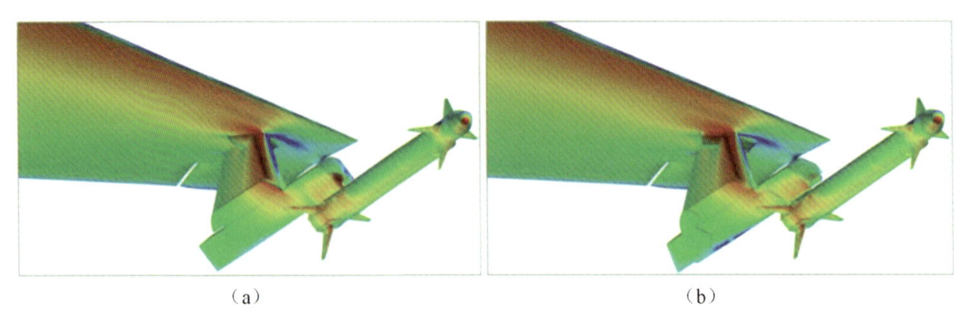

图 16.26 使用 LAU-148 与 LAU-151 发射架的 AIM-9X 导弹空气动力学(表面压力)比较
(a)LAU-148;(b)LAU-151

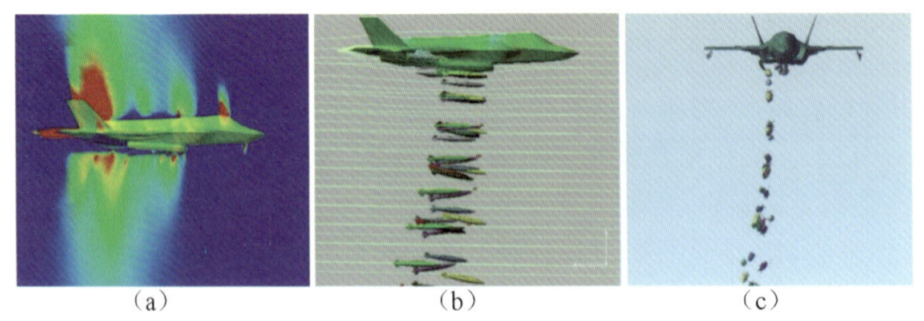

图 16.27 利用计算流体力学研究飞行试验武器空气动力学差异
(a)计算流体力学飞机流场;(b)视角(一);(c)视角(二)

16.4 地面试验:系统动力学模型的验证

对于详细的系统动力学模型和精简的空气动力学模型,如果不进行判断和验证,或适当调整,使之能完全代表真实的系统动力学和真实的空气动力,那么这些模型的有用性和价值就会减少。开展了一系列地面的验证试验(见图 16.28)采集信息,并在飞行前对系统系统模型进行验证,而武器的空气动力学模型验证只能使用飞行试验中采集的信息进行。

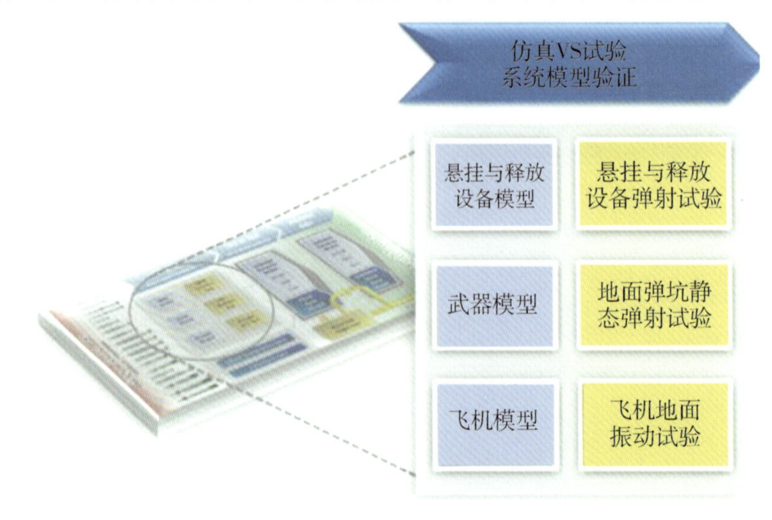

图 16.28 系统动力学模型验证

前文已经提到过，动力学系统包括武器、挂载与投放设备，以及飞机。有时候，要对包含飞机在内的整个系统进行成功验证是不切实际或困难的。即使单个组件特性在成为大系统的一部分时可能会发生变化，但在尝试验证整个系统之前，对单独的组件模型进行验证的做法还是很有实际意义的，特别是在全系统验证无法令人满意，有时又很难隔离所关注的区域的情况下。

1. 静态挂载与投放设备弹射试验

炸弹架供应商 EDO 有限责任公司（EDO LLC/ EDO Limited Liability Company）对 BRU－67、BRU－68 和 LAU－147 炸弹架进行了数百次静态弹射试验，以支持所需的性能、环境、耐久性和合格性试验。这些弹射试验的试验条件包括室温、热和冷温度、各种活塞蓄压器起动压力，以及弹射装置俯仰性能各种设置（如果可行）条件。由于 BRU－67 和 BRU－68 炸弹架设计用于携带和投放不同重量等级武器，因此分别用 500 lb、1 000 lb 和 2 000 lb 重量的武器进行了弹射试验。试验使用的是不同生产序列号的不同炸弹架。验收试验要求是，在交付客户之前对每个弹射炸弹架必须进行至少一次弹射试验。在对 F－35 战斗机 BRU－67、BRU－68 和 LAU－147 弹射炸弹架进行的所有试验中，测量或计算了武器的行程末端垂直速度和俯仰速度。这些丰富的试验数据可用于量化炸弹架之间的性能变化，开展不确定性仿真/分析。

由于洛马公司的 BRU－67、BRU－68 和 LAU－147 炸弹架挂载与投放设备弹射系统模型以 EDO 公司的机械模型为基础，并且包括了 EDO 公司专有的“黑匣子”气动活塞力气体模型，因此弹射架的挂载与投放设备模型验证，必须对洛马公司使用 500 lb、1 000 lb 和 2 000 lb 武器模型进行的 BRU－67 和 BRU－68 炸弹 ASEP 弹射仿真，与 EDO 公司的相同质量特性——炸弹架静态弹射试验进行比较（见图 16.29）。对 LAU－147 炸弹架挂载与投放设备弹射系统模型进行了相同的模型验证，使用的武器模型与 EDO 公司的 AIM－120 试验武器具有相同质量特性。洛马公司经过试验验证的 BRU－67、BRU，BRU－68 和 LAU－147 炸弹架挂载与投放设备系统模型是武器分离飞行前预测的基础。

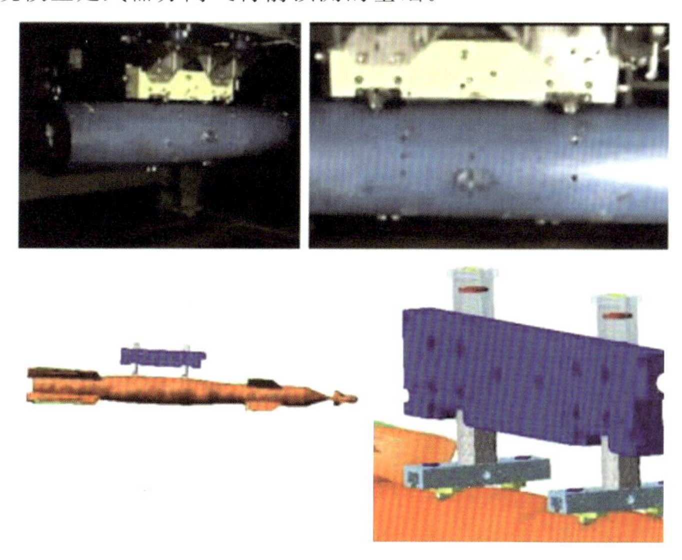

图 16.29　炸弹架静态弹射试验

遗憾的是,在使用挂载与投放设备简单模型的备用动力学建模方案中,针对具体武器类型和质量特性仅规定了行程末端(EOS)位移和速度初始条件,如果武器分离仿真是用EDO公司试验过的武器质量特性进行的,则EDO公司的试验数据只对建立正常仿真武器初始条件垂直速度和俯仰速度有用。

2. 武器振动试验

当柔性动力学武器的动力学响应很重要时,例如AIM-9X和AIM-132空-空导弹发射时,武器和挂架系统仿真模型包含对柔性的描述,这些通常来自武器供应商的有限元模型。武器供应商通常使用武器振动试验来验证他们的有限元模型。洛马公司的导弹武器柔性模型分别使用经过试验验证的AIM-9X和AIM-132导弹有限元模型,这些模型分别由雷神导弹系统公司和MBDA导弹系统公司提供。

3. 地面振动试验

洛马公司动力载荷集成产品团队开展了机载地面振动试验(GVT),以验证有限元模型,试验使用了柔性飞机、挂架、发射器和导弹模型。试验对每种机翼-挂架连接衬套、每个挂架-发射器连接点和每个发射器导轨通道-导弹吊架/吊耳接触点,以各种自由度对接触刚度或自由间隙进行了验证。

动力学载荷团队在调整了他们自己的柔性动力学系统模型之后,同样也调整了与武器分离团队共享的柔性ASEP模型。这些经GVT试验验证的柔性AMR/S&RE系统模型用于轨道发射飞行试验中的武器分离飞行前预测。

4. 装机静态弹坑弹射试验

系统研制与验证阶段,用三种型别F-35战斗机飞行试验飞机进行了158次装机武器静态弹坑弹射试验。试验中,试验飞机停在一个充满泡沫的坑旁。这类试验的主要目的:①验证飞机上安装的挂载与投放设备弹射炸弹架模型的性能;②验证挂载与投放设备-飞机的载荷模型;③在飞行试验之前验证机载武器管理系统的通信和功能;以及④在飞行试验前验证机载测试仪器系统的功能。装机静态弹坑弹射试验(见图16.30)是在飞行试验之前,使用相同的飞机和武器挂点、武器类型和测试仪器(这些测试仪器最终将在后续武器分离飞行试验中使用)对武器,挂载与投放设备,飞机动力学系统模型进行验证,这是唯一的机会。

图16.30 装机静态弹坑弹射试验

在系统模型验证期间，系统模型包括飞机起落架模型，以复制所试验的系统，因为在被试系统向下弹射试验期间，飞机总会做出向上的运动反应，还有一些滚转。总体试验效果看，相对于几乎刚性的挂载与投放设备弹坑弹射试验，弹射力和性能略有下降，在外部挂点进行弹射时，在行程末端武器出现滚转运动。当时，人们预测，在飞行中进行武器弹射发射时可能也会表现出向上和滚转响应，后来证明确实如此。在装机静态弹坑弹射试验后，经过验证的武器+挂载与投放设备+飞机系统模型在飞行试验前用于预测试验武器的分离轨迹，在飞行试验期间用于对武器空气动力学模型进行验证。

16.5　典型的武器分离飞行试验测试仪器

本节简要介绍典型的武器分离飞行试验测试仪器，F-35 战斗机武器分离试验最终将使用与这些测试仪器类型相同的仪器，因此必须了解这些基本仪器。F-35 战斗机具体计划、考虑的因素和其他使用将在 16.6 节介绍。

在判断武器分离仿真与飞行试验的匹配程度时，通常关注的是“发生了什么”，那么就需要比较武器位移轨迹和旋转速度的仿真结果和实际情况。确定武器实际位移轨迹和旋转速度的方法，已经从估算升级进步到了高可信度计算和直接测量，这就需要使用以下一项或两项技术手段：机载武器分离摄像机视频的摄影测量分析，对来自武器 IMU 或六自由度遥测套件(以后统称为“6DOF/IMU TM Kit”[17-19]) 的测量平移加速度和旋转速度进行数值积分。

1. 摄影测量分析

视频高质量摄影测量分析可以精确计算武器相对于飞机的平移和旋转位移。这种精确计算通常可在 8～16 小时内完成，对武器位置解进行仔细的数值微分，可以得到武器速度，甚至是武器的加速度。摄影测量分析包括使用武器和飞机的高捕获率视频图像[见图 16.31(b)]，并使用参考位置，例如高对比度摄影测量(photoG)目标和武器几何特征。

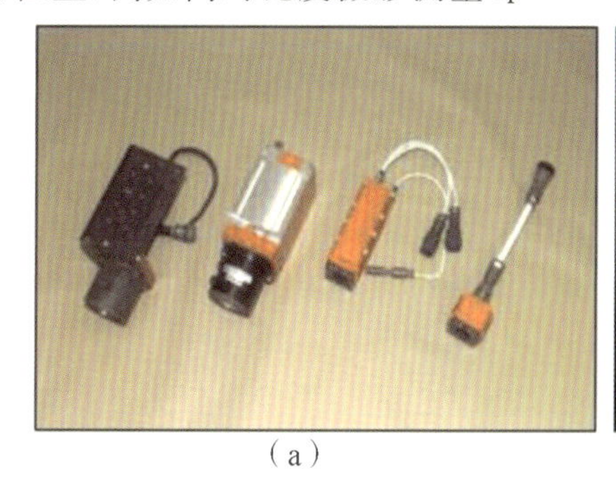
(a)

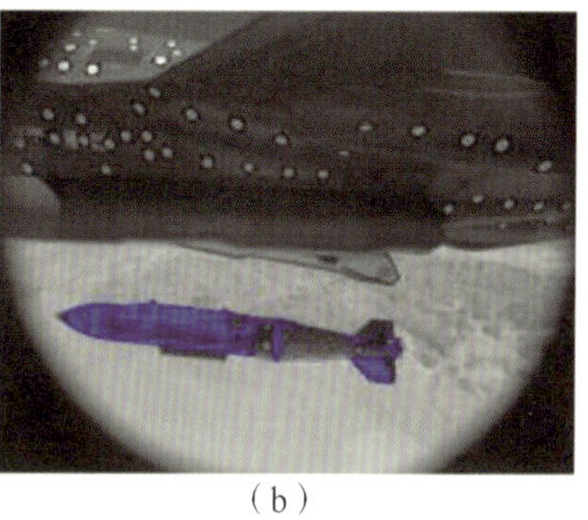
(b)

图 16.31　武器分离摄像机和典型叠加解决方案
(a)摄像机套件；(b)高捕获率视频图像

(1)摄影测量优点。摄影测量解决方案的最直接结果是位置，因此认为位置是“真实”的，这在计算武器脱离飞机硬件的距离时特别有用。

作为六自由度/IMU 遥测套件获得的运动轨迹的补充，摄影测量获得的位置通常是一个非常好的初始条件起点，尤其是当武器、挂载与投放设备和/或机身机动相关的柔性和自由度导致理想的 CAD 位置和实际的空中挂载位置之间不匹配时。

即使目标变得模糊，如果武器轮廓仍然可见，通过将CAD线框叠加到视频图像上仍然可以成功解决位置问题。

摄影测量分析所需的摄像机对于捕获其他事件的视频证据也很有用，例如武器，挂载与投放设备或挂索功能。

(2)摄影测量缺点。光线太强或太弱都可能使图像无法用于摄影测量分析。另外，蒸汽冷凝可能使武器和/或参考几何形状和目标模糊。此外，除非事先进行了技术处理，否则相机振动会降低准确性。另外，除非经过适当的降噪处理，否则数值微分计算的位置可能对速度解产生误差，尤其是对加速度解的误差更大。更复杂的是，典型视频帧速率是每秒200～400帧，这种分辨率无法满足通过加速度计算武器的空气动力要求。

2.六自由度/IMU遥测套件分析

装载在被试武器中的六自由度/IMU遥测套件(见图16.32)的主要优势在于它能直接测量相对于地面的平移加速度和旋转速度，并且与平移加速度的数值积分结合，就可获得武器的六自由度“速度真值”。还有一个优势，就是在武器分离实际飞行试验过程中，试飞工程师在飞行试验控制间可以实时获得六自由度/IMU遥测套件的测量结果。只要考虑飞机的运动，武器速度进行精准数值积分就能获得武器相对于飞机的位置。

(a)

(b)

图16.32 被试武器头部安装的六自由度遥测套件
(a)被试武器头部；(b)六自由度遥测套件

(1)六自由度/IMU遥测套件优点。遥测套件的输出是对武器速度和加速度的快速遥测和直接测量，因此基本不需要进行数据处理就能很直观地解释武器的特性，从而使地面飞行试验指挥室可以快速决定是否“继续进入到下一个试验点”，在每个试飞架次中执行更多武器分离试验任务。

高采样率(大于每秒4 500个样本)使很多过滤策略可以使用，这对于微分旋转速度获得旋转加速度非常有用。

现代六自由度/IMU遥测套件还具有以下功能：①延迟开启功能，能在长时间试飞任务中节省电池电力；②延迟传输功能，这增加了一种机会，能通过“拼接”实时记录的和延迟传输的数据流，解决数据丢失区问题。

(2)六自由度/IMU遥测套件缺点。由于测量的数据是遥测的，有时会导致数据丢失和/

或形成噪声。而且,要想计算武器相对于机动飞机的精确位置,需要准确的初始条件和飞机机动响应方面的知识。此外,数据有时需要与飞机速度和加速度对齐/归零。另外,有时所有6个自由度的数据可能没有实现适当的时间同步。

(3)深入的分析。当这两个飞行试验数据源都可用时,最初看起来可能好像存在冗余,虽然它们确实可用于计算同样的信息,但是这些数据源应该被视为是互补的[20]。例如,在F-35战斗机的部分舱内武器分离试验期间,六自由度/IMU遥测套件数据流数据的噪音过多或未进行适当处理,而武器仍然与挂载与投放设备连接着,从而使“遥测套件解算”的武器位置和速度产生漂移,最终导致后期解算的轨迹不准确;然而,在早期分离阶段,如果采用摄影测量结果取代遥测套件解算结果,则后期轨迹解算结果的准确性就会大幅提高。此外,在F-35战斗机系统研制与验证阶段武器分离飞行试验期间,有大约10%的任务,其中一个数据源是无效或者数据不可用,但由于有另外一个数据源可用,且数据可以满足试验后分析要求,避免了重飞这些飞行试验点。很多时候,在分离轨迹的早期部分,需要准确度更高的摄影测量的“真实”位置,因为在这个阶段,武器距离飞机硬件的距离是关键;当武器从挂载与投放设备中释放出来“自由”之后,则需要更准确(和更高采样率)的六自由度遥测套件来获得武器的速度和加速度,这样才能进行关键的武器空气动力学计算。

3.F-35战斗机空气动力学模型验证使用了相同的测试仪器

在F-35战斗机项目之前,典型的武器空气动力学模型都是在试错过程中进行调整,在这个过程中,一般是通过简单修改模型(例如修改比例,或偏移/漂移),迭代进行飞行后仿真,以获取一个或多个自由度的空气动力学系数。空气动力学模型验证是否成功,判别标准是主观的,一般是把连续的飞行后仿真轨迹,与利用可行的测试仪器,如机载高速摄像机或安装在被试武器上的六自由度遥测套件计算的轨迹进行比较。但一般很难在所有六个自由度获得理想的比较结果。

在F-35战斗机武器分离试验期间,洛马公司实施了一项新策略,同样还是重点关注“在何处以及如何发生”——对武器的空气动力仿真和实际空气动力进行比较,其中仿真空气动力学模型的质量直接在六个自由度上进行判断,作为距挂载点距离的更复杂的函数。洛马公司使用以前武器分离试验中使用的相同类型的测试仪器,创建了一个快速且可重复的程序,用于准确计算武器的六自由度空气动力学力,并调整空气动力学模型,这样经过验证的飞行后仿真就能在六个自由度上精确再现武器的飞行试验轨迹。因此,迭代试错调整和主观判断已由标准的可重复程序取代。然而,成功开展武器空气动力学模型验证还需要重点关注飞行试验测试仪器的质量和细节,这将在后面段落讨论。

16.6 F-35战斗机武器分离飞行试验:验证武器空气动力学模型

前文中已经提到过,洛马公司的认证建议,以及验证武器释放要求是否得到满足,这二者的基础是经过飞行试验验证的建模与仿真——建模与仿真已经根据武器分离飞行试验期间收集的数据进行了调整,这样,对武器分离试验过程的仿真就可以复现实际的武器分离试验过程。一般来说,如果仿真的武器轨迹和旋转速度与飞行试验测得的武器轨迹和旋转速度一样,则在仿真期间作用于武器的总力和力矩就代表了在实际试验期间作用于武器的总力和力矩,从而确认了仿真的正确性。理想情况下，武器分离的飞行前预测仿真应与飞行试验仿真匹配。但实际上，正常的预测并不总是与其对应的实际飞行试验轨迹相匹配。当在飞行试验期间出现这种情况时，重要的是尽快理解这种差异，并进行合理解释，以便调整模型，并对下一次武器分离飞行试验进行仿真预测，尽量消除对飞行试验进度的不利影响。

在实际的武器分离试验和仿真中，会发生以下情况。

(1)六自由度总力和力矩应用于具体武器。

(2)产生武器平移线加速度与旋转角加速度。

(3)产生武器平移线加速度与旋转角加速度的变化。

(4)导致武器的线位移和角位移的变化。

并且还必须考虑飞机的实际机动响应可能与正常仿真期间的响应不同。因此，只有满足以下所有条件时，仿真的武器分离过程才与实际过程一样。

(1)仿真的和实际的武器质量属性是相同的。

(2)仿真的和实际的飞机响应是相同的。

(3)仿真的和实际的武器六自由度力和力矩是相同的。

测量或根据上述试验实际测量进行的计算是飞行后调整模型的基础，并且只有在确定了仿真的和实际的武器六自由度响应(位移轨迹，速度和加速度)相同之后，才能最终验证包括空气动力学模型在内的建模与仿真(见图 16.33)。测量来源如下。

(1)武器的质量特性：飞行前测量。

(2)飞机响应：机载测试。

(3)武器位移、速度和加速度：六自由度/ IMU 遥测套件和机载摄像机摄影测量。

(4)武器空气动力：六自由度/IMU 遥测套件。

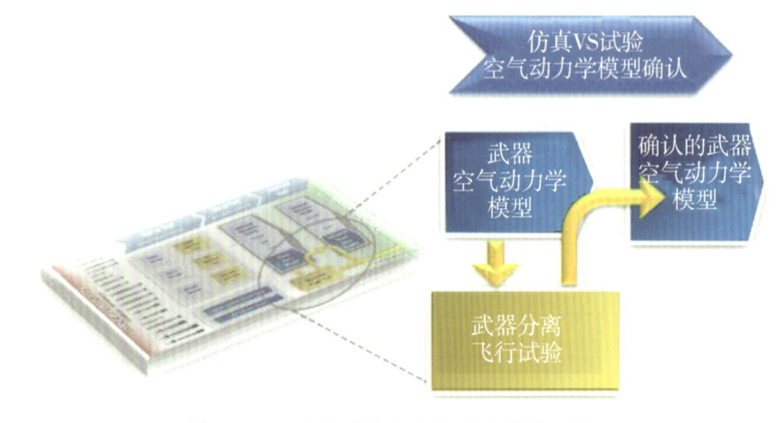

图 16.33　飞行试验和空气动力学模型验证

在飞行试验之前，要求测量每个武器试验件的质量特性，以确保武器质量特性可用。并且合理地确保飞机机动响应测量可用，因为这个信息会被遥测传送到指挥控制室，并由机载数据采集系统记录。但为了确保高可信度的摄影测量和六自由度/ IMU 遥测套件测量结果在飞行后分析中的应用—这对成功验证空气动力学模型至关重要，洛马公司的武器分离工程师结合数据处理、测试仪器、测量/计量学、质量特性、飞行试验以及 F－35 战斗机试验团队的武器专家的建议，规划和制定了飞行前测量、飞行中数据采集以及飞行后计算和比较/验证的一个标准程序。

由于建模与仿真验证是武器分离飞行试验的主要原因，也由于这些测量的质量的重要性，因此对这些规划和程序也需要适当理解，下面介绍这些内容。

1.真实飞行试验过程“回放”的规划

根据武器分离飞行试验期间的运动部件和相关测试仪器，回顾武器分离过程需要“回放”三部分内容：机动中的飞机、武器轨迹和六自由度/ IMU 遥测套件的响应。在洛马公司的武器分离建模与仿真环境，即 ASEP 中，在试验过程的单一仿真回放中，所有这三个都被视为独特的刚体。使用前面描述的 ASEP 的“简单动力学”模型，这三个运动刚体将被强制或约束移动。

(1)飞机机身将根据机载响应测量进行“飞行”，使用定制的人工作用力，根据机载测试测量使飞机产生相同的速度和加速度。

(2)根据轨迹位移解(由摄影测量工程师提供)，武器将被限制移动。

(3)六自由度/IMU 遥测套件体将根据六自由度/ IMU 遥测套件测量的响应“飞行”，使用定制的人工作用力，使六自由度/ IMU 遥测套件产生相同的速度和加速度。

但是，在仿真“回放”中，每个物体的共同运动部分是一组简化的刚体运动方程，即方程式(16.1)～方程式(16.6)：

$$\sum = ma_x \tag{16.1}$$

$$\sum = ma_y \tag{16.2}$$

$$\sum = ma_z \tag{16.3}$$

$$\sum = I_{xx}\dot{\omega} - (I_{yy} - I_{zz})\omega_y\omega_z \tag{16.4}$$

$$\sum = I_{yy}\dot{\omega} - (I_{zz} - I_{xx})\omega_z\omega_x \tag{16.5}$$

$$\sum = I_{zz}\dot{\omega} - (I_{xx} - I_{yy})\omega_x\omega_y \tag{16.6}$$

(1)这种形式的“$F = ma$”运动方程，简单地作为可用测量的结果来使用。

(2)由于不存在惯性，因此假设武器刚体的轴是主轴。

(3)所有三个部件(飞机，武器和六自由度/IMU 遥测套件)都被视为刚体，无转子、液体晃动等情况。

这些简化运动方程对三个物体在 ASEP 环境中的具体应用，将在下面的相关章节中介绍。

2.武器质量特性：飞行前测量

在方程式 (16.1)～方程式 (16.6)中，必须知道武器的质量和惯性，才能计算总的力与力矩。在六自由度/IMU 遥测套件(六自由度/惯性测量装置遥测套件)的试验后处理中，必须了解实际武器和真实六自由度/惯性测量装置遥测套件重心的相对位置。此外，武器特征，如摄影测量的参考目标、武器尾翼和边条角、挂载与投放设备的连接位置(如炸弹凸耳或导弹吊架)、头部、尾部以及其他物体参考，都必须在武器分离试验结束的时候，武器消失在飞行试验靶场的沙漠中或海底之前，全面了解清楚。

通常，标称质量特性由武器供应商提供，但有时标称武器重心与被试武器不同，这通常导致仿真的与试验的行程末端(EOS)俯仰速度性能有差异。因此，在进行验证的时候，或者对试验结果与试验前和试验后仿真进行比较的时候，必须确信，被试武器的质量特性就是在仿真中使用的。而且为了提供测量置信度，并量化测量的不确定性，在相同和不同的试验地点，由不同的人员反复对几种类型的武器进行了质量特性试验。对部分武器进行了武器分离试验飞行前检查飞行，以确保在武器的装机弹坑弹射试验和飞行试验时，武器分离期间使用的所有武器都由帕图克森特河海军航空站，爱德华空军基地或美国空军猎鹰办公室(AFSEO)的军械团队进行了质量特性试验，在这些地方根据组合测量和计算，确定了被试武器的质量、重心，和质量惯性矩。要求被试武器采用真弹构型，必须有尾翼、边条，甚至安装有测试仪器，如六自由度/IMU遥测套件。这样，每个独特的武器分离试验件都有了一个等效的ASEP模型(见图16.34)。

(a)

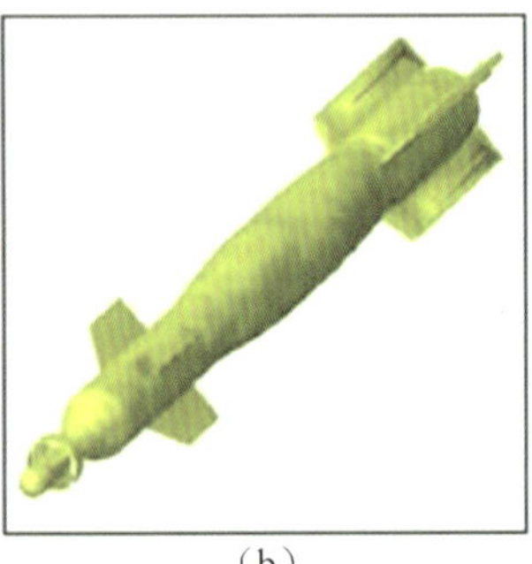
(b)

图16.34　GBU-12激光制导炸弹质量特性和模型

(a)试验件；(b)模型

3. 飞机响应：机载测试仪器

在空地武器分离期间，挂载与投放设备的弹射器强行将武器推离飞机。但由于挂载与投放设备、武器和飞机都是这个动态系统的组成部分，因此，预期飞机会对这种挂载与投放设备弹射器冲击做出适当响应。此外，在偶尔有大气湍流，以及打开武器舱门时飞机可能有瞬态反应的现实情况下，有充分的理由相信，F-35战斗机武器分离飞行试验飞机在武器分离过程中将不可避免地经历瞬态响应。

考虑到参考坐标系，六自由度/惯性测量装置遥测套件可以测量武器相对于一个惯性参考坐标系(地球或大地)，并独立于单独运动着的飞机的速度和加速度。然而，摄影测量的武器轨迹是相对于运动着的飞机的，因为武器分离摄像机是连接在飞机上的。因此，必须把六自由度/惯性测量装置遥测套件的解转换到移动着的飞机的参考坐标系中；必须要把摄影测量的武器轨迹解转换到惯性参考坐标系中，这二者均需要考虑飞机的运动。

此外，飞机的基本飞行条件信息对于将计算的空气动力学力与力矩转换为空气动力学家熟悉的无量纲空气动力学系数是必需的，因为验证空气动力学模型的主要目标是对飞行试验获得的武器空气动力学系数与仿真使用的系数进行比较。

因此，作为每次武器分离飞行试验活动的标准程序，为了计算武器相对于飞机(和地面)的轨迹，洛马公司在飞行后处理武器的6DOF/IMU TM Kit数据时，还考虑了飞机响应。使用这种方法的根本原因在于这种方法考虑了所有相关数据，并避免了基于假设可能出现的问题，尤其是如果这些假设增加了混淆，在对可能存在问题的飞行后解决方案进行排故时，可能会对继续下一个试验点造成不必要的延误。

在ASEP环境中进行的武器分离试验“回放”仿真中，根据方程式(16.1)～方程式(16.6)，通过在飞机机身重心处施加定制的人工力使飞机刚体“飞行”，需要考虑以下因素。

(1)施加在飞机机身上的力取决于测量的飞机响应，a_x，a_y，a_z是测量的/转换的飞机平移加速度，ω_x，ω_y，ω_z是测量的飞机旋转速度(见图16.35)。对飞机的这些旋转速度简单地求导就会得出飞机的旋转加速度：$\dot{\omega}_x$，$\dot{\omega}_y$，$\dot{\omega}_z$。

(2)这些作用力也取决于飞机模型的质量 m 和惯性矩 I_{xx}，I_{yy}，I_{zz}。但为了确保ASEP“回放”飞机模型响应不受其他力的影响，机身的质量和惯性矩被人为地增加了几个数量级，无论是在运动方程还是在飞机刚体ASEP模型中，飞机“飞行”力都被应用到ASEP模型中。

(3)初始条件与武器的第一次运动相一致，或与武器分离过程开始的瞬间一致。在检查飞机测量参数时，这个瞬间是根据飞机响应中的某些具体表现来识别的，例如飞机滚转速度和垂直加速度突然变化，表明飞机对强的武器弹射力的响应。图16.35中红色垂直线表示在空地武器分离试验期间，试验机出现——飞机速度和加速度响应的这个瞬间。

(4)机身的初始“回放”飞行条件是根据飞机的其他测量数据，例如马赫数、迎角、侧滑角、高度、倾斜角、俯仰角、偏航速率、俯仰速率、滚转速率等来设定的。

在帕图克森特河海军航空站和爱德华空军基地测得的飞机机动响应数据通常可在试飞后4小时内提供给洛马公司沃斯堡工厂的武器分离试验工程师使用。

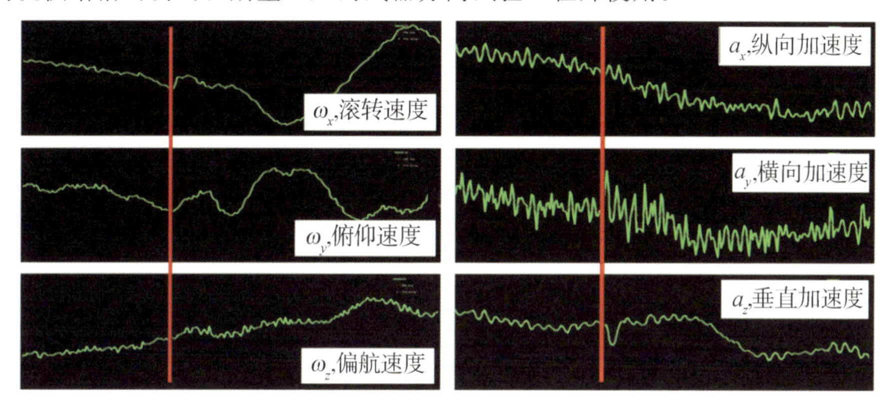

图16.35　飞机速度和加速度响应

4. 武器位移：机载视频摄影测量

在验证武器空气动力学模型数据库时，飞行试验获得的空气动力最终都要与武器的空气动力学模型进行比较。武器空气动力学模型的主要输入是武器的位置和方向。此外，基于摄影测量获得的轨迹是武器位置的最佳“真值”，要用这个位置“真值”检验基于六自由度/惯性测量装置遥测套件获得的轨迹的合理性。另外，武器安全分离的首要考虑因素是武器与飞机硬件及相邻武器的间隙。由于上述原因，真正了解武器的轨迹位置和方向至关重要。

摄影测量分析包括使用武器和飞机的视频图像，并且取决于参考位置，比如高对比度PhotoG(摄影测量学，照相制图)目标和武器几何特征；此类视频图像的关键要求是这些武器和飞机参考位置是可见和可识别的。所以，在F-35战斗机飞行试验之前，开展了几项工作，以确保在SDD阶段，对三型别F-35战斗机的每个武器挂点的每次武器分离试验都能进行可靠且准确的摄影测量分析。

(1)相机的位置、方向和视野。在试飞前，并没有可用的武器分离试验机，所以洛马公司的飞行试验测试小组和武器分离试验小组共同合作，确定了三型别F-35战斗机高速数字机载分离视频系统(ASVS)的相机位置和方向。期间，用与真实ASVS相机相同视野的相机评估了模拟的CAD图像视野(见图16.36)。

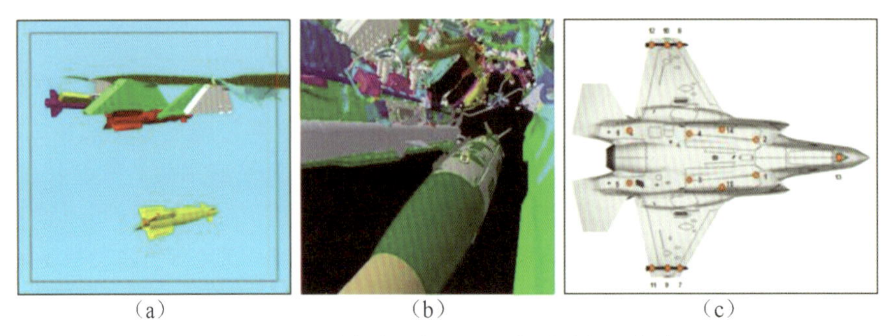

(a) (b) (c)

图 16.36 虚拟相机视图和飞行试验相机布局

(a)视图(一);(b)视图(二);(c)布局点

为了确定武器相对于飞机的位置,洛马公司的摄影测量软件"数字式武器分离分析系统"(DSSAS)要求为每个摄像机提供至少 3~4 个可见的武器参考位置,并且,增加位置参考和多个相机视野还能提高武器位置的计算精度。即使只有一台相机的图像,DSSAS 也能够用其生成相当精确的 PhotoG 解,但由于预期的武器与舱内硬件间隔距离较小,需要的不只是相当精确的 Photo G 解。武器分离飞行试验期间使用了多个相机捕捉图像,因为不知道是否会有一个或多个相机发生故障,或提供的武器图像由于光线太强而过曝,或由于光线太暗而欠曝,或者由于水蒸气凝结变得模糊不清(见图 16.37)。虽然也考虑了根据预测的气象条件[21],预测流场诱导水汽凝结的可能性,但一般认为,如果其他相机能够捕捉到清楚的武器视图,也不会因为可能发生水蒸气凝结导致武器照片模糊而取消飞行试验任务。

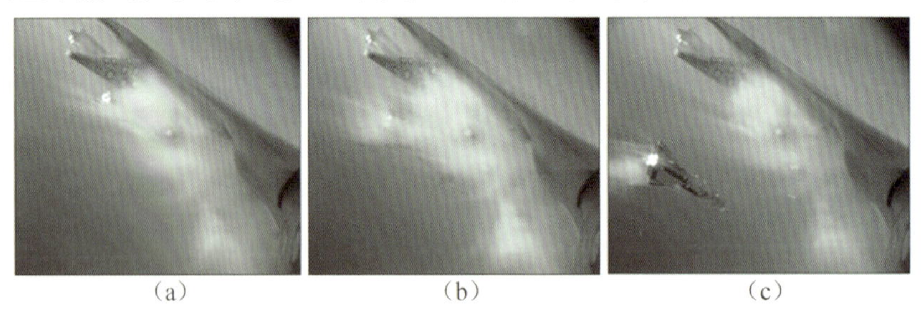

(a) (b) (c)

图 16.37 水蒸气冷凝暂时遮蔽正在分离的武器

(a)图像(一);(b)图像(二);(c)图像(三)

因此,为 F-35 武器分离飞行试验选择了 15 个 ASVS 相机位置,以便在从左右两侧武器舱和外部机翼武器挂点进行武器分离试验时捕获武器图像。

(2)武器目标布局。由于选择具体武器试验件,并把它们分配在飞机具体武器挂点开展分离试验是不现实的,所以要求每个武器充分覆盖高对比度 PhotoG 目标,以便在 15 个 ASVS 相机的任意一个相机的视野中能够识别(看到)这些目标中足够多的目标。同样,在 SDD 阶段,为了观察所有类型武器的 ASVS 图像,使用真实试飞飞机装载武器并以交互方式评估 PhotoG 目标也是不切实际的。因此,为了在以下两者间取得平衡:①PhotoG 目标过多,对每个武器进行测试研究耗时较长;②PhotoG 目标太少,可能会导致照片不准确,洛马公司依靠 CAD 和阿诺德工程发展中心的武器轨迹可视化软件 TVIS,在每个武器和飞机上布置了虚拟 PhotoG 目标(见图 16.38),并评估了每个相机的视野所看到的最终目标方案。

对于武器分离飞行试验使用的每一个武器,帕图克森特河海军航空站和爱德华空军基地测试专家根据虚拟PhotoG目标方案，在武器上使用了PhotoG目标贴纸。最后，为了树立信心，进行了两次测试研究(见图16.39)，以测量图16.39(a)所有这些目标的位置，以及图16.39(b)武器的主要特征，例如挂耳位置、头部、尾部、尾翼/边条根部和拐角点，甚至安装的6DOF/IMU TM Kit的位置和方向。由于6DOF/IMU TM Kit测量的速度和加速度数据将在试验后用于计算武器的其他参考位置，因此必须确定6DOF/IMU TM Kit(及其传感器)在武器参考坐标系中的位置和方向。

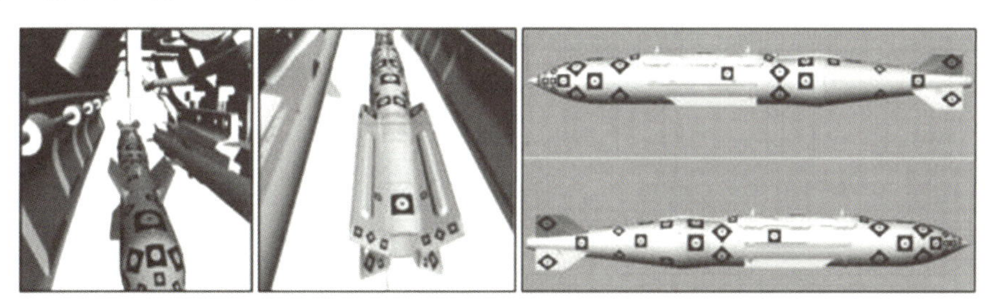

图16.38 虚拟武器目标布局

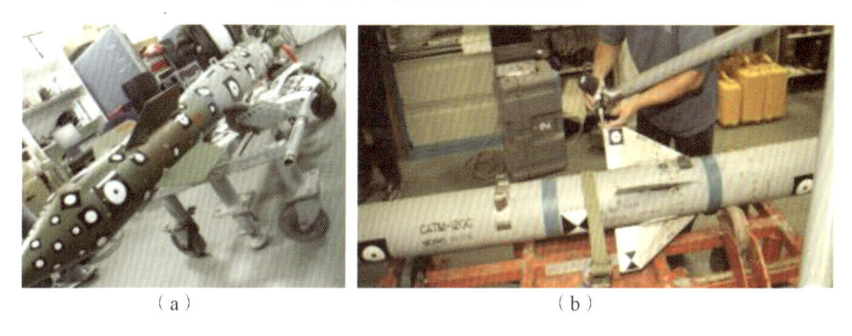

(a) (b)

图16.39 武器测试方案研究

(a)目标位置测量；(b)武器主要特征测量

(3)飞机目标的布局。飞机上安装的ASVS相机在飞行中可能会移动或振动，这意味着ASVS相机的焦点位置和视场方向可能会从其相对于飞机参照系的标称安装位置发生偏移。但是如果知道了参考坐标系，就可能知道相机向哪里移动。DSSAS取决于在飞机上、武器舱内和外部表面“看到”已知的且位置固定的目标。这使得在DSSAS中能够对每个ASVS相机的瞬时位置和方向进行瞬时计算，因此最终DSSAS PhotoG武器位置是相对于固定的飞机参考坐标系，而不是移动的相机参考坐标系。

以虚拟飞机PhotoG目标方案为指导，帕图克森特河海军航空站和爱德华空军基地测试专家在武器分离试验飞机外表面使用了绘制的高耐久性彩色PhotoG目标。在此期间，PhotoG目标贴纸也被应用在左右武器舱内，与真实ASVS相机视图进行交互。最后，为了树立信心，进行了两次测试研究，以测量所有这些武器的目标位置(见图16.40)，这些位置将成为飞机参考坐标系中所有飞机PhotoG目标的“已知位置”。

(4)一次精度评估。基于摄影测量的武器轨迹一直被视为武器位置的“真值”，这种信心建立在诺思罗普·格鲁曼公司的一次测试研究之后，远在飞行试验开始之前。真实的ASVS相机是在F-35战斗机样机内安装的，其视野与将要进行的F-35战斗机武器分离飞行试验所用的一样。PhotoG目标被固定到飞机样机、空对地武器模型和空对空武器模型上；随后，检查了这些PhotoG目标位置，就像它们在真正的试验机和被试武器上一样，分别在飞机和武器的坐标系统中建立已知目标位置。然后完成以下步骤。

1) ASVS图像捕获:武器放置在第一个位置,用每个ASVS相机同时拍摄图像。这些图像(连同分离的相机和镜头校准图像)将用于确定常规DSSAS摄影测量位置。

2)真实武器的位置:在飞机模型的坐标系内建立了测量激光跟踪系统,对几个武器PhotoG目标进行了测量研究,随后用计量软件获得武器模型在飞机轴系统中的真实位置和方位。武器的这个真实位置被摄影测量工程师锁定并隐藏,直到根据ASVS相机图像最终计算出DSSAS的武器位置。

3)对挂架下面的5个实际武器挂点,重复上述两个步骤,然后在另一个武器模型上再次重复这些步骤。

4) DSSAS摄影测量武器位置:使用ASVS图像,以及武器和飞机PhotoG目标在各自参考系统中已知的位置(与实际飞行试验摄影测量期间所做的一样),计算出两个武器在挂架下6个武器模型位置的DSSAS位移。

图16.40 虚拟和真实飞机摄影测量目标

最后将最终得到的DSSAS摄影测量武器位置与以前"锁定和隐藏"的武器真实位置进行比较,获得基于摄影测量的武器位移:①实际武器的三维位置平移在0.2 in范围内;②实际武器的偏航角和俯仰角在0.2°以内;③实际武器的滚转位置在1°以内。在真实武器分离飞行试验期间,这些差值最终确认武器与飞机硬件之间的间隙(或脱靶距离)处于要求的范围内。由于已经证实这种方法的准确度较高,所以DSSAS摄影测量结果通常被认为是武器位移和转动位置的"真值"(见图16.41)。

(5)飞行试验轨迹解。在那些武器与飞机硬件之间几乎没有间隙余量,或需要摄影测量来确认、增强,或需要替代6DOF/IMU TM Kit测量结果的所有武器分离试验中,需使用ASVS视频图像和可识别的武器PhotoG目标来计算DSSAS摄影测量的武器位置。图14.42中的绿点可以看到这种数字化结果。这些武器位置结果最终在飞行试验活动后的1～2天内提供给武器分离分析工程师。

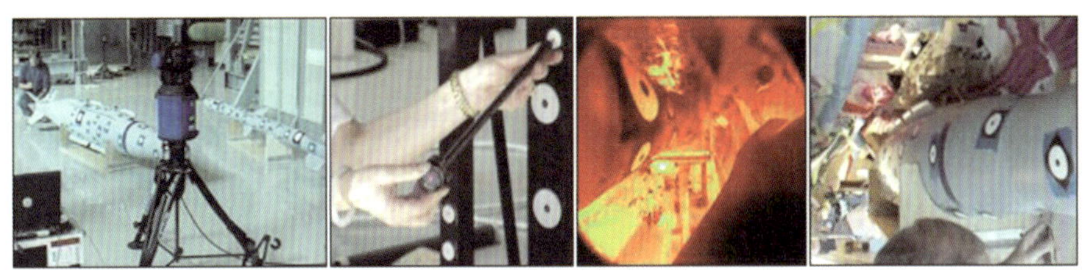

图16.41　DSSAS摄影测量精确度评估

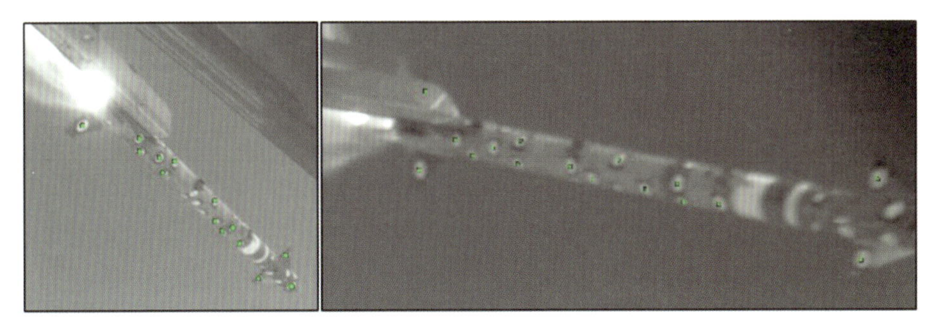

图14.42　DSSAS摄影测量分析中PhotoG目标的数字化结果

有时候,会生成最终轨迹,并用线框叠加在ASUS视频上表示(见图14.43)。但在所有情况下,结果都是以平移和旋转位移表格的形式表示在飞机参考坐标系中。这些表格形式的摄影测量结果由武器分离分析工程师在ASEP环境进行的飞行后仿真中使用,由于随时间变化的武器体的运动受飞机的限制,所以必须在ASEP仿真环境中对武器轨迹进行"回放"。

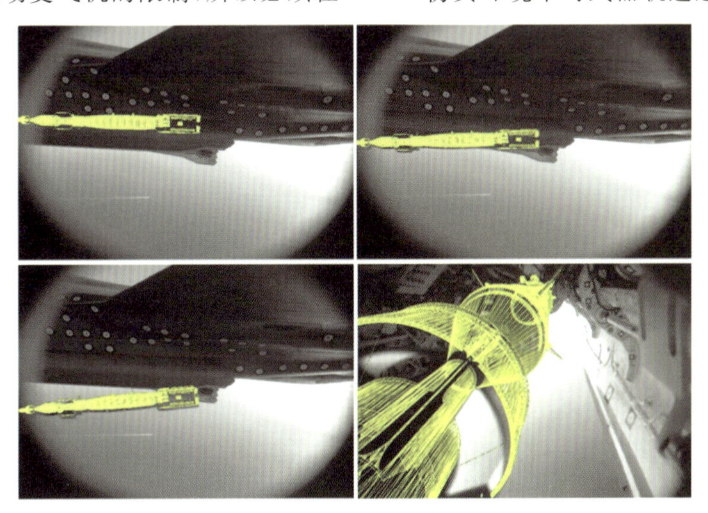

图14.43　DSSAS摄影测量结果用线框叠加在ASVS视频上

5.武器位移、速度和加速度:6DOF/IMU TM Kit

再来看方程式(16.1)~方程式(16.6),为了计算总的力和力矩,必须知道速度和加速度。武器的旋转速度和平移加速度"真值"最好使用IMU(惯性测量装置)和/或六自由度/惯性测量装置遥测套件直接测量获得。总力矩的计算基础是旋转加速度 $\dot{\omega}_x$、$\dot{\omega}_y$ 和 $\dot{\omega}_z$,这些加速度由测量的旋转速度 ω_x,ω_y,ω_z 的数值微分得到。虽然也可以从摄影测量结果中获得武器的这些速度和加速度信息,只需相对很少的样本量,对位置进行数值微分就可获得武器的速度和加速度，但却需要额外的时间和技术手段。利用直接测量的武器速度和加速度“真值”，可以更快、更可靠地获得武器的气动力。不管怎样，精确摄影测量结果和6DOF/IMU TM Kit结果二者都可使用，这进一步提高了总体信心，其中一个来源的结果可用于确认另一个来源的结果的准确性，甚至提高准确度。

(1)武器的惯性测量装置和六自由度遥测套件(IMU & 6DOF TM Kit)。在F-35战斗机SDD阶段认证的武器(Certified Weapons)都是主动控制制导武器。这些制导武器通常有一个惯性测量装置，用于测量武器的旋转速度和平移加速度，测量结果被传递到武器的制导控制系统。这些制导武器的武器分离飞行试验型将惯性测量装置的测量数据传递给附近的天线。

但是，这些武器也有一些非制导型号，它们用于各种系留载飞试验和武器分离投放试验。F-35战斗机SDD阶段，大多数武器分离试验使用的都是非制导型武器，有两个原因：①成本较低；②因为在同样的飞行投放条件下，非制导武器的轨迹通常没有制导武器轨迹那样安全和表现良好。因此，在武器分离试验中使用非制导武器的时候，通常在这些武器中安装一个六自由度/惯性测量装置遥测套件，能够像制导武器的惯性测量装置一样，测量和遥测传送旋转速度和平移加速度参数(见图16.44)。

当这些遥测数据仅用于比较仿真和飞行试验之间的旋转速度和平移加速度时，有时可使用局部丢失或丢包的遥测数据，前提是获得的速度时间历程至少显示了峰值、弹射器行程末端的速度或轨道发射器轨道末端脱轨时的速度，这取决于关注轨迹的哪个区域。

然而，当这些遥测数据主要用于计算随时间变化的武器位置和方向轨迹，特别是武器的气动力时，数据丢失(丢包)就不能容忍了。丢包和未充分过滤的角速度将导致从飞行试验中得出空气动力学力与力矩不准确，最终导致对空气动力学模型的验证不完整或不准确。

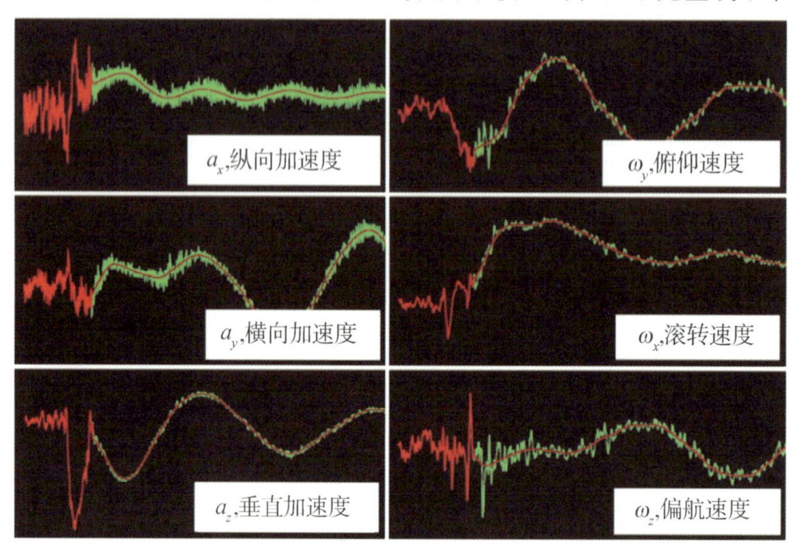

图16.44 武器的六自由度/IMU TM Kit测量的加速度和速度数据

(2)数据丢失的预防。针对F-35战斗机SDD阶段武器分离飞行试验项目，采取了几个步骤，以使数据丢失的概率最小。

对于非制导/投放武器，安装的大多数6DOF/IMU TM Kit都具有“遥测-延迟特性”，能够对测量的速度和加速度进行延迟再发送。选择的延迟时间大约为 0.5 s,以确保武器离飞机足够远,在地面或保障飞机天线没有阻碍的情况下重新发送。

对于舱内武器分离,当武器还没有完全从弹舱"跌"出来或通过武器舱门时,地面天线可能无法接收到 6DOF/IMU TM Kit 遥测信号。因此,对于 F-35 战斗机的舱内武器分离试验,洛马公司使用了舱内遥测接收/再传输设备,也称为"再发射(re-rad)"套件,以独立接收"近距离"武器的 6DOF/IMU TM Kit 的遥测信号,并在没有弹舱和舱门的障碍下重新传输。

有了 F-35 战斗机的再发射套件硬件和 6DOF/IMU TM Kit 遥测延迟功能,将有多达 4 个单独的信号传输源可供飞行后使用。多数情况下,选择四个来源中质量最好的数据进行飞行后处理,而且不需要增强;然而,在某些情况下,最好的数据源在轨迹的关键区域仍然有丢包,所以,采用其他一个或多个数据源的更准确的数据来补充。对于外部翼下制导武器的分离试验,只能从武器遥测到惯性测量装置的一个数据流,不可能使用 F-35 战斗机内埋弹舱(in-bay)的再发射套件。对于这些试验,为了确保 IMU 数据采集成功,使用了多个地面接收天线,有时还会使用保障飞机的数据采集天线。

(3)6DOF/IMU 轨迹的回放。帕图克森特河海军航空站和爱德华空军基地 的 6DOF TM Kit 响应数据通常可在飞行试验后 4 小时内供位于沃斯堡的武器分离试验工程师使用。在 ASEP 环境中对武器分离试验进行仿真"回放"的过程中,6DOF/IMU TM Kit 刚体独立于武器模型单独飞行,根据方程式(16.1)～方程式(16.6)" 将定制的人工力施加在遥测套件的重心上,还有以下考虑事项。

在遥测套件部件上的作用力取决于遥测套件测量结果,其中 a_x、a_y 和a_z 是测量的平移加速度,ω_x、ω_y 和ω_z 是测量的旋转速度。对这些 6DOF/TM Kit 旋转速度进行简单微分就得到遥测套件的旋转加速度 $\dot{\omega}_x$、$\dot{\omega}_y$、$\dot{\omega}_z$ 。

在 ASEP 环境中,由于遥测套件部件是一个运动刚体,该部件对作用力的响应也取决于遥测套件部件模型的质量 m,转动惯量I_{xx},I_{yy},和I_{zz} 。遥测套件部件只是一个简单移动的刚体,因此要求基于模型"回放"测量位移、速度和加速度。通常,还把无质量的武器几何形状附加到该刚体上,以使"回放"可视化。因此,在对遥测套件部件施加了"飞行"力的运动方程和 ASEP 仿真环境中的遥测套件部件刚体模型上,遥测套件部件的质量和转动惯量被人为地设置为 1 个单位的低值。

ASEP 环境中遥测套件部件的初始状态与 CAD 挂载位置的武器一致。或者,初始条件也可以是摄影测量产生的轨迹上的任何一点。因为大多数武器分离试验都能产生高质量 6DOF/IMU TM Kit 数据,几乎所有轨迹计算均在首次运动时开始,对应于垂直加速度快速增加之前的瞬间,并且还包括实际武器仍与发射器连接在一起时的时间段。

一般根据需要或实际情况,对基于摄影测量和基于 6DOF/IMU TM Kit 获得的轨迹进行绘制或可视化处理(见图 16.45),以有利于比较。

6.武器的空气动力

洛马公司对实际武器气动力的额外关注并不需要额外的测量源,只需要已经测量的 6DOF/IMU TM Kit 速度和加速度、武器质量特性、飞机飞行条件,以及一个标准的试验后处理程序,在 1 天的时间内就可完成。根据简化的刚体运动方程,即方程式(16.1)～方程式(16.2),就可以计算出作用在武器上的所有六自由度的力和力矩。这种形式的"$F=ma$" 运动方程只是简单作为可用测量结果来使用。

现有的武器质量特性信息中,m 是测量的武器实际质量,I_{xx},I_{yy} 和 I_{zz} 是测量的武器刚体在 3 个轴的转动惯量。由于实际测量武器的质量特性时并没有测量惯性,一般假设武器刚体的轴就是主轴。

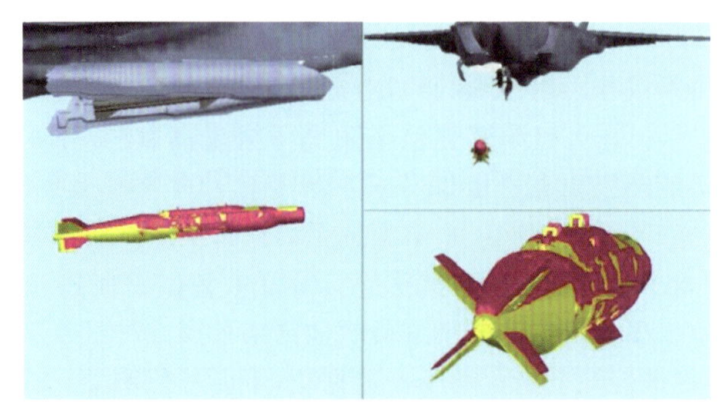

图 16.45 可视化的武器 6DOF/IMU TM Kit 和 DSSAS 摄影测量轨迹

在把 6DOF/IMU TM Kit 的飞行测量结果转移到武器重心之后,a_x、a_y 和 a_z 是测量的/转移的武器平移加速度,ω_x、ω_y 和 ω_z 是测量的武器旋转速度。对武器的这些旋转速度进行简单微分就能得到武器的旋转加速度:$\dot{\omega}_x$、$\dot{\omega}_y$ 和 $\dot{\omega}_z$。

为了方便,还进行了其他简化假设。假设武器是刚性的,没有转子、晃动的液体等。6DOF/IMU TM Kit 也从未放置在武器重心附近,测量值频繁显示的柔性武器响应均已被过滤,以便能对武器进行类似刚体的空气动力学计算。在处理后经常进行"健全性检查":将基于六自由度/IMU 遥测套件获得的轨迹与基于摄影测量获得的轨迹进行比较。在 F-35 战斗机 SDD 阶段的武器分离试验中,采用这两种方法获得的各种空对空和空对地武器轨迹,符合性非常好,这也让我们确信,简化的"$F=ma$"方程足以复制基于摄影测量的武器实际轨迹,并且能萃取出有效的气动力数据。

虽然这种想法很简单,而且也不新颖,但要成功地实施这一简单的想法,理解"它发生在何处和如何发生"——以实现自信的空气动力学模型验证,还有几个问题必须考虑。尽管进一步简化方程(16.4)~方程(16.6)可能比较方便,如参考文献[22]中所描述的那样,但这种简化导致根据飞行试验计算的武器空气动力学力和力矩,不足以在所有 6 个自由度对飞行试验轨迹进行试验后仿真复现。

在武器分离阶段,武器处于挂载点至导轨末端(EOR)或行程末端(EOS)之间,作用于武器的总的力和力矩包括武器和挂载与投放设备之间的相互作用。区分武器空气动力和挂载与投放设备作用力取决于对挂载与投放设备性能的了解。虽然可以通过其他试验确定这些部分,并简单地从总的力与力矩中减去,但洛马公司在严格执行空气动力学(和推进系统)模型验证时,采取的方法是不考虑挂载与投放设备部分,只关注发射导轨末端/行程末端之后的阶段(见图 14.46),在这个阶段,武器不再受与飞机和挂载与投放设备的机械和结构相互作用的影响。

在超出导轨末端/行程末端之后,还可能有额外的力作用于武器,但应当指出,F-35 战斗机系统研制与验证阶段武器分离飞行试验所涉及的武器都足够大,这样,突然的机械动作或快速的控制面移动所产生的力,与施加的空气动力或推进力相比较,就显得非常小。

来看一个根据飞行试验计算空气动力俯仰力矩的例子,先回想一下方程(16.5),所施加的俯仰力矩力主要取决于武器的俯仰加速度$\dot{\omega}_y$。但是测量的 6DOF TM Kit 俯仰速度ω_y通常并不是平滑的(见图 16.46,上部绿线),并且微分后获得的俯仰加速度$\dot{\omega}_y$通常有噪声,那么计算的俯仰力矩同样有噪声,如图 16.46 中下部绿色曲线所示。但是,对六自由度遥测套件测量的俯仰速度进行滤波,就能产生一个比较平滑的俯仰加速度,最终基于六自由度遥测套件计算的气动俯仰力矩也就更平滑,图 16.46 下部连续黑色、紫红色和蓝色单色曲线就是滤波后的计算结果。

基于六自由度遥测套件获得的气动俯仰力矩是飞行试验"真值",要根据这个"真值"对武器空气动力学初始模型进行比较和调整(验模)。对于这个精确的飞行试验轨迹,摄影测量或六自由度遥测套件产生的武器轨迹对于获取空气动力学数据库模型的"查表法"俯仰力矩是有用的,如图 16.46 下部红色曲线所示。在这个飞行试验示例中,六自由度遥测套件产生的空气动力学俯仰力矩与空气动力学模型的俯仰力矩之间的差就是飞行试验空气动力增量。

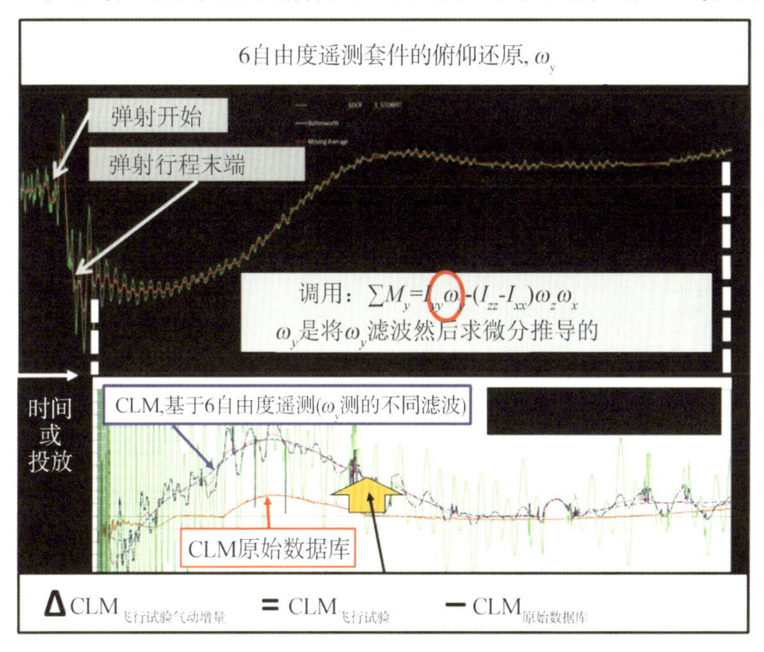

图 16.46　从滤波后的六自由度遥测套件测量的俯仰速度推导出的行程末端武器俯仰力矩飞行试验空气动力增量

一些科目,如:载荷、动力学、颤振、气动/性能以及稳定性和控制、建模与仿真调整等,将作为基于飞行试验验证程序的一部分,主要是因为风洞模型显示的跨声速气动力与全尺寸飞机飞行中的气动力经常不一致。武器分离科目也是如此。例如,武器空气动力学模型验证目标之一,就是努力作为马赫数和/或飞机迎角的函数来进行调整,而不是根据具体飞行试验活动进行调整。即使在几乎相同的飞行条件下,各种武器分离过程中的轨迹也会有所不同,但令人欣慰的是,将同类过程进行分组(如果可能的话)会发现,武器的空气动力还是比较类似的。在图 16.47 中,图 16.47(a)蓝色和红色曲线反映的是在两个不同马赫数下进行试验时的武器空气动力学俯仰力矩,图 16.47(b)的所有曲线反映的是在相同马赫数下进行的三次不同武器分离试验中的武器俯仰力矩。

飞行试验气动力增量(FTinc),即飞行试验推导的武器气动力和武器空气动力学模型之间的差,是武器在飞机下方与飞机间距离的函数。这个增量是指在六自由度上力与力矩的增量,实现了对六自由度气动力的完整调整,为具体飞行试验轨迹提供了一个经过飞行试验验证的空气动力学模型。最后,将不同飞行试验过程的六自由度飞行试验气动力增量组合在一起,就形成了一组作为飞机马赫数或迎角函数的飞行试验气动力增量。图16.48(e)曲线表示的是图16.47同一试验过程武器空气动力学俯仰增量。图16.48的三条红色飞行试验气动力增量曲线表示的是相同试验过程中相同马赫数条件的情况,反映的气动模型调整几乎完全一样,一般进行平均(见图16.48中的白色中央虚线曲线)来表示这个特定马赫数的标称飞行试验气动力增量。蓝色飞行试验气动力增量曲线表示的是不同马赫数下的武器分离试验过程,清楚地反映了对武器空气动力学模型的调整差别(且几乎为零)。

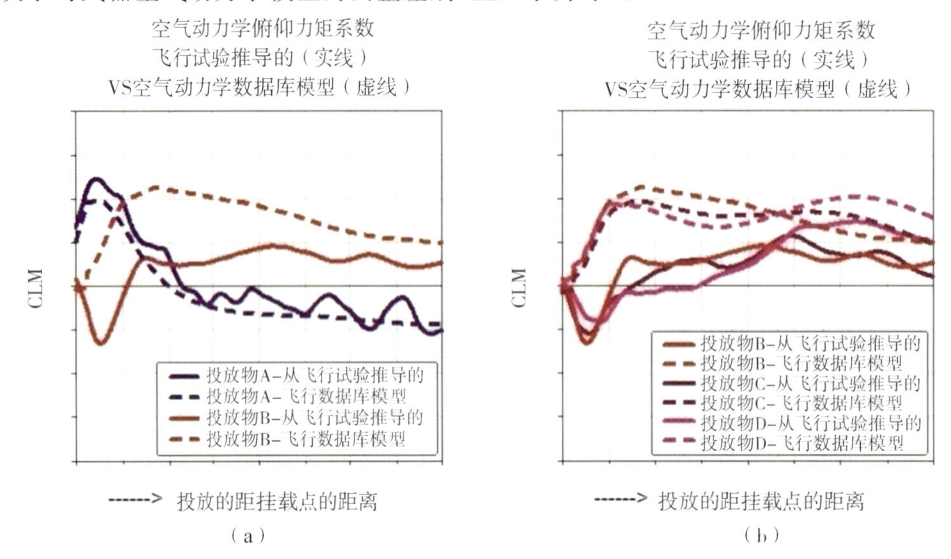

图16.47 飞行试验推导的和气动数据库模型中的俯仰力矩系数(CLM)
(a)不同马赫数下的2次分离试验结果;(b)相同马赫数下的三次分离试验结果

比例模型风洞试验的气动力与实际飞行的气动力之间为什么存在差异,这个问题超出了本章讨论的范围,但从图16.48可以清楚地看出,这种空气动力学差异至少取决于武器的距离和飞机(和风洞)的马赫数。因此,调查这种差异的原因的独立研究(如果认为有必要的话)可以直接关注武器的空气动力学,而不是间接地研究武器空气动力学产生的轨迹和速度。

但更重要的是,有可能把重点放在空气动力学模型的验证上,与机械、动力系统模型分开。此外,分析这些飞行试验气动力增量摘要,能够对气动力系数的不确定性(由白色虚线曲线/边界表示)进行基于飞行试验的估计,由白色中心点化线标称飞行试验气动增量曲线的任一侧的白色虚线/边界线表示。这些不确定性后来在认证建议的分析过程中被用于蒙特卡洛不确定性仿真。

在空气动力学模型和系统模型得到验证后,最终完成了试验后仿真,对基于摄影测量和基于六自由度遥测套件回放(解)获得的飞行试验过程轨迹、飞行前(验证前)仿真轨迹和飞行后验证的仿真轨迹进行了比较。图16.49是一个空对地武器分离飞行试验过程轨迹,图16.49中显示,在所有六自由度上,空气动力学模型产生的轨迹与飞行试验轨迹拟合得非常好,其中经过验证的建模与仿真轨迹(金色曲线)与DSSAS摄影测量的轨迹回放(绿色曲线)和六自由度遥测套件获得的轨迹(红色曲线)完全匹配。

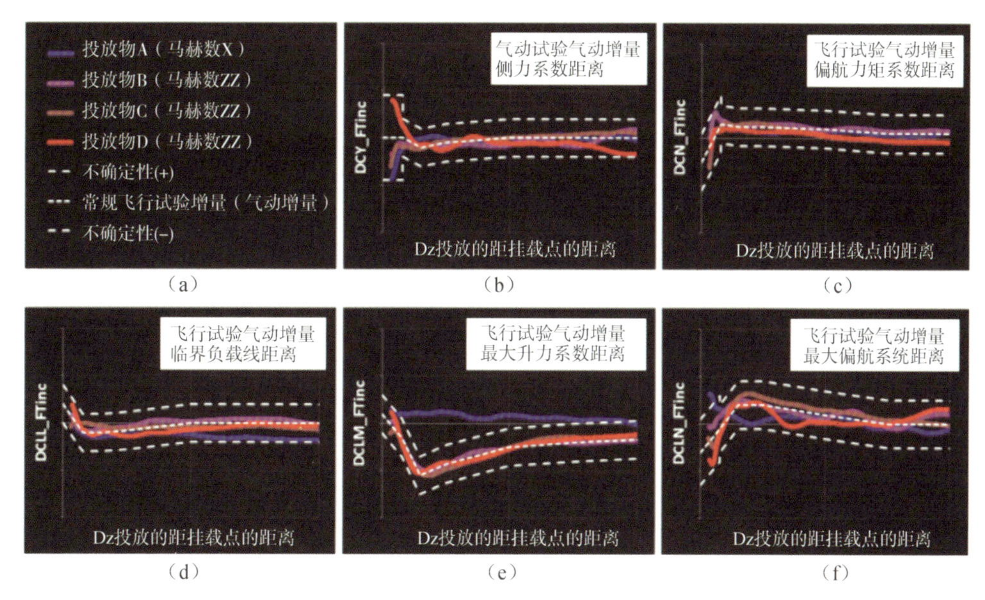

图 16.48　飞行试验推导出的 5 个自由度上的气动增量(坐标轴未显示)
(a)说明;(b)气动侧力增量;(c)气动偏航增量;(d)气动临界负载增量;
(e)武器气动俯仰增量;(f)气动最大偏航增量

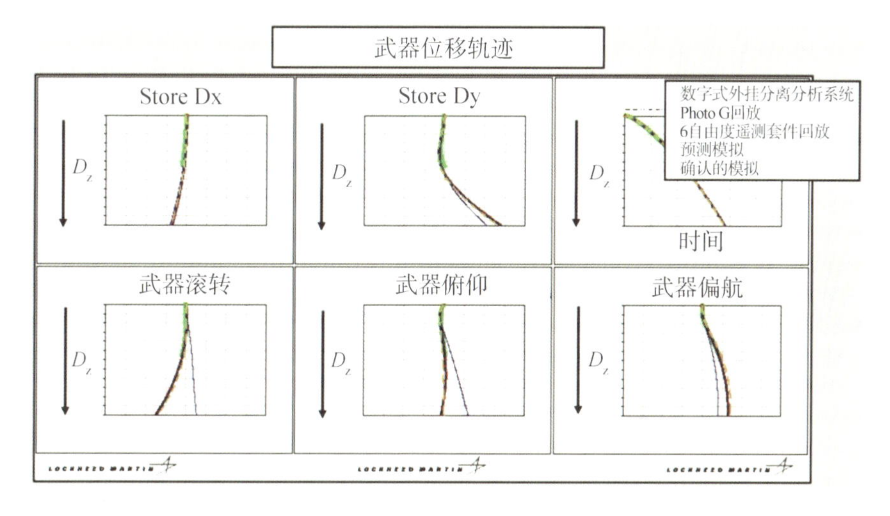

图 16.49　武器轨迹比较:DSSAS 摄影测量的轨迹(绿线),六自由度/惯性测量装置遥测套件测量的轨迹(红线),飞行前预测(蓝线),飞行后验证的飞行仿真轨迹(金线)

7. 时间问题

当我们为许可/批准“第二天”继续进行下一个试验点而规划试验后的快速分析时,假设洛马公司武器分离团队收到数据时,来自以下数据源的信息永远是不同步的。

(1)六自由度/惯性测量装置遥测套件数据流。

1)直接来自武器的实时数据流。

2)直接来自武器的延时数据流。

3)通过试验或保障飞机重新传输的实时数据流。

4)通过试验或保障飞机重新传输的延时数据流。

(2)武器分离视频及相关摄影测量轨迹。

(3)飞机机动响应数据。

此外,遥测到控制室的试验后数据流与试验机上记录的相同数据流的时间也不同步。然而,所有这些数据要合并并一起使用。由于与电子触发器相关的飞机系统的延迟,例如驾驶舱投放开关,或由于与挂载与投放设备相关的电子信息采样率分辨率不足,例如"挂钩打开",寻找可靠的武器第一运动证据倾向于"物理响应证据"。F－35战斗机武器分离试验后分析过程就必须在每个独立的数据源中,识别确定"武器第一运动时间",然后将这些独立的数据源与共同的开始时间同步。

1)六自由度/惯性测量装置遥测套件数据。武器的垂直或纵向加速度生动地反映了武器对挂载与投放设备脉冲或者武器火箭发动机点火的响应。

2)武器分离视频。视频包括带有时间戳的视频帧,但有时在没有那么明显的第一次小移动的情况下,确认"武器第一次运动"是凭主观判断;但是在回看处理过的摄影测量轨迹时,武器平移位移开始变化还是比较容易识别的。

3)飞机机动响应数据。飞机在挂载与投放设备弹射武器时的响应通常表现为飞机的垂直加速度和滚转速度响应发生突然变化。从轨道发射导弹过程的飞机机动响应数据中选择起始时间稍微困难一些,需要从采样率比较低的武器管理系统和飞行控制信息中选择一个准确度不高的时间,例如因为"武器投放"电子信息引起的飞机总重量下降(这个时间点的时间),随后对飞机机动响应进行更精细的检查,如偏航速度和纵向加速度,以确定开始时间。

16.7 F－35战斗机武器分离飞行试验实施

虽然F－35三型别飞机以及他们使用的武器有很多通用性,但是每种型号飞机和各种武器之间仍然存在着独特的差异,因此在武器分离建模、分析、地面试验和飞行试验时需要考虑大量的特殊情况。在过去几年,在爱德华空军基地和帕图克森特河海军航空站的联合工作的工业部门-政府(Industry-Partner-Government)综合试验队进行了武器分离分析和飞行试验,试验投放了183枚各类武器。如果不是风洞试验和CFD分析证明了各型飞机之间存在的大量共性,在飞行试验计划中进行了调整,这种武器试验点的数量还会多很多。例如,对从F－35A和F－35C战斗机内部武器舱投放GBU－31 JDAM Mk－84武器进行的仿真模型验证表明,最终只需要七次武器分离试验就能完全满足要求。

由于F－35战斗机武器分离飞行试验是在执行其他科目(如载荷、颤振、环境和飞行品质等)试飞任务的试验飞机上进行的,所以经常要在很短的时间内安排进行武器分离试验飞行,需要迅速批准进行随后的试验点。然而,执行下一个试验点也受到安全限制:帕图克森特河海军航空站和爱德华空军基地的飞行批准机构和试飞队要求,要完全证实前一个试验点是安全的,并有充分的信心认为下一个试验点也是安全的。介绍了几种武器分离飞行片段,包括故障、发现的问题、确认情况,以及提高试验效率程序等。

1.气动力对挂载与投放设备性能以及初始条件的影响

武器的实际轨迹和仿真轨迹高度依赖于武器从弹射架和发射导轨释放时在行程末端的条件,当武器离开弹射挂弹架或发射器的时候。预测任何给定飞行条件下的行程末端条件都是一个复杂的问题，因为武器在行程末端的条件取决于飞行条件，特别是对于从机翼挂架投放的武器，或者投放时暴露于外部气流的任何其他挂点上的武器。静态弹射试验的行程末端条件能让我们深入了解弹射式挂弹架性能的变化，并能展示低动压飞行条件下的行程末端条件。但是，在静态弹射试验中观察到的行程末端条件并不能充分预测在发射器行程中武器行程末端条件受到的气动力影响。

可以对武器开始从挂载位置移动时在弹射器上所受的力进行建模，来进行增强的仿真预测。对活塞末端的摇摆支撑杆进行建模，确保模拟的武器与实际武器一样受到横向约束。对摇摆支撑垫(Sway Brace Pads)的摩擦力进行建模，确保模拟的武器受到与弹射器上的实际武器相同的摩擦力，能保持在位置上。使用 EDO 公司提供的"黑盒子"气体模型对弹射器活塞力进行建模，确保挂载与投放设备弹射器模型考虑了武器在与飞行条件相关的气动载荷作用下的可变惯性力。根据上述建模问题和风洞试验获得的气动力实现的仿真轨迹与飞行试验轨迹的匹配度，比与用静态弹射试验和风洞试验气动力的行程末端条件获得的初始仿真轨迹的匹配度更好。

如前所述，单独挂载与投放设备模型和完整动力系统模型(包括飞机、挂载与投放设备和武器)的验模，是在武器/挂载与投放设备弹射试验和装机静态弹坑弹射试验之后完成的。同样，根据前面的讨论，武器的空气动力学模型主要是根据武器分离风洞试验的网格气动力数据建立的。在这些试验中，武器的气动力与力矩是把武器定位在相对于飞机的各种位置和角度获得的。对于被弹出的武器，一个重要的武器位置是在或接近挂载点的位置，因为在这个位置，武器的气动力能代表那些处于机械弹射阶段的武器。因此，根据常规的飞行前预测程序，将已验证的动力系统模型与武器气动力模型相结合，对所有预期的飞行试验活动进行模拟。某些仿真情况显示，武器/挂载与投放设备的性能与地面弹射试验中观察到的不同，这在意料之中。

(1)AIM－120 先进中程空空导弹。在装机静态地面弹坑弹射试验期间从 LAU－147 弹射架进行了多枚 AIM－120 导弹(见图 16.50)弹射试验，试验测得的行程末端俯仰速度与 AIM－120 导弹/LAU－147 挂载与投放设备独立弹射台架试验期间观测的几乎完全相同。洛马公司全动力系统(飞机＋挂载与投放设备＋武器)"无气动载荷"AIM－120 导弹分离仿真得到行程末端俯仰速度也完全相同。然而，如果在武器弹出阶段，把基于风洞的气动力施加在武器载荷上，利用相同动力系统模型进行的飞行试验仿真产生的行程末端弹头下俯速度更大一些。

武器分离飞行试验包括内部弹舱"近舱门"位置 AIM－120 导弹的分离试验，在这个位置，AIM－120 导弹暴露在气流中，而不是深藏在武器舱内。这些试验证明了武器在弹射行程末端的俯仰速度与飞行前的仿真预测结果几乎相同。与飞行试验过程进行比较的意义在于：验证了动力系统模型，不仅仅是在"武器未受到气动力"的状态下，更重要的在是"武器受到气动载荷"的飞行状态下，这样，就能够使用全动力的飞机＋ 挂载与投放设备＋ 武器＋空气动力学模型，在多种飞行条件和飞机机动条件下进行更有信心的武器分离仿真，扩展 AIM－120 导弹作战使用飞行包线。

(2)外挂 GBU－12 炸弹。使用 ASEP 的全动力(飞机＋ 挂载与投放设备＋ 武器)模型对从机翼下内侧 BRU－68 弹射炸弹架弹射投放 GBU－12 炸弹(见图 16.51)弹射进行了武器分离仿真，仿真结果与相同配置的装机静态弹坑弹射试验结果匹配。与前面提到的 AIM－120

试验情况相似，当在弹射阶段把风洞试验获得的气动力载荷施加在外部 GBU-12 炸弹上，用全动力系统模型进行的 GBU-12 炸弹武器分离飞行试验仿真，得到的行程末端弹头下俯速度也不一致。这种"气动载荷"的仿真与飞行试验结果很匹配。

图 16.50　AIM-120 导弹分离：静态弹坑弹射试验和飞行试验

图 16.51　飞行试验：GBU-12 炸弹从翼下挂架的 BRU-68 炸弹架分离

但并不是只有俯仰轴受到影响。洛马公司的全动力系统模型包括一个摩擦接触模型，用于体现 BRU-68 摇摆支撑杆与武器之间的相互作用。因此，就像实际 GBU-12 炸弹与 BRU-68弹射炸弹架的相互作用一样，模拟的 GBU-12 炸弹武器受到限制(不是完全约束)，这样，在武器弹出阶段，可以相对于 BRU-68 摇摆支撑杆和挂架偏航。在每个摇摆支撑点，武器表面能够前后和侧向摩擦滑动，在弹射期间保持与 4 个摇摆支撑杆接触。模拟的外部 GBU-12炸弹武器分离的行程末端偏航速度与实际 GBU-12 炸弹外部武器分离飞行试验中的一致。在"施加了气动载荷"的飞行状态下，对全动力系统模型进行了验证，与 AIM-120 导弹的情况一样，现在可以使用全动力的飞机+ 挂载与投放设备+武器+空气动力学模型，在各种不同飞行条件和机动条件下自信地进行 GBU-12 炸弹武器分离仿真，以扩展外部 GBU-12 炸弹作战使用飞行包线。

2. 每架次飞行进行多次武器分离试验

在爱德华空军基地，在开始用 F-35A 战斗机进行 GBU—39 小口径炸弹武器分离飞行试验之前，F-35 战斗机武器分离飞行试验仅限于每架次飞行进行一次武器分离试验，部分原因是为了让武器分离工程师有足够的时间下载、处理并分析数据，以便明确是否允许现场的综合试飞队进入下一个武器分离飞行试验点。对于内部武器舱武器的分离试验，这种方法主要因为是从左侧弹舱进行武器分离试验的，因为为了保证成功采集六自由度/惯性测量装置遥测套件数据，遥测再传输设备通常安装在右弹舱挂载武器的地方。此外，一般内部弹舱空-地武器分离试验的靶场与内部弹舱空-空 AIM-120 炸弹先进中程空空导弹武器分离试验的靶场也不是同一个，这也要求每个架次飞行任务只能开展一次武器分离试验。

但是，在武器舱内，BRU-61 挂架可挂载 4 枚 GBU-39 炸弹，这样就有机会计划并执行一次武器分离任务——从武器舱投放 4 枚这样的武器，减少武器分离飞行试验总架次数，提高飞行试验效率。充分认识到这一机会需要一个清晰理解的过程，对控制室批准继续进行下一次 GBU-39 炸弹分离试验有一个明确标准(见图 16.52)。在被综合试飞队接受后，实施下面三个快速步骤，并在 5 min 内做出是否继续的决定。

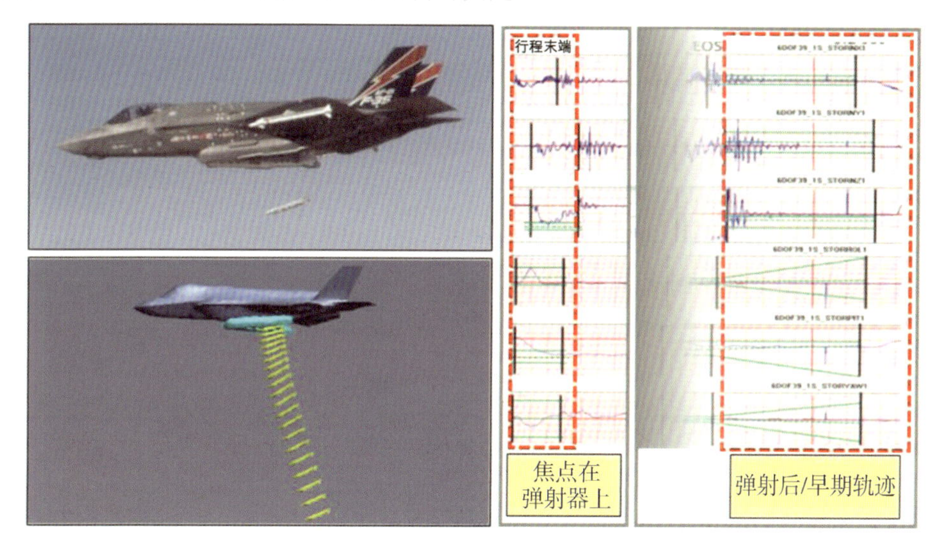

图 16.52　GBU-39 武器分离多级标准：伴飞飞行员和六自由度 TM kit 评估

(1)伴飞飞行员评估。第一次快速决定是根据伴飞飞行员的目视观察。在试验任务开始前，计划进行的武器分离试验的预测轨迹都以简报形式发送给试验小组，包括试飞员和伴飞飞行员。这个简报包括仿真预测动画电影，以及需要反馈给控制室的一些重要特性描述，如在飞机附近或远离飞机后的俯仰姿态(弹头向下，水平或弹头上扬)。相对于飞行前简报对武器轨迹的描述，控制室的所有工程师都能听到伴飞飞行员对目视观察的试验过程的直观描述。

(2)在弹射器上的性能。第二次快速决定根据控制室对弹射器是否按照预期工作所做的评估。对武器的 6DOF/IMU TM Kit 遥测数据进行检查，主要检查武器垂直加速度、俯仰速度和滚转速度。从先前的静态弹坑弹射试验和飞行试验中得到的“发射器上”的参数图线可作为控制室内武器分离工程师的指导。对于 4 枚 GBU-39 炸弹中的每一枚炸弹，除了期望获得弹射行程末端武器的具体俯仰和滚转速度，还期望获得弹出过程中，具体的垂直加速度峰值。投放试验中，允许有一定的“间隙带”，但必须进行严格记录，如果超过允许的间隙范围，则不允许继续进行下一枚 GBU-39 炸弹的投放。另一方面，对“在发射器上”的性能进行验证，也保证了武器分离工程师能够转向下一个标准。

(3)离开发射器早期的轨迹。最终的快速决定是根据武器在弹射行程末端和 GBU-39

炸弹移动到打开的武器舱门下面的时间之间,“离开弹射器”的轨迹。飞行前的预测包括蒙特-卡罗不确定性分析,武器质量特性、飞机飞行条件、弹射挂弹架性能和武器气动力的变化。根据对这些因素的仿真收集了安全分离轨迹,在武器分离试验简报阶段,就武器的线性加速度和旋转速度,形成一个可接受的变化范围,并予以记录。从控制室中的武器 6DOF/IMU TM Kit 数据中可以看到,可接受的武器早期轨迹标准是,这些加速度和速度必须保持在记录的可接受范围内。任何一个六自由度参数超出允许范围,任务自动结束,不允许继续进行下次武器投放试验。

(4)过程。为了使地面控制室内武器分离工程师进行比较评价的主观判断和决策时间最少,参考“标准”参数图线与在控制室回放的六自由度/IMU 遥测参数图线完全一样,参考图线的时间和参数图比例也一样,还清楚地标明了参数变化允许范围。所有这三项评估需要绝对的信任。出于安全考虑,只有在该过程的所有三个步骤都得到了严格、明确沟通评估后才允许飞行任务继续进行下一个武器分离试验。最终,爱德华空军基地 F-35 战斗机综合试飞队(ITF)有效开展了多次单架次试飞投放多枚武器的试飞,减少了 12 次 GBU-39 炸弹分离试验飞行。

1)两次飞行任务,每次任务进行了 4 次武器分离试验。

2)两次飞行任务,每次任务进行了 3 次武器分离试验。

3)两次飞行任务,每次任务进行了 2 次武器分离试验。

在使用其他武器开展单架次试飞投放多枚武器的飞行试验中,在地面控制间采取了相同的分析评估程序,对六自由度/IMU 遥测参数进行分析、决策。

1)帕图克森特河海军航空站的 F-35 战斗机综合试飞队在对 GBU-12 炸弹、GBU-32 炸弹、AIM-132 ASRAAM 和 Paveway IV 导弹武器进行分离试飞期间,也开展了多次单架次分离多枚武器的试验飞行,其中一次试验飞行投放了所有 4 枚 GBU-12 炸弹武器,最终减少了 7 架次武器分离试验飞行。

2)爱德华空军基地 F-35 战斗机综合试飞队在 3 次试验飞行中进行了多枚 GBU-12 分离试验,最终减少了 4 架次武器分离试验飞行。

3. GBU-12 尾翼套件拉索重新配置

GBU-12 炸弹是一种空对地武器,这种炸弹采用尾翼增加气动稳定性,并且这些尾翼的展开是由线缆拉索装置机械激活的。由于投放的武器周围气流快速且不稳定,复杂的拉索装置容易失效,特别是这种装置与老式飞机翼下外挂的武器不同。由于武器舱和舱门受到几何约束,所以在弹射发射过程中,GBU-12 炸弹通过舱门之前,不能展开尾翼,这就需要更长和更复杂的拉索装置。

基于空军寻鹰办公室(AFSEO)以往在拉索和 GBU-12 炸弹类武器(见图 16.53)方面的经验,有人认为,如果拉索失效,尾翼打不开,不应被视为具有统计意义的事件,武器分离仿真应该考虑尾翼装置正常运作和尾翼装置打不开这两种情况。

尾翼完全打不开时,武器的稳定性会出现问题。所以,在 GBU-12 炸弹装载程序中,武器分离团队强制要求分离设置 BRU-67/BRU-68 弹射挂弹架,使炸弹初始状态保持为弹头向下微偏,这样就确保了“尾翼收回”的 GBU-12 炸弹在分离试验期间不会指向飞机和“飞回”飞机。

在 F-35 战斗机最初的 4 次 GBU-12 炸弹武器分离试验中,其中有一次,尾翼没有展开,保持收起状态。由于 BRU-67/68 挂弹架有一个强制弹头下俯的初始状态,结果,被试武器按照预期安全下俯。但是，除了重申在选择适当的弹射器分离设置时，将拉索失效情况考虑在程序中，“尾翼收回”状态下的这种武器轨迹也是有益的，因为在飞行前风洞试验期间，武器采用精确的其中的一个武器模型布局。GBU-12炸弹的飞行前武器分离风洞试验使用了各种尾翼和鸭翼状态模型，测量了这些构型状态下的气动力与力矩，包括尾翼完全收起状态（见图16.54）。结果表明，飞行试验轨迹与飞行前仿真的轨迹完全吻合（尾翼收起情况下），有效地验证了这种尾翼收起构型的GBU-12炸弹武器的空气动力学模型。

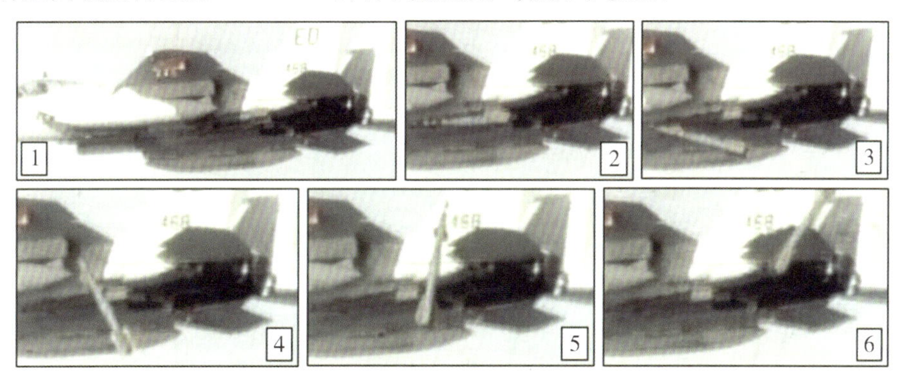

图16.53 F-15飞机携带尾翼收起的GBU-12炸弹类武器视频回放瞬间1～6[23]

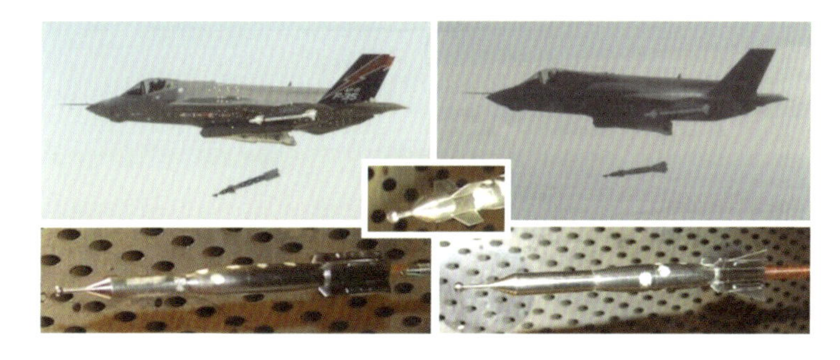

图16.54 F-35战斗机的GBU-12炸弹尾翼收起和尾翼展开：飞行试验过程和风洞试验模型

然而，演示验证中GBU-12炸弹的拉索未能正确发挥其功能（见图16.55），因此开展了一项简单原因调查。由于武器舱门之间及附近的气流速度快且不稳定，初始的拉索路线安排导致在不同条件下的部分拉索提前“拉动”。在这一事件之后，采取了一种更简单但更可靠的布局，从而提高了弹舱下距飞机很近的不稳定区域内拉索动作的稳定性。

与这一过程有关的几个值得注意的问题如下。

1）在根本原因调查中，强调了ASVS相机视频证据的重要性。

2）在试验项目早期，为了舱内武器投放，对GBU-12炸弹拉索布局进行了重新设计，余下的舱内分离试验足以提供拉索功能的统计学可靠性指标。

3）获得了宝贵的GBU-12炸弹空气动力学模型验证数据。

4）没有延误飞行试验；因为故意地使“尾翼收回”的武器轨迹初始状态弹头向下，保证了不会出现不安全轨迹，飞行试验可以安全地持续进行。

4.在试验后分析中考虑飞机机动的重要性

在一次GBU-31炸弹武器分离飞行试验过程中，控制室的试验工程师在ASVS舱内相机视频回放中注意到,被试武器的横向运动与以前 GBU-31 炸弹武器分离试验中的不同。对基于六自由度/惯性测量装置遥测套件的和基于摄影测量的外挂轨迹的事后分析也证实,武器相对于飞机产生了另外的横向运动。这次试验过程中,ASVS 舱内相机图像与来自同一摄像机的图像进行了叠加,但对于不同的试验过程,在视觉上可以揭示这些差异情况(见图16.56)。

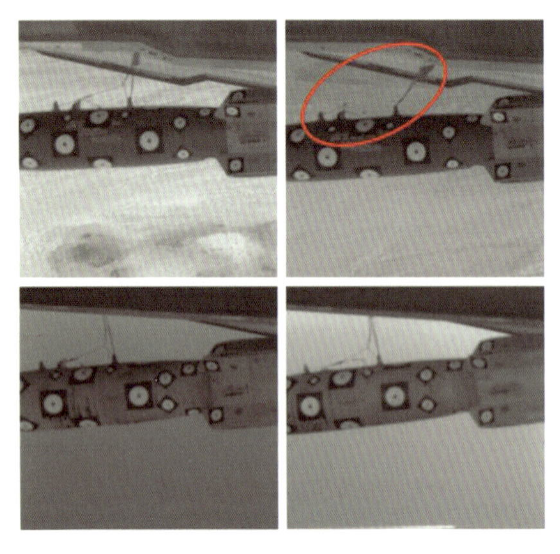

图 16.55 GBU-12 炸弹拉索功能正常和不正常(红圈标记)情况

图 16.56 GBU-31 炸弹:两次分离过程叠加

然而,对于这两次不同的试验过程,未处理的武器六自由度/惯性测量装置遥测套件原始数据几乎是一样的,甚至横向加速度测量参数也是一样的。空对地武器分离仿真显示,武器从飞机释放后,其相对于地面(也就是地球)的轨迹是相同的,即使飞机的加速度响应不同,只要飞机的初始前进速度相同。因此,需要重新考虑导致武器产生横向运动的原因。

由于洛马公司的试验后分析程序中包含有每种飞行试验条件下的飞机机动响应数据,对这两次不同的飞行试验过程,对武器和飞机轨迹进行了试验后仿真回放,揭示了武器相对于飞机横向运动的原因:两架飞机的运动方式不同。事实上,在有明显横向运动的武器分离过程中,飞机飞行控制系统在分离发生时,对飞行员突然的控制杆输入做出了响应,使飞机短暂超出了规定的投放加速度限制。虽然图像显示的是在分离过程中武器发生横向移动,但实际上相反,是飞机发生了横向移动。

基于对武器分离过程的回放,武器试验团队认为这是一个意外事件,GBU-31炸弹武器分离试验项目需要暂停一次。然而,由于试验后分析过程很快(包括组合武器和飞机响应),并没有延误下一个飞行试验点,并在两天内向试验团队提供了完整的解释。这个例子的主要教训是,如果试验后的仿真回放没有包括飞机响应,对类似事件的解释说明就不完整或不正确,那么可能会产生级联后果。具体后果可能导致试验进度延迟,或者将所发现的武器意外运动归因于增加的不确定性,或非仿真的一般因素——即未被直接包括在名义上或蒙特卡罗不确定性仿真中的未知因素。

16.8 总　　结

许多变量可以妨碍武器分离飞行试验活动的开展,如恶劣天气、云量过多、伴飞飞机问题、加油机问题、靶场清场飞机或船只问题、测试仪器问题、试验飞机问题、遥测问题、在试验靶场的时间相对较短,甚至在近岸试验靶场内的船只或鲸鱼问题,等等。高难度机动需要进行额外准备,以增加成功的可能性——应当在飞行模拟器上进行多次高过载和大迎角机动演练,以使飞行中穿越冷空气(Cold-Pass)区域的耗时(和耗油)最少。武器分离飞行试验活动费用昂贵且具有挑战性,必须做好充分准备,才能毫无障碍、成功地完成武器分离试飞任务。

洛马公司的武器认证建议和武器投放要求得到验证的依据是飞行试验验证的建模和仿真,这些建模与仿真根据武器分离飞行试验期间收集的数据进行了调整,以便模拟的武器分离过程能真实复现实际的武器分离过程。如果不能获得必要的测试数据来证明武器分离的安全性,并进行正确的建模与仿真验证,则意味着试验点必须重飞,那将是代价昂贵的,且进度也得不到任何保障。

对最终建模与仿真和取证的总体信心直接取决于动力系统模型的质量、空气动力学模型的质量以及对这些模型调整和验证的质量。在ASEP建模和仿真环境下使用飞机、挂载与投放设备、武器的功能性机械模型,提高了动力系统基线模型的质量。基于工业标准的缩比模型风洞试验获得的空气动力学模型的质量,足以保证获得飞行许可进行飞行前仿真的需要,这些模型在飞行试验过程中进行了调整和验证。高质量的空气动力学模型验证和快速的飞行试验进度是良好计划,并注重确保可靠地获得对自信验证至关重要的测试设备的直接结果。

在F-35战斗机武器试验期间,各种试验保障设备和措施保证了基于摄影测量获得高质量武器轨迹信息,基于6DOF/IMU TM Kit获得武器轨迹信息,以及武器空气动力学模型的验证。在这些地面和飞行试验中获得的知识,再加上经过调整和验证的模型仿真,保障了从F-35上投放武器的认证建议所需的武器安全分离评估意见。

参考文献

[1] SHERIDAN AE,RAPP DC,BURNES R. F-35 Program History-From JAST to IOC [R]. AIAA-2018-3366,2018.

[2] COUNTS MA, KIGER BA, HOFFSCHWELLE,et al. F-35 Air Vehicle Configuration Development[R]. AIAA 2018-3367,2018.

[3] PURDON ML,HETREED CF,HUDSON ML,et al. F-35 Pre-Flight Store Separation Analyses: Innovative Techniques for Affordability:[R]. AIAA Paper 2009-102,2009.

[4] HAYWARD DM,DUFF AK,WAGNER C. F-35 Weapons Design Integration[R]. AIAA 2018-3370, 2018.

[5] SCHINDEL LH, Store Separation:AGARD-AG-202[R]. 1975.

[6] ARNOLD RJ, EPSTEIN CS, BOGUE RK. Store Separation Flight Testing[R]. AGARD-AG-300-Vol-5, 1986.

[7] NADAR O. Aircraft/Stores Compatibility, Integration and Separation Testing[R]. AGARD-AG-300-Vol-29, 2014.

[8] Aircraft/Stores Compatibility: Systems Engineering Data Requirements and Test Procedures:MIL-HDBK-1763[S]. Military and Government Specs & Standards (Naval Publications and Form Center) (NPFC). 1998.

[9] Bomb Rack Unit (BRU), Aircraft, General Design Criteria for: MIL-STD-2088A [S]. Military and Government Specs & Standards (Naval Publications and Form Center) (NPFC). 1997.

[10] Guide to Aircraft/Stores Compatibility: MIL-HDBK-244A. [S]. Military and Government Specs & Standards (Naval Publications and Form Center) (NPFC). 1990:4.

[11] KEEN K S,MORGRET C H,LANGHAM T F,et al. Trajectory Simulations Should Match Flight Tests and Other Lessons Learned in 30 Years of Store-Separation Analysis[R]. AIAA Paper 2009-99,2009.

[12] MORGRET C H,MOORE D A,SMITH M E. The FLIP 4 Store-Separation Trajectory Simulation Code[R]. AIAA Paper 2009-100,2009.

[13] KEEN K S. Equations for Store Separation Motion Simulations and Instrumented Model Data Reduction[R]. AEDC TR-95-12, 1996.

[14] VEAZEY D T. Current AEDC Weapons Separation Testing and Analysis to Support Flight Testing[R]. AIAA-2004-6847, 2004.

[15] DAVIS M B, YAGLE P, SMITH B R, et al. Store Trajectory Response to Unsteady Weapons Bay Flowfields[R]. AIAA-2009-547, 2009.

[16] HUDSON M L, CHARLTON E F. Many Uses of CFD in JSF Store Separation[C]// International Aircraft-Stores Compatibility Symposium XIV, April 11-13, 2006, Fort Walton Beach, FL, 2006.

[17] CRANDALL R. Airborne Separation Video System[C]//2001 Aircraft-Store Compatibility Symposium, Mar. , 2001, Destin, FL, 2001.

[18] FORSMAN E, GETSON E S, SCHUG D, et al. Improved Analysis Techniques for More Efficient Weapon Separation Testing[C]// Proceedings of the Society of Flight Test Engineers European Chapter, 2008.

[19] GETSON E S. Telemetry Solutions for Weapons Separation Testing[C]//2003 ITEA Aircraft-Stores Compatibility Symposium and Workshop, Destin, FL, Feb, 2003.

[20] FORSMAN E, SCHUG D. Estimating Store 6DOF Trajectories Using Sensor Fusion between Photogrammetry and 6DOF Telemetry[C]// ITEA Test Instrumentation Workshop, 2011.

[21] HARDING G C, BARTON K M. Predicting Aircraft Flowfield Induced Water Vapor Condensation for Store Separation Flight Tests[R]. AIAA-2007-4169, 2007.

[22] TUTTY M, AKROYD G, CENKO A, et al. Stores Separation from Weapons Bays [C]// The 30th Congress of the International Council of the Aeronautical Sciences, Sep, 2016, Daejeon, Korea, 2016.

[23] ROBERTS E. Lessons Learned: Limitations of Modern Tools and Applications for Store Separation Prediction[C]// The 2001 Aircraft-Store Compatibility Symposium, Mar. , 2001, Destin, FL, 2001.

第17章　F－35“闪电Ⅱ”战斗机气候环境实验室试验与系统验证

预期F－35战斗机在其服役期间将承受最恶劣的极端天气条件。验证F－35战斗机三种型别（尤其是短距起飞/垂直着陆（STOVL）型）在极端气候环境条件下的作战使用能力极具挑战性。为了完成这项验证任务，F－35战斗机项目需要建立一个室内试验环境，以便在室内实现F－35战斗机“悬停”，并模拟在各种极端环境条件下的最大推力运行情况。为此，试验团队必须充分发挥创造力和想象力，开发一套前所未有的试验设施，并制定相关试验程序。最终，在佛罗里达州尼科维尔艾格林空军基地（Eglin AFB）麦金利气候实验室（MCL）开展了一项极为特别的试验项目，证明了F－35战斗机在各种极端气候条件下正常运行的能力。

17.1　F－35战斗机气候环境实验室试验与系统验证简介

F－35战斗机系统研制与验证（SDD）阶段的工作包括飞机设计和构型的研制与成熟度提升，以及大量专项地面试验和飞行试验评估。SDD阶段试验工作的一项非常重要的内容（本章重点介绍），是从2014年10月—2015年3月，为期6个月的F－35战斗机气候实验室试验（CCT）。气候实验室试验是收集F－35战斗机在各种环境条件下的运行数据而开展的室内模拟试验。经验表明，这阶段试验应当在飞机的寿命周期内尽早进行，以确保在飞机部署前解决发现的所有问题。本章讨论F－35战斗机气候环境试验挑战传统试验方法的一些独特做法，以及在试验定义、试验设计和试验计划制定等方面的艰难决策。本章还讨论成功实施试验的一些独特和关键的能力和因素。最后，对试验的经验教训进行重点回顾和总结，并对在仿真与建模能力不断增强，成本和进度压力降至最低的条件下，对这类复杂且昂贵的全尺寸、飞机系统级环境试验的相关问题进行了总结。

17.2　F－35战斗机与早期飞机的气候环境试验比较

联合合同技术规范中定义了F－35战斗机系统的项目级功能要求。合同技术规范定义了飞机级（Aircraft Level）要求的各方面，包括在机库外停放，以及在世界各地存在的各种极端环境中使用能力。环境要求的制定依据是MIL－HNBK－310全球气候数据手册中军用产品开发建立设计指南，是在项目开发早期为F－35战斗机预期客户和计划作战用途量身定制的。这些要求是F－35战斗机SDD阶段需要开展的试验类型和范围的基础，包括一系列环境温度、湿度、降雨，结冰和其他环境条件。几乎所有新研制的重要军用飞机项目都包括某种气候环境试验与鉴定要求。满足这些要求的试验通常在专用试验设施上进行，或在自然环境条件下进行，也可以组合两种方式进行。传统飞机项目的试验方法（包括暴露于自然气候环境）和试验设施经常面临不可预测、不可重复和不可靠的试验条件，而且试验结果也不确定，这无法满足F-35战斗机严格的性能指标要求。图 17.1 为 F-35 战斗机在气候实验室试验期间进行的试验线场景。

图 17.1　F-35 战斗机气候实验室试验线场景

对于大多数飞机项目，只需要处理和评估一种设计构型。然而，F-35 战斗机项目为一机三型：即常规起降型（CTOL 型，F-35A），短距起飞/垂直着陆型（STOVL 型，F-35B）以及舰载型（CV 型，F-35C）。这三种型别的任务系统和机载系统具有显著的通用性，尽管各型别拥有各自独特的服役任务要求和作战概念（Concept of Operations），但机身设计依然很相似。因此，需要开发一种“通用”环境试验方法来规划试验与鉴定工作，最大限度地提高所有 3 种型别试验的有效性，尽量消除开展多型别试验的需求。这样，在开始实施气候试验之前，必须对试验要求、优先级、试验目标以及系统性决策方案等方面进行重点平衡。F-35B 战斗机的独特性是 F-35 战斗机特殊试验（包括在试验设施上使飞机“悬停”）的主要驱动因素。

F-35 战斗机项目计算方法的进步，结合气候实验室设施能力的提升，消除了在自然环境中进行试验的必要性，因为在自然环境中开展这类试验成本高且效率低，合适的天气条件通常要持续等待，或去世界各地寻找符合要求的自然环境。气候实验室试验中，略微扩大实验室试验的目标地区范围，可以取消最初计划一些空中飞行试验，从而降低飞行试验风险，并显著节省成本缩短周期。然而，气候实验室的技术进步也引发了一些讨论，最终由于系统级能力验证和模型正式验证要求的数据都至关重要，试验继续进行。

17.3　麦金利气候实验室试验设施

F-35 战斗机项目选择使用专用和可控的环境实验设施进行主要系统级环境试验。麦金利气候实验室通过 F-35 战斗机联合项目办公室签订了试验合同。麦金利气候实验室隶属于美国空军，并由其负责运营，是世界上最好的气候环境试验场所，能够模拟现实世界的任何环境条件。这套试验设施初建于1947年，有一个能产生受控极端环境条件的冷冻机库，1972年更名为麦金利气候实验室，以纪念该实验设施的发起人之一 Ashley C. McKinley 上校，Ashley C. McKinley 上校是要求美国武装力量具备这类试验能力的重要推动者。该设施在1993—1997年间进行了翻新和改造，现在能够支持军用和商用产品试验，试验范围包括从低温到高温的各种环境温度、结冰云与积冰、降雨、浓雾、潮湿、大风、沙尘、太阳辐射与昼夜循环，以及其他环境。这是一种全军种试验设施，能够支持几乎所有试验线和产品的试验。麦金利气候实验室配有一套空气制备装置(AMU)系统，能根据具体要求调节空气供应，可以保证发动机在封闭环境中长时间运行。空气制备装置能够为主实验室(Main Test Chamber)在－65华氏度条件下提供高达1 000 $lb\cdot s^{-1}$的气流补充。麦金利气候实验室设施共有6个实验室，可用于不同系统的专业评估。这套试验设施的座右铭是“创造你不能等待的天气”，1987年被认定为国家历史机械工程地标。

F-35战斗机大部分气候实验室试验都在主实验室(面积250 ft×262 ft×70 ft)内进行。其他机外后勤试验与评估(LT&E)和保障设备(SE)评估试验在较小的设备实验室(ECT)(面积130 ft×30 ft×25 ft)进行，与飞机级试验并行开展。图17.2为F-35战斗气候试验机抵达艾格林空军基地后在麦金利气候实验室设施上空的航拍照片。图17.3为麦金利气候实验室设施主实验室前的试验机。

图17.2　BF-5气候试验机抵达艾格林空军基地在麦金利气候实验室上空

图17.3　停放在麦金利气候实验室主实验室外的BF-5气候试验机

17.4　确定和计划气候试验活动的挑战与决策

开展F-35飞机平台级气候实验室试验是在SDD阶段试验计划初期决定的，计划在飞行试验正式启动后的几年内，当飞机系统达到一定成熟度，并且建立了一定的能力，就开展这项试验。只使用一种型别开展试验，满足全部3种型别要求，因为三种型别有很高的通用性，最终选择了F-35B战斗机作为气候试验机，因为F-35B战斗机比其他型别多了升力风扇、防倾斜喷管出口和喷管，以及与主发动机连接的3轴承旋转模块。而且STOVL型的功能最复杂，各种舱门和控制面板也是最多的。在试验结果的使用方面，对于F-35A和F-35C战斗机，与F-35B战斗机相似的部件或系统将采纳F-35B战斗机的试验结果，对于专用组件或系统，将分别开展部件级试验和系统级分析。2013年，F-35战斗机项目办公室确定使用过渡型任务系统（MS）和飞机平台系统（VS）硬件与软件构型开展试验，来保证美国海军陆战队（USMC）F-35B战斗机项目在2015年具备初始作战使用能力（IOC）这个里程碑节点，这种构型试验仍适用于计划的最终机队构型。2014年8月召开了气候实验室试验准备就绪性评审（TRR）会议，会议高层确定了试验总目标。

（1）评估飞机在各种气候环境下的系统级作战使用能力。

（2）在作战机队开始重要作战使用之前，充分评估飞机的效能。

（3）收集需要的支持数据，以支持。

1）与技术规范标准的符合性。

2）认证标准。

3）清除或减少初始作战使用限制。

（4）更新联合技术数据（JTD）和飞行系列数据库（FSD）信息。

从一开始，就明确要求F-35战斗机系统要（尽可能）能够在各种环境条件下实现全面作战使用能力。包括已安装的推进系统从低功率到高功率设置的工作状况。选择F-35B战斗机作为试验机型，很大程度上是为了评估飞机在动力升力模式（其中推进系统效应器是主要的升力和控制机构）以及常规模式下的工作状况。因此，试验计划中的一个关键因素是在所有环境条件下，展示飞机在悬停和低速飞行状态两种动力升力模式下的系统运行能力。飞机在封闭环境内的所有功率设置下运行，需要足够的空气补充，满足推进系统进气要求并将飞机废气排出主实验室。这对于实验室内人员的安全以及长时间维持特定环境条件至关重要。为了满足上述目标要求，在确定试验目标、试验顺序及设施要求与改造过程中，必须主要考虑飞机在所有功率设置下两种运行模式（常规模式下全加力和动力升力模式下“悬停”运行）下的运行和限制。在动力升力模式运行时，升力风扇和发动机喷管喷气方向是向下与向前的，以提供在低空速飞行时支撑飞机所需的递增升力。这个特性和目标要求必须将飞机架起到主实验室地面以上，以便能容纳必要的排气管道和飞机支撑结构，从而支持飞机在所有模式下运行。

在计划制定过程中，成本和进度限制压力迫使试验队根据项目的目标和优先级，重新评审了气候实验室试验线，最终批准的正式试验线包括以下几个。

1）标准天气条件基线评估。

2）逐步升高环境温度试验。

3）重复标准天气条件试验。

4）逐步降低环境温度试验。

5）地面和飞行结冰云条件（包括地面涡流结冰）。

6）无风和有风的降雨条件。

7）冻雨条件（非运行状态）。

8）高相对湿度和高绝对湿度。

9）最后一次重复标准天气条件试验。

由于可以通过分析或其他数据和评估方式获得足够的信息，或者受到其他设计和试验要求的限制，后来取消了最初计划的几项试验线。其中一项就是取消了积雪载荷（Snow Loading）试验，关于积雪对飞机结构的影响，采用了分析方法，确定积雪情况下的结构载荷。

此外，通过选择使用和修改现有的力和力矩约束系统，借助起落架固定飞机，故而也取消了在每种环境条件下起落架摆动的试验。虽然能够设计一种限制飞机并允许起落架完全活动的系统，但这需要很大的工程设计与分析工作、大量的飞机结构改装，并可能损害其他试验要求。总之，在根据试验要求，必须对成本和进度进行平衡时，这是一个很好的范例。

17.5 飞机改装、试验设施及试验计划准备

在F-35战斗机项目SDD阶段工作初期，对试验计划，一直维持了一种初步计划和定期修订模式，以及确定高层试验目标和试验要求。然而，随着F-35战斗机项目SDD阶段工作的进展，飞机平台与系统逐步成熟，正常飞行试验发现了一些问题，综合影响推迟了飞机进入气候实验室开展试验的计划。例如，在F-35战斗机设计初期就确定要改进飞机热管理系统，而且这些设计更改被纳入飞机设计基线中，最终也要成为气候实验室试验飞机构型的一部分。随着F-35战斗机项目进展和整个飞机系统的日益成熟，最终确定了可靠的试验开始日期，并紧锣密鼓地开展试验规划工作。在试验开始前12～18个月，由洛马公司、诺格公司普惠公司、英国BAE系统公司和英国罗罗公司组成的联合承包商团队，与F-35战斗机联合项目办公室、F-35战斗机综合试验队和麦金利气候实验室试验人员，定期召开会议，讨论并逐步确定飞机构型、试验目标、详细试验顺序、试验详细进度，以及需要的文档和评审。

F-35战斗机的每项飞行试验线都根据试验实施方案(Test Execution Package，TEP)控制。气候实验室试验的正式试验实施方案由马里兰州帕图克森特河海军航空站的F-35战斗机综合试验队负责制定和管理，加利福尼亚州爱德华空军基地综合试验队提供支持。综合试验队是一个由政府和承包商组成的联合试验团队，负责F-35战斗机地面试验和飞行试验的规划、执行、数据分析以及报告。

试验实施方案由联合试验计划(JTP)和试验安全补充要求(TSS)组成。其中，联合试验计划详细描述被试系统和试验实施顺序，而试验安全补充要求则详细说明被试系统达到的成熟度、风险领域、危险因素、风险缓解程序及总体风险评估。应当注意的是，在试验实施前和实施期，关于拟定试验环境的严酷性，以及可能对试验机资产造成的长期损伤，还是存在普遍担忧。

由于在这阶段计划中非常注重细节，在试验期间对被试飞机子系统健康状况进行了全面监控，保证了BF-5气候试验机在完成气候实验室试验后能成功重返试验机队，并在2016年参加了在美利坚号两栖攻击舰(LHA-6)上进行的F-35B战斗机第三次海上研制试验(DT-Ⅲ)。

试验实施方案成熟后，在最终授权实施前，由两个主要委员会进行了审查和批准：即，试验准备就绪性审查委员会(TRRB)和执行审查委员会(ERB)。试验实施方案从草案到最终获得执行审查委员会批准，总共花费了9个月时间才逐步完成。帕图森特河F-35战斗机综合试验队试验工作小组(Test Operations Team)还负责领导联合外派分队的工作，外派分队从帕图森特河海军航空站出发，在其他试验场地和组织的帮助下，到达艾格林空军基地为本项试验活动提供保障。初步计划，试验机转入麦金利气候实验室开展试验，然后返回海军航空站的时间需要4～5个月。

对于试验队和麦金利气候实验室人员而言，每个主要环境条件下的试验流程都是一致的，并设置了预期目标。每项试验活动都有具体时间安排(时间段)：飞机浸湿和稳定期、预启动(维修活动)、飞机启动、模拟CTOL运行、模拟STOVL运行以及飞机停车。图17.4为各种

环境条件下进行试验的通用计划执行时间轴图。

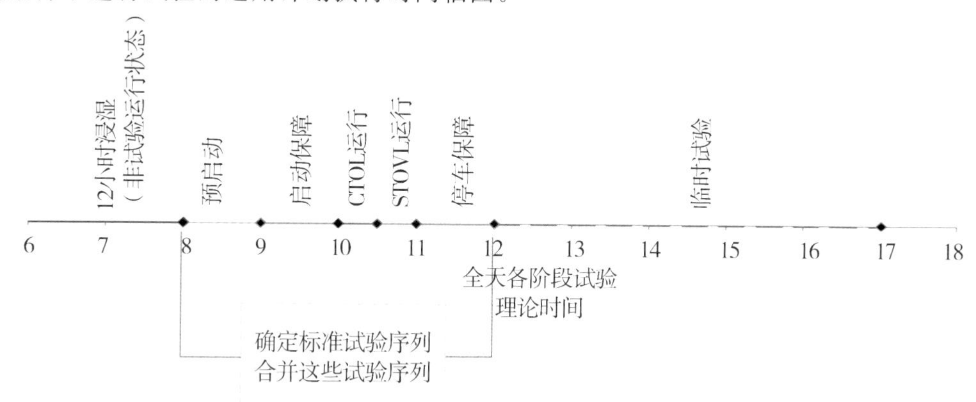

图17.4 F-35战斗机气候实验室试验计划执行顺序的时间轴图(估计的)

联合试验团队制定了标准试验顺序(STS)。这个试验顺序保证了在各种条件下执行试验流程,有助于更好地模拟作战机队飞机的标准地面运行程序,减少试验点总数,并以最简便的方式比较和评估飞机系统在全部气候环境谱系中的性能。

最终的标准试验顺序剖面包括常规飞机启动程序、飞机系统自检测(VS BIT)、两个主要的维护自检测(MBIT)(在推进系统进行过维护后,限制大功率运行的机队作战使用的自检系统),以及模拟常规模式起飞大功率机动。计划在各个主要试验条件下进行动力升力模式起飞和着陆(即短距起飞(STO)和悬停/垂直着陆[H/VL])模拟,以确保飞机系统运行正常。这个标准试验顺序适用于大多数试验任务。对于一些特殊试验目标(如结冰评估,警报启动的机动,雨水侵入与腐蚀检查以及专项维护评估),将在实施计划中单独添加具体试验顺序。图17.5为F-35战斗机气候实验室执行的标准试验顺序剖面与时间的关系。

用于进行气候实验室试验的BF-5试验机是一架SDD阶段飞行试验飞机。尽管BF-5试验机是专用飞行试验飞机,但它采了许多生产型标准系统构型,并拥有全面的飞行测试(FTI)能力。2014年6—8月,BF-5试验机在综合试验队进行了试验前的重要改装,以确保试验机的可用硬件和软件包是最新的。在选择部件时充分考虑使用最具代表性的生产部件,保证评估时能充分代表美国海军陆战队具备初始作战能力的,具有里程碑意义的Block 2B构型,以及最终交付标准的Block 3构型。此外,试验飞机还加装了专用飞行测试测量设备,用于采集能力验证数据、环境条件参考数据和试验安全(SOT)参数。虽然大部分改装工作在飞机转场前完成,但是,在飞机抵达麦金利气候实验室后,还进行了一些改装,包括更换一些预生产硬件、加装不适于飞行的飞行试验测试设备和一些特殊试验设备。

在麦金利气候实验室进行试验准备过程中,F-35战斗机试验团队与麦金利气候实验室团队进行了充分协调,以了解和明确需要建立哪些设施,进行哪些改装,需要什么特殊设备来满足试验要求和试验目标。麦金利气候实验室团队专门设计了一套固定装置,以满足F-35B战斗机在常规模式和动力升力模式工作状态的特殊需求。考虑到要在两种主要运行模式下进行的全功率运行和衔接转换,必须在室内将飞机架高(大约离地面13 ft)。为开展F-35战斗机试验,主实验室进行了重新配置,增加了飞机约束系统、排气管道系统、高架维护平台和飞机保障设备库房。

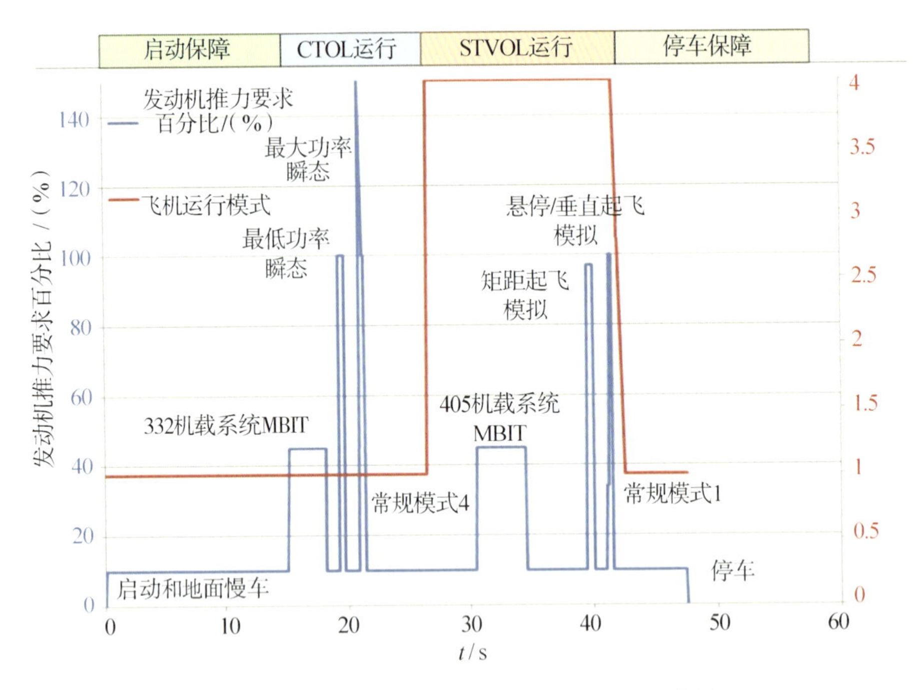

图 17.5　F-35 战斗机气候实验室标准试验顺序剖面

这次试验使用的约束系统是 2007 年在得克萨斯州沃斯堡工厂设计、建造的，用于飞机力和力矩系统悬停坑试验的约束系统的改进版。利用已有系统，就不需要在试验期间更改飞机结构，而且也已经根据先前的试验分析确定了飞机上的载荷路径和作用力，显著降低了设计和采办相关成本。试验系统的"主干架"由 6 个限制飞机轴向运动的活塞杆组成，能够在常规模式与动力升力模式下的所有功率设定条件下正常工作。6 个活塞杆连同附属装置移交给麦金利气候实验室团队后，团队对长度进行了一些更改，以嵌入麦金利气候实验室特殊的载荷传感器，并使它们能够连接到固定在主实验室地面的工字形框架上。由于约束设计不对称，系统成为"静不稳定"结构。每次试验都对载荷传感器进行实时监测，评估测量的载荷与试验设计标准的符合性。图 17.6 为 F-35 试验飞机在麦金利气候实验室改进型约束系统上的 CAD 模型。

图 17.6　麦金利气候实验室 F-35 试验飞机约束系统 CAD 模型

由于试验机明显高于主实验室地面，因此，需要留出足够的工作区域和检修飞机的通道，以便进行试验前及试验后的维护活动。在飞机周围用表面带格栅的平板构成了高于地面的高架平台，平台下面通过连接到主实验室地面的立柱支撑，满足了维护可达性要求。为了达成关于这个最小工作区域要求的最终协议，各方对多个迭代方案进行了评审。最终，选择了独立式设计平台，不以任何方式连接到飞机或约束系统，并由中等规格的格栅平面构成，能满足大多数飞机维护活动。高架平台的高度与停放飞机的普通地平面高度非常一致，可以方便使用标准的 F-35 战斗机保障设备，并执行常规的运行前及运行后维护活动。维护工作平台下方的区域用于布置排气管道，还设置了两个环境受控的“库房区域”，在试验期间存放常规和大型保障设备。

飞机和推进系统在试验设施内运行时，需要将飞机废气排出试验设施以避免废气和燃烧产物堆积，并确保飞机推进系统的运行不会对目标环境试验条件产生不利影响。为此，麦金利气候实验室团队为 F-35 战斗机试验专门设计并制造特殊的专用排气管道。洛马公司和普惠公司的综合产品开发团队协同完成了废气收集系统设计，部分基于普惠试验设施当前使用的系统以及麦金利气候实验室团队以前的试验经验。在达成最终协议和设计之前，对多个迭代方案进行了研究。图 17.7 为飞机安装在试验夹具上，排气管道的几张局部布置图片。

图 17.7　F-35 战斗机麦金利气候实验室排气管道局部部置图片
（升力风扇、防倾斜喷管、电源与热管理系统以及主发动机）

排气管道用于引导废气离开飞机并排出实验室。这是一个被动系统，气流通过废气本身的动量以及管道前后开口之间的压力差向前流动。来自飞机系统的所有主要废气产物都被输送出实验室，特别是主发动机、升力风扇、防倾斜喷管以及电源与热管理系统(PTMS)。由于升力风扇没有燃烧产物，与所有其他废气气流相比，气体温度相对较低，因此，升力风扇废气流的处理方式与其他废气源略有不同。在运行期间，允许升力风扇废气流部分再循环直接回到主实验室内。这种处理减轻了主实验室空气制备系统的压力，因为在模拟 F-35 战斗机悬停时，主发动机和升力风扇都在最大气流下运行，空气制备系统在供给和维持所需的调节气流方面会承受额外的压力。由于试验团队能够在为空气制备系统充电之前进行更长时间的运行试验，因此这种实施方案能提高试验效率。所有排气管道设计成尽可能靠近飞机各喷管和出口平面，以最大限度地减少经调节的实验室空气被吸入排气管道，同时还要满足飞机在两种运行模式下直至满功率条件进行全面运行的需要，并且还不能影响日常维护对所有结构进行移动、操作舱门和移动飞机检修主要口盖的路径。图 17.8 为飞机安装在约束系统上且排气管道安装到位时飞机周围平台的 CAD 模型效果图。图 17.9 为飞机和平台相对于整个主实验室的位置的 CAD 模型示意图。

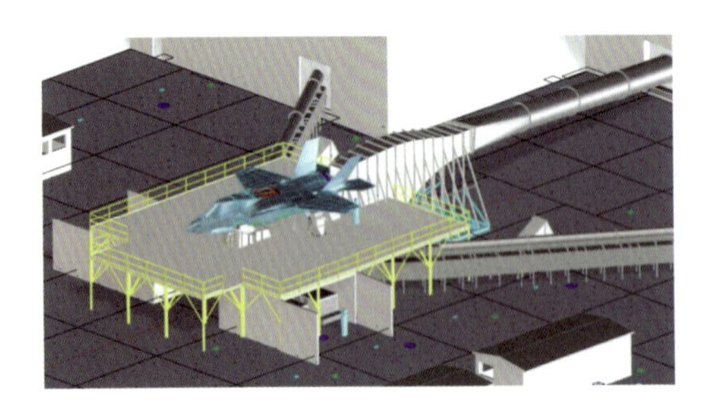

图 17.8　飞机平台和飞机装置的 CAD 效果图

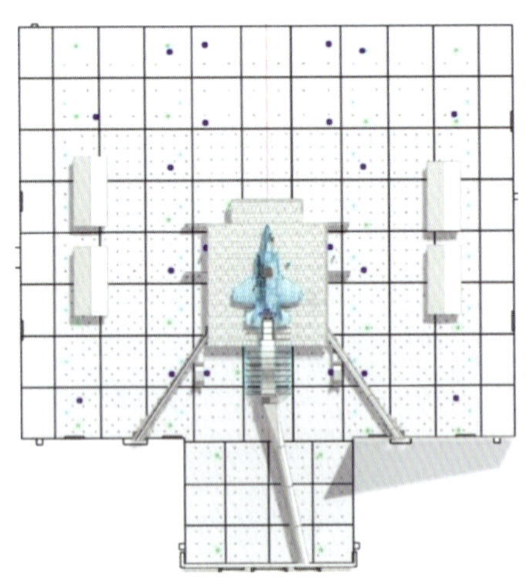

图 17.9　F－35 战斗机在主实验室内的 CAD 模型

17.6　进入试验设施和试验执行情况

试验飞机转场到艾格林空军基地之后，进行了短暂的准备，随后进行了必要改装。2014 年 9 月 29 日，飞机转移到麦金利气候实验室。飞机被吊装到试验固定装置上，图 17.10 和图 17.11 为 F－35 战斗机试验机在主实验室的安装固定过程，随后在常温环境条件下完成了后续检查和几次自检试车，采集和评估了声学数据，确保实验室和飞机在执行计划试验时声学环境可接受。声学环境的这种表征很重要，因为飞机设计要求通常不包括封闭建筑内的满功率运行条件，所以飞机存在结构损伤的潜在风险。依据声学测量数据，建立了关于飞机功率设置和 STOVL 型推进操纵装置角度组合的若干限制条件，在试验执行过程中必须监测这些限制条件。此外，采集声学数据的早期试验发现，主发动机和升力风扇的排气管道系统性能存在一些意外问题，在正式试验开始之前需要进行修正。

已执行和完成的正式试验活动分别是：标准 59 ℉ 基线条件（在一系列试验中共执行 3 次）、环境温度升高（包括昼夜循环在＋ 120 ℉）、环境温度降低（低于－40 ℉）、结冰云条件（地面和模拟飞行状态）、地面涡流结冰、无风和有风降雨顺序、冻雨（非运行状态）和除冰试验，以及高相对湿度和高绝对湿度昼夜（24 小时周期）循环试验。2015 年 4 月 1 日，完成全部试验，飞机从试验夹具中拆除并移出主实验室。随后飞机经历了一段时间的复原，并返回帕图克森特河海军航空站。从进入麦金利气候实验室到离开，试验时间跨度为六个月。由于优先级和时间限制，最初计划的部分专项维护、后勤试验与评估试验线没有开展。

图17.10 F-35战斗机吊装到主实验室的安装过程

图17.11 将F-35战斗机固定到试验设施上的安装过程

17.7 F-35战斗机结冰云试验

在麦金利进行F-35战斗机试验的主要目标和主要驱动因素是对常规和动力升力模式两种运行状态的结冰环境进行评估。早前在麦金利气候实验室进行的全尺寸飞机结冰条件试验通常仅限于常见的地面雾和静态运行。F-35战斗机项目面临的挑战是如何充分验证飞机及其配装的推进系统能够在结冰条件下以常规模式和动力升力模式正常运行。这两种运行模式需要极为不同的气流、结冰云尺寸和限制,以及相对于飞机的位置。另一个试验目标是,评估F-35战斗机在空速状态下(相对于简单地面静止状态)的运行情况,并收集良好的定量数据,与结冰模型进行比较,这进一步给麦金利气候实验室和F-35战斗机项目工程团队带来了挑战。试验需要大量的新理念和新能力,迫使试验规划团队和麦金利气候实验室设施团队必须超越以往的经验。麦金利试验设施最新升级的结冰喷雾棒系统能够模拟结冰条件,且远超先前试验的相对温和地面雾条件。这种新能力,加上结冰仿真代码的进步,使F-35战斗机项目办公室最终决策,取消了后续飞行试验计划中的加油机结冰空中试验。实现了气候实验室结冰试验部分的重要试验目标。

(1)建立并验证了飞机级的全系统级能力。

(2)选择了能代表联合合同技术规范/联邦航空条例(FAR)第25部技术规范要求的试验条件。

(3)在常规模式和动力升力运行模式下,执行了地面和模拟的低速飞行条件组合试验。

(4)通过飞行试验辅助确定了飞机舱门、推进系统效应器和飞机控制面板最有效的动力升力位置。

麦金利气候实验室是唯一能够在严格控制的结冰云条件下进行F-35战斗机全尺寸飞机试验的设施。试验设施能改变环境温度、液态水含量(LWC)和水滴尺寸,同时产生限定风速,所有这些都对提供大范围结冰云试验条件至关重要。在进入实验室之前,洛马公司、普惠公司、罗罗公司、推进系统联合项目办公室和麦金利气候实验室试验人员之间保持密切协作,确定并建立了与飞机特殊试验要求对应的试验设施能力。目标是开发一种试验装置,为F-35战斗机能力评估和鉴定提供必要的最佳试验条件组合。实验室结冰部分的试验主要关注飞机进气道安装的冰探测器和发动机防冰系统(EIPS)及升力风扇防冰系统(LFIPS)的功能和性能。次要目标是评估和鉴定影响推进系统(如,唇口、进气道和升力风扇进气道锥形口)气流的机身结构区域的积冰情况。还计划定性评估结冰云对座舱盖能见度的影响。试验阶段收集的数据用于验证结冰模型和评估装机系统功能。试验结果在经过分析之后,被洛马公司推进系统分部、普惠公司和罗罗公司用于准备认证文件试验。

F-35战斗机特殊的结冰云试验需要对麦金利主实验室结构进行重大改造,并安装生成结冰条件所需的特殊试验设备。飞机位置、约束系统和排气管道构型与先前的试验相同。计划试验包括常规和动力升力模式下的地面(静态/低流速)和模拟飞行(低/中等流速)运行。麦金利试验设施可实现的试验条件所形成的限制和约束,确定了可用试验构型。在飞机正前方中央放置了一种敞开式喷雾结冰管道。管道气流由9个风扇(3组并列,每组3个串列风扇)产生,风扇从主实验室内通过配有喷雾棒系统的管道装置,推动调节空气,以产生结冰云。图17.12为整体管道设计构型和相对于试验飞机的布局的CAD模型,图17.13为设施建成后的构型。

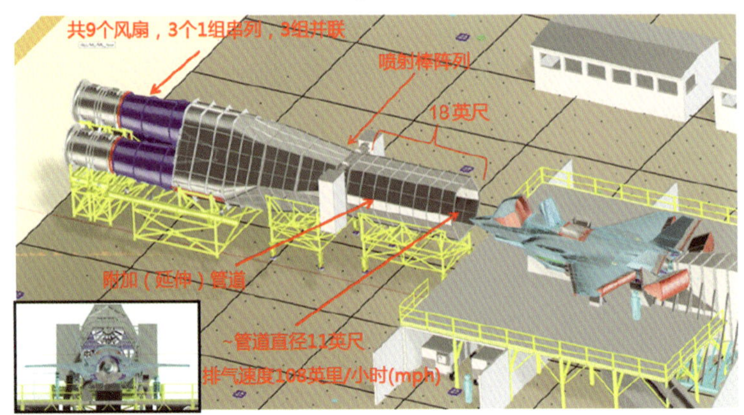

图17.12　麦金利实验室F-35战斗机结冰试验装置CAD模型

图 17.13　F－35 战斗机结冰实验室建成后构型

在最初构思结冰试验时，设想是敞开式喷雾结冰管道只有一种姿态，就能满足常规和动力升力运行模式下的所有试验条件。当结冰管道设计趋于成熟并确定后，广泛采用计算流体动力学(CFD)分析确定结冰覆盖范围是否足够支持所有计划的试验条件。很快就发现，在动力升力运行模式过程中，特别是在低前进空速模拟悬停模式条件下，发动机和升力风扇组合将产生最大气流，并且可用结冰云的大小不足以使升力风扇和发动机同时完全结冰。虽然动力升力模式下的低速试验速度范围从 30 kn 增加到 45 kn，以试图减小需要的进气口流管横截面积，但仍不足以提供必需的结冰云覆盖。唯一可以容易实现的解决方案是改变方式，即结冰管道采用两种不同姿态：一种用于传统模式运行，一种用于动力升力运行。相对于原始姿态建立的低位和高位两种新姿态，如图 17.14 所示。对于传统模式运行，采用较低姿态，将结冰云集中在主发动机进气道。对于动力升力模式试验，使用较高姿态，将结冰云输送到升力风扇进气道和辅助进气道，但没有完全覆盖主发动机进气道。这是可接受的，因为主发动机和进气道的极限结冰情况是在传统模式飞行运行状态下确定的。虽然这两种构型不能包含所有计划运行情况下的所有进气道流场，但是联合试验团队一致认为，这两种构型的规模和能力足够，能够满足大多数试验要求。

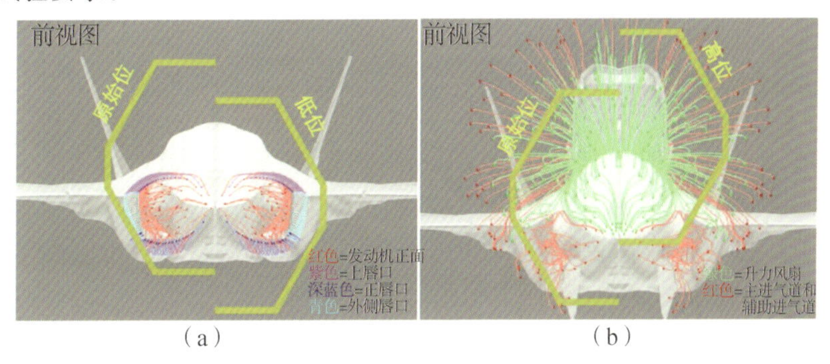

图 17.14　F－35 战斗机结冰实验装置——低位结冰管道姿态及高位结冰管道姿态示意图

(a)低位；(b)高位

结冰管道设备的安装和检查，以及根据目标结冰试验条件对管道构型的标定，工作量很大，而且很耗时，但对于建立有效试验却非常重要。麦金利气候实验室提供的结冰云标定设备（见图17.15）包括：计算流速的皮托静压系统，气流温度总温传感器，液态水含量（LWC）多元传感器，以及用于确定水滴平均直径（MVD）的Malvern和/或相位多普勒干涉仪装置。最初提供的平均直径测量设备无法在最低试验温度下持续工作，最后更换为开关传感器类型的。

常规模式的云条件标定工作就是对设备供气、供水压力和温度进行迭代调整，以确定试验计划要求的每种目标云组合所需的设置。在每种条件下保持气流稳定，并测量和评估流动特性。如果试验条件不在麦金利气候室结冰专家经验和知识确定的可接受误差范围内，则要对供气、供水设置进行调整。记录形成每种云条件所需的供气、供水条件，以便在实际试验过程中重现这些条件。在标定结冰传感器性能的目标试验条件时要特别注意，还有一个额外步骤——在结冰管道工作时，需要一名工程师在飞机旁，从喷雾棒接近预计会影响飞机结冰探测系统的位置观察通道内的情况，以确定云的不一致性和喷嘴的不稳定性。这种不一致性和不稳定性在液态水含量较低条件下更明显，因为这种情况下，喷雾棒中的水压往往较低，可能会被实现目标雾滴尺寸所需的空气压力所抑制。

图17.15　麦金利实验室F-35战斗机结冰试验装置的喷雾棒和结冰云标定设备

此阶段的一个重要试验是结冰标定网格试验，结冰标定网格试验可以测量整个结冰云范围内在预置网格上附着的冰层厚度。理想情况下，该试验将在被试物体的上游（前部）或没有被试物体的情况下进行测量。考虑到F-35战斗机试验装置的尺寸庞大和复杂度高，这是不可能的，因此需要在飞机主进气道平面的前方放置结冰标定网格（见图17.16）。传统上，结冰标定网格是将金属棍焊接成矩形栅栏，但这种方法成本高，耗时长。F-35战斗机使用"铁丝网围栏"方法，能显著节省成本和时间。虽然不像矩形网格栅栏式的网格那样紧紧约束，但这种新方法已经足以满足试验要求。使用这种类型的结冰标定网格，各个链路中心的测量厚度是不同的，即使是离开结冰管道出口的均匀云层也是如此。这是因为飞机周围的空气和水滴会产生局部加速，这些地方的云滴不一定遵循空气动力学流线（这同样适用于空中飞过云层的飞机，也适用于在地面上进行的此类试验）。因此，为了评估确定模拟结冰云的可接受性，试验团队需要将结冰网积冰情况与预期结冰速度和液态水含量的局部变化进行比较。在这个比较工作中利用了CFD和结冰分析辅助。

图 17.16　F-35 飞机的实际结冰标定网格

对所有可实现的云条件都进行了标定。在标定期间，发动机和飞机系统保持关闭状态。确定在飞机结构上产生有效(尽管不是真实的正常运行条件)积冰的合适流量设置需要大量时间。标定过程和相应积冰示例照片如图 17.17 所示。由于试验飞机、试验设施和试验进度的综合因素，整个标定过程分几个阶段进行。

图 17.17　常规模式下 F-35 战斗机结冰试验标定过程

常规模式结冰云评估试验重点关注飞机安装的冰探测系统、装备的发动机防冰系统集成与性能，以及机身积冰特性。开展这项试验有两个不同的试验目标：即验证冰探测系统，评估在遭受典型的地面和飞行结冰条件后对飞机和推进系统的综合影响。

三种机型主进气道内的冰探测器位置略有不同。因此，在 BF-5 试验机上增加了一个专用的冰探测器，以提供代表所有机型位置的数据，验证所有三种型别冰探测器的性能。冰探测器验证工作旨在获取冰探测器性能数据，建立最终的地面操作和飞行能力，并向作战机队发布许可。确认和验证性能时，选择的试验条件为结冰云温度 14 °F，这是结冰技术参数范围内的中间点。对小水滴尺寸(15 μm MVD)和大水滴尺寸(40 μm MVD)均进行了冰探测器验证试验。试验过程中，维持每种云条件的目标发动机推力，直到在冰探测器中心处捕获到充分的数据。这需要开展多次验证开车，以确保建立了准确的响应和性能特征。

结冰探测和装机发动机与进气道的综合运行评估，重点在于三种典型地面雾结冰条件，以及地面慢车和提高功率设置下的特定时间段内。试验目标包括飞机在各种目标试验条件,在发动机技术规范要求的全部时间段内,进行地面慢车试验,收集机身的冰堆积信息,以验证确认模型。目的是为作战机队证实和确认推进系统的综合运行情况。然后,重点评估三种典型飞行结冰条件下的综合运行情况。依据试验设施的能力和云雾尺寸的组合,结冰管道的流量的流速选择确定为100 kn。飞行部分的试验集中在三种发动机功率设置:空中慢车、部分推力和军用推力(不开加力最大功率),目标是验证最大持续结冰和最大间歇结冰包线与技术规范的符合性。所有试验都采用渐进方法进行,以控制风险,从最低功率设置和对飞机与推进系统影响最小的结冰条件开始。

在动力升力模式下进行这些试验,需要重新配置主实验室,结冰管道移动到较高位置,上移大约5 ft。首先执行功能检查,然后进行标定试车,建立可实现的试验条件,并创建相关设施的气压和水压图谱。动力升力模式标定试车时,飞机和推进系统处于不工作状态。第一阶段试验重点侧重于动力升力模式,重点评估升力风扇和飞机进气道,在地面慢车状态和动力升力模式维护性机内自检(MBIT,是在F-35B战斗机推进系统维护后检查期间使用的预编程动作)期间的3种典型地面雾条件下的综合结冰情况。前面描述的每个目标试验条件的结冰云,要求从结冰管道流出的流速达到45 kn(这是根据试验设施的能力和所需云雾尺寸确定的)。动力升力模式试验的第二阶段侧重于模拟飞行,包括两个主要模拟飞行机动:部分动力飞行模式机动和全功率“悬停”机动。试验按最大持续结冰和最大间歇结冰包线技术规范要求进行。这些试验使用了几种预定义的飞行试验辅助设备(FTA),这些设备可执行专门编程的飞机和推进系统设置,以模拟动力升力模式各个阶段的飞行。最终,动力升力模式结冰试验演变成了“毕业演练”,在各种结冰条件下,执行了带载荷返航垂直着陆飞行剖面模拟。带载荷返航垂直着陆是一种确定的作战飞行剖面,是分析和评估飞机返回航母的一种代表性飞行剖面和场景,也是评估F-35B战斗机能力的一项关键标准。

结冰试验以增量渐进方式全面成功完成,试验中采用了有效的批次(block)试验方法。冰探测系统试验结果对于验证和标定结冰代码模型,分析装机系统至关重要。机上试验结果为准确分析预测系统的性能提供了关键证据,能够用于分析工作包线的所有区域。评估装机防冰系统的试验工作费力费时,需要在关键条件下进行短周期运行,然后详细地记录飞机和推进系统关键区域的冰堆积特性和测量结果,以验证建模工作、分析工具及装机系统性能的适用性,从而最大限度地提升作战机队的作战使用条件,建立所需的限制和指导,并认证系统级能力。

17.8 热管理系统试验

热管理系统(TMS)由产生、传输或驱散来自飞机热量的飞机子系统组成。这些系统包括燃油系统、液压系统、电气系统、推进系统(包括发动机和升力风扇)以及电源与热管理系统(PTMS)。飞机燃油系统将燃油从供油油箱送到主发动机。在这个过程中,热量从飞机系统的各种热交换器排放到燃油中,这些经过加热的燃油在进入发动机燃气发生器燃烧之前,用于冷却发动机滑油。在异常炎热的环境中,产生的总热量可能超过燃油可携带(或可消耗)的热量,导致飞机上的液体(例如燃油或机油)温度达到规定的极限值。随着升力风扇加入工作,以及剩余燃油量的减少,F-35B战斗机成为最具挑战性的构型。F-35战斗机合同技术规范对飞机热管理系统性能的要求，在正常试验环境中很难验证，因为涉及多种复杂系统，而且异常炎热环境条件很难遇到。因此，只能使用建模与仿真方法对这项要求进行了验证。对这些模型的校准和验证则成为为系统设计和系统性能提供最终证明的关键。

在麦金利进行的热天气条件试验，为验证热管理系统在规定时间和环境条件下的工作性能提供了重要证据。在气候实验室试验期间，开展了提高环境温度的试验，按照合同技术规范要求，将主实验室设置为模拟最大昼夜循环(24 小时时段，包括环境温度和太阳辐射效应)。发动机启动时，燃油供油箱温度比热管理系统技术规范规定地面温度和预想温度高 10 °F。尽管这使得系统温度升高，但飞机仍能以发动机慢车状态执行并完成规定时间的试验，然后成功转换到动力升力模式，并在燃油系统温度达到最大允许短距起飞温度前，执行一次短距起飞机动模拟。图 17.18 为在执行飞行前试验运行剖面期间供油箱的温度随时间变化曲线。

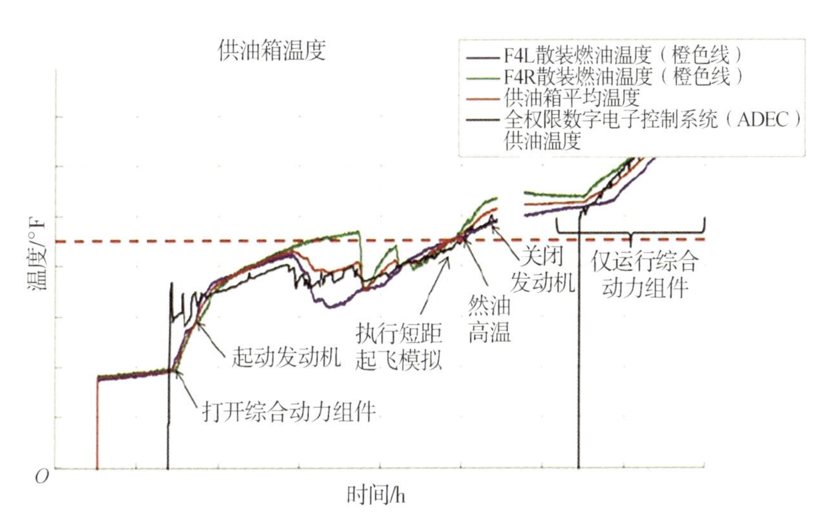

图 17.18　F-35B 战斗机飞行前试验运行剖面期间温度-时间曲线

主实验室维持在之前描述的飞行前试验部分最后的环境条件，同时飞机准备执行规定的飞行后试验部分。首先执行放油操作，在起飞试验阶段就排放掉大部分燃油负载，将飞机的燃油状态重新配置为任务结束后返航条件下燃油状态。在正式试验开始之前，主实验室的设置尽可能接近相应的昼夜循环环境。最后的试验是模拟悬停机动、垂直着陆和随后的飞行后地面操作(包括关车)，全面模拟飞机执行任务后返航的完整过程，评估热管理系统飞行后性能。在达到热限制值之前，成功完成了要求的所有试验和工作时间间隔。关闭发动机后，供油箱中剩余燃油不足 700 lb，供油箱的整体温度达到允许的飞行后温度极限。图 17.19 为在执行飞行后试验运行剖面期间的供油箱温度曲线。

在麦金利进行的高温试验，演示了飞机系统的能力，并为验证热管理系统技术规范要求在 1%的热天气条件下正常工作提供了重要证据。无论是飞行前试验还是飞行后试验，系统都符合历程线要求，消除了对分析方法、结果外推法的所有顾虑，和对实际系统能力的怀疑。这些数据是标定和确认模型输入和输出的关键输入，保证了使用模型在所有规定条件下验证整个系统。

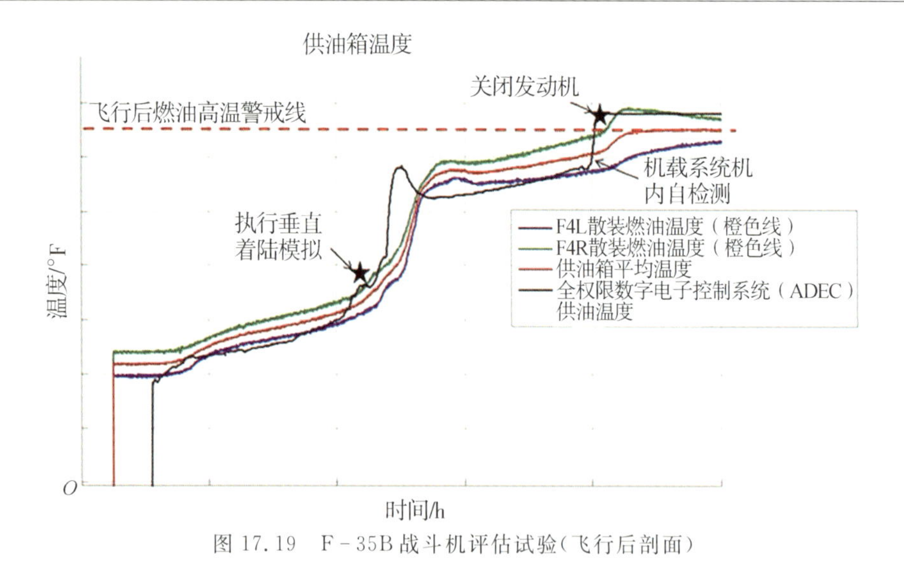

图 17.19　F－35B 战斗机评估试验（飞行后剖面）

17.9　F－35 战斗机气候试验结果与经验总结

所有主要试验目标都已完成，且证明飞机能够在所有试验环境条件下正常工作。试验结果表明仿真与建模是准确的，而且预测结果非常接近大多数系统的实际结果。其中飞机热管理系统性能试验是一个重要成功案例。在高环境温度下进行试验是提供关联和验证热管理系统预测数据能力的关键因素，该能力能处理由飞机和推进系统产生的热负荷，并保持在要求的燃油系统允许温度范围内。收集了结冰条件下足够的数据，验证了建模，确认了结冰条件探测、推进系统保护功能，并建立了飞机冰堆积特性，可以帮助指导建立飞机使用限制，并为飞行人员提供指导。验证了飞机舱门和操纵面复杂连接结构能够在寒冷条件下按设计运动和正常工作；验证了在所有运行条件下的地面操作能力，并对任务系统和飞机系统功能进行了表征和验证。对照预测和记录，评估了机身和结构的水密性、水侵入性和排水性。对于所有试验环境条件，记录了飞行员对驾驶舱环境特性的评估。评估、验证了联合技术数据和定义的维护程序，并对需要的地方进行了更新。

准确估计进行地面试验和飞行试验所需的时间，一直非常困难，不管准确度要求是什么。尽管进行了严密的计划，但这种特殊的气候实验室试验往往需要很长时间才能完成主要试验目标。最初的试验计划和试验进度表是根据传统战斗机项目和类似的气候试验目标确定的。由于在试验计划阶段发现并研究了 F－35 战斗机特殊的工作特性、试验要求和特殊风险，因此对试验进度表进行了进一步修订，修订时考虑了多种因素。

分配给麦金利气候实验室的试验时间共 151 天，包括首次进入试验设施，将飞机安装到固定设施上，执行目标试验，从试验固定设施上拆除，吊离试验设施，随后把飞机恢复到完全飞行状态。根据 F－35 战斗机系统研制与验证阶段制定飞行试验大纲的进度系数标准，在制定气候试验进度表时增加了一个 20％的意外系统，另外还增加了 15％的额外时间余量，以便开展重新试验和解决所发现的问题。从最初进入试验设施到最终飞机离开主实验室，实际试验工作共持续了 184 天。尽管尽了最大努力充分考虑突发事件并确定了适当的时间预留，但在实验室中的最终试验时间还是延期了一个月。这一个月，要求对项目管理进行评估，确定试验目标的优先级,并最终取消了最初计划的几项试验(主要是后勤试验)。随后对试验飞机进行了修复和重新配置,试验飞机返回海军航空站比原计划晚了两个月。

计划在一年后进行第二次气候试验,完成首次试验期间未能进行的特定LT&E试验目标。2016年2月,爱德华空军基地和海军航空站联合组成的F-35战斗机综合试验队开展了为期两周的气候试验,对F-35战斗机系统在极端气候环境中的维修性和保障性进行了集中的评估、记录、分析和报告。全天候试验的主要目标是利用联合服务技术数据程序,确定武器系统(包括其必要的保障设备和随队维护人员)在规定的气候条件下保障飞机的能力。BF-07试验机在麦金利主实验室地面上(未架起或固定)进行了静态(不开车)试验。

气候实验室试验是复杂飞机系统最繁重费力的一项终极试验。随着研制的系统越来越复杂,集成度越来越高,在极端作战环境下对系统进行集成系统级试验变得尤为重要。航空武器系统项目的深层要求经常被分解,从飞机系统级流向较低级别的系统和组件级(通常有许多供应商和分包商),从而将能力验证留给较低级别的子系统级,有时是在假设相邻部件或相关系统完美工作的条件下,进行部件独立评估。随着执行复杂算法和模拟功能的计算机和建模代码的精度越来越高,变量越来越多,对项目管理团队来说,考虑实际的“整体系统级”试验越来越容易,也越来越普遍,无须考虑节省时间和成本问题。

F-35战斗机气候实验室试验经历和试验结果无疑增加了飞机项目的现有记录,在极端环境条件下进行真实的、全尺寸、系统级试验,仍然是理解和识别由于飞机设计复杂性不断发展而出现的未知或意外问题的宝贵手段。艾格林空军基地的麦金利气候实验室试验设施及其相关试验,能够继续体现其作为试验场的能力和价值,可以对日益复杂和昂贵的军事系统部署到最终用户之前,在真实作战使用场景中评估系统设计、组装和可操作性与适用性。

17.10 总 结

最终试验结果成功地证明并确认了F-35战斗机在所有需要环境条件下的正常使用能力。所有试验目标都已实现,试验飞机已经安全返回海军航空站,继续参加飞行试验,没有发生重大事故或损坏。共进行了72次试验活动(相当于飞机工作101小时)。虽然目标没有要求捕获专门的装机性能数据,但推进系统推力值与来自设施约束系统载荷传感器的数据表明,在各种工作条件下的运行和计划进度都符合预测和预期。试验期间在高度集成和复杂的飞机交互方面取得了许多成功。然而,这种总体成功并不意味着没有意外“发现”。试验结果表明,在一些领域需要进行设计更改,进度规划,解决时统,并更改逻辑和程序,进一步使F-35战斗机满足用户需求。在设计阶段尽早开展试验,以便将经验和修改纳入最终版本的飞机构型中。

参考文献

[1] PODRIGUEZ VICTORIO J, BILLIE FLYNN, THOMPSON MARC G, et al. F-35 Climatic Chamber Testing & System Verification[R]. AIAA-2018-3682, 2018.

第18章　F-35“闪电Ⅱ”战斗机自动防撞地系统飞行试验

18.1　F-35战斗机自动防撞地系统简介

可控飞行撞地是指飞机在受控状态下，最终仍然与地面、山峰、水面、树木或人造障碍物发生的碰撞，这种灾难的发生没有任何预先征兆。可控飞行撞地是美国空军战斗机机毁人亡事故的首要原因，是重大事故的次要原因。可控飞行撞地在飞行的各个阶段都可能发生，但更常见于进场和着陆阶段。

为了防止这类事故的发生，美国空军在战斗机上尝试加装了各种告警系统，使用了视觉和音频告警。这类系统要发挥作用，就必须为飞行员提供足够的反应时间来机动飞机。这种告警系统告警频繁，令人分心，往往被飞行员忽视。另外还可能由于飞行员任务饱和、被其他事件吸引、空间迷失方向或过载导致意识丧失而错失了这些告警。所以，需要开发一种自动解决方案。早在20世纪80年代，美国空军就提出开发一种自动解决方案，能在飞行员无法避免撞地时主动发挥作用，改出飞机并快速把飞机控制交回飞行员。

20世纪80年代中期，在先进战斗机技术综合F-16战斗机项目中，对自动防撞地系统进行了飞行试验。当时的技术方案是使用雷达高度计探测飞机正下方的离地高度，但不能探测飞机前方的障碍。1992年，自动防撞地系统升级，开始使用数字地形高程数据(DTED)取代雷达高度计。DTED是一种数字地形地图。如果给出飞机的GPS位置和速度，自动防撞地系统就能使用DTED预测飞机与地面的碰撞。1997年，美国和瑞典联合开展了一个项目，目的是把自动防撞地系统转化成一套可以在F-16战斗机机队和瑞典的“鹰狮”战斗机机队列装的实用系统，即“预测性防撞地系统”。1998年，在F-16战斗机机队加装这种系统的可行性得到了验证。但是，需要升级航电系统和飞控硬件，费用过于昂贵，未能实施。2000年开始，美国空军为F-16换装了数字电传操纵系统，扫清了加装自动防撞地系统的技术障碍。

18.2　自动防撞地系统的设计原则

自动防撞地系统的设计原则按照优先顺序为：不伤害飞行员或者飞机；不干扰正常飞行，即不能妨碍飞行员执行战术任务；防止撞地，避免发生可控飞行撞地事故。

自动防撞地系统通过自动化改出机制来防止发生可控飞行撞地事故，在飞行员任务饱和、迷失方向或者失去能力的情况下保护飞行员和飞机。这种系统不能干扰飞行员完成指定训练或者战斗任务，必须尽量减少令人不安的改出机动。飞行安全仍然由驾驶员负责，系统不会提供100%的保护。另外，飞行员必须能够解除自动防撞地功能或者中断令人不安的改出。

18.3　国外典型战斗机自动防撞地系统应用

自动防撞地系统不但能够保护飞行员和战斗机，而且不会妨碍战斗机的战术任务能力，因此获得了美国空军的青睐，已经陆续为F－16战斗机和F－22战斗机配备。

1.F－16战斗机的自动防撞地系统

基于前期研究工作，美国空军从2012年开始为前40批次F－16配装NASA和空军实验室开发的自动防撞地系统。

在前40批次F－16战斗机加装自动防撞地系统最大的挑战在于把飞控功能集成到模拟飞控计算机中[1]。与数字飞控计算机不同，前40批次F－16战斗机装备的是四余度模拟飞控计算机。这种模拟计算机接收飞行员的杆和脚蹬输入信号，以及飞机的其他输入信号（例如：俯仰速度、正常加速度、滚转和偏航速度、侧向加速度、迎角、总压与静压比等），经过模拟电路处理（包括滤波、整形、归纳、增益调节和放大），确定控制飞行的俯仰、滚转和偏航指令。模拟计算机的输出驱动综合伺服舵机，控制飞机控制面的位置[2]。

由于模拟飞控计算机没有数字处理器，所以无法通过软件修改来驻留自动防撞地系统飞控功能。修改模拟电路太复杂，而且后继的回归试验（仿真试验和飞行试验，这是模拟飞控计算机的飞行认证要求）存在安全问题。用数字飞控计算机替换模拟飞控计算机的经费需求太大。所以需要一种兼顾飞行安全要求，又节约经费的解决方案。

实际实施方法是对现有模拟计算机进行改进，在模拟飞控计算机的备用插槽中插入数字处理器，形成一种混合飞控计算机：老式内环控制律驻留在老式模拟电路卡中，自动防撞地功能驻留在新的数字处理器模块中[3]。这种方法既集成了自动防撞地功能，又不影响现有内环飞行控制律，且经费需求很少，同时还解决了安全取证问题。

自动防撞地系统使用叠加在DTED上的高精度导航算法确定飞机相对于地形的位置，对飞机数英里以外任何方向的地形进行运算判断，根据飞机当前状态，确定地形的危害性。随后使用轨迹预测算法（TPA）计算飞机的飞行轨迹。当计算数据表明飞机飞行轨迹将被地形截断，系统发出自动改出指令。潜在威胁消除后，系统将飞行控制权交还给飞行员。自动防撞地系统架构采用模块化设计（见图18.1）。算法由轨迹预测算法（TPA）、地形扫描算法、碰撞评估程序和飞行控制耦合等4个部分组成[4]。

（1）轨迹预测算法。预测飞机自动改出（也称为“fly-up”）过程中的飞行轨迹。包括滚转至机翼水平，然后用5g过载拉起。

（2）地形扫描算法。将DTED地图简化成飞机前方的一个二维地形剖面，然后选择一个区域进行扫描，获取地形数据。这个扫描区域通常是扇形的，扇形的根部在飞机机头。扫描区域的准确形状取决于飞机当前空速、转弯速度和飞行航迹角。在DTED地图上扫描形状的方向由飞机的GPS位置和航向决定。图18.2是几种扫描形状示例。一架无转弯飞机扫描的地形是一个轴对称扇形，一架转弯飞机扫描的地形是一个不对称扇形，一架陡峭俯冲飞机扫描的地形是一个正八角形。扫描形状被分成垂直于飞行航迹的“箱体”，每个箱体的最高地形点被用来构造沿运动轴的二维地形剖面。

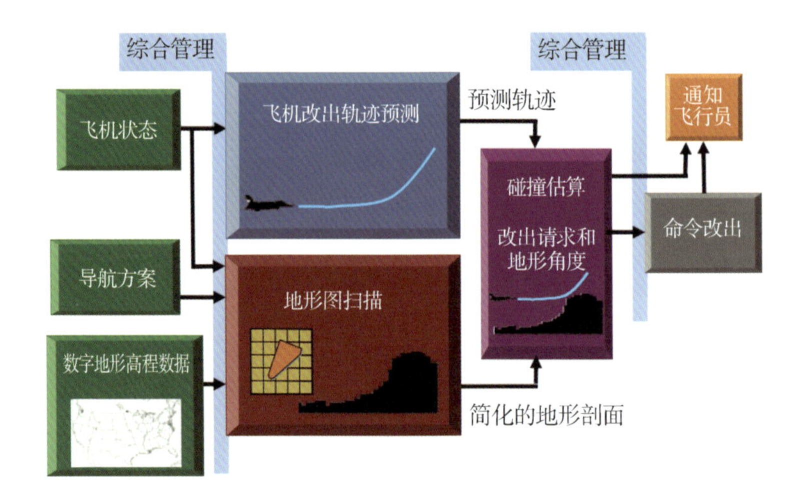

图 18.1　自动防撞地系统模块架构

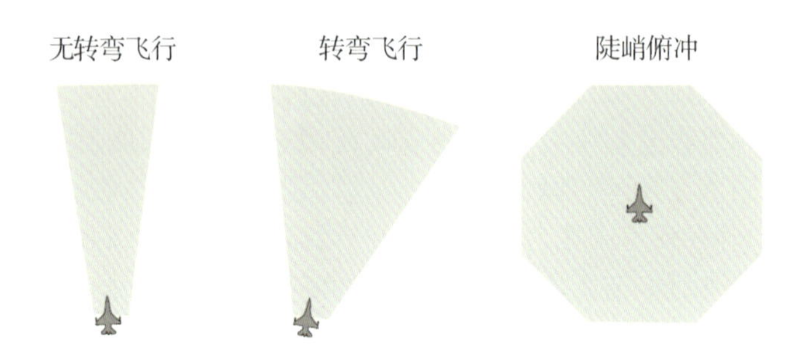

图 18.2　地形扫描形状示例

(3)碰撞预估程序(见图 18.3)。把轨迹预测算法预测的飞行轨迹叠加到二维地形剖面上。如果飞行轨迹的任何一部分接触到了地形剖面的任何一点,则碰撞预估程序请求飞控系统实施 Fly-up。

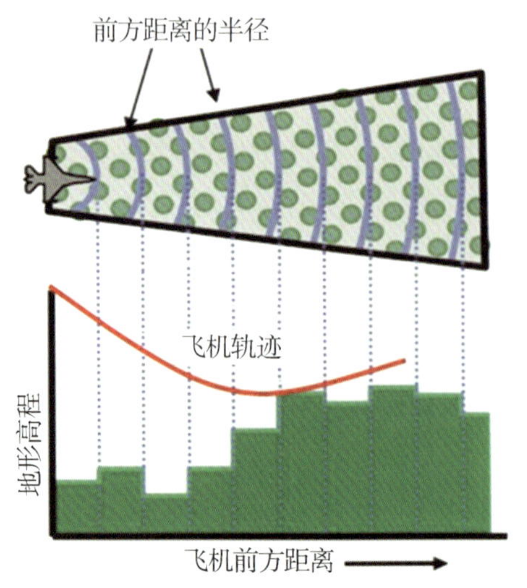

图 18.3　自动防撞地系统碰撞预估程序

(4)飞行控制耦合器，也称为外环飞行控制律，对碰撞预估程序的请求做出响应，指令飞机执行自动改出机动(滚转至机翼水平，随后拉起)。

2008—2010年，利用一架F-16D试验机进行了全面的飞行试验，试飞结果表明，自动防撞地系统在防止战斗机撞地的试验中成功率高达98%。F-16战斗机自2014年装备自动防撞地系统以来，至少防止了6起可控飞行撞地事故，挽救了6名飞行员和6架飞机。

2. F-22战斗机“等高线”自动防撞地系统(LIS AGCAS)

F-22战斗机自动防撞地系统需求分析阶段，提出了两种方案：基于DTED的自动防撞地系统和基于“等高线(LIS)”的自动防撞地系统。基于DTED的自动防撞地系统需要的人机交互较少，系统持续感知飞机相对于地面的位置，发生意外的可能性小。而“等高线”自动防撞地系统需要频繁的人机交互，飞行员必须根据作战区域当地的地形高度，手动选择“等高线”数值，飞行中必须记住“等高线”设置，保持对“等高线”位置的认知。“等高线”自动防撞地系统的优势在于计算资源需求少，与现有硬件兼容[5]。

(1)“等高线”自动防撞地系统工作机制。“等高线”自动防撞地系统软件与F-22战斗机现有硬件兼容，驻留在飞机管理系统(VMS)中。防撞地功能由飞控系统(FLCS)和综合子系统控制器(IVSC)执行。这个系统是F-22战斗机飞控系统的一个外环功能，不影响F-22战斗机内环控制律(其“等高线”自动防撞地系统改出过程见图18.4)。

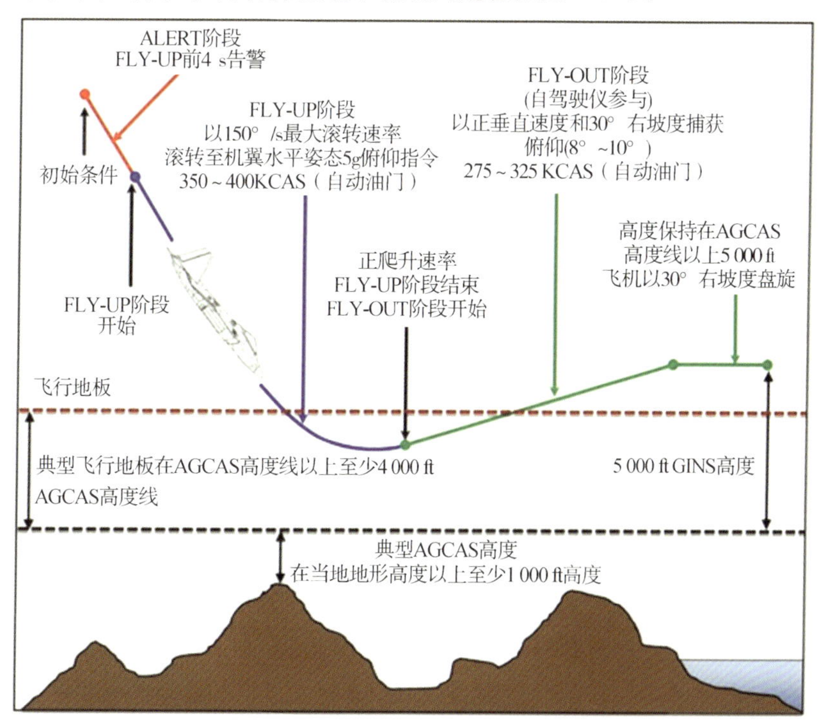

图18.4　F-22战斗机“等高线”自动防撞地系统改出过程

F-22战斗机飞控系统有3个子程序负责执行自动防撞地功能[7]：改出高度预测、拉起时间参数计算(Time-To-Fly-Up)和改出性能计算。

1)改出高度预测：确定开始Fly-up动作的最低高度。

2)拉起时间：这个重要参数以64 Hz频率计算，定义为飞机下穿设定的“等高线”开始拉起之前，保持当前飞行状态的时间量。这个时间为 4 s 时，报警系统向飞行员发出语音和视觉“拉升”警报，飞行员采取正确行动，则警报解除。若飞行员未采取行动，则当这个时间参数变为零时，防撞地系统自动进入改出程序。为了防止发生不必要 Fly-up，在一些飞行条件下(例如编队、空中加油)，拉起报警时间设置为 6 s。

3)改出机动性能：如果预测飞机将下穿设置的“等高线”，系统将使用纵向和横向杆指令启动自动改出。改出过程中，Fly-up 阶段达到某一正向爬升率时，系统即转换到 Fly-out 阶段，此时自动驾驶仪指令飞机按 30°右坡度角，约 300 KCAS(±25 kn)的空速，爬升至“等高线”以上 5 000 ft 目标高度后，飞机做 30°坡度角水平稳定盘旋，直到飞行员终止 Fly-up(飞行员可随时终止)。

如果在 Fly-up 阶段开始时飞机机翼没有处于水平姿态，则系统指令飞机以 150 $° \cdot s^{-1}$ 的滚转速度进行滚转改平，滚转加速度是 480 $° \cdot s^{-2}$。如果开始 Fly-up 时，飞机实际过载超过最大许用过载的 80%，则系统指令飞机以 25 $° \cdot s^{-1}$ 的滚转速度改平，直到过载降低到小于最大许用过载的 80%。

Fly-up 阶段，系统指令的过载是坡度角和“过载反馈”的函数。如果 Fly-up 阶段飞机处于倒飞姿态，则系统指令飞机从 1g 过载开始滚转，飞机滚转到 135°坡度角时过载指令线性增加到 4 g。当飞机滚转到 90°坡度角时，系统指令飞机以 5g 过载继续滚转到机翼水平姿态恢复到正向爬升率。值得注意的是，如果发生 Fly-up，飞行员可以施加大于 5g 的过载指令来帮助改出。

(2)工作模式，F-22 战斗机“等高线”自动防撞地系统有四种工作模式[7]。

1)关闭(OFF)模式：“等高线”设置为零，或自动防撞地系统失效时，系统处于关闭模式。关闭模式下，系统不起作用。

2)待机(STANDBY)模式。待机模式与关闭模式向驾驶员显示相同的视觉指示：平显显示“AGCAS OFF”提示，并且没有“等高线”设置值。预位(ARMED)与待机模式之间可以切换。如果飞机在待机模式下爬升到设定的“等高线”以上，系统自动转换到预位(ARMED)模式。满足相关条件后系统切换到解除预位模式。

3)解除预位模式。如果自动防撞地系统联锁功能激活，即起落架手柄置于 DOWN 位，备份襟翼置于 EMERG 位，空中加油开关置于 OPEN 位，则该系统处于解除预位模式。另外，当设置了一个新“等高线”，并且飞机还没有转到新“等高线”以上，则系统亦处于解除预位模式。为了确保改出机动时可用过载和能量充足，在迎角高于 20°和空速低于 250 KCAS 进行机动时系统也置于解除预位模式。如果由于空速或迎角原因处于解除预位模式，当下穿设置的“等高线”时，会发出“高度，高度”警报，而不是“拉起，拉起”，不会自动启动改出动作。

4)预位模式。当飞机处于当前设置的“等高线”之上，在规定的机动飞行包线内，且没有联锁时，系统处于预位模式。提示飞行员系统处于预位状态，正在提供自动防撞地保护，防止下穿“等高线”。

(3)系统飞行试验。F-22 战斗机“等高线”自动防撞地系统研制期间开展了两阶段飞行试验：研制试飞和外场部署试飞[8]。

1)研制试验：2013 年 7—12 月，选取大约 200 个试验点，有意识激发改出机动，验证洛马公司开发的改出性能模型。这阶段共进行了 178 次改出以评估算法的性能，其中 51 次改出确实下穿了“等高线”。

2)外场部署试验:2014年6月至11月,使用包含"等高线"自动防撞地算法的第5版作战飞行程序(OFP),在代表性作战使用场景下进行了飞行试验。试飞表明,F-22战斗机"等高线"自动防撞地系统的改出性能令人满意,符合设计要求。系统能有效确定什么时候即将下穿"等高线"并能够自动改出飞机。

18.4 F-35战斗机自动防撞地系统飞行试验

鉴于自动防撞地系统在F-16战斗机和F-22战斗机上的成功应用,F-35战斗机项目的利益相关方决定在F-35战斗机上配备该系统。最初计划在Block4.3 F-35战斗机上开始试验,2025年开始试飞。主要原因是前期的F-35战斗机管理计算机硬件不满足要求。2017年1月,爱德华空军基地F-35战斗机试验团队组织召开了自动防撞地系统峰会。2017年3月,空军研究实验室资助一项研究,研究F-35战斗机现有飞机管理计算机硬件是否能够驻留自动防撞地系统软件,结果表明可行。2018年10月31日,F-35A和F-35B战斗机开始自动防撞地系统飞行试验。2018年12月5日,试验结束。

1.F-35战斗机自动防撞地系统设计

F-35战斗机自动防撞地系统架构(见图18.5)与F-16战斗机的设计非常相似,采用基于数字地形地图的算法。并借鉴和利用了F-16战斗机的试验经验,缩小了试验范围[9]。其设计与试验重点集中在与F-35战斗机系统的集成上。首先通过F-35战斗机手动防撞地系统进行试验,验证并改进防撞地模型,随后才与F-35战斗机飞行控制律集成。

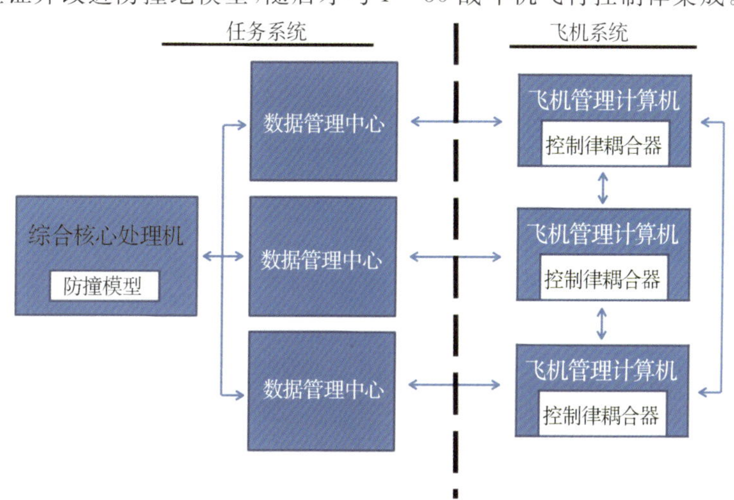

图18.5 F-35战斗机自动防撞地系统架构

F-35战斗机防撞地系统有两种工作模式:自动和手动模式。这两种模式不能同时工作。系统默认为自动防撞地模式:如果飞机不支持自动模式,则转换为手动模式;如果飞机可以支持自动模式,则自动切换为自动防撞地模式。飞行员也可以手动更改工作模式。

2.F-35战斗机自动防撞地系统工作原理

系统首先利用DTED生成作战/训练区域当地的数字地形地图。防撞模型收集飞机当前的状态信息,利用数字地形地图确定飞机相对于周围地形的位置;根据飞机状态和姿态信息,预测飞行轨迹；结合数字地形地图和预测的飞行轨迹，确定何时需要改出，一旦确定需要改出，即向控制律耦合器发送“Fly-up”请求。工作过程如图 18.6 所示。

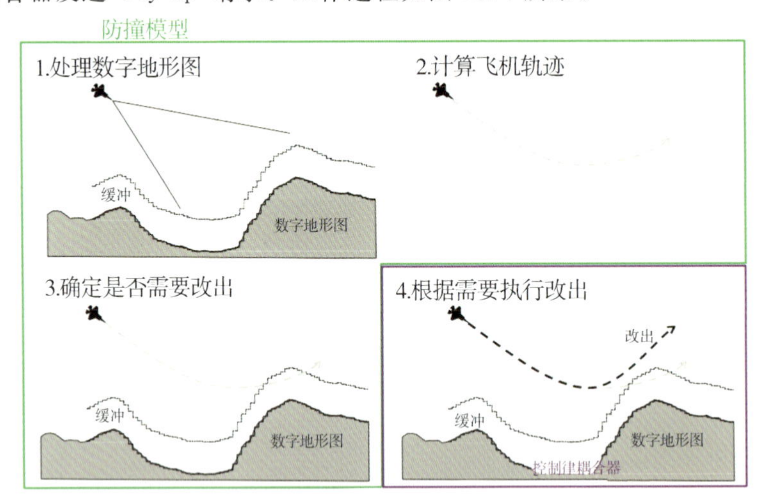

图 18.6　F－35 战斗机自动防撞地系统工作过程

控制律耦合器根据启动改出时飞机的状态，输入俯仰、滚转和油门指令。自动改出过程中，飞行员可以随时手动结束。

F－35 战斗机自动防撞地系统与 F－16 战斗机的一个最大不同，是增加了自动油门能力，可以实现低速改出，不需要低速联锁，而 F－16 战斗机是具有低速联锁限制的。

3. F－35 自动防撞地系统飞行试验

根据 F－16 和 F－22 战斗机同类系统的试飞经验，制定了更为全面的试飞安全计划，明确了中断试验的条件，并设计了详细的试验点[11]，试验进度如图 18.7 所示。

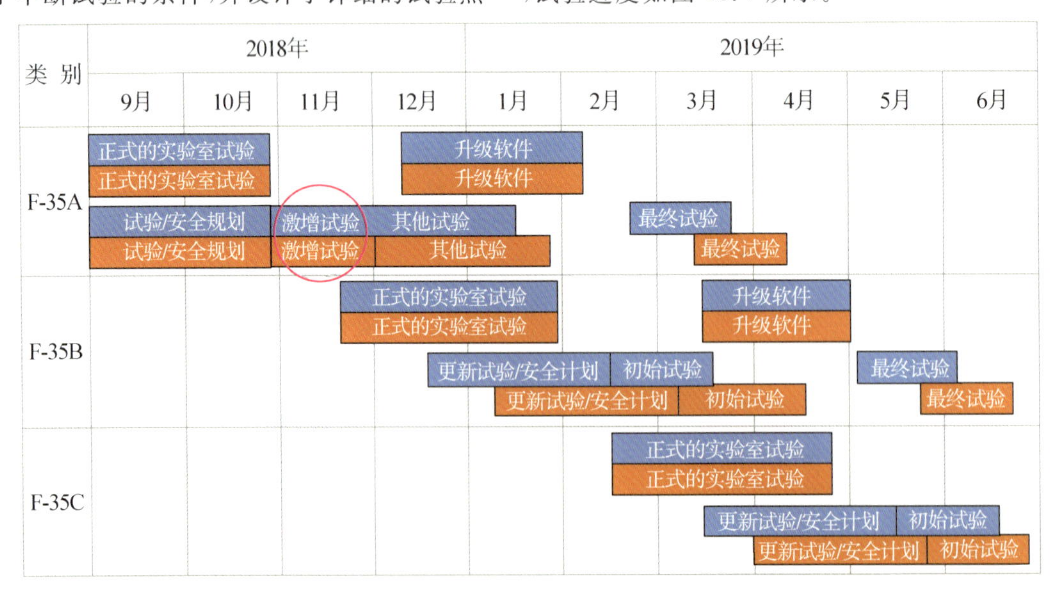

图 18.7　F－35 战斗机自动防撞地系统试验进度

试飞过程采取了创新的“激增”试验方法，在 2～3 周时间内获得了关键性能数据，用于修改软件，优化试验点，以保证尽快采集到关键试验数据，完成情况如图 18.8 所示。试验过程中，根据初步试验结果建立了试验点矩阵，生成了俯冲机动试验任务单，并根据试验安全计划更新了试验中队的俯冲机动指南。试飞工程师审查任务单，确定了试验点的执行顺序。重点试验了净翼构型（见图 18.9）和相应外挂构型的改出性能，带外挂性能试验如图 18.10 所示。

F－35A 和 F－35B 战斗机的试飞结果表明，所有改出，控制律的响应和实际改出性能都优于模型预测。改出的可用反应时间完全满足设计要求。

2019 年 6 月，F－35C 战斗机进行了自动防撞地系统试飞。至此三种型别 F－35 战斗机全部获得了自动防撞地系统的飞行许可，从 2019 年开始，将逐步配备自动防撞地系统。

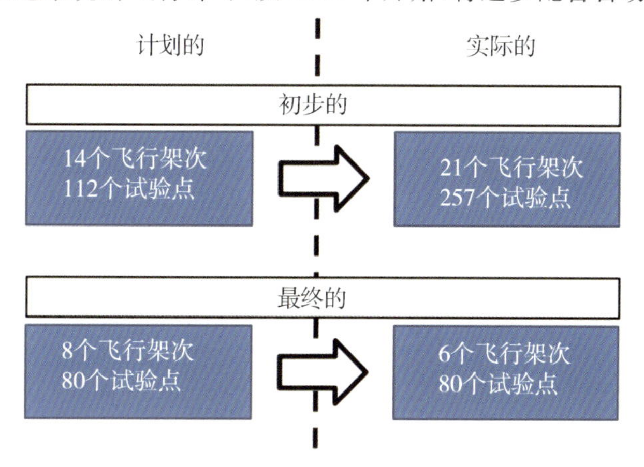

图 18.8　F－35 战斗机自动防撞地系统试验点完成情况

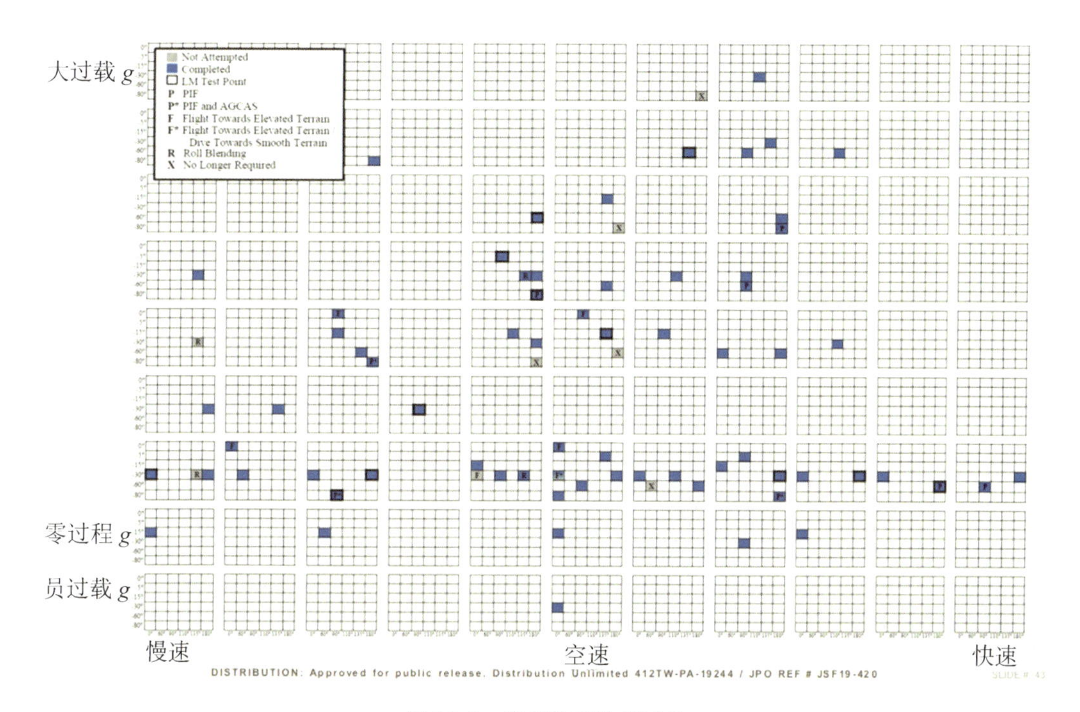

图 18.9　净翼构型性能试验

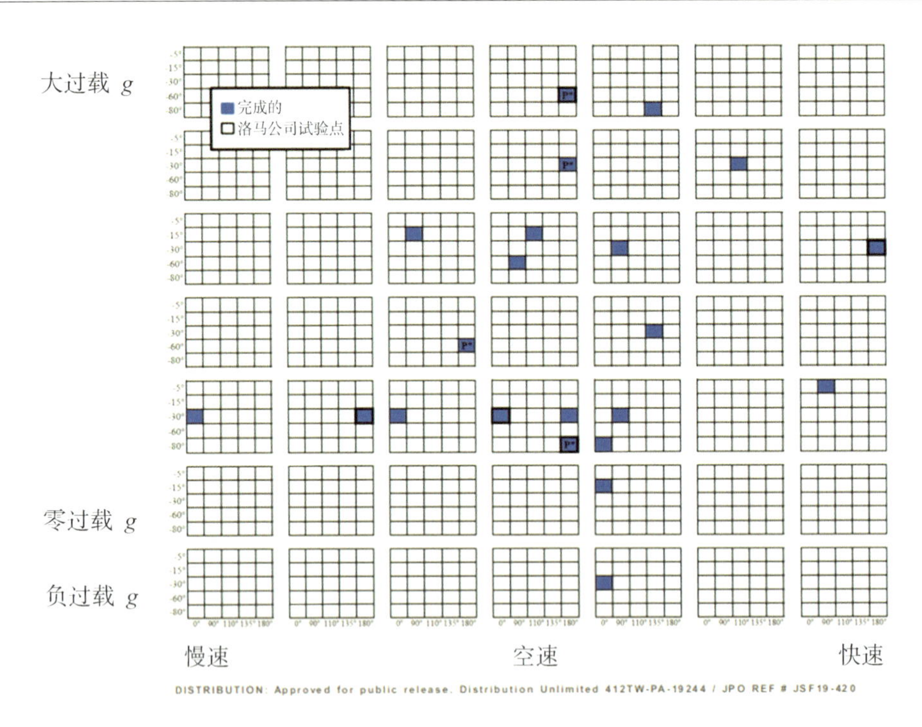

图 18.10 带外挂性能试验

18.5 总 结

自动防撞地系统是防止发生可控飞行撞地事故的最后技术手段。这项技术在保证飞行安全的前提下，为飞行员更大胆地操纵飞机，充分发挥战斗机的作战效能建立了信心。F-35 战斗机自动防撞地系统更多地借鉴了 F-16 战斗机自动防撞地系统的设计理念和经验教训，使自动防撞地系统功能更为完善，试验计划更为安全和高效。保证了 F-35 战斗机各型别装备自动防撞地系统的时间比原计划提前了 7 年。为 F-35 战斗机安全高效投入作战使用提供了更为全面的防护措施。

参考文献

[1] GRIFFIN E M, TURNER R M, WHITCOMB S C, et al. Automatic Ground Collision Avoidance System Design for Pre-block 40 F-16 Configurations[R]. ADA578411,2012

[2] BURNS A,HARPER D, BARFIELD A F, et al. Auto GCAS for Analog Flight Control System[C] // 2011 IEEE/AIAA 30th Digital Avionics Systems Conference. Seattle, WA, USA:IEEE,2011.

[3] SWIHART D E. Automatic Ground Co: lision Avoidance System (Auto GCAS) [C]// ICS 09, 13th World Scientific and Engineering Academy and Society International Conference on Systems. Rodos Island, Greece: WSEAS, 2009:429-433.

[4] SWIHART D, BARFIELD A, BRANNSTROM B. Joint Development of an Auto Ground Collision Avoidance System. [C]//4th Saint Petersburg International Conference on Integrated Navigation Systems. St Petersburg, Russia, 1997.

[5] RAINEY S, ALLAMANDOLA D, WEBB C. F-22 line-in-the-sky Automatic Ground Collision Avoidance System[R]. Lancaster, California: SETP, 2015

[6] AGCAS Tiger Team. Automatic Collision Avoidance Technology/Fighter Risk Reduction Project: Auto GCAS Return on Investment Assessment[R]. US:ACC/A8,2007.

[7] U. S. Department of Transportation Federal Aviation Administration Headquarters. Human Factors Design Standard (HFDS) For Acquisition of Commercial OfF - The-Shelf (COTS) Subsystems, Non-Developmental Items (NDI), and Developmental Systems: DOT/FAA/CT-03/05 HF-STD-001 [S]. Washington, DC: U. S. Department of Transportation Federal Aviation Administration Headquarters Human Factors Division,, 2003.

[8] USAF Department of Defense. Department of Defense Design Criteria Standard: Human Engineering: MIL-STD-1472G[S]. Washington, DC: USAF Department of Defense, 2012.

[9] PETICOLAS K, ASCENCIO M, BEATON J,et al. F-35 AGCAS Testing Agile Implementation of Collision Avoidance Systems[R]. 412TW-PA-19244,2019.

[10] CHURCH M U. The Science of Avoidance[J]. Air Force Magazine, 2016:35-38.

第19章 F-35“闪电Ⅱ”战斗机的数字孪生/数字线索先进制造技术

2019年年底，F-35战斗机项目已向美国空军、海军陆战队、海军和伙伴国累计交付了414架。交付的这些飞机都是在低速率初始生产(LRIP)阶段完成的。低速率初始生产阶段，促进了结构完善，完成了全部研制飞行试验任务，并实现了对飞行员和维护人员的培训。F-35战斗机在低速率初始生产阶段的生产数量超过了F-117和F-22战斗机在同一阶段达到的总产量。此外，美国空军、海军陆战队和以色列空军的F-35战斗机也已经实现了初步作战能力。F-35战斗机项目目前正朝着全速率生产推进，并在生产领域强化先进制造技术的使用，主要包括采用精益制造技术，使用低风险材料，并持续实施数字线索/数字孪生技术。

19.1 F-35战斗机数字孪生/数字线索先进制造技术简介

2001年，F-35战斗机系统研制与验证阶段工作开始时，其生产制造所面临的挑战令人生怯。

直到20世纪60—70年代，麦道公司的F-4 Phantom II战斗机出现时，还没有哪个战斗机项目试图在同一生产线上制造三种型别的先进战斗机，同时满足空军、海军和海军陆战队的需求。直到F-16战斗机项目早期，F-35战斗机联合项目办公室才设想以同样的生产速度同时生产几种型别先进战斗机。产生这种构想的根本原因在于经济可承受性问题，因为F-35战斗机项目需要保障国际合作伙伴国飞机的制造，需要管理全球供应链，需要在多个国家或地区建设总装和检验(FACO)工厂(见图19.1)。作为最新的第5代战斗机，F-35战斗机引入并采纳了多种革命性技术，例如，先进航空电子系统，可保障的隐身特性，前所未有的飞机和支持软件的数量，以及复杂的飞机平台系统(升力风扇和电动静液作动系统)等。

截止2018年，洛马公司及其合作生产伙伴交付的270多架F-35战斗机都是在低速率初始生产阶段制造的。洛马公司一直致力于提升F-35战斗机的生产制造效率，正计划将每架飞机的生产周期从22个月缩短至17个月。第一批次F-35战斗机(2架)的单架制造成本为2.44亿美元，而正在制造的这一批次(90架)的预估单架制造成本已降至9 460万美元。但由于洛马公司一直不断饱受F-35战斗机成本超支的批评，因此其试图在2020年前，将单架制造成本降低到8 500万美元或更低，以减小与四代机的价格差。

为实现这个目标，洛马公司在沃斯堡工厂部署了Ubisense集团(UBI)“智能空间”解决方案。“智能空间”是一个工业物联网解决方案，可以通过模型和数据，将现实世界中的流程和移动资源定量化并进行衡量。“智能空间”为制造商的“工业4.0”战略提供一个基础平台。平台建立一个实时镜像现实生产环境的数字孪生(将现实数据映射到数字模型上)，将现实世界中的活动与制造执行和规划系统相连接。它实时监测三维空间中的交互,使用空间事件来控制流程并根据环境变化做出反应。

图19.1　得克萨斯州沃斯堡的F-35战斗机多机型总装线

"智能空间"平台将定位技术集成到一个单一的生产运行视图中,使制造流程完全可视化。该平台解决了航空航天与防务制造商面临的许多长周期和高复杂性问题。通过实时掌握被标记资源的精确位置,以及未来它们需要到什么位置,"智能空间"可提前谋划和调度资源,助力项目达到关键里程碑。平台不仅告诉用户资源在哪里,还可进行高水平控制,以确保不受控的或错误的工具不会在特定工作区使用。平台还提供资源和工具的电子审计功能,详细描述所有客户所配置设备的行踪,使制造商快速和高效响应突发事件,避免受到处罚。部件制造和交付中出现问题意味着总装延迟和交付日期推迟。通过跨部装线的、在多家工厂中跟踪零件的进展情况,"智能空间"平台使制造商能够根据部件交付延迟情况提前对总装计划进行规划 。

沃斯堡工厂的总装车间,长度近一英里,如图19.2所示。沃斯堡负责机翼部件和机身生产,诺思罗普·格鲁门公司负责中机身生产,BAE系统公司负责后机身生产,洛马公司佐治亚州玛丽埃塔工厂负责建造中机翼组件,然后在沃斯堡进行总装。随后进行涂层、雷达横截面试验和燃油试验,最后交付用户使用。

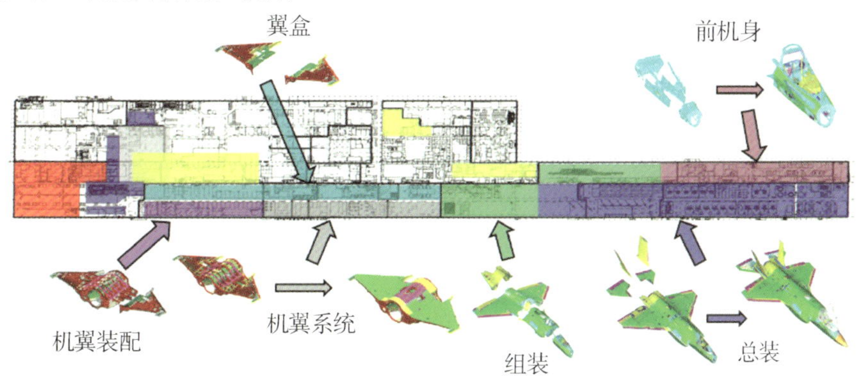

图19.2　沃斯堡工厂的F-35战斗机生产设施布局

F－35战斗机全球供应链如图19.3所示。有超过1 400家供应商，其中80多家位于美国之外，还有三家总装和检验工厂。协调这个供应链需要24/7（每周昼夜24小时连续工作）全天候工作，才能为已部署飞机提供零件支持和供应。

F－35战斗机已经完成研制和飞行试验，试验中发现的问题也已通过设计更改得到解决。目前，开始从低速率初始生产转向全速率生产（见图19.4）。工程、制造计划和供应网络已经在低速率生产中得到了检验，为向全速率生产过渡做好了准备，但在生产方面仍存在许多挑战。全速率生产需要雇佣全球数以千计的员工，还需要先进工具和充足资金的支持。此外，还必须继续努力提高质量，降低成本，并保证生产速度。

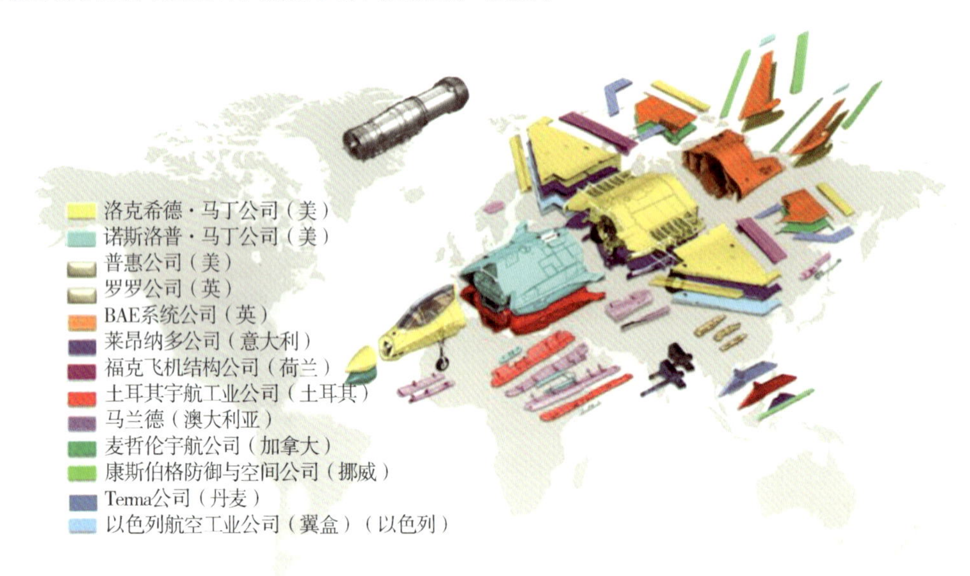

图19.3　F－35战斗机全球供应链

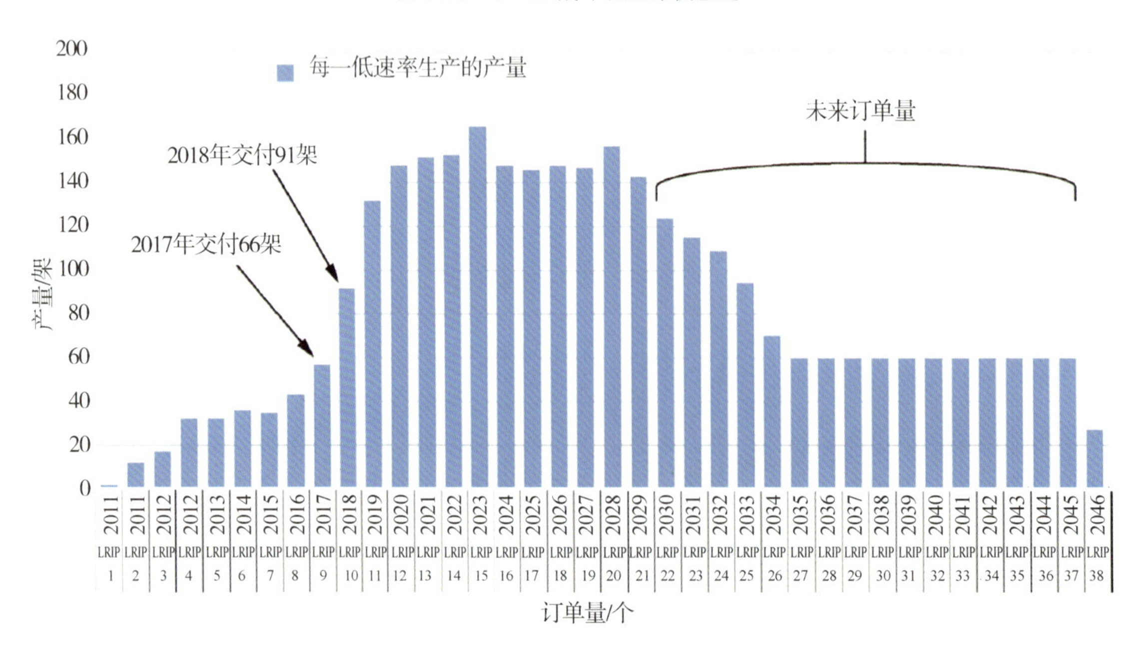

图19.4　F－35战斗机进入全速率生产，约有500家供应商

作为整个F-35战斗机生产系统的一部分，已经实施了几项关键战略。采用了精益生产原则，包括流水-节拍（脉动）生产线，工位物料配送，并强调了标准化工作。在选择材料、结构和可支持的隐身技术方面采用了低风险方法。工程和制造技术的开发和实施已经通过数字线索得以实现。

洛马公司为了扩大沃斯堡F-35战斗机生产线的产能，已经把一条F-16战斗机生产线关闭。洛马公司希望将来能按照一天一架F-35战斗机的速度生产，这是一种什么样的生产模式呢？其实这就是精益生产里面的一种脉动式生产模式，简单一点就是严格按照客户需求的节拍进行。

F-35战斗机的生产最费工时的是各种零部件的组装过程，包括机身和主翼的结合，各种线缆的布设和连接，垂尾的安装等。在洛马公司的F-35战斗机生产线上，战斗机的生产被分成了若干工位，每个工位已经定义好需要组装什么零部件。具体需要多少个工位是根据客户的需求而来，假设订单需求是每天一架F-35A战斗机，那就意味着所有的工位在一天之内都要完成相应的工作量，然后统一把组装过程中的战机推向下一工位。

F-35战斗机生产线的"脉动"就是全部工位按照一样的节拍行动，工位和工位之间没有等待，这样减少了整个生产线的在制品，达到了精益生产减少在制品的目的，整个F-35A战斗机的组装就是严格按照减少"七大浪费"来执行。所以洛马公司厂区内的F-35A战斗机是排成一条直线，每一架所在的位置就是一个工位。

从目前海外国家将脉动生产线技术应用到战机生产的效果上来看，总体效果很好。在美国使用这项技术的过程中，经过长期的使用和总结之后，已经达到了平均一天一架F-35战斗机的水平，这是五代战机，虽然是出口机型，但是也能够体现出，这项技术对战机的批量生产，确实有着非常好的作用。

19.2　F-35战斗机精益生产

在洛马公司的加州棕榈谷沃斯堡工厂和佐治亚州玛丽埃塔（Marietta）F-35战斗机装配线实施了"流水-节拍"精益生产理念[1-3]。洛马公司想通过流水件节拍增强工厂的紧迫感。为此，它按照飞机平均交付速度同样的节拍在工厂内移动各个组件。Takt是以生产日表示的生产节拍（即不包括周末或假日的日历日）。例如，如果要求每月生产五架飞机，则等于每四个生产日制造一架飞机，四个日历日即节拍时间。

在F-35战斗机项目中，有时需要大型物料搬运系统，按照这种节拍有效地将组件从一个工位转移到下一个工位。图19.5为沃斯堡翼盒装配线局部。这种翼盒生产线在意大利卡梅里的莱昂纳多工厂以及以色列航空工业工厂得以有效复制。精益装配线也是诺斯洛普·格鲁门公司和BAE系统公司、伙伴国和供应商所在地的标准。洛马公司负责确保为F-35战斗机生产系统生产的所有部件均符合美国政府的工程要求。F-35战斗机精益生产的其他方面还包括：

1）工位物料配送。

2）任务分解为4～8 h的工时段。

3）全工厂范围的射频识别系统，用于跟踪零部件套件和工装。

4）自动配送装置，用于提供易耗工具（将被消耗或丢弃的一类工具）和手工工具。

洛马公司预计单件式流水制造将开始变得困难，事实证明情况确实如此。流水线制造需要稳定的制造系统，但最初的F-35战斗机制造流水线经常受到多种因素的干扰，其中包括以下几个。

1)对制造包的正常修正。

2)实施更改以纠正在结构和飞行试验中发现的缺陷。

3)自开始生产以来，每架飞机的制造小时数减少了75%。

4)启动和扩大全球供应链。

5)生产速率的变化。

由于制造系统的不稳定和中断，通常会导致上一个工位的工作被调整到下一个工位，从而增加成本和工时[4]。洛马公司预期在处理了系统研制和验证阶段试验确认的各种相关更改，生产速度也趋于稳定，并且供应链完全成熟之后，这种生产流水线的好处才能够真正体现。

三型别生产线很少中断生产，这比预期好，由于三种型别零件的通用性很高，所以装配线(见图19.5)的学习曲线也基本一致。三型别之间，任务系统几乎100%通用，而飞机平台系统有70%通用，机身有20%通用。这样，每种型别都使整体学习曲线变缓。尤其对于F-35C舰载型战斗机和F-35B短距起飞/垂直着陆型战斗机，这种通用性减少了每架飞机的制造小时数。这主要受益于F-35A常规起降型战斗机的生产速度更高。由于材料、工艺和装配都是通用的，导致每种型别在每个制造工位进行的工作都是相同的。

图19.5　采用高通用性工具和材料处理的节拍装配线

洛马公司进行了另一项提高生产效率的部署：将F-35B/C战斗机模型扩展到F-35A战斗机模型中。F-35B和F-35C战斗机模型各占整体制造包的15%，在批次生产中，需要做更多的工作才能进行生产和构建这些制造包，有可能扰乱人员的配置和学习。

为了提高生产效率，洛马公司还使用了许多通用工装，例如图19.5中吊装机翼的大型装配工装。该工装的金色和蓝色框架表明它可用于F-35A和F-35B战斗机。在高度通用的一条装配线上构建所有三种型别，可使总体生产成本节省约30%，包括资金和工装。这是对传统方法的改进，每种型别由不同的公司在不同的工厂制造。

19.3 F－35战斗机材料和结构：可支持隐身

就材料和工艺选择而言，F－35战斗机项目采用了一种低风险方法，精心选择材料及其处理工艺。从某个角度而言，这一决策非常具有前瞻性，因为现代航空航天材料（金属材料和复合材料）并没有大的发展。工业部门正在研究新型加工技术，如增材制造技术（也就是3D打印），但市场上的基本复合材料和金属材料已经存在了20多年。用户和公司对新型加工技术的合格性鉴定的高成本以及对这些技术的固有风险一直心存疑虑，使人们对新材料的开发并没有那么重视。F－35战斗机生产中一直坚持低风险原则，但也有例外，如图19.6所示的铝锻件和BAE系统公司为F－35B战斗机制造的成型钛合金发动机舱门。还有一个例外就是采用最新的隐身材料和结构技术。一般情况下，F－35战斗机尽可能使用铝合金，必要时也使用钛合金，例如在热区和载荷集中区域。在减重充分且成本合理时使用复合材料。

图19.6 来自Alcoa的铝锻件，用于配套和减重

F－35战斗机的另一个重要方面是飞机外形模线（OML）控制技术，或简单地说就是板-板和板-蒙皮之间不匹配的控制。第五代战斗机（F－22和F－35战斗机）表面不匹配会对空气动力学性能和隐身性能产生不利影响。因此，F－35战斗机采用先进的制造技术来严格控制零件尺寸公差，从而控制不匹配程度。

例如，表面不匹配控制需要严格控制板与蒙皮接头两侧的蒙皮厚度。复合材料部件的固化帘布层厚度通常有变化，无法控制F－35战斗机的不匹配公差。因此，必须修正固化部分（部件）的厚度变化。一种方法是在复合材料蒙皮的内壁（IML）上添加修磨层，并使用公差非常小的数控（NC）机器加工内壁。这些数控机床具有激光测量校准和温度补偿功能，可保证最终的产品蒙皮厚度满足公差要求。洛马公司另一种获得专利的方法是使用激光雷达系统来测量固化后的复合材料厚度（见图19.7）。当蒙皮设计公差等于或低于最终所需公差时采用这种方法。这些厚度测量结果被自动发送到铺层切割机以产生补偿层。使用激光投影系统将补偿层放置在蒙皮的内壁上，然后将部件重新固化，最终获得合格厚度的部件。这两种方法都很昂贵，但最终目标是为洛马公司的客户生产可长期保障和可承受的飞机部件。

折中研究表明，降低飞机寿命周期的维修需求，尤其是每飞行小时的维修时数，对整个F－35战斗机系统是有益的。此外，由于外形模线的控制非常精密，洛马公司能够开发出简化的涂层。这不仅降低了初次涂覆涂层的成本，也显著降低了在外场蒙皮表面涂层出现损伤或者由于维护发生损伤时的修复成本。

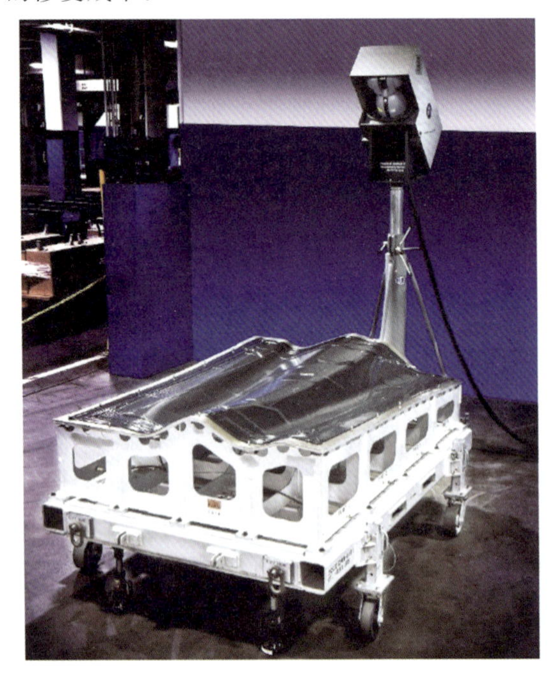

图 19.7 激光扫描复合材料零件的厚度测量

19.4 数字孪生和数字线索

1. 数字孪生

数字孪生概念在2000年左右诞生，随着物联网和大数据的兴起以及虚拟建模技术的发展，数字孪生被推向了前台。2013年，美国空军在《全球地平线》顶层科技规划文件中，将数字线索和数字孪生并列视为“改变游戏规则”的颠覆性机遇，从2014财年起组织洛马、波音、诺格、通用电气、普惠等公司开展了一系列应用研究项目，并已陆续取得成果。

从本质上来看，数字孪生是一个对物理实体或流程的数字化镜像。创建数字孪生的过程，集成了人工智能、机器学习和传感器数据，以建立一个可以实时更新的、现场感极强的“真实”模型，用来支撑物理产品生命周期各项活动的决策。利用真实数据和虚拟模型相结合分析，可以在现实问题发生前防止其出现，减少生产中断和成本，甚至通过仿真来制定未来各项活动的计划。比如，利用数字孪生，工程人员可以访问实时数据、仿真结果和解决方案，从很远的距离之外高效地执行数百项操作任务。

通过数字孪生，可实现对制造性、检测性和保障性的评价与优化，支撑航空航天装备生产、使用和保障。F-35战斗机生产线的数字孪生就是一个重要应用，能够将以往生产线建成后弃之不用的模型重新利用起来，通过在感兴趣的位置添加标签采集相关数据，通过三维模型的变化实时监测生产线运行。相比采用视频可获取更多的信息，并且支持远程故障诊断。诺格公司在F-35战斗机中机身生产中建立了一个数字线索基础平台来支撑物料评审委员会进行劣品处理决策，通过数字孪生改进了多个工程流程：自动采集数据并实时验证劣品标签，将数据（图像、工艺和修理数据）精准映射到计算机辅助设计模型，使其能够在三维环境下可视化、被搜索并展示趋势。在三维环境中实现快速和精确的自动分析缩短处理时间，并通过制造工艺或组件设计的更改减少处理频率。通过流程改进，诺格公司处理F-35战斗机进气道加工缺陷的决策时间缩短了33%，该项目获得了2016年度美国国防制造技术奖。

在役飞行器的数字孪生及实时数据采集，还能够对单个机体结构进行跟踪：使用所有可用信息（如飞行数据、无损评价数据）基于物理特性（如流体动力学、结构力学、材料科学与工程）进行有充分根据的分析，使用概率分析方法量化风险，并自动更新概率。美空军与波音合作构建了F-15C战斗机机体数字孪生模型，开发了分析框架：综合利用集成计算、材料工程等先进手段，实现了多尺度仿真和结构完整性诊断；配合先进建模仿真工具，实现了残余应力、结构几何、载荷与边界条件、有限元分析网格尺寸以及材料微结构不确定性的管理与预测。综上，即可预测结构组件何时到达寿命期限，并调整结构检查、修理、大修和替换的时间。

2.数字线索

F-35战斗机的研制和早期生产从分阶段采用数字线索理念中受益匪浅。设计人员制作了三维实体模型，通过构建这种模型支持工厂自动化，并通过下游制造和维护功能促进其应用，且已经实现了通过使用激光扫描和光学扫描技术对所设计和制造构型的验证进行确认。

数字线索这一概念是由空军研究实验室（AFRL）和洛马公司在F-35战斗机开发初期创造的[5]。F-35战斗机数字线索整体概念如图19.8所示。洛马公司将其定义为通过工程和下游功能（包括制造和维护）对三维模型的创建、使用和再使用。在实施数字线索的第1阶段，工程设计部门生成了精确的3D工程模型和2D图纸。合作伙伴和供应商模型、三维工装模具设计、图纸、技术规范和相关分析数据被发布到一个通用的产品生命周期管理系统中，供访问调用和构型集成。制造部门生成生产装备和工厂布局的三维模型，改善生产设施的开发和安装。对于许多机身零部件，工程部门能够生成缩版图纸，从而降低工程成本并为供应商进行数控加工提供便利。对于复合材料，则能够根据数字线索进行纤维敷设。由于实体包含主工程数据，因此坐标测量机的检验点被直接编程到实体模型中。这些模型还支持前面讨论的可支持隐身结构工艺，包括内模线/外模线加工和固化层压板补偿。

三维模型用于虚拟样机、制造和维护模拟。3D实体模型的显著成功大幅减少了工程和工装数量。与历史数据比较，实体模型减少了工程变更，因为它能够提供更精确的曲面并改善了零件之间的集成配合。由于实体模型工程和实体模型工具，洛马公司能够减少由于工具与已发布零件的变更而导致的工装设计变更。与非实体模型项目相比，零件之间的干涉也减少了，供应商能够根据已发布的实体模型母版生产和验证机械加工零件。这些改进对于F-35战斗机尤为重要，因为F-35战斗机有三种型别。由于实体模型方便了合作伙伴和供应商之间的工作协调，所以不再需要老式战斗机项目那样的装配接口控制图。

数字线索技术促成的虚拟制造模拟非常耗时而且很昂贵，因此只在少数几个领域进行了尝试。在F-35战斗机系统研制和验证阶段工作中，数字线索显著提高了可生产性和尺寸链管理分析能力（见图19.9）。在F-35战斗机项目中引入了几何尺寸和公差，并通过制造工程进行尺寸链管理分析。包括使用专门的3D软件执行复杂的装配尺寸链研究。确定了关键特性（见图19.9），随后收集了有利于尺寸链研究的工艺能力，形成了包含装配基准方案的尺寸链管理文件。尺寸链分析最终形成了工程公差定义，这些工程公差随后进入模型、图纸和工具，并用于确定关键特性(KC)。

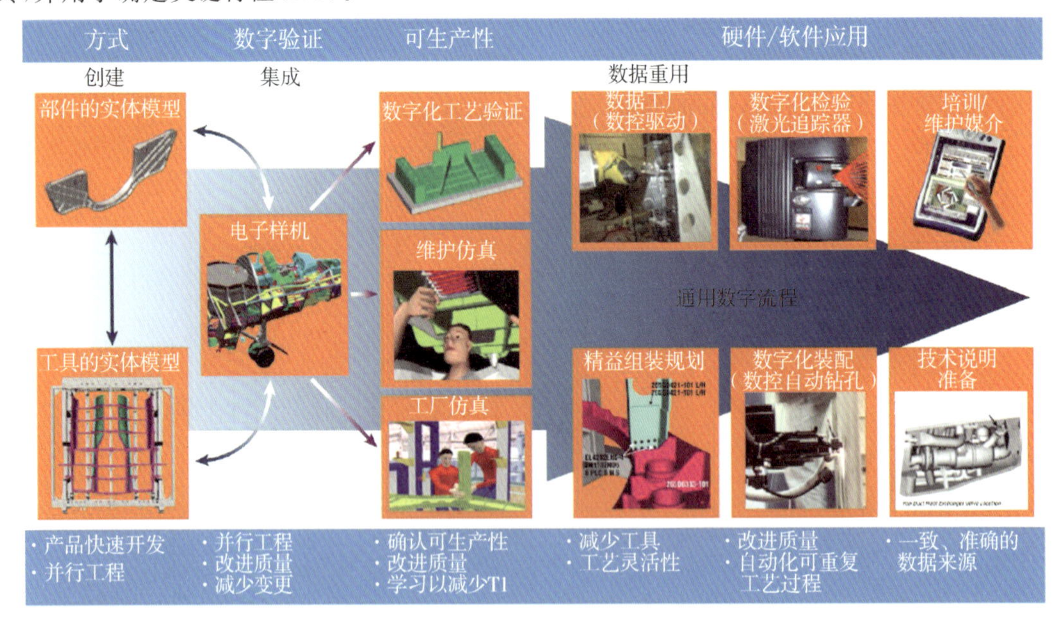

图 19.8 F-35 战斗机数字线索整体概念

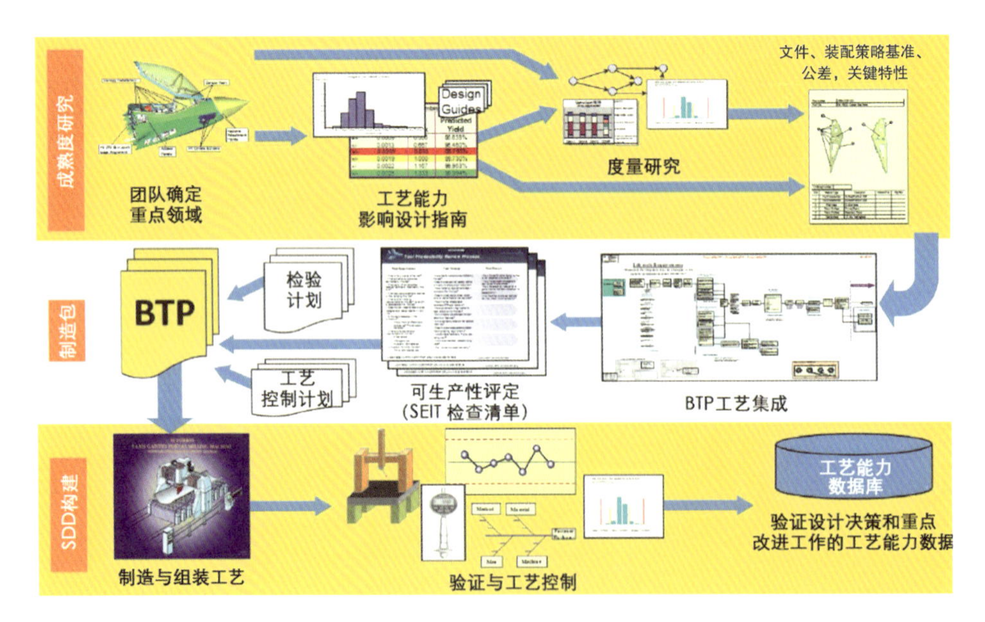

图 19.9 可生产性分析和关键特征

关键特性[6]是材料、工艺或零件(包括组件)的一种属性，其在规定公差范围内的变化会显著影响产品的配合、性能、使用寿命或可制造性。F-35 战斗机早期确定了许多关键特性，但未来项目的选择可能会有所修改。选择关键特性时应了解，选择它们会增加生产系统的相应成本。因为需要制定和实施关键特性管理计划，制造商和装配商需要正常收集数据，并对交付情况进行报告和分析。选择关键特性应只限于在某些条件下。必须首先制定计划，以改变工程或制造包的设计。同样，必须首先确定需求并实施，以便更好地控制变量的减少或利用变量减少带来的好处。那些仅作简单强调而不能改变工程交付/拒绝标准或制造包的关键特征不属于关键特性。例如，在以前的项目中，关键特性被确定为孔的直径，但是从来没有任何一个项目改变公差，这样，这些特性就不应被视为关键特性。

数字线索转换的第 2 阶段是构建工程数据以支持工厂自动化。例如自动钻孔（见图 19.10）和机器人自动喷涂（见图 19.11）。所有 F－35 战斗机合作伙伴都使用自动钻孔技术，自动化钻孔占了总钻孔工作量的 20%。这其中包括 80%的可达外模线孔。自动钻孔比手动钻孔快四倍，质量接近完美，具有卓越的可重复性。

图 19.10　数字线索实现自动钻孔

图 19.11　机器人自动喷涂

洛马公司在翼盒、前机身蒙皮以及上部蒙皮到中央机翼蒙皮部分都使用了自动钻孔技术。佐治亚州玛丽埃塔工厂制造中央机翼也使用了自动钻孔技术。诺斯罗普·格鲁门公司使用计量辅助机器人在 F－35 战斗机狭窄的进气道钻孔。BAE 系统公司高精度机械加工中心分别对其尾翼蒙皮和结构进行钻孔。鉴于螺栓与孔的公差要求非常高，这种高精度加工是一项了不起的成就。未来将更多地采用自动化钻孔技术，以持续努力降低成本并提高质量。

F－35 战斗机采用的其他自动化技术还包括复合材料的纤维敷设技术，洛马公司、诺斯罗普格鲁门公司和其他供应商用这种自动化技术铺设复杂的进气道、发动机舱和大型机翼部件。BAE 系统公司还引进了一种机器人，在其复合材料蒙皮上进行自动钻孔与沉埋（铆接）（见图 19.12）。

第 3 阶段直接将数字线索提供给装配技师，以生成诸如工作说明之类的图形产品。这些图形由 3D 实体模型通过可视化软件工具创建。理想情况下，工作人员能够在地面以可视化方式向装配技师(制造车间)或维修人员(外场),进行技术指导说明,减少他们理解任务的时间。然而,对于生产而言,很难从这种工作方式中获益。因为图形是静态图像,无法按照工程变更或制造变更进行经济可行的更新。尤其是对于F-35战斗机项目,工程研制和制造开发是并行的,必须经常更新图形,以适应陡峭的初始学习曲线和重要的工程、模具和计划变更。

图 19.12　BAE 系统公司的机器人自动沉埋(铆接)技术

在这个过程中,一个意想不到的因素是“节拍”制造对图形创建的影响。随着节拍时间(生产速度)的变化,增加了新的工位,单架生产小时数减少。因此,需要通过分解计划单和重做图形来不断调整制造顺序。为了规避静态图形成本,可以在工厂车间提供这些图形,授权装配技师从其工作终端访问可视化工具。线束安装是采用这种技术的一个很好的例子,因为从二维图纸中特别难以理解线束的布线走向和位置。在系统研制和验证阶段早期,在一些工作区域中放置了大型电视监视器,装配技师使用这些监视器直到获得充分的安装经验。

图形的另一个缺点是机械师对它们的需要往往只会持续很短的时间。然而,尽管如此,对于不熟悉F-35战斗机项目的机械师,在进展到全速率生产期间,这些图形确实对他们有所帮助。近期,还制作了关键安装过程的视频,机械师可以根据需要在车间的电子工作说明终端进行访问。

机械师使用数字线索的独特方法之一是光学投影技术。如图19.13所示,机械师可以使用它将工作说明直接投影到飞机上。在图中,紧固件位置和零件号被投射到洛马公司玛丽埃塔工厂正在制造的进气道上。传统的程序要求机械师查看图纸并记下零件号和对应的进气道位置以完成他们的工作。通过数字线索的程序,机械师可以在工作过程中查看投影说明。

目前正在持续开展工作,以获取自动钻孔操作期间紧固件的实际夹持详情。这些信息将用于消除验证夹具的时间并支持紧固件的投影。此外,将用于紧固件配套、清洁和紧固件改进,并最终交付工作站点使用。

数字线索第3阶段的另一个例子是复合材料车间的激光铺层投影技术。这是航空航天业部门使用的首批第3阶段数字线索技术之一。在F-35战斗机上启动了舱壁标记,其中支架位置的喷墨标记直接喷印在大的舱壁上。这节省了模胎和成本，并消除了必须设计和维护的数千种模胎。

使用增材制造(3D 打印)技术(见图 19.14)用于生产机械和维修改装模胎，是数字线索的另一个成功之处。洛马公司使用聚合物熔融沉积成型(FDM)为制造车间和外场保障单位生产了 5 000 多种模胎。聚合物熔融沉积成型为临时生产模胎提供了一种快速且低成本的方法(因为这种材料的耐久性问题只能临时使用)，以协助机械师。工业部门还在继续开发更耐用的聚合物熔融沉积成型材料。目标是生产永久性工具并替换更昂贵的金属、玻璃纤维和其他传统钻孔工具。

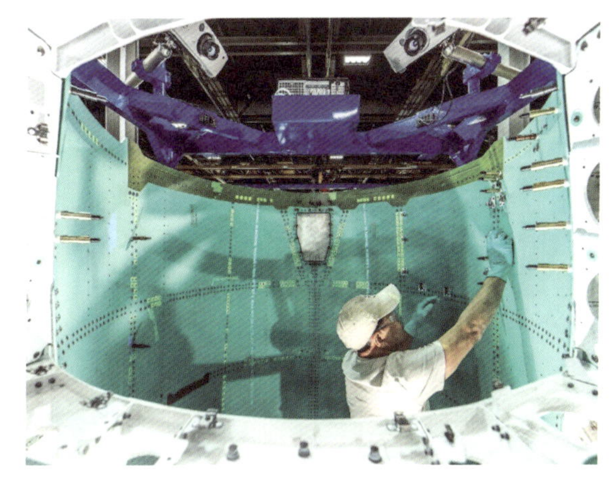

图 19.13　将工作说明直接投影到工作面上

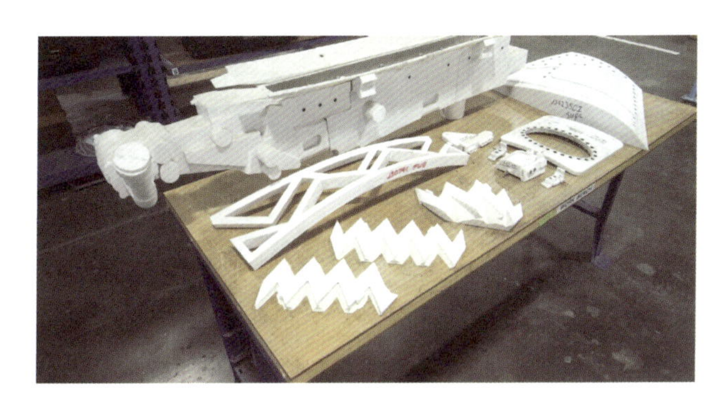

图 19.14　模具的增材制造（3D 打印）

数字线索的第 4 阶段是使用先进的非接触式测量技术(包括激光扫描和光学扫描)(见图 19.15)对工程设计与制造结构进行检验验证。这种技术可以在构建或制造过程的早期识别出与工程设计的偏差，并予以快速纠正，阻止缺陷向下游传递，从而降低成本。这是一项真正的革命性技术，它可能最终取代坐标测量机器检验，并成为供应商在装运零件、工具和设备之前的一种要求。

模仿各种 F-35 战斗机武器的增材制造(3D 打印)的模型，在安装时通常需要整体移动，并通过间隙检查。现在，可以用激光扫描武器舱，将所制造的飞机与工程模型进行比较，并且只需要几个小时。

还有另一个例子，当车间内飞机地板上的管道存在配合问题时，原因可能不会很明显显现出来。可能是管道不好,也可能是支架位置不正确,或者还可能是结构有问题。为了解决问题,可以将管道带到扫描仪上进行快速检验,也可以将设备带到飞机上检查支架和结构,确认问题所在。

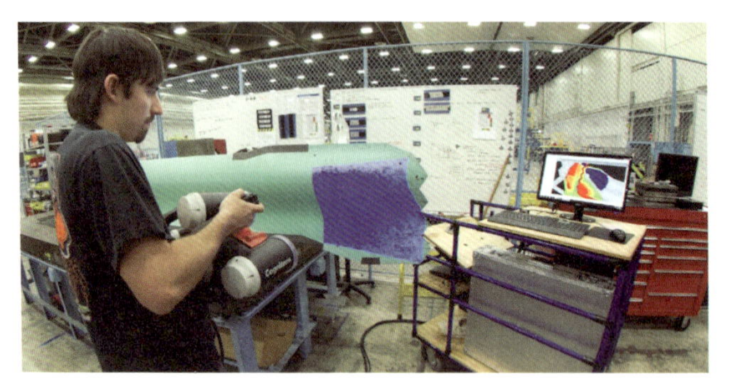

图 19.15 非接触式计量

当前的扫描技术通常取决于放置在飞机或部件上的目标。然而,随着 3D 扫描仪技术与数字线索连接的日趋成熟,这将最终被基于特征的识别所取代。这种扫描技术也将取代目前的数千种手动公差检验、间隙检查和齐平度测量技术(见图 19.16)。此外,它可以详细检验首架产品的部件、模胎和组件。在首架产品检验中识别缺陷将显著降低成本,并使当前开发的军用飞机类产品的学习曲线变缓。早期识别还将降低经常性测量发生的成本。未来,使用 3D 非接触式计量技术在装配中进行经常性实时检验,以及供应商验收,将会成为常态。

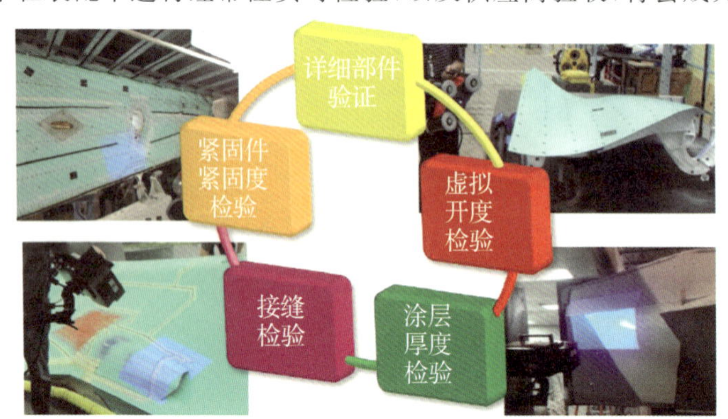

图 19.16 非接触式测量技术的应用

在 F-35 战斗机项目中应用数字线索带来了显著的好处,主要包括以下几个。

(1)制造包的开发。

(2)通过自动化减少接触式测量并提高质量。

(3)工厂车间的数字线索集成。

(4)使用数字线索技术(例如,激光扫描和光学扫描)检验构型。

在过去五年中,数字技术不断进步,并且在工业界得到持续发展。后面将讨论数字线索的未来发展,即工业 4.0[7] 的提升,也就是第四次工业革命:数据革命。

19.5　先进制造业的未来

在未来几年中，经济可承受性将继续成为F-35战斗机项目的关注重点。洛马公司，各级供应商和客户团体通过经济可承受性计划蓝图(BFA)(见图19.17)在经济可承受性方面进行了大量投资。正如经济可承受性计划蓝图第一阶段的结论所述，它通过将节省的资金(每架飞机200万美元)除以投入的美元来衡量，这显示了这一集体投资的可观回报。经济可承受性计划蓝图第二阶段于2018年开始，将为其他项目提供资金。

F-35战斗机项目的目标是在全速率生产时实现每架飞机成本8 000万美元。与类似于F-35战斗机的大多数项目一样，供应链承担了飞机成本的70%以上。这就是洛马公司正在开发和转让技术以简化供应链的原因。这样做可以使其供应商利用先进制造技术的优势。

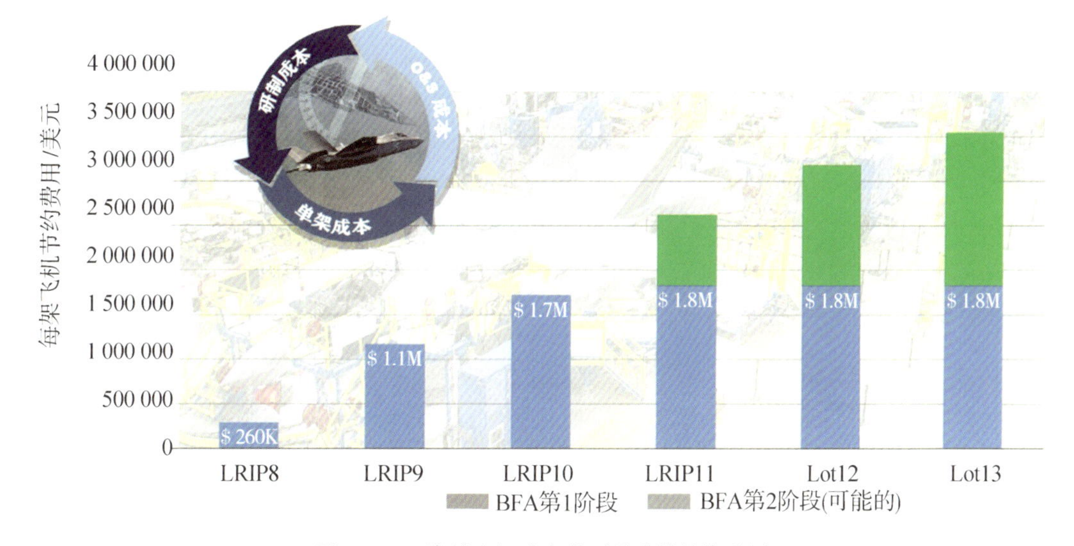

图19.17　降低飞机成本的可承受性投资蓝图

F-35战斗机项目的一个特点是预期生产会持续很长时期(见图19.4)。这使F-35战斗机能够开发和实施新技术，以便在现在和未来几年内节省成本。预计在不久的将来会有连续多年的采购，这也将有助于降低飞机的成本。

一个尤其需要特别关注的问题是生产车间的装配技师如何使用工程数据。提供给生产车间装配技师的是3D数字模型和他们生成的2D纸质图纸。某些情况下，工作说明是有图形的，但维护成本高，并且如前所述，往往局限于复杂的安装。一种补救措施是在增强现实型眼镜中调用工程数据(见图19.18)。这种眼镜可以通过语音命令提供工作说明，解放了工作人员的双手，改善了数据的可访问性。但是，由于前面提到的静态图形问题，这种方法也很复杂：存在变更和维护问题。在图19.18的场景中，装配技师大声读出导线编号，他眼镜中的引线脚图视景的引线脚位置灯点亮(将来，眼镜可以直接读取导线编号)。在线束走线的情况下，装配技师需要工程模型的三维视图才能布线。在装配技师的工作说明终端，目前已经有了复杂安装工作的视频可供使用，最终可能还有增强现实型眼镜。工程数据的有效形成、使用、变更和利用可以为当前和未来的项目节省成本。这些工作包括通过制造和维持开发数字孪生技术。

图 19.18　利用免提声控眼镜调用工程数据

Skype®，Facetime®和类似应用程序的出现为供应商、客户和工程师之间的远程实时通信提供了可行的技术手段。支持人员通常与客户位于现场，并经常被派遣到供应商和客户所在地调查和解决问题。通过使用 Skype 等服务进行通信，使用实时照片和双向视频链接，实现了节省成本和快速响应。图 19.19 示出了位于远程地点的专家，他们可以与维修人员、生产或供应商人员进行线上沟通，以更快和更低的成本解决问题。这项技术的关键问题是数据的保密性，这是客户最为关注的，尤其是在前方基地。因为客户对更快、更低成本的方案更感兴趣，私营部门会对数据安全保密解决方案开展更有效的工作，这个问题可能在未来会得到妥善解决。

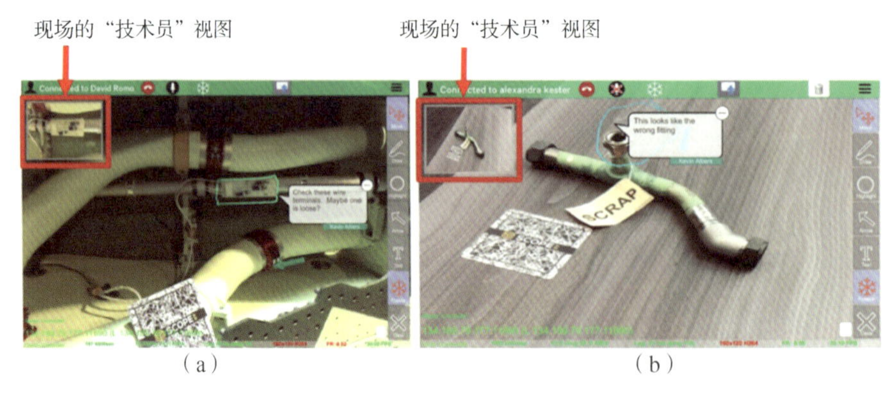

图 19.19　远程增强现实

(a)桌面计算机上的"专家"视图(一)；(b)桌面计算机上的"专家"视图(二)

数字线索、非接触式测量、可视系统、人工智能和机器学习技术将为自动化和机器人应用带来新的机遇。对于常规操作尤其如此，例如密封剂涂抹和涂料喷涂，紧固件安装，钻孔和检验。此外，正在开发利用无人机对飞机外部进行检查。3D 打印技术也被广泛用于模具生产。由于认证要求方面的问题，这种技术在承力结构中的应用可能还需要数年时间才能实现。但是，在保障设备中也存在使用 3D 打印技术的机会。对于一些无法使用传统技术生产的非结构性关键部件，也可以使用这种技术生产。

洛马公司一直与 5ME 公司合作开发低温机械加工技术(见图 19.20)，以节省钛合金零件的成本。在切削表面上施加液态氮，已经显示出能增加刀具寿命并提高机械加工速度。这项技术是Creare LLC公司在美国政府小企业创新研究(SBIR)项目中取得的成果。这也是洛马公司刻意开发技术以支持供应基地成本节约的一种考虑。SBIR项目还开发并实施了以下技术:

(1)用于螺母板粘接的BTG Labs表面能量测量系统。

(2)Creare紧固件填充测量系统。

(3)双子海岸计量与代尔塔西格玛公司(Twin Coast Metrology和Delta Sigma Company)的紧固件投影系统。

F-35战斗机联合项目办公室、空军实验室、海军航空系统司令部和海军研究办公室已经在广泛合作开展此类研究工作。他们的合作有助于确保对SBIR和其他合同研究和技术开发的支持。

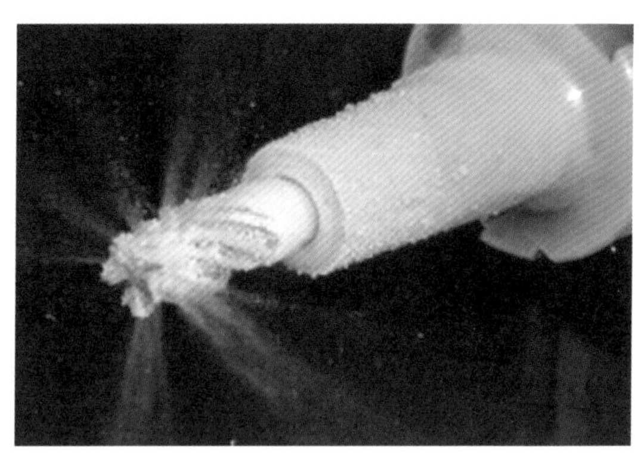

图19.20 钛的低温加工技术

另一项可能影响未来F-35战斗机经济可承受性的创新是工业4.0的出现,这是第四次工业革命:数据革命。前三次工业革命分别是蒸汽机工业革命、电力工业革命和计算机工业革命。第四次工业革命则关乎驻留于我们系统中的数据的战略和战术使用。

工业部门正在认识到IT系统中的数据可以提供战术能力,提高作战效率。它还可以降低数据收集、分析、性能可见性和透明度的支持成本。图19.21中描绘的相互关联的各项技术是企业效率的关键。IT技术改进了系统数据的集成,方便了数据自动收集和仪表板指标,并支持描述性,预测性和规范性分析。它还将工厂设备与IT系统连接起来,提高了使用效率并确保了数据传输安全。

如前所述,数据安全性是连接企业之间的使能技术之一。这场革命尚处于初期阶段,但将迅速推动工业进步,使工厂内的工作更加高效。此外,它还将为工厂车间和供应基地的持续生产收益提供支持。

洛马公司已经在生产车间为飞机部署了电话/电脑应用程序。它提供关于制造中的每架飞机和每个部件的位置、进展状态、部件短缺、不合格和其他因素方面的全面信息。这不仅适用于洛马公司沃斯堡工厂,也适用于意大利和日本的飞机和部件制造工厂。这些应用程序与工厂范围内的零件套件和工具射频识别技术(RFID)相结合。最终,将能够在监控位置上更新每架飞机的每个工位的使用状态和性能数据。

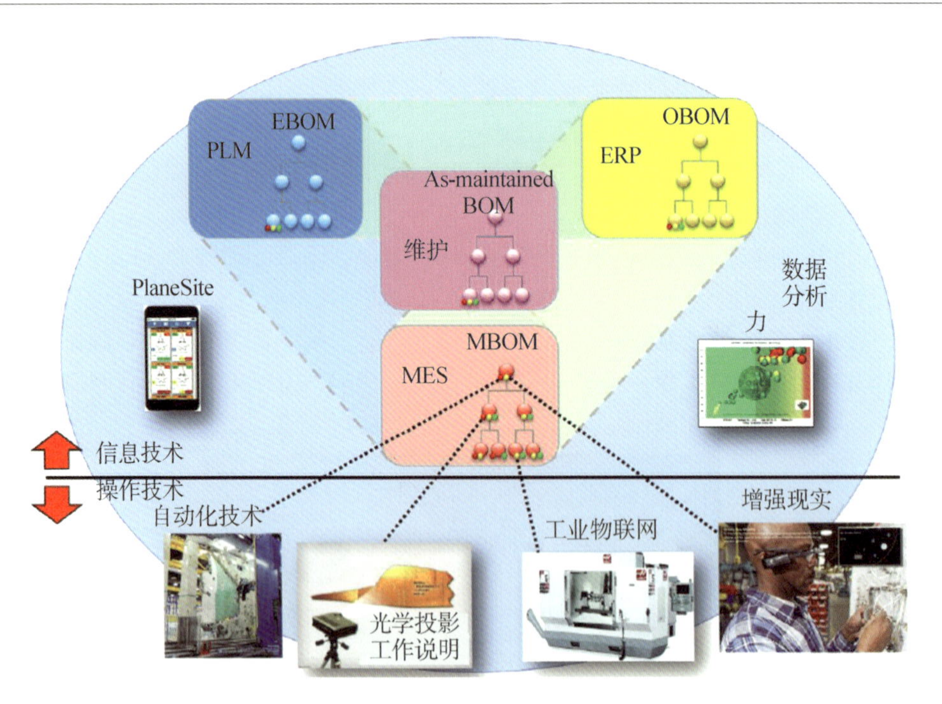

图 19.21 相互关联的各项技术

19.6 总 结

数字线索和数字孪生概念的提出已经超过十年,成了美国空军和洛马公司(数字织锦)的顶层战略。美国国防部、空军和航空航天局正在大力推动这项技术,并已在美国的一些航空航天项目中得到实际应用。今后几年,美国国防部将大力推进实施以数字线索和数字孪生为核心元素的数字工程战略。

F-35 战斗机已经从数字线索和数字孪生这种新技术中受益匪浅,并且有能力进一步引领技术发展。它将通过经济可承受性领域的投资和非航空航天与国防工业的商业技术开发,在人工智能、增强现实、机器学习和其他技术领域,以及新兴的工业 4.0 领域实现技术突破。

通过关注未来技术,它还将使更广泛的国防工业和其他洛马公司项目受益,帮助他们保持技术优势。制造技术也可用于外场飞机的维护,包括自动测量技术,无人机检验和数据集成。F-35 战斗机项目将继续创新,增加作战人员的能力,并通过先进的制造技术不断降低成本。

参 考 文 献

[1] OHNO T. Toyota Production System: Beyond Large-Scale Production[M]. Portland, Oregon: Productivity Press, 1988.

[2] WOMACK J P, HONES D T, ROOS D. The Machine that Changed the World: The Story of Lean Production[M]. New York: Harper Perennial, 1991.

[3] SPEAR S,BOWEN H K. Decoding the DNA of the Toyota Production System[J]. Harvard Business Review，1999. 77(5):96-106
[4] COCHRAN D,KINARD D,BI Z. Manufacturing System Design Meets Big Data Analytics for Continuous Improvement[C]//Proceedings of the 26th CRIP Design Conference. Stockholm，Sweden，2016. ELSEVIER:647-652
[5] KRAFT E. U. S. Air Force Presentation，2013 NIST MBE Summit，National Institute of Standards and Technology，Expanding the Digital Threat to Impact Total Ownership Cost:2013-198[R/OL]. (2013-12-08) [2018-05-08]. https://www.nist.gov/sites/default/files/documents/el/msid/1Kraft_DigitalThread.pdf.
[6] SAE International . Variation Management of Key Characteristics：Aerospace Standard AS9103[S]. Pennsylvania:Warrendale，2001.
[7] SMIT J,KREUTZER S,MOELLER,et al. Industry，Research and Energy (ITRE)，Policy Department A：Economic and Scientific Policy :Industry 4.0 Analytical Study[C/OL]. European Parliament ,Directorate General for Internal Policies. 2016[2018-05-08]. http://www.europarl.europa.eu/RegData/etudes/STUD/2016/570007/IPOL_STU(2016)570007_EN.pdf.

附录　专业名词缩略语

序　号	英文缩写	英文全拼	中　文
1	3BSD	3-Bearing Swirvel Duct	三轴承旋转喷管
2	3BSM	3-Bearing Swirvel Module	三轴承旋转模块
3	3DOF	Three-Degrees-of-Freedom	三自由度
4	6-DOF	Six Degree of Freedom	六自由度
5	A/A	Air-to-Air	空-空，空对空
6	A/FX	Advanced/Fighter-Attack	先进战斗机攻击
7	A/S	Air-to-Surface	空-面，空对面
8	AAI	Auxiliary Air Inlet	辅助进气道
9	AAID	Auxiliary Air Inlet door	辅助进气门，辅助进气道舱门
10	A/ATSM	Air/Air Tactical Situation Model	空空战术态势模型
11	ABLIM	AB Limit	发动机加力限制
12	ACC	Air Combat Command	空战司令部
13	ACIS	Advanced Compact Inlet Systems	先进紧凑型进气道系统
14	ADAMS	Automatic Dynamic Analysis of Mechanical Systems	机械系统动力学自动分析
15	ADS	Air Data System	大气数据系统
16	AEDC	Arnold Engineering Development Center(Complex)	阿诺德工程发展中心
17	AEI	Aeronautical Engineering Instruction	航空工程说明
18	AESA	Active Electronically Scanned Array	有源电子扫描阵列
19	AFB	Air Force Base	空军基地
20	AFRL	Air Force Research Laboratory	空军研究实验室
21	AFSEO	Air Force SEEK EAGLE Office	美国空军寻鹰办公室
22	AFTI	Advanced Fighter Technology Integration	先进战斗机技术综合
23	AHQ	Approach Handling Qualities	进近操纵品质
24	AHS	Arrestment Hook System; Arresting Hook System	拦阻钩系统
25	AHS	Ammunition Handling System	弹药处理系统
26	AIC	Affordability Improvement Curve	经济可承受性改进曲线
27	AIS	Active Inceptor System	主动控制器系统
28	AIS	Air Induction System	进气系统
29	ALAFS	Advanced Lightweight Aircraft Fuselage Structure	先进轻型飞机机身结构
30	ALB	Aircraft Launch Bulletins	飞机弹射公告

续表

序　号	英文缩写	英文全拼	中　文
31	ALIS	Autonomic Logistic Information System	自主后勤信息系统
32	ALSR	Automatic Low Speed Recovery	自动低速改出
33	AMAD	Airframe-Mounted Accessory Drive	机身安装的附件驱动装置
34	AME	Alternate Mission Equipment	备选任务设备
35	AMRAAM	Advanced Medium-Range Air-to-Air Missiles	先进中程空空导弹;先进中距空空导弹
36	AMT	Accelerated Mission Test	加速任务试验
37	AMU	Air Make-Up Unit	空气制备装置
38	AMVC	Advanced Multi-Variable Control	先进多变量控制系统
39	AOA	Angle-of-Attack	迎角
40	APC	Approach Power Compensation	进场动力补偿
41	APR	Automatic Pitch Rocker	自动俯仰摇杆器
42	APU	Auxiliary Power Unit	辅助动力装置
43	ARA	Aircraft Research Association	飞机研究协会
44	AS	Air System	飞机系统
45	ASC	Aeronautical Systems Command	航空系统司令部
46	ASCDR	Air System Critical Design Review	飞机系统关键设计评审
47	ASIP	Aircraft Structural Integrity Program	飞机结构完整性大纲
48	ASPDR	Air System Preliminary Design Review	飞机系统初步设计评审
49	ASRAAM	Advanced Short Range Air-to-Air Missile	先进短程空空导弹;先进短距空空导弹
50	ASRR	Air System Requirements Review	飞机系统需求审查
51	ASTOVL	Advanced Short Takeoff/Vertical Landing	先进短距起飞/垂直着陆
52	ASTSM	Air/Surface Tactical Situation Model	空面战术态势模型
53	ASVS	Airborne Separation Video System	机载分离视频系统
54	ATC	Air Traffic Control	空中交通管制
55	ATF	Advanced Tactical Fighter	先进战术战斗机
56	ATM	Air Target Management	空中目标管理
57	ATP	Authority to Proceed	获得授权
58	AV	Air Vehicle	飞机
59	AWS	Abrupt Wing Stall	机翼突然失速
60	AX	Advanced Attack	先进攻击

续表

序　号	英文缩写	英文全拼	中　文
61	BFA	Blueprint for Affordability	经济可承受性蓝图
62	BLC	Boundary Layer Control	边界层控制
63	BPA	Basic Probability Assignment	基本概率分配
64	BRAT	Blue Ribbon Action Team	蓝带行动小组
65	BTB	Bank-To-Bank	一侧坡度到另一侧坡度
66	BTP	Build To Packages	制造包
67	BUW	Bottom-Up Weight	上下限重量
68	C/R	Converter/Regulator	变流器/调节器
69	CAD	Computer-Aided Design	计算机辅助设计
70	CAIG	Cost Analysis Improvement Group	成本分析改进小组
71	CAIV	Cost As an Independent Variable	成本作为独立变量
72	CALF	Common Affordability Lightweight Fighter	经济可承受的通用轻型战斗机
73	CAPE	Cost Analysis & Program Evaluation	成本分析和方案评估
74	CAS	Calibrated Airspeed	校准空速
75	CAS	Close Air Support	近距空中支援
76	CATB	Cooperative Avionics Test Bed	协同航电试验台
77	CATIA	Computer-graphics Aided Three-dimensional Interactive Application	计算机图形辅助三维交互式应用
78	CCT	Climatic Chamber Testing	气候环境实验室试验
79	CDA	Concept Demonstrator Aircraft	概念验证机
80	CDDR	Concept Demonstration and Design Research	概念演示验证和设计研究
81	CDDR	Concept Definition and Design Research	概念定义和设计研究
82	CDP	Concept Development Program	概念研发项目
83	CDP	Concept Demonstration Phase	概念演示验证阶段
84	CDP	Concept Demonstrator Phase	概念验证机阶段
85	CDR	Critical Design Review	关键设计评审
86	CDR	Concept Development Review	概念开发评审
87	CE	Conformité Européene	欧洲标准局
88	CFD	Computational Fluid Dynamics	计算流体动力学
89	CFI	Call for Improvements	需要完善
90	CG	Center of Gravity	重心
91	CIRA	Centro Italiano Ricerche Aerospaziali	卡普亚航空航天研究中心
92	CLAW	Control Laws	控制律

续表

序　号	英文缩写	英文全拼	中　文
93	CNI	Communication, Navigation, and Identification	通信、导航与识别
94	COPT	Cost and Operational Performance Trades	成本与作战效能权衡
95	COTS	Commercial Off-The-Shelf	商用货架产品
96	CPCP	Corrosion Prevention and Control Program	腐蚀防护和控制大纲
97	CPITS	A Critical Point In The Sky	空中临界点
98	CQ	Carrier Qualification	航母资格认证
99	CRAD	Contract Research And Development	合同研发;合同研究与开发
100	CSV	Capacity Selector Valve	能量选择阀
101	CT	Cooling Turbine	冷却涡轮
102	CTOL	Conventional Takeoff and Landing	常规起降
103	CTS	Captive Trajectory System	系留轨迹系统
104	CV	Carrier Variant	舰载型
105	CVN	Nuclear-powered Aircraft Carrier	核动力航母
106	CVS	Carrier Suitability	航母适应性
107	DAB	Defense Acquisition Board	国防采办委员会
108	DADT	Durability and Damage Tolerance	耐久性与损伤容限
109	DARPA	Defense Advanced Research Projects Agency	国防高级研究计划局
110	DART	Data Acquisition, Recording and Telemetry	数据采集、记录和遥测
111	DAS	Distributed Aperture System	分布式孔径系统
112	DCA	Defensive Counter-Air	防御性防空
113	DEAD	Destruction of Enemy Air Defenses	摧毁敌方防空
114	DESI	Digital End Speed Indicator	数字式末速指示器
115	DFLCC	Digital Flight Control Computer	数字飞控计算机
116	DFP	Delta Flight Path	飞行轨迹增量控制
117	DLL	Design Limit Load	设计极限载荷
118	DR	Departure Resistance	偏离阻抗
119	DSI	Diverter-less Supersonic Inlet	无附面层隔道超声速进气道
120	DSSAS	Digital Store Separation Analysis System	数字式武器分离分析系统
121	EA	Electronic Attack	电子攻击
122	EB	Effector Blender	控制器混合器;效应器(操纵面)混合器
123	ECS	Environmental Control System	环控系统
124	EDD	Environmental Description Document	环境描述文件

续表

序 号	英文缩写	英文全拼	中 文
125	EDW	Edwards Air Force Base	爱德华空军基地
126	EHA	Electro-Hydrostatic Actuation	电动静液作动
127	EHAS	Electro-Hydrostatic Actuation System	电动静液作动系统
128	EIPS	Engine Ice Protection System	发动机防冰系统
129	EIR	Engineering Inspection Requirement	工程检查要求
130	EMC	ElectroMagnetic Compatibility	电磁兼容性
131	EMD	Engineering and Manufacturing Development	工程制造与发展
132	EMI	Electromagnetic Interference	电磁干扰
133	EO DAS	Electro-Optical Distributed Aperture System	光电分布式孔径系统
134	EOR	End-of-Rail	轨道末端
135	EOS	End-of-Stroke	行程末端
136	EOTS	Electro-Optical Targeting System	光电瞄准系统
137	EPAD	Electrically Powered Actuation Development	电作动技术发展
138	EPGS	Electrical Power Generating System	发电系统
139	EPS	Electrical Power System	电源系统
140	EPU	Emergency Power Unit	应急电源
141	ERB	Executive Review Board	执行审查委员会
142	ES/G	Engine Starter/Generator	发动机起动机/发电机
143	ESM	Electronic Signal Measurement	电子信号测量
144	ETC	Equipment Test Chamber	设备试验室
145	ETR	Engine Thrust Request	发动机推力要求
146	EU	Electronic Unit	电子单元
147	EW	Electronic Warfare	电子战
148	EW/CM	Electronic Warfare/Counter Measures	电子战/对抗
149	EWR	Electronic Warfare Receiver	电子战接收器
150	FACO	Final Assembly and Checkout	总装和检验
151	FADEC	Full Authority Digital Engine(or Electronics) Control	全权限数字发动机控制
152	FAR	Federal Air Regulation	联邦航空条例
153	FATMOP	Fusion Analysis Tool-Measures of Performance	融合分析工具-性能度量
154	FBW	Fly-by-Wire	电传操纵
155	FC&S	Fire Control and Stores	火控和武器
156	FCLP	Field Carrier Landing Practice	陆基着舰训练

续表

序　号	英文缩写	英文全拼	中　文
157	FDHX	Fan Duct Heat Exchanger	风扇涵道热交换器
158	FDM	Fused Deposition Modeling	熔融沉积成型
159	FEA	Finite Element Analysis	有限元分析
160	FEM	Finite Element Model	有限元模型
161	F-I	Fly-In	飞行钩住
162	FLASH	Fly by Light Advanced Systems Hardware	先进光传系统硬件计划
163	FLCS	Flight Control System	飞行控制系统
164	FLOLS	Fresnel Lens Optical Landing System	菲涅尔透镜光学助降系统
165	FMS	Foreign Military Sales	对外军售
166	FOD	Foreign Object Damage	外物损伤
167	FOM	Follow-on Modernization	后续现代化
168	FOV	Field of View	视场
169	FRIU	Fuselage Remote Interface Unit	机身远程接口装置
170	FRL	Fuselage Reference Line	机身参考线
171	FRS	Fleet Replacement Squadron	舰队战备中队
172	FSCG	Fuselage Station Center of Gravity	机身站位重心
173	FSD	Flight Series Database	飞行系列数据库
174	FSMP	Force Structural Maintenance Plan	部队结构维护计划
175	FTA	Flight Test Aid	飞行试验辅助设备
176	FTCE	Flight Test Control Engineer	试飞控制工程师
177	FTE	Flight Test Engineer	试飞工程师
178	FTI	Flight Test Instrumentation	飞行试验测试设备
179	GAM	General Actuator Model	作动器通用模型
180	GVT	Ground Vibration Test	地面振动试验
181	H/E	Hook-to-Eye	钩眼距
182	H/R	Hook-to-Ramp	钩坡距
183	H/VL	Hover/Vertical Landing	悬停/垂直着陆
184	HARM	High-Speed Anti-Radiation Missile	高速反辐射导弹
185	HGI	Hot Gas Ingestion	热燃气吸入
186	HIF	Hydraulic Integration Facility	液压集成设施
187	HMD	Helmet-Mounted Display	头盔显示器
188	HMDS	Helmet Mounted Display System	头盔显示系统
189	HQR	Handling Qualities Ratings	操纵品质评定

续表

序　号	英文缩写	英文全拼	中　文
190	HT	Horizontal Tails	平尾
191	HUA	Hydraulic and Utility Actuation	液压和应用作动
192	HUD	Head Up Display	平视显示器;平显
193	HWR	Hover Weight Ratio	悬停重量比
194	HX	Heat Exchanger	热交换器
195	IAT	Individual Airplane Tracking	单机跟踪
196	IB	In-Bay	内埋弹舱
197	ICC	Inverter/Converter/Controller	逆变器/变压器/控制器
198	ICP	Interface Control Packages	接口控制包
199	ICP	Integrated Core Processor	集成核心处理器
200	IDLC	Integrated Direct Lift Control	综合直接升力控制
201	IFF	Identification Friend Foe	敌我识别系统
202	IFLOLS	Improved Fresnel Lens Optical Landing System	改进型菲涅尔透镜光学助降系统
203	IFPC	Integrated Flight Propulsion Control	综合飞行/推进控制
204	IFTCD	In-Flight Thrust Calculation Deck	飞行中推力计算平台
205	IFTPWG	In-Flight Thrust and Performance Working Group	飞行中推力和性能工作小组
206	IGE	In Ground Effect	有地效
207	IGV	Inlet Guide Vane	进气道导流叶片
208	IHPTET	Integrated High Performance Turbine Engine Technology	综合高性能涡轮发动机技术
209	IIP	International Industrial Participation	国际工业参与
210	IML	Inner Mold Line	内壁
211	IMRT	Independent Manufacturing Review Team	独立制造审查团队
212	IMU	Inertial Measurement Unit	惯性测量装置
213	INS	Inertial Navigation System	惯性导航系统
214	IOC	Initial Operational Capability	初始作战使用能力
215	IPC	Initial Planning Conference	初期计划会议
216	IPP	Integrated Power Package	集成电源包
217	IPR	Interim Progress Review	中期进展评审
218	IPT	Integrated Product Team	综合产品开发团队
219	IR	Infrared Radiation	红外
220	IRAD	Independent Research and Development	独立研发;自主研发
221	IRST	Infrared Search and Track	红外搜索与跟踪

续表

序 号	英文缩写	英文全拼	中 文
222	ISA	Integrated Servo-Actuators	集成伺服作动器
223	ITAR	International Traffic in Arms Regulations	国际武器贸易条例
224	ITB	Integrated Test Block	综合试验批次
225	ITF	Integrated Test Force	综合试飞队
226	J/IST	Joint Strike Fighter (JSF)/ Integrated Subsystems Technology	JSF 集成子系统技术
227	JAST	Joint Advanced Strike Technology	联合先进攻击技术
228	JB	Jetborne	喷气
229	JBD	Jet Blast Deflector	喷气偏流板
230	JCS	JSF Contract Specification	JSF 合同技术规范
231	JDAM	Joint Direct Attack Munition	联合直接攻击弹药
232	JDL	Joint Directors of Laboratories	美国国防部实验室联合理事会
233	JESB	JSF Executive Steering Board	JSF 执行指导委员会
234	JET	Joint Estimate Team	联合评估小组
235	JHMCS	Joint Helmet-Mounted Cueing System	联合头盔瞄准显示系统
236	JIRD	Joint Interim Requirements Document	联合过渡需求文件
237	JIRD Ⅰ	the First Interim Requirements Document	第一份联合过渡需求文件
238	JIRD Ⅱ	the Second Interim Requirements Document	第二份联合过渡需求文件
239	JIRD Ⅲ	the Third Interim Requirements Document	第三份联合过渡需求文件
240	JMS	JSF Model Specification	JSF 型号技术规范
241	JORD	Joint Operational Requirements Document	联合作战需求文件
242	JPALS	Joint Precision Approach and Landing System	联合精确进场着陆系统
243	JPO	Joint Program Office	联合项目办公室
244	JSF	Joint Strike Fighter	联合攻击战斗机
245	JTD	Joint Technical Data	联合技术数据
246	JTP	Joint Test Plan	联合试验计划
247	KC	Key Characteristics	关键特性
248	KCAS	Knots Calibrated Air Speed	节校准空速
249	KPP	Key Performance Parameter	关键性能参数
250	KSDI	Key System Developments and Integration	关键系统的开发与集成
251	L/ESS	Loads/Environment Spectra Survey	载荷/环境谱测量
252	LAU	Launcher Unit	发射装置

续表

序　号	英文缩写	英文全拼	中　文
253	LCC	Life Cycle Cost	寿命周期成本
254	LCO	Limit Cycle Oscillations	极限循环振荡
255	LEF	Full-span Leading Edge Flaps	全翼展前缘襟翼
256	LETA	Length-Extender Table Adapter	加长型台式适配器
257	LFE	Large-Force Exercise	大型军事演习
258	LFIPS	Lift Fan Ice Protection System	升力风扇防冰系统
259	LHI	Left Hand Inceptor	左侧操纵接口
260	LLFD	Lower Lift Fan Doors	下部升力风扇舱门
261	LO	Low Observability	低可探测(隐身)
262	LO Axi	LO Axisymmetric nozzle configuration	低可探测(隐身)轴对称喷管构型
263	LOAN	Low Observable Axisymmetric Nozzle	隐身轴对称喷管
264	LoI	Letter of Intent	意向书
265	LRIP	Low-Rate Initial Production	小批量初始生产
266	LSO	Landing Signal Officer	着舰信号官
267	LSPM	Large Scale Powered Model	大比例动力模型
268	LT&E	Logistics Test and Evaluation	后勤试验与鉴定
269	LWC	Liquid Water Content	液态水含量
270	M&P	Materials and Processes	材料和工艺
271	M&S	Modeling and Simulation	建模与仿真
272	MADL	Multifunction Advanced Data Link	多功能先进数据链
273	MATS	Multiple Aircraft Telemetry Synchronization	多机遥测同步
274	MAX	Maximum afterburner	最大加力
275	MBIT	Maintenance Built-In Test	维护性机内自检测
276	MCAS	Marine Corps Air Station	海军陆战队航空站
277	MCL	McKinley Climatic Laboratory	麦金利气候实验室
278	MEA	More-Electric Aircraft	多电飞机
279	MEAS	Minimum End Airspeed	最小弹射末速
280	MFA	Multifunction Array	多功能阵列
281	MFDS	Multifunction Display Suite	多功能显示器套件
282	MGS	Missionized Gun System	任务机炮系统
283	MIL	Military Power	军用推力
284	MITS	Mobile Instrumentation and Telemetry System	移动测试和遥测系统

续表

序　号	英文缩写	英文全拼	中　文
285	MOU	Memorandum of Understanding	谅解备忘录
286	MPO	Manual Pitch Override	人工俯仰超控
287	MPR	Manual Pitch Rocker	人工俯仰摇杆器
288	MRF	Multi-Role Fighter	多功能战斗机
289	MRIU	Missile Remote Interface Unit	导弹远程接口装置
290	MS	Mission Systems	任务系统
291	MVD	Mean Volumetric Diameter	水滴平均直径
292	NAES	Naval Air Engineering Site	海军航空工程站
293	NATC	Naval Air Test Center	海军航空试验中心
294	NATOPS	Naval Air Training and Operating Procedures Standardization	海军航空兵训练和操作程序标准化
295	NAVAIR	United States Naval Air Systems Command	美国海军航空系统司令部
296	NAWCAD	Naval Air Warfare Center Aircraft Division	海军空战中心飞机部
297	NC	Numerically Controlled	数控
298	NDI	Nonlinear Dynamic Inversion	非线性动态逆
299	NDI	Nodestructive Inspection	无损检测
300	NDIRRB	NDI Requirements Review Board	无损检测需求审查委员会
301	NFAC	National Full-scale Aerodynamics Complex	国家全尺寸空气动力综合试验设施
302	NIAR	National Institute for Aviation Research	国家航空研究所
303	NTE	Not-to-Exceed	不得超越
304	NVC	Night Vision Camera	夜视相机
305	NWS	Nose Wheel Steering	前轮转向装置
306	OA	Operational Assessment	作战使用评估
307	OAG	Operational Advisory Group	作战顾问委员会
308	OARF	Outdoor Aerodynamic Research Facility	室外空气动力学研究设施
309	OBIGGS	Onboard Inert Gas Generation System	机载惰性气体发生系统
310	OBM	Onboard Model	机载模型
311	OBOGS	Onboard Oxygen Generation System	机载制氧系统
312	OCA	Offensive Counter-air	进攻性防空
313	OCF	Out-of-Control Flight	失控飞行
314	OFP	Operational Flight Program	作战飞行程序;作战飞行计划
315	OGE	Out-of-Ground Effect	无地效
316	OHS	Ordnance Hoist System	武器吊装系统

续表

序　号	英文缩写	英文全拼	中　文
317	OLS	Optical Landing System	光学助降系统
318	OML	Outer Mold Line	外形模线
319	OQLS	Ordnance Quick Latch System	武器快速锁扣系统
320	ORD	Operation Requirements Document	作战使用需求文件
321	OSD	Office of the Secretary of Defense	国防部长办公室
322	OT&E	Operational Test and Evaluation	作战使用试验与鉴定
323	OTB	Over-Target Baseline	超目标基线
324	PA	Powered Approach	动力进近;动力进场
325	PAIR	Production Aircraft Inspection Requirement	产品飞机检查要求
326	PAO	Polyalphaolephin	聚α-烯烃
327	PAUC	Program Acquisition Unit Cost	项目采办单架成本
328	PAX	Patuxent River Naval Air Station	帕图克森特河海军航空站
329	PBS	Performance Based Specifications	基于性能的技术规范
330	PCD	Panoramic Cockpit Display	全景驾驶舱显示器
331	PDM	Product Data Management(Manager)	产品数据管理
332	PDR	Preliminary Design Review	初步设计评审
333	PEO	Program Executive Officer	计划执行官
334	PF	Pattern Fuel	牌号燃油
335	PMAD	Power Management and Distribution	电源管理与分配
336	PMG	Permanent Magnet Generator	永磁发电机
337	PPS	Pneumatic Power System	气动动力系统
338	PPS	Pneumatic Power Source	气动动力源
339	PSFD	Production, Sustainment, and Follow-on Development	生产、支持与后续发展
340	PT	Power Turbine	动力涡轮
341	PTMS	Power and Thermal Management System	电源与热管理系统
342	PVI	Pilot-to-Vehicle Interface	人机界面
343	PWSC	Preferred Weapons System Concept	首选武器系统概念
344	QD	Quick Disconnect	快速断开
345	QRC	Quick Reaction Capability	快速反应能力
346	RAT	Ram Air Turbine	冲压空气涡轮
347	RATS	Ram Air Turbine System	冲压空气涡轮系统
348	RCA	Root Cause Analysis	根本原因分析

续表

序　号	英文缩写	英文全拼	中　文
349	RCM	Roller Coaster Maneuver	过山车机动
350	RCN	Roll Control Nozzle	防倾斜喷管
351	RCS	Radar Cross-Section	雷达截面积;雷达散射截面
352	RF	Radio Frequency	射频
353	RFID	Radio Frequency Identification System	射频识别技术
354	RFP	Request for Proposal	意见征询书
355	RHI	Right-hand Inceptor	右侧操纵接口
356	RHW	Recovery Headwind	回收逆风
357	ROE	Rules of Engagement	交战规则
358	RPN	Roll-Post Nozzle	防倾斜喷管
359	RRHB	Repeatable Release Hold Back	可重复释放止动
360	S&C	Stability and Control	稳定和控制
361	S&RE	Suspension and Release Equipment	挂载与投放设备
362	S/G	Starter/Generator	起动机/发电机
363	SAE	Senior Acquisition Executive	高级采办执行官
364	SAM	Surface-to-Air Missile	面空导弹
365	SAMDC	Structural Analysis Methods and Design Criteria	结构分析方法和设计标准
366	SAR	Selected Acquisition Report	选购项目报告
367	SBA	Simulation-Based Acquisition	基于仿真的采办
368	SBIR	Small Business Innovation Research	小企业创新研究
369	SC	Success Criteria	成功标准
370	SCUBA	Self-Contained Underwater Breathing Apparatus	自携式潜水呼吸器
371	SDB	Small Diameter Bomb	小直径炸弹
372	SDC	Structural Design Criteria	结构设计准则
373	SDD	System Development and Demonstration	系统研制与验证
374	SDLF	Shaft Driven Lift Fan	轴驱动升力风扇
375	SE	Support Equipment	保障设备
376	SEAD	Suppression of Enemy Air Defenses	对敌防空压制
377	SHOLS	Single Hoist Ordnance Loading System	单个升降式弹药装载系统
378	SIL	System Integration Laboratory	系统集成实验室
379	SJ	Semi-Jetborne	半喷气
380	SMS	Stores Management System	外挂物管理系统
381	SOF	Safety-of-Flight	飞行安全

续表

序　号	英文缩写	英文全拼	中　文
382	SOT	Safety of Test	试验安全性
383	SR	Switched-Reluctance	开关磁阻
384	SRC	Spin Recovery Chute	反尾旋伞
385	SSOR	Strength Summary & Operating Restrictions	强度概要和使用限制
386	STIN	System Track Information Need	系统跟踪信息需求
387	STM	Surface Target Management	地/水面目标管理
388	STO	Short Take Off	短距起飞
389	STOVL	Short Takeoff and Vertical Landing	短距起飞/垂直着陆
390	STS	Standard Test Sequence	标准试验顺序
391	SUIT	Subsystem Integrated Technology	子系统集成技术
392	SWAT	STOVL Weight Attack Team	短距起飞/垂直着陆型(STOVL)重量攻关团队
393	SWG	Senior Warfighters Group	高级作战小组
394	T/EMM	Thermal/Energy Management Module	热/能量管理模块
395	TAS	True Airspeed	真实空速
396	TBR	Technical Baseline Review	技术基线审查
397	TC	Test Conductor	试验指挥员
398	TCM	Technical Coordination Meeting	技术协调会议
399	TCTD	Time Compliance Technical Directive	时间符合性技术指令
400	TD	Test Director	试验主管
401	TDOA	Time Difference Of Arrival	到达时间差
402	TDP	Touchdown Point	触舰点;触地点
403	TEF	Trailing Edge Flap	后缘襟翼
404	TEP	Test Execution Package	试验实施方案
405	TMS	Thermal Management System	热管理系统
406	TNS	Tactical Navigation System	战术导航系统
407	TRC	Translational Rate Command	平移速率指令
408	TRO	Transonic Roll-Off	跨音速滚转偏移
409	TRR	Test Readiness Review	试验准备就绪性评审
410	TRRB	Test Readiness Review Board	试验准备就绪性审查委员会
411	TS	Thrust Split	推力摊分
412	TSPR	Total System Performance Responsibility	总系统性能职责
413	TSR	Two-Sting-Rig	双尾支柱刚体

续表

序　号	英文缩写	英文全拼	中　文
414	TSS	Test Safety Supplement	试验安全补充要求
415	TVEN	Telescoping Vectoring Exhaust Nozzle	伸缩式矢量排气喷管
416	TVL	Thrust Vector Lever	推力转向杆
417	UA	Up-and-Away	飞离状态
418	UAI	Universal Armament Interface	通用武器接口
419	UK MoD	United Kingdom Ministry of Defense	英国国防部
420	ULFD	Upper Lift Fan Door	上部升力风扇舱门
421	UOH	User Occupancy Hours	用户占用时数
422	URF	Unit Recurring Flyaway	单架出厂成本
423	USAF	U. S. Air Force	美国空军
424	USMC	United States Marine Corps	美国海军陆战队
425	USN	U. S. Navy	美国海军
426	UTAS	UTC Aerospace Systems	UTC 航空航天系统公司
427	V/STOL	Vertical/Short Take-off and Landing	垂直和/或短距起飞和着陆
428	VAAC	Vectored thrust Aircraft Advanced Control	推力矢量飞机先进飞行控制
429	VAVBN	Variable Area Vane Box Nozzle	可变面积叶片箱喷管
430	VCRM	Verification Cross Reference Matrix	交叉验证参考矩阵
431	VFA	Strike Fighter Squadrons	攻击战斗机中队
432	VIGV	Variable Inlet Guide Vanes	可变进气导向叶片
433	VIM	Virtual Interface Models	虚拟接口模型
434	VISTA	Variable-stability In-flight Simulator Test Aircraft	变稳飞行模拟器试验机
435	VITPS	Vehicle Integration Technology Planning Studies	飞机平台集成技术计划研究
436	VL	Vertical Landing	垂直着陆
437	VLBB	Vertical Landing Bring Back	带载荷返航垂直着陆
438	VMC	Visual Meteorological Conditions	目视气象条件
439	VMC	Vehicle Management Computers	飞行器管理计算机
440	VMFA	Marine Fighter Attack Squadron	海军陆战队战斗攻击中队
441	VMFAT	Marine Fighter/Attack Training Squadron	海军陆战队战斗/攻击训练中队
442	VMX	Marine Operational Test and Evaluation Squadron	海军陆战队作战使用试验与鉴定中队
443	VS	Vehicle Systems	飞机平台系统
444	VSBIT	Vehicle System Built-In Test	飞机系统机内自检测
445	VSIF	Vehicle System Integration Facility	飞机系统集成设施

续表

序　号	英文缩写	英文全拼	中文
446	VT	Vertical Tails	垂尾
447	VT&E	Verification Test and Evaluation	验证试验与评估
448	VTOL	Vertical Take-off and Landing	垂直起降
449	W&T	Wheel and Tire	机轮和轮胎
450	WAIV	Weight As an Independent Variable	重量作为独立变量
451	WBD	Weapon Bay Doors	武器舱门
452	WBDD	Weapon Bay Door Drive	武器舱门驱动
453	WDA	Weapons Delivery Accuracy	武器投放精度
454	WIP	Weight Incentive Program	重量激励计划
455	WOD	Wind Over the Deck	甲板风
456	WoffW	Weight off Wheels	机轮不承重
457	WSC	Weapon System Contractor	武器系统承包商
458	WVR	Within-Visual-Range	目视范围